中国科学院科学出版基金资助出版

现代物理基础丛书·典藏版

物理学家用微分几何

（第二版）

侯伯元　侯伯宇　著

科学出版社
北京

内 容 简 介

本书是为物理学家写的一本微分几何，是在1990年版的基础上，进行修订补充，将原版14章扩充到了23章。全书分为三部分：第一部分介绍流形微分几何，是理论物理研究生教学的基本内容，介绍了流形、流形上张量场、仿射联络与曲率以及流形上度规、辛、复、自旋等重要几何结构。第二部分介绍纤维丛几何，介绍了示性类与A-S指标定理，深入分析量子规范理论的大范围拓扑性质、各级拓扑障碍、瞬子、单极、分数荷与超对称等现代物理前沿问题。第三部分介绍非交换几何及其在量子物理中的应用、量子群与q规范理论。

本书适合物理学专业研究生以及从事理论物理的科学工作者阅读。

图书在版编目(CIP)数据

物理学家用微分几何/侯伯元，侯伯宇著. —2版，—北京：科学出版社，2004

(现代物理基础丛书·典藏版)

ISBN 978-7-03-013432-5

Ⅰ. 物… Ⅱ. ①侯…②侯… Ⅲ. 微分几何 Ⅳ. O186.1

中国版本图书馆CIP数据核字(2004)第047883号

责任编辑：胡 凯 张邦固/责任校对：彭 涛 张凤琴

责任印制：赵 博/封面设计：陈 敬

科学出版社出版

北京东黄城根北街16号

邮政编码：100717

http://www.sciencep.com

北京华宇信诺印刷有限公司印刷

科学出版社发行 各地新华书店经销

*

1990年8月第一版 开本：B5(720×1000)

2004年8月第二版 印张：49 3/4

2025年1月印 刷 字数：980 000

定价：198.00元

(如有印装质量问题，我社负责调换)

前　　言

《物理学家用微分几何》出版已过了十多年，这次“新版”是原书的修订补充，将原书 14 章扩充到目前 23 章. 全书分三部分：流形微分几何、纤维丛几何、非交换几何. 第一部分，流形微分几何，是理论物理研究生教材的基本内容. 其中前三章着重介绍流形局域拓扑结构与仿射结构；介绍流形上三种重要的微分算子：外微分、李导数、协变导数，结合各种例子熟悉它们的特性与应用；介绍了关于流形，流形上张量场、微分形式、流形的变换及其可积性，仿射联络与曲率、挠率等基本概念. 这三章暂未对流形引入度规. 采用摆脱度量限制的可任意进行坐标变换的坐标系，使读者对流形的局域拓扑与仿射结构的实质有更清晰的认识.

第四，五，六三章着重介绍黎曼流形. 度规是黎曼流形的基本几何结构. 在第四章对流形引入度规，介绍保度规结构的黎曼联络与曲率、及其相关的各种曲率张量、测地线、Jacobi 场与 Jacobi 方程，并初步介绍 Einstein 引力场方程及相关问题. 第五章介绍黎曼流形的子流形，用活动标架法对流形曲率张量进行计算与分析. 第六章介绍黎曼对称空间，它在理论物理及可积体系中得到广泛的应用.

第七，八，九三章着重介绍对流形的整体拓扑分析：同伦、同调、特别是 de Rham 上同调及谐和形式. 第九章介绍 Moise 理论、CW 复形与拓扑障碍分析. 这章内容常需更多代数拓扑与现代几何基础，读者在第一次读时可暂略去.

第十，十一，十二三章介绍流形上三种重要的几何结构：辛、复、自旋结构. 它们的存在受流形拓扑性质约束. 它们在现代理论物理中有重要应用，现仍在发展中.

本书第二部分介绍纤维丛几何，规范场论. 其中第十三，十四，十五章介绍纤维丛的拓扑结构，丛上联络与曲率，及显示丛整体拓扑非平庸的示性类. 在这三章的分析中，底流形是一般微分流形，可暂未引入度规. 在第十六，十七章底流形为具有度规结构的时空流形，这时可对纤维丛引入作用量，可分析场方程、守恒流等动力学体系问题. 在这两章中分析讨论了瞬子、单极、超对称单极等经典规范场论中一些基本问题.

第十八至二十一章介绍 Atiyah-Singer 指标定理、族指标定理、带边流形及开无限流形的指标定理，并以量子场论反常拓扑分析为例，深入分析量子规范理论的大范围拓扑性质及各级拓扑障碍的递降继承，分析背景场拓扑性质，分数费米荷及超对称等现代理论物理前沿课题.

本书第三部分:非交换几何导引. 非交换几何在量子物理、经典及量子统计、量子引力及弦论等方面得到广泛应用. 第二十二章介绍非交换几何在量子物理中应用,重点介绍在量子 Hall 效应的应用. 第二十三章介绍量子群与 q 规范理论,它们在量子可积体系中得到广泛应用. 这是一个正在发展的领域,这里仅是一初步介绍.

为了便于阅读,在书末为第一部分列有 9 个附录,简单介绍关于拓扑、代数等方面必须掌握的基础知识. 书中有部分章节是通常研究生教材未涉及领域,读者在初读时常可略去,仅作为以后科研工作中参考. 书末还为第二部分列有四个附录介绍 Clifford 代数,经典李群及 Spin 群的表示,也作为以后深入学习时参考.

关于微分几何的书籍已有很多,例如,书末所列一般参考书目,按作者姓氏编排,以便查询引用. 一方面,阅读这些书籍常需较宽的数学基础,对物理学家来说,要想一下掌握似较困难. 另一方面,目前所见到有关微分几何书籍最多讲到 A-S 指标定理,对于 A-S 指标定理的推广及其在现代量子场论方面的应用,均很少介绍,有关资料散布在各杂志文献中. 本书目的是向物理学工作者介绍现代微分几何的基本概念、方法和结果,以及它们在物理理论中的应用. 关于数学术语定义,仅涉及必须的,而未追求全面而包罗万象,并且尽量采用物理学家比较容易接受的直观而又不影响严格性的说法. 有些定理的繁琐抽象的证明常代以举例说明,需要深入了解的读者可参阅所引文献及书籍. 本书所采用符号尽量与通常的一致,以便参阅其他书籍与文献. 希望本书能够向理论物理工作者介绍现代微分几何,使之能应用拓扑与几何方法解决物理学中一些问题. 本书对散布在各杂志文献中的资料作了系统整理、分析与介绍. 由于作者水平有限,错误与不妥之处难免,欢迎批评指正.

作　者

目　　录

第一部分　流形微分几何

第二部分　纤维丛几何、规范场论

第一部分　流形微分几何

本部分共12章,属于理论物理研究生的基本教材.按其特性可分为四单元

A. 流形局域微分拓扑结构与仿射结构

第一章　流形　微分流形与微分形式

第二章　流形的变换及其可积性　李变换群及李群流形

第三章　仿射联络流形

这三章的特点是暂未引入度规结构,采用不受度规约束的,可任意进行局域仿射坐标变换的活动标架,研究流形的不变性质.这三章分别介绍了流形上三种最重要的微分算子:外微分算子 d,李导数 L_X,协变微分算子 D.

B. 流形的基本几何结构(一)　黎曼流形与对称空间

第四章　黎曼流形

第五章　欧空间的黎曼子流形　正交活动标架法

第六章　齐性黎曼流形　对称空间

本单元对流形引入度规,使流形具有更丰富的几何结构.利用正交活动标架法分析流形的各种不变量.并于第六章着重分析具有对称变换群的齐性流形与对称空间,它们在理论物理中有广泛应用.

C. 流形整体拓扑结构　同伦、同调、拓扑障碍分析

第七章　流形的同伦群与同调群

第八章　上同调论　de Rham 上同调论及其他相关伦型不变量

第九章　Morse 理论　CW 复形与拓扑障碍分析

本单元着重介绍通常代数拓扑学内容,介绍它们在微分几何中的应用.前两章从相互对偶的观点分析流形的同伦群及(上)同调群.第九章利用流形上光滑临界点特性分析流形的伦型,分析流形的定向与自旋等结构整体存在的拓扑障碍.这章内容初学者较难掌握,在初次阅读本书时,可暂略过.

D. 流形的基本几何结构(二)　辛结构　复结构　自旋结构

第十章　辛流形　切触流形

第十一章　复流形

第十二章　旋量　自旋流形

流形的度规结构,辛结构,复结构密切相关,常可由其中任两种决定第三种结构.旋量是与它们相关的重要几何结构,并在理论物理中得到广泛应用.

第一章　流形　微分流形与微分形式

在欧氏几何学中,认为两图形相等,是因为可通过欧氏运动(不改变两点间欧氏距离的运动)使两图形完全相重,欧氏运动的集合形成群,欧氏几何学正是研究在欧氏运动下空间图形的不变性质.注意到此点,19世纪末(1871年)Klein对几何学及其分类作如下定义:存在一个集合(称为空间)E及作用在此集合E上的变换群G,几何是研究在变换群G作用下,空间E的不变性质.微分几何是研究微分流形在微分同胚变换下的不变性质.微分流形及其上张量场是微分几何的主要研究对象.

§1.1　流形　流形的拓扑结构

物理学中许多问题都要研究连续空间,如运动学和动力学中的普通时空,广义相对论中的弯曲时空,统计物理学中的相空间,规范理论中的内部空间与相应的底空间(普通时空)等,它们的共同特点都是具有确定维数的连续空间,为研究它们,提出流形概念.流形是我们熟悉的点、线、面以及各种高维连续空间概念的推广.可如下定义流形(manifold):

"n维流形局域像$\mathbb{R}^n$",更确切的说,"流形是这样一个Hausdorff空间,它的每点有一个含有该点的开集与$\mathbb{R}^n$的开集同胚".

上面这句话中有几个数学名词($\mathbb{R}^n$,开集,同胚,Hausdorff空间)要简单解释一下:

1) 实n维线性空间$\mathbb{R}^n$

$\mathbb{R}^n$是实数域上n维线性空间,它的元素x叫做向量或点,可用n个实数表示

$$x = (x^1, x^2, \cdots, x^n) \in \mathbb{R}^n, \quad x^i \in \mathbb{R}$$

实数$x^i(i=1,2,\cdots,n)$称为向量x(或称为点x)的坐标.

在$\mathbb{R}^n$中两任意向量x,y间可定义加法,向量相加仍为向量,$x+y=z\in\mathbb{R}^n$,其坐标为对应坐标相加

$$z^i = x^i + y^i$$

这样定义的加法满足Abel群的规则,即有零元,有逆元,可结合,可交换.

在实数 $a \in \mathbb{R}$ 与向量 $x \in \mathbb{R}^n$ 间可定义乘法

$$ax = (ax^1, ax^2, \cdots, ax^n) \in \mathbb{R}^n$$

这样定义的乘法满足结合律：

$$a(bx) = (ab)x$$

并在乘法与加法间满足分配律

$$a(x + y) = ax + ay$$

这样就在$\mathbb{R}^n$ 中定义了向量加法和向量对实数乘法运算，使$\mathbb{R}^n$ 成为实数域$\mathbb{R}$ 上的 n 维向量空间. 类似可定义复数域上的 n 维向量空间$\mathbb{C}^n$. 总之可如下定义$\mathbb{R}^n$：

定义 1.1　实数域上 n 维线性空间$\mathbb{R}^n$ 是这样一个空间，其每个元素可用 n 个一定秩序的实数表示，在其元素间定义有加法（满足 Abel 群运算规则），并定义有元素与实数的乘法（满足结合律与分配律）.

2）开集（open set）与连续映射（continuous mapping）

为了分析空间及其映射的连续性，一般常利用距离函数（度规）来定义. 但是我们知道，连续性仅与邻近性有关，改变距离函数的定义（改变空间的度规）不会改变连续性，不会改变无穷点列的极限点等问题，故我们常需摆脱距离函数而研究比度规空间更抽象的拓扑空间，只注意点的邻近性而不注意其距离，可引进开集概念. 开集是描述空间拓扑性质的基本概念，其严格表述可参看附录 B，这里我们给开集一个较直观的通常拓扑（usual topology）定义，它是在微分几何中所适用的定义.

定义 1.2　开集 A 是空间 S 的子集合，A 中每点的“邻域”完全在 A 中.

这里“邻域”可用任意距离函数来定义，而上述开集定义应与所选距离函数无关.

例如，实数轴$\mathbb{R}^1$（一维线性空间$\mathbb{R}^1$）上不含端点的开区间(a,b)是开集，但是含有端点的闭区间$[a,b]$不是开集，因为其端点 a,b 的“邻域”并未完全属于此区间$[a,b]$.

在定义 1.2 中的某点“邻域”是指距该点距离小于某给定实数的点的集合，在定义“邻域”时，需借助距离函数，但是我们强调此“邻域”可用任意距离函数来定义，与所选距离函数无关. 例如，对$\mathbb{R}^n$ 中任意两点 x 和 y，可采用下列两种距离函数：

$$d_1(x,y) = \left[\sum_{i=1}^{n} (x^i - y^i)^2\right]^{\frac{1}{2}}$$

$$d_2(x,y) = \max |x^i - y^i|$$

利用 d_1 定义的“邻域”为圆盘，利用 d_2 定义的“邻域”为正方体，不同距离函数定义的“邻域”形状不同. 但是由于任意圆盘内有正方体，任意正方体内有圆盘，故若利用距离函数 d_1 得到 A 为开集，则相对于距离函数 d_2，A 仍为开集. 这样定义的开集与“邻域”形状无关，与所选距离函数无关.

流形上连续函数$f(x)$，即流形M到实数域上的连续映射$f:M\to\mathbb{R}$. 定义连续函数，通常采用大家熟悉的ε-δ说法，需要利用距离函数. 对于没有定义距离函数的拓扑空间，可利用“开集”如下定义连续映射：

定义 1.3　流形间映射$f:M\to N$，如它满足N中任意开集的逆像是M中的开集，则此映射为连续映射.

与开集定义相关的还可引入闭集，开邻域等概念：

定义 1.4　闭集(closed set)：开集A在集合S中的补集称为闭集. 闭集包含它的所有极限点.

定义 1.5　开邻域(open neighbourhood)；集合S中一点a的开邻域N是S的子集合，它含有点a所属的某开集.

3）同胚映射(homeomorphic mapping)与流形的拓扑性质

空间的几何性质常常是指空间在某些变换群作用下的不变性质，且可根据变换群特点对几何学进行分类. 例如非奇异线性变换，使直线仍变为直线，保持空间的仿射性质，研究这种性质的几何学称仿射几何. 其中正交变换还进一步保持图形的欧氏分类，研究在正交变换下不变性质的几何学称欧氏几何学. 现在我们需讨论更广泛的空间，其中已无直线概念，因此应讨论比线性映射更广泛的一些映射. 我们首先想到前面所提到的连续映射，它保持图形各点的邻近性不被破坏. 但是连续映射不能保持流形的维数，例如著名的 Peano 曲线(1890 年)，是一种将一维实轴区间I连续地满映射到二维区间I^2上的映射$f:I\to I^2$，映射f被定义为映射族f_n的极限，$f_n:I\to I^2$，$f=\lim\limits_{n\to\infty}f_n$. 图 1.1(b)，(c)，(d)给出了前三步$f_1(I)$，$f_2(I)$，$f_3(I)$，而(a)表明第一步$f_1(I)$的作图方法：连接正方形$I^2$的对角线，将正方形作三角分割，然后再将各相邻三角形中点连接. 类似，很容易推广至第任意n步的$f_n(I)$，在第n步后，二维区间I^2的所有点都在$f_n(I)$的$\left(\frac{1}{2}\right)^n$的距离内. 于是在$n\to\infty$的极限下，得连续的满映射$f$，它使一维区间$I$映满在二维区间$I^2$上.

注意上述映射并非 1－1 对应，而只是使二维区间I^2上所有点均在像$f(I)$的邻域内. 上例说明，连续满映射不能保持流形的维数. 为了保持流形维数，应对连续映射给以进一步的限制.

另一方面，我们知道 1－1 对应是区别集合的标志. 但是 1－1 对应也不能保持空间维数，如 Cartan 的例子，可使 2 维开区间

$$I^2=\{(x,y)\in\mathbb{R}^2\mid 0<x,y<1\}$$

的点(x,y)与一维开区间

$$I=(0,1)=\{z\in\mathbb{R}\mid 0<z<1\}$$

的点z间建立 1－1 对应，即按十进位无限小数表示x与y(因为$x,y\in(0,1)$)

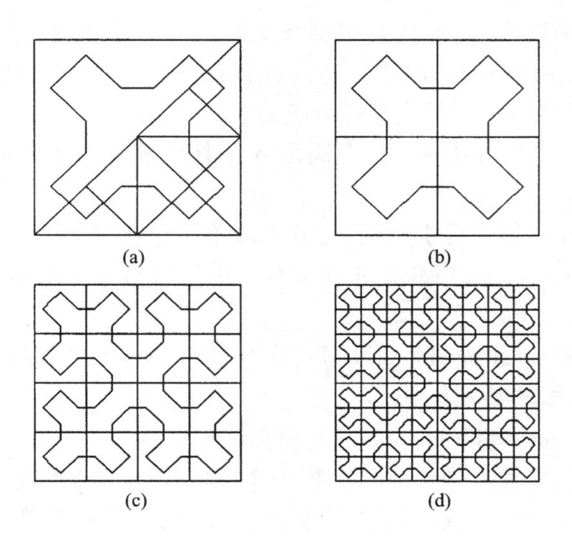

图 1.1
(a) Peano 曲线作图法示意,
(b),(c),(d) Peano 曲线 $f_n(I)$ 的前三步

$$x = 0.x^1x^2\cdots$$
$$y = 0.y^1y^2\cdots$$

由上两数可作小数

$$z = 0.x^1y^1x^2y^2\cdots$$

显然 $z\in(0,1)$,于是建立了由二维区间 I^2 1 − 1 对应于一维区间 I 上的映射. 注意这时是 1 − 1 对应,但不是连续映射.

将上两者结合,可得到保持流形维数的同胚映射:

定义 1.6　同胚映射为 1 − 1 对应的连续满映射,且其逆映射也是连续的.

连续映射保持流形各点的邻近性,当进一步要求流形中任两不同点仍映射为不同点,且不会产生新的点,即同胚变换. 可将流形的同胚变换想像成流形用橡皮做成,可任意拉伸、弯曲,但不允许撕裂(一分为二),也不允许把不同点粘在一起(二合为一).

在同胚映射下保持不变的性质为拓扑性质,如开集、收敛序列、紧致性、分离性、连通性等都是拓扑性质,请参看附录 B 的简单介绍.

4) Hausdorff 空间与流形的可分性(separation)

定义 1.7　Hausdorff 空间是这样一个空间,其中任意两不同点 a 与 b 间,均有不相交的开邻域. 即存在开集 U_α 与 U_β

$$a\in U_\alpha,\quad b\in U_\beta$$

而 $U_\alpha \cap U_\beta = \varnothing$.

在流形定义中强调流形是一个 Hausdorff 空间,就强调了流形的可分性,使连接任意两点的连线可无限再分. 描述流形的可分性有许多种不同的说法,而定义 1.7 的叙述是可分性公理中较强的一个,也是微分几何中最常用的一个.

具有通常拓扑的实数域是 Hausdorff 空间. Hausdorff 空间的点都是闭集.

在我们简单介绍了以上几个常用的数学名词后,让我们再强调复述一下流形的定义:

定义 1.8 实(复)n 维流形是这样一个 Hausdorff 空间,它的每点有开邻域与 $\mathbb{R}^n$($\mathbb{C}^n$)的开集同胚.

下面举些简单例子说明流形的概念.

例 1.1 圆 S^1 是一维流形.

例 1.2 图 1.2 中所画的一些一维图形都不是流形,因为在结点处开邻域不与 $\mathbb{R}^1$ 的开集同胚.

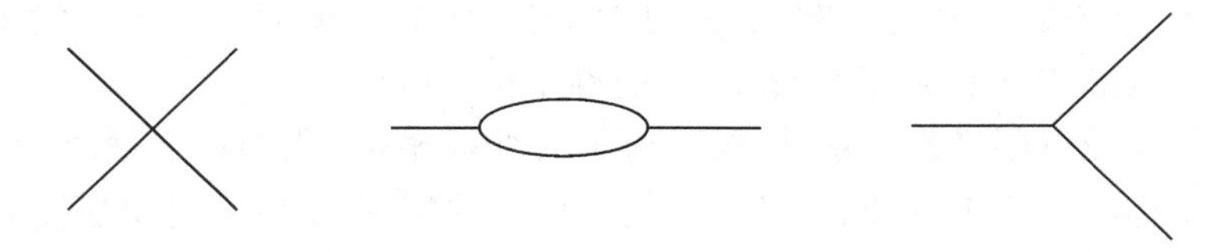

图 1.2 不是一维流形的图形举例

例 1.3 三维欧氏空间 E^3 中单位球面 S^2 是一个二维流形.

例 1.4 E^3 中锥面

$$M = \{(x,y,z) \in E^3 \mid x^2 - y^2 - z^2 = 0\}$$

不是流形,因为在原点邻域不与 $\mathbb{R}^2$ 同胚. 如再进一步限制为 $x \geqslant 0$,即为半个锥面

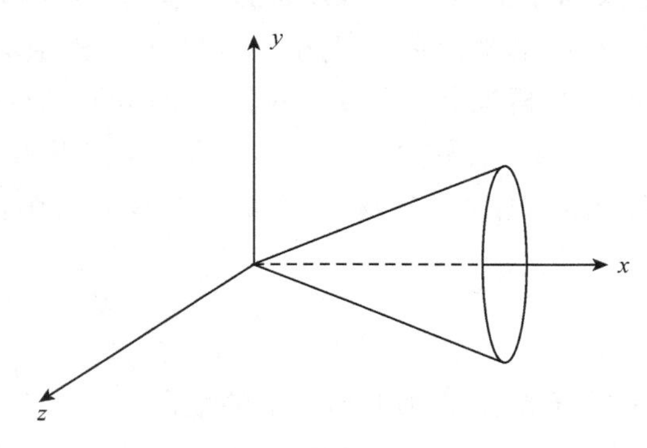

图 1.3 E^3 中半锥面

$$M_0 = \{(x,y,z) \in E^3 \mid x^2 - y^2 - z^2 = 0, \text{且} x \geqslant 0\}$$

为二维流形. 下节我们将进一步分析流形的微分结构,说明半锥不是光滑流形(不是可微流形),因其原点处非光滑.

§1.2　微分流形　流形的微分结构

为了对流形上函数及流形上张量场进行微分运算,常可对流形引进坐标系,可利用流形 M 上的开集对$\mathbb{R}^n$ 的开集的同胚映射来对流形 M 引入局部坐标系. 由流形的定义知流形局域像$\mathbb{R}^n$,流形中任一点都有含该点的开集 U 与$\mathbb{R}^n$ 的一个开集 V 同胚,令 φ 为相应的同胚映射

$$\varphi: U \to V = \varphi(U)$$

流形 M 上点 $p \in U$,其像 $\varphi(p)$ 在$\mathbb{R}^n$ 中的坐标$(x_1, x_2, \cdots, x_n)$就叫做 p 点的坐标,这样利用对$\mathbb{R}^n$ 上开集 V 的同胚映射 φ,可对流形 M 上开集 U 内各点建立坐标系. (U,φ)称为流形 M 上的局部坐标系,或简称坐标卡(chart).

流形的局域可用坐标刻划,同时又可随时变换坐标,我们在下面讨论中,一方面要利用坐标系这个工具,同时又要不受坐标系的束缚,虽然有时明显地写出坐标表达式,但是更通常的是写出在坐标变换下不变的形式. 流形的某一局部坐标系本身没有几何意义,而我们主要研究与坐标变换无关的一些不变量.

过去对空间建立坐标系时,常利用空间的度量性质. 而我们在建立局部坐标系时,利用了同胚映射,可完全不受度量的约束,可研究流形在同胚变换下的不变性质. 爱因斯坦从发表狭义相对论(1908 年)到发表广义相讨论(1915 年)花了七年时间,他说:"为什么建立广义相对论又用了七年时间呢? 主要原因是,要摆脱坐标必须有直接度量意义这个旧概念是不容易的."本书从开始就采用不受度规限制的,可任意进行坐标变换的坐标系,何时引入度量,使流形成为黎曼流形,我们要特别声明. 在本书前三章分析没有定义度规的微分流形的性质.

n 维流形一方面局域像$\mathbb{R}^n$,另方面,一般不能将整个流形 M 与$\mathbb{R}^n$ 的开集同胚. 例如,二维球面 S^2 最少需用两个开集覆盖. 若整个流形 M 需用若干个开集$\{U_\alpha\}$所覆盖,

$$\bigcup_\alpha U_\alpha = M$$

开集族$\{U_\alpha\}$称为流形的开覆盖. 而所有坐标卡的集合

$$\mathscr{A} = \{U_\alpha, \varphi_\alpha\}$$

称为流形 M 的坐标卡集(atlas). 若开集$\{U_\alpha\}$中两个开集 U_α 与 U_β 间有交,$U_\alpha \cap$

$U_\beta \neq \varnothing$,如图 1.4 所示,则相应两个坐标卡集$(U_\alpha,\varphi_\alpha)$与$(U_\beta,\varphi_\beta)$间还应满足相容条件. φ_α 与 φ_β 将交叠区 $U_\alpha \cap U_\beta$ 同胚映射到$\mathbb{R}^n$ 的两个非空开集,这两个开集间映射相当于流形上坐标变换:

$$f = \varphi_\beta \circ \varphi_\alpha^{-1}:\varphi_\alpha(U_\alpha \cap U_\beta) \to \varphi_\beta(U_\alpha \cap U_\beta)$$

$$x^i \longmapsto y^i = f^i(x)$$

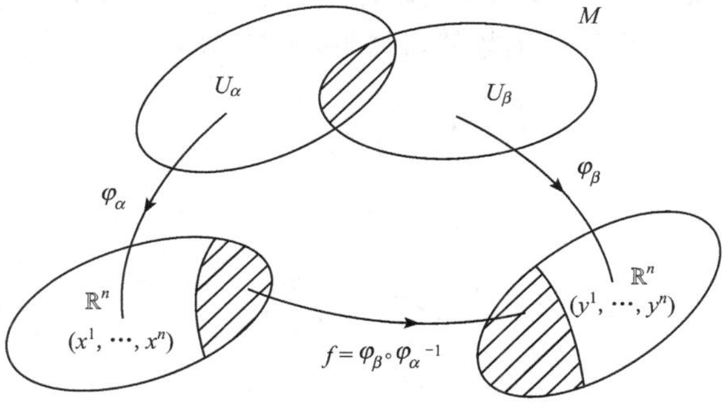

图 1.4 流形 M 的两个有交叠的坐标卡

$f^i(x)$是$\mathbb{R}^n$ 空间开集上的 n 个实连续函数. 为了能在流形上建立分析运算,要求上述坐标变换是可微的. 如要求上述 n 个实函数具有 k 阶连续偏导数,即映射 f 属于 C^k 类,则称这两坐标卡为 C^k 相容.

下面我们介绍流形的微分结构(differentiable structure)这一重要概念. 流形的微分结构表明流形开覆盖中各开集是如何粘接在一起的,表明了流形整体的平滑程度,可如下定义:

定义 1.9 当流形 M 上坐标卡集 $\mathscr{A}=\{U_\alpha,\varphi_\alpha\}$,还满足下面三条件,则称其为流形 M 的 C^k 微分结构(或称为完备的 C^k 相容坐标卡集):

1) $\{U_\alpha\}$为流形 M 的开覆盖;

2) $\mathscr{A}$ 中任意两个坐标卡都是 C^k 相容;

3) $\mathscr{A}$ 为具备上两特性的最大坐标卡集,如坐标卡(U,φ)与 $\mathscr{A}$ 中所有卡 C^k 相容,则$(U,\varphi)\in\mathscr{A}$. $\mathscr{A}$ 中仅满足前两条件的集合,称为 C^k 微分结构的一个基,或称为 C^k 坐标卡集.

流形 M 有两个坐标卡集 $\mathscr{A}=\{U_\alpha,\varphi_\alpha\}$ 与 $\mathscr{A}'=\{U_\beta,\varphi_\beta\}$,如其并集$\{(U_\alpha,U_\beta;\varphi_\alpha,\varphi_\beta)\}$仍为 C^k 坐标卡集,则称这两个坐标卡集等价. 每一 C^k 相容坐标卡集包含在一个惟一的完备的 C^k 相容坐标卡集中,所以在构造微分结构时,只要指出它的一个 C^k 相容坐标卡集就可以了.

具有 C^k 微分结构的拓扑流形 M,即具有 C^k 坐标卡集等价类的流形,称为 C^k 流形. 当流形 M 上给定了一个 C^∞ 微分结构,则称流形 M 为光滑流形,或称微分流形(differentiable manifold).

当流形 M 上给定一个 C^{∞} 微分结构,即各映射 $\varphi_{\beta} \circ \varphi_{\alpha}^{-1}$ 为实解析函数,它们在流形上各点均可展开为收敛的 Taylor 级数,则称 M 为实解析流形(real analytic manifold).

在上述定义中,将实数域$\mathbb{R}^n$ 都换为复数域$\mathbb{C}^n$,当各映射 $\varphi_{\beta} \circ \varphi_{\alpha}^{-1}$ 为复解析函数(全纯函数)时,则流形 M 称为复解析流形,或简称复流形(complex manifold).

对微分流形,可分析其上函数的可微性. 如图 1.5 所示,设 f 为定义在流形 M 上的实函数,即

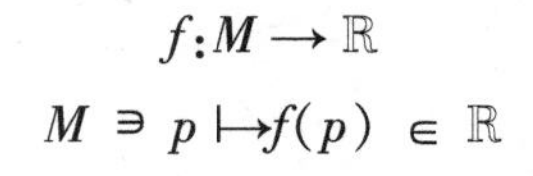

$$f: M \to \mathbb{R}$$
$$M \ni p \mapsto f(p) \in \mathbb{R}$$

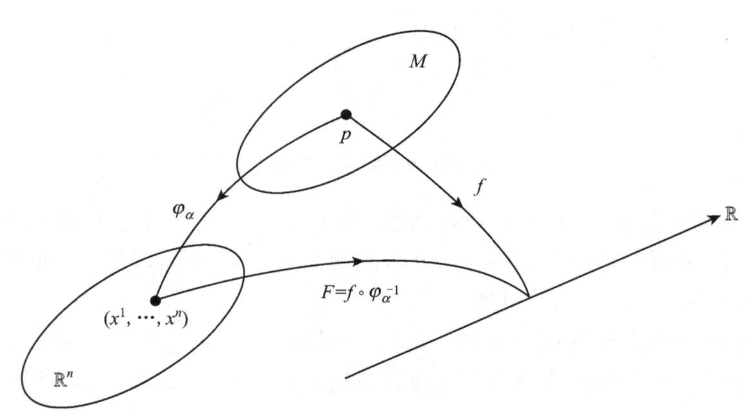

图 1.5　流形上的函数 $f(p)$

再设$(U_{\alpha},\varphi_{\alpha})$为含有 p 点的一个容许坐标卡,则 $F=f\circ\varphi_{\alpha}^{-1}$ 为定义在$\mathbb{R}^n$ 开集上的实函数.

函数 f 在 p 点称为可微的,如果函数 F 在 $x=\varphi_{\alpha}(p)$点为可微. 可以证明函数 f 的可微性与允许坐标卡的选取无关. 例如,若有另一个含有 p 点的坐标卡$(U_{\beta},\varphi_{\beta})$,则因为

$$f\circ\varphi_{\beta}^{-1} = (f\circ\varphi_{\alpha}^{-1})\circ(\varphi_{\alpha}\circ\varphi_{\beta}^{-1})$$

由于 $\varphi_{\alpha} \circ \varphi_{\beta}^{-1}$ 属 C^{∞} 类(为光滑的),故 $f\circ\varphi_{\alpha}^{-1}$ 与 $f\circ\varphi_{\beta}^{-1}$ 在相应点都是可微的.

类似我们也可分析微分流形间连续映射的可微性. 例如,设 f 为从 m 维微分流形 M 到 n 维微分流形 N 上的连续映射(见图 1.6)

$$f: M \to N$$

$$p \mapsto q = f(p)$$

在 M 与 N 的坐标卡集中,存在含 p 的(U,φ)与含 $q=f(p)$的(V,ψ),则函数

$$F = \psi \circ f \circ \varphi^{-1}: x \mapsto y = F(x)$$

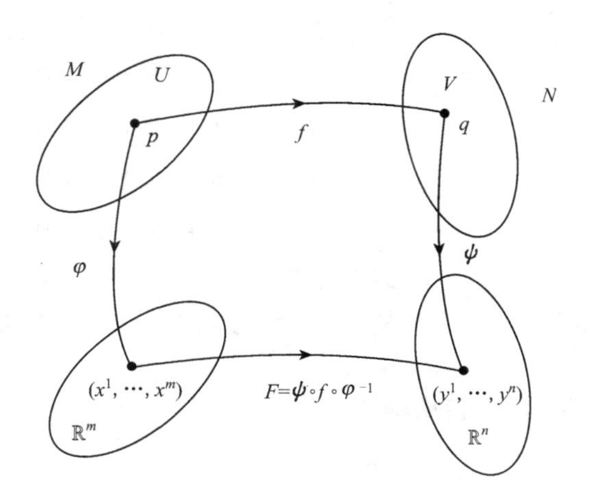

图 1.6 流形间的映射 f 及其诱导映射 F

$F(x)$的可微性决定了映射 f 的可微性. 以后为简单起见,我们将常常不区别 f 与 F, p 点及其坐标 x, q 点与其坐标 y,而认为 $q=f(p)$与 $y=F(x)$有相同含义.

当流形 M 与 N 具相同维数,且映射 f 为同胚映射时,如进一步要求此同胚映射可微,则称为微分同胚(diffeomorphism),两流形微分同胚必同胚,但是两个同胚的流形不一定微分同胚.

拓扑是研究连续性的最自然的数学结构,所有拓扑空间可按是否同胚分为不同等价类,而流形的微分结构是研究可微性的最自然的数学结构,同胚的流形按其是否微分同胚又可进一步分类,属于不同微分同胚等价类的流形具有不同的微分结构,即同胚流形可能有不同的微分结构,例如 Milnor 在 1956 年曾指出,七维球 S^7 除典型的$\mathbb{R}^8$ 中单位球面的微分结构外,还可以有另一种微分结构:Milnor 怪球 Σ^7,两者同胚,但不是微分同胚,微分结构不同. 数学家还曾证明,低维($d\leqslant 3$)拓扑流形有惟一微分结构,但是高维拓扑流形(包括$\mathbb{R}^4$)常可存在多种微分结构. 在同胚的拓扑流形上可存在不等价的微分结构,所以可以说微分结构有独立于拓扑结构的意义. 对于一个可微流形,如何确定其上的微分结构,是微分几何中最重要最困难的问题之一.

下面举几个微分流形的例子:

例 1.5　一维圆 S^1(图 1.7)

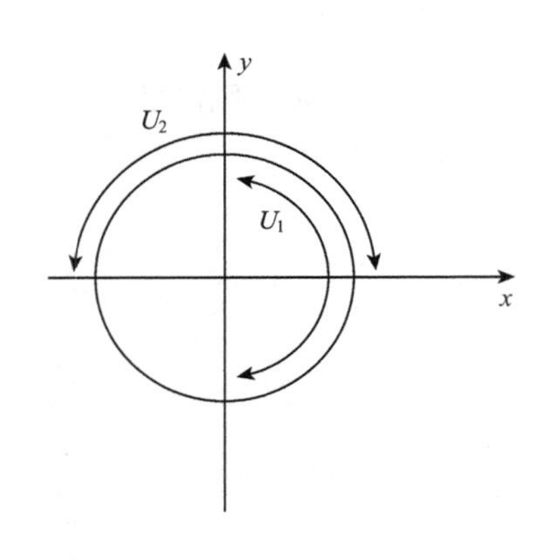

图 1.7　一维圆 S^1

可表示为二维平面 E^2 中单位圆

$$S^1 = \{(x,y) \in E^2 \mid x^2 + y^2 = 1\}$$

S^1 可取如下四个坐标卡来复盖:

$$U_1 = \{p \in S^1 \mid x > 0\},\ \varphi_1(p) = y$$

$$U_2 = \{p \in S^1 \mid y > 0\},\ \varphi_2(p) = x$$

$$U_3 = \{p \in S^1 \mid x < 0\},\ \varphi_3(p) = y$$

$$U_4 = \{p \in S^1 \mid y < 0\},\ \varphi_4(p) = x$$

以上四个开集$\{U_i\}$$(i=1,\cdots,4)$构成 S^1 的一个开复盖. 下面分析相应坐标卡集$\{(U_i,\varphi_i)\}$$(i=1,\cdots,4)$的相容结构.

在 U_1 和 U_2 的交叠区,转换函数

$$y = \sqrt{1 - x^2}$$

$$x = \sqrt{1 - y^2}$$

它们都是光滑可微函数,是 C^∞ 相容. 类似可证其余坐标卡相互都是 C^∞ 相容. 所以 S^1 是一维光滑流形.

例 1.6　二维球面 S^2(图 1.8)

$$S^2 = \{(x,y,z) \in E^3 \mid x^2 + y^2 + z^2 = r^2\}$$

可如下取球极坐标来表达 S^2 上 P 点的坐标:

$$x = r\sin\theta\cos\phi$$

$$y = r\sin\theta\sin\phi$$

$$z = r\cos\theta$$

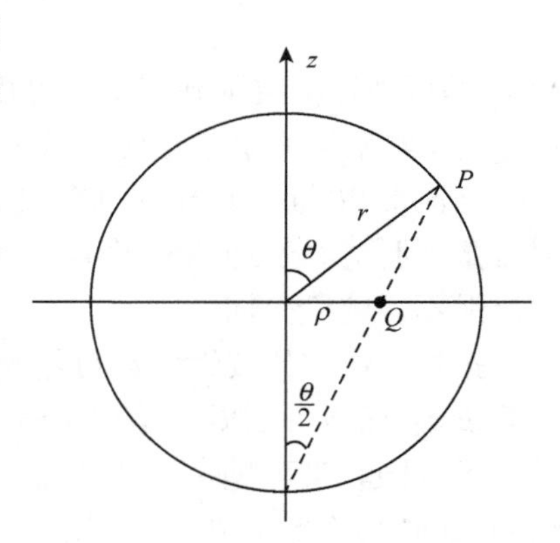

图 1.8　二维球面 S^2 的极射投影

作极射投影,在赤道平面上投射点 Q 的坐标

$$x_1 = \rho\cos\phi = \frac{x}{(1+z)}$$

$$x_2 = \rho\sin\phi = \frac{y}{(1+z)}$$

其中 $\rho = r\tan\left(\frac{\theta}{2}\right) = r\,\frac{\sin\theta}{(1+\cos\theta)}$,可取如下两坐标卡组成 S^2 的坐标卡集$\{(U_\pm,\varphi_\pm)\}$:

$$U_+ = \{(x,y,z) \in S^2 \mid z \neq -1\};\quad \varphi_+:(x,y,z) \to \left(\frac{x}{(1+z)},\frac{y}{(1+z)}\right)$$

$$U_- = \{(x,y,z) \in S^2 \mid z \neq 1\}; \quad \varphi_-:(x,y,z) \to \left(\frac{x}{(1-z)}, \frac{y}{(1-z)}\right)$$

而以上同胚映射 $\varphi_\pm$ 的逆映射是

$$\varphi_+^{-1}:\mathbb{R}^2 \to U_+, \quad \varphi_+^{-1}(x_1,x_2) = \left(\frac{2x_1}{1+\rho^2}, \frac{2x_2}{1+\rho^2}, \frac{1-\rho^2}{1+\rho^2}\right)$$

$$\varphi_-^{-1}:\mathbb{R}^2 \to U_-, \quad \varphi_-^{-1}(x_1,x_2) = \left(\frac{2x_1}{1+\rho^2}, \frac{2x_2}{1+\rho^2}, \frac{\rho^2-1}{1+\rho^2}\right)$$

在交叠区，$\varphi_+(U_+ \cap U_-) = \varphi_-(U_+ \cap U_-) = \mathbb{R}^2 - \{0\}$，两坐标卡间的坐标变换

$$\varphi_- \circ \varphi_+^{-1}(x_1,x_2) = \varphi_+ \circ \varphi_-^{-1}(x_1,x_2) = \left(\frac{x_1}{\rho^2}, \frac{x_2}{\rho^2}\right)$$

是无穷阶可微的，即它们是 C^∞ 相容的，故 S^2 为二维光滑流形.

将 n 维球面 S^n 看作$\mathbb{R}^{n+1}$中单位球面，类似上述步骤，可采用球极投射. 进而可证 S^n 为 n 维光滑流形，这样得到的 S^n 的微分结构称为 S^n 上的标准微分结构(standard differential structure on the n-sphere S^n).

例 1.7　李群流形 $G = \{g\}$

每群元 g 是一点，整个李群 G 为流形，可用群的定义表示中的实参数来表示李群流形的点坐标.

有些简单的群流形可与一些简单拓扑流形微分同胚. 例如

一维紧致 Abel 群 $U(1) = \{e^{i\theta}, 0 \leqslant \theta \leqslant 2\pi\}$，即幺模复数乘法群，与 S^1 流形微分同胚，$U(1) \cong S^1$.

SU(2)群，其群元 g 的基本表示(二维忠实表示)是 2×2 幺正矩阵 $g^\dagger = g^{-1}$，$\det g = 1$，可表示为

$$g = \begin{pmatrix} a & b \\ -\bar{b} & \bar{a} \end{pmatrix} = \begin{pmatrix} x^1 + ix^2 & x^3 + ix^4 \\ -x^3 + ix^4 & x^1 - ix^2 \end{pmatrix}$$

满足

$$\det g = |a|^2 + |b|^2 = \sum_{i=1}^{4} (x^i)^2 = 1$$

SU(2)群流形是三参数群，相当于四维欧空间中单位球面 S^3，即 $SU(2) \cong S^3$.

例 1.8　n 维实射影空间$\mathbb{R}P^n$.

$\mathbb{R}P^n$ 为$\mathbb{R}^{n+1}$空间中通过原点的直线集合，每直线为一点，所有通过原点的直线集合形成 n 维流形. 即如点

$$(x^0,x^1,\cdots,x^n) \sim (ax^0,ax^1,\cdots,ax^n), \quad \forall a \in \mathbb{R} - \{0\}$$

即当 $x \in \mathbb{R}^{n+1} - \{0\}$，$a$ 为任意非零实数，可将 ax 看成与 x 相互等价 $x \sim ax$，可把 x 的 ~ 等价类记作

$$[x] = [x^0, x^1, \cdots, x^n]$$

每等价类看成$\mathbb{R}P^n$ 中一点,$\{x^i\}_{(i=0,\cdots,n)}$称为$[x]$的齐次坐标.

由于通过$\mathbb{R}^{n+1}$原点的每根直线交 S^n 球面于两点,故$\mathbb{R}P^n$ 也相当于将 S^n 球面上各对顶点看成一点所形成流形,即

$$\mathbb{R}P^n \simeq (\mathbb{R}^{n+1} - \{0\})/(\mathbb{R} - \{0\}) \simeq S^n/Z_2$$

例如

$$\mathbb{R}P^3 \simeq (\mathbb{R}^4 - \{0\})/(\mathbb{R} - \{0\}) \simeq S^3/Z_2 \simeq \mathrm{SU}(2)/Z_2 \simeq \mathrm{SO}(3)$$

其中 $Z_2 \simeq S^0$ 为由两元素组成的群. 以上分析表明在 S^n 与$\mathbb{R}P^n$ 间存在自然覆盖映射 φ:

$$\varphi: S^n \to \mathbb{R}P^n,$$

映射 φ 为 C^∞ 映射,且局域具有 C^∞ 逆映射,故由 S^n 的 C^∞ 微分结构可诱导出$\mathbb{R}P^n$ 的 C^∞ 微分结构,$\mathbb{R}P^n$ 为 n 维微分流形.

例 1.9　复 n 维射影空间$\mathbb{C}P^n$;

$\mathbb{C}P^n$ 为$\mathbb{C}^{n+1}$空间中通过原点的复直线集合. 即在$\mathbb{C}^{n+1}$空间中建立等价关系 $z \sim cz$

$$(z^0, z^1, \cdots, z^n) \sim (cz^0, cz^1, \cdots, cz^n), \qquad \forall c \in \mathbb{C} - \{0\}$$

可把 z 的等价类记作

$$[z] = [z^0, z^1, \cdots, z^n]$$

每等价类$[z]$看成$\mathbb{C}P^n$ 中一点,$\mathbb{C}P^n$ 为复 n 维(实 $2n$ 维)微分流形.

下面我们以最低维的$\mathbb{C}P^1$ 为例作更仔细地分析,$\mathbb{C}P^1$ 空间中各点齐次坐标为

$$[z] = [z^1, z^2] = [cz^1, cz^2] \qquad (z^1, z^2 \text{ 不全为零})$$

$\mathbb{C}P^1$ 可用两个开集覆盖:

U_1 为 $z^1 \neq 0$ 的区域,可选非齐次坐标

$$\zeta = \frac{z^2}{z^1} = u + \mathrm{i}v$$

U_2 为 $z^2 \neq 0$ 的区域,可选非齐次坐标

$$\zeta' = \frac{z^1}{z^2}$$

在交叠区(z^1 与 z^2 都非零).

$$\zeta' = \frac{1}{\zeta} = \frac{u}{u^2 + v^2} - \mathrm{i}\frac{v}{u^2 + v^2}, \quad u, v \text{ 不全为零}$$

相容条件即 U_1 与 U_2 间映射

$$f: U_1 \to U_2$$

$$\zeta \to f(\zeta) = \frac{1}{\zeta}$$

$$(u,v) \to \left(\frac{u}{u^2+v^2}, \frac{-v}{u^2+v^2}\right)$$

为复解析映射,故$\mathbb{C}P^1$ 为复解析流形. 如令

$$u = \frac{x}{1+z}, \quad v = \frac{y}{1+z}$$

则

$$\frac{u}{u^2+v^2} = \frac{x}{1-z}, \qquad \frac{-v}{u^2+v^2} = \frac{-y}{1-z}$$

与例 2 比较知$\mathbb{C}P^1$ 与 S^2 有相同的微分结构,即二者微分同胚,$\mathbb{C}P^1 \simeq S^3/U(1) \simeq S^2$.

$\mathbb{C}P^n$ 为$\mathbb{C}^{n+1}$空间通过原点的复线丛,它可以看作是$\mathbb{C}^{n+1}$空间中球面 S^{2n+1}上的点,还可差 $U(1)$相因子$\{Z^k\} \sim \{e^{i\alpha}Z^k\}$,故

$$\mathbb{C}P^n \simeq S^{2n+1}/U(1) \simeq \mathbb{C}^n \cup \mathbb{C}P^{n-1}$$

$$\mathbb{C}P^1 \simeq S^3/U(1) \simeq S^2 \simeq \mathbb{C}^1 \cup \{\infty\}$$

例 1.10 乘积流形

两微分流形的乘积流形 $M \times N$ 仍为微分流形. 设$\{U_\alpha, \varphi_\alpha\}$与$\{V_\beta, \psi_\beta\}$分别为 M,N 的坐标卡集,对乘积流形 $M \times N$,存在光滑的自然投影

$$\Pi_1 : M \times N \to M$$

$$\Pi_2 : M \times N \to N$$

于是$\{U_\alpha \times V_\beta : \varphi_\alpha \circ \Pi_1 + \psi_\beta \circ \Pi_2\}$为 $M \times N$ 流形上的坐标卡集,由它们决定了乘积流形的微分结构. 例如

$$\text{圆柱面} = S^1 \times \mathbb{R}$$

$$\text{二维环面}\mathbb{T}^2 = S^1 \times S^1$$

§1.3 切空间与切向量场

前两节分析了微分流形的特点,流形 M 是局域像$\mathbb{R}^n$ 的拓扑空间,并且是可微的,可以利用分析工具来研究流形. 分析的一个重要方法就是分析对象的无穷小部分,常可使问题线性化而便于研究. 例如:

函数在一点附近的性质可用其导数表示.

李群在恒等元附近的局域性质可用李代数表示.

曲线在一点附近的性质可用该点切线表示.

同理,对于一个微分流形 M,在每点附近的性质可用线性空间(切空间)来逼近. 切空间是由切向量组成,我们首先来研究如何定义在流形 M 中 p 点沿某确定方向上的切向量,此切向量应可实质地定义,而与坐标系的选取无关,即与该点邻域坐标卡(U,φ)的选取无关.

一般线性空间$\mathbb{R}^n$ 中的向量,可用连接空间两点间的有向直线表示. 对于微分流形,已无直线概念,不能用这种方法表示向量. 如何将切向量概念推广到流形上?

微分流形上可定义光滑实函数,它们的定义与坐标系的选取无关. 流形上可微函数之和(可逐点求和)仍为可微函数,可微函数与实数乘,以及可微函数乘可微函数(可逐点相乘)仍为可微函数,故流形 M 上可微函数集合为实数域上的代数 $\mathscr{F}(M)$. 我们可首先研究流形 M 在 p 点邻域的可微函数集合,记为 $\mathscr{F}_p(M)$. 可利用作用在 $\mathscr{F}_p(M)$ 上的线性微分算子来定义流形 M 上过点 p 的切向量. 它是$\mathbb{R}^n$ 中向量的自然推广. 为说明此点,我们先来研究作用在$\mathbb{R}^n$ 空间函数 f 上的线性微分算子.

在$\mathbb{R}^n$ 空间,点 x 沿方向 Δx 位移,设位移向量 Δx 为小量,可对函数 $f(x)$ 作 Taylor 展开

$$f(x+\Delta x)=f(x)+\sum_{i=1}^{n}(\Delta x)^i\frac{\partial}{\partial x^i}f+\text{高阶小量}$$

$$\equiv f(x)+\delta f+\text{高阶小量}$$

这里我们注意,线性空间$\mathbb{R}^n$ 中点 x 又可称为向量 x,当选定坐标系后,此向量可用 n 个分量$\{x^i\}$(均为实数)来表示,点 x 的分量 x^i 与坐标选取有关,而向量 x 本身与坐标选取无关. 同样,位移向量 Δx 为过 x 点的向量,本身与坐标选取无关,而其分量$(\Delta x)^i$ 则依赖坐标选取,我们将它与$\partial_i\equiv\dfrac{\partial}{\partial x^i}$结合,可得到作用于函数 f 上的方向导数 δ

$$\delta=\sum_{i=1}^{n}(\Delta x)^i\partial_i$$

δ 是作用在函数 f 上的线性微分算子,是沿位移向量 Δx 方向的方向导数. δ 本身与坐标系的选取无关,它可以表示为沿坐标线方向的方向导数$\{\partial_i\}$的线性组合,展开系数$(\Delta x)^i$ 可看作方向导数 δ 的坐标分量,它们恰为位移向量 Δx 的分量. 我们可利用方向导数 δ 来表示过 x 点的位移向量 Δx.

对微分流形 M,可类似定义过每点沿一确定方向的切向量. 首先在流形 M 上作一条通过 p 点的光滑曲线 $x(t)$. 利用此曲线 $x(t)$ 来选出过 p 点的一个确定方向. 光滑曲线 $x(t)$ 相当于实轴上线段$(-\varepsilon,\varepsilon)$(用参数 t 标志)到流形 M 上的可微映射

$$x:(-\varepsilon,\varepsilon)\to M$$
$$t\mapsto x(t)\in M$$

可选 $t=0$ 点对应于 p 点；$x(0)=p$. 对于流形 M 上任一可微函数 $f\in\mathscr{F}_p(M)$，将此函数限制在光滑曲线 $x(t)$ 上，得参数 t 的可微函数 $f(x(t))$，此函数在 p 点沿曲线改变速度可表示为

$$X_pf=\frac{\mathrm{d}}{\mathrm{d}t}f(x(t))\Big|_{t=0}$$

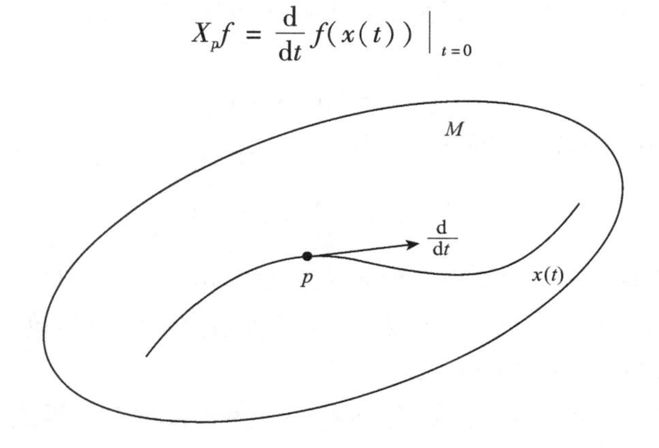

图 1.9　利用曲线 $x(t)$ 选出过 p 点确定方向

可将作用在流形任意函数上的线性微分算子 $X=\frac{\mathrm{d}}{\mathrm{d}t}$ 定义为切于曲线 $x(t)$ 的切向量，如此定义的切向量是 $\mathbb{R}^n$ 上方向导数在流形上的推广.

在 p 点邻域选局部坐标 $x=(x^1,x^2,\cdots,x^n)$，这时，上式可表示为

$$X_pf=\sum_{i=1}^{n}\frac{\mathrm{d}x^i}{\mathrm{d}t}\frac{\partial}{\partial x^i}f\Big|_p \tag{1.1}$$

若我们选过 p 点的曲线沿坐标线 x^j，即 $x^j=t$，则得到沿坐标线 x^j 的切向量 $\partial_j=\frac{\partial}{\partial x^j}$，由(1.1)式知，过 p 点沿确定方向的切向量 X_p 为 $\{\partial_j\}$ 的线性组合. 集合 $\{\partial_j:j=1,2,\cdots,n\}$ 称为切向量 X_p 的坐标基矢，当选定局域坐标系后，它就被选定. X_p 用 $\partial_j|_p$ 展开的系数 $\frac{\mathrm{d}x^i}{\mathrm{d}t}\Big|_p$ 为切向量 X_p 的分量. 沿曲线 $x(t)$ 的无限小位移 Δx 在局域坐标系中的分量为 Δx^i，被 Δt 除仅改变其尺度，不改变其方向，故 $\lim\limits_{\Delta t\to 0}\frac{\Delta x^j}{\Delta t}=\frac{\mathrm{d}x^j}{\mathrm{d}t}$ 表明了曲线 $x(t)$ 的切向量的分量. 注意，切向量 $X_p=\frac{\mathrm{d}}{\mathrm{d}t}\Big|_{t=0}$ 与坐标系的选取无关，而其分量 $\frac{\mathrm{d}x^j}{\mathrm{d}t}\Big|_p$ 与坐标系的选取有关. 切矢 X_p 对流形上任意函数 $f(x(t))$ 的作用 $Xf|_p$ 为 f 在

p 点沿曲线 $x(t)$ 的方向导数.

利用通过点 p 的曲线 $x(t)$，可得到沿此曲线的切向量 X_p，另一方面，当给定在点 p 邻域的线性组合

$$Y = \sum_{i=1}^{n} \eta^i(x)\partial_i, \quad \eta^i(x) \in \mathscr{F}(M) \tag{1.2}$$

可以证明它必为过 p 点某曲线在 p 点的切向量. 例如，可选在 $t=0$ 时通过 p 点的曲线

$$x^i = x^i(p) + \eta^i t \tag{1.3}$$

则在 $t=0$ 点切于此曲线的切向量是

$$Y = \sum_{i=1}^{n} \eta^i \partial_i$$

过 p 点的所有切向量的集合形成流形 M 在 p 点的切空间 $T_p(M)$，其中可定义向量加法（对应系数相加），及向量与实数的乘法（各系数乘同一实数），且可证明 $\{\partial_i: i=1,\cdots,n\}$ 线性独立. 存在下述定理：

定理 1.1　n 维流形 M 在点 p 的切空间 $T_p(M)$ 为实数域上 n 维线性空间，当选局域坐标系后，基矢组 $\{\partial_i: i=1,\cdots,n\}$ 线性独立且完备.

证明　如认为基矢组 $\{\partial_i\}$ 线性相关，即存在 n 个不全为零的常数 a^i，使

$$\sum_{i=1}^{n} a^i \partial_i = 0$$

将它作用于过点 p 的坐标线 x^j，得

$$\sum_{i=1}^{n} a^i \frac{\partial x^j}{\partial x^i} = a^j = 0, \quad j = 1,2,\cdots,n$$

出现了矛盾，故基矢组 $\{\partial_i\}$ 线性独立.

另一方面，过 p 点的任意切向量均可用基矢组 $\{\partial_i\}$ 展开，即这组基矢完备. 定理得证. □

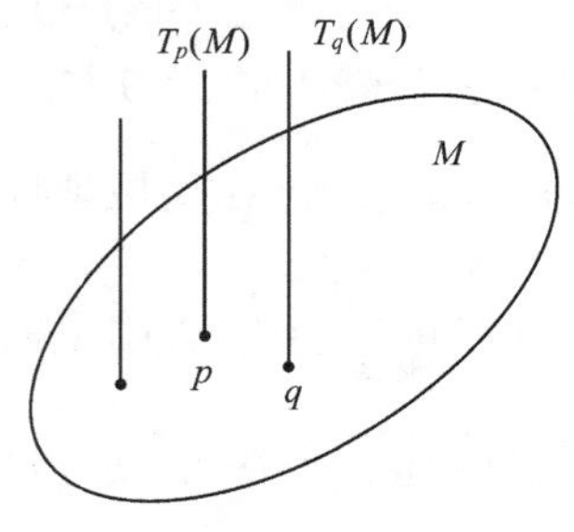

图 1.10　切丛示意图

流形 M 上所有各点切空间的并集

$$T(M) = \bigcup_p T_p(M) \tag{1.4}$$

称为流形 M 的切丛. 切丛 $T(M)$ 是 $2n$ 维流形，局域是直积流形，但整体不一定是. 在同一点的切向量可相加，而不同点的切向量无关系. 切丛 $T(M)$ 可用图 1.10 示意表示.

通过流形 M 上每点有一 n 维切空间 $T_p(M)$，可通过该点直线示意表示，在不同点的切空间相互无关，用

相互平行直线表示. 在每点 p 处的切空间 $T_p(M)$ 与 n 维线性空间 $\mathbb{R}^n$ 同构, $T_p(M)\simeq\mathbb{R}^n$.

在点 p 邻域 U,切丛局域同构于直积流形;

$$T(U) = \bigcup_{p\in U} T_p(M) \simeq U\times\mathbb{R}^n \tag{1.5}$$

但在整个流形 M 上切丛 $T(M)$ 一般不再是平庸的直积流形. 整体拓扑非平庸性正是我们以后要重点分析的.

下面介绍向量场 $X(x)$ 这一重要概念. 向量场 $X(x)$ 又称为切丛 $T(M)$ 的一个截面(section),是在流形 M 上每点 p 选出一个切向量 $X_p\in T_p(M)$,当选局域坐标系后,切向量场 $X(x)$ 可表示为

$$X(x) = \sum_{j=1}^{n}\xi^j(x)\partial_j \tag{1.6}$$

如函数 $\xi^j(x)$ 连续,可微,则称向量场 $X(x)$ 连续、可微.

流形 M 上可微向量场 $X(x)$ 可看成是作用在流形上的可微函数集合 $\mathscr{F}(M)$ 上的线性微分算子,具有性质

1) 线性

$$X(af+bg) = aXf+bXg \quad (a,b\in\mathbb{R},f,g\in\mathscr{F}(M)) \tag{1.7}$$

2) 满足 Leibniz 法则

$$X(fg) = fXg+gXf \tag{1.8}$$

具有上述性质的线性微分算子,可作为流形 M 上可微向量场的定义. 为了说明向量场 X 的可微性,只需证明对任意可微函数 $f\in\mathscr{F}(M)$, Xf 仍为 M 上可微函数即可.

令 $\mathscr{X}(M)$ 为 M 上所有可微向量场集合,即切丛截面集合,在其中可定义向量场间加法(如选局域坐标系,为对应系数相加),此加法满足 Abel 群规则. 可定义向量场与数乘法(为对应系数与数乘),此乘法满足结合律与分配律. 因此向量场集合 $\mathscr{X}(M)$ 形成实数域上无穷维向量空间,进一步可在此集合内部定义李括号乘法运算,即对于 $\mathscr{X}(M)$ 中任意两向量场

$$X = \sum_j\xi^j(x)\partial_j,\qquad Y = \sum_j\eta^j(x)\partial_j$$

可定义它们间李括号运算 $[X,Y]$

$$[X,Y]f = X(Yf)-Y(Xf) = \left(\xi^j\frac{\partial\eta^k}{\partial x^j}-\eta^j\frac{\partial\xi^k}{\partial x^j}\right)\partial_k f \tag{1.9}$$

这里采用了重复指标求和的惯例,即(1.9)式右端省略了求和号 $\sum_{jk}$,以后如不加声明,均采用此习惯约定. (1.9)式对流形 M 上任意实函数 $f\in\mathscr{F}(M)$ 均成立. 两线性微分算子相乘的对易子,本来应为二阶微分算子,但是上述运算表明其二阶微

分部分正好相消,仅剩下一阶微分部分,仍为向量场,即

$$[X,Y] \in \mathscr{X}(M)$$

故集合 $\mathscr{X}(M)$ 为实数域上李代数,其中任意三个向量场 $X,Y,Z \in \mathscr{X}(M)$,其李括号运算的 Jacobi 等式成立

$$[[X,Y],Z] + [[Y,Z],X] + [[Z,X],Y] = 0 \tag{1.10}$$

故向量场集合 $\mathscr{X}(M)$ 形成实数域上无穷维李代数. 进一步注意到向量场 $X \in \mathscr{X}(M)$,不仅可以与实数乘,而且可以与流形 M 上任意可微函数 $f \in \mathscr{F}(M)$ 乘,fX 仍为切场. 在不同点处切向量不能相加,但在同一点的切向量可相加,且在一点线性独立的切向量数均为 n,在每点切向量可用基矢组 $\{\partial_i\}_1^n$ 展开,在选定局域坐标卡后,切场 $X \in \mathscr{X}(M)$ 可表示

$$X = \sum_{i=1}^{n} \xi^i(x)\partial_i, \quad \xi^i(x) \in \mathscr{F}(M)$$

故向量场集合 $\mathscr{X}(M)$ 形成 n 秩 $\mathscr{F}$ 模(module).

§1.4　余切向量场

任意 n 维向量空间 V,可利用它对实数的同态线性映射(实线性函数)的集合

$$\mathrm{Hom}(V,\mathbb{R}): V \to \mathbb{R}$$

得到 V 的对偶空间 V^*. 即由于线性函数加线性函数仍为线性函数,线性函数与数乘仍为线性函数,使线性空间 V 上的线性函数集合本身形成一向量空间 $V^* = \mathrm{Hom}(V,\mathbb{R})$,$V^*$ 也是 n 维向量空间,称为 V 的对偶空间,且空间 V 与 V^* 互为对偶(参看附录 F).

对流形 M 过 p 点的切向量空间 $T_p(M)$,也可与上类似定义 $T_p(M)$ 的对偶空间 $T_p^*(M)$. 讨论维持 $T_p(M)$ 线性结构的同态映射

$$\mathrm{Hom}(T_p(M),\mathbb{R}): T_p(M) \to \mathbb{R} \tag{1.11}$$

其中任一元素 σ_p 称为在 p 点的余切向量,它使任一切向量 X_p 映射为数

$$\sigma_p: X_p \longmapsto \sigma_p(X_p) \equiv \langle \sigma_p, X_p \rangle \in \mathbb{R} \tag{1.12}$$

σ_p 为线性映射,即有性质(保持向量空间的线性结构)

$$\sigma_p(X_p + Y_p) = \sigma_p(X_p) + \sigma_p(Y_p) \quad (X_p, Y_p \in T_p(M)) \tag{1.13}$$

$$\sigma_p(cX_p) = c\sigma_p(X_p) \quad (c \in \mathbb{R}) \tag{1.14}$$

易证满足上述性质的任两个余切向量 σ_p 与 τ_p 的线性组合 $a\sigma_p + b\tau_p$ 仍满足上述两性质. 故满足上述性质的所有余切向量的集合 $\{\sigma_p\}$ 形成线性空间,称为与

$T_p(M)$对偶的、流形 M 上 p 点处的余切向量空间 $T_p^*(M)=\mathrm{Hom}(T_p(M),\mathbb{R})$，它也是 n 维向量空间. 流形 M 上所有各点余切向量空间的并集

$$T^*(M)=\bigcup_p T_p^*(M)$$

称为流形 M 的余切丛. 余切丛 $T^*(M)$是 $2n$ 维流形. 余切场 σ 为余切丛$T^*(M)$上的截面，即按一定规则在每点 p 给出一个余切向量.

在上节我们曾分析过，可以利用流形 M 上过 p 点的一条曲线在 $T_p(M)$中选出一切向量 $X_p\in T_p(M)$. 下面我们分析如何在 $T_p^*(M)$中选出一个余切向量 $\sigma_p\in T_p^*(M)$. 我们知道 $\mathscr{F}_p(M)$为 M 上点 p 邻域可微函数集合，在 $\mathscr{F}_p(M)$中函数 f 满足下述条件时称为在点 p 为平稳的：存在坐标卡(U,φ)，$p\in U$，使 $f\circ\varphi^{-1}$的所有一阶偏导数在 $\varphi(p)$处为 0. 令 S_p 表示在点 p 平稳函数集合，它为 $\mathscr{F}_p(M)$的子代数. 对 $T_p(M)$中任意切向量

$$X_p:S_p\to 0$$

为选出在点 p 处与切空间 $T_p(M)$对偶的一个余切矢量，可选函数 $f\in\mathscr{F}_p(M)/S_p$，即任选一非平稳函数 f，而定义满足下述条件的线性映射为 $\mathrm{d}f$：

$$\mathrm{d}f:T_p(M)\to\mathbb{R}$$
$$X_p\longmapsto Xf|_p$$

可记为

$$\langle \mathrm{d}f,X\rangle = Xf\in\mathscr{F}(M) \tag{1.15}$$

余切矢量 $\mathrm{d}f$ 称为函数 f 的全微分，它映射 $T_p(M)$中任一元素为一实数，当在点 p 邻域选局域坐标，切空间选自然基$\{\partial_i\}$，如选 $f=x^i$，则

$$\langle \mathrm{d}x^j,\partial_i\rangle=\frac{\partial x^j}{\partial x^i}=\delta^j_i \tag{1.16}$$

可选$\{\mathrm{d}x^i\}$为余切空间 $T_p^*(M)$中与切空间 $T_p(M)$的基$\{\partial_i\}$对偶的基矢，可证$\{\mathrm{d}x^i\}$相互独立、完备，共有 n 个. 而函数 f 的全微分可表为

$$\mathrm{d}f=\frac{\partial f}{\partial x^i}\mathrm{d}x^i \tag{1.17}$$

$\mathrm{d}f$ 是一个特殊的余切场，流形上每点邻域任意余切场可用局域坐标系表示为

$$\sigma(x)=\sigma_i(x)\mathrm{d}x^i,\quad \sigma_i(x)\in\mathscr{F}(M) \tag{1.18}$$

当 $\sigma_i(x)$为可微的，则称 $\sigma(x)$为可微的余切场. 可微余切向量场 $\sigma(x)$又称为 Pfaff 形式或线性微分形式(1 form)，它与向量场 $X(x)=\xi^j(x)\partial_i$ 对偶，即它将任一切向量场 $X(x)$映射到 $\mathscr{F}(M)$

$$\langle\sigma(x),X(x)\rangle=\sigma_i(x)\xi^j(x)\langle \mathrm{d}x^i,\partial_j\rangle$$

$$= \sigma_i(x)\xi^i(x) \in \mathscr{F}(M) \tag{1.19}$$

令 $\Lambda^1(M)$ 为流形 M 上余切场集合，即 M 上余切丛的截面集合. 可以定义两余切场相加，及余切场与实数乘，故余切丛截面集合 $\Lambda^1(M)$ 为实数域上无穷维向量空间. 进一步注意到可定义余切场与 M 上任意光滑函数 $f \in \mathscr{F}(M)$ 相乘，结果仍是光滑的余切场，且在一点上线性独立的余切场数为 n. 故余切场集合 $\Lambda^1(M)$ 形成 n 秩 $\mathscr{F}$ 模.

总之，M 上每点余切空间 $T_p^*(M)$ 是该点切空间 $T_p^*(M)$ 的实线性对偶

$$T_p^*(M) = \mathrm{Hom}_{\mathbb{R}}(T_p^*(M), \mathbb{R}) \simeq \mathbb{R}^n$$

而由(1.19)式更可看出 M 上余切场集合 $\Lambda^1(M)$ 是切场集合 $\mathscr{X}(M)$ 的 $\mathscr{F}$ 线性对偶

$$\Lambda^1(M) = \mathrm{Hom}_{\mathscr{F}}(\mathscr{X}(M), \mathscr{F}(M))$$

$\Lambda^1(M)$ 仍为 n 秩 $\mathscr{F}$ 模. 线性空间的对偶是大家熟悉的，而我们今后将更加强调分析流形上切场与余切场间 $\mathscr{F}$ 线性对偶关系.

流形 M 及其上光滑函数集合 $\mathscr{F}(M)$ 间存在对偶对应

$$\mathscr{F} \leftrightarrow M$$

$\mathscr{F}$ 及其各阶导数的全部信息可给出 M 的全部局域线性结构的信息. 在本章前两节我们讨论了流形的拓扑结构与微分结构. 从上节开始我们着重分析流形 M 的局域线性结构. 这时我们发现，为了引入流形上切场，如上节我们选过 p 点的曲线 $\gamma(t)$

$$\gamma: \mathbb{R} \to M$$
$$t \mapsto \gamma(t)$$

沿曲线 $\gamma(t)$ 的切矢可表为 $\frac{\mathrm{d}}{\mathrm{d}t}$.

在本节为引入余切场，我们选取与映射 γ 对偶的映射

$$f: M \to \mathbb{R}$$

分析流形上某光滑实函数的全微分 $\mathrm{d}f$，它是与切场对偶的余切场，它对任意切场 $X \in \mathscr{X}(M)$ 的作用可表为

$$\langle \mathrm{d}f, X\rangle = Xf \in \mathscr{F}(M)$$

此即函数全微分 $\mathrm{d}f$ 沿切场 X 方向的投射.

附带指出，余切空间 $T_p^*(M)$ 是切空间 $T_p(M)$ 的对偶空间，都为 n 维线性空间，从代数结构看，两者相同. 但是在流形上，切向量场与余切向量场性质不一样，我们在以后讨论流形上张量场分析时可明显看出这点.

流形上切向量场与余切向量场都是流形上的几何量，在坐标变换下不变. 但是其表达形式，即当选定局域坐标系时，其相应的分量，将随坐标系的变换而按一定

规律变换. 下面我们分析在坐标变换时切向量场各分量与余切向量场各分量的变换规律.

例如,作一般坐标变换

$$x^i \to x'^i(x) \tag{1.20}$$

要求为微分同胚变换,其 Jacobi 行列式不等于零

$$\det\left(\frac{\partial x'^i}{\partial x^k}\right) \neq 0 \tag{1.21}$$

故存在相应的逆变换

$$x'^i \to x^i(x') \tag{1.22}$$

选局域坐标系后,切向量场 $X(x)$ 与余切向量场 $\sigma(x)$ 可表示为

$$X(x) = \xi^i(x)\frac{\partial}{\partial x^i} = \xi'^i(x')\frac{\partial}{\partial x'^i} \tag{1.23}$$

$$\sigma(x) = \sigma_i(x)\mathrm{d}x^i = \sigma'_i(x)\mathrm{d}x'^i \tag{1.24}$$

由于坐标基矢 $\{\partial_i\}$ 与 $\{\mathrm{d}x^i\}$ 的变换

$$\mathrm{d}x'^i = \frac{\partial x'^i}{\partial x^k}\mathrm{d}x^k \tag{1.25}$$

$$\frac{\partial}{\partial x'^i} = \frac{\partial x^k}{\partial x'^i}\frac{\partial}{\partial x^k} \tag{1.26}$$

使切场分量 $\{\xi^i(x)\}$ 与余切场分量 $\{\sigma_i(x)\}$ 变换

$$\xi'^i = \frac{\partial x'^i}{\partial x^k}\xi^k \tag{1.27}$$

$$\sigma'_i = \frac{\partial x^k}{\partial x'^i}\sigma_k \tag{1.28}$$

基矢组 $\{\partial_i\}$ 与 $\{\mathrm{d}x^i\}$ 称为自然标架,有时采用活动标架更方便,即可对自然标架作线性组合

$$e_a(x) = e_a^i(x)\partial_i \quad (a = 1, 2, \cdots, n) \tag{1.29}$$

其中 $e_a^i(x) \in \mathscr{F}(M)$,且组成非奇异 $n \times n$ 矩阵,即矩阵 $e = (e_a^i)$ 行列式非零

$$\det(e) \neq 0 \tag{1.30}$$

同时,对余切向量场基矢,也需作相应变换,以便仍保持为对偶基矢组,即选

$$\vartheta^a = (e^{-1})_i^a \mathrm{d}x^i \equiv \vartheta_i^a(x)\mathrm{d}x^i \tag{1.31}$$

其中矩阵 $\vartheta = (\vartheta_i^a)$ 为矩阵 $e = (e_a^i)$ 的逆矩阵,使基矢组保持如下对偶性:

$$\langle \vartheta^a, e_b \rangle = \vartheta_i^a e_b^j \langle \mathrm{d}x^i, \partial_j \rangle = \delta_b^a \tag{1.32}$$

这时各切场及余切场各分量也要作相应变换

$$\xi^a = \langle \vartheta^a, X \rangle = \vartheta^a_j \xi^j \tag{1.33}$$

$$\sigma_a = \langle \sigma, e_a \rangle = e^i_a \sigma_i \tag{1.34}$$

对活动标架$\{e_a(x)\}$与$\{\vartheta^a(x)\}$还可进一步作线性变换,令矩阵

$$L(x) = (L^a_b(x)) \tag{1.35}$$

为在p点开邻域U内处处非奇异$n \times n$矩阵,即满足

$$\det L(x) \neq 0, \quad x \in U \tag{1.36}$$

这时可令

$$e'_a = L^b_a e_b, \quad \vartheta'^a = (L^{-1})^a_b \vartheta^b \tag{1.37}$$

使变换后的活动标架仍保持对偶对应

$$\langle \vartheta'^a, e'_b \rangle = \delta^a_b \tag{1.38}$$

这时,切场分量变换为

$$\xi'^a = (L^{-1})^a_b \xi^b \tag{1.39}$$

余切场分量变换为

$$\sigma'_a = L^b_a \sigma_b \tag{1.40}$$

本书采用的习惯为:对下指标(称协变指标),变换用矩阵$L = (L^b_a)$,而对上指标(称逆变指标),用其转置逆矩阵$(L^{-1})^a_b$变换.

最后,我们举质点力学中的例子来简单说明切场及余切场在物理中的应用. 在单粒子运动中,粒子运动轨道参数可选为时间t,沿轨道的切矢量为

$$V = \frac{\mathrm{d}}{\mathrm{d}t} = \frac{\mathrm{d}x^i}{\mathrm{d}t}\partial_i \tag{1.41}$$

此即速度矢量,在选定坐标系后,其分量为$\frac{\mathrm{d}x^i}{\mathrm{d}t}$.

另一方面,为分析粒子运动的动力学性质,可引入作用量S,可将它看成全空间的函数

$$\mathrm{d}S = p_i \mathrm{d}x^i \tag{1.42}$$

即动量分量p_i可看成余切向量场的分量.

分析粒子运动的动力学性质时,拉氏函数是坐标与速度的函数,即是切丛上的函数. 而哈密顿量应表为坐标和动量的函数,即是余切丛上的函数. 经典力学中定义的 Poisson 括号与坐标选取无关,保持 Poisson 括号不变的余切丛间微分同胚变换称为正则变换.

§1.5　张量积与流形上高阶张量场

本节讨论流形上各种高阶张量场,它们都是切场与余切场的各种张量积. 首先

让我们回忆一下通常线性代数中的一些基本概念，讨论线性空间 V 及其对偶空间 V^* 间的各种张量积.

我们首先分析两线性空间 V 与 W 的张量积 $V\otimes W$ 这一重要概念. 令 V 为 n 维线性空间，W 为 m 维线性空间，二者的张量积 $V\otimes W$ 为 $n\times m$ 维线性空间. 注意区别两线性空间的张量积 $V\otimes W$ 与两线性空间的笛卡儿积(Cartesian product) $V\times W$，后者为 $n+m$ 维线性空间. 下面我们认真分析此问题.

令 V 为实数域上 n 维线性空间，而

$$V^* = \mathrm{Hom}(V,\mathbb{R}) \tag{1.43}$$

是 V 到 $\mathbb{R}$ 的同态映射(保持线性空间结构的映射)的集合，是 V 上实线性函数的集合，集合 V^* 本身仍形成实数域上 n 维线性空间.

两线性空间的笛卡儿积 $V\times W$ 为线性空间，其元素可表示为

$$(a,b) \in V\times W, \qquad 其中\ a\in V,\ b\in W$$

可定义两元素的加法

$$(a_1,b_1)+(a_2,b_2) = (a_1+a_2,b_1+b_2) \in V\times W$$

及元素与实数 $\alpha\in\mathbb{R}$ 的乘法

$$\alpha(a,b) = (\alpha a,\alpha b) \in V\times W$$

因此 $V\times W$ 为实数域上 $n+m$ 维线性空间.

下面讨论 $V\times W$ 上双线性函数集合，记为 $\mathrm{Hom}(V\times W,\mathbb{R})$，任意一个双线性函数 h

$$h \in \mathrm{Hom}(V\times W,\mathbb{R})$$

它对 $V\times W$ 中元素 (a,b) 的作用可表示为

$$\langle h;\ a,b\rangle \equiv h(a,b) \in \mathbb{R}$$

具有性质

$$h(a_1+a_2,b) = h(a_1,b)+h(a_2,b)$$

$$h(a,b_1+b_2) = h(a,b_1)+h(a,b_2)$$

$$h(\alpha a,b) = \alpha h(a,b) = h(a,\alpha b), \qquad 其中\ \alpha\in\mathbb{R}$$

易证具有上述性质的两个双线性函数之和仍为双线性函数，即有

$$h,g \in \mathrm{Hom}(V\times W,\mathbb{R}) \Rightarrow h+g \in \mathrm{Hom}(V\times W,\mathbb{R})$$

$$\alpha h \in \mathrm{Hom}(V\times W,\mathbb{R})$$

故集合 $\mathrm{Hom}(V\times W,\mathbb{R})$ 仍形成实数域上线性空间，称为 V^* 与 W^* 的张量积空间

$$V^*\otimes W^* = \mathrm{Hom}(V\times W,\mathbb{R}) \tag{1.44}$$

上式相当于(1.43)式推广. 下面再认真分析一下此空间的特性，即线性空间的

维数.

V选基矢$(e_1,\cdots,e_n)$,W选基矢$(f_1,\cdots,f_m)$,则$V\times W$选基矢$(e_1,\cdots,e_n,f_1,\cdots,f_m)$.

V中元素

$$a=\sum_{i=1}^{n}a^ie_i=(a^1,\cdots,a^n)\in V$$

$V\times W$中元素

$$(a,b)=(a^1,\cdots,a^n,b^1,\cdots,b^m)\in V\times W$$

在V的对偶空间V^*选相应对偶基$(\vartheta^1,\cdots,\vartheta^n)$满足

$$\vartheta^i(a)=\vartheta^i(a^je_j)=a^j\delta_j^i=a^i$$

在W^*选对偶基$(\sigma^1,\cdots,\sigma^m)$,满足

$$\sigma^j(b)=\sigma^j(b^kf_k)=b^k\delta_k^j=b^j$$

双线性函数h对$V\times W$中元素(a,b)作用可表示为

$$\langle h;a,b\rangle=\sum_{i,j}a^ib^j\langle h;e_i,f_j\rangle=\sum_{i,j}a^ib^jh_{ij}$$

$n\times m$个实数$\{h_{ij},\ i=1,\cdots,n,j=1,\cdots,m\}$完全确定$h$,可将$h$表示为

$$h=\sum_{ij}h_{ij}\vartheta^i\otimes\sigma^j$$

$$\langle\vartheta^i\otimes\sigma^j;a,b\rangle=\vartheta^i(a)\sigma^j(b)=a^ib^j$$

集合$\{\vartheta^i\otimes\sigma^j,i=1,\cdots,n,j=1,\cdots,m\}$组成线性空间$V^*\otimes W^*$的一组基,而$V^*\otimes W^*$是实数域上$n\times m$维线性空间.

类似可证$V^*\times W^*$上双线性函数集合

$$V\otimes W=\mathrm{Hom}(V^*\times W^*,\mathbb{R})$$

为实数域上$n\times m$维线性空间.

下面我们结合流形来分析其各种局域线性结构.

n维流形M在点p有切空间$T_p(M)$,余切空间$T_p^*(M)$,它们都是n维向量空间,相互对偶,并可分别选相互对偶基矢$\{e_i(p)\}$与$\{\vartheta^i(p)\}$. 下面我们要讨论它们的多重张量积形成的线性空间. 例如,r阶逆变张量空间$T^r(p)$是r个切空间的张量积形成的r重线性张量空间,可以采用以下三种等价的定义:

1) $T^r(p)=T_p(M)\otimes T_p(M)\otimes\cdots\otimes T_p(M)$

可选基底

$$\{e_{i_1}\otimes e_{i_2}\otimes\cdots\otimes e_{i_3}\},\quad i_1,i_2,\cdots,i_r=1,2,\cdots,n$$

共有n^r个基底,$T^r(p)$中任意元素$K\in T^r(p)$可用上基底展开(以下均采用重复指

标求和习惯)

$$K = K^{i_1 i_2 \cdots i_r} e_{i_1} \otimes e_{i_2} \otimes \cdots \otimes e_{i_r} \tag{1.45}$$

K 称为 r 阶逆变张量,展开系数 $K^{i_1 i_2 \cdots i_r}$ 称为张量的分量,可定义这种张量间的加法,为对应分量相加(加法满足 Abel 群规则),并可定义张量和数 $\alpha \in \mathbb{R}$ 的乘法(服从分配率和结合率),故 $T^r(p)$ 为 n^r 维线性空间,称为 r 阶逆变张量空间.

2) 也可利用坐标变换下(坐标基矢变换下)张量各分量的变换性质来定义张量.例如,当切空间各基矢如(1.46)式变换

$$e'_i = L_i^j e_j \tag{1.46}$$

由于张量 K 本身为与坐标选择无关的几何量,张量 K 的各分量须按下式变换:

$$K'^{i_1 \cdots i_r} = (L^{-1})_{j_1}^{i_1} \cdots (L^{-1})_{j_r}^{i_r} K^{j_1 \cdots j_r} \tag{1.47}$$

具有上述性质的 n^r 个实数集合,称为 r 阶逆变张量 K,而这 n^r 个实数$\{K^{i_1 \cdots i_r}\}$称为张量 K 的分量. 这种用坐标变换下张量分量的变换规律来定义张量,这是大家熟悉的张量的老定义.

3) $T^r(p)$ 为余切空间上 r 重线性函数的集合

$$T^r(p) = \mathrm{Hom}(T_p^*(M), T_p^*(M), \cdots, T_p^*(M); \mathbb{R})$$

其成员 K 为 r 重线性映射

$$K: T_p^*(M), T_p^*(M), \cdots, T_p^*(M) \to \mathbb{R}$$

$$\sigma, \tau, \cdots, \omega \to K(\sigma, \tau, \cdots, \omega) \in \mathbb{R}$$

其中 $\sigma, \tau, \cdots, \omega \in T_p^*(M)$ 为 p 点任意余切向量,此映射为 r 线性,即具有如下性质:

$$K(a\sigma, \tau, \cdots, \omega) = aK(\sigma, \tau, \cdots, \omega) \tag{1.48}$$

$$= K(\sigma, a\tau, \cdots, \omega) = \cdots$$

$$= K(\sigma, \tau, \cdots, a\omega), \quad a \in \mathbb{R} \tag{1.49}$$

$$K(\sigma, \tau, \cdots, \omega) + K(\rho, \tau, \cdots, \omega) = K(\sigma + \rho, \tau, \cdots, \omega) \tag{1.50}$$

上式对各宗量均对,即 K 为保持其各宗量线性结构的映射,因此,当在余切空间 $K_p^*(M)$ 中选定基矢,张量 K 对基矢的作用确定后,整个张量就被完全确定,若在余切空间选定基矢$\{\vartheta^i,\ i = 1, \cdots, n\}$,而

$$K(\vartheta^{i_1}, \vartheta^{i_2}, \cdots, \vartheta^{i_r}) = K^{i_1 i_2 \cdots i_r} \tag{1.51}$$

称为 r 阶逆变张量 K 的分量,可将张量 K 表为

$$K = K^{i_1 i_2 \cdots i_r} e_{i_1} \otimes e_{i_2} \otimes \cdots \otimes e_{i_r}$$

此即(1.45)式. 由以上分析看出,张量的三种定义实质上是完全等价的!

对 s 阶协变张量空间 $T_s(p)$ 也可类似定义

$$T_s(p) = T_p^*(M) \otimes T_p^*(M) \otimes \cdots \otimes T_p^*(M)$$
$$= \mathrm{Hom}(T_p(M), T_p(M), \cdots, T_p(M); \mathbb{R})$$

并可定义 $T_s^r(p)$ 型张量,它是 r 阶逆变张量空间与 s 阶协变张量空间的直积 $T_s^r(p) = T^r(p) \otimes T_s(p)$ 为 n^{r+s}维线性空间.

同型张量空间可相加及与数乘,形成线性空间,称张量空间. 对不同型的张量间还可引入张量积(直积)运算,得到更高阶张量. 例如

$$K \in T_s^r(p), \quad H \in T_v^u(p)$$

则

$$K \otimes H \in T_{s+v}^{r+u}(p) \tag{1.52}$$

对混合张量 $T_s^r(p)$,当 $r,s \geqslant 1$ 时,还可定义张量的缩并运算(contraction),它使张量的秩减少 2

$$C: T_s^r(p) \to T_{s-1}^{r-1}(p), (CK)_{j_2\cdots j_r}^{i_2\cdots i_r} = \sum_{i=1}^{n} K_{ij_2\cdots j_r}^{ii_2\cdots i_r} \tag{1.53}$$

即使一对上下指标对等求和.

考虑所有不同类型张量的直和

$$T(p) = \oplus \sum_{r,s=0}^{\infty} T_s^r$$

其元素为所有各种类型张量的形式和. $T(p)$ 构成无穷维线性空间,并且存在张量直积运算,故构成可结合代数,称张量代数.

这里我们附带解释一下,张量空间可看成是向量空间上多重线性映射组成的线性空间,有些不同的线性映射可组成同构的张量空间. 例如 $T_1^1(p)$ 型张量

$$T_1^1(p) = T_p(M) \otimes T_p^*(M) = \mathrm{Hom}(T_p^*(M), T_p(M); \mathbb{R})$$

其中任一 $T_1^1(p)$ 型张量可用基矢组 $\{e_i \otimes \vartheta^j\}$ 展开为

$$K = K_j^i e_i \otimes \vartheta^j \tag{1.54}$$

同时我们注意到切空间 $T_p(M)$ 的自同态集合

$$\mathrm{Hom}(T_p(M); T_p(M))$$

其生成元为

$$K: T_p(M) \to T_p(M)$$
$$e_j \to K(e_j) = K_j^i e_i \in T_p(M)$$

故向量空间 $T_p(M)$ 中线性映射算子 K 可用(1.54)式表达,即向量空间自同态算子 K 为 $T_1^1(p)$ 型张量. 而缩并运算即自同态算子的取迹运算.

张量直积运算及张量缩并运算均与坐标基矢的选取无关.

在流形 M 的每点 p 都有一 (r,s) 型张量空间 $T_s^r(p)$,为 r 重逆变 s 重协变向量空间的直积张量空间,是 n^{r+s} 维线性空间. 而流形各点 $T_s^r(p)$ 的并集

$$T_s^r(M) = \bigcup_{p\in M} T_s^r(p) \tag{1.55}$$

称为流形 M 上 (r,s) 型张量丛.

(r,s) 型张量场 $K(x)$ 为张量丛 $T_s^r(M)$ 的一个截面. 相当于按一定规则在流形 M 点 p 邻域选出一个张量 $T_s^r(p)$. 当我们在开集 U 上选局域坐标系,$x=(x^1,\cdots,x^n)$,开集 U 可取自然标架,选 $\{\partial_j \equiv \frac{\partial}{\partial x^j}\}$ 为切空间 $T_x(M)$ 的基矢,$\{\mathrm{d}x^j\}$ 为余切空间 $T_x^*(M)$ 的基矢,则 (r,s) 型张量场 $K(x)$ 可表示为

$$K(x) = K_{j_1\cdots j_s}^{i_1\cdots i_r}(x)\partial_{i_1}\otimes\partial_{i_r}\otimes\mathrm{d}x^{j_1}\otimes\cdots\otimes\mathrm{d}x^{j_s} \tag{1.56}$$

其中 $K_{j_1\cdots j_s}^{i_1\cdots i_r}(x)$ 为 U 上函数,称为 (r,s) 型张量场 $K(x)$ 相对标架的分量. 若函数 $K_{j_1\cdots j_s}^{i_1\cdots i_r}(x)$ 为 C^l 类,则称张量场 $K(x)$ 为 C^l 类,若 $K_{j_1\cdots j_s}^{i_1\cdots i_r}(x)$ 为 C^∞ 类(光滑函数),则称张量场 $K(x)$ 为 U 上光滑张量场. 而张量场的可微性与局域坐标系的选取无关.

高阶张量场是高阶张量丛上的截面,高阶张量丛是流形上各点高阶张量的并集,而各点高阶张量是该点切空间与余切空间的多重实数域上的线性张量积. 另一方面,与上节余切场讨论类似,我们可直接讨论流形上切场与余切场的多重 $\mathscr{F}$ 线性张量积,当令 $\mathscr{F}(M)$ 为 M 上可微函数集合;$\mathscr{X}(M)$ 为切向量场集合. 则 r 阶协变张量场 $K(x)$ 可看成 r 个切向量场 $\mathscr{X},\cdots,\mathscr{X}$ 到 $\mathscr{F}(M)$ 的 r 阶 $\mathscr{F}$ 线性映射 $K\in \mathrm{Hom}(\mathscr{X},\cdots,\mathscr{X};\mathscr{F})$

$$K:\mathscr{X},\mathscr{X},\cdots,\mathscr{X}\to\mathscr{F}(M)$$

$$X,Y,\cdots,Z\to K(X,Y,\cdots,Z)\in\mathscr{F}(M)$$

满足

$$K(fX,gX,\cdots,hZ) = fghK(X,Y,\cdots,Z) \tag{1.57}$$

其中

$$X,Y,\cdots,Z\in\mathscr{X}(M),\quad f,g,h\in\mathscr{F}(M)$$

当取局域坐标系,采用自然标架,各切场可表为

$$X=\xi^i\partial_i,\quad Y=\eta^j\partial_j,\ \cdots,\ Z=\xi^k\partial_k\in\mathscr{X}(M) \tag{1.58}$$

由(1.57)式知

$$K(X,Y,\cdots,Z) = \xi^{i_1}\eta^{i_2}\cdots\zeta^{i_r}K(\partial_{i_1},\partial_{i_2},\cdots,\partial_{i_r}) \tag{1.59}$$

其中

$$K(\partial_{i_1},\partial_{i_2},\cdots,\partial_{i_r}) \equiv K_{i_1 i_2\cdots i_r}(x) \in \mathscr{F}(M)$$

这 n^r 个函数 $K_{i_1 i_2\cdots i_r}(x)$ 完全确定了张量场 $K(x)$，称为张量场 $K(x)$ 相对自然标架的分量，可将此 r 阶协变张量场 $K(x)$ 表示为

$$K(x) = K_{i_1 i_2\cdots i_r}(x)\mathrm{d}x^{i_1}\otimes\mathrm{d}x^{i_2}\otimes\cdots\otimes\mathrm{d}x^{i_r} \tag{1.60}$$

此张量场与 r 个切向量场的缩并可表示为(即(1.59)式)

$$\begin{aligned}K(X,Y,\cdots,Z) &\equiv \langle K;X,Y,\cdots,Z\rangle\\ &= K_{i_1 i_2\cdots i_r}(x)\langle\mathrm{d}x^{i_1},X\rangle\langle\mathrm{d}x^{i_2},Y\rangle\cdots\langle\mathrm{d}x^{i_r},Z\rangle\\ &= K_{i_1 i_2\cdots i_r}\xi^{i_1}\eta^{i_2}\cdots\zeta^{i_r}\end{aligned} \tag{1.61}$$

当坐标变换时，张量场的基矢及其相应分量均按切场基矢(或其对偶基矢)的多重直积变换. 例如，若作坐标变换为

$$\partial'_i = L_i^j\partial_j,\qquad \mathrm{d}x'^i = (L^{-1})^i_j\mathrm{d}x^j$$

则上述 r 重协变张量 $K(x)$ 的分量将如下变换：

$$K'_{i_1\cdots i_r}(x) = L_{i_1}^{j_1}\cdots L_{i_r}^{j_r}K_{j_1\cdots j_r} \tag{1.62}$$

(1.60)～(1.62)式均可作为 r 重协变张量场的定义，这是三种完全等价的定义. 张量场是与坐标系的选择无关的几何量，虽然有时明显写出依赖坐标表达式，但是张量运算结果应与坐标系的选择无关.

可以定义同类型张量场间加法，为对应分量逐点相加，并可定义张量场与流形可微函数间乘法，为对应分量逐点相乘. 同类型张量集合形成 $\mathscr{F}$ 模.

还可定义不同类型张量场的直和，于是各种类型张量场的直和构成流形 M 上的张量代数.

$r,s\geqslant 1$ 的 (r,s) 型张量场还可定义缩并运算，它使张量阶数减少 2，这些都是与坐标系的选择无关的张量场间的运算.

§1.6　Cartan 外积与外微分　微分形式

上面引入的张量空间(张量场)，是切空间与余切空间(切场与余切场)的多重直积空间，可利用因子空间的对称化和反对称化，将它们分解为具有特殊对称类型张量的不变子空间的直和.

用 $P(r)$ 记 r 个对象的置换群，$P(r)$ 中任一元素 $\sigma\in P(r)$ 决定了 r 秩张量空间 T^r 的一个自同态，相当于张量的各因子空间的一个置换，使 T^r 中任一张量 K 转变为 σK

$$\sigma K(\vartheta^{i_1},\cdots,\vartheta^{i_r}) = K(\vartheta^{i\sigma_1},\cdots,\vartheta^{i\sigma_r}) \tag{1.63}$$

或记为

$$(\sigma K)^{i_1\cdots i_r} = K^{i\sigma_1\cdots i\sigma_r} \tag{1.64}$$

引入对称化算子 S 与反对称化算子 A;

$$S_r = \frac{1}{r!}\sum_{\sigma\in P(r)}\sigma \tag{1.65}$$

$$A_r = \frac{1}{r!}\sum_{\sigma\in P(r)}\operatorname{sign}(\sigma)\sigma \tag{1.66}$$

其中 $\operatorname{sign}(\sigma) = \pm 1$,由置换 σ 的奇偶性决定,对于偶置换 $\operatorname{sign}(\sigma) = 1$,对于奇置换 $\operatorname{sign}(\sigma) = -1$,$S$ 与 A 为相互正交的投影算子,利用它们可将 r 秩逆变张量空间 T^r 分解为相互正交的线性子空间之和. 对称张量之和及与数乘仍为对称张量,反对称张量之和及与数乘仍为反对称张量,它们分别组成了 T^r 的不变线性子空间,张量的对称类型与坐标系的选择无关.

下面我们着重讨论完全反对称协变张量场,称为微分形式(differential form),它在流形分析中占有极重要的地位,我们将认真分析它的性质.

r 秩完全反对称协变张量场称为 r 形式,所有 r 形式的集合组成线性空间,记为 Λ^r,且令 Λ^1 即为余切向量场空间,又称为 1 形式.

选局域坐标系,取自然基,$\mathscr{T}^1$空间基矢 $\{\mathrm{d}x^i\}$,共 n 个基矢,$\mathscr{T}^2$空间基矢 $\{\mathrm{d}x^i\otimes\mathrm{d}x^j\}$,共 n^2 个基矢. 而 2 形式空间 Λ^2 可选基矢

$$\mathrm{d}x^i\wedge\mathrm{d}x^j = (\mathrm{d}x^i\otimes\mathrm{d}x^j - \mathrm{d}x^j\otimes\mathrm{d}x^i) = \delta^{ij}_{kl}\mathrm{d}x^k\otimes\mathrm{d}x^l \tag{1.67}$$

其中

$$\delta^{ij}_{kl} = \delta^i_k\delta^j_l - \delta^i_l\delta^j_k$$

称为推广的 Kronecker δ 符号. Λ^2 空间共有 $\binom{n}{2} = \frac{1}{2}n(n-1)$ 个基矢,为 $\frac{1}{2}n(n-1)$维线性空间,其中任意 2 形式可表示为

$$\alpha_2 = \frac{1}{2}f_{ij}(x)\mathrm{d}x^i\wedge\mathrm{d}x^j,\quad f_{ij} = -f_{ji} \tag{1.68}$$

这里仍采用重复指标求和惯例. 将求和指标明显写出,上式也可表为

$$\alpha_2 = \frac{1}{2}\sum_{i\neq j}f_{ij}(x)\mathrm{d}x^i\wedge\mathrm{d}x^j = \sum_{i<j}f_{ij}(x)\mathrm{d}x^i\wedge\mathrm{d}x^j$$

类似,对线性空间 Λ^r 可选基矢

$$\begin{aligned}\mathrm{d}x^{i_1}\wedge\cdots\wedge\mathrm{d}x^{i_r} &= \sum_{\sigma\in P(r)}\operatorname{sign}(\sigma)(\mathrm{d}x^{i_{\sigma 1}}\otimes\cdots\otimes\mathrm{d}x^{i_{\sigma r}})\\ &= \delta^{i_1\cdots i_r}_{k_1\cdots k_r}\mathrm{d}x^{k_1}\otimes\cdots\otimes\mathrm{d}x^{k_r}\end{aligned} \tag{1.69}$$

其中

$$\delta^{i_1\cdots i_r}_{k_1\cdots k_r} = \begin{vmatrix} \delta^{i_1}_{k_1} & \cdots & \delta^{i_1}_{k_r} \\ \vdots & & \vdots \\ \delta^{i_r}_{k_1} & \cdots & \delta^{i_r}_{k_r} \end{vmatrix} = \begin{cases} +1 & \text{当下指标为上指标的偶置换} \\ -1 & \text{当下指标为上指标的奇置换} \\ 0 & \text{其他情况} \end{cases} \tag{1.70}$$

为广义 Kronecker δ 符号,它对上指标完全反对称,对下指标也完全反对称,关于它的运算规则,请参看附录 I.

Λ^r 为$\dfrac{n!}{r!\ (n-r)!}$维线性空间,其中任一元素可表示为

$$\alpha_r = \frac{1}{r!} f_{i_1\cdots i_r} \mathrm{d}x^{i_1} \wedge \cdots \wedge \mathrm{d}x^{i_r} \in \Lambda^r(M) \tag{1.71}$$

称为 r 形式,其中函数 $f_{i_1\cdots i_r}(x)$ 对其下指标完全反对称.

进一步我们还可以讨论所有各阶微分形式的直和所组成的线性空间

$$\Lambda^* = \Lambda^0 \oplus \Lambda^1 \oplus \cdots \oplus \Lambda^n = \oplus \sum_{i=0}^{n} \Lambda^i \tag{1.72}$$

其中 0 形式即流形上可微函数,1 形式即余切向量场,Λ^* 为 2^n 维线性空间,在这 2^n 维线性空间 Λ^* 中,还可引入微分形式的外积(wedge product)

$$\alpha_p \wedge \beta_q = \frac{(p+q)!}{p!q!} \Lambda_{p+q}(\alpha_p \otimes \beta_q) = (-1)^{pq} \beta_q \wedge \alpha_p \tag{1.73}$$

为$(p+q)$形式. 如此定义的外积运算满足结合律、分配律及斜交换律

1) 结合律

$$(\alpha \wedge \beta) \wedge \gamma = \alpha \wedge (\beta \wedge \gamma) \tag{1.74}$$

2) 分配律

$$(\alpha + \beta) \wedge \gamma = \alpha \wedge \gamma + \beta \wedge \gamma \tag{1.75}$$

3) 斜交换律

$$\alpha \wedge \beta = (-1)^{pq} \beta \wedge \alpha, \quad \alpha \in \Lambda^p, \quad \beta \in \Lambda^q \tag{1.76}$$

2^n 维向量空间 Λ^* 再加上外积运算,构成 Cartan 代数,简称外代数.

由于斜交换率,在一外积多项式中如含有两个相同的一阶因子,则该式必为零. 且可证:

定理 1.2　$\theta^1, \theta^2, \cdots, \theta^r \in \Lambda^1$ 相互线性无关的充要条件是

$$\theta^1 \wedge \theta^2 \wedge \cdots \wedge \theta^r \neq 0 \tag{1.77}$$

定理 1.3 (Cartan 引理) Λ^1 中两组 1 形式$\{\theta^i,\omega^i,i=1,2,\cdots,r\}$,如满足

$$\sum_{i=1}^{r}\theta^i\wedge\omega^i=0 \tag{1.78}$$

且$\{\theta^i\}$线性无关,则各 ω^i 可表示为$\{\theta^i\}$的线性组合

$$\omega^i=\sum_{j=1}^{r}c_j^i\theta^j$$

且

$$c_j^i=c_i^j$$

证明 因为 $\theta^1,\cdots,\theta^r$ 线性无关,故可将它们扩充为 Λ^1 的一组基底:$\theta^1,\cdots,\theta^r,\theta^{r+1},\cdots,\theta^n$,而 ω^i 可表示为

$$\omega^i=\sum_{j=1}^{r}c_j^i\theta^j+\sum_{a=r+1}^{n}c_a^i\theta^a$$

代入(1.78)式得

$$0=\sum_{i,j=1}^{r}c_j^i\theta^i\wedge\theta^j+\sum_{i=1}^{r}\sum_{a=r+1}^{n}c_a^i\theta^i\wedge\theta^a$$

注意到$\{\theta^\alpha\wedge\theta^\beta,1\leqslant\alpha<\beta\leqslant n\}$组成 Λ^2 的一组基,故此定理得证. □

Λ^r 为 r 秩协变张量场 $\mathscr{T}_r$ 的子空间. $\Lambda^r\subset\mathscr{T}_r$,故在微分形式与切向量场间同样存在缩并运算,称为微分形式的求值公式. 在向量场 X 与微分形式缩并时,X 仅与微分形式的直积表达式中的最前因子缩并,但因微分形式本身存在完全反对称,从而保证了 X 与每个因子都缩并. 例如($X=\xi^i\partial_i,Y=\eta^i\partial_i$)

$$\begin{aligned}\langle \mathrm{d}x^i\wedge\mathrm{d}x^j,X\rangle&=\langle(\mathrm{d}x^i\otimes\mathrm{d}x^j-\mathrm{d}x^j\otimes\mathrm{d}x^i),X\rangle\\&=\langle\mathrm{d}x^i,X\rangle\mathrm{d}x^j-\langle\mathrm{d}x^j,X\rangle\mathrm{d}x^i=\xi^i\mathrm{d}x^j-\xi^j\mathrm{d}x^i\end{aligned}$$

$$\langle\mathrm{d}x^i\wedge\mathrm{d}x^j;X,Y\rangle=\xi^i\eta^j-\xi^j\eta^i$$

微分形式的求值公式与行列式的运算密切相关,例如

$$\langle\mathrm{d}x^i\wedge\mathrm{d}x^j;\partial_k,\partial_l\rangle=\begin{vmatrix}\langle\mathrm{d}x^i,\partial_k\rangle&\langle\mathrm{d}x^i,\partial_l\rangle\\\langle\mathrm{d}x^j,\partial_k\rangle&\langle\mathrm{d}x^j,\partial_l\rangle\end{vmatrix}=\delta_{kl}^{ij}$$

故

$$\langle\mathrm{d}x^i\wedge\mathrm{d}x^j;X,Y\rangle=\xi^k\eta^l\delta_{kl}^{ij}=\xi^i\eta^j-\xi^j\eta^i$$

推广 r 形式的求值公式,可证

$$\langle\mathrm{d}x^{i_1}\wedge\cdots\wedge\mathrm{d}x^{i_r};\partial_{j_1},\cdots,\partial_{j_r}\rangle=\det(\langle\mathrm{d}x^{i_\alpha},\partial_{j_\beta}\rangle)=\delta_{j_1\cdots j_r}^{i_1\cdots i_r}$$

$$\langle\mathrm{d}x^{i_1}\wedge\cdots\wedge\mathrm{d}x^{i_n};X_{(1)},\cdots,X_{(n)}\rangle=\det(\langle\mathrm{d}x^i,X_{(j)}\rangle)$$

微分形式与矢量 X 的缩并运算,也可表示为缩并算子 i_X 对微分形式的作用,

可定义为

$$i_X\alpha \equiv X\rfloor\alpha \equiv \langle \alpha, X\rangle \tag{1.79}$$

缩并算子 i_X 是(-1)阶奇算子,有性质

$$i_X(\alpha_p \wedge \beta_q) = (i_X\alpha_p) \wedge \beta_q + (-1)^p\alpha_p \wedge (i_X\beta_q)$$

例如,令

$$\alpha = f_i\mathrm{d}x^i, \quad \beta = g_k\mathrm{d}x^k, \quad X = \xi^i\partial_i$$

$$\alpha \wedge \beta = f_ig_k\mathrm{d}x^i \wedge \mathrm{d}x^k = \frac{1}{2}(f_ig_k - f_kg_i)\mathrm{d}x^i \wedge \mathrm{d}x^k$$

$$i_X(\alpha \wedge \beta) = (f_ig_k - f_kg_i)\xi^i\mathrm{d}x^k = (i_X\alpha) \wedge \beta - \alpha \wedge (i_X\beta)$$

微分形式与向量场的缩并运算与局域坐标系的选取无关,在具体计算过程中,常用依赖坐标的明显表达式,但是最后结果应与坐标系的选取无关.

流形 M 上两个切场 X 与 Y 的李括弧运算 $[X,Y]$ 仍为切场,仍为作用在 $\mathscr{F}(M)$ 上的线性微分算子,这样可由两切场利用李括弧运算得到新的切场,使切场集合组成李代数. 对于余切场虽无类似运算,但利用余切场的完全反对称积可组成高阶微分形式,可定义微分形式间外积运算,形成外代数. r 形式为流形切丛$T(M)$截面上 r 阶 $\mathscr{F}$线性泛函,它将 $T(M)$ 上 r 维平行四边形映射到一实函数. 例如 2 形式

$$\alpha_2 = \frac{1}{2}f_{ij}\mathrm{d}x^i \wedge \mathrm{d}x^j$$

将两矢量场 X,Y 映射为

$$\langle \alpha_2; X,Y\rangle = \frac{1}{2}f_{ij}(\xi^i\eta^j - \xi^j\eta^i) = f_{ij}\xi^i\eta^j \quad (\text{因为} f_{ij} = -f_{ji})$$

当 $X=Y$ 时,上式右端为零,使 α_2 保持为切丛 $T(M)$ 截面上的线性泛函. 正由于 α_2 为斜对称,才保持为切场的 $\mathscr{F}$线性泛函,而对称的双线性泛函无此特性. 上例说明,微分形式 Λ^* 表明了 $T(M)$ 截面上所有高阶 $\mathscr{F}$线性泛函空间的结构,微分形式是流形分析中最重要的张量场.

下面我们讨论流形上最重要的一种线性微分算子:外微分算子 d,它是 Cartan 外代数 Λ^* 中的微分算子,作用在微分形式上

$$\mathrm{d}: \Lambda^r \to \Lambda^{r+1}$$

外微分算子 d 是普通函数全微分运算

$$\mathrm{d}f = f_{,i}\mathrm{d}x^i \quad \left(f_{,i} \equiv \frac{\partial f}{\partial x^i}\right) \tag{1.80}$$

的自然推广. 对 p 形式

$$\alpha_p = \frac{1}{p!} f_{i_1 \cdots i_p} \mathrm{d}x^{i_1} \wedge \cdots \wedge \mathrm{d}x^{i_p} \in \Lambda^p(M)$$

可如下定义它的外微分:

$$\begin{aligned} \mathrm{d}\alpha_p &= \frac{1}{p!} \mathrm{d}f_{i_1 \cdots i_p} \wedge \mathrm{d}x^{i_1} \wedge \cdots \wedge \mathrm{d}x^{i_p} \\ &= \frac{1}{p!} f_{i_1 \cdots i_p, k} \mathrm{d}x^k \wedge \mathrm{d}x^{i_1} \wedge \cdots \wedge \mathrm{d}x^{i_p} \\ &= \frac{1}{p!(p+1)!} \delta^{k i_1 \cdots i_p}_{j_1 \cdots j_{p+1}} f_{i_1 \cdots i_p, k} \mathrm{d}x^{j_1} \wedge \cdots \wedge \mathrm{d}x^{j_{p+1}} \in \Lambda^{p+1}(M) \end{aligned} \tag{1.81}$$

对(1.80)式再次外微分

$$\mathrm{d}(\mathrm{d}f) = f_{,ij} \mathrm{d}x^i \wedge \mathrm{d}x^j = 0$$

这是因为$f_{,ij} = f_{,ji}$相对下指标为对称,而 $\mathrm{d}x^i \wedge \mathrm{d}x^j$ 为反对称. 同理对(1.81)式再微分也为零,故一般有

$$\mathrm{d}^2 = 0$$

利用一般函数微分的 Leibniz 法则,可以证明

$$\begin{aligned} \mathrm{d}(\alpha_p \wedge \beta_q) &= \frac{1}{p!q!} \mathrm{d}(f_{i_1 \cdots i_p} h_{k_1 \cdots k_q}) \wedge \mathrm{d}x^{i_1} \wedge \cdots \wedge \mathrm{d}x^{i_p} \wedge \mathrm{d}x^{k_1} \wedge \cdots \wedge \mathrm{d}x^{k_q} \\ &= \mathrm{d}\alpha_p \wedge \beta_q + (-1)^p \alpha_p \wedge \mathrm{d}\beta_q. \end{aligned}$$

总结以上结果,知外微分运算有以下特点:

1) 为线性一阶微分算子:$\Lambda^r \to \Lambda^{r+1}$,具有性质

$$\mathrm{d}(a\sigma + b\tau) = a\mathrm{d}\sigma + b\mathrm{d}\tau \quad (\sigma, \tau \in \Lambda^*,\ a, b \in \mathbb{R})$$

2) 为斜微分算子,即具有性质

$$\mathrm{d}(\alpha_p \wedge \beta_q) = \mathrm{d}\alpha_p \wedge \beta + (-1)^p \alpha_p \wedge \mathrm{d}\beta_q$$

3) $$\mathrm{d}f = f_{,i} \mathrm{d}x^i$$

4) $$\mathrm{d}^2 = 0$$

也可由以上四性质作为外微分算子 d 的定义.

若微分形式 α 满足

$$\mathrm{d}\alpha = 0$$

则称 α 为闭形式(closed form). 如果 r 形式 α 可整体地表为某$(r-1)$形式 β 的外微分

$$\alpha = \mathrm{d}\beta$$

则称 α 为正合形式(exact form). 正合形式必为闭形式,但其逆不见得对. 闭形式仅局域可表示为正合形式,但是整体一般不能表示成正合形式,此即上同调论中讨论的问题,与流形的整体拓扑性质有关,可参看第八章中的讨论.

光滑流形上存在光滑函数 $f(x)$,对它进行外微分得到 1 形式 $\mathrm{d}f=f_{,i}\mathrm{d}x^i$. 对流形上所有微分形式所组成的外代数 Λ^*,都可进行外微分运算,而得到高一阶的微分形式. 但是对流形上的切向量场就不能进行外微分运算,由于在不同点的切向量间没有联系,对切向量场进行微分运算时,就必须对流形增加附加的结构才能进行,这点在下两章讨论. 正因为对流形上微分形式可以不需要额外结构就能进行外微分运算,使微分形式在流形分析中占有突出地位. E. Cartan 运用外微分运算讨论微分流形的局域几何问题与偏微分方程问题,得到丰硕成果. 以大家熟悉的三维欧氏空间向量分析为例,在向量分析中的微分算子:梯度,旋度,散度等都可以用外微分算子 d 表示.

例 1.11　在三维欧氏空间 E^3 中的向量分析.

在 E^3 中一个普通向量场 $\boldsymbol{A}(x)=(A_1(x),A_2(x),A_3(x))$ 可用 1 形式表示为

$$A(x)=A_i(x)\mathrm{d}x^i$$

一个轴向量场 $\boldsymbol{B}(x)=(B_1(x),B_2(x),B_3(x))$ 可用 2 形式表示为

$$\begin{aligned}B(x)&=B_1(x)\mathrm{d}x^2\wedge\mathrm{d}x^3+B_2(x)\mathrm{d}x^3\wedge\mathrm{d}x^1+B_3\mathrm{d}x^1\wedge\mathrm{d}x^2\\&=\frac{1}{2}\varepsilon_{ijk}B_i\mathrm{d}x^j\wedge\mathrm{d}x^k\end{aligned}$$

对 0 形式,即光滑函数 $f(x)$ 的外微分决定函数的梯度

$$\mathrm{d}f=f_{,i}\mathrm{d}x^i\equiv\nabla f\cdot\mathrm{d}\boldsymbol{x}\tag{1.82}$$

对 1 形式 $A=A_i\mathrm{d}x^i=\boldsymbol{A}\cdot\mathrm{d}\boldsymbol{x}$(可由矢场 $\{A_i(x)\}$ 构成)的外微分决定矢量的旋度

$$\begin{aligned}\mathrm{d}A&=A_{i,j}\mathrm{d}x^j\wedge\mathrm{d}x^i\\&=\frac{1}{2}\varepsilon_{ijk}(\nabla\times\boldsymbol{A})_i\mathrm{d}x^j\wedge\mathrm{d}x^k\end{aligned}\tag{1.83}$$

对 2 形式 $B=\frac{1}{2}\varepsilon_{ijk}B_i\mathrm{d}x^j\wedge\mathrm{d}x^k$ 的外微分决定矢量场的散度

$$\mathrm{d}B=\frac{1}{2}\varepsilon_{ijk}B_{i,l}\mathrm{d}x^l\wedge\mathrm{d}x^j\wedge\mathrm{d}x^k=\nabla\cdot\boldsymbol{B}\mathrm{d}x\wedge\mathrm{d}y\wedge\mathrm{d}z\tag{1.84}$$

对(1.82)式外微分,$\mathrm{d}^2f=0$,相当于矢量分析中

$$\nabla\times\nabla f=0$$

对(1.83)式外微分,$\mathrm{d}^2A=0$,相当于矢量分析中

$$\nabla \cdot \nabla \times \boldsymbol{A} = 0$$

由于三维空间中,3 形式是最高微分形式,故对(1.84)式外微分为恒等式,不提供新的矢量分析公式.

将三维空间中的向量分析,用微分形式表达可使运算简化,下面以 Dirac 磁单极为例进行分析.

例 1.12 Dirac 磁单极问题.

Dirac 在 1931 年从电磁对偶特性考虑,提出可能存在磁单极. 但是他发现,如存在点磁荷,不仅磁荷所在点(原点)磁场奇异(这点与点电荷相同),而且如果用规范势描写磁场,则必然存在一根奇异弦. 如要求此奇异弦没有可观察效应,则磁荷必量子化. 在现在观点看来,奇异弦的存在是由于包围磁荷的 S^2 面拓扑非平庸的结果.

为分析静磁单极问题,静磁场 $\boldsymbol{B}$ 可用矢势 $\boldsymbol{A}$ 表达

$$\boldsymbol{B} = \nabla \times \boldsymbol{A} \tag{1.85}$$

如将矢势 $\boldsymbol{A}$ 与 1 形式基矢结合写成微分形式

$$A = A_i \mathrm{d}x^i$$

则其外微分

$$\mathrm{d}A = \frac{1}{2}\varepsilon_{ijk} B_i \mathrm{d}x^j \wedge \mathrm{d}x^k = B \tag{1.86}$$

为磁场 2 形式,上式即(1.85)式. 当磁场 B 确定后,势 A 仍可差正合形式,即可作规范变换

$$A \to A' = A + \mathrm{d}\phi, \quad \phi \in \mathscr{F}(M)$$

对于静球对称磁单极,由于 S^2 拓扑非平庸,不能将 $\boldsymbol{B}$ 在整个 S^2 上表达为正合形式,即(1.86)式不能在整个 S^2 面上成立,必须分区. 覆盖整个 S^2 面最少需要两个开集,可选 U_+ 为去掉南极的比北半球略大区域,选 U_- 为不含北极的比南半球略大区域. 在此两不同开集上,相应覆盖区域势 $A^{\pm}$ 可表示为(我们先用 3 维笛卡儿坐标进行分析,然后用球坐标分析同一问题,看出物理实质是与坐标选取无关)

$$A^{\pm} = \frac{q}{r}\frac{1}{z \pm r}(x\mathrm{d}y - y\mathrm{d}x) \equiv \sum_{i=1}^{3} A_i^{\pm} \mathrm{d}x^i \tag{1.87}$$

其中 $r = \sqrt{x^2 + y^2 + z^2}$,上式表明规范势分量 A_i 为

$$A_x^{\pm} = -\frac{q}{r}\frac{y}{z \pm r}, \quad A_y^{\pm} = \frac{q}{r}\frac{x}{z \pm r}, \quad A_z^{\pm} = 0$$

因此规范场强 $F = \mathrm{d}A^{\pm} = \frac{1}{2}\varepsilon_{ijk} F_i \mathrm{d}x^j \wedge \mathrm{d}x^k$ 可表示为

$$F_x = \frac{\partial A_z^{\pm}}{\partial y} - \frac{\partial A_y^{\pm}}{\partial z} = -\frac{\partial}{\partial z}\left(\frac{q}{r}\frac{x}{z \pm r}\right) = q\frac{x}{r^2}$$

类似可得

$$F_y = q\frac{y}{r^2}, \quad F_z = q\frac{z}{r^2}$$

这是在原点处有一磁荷 q 的磁单极产生的磁场. 场强在整个空间有一统一表达式. 场强 $F = \mathrm{d}A^{\pm}$ 满足 $\mathrm{d}F = 0$, 为闭形式. 闭形式 F 在一开集 $U^{\pm}$ 上为正合, 即 $F = \mathrm{d}A^{\pm}$, 有规范势 $A^{\pm}$ 表达如(1.87)式, 但规范势 A 不能在整个空间有统一表达式, 这是由于在原点放磁单极后, 整个空间拓扑非平庸. 球面 S^2 被两个开集 $U^{\pm}$ 所覆盖, 在开集 $U^{\pm}$, 规范势 $A^{\pm}$ 的表达式不同, 在交叠区可差规范变换

$$\begin{aligned} A^{+} - A^{-} &= \frac{q}{r}(x\mathrm{d}y - y\mathrm{d}x)\left(\frac{1}{z+r} - \frac{1}{z-r}\right) \\ &= \frac{2q}{x^2 + y^2}(x\mathrm{d}y - y\mathrm{d}x) \end{aligned}$$

由于问题的球对称性, 采用球坐标分析比较方便, 可选活动标架

$$\sigma^r \equiv \mathrm{d}r, \quad \sigma^\theta \equiv r\mathrm{d}\theta, \quad \sigma^\varphi \equiv r\sin\theta\mathrm{d}\varphi$$

在南北两区可分别选规范势, 并可分别作规范变换, 即可选

$$A = A^{\pm} + \mathrm{d}\phi^{\pm}$$

其中

$$A^{\pm} = A_\varphi^{\pm}\sigma^\varphi = q(\pm 1 - \cos\theta)\mathrm{d}\varphi$$

其中

$$A_\varphi^{\pm} = q\frac{\pm 1 - \cos\theta}{r\sin\theta}, \quad A_r^{\pm} = 0, \quad A_\theta^{\pm} = 0$$

场强

$$F = dA^{\pm} = q\sin\theta\mathrm{d}\theta \wedge \mathrm{d}\varphi = \frac{q}{r^2}\sigma^\theta \wedge \sigma^\varphi$$

即仅有沿径向磁场 $\frac{q}{r^2}$, 存在点磁单极, 磁荷为 q.

场强 F 在不同区需分别用 $A^{\pm}$ 的外微分表达式. $F = \mathrm{d}A^{\pm}$ 是闭形式, 但由于 S^2 拓扑非平庸, 不能在整个 S^2 上, 将 F 表达成正合形式($A^{\pm}$ 有奇点). 在交叠区 $U_{+} \cap U_{-}$, 即在赤道附近, $A^{\pm}$ 应仅差规范变换, 此规范变换沿赤道必为 ϕ 的函数, 即要求

$$A^{+} = A^{-} + \mathrm{d}(\phi^{+} - \phi^{-}) = A^{-} + n\mathrm{d}\varphi, \quad \mathrm{e}^{\mathrm{i}\phi^{-}} = \mathrm{e}^{\mathrm{i}n\varphi}\mathrm{e}^{\mathrm{i}\phi^{+}} \tag{1.88}$$

其中 n 为整数才能使整个交叠区差一单值规范变换. 另一方面, 由(1.88)式知

$$A^{+} = A^{-} + 2q\mathrm{d}\varphi$$

上两式比较,要求磁荷

$$q = \frac{n}{2}$$

规范势 A 才能在整个 S^2 上单值分区定义. 上式即磁荷量子化条件.

§1.7　流形的定向　流形上积分与 Stokes 公式

流形可否定向是流形的重要性质,先以我们熟悉的三维欧氏空间中的二维曲面为例. 球面 S^2 与环面 T^2 都是具有内、外两个侧面的曲面,在曲面上每点有两个法线方向:内法线与外法线. 这种具有两个侧面的曲面称为可定向曲面.

另一方面,如曲面不能区别它的两个侧面,这种曲面不能定向,称单侧面. 最简单的单侧面是 Möbius 带,可将图 1.11 长条纸带扭转 180°后,将对顶点 A 点与 D 点、B 点与 C 点粘结形成. 在 Möbius 带上点 p 取一法线 n,将此法线沿曲面转一圈回到 p 点时,此法线反向,即 Möbius 带为不可定向曲面.

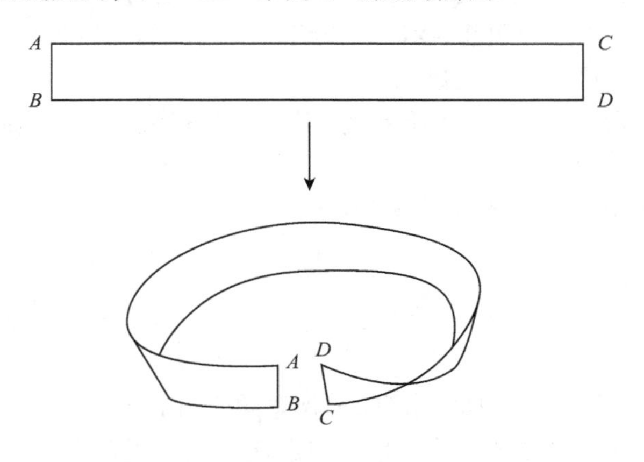

图 1.11　Möbius 带

以上是从流形的嵌入特性来判断. 如何从流形本身特性来判断? 要判断流形是否定向,首先要找到具有正负号的数学对象,在改变方向时它改变符号. 对 n 维流形,n 形式集合 Λ^n 是一维线性空间,是具有正负号的数学对象,当流形改变定向时它改变符号,故可采取如下定义:

定义 1.10　如 n 维流形 M 上存在一个处处非零的连续 n 形式 $\tau(x) \in \Lambda^n(M)$,则流形 M 称为可定向流形.

$\tau(x)$ 是流形上具有正负号的对象,代表流形定向,可取为恒正. 当取局域坐标

系,在开集 U_α 中

$$\tau(x) = f_\alpha(x)\mathrm{d}x^1 \wedge \mathrm{d}x^2 \wedge \cdots \wedge \mathrm{d}x^n$$

在交叠区,$\tau(x)$恒正,要求坐标卡集间的坐标转换函数恒正. 即对于定向流形,必可找到与流形的微分结构相容的坐标卡集合$\{(U_\alpha,\varphi_\alpha)\}$,使在交叠区所有转换函数(当 $U_\alpha \cap U_\beta \neq \varnothing$时)

$$\psi = \varphi_\beta \circ \varphi_\alpha^{-1}: \varphi_\alpha(U_\alpha \cap U_\beta) \to \varphi_\beta(U_\alpha \cap U_\beta)$$

$$\{x^i\} \to \{y^i = \psi^i(x)\}$$

相应的 Jacobi 矩阵恒正

$$J = \frac{\partial(y^1,\cdots,y^n)}{\partial(x^1,\cdots,x^n)} = \begin{vmatrix} \frac{\partial y^1}{\partial x^1} & \cdots & \frac{\partial y^1}{\partial x^n} \\ \vdots & & \vdots \\ \frac{\partial y^n}{\partial x^1} & \cdots & \frac{\partial y^n}{\partial x^n} \end{vmatrix} > 0$$

当流形 M 具有上述性质的坐标卡集时,流形 M 是可定向流形.

在讨论流形上积分问题前,我们现介绍一下流形的紧致性(compactness)与仿紧性(paracompact)这两个重要概念.

定义 1.11　当流形 M 的每一个开覆盖,都有一个有限子覆盖,则流形 M 是紧致的.

即流形 M 中的任一开覆盖 $\mathscr{A} = \{U_\alpha\}$,

$$M = \bigcup_\alpha U_\alpha$$

则此开覆盖 $\mathscr{A} = \{U_\alpha\}$ 中必有一子集合 $\mathscr{A}' = \{U_\alpha\}_{\alpha \in I}$,$\mathscr{A}'$中开覆盖的数目$|I|$为有限.

紧致性是流形的拓扑性质,同胚映射保紧致性. 由于欧氏空间中有界闭子集必紧致,故为判断流形的紧致性,看它是否与欧氏空间中的闭子集同胚. 与欧氏空间闭子集同胚的流形必紧致,例如 S^n,$\mathbb{R}P^n$,$\mathbb{C}P^n$ 均为紧致流形.

定义 1.12　若流形 M 的任意开覆盖都有一个局域有限子覆盖,则 M 称为仿紧(paracompact).

即流形 M 上任一点均有这样的邻域 U,使 M 的任意开覆盖 $\mathscr{A} = \{U_\alpha\}$ 中与 U 有交的开集集合

$$\mathscr{A}' = \{U_\alpha \in \mathscr{A} \mid U \cap U_\alpha \neq \varnothing\}$$

为有限集合.

微分流形是仿紧的,于是可在微分流形上定义积分,这是本节即将认真分析的问题.

为分析流形上的积分问题，首先必须找到积分测度，或积分体积元. n 维流形上的 n 形式的集合 Λ^n 为一维线性空间，当取局域坐标系时其基矢可表示为

$$\mathrm{d}x^1 \wedge \mathrm{d}x^2 \wedge \cdots \wedge \mathrm{d}x^n$$

在坐标变换下，$\{x^i\} \to \{y^i(x)\}$，

$$\mathrm{d}y^1 \wedge \cdots \wedge \mathrm{d}y^n = \frac{\partial(y^1,\cdots,y^n)}{\partial(x^1,\cdots,x^n)}\mathrm{d}x^1 \wedge \cdots \wedge \mathrm{d}x^n$$

上式相当于 n 重积分的被积式的变换. 因此我们可以选 n 形式 $\tau(x)$ 为 n 维体积元（n 维有向测度）. 在流形 M 上选局域坐标系后，可将 $\tau(x)$ 用该开邻域 U 的坐标表示为：

$$\tau(x) = \mathrm{d}x^1 \wedge \cdots \wedge \mathrm{d}x^n$$

利用此测度，可对函数 $f(x) \in \mathscr{F}(M)$ 沿流形开邻域 U 内的任意 n 维闭子流形 V 作积分运算

$$\int_V f(x)\tau(x) = \int_V f(x)\,\mathrm{d}x^1\cdots\mathrm{d}x^n, \qquad V \in U \tag{1.89}$$

此式右端为 $f(x)$ 的通常 n 重积分，而左端为用微分形式表达的积分. 易证如上定义的积分结果与所选坐标系无关.

当积分区域 V 跨过流形 M 的两个覆盖 U_1 和 U_2，$U_1 \cap U_2 \neq \varnothing$，这时需引入单位配分 ρ_α，它仅在 U_α 上非零

$$\rho_\alpha(x) = 0, \qquad \text{当 } \alpha \notin U_\alpha$$

且在交叠区 $\sum_\alpha \rho_\alpha(x) = 1$，如图 1.12 所示. 于是

$$\begin{aligned}\int_V f(x)\tau(x) &= \int_V \sum_\alpha \rho_\alpha(x) f(x)\tau(x)\\ &= \int_V \rho_1(y) f(y)\tau(y) + \int_V \rho_2(z) f(z)\tau(z)\end{aligned}$$

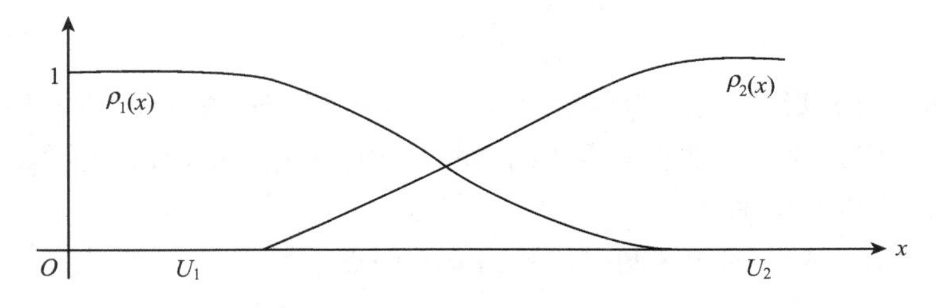

图 1.12 单位配分 $\rho_\alpha(x)$ 的示意图

其中 $y \in U_1$，$z \in U_2$，为相应坐标卡所取局域坐标系. 这样可将积分化为在一个坐标

邻域 U_α 上的积分.

当流形 M 的开覆盖 $\{U_\alpha\}$ 中有若干个成员，为使流形 M 上的积分有意义，需引入整个流形 M 上的单位配分（partition of unity），即在流形 M 上存在一组光滑函数 $\{\rho_\alpha(x)\}$，有下列性质：

1）$0\leqslant\rho_\alpha(x)\leqslant 1$.

2）当 $x\notin U_\alpha$ 时，$\rho_\alpha(x)=0$.

3）$\sum_\alpha \rho_\alpha(x)=1$.

这族 $\{\rho_\alpha\}$ 称为开覆盖 $\{U_\alpha\}$ 的单位配分. 注意到微分流形都是仿紧的，即对流形上任一点 $p\in M$，有邻域 U，使集合 $\{U\cap U_\alpha\}$ 为有限集合，即 $\sum_\alpha \rho_\alpha(x)$ 中求和仅包括有限个非零项，故求和式是有意义的，且可与积分号交换顺序. 于是我们可如下将 $f(x)$ 在整个流形上积分化为在一个开集上积分再求和

$$\int_M f\tau = \sum_\alpha \int_{U_\alpha} \rho_\alpha(x_\alpha) f(x_\alpha)\,\mathrm{d}x_\alpha^1\cdots\mathrm{d}x_\alpha^n$$

易证明，当选不同坐标卡集，不同的单位配分，所得积分是相同的.

(1.89)式表示沿流形的 n 维闭子集 V 上的积分，积分区域 V 为带边界的流形. 在这里我们简单介绍一下带边界流形概念.

带边界流形的定义与定义 1.8 引入的流形定义相似，但其坐标卡有两类，有些开邻域与 $\mathbb{R}^n$ 中开集同胚，而另一些与 $\mathbb{R}^{n+}$ 中开集同胚.

$$\mathbb{R}^{n+} = \{(x^1,x^2,\cdots,x^n) \in \mathbb{R}^n \mid x^n \geqslant 0\}$$

$\mathbb{R}^{n+}$ 为 n 维线性空间 $\mathbb{R}^n$ 中 $x^n\geqslant 0$ 的区域组成，其中 $x^n=0$ 的点为 $(n-1)$ 维线性空间 $\mathbb{R}^{n-1}$，称为 $\mathbb{R}^{n+}$ 的边界，在对带边流形 V 作同胚变换时，其像在 $\mathbb{R}^{n+}$ 边缘上的点称为 V 的边缘 ∂V，∂V 为 $(n-1)$ 维流形.

当流形 M 是带边 n 维定向流形，由 M 的定向可得其边缘 ∂M 的诱导定向，∂M 为 $(n-1)$ 维定向流形. 对于带边流形 M 上的积分，存在著名的 Stokes 公式：

$$\int_M \mathrm{d}\omega = \int_{\partial M} \omega$$

其中 $\mathrm{d}\omega$ 为正合 n 形式，右端为在 M 的边缘 ∂M 上的积分. 在流形 M 上积分与在流形边缘 ∂M 上积分的关系是非常重要的. 如 $\partial M=0$，则上式右端积分为零. 我们先在下面举例验证其正确性.

1）当 $M=[a,b]$ 是 $\mathbb{R}^1$ 的闭区间时，∂M 为 a,b 两点

$$\int_M \mathrm{d}f = \int_a^b \frac{\partial f}{\partial x}\mathrm{d}x = f(b) - f(a)$$

2）当 M 为 $\mathbb{R}^2$ 中有界闭区域时，$M=S\subset\mathbb{R}^2$，

$$\int_S \mathrm{d}(\boldsymbol{A}\cdot\mathrm{d}\boldsymbol{l}) = \int_S \mathrm{d}(A_1\mathrm{d}x^1 + A_2\mathrm{d}x^2) = \int_S\left(\frac{\partial A_1}{\partial x^2} - \frac{\partial A_2}{\partial x^1}\right)\mathrm{d}x^2 \wedge \mathrm{d}x^1$$

$$= \int_S (\mathrm{rot}\boldsymbol{A})\cdot\mathrm{d}\boldsymbol{s} = \int_{\partial S}\boldsymbol{A}\cdot\mathrm{d}\boldsymbol{l}$$

此即大家熟悉的 Ampere-Stokes 公式.

3）当 M 为$\mathbb{R}^3$ 中有界闭区域时,$M = V \subset \mathbb{R}^3$

$$\int_V \mathrm{d}(\boldsymbol{E}\cdot\mathrm{d}\boldsymbol{s}) = \int_V \mathrm{d}\left(\frac{1}{2}\varepsilon_{ijk}E_i\mathrm{d}x^j \wedge \mathrm{d}x^k\right) = \int_V \nabla\cdot\boldsymbol{E}\mathrm{d}V = \int_{\partial V}\boldsymbol{E}\cdot\mathrm{d}\boldsymbol{s}$$

此即大家熟悉的 Gauss 定理.

Stokes 定理就是上述 Ampere-Stokes 公式, Gauss 公式等的推广. 下面给出 Stokes 定理的简短描述及证明.

定理 1.4（Stokes）定理 令 M 为 n 维光滑定向紧致流形,其边缘∂M 为$(n-1)$维光滑流形,则

$$\int_M \mathrm{d}\omega = \int_{\partial M}\omega \tag{1.90}$$

其中 $\omega \in \Lambda^{n-1}(M)$为 M 上$(n-1)$形式.

证明 令$\{U_\alpha\}_{\alpha\in I}$为流形 M 的开覆盖,$M = \cup_\alpha U_\alpha$,$\{\rho_\alpha\}$为相应的单位配分,即满足

$$\sum_{\alpha\in I}\rho_\alpha(x) = 1$$

故

$$\sum_{\alpha\in I}\mathrm{d}\rho_\alpha(x) = 0$$

由于流形 M 是紧致的,集合$\{U_\alpha\}_{\alpha\in I}$中开集数$|I|$有限,故

$$\int_M \mathrm{d}\omega = \int_M \sum_{\alpha\in I}\rho_\alpha(x)\mathrm{d}\omega = \sum_{\alpha\in I}\int_M(\rho_\alpha(x)\mathrm{d}\omega + \mathrm{d}\rho_\alpha(x) \wedge \omega)$$

$$= \sum_{\alpha\in I}\int_M \mathrm{d}(\rho_\alpha(x)\omega)$$

如果

$$\int_M \mathrm{d}(\rho_\alpha(x)\omega) = \int_{\partial M}\rho_\alpha(x)\omega \tag{1.91}$$

则

$$\text{上式左端} = \sum_{\alpha\in I}\int_{\partial M}\rho_\alpha(x)\omega = \int_{\partial M}\omega$$

定理即证. 这里关键是要证明(1.91)式,它仅在 M 的一个开集 U_α 上非零. 令

$$\rho_\alpha(x)\omega \equiv \sigma_\alpha \in \Lambda^{n-1}(U_\alpha)$$

(1.91)式可表示为

$$\int_M \mathrm{d}\sigma_\alpha = \int_{\partial M} \sigma_\alpha \tag{1.92}$$

开集 U_α 取局域坐标系,σ_α 可表示为

$$\sigma_\alpha = \sum_{j=1}^{n} (-1)^{j-1} f_j(x) \mathrm{d}x^1 \wedge \cdots \wedge \mathrm{d}\hat{x}^j \wedge \cdots \wedge \mathrm{d}x^n \in \Lambda^{n-1}(U_\alpha)$$

$$\mathrm{d}\sigma_\alpha = \sum_{j=1}^{n} \frac{\partial f_j(x)}{\partial x^j} \mathrm{d}x^1 \wedge \cdots \wedge \mathrm{d}x^n$$

式中 $\mathrm{d}\hat{x}^j$ 表示该微分形式中去掉 $\mathrm{d}x^j$. 开集 U_α 与∂M 的关系有两种可能:

1) $U_\alpha \cap \partial M = 0$, (1.92)式右端 $=0$.

至于其左端,由于 $f_j(x)$ 仅在 U_α 上非零,故可连续外延到含 U_α 的立方体 D

$$D = \{x \in \mathbb{R}^n \mid |x^i| \leqslant L, i = 1,2,\cdots,n\} \supset U_\alpha$$

令

$$F_j(x) = \begin{cases} f_j(x), & \text{如 } x \in U_\alpha \\ 0, & \text{如 } x \notin U_\alpha \end{cases}$$

$F_j(x)$ 在区域 D 上是连续可微的,故(1.92)式左端

$$\begin{aligned} \int_M \mathrm{d}\sigma_\alpha &= \int_{U_\alpha} \frac{\partial f_j}{\partial x^j} \mathrm{d}x^1 \wedge \cdots \wedge \mathrm{d}x^n = \int_D \frac{\partial F_j}{\partial x^j} \mathrm{d}x^1 \cdots \mathrm{d}x^n \\ &= \int_{|x^i| \leqslant L} \mathrm{d}x^1 \cdots \mathrm{d}\hat{x}^j \cdots \mathrm{d}x^n [F_j(x^1, \cdots, x^{j-1}, L, x^{j+1}, \cdots, x^n) \\ &\quad - F_j(x^1, \cdots, x^{j-1}, -L, x^{j+1}, \cdots, x^n)] \\ &= 0 \end{aligned}$$

与右端相等.

2) $U_\alpha \cap \partial M \neq 0$, 这时可选局域坐标卡使 $U_\alpha \cap \partial M$ 上的点坐标 $x^n = 0$, $U_\alpha \cap M$ 上的点坐标 $x^n \geqslant 0$, $f_j(x)$ 能连续外延到含 U_α 的立方体 $D' \subset \mathbb{R}^n_+$

$$D' = \{x \in \mathbb{R}^n_+ \mid |x^i| \leqslant L,\ i = 1,2,\cdots,n\} \supset U_\alpha$$

则

$$(1.92)\text{ 式左端} = \int_{M \cap U_\alpha} \mathrm{d}\sigma_\alpha = \int_{D'} \sum_{j=1}^{n} \frac{\partial f_j}{\partial x^j} \mathrm{d}x^1 \cdots \mathrm{d}x^n$$

上式中除最后一项外全为零,而由最后一项得

$$\text{左} = -\int_{|x^i| \leqslant L} f_n(x^1, \cdots, x^{n-1}, 0) \mathrm{d}x^1 \cdots \mathrm{d}x^{n-1}$$

$$(1.92)\text{ 右端} = \int_{\partial M\cap U_\alpha}\sigma_\alpha = \sum_{j=1}^{n}(-1)^{j-1}\int_{\partial M\cap U_\alpha} f_j(x)\,\mathrm{d}x^1\wedge\cdots\wedge\mathrm{d}\hat{x}^j\wedge\cdots\wedge\mathrm{d}x^n$$

$$= (-1)^{n-1}\int_{\partial M\cap U_\alpha} f_n(x^1,\cdots,x^{n-1},0)\,\mathrm{d}x^1\wedge\cdots\wedge\mathrm{d}x^{n-1}$$

$$= (-1)^{n-1}(-1)^n\int_{|x^i|\leqslant L} f_n(x^1,\cdots,x^{n-1},0)\,\mathrm{d}x^1\cdots\mathrm{d}x^n$$

$$= \text{左端}$$

上式中因子$(-1)^n$是由于∂M的诱导定向的结果(M的定向诱导∂M的定向,积分符号与定向的关系详见[BT]§3),而中间等式是由于在∂M上$x^n=0$,故$\mathrm{d}x^n=0$,使n项求和中仅最后一项有贡献. □

Stokes 公式在物理学及偏微分方程中都有广泛的应用. 注意到利用(1.89)式定义的通常积分相对被积微分形式以及积分区域为双线性,可采用下面符号来表示积分:

$$\int_M \omega \equiv \langle M,\omega\rangle \in \mathbb{R}$$

有性质

$$\langle M,\alpha\omega\rangle = \langle \alpha M,\omega\rangle = \alpha\langle M,\omega\rangle,\alpha\in\mathbb{R}$$

$$\langle M,\omega+\tau\rangle = \langle M,\omega\rangle + \langle M,\tau\rangle$$

$$\langle M_1+M_2,\omega\rangle = \langle M_1,\omega\rangle + \langle M_2,\omega\rangle$$

这时,Stokes 公式(1.90)也可表示为

$$\langle M,\mathrm{d}\omega\rangle = \langle \partial M,\omega\rangle$$

它表明,外微分算子 d 与流形边缘算子∂间为对偶关系,d 是作用在微分形式上,是局域性算子,而∂是作用在积分区域上,最整体性算子,Stokes 公式将积分区域与微分形式结合在一起,通过外微分算子 d 与边缘算子∂将流形的局域性质与整体性质联系起来.

习 题 一

1. 请证明E^3中二维球面S^2为解析流形(即证明在交叠区转换函数为解析函数).
2. 请证明$\mathbb{C}P^1$与S^2微分同胚(证明两者含有相同微分结构).
3. 请分析$\mathbb{R}P^3$的微分结构,$\mathbb{R}P^3$是定向流形吗?
4. 切场$X=\xi^i\partial_i$,余切场$\sigma=\sigma_i\mathrm{d}x^i$

$$\langle\sigma,X\rangle = \sigma_i\xi^i \in \mathscr{F}(M)$$

   与坐标的选择有关吗?
5. 如X与Y均为可微向量场,请证明:

1) XY 一般不是可微向量场(除非其中之一为 零);

2) $[X,Y]$ 为一可微向量场.

6. X,Y 为可微向量场,$f,g\in\mathscr{F}(M)$ 为流形上光滑函数,请证明

$$[fX,gY]=fg[X,Y]+f(Xg)Y-g(Yf)X$$

7. 设流形 M 上余切场基矢组 $\{\theta^i\}$,切场基矢组 $\{e_i\}$,即

$$\langle\theta^i,e_j\rangle=\delta^i_j$$

请证明

$$\langle\theta^{i_1}\wedge\cdots\wedge\theta^{i_r};\ e_{j_1},\cdots,e_{j_r}\rangle=\det(\langle\theta^{i_\alpha},e_{j_\beta}\rangle)=\delta^{i_1\cdots i_r}_{j_1\cdots j_r}$$

8. 对 $X=\xi^ie_i$ 和 r 形式

$$\alpha_r=\frac{1}{r!}f_{i_1\cdots i_r}\theta^{i_1}\wedge\cdots\wedge\theta^{i_r}$$

请证明

$$i_X\alpha_r=X\rfloor\alpha_r=\frac{1}{(r-1)!}f_{i_1\cdots i_r}\xi^{i_1}\theta^{i_2}\wedge\cdots\wedge\theta^{i_r}$$

9. 请证明

$$i_X(\alpha_p\wedge\beta_q)=(i_X\alpha_p)\wedge\beta_q+(-1)^p\alpha_p\wedge(i_X\beta_q)$$

$$d(\alpha_p\wedge\beta_q)=d\alpha_p\wedge\beta_q+(-1)^p\alpha_p\wedge d\beta_q$$

10. 对三维欧氏空间中的微分形式

$$\alpha=x^4\mathrm{d}x+y^3\mathrm{d}x\wedge\mathrm{d}y+xyz\mathrm{d}x\wedge\mathrm{d}z$$

求 $\mathrm{d}\alpha$.

11. 给定 $\alpha=\frac{1}{2}f_{ij}\mathrm{d}x^i\wedge\mathrm{d}x^j$, $\beta=g_i\mathrm{d}x^i$,请将其外积

$$\gamma=\alpha\wedge\beta=\frac{1}{3!}h_{ijk}\mathrm{d}x^i\wedge\mathrm{d}x^j\wedge\mathrm{d}x^k$$

的系数函数 h_{ijk} 用函数 f_{ij},g_i 表示.

12. 对于规范势 $A=A_i\mathrm{d}x^i$ 和规范场强 $F=\mathrm{d}A=\frac{1}{2}F_{ij}\mathrm{d}x^i\wedge\mathrm{d}x^j$,请导出用 A_i 表示 F_{ij} 的明显形式.

13. 下式是 S^3 上的一个磁单极规范势在其北、南半区 $U_\pm$ 上的表示形式:

$$A_\pm=\frac{q}{r}\frac{1}{z\pm r}(x\mathrm{d}y-y\mathrm{d}x)$$

请解出规范势 A 和规范场强 F 的分量表达式.

第二章　流形的变换及其可积性　李变换群及李群流形

研究流形的重要方法是映射(mapping),流形间连续映射保持流形的连续性,可微映射(光滑的连续映射)保持流形的可微性. 同胚映射(1－1对应的连续映射)保持流形的拓扑特性. 在§2.1我们将着重分析流形间映射及其诱导的流形上张量场间映射. 流形上切场是流形单参数李变换群的生成元,在§2.2我们着重分析切场的积分曲线(流线汇),引入作用于流形上张量场上的李导数算子. §2.3和§2.4研究向量场与微分方程的可积条件,Frobenius定理的两种形式. 本章后三节讨论李群流形、李变换群、不变向量场、李代数与指数映射等问题.

§2.1　流形间映射及其诱导映射　正则子流形

令 φ 是 m 维流形 M 与 n 维流形 N 间可微映射

$$\varphi: M \to N$$

$$p = (x^1, \cdots, x^m) \mapsto q = \varphi(p) = (y^1, \cdots, y^n), \quad p \in M,\ q \in N \tag{2.1}$$

在选局域坐标系后,$y^i = y^i(x^1, \cdots, x^n)$,$i = 1, \cdots, n$,$\{y^i(x)\}$ 的光滑性决定映射 φ 的光滑性. 注意 φ 是光滑映射,并非同胚映射,逆映射不一定存在,不一定能将 p 点坐标 $\{x^i\}_1^m$ 表示成 $\{y^i\}_1^n$ 的函数. 仅存在 $\{y^i = y^i(x)\}$,其逆不一定存在.

映射 φ 将流形 M 映射到流形 N,将流形 M 上曲线 $x(t)$ 映射为流形 N 上像曲线 $\varphi(x(t))$,曲线 $x(t)$ 在 p 点切矢 X_p 映为像曲线 $\varphi(x(t))$ 在 $q = \varphi(p)$ 点切矢 Y_q,将 p 点切空间 $T_p(M)$ 线性映射到 q 点切空间 $T_q(N)$,此线性映射称为切映射 φ_*,在选局域坐标系后,可表示为

$$\varphi_*: X_p = \xi^i(x) \frac{\partial}{\partial x^i} \to \varphi_* X = \xi^i(x) \frac{\partial y^k}{\partial x^i} \frac{\partial}{\partial y^k} \bigg|_{q=\varphi(p)} \tag{2.2}$$

切映射 φ_* 使相应切场对应,它决定了映射 φ 在一点邻域的性质,故有些文献记为 $d\varphi \equiv \varphi_*$,$\varphi_*$ 具有性质:

1) 线性

$$\varphi_*(X + Y) = \varphi_* X + \varphi_* Y, \quad X, Y \in \mathscr{X} \tag{2.3}$$

2）与李括弧对易

$$[\varphi_* X + \varphi_* Y] = \varphi_* [X,Y] \tag{2.4}$$

3）对连接两次映射 $\varphi:M\to N,\psi:N\to L$,其诱导映射顺向

$$(\psi \circ \varphi)_* = \psi_* \circ \varphi_* \tag{2.5}$$

线性空间的映射 $\varphi_*:T_p(M)\to T_q(N)$ 会诱导出对偶空间(余切空间)的对偶映射

$$\varphi^*:T_q^*(N) \to T_p^*(M) \tag{2.6}$$

注意对偶映射常反转映射方向,称为拖回映射(pull back). 流形上微分形式是切场的 $\mathscr{F}$ 线性泛函,流形间映射 φ 会诱导流形上微分形式的拖回映射 φ^*,即将流形 N 上 $q=\varphi(p)$ 点的微分形式拖回映射为在流形 M 上 p 点的微分形式. 在选局域坐标系后,可写出更明显的表达式. 例如对 0 形式,即流形 N 上函数 $f(y)$,利用流形 M 到 N 的映射 φ,可将 N 上函数 f 拖回得到 M 上函数

$$\varphi^* f(y) = f(\varphi(x)) \equiv g(x) \tag{2.7}$$

如下图所示

$$\begin{array}{ccc} M & \xrightarrow{\varphi} & N \\ g\downarrow & \xleftarrow[\varphi^*]{} & \downarrow f \\ R & & R \end{array}$$

对 1 形式,即余切向量场,当给定流形 N 上 1 形式

$$\omega_i(y)\mathrm{d}y^i \in \Lambda^1(N)$$

可拖回得到 M 上 1 形式

$$\varphi^*(\omega_i(y)\mathrm{d}y^i) = \omega_i(y(x))\frac{\partial y^i}{\partial x^k}\mathrm{d}x^k \in \Lambda^1(M) \tag{2.8}$$

对流形 N 上 r 形式 $\alpha_r \in \Lambda^r(N)$,可类似得到相应的诱导映射,当取局域坐标系后

$$\alpha_r = \frac{1}{r!}f_{i_1\cdots i_r}(y)\mathrm{d}y^{i_1} \wedge \cdots \wedge \mathrm{d}y^{i_r} \in \Lambda^r(N)$$

其拖回是

$$\varphi^*(\alpha_r) = \frac{1}{(r!)^2}f_{i_1\cdots i_r}(y(x))\frac{\partial(y^{i_1},\cdots,y^{i_r})}{\partial(x^{k_1},\cdots,x^{k_r})}\mathrm{d}x^{k_1} \wedge \cdots \wedge \mathrm{d}x^{k_r} \in \Lambda^r(M) \tag{2.9}$$

拖回映射 φ^* 具有以下性质:

1）线性

$$\varphi^*(\omega + \sigma) = \varphi^*\omega + \varphi^*\sigma, \quad \omega,\sigma \in \Lambda^*(N) \tag{2.10}$$

2）与外积交换

$$\varphi^*(\omega \wedge \sigma) = \varphi^*\omega \wedge \varphi^*\sigma \tag{2.11}$$

3）与外微分运算交换

$$\varphi^*(\mathrm{d}\omega) = \mathrm{d}\varphi^*\omega \tag{2.12}$$

4）对连接两次映射 $\varphi: M\to N, \psi: N\to L$，其诱导拖回映射反向

$$(\psi\circ\varphi)^* = \varphi^*\circ\psi^* \tag{2.13}$$

由以上分析我们看出，流形间映射 φ 会诱导流形上张量场间映射，这种诱导映射有两大类：

对切向量场产生推前(push forward)切映射 φ_*.

对微分形式导致方向反转拖回(pull back)映射 φ^*.

在上章我们曾指出，流形 M 及其上光滑函数集合 $\mathscr{F}$间存在对偶对应 $M\leftrightarrow\mathscr{F}$. 为引入流形上切场，可选过 p 点曲线

$$\gamma: \mathbb{R} \to M$$

当在流形间建立光滑映射 $\varphi: M\to N, \psi: N\to L$，可将 M 上曲线及相应切场诱导推前到流形 N 及流形 L 上，如下图所示

$$\mathbb{R} \xrightarrow{\gamma} M \xrightarrow{\varphi} N \xrightarrow{\psi} L$$

$$\psi_* \cdot \varphi_*(\gamma) = (\psi\cdot\varphi)_*(\gamma)$$

而为引入余切场，可用流形上函数

$$f: L \to \mathbb{R}$$

来选出与切场对偶的余切场，进一步组合流形间映射可诱导拖回映射如下图所示

$$\begin{array}{ccccc} M & \xrightarrow{\varphi} & N & \xrightarrow{\psi} & L \\ \downarrow & \underset{\varphi^*}{\leftarrow} & \downarrow & \underset{\psi^*}{\leftarrow} & \downarrow f \\ \mathbb{R} & & \mathbb{R} & & \mathbb{R} \end{array}$$

$$\varphi^*\cdot\psi^*(f) = (\psi\cdot\varphi)^*(f)$$

即由流形 L 上函数可拖回得 N 上，M 上函数，而组合映射的诱导拖回映射反向.

推前映射 φ_* 与拖回映射 φ^* 相互对偶，有性质

$$\langle\varphi^*\omega, X\rangle_p = \langle\omega, \varphi_* X\rangle_{q=\varphi(p)}$$

注意上式两端为在不同流形上的函数

$$\langle\varphi^*\omega X\rangle \in \mathscr{F}(M), \quad \langle\omega, \varphi_* X\rangle \in \mathscr{F}(N)$$

但是它们在对应点(p 点与 $q=\varphi(p)$ 点)上具有相同的值. 对于一般 r 形式，与 r 个切场的缩并所得函数也有类似关系

$$\langle\varphi^*\alpha_r; X_1, \cdots, X_r\rangle_p = \langle\alpha_r; \varphi_* X_1, \cdots, \varphi_* X_r\rangle_q \tag{2.14}$$

其中 $\alpha_r \in \Lambda^r(N), X_1, \cdots, X_r \in \mathscr{X}(M)$.

下面我们着重分析映射的秩这一重要概念,令 φ 为由 m 维流形 M 到 n 维流形 N 的可微映射

$$\varphi: M \to N$$
$$p \mapsto q = \varphi(p)$$

在 p 点切映射

$$\varphi_*: T_p(M) \to \varphi_* T_p(M) \subseteq T_q(N)$$

在 p 点邻域映射 φ 的特性决定了相应切映射 φ_* 的特性,反之也对. 切映射像的维数 $\dim\varphi_* T_p(M)$ 就是切映射 φ_* 的秩,也即映射 φ 的秩. 当用局域坐标系表达,点 $p \in M$ 邻域有局域坐标 $(x^1, \cdots, x^m)$,点 $q = \varphi(p) \in N$ 邻域有坐标 $(y^1, \cdots, y^n)$,映射 $\varphi: M \to N$ 等价于在 $\mathbb{R}^m$ 到 $\mathbb{R}^n$ 间有映射 $y \cdot \varphi \cdot x^{-1}$,相应变换矩阵 $\left(\frac{\partial y^i}{\partial x^j}\right)$,此矩阵的秩即映射 φ 的秩 r. 如果秩 $r = m \leqslant n$,映射 φ_* 称为单射(injective),如果秩 $r = n \leqslant m$,映射 φ_* 称为满射(surjective).

当 $n = m$,即 M 与 N 为同维光滑流形,如在 p 点邻域映射 φ 为满秩 n,则映射 φ 在 p 点邻域为 1 - 1 对应的微分同胚,即 φ 与 φ^{-1} 都是可微的.

下面假设 $m \leqslant n$,分析流形 M 到流形 N 的浸入映射与嵌入映射.

定义 2.1　当对 M 中任意点 p,$\varphi_*|_p$ 均为单射,则称 φ 为浸入映射. 进一步,1 - 1 对应的浸入映射称为嵌入映射. 这时流形 M 及其像 $\varphi(M)$ 是微分同胚,(M, φ) 称为 N 的嵌入子流形,或简称 M 为 N 的子流形.

例 2.1　如图 2.1 表明由一维线段 I 到 $\mathbb{R}^2$ 上两种映射.

图 2.1　线段 I 到 $\mathbb{R}^2$ 的两种映射

(a) 不是浸入映射;(b) 是浸入映射,但不是嵌入映射

例 2.2　由下式给出的映射:

$$\varphi: \mathbb{R} \to \mathbb{R}^2$$
$$t \mapsto (\cos t,\ \sin t)$$

是浸入映射但不是嵌入映射.

例 2.3　映射

$$\varphi:\mathbb{R}\to\mathbb{R}^3$$
$$t\longmapsto(\cos t,\ \sin t,\ t)$$

是嵌入映射,映射像如图 2.2 为螺旋线,是$\mathbb{R}^3$ 中嵌入子流形.

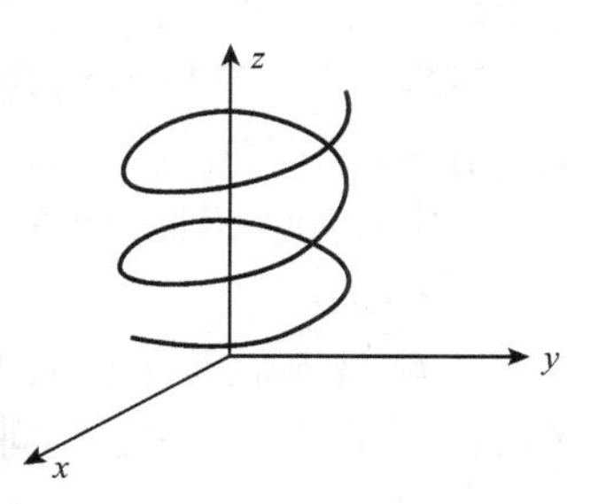

图 2.2　$\mathbb{R}^3$ 中螺旋线

对于嵌入子流形(M,φ),由于映射 φ 是 1 - 1 对应的映射,使得可把 M 上微分结构搬到像 $\varphi(M)$ 上去,流形 M 与其像 $\varphi(M)$ 为微分同胚,另一方面 $\varphi(M)\subset N$,$\varphi(M)$可以有由流形 N 的微分结构诱导的拓扑. 一般从 M 通过映射 φ 带给$\varphi(M)$的拓扑(称嵌入拓扑)比从 N 诱导的拓扑更精细. 当嵌入拓扑与由流形 N 诱导的拓扑等价,则称此嵌入子流形为正则子流形. 对于嵌入正则子流形,M 与 $\varphi(M)$微分同胚,为叙述简单起见,常不区分 M 与 $\varphi(M)$.

嵌入正则子流形是本章主要研究对象,这时流形 N 的坐标卡集中存在一坐标卡(U,ψ),使 $p\in U,\psi(p)=0\in\mathbb{R}^n$,且

$$\psi(U\cap M)\ =\psi(U)\ \cap\ \mathbb{R}^m$$

如图 2.3 所示. (U,ψ)称 p 邻域正则坐标卡.

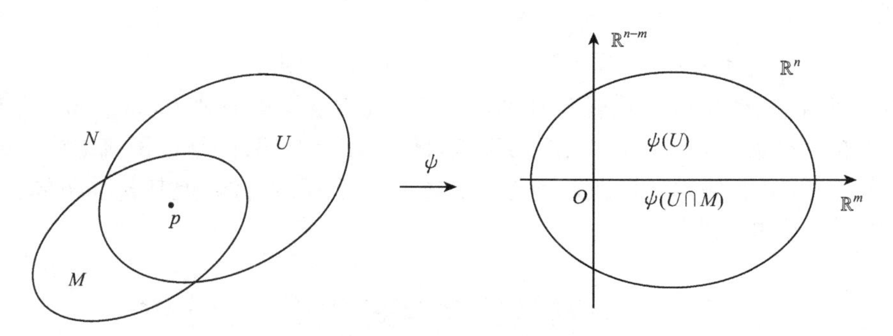

图 2.3　子流形 M 的正则坐标卡

当 M 是 N 的一个闭子集,对其中任意点 $p\in M$,流形 N 的坐标卡集中存在含 p 的坐标卡(U,ψ),使得在 p 点邻域 $x\in M\cap N$

$$M\cap N=\{x\in U\mid\psi^i=0,\ i=m+1,m+2,\cdots,n\}\tag{2.15}$$

则称 M 为 N 的 m 维闭子流形. 闭子流形为正则子流形. 例如$\mathbb{R}^n$ 中$(n-1)$维球面 S^{n-1}为$\mathbb{R}^n$ 的闭子流形.

当 M 与 N 同维,且 M 为 N 的开子集,$M\subset N$ 表明 M 为 N 的开子流形. 而前述(2.15)式定义的流形 M 为 N 的局域闭子集. 这种闭子流形常是最有用的.

任意紧致可微流形 M 均能光滑嵌入在充分大的 n 维平空间$\mathbb{R}^n$ 中,正因为如此使得研究$\mathbb{R}^n$ 中子流形特别重要. 存在如下定理:

定理 2.1[(Whitney)定理]　任意 n 维光滑连通闭流形 M 均能光滑浸入$\mathbb{R}^{2n}$及光滑嵌入$\mathbb{R}^{2n+1}$中.

此定理的证明见[DFN]Modern Geometry, Part Ⅱ, p. 90. 例 2.2 和例 2.3 正是本定理的特例.

令 M 是流形 N 的嵌入子流形,子流形 M 在各点的切空间 $T_p(M)$ 为流形 N 在该点切空间 $T_p(N)$ 的子空间

$$T_p(M)\subset T_p(N)\qquad (M\subset N)$$

但是,反之不对,$T_p(N)$ 中矢量不一定是 $T_p(M)$ 中矢量,而且也不存在对 $T_p(M)$ 的惟一投射. 因为对于一般流形,没有处处正交基,不存在确定的正交投射.

子流形 M 在点 p 的余切空间 $T_p^*(M)$ 中元素

$$\sigma\in \mathrm{Hom}(T_p(M),\mathbb{R}):T_p(M)\to\mathbb{R}$$

是流形 M 在点 p 的切空间 $T_p(M)$ 上线性函数,但是 σ 对 $T_p(N)$ 中不在 $T_p(M)$ 中的矢量无确定映射,即 σ 不能与 $T_p^*(N)$ 中元素对应,另一方面,在 $T_p^*(N)$ 中任意余切矢量 $\tau\in\mathrm{Hom}(T_p(N),\mathbb{R})$,由于 $T_p(N)\supset T_p(M)$,可同时确定 $T_p(M)$ 到$\mathbb{R}$ 的同态映射. 即

$$\tau\in\mathrm{Hom}(T_p(N),\mathbb{R})\Rightarrow\varphi^*\tau\in\mathrm{Hom}(T_p(M),\mathbb{R})$$

即当 m 维子流形 M 嵌入映射到 n 维流形 N 时,切空间推前映入(map into),而余切空间拖回映满(map onto). 虽然切矢与余切矢相互对偶,但是在子流形嵌入时它们起的作用不同,使得流形上切场与余切场虽然 $\mathscr{F}$线性对偶,但其特性不同,这是本章将着重分析问题之一.

§2.2　局域单参数李变换群　李导数

我们首先分析流形上切场的积分曲线问题. 我们知道,在流形 M 上给定一曲线,就在曲线每点选定了一个切向量. 反之,如果在流形 M 上给定一个向量场

$$X(x)\in\mathscr{X}(M)$$

这时从流形 M 上任一点 p 出发,是否能找到一曲线,使曲线各点切向量恰为该点给定切向量 X_p,为分析此问题,首先需对切场 X 在 p 点邻域性质进行认真分析. 如在点 $p\in M$, $X_p=0$,则称点 p 为切场的临界点(critical point),切场在临界点附近的

性质十分复杂,而流形 M 上可微切场临界点的存在与特性与整个流形 M 的拓扑性质密切相关,我们以后还将认真分析. 可微切场的临界点常是孤立奇点. 切场的非临界点称为普点,可微切场在普点附近的性质很简单. 设点 $p\in M$ 为切场 X 的普点,可以证明必然能找到一条(且仅有一条)通过点 p 的光滑曲线,使此曲线在 p 点的切矢恰为该点给定的切向量 X,这样的曲线称为向量场 X 的积分曲线. 当在点 p 邻域选局域坐标系,给定切场 X 可表示为

$$X(x) = \xi^i(x)\frac{\partial}{\partial x^i}$$

对于经过 p 点的积分曲线 $x(t)$, $t\in\mathbb{R}$ 为实参数

$$x:\ t\longmapsto x(t) = (x^1(t),\ x^2(t),\cdots,x^n(t))$$

$\{x^i(0)=a^i\}$ 为 p 点的坐标. 要求此曲线的切向量就是给定的切向量场 $X(x)$,即要求解方程组:

$$\frac{\mathrm{d}x^i(t)}{\mathrm{d}t} = \xi^i(x(t)),\quad i=1,\cdots,n$$

$$x^i(0) = a^i,\quad i=1,\cdots,n$$

此为给定初条件的一阶常微分方程组,在向量场普点邻域有惟一解,所得积分曲线为流形 M 上一维子流形,有性质:

1) 由于解惟一,故不同积分曲线不相交.

2) 在流形 M 的每点(向量场的临界点除外),都有积分曲线通过.

流形 M 上给定可微切场 $X(x)$ 后,切场的积分曲线集合形成线汇,如将每条积分曲线看成一元素,此线汇本身可看成是 $(n-1)$ 维流形.

流形切场是流形微分同胚变换的生成元. 利用切场的积分曲线汇,对于任意充分小的参数 t,可定义流形 M 的 1-1 对应的同胚映射 φ_t

$$\varphi_t:\ M\to N$$
$$p\longmapsto q = \varphi_t(p)$$

像 $\varphi_t(p)$ 为由 p 点出发的切场 X 的积分曲线. 单参数 t 映射集合 $\{\varphi_t\}$ 具有性质

$$\varphi_{t+s}(p) = \varphi_t(\varphi_s(p)) = \varphi_s(\varphi_t(p)),\ \text{对所有}\ t,s\in[-\varepsilon,\varepsilon]\subset\mathbb{R}$$

$$\varphi_0(p) = p,\quad \varphi_{-t} = \varphi_t^{-1} \tag{2.16}$$

即集合 $\{\varphi_t\}$ 形成 M 的局域单参数李变换群,为局域 Abel 群. 此局域单参数李变换群的生成元即给定切场 $X(x)$,切场 $X(t)$ 的积分曲线即此变换群 $\{\varphi_t\}$ 的轨道表示,称为变换群 $\{\varphi_t\}$ 的流线(flow). 利用此变换群对流形的同胚变换可定义作用在流形张量场上的李导数 L_X 算子,下面我们将着重分析此问题.

对流形上张量场进行微分运算是微分几何最基本的问题之一,上章引入的外微分算子 d 仅能作用在微分形式上,问题在于如何对流形上任意张量场进行微分

运算.

外微分算子是对流形上函数全微分概念的推广，对流形上函数，可求其沿某曲线方向的微分，但是对于流形上的切场，则无法自然地给出沿某方向的微分，这是因为流形上不同点上的向量属于不同的向量空间，虽然这些空间相互线性同构，但是却不能由流形结构本身得到相应的正则同构.

对流形上任意张量场，为讨论张量场对底空间坐标进行微分或取导数运算，需将张量场中一点张量与邻近点张量进行比较，一般有两种办法：

1) 在流形 M 上每点引入联络系数，使得该点与邻近点间的切空间建立一定联系，于是在邻近点的各张量空间间建立正则同构，使能对流形上任意张量场 K 进行协变微分 ∇K，所得 ∇K 仍为流形上张量场. 这是我们将在第三章中分析的问题.

2) 在流形 M 上给定一向量场 $X(x)\in\mathscr{X}(M)$，于是可得流形 M 上积分曲线汇，得到流形上局域单参数同胚变换群 $\{\varphi_t\}$，流形变换诱导流形张量场变换，使能比较沿积分曲线邻近点间张量，因而能定义张量场 K 沿积分曲线方向的李导数 L_XK. 这是我们在本节将分析的问题.

当流形 M 上给定可微向量场 $X\in\mathscr{X}(M)$，就确定了流形 M 上局域单参数微分同胚变换群 $\{\varphi_t\}$，流形变换可诱导出流形上张量场变换，使流形上微分形式 ω 被拖回 $\varphi_t^*\omega$，而另一方面其切场 Y 被推前 $\varphi_{t*}Y$. 可将邻近点张量沿积分曲线方向拖回或推前至同一点进行比较，于是可定义流形上各种张量场 K 相对给定切场 X 方向的李导数运算，所得李导数 L_XK 为与 K 属相同类型的张量场，可形式地表示为

$$L_XK|_p=\lim_{t\to 0}\frac{1}{|t|}(\varphi_t^*K-K)|_p \tag{2.17a}$$

或

$$L_XK|_p=\lim_{t\to 0}\frac{1}{|t|}(\varphi_{t*}K-K)|_p \tag{2.17b}$$

对微分形式或协变张量用前式，对逆变张量用后式，将 x 点张量沿积分曲线拖回(或推前)到 p 点，与 p 点处张量进行比较得到相应的李导数，这样得到的李导数维持张量场的类型，并与张量场的缩并运算对易. 下面我们具体分析一些张量场的李导数运算.

设流形 M 上给定向量场 $X(x)=\xi^i\partial_i\in\mathscr{X}(M)$，通过点 x 的积分曲线 $y(x,t)$ 的坐标

$$y^i(t)=y^i(x^1,\cdots,x^n,t)$$

是下面方程组的解：

$$\begin{cases}\dfrac{\mathrm{d}y^i(t)}{\mathrm{d}t}=\xi^i(y(t)), \quad i=1,\cdots,n\\ y^i(x^1,\cdots,x^n,0)=x^i\end{cases} \tag{2.18}$$

下面我们以标量场,余切场,切场为例计算它们的李导数运算

例 2.4 对标量场 $f \in \mathscr{F}(M)$

$$\varphi_t^* f = f(y(x,t))$$

$$L_X f|_p = \lim_{t\to 0}\frac{f(y(x,t)) - f(y(x,0))}{t} = \frac{\partial f}{\partial y^i}\frac{\mathrm{d}y^i}{\mathrm{d}t}\bigg|_{t=0}$$

$$= \frac{\mathrm{d}}{\mathrm{d}t}f(y(x,t))|_{t=0} = Xf|_p$$

Xf 是函数 f 沿切矢方向的梯度,也即函数 f 相对 X 的李导数

$$L_X f = Xf \tag{2.19}$$

例 2.5 对余切场 $\omega = \omega_i(y)\mathrm{d}y^i \in \Lambda^1(M)$

$$\varphi_t^* \omega = \omega_i(y(x,t))\frac{\partial y^i(x,t)}{\partial x^k}\mathrm{d}x^k$$

与前例类似,注意到上式有两个因子含 t,利用微分 Leibnitz 法则,可证

$$L_X\omega|_p = \left[\frac{\partial \omega_i(y)}{\partial y^j}\frac{\mathrm{d}y^j}{\mathrm{d}t}\bigg|_{t=0}\frac{\partial y^i}{\partial x^k}\mathrm{d}x^k + \omega_i(y)\frac{\partial}{\partial x^k}\frac{\mathrm{d}y^i}{\mathrm{d}t}\bigg|_{t=0}\mathrm{d}x^k\right]|_p$$

$$= (\omega_{k,j}\xi^j + \omega_i\xi^i_{,k})\mathrm{d}x^k|_p \tag{2.20}$$

或

$$L_X\omega \equiv (L_X\omega)_k = \omega_{k,j}\xi^j + \omega_i\xi^i_{,k} \tag{2.21}$$

例 2.6 对切场 $Y(y) = \eta^i(y)\frac{\partial}{\partial y^i} \in \mathscr{X}(M)$,将 y 点切场 $Y(y)$ 沿积分曲线推到 p 点

$$\varphi_{t*}Y|_p = \eta^i(y(x,t))\frac{\partial x^j(y,t)}{\partial y^i}\frac{\partial}{\partial x^j}\bigg|_p \tag{2.22}$$

这里注意到对切场分量系数 $\eta^i(y) = \eta^i(y(x,t))$ 沿积分曲线拖回,y 点坐标

$$y^i = y^i(x^1,\cdots,x^n,t), \quad y^i(x^1,\cdots,x^n,0) = x^i$$

另一方面需分析切矢基底的推前映射,需分析 $x = x(y,t)$,其局域坐标可明显写为

$$x^j = \psi^j(y^1,\cdots,y^n,t) = \psi^j(y^1(x,t),\cdots,y^n(x,t),t)$$

对上式取偏导数 $\frac{\partial}{\partial x^k}$ 得

$$\delta^j_k = \frac{\partial \psi^j}{\partial y^i}\frac{\partial y^i}{\partial x^k} \tag{2.23}$$

上式限制在积分曲线上 $y^i = y^i(x,t)$,而 $x^j = \psi^j(y,t)$ 为单参数同胚变换,对(2.23)

式取$\frac{\mathrm{d}}{\mathrm{d}t}$得

$$0 = \frac{\mathrm{d}}{\mathrm{d}t}\left(\frac{\partial\psi^j}{\partial y^i}\right)\frac{\partial y^i}{\partial x^k} + \frac{\partial\psi^j}{\partial y^i}\frac{\mathrm{d}}{\mathrm{d}t}\left(\frac{\partial y^i}{\partial x^k}\right)$$

取$t=0$时的值,$y^i(x,0)=x^i$,$\psi^j(y,0)=y^j$,得

$$\frac{\mathrm{d}}{\mathrm{d}t}\left(\frac{\partial\psi^j(y,t)}{\partial y^k}\right)\bigg|_{t=0} = -\frac{\mathrm{d}}{\mathrm{d}t}\left(\frac{\partial y^j(x,t)}{\partial x^k}\right)\bigg|_{t=0} = -\frac{\partial\xi^j}{\partial x^k} \tag{2.24}$$

注意上式中先对t微分后再取$t=0$极限值. 与前例类似,注意到(2.22)式$\varphi_{t*}Y$有两个因子含t,利用微分 Leibnitz 法则先对t微分,然后再取$t\to0$,利用(2.24)式可证

$$\begin{aligned}L_XY|_p &= \left[\frac{\mathrm{d}}{\mathrm{d}t}(\eta^i(y(x,t)))\frac{\partial\psi^j(y,t)}{\partial y^i}\frac{\partial}{\partial x^j} + \eta^i(y(x,t))\frac{\mathrm{d}}{\mathrm{d}t}\left(\frac{\partial\psi^j(y,t)}{\partial y^i}\right)\frac{\partial}{\partial x_j}\right]_p \\ &= \left[\frac{\mathrm{d}y^k}{\mathrm{d}t}\frac{\partial\eta^i}{\partial y^k}\delta^j_i\frac{\partial}{\partial x^j} - \eta^i\frac{\partial\xi^j}{\partial x^i}\frac{\partial}{\partial x^j}\right]_p \\ &= \left(\xi^k\frac{\partial\eta^j}{\partial x^k} - \eta^i\frac{\partial\xi^j}{\partial x^i}\right)\frac{\partial}{\partial x^j}\bigg|_p = [X,Y]_p\end{aligned}$$

对切场作李导数就相当于作李括弧运算,这是很容易记住的公式:对向量场的李导数即李括弧运算

$$L_XY = [X,Y] \tag{2.25}$$

也可定义切场分量的李导数

$$L_X\eta^j \equiv (L_XY)^j = \xi^k\eta^j_{,k} - \eta^k\xi^j_{,k} \tag{2.26}$$

类似可得到对一般r阶逆变s阶协变张量场的李导数公式,即令

$$K = \{K^{i_1\cdots i_r}_{k_1\cdots k_s}\} \in \mathscr{T}_s{}^r(M)$$

则

$$L_XK^{i_1\cdots i_r}_{k_1\cdots k_s} = (L_XK)^{i_1\cdots i_r}_{k_1\cdots k_s} = \xi^jK^{i_1\cdots i_r}_{k_1\cdots k_s,j} + K^{i_1\cdots i_r}_{jk_2\cdots k_s}\xi^j_{,k_1} + \cdots - K^{ji_2\cdots i_r}_{k_1\cdots k_s}\xi^{i_1}_{,j} - \cdots \tag{2.27}$$

由于李导数不改变张量场类型,对张量场的李导数,可用对张量场各分量的李导数来表达. 上式中第一项相当于该分量在X方向的变更,然后由于给定切场本身局域变更特性,利用$\left\{\frac{\partial\xi^j}{\partial x^k}\equiv\xi^j_{,k}\right\}$,如上式对张量场每协变分量指标提供一拖回基底的正号贡献,而每逆变分量提供一推前基底的负号贡献,正如例 2.5、例 2.6 所示.

由以上分析我们看出,李导数具有下述性质:

1) L_X为不改变张量场类型的线性算子

$$\mathrm{L_X}:\mathcal{T}_s^r(M)\to\mathcal{T}_s^r(M)$$

$$L_X(aK+bK')=aL_XK+bL_XK',\ K,K'\in\mathcal{T}_s^r(M),\ a,b\in\mathbb{R} \tag{2.28}$$

2）满足导子的 *Leibnitz* 法则,并与张量场的缩并运算对易

$$L_X(K\otimes K')=(L_XK)\otimes K'+K\otimes(L_XK'),\ K,K'\in\mathcal{T}_s^r(M) \tag{2.29}$$

$$\begin{aligned}L_X(T_s^r(\omega_1,\cdots,\omega_r;\ X_1,\cdots,X_s)) &= (L_XT_s^r)(\omega_1,\cdots,\omega_r;\ X_1,\cdots,X_s)\\ &+T_s^r(L_X\omega_1,\cdots,\omega_r;X_1,\cdots,X_s)+\cdots\\ &+T_s^r(\omega_1,\cdots,\omega_r;[X,X_1],\cdots,X_s)+\cdots\end{aligned} \tag{2.30}$$

3）$\mathrm{L_Xf=Xf},\ \mathrm{f}\in\mathcal{F}(M)$.

4）$L_XY=[X,Y],X,Y\in\mathcal{X}(M)$.

前两性质表明李导数算子 L_X 为流形上张量场代数 $\mathcal{T}(M)$ 上的导子,利用这性质,可由低阶张量场的李导数规则,得到对高阶张量场的李导数规则,再由后两性质规定对具体两种低阶张量场(函数 f 与切场 Y)的运算规则,可得到对所有各阶张量场的运算规则. 以上四个性质也可作为李导数算子的定义.

关于上述性质 2,我们还可用下面例子说明:

例 2.7 当 $X,Y,Z\in\mathcal{X}(M)$

$$L_X[Y,Z]=[L_XY,Z]+[Y,L_XZ] \tag{2.31}$$

此即三向量场 X,Y,Z 的对易子满足的 Jacobi 等式.

例 2.8 当 $\omega,\sigma\in\Lambda^*(M),f\in\mathcal{F}(M)$,

$$L_X(f\omega)=fL_X\omega+(L_Xf)\omega \tag{2.32}$$

$$L_X(\omega\wedge\sigma)=(L_X\omega)\wedge\sigma+\omega\wedge(L_X\sigma) \tag{2.33}$$

例 2.9

$$L_X(\langle\omega,Y\rangle)=\langle L_X\omega,Y\rangle+\langle\omega,L_XY\rangle \tag{2.34}$$

且当流形间存在连续映射 φ,诱导流形上切场推前,余切场拖回,可证相应李导数满足

$$L_X\varphi^*\omega=L_{\varphi*X}\omega \tag{2.35}$$

在沿不同方向的李导数间,可证具有以下性质(它们作用在任意张量场上均对):

$$[L_X,L_Y]=L_{[X,Y]},\quad X,Y\in\mathcal{X}(M) \tag{2.36}$$

$$L_{aX+bY}=aL_X+bL_Y,\quad a,b\in\mathbb{R} \tag{2.37}$$

李导数 L_X 是作用于流形上所有张量场上的微分算子,当然也是作用于微分形式上的微分算子. 由于流形上微分形式 $\Lambda^*(M)$ 在流形分析中占有极重要的地位,

我们应特别注意. 作为线性空间,微分形式是张量空间的线性子空间,它是流形切丛截面上所有线性映射的集合组成的空间,为流形分析中最重要的张量场. 在微分形式 $\Lambda^*(M)$ 中可引入外积运算,使 $\Lambda^*(M)$ 成为可结合,不可交换外代数(阶化代数). 下面分析作用于外代数 Λ^* 上的若干导子的性质.

作用于微分形式上的 k 阶导子 D 是微分形式空间 $\Lambda^*(M)$ 之间的线性映射

$$D:\Lambda^r(M)\to\Lambda^{r+k}(M)$$

当 k 为偶,称为偶导子,它对两因子外乘的作用满足通常的 Leibniz 法则

$$D(\omega\wedge\sigma)=(D\omega)\wedge\sigma+\omega\wedge(D\sigma)$$

当 k 为奇,称为奇导子,它对两因子外乘的作用满足斜 Leibniz 法则(skew Leibniz rule)

$$D(\omega\wedge\sigma)=(D\omega)\wedge\sigma+(-1)^r\omega\wedge(D\sigma),\quad \omega\in\Lambda^r(M)$$

外微分算子 d 是 1 阶斜导子,李导数为 0 阶导子.

微分形式外代数 $\Lambda^*(M)$ 上的导子或斜导子间,易证具有以下性质:

偶,偶导子的对易子为导子;

偶,奇导子的对易子为斜导子;

奇,奇导子的反对易子为导子.

利用上述性质,可以由作用在微分形式上的两种导子得到第三种导子.

李导数作用在切场上即李括弧运算,计算起来非常方便,但是对微分形式计算其李导数就比较麻烦. 为了帮助计算作用在微分形式上的李导数,可利用上章提到的切场与微分形式的缩并运算,即缩并算子

$$i_X\omega\equiv\underline{X}\rfloor\omega\equiv\langle\omega,X\rangle$$

i_X 是负一阶奇导子

$$i_X:\Lambda^r\to\Lambda^{r-1}$$

$$i_X(\omega_r\wedge\sigma_s)=(i_X\omega_r)\wedge\sigma_s+(-1)^r\omega_r\wedge(i_X\sigma_s)\in\Lambda^{r+s-1}(M)$$

且具有性质

$$i_X^2=0,\quad i_X\mathrm{d}f=\langle\mathrm{d}f,X\rangle=Xf$$

$$i_X\omega_r(X_1,\cdots,X_{r-1})=\omega_r(X,X_1,\cdots,X_{r-1}),\quad \omega_r\in\Lambda^r(M)$$

$$i_X(\theta_1\wedge\cdots\wedge\theta_l)=\sum_{1\leqslant k\leqslant l}(-1)^{k+1}\langle\theta_k,X\rangle\theta_1\wedge\cdots\wedge\hat{\theta}_k\wedge\cdots\wedge\theta_l,\theta_i\in\Lambda^1(M)$$

$$i_{fX+gY}=fi_X+gi_Y,\quad f,g\in\mathscr{F}(M),\quad X,Y\in\mathscr{X}(M)\tag{2.38}$$

注意虽然 i_X 与 L_X 均依赖切场,但两者特性不同,内积算子 i_X 仅与作用点的切向量有关,而李导数还与该点邻域切场的分布有关,使得

$$i_{fX}=fi_X,\text{而 }L_{fX}\neq fL_X$$

例如

$$L_{fX}\omega = fL_X\omega + \mathrm{d}f \wedge i_X\omega$$

总之,作用在微分形式 $\Lambda^*(M)$ 上通常有三种导子:L_X,d,i_X,它们分别为 0,+1,-1 阶导子. 其中有两种为基本导子,第三种可由前两种的组合表示. 它们间除 L_X 与 d 可交换外,一般不可交换,例如

$$[L_X, L_Y] = L_{[X,Y]} \tag{2.39}$$

$$[L_X, i_Y] = i_{[X,Y]} \tag{2.40}$$

$$[L_X, \mathrm{d}] = 0 \tag{2.41}$$

具有将李导数用内积算子和外微分算子表达的 Cartan 公式

$$L_X = \mathrm{d}\cdot i_X + i_X \cdot \mathrm{d} \tag{2.42}$$

由于 d 与 i_X 均为斜导子,故其反对易子即上式右端必为 0 阶导子. 且易证右端与 d 对易

$$[\mathrm{d}\cdot i_X + i_X \cdot \mathrm{d},\ \mathrm{d}] = 0$$

故右端必为相对切场 X 的李导数 L_X.

以上三式都是作用在 $\Lambda^*(M)$ 上的导子,作用在任意微分形式上均对. 为证明它们,可将它们作用在两种最简单的微分形式上,例如函数 $f \in \mathscr{F}(M)$ 与 1 形式 $\omega \in \Lambda^1(M)$ 上,如验证符合,则对作用在所有微分形式上均对.

利用以上公式易证

$$\langle \mathrm{d}\omega;\ X, Y\rangle = L_X\langle\omega, Y\rangle - L_Y\langle\omega, X\rangle - \langle\omega, [X,Y]\rangle \tag{2.43}$$

$$\begin{aligned}\langle \mathrm{d}\alpha_2; X, Y, Z\rangle = {} & L_X\langle\alpha_2; Y, Z\rangle + L_Y\langle\alpha_2; Z, X\rangle + L_Z\langle\alpha_2; X, Y\rangle \\ & - \langle\alpha_2; [X,Y], Z\rangle - \langle\alpha_2; [Y,Z], X\rangle - \langle\alpha_2; [Z,X], Y\rangle\end{aligned} \tag{2.44}$$

进一步可以证明

$$\begin{aligned}\mathrm{d}\alpha_r(X_0, X_1, \cdots, X_r) \equiv {} & \langle \mathrm{d}\alpha_r;\ X_0, X_1, \cdots, X_r\rangle \\ = {} & \sum_{i=0}^{r}(-1)^i L_{X_i}\alpha_r(X_0, X_1, \cdots, \hat{X}_i, \cdots, X_r) \\ & + \sum_{i<j}(-1)^{i+j}\alpha_r([X_i, X_j],\ X_0, \cdots, \hat{X}_i, \cdots, \hat{X}_j, \cdots, X_r)\end{aligned} \tag{2.45}$$

其中 $\hat{X}_i$ 代表将宗量 X_i 略去.

例 2.10 (2.43)式的证明,可将任意 1 形式 ω 记为

$$\omega = f\mathrm{d}g, \quad f, g \in \mathscr{F}(M)$$

$$d\omega = df \wedge dg$$

则(2.43)式左端：

$$d\omega(X,Y) = \langle df \wedge dg; X,Y\rangle = X(f)Y(g) - Y(f)X(g)$$

而(2.43)式右端第一项：

$$X\omega(Y) = X(fY(g)) = X(f)Y(g) + fX(Y(g))$$

故

$$\begin{aligned}(2.43)\text{ 式右端} = & X(f)Y(g) - Y(f)X(g) + fX(Y(g)) - fY(X(g)) \\ & - f[X,Y](g) = \text{左端}\end{aligned}$$

§2.3　积分子流形　Frobenius 定理

上节我们讨论了切场的积分曲线问题，通过流形 N 上切场的普点 p 有惟一一条积分曲线，它是流形 N 中一维子流形. n 维流形 N 上积分曲线集合本身形成有 $(n-1)$ 个自由度的流形，或称积分曲线在流形 N 中的余维(codimension in N)是 $(n-1)$. 可证在 p 点邻域选坐标系，使坐标线 x^1 就是切场 X 的积分曲线，即切场的坐标表示为

$$X = \frac{\partial}{\partial x^1}$$

而其积分曲线可表示为 $\{x^i = c^i, i = 2, \cdots, n\}$.

下面进一步讨论 k 个切场的积分曲线问题.

当流形 N 上每点 p 安排了一个 $T_p(N)$ 的 k 维子空间 Δ_p^k，则称流形 N 上有一个 k 维分布(distribution). 如在 p 点邻域 U 存在 k 个处处线性无关的可微切向量场 $\{X_1, \cdots, X_k\}$，使得在每点 $\Delta^k(x)$ 是由 $\{X_1(x), \cdots, X_k(x)\}$ 张成，即 $\{X_1(x), \cdots, X_k(x)\}$ 形成 k 维分布 $\Delta^k(x)$ 的一组基，则称 $\Delta^k(x)$ 为流形 N 上可微 k 维分布，或称 k 维流(current)，并可表示为

$$\Delta^k(x) = \{X_1(x), \cdots, X_k(x)\} \tag{2.46}$$

这时如果流形 N 上存在 $(n-k)$ 个局域线性独立的函数 $\{f^a, a = 1, \cdots, n-k\}$，它们满足

$$\langle df^a, X_i\rangle = X_i(f^a) = 0 \tag{2.47}$$

则称这 $(n-k)$ 个函数 $\{f^a\}$ 为可微分布 $\Delta^k(x)$ 的初积分. 仅当这时，相对流形 N 上分布 $\Delta^k(x)$，存在 k 维积分子流形

$$M = \{x \in U \mid f^a(x) = \text{const},\ a = 1, \cdots, n-k\} \tag{2.48}$$

注意在流形 N 上，$df \neq 0$，但是当限制在子流形 M 上时，$df|_M = 0$，如(2.47)式所示.

M 称为由分布 $\Delta^k(x)$ 决定的积分子流形，它是流形 N 中连通的 k 维闭子流形，这时对流形 N 上任一点 $p=(x_0^1,\cdots,x_0^n)$，存在一个 k 维积分子流形

$$M = \{x \in U \mid f^a(x^1,\cdots,x^n) = f^a(x_0^1,\cdots,x_0^n), \quad a = 1,\cdots,n-k\} \tag{2.49}$$

如存在 k 维积分子流形 M，可在点 p 邻域 U 选局域坐标 $\{x^1,\cdots,x^k,f^1,\cdots,f^{n-k}\}$，使在邻域 U 积分子流形由下列基矢张成：

$$\left\{\frac{\partial}{\partial x^i},\ i = 1,\cdots,k\right\} \tag{2.50}$$

当流形 N 上给定光滑分布 $\Delta^k(x)$，通过 N 中任一普点 p 是否存在 k 维积分子流形使(2.48)式，(2.50)式成立？关于此问题的回答是，当 $k=1$ 时是肯定的，如我们在上节分析. 而当 $k>1$ 时，需要附加条件才是肯定的，此即著名的 Frobenius 定理. 下面我们先分析一下积分子流形存在的必要条件. 在 p 点邻域选局域坐标系，分布 $\Delta^k(x)$ 的基矢 $\{X_\alpha(x),\alpha=1,\cdots,k\}$ 可表示为

$$X_\alpha = \sum_{i=1}^{n} \xi_\alpha^i \partial_i \quad (\alpha = 1,\cdots,k)$$

如存在积分子流形，$\{X_\alpha\}_1^k$ 为子流形切场，则集合 $\{X_\alpha\}$ 必满足

$$[X_\alpha, X_\beta] = \sum_{\gamma=1}^{k} C_{\alpha\beta}^{\gamma} X_\gamma \subset \Delta^k \tag{2.51}$$

满足上条件的分布 Δ^k 称为对合分布(involutive distribution).

注意对于(2.50)式的坐标基

$$[\partial_i, \partial_j] = 0$$

但此条件在局域坐标变换下不能保持，而(2.51)式在任意坐标变换下都能保持. 分布 Δ^k 是对合分布，即满足条件(2.51)式是 Δ^k 可积的必要条件. 这就是 Frobenius 定理.

定理 2.2(Frobenius)定理 如流形 N 上存在 k 维分布

$$\Delta^k = \{X_1,\cdots,X_k\}$$

满足对合条件

$$[X_\alpha, X_\beta] \subset \Delta^k, \quad 对所有\ X_\alpha, X_\beta \in \Delta^k \tag{2.52}$$

则在流形 N 上每点 p 的邻域存在坐标系，使

1) $\left\{\frac{\partial}{\partial x^i},\ i=1,\cdots,k\right\}$形成 Δ^k 的局部基.

2) $\{x^a=\text{const},\ a=k+1,\cdots,n\}$ 给出 Δ^k 的积分流形，而 Δ^k 的任意初积分均可表达为 $x^a(a=k+1,\cdots,n)$ 的函数.

3）于是通过每点 $p\in N$，有惟一 k 维最大积分子流形 M，使通过 p 点的任意积分流形都是 M 的开子流形.

4）通过流形 N 上所有点的最大积分子流形的集合形成流形族，称为积分叶汇(foliation)，叶汇本身为 $(n-k)$ 维流形(当将每叶看成一点).

附带指出，积分子流形的组成都是局域的，在一般情况下不可能整体组成积分流形.

§2.4 用微分形式表达的 Frobenius 定理 微分方程的可积条件

积分子流形存在的可积性定理也可以用微分形式讨论，由于微分形式及其外微分计算很方便，故用微分形式来讨论积分子流形的存在将更方便. 偏微分方程常能写成微分形式体系，可用类似方法分析微分方程的可积性.

在分析流形 N 的嵌入子流形 M 时曾指出，切空间 $T_p(M)$ 被推前，而余切空间 $T_p^*(N)$ 被拖回. 注意到流形 N 的维数 n 大于子流形 M 的维数 m，流形 N 上某些余切矢量在限制到子流形 M 上时应为零.

我们先从最简单的情况谈起，先讨论余切场的可积问题，即分析 n 维流形 N 上 Pfaff 方程

$$\omega = \omega_i \mathrm{d}x^i = 0 \tag{2.53}$$

的解的存在问题. 这里 $\omega\in\Lambda^1(N)$，$\omega=0$ 不是说它是 $\Lambda^1(N)$ 中的零元(零元与流形 N 上所有切场缩并为零)，而是求 Pfaff 方程(2.53)的积分子流形 (M,φ)，φ 为将 M 嵌入映射为 N 中子流形的映射：

$$\varphi: M\to N$$

使

$$\varphi^*\omega = 0$$

或将微分同胚的 $\varphi(M)$ 与 M 等同，将上式简记为

$$\omega|_M = 0 \tag{2.54}$$

求积分子流形 M. 积分子流形 M 不一定存在，找积分子流形存在的条件，即找方程(2.53)的可解条件.

易证在下面两种情况下，(2.53)式的积分子流形存在：

1）在 p 点邻域 U 可选坐标系，使存在函数 $\varphi(x)$ 满足

$$\omega = \mathrm{d}\varphi \tag{2.55}$$

这时 $\varphi=\mathrm{const}$ 是方程 $\omega=0$ 的积分流形，它是流形 N 上超曲面.

2) 在 p 点邻域 U 可选坐标系,使存在函数 $u(x)$,$v(x)$,满足

$$\omega = u\mathrm{d}v \tag{2.56}$$

这时 $v=\text{const}$ 为 $\omega=0$ 的积分曲面,而 u^{-1} 称为积分因子. 即虽然 ω 不能表为全微分,但当 ω 乘以 u^{-1} 后,$u^{-1}\omega$ 可表示为全微分.

情况 1)的必要条件是 $\mathrm{d}\omega=0$,即 ω 为闭形式. 而且可证这也是充分条件,它是著名的 Poincare 引理的特殊情况:

定理 2.3(Poincare) r 形式($r\geqslant 1$)α 如满足 $\mathrm{d}\alpha=0$,则在一点邻域存在($r-1$)形式 β 使 $\alpha=\mathrm{d}\beta$.

闭形式局域为正合形式,而整体不一定,整体拓扑性质是将在第七章分析的问题.

情况 2)的必要条件是

$$\omega \wedge \mathrm{d}\omega = 0 \tag{2.57}$$

这是方程 $\omega=0$ 可积的必要条件,又称 Frobenius 条件,下面先举例说明.

例 2.11 $\mathbb{R}^2$ 上 1 形式

$$\omega = P(x,y)\mathrm{d}x + Q(x,y)\mathrm{d}y$$

如果所给 ω 满足可积条件

$$\mathrm{d}\omega = 0 \Rightarrow \frac{\partial P}{\partial y} = \frac{\partial Q}{\partial x} \tag{2.58}$$

则在一点邻域必存在函数 $\varphi(x)$,使

$$\omega(x,y) = \mathrm{d}\varphi(x,y)$$

这时 $\varphi(x,y)=\text{const}$ 为 $\omega=0$ 的积分流形,一维积分曲线. $\varphi(x,y)=\varphi(x_0,y_0)$ 为经 (x_0,y_0) 点的曲线.

另一方面,即使 ω 不满足条件(2.58),但满足可积条件(2.57),这时存在函数 $\mu(x,y)$,使得

$$\mu(x,y)(P(x,y)\mathrm{d}x + Q(x,y)\mathrm{d}y) = \mathrm{d}\varphi(x,y)$$

其中

$$\mu(x,y) = \frac{1}{P}\frac{\partial\varphi}{\partial x} = \frac{1}{Q}\frac{\partial\varphi}{\partial y}$$

称为积分因子.

二维空间积分因子必然存在(注意条件(2.57)本身为 3 形式),二维 Pfaff 方程必可积. 但在高维空间积分因子不一定存在.

例 2.12 $\mathbb{R}^3$ 上 1 形式

$$\omega = P(x,y,z)\mathrm{d}x + Q(x,y,z)\mathrm{d}y + R(x,y,z)\mathrm{d}z \tag{2.59}$$

上式 $\omega \neq 0$,在普点邻域,设 $R(x,y,z) \neq 0$,这时上式化为

$$dz = -\frac{P}{R}dx - \frac{Q}{R}dy$$

如此式有解 $z = z(x,y,c)$,则

$$\frac{\partial z}{\partial x} = -\frac{P}{R}, \quad \frac{\partial z}{\partial y} = -\frac{Q}{R} \tag{2.60}$$

故可解条件是(将 (x,y) 看成是独立变量)

$$\frac{\partial}{\partial y}\left(\frac{P(x,y,z(x,y,c))}{R(x,y,z(x,y,c))}\right) = \frac{\partial}{\partial x}\left(\frac{Q(x,y,z(x,y,c))}{R(x,y,z(x,y,c))}\right)$$

经复合函数微分法则最后得(2.59)式有解条件

$$P\left(\frac{\partial R}{\partial y} - \frac{\partial Q}{\partial z}\right) + Q\left(\frac{\partial P}{\partial z} - \frac{\partial R}{\partial x}\right) + R\left(\frac{\partial Q}{\partial x} - \frac{\partial P}{\partial y}\right) = 0 \tag{2.61}$$

此有解条件与(2.57)一致. 即将(2.59)式代入(2.57)式立即得(2.61)式.

当可积条件(2.57)式满足,这时必可将 ω 表为

$$\omega = \psi(x,y,z)\,d\varphi(x,y,z)$$

在 $\mathbb{R}^3$ 中存在积分曲面

$$\varphi(x,y,z) = \text{const} \tag{2.62}$$

它是 $\mathbb{R}^3$ 上超曲面,与(2.60)式相同,是 2 维闭子流形. 将 ω 限制在此曲面上时 $\omega = 0$. 由以上分析看出,Frobenius 可积条件即一般微分方程的有解条件.

下面我们讨论可积子流形存在的 Frobenius 定理. 上节曾指出,当流形 N 上给定光滑 k 维分布 $\Delta^k = \{X_1, \cdots, X_k\}$,其可积条件是 Δ^k 应为对合分布,即

$$[X_\alpha, X_\beta] \subset \Delta^k, \text{对所有 } X_\alpha, X_\beta \in \Delta^k \tag{2.63}$$

本节我们从对偶观点分析此问题,即研究湮没 Δ^k 的余分布

$$\tau_{n-k} = \{\theta^a,\ a = k+1, \cdots, n\}, \quad \theta^a \in \Lambda^1(N) \tag{2.64}$$

当流形 N 上给定 $(n-k)$ 维余分布 τ_{n-k},是否存在 k 维积分子流形 M 使

$$\tau_{n-k}\Big|_M = 0 \tag{2.65}$$

分析积分子流形存在的可积条件. 即与分布 Δ^k 为可积分布的条件(2.63)相应地,如要求余分布 τ_{n-k} 为可积,相应可积条件称 Frobenius 条件,这是我们将着重分析的.

令 $\Delta^k = \{X_1, \cdots, X_k\}$ 为流形 N 上 k 维可微分布,因其基底 $\{X_i\}_1^k$ 线性独立,故在 N 上 p 点邻域,可将 $\{X_i\}_1^k$ 扩充而选 N 上切场的基矢为

$$\{X_1, \cdots, X_k, X_{k+1}, \cdots, X_n\}, \quad X_i \in \mathscr{X}(N)$$

相应余切场可选对偶基

$$\{\theta^1,\cdots,\theta^k,\theta^{k+1},\cdots,\theta^n\},\quad \theta^i\in\Lambda^1(N)$$
$$\langle\theta^i,X_j\rangle=\delta^i_j,\quad i,j=1,\cdots,n$$

集合

$$\tau_{n-k}=\{\theta^{k+1},\cdots,\theta^n\}$$

满足

$$\langle\theta^a,\ X_b\rangle=0,\qquad 当\ \theta^a\in\tau_{n-k},\ X_b\in\Delta^k \tag{2.66}$$

τ_{n-k}称为与Δ^k对偶的$(n-k)$维余分布. 下面讨论由余分布τ_{n-k}决定的 Pfaff 方程组

$$\theta^a(x)=0,\quad a=1,\cdots,n-k \tag{2.67}$$

的可积条件. 存在下述定理:

定理 2.4 如可微分布Δ^k为对合分布,则其对偶余分布$\tau_{n-k}=\{\theta^a\}_1^{n-k}$必满足下面三种条件之一. 1)在点$p$邻域存在$(n-k)^2$个 1 形式$\alpha^a_b\in\Lambda^1(N)$,满足

$$\mathrm{d}\theta^a=\sum_{b=1}^{n-k}\alpha^a_b\wedge\theta^b,\quad a=1,\cdots,n-k \tag{2.68}$$

2) 余分布τ_{n-k}的基形式$\{\theta^a\}_1^{n-k}$线性独立,故

$$\Sigma\equiv\theta^1\wedge\cdots\wedge\theta^{n-k}\neq0$$

而其每个元素$\theta^a\in\tau_{n-k}$满足

$$\mathrm{d}\theta^a\wedge\Sigma=0 \tag{2.69}$$

3) 在点p邻域存在光滑函数$g^a_b(x),f^a(x)\in\mathscr{F}(N)$,使得

$$\theta^a=\sum_{b=1}^{n-k}g^a_b\mathrm{d}f^b,\quad a=1,\cdots,n-k \tag{2.70}$$

以上三种条件相互等价,都是余分布$\tau_{n-k}=\{\theta^a\}_1^{n-k}$的可积条件.

证明 $\tau_{n-k}=\{\theta^a\}_1^{n-k}$为$\Delta^k=\{X_1,\cdots,X_k\}$的对偶分布,即有关系

$$\langle\theta^a,X_j\rangle=0,\quad a=1,\cdots,n-k;\ j=1,\cdots,k \tag{2.71}$$

再利用(2.43)式及Δ^k满足对合分布条件(2.51)式得

$$\langle\mathrm{d}\theta^a;\ X_i,X_j\rangle=X_i\langle\theta^a,X_j\rangle-X_j\langle\theta^a,\ X_i\rangle-\langle\theta^a,[X_i,X_j]\rangle=0$$

故

$$\mathrm{d}\theta^a=0,\quad \mathrm{mod}(\{\theta^a\}_1^{n-k})$$

即在点p邻域存在$\alpha^a_b\in\Lambda^1(N)$

$$\mathrm{d}\theta^a=\sum_{b=1}^{n-k}\alpha^a_b\wedge\theta^b \tag{2.72}$$

此即(2.68)式. □

极易证明(2.68),(2.69),(2.70)等条件相互等价. 而(2.70)式更表明集合 $\{df^a\}_1^{n-k}$ 组成积分子流形的局域余切基矢,相应积分子流形可表示为在点 p 邻域 U

$$M = \{x \in U \mid f^a = \text{const}, \quad a = 1,\cdots,n-k\} \tag{2.73}$$

是流形 N 的局域闭子流形. 它是由 $(n-k)$ 维余分布 $\tau_{n-k} = \{\theta^a\}_1^{n-k}$ 决定的 Pfaff 方程组

$$\theta^a = 0, \quad a = 1,\cdots,n-k$$

的解流形.

为下面需要,现简短补充点线性代数的内容(参见附录 C). n 维线性空间 A 中定义了二元合成运算

$$A \times A \to A$$

则形成为代数 A,线性代数也可与线性空间类似定义基底与维数,A 中任意元素

$$a = \sum_{i=1}^{n} a^i e_i, \quad a^i \in \mathbb{R}$$

基底的乘法规则

$$e_i \times e_j = \sum_{k=1}^{n} f_{ij}^k e_k, \quad f_{ij}^k \in \mathbb{R}$$

f_{ij}^k 称为代数 A 的结构常数,决定了整个代数的乘法规则.

代数 A 的子代数 B,其成元为线性空间 A 的子空间 B 组成,$B \subset A$,且在原定义的乘法规则下封闭,即

$$B \times B \subset B$$

如子代数 B 在乘法规则下还满足

$$B \times A \subset B, \quad A \times B \subset B$$

则称子代数 B 为代数 A 的理想. 理想是一种特殊的重要子代数.

现在令 $\tau_{n-k} = \{\theta^a\}_1^{n-k}$ 为可微分布 $\Delta^k = \{X_1,\cdots,X_k\}$ 对偶的余分布,且有性质

$$i_X \theta^a = 0, \quad a = 1,\cdots,n-k, \ X \in \Delta^k$$

即余分布 τ_{n-k} 是 k 维流 Δ^k 的湮没子. 流形 N 上满足

$$i_X \alpha = 0, \quad 对所有\ X \in \Delta^k$$

的微分形式集合记为

$$\Lambda(N,\Delta^k) = \{\alpha \in \Lambda^*(N) \mid i_X \alpha = 0, \ \forall X \in \Delta^k\}$$

易证 $\Lambda(N,\Delta^k)$ 在外积下形成 $\Lambda^*(N)$ 的子外代数,即如 $\alpha,\beta \in \Lambda(N,\Delta^k)$,则必

$$\alpha \wedge \beta \in \Lambda(N,\Delta^k)$$

而且易证明 $\Lambda(N,\Delta^k)$ 形成 $\Lambda^*(N)$ 的理想,即当 $\alpha\in\Lambda(N,\Delta^k)$, $\gamma\in\Lambda^*(N)$,可证

$$\alpha \wedge \gamma \in \Lambda(N,\Delta^k)$$

以上分析表明,湮没可微分布 Δ^k 的微分形式集合 $\Lambda(N,\Delta^k)$ 形成 $\Lambda^*(N)$ 的理想,称为由余分布 $\{\theta\}_1^{n-k}$ 生成的理想.

再由定理(2.4)表明,如 Δ^k 为对合分布,局域存在积分子流形,这时其对偶余分布 $\{\theta^a\}_1^{n-k}$ 不仅生成湮没 Δ^k 的理想 $\Lambda(N,\Delta^k)$,而且满足

$$\mathrm{d}\theta^a \in \Lambda(N,\Delta^k) \tag{2.74}$$

这种理想 $\Lambda(N,\Delta^k)\subset\Lambda^*(N)$ 称为闭理想,即存在如下定理:

定理 2.5 (Frobenius 定理) Pfaff 方程组:

$$\theta^a = 0, \quad a = 1,\cdots,n-k$$

完全可积的充要条件是,在普点 p 邻域,由余分布 $\{\theta\}_1^{n-k}$ 生成的理想是闭理想. 即 $\mathrm{d}\theta^a$ 满足下两条件之一:

1) 存在 1 形式 $\{\sigma_b^a\}$,使

$$\mathrm{d}\theta^a = \sum_{b=1}^{n-k}\sigma_b^a \wedge \theta^b \tag{2.75}$$

或 2) 令 $\Sigma=\theta^1\wedge\cdots\wedge\theta^{n-k}$,而

$$\mathrm{d}\theta^a\wedge\Sigma=0 \tag{2.76}$$

这是用微分形式表达的 Frobenius 定理.

偏微分方程常能写成微分形式体系,故常可用同样方法来分析微分方程的可积性,下面举两个例子来说明.

例 2.13 求下列微分方程组:

$$\frac{\partial y^a}{\partial x^i} = f_i^a(x,y), \quad a = 1,\cdots,k;\ i = 1,\cdots,n \tag{2.77}$$

$$y^a(x_0) = y_0^a \tag{2.78}$$

存在解函数

$$y^a = y^a(x), \quad a = 1,\cdots,k$$

的可解条件.

解 法一 如解存在,由混合偏导数相等条件

$$\frac{\partial^2 y^a}{\partial x^i\partial x^j} = \frac{\partial^2 y^a}{\partial x^j\partial x^i}$$

可得函数组 $\{f_i^a(x,y)\}$ 应满足可解条件

$$\frac{\partial f_i^a}{\partial x^j} + \frac{\partial f_i^a}{\partial y^b} f_j^b = \frac{\partial f_j^a}{\partial x^i} + \frac{\partial f_j^a}{\partial y^b} f_i^b \tag{2.79}$$

法二　将方程(2.77)写成余分布

$$\theta^a = \mathrm{d}y^a - f_i^a(x,y)\mathrm{d}x^i$$

则

$$\mathrm{d}\theta^a = -\frac{\partial f_i^a}{\partial x^j}\mathrm{d}x^j \wedge \mathrm{d}x^i - \frac{\partial f_i^a}{\partial y^b}\mathrm{d}y^b \wedge \mathrm{d}x^i \tag{2.80}$$

由 Frobenius 定理要求

$$\mathrm{d}\theta^a = 0 \quad \mathrm{mod}(\theta) \tag{2.81}$$

即要求当所有 $\theta^a=0$ 时,$\mathrm{d}\theta^a$ 也为零,即令 $\mathrm{d}y^a=f_i^a(x,y)\mathrm{d}x^i$ 代入(2.80)得

$$\mathrm{d}\theta^a = -\left(\frac{\partial f_i^a}{\partial x^j} + \frac{\partial f_i^a}{\partial y^b} f_j^b\right)\mathrm{d}x^j \wedge \mathrm{d}x^i$$

于是可积条件(2.81)就得到条件(2.79). 当此条件满足,所给余分布 $\{\theta^a\}_1^k$ 是可积的.

例 2.14　令 $P_1=P_1(x,y)$, $P_2=P_2(x,y)$, $Q_1=Q_1(x,y)$, $Q_2=Q_2(x,y)$, $R_1=R_1(x,y)$, $R_2=R_2(x,y)$, $U_1=U_1(x,y)$, $U_2=U_2(x,y)$, $V_1=V_1(x,y)$, $V_2=V_2(x,y)$, $W_1=W_1(x,y)$, $W_2=W_2(x,y)$ 均为给定二元函数,求满足下列偏微分方程组的函数 $f=f(x,y)$, $g=g(x,y)$:

$$\begin{aligned} \frac{\partial f}{\partial x} + P_1 f + Q_1 g &= R_1 \\ \frac{\partial f}{\partial y} + P_2 f + Q_2 g &= R_2 \\ \frac{\partial g}{\partial x} + U_1 f + V_1 g &= W_1 \\ \frac{\partial g}{\partial y} + U_2 f + V_2 g &= W_2 \end{aligned} \tag{2.82}$$

求上列方程组有解的可积条件.

为判断以上方程组是否可积,先将它们写成微分形式,即将上面四个方程写为两个 1 形式

$$\begin{aligned} \alpha &= \mathrm{d}f + Pf + Qg - R \\ \beta &= \mathrm{d}g + Uf + Vg - W \end{aligned} \tag{2.83}$$

其中 $P=P_1\mathrm{d}x+P_2\mathrm{d}y$, Q,R,U,V,W 类似,均为$\mathbb{R}^2$ 上 1 形式.

采用 Estabrook 与 Wahlquist[1] 延拓结构方法,将(x,y,f,g)看为 4 维流形 N 的局域坐标,在解流形上 Pfaff 方程组

$$\alpha = 0, \beta = 0$$

此方程组有解条件要求$\{\alpha,\beta\}$生成闭理想,即

$$\begin{aligned} d\alpha \wedge \alpha \wedge \beta &= 0 \\ d\beta \wedge \alpha \wedge \beta &= 0 \end{aligned} \tag{2.84}$$

由此条件知方程组(2.82)有解的可积条件是,所给定函数 $P_i, Q_i, R_i, U_i, V_i, W_i$ 满足

$$\begin{aligned} &\frac{\partial P_2}{\partial x} - \frac{\partial P_1}{\partial y} + Q_1 U_2 - Q_2 U_1 = 0 \\ &\frac{\partial Q_2}{\partial x} - \frac{\partial Q_1}{\partial y} + P_1 Q_2 - P_2 Q_1 + Q_1 V_2 - Q_2 V_1 = 0 \\ &\frac{\partial R_2}{\partial x} - \frac{\partial R_1}{\partial y} + P_1 R_2 - P_2 R_1 + Q_1 W_2 - Q_2 W_1 = 0 \\ &\frac{\partial U_2}{\partial x} - \frac{\partial U_1}{\partial y} + U_1 P_2 - U_2 P_1 + V_1 U_2 - V_2 U_1 = 0 \\ &\frac{\partial V_2}{\partial x} - \frac{\partial V_1}{\partial y} + U_1 Q_2 - U_2 Q_1 = 0 \\ &\frac{\partial W_2}{\partial x} - \frac{\partial W_1}{\partial y} + U_1 R_2 - U_2 R_1 + V_1 W_2 - V_2 W_1 = 0 \end{aligned} \tag{2.85}$$

上两例中方程(2.77),(2.82)的可积条件(2.79),(2.85)本身为非线性偏微分方程组. 下面我们从微分几何观点来分析一些非线性演化方程,一些可积的非线性演化方程常可表示为某些线性方程组的可积条件.

令积分子流形 M 浸入映射入微分流形 N,子流形 M 为 m 维,在 n 维流形 N 中余维为$(n-m)$维. 积分子流形的 m 维分布对其余变量的依赖,也可表示为偏微分方程的解,这时可利用 Frobenius 定理来判断可积性. 下面以著名的 KdV 方程为例来分析此问题.

例 2.15 可积的非线性演化方程:KdV 方程.

KdV 方程为 1+1 维非线性演化方程,独立变量(x,t),而函数 $u(x,t)$ 满足下面方程(KdV 方程):

$$u_t + uu_x + u_{xxx} = 0 \tag{2.86}$$

独立变量(x,t),$u=u(x,t)$为底空间(x,t)上的函数. 下面采用 Estabrook 与 Wahlquist 延拓结构,将

$$(u = u(x,t),\ p = u_x,\ q = u_{xx})$$

看成延拓变量,即也看作独立变量,而在解流形上为依赖底坐标(x,t)的函数. 可选下面 1 形式:

$$\begin{aligned}\alpha_1 &= p\mathrm{d}x \wedge \mathrm{d}t - \mathrm{d}u \wedge \mathrm{d}t = (p - u_x)\mathrm{d}x \wedge \mathrm{d}t \\ \alpha_2 &= q\mathrm{d}x \wedge \mathrm{d}t - \mathrm{d}p \wedge \mathrm{d}t = (q - p_x)\mathrm{d}x \wedge \mathrm{d}t \\ \alpha_3 &= up\mathrm{d}x \wedge \mathrm{d}t - \mathrm{d}u \wedge \mathrm{d}x + \mathrm{d}q \wedge \mathrm{d}t \\ &= (up + u_t + q_x)\mathrm{d}x \wedge \mathrm{d}t \end{aligned} \tag{2.87}$$

由

$$\alpha_1 = 0 \quad \Rightarrow \quad p = u_x$$

$$\alpha_2 = 0 \quad \Rightarrow \quad q = p_x = u_{xx}$$

$$\alpha_3 = 0 \quad \Rightarrow \quad up + u_t + q_x = u_t + uu_x + u_{xxx} = 0$$

在(x,t,u,p,q)张成空间N,$\alpha_1=\alpha_2=\alpha_3=0$为空间$N$上微分形式外代数的子代数且为理想. 下面检验它们是否是闭理想.

$$\begin{aligned}\mathrm{d}\alpha_1 &= \mathrm{d}p \wedge \mathrm{d}x \wedge \mathrm{d}t = \mathrm{d}x \wedge \alpha_2 \\ \mathrm{d}\alpha_2 &= \mathrm{d}q \wedge \mathrm{d}x \wedge \mathrm{d}t = \mathrm{d}x \wedge \alpha_3 \\ \mathrm{d}\alpha_3 &= p\mathrm{d}u \wedge \mathrm{d}x \wedge \mathrm{d}t + u\mathrm{d}p \wedge \mathrm{d}x \wedge \mathrm{d}t \\ &= u\mathrm{d}x \wedge \alpha_2 + p\mathrm{d}x \wedge \alpha_1 \end{aligned} \tag{2.88}$$

即它们均可表为$\{\alpha_i\}_1^3$的线性组合,即$\{\alpha_i=0\}_1^3$组成的理想为闭理想,因此可积.

§2.5　李群流形

对理论物理学家来说,李群、李代数及其表示大家都很熟悉. 由于李群是分析流形对称性的重要工具,而且李群流形本身为一类重要的微分流形,所以我们在这里再简单介绍一下.

n维李群G本身为n维实解析流形,而且具有群结构,即存在映射

$$\begin{aligned} &G \times G \rightarrow G \\ &x, y \rightarrow xy \end{aligned} \tag{2.89}$$

这种映射具有群运算性质,即可结合、有恒等元、有逆元、即对任意群元$x \in G$,都存在取逆映射

$$\begin{aligned} &G \rightarrow G \\ &x \rightarrow x^{-1} \end{aligned} \tag{2.90}$$

要求上述两种映射相对群参数都是连续可微,我们可如下定义李群:

定义　n维李群G是n维实解析流形,且具有群结构,即存在下列解析映射:

$$G \times G \rightarrow G$$

$$x, y \to xy^{-1} \tag{2.91}$$

上定义表明,李群是一具有群结构的解析流形,而且群运算是解析的. 正因为李群 G 具有微分流形特征,故我们可分析它的维数,紧致性,连通性,……另一方面李群具有群结构,我们可分析其可介性,幂零性,子群,陪集,商群……而且以上两方面密切相关. 正由于群运算是解析的,我们常可用解析工具来研究. 下面举某种常见李群为例来进行分析.

例 2.16 一维连通李群必是 Abel 的,仅有两种:

1) $\mathbb{R}$,实数加群,是非紧、连通、单连通群.

2) $U(1)$群,复平面上单位圆用复数乘法形成群:

$$U(1) = \{\mathbb{Z} \in \mathbb{C} \mid |z| = 1\} \sim S^1 \sim \mathbb{R}/\mathbb{Z} \sim \mathrm{SO}(2)$$

是紧致,连通,非单连通群. 可以证明,任意连通 Abel 群必是上述两种群的笛卡儿积.

例 2.17 $\mathbb{R}^n$ 中一般线性变换群 $GL(n,\mathbb{R})$:

$$GL(n,\mathbb{R}) = \{A \in M(n,\mathbb{R}) \mid \det A \neq 0\}, \quad n \geqslant 2 \tag{2.92}$$

这里 $M(n,\mathbb{R})$代表 $n \times n$ 实矩阵. 它是 n^2 维,非紧,非连通,非单连通流形. 其含有恒等元 e 的连通分量组成其子群 $GL^+(n,\mathbb{R})$:

$$GL^+(n,\mathbb{R}) = \{A \in M(n,\mathbb{R}) \mid \det A > 0\} \tag{2.93}$$

例 2.18 实正交群 $O(n,\mathbb{R})$:

$$O(n,\mathbb{R}) = \{A \in GL(n,\mathbb{R}) \mid AA^t = 1\} \tag{2.94}$$

是 $GL(n,\mathbb{R})$的子群,条件 $AA^t = 1$,即矩阵 A 的矩阵元满足条件

$$\sum_{k=1}^{n} A_{ik}A_{kj} = \delta_{ij}$$

共有$\frac{1}{2}n(n+1)$个约束,故 $O(n,\mathbb{R})$群为$\frac{1}{2}n(n-1)$维流形. 在上式中取 $j = i$ 并求和得

$$\mathrm{tr}(AA^t) = \sum_{i,k=1}^{n} (A_{ik})^2 = n$$

此式表明 $O(n,\mathbb{R})$为 $M(n,\mathbb{R}) \simeq \mathbb{R}^{n^2}$的闭有界子集,故 $O(n,\mathbb{R})$为紧致流形,是 $GL(n,\mathbb{R})$群的最大紧致子流形,非连通,其含恒等元 e 的连通分量 $\mathrm{SO}(n,\mathbb{R})$:

$$\mathrm{SO}(n,\mathbb{R}) = \{A \in O(n,\mathbb{R}) \mid \det A = 1\} \tag{2.95}$$

是 $GL^+(n,\mathbb{R})$的最大紧致子群.

例 2.19 n 维复空间$\mathbb{C}^n$ 中一般线性变换群

$$GL(n,\mathbb{C}) = \{A \in M(n,\mathbb{C}) \mid \det A \neq 0\} \tag{2.96}$$

其最大紧致连通且单连通李子群是

$$\mathrm{SU}(n) = \{g \in M(n,\mathbb{C}) \mid g^+ g = 1, \det g = 1\} \tag{2.97}$$

SU(n)群是 n^2-1 维实李群,紧致,连通,单连通.

下面以 SU(2) 群为例来分析,其群元:

$$g = \begin{pmatrix} z_1 & z_2 \\ -\bar{z}_2 & \bar{z}_1 \end{pmatrix} \in \mathrm{SU}(2)$$

满足

$$\det g = |z_1|^2 + |z_2|^2 = 1$$

令 $z_1 = t + \mathrm{i}z,\ z_2 = x + \mathrm{i}y$,则上约束条件即

$$t^2 + z^2 + x^2 + y^2 = 1$$

由此式看出 SU(2) 群流形依赖三个实参数,同胚于$\mathbb{R}^4$ 中的单位球面 S^3,是紧致、连通、单连通流形.

SU(2) 群就是量子力学中以角动量为生成元所生成的群,在物理上非常重要. 另方面,它是最简单也是最重要的非 Abel 李群,所有非 Abel 李群都含 SU(2) 作为其子群,SU(2) 群是构成其他非 Abel 群的基础.

高秩 SU(n) 群在物理中也很重要. 例如 SU(3) 群在基本粒子的分类中起中心作用,它也是强作用量子色动力学(QCD)中基本对称群. 李群理论表明,任意经典群都能嵌入在高阶 $U(n)$ 群中作为其子群,可利用此性质来分析各种经典李群.

§2.6　李变换群　齐性 G 流形

李变换群在几何学和物理学中都起重要作用,1872 年 Klein 曾利用变换群分类来刻划几何的分类. 物理学中对称性分析,变换群及其不变量分析起重要作用.

下面我们分析李群 G 对微分流形 M 的作用,将李群 G 实现为 M 上的李变换群,群的实现也可叫做群的表示.

李群 G 对流形 M 的左作用可如下用可微映射 φ 表示:

$$\varphi: G \times M \to M$$
$$g,\ x \to \varphi(g,x)$$

要求

$$\varphi(g_1, \varphi(g_2, x)) = \varphi(g_1 g_2, x)$$
$$\varphi(e, x) = x$$

这里 e 是 G 的恒等元,g_1、g_2 为 G 的任意群元.

于是对任意群元 $g \in G$,流形 M 上存在微分同胚变换

$$\begin{aligned}\varphi_g: M &\to M \\ x &\to \varphi(g,x)\end{aligned}$$

映射集合$\{\varphi_g, g\in G\}$满足

$$\varphi_{g_1}\cdot\varphi_{g_2} = \varphi_{g_1g_2}$$

$$\varphi_e = \mathrm{id}_M$$

即映射 $g\to\varphi_g$ 是群 G 到 M 的李变换群间同态映射，称为群 G 的实现，或简称为群 G 的表示.

类似可定义群 G 对流形 M 的右作用

$$\begin{aligned}\psi: M\times G &\to M \\ x,g &\to \psi(x,g)\end{aligned}$$

满足

$$\psi(\psi(x,g_1),g_2) = \psi(x,g_1g_2)$$

$$\psi(x,e) = x$$

易看出群 G 对 M 右作用对应的微分同胚变换

$$\begin{aligned}\psi_g: M &\to M \\ x &\to \psi(x,g)\end{aligned}$$

不是群 G 的表示，$\psi_{g_2}\psi_{g_1}=\psi_{g_1g_2}$，非同态对应而映射

$$g\to\psi_{g^{-1}}$$

是群同态对应，是群 G 的表示.

下面我们将主要分析群 G 对 M 的左作用，并为简单起见记 $\varphi_g x\equiv gx$.

李群 G 对流形 M 的作用，有两种情况需特殊注意.

1）作用有效(effective)：当 $g\in G$ 非恒等元，在流形 M 上必存在有点 x 使 $gx\neq x$.

2）作用自由(free)：当 $g\in G$ 非恒等元，在对 M 上所有点 x 作用，$gx\neq x$.

虽然作用自由必有效，但反之不一定，例如：

SO(2)作用于 S^2 是有效的，但非自由，因为南、北极为不动点，而 SO(2)对赤道 S^1 的作用是自由的. 自由作用不允许有固定点.

当群 G 对 M 作用是有效时，保持 M 上某点 x_0 不动的群元 g 形成子群 $G_{x_0}\subset G$：

$$G_{x_0} = \{g\in G \mid gx_0 = x_0\in M\}$$

称为 x_0 点的迷向子群(isotropic subgroup)，或称稳定子群(stability subgroup).

另一方面，当所有群元对流形 M 作用，使点 $x_0\in M$ 所能达到的点集合，称为群 G

过点 x_0 的轨道 O_{x_0}：

$$O_{x_0} = \{x \in M \mid x = gx_0, \forall g \in G\}$$

轨道 O_{x_0}是 M 的子流形. 它们具有以下特点：

1）每一轨道是 G 传递空间,同一轨道上各点迷向子群相互同构

$$G_{gx_0} = gG_{x_0}g^{-1}$$

2）两轨道如相交,必完全重合. 不同轨道不相交,如将每个轨道看成一点,所有轨道集合形成的商空间叫做轨道空间,记为 M/G.

例 2.20　$\mathbb{R}/\mathbb{Z} = S^1$

例 2.21　$S^n/Z_2 = RP^n$,Z_2 是作用于 S^n 的宇称变换,Z_2 群作用轨道是一对对顶点,轨道空间是 RP^n.

下面介绍群 G 对 M 的传递作用及 G 齐性流形的概念：

定义　变换群 G 对 M 的作用,如果对 M 上任意两点 $x,y \in M$,必存在某群元 $g \in G$,使

$$y = gx$$

则称群 G 对 M 作用是传递的(transitive)且称流形 M 是 G 齐性流形(homogeneous manifold).

注意齐性流形没有不变子流形. 群 G 对 M 上任意点作用轨道就是 M 本身. 且齐性流形上所有点的迷向子群 G_x 相互同构. 群 G 相对子群 G_x 的陪集与流形 M 间存在 $1-1$ 对应的双射(bijective mapping)

$$\varphi_x : G/G_x \to M$$

当 M 是连通的局域紧流形,G 为局域紧李群,则可证双射 φ_x 为微分同胚,即

$$G/G_x \sim M$$

在物理学中常分析具有某种对称群作用的齐性流形. 下面举些齐性流形的例子.

例 2.22　CP^n:通过$\mathbb{C}^{n+1}$原点的复线集合. 作用于 CP^n 上的传递群是 $\mathrm{SU}(n+1)$,它使复线映射到复线,而迷向子群是 $U(n)$,它不改变给定复线,故

$$CP^n \simeq \mathrm{SU}(n+1)/U(n) \tag{2.98}$$

特例,当 $n=1$：

$$CP^1 \simeq \mathrm{SU}(2)/U(1) \simeq S^2$$

例 2.23　RP^n:通过$\mathbb{R}^{n+1}$原点的实线集合. 作用于 RP^n 上的传递群是 $\mathrm{SO}(n+1)$,而迷向子群是 $O(n)$,即

$$RP^n \simeq \mathrm{SO}(n+1)/O(n) \tag{2.99}$$

例 2.24 Grassmannian 流形.

前两例都是 Grassmannian 流形的特殊情况. 在$\mathbb{R}^n$ 空间通过原点的所有 k 维子空间集合称 Grassmannian 流形 $G_{k,n}$,它也可表示为正交群作用的陪集流形

$$G_{k,n} \simeq O(n)/O(n-k) \times O(k) \tag{2.100}$$

是 $k(n-k)$ 维紧致连通流形.

类似,通过$\mathbb{C}^n$ 原点所有复 k 维子空间集合组成复 Grassmannian 流形,是$U(n)$ 群作用陪集空间

$$G^C_{k,n} \simeq U(n)/U(n-k) \times U(k) \tag{2.101}$$

四元数 Grassmannian 流形

$$G^H_{k,n} \simeq \mathrm{SP}(n)/\mathrm{SP}(n-k) \times \mathrm{SP}(k) \tag{2.102}$$

四元数投射空间 HP^n 是其特例

$$HP^n = G^H_{1,n+1} \simeq \mathrm{SP}(n+1)/\mathrm{SP}(n) \times \mathrm{SP}(1) \tag{2.103}$$

例 2.25 Stiefel 流形 $V_{k,n}(k \leqslant n)$,是在 n 维欧氏空间中所有通过原点 k 维正交标架集合,是正交群作用的陪集空间

$$\begin{aligned} V_{k,n} &\simeq O(n)/O(n-k) \qquad (k \leqslant n) \\ &\simeq \mathrm{SO}(n)/\mathrm{SO}(n-k) \quad (k < n) \end{aligned} \tag{2.104}$$

例 2.26 n 维球面 S^n 是一种简单的拓扑流形,可以有多种形式陪集实现,也是一种特殊的 Stiefel 流形. 例如:

$\mathbb{E}^n$ 中单位球面:$S^{n-1} \simeq V_{1,n} \simeq \mathrm{SO}(n)/\mathrm{SO}(n-1)$

$\mathbb{C}^n$ 中单位球面:$S^{2n-1} \simeq \mathrm{SU}(n)/\mathrm{SU}(n-1)$

$\mathbb{H}^n$ 中单位球面:$S^{4n-1} \simeq \mathrm{SP}(n)/\mathrm{SP}(n-1)$ (2.105)

当流形 M 本身具有某些结构,例如可微流形的微分结构、度规结构、辛结构、复结构……如作用在流形上的变换群 G 保持相应结构,则称 G 是给定结构的自同构群(group of automorphism),例如微分同胚赝群(pseudogroup of diffeomorphism)、等长群(isometric group)、保辛群、全纯半群(holomorphic semigroup)……这些我们将在以后各章逐步分析.

群流形本身就是群 G 作用的齐性流形,群 G 左(右)对群流形作用自由,没有不动点. 在下节我们将着重分析群流形的局域性质,群流形上的不变向量场及其李代数. 然后再分析流形 M 上因李变换群作用而得到的流形 M 上基本向量场,及指数映射等问题.

§2.7　不变向量场　李代数　指数映射

李群流形 $G=\{x\}$ 本身为 n 维可微流形，其每点 x 的邻域局域像 $\mathbb{R}^n$，每点切空间 $T_x(G)$ 同构 $\mathbb{R}^n$，而切丛截面，即群流形上切场 $X(x)$. 切场集合 $\mathscr{X}(G)$ 形成无穷维李代数，是 n 秩 $\mathscr{F}(G)$ 模，可选局域活动标架 $e_a(x)$

$$e_a(x)\in\mathscr{X}(G),\quad a=1,\cdots,n$$

任意切场 $X(x)$ 可用 $\{e_a(x)\}_1^n$ 展开

$$X(x)=\sum_{a=1}^{n}\xi^a(x)e_a(x),\quad \xi^a(x)\in\mathscr{F}(G) \tag{2.106}$$

切场间李括弧运算由基矢间李括弧运算决定：

$$[e_a,e_b]=\sum_{c=1}^{n}f_{ab}^c(x)e_c,\quad f_{ab}^c(x)\in\mathscr{F}(G) \tag{2.107}$$

这里结构函数 $f_{ab}^c(x)$ 不是常数，是依赖 x 的可微函数，因此切场集合 $\mathscr{X}(G)$ 形成无穷维李代数.

李群流形本身具有群结构，可定义群 G 对群流形本身的作用. 相对任意群元 $g\in G$，可定义群流形 G 的两种微分同胚变换

$$L_g:G\to G$$
$$x\to L_gx\equiv gx$$
$$R_g:G\to G$$
$$x\to R_g(x)\equiv xg^{-1}$$

易证上述两种微分同胚变换相互交换

$$L_{g_1}R_{g_2}=R_{g_2}L_{g_1}$$

群流形上变换诱导群流形上张量场的变换，群流形上最重要的一种张量场就是左（右）不变张量场. 下面我们着重分析群 G 流形上左不变切场，对 G 上右不变切场可类似分析.

切场是切丛的截面，给定切场 $X(x)\in\mathscr{X}(G)$ 也就是对每点 $p\in G$，在 $T_p(G)$ 中选出一个切向量 $X(p)$，当 p 跑遍整个流形，每点一个切向量就得到流形上切场 X.

在群流形 G 上恒等元处切空间 $T_e(G)$ 是 n 维向量空间，令 A 为其中一向量，用左平移切变换 L_{g*} 将切矢 A 推至 $g\in G$ 处

$$L_{g*}:\ T_e(G)\to T_g(G)$$

$$A \to L_{g*}A = A(g)$$

当 g 跑遍整个群流形 G,即用了所有的左平移变换 L_{g*},可由 $T_e(G)$ 中一固定切矢 A 得到流形 G 上每点一切矢 $A(g)$,这样就得到群流形 G 上一个切向量场

$$X = \bigcup_{g \in G} A(g) = \bigcup_{g \in G} L_{g*}A \in \mathscr{X}(G) \tag{2.108}$$

很易证明,这样得到的切场 X 满足

$$L_{g*}X = L_{g*} \bigcup_{x \in G} A(x) = \bigcup_{x \in G} A(gx) = \bigcup_{x \in G} L_{gx*}A$$

$$= \bigcup_{x \in G} L_{x*}A = \bigcup_{x \in G} A(x) = X$$

即切场 X 是左平移不变切场. 所有左不变切场集合记为 $\mathscr{X}_l(G)$,作为线性空间,它与 $T_e(G)$ 同构,$T_e(G)$ 为 n 维向量空间,可选基矢 $\{\tau_a\}_1^n$,$T_e(G)$ 中任一向量 A 可表为

$$A = \sum_{a=1}^{n} A^a \tau_a$$

在 $T_e(G)$ 中每一切向量通过左平移变换可得一左不变向量场,从 $\tau_a \in T_e(G)$ 出发得

$$X_a = \bigcup_{g \in G} L_{g*}\tau_a, \quad a = 1, \cdots, n \tag{2.109}$$

集合 $\{X_a\}_1^n$,为 n 个线性独立的左不变向量场,群流形上任意左不变向量场都可用它们展开

$$X = \sum_{a=1}^{n} A^a X_a \in \mathscr{X}_l(G) \tag{2.110}$$

这里我们注意,群流形是群 G 作用的齐性流形,其上任意点处切空间 $T_g(G)$ 与 $T_e(G)$ 可通过左平移变换 L_{g*} 相连系

$$L_{g*}: T_e(G) \to T_g(G)$$

当 g 跑遍群流形 G 就得到切丛 $T(G)$,由于有 n 个线性独立的左不变向量场 $\{X_a\}_1^n$,群流形切丛 $T(G)$ 有 n 个整体截面,李群切丛平庸,可表为 G 与 $\mathbb{R}^n$ 的笛卡儿积

$$T(G) \simeq G \times \mathbb{R}^n \tag{2.111}$$

李群流形是可平行化流形,具有极高对称性.

流形上切场集合 $\mathscr{X}(G)$ 可定义李括弧运算,使切场集合形成李代数

$$[X, Y] \in \mathscr{X}(G), \quad \forall X, Y \in \mathscr{X}(G)$$

由于切映射 L_{g*} 与李括弧运算对易,因此如果 $X, Y \in \mathscr{X}_l(G)$,可以证明

$$L_{g*}[X, Y] = [L_{g*}X, L_{g*}Y] = [X, Y], \ \forall X, Y \in \mathscr{X}_l(G) \tag{2.112}$$

即左不变向量场集合 $\mathscr{X}_l(G)$ 在李括弧运算下封闭，形成李代数 $\mathscr{X}_l(G)$，它是无穷维李代数 $\mathscr{X}(G)$ 的 n 维子代数，当我们选 n 个线性独立的左不变向量场 $\{X_a\}_1^n$ 为基矢，它们的李括弧运算结果满足

$$[X_a, X_b] = \sum_{c=1}^{n} c_{ab}^{c} X_c \tag{2.113}$$

这里 c_{ab}^c 为常数. 注意上式与(2.107)式的不同. (2.107)式中 $e_a(x) \in \mathscr{X}(G)$ 为 G 流形上无穷维李代数 $\mathscr{X}(G)$ 的活动标架场，它们间李括弧 $[e_a(x), e_b(x)]$ 虽然仍为切场，可用 $\{e_a(x)\}_1^n$ 展开，但是展开系数 $f_{bc}^a(x)$ 为群 G 上函数. 而现在因为有(2.112)式，左不变向量场的对易子仍为左不变向量场. 左不变向量场集合 $\mathscr{X}_l(G)$ 作为向量空间与 $T_e(G)$ 同构，为 n 维向量空间，且在李括弧运算下为 n 维李代数，(2.113)式两端均为左不变向量场，故 c_{ab}^c 为常数，是 n 维李代数 $\mathscr{X}_l(G)$ 的结构常数. 极易证明这些结构常数是反对称的

$$c_{ab}^{c} = -c_{ba}^{c}$$

且满足 Jacobi 等式

$$c_{ab}^{c} c_{ec}^{d} + c_{be}^{c} c_{ac}^{d} + c_{ea}^{c} c_{bc}^{d} = 0 \tag{2.114}$$

李代数 $\mathscr{X}_l(G)$ 的结构常数 $\{c_{ab}^c\}$ 也称为李群 G 的结构常数，它们完全决定了李群的局域特性.

类似可定义群流形上右不变向量场 X^R

$$R_{g*} X^R = X^R \tag{2.115}$$

右不变向量场集合 $\mathscr{X}_r(G)$ 在李括弧运算下封闭，形成李代数 $\mathscr{X}_r(G) \subset \mathscr{X}(G)$. 在本节最后我们将证明 $\mathscr{X}_r(G)$ 与 $\mathscr{X}_l(G)$ 代数同构，都是 $\mathscr{X}(G)$ 的 n 维子代数，可统称为李群 G 的李代数

$$L(G) \simeq \mathscr{X}_l(G) \simeq \mathscr{X}_r(G) \tag{2.116}$$

作为向量空间 $L(G) \simeq T_e(G)$ 为 n 维向量空间. 但如(2.113)式存在李代数结构. 故称 $L(G)$ 为李群 G 的李代数.

在群流形 G 上利用左 G 作用可得左不变向量场

$$X(g) = \bigcup_{g \in G} L_{g*} A, \quad A \in T_e(G) \tag{2.117}$$

在本章 2 节曾指出，流形 M 上给定向量场 $X(x)$，就可得 M 上积分曲线，可得局域单参数李变换群. 下面我们分析通过恒等元 e 的单参数子群 $g(t)$，单参数子群必 Abel，且必与实数加群 $\mathbb{R}$ 同构，即存在 $\mathbb{R}$ 与 $g(t)$ 间可微同态映射

$$g: \mathbb{R} \to G$$

$$t \to g(t)$$

满足

$$g(s+t) = g(s)g(t) = g(t)g(s)$$

两边对 s 微分然后令 $s=0$ 得

$$g'(t) = g(t)g'(0) \tag{2.118}$$

此式的解可表示为

$$g(t) = g(0)\exp(tg'(0))$$

上式表明单参数子群$\{g(t)\}$的切矢 $X(t)$ 沿子群左平移,即

$$X(t) = L_{g(t)*}X(0)$$

此处 $X(0)\in T_e(G)$ 是在恒等元处切矢,叫做单参数子群的无穷小生成元.

左不变向量场 $\mathscr{X}_l(G)$ 作为向量空间与 $T_e(G)$ 同构,$T_e(G)$ 中任一切矢 A 可生成 $\mathscr{X}_l(G)$ 中一左不变向量场

$$X_A(g) = L_{g*}A$$

可得过恒等元 e 沿 A 方向的单参数子群

$$g(t) = \exp(tA), \quad A\in T_e(G) \tag{2.119}$$

在李代数 $L(G)\simeq\mathscr{X}_l(G)$ 与李群 G 间可定义指数映射:

$$\exp: L(G)\to G$$

$$A\to \exp A \tag{2.120}$$

此指数映射在李代数 $L(G)$ 的零元邻域与群 G 的恒等元邻域间建立 1-1 对应. 而李代数 $L(G)$ 及其李括弧运算(2.113)决定了群 G 的局域结构.

李群 G 到非奇异矩阵群的同态称为李群的表示,相应李代数 $L(G)$ 到矩阵代数的同态称为李代数的表示,由于我们对矩阵运算非常熟悉,故在研究李群 G 及它们的李代数 $L(G)$ 的结构时,利用它们的表示常是很方便的.

当存在满足(2.113)式的 $m\times m$ 矩阵集合$\{\tau_a\}_1^n$

$$[\tau_a,\tau_b] = \sum_{c=1}^n c_{ab}^c\tau_c \tag{2.121}$$

则称集合$\{\tau_a\}_1^n$ 为李代数 $L(G)$ 的 m 维表示. 它们的指数可给出李群 G 的 m 维表示. 即对李代数 $L(G)$ 的任意成元

$$A = \sum_1^n A^a\tau_a\in L(G) \tag{2.122}$$

可得到过恒等元 e 沿 A 方向的单参数子群

$$g(t) = (g_{ij}(t)) = \exp tA\in G \tag{2.123}$$

$m\times m$ 矩阵 $g(t)$ 称为李群 G 的 m 维表示.

n 维流形 M 上切场 $X \in \mathscr{X}(M)$ 可定义为作用于流形上函数 $f \in \mathscr{F}(M)$ 的线性微分算子. 类似在群流形上左不变向量场可定义作用在群上函数的线性微分算子. 与 τ_a 对应的左不变向量场 X_a 可表示为

$$X_a f(g) = \frac{\mathrm{d}}{\mathrm{d}t} f(g\mathrm{e}^{t\tau_a}) \mid_{t=0}, \quad f \in \mathscr{F}(G) \tag{2.124}$$

或采用 G 的 m 维表示, $g = (g_{ij}) \in G$,

$$\begin{aligned} X_a &= \frac{\mathrm{d}}{\mathrm{d}t}\Big|_{t=0} = \sum_{i,j=1}^{m} \frac{\mathrm{d}g_{ij}}{\mathrm{d}t}\frac{\partial}{\partial g_{ij}}\Big|_{t=0} = \mathrm{tr}\left(\frac{\mathrm{d}g}{\mathrm{d}t}\frac{\partial}{\partial g^t}\right)_{t=0} \\ &= \mathrm{tr}\left(g\tau_a \frac{\partial}{\partial g^t}\right) \in \mathscr{X}_l(G) \end{aligned} \tag{2.125}$$

群流形上余切场可作类似分析. 当余切场 $\omega \in \Lambda^1(G)$ 满足下条件:

$$L_a^* \omega = \omega, \quad \forall a \in G \tag{2.126}$$

则称 ω 为左不变余切场. 例如用群元 $g \in G$ 表示的 Maurer-Cartan 形式

$$\theta = g^{-1}\mathrm{d}g \tag{2.127}$$

满足

$$L_a^* \theta = (ag)^{-1}\mathrm{d}(ag) = \theta, \quad \forall a \in G$$

即 θ 相对任意固定群元的左平移变换不变. 当我们用 m 维矩阵表示 g, 取值在李代数 $L(G)$ 上的 1 形式 $g^{-1}\mathrm{d}g$ 可用基矢 $\{\tau_a\}_1^n$ 展开

$$\theta = g^{-1}\mathrm{d}g = \sum_{a=1}^{n} \theta^a \tau_a \tag{2.128}$$

其中 $\theta^a \in \Lambda_l^1(G)$ 为 n 个线性独立的左不变 1 形式.

易证 $\theta = g^{-1}\mathrm{d}g$ 满足

$$\mathrm{d}\theta + \theta \wedge \theta = 0 \tag{2.129}$$

利用(2.121)式易证 θ^a 满足 Maurer-Cartan 方程

$$\mathrm{d}\theta^a + \frac{1}{2}\sum_{b,c} c_{bc}^a \theta^b \wedge \theta^c = 0 \tag{2.130}$$

而等式 $\mathrm{d}^2\theta^a = 0$ 相当于 c_{bc}^a 满足的 Jacobi 等式(2.114). 左不变 1 形式集合形成 n 维向量空间, 而其对偶空间就是左不变向量场空间 $\mathscr{X}_l(G)$, 当选相互对偶基, 即 $X_a \in \mathscr{X}_l(G)$ 为与 $\{\theta^a\}_1^n$ 对偶基, 满足

$$\langle \theta^a, X_b \rangle = \delta_b^a, \quad [X_a, X_b] = \sum_{c=1}^{n} c_{ab}^c X_c \tag{2.131}$$

其中

$$X_a = \mathrm{tr}\left(g\tau_a \frac{\partial}{\partial g^t}\right) \in \mathscr{X}_l(G)$$

当取群 G 的矩阵表示 $g=(g_{ij})_1^m$

$$X_a = \sum_{i,j,k} g_{ik}(\tau_a)_{kj} \frac{\partial}{\partial g_{ij}} \tag{2.132}$$

类似可定义群流形上右不变 Maurer-Cartan 形式

$$\sigma = \mathrm{d}g \cdot g^{-1} = \sigma^a \tau_a \tag{2.133}$$

满足

$$\mathrm{d}\sigma - \sigma \wedge \sigma = 0 \tag{2.134}$$

或用 $\sigma^a \in \Lambda_r^1(G)$ 表示

$$\mathrm{d}\sigma^a - \frac{1}{2}\sum_{b,c=1}^n c_{bc}^a \sigma^b \wedge \sigma^c = 0 \tag{2.135}$$

$\{\sigma^a\}_1^n$ 组成右不变余切场的基矢,其对偶的右不变切场 $\{Y_a\}_1^n$ 可表为

$$Y_a = \mathrm{tr}\left(\tau_a g \frac{\partial}{\partial g^t}\right) \in \mathscr{X}_r(G) \tag{2.136}$$

满足

$$\langle \sigma^a, Y_b \rangle = \delta_b^a, \quad [Y_a, Y_b] = -\sum_{c=1}^n c_{ab}^c Y_c \tag{2.137}$$

而左与右不变向量场间相互对易

$$[X_a, Y_b] = 0 \tag{2.138}$$

$\{X_a\}_1^n$ 与 $\{Y_b\}_1^n$ 的性质很像量子力学中陀螺的底空间固定生成元与本体固定生成之间关系.

总之,我们可将群流形上左、右不变切场及余切场的性质及其具体表达式列如下表:

左不变(余)切场	右不变(余)切场
$g^{-1}\mathrm{d}g = \theta^a \tau_a$	$\mathrm{d}g \cdot g^{-1} = \sigma^a \tau_a$
$\theta^a = -2\mathrm{tr}(g^{-1}\mathrm{d}g\tau_a)$	$\sigma^a = -2\mathrm{tr}(\mathrm{d}g g^{-1}\tau_a)$
$\mathrm{d}\theta^a = -\frac{1}{2}c_{bc}^a \theta^b \wedge \theta^c$	$\mathrm{d}\sigma^a = \frac{1}{2}c_{bc}^a \sigma^b \wedge \sigma^c$
$\langle \theta^a, X_b \rangle = \delta_b^a$	$\langle \sigma^a, Y_b \rangle = \delta_b^a$
$X_a = \mathrm{tr}(g\tau_a \frac{\partial}{\partial g^t})$	$Y_a = \mathrm{tr}(\tau_a g \frac{\partial}{\partial g^t})$
$X_a f(g) = \frac{\mathrm{d}}{\mathrm{d}t}(g\mathrm{e}^{t\tau_a})\vert_{t=0}$	$Y_a f(g) = \frac{\mathrm{d}}{\mathrm{d}t}f(\mathrm{e}^{t\tau_a}g)\vert_{t=0}$
$[X_a, X_b] = c_{ab}^c X_c$	$[Y_a, Y_b] = -c_{ab}^c Y_c$
$[X_a, Y_b] = 0$	
$[\tau_a, \tau_b] = c_{ab}^c \tau_c, \quad \mathrm{tr}(\tau_a \tau_b) = -\frac{1}{2}\delta_{ab}$	

从上表看出左、右不变切场的代数结构常数相差负号. 而(2.116)式认为$\mathscr{X}_l(G)$与$\mathscr{X}_r(G)$相互同构,统称为群G的李代数$L(G)$,下面分析此问题.

每一群元都存在逆元,故李群存在反自同构变换

$$\gamma: G \to G$$
$$g \to g^{-1}$$

相应在恒等元e的切映射

$$\gamma_*|_e = -id_{T_e(G)} \tag{2.139}$$

或说$-\gamma_*|_e$是$T_e(G)$的恒等运算. 在群流形的切丛上存在如下切映射:

$$-\gamma_*: \mathscr{X}_l(G) \to \mathscr{X}_r(G)$$
$$X^L \to -\gamma_* X^L \in \mathscr{X}_r(G)$$
$$[X^R, Y^R] = [-\gamma_* X^L, -\gamma_* Y^L] = \gamma_*[X^L, Y^L]$$

上式表明群流形G上左、右不变向量场的李代数相互同构.

进一步可以证明,任意左不变向量场的积分曲线,同时也是右不变向量场的积分曲线. 令

$$Y = Ad_{g^{-1}}X$$

即

$$\mathrm{e}^{tY} = g^{-1}\mathrm{e}^{tX}g \tag{2.140}$$

故沿左不变切场$X^L \in \mathscr{X}_l(G)$通过点g的积分曲线与右不变切场$Y^R \in \mathscr{X}_r(G)$通过点g的积分曲线相同.

习　题　二

1. 若流形M点p邻域存在坐标变换

$$f: x \to y = f(x)$$

请证明,对任意微分形式$\alpha_r \in \Lambda^r$

$$\mathrm{d}(f^* \alpha_r) = f^* \mathrm{d}\alpha_r$$

2. 请求出下列一阶偏微分方程组的可积条件:

$$\frac{\partial y^k}{\partial x^i} = \psi_i^k(x, y) \quad (i = 1, \cdots, n; k = 1, \cdots, m)$$

3. 设

$$X = \xi^i \partial_i, \quad \omega = \omega_i \mathrm{d}x^i, \quad f \in \mathscr{F}(M)$$

求$L_X\omega = ?$ $L_{fX}\omega = ?$

4. 设X, Y为球面S^2上的向量场,用球坐标

$$X = \varphi \frac{\partial}{\partial \theta}, \quad Y = \frac{\partial}{\partial \theta} + \varphi \frac{\partial}{\partial \varphi}$$

求 $L_X Y=?$ $L_{fX} Y=?$

5. 请证明,对于流形上任意光滑函数 $f\in\mathscr{F}(M)$,有

$$L_X f = Xf,\quad L_X \mathrm{d}f = \mathrm{d}(Xf)$$

即李导数 L_X 与外微分算子 d 可对易.

6. 请证明下列各式(并说明它们应用范围):

$$L_X = \mathrm{d}\cdot i_X + i_X\cdot \mathrm{d}$$

$$[L_X, L_Y] = L_{[X,Y]},\qquad [L_X, i_Y] = i_{[X,Y]}$$

7. 当 $\omega\in\Lambda^1(M)$,$X,Y\in\mathscr{X}(M)$,请证明

$$\mathrm{d}\omega(X,Y) = L_X\omega(Y) - L_Y\omega(X) - \omega([X,Y])$$

8. k 形式 $\alpha_k\in\Lambda^k(M)$ 与 k 个切向量场 $X,Y,\cdots,Z$ 缩并为流形 M 上函数

$$\alpha_k(X,Y,\cdots,Z)\in\mathscr{F}(M)$$

请证明($W\in\mathscr{X}(M)$)

$$\begin{aligned}(L_W\alpha_k)(X,Y,\cdots,Z) = W(\alpha_k(X,Y,\cdots,Z))\\ - \alpha_k([W,X],Y,\cdots,Z) - \cdots\\ - \alpha_k(X,Y,\cdots,[W,Z])\end{aligned}$$

9. 李群 G 对流形 M 作用,请证明同一轨道上各点的稳定子群同构. 而任两轨道或完全重合,或不相交.

10. 证明$\mathbb{R}^n$ 中所有通过原点的 k 维线性子空间的集合可表示为陪集流形

$$G_{k,n}^{\mathbb{R}} = \frac{O(n)}{O(n-k)\times O(k)}$$

并求 $G_{k,n}^{\mathbb{R}}$ 的维数.

11. 请证明(2.121)式等价于(2.130)式. 并进一步证明切场满足的 Jacobi 等式.

第三章　仿射联络流形

为讨论流形上张量场对底空间坐标进行微分运算,需将该点张量与邻近张量进行比较.流形上不同点上张量属于不同的张量空间,虽然这些空间相互线性同构,但却不能由流形本身的拓扑结构或微分结构得到相应正则同构.当我们在流形 M 上每点引入联络系数,使该点切空间与邻近点的切空间间建立局域线性同构对应,于是可对任意类型张量场进行协变微分运算,微分运算结果与局域坐标系的选取无关.通过联络在张量丛上引进微分结构,使对各种张量场都可进行协变微分运算.切丛联络叫做流形 M 的仿射联络,给定仿射联络的流形称仿射联络流形.

张量场的协变微分与局域坐标系的选取无关,但为实现各种计算还需选坐标系,底流形选局域坐标系,在切空间可诱导自然标架,并可进一步作标架转动而选活动标架.前两章外微分运算与李导数运算主要采取自然标架进行分析,在本章为了更明显区别两种不同的坐标变换:底流形的坐标变换与切空间的标架变换,我们常采用活动标架进行分析,因此在§3.1我们先分析张量场的活动标架法,然后在§3.2引入仿射联络与协变微分,在§3.3、§3.4分析联络的曲率与挠率.在§3.5讨论协变外微分,对取张量值的微分形式进行协变外微分运算.在§3.6分析流形联络允许的和乐群,它与流形的拓扑结构有关.

§3.1　活动标架法　流形切丛与标架丛

流形切场是切丛截面.n 维流形 M 的切丛 $T(M)$ 是 $2n$ 维流形,局域可表示为 M 与$\mathbb{R}^n$ 的笛卡儿积

$$T(M) \sim M \times \mathbb{R}^n$$

注意局域直积的切丛 $T(M)$ 是 (p,v_p) 对的空间,其中点 $p \in M, v_p \in T_p(M)$. 并非所有的对组成一般 $2n$ 维流形的坐标系都适宜于切丛,这是因为切丛具有纤维丛结构.切场 X 是切丛 $T(M)$ 的光滑截面,即在每点 $p \in M$ 光滑安排一个切向量 $X_p \in T_p(M)$,在 p 点邻域选局域坐标系后,切场 X 可表示为

$$X(x) = \xi^i(x)\partial_i$$

其中 $x=(x^1,\cdots,x^n)$, $\{\partial_i, i=1,\cdots,n\}$ 是流形局域坐标网诱导的切丛自然标架.在

每点切空间 $T_p(M)$ 还可作标架转动,即可选自然标架的线性组合得活动标架 $e_a \in \mathscr{X}(M)$.

$$e_a(x) = e_a^i(x)\partial_i, \quad a = 1,\cdots,n \tag{3.1}$$

其中 $e_a^i(x) \in \mathscr{F}(M)$,而集合$\{e_a^i(x)\}$组成 $n \times n$ 非奇异函数矩阵,矩阵行列式在 p 点邻域非零:

$$\det(e_a^i(x)) \neq 0 \tag{3.2}$$

即 $g = (e_a^i) \in GL(n,\mathbb{R})$ 矩阵. 流形上每点所有切标架$\{g \in GL(n,\mathbb{R})\}$的集合 $G_p \simeq GL(n,\mathbb{R})$,可看成点 p 上纤维,这时纤维为群流形 G_p,各点纤维 G_p 的并集组成标架丛 $L(T)$

$$L(T) = \bigcup_p G_p$$

标架丛的截面 $g(x) = (e_a^i(x))$ 为活动标架,即在每点 x 选一活动标架$\{e_a(x) = e_a^i(x)\dfrac{\partial}{\partial x^i}\}$,$\{e_a(x),\ a=1,\cdots,n\}$组成 n 个线性独立的切场集合,称为活动标架,它是与底流形局域坐标系的选取无关的流形上切场集合. 任意切场可用它们展开

$$X(x) = \xi^i(x)\partial_i = \xi^a(x)e_a(x) \tag{3.3}$$

其中 $\xi^a(x) \in \mathscr{F}(M)$ 是切场 X 在活动标架$\{e_a\}_1^n$ 中分量,与在自然标架$\{\partial_i\}_1^n$ 中分量 $\xi^i(x)$ 间关系

$$\xi^i(x) = e_a^i(x)\xi^a(x) \tag{3.4}$$

类似在余切丛 $T^*(M)$ 也可选活动标架 $\theta^a \in \Lambda^1(M)$:

$$\theta^a(x) = \theta_i^a \mathrm{d}x^i, \quad a = 1,\cdots,n \tag{3.5}$$

通常选矩阵$(\theta_i^a(x))$为矩阵$(e_a^i(x))$的逆矩阵,使得余切标架$\{\theta^a\}_1^n$ 为切标架$\{e_a\}_1^n$ 的对偶标架,即利用

$$\langle \mathrm{d}x^i,\ \partial_j\rangle = \delta_j^i$$

可证

$$\langle \theta^a(x),\ e_b(x)\rangle = \theta_i^a(x)e_b^j(x)\langle \mathrm{d}x^i,\ \partial_j\rangle = \theta_i^a(x)e_b^i(x) = \delta_b^a \tag{3.6}$$

流形 M 上任意余切场 $\sigma = \sigma_i(x)\mathrm{d}x^i \in \Lambda^1(M)$ 可用余切标架$\{\theta^a\}_1^n$ 展开

$$\sigma = \sigma_i(x)\mathrm{d}x^i = \sigma_a(x)\theta^a(x) \tag{3.7}$$

其中 $\sigma_a(x) \in \mathscr{F}(M)$ 是余切场 σ 在活动标架$\{\theta^a\}_1^n$ 中分量,与在自然标架$\{\mathrm{d}x^i\}_1^n$ 中分量 $\sigma_i(x)$ 间关系

$$\begin{aligned}\sigma_a(x) &= \langle \sigma, e_a(x)\rangle = \sigma_i(x)e_a^j(x)\langle \mathrm{d}x^i, \partial_j\rangle \\ &= \sigma_i(x)e_a^i(x)\end{aligned} \tag{3.8}$$

注意对自然标架

$$[\partial_i, \partial_j] = 0, \quad d(dx^i) = 0$$

而活动标架$\{e_a\}_1^n$相互非交换

$$[e_a(x), e_b(x)] = f_{ab}^c(x) e_c(x) \tag{3.9}$$

$\{\theta^a\}_1^n$非闭

$$d\theta^a(x) = -\frac{1}{2} f_{bc}^a(x) \theta^b(x) \wedge \theta^c(x) \tag{3.10}$$

其中$f_{ab}^c(x) \in \mathscr{F}(M)$称为与活动标架$\{e_a, \theta^a\}_1^n$相关的结构函数.

在切丛$T(M)$选活动标架$\{e_a\}_1^n$后,还可进一步作标架转动,即可选新活动标架$\{e'_a\}_1^n$,$e'_a \in \mathscr{X}(M)$是另一组n个线性独立的切场,可表示为原标架$\{e_a\}_1^n$的线性组合

$$e'_a(x) = L_a^b(x) e_b(x), \quad a = 1, \cdots, n \tag{3.11}$$

且

$$\det(L_a^b(x)) \neq 0 \tag{3.12}$$

类似在余切丛$T^*(M)$,其活动标架$\{\theta^a\}_1^n$也可作相应对偶转动

$$\theta'^a(x) = L_b^{-1a}(x) \theta^b(x) \tag{3.13}$$

$$\langle \theta'^a(x), e'_b(x) \rangle = \delta_b^a \tag{3.14}$$

用新标架,切场$X = \xi^a e_a = \xi'^a e'_a$的分量

$$\xi'^a(x) = L_b^{-1a}(x) \xi^b(x) \tag{3.15}$$

余切场$\sigma = \sigma_a \theta^a = \sigma'_a \theta'^a$的分量

$$\sigma'_a(x) = L_a^b(x) e_b(x) \tag{3.16}$$

本书采用在活动标架作变换时,张量指标下标分量按$L = (L_b^a)$变换,称为协变指标,而上标分量按$L^{-1} = (L_b^{-1a})$变换,称为逆变指标,而且采用上下重复指标求和习惯.

对流形M上(r,s)型张量

$$K = K_{b_1 \cdots b_s}^{a_1 \cdots a_r} e_{a_1} \otimes \cdots \otimes e_{a_r} \otimes \theta^{b_1} \otimes \cdots \otimes \theta^{b_s} \in \mathscr{T}_s^r(M)$$

在标架作变换时,张量K的分量应作相应变换

$$K'^{a_1 \cdots a_r}_{b_1 \cdots b_r} = L_{c_1}^{-1a_1} \cdots L_{c_r}^{-1a_r} \cdot L_{b_1}^{d_1} \cdots L_{b_s}^{d_s} K_{d_1 \cdots d_s}^{c_1 \cdots c_r} \tag{3.17}$$

§3.2 仿射联络与协变微分

外微分算子 d 作用在微分形式上,它是一般全微分的推广. 对于所有微分形式,无需附加结构,都可以进行外微分运算.

李导数 L_X 可定义在各种张量场(包括微分形式及各秩张量场)上,但是为了定义李导数 L_X,要求在流形上有一个已知的确定切向量场 X,在 p 点的李导数,依赖于在 p 点邻域的切向量场 X.

下面引入的协变微分也可定义在各种张量场上,但必须对流形附加新的结构:仿射联络,用联络表示邻近切标架的变换,使流形不同点的切空间之间建立联系,通过联络在张量丛上引进微分结构.

对联络的透彻分析应放在讨论纤维丛之后,现代联络理论都首先分析主丛上的联络. 本章仍用联络的老定义,分析在微分流形切丛上联络的局域性质,在第十三章对纤维丛概念给于较严格的定义后,将对主丛及其伴丛上联络进行更深入的分析. 而现在这章可作为现代联络理论的直观描述引论,使其几何定义与物理意义更明显.

在流形 M 上给定联络后,可以比较张量场 $K \in \mathscr{T}_s(M)$ 在 p 点邻域的改变,可分析张量场对底流形坐标进行微分运算,即计算$\frac{\Delta k}{|\Delta x|}$,所得结果应仍为张量场,与所选局域坐标系及局域标架场无关. 即协变微分算子 ∇ 在张量丛截面间给了这样一个映射

$$\nabla: \mathscr{T}_s(M) \to \mathscr{T}_{s+1}(M)$$

$$K \to \nabla K = \frac{\Delta K}{\Delta x^i} \mathrm{d}x^i$$

$\nabla K \in \mathscr{T}_{s+1}(M)$ 称为张量场 $K \in \mathscr{T}_s(M)$ 的绝对协变微分(absolute covarient derivative),简称协变微分. 它是流形上张量丛截面间映射,决定流形的局域线性结构,与其他微分算子相似,可由以下四特点来完全确定它:

1) 保持张量空间的线性结构:

$$\nabla(aK + bK') = a\nabla K + b\nabla K', \quad a, b \in \mathbb{R} \tag{3.18}$$

2) 满足微分算子的 Leibniz 法则:

$$\nabla(K \otimes K') = (\nabla K) \otimes K' + K \otimes \nabla K' \tag{3.19}$$

$$\nabla\langle \omega, X\rangle = \langle \nabla\omega, X\rangle + \langle \omega, \nabla X\rangle \tag{3.20}$$

3) 对函数 $f \in \mathscr{F}(M)$ 作用相当于全微分:

$$\nabla f = \mathrm{d}f \tag{3.21}$$

4）可与以上三特点相自洽地定义对切场 $X \in \mathscr{X}(M)$ 的协变微分，当在点 p 邻域取局域坐标系，

$$X = \xi^a(x)e_a(x)$$

$$\nabla X = \mathrm{d}\xi^a(x)e_a(x) + \xi^a(x)\ \nabla e_a(X) \tag{3.22}$$

由上式看出，当知道对切场基矢组 $\{e_a\}$ 的协变微分 ∇e_a，就可对任意切场 X 如(3.22)式进行协变微分，进一步利用(3.18)~(3.21)诸式，可得到对所有张量场的协变微分.

由于映射 ∇ 使张量的协变指标增加 1，故可将 ∇e_a 表达为

$$\nabla e_a(x) = \Gamma_a^b(x)e_b(x), \quad a = 1,\cdots,n \tag{3.23}$$

其中

$$\Gamma_a^b(x) = \Gamma_{ia}^b(x)\mathrm{d}x^i \in \Lambda^1(M), \quad a,b = 1,\cdots,n \tag{3.24}$$

为 n^2 个 1 形式，称为联络 1 形式；而 $\{\Gamma_{ia}^b(x)\}$ 为流形 M 上 n^3 个连续函数，称为联络系数.

由以上分析看出，当流形 M 上给定 n^2 个联络 1 形式 $\{\Gamma_a^b(x)\}$，就可在 x 点切空间 $T_x(M)$ 的基矢 $\{e_a(x)\}_1^n$ 与在 $x+\mathrm{d}x$ 点切空间 $T_{x+\mathrm{d}x}(M)$ 的基矢 $\{e_a(x+\mathrm{d}x)\}_1^n$ 间建立 1－1 的仿射对应：

$$e_a(x+\mathrm{d}x) \sim e_a(x) + \Gamma_a^b(x)e_b(x)$$

使

$$\nabla e_a = \lim_{\mathrm{d}x\to 0}(e_a(x+\mathrm{d}x) - e_a(x)) = \Gamma_a^b(x)e_b(x)$$

将上式代入(3.22)式得

$$\nabla X = (\mathrm{d}\xi^a + \xi^b\Gamma_b^a)e_a \tag{3.25}$$

由以上分析看出，为了使向量场的协变微分仍为张量场，仅对向量场的分量 ξ^a 进行微分是不够的. 张量场分量的微分不再是张量场分量，而必须补充含有联络的项后才能成为相应张量场分量.

下面分析对其他张量场的协变微分. 首先研究对余切场的协变微分. 在余切丛 $T^*(M)$ 上选与 $\{e_a\}_1^n$ 对偶的基矢 $\{\theta^a\}_1^n$

$$\langle\theta^a, e_b\rangle = \delta_b^a$$

对上式进行协变微分，注意到(3.20)式，协变微分与张量缩并可交换

$$\langle\nabla\theta^a, e_b\rangle + \langle\theta^a, \nabla e_b\rangle = 0$$

即

$$\langle\nabla\theta^a, e_b\rangle = -\langle\theta^a, \Gamma_b^c e_c\rangle = -\Gamma_b^a$$

$$\nabla\theta^a = -\Gamma_b^a\theta^b \tag{3.26}$$

因此,对余切场 $\omega(x)=\omega_a(x)\theta^a(x)\in\Lambda^1(M)$ 的协变微分可表示为

$$\nabla\omega = \nabla(\omega_a\theta^a) = (\mathrm{d}\omega_a - \Gamma^b_a\omega_b)\theta^a \tag{3.27}$$

类似可对任意(r,s)型张量场 K 作协变导数,所得∇K 为$(r,s+1)$型张量场. 例如设 K 为$(1,1)$型张量场.

$$K = K^a_b e_a \otimes \theta^b \in \mathscr{T}^1_1(M)$$

$$\nabla K = (\mathrm{d}K^a_b + \Gamma^a_c K^c_b - \Gamma^c_b K^a_c)e_a \otimes \theta^b \in \mathscr{T}^1_2(M) \tag{3.28}$$

通常我们需要求张量场沿流形上某特定方向的协变导数. 为标志流形上某特定方向,可在流形 M 上过点 p 作曲线 $\gamma(t)$,曲线 $\gamma(t)$ 在点 p 的切向量 $X=\left.\frac{\mathrm{d}}{\mathrm{d}t}\right|_p$,张量场 $K\in\mathscr{T}_s(M)$ 沿 X 方向的协变导数$\nabla_X K$ 定义为

$$\nabla_X K = \langle\nabla K, X\rangle \in \mathscr{T}_s(M) \tag{3.29}$$

∇K 为$(r,s+1)$型张量场,再与切向量 X 缩并,使$\nabla_X K$ 仍为(r,s)型张量场,即$\nabla_X K$ 与 K 为同型张量场,称$\nabla_X K$ 为张量场 K 沿 X 方向的协变导数,方向协变导数算子∇_X不改变张量场类型.

在点 p 邻域选局域坐标系后,沿自然基$\{\partial_i\}^n_1$ 方向可定义

$$\nabla_i K = \langle\nabla K, \partial_i\rangle \tag{3.30}$$

于是协变微分∇K 也可表示为

$$\nabla K = \mathrm{d}x^i\nabla_i \quad K \tag{3.31}$$

例如由(3.25)式得对切场 X 的协变导数

$$\nabla_i X = (\xi^a_{,i} + \Gamma^a_{ib}\xi^b)e_a \equiv \xi^a_{;i}e_a \tag{3.32}$$

其中 $\xi^a_{,i}\equiv\frac{\partial\xi^a(x)}{\partial x^i}$代表切场分量对坐标的普通偏导数,而

$$\xi^a_{;i} \equiv (\nabla_i X)^a = \xi^a_{,i} + \Gamma^a_{ib}\xi^b \tag{3.33}$$

称为切场分量 ξ^a 的协变导数.

我们知道切场 $X=\xi^a e_a$ 的分量集合$\{\xi^a\}^n_1$ 是切场 X 的矩阵表示,当标架作变换时

$$e_a \to e'_a = L^b_a e_b$$

表示作相应变换

$$\xi^a \to \xi'^a = L^{-1a}_b\xi^b \tag{3.34}$$

切场分量对坐标的普通偏导数

$$\xi'^a_{,i} \equiv \frac{\partial'\xi'^a}{\partial x^i} = L^{-1a}_b\xi^b_{,i} + L^{-1a}_{b,i}\xi^b \tag{3.35}$$

正由于变换矩阵 $L^a_b = L^a_b(x)$ 依赖坐标，使上式第二项非零，使切场分量的普通导数 $\xi^a_{,i}$ 的变换规则不同于切场分量 ξ^a，即 $\xi^a_{,i}$ 的上标不是张量指标. 但是正如(3.32)所示，切场分量的协变导数 $\xi^a_{;i}$ 仍是切场 $\nabla_i X \in \mathscr{X}(M)$ 的分量，在标架作变换时，$\xi^a_{;i}$ 按切场分量变

$$\xi^a_{;i} \to \xi'^a_{;i} = L^{-1a}_b \xi^b_{;i} \tag{3.36}$$

即切场分量的协变导数 $\xi^a_{;i}$ 上指标 a 仍是张量指标.

张量分量的协变导数，实际上是对张量取协变导数，仍为同型张量，然后取其分量表示，故其各指标仍为张量指标. 例如对余切场 $\omega \in \Lambda^1(M)$ 由(3.27)可得：

$$\omega_{a;i} \equiv (\nabla_i \omega)_a = \omega_{a,i} - \Gamma^b_{ia}\omega_b \tag{3.37}$$

对(1,1)型张量场 $K \in \mathscr{T}^1_1(M)$，由(3.28)式可得

$$K^a_{b;i} \equiv (\nabla_i K)^a_b = K^a_{b,i} - \Gamma^c_{ib}K^a_c + \Gamma^a_{ic}K^c_b \tag{3.38}$$

下面将沿 X 方向协变导数 ∇_X 与沿切场 X 的李导数 L_X 的特点作一类比. 首先以(1,1)型张量场 K 为例，将它的协变导数 $\nabla_X K = \xi^i \nabla_i K$ 与李导数 $L_X K$ 的具体表达式作一比较，当在点 p 邻域选局域坐标系后，取自然标架，这时

$$(\nabla_i K)^j_k \equiv K^j_{k;i} = \partial_i K^j_k - \Gamma^l_{ik}K^j_l + \Gamma^j_{il}K^l_k \tag{3.39}$$

$$(L_X K)^j_k = \xi^i \partial_i K^j_k + \partial_k \xi^l K^j_l - \partial_l \xi^j K^l_k \tag{3.40}$$

注意二者形式上很像，但有实质区别. 由(3.39)式看出张量场 K 在点 p 的协变导数仅与该点的联络系数有关，由协变导数的定义(3.29)式可看出，沿不同方向的协变导数可线性相加：

$$\nabla_{fX+gY}K = f\nabla_X K + g\nabla_Y K, \qquad \forall f,g \in \mathscr{F}(M) \tag{3.41}$$

而对张量场 K 在点 p 相对切场取李导数时，如(3.40)式所示右端还含有切场 X 的导数项，含有系数 $\{\partial_k \xi^l\}_{k,l=1,\cdots,n}$，即不仅与该点的切向场 $X = \{\xi^i(x)\}^n_1$ 有关，而且还与切场在该点的变化律 $\{\partial_k \xi^l\}$ 有关. 对李导数 L_X 没有与(3.41)类似式子，仅有下式：

$$L_{aX+bY}K = aL_X K + bL_Y K, \qquad a,b \in \mathbb{R} \tag{3.42}$$

在流形张量场上的线性微分算子主要有外微分 d，李导数 L_X，协变微分 ∇ 三种，现将这三种基本微分算子作一比较，列出表 3.1.

为了求流形上张量场的协变微分，或协变导数，必须对流形附加新的结构：需预先给定一组联络系数 $\{\Gamma^a_{ib}(x)\}$，它们是流形 M 上的 n^3 个连续函数，有三个指标：i 为底流形局域坐标系的自然基矢指标，是张量指标，而使

表 3.1 作用于流形张量场上三种主要微分算子特性比较

	外微分算子 d	李导数 L_X	协变微分算子 ∇
主要性质	1) 线性算子:$\Lambda^r \to \Lambda^{r+1}$ 2) 斜微分算子 $d(\alpha_p \wedge \beta_q) = d\alpha_p \wedge \beta_q + (-1)^p \alpha_p \wedge d\beta_q$ 3) $df = f_{,i} dx^i$ 4) $d^2 = 0$	1) 线性算子:$\mathscr{T}_s \to \mathscr{T}_s$ 2) 偶微分算子 Leibniz 法则 3) $L_X f = Xf = \xi^i f_{,i}$ 4) $L_X Y = [X, Y]$	1) 线性算子:$\mathscr{T}_s \to \mathscr{T}_{s+1}$ 2) 偶微分算子 Leibniz 法则 3) $\nabla f = df$ 4) $\nabla X = (d\xi^i + \Gamma^i_j \xi^j)\partial_i$
特点	1) 不需附加结构, 2) 仅作用在微分形式上	1) 需给定向量场 X, 2) 作用在所有张量场上	1) 需有联络 1 形式 Γ^i_j, 2) 作用在所有张量场上

$$\Gamma^a_b = \Gamma^a_{ib} dx^i \in \Lambda^1(M), \quad a, b = 1, \cdots, n.$$

为 n^2 个联络 1 形式. Γ^a_b 的两个指标 a, b 是否张量指标? 可利用它们在切丛标架作变换时它们的变换规则来判断. 当切丛标架 $\{e_a\}_1^n$ 作线性变换时

$$e_a \to e'_a = L^b_a e_b$$

$$\xi^a \to \xi'^a = L^{-1a}_b \xi^b$$

要求切场的协变导数 $\xi^a_{;i}$ 按切场逆变分量变:

$$\xi^a_{;i} \to \xi'^a_{;i} = L^{-1a}_b \xi^b_{;i}$$

将(3.33)式代入上式得

$$\xi'^a_{,i} + \Gamma'^a_{ib} \xi'^b = L^{-1a}_b (\xi^b_{,i} + \Gamma^b_{ic} \xi^c)$$

由上式易证

$$\Gamma'^a_{id} = L^{-1a}_b \Gamma^b_{ic} L^c_d + \Gamma^{-1a}_c L^c_{d,i} \tag{3.43}$$

或两端乘 dx^i 且对 i 求和得

$$\Gamma'^a_d = L^{-1a}_b \Gamma^b_c L^c_d + L^{-1a}_c dL^c_d \tag{3.43a}$$

正由于上式右端存在第二项,故联络 1 形式 Γ^a_b 的指标 a, b 不是张量指标. 联络场不是张量场,不是“几何量”. 如何能通过它得到有几何意义的张量场:联络的曲率张量与挠率张量,是我们在下两节要分析的问题.

联络系数$\{\Gamma^a_{ib}(x)\}$是流形 M 上一组连续函数,选择联络系数有很大任意性,仅要求当切丛标架变换时它们按(3.43)式变. 对微分流形 M 上,给定坐标卡集后,与流形微分结构相关的联络系数集合总是存在的,即存在下定理:

定理 3.1 令 M 为仿紧(paracompact)光滑流形,则 M 上存在整体光滑联络.

证明 取流形 M 的开覆盖$\{U_\alpha\}$,令$\{g_\alpha\}$为此开覆盖的单位配分. 在每个开邻域 U_α

上选切标架场$\{e_a^{(\alpha)}\}$，在交叠区$U_\alpha \cap U_\beta \neq 0$，基矢组间由$n \times n$阶非奇异矩阵函数连结

$$e_a^{(\alpha)} = \Lambda^b_{(\alpha\beta)a} e_b^{(\beta)}$$

或写成矩阵形式

$$E_\alpha = \Lambda_{\alpha\beta} E_\beta$$

其中$\Lambda_{\alpha\beta} = (\Lambda^a_{(\alpha\beta)b})$为$n \times n$阶非奇异矩阵，而$E_\alpha = (e_a^{(\alpha)})$为列矩阵. 且在$U_\alpha \cap U_\beta \cap U_\gamma \neq 0$的交叠区，$\Lambda_{\alpha\beta}$满足相容条件

$$\Lambda_{\alpha\beta}\Lambda_{\beta\gamma} = \Lambda_{\alpha\gamma}$$

在每个开邻域U_α，可取n^2个任意光滑函数组成$n \times n$阶矩阵函数$\sigma_\alpha(X)$，可令

$$\omega_\beta = \sum_\alpha g_\alpha \Lambda^{-1}_{\alpha\beta}(\sigma_\alpha + \mathrm{d})\Lambda_{\alpha\beta}$$

易证

$$\Lambda^{-1}_{\beta\gamma}\omega_\beta\Lambda_{\beta\gamma} = \sum_\alpha g_\alpha \Lambda^{-1}_{\beta\gamma}\Lambda^{-1}_{\alpha\beta}(\sigma_\alpha + \mathrm{d})\Lambda_{\alpha\beta}\Lambda_{\beta\gamma} - \Lambda^{-1}_{\beta\gamma}\mathrm{d}\Lambda_{\beta\gamma} = \omega_\gamma - \Lambda^{-1}_{\beta\gamma}\mathrm{d}\Lambda_{\beta\gamma}$$

满足联络形式在交叠区的变换公式(3.25).　□

由上证明可看出确定联络形式有很大任意性.

引入联络与在流形M上运动的粒子动力学密切相关. 当讨论粒子沿流形M上一条曲线$x(t)$运动时，粒子运动速度由曲线的切矢量X决定

$$X = \frac{\mathrm{d}}{\mathrm{d}t} = \frac{\mathrm{d}x^i}{\mathrm{d}t}\frac{\partial}{\partial x^i}$$

沿曲线坐标的微分$\frac{\mathrm{d}x^i}{\mathrm{d}t}$是速度矢量的分量，它决定了速度矢量的方向，但是，由力决定的加速度矢量分量是不是$\frac{\mathrm{d}^2x^i}{\mathrm{d}t^2}$? 不是. 因为它根本不是某向量场的分量，它与局域坐标系的选取有关，不是几何量.

如何决定粒子在流形上运动时的加速度向量? 加速度矢量是速度矢量的方向导数，关键在于如何得到某向量场X(例如粒子运动速度场)沿某方向Y(例如力的方向)的方向导数，使取方向导数后仍为矢量.

首先想到李导数L_XY，但是李导数不仅依赖于微商所在点X的值，还依赖在该点邻域向量场X的分布，依赖在该点邻域X场的改变率. 沿曲线运动粒子的加速度，应仅与曲线所在点本身性质有关. 而且切向量场沿其积分曲线切方向的李导数$L_XX = [X,X] = 0$. 因此在讨论沿曲线运动粒子的加速度时，用李导数不适宜，而应该用速度向量的协变导数来描写粒子的加速度，即必须在流形上引入联络，定义含联络的协变导数.

§3.3　曲率形式与曲率张量场

在分析流形局域线性结构时,要研究流形上张量场分析,要研究作用于张量场上的微分算子. 外微分算子 d 仅能作用于微分形式上,而李导数算子 L_X 不仅依赖作用点 p 的切向量 X_p,而且依赖于给定切场 X 在 p 点邻域的分布. 在物理动力学问题中研究物理态的改变,常需突破上述限制,分析张量场沿某方向的协变导数,这时需对流形 M 加上附加结构:仿射联络,使流形成为仿射联络流形,这时可对流形上任意张量场进行协变微分与沿给定方向的协变导数运算. 流形 M 上给定联络就是给定 n^2 个联络 1 形式

$$\Gamma^a_b(x) = \Gamma^a_{ib}\mathrm{d}x^i \in \Lambda^1(M)$$

其指标 a,b 不是张量指标,在切丛标架变换时如(3.43)式改变. 如何从流形的联络结构中找到有几何意义的特征,找到有几何意义的特征张量场? 将集合 $\{\Gamma^a_b(x)\}$ 写成 $n\times n$ 阶矩阵 $\Gamma(x)$,同时将标架变换 $\{L^a_b(x)\}$ 也写成 $n\times n$ 阶矩阵,于是将(3.43a)写成矩阵形式 Pfaff 方程:

$$\Gamma' = L^{-1}(\Gamma + d)L \tag{3.43b}$$

注意到我们在§2.4 分析的 Frobenius 定理,利用外微分算子 d 为工具,见到方程就微分,设法得到满足可积条件的几何量. 先将(3.43b)化为

$$L\Gamma' = \Gamma L + \mathrm{d}L \tag{3.44}$$

对上式作外微分运算,得

$$\mathrm{d}L \wedge \Gamma' + L\mathrm{d}\Gamma' = \mathrm{d}\Gamma L - \Gamma \wedge \mathrm{d}L$$

再次利用(3.44)式得

$$L(\Gamma' \wedge \Gamma' + \mathrm{d}\Gamma') = (\mathrm{d}\Gamma + \Gamma \wedge \Gamma)L \tag{3.45}$$

令

$$\Omega = \mathrm{d}\Gamma + \Gamma \wedge \Gamma \tag{3.46}$$

称为流形 M 上由联络 Γ 决定的曲率 2 形式方阵,其中矩阵元为

$$\Omega^a_b = \mathrm{d}\Gamma^a_b + \Gamma^a_c \wedge \Gamma^c_b \tag{3.46a}$$

称为曲率 2 形式,(3.45)式表明,在局部标架场作线性变换时,

$$\Omega' = L^{-1}\Omega L \tag{3.47}$$

即曲率 2 形式为流形上张量场,是流形 M 上具有实质意义的几何量. Ω^a_b 的指标 a,b 均为张量指标,是具有张量指标的 2 形式,借助 $\{\Omega^a_b\}$ 可以构成流形 M 上大范围有定义的微分形式,其特性与流形 M 的整体拓扑性质有关,微分几何的重要任务就是研究仿射联络流形 M 上张量场,分析与它的曲率形式间的关系.

方程(3.46)称为联络满足的结构方程,对它再次外微分(请注意"见到方程就微分")得到

$$d\Omega = \Omega \wedge \Gamma - \Gamma \wedge \Omega \tag{3.48}$$

此式为结构方程的可积条件,称为 Bianchi 恒等式. 是流形上联络结构所必须满足的条件.

注意到曲率2形式 Ω^a_b 是具有一逆变指标与一协变指标的2形式,在流形上取局域坐标系后,它可表示为

$$\Omega^a_b = \frac{1}{2}R^a_{bjk}dx^j \wedge dx^k, \quad R^a_{bjk} \in \mathscr{F}(M) \tag{3.49}$$

系数 R^a_{bjk}是流形 M 上的光滑函数,称为曲率张量系数,它的四个指标都是张量指标,它们是(1,3)型曲率张量 R 的分量,由(3.46a)可将它们用联络系数 Γ^a_{ib}及其对坐标的导数 $\Gamma^a_{ib,k}$表示为

$$R^a_{bik} = \Gamma^a_{kb,i} - \Gamma^a_{ib,k} + \Gamma^a_{ic}\Gamma^c_{kb} - \Gamma^a_{kc}\Gamma^c_{ib} \tag{3.50}$$

下面我们进一步分析对张量场进行两次协变导数的运算. 两次普通导数运算可以对易,而协变导数运算一般不可对易

$$[\partial_i, \partial_k] = 0, \quad [\nabla_i, \nabla_k] \neq 0$$

设 $X, Y \in \mathscr{X}(M)$ 为流形 M 上两任意切向量场,协变导数的对易子$[\nabla_X, \nabla_Y]$作用在某切向量场 Z 上可得另一切向量,为作用在切场上的算子,但是当$[X,Y] \neq 0$ 时,它不是作用在切场上的线性算子,

$$[\nabla_X, \nabla_Y]fZ \neq f[\nabla_X, \nabla_Y]Z,$$

算子$[\nabla_X, \nabla_Y]$不保向量场的线性结构,不是张量算子. 为引入具有几何意义的线性张量算子,需设法消去非线性部分并保持对切场 X, Y 的反对称性,对协变导数的对易子再补充一个与$[X,Y]$有关的协变导数项,而引入算子

$$R(X,Y) = [\nabla_X, \nabla_Y] - \nabla_{[X,Y]} \tag{3.51}$$

此算子相对切场 X, Y 呈斜双线性,即具有性质

$$R(X,Y) = -R(Y,X)$$

$$R(fX + gY, Z) = fR(X,Z) + gR(Y,Z), \quad \forall f, g \in \mathscr{F}(M)$$

它是保持张量场线性结构的张量算子,即对任意切场 Z 作用,$R(X,Y)$具有性质:

$$R(X,Y)fZ = fR(X,Y)Z$$

$R(X,Y)$为(1,1)型张量算子. (3.51)式表明,不存在切场 X 到协变导数算子∇_X间的同态对应,而曲率张量算子 $R(X,Y)$正是测量它们相对同态对应的偏差. 注意到算子 $R(X,Y)$相对其宗量为斜双线性,故 R 本身为(1,3)型张量场. 当在流形 M 上选定局域坐标系并在切丛上选定局域标架场后,可由 R 对基矢的作用得到张量场

R 的分量,即

$$R(\partial_i,\partial_k)e_b = R^a_{bik}e_a$$

易证,当用联络系数表达时,由(3.51)及上式得到的系数 R^a_{bik} 与(3.50)式相同,即由曲率算子 $R(X,Y)$ 引入的曲率张量 R 就是利用曲率 2 形式 Ω^a_b 得到的曲率张量,它的存在与两次协变导数的不可对易性有关.

曲率张量 R 是(1,3)型张量场,其分量$\{R^l_{kij}\}$有一逆变指标与三协变指标. 在逆变与协变指标间缩并运算也是张量场代数中允许运算,与局域坐标系的选取无关. 当我们都选自然标架(或都选活动标架作法相同),对曲率张量上下指标作缩并运算,可得二阶协变对称张量场:Ricci 张量场 $\mathscr{R}=\{\mathscr{R}_{kl}\}$

$$\mathscr{R}_{kl} = \sum_{i=1}^{n} R^i_{kil} = \frac{\partial\Gamma^i_{ki}}{\partial x^l} - \frac{\partial\Gamma^i_{kl}}{\partial x^i} + \Gamma^i_{jl}\Gamma^j_{ki} - \Gamma^i_{ji}\Gamma^j_{kl} \tag{3.52}$$

而另一种可能的缩并给出反对称张量 $S=\{S_{ju}\}$

$$S_{jk} = R^l_{ljk} = \frac{\partial\Gamma^l_{kl}}{\partial x^j} - \frac{\partial\Gamma^l_{jl}}{\partial x^k} \tag{3.53}$$

曲率张量 R 与 Ricci 曲率张量 $\mathscr{R}$ 在下章黎曼流形的理论中都起重要作用.

§3.4 测地线方程 切丛联络的挠率张量

在流形上定义联络之后,就可以分析张量场沿任意曲线 C 的平行输运问题. 取局部坐标系,曲线 C 本身的切向量 X 可表示为

$$X = \frac{\mathrm{d}}{\mathrm{d}t} = \frac{\mathrm{d}x^i}{\mathrm{d}t}\frac{\partial}{\partial x^i}$$

当向量场 $Y=\eta^i\dfrac{\partial}{\partial x^i}$满足

$$\nabla_X Y = \frac{\mathrm{d}x^i}{\mathrm{d}t}\left(\frac{\partial\eta^k}{\partial x^i} + \Gamma^k_{ij}\eta^j\right)\frac{\partial}{\partial x^k} = 0$$

即向量场 Y 的分量$\{\eta^k\}$满足

$$\frac{\mathrm{d}\eta^k}{\mathrm{d}t} + \Gamma^k_{ij}\eta^j\frac{\mathrm{d}x^i}{\mathrm{d}t} = 0 \tag{3.54}$$

则称向量场 Y 沿曲线 C 平行输运,沿曲线 C 的平行输运在流形 M 的 C 上各点的切空间之间建立了同构对应.

平行输运自己切矢量的曲线称为测地线. 在测地线上各点均满足

$$\nabla_X X = 0 \tag{3.55}$$

即在(3.54)式中取 $\eta^k = \frac{\mathrm{d}x^k}{\mathrm{d}t}$,得测地线方程组

$$\frac{\mathrm{d}^2 x^i}{\mathrm{d}t^2} + \Gamma^i_{jk}\frac{\mathrm{d}x^j}{\mathrm{d}t}\frac{\mathrm{d}x^k}{\mathrm{d}t} = 0, \quad i = 1,\cdots,n \tag{3.56}$$

此为二阶常微分方程,过流形 M 上任一点 p,沿方向 X_p 恰有一条测地线. 由上方程看出,当取局域坐标自然基时,仅联络的对称部分对测地线方程有贡献. 当在一流形上定义了两个联络,其联络系数的对称部分相同,则所确定测地线相同.

下面我们具体分析一下,当流形上定义了两个联络,得到两个不同的协变导数 ∇ 与 ∇',利用此两联络的差可定义映射

$$B:\mathscr{X}\times\mathscr{X}\to\mathscr{X}$$

$$B(X,Y) \equiv \nabla'_X Y - \nabla_X Y \tag{3.57}$$

由于联络定义知映射 B 满足

$$B(fX,Y) = fB(X,Y)$$

易证映射 B 对第二个因子 Y 也是线性的

$$B(X,fY) = (Xf)Y + f\nabla'_X Y - (Xf)Y - f\nabla'_X Y = fB(X,Y)$$

即(3.57)式映射 B 是 $\mathscr{F}(M)$ 上双线性映射,所以 B 为(1,2)型张量场,与坐标系的选取无关.

当我们取局域坐标系自然基时

$$B(X,Y) = \xi^k\eta^l(\Gamma'^i_{kl} - \Gamma^i_{kl})\partial_i$$

将流形上具有相同测地线的联络归于一个等价类,在同一类联络中,其差别在于张量 B 的反对称部分. 下面我们集中分析下张量 B 的反对称部分 A,

$$\begin{aligned}A(X,Y) &= \frac{1}{2}\{B(X,Y) - B(Y,X)\}\\ &= \frac{1}{2}\{[\nabla'_X(Y) - \nabla'_Y(X)] - [\nabla_X Y - \nabla_Y X]\}\\ &= \frac{1}{2}\{C'(X,Y) - C(X,Y)\}\end{aligned} \tag{3.58}$$

其中

$$C(X,Y) \equiv \nabla_X Y - \nabla_Y X$$

相对 X,Y 是反对称的,但是作用在切场上不是 $\mathscr{F}(M)$ 双线性的,仅满足

$$C(aX,bY) = abC(X,Y) \quad (\text{对常系数 } a,b)$$

注意到利用两矢场 X,Y 还可用另一种方式组成新矢场,它也不是 $\mathscr{F}(M)$ 双线性,仅满足

$$L_{aX}bY = abL_X Y \quad (\text{对常系数 } a,b)$$

将 $C(X,Y)$ 与 $L_X Y$ 结合,取其差,可得相对 X,Y 都是 $\mathscr{F}(M)$ 斜双线性映射 T:

$$T:\mathscr{X}\otimes\mathscr{X}\to\mathscr{X}$$

$$X,Y\to T(X,Y)$$

$$T(X,Y)\equiv\nabla_X Y-\nabla_Y X-[X,Y] \tag{3.59}$$

易证映射 T 有性质

$$T(X,Y)=-T(Y,X)$$

$$T(fX,gY)=fgT(X,Y)\quad(f,g\in\mathscr{F}(M))$$

故 T 为(1,2)型张量场,称挠率张量(torsion),利用挠率张量 T 可将(3.58)式写为

$$A(X,Y)=\frac{1}{2}\{T'(X,Y)-T(X,Y)\} \tag{3.60}$$

即联络差张量 B 的反对称部分,就是挠率张量的差.

挠率为零的联络称对称联络. 在具有相同测地线的联络等价类中,仅有一个对称联络. 联络的挠率张量是用来区别该联络与具有同样测地线的对称联络间的差别. 在具有相同测地线的联络等价类中,联络差张量 B 的对称部分为零,即

$$B(X,Y)=A(X,Y)$$

在这等价类中任意一个联络都可分解为它的挠率张量的二分之一与一个对称联络之和. 即设 ∇'_X 为对称联络定义的协变导数,而在其联络等价类中任一联络所定义的协变导数满足

$$\nabla_X Y=\nabla'_X Y-A(X,Y)=\nabla'_X Y+\frac{1}{2}T(X,Y) \tag{3.61}$$

上式表明挠率张量 T 可区别在具相同测地线的联络等价类中,联络 ∇ 与对称联络 ∇' 的差. 注意,联络场不是张量,但两联络的差是张量. 挠率测量联络反对称部分的差. 如联络 ∇ 无挠,则满足

$$\nabla_X Y-\nabla_Y X=[X,Y]$$

当联络有挠,此式不再成立,而挠率张量 T 正是测量上式两端之差.

在选坐标基 $\{e_a,\ a=1,\cdots,n\}$ 后,由(3.59)式知

$$T(e_a,e_b)=\nabla_{e_a}e_b-\nabla_{e_b}e_a-[e_a,e_b]=T^c_{ab}e_c \tag{3.62}$$

其中 T^c_{ab} 为在活动标架基中挠率张量系数. 而由联络定义知

$$\nabla_{e_a}e_b=e^i_a\nabla_i e_b=e^i_a\Gamma^c_{ib}e_c \tag{3.63}$$

由上两式得

$$T^c_{ab}=e^i_a\Gamma^c_{ib}-e^i_b\Gamma^c_{ia}-f^c_{ab} \tag{3.64}$$

注意到结构函数 f^c_{ab} 相对于其下指标为反对称,故挠率张量的分量 T^c_{ab} 相对其下指标为反对称,于是我们可以利用挠率张量的分量 T^c_{ab} 组成挠率 2 形式 τ^c

$$\tau^c = \frac{1}{2} T^c_{ab} \vartheta^a \wedge \vartheta^b \tag{3.65}$$

将(3.63)式代入上式得

$$\tau^c = \mathrm{d}\vartheta^c + \Gamma^c_b \wedge \vartheta^b \tag{3.66}$$

对上式外微分得

$$\mathrm{d}\tau^a = \Omega^a_b \wedge \vartheta^b - \Gamma^a_b \wedge \tau^b \tag{3.67}$$

此式也可用挠率张量系数 T^c_{ab} 及其协变导数表达为

$$\nabla_a T^d_{bc} + \nabla_b T^d_{ca} + \nabla_c T^d_{ab} = R^d_{abc} + R^d_{bca} + R^d_{cab} \tag{3.68}$$

在流形上给定联络结构后,(3.46)式表示联络的曲率,(3.66)式表示联络的挠率.这两式常合称为仿射联络流形的 Cartan 结构方程组.对这两个结构方程再进行一次外微分,则得到这组方程的可积条件,称为 Bianchi 恒等式,(3.48)与(3.67)式就是仿射流形联络结构所必须满足的两组 Bianchi 恒等式.

为了突出各式的几何意义,本书多采用与坐标系选取无关的微分形式表达式,而在通常物理文献中常采用张量分量及其协变导数表达式.为使大家熟悉它们的特点,下面我们将仿射联络流形的 Cartan 结构方程及相应的 Bianchi 恒等式的两种表达式对照列如下表.

	微分形式表达式	张量分量表达式
结构方程	$\Omega^a_b = \mathrm{d}\Gamma^a_b + \Gamma^a_c \wedge \Gamma^c_b$ $\tau^a = \mathrm{d}\theta^a + \Gamma^a_b \wedge \theta^b$	$R^a_{bik} = \Gamma^a_{kb,i} - \Gamma^a_{ib,k} + \Gamma^a_{ic}\Gamma^c_{kb} - \Gamma^a_{kc}\Gamma^c_{ib}$ $T^a_{bc} = e^i_b \Gamma^a_{ic} - e^i_c \Gamma^a_{ib} - f^a_{bc}$
Bianchi 等式	$\mathrm{d}\Omega^a_b = \Omega^a_c \wedge \Gamma^c_b - \Gamma^a_c \wedge \Omega^c_b$ $\mathrm{d}\tau^a = \Omega^a_b \wedge \theta^b - \Gamma^a_b \wedge \tau^b$	$R^k_{lij;m} + R^k_{ljm;i} + R^k_{lmi;j} = 0$ $\nabla_j T^i_{kl} + \nabla_k T^i_{lj} + \nabla_l T^i_{jk}$ $= R^i_{jkl} + R^i_{klj} + R^i_{ljk}$

下面分析任意张量场两次协变导数交换秩序的表达式(Ricci identity),它们完全由曲率张量与挠率张量决定.例如对标量场 $f \in \mathscr{F}(M)$:

$$\nabla_i f = \partial_i f \equiv f_{,i}$$

$$\nabla_i \nabla_j f = \nabla_i f_{,j} = \partial_i f_{,j} + \Gamma^k_{ij} f_{,k}$$

$$[\nabla_i, \nabla_j] f = (\Gamma^k_{ij} - \Gamma^k_{ji}) f_{,k} = T^k_{ij} \nabla_k f \tag{3.69}$$

类似对切场 $X = \xi^i \partial_i \in \mathscr{X}(M)$

$$[\nabla_i, \nabla_j] \xi^k = R^k_{lij} \xi^l + T^l_{ij} \nabla_l \nabla \xi^k \tag{3.70}$$

对余切场 $\omega = \omega_i \mathrm{d}x^i \in \Lambda^1(M)$

$$[\nabla_i,\ \nabla_j]\omega_k = -R^l_{kij}\omega_l + T^l_{ij}\nabla_l\omega_k \tag{3.71}$$

对(2,1)型张量场 $K\in\mathscr{T}^2_1(M)$

$$[\nabla_i,\nabla_j]K^{pq}_s = R^p_{lij}K^{lq}_s + R^q_{lij}K^{pl}_s - R^l_{sij}K^{pq}_l + T^l_{ij}\nabla_l K^{pq}_s \tag{3.72}$$

以上诸式可统一如下形式地表示为：

$$[\nabla_i,\ \nabla_j] = [R^{\cdot}_{\cdot ij},\ \cdot] + T^l_{ij}\nabla_l \tag{3.73}$$

右端第一项对标量场(无张量指标)无贡献,而对每一张量指标贡献一项,对具逆变指标的张量场左乘贡献正项,而对具协变指标的张量右乘贡献负号. 由上式我们看出,联络的曲率与挠率起十分不同作用. 联络决定张量的平行移动法则,挠率相当于含联络平移群的结构函数,而曲率相当于平移群李代数的中心荷.

当采用无挠的对称联络定义协变导数,也可将李导数如下表示：

$$L_X Y = [X,Y]$$

即

$$(L_X Y)^i \equiv L_X Y^i = X^j\partial_j Y^i - Y^j\partial_j X^i = X^j\nabla_j Y^i - Y^j\nabla_j X^i$$

$$(L_X K)^{i\cdots k}_{j\cdots l} \equiv L_X K^{i\cdots k}_{j\cdots l} = X^e\nabla_e K^{i\cdots k}_{j\cdots l} - K^{i_0\cdots k}_{j\cdots l}\nabla_{i_0}X^i - \cdots + K^{i\cdots k}_{j_0\cdots l}\nabla_j X^{j_0} + \cdots$$

§3.5　协变外微分算子

曲率2形式：$\Omega^a_b\in\Lambda^2(M)$

挠率2形式：$\tau^a\in\Lambda^2(M)$

它们都是具有张量指标的微分形式,对于具张量指标的微分形式,可引入协变外微分算子D,它是外微分算子d与协变微分算子∇的推广,D可作用在取值为张量的微分形式上：

$$\mathrm{D}:\mathscr{T}_s\otimes\wedge^k\to\mathscr{T}_s\otimes\Lambda^{k+1}$$

$$K\omega\to\mathrm{D}(K\omega) = (\nabla K)\wedge\omega + K\mathrm{d}\omega \tag{3.74}$$

例如对切矢场 $X=\xi^a e_a\in\mathscr{X}(M)$,可将切场各分量$\{\xi^a\}$排成列矢量,记为

$$\xi = \begin{pmatrix}\xi^1\\ \vdots\\ \xi^n\end{pmatrix}$$

在切标架作变换时,$e_a\to e'_a = L^b_a e_b$,这时切场分量$\{\xi^a\}$作变换：

$$\xi'^a = L^{-1a}_b\xi^b,\quad 或矩阵表示：\xi' = L^{-1}\xi \tag{3.75}$$

于是可将切场分量$\{\xi^a\}$看成取值切场指标的函数. 切场分量的协变导数

$$\nabla\xi^a \equiv (\nabla X)^a = d\xi^a + \Gamma^a_b\xi^b$$

可记为对具逆变指标函数的协变外微分

$$D\xi^a = d\xi^a + \Gamma^a_b\xi^b \tag{3.76}$$

或将上式写成矩阵形式

$$D\xi = d\xi + \Gamma\xi = (d + \Gamma)\xi \tag{3.76a}$$

当切标架作变换，切场 $\xi = \{\xi^a\}$ 分量如(3.75)式变换，其协变外微分的变换为

$$D'\xi' = d\xi' + \Gamma'\xi' = d(L^{-1}\xi) + (L^{-1}\Gamma L + L^{-1}dL)L^{-1}\xi = L^{-1}D\xi \tag{3.77}$$

即 $D\xi$ 的变换规律与 ξ 同. 在上式第二步中用了联络矩阵的变换式(3.43). 以上计算表明，协变外微分算子使取值为张量的微分形式仍映射到取值为相同类型张量的高一阶微分形式.

令 Σ 为具(r,s)型张量值的 k 形式，在取局域坐标系后其各分量可表示为

$$\Sigma^{a_1\cdots a_r}_{b_1\cdots b_s} \equiv \Sigma^{a_1\cdots a_r}_{b_1\cdots b_s i_1\cdots i_k} dx^{i_1}\wedge\cdots\wedge dx^{i_k}$$

当活动标架作局域变换，Σ 按下形式变：

$$\Sigma'^{a_1\cdots a_r}_{b_1\cdots b_s} = L^{-1a_1}_{c_1}\cdots L^{-1a_r}_{c_r}\Sigma^{c_1\cdots c_r}_{d_1\cdots d_s}L^{d_1}_{b_1}\cdots L^{d_s}_{b_s}$$

今后将讨论取值在各种张量的微分形式.

为简单起见，我们先分析上下张量指标均有一个的(1,1)型张量 k 形式 Σ，可将 Σ 形式地表为(1,1)型张量 K 与 k 形式 ω 的张量积

$$\Sigma = K\omega$$

其协变外微分为

$$\begin{aligned} D\Sigma &= D(\omega K) = d\omega K + (-1)^k\omega\wedge\nabla K = d(\omega K) + (-1)^k\omega\wedge(\Gamma K - K\Gamma) \\ &= d\Sigma + \Gamma\wedge\Sigma - (-1)^k\Sigma\wedge\Gamma \equiv d\Sigma + [\Gamma,\Sigma] \end{aligned} \tag{3.78}$$

上式括号$[\Gamma,\Sigma]$代表将其微分形式部分抽出外乘，而矩阵部分取对易并乘相应相因子. 容易证明，对于这样定义的协变外微分，在标架作变换时，$D\Sigma$ 与 Σ 按相同规律变换. 即对(1,1)型张量 k 形式 Σ 按下形式变：

$$\Sigma' = L^{-1}\Sigma L,\quad D'\Sigma' = L^{-1}D\Sigma L \tag{3.79}$$

以上分析可推广至具任意张量值的微分形式，其协变外微分运算可形式的记为：

$$D = d + [\Gamma,] \tag{3.80}$$

这里括弧应理解为，当被作用微分形式具有逆(协)变指标时，对所有逆变指标左作用 Γ，而对所有协变指标乘以$(-1)^{k+1}$后右作用 Γ(如被作用微分形式没有逆(协)变指标，则不用左(右)乘 Γ). 例如，可将曲率 2 形式 Ω^a_b 满足的 Bianchi 恒等式写为

$$D\Omega^a_b \equiv d\Omega^a_b + \Gamma^a_c\wedge\Omega^c_b - \Omega^a_c\wedge\Gamma^c_b = 0 \tag{3.81}$$

协变外微分运算使具张量值的 k 形式映射到具有相同类型张量值的 $(k+1)$ 形式. 正由于在协变外微分运算的定义中含有联络,在标架转动时联络变换规律如(3.43)式,使协变外微分保持张量的变换性质.

利用协变外微分运算记号,可使许多式子简化,可使它们的几何特点突出. 例如对仿射联络流形上两个 Cartan 结构方程和其对应的 Bianchi 恒等式,下面将它们的两种表达式对照列如下表,可看出利用协变外微分算子使公式简化,并便于记忆.

	用 D 表达的矩阵形式	具张量指标的微分形式
结构方程	$\Omega = \mathrm{D}\Gamma^*$ $\tau = \mathrm{D}\theta$	$\Omega^a_b = \mathrm{d}\Gamma^a_b + \Gamma^a_c \wedge \Gamma^c_b$ $\tau^a = \mathrm{d}\theta^a + \Gamma^a_c \wedge \theta^c$
Bianchi 恒等式	$\mathrm{D}\Omega = 0$ $\mathrm{D}\tau = \Omega \wedge \theta$	$\mathrm{d}\Omega^a_b = \Omega^a_c \wedge \Gamma^c_b - \Gamma^a_c \wedge \Omega^c_b$ $\mathrm{d}\tau^a = \Omega^a_c \wedge \theta^c - \Gamma^a_c \wedge \tau^c$

* 联络 Γ 本身不是取张量值的微分形式,故对其协变外微分无意义,这里仅仅是形式的表达式.

外微分算子 d 具有性质 $\mathrm{d}^2=0$,而协变外微分算子 D 不再具有上性质. 例如,对 $\tau = \mathrm{D}\theta$ 再次协变外微分

$$\mathrm{D}\tau = \mathrm{D}^2\theta = \Omega \wedge \theta \tag{3.82}$$

对(3.76a)再次协变外微分

$$\begin{aligned}\mathrm{D}^2\xi &= (\mathrm{d}+\Gamma)\wedge(\mathrm{d}\xi+\Gamma\xi) = \mathrm{d}(\Gamma\xi)+\Gamma\wedge\mathrm{d}\xi+\Gamma\wedge\Gamma\xi\\ &= \mathrm{d}\Gamma\xi+\Gamma\wedge\Gamma\xi = \Omega\xi\end{aligned} \tag{3.83}$$

对于具张量指标的 k 形式 $\Sigma = \omega K$,其再次协变外微分

$$\begin{aligned}\mathrm{D}^2(\omega K) &= \mathrm{D}(\mathrm{d}\omega K + (-1)^k\omega\wedge \mathrm{D}K)\\ &= (-1)^{k+1}\mathrm{d}\omega\wedge\mathrm{D}K + (-1)^k\mathrm{d}\omega\wedge\mathrm{D}K + \omega\wedge\mathrm{D}^2K\\ &= \omega\wedge\mathrm{D}^2K\end{aligned} \tag{3.84}$$

当 ω 为 0 形式,即 $\omega = f \in \mathscr{F}(M)$

$$\mathrm{D}^2(fK) = f\mathrm{D}^2(K) \tag{3.85}$$

即 D^2 为线性算子,不再是微分算子,可将没有张量指标的微分形式 ω 从 D^2 作用下抽出外乘,如(3.84)所示. 而剩下具有张量指标的量 K 的运算 D^2K,可逐步用协变外微分算子计算,例如设 $K \in \mathscr{T}^1_{\ 1}(M)$,如(3.78)式

$$\mathrm{D}K = \mathrm{d}K + [\Gamma, K] = \mathrm{d}K + \Gamma K - K\Gamma$$

$$\mathrm{D}^2K = \mathrm{d}(\mathrm{D}K) + [\Gamma, \mathrm{D}K]$$

$$= \mathrm{d}\Gamma \cdot K - \Gamma \wedge \mathrm{d}K - \mathrm{d}K \wedge \Gamma - K\mathrm{d}\Gamma + \Gamma(\mathrm{d}K + \Gamma K - K\Gamma) + (\mathrm{d}K + \Gamma K - K\Gamma) \wedge \Gamma$$

$$= (\mathrm{d}\Gamma + \Gamma \wedge \Gamma)K - K(\mathrm{d}\Gamma + \Gamma \wedge \Gamma) = [\Omega, K] \tag{3.86}$$

总结以上各等式知当对具张量值微分形式作 D^2 运算,可表达为

$$\mathrm{D}^2 = [\Omega, \cdot] \tag{3.87}$$

这里仅当被作用的张量值微分形式有逆变指标时,左外乘 Ω,而仅当所作用张量值微分形式有协变指标时,右外乘 Ω 后乘(-1),对每个张量指标可按上规则贡献一个因子.

在本节结束前,我们再介绍一下作用在具张量值微分形式上的李导数

$$L_X: \mathscr{T}_s \otimes \Lambda^* \to \mathscr{T}_s \otimes \Lambda^*$$

已知当对微分形式 $\omega \in \Lambda^*$ 作李导数运算时,有公式:

$$L_X\omega = (\mathrm{d}i_X + i_X\mathrm{d})\omega, \quad \omega \in \Lambda^*(M)$$

当对具张量值的微分形式作用时,可将上述 Cartan 公式推广为

$$L_X = \mathrm{d} \cdot i_X + i_X \cdot \mathrm{d} - [L_{\xi},] \tag{3.88}$$

其中 L_ξ 为由 $\left\{\frac{\partial \xi^k}{\partial x^l}\right\}$ 排成的方阵, ξ^k 为向量场 X 的分量($X = \xi^k \partial_k$),这里括弧应理解为当被作用微分形式具有逆变(协变)指标时,对所有逆(协)变指标左(右)作用 L_ξ(乘(-1)). 例如,对取值为(1,1)型张量的微分形式 Σ,

$$L_X\Sigma = \mathrm{d} \cdot i_X\Sigma + i_X\mathrm{d}\Sigma - L_\xi\Sigma + \Sigma L_\xi \tag{3.89}$$

如此定义的李导数与上章 §2.2 引入的李导数完全一致.

§3.6　联络的和乐群

n 维流形 M 点 p 切空间 $T_p(M)$ 为 n 维向量空间,可选 n 个线性独立的向量 $\{e_a(p)\}$ 作为基矢,过 p 点任意切向量 X_p 为 $\{e_a(p)\}$ 的线性组合

$$X_p = \sum \xi^a(p) e_a(p)$$

基矢组 $\{e_a; a = 1, \cdots, n\}$ 称为标架.

流形上定义联络,就定义了向量沿流形上某曲线的平行输运,同时也就定义了标架沿曲线的平行输运. 将某给定标架沿以 p 点为起点及终点的封闭曲线平行输运,得到在 p 点的新标架,它是最初标架的线性变换,造成切空间 $T_p(M)$ 的自同构变换. 沿不同的封闭曲线可能得到 $T_p(M)$ 的不同的自同构变换,这样得到的所有 $T_p(M)$ 的自同构变换的集合形成一个群,称为联络的和乐群(holonomy group). 对仿射联络,和乐群为 $GL(n,R)$ 的连通子群.

对连通流形,和乐群与出发点 p 的选择无关,由流形的拓扑性质所决定. 对某些流形,和乐群常可约化为 $GL(n,R)$ 的某子群 G,具有这种性质的流形 M,称为具有 G 结构. 关于具有 G 结构的流形的拓扑分析,今后还将仔细分析. 在本节我们仅举些常见例子来说明和乐群这个重要概念.

对可定向流形,在沿封闭曲线平行输运标架场时,可保持标架的定向,和乐群为 $SL(n,R)$ 的连通子群.

黎曼流形具有度规结构,可选正交活动标架. 选保度规的联络使正交标架在平行输运时仍保持相互正交,这时和乐群为 $GL(n,\mathbb{R})$ 的最大紧致闭子群 $O(n)$.

分析力学中的相空间,为偶维定向流形,具有辛结构,可选保辛结构的联络,其和乐群可约化为 $SP(n,\mathbb{R})$,称为辛流形.

n 维复流形为实 $2n$ 维定向解析流形,可选保复结构的联络,其和乐群可约化为 $SL(n,\mathbb{C})$,称为具有复结构.

以上三种结构我们将在第四、十、十一章分别仔细分析. 流形上各种几何结构限制了和乐群. 另方面可以证明,$GL(n,\mathbb{R})$ 的所有闭子群均可实现为具有某种几何结构的流形上联络的和乐群(见 S. Kobayashi K. Nomizu:“Fundations of Differential Geometry”第二章.)

流形切丛和乐群为恒等元的流形,称为可平行化流形,例如单李群流形,存在 n 个左(右)不变向量场,是可平行化流形. n 维环面 T^n 也为可平行化流形.

可平行化流形 M 上有 n 个处处非零的线性独立的切场,这是非常强的条件,许多流形都没有如此好的特性. 在 n 维球面 S^n 中,仅 S^1,S^3,S^7 为可平行化流形. 这是与复数、四元数、八元数的存在有关. 单位复数的拓扑流形为 S^1(为 $U(1)$ 群流形). 单位四元数的拓扑流形为 S^3(为 SU(2) 群流形). 单位八元数的拓扑流形为 S^7(为 $SP(2)/SP(1)$ 齐性空间).

S^2 切场和乐群非平庸,切场沿球面回路平行输运返回原点会改变 $U(1)$ 相因子,物理学家称为 Berry 相因子. S^2 上非平庸 $U(1)$ 和乐群与 Dirac 单极相关,可通过 $S^3 \to S^2$ 的 Hopf 映射进行分析研究,可参见 §6.2 的分析.

习　题　三

1. 选自然基矢后,向量 $X=\xi^i\partial_i$,请问$\dfrac{\partial\xi^i}{\partial x^j}$是张量分量吗?为什么?

2. 请导出联络满足的两个 Cartan 结构方程的两个可积条件.

3. 对 SU(2) 杨-Mills 场,规范势 A 与规范场强 F 取值在 SU(2) 李代数上,

$$A(x) = A_\mu^a(x)\frac{\sigma^a}{2i}\mathrm{d}x^\mu$$

$$F(x) = \frac{1}{2}F^a_{\mu\nu}(x)\,\frac{\sigma^a}{2i}\mathrm{d}x^u \wedge \mathrm{d}x^\nu$$
$$= \mathrm{d}A + A \wedge A$$

其中 σ^a 为 3 个 Pauli 矩阵,重复指标求和. 请证明 F 的协变外微分为

$$\mathrm{D}F \equiv \mathrm{d}F + [A,F] = 0$$

第四章　黎曼流形

前三章我们一直未引进流形的度规结构，流形上两点间距离，切空间矢量的长度，以及切矢间夹角等概念都未提到. 在本章将利用流形上二阶对称非奇异协变张量场引进流形的度规结构，使流形成黎曼流形，这时流形将具有更丰富的几何结构.

§4.1　黎曼度规与黎曼联络

设 $G \in \mathscr{T}^0_2(M)$ 为二阶协变对称张量场，满足如下双线性映射：

$$G: \mathscr{X} \times \mathscr{X} \to \mathscr{F}(M)$$

$$X, Y \to G(X, Y) = G(Y, X)$$

$$X, Y \in \mathscr{X}(M), G(X, Y) \in \mathscr{F}(M)$$

在点 p 邻域选局域坐标系，取自然基

$$X = \xi^i(x)\partial_i, \quad Y = \eta^i(x)\partial_i$$

$$G(X, Y) = g_{ij}(x)\xi^i(x)\eta^j(x) \tag{4.1}$$

其中

$$g_{ij}(x) = G(\partial_i, \partial_j) = g_{ji}(x) \tag{4.2}$$

也可将(4.1)式写成矩阵形式，用列矩阵 $\hat{X} = (\xi^1, \cdots, \xi^n)^t$ 来表示矢量 X，用方阵 $\hat{G} = (g_{ij})$ 来表示二阶对称协变张量场，则(4.1)式可表示为

$$G(X, Y) = \hat{X}^t \hat{G} \hat{Y}$$

由于 G 为对称张量场，可讨论对称双线性形式

$$G(X, X) = \hat{X}^t \hat{G} \hat{X} = g_{ij}\xi^i\xi^j$$

由线性代数知道，可通过坐标变换将对称双线性形式化为对角形式. 即在作坐标变换时

$$\hat{X} = \hat{L}\hat{X}', \quad \det\hat{L} \neq 0$$

则

$$G(X, X) = \hat{X}'^t \hat{L}^t \hat{G} \hat{L} \hat{X}'$$

方阵 $\hat{G}' = \hat{L}^t \hat{G} L$ 称为与方阵 $\hat{G}$ 相合,可选坐标变换,使 $\hat{G}'$为对角形

$$G(X,X) = \sum_{i=1}^{n} a_i (\xi'^i)^2$$

我们在这章讨论实流形,分析实二次型,可进一步将正因子 $\sqrt{|a_i|}$ 吸收到 ξ'^i 中 ($\xi''^i = \sqrt{|a_i|}\xi'^i$),便可将实二次型 $G(X,X)$ 化为标准对角形式. 此即大家熟知的线性代数 Sylvester 惯性定理.

定理 4.1　任一实对称矩阵 $\hat{G}$ 都相合于一个对角形矩阵,其对角线上元素等于 $+1$, -1 或 0.

$$\hat{G} = \hat{L}^t \{+1, +1, \cdots, +1, -1, -1, \cdots, -1, 0, 0, \cdots, 0\} \hat{L}, \quad \det \hat{L} \neq 0$$

其中有 p 个 $+1$, q 个 -1, $p+q=r$ 为矩阵 $\hat{G}$ 的秩, $p-q=s$ 称为矩阵 $\hat{G}$ 的符号差. 在作相合变换(坐标基矢变换)时, $\hat{G}$ 的秩 r 不变,并有确定的符号差 s.

现设流形 M 上存在二阶对称非奇异协变张量场,即方阵 $\hat{G} = (g_{ij})$ 对称非奇异

$$g_{ij} = g_{ji}, \det(g_{ij}) \neq 0 \tag{4.3}$$

在坐标变换下,矩阵 (g_{ij}) 的秩 n 不变,且有确定的符号差. 如符号差为 n,则矩阵 (g_{ij}) 恒正.

定义　如在流形 M 上存在处处可微恒正二阶对称协变张量场 G,流形 M 称为黎曼流形, G 称为黎曼流形的基本张量场,或度规张量场.

在上述定义中,如将度规张量场恒正条件放宽,改为非奇异,允许度规张量场矩阵 (g_{ij}) 的符号差非 $\pm n$,则相应流形 M 称为广义黎曼流形. 物理上普通四维时空(四维闵空间)为广义黎曼流形,本节各公式一般对广义黎曼流形均适用.

用上述二阶非奇异对称协变张量场 $g_{ij}(x)$ 可定义流形 M 的度量结构,定义

$$ds^2 = g_{ij} dx^i dx^j \tag{4.4}$$

利用此式可定义流形 M 上曲线 $x(t)$ 的弧长

$$\Delta s = \int \left(g_{ij} \frac{dx^i}{dt} \frac{dx^j}{dt} \right)^{\frac{1}{2}} dt \tag{4.5}$$

此弧长在坐标变换下保持不变.

利用度规张量场,可在流形 M 上每点 p 的切空间 $T_p(M)$ 内给出任意两切矢的标积,即

$$X_p \cdot Y_p = G(X,Y)_p = g_{ij}(p) \xi^i(p) \eta^j(p) \tag{4.6}$$

其中

$$X = \xi^i \partial_i, \quad Y = \eta^j \partial_j \in \mathscr{X}(M)$$

当度规张量场正定时,可定义切矢的长度

$$|X_p| = (g_{ij}(p)\xi^i(p)\xi^j(p))^{1/2} \tag{4.7}$$

及同点两切矢 X_p 与 Y_p 间夹角 θ

$$\cos\theta = \frac{X_p \cdot Y_p}{|X_p||Y_p|} \tag{4.8}$$

由于 $\det(g_{ij}) \neq 0$,故可定义矩阵(g_{ij})的逆矩阵(g^{ij})

$$g^{ij} = \frac{A^{ji}}{\det(g_{ij})} \tag{4.9}$$

其中 A^{ji} 为矩阵(g_{ij})中元素 g_{ji} 的代数余因子. $g^{ij}(x)$为二阶逆变对称张量场的分量.

度规张量场使每点的切空间及余切空间之间建立了 1-1 对应的映射,使所有张量的分量指标可提升或下降,例如

$$g_{ij}\xi^j = \xi_i, \quad \xi^i = g^{ij}\xi_j \tag{4.10}$$

使得逆变矢量与协变矢量可以看为同一矢量的不同分量表达式.

第三章曾指出,在局域紧流形上存在整体仿射联络,利用联络结构可定义张量场的协变微分及张量的平行输运. 在定义有度规张量场的黎曼流形上,可选特殊的保度规联络,向量按此联络平行输运时保持向量的长度及向量间夹角不变,即要求度规张量场 G 的协变微分为零:

$$\nabla G = 0 \tag{4.11}$$

当取局域坐标系,上式可表示为

$$\nabla_k g_{ij} = g_{ij;k} = \partial_k g_{ij} - \Gamma^l_{ki} g_{lj} - \Gamma^l_{kj} g_{li} = 0 \tag{4.11a}$$

此式也可写为

$$\mathrm{d}g_{ij} = \Gamma_{ij} + \Gamma_{ji} \tag{4.11b}$$

其中

$$\Gamma_{ij} = g_{il}\Gamma^l_j \tag{4.12}$$

满足保度规条件的联络称为黎曼流形允许联络. 可以证明满足(4.11)式的联络 Γ^m_{ik} 必可表示为

$$\Gamma^m_{ik} = \begin{Bmatrix} m \\ ik \end{Bmatrix} + K^m_{ik} \tag{4.13}$$

其中$\begin{Bmatrix} m \\ ik \end{Bmatrix}$为 Christoffel 符号:

$$\begin{Bmatrix} m \\ ik \end{Bmatrix} = \frac{1}{2} g^{mj}(\partial_k g_{ij} + \partial_i g_{kj} - \partial_j g_{ik}) \tag{4.14}$$

K_{ik}^{m}称 Contorsion 张量

$$K_{ik}^{m} = \frac{1}{2}g^{mj}(T_{ik}^{l}g_{lj} + T_{jk}^{l}g_{li} + T_{ji}^{l}g_{lk}) \tag{4.15}$$

其中 T_{ik}^{l}为联络系数的反对称部分

$$T_{ik}^{l} = \Gamma_{ik}^{l} - \Gamma_{ki}^{l} \tag{4.16}$$

即在自然基中挠率张量的分量. 如除条件(4.11)外,还进一步要求挠率张量为零:

$$T_{ik}^{l} = \Gamma_{ik}^{l} - \Gamma_{ki}^{l} = 0$$

则联络 Γ_{ik}^{m}称为黎曼联络,或 Levi-Civita 联络,可表示为

$$\Gamma_{ik}^{m} = \begin{Bmatrix} m \\ ik \end{Bmatrix} = \frac{1}{2}g^{mj}(\partial_k g_{ij} + \partial_i g_{kj} - \partial_j g_{ik}) \tag{4.17}$$

黎曼联络为对称联络,并可由度规张量及其导数完全决定.

由以上分析我们看出,在具有度规张量场的(广义)黎曼流形上,若要求联络满足下面条件:

1) 保度规条件:要求所取联络满足(4.11)式.

2) 无挠条件:要求所取联络挠率为零.

则联络被惟一确定,称为黎曼联络. 即存在下述定理:

定理 4.2　在(广义)黎曼流形上,存在惟一的无挠保度规联络.

正因为有此定理,黎曼联络的和乐群也可称为度规张量场的和乐群. 对于黎曼联络,平行输运保持标架场的正交性,于是具有恒正度规的 n 维黎曼流形的和乐群 $H \subset O(n)$.

当度规张量场仅有一个反号本征值时,此广义黎曼流形称为 Lorentz 流形. 例如普通四维闵氏空间即为 Lorentz 流形. 对于 n 维 Lorentz 流形,其和乐群 $H \subset O(n-1,1)$.

下章我们将指出,$O(n)$群为 $GL(n,R)$群的最大紧致子群,两者具有相同伦型,即可由 $GL(n,R)$群连续形变收缩为 $O(n)$群. 因此对任意 n 维微分流形,可选和乐群为 $O(n)$的黎曼联络,此表明在任意 n 维光滑流形 M 上,必允许有黎曼度规. 此可能期望的直观几何结果,可利用在局域紧流形上单位配分的存在来证明. 存在下述定理:

定理 4.3　在局域紧光滑流形 M 上允许存在正定的度规.

证明　令$\{U_\alpha, \varphi_\alpha\}$为局域紧 M 的有限开覆盖,$\{f_\alpha\}$为其相关的单位配分. 在每开集 U_α 可取任意的正定黎曼度规$\{g_{ij}^{\alpha}\}$,例如 g_{ij}^{α}与标准的 δ_{ij}正合,$g_{ij} \sim \delta_{ij}$. 在点 p 邻域可如下定义度规张量场:

$$g_{ij}(x) = \sum_{\alpha} f_\alpha(x) g_{ij}^{\alpha}(x)$$

注意求和仅对有限项进行，这样定义的 $g_{ij}(x)$ 是光滑的，对称双线性，且由于 $f_\alpha(x)\geqslant 0$，故 $g_{ij}(x)$ 保持为正定对称的黎曼度规张量场. 即利用单位配分将 $\{g_{ij}^\alpha\}$ 组合得到流形 M 上黎曼度规. □

上述组合过程不能用来组成 Lorentz 度规，因为这时必需选出一特殊方向，在此方向上度规场本征值异号，即必须存在一个处处非零切向量场才能允许存在 Lorentz 度规. 而是否存在处处非零的切场是由流形的拓扑性质决定的. 非紧微分流形常允许有 Lorentz 度规，而对连通光滑的紧致流形，仅当流形的欧拉示性数为零（这点第七章将讨论），才允许存在一个处处非零的切场，这时才允许有 Lorentz 度规.

§4.2 黎曼流形上微分形式

Hodge $*$，余微分 δ，及 Laplace 算子 Δ.

流形上定义了度规张量场以后，可在切场与余切场间建立 1－1 对应，在 k 形式与 $(n-k)$ 形式间建立 1－1 对应（称 Hodge $*$ 运算），对紧致流形还可在各同阶微分形式间定义整体内积. 可引入余微分算子 δ 与 Laplace 运算，使流形上微分形式运算有更丰富的内容，这些我们将逐次分析.

首先讨论 Hodge $*$ 运算. 它是作用在微分形式上的线性算子，对 n 维流形，Hodge $*$ 运算使 r 形式映射到 $(n-r)$ 形式，即，对任意的 r 形式

$$\alpha_r = \frac{1}{r!}f_{i_1\cdots i_r}\mathrm{d}x^{i_1}\wedge\cdots\wedge\mathrm{d}x^{i_r} \tag{4.18}$$

$$*\alpha_r = \frac{1}{r!(n-r)!}f_{i_1\cdots i_r}\in^{i_1\cdots i_r}{}_{k_1\cdots k_{n-r}}\mathrm{d}x^{k_1}\wedge\cdots\wedge\mathrm{d}x^{k_{n-r}} \tag{4.19}$$

其中 $\in^{i_1\cdots i_r}{}_{k_1\cdots k_{n-r}}$ 为推广的 Levi-Civita 符号，其性质与应用请看附录 E.

$$\in_{i_1\cdots i_n} = |g|^{\frac{1}{2}}\delta^{1\cdots n}_{i_1\cdots i_n},\qquad g=\det(g_{ij}) \tag{4.20}$$

这里，为了保持符号 $\in$ 的指标为张量指标，引入因子 $|g|^{\frac{1}{2}}$，对 n 维欧氏空间

$$g_{ij}=\delta_{ij},\qquad g=1,\qquad \in_{i_1\cdots i_n}=\delta^{1\cdots n}_{i_1\cdots i_n}$$

即通常的 Levi-Civita 符号.

可利用度规张量 g_{ij} 与 g^{ij} 来下降或提升推广的 Levi-Civita 符号的指标，例如

$$\in^{i_1}{}_{i_2\cdots i_n} = g^{i_1k}\in_{ki_2\cdots i_n} \tag{4.21}$$

$$\in^{i_1\cdots i_n} = g^{i_1k_1}\cdots g^{i_nk_n}\in_{k_1\cdots k_n} = \mathrm{sgn}(g)\,|g|^{-\frac{1}{2}}\delta^{i_1\cdots i_n}_{1\cdots n} \tag{4.22}$$

这里

$$\mathrm{sgn}(g) = g/|g| = \pm 1$$

这样引入的各推广的 Levi-Civita 符号均为 n 秩张量,具有性质

$$\in_{i_1\cdots i_n} \in^{k_1\cdots k_n} = \mathrm{sgn}(g)\delta^{k_1\cdots k_n}_{i_1\cdots i_n} \tag{4.23}$$

Hodge $*$ 是保持张量线性结构的线性算子,可由它对微分形式的基底作用完全确定,例如

$$\begin{aligned} * \mathrm{d}x^{i_1} \wedge \cdots \wedge \mathrm{d}x^{i_r} &= \frac{1}{(n-r)!}|g|^{\frac{1}{2}} g^{i_1k_1}\cdots g^{i_rk_r}\varepsilon_{k_1\cdots k_n}\mathrm{d}x^{k_{r+1}} \wedge \cdots \wedge \mathrm{d}x^{k_n} \\ &= \frac{1}{(n-r)!} \in^{i_1\cdots i_r}{}_{k_1\cdots k_{n-r}}\mathrm{d}x^{k_1} \wedge \cdots \wedge \mathrm{d}x^{k_{n-r}} \end{aligned} \tag{4.24}$$

这里 $\varepsilon_{k_1\cdots k_n}$ 为通常的 Levi-Civita 符号,即全反对称,且 $\varepsilon_{12\cdots n}=1$.

例 4.1　对二维欧氏空间,$\varepsilon_{12} = -\varepsilon_{21} = 1$

$$* \mathrm{d}x^1 = \mathrm{d}x^2, \quad * \mathrm{d}x^2 = -\mathrm{d}x^1$$

$$* 1 = \mathrm{d}x^1 \wedge \mathrm{d}x^2, \quad * \mathrm{d}x^1 \wedge \mathrm{d}x^2 = 1$$

例 4.2　对二维闵氏空间,$(g_{ij}) = \begin{pmatrix} 1 & 0 \\ 0 & -1 \end{pmatrix}$,

$$g = \det(g_{ij}) = -1, \quad \mathrm{sgn}(g) = -1$$

$$\varepsilon_{01} = -\varepsilon_{10} = 1 = \varepsilon^{10} = -\varepsilon^{01}$$

$$* \mathrm{d}t = g^{0i}\varepsilon_{ij}\mathrm{d}x^j = \mathrm{d}x$$

$$* \mathrm{d}x = g^{1i}\varepsilon_{ij}\mathrm{d}x^j = \mathrm{d}t$$

$$* 1 = \mathrm{d}t \wedge \mathrm{d}x$$

对于一般 n 维流形,在 Hodge $*$ 定义中含有因子 g,使其保持为张量运算,而

$$* 1 = \frac{1}{n!} \in_{i_1\cdots i_n}\mathrm{d}x^{i_1} \wedge \cdots \wedge \mathrm{d}x^{i_n} = |g|^{\frac{1}{2}}\mathrm{d}x^1 \wedge \cdots \wedge \mathrm{d}x^n \tag{4.25}$$

为流形 M 上最优 n 形式,在坐标变换时,有

$$\mathrm{d}x'^1 \wedge \cdots \wedge \mathrm{d}x'^n = \frac{\partial(x'^1,\cdots,x'^n)}{\partial(x^1,\cdots,x^n)}\mathrm{d}x^1 \wedge \cdots \wedge \mathrm{d}x^n = J^{-1}\mathrm{d}x^1 \wedge \cdots \wedge \mathrm{d}x^n \tag{4.26}$$

这里 $J = \dfrac{\partial(x^1,\cdots,x^n)}{\partial(x'^1,\cdots,x'^n)}$ 为坐标变换的 Jacobi 矩阵. 坐标变换时,有

$$g'_{ij} = \frac{\partial x^k}{\partial x'^i}\frac{\partial x^l}{\partial x'^j}g_{kl}$$

$$g' = J^2 g \tag{4.27}$$

由(4.26),(4.27)式知(4.25)式引入的 n 形式在坐标变换下不变,是流形上的几

何量，故称其为 M 上最优 n 形式 τ.

$$\tau = |g|^{\frac{1}{2}}\mathrm{d}x^1 \wedge \cdots \wedge \mathrm{d}x^n = *1 \tag{4.25a}$$

利用积分测度 τ，对紧致闭流形 M，可在无穷维向量空间 $\Lambda^*(M)$ 上定义整体内积，它是通常用度规张量场缩并的逐点内积在整个流形 M 上的积分，下面我们分析此问题.

对于流形 M 上两个任意的 r 形式 α_r(4.18)与 β_r，

$$\beta_r = \frac{1}{r!}h_{i_1\cdots i_r}\mathrm{d}x^{i_1} \wedge \cdots \wedge \mathrm{d}x^{i_r}$$

易证

$$\begin{aligned}\alpha_r \wedge *\beta_r &= \frac{1}{(r!)^2(n-r)!}f_{i_1\cdots i_r}h_{j_1\cdots j_r} \in^{i_1\cdots i_r}{}_{k_1\cdots k_{n-r}} \\ &\quad \cdot \mathrm{d}x^{i_1} \wedge \cdots \wedge \mathrm{d}x^{i_r} \wedge \mathrm{d}x^{k_1} \wedge \cdots \wedge \mathrm{d}x^{k_{n-r}} \\ &= \frac{1}{(r!)^2(n-r)!}f_{i_1\cdots i_r}h^{j_1\cdots j_r}\delta^{i_1\cdots i_r k_1\cdots k_{n-r}}_{j_1\cdots j_r k_1\cdots k_{n-r}} *1 \\ &= \frac{1}{r!}f_{i_1\cdots i_r}h^{i_1\cdots i_r} *1 \\ &= \beta_r \wedge *\alpha_r\end{aligned} \tag{4.28}$$

于是，当 M 为紧致流形时，可以如下定义两个同阶微分形式 α 与 β 的整体内积：

$$(\alpha;\beta) = \int_M \alpha \wedge *\beta = \int_M \beta \wedge *\alpha \tag{4.29}$$

这里采用流形整体积分归一为 1：$\int_M *1 = 1$，这样定义的整体内积满足

$$(\alpha;\beta) = (\beta;\alpha) = \mathrm{sgn}(g)(*\alpha, *\beta) \tag{4.30}$$

对于恒正度规张量场，还可证明

$$(\alpha;\alpha) \geqslant 0 \quad (\text{仅当 } \alpha = 0 \text{ 时才取等号}) \tag{4.31}$$

由以上分析我们看出，当流形上给定度规张量场后，不仅在任两张量场之间可以定义标积，而且利用 Hodge * 运算，还可在各同阶微分形式间建立整体标积.

连续两次 Hodge * 运算仍为微分形式间线性映射

$$\begin{aligned}**\alpha_r &= \frac{1}{(r!)^2(n-r)!}f_{i_1\cdots i_r} \in^{i_1\cdots i_r}{}_{j_1\cdots j_{n-r}} \cdot \in^{j_1\cdots j_{n-r}}{}_{k_1\cdots k_r}\mathrm{d}x^{k_1} \wedge \cdots \wedge \mathrm{d}x^{k_r} \\ &= \frac{\mathrm{sgn}(g)}{(r!)^2(n-r)!}(-1)^{nr+r}f_{i_1\cdots i_r}\delta^{i_1\cdots i_r j_1\cdots j_{n-r}}_{k_1\cdots k_r j_1\cdots j_{n-r}}\mathrm{d}x^{k_1} \wedge \cdots \wedge \mathrm{d}x^{k_r} \\ &= \mathrm{sgn}(g)(-1)^{r(n-r)}\alpha_r = \mathrm{sgn}(g)\begin{cases}\alpha_r, & \text{当 } n \text{ 为奇数} \\ (-1)^r\alpha_r, & \text{当 } n \text{ 为偶数}\end{cases}\end{aligned} \tag{4.32}$$

进一步将 Hodge * 运算与外微分算子 d 结合,可定义作用在微分形式上的余微分算子

$$\delta = \text{sgn}(g)(-1)^{nr+n+1} * \mathrm{d} *$$
$$= \text{sgn}(g)\begin{cases} - * \mathrm{d} * & (\text{当 } n \text{ 为偶}) \\ (-1)^r * \mathrm{d} * & (\text{当 } n \text{ 为奇,作用在 } r \text{ 形式上}) \end{cases} \tag{4.33}$$

$$\delta\alpha_r = -\frac{1}{r!(r-1)!}\delta^{j_1\cdots j_r}_{kk_1\cdots k_{r-1}} g^{kj} f_{j_1\cdots j_r;j} \mathrm{d}x^{k_1} \wedge \cdots \wedge \mathrm{d}x^{k_{r-1}} \tag{4.34}$$

其中下标分号;后指标代表对张量分量取黎曼联络协变导数. 注意到黎曼联络是对称联络,外微分运算中所有取导数的运算都可用取协变导数表示,而最后结果含有联络 Γ^i_{jk} 的项也都消掉. 由于推广 Levi-Civita 符号含有度规张量,而度规张量的协变导数为零,故用协变导数表示方便. 即在定义余微分算子 δ 时,(4.33)式中应将外微分算子 d 换为含黎曼联络的协变外微分算子 d_A,结果不变而保持张量映射特性.

$$\delta_A = \text{sgn}(g)(-1)^{nr+n+1} * \mathrm{d}_A * \tag{4.33a}$$

δ 算子是负一阶斜微分算子,它使微分形式减少一阶,但是它对微分形式前的系数仍是作微分运算,它是在给定微分形式的正交补子空间进行微分. 其前选有因子 $\text{sgn}(g)(-1)^{nr+n+1}$ 是使得相对于(4.29)式引入的标积来说,下等式成立.

$$(\alpha_r;\mathrm{d}\beta_{r-1}) = (\delta\alpha_r;\beta_{r-1}) \tag{4.35}$$

即 δ 是相对于微分形式整体内积运算的外微分算子 d 的伴随算子. 易证余微分 δ 有性质

$$\delta^2 = 0 \tag{4.36}$$

我们可以与外微分运算类似,将满足

$$\delta\alpha = 0$$

的微分形式 α 称为余闭形式(co-closed form),另方面,如果 r 形式 α 本身可表为某 $(r+1)$ 形式 β 的余微分

$$\alpha = \delta\beta$$

则称 α 为余正合形式(co-exact form). 余正合形式必为余闭形式,反之不见得对.

下面以三维欧氏空间 E^3 中各种微分形式为例说明余微分算子 δ 的作用,并与普通向量分析公式进行比较.

例 4.3 在 E^3 空间中,对 0 形式 $f(x) \in \mathscr{F}(M)$

$$\delta f(x) = 0$$

对 1 形式 $A(x) = A_i(x)\mathrm{d}x^i \in \Lambda^1(M)$

$$\delta A = - * \mathrm{d} * (A_i \mathrm{d}x^i) = - * \mathrm{d}\left(\frac{1}{2}\varepsilon_{ijk} A_i \mathrm{d}x^j \wedge \mathrm{d}x^k\right)$$

$$= - * (\nabla \cdot \boldsymbol{A}) \mathrm{d}x^1 \wedge \mathrm{d}x^2 \wedge \mathrm{d}x^3 = - \nabla \cdot \boldsymbol{A}$$

对 2 形式 $B(x) = \frac{1}{2}\varepsilon_{ijk} B_i \mathrm{d}x^j \wedge \mathrm{d}x^k \in \Lambda^2(M)$

$$\delta B = * \mathrm{d} * \left(\frac{1}{2}\varepsilon_{ijk} B_i \mathrm{d}x^j \wedge \mathrm{d}x^k\right) = * \mathrm{d}(B_i \mathrm{d}x^i)$$

$$= * \left[\frac{1}{2}\varepsilon_{ijk} (\nabla \times \boldsymbol{B})_i \mathrm{d}x^j \wedge \mathrm{d}x^k\right] = (\nabla \times \boldsymbol{B})_i \mathrm{d}x^i$$

对 3 形式 $C = \varphi(x) \mathrm{d}x \wedge \mathrm{d}y \wedge \mathrm{d}z$

$$\delta C = - * \mathrm{d} * (\varphi(x) \mathrm{d}x \wedge \mathrm{d}y \wedge \mathrm{d}z) = - * ((\nabla\varphi)_i \mathrm{d}x^i)$$

$$= - \frac{1}{2}\varepsilon_{ijk} (\nabla\varphi)^i \mathrm{d}x^j \wedge \mathrm{d}x^k$$

下面将 E^3 空间外微分 d 与余微分 δ 对各阶微分形式的作用列成下表供对比参考：

r 形式	$\Lambda^r(M)$	d	δ
0	$f(x)$	$(\nabla f)_i \mathrm{d}x^i$	0
1	$A_i(x)\mathrm{d}x^i$	$(\nabla \times \boldsymbol{A})_i * \mathrm{d}x^i$	$-(\nabla \cdot \boldsymbol{A})$
2	$\frac{1}{2}\varepsilon_{ijk} B_i(x) \mathrm{d}x^j \wedge \mathrm{d}x^k$	$(\nabla \cdot \boldsymbol{B}) * 1$	$(\nabla \times \boldsymbol{B})_i \mathrm{d}x^i$
3	$\varphi(x) * 1$	0	$-(\nabla \phi)_i * \mathrm{d}x^i$

由上表看出，对 1 形式 $A_i\mathrm{d}x^i$，外微分运算 d 相当于取向量 $\boldsymbol{A}$ 的旋度，余微分 δ 相当于取向量 $\boldsymbol{A}$ 的散度. 在三维空间 E^3 中，Hodge $*$ 运算使 1 形式与 2 形式相互映射，使得 d 与 δ 对 2 形式的作用恰好相反，外微分 d 相当于取向量 $\boldsymbol{B}$ 的散度，而余微分 δ 相当于取向量 $\boldsymbol{B}$ 的旋度.

$\tau = *1$ 为流形 M 提供测度，可以讨论在整个流形 M 上的积分问题. 例如，流形 M 上切场 $X \in \mathscr{X}(M)$ 的协变导数取迹(trace)，称为切场的散度 div$X$，当取局域坐标系，$X = \xi^i(x)\partial_i$，

$$\mathrm{div}X \equiv \mathrm{tr}\nabla X = (\nabla_i X)^i = \frac{\partial \xi^i}{\partial x^i} + \Gamma^i_{ij}\xi^j$$

$$= \frac{\partial \xi^i}{\partial x^i} + \frac{\partial \ln |g|^{\frac{1}{2}}}{\partial x^i}\xi^i = |g|^{-\frac{1}{2}} \frac{\partial}{\partial x^i}(|g|^{\frac{1}{2}}\xi^i) \tag{4.37}$$

当用 $\chi = g_{ij}\xi^i \mathrm{d}x^j$ 表示与切场 X 对偶的 1 形式，散度 div$V$ 也可表达为

$$\mathrm{div}X = *\mathrm{d}*\chi \in \mathscr{F}(M)$$

注意到(4.37)式前因子与积分测度(4.25)式前因子互逆,可以证明对紧致闭流形 M

$$\int_M \mathrm{div}X * 1 = \int_M \frac{\partial}{\partial x^i}(|g|^{\frac{1}{2}}\xi^i)\mathrm{d}x^1 \wedge \cdots \wedge \mathrm{d}x^n = 0 \tag{4.38}$$

且易证,对任意函数 $f\in\mathscr{F}(M)$,

$$\mathrm{div}(fX) = f\mathrm{div}X + \langle \mathrm{d}f;X\rangle \tag{4.39}$$

在黎曼流形上两同阶微分形式 $\alpha,\beta\in\Lambda^k(M)$ 间可定义逐点内积

$$(\alpha,\beta) = \sum_{a_1<\cdots<a_k}\alpha(e_{a_1},\cdots,e_{a_k})\beta(e_{a_1},\cdots,e_{a_k}) \tag{4.40}$$

其中 $\{e_a\}_1^n$ 为流形 M 上正交活动标架. 当在余切丛选与 $\{e_a\}_1^n$ 对偶活动标架 $\{\theta^a\}_1^n$,

$$\langle\theta^a;\ e_b\rangle = \delta_b^a \tag{4.41}$$

易证:$(\alpha\in\Lambda^k(M),\beta\in\Lambda^{k-1}(M))$:

$$(\alpha;\theta^a\wedge\beta) = g^{ab}(i_b\alpha;\beta) \tag{4.42}$$

即相对黎曼内积,外乘 θ^a 是与基矢缩并 $i_a\equiv i_{e_a}$ 相互对偶的算子.

利用正交活动标架,可将作用于微分形式上的 d 与 δ 用含黎曼联络的协变导数 ∇_a 表示为

$$\mathrm{d}\alpha = \theta^a\wedge\nabla_a\alpha \in \Lambda^{k+1}(M) \tag{4.43}$$

$$\delta\alpha = -g^{ab}i_a\nabla_b\alpha \in \Lambda^{k-1}(M) \tag{4.44}$$

以上表达式与活动标架基矢选取无关,且满足

$$(\delta\alpha;\beta) = (\alpha;\mathrm{d}\beta) \tag{4.35}$$

先验证在一点邻域的局域表达式

$$\begin{aligned}(\alpha,\mathrm{d}\beta) &= (\alpha,\theta^a\wedge\nabla_a\beta) \overset{(42)}{=\!=\!=} g^{ab}(i_a\alpha,\nabla_b\beta)\\ &\overset{(39)}{=\!=\!=} g^{ab}[-(\nabla_b i_a\alpha,\beta)+\mathrm{div}(fe_b)-f\mathrm{div}e_b]\end{aligned} \tag{4.45}$$

其中 $f=(i_a\alpha,\beta)\in\mathscr{F}(M)$. 进一步利用

$$\nabla_b i_a\alpha = i_a\nabla_b\alpha + i_{\nabla_b e_a}\alpha$$

可将上式中第一项化为

$$-g^{ab}(i_a\nabla_b\alpha,\beta) - g^{ab}(i_{\nabla_b e_a}\alpha,\beta) = (\delta\alpha,\beta) - \sum_b(\alpha,\nabla_b\theta^b\wedge\beta) \tag{4.46}$$

而(4.45)式中最后一项可表示为

$$-g^{ab}(i_a\alpha,\beta)\mathrm{div}e_b = -(\alpha,\theta^b\wedge\beta\mathrm{div}e_b)$$

注意到对任意标架 e_a 的缩并 $\langle(\nabla_b\theta^b+\mathrm{div}e_b\theta^b);e_a\rangle = -\langle\theta^b,\nabla_b e_a\rangle+\mathrm{div}e_a=0$ 即

$$\nabla_b\theta^b+\theta^b\mathrm{div}e_b = 0 \tag{4.47}$$

将以上结果代入(4.45)式，得

$$(\alpha,\mathrm{d}\beta) = (\delta\alpha,\beta)+g^{ab}\mathrm{div}((i_a\alpha,\beta)e_b) \tag{4.48}$$

将上式在紧致流形 M 上积分，后一项积分为零，定理得证. □

利用外微分算子 d 与余微分算子 δ，可定义 Laplace 算子

$$\Delta = (\mathrm{d}+\delta)^2 = \mathrm{d}\delta+\delta\mathrm{d} \tag{4.49}$$

Δ 算子将 r 形式仍映射到 r 形式上，即它是同阶微分形式线性空间中的二阶微分算子，称调和算子. 如果 r 形式 α_r 满足

$$\Delta\alpha_r = 0$$

则称 α_r 为 r 阶调和形式. 零阶调和形式就是一般调和函数

例 4.4　在 E^3 空间中，对 0 形式 $f(x)$，有

$$\Delta f = \delta\mathrm{d}f = -\nabla\cdot\nabla f = -\frac{\partial^2 f}{\partial x^i\partial x^i} \tag{4.50}$$

对 1 形式 $A=A_i\mathrm{d}x^i$，有

$$\Delta A = (\delta\mathrm{d}+\mathrm{d}\delta)A = \nabla\times(\nabla\times A)-\nabla(\nabla\cdot A) = -\frac{\partial^2 A_i}{\partial x^k\partial x^k}\mathrm{d}x^i \tag{4.51}$$

对于一般具有度规张量场的黎曼流形，在计算 Laplace 算子时，选局域正交标架，用(4.43)(4.44)式来计算，例如，对标量函数 $f\in\mathscr{F}(M)$

$$\begin{aligned}\Delta f &= (\delta\mathrm{d}+\mathrm{d}\delta)f = \delta(f_{,i}\mathrm{d}x^i)\\ &= -g^{jk}\langle\nabla_k(f_{,i}\mathrm{d}x^i);\partial_j\rangle = -g^{jk}(f_{,jk}-\Gamma^l_{kj}f_{,l})\\ &= -|g|^{-\frac{1}{2}}\frac{\partial}{\partial x^j}\left(|g|^{\frac{1}{2}}g^{jk}\frac{\partial f}{\partial x^k}\right)\end{aligned} \tag{4.52}$$

其中最后一步用了(见本章习题4).

$$g^{jk}\Gamma^i_{jk} = -|g|^{\frac{1}{2}}\partial_l(|g|^{\frac{1}{2}}g^{li}) \tag{4.53}$$

对于黎曼流形上 k 形式 α

$$\alpha = \frac{1}{k!}f_{i_1\cdots i_k}\mathrm{d}x^{i_1}\wedge\cdots\wedge\mathrm{d}x^{i_k}\in\Lambda^k(M)$$

$$\Delta\alpha = -\frac{1}{k!}\left[g^{jk}f_{i_1\cdots i_k;jk}+\frac{1}{(k+1)!}\delta^{jj_1\cdots j_k}_{li_1\cdots i_k}g^{lk}(f_{j_1\cdots j_k;jk}-f_{j_1\cdots j_k;kj})\right]\mathrm{d}x^{i_1}\wedge\cdots\wedge\mathrm{d}x^{i_k} \tag{4.54}$$

下面我们设法将 Δ 算子表达成与标架选取无关的形式. 我们知道,沿矢场 X 方向协变导数 ∇_X 相对 X 为 $\mathscr{F}$ 线性:

$$\nabla_{fX} = f\nabla_X$$

而二阶协变导数 $\nabla_X\nabla_Y$ 及其对易子 $[\nabla_X, \nabla_Y]$ 相对其宗量 X, Y 均非 $\mathscr{F}$ 线性. 而二阶微分算子

$$\nabla^2_{X,Y} \equiv \nabla_X\nabla_Y - \nabla_{\nabla_X Y} \tag{4.55}$$

相对宗量 X, Y 均为 $\mathscr{F}$ 线性,其对易子

$$\nabla^2_{X,Y} - \nabla^2_{Y,X} = R(X,Y) \tag{4.56}$$

为曲率张量算子,为一阶 $\mathscr{F}$ 线性微分算子. 在黎曼流形上可选局域正交活动标架 $\{e_a\}_1^n$,令

$$\Delta_0 = -\nabla^2_{e_a,e_a}\text{(仍采用重复指标求和)} \tag{4.57}$$

为 Bochner 算子,这样我们有两个二阶协变微分算子:Δ 与 Δ_0,二者差为阶 $\leqslant 1$ 的协变微分算子,此即著名的 Weitzenböck 公式

$$\Delta = -\nabla^2_{e_a,e_a} - \theta^a \wedge i_b R(e_a, e_b) \tag{4.58}$$

注意到上式两边规范协变性,可选在点 $x_0 \in M$ 的局域法坐标系,即在该点联络系数为零,但联络的导数一般不为零,而联络导数项常可组合成张量分量形式,与局域规范标架的选取无关,这样除联络的导数项外,含联络项均为零,使公式大为简化. 下面证明上式在任意点 $x_0 \in M$ 均对,可选该点的局域法坐标系,从(4.43)(4.44)出发

$$\begin{aligned}
\delta \mathrm{d} &= -i_b\nabla_b(\theta^a \wedge \nabla_a) \\
&= -i_b(\theta^a \wedge \nabla_b\nabla_a) \quad \text{(因为在 } x_0 \text{ 点法坐标系} \nabla_b\theta^a = 0\text{)} \\
&= -\nabla_a\nabla_a + \theta^a \wedge i_b\nabla_b\nabla_a \\
\mathrm{d}\delta &= -\theta^a \wedge \nabla_a(i_b\nabla_b) \\
&= -\theta^a \wedge i_b\nabla_a\nabla_b \quad \text{(因为在 } x_0 \text{ 点法坐标系} \nabla_a\ i_b = i_b\nabla_a\text{)}
\end{aligned}$$

故

$$\Delta = -\nabla_a\nabla_a - \theta^a \wedge i_b(\nabla_a\nabla_b - \nabla_b\nabla_a) = -\nabla^2_{e_a,e_a} - \theta^a \wedge i_b R(e_a, e_b)$$

利用 Weitzenlöck 公式,将它作用在各阶微分形式上,很易推得(4.52)(4.54)等式.

作用在流形 M 上各阶微分形式上的 Laplace 算子 Δ 具有以下性质:

1）与 Hodge * 运算对易

$$*\Delta = \Delta * \tag{4.59}$$

2）为恒正自伴算子

$$(\Delta\alpha,\beta) = (\alpha,\Delta\beta) \quad (\alpha,\beta \text{ 为同阶微分形式}) \tag{4.60}$$

$$(\alpha,\Delta\alpha) \geqslant 0 \tag{4.61}$$

且

$$\Delta\alpha = 0 \Leftrightarrow \mathrm{d}\alpha = 0, \quad \delta\alpha = 0 \tag{4.62}$$

3）在紧致、连通、定向黎曼流形上的调和形式必为常形式.

微分形式是分析许多物理问题非常有效的武器,为说明此点,本节最后以 E^4 中 $U(1)$ 规范场及物理闵时空 M^4 中经典电动力学中 Maxwell 方程组为例进行分析,并以此作为本节小结.

例 4.5　四维欧氏空间中 $U(1)$ 规范场

首先可将矢势 $\boldsymbol{A}(x)$ 与标势 $\varphi(x)$ 与相应的余切标架合在一起写成规范势 1 形式

$$A = A_i(x)\,\mathrm{d}x^i + \varphi(x)\,\mathrm{d}t = A_\mu(x)\,\mathrm{d}x^\mu \tag{4.63}$$

这里及以后均采用重复指标求和习惯 $\mu,\nu = 1,2,3,4$. 而 $i,j = 1,2,3$. 并令 $x^4 = t$, $A_4(x) = \varphi(x)$.

规范场 2 形式为

$$F = \mathrm{d}A = A_{\mu,\nu}\mathrm{d}x^\nu \wedge \mathrm{d}x^\mu = \frac{1}{2}F_{\mu\nu}\mathrm{d}x^\mu \wedge \mathrm{d}x^\nu \tag{4.64}$$

其中

$$F_{\mu\nu} = \partial_\mu A_\nu - \partial_\nu A_\mu \tag{4.65}$$

令电场强度为

$$\boldsymbol{E} = \boldsymbol{\nabla}\varphi - \frac{\partial \boldsymbol{A}}{\partial t} \tag{4.66}$$

磁场强度为

$$\boldsymbol{B} = \nabla \times \boldsymbol{A} \tag{4.67}$$

则可将(4.64)式进一步写成

$$F = E_i\mathrm{d}x^i \wedge \mathrm{d}t + \frac{1}{2}\varepsilon_{ijk}B_i\mathrm{d}x^j \wedge \mathrm{d}x^k \tag{4.68}$$

因为 $F = \mathrm{d}A$ 为恰当形式,故必满足 Bianchi 等式

$$\mathrm{d}F = 0 \tag{4.69}$$

上式用分量写出,即

$$\nabla \times \boldsymbol{E} + \frac{\partial \boldsymbol{B}}{\partial t} = 0,\ \nabla \cdot \boldsymbol{B} = 0 \tag{4.70}$$

将(4.68)取 Hodge * 运算

$$* F = \frac{1}{2}\varepsilon_{ijk}E_i \mathrm{d}x^j \wedge \mathrm{d}x^k + B_i \mathrm{d}x^i \wedge \mathrm{d}t \tag{4.71}$$

与(4.68)比较知 Hodge * 相当于电磁对偶变换:$\boldsymbol{E}\leftrightarrow\boldsymbol{B}$.

规范场强满足的场方程可写为

$$\delta F = J = J_\mu \mathrm{d}x^\mu \tag{4.72}$$

用张量分量写出,即

$$\nabla\times\boldsymbol{B} + \frac{\partial\boldsymbol{E}}{\partial t} = \boldsymbol{J},\ \nabla\cdot\boldsymbol{E} = J_4 \equiv \rho \tag{4.73}$$

将(4.73)式再取余微分 δ,得

$$\delta J = 0 \tag{4.74}$$

此即流守恒方程

$$\partial^\mu J_\mu = 0 \tag{4.75}$$

或连续性方程

$$\nabla\cdot\boldsymbol{J} + \frac{\partial\rho}{\partial t} = 0 \tag{4.76}$$

可对规范势 A 作规范变换而不影响场强,即

$$A \to A' = A + \mathrm{d}f \tag{4.77a}$$

或写成分量形式

$$\begin{aligned} \boldsymbol{A} \to \boldsymbol{A}' &= \boldsymbol{A} + \nabla f \\ \varphi \to \varphi' &= \varphi + \frac{\partial f}{\partial t} \end{aligned} \tag{4.77b}$$

可选规范,即对规范势 A 加以限制,例如可选协变规范条件

$$\delta A = 0 \tag{4.78}$$

此即

$$\partial^\mu A_\mu = 0\ \text{或}\ \nabla\cdot\boldsymbol{A} + \frac{\partial\varphi}{\partial t} = 0 \tag{4.78a}$$

对场方程的无源解,将 $J=0$ 代入(4.52)式,得

$$\delta F = 0 \tag{4.79}$$

与 Bianchi 等式 $\mathrm{d}F=0$ 结合. 知场强满足

$$\Delta F = 0 \tag{4.80}$$

即无源场场强应为调和形式.

若场满足自对偶条件

$$F = \pm * F \tag{4.81}$$

利用上式再由 Bianchi 等式 $dF=0$ 可导致场方程 $\delta F=0$. 即,对无源解,可由对偶方程(4.81)(为规范势的一阶微分方程)的解,得到无源场方程(4.79)(规范势的二阶微分方程)的解.

例 4.6 经典电动力学的基本方程组,即 Maxwell 方程组

1) 库仑定律,$\mathrm{div}\boldsymbol{D}=4\pi\rho$ (4.82)

2) 磁荷不存在,$\mathrm{div}\boldsymbol{B}=0$ (4.83)

3) 法拉弟电磁感应定律,$\mathrm{rot}\boldsymbol{E}=-\frac{1}{c}\frac{\partial \boldsymbol{B}}{\partial t}$ (4.84)

4) 安培尔定律,$\mathrm{rot}\boldsymbol{H}=\frac{1}{c}\frac{\partial \boldsymbol{D}}{\partial t}+\frac{4\pi}{c}\boldsymbol{J}$ (4.85)

还需考虑介质的状态方程

$$\boldsymbol{D}=\varepsilon\boldsymbol{E},\quad \boldsymbol{B}=\mu\boldsymbol{H}$$

为简单起见考虑在真空中,

$$\boldsymbol{D}=\boldsymbol{E},\quad \boldsymbol{B}=\boldsymbol{H}$$

并且 Heaviside 单位,吸收掉 4π 因子,并取 $c=1$,可完全类似例 4.5 分析,将以上方程用微分形式写出,仅须注意时空度规为 4 维平直闵空间

$$g(\partial_\mu,\partial_\nu)=\eta_{\mu\nu},\quad \eta=\begin{pmatrix}1&&&\\&-1&&\\&&-1&\\&&&-1\end{pmatrix} \tag{4.86}$$

采用以下记号:

$$x^\mu=(x^0,x^1,x^2,x^3)\equiv(t,x,y,z)$$
$$x_\mu=(x_0,x_1,x_2,x_3)\equiv(t,-x,-y,-z)=\eta_{\mu\nu}x^\nu \tag{4.87}$$

即逆变指标为物理时空分量,而协变指标需用度规张量下降,按此约定,规范势

$$A^\mu=(\phi,A_x,A_y,A_z),A_\mu=\eta_{\mu\nu}A^\nu=(\phi,-A_x,-A_y,-A_z) \tag{4.88}$$

电场强度 $\boldsymbol{E}=(E_x,E_y,E_z)=(F^{01},F^{02},F^{03})$

磁场强度 $\boldsymbol{B}=(B_x,B_y,B_z)=(F^{23},F^{31},F^{12})$

即

$$F_{\mu\nu}=\begin{pmatrix}0&-E_x&-E_y&-E_z\\E_x&0&B_z&-B_y\\E_y&-B_z&0&B_x\\E_z&B_y&-B_x&0\end{pmatrix} \tag{4.89}$$

将协变分量与微分形式标架结合写成微分形式:

$$A = A_\mu \mathrm{d}x^\mu = \phi \mathrm{d}t - A_x \mathrm{d}x - A_y \mathrm{d}y - A_z \mathrm{d}z \tag{4.90}$$

$$\begin{aligned} F &= \frac{1}{2} F_{\mu\nu} \mathrm{d}x^\mu \wedge \mathrm{d}x^\nu \\ &= (E_x \mathrm{d}x + E_y \mathrm{d}y + E_z \mathrm{d}z) \wedge \mathrm{d}t + \\ &\quad B_x \mathrm{d}y \wedge \mathrm{d}z + B_y \mathrm{d}z \wedge \mathrm{d}x + B_z \mathrm{d}x \wedge \mathrm{d}y \end{aligned} \tag{4.91}$$

由

$$F = \mathrm{d}A = \frac{1}{2}(\partial_\mu A_\nu - \partial_\nu A_\mu) \mathrm{d}x^\mu \wedge \mathrm{d}x^\nu$$

即

$$F_{\mu\nu} = \partial_\mu A_\nu - \partial_\nu A_\mu \tag{4.92}$$

将(4.88)(4.89)代入,上式可表示为

$$\begin{aligned} \boldsymbol{E} &= -\nabla \phi - \frac{\partial \boldsymbol{A}}{\partial t} \\ \boldsymbol{B} &= \nabla \times \boldsymbol{A} \end{aligned} \tag{4.93}$$

对(4.91)式作外微分得

$$\begin{aligned} \mathrm{d}F = &\left(\nabla \times \boldsymbol{E} + \frac{\partial \boldsymbol{B}}{\partial t}\right)_x \mathrm{d}y \wedge \mathrm{d}z \wedge \mathrm{d}t + \left(\nabla \times \boldsymbol{E} + \frac{\partial \boldsymbol{B}}{\partial t}\right)_y \mathrm{d}z \wedge \mathrm{d}x \wedge \mathrm{d}t \\ &+ \left(\nabla \times \boldsymbol{E} + \frac{\partial \boldsymbol{B}}{\partial t}\right)_z \mathrm{d}x \wedge \mathrm{d}y \wedge \mathrm{d}t + \nabla \cdot \boldsymbol{B} \mathrm{d}x \wedge \mathrm{d}y \wedge \mathrm{d}z \end{aligned} \tag{4.94}$$

因 $F = \mathrm{d}A$,故 $\mathrm{d}F = 0$,故由上式得方程

$$\nabla \times \boldsymbol{E} + \frac{\partial \boldsymbol{B}}{\partial t} = 0$$

$$\nabla \cdot \boldsymbol{B} = 0$$

即 Maxwell 方程组中不带荷流的两方程相当于场强满足的 Bianchi 等式 $\mathrm{d}F = 0$,它仅表明场强 F 局域可用规范势表达为 $F = \mathrm{d}A$,即存在矢势 $\boldsymbol{A}$ 与标势 ϕ,使电磁场强可如(4.93)式表达.

另外一对 Maxwell 方程(4.82)(4.85),带有荷与流,将荷流分量表示为 $J^\mu = (\rho, J_x, J_y, J_z)$,则

$$J_\mu = (\rho, -J_x, -J_y, -J_z) \tag{4.95}$$

由于外源荷与流的存在,会引起势的动力学变化,使电磁场满足的运动方程

$$\delta F = J = J_\mu \mathrm{d}x^\mu = \rho \mathrm{d}t - J_x \mathrm{d}x - J_y \mathrm{d}y - J_z \mathrm{d}z \tag{4.96}$$

注意到 $\delta F = * \mathrm{d} * F$,需反复应用 Hodge $*$ 算子,为方便计算,下面将各基底形式的 $*$ 运算列如下表:下面采用习惯 $\varepsilon_{0123} = 1 = -\varepsilon^{0123}$.

微分形式 α	$*\alpha$	$**\alpha$
$dx \wedge dy$	$-dz \wedge dt$	$-dx \wedge dy$
$dy \wedge dz$	$-dx \wedge dt$	$-dy \wedge dz$
$dz \wedge dx$	$-dy \wedge dt$	$-dz \wedge dx$
dx	$dy \wedge dz \wedge dt$	dx
dy	$dz \wedge dx \wedge dt$	dy
dz	$dx \wedge dy \wedge dt$	dz
dt	$dx \wedge dy \wedge dz$	dt

于是从(4.91)式出发,利用上表易得

$$\begin{aligned} *F = & -B_x dx \wedge dt - B_y dy \wedge dt - B_z dz \wedge dt \\ & + E_x dy \wedge dz + E_y dz \wedge dx + E_z dx \wedge dy \end{aligned} \tag{4.97}$$

与上例4维欧空间(4.72)类比,Hodye * 运算不再是简单的电磁对偶($\boldsymbol{E} \leftrightarrow \boldsymbol{B}$),而是

$$*: \boldsymbol{E} \to -\boldsymbol{B}, \quad \boldsymbol{B} \to \boldsymbol{E} \tag{4.98}$$

将(4.97)式再次外微分,相当于(4.94)式作替换(4.98)得

$$\begin{aligned} d*F = & -\left(\nabla \times \boldsymbol{B} - \frac{\partial \boldsymbol{E}}{\partial t}\right)_x dy \wedge dz \wedge dt - \left(\nabla \times \boldsymbol{B} - \frac{\partial \boldsymbol{E}}{\partial t}\right)_y dz \wedge dx \wedge dt \\ & - \left(\nabla \times \boldsymbol{B} - \frac{\partial \boldsymbol{E}}{\partial t}\right)_z dx \wedge dy \wedge dt + \nabla \cdot \boldsymbol{E} dx \wedge dy \wedge dz \end{aligned}$$

再次 Hodye * 得余微分 $\delta F = * d * F$,利用上表得

$$\begin{aligned} \delta F = & -\left(\nabla \times \boldsymbol{B} - \frac{\partial \boldsymbol{E}}{\partial t}\right)_X dx - \left(\nabla \times \boldsymbol{B} - \frac{\partial \boldsymbol{E}}{\partial t}\right)_y dy \\ & - \left(\nabla \times \boldsymbol{B} - \frac{\partial \boldsymbol{E}}{\partial t}\right)_z dz + \nabla \cdot \boldsymbol{E} dt \end{aligned} \tag{4.99}$$

与(4.96)式比较得

$$\nabla \times \boldsymbol{B} = \frac{\partial \boldsymbol{E}}{\partial t} + \boldsymbol{J} \tag{4.85}$$

$$\nabla \cdot \boldsymbol{E} = \rho \tag{4.82}$$

此两式为含有物质场源的另一对 Maxwell 方程(4.85)与(4.82). 将以上结果列成对照表如下,可更清楚地看出用微分形式表达的优越性. 利用微分形式比通常张量表达式简捷方便,且几何意义明显.

	用微分形式表达	用张量形式表达
规范变换	$A' = A + \mathrm{d}f$	$\boldsymbol{A} = \boldsymbol{A} + \nabla f,\ \phi' = \phi + \dfrac{\partial f}{\partial t}$
规范场强	$F = \mathrm{d}A$	$\boldsymbol{E} = -\nabla\phi - \dfrac{\partial \boldsymbol{A}}{\partial t},\ \boldsymbol{B} = \nabla\times\boldsymbol{A}$
Bianchi 等式	$\mathrm{d}F = 0$	$\nabla\times\boldsymbol{E} + \dfrac{\partial\boldsymbol{B}}{\partial t} = 0,\ \nabla\cdot\boldsymbol{B} = 0$
场方程	$\delta F = J$	$\nabla\times\boldsymbol{B} - \dfrac{\partial\boldsymbol{E}}{\partial t} = 0,\ \nabla\cdot\boldsymbol{E} = \rho$
连续性方程	$\delta J = 0$	$\nabla\cdot\boldsymbol{J} - \dfrac{\partial\rho}{\partial t} = 0$
协变规范条件	$\delta A = 0$	$\nabla\cdot\boldsymbol{A} - \dfrac{\partial\phi}{\partial t} = 0$

§4.3　黎曼曲率张量　Ricci 张量与标曲率

在定义有度规张量场的黎曼流形上,存在惟一的无挠保度规联络:黎曼联络,它如(4.17)式完全由度规张量场及其导数决定

$$\Gamma^m_{ik} = \begin{Bmatrix} m \\ ik \end{Bmatrix} = \frac{1}{2}g^{mj}(\partial_k g_{ij} + \partial_i g_{kj} - \partial_j g_{ik}) \tag{4.17}$$

联络场不是张量场,但联络差是张量场,我们可从它的微分中得到具有几何意义的曲率张量场. 即将上式表达的黎曼联络代入上章联络的曲率张量表达式(3.50)得黎曼曲率张量.

$$R^l_{kij} = \partial_i \Gamma^l_{jk} - \partial_j \Gamma^l_{ik} + \Gamma^l_{im}\Gamma^m_{jk} - \Gamma^l_{jm}\Gamma^m_{ik} \tag{3.50}$$

利用度规张量场可将黎曼曲率张量分量的上指标下降,得四阶协变曲率张量

$$\begin{aligned} R_{lkij} &= g_{lm}R^m_{kij} \\ &= \frac{1}{2}\left(\frac{\partial^2 g_{jk}}{\partial x^i \partial x^l} - \frac{\partial^2 g_{jl}}{\partial x^i \partial x^k} + \frac{\partial^2 g_{il}}{\partial x^j \partial x^k} - \frac{\partial^2 g_{ik}}{\partial x^j \partial x^l}\right) + g_{ln}(\Gamma^n_{im}\Gamma^m_{jk} - \Gamma^n_{jm}\Gamma^m_{ik}) \end{aligned} \tag{4.81}$$

它与度规场的 2 阶导数成线性关系,而是度规场的非线性函数. 由度规场及联络场的对称性,由上式可看出四阶协变黎曼曲率张量具有很高对称性:

1) 相对后两指标反对称:　$R_{lkij} = -R_{lkji}$　(4.82)
2) 相对前两指标反对称:　$R_{lkij} = -R_{klij}$　(4.83)
3) 后三指标循环置换和为零:　$R_{l[kij]} = 0$　(4.84)

4）前对指标与后对指标交换对称： $R_{lkij}=R_{ijlk}$ (4.85)

5）协变导数满足 Bianchi 等式： $R_{lk[ij;m]}=0$ (4.86)

下面我们再逐条分析其产生根源,并尽可能将相应结果表达成与局域坐标选取无关形式:即用曲率 2 形式 Ω 或曲率张量算子 $R(X,Y)$ 表达:

①(4.82)是由于曲率张量定义:

$$\Omega^l_k = \frac{1}{2}R^l_{kij}\mathrm{d}x^i \wedge \mathrm{d}x^j$$

相应地曲率张量算子定义为相对宗量反对称

$$R(X,Y) = [\nabla_X,\nabla_Y] - \nabla_{[X,Y]} = -R(Y,X) \tag{4.82a}$$

②(4.83)是由于黎曼联络保度规,对于任意两向量场

$$X = \xi^i\partial_i, \quad Y = \eta^i\partial_i \in \mathscr{X}(M)$$

利用度规可定义其标积

$$(X,Y) \equiv G(X,Y) \in \mathscr{F}(M)$$
$$\mathrm{d}(X,Y) = \mathrm{D}(X,Y)$$

由于联络保度规,协变外微分 D 可与度规交换

$$\mathrm{D}(X,Y) = (\mathrm{D}X,Y) + (X,\mathrm{D}Y)$$

对上式再次外微分得

$$0 = (\mathrm{D}^2X,Y) + (X,\mathrm{D}^2Y) = (\Omega X,Y) + (X,\Omega Y)$$
$$= (\Omega_{lk} + \Omega_{kl})\xi^k\eta^l$$

由于上式对任意向量场 X,Y 均对,故曲率 2 形式相对前两指标为反对称

$$\Omega_{lk} = -\Omega_{kl} \tag{4.83a}$$

此等式也可用曲率张量算子 $R(X,Y)$ 表达为

$$(W,R(X,Y)Z) + (Z,R(X,Y)W) = 0 \tag{4.83b}$$

这里用到黎曼联络保度规,及 $R(X,Y)$ 作用于函数 $(W,Z)\equiv G(W,Z)$ 时为零的性质.

③(4.84)式又称为代数 Bianchi 恒等式. 是挠率结构方程的可积条件 $\mathrm{D}\tau=\Omega\wedge\theta$ 再加联络无挠条件得

$$R^l_{kij}\mathrm{d}x^i \wedge \mathrm{d}x^j \wedge \mathrm{d}x^k = 0$$

故

$$R^l_{[kij]} \equiv R^l_{kij} + R^l_{ijk} + R^l_{jki} = 0 \tag{4.84a}$$

也可直接由联络无挠条件

$$T(X,Y) = \nabla_X\ Y - \nabla_Y\ X - [X,Y] = 0$$

得

$$[X,[Y,Z]] = \nabla_X[Y,Z] - \nabla_{[Y,Z]}X = \nabla_X \nabla_Y Z - \nabla_X \nabla_Z Y - \nabla_{[Y,Z]}X$$

将上式循环置换求和,左端因为切场满足 Jacobi 恒等式

$$[X,[Y,Z]] + [Y,[Z,X]] + [Z,[X,Y]] = 0$$

故得

$$0 = R(X,Y)Z + R(Y,Z)X + R(Z,X)Y \tag{4.84b}$$

④(4.85)式为前三性质(4.82)(4.83)(4.84)的直接推论. 即这四个特性中有三个是独立的,可由任三个推出第四个. 令 $X,Y,Z,T \in \mathscr{X}(M)$,
则

$$R(X,Y)Z \in \mathscr{X}(M)$$

$$(T,R(X,Y)Z) \in \mathscr{F}(M)$$

在下面八面体的六个顶点加上六个函数,如图所示. 利用(4.82)(4.83)(4.84)可以证明在每个三角形的三顶点上三函数之和为零. 将上面两个不相邻三角形(标号Ⓩ与Ⓣ)各顶点函数相加,与下面两个不相邻三角形(标号Ⓧ与Ⓨ的相减得

$$Ⓣ + Ⓩ - (Ⓧ + Ⓨ) = 2(T,R(X,Y)Z) - Z(X,R(T,Z)Y) = 0$$

此即我们待求的等式

$$(T,R(X,Y)Z) = (X,R(T,Z)Y) \tag{4.85a}$$

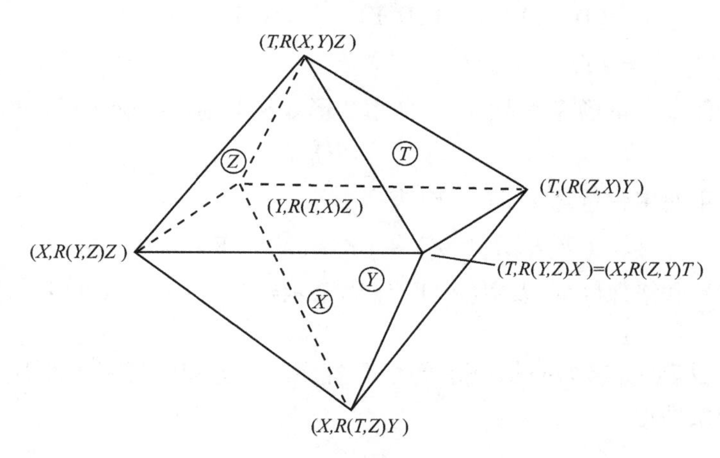

⑤(4.86)式又称微分的 Bianchi 恒等式. 是由曲率结构方程的可积条件(3.48)

$$\mathrm{d}\Omega^l_k = \Omega^l_h \wedge \Gamma^h_k - \Gamma^l_h \wedge \Omega^h_k$$

导出. 上式用曲率张量分量写出即

$$\frac{\partial R^l_{kij}}{\partial x^m}\mathrm{d}x^m \wedge \mathrm{d}x^i \wedge \mathrm{d}x^j = (R^l_{hmi}\Gamma^h_{jk} - \Gamma^l_{mh}R^h_{kij})\mathrm{d}x^m \wedge \mathrm{d}x^i \wedge \mathrm{d}x^j \tag{4.87}$$

注意到张量分量与协变导数公式(3.39)知

$$R^l_{kij;m} = \frac{\partial R^l_{kij}}{\partial x^m} + \Gamma^l_{mh}R^h_{kij} - \Gamma^h_{mk}R^l_{hij} - \Gamma^h_{mi}R^l_{khj} - \Gamma^h_{mj}R^l_{kih}$$

再利用(4.86)式得

$$R^l_{kij;m}\mathrm{d}x^m \wedge \mathrm{d}x^i \wedge \mathrm{d}x^j = -(\Gamma^h_{mi}R^l_{khj} + \Gamma^h_{mj}R^l_{kih})\mathrm{d}x^m \wedge \mathrm{d}x^i \wedge \mathrm{d}x^j = 0$$

故得

$$R^l_{k[ij;m]} \equiv R^l_{kij;m} + R^l_{kjm;i} + R^l_{kmi;j} = 0 \tag{4.88}$$

用度规张量 g_{nl} 将第一指标移下即得(4.86)式.

黎曼曲率张量场有很高的对称性. 仅以前4条指标置换对称约束,使$\{R_{abcd}\}$的n^4个分量中仅有$\frac{1}{12}n^2(n^2-1)$个非零独立分量,这点很易如下计算:

1) 四个指标均相同的必为零. 具有两个不同指标 a,b 的非零分量仅一种形式 R_{abab},非零独立分量有 $c_2^n=\frac{1}{2}n(n-1)$个.

2) 具有三个不同指标 a,b,c 的分量,其第4指标必与其中之一重,非零分量均可约化为 $R_{abac},R_{babc},R_{cacb}$,这种非零独立分量有 $3c_3^n=\frac{1}{2}n(n-1)(n-2)$.

3) 具有4个不同指标 a,b,c,d 的分量,利用置换对称性可将 a 放第一位置,而约化为 $R_{abcd},R_{acdb},R_{adbc}$,而这三种分量还有约束

$$R_{abcd} + R_{acdb} + R_{adbc} = 0$$

即这三个分量中仅有两个独立,故非零独立分量数为 $2c_4^n=\frac{1}{12}n(n-1)(n-2)(n-3)$.

总之,黎曼曲率张量分量$\{R_{abcd}\}$中非零独立分量数

$$N = c_2^n + 3c_3^n + 2c_4^n = \frac{1}{12}n^2(n^2-1). \tag{4.89}$$

对黎曼曲率张量$\{R^l_{kij}\}$收缩一对上下指标可得 Ricci 张量

$$\mathscr{R}_{kj} = R^l_{klj} = g^{li}R_{lkij} \tag{4.90}$$

由(4.85)式知黎曼流形 Ricci 张量为二阶协变对称张量

$$\mathscr{R}_{kj} = \mathscr{R}_{jk} \tag{4.91}$$

因而可进一步用度规张量场缩并得标曲率 $\mathscr{S}$:

$$\mathscr{S} = g^{jk}\mathscr{R}_{jk} \tag{4.92}$$

将微分 Bianchi 等式(4.88)的指标 l 与 i 缩并得

$$\mathscr{R}_{kj;m} + R^l_{kjm;l} - \mathscr{R}_{km;j} = 0$$

乘 g^{km} 并利用度规张量协变导数为零得

$$\nabla_k \quad (\mathscr{R}^k_j - \frac{1}{2}\delta^k_j \mathscr{S}) = 0 \tag{4.93}$$

此式又称约化 Bianchi 等式. 由 Ricci 张量 $\mathscr{R}_{kl}$ 与标曲率 $\mathscr{S}$ 可组成协变散度为零的张量

$$G_{kl} = \mathscr{R}_{kl} - \frac{1}{2}g_{kl}\mathscr{S} \tag{4.94}$$

常称为爱因斯坦张量,约化 Bianchi 等式表明此张量的协变散度为零:$\nabla^k G_{kl} = 0$,此式正是爱因斯坦提出广义相对论的出发点,我们将在 §5 作初步介绍.

§4.4 等长变换与共形变换 曲率张量按转动群表示的分解

Euclid 空间 E^n 具有极高的对称性,其度量关系不受平移或转动的影响. 一般的黎曼流形没有如此高的对称性. 流形的度规张量场为二阶协变张量场,在坐标变换下,对一给定点,变换后的度规为

$$g'_{ij}(x') = \frac{\partial x^k}{\partial x'^i}\frac{\partial x^l}{\partial x'^j}g_{kl}(x) \tag{4.95}$$

当变换后的度规 $g'_{ij}(x')$ 作为其宗量 x' 的函数形式与原来度规 $g_{ij}(x)$ 作为其宗量 x 的函数形式一样

$$g'_{ij}(x') = g_{ij}(x')$$

则称度规张量形式不变,这时(4.95)式可表为

$$g_{ij}(x') = \frac{\partial x^k}{\partial x'^i}\frac{\partial x^l}{\partial x'^j}g_{kl}(x) \tag{4.96}$$

满足上式的坐标变换称为等长变换(isometry).

下面分析相对某向量场 $X = \xi^i(x)\partial_i$ 方向的无穷小同胚变换为等长变换的条件. 如度规张量场 $g_{ij}(x)$ 满足

$$L_X g_{ij} = \nabla_i \xi_j + \nabla_j \xi_i = 0 \tag{4.97}$$

则向量场 X 称为此度规张量场的 Killing 矢量,沿 Killing 矢量方向的无穷小同胚变换为等长变换. 度规张量场的形式不变(见习题 1). 于是,对于给定的度规张量场,求其所有无穷小等长变换问题就化为求其所有 Killing 矢量问题. 由 Killing 矢量满足的方程(4.97)可看出,Killing 矢量的常系数线性组合仍是 Killing 矢量,对于给定度规,所有 Killing 矢量的集合张成线性空间. 并且可证,Killing 矢量集合形成李

代数,即如 X,Y 为 Killing 矢场,则 $[X,Y]$ 也为 Killing 矢场,这因为

$$L_{[X,Y]}g = L_X L_Y g - L_Y L_X g = 0$$

可以证明,在 n 维流形上,最多有 $\frac{1}{2}n(n+1)$ 个独立的 Killing 矢量,这点可由下面分析看出.

利用向量场的两次协变导数的对易子公式(3.73)

$$\xi_{i;kl} - \xi_{i;lk} = -R^j_{ikl}\xi_j \tag{4.98}$$

及曲率张量满足的 Bianchi 等式(4.84)

$$R^j_{ikl} + R^j_{kli} + R^j_{lik} = 0$$

可以证明 Killing 矢量的二阶协变导数满足

$$\xi_{l;ki} = -R^j_{ikl}\xi_j \tag{4.99}$$

对此方程进一步求导,可得 ξ_i 的高阶导数. 由上式知 Killing 矢量 ξ_i 在点 p 的所有导数均可表为 $\xi_i(p)$ 与 $\xi_{i;k}(p)$ 的线性组合. 于是 $\xi_i(x)$ 在 p 点邻域内函数可由 $\xi_i(p)$ 及 $\xi_{i;k}(p)$ 决定. 因此,满足 Killing 方程(4.97)的独立 Killing 矢量最多有 $\frac{1}{2}n(n+1)$ 个.

对于具有度规张量场 $\{g_{ij}(x)\}$ 的黎曼流形 M,令 $\rho(x)$ 为 M 上恒正函数,则

$$\tilde{g}_{ij}(x) = \rho(x)g_{ij}(x) \tag{4.100}$$

可定义为 M 上新的度规张量场. 流形 M 上度规的这种改变,虽然改变了各向量的长度,但不改变在一点两向量的夹角,称为度规的共形变换.

相对某向量场 $X=\xi^i(x)\partial_i$ 方向无穷小同胚变换如为度规的共形变换,即

$$L_X g_{ij}(x) = \rho(x)g_{ij}(x) \tag{4.101}$$

这时向量场 X 称为共形 Killing 矢量,它是无穷小共形变换的生成元.

对于具有度规张量场的黎曼流形 (M,G),如果能通过度规变换 $G\to\rho G$ 转化为平直空间($\tilde{g}_{ij}=\delta_{ij}$),则称流形 M 为共形平空间,或称共形欧几里得空间.

在黎曼流形上可选正交活动标架 $\{e_a\}_1^n$

$$(e_a,e_b) = \delta_{ab} \tag{4.102}$$

按黎曼联络平行移动保持标架的正交性,联络的和乐群可约化为 $O(n)$. 曲率张量分量可按和乐群 $O(n)$ 的不可约表示分解为三部分

$$R_{abcd} = W_{abcd} + S_{abcd} + G_{abcd} \tag{4.103}$$

其中

$$G_{abcd} = \frac{\mathscr{S}}{n(n-1)}(g_{ac}g_{bd} - g_{ad}g_{bc}) \tag{4.104}$$

它与 R_{abcd} 具有相同的置换对称性及相同的双重迹

$$g^{ac}g^{bd}G_{abcd} = \mathscr{S}$$

标曲率 $\mathscr{S}$ 为 Ricci 张量的迹,令 S_{ab} 表示 Ricci 张量的无迹部分.

$$S_{ab} = \mathscr{R}_{ab} - \frac{1}{n}g_{ab}\mathscr{S} \tag{4.105}$$

可用 S_{ab} 与 g_{ab} 组成与 R_{abcd} 具相同置换对称性的张量

$$S_{abcd} = \frac{1}{n-2}(g_{ac}S_{bd} + g_{bd}S_{ac} - g_{ad}S_{bc} - g_{bc}S_{ad}) \tag{4.106}$$

而其取迹正好为 S_{ab}

$$g^{ac}S_{abcd} = S_{bd} \tag{4.107}$$

而 Weyl 张量部分

$$W_{abcd} = R_{abcd} - S_{abcd} - G_{abcd} \tag{4.108}$$

是黎曼曲率张量中完全无迹部分,其任意一对指标的缩并均为零,且与 R_{abcd} 具相同置换对称性.

曲率张量分解的这三部分在正交标架转动时各自相互转换,各自形成不变子空间,它们都有相同的置换对称性. 而曲率张量分量的独立分量数 $N = \frac{1}{12}n^2(n^2-1)$ 故

① 1 维流形曲率张量必为零,$R_{1111}=0$,一条曲线的黎曼曲率必然为零,这也表明黎曼曲率张量 $\{R_{abcd}\}$ 仅反映流形的内在性质,不反映它是如何嵌入在高维空间中. 流形的嵌入特性我们将在下章中分析.

② 2 维流形 R_{abcd} 仅有一个独立分量,故

$$R_{abcd} = G_{abcd} = \frac{1}{2}\mathscr{S}(g_{ac}g_{bd} - g_{ad}g_{bc})$$

非零独立分量仅

$$R_{1212} = \frac{1}{2}\mathscr{S}$$

③ 3 维流形曲率张量独立分量数为 6,恰为对称的 2 阶 Ricci 张量 $\mathscr{R}_{ab}$ 的独立分量数,故这时

$$\begin{aligned} R_{abcd} &= S_{abcd} + G_{abcd} \\ &= g_{ac}\mathscr{R}_{bd} + g_{bd}\mathscr{R}_{ac} - g_{ad}\mathscr{R}_{bc} - g_{bc}\mathscr{R}_{ad} - \frac{1}{2}\mathscr{S}(g_{ac}g_{bd} - g_{ad}g_{bc}) \end{aligned}$$

而 Weyl 张量 $W_{abcd}=0$,仅当流形维数 $n\geqslant 4$ 才有非零的 Weyl 分量.

在本节最后我们将简单介绍下黎曼曲率张量的共形变换不变量与等长变换不变量概念.

曲率张量的无迹部分 W^a_{bcd} 又称为 Weyl 共形张量,其所以叫做共形张量是因为它在度规的共形变换下保持不变. 下面我们分析此问题.

令流形 M 具有两度规场 g 与 $\hat{g}$,二者差恒正光滑函数因子

$$\hat{g}_{ab} = e^{2\sigma} g_{ab},\ \hat{g}^{ab} = e^{-2\sigma} g^{ab}, \quad \sigma = \sigma(x) \in \mathscr{F}(M) \tag{4.109}$$

这种度规变换相当于空间膨胀或收缩,而不改变任两矢场的夹角及相互间长度比. 两者对应的黎曼联络系数

$$\hat{\Gamma}^a_{bc} = \Gamma^a_{bc} + \delta^a_b \sigma_{,c} + \delta^a_c \sigma_{,b} - g_{bc} g^{ae} \sigma_{,e} \tag{4.110}$$

使相应地曲率张量系数

$$e^{2\sigma} \hat{R}^{ab}{}_{cd} = R^{ab}_{cd} + Y^b_c \delta^a_d + Y^a_d \delta^b_c - Y^b_d \delta^a_c - Y^a_c \delta^b_d \tag{4.111}$$

其中

$$Y^a_b = \sigma^{,a}{}_{;b} - \sigma^{,a} \sigma_{,b} + \frac{1}{2} \delta^a_b \sigma_{,e} \sigma^{,e} \tag{4.112}$$

于是当 $n>2$,可以证明(令 a,c 缩并)

$$e^{2\sigma} \hat{\mathscr{R}}^b_d = \mathscr{R}^b_d + (2-n) Y^b_d - \delta^b_d Y^c_c \tag{4.113}$$

乘 g_{ab} 对 b 求和得

$$\hat{\mathscr{R}}_{ad} = \mathscr{R}_{ad} + (2-n) Y_{ad} - g_{ad} Y^c_c \tag{4.113a}$$

(4.113)式令 b 与 d 缩并得

$$e^{2\sigma} \hat{\mathscr{S}} = \mathscr{S} + 2(1-n) Y^c_c \tag{4.114}$$

而 Weyl 分量

$$\begin{aligned} W^a_{bcd} &= R^a_{bcd} - S^a_{bcd} - G^a_{bcd} \\ &= R^a_{bcd} - \frac{1}{n-2} (\delta^a_c \mathscr{R}_{bd} - g_{bc} \mathscr{R}^a_d + g_{bd} \mathscr{R}^a_c - \delta^a_d \mathscr{R}_{bc}) \\ &\quad + \frac{1}{(n-1)(n-2)} \mathscr{S} (\delta^a_c g_{bd} - \delta^a_d g_{bc}) \end{aligned} \tag{4.115}$$

利用以上诸式可证

$$\hat{W}^a_{bcd} - W^a_{bcd} = A + B + C$$

其中 A,B,C 为(4.115)式中右端三项的贡献

$$A = \hat{R}^a_{bcd} - R^a_{bcd} = Y_{bc} \delta^a_d + Y^a_d g_{bc} - Y_{bd} \delta^a_c - Y^a_c g_{bd}$$

$$B = -\frac{1}{n-2} \{ \delta^a_c [(2-n) Y_{bd} - g_{bd} Y^c_c] - g_{bc} g^{ae} [(2-n) Y_{ed} - g_{ed} Y^c_c]$$

$$-\delta_d^a[(2-n)Y_{bc}-g_{bc}Y_c^c]+g_{bd}g^{ae}[(2-n)Y_{ec}-g_{ec}Y_c^c]$$

$$A+B=-\frac{2}{n-2}\{-g_{bd}\delta_c^a+g_{bc}\delta_d^a\}Y_c^c$$

而

$$C=\frac{1}{(n-1)(n-2)}\{\delta_c^a g_{bd}2(1-n)Y_c^c-\delta_d^a g_{bc}2(1-n)Y_c^c\}$$

$$=-\frac{2}{n-2}Y_c^c\{\delta_c^a g_{bd}-\delta_d^a g_{bc}\}$$

$$A+B+C=0$$

以上结果表明共形变换不会改变曲率张量的 Weyl 分量,故通常叫它为共形曲率张量,它是黎曼曲率张量的完全无迹部分,而迹零是共形变换下不变性质,Weyl 张量迹零正表明它是共形不变.如果流形曲率的 Weyl 分量为零,则流形常可经共形变换映射为所有曲率系数为零的平空间,使和乐群约化为恒等元,即能在全空间存在这样一个坐标系使度规场 g_{ab} 与常数矩阵差标量因子,这种流形称为共形平流形.而维数 $n\leqslant 3$ 的黎曼流形必然是共形平.

黎曼曲率的 Weyl 部分 $\{W_{abcd}\}$ 具有与 $\{R_{abcd}\}$ 相同的置换对称性,仅补充要求其收缩迹为零条件

$$W^a_{bac}=0$$

此条件共有 $\frac{1}{2}n(n+1)$ 个,故非零 Weyl 分量数为(当 $n\geqslant 3$)

$$N_c=\frac{1}{12}n^2(n^2-1)-\frac{1}{2}n(n+1)=\frac{1}{12}n(n+1)(n+2)(n-3) \tag{4.116}$$

它们是黎曼曲率在共形变换下的不变量数.

下面我们分析在等长变换下的不变量.黎曼曲率张量的等长变换不变量是指用 $\{R_{abcd}\}$ 与 $\{g_{ab}\}$ 构成的标量.等长变换是一种特殊的共形变换,相当于共形变换标量因子 $e^{2\sigma}=1$.上述 N_c 个共形不变量当然也是等长变换不变量,除它们外,用黎曼曲率 Ricci 张量 $\{R_{ab}\}$ 还可组成 n 个不变量,相当于 Ricci 张量的本征值 λ

$$\det(R_{ab}-\lambda g_{ab})=0 \tag{4.117}$$

此方程的 n 个根 $\{\lambda_a\}_1^n$ 为等长变换不变量,故黎曼曲率的等长变换不变量数为

$$N_g=N_c+n=\frac{1}{12}n(n-1)(n-2)(n+3) \tag{4.118}$$

例如对 4 维流形,黎曼曲率非零独立分量数

$$N=\frac{1}{12}n^2(n^2-1)=20$$

Weyl 张量非零独立分量数 $N_c = 10$,黎曼曲率等长变换不变量数 $N_g = 14$.

§4.5 截面曲率 等曲率空间

下面我们分析流形在一点的各向异性问题,由上两节分析知道,黎曼曲率张量具有很高的对称性(见(4.82)~(4.86)各式),流形上任意四个向量场:$X = \xi^i \partial_i$, $Y = \eta^i \partial_i$, $Z = \zeta^i \partial_i$, $T = \tau^i \partial_i$,它们与曲率张量 R 缩并为

$$R(X,Y,Z,T) \equiv \langle R(Z,T)Y,X \rangle = R_{ijkl}\xi^i \eta^j \zeta^k \tau^l \tag{4.119}$$

具有很高的对称性. 另方面,利用黎曼度规张量可定义另一四阶协变张量 $\hat{G}$,它与四矢量场的缩并定义为

$$\hat{G}(X,Y,Z,T) = G(X,Z)G(Y,T) - G(Y,Z)G(X,T) \tag{4.120}$$

它具有与 $R(X,Y,Z,T)$ 相同的对称性,即具性质:

1) 它的前对(后对)宗量反对称.

2) 前对与后对宗量的置换对称.

3) 由上述两关系易证它相对于后三宗量的循环置换和为零.

而且当 $X = Z, Y = T$ 时

$$\hat{G}(X,Y,X,Y) = G(X,X)G(Y,Y) - [G(X,Y)]^2$$

是以矢场 X,Y 为邻边的平行四边形面积的平方,当 X 与 Y 相互独立时,上式不等于零. 令

$$K(S_p) = \frac{R(X,Y,X,Y)}{\hat{G}(X,Y,X,Y)} = \frac{R_{ijkl}\xi^i \eta^j \xi^k \eta^l}{|X|^2 |Y|^2 - (X \cdot Y)^2} \tag{4.121}$$

称为黎曼流形在点 p 的截面曲率(section curvature). 其中 S_p 表示由 $X,Y \in T_p(M)$ 所张平面. 截面曲率又称黎曼截曲率,利用曲率张量的对称性质易证,它仅与平面 S_p 的方向有关,而与面 S_p 上的 X,Y 选取无关. 平面 S_p 与流形 M 切于 p 点,流形上经过 p 点与 S_p 相切的所有测地线族形成一个二维曲面,此曲面在该点的 Gauss 曲率(见§5.3),就是流形 M 在点 p 的 S_p 方向黎曼截曲率. 黎曼流形在点 p 的各向异性可用该点各方向的黎曼截曲率标志,而流形 M 在点 p 的曲率张量可由在该点的所有二维切子空间的黎曼截曲率惟一确定. 当 $K(S_p)$ 与面 S_p 的方向无关时,则称 M 在 p 点是迷向的(isotropic). 这时可将黎曼截曲率记为$K(p)$,它是流形 M 上的标量函数,可证

$$R_{ijkl}(p) = K(p)[g_{ik}(p)g_{jl}(p) - g_{il}(p)g_{jk}(p)] \tag{4.122}$$

$$\Omega_{ij}(p) = \frac{1}{2}R_{ijkl}(p)\theta^k \wedge \theta^l = K(p)\theta_i \wedge \theta_j \tag{4.123}$$

其中

$$\theta_k = g_{ki}\theta^i$$

若截面曲率 K 在流形所有点上均为同一常数，则流形 M 称为常曲率空间，利用黎曼曲率张量满足 Bianchi 等式，可以证明下述定理：

定理 4.4　设流形 M 为维数 $d \geqslant 3$ 的连通黎曼流形，如流形 M 上所有点都是迷向的，即各点截面曲率

$$K(S_p) = K(p) \tag{4.124}$$

仅为流形 M 上点的标量函数，则必为常值，即流形 M 为常曲率空间.

证明　由(4.122)式知

$$R(X,Y,Z,T) = K(p)(G(X,Z)G(Y,T) - G(Y,Z)G(X,T))$$

利用度规张量的协变导数为零，可证

$$(\nabla_X R)(Z,T)Y = \nabla_X K(G(Y,T)Z - G(Y,Z)T)$$

由于曲率张量满足 Bianchi 等式，上式左端相对 X,Z,T 的循环置换的和为零，就有

$$\nabla_X K(G(Y,T)Z - G(Y,Z)T) + \nabla_Z K(G(Y,X)T - G(Y,T)X) + \nabla_T K(G(Y,Z)X - G(Y,X)Z) = 0$$

由于流形 M 的维数 $d \geqslant 3$，可选 Y,Z,T 为相互垂直的向量场，且选 $X = Y$ 为归一向量，$G(X,X) = 1$；得

$$(\nabla_Z K)T - (\nabla_T K)Z = 0$$

因为 T,Z 为相互独立向量场，故

$$\nabla_Z K = \nabla_T K = 0$$

于是 K 为常数. □

流形上所有点都是迷向的空间为常曲率空间，是具有最大对称的相对等长变换群的齐性空间. 对流形上任意点 p，存在无穷小等长变换将 p 点变至它的邻域中的任意点，且允许有 $\frac{1}{2}n(n+1)$ 个 Killing 矢量. 反之，n 维流形上如能定义这样的度规，使此度规有 $\frac{1}{2}n(n+1)$ 个 Killing 矢量，则称此流形为具有最大对称空间，它必为各点均迷向的齐性黎曼流形，为常曲率空间. 其度规由常曲率 K 及度规张量号差惟一确定(仅差坐标变换). 在具体分析问题时，常可选适当坐标系分析. 下面举例说明.

对于 n 维空间符号差为零的度规，具有常曲率 K 的对称空间，其度规常可表示为

$$ds^2 = |dx|^2 + \frac{K(x \cdot dx)^2}{1 - K|x|^2} \tag{4.125}$$

4维闵空间度规特征值为一正三负,对常曲率对称空间,可引入不显含时间的度规(de sitter 度规)

$$d\tau^2 = (1 - k|x|^2)dt^2 - |dx|^2 - \frac{k(x \cdot dx)^2}{1 - k|x|^2} \tag{4.126}$$

在许多物理问题中,有时整个时空不是最大对称的,但常可分解出存在最大对称子空间,最大对称子空间族的存在给整个空间的度规以很强的约束. 例如,具球对称齐性时空 Robinson-Walker 度规

$$d\tau^2 = dt^2 - R^2(t)\left(\frac{dr^2}{1 - kr^2} + r^2 d\theta^2 + r^2\sin^2\theta d\varphi^2\right) \tag{4.127}$$

它具有最大对称的三维子空间.

§4.6 爱因斯坦引力场方程

本节我们对爱因斯坦的引力理论作简短介绍. 牛顿引力的源是物质,而场论中物质应由体系的能量动量表达,它们应是引力的源. 一般物质能量动量张量可表为二阶对称张量 $T_{\mu\nu}$,由于物理体系在时空平移下不变,故能量动量守恒,满足

$$\partial_\mu T^{\mu\nu} = 0$$

爱因斯坦将引力归结为空间本身的度规性质. 而后者又决定于空间中物质分布,存在物质的时空会引起时空弯曲. 在弯曲时空中能量动量守恒应表示为

$$\nabla_\mu T^{\mu\nu} = 0 \tag{4.128}$$

爱因斯坦从与度规相容的黎曼联络与曲率导出的二阶对称张量中,仅 $R^{kj} - \frac{1}{2}g^{kj}\mathscr{S}$ 满足协变导数为零,如(4.93)式,将上两式相比,爱因斯坦认为二者成比例,从而写出著名的爱因斯坦引力方程:

$$\mathscr{R}_{\mu\nu} - \frac{1}{2}g_{\mu\nu}\mathscr{S} = -8\pi G T_{\mu\nu} \tag{4.129}$$

此处 G 是牛顿引力常数. 将上式乘 $g^{\mu\nu}$ 缩并得

$$\mathscr{S} = 8\pi G T^\mu_\mu$$

故场方程也可表达为

$$\mathscr{R}_{\mu\nu} = -8\pi G\left(T_{\mu\nu} - \frac{1}{2}g_{\mu\nu}T^\lambda_\lambda\right) \tag{4.130}$$

引力场方程是度规场 $g_{\mu\nu}$ 的二阶微分方程,这点与通常物理动力学方程类似,但是

爱因斯坦引力场方程(4.129)是度规场的非线性方程. 一般不能严格解出. 爱因斯坦为和牛顿引力理论对比,采用静态球对称近似,计算了光线的引力偏折、水星的近日点进动,以及频谱的引力红移,实验检验表明爱因斯坦引力理论是正确的.

进一步注意到度规张量场本身也为协变导数为零的二阶协变对称张量场,引力场方程中可再添加和 $g_{\mu\nu}$成比例的项而写为

$$\mathscr{R}_{\mu\nu}-\frac{1}{2}g_{\mu\nu}\mathscr{S}+\lambda g_{\mu\nu}=-8\pi GT_{\mu\nu} \tag{4.131}$$

其中 λ 为常数,由于 Ricci 曲率张量含度规场的二阶导数,故 λ 的量纲与长度平方成反比,$[\lambda]\sim[L^{-2}]$. 在与牛顿引力理论比较时,λ 的值必须充分小,爱因斯坦曾设想这一项应很小,使在稳态弱引力场非相对论近似下,牛顿引力理论是很好地近似. 故最初采用(4.129)式的引力场方程,但是当爱因斯坦用它来研究宇宙学问题时,发现这方程没有稳态的宇宙解. 于是爱因斯坦建议在引力场方程中增加此项. 这项仅当时空在宇宙学量级时才起作用,故通常称此项为宇宙学项. 另外此项与量子场论对真空能量的估算有关,故此项也受到人们重视.

当没有物质场时,(4.131)式右端为零,用度规场缩并可证标曲率 $\mathscr{S}=4\lambda$,故

$$\mathscr{R}_{\mu\nu}=\lambda g_{\mu\nu} \tag{4.132}$$

此式称为爱因斯坦真空场方程. 当时空维数 $n<4$,Weyl 张量为零,如宇宙常数 $\lambda=0$,则 $\mathscr{R}_{\mu\nu}=0$ 导致黎曼曲率张量的所有分量均零,即不存在引力场而空时为平. 即仅当 $n>3$ 才可能存在非平庸真空引力场.

下面着重分析 4 维时空引力场方程变分原理. 作为物理体系的动力学场方程,常可由作用量出发用变分原理导出. 通过作用量原理,可把物理体系的对称性与守恒律紧密联系,并且通过作用量原理很易得到有相互作用的场的运动方程.

首先,真空场方程(4.129)式可由变分原理得到. 纯引力场的爱因斯坦-Hillent 作用量:

$$I_g=\frac{-1}{16\pi G}\int d^4x\ \sqrt{-g}\mathscr{S} \tag{4.133}$$

将此作用量对度规场 $g_{\mu\nu}$变分,注意到

$$\delta g^{\alpha\beta}=-g^{\mu\alpha}g^{\nu\beta}\delta g_{\mu\nu} \tag{4.134}$$

$$\delta\mathscr{S}=\mathscr{R}_{\alpha\beta}\delta g^{\alpha\beta}+g^{\alpha\beta}\delta\mathscr{R}_{\alpha\beta}=-\mathscr{R}^{\mu\nu}\delta g_{\mu\nu}+g^{\mu\nu}\delta\mathscr{R}_{\mu\nu}$$

而

$$\begin{aligned}\delta\mathscr{R}_{\mu\nu}=\delta R^{\lambda}_{\mu\lambda\nu}&=(\delta\Gamma^{\lambda}_{\nu\mu})_{,\lambda}-(\delta\Gamma^{\lambda}_{\lambda\mu})_{,\nu}+\delta(\Gamma^{\lambda}_{\lambda\sigma}\Gamma^{\sigma}_{\mu\nu}-\Gamma^{\lambda}_{\nu\sigma}\Gamma^{\sigma}_{\lambda\mu})\\&=(\delta\Gamma^{\lambda}_{\nu\mu})_{;\lambda}-(\delta\Gamma^{\lambda}_{\lambda\mu})_{;\nu}\end{aligned}$$

上式最后一步注意到 $\delta\Gamma^{\lambda}_{\nu\mu}$为张量,故可讨论其协变导数,注意到黎曼联络的对称

性即得上式. 进一步注意到 $g^{\mu\nu}$ 的协变导数为零得

$$g^{\mu\nu}\delta\mathscr{R}_{\mu\nu} = (g^{\mu\nu}\delta\Gamma^{\lambda}_{\nu\mu})_{;\lambda} - g^{\mu\nu}\delta\Gamma^{\lambda}_{\lambda\mu;\nu} = (g^{\mu\nu}\delta\Gamma^{\lambda}_{\nu\mu} - g^{\mu\lambda}\delta\Gamma^{\nu}_{\nu\mu})_{;\lambda}$$

上式为向量场的协变散度,由(4.130)式知,当场量在无穷远边界处为零时,

$$\int_M *1 g^{\mu\nu}\delta\mathscr{R}_{\mu\nu} = 0$$

$$\delta I_g = \frac{-1}{16\pi G}\int d^4x\delta(\sqrt{-g}g^{\mu\nu}\mathscr{R}_{\mu\nu}) = \frac{-1}{16\pi G}\int d^4x\delta(\sqrt{-g}g^{\mu\nu})\mathscr{R}_{\mu\nu} \quad (4.135)$$

注意到(4.134)式及

$$\delta\sqrt{-g} = \frac{1}{2}\sqrt{-g}g^{\alpha\beta}\delta g_{\alpha\beta} \quad (4.136)$$

$$\delta(g^{\mu\nu}\sqrt{-g}) = -(g^{\mu\alpha}g^{\nu\beta} - \frac{1}{2}g^{\mu\nu}g^{\alpha\beta})\sqrt{-g}\delta g_{\alpha\beta}$$

$$\delta I_g = \frac{1}{16\pi G}\int d^4x\mathscr{R}_{\mu\nu}(g^{\nu\alpha}g^{\nu\beta} - \frac{1}{2}g^{\mu\nu}g^{\alpha\beta})\sqrt{-g}\delta g_{\alpha\beta}$$

$$= \frac{1}{16\pi G}\int d^4x\sqrt{-g}(\mathscr{R}^{\alpha\beta} - \frac{1}{2}\mathscr{S}g^{\alpha\beta})\delta g_{\alpha\beta} \quad (4.137)$$

由于 $\delta g_{\alpha\beta}$ 是任意的,故得真空场方程

$$\mathscr{R}^{\alpha\beta} - \frac{1}{2}\mathscr{S}g^{\alpha\beta} = 0$$

或直接由(4.135)式,$\delta(\sqrt{-g}g^{\mu\nu})$ 也是任意的,由 $\delta I_g = 0$ 得真空场方程

$$\mathscr{R}_{\mu\nu} = 0$$

为考虑宇宙项的作用,在作用量里应加上积分测度对整个时空的积分,即

$$I_c = c\int_M *1 = c\int d^4x\sqrt{-g} = \frac{\lambda}{8\pi G}\int d^4x\sqrt{-g} \quad (4.138)$$

利用(4.136)式

$$\delta I_c = \frac{c}{2}\int d^4x\sqrt{-g}g^{\mu\nu}\delta g_{\mu\nu}$$

由 $\delta(I_g + I_c) = 0$ 得真空场方程

$$\mathscr{R}^{\mu\nu} - \frac{1}{2}g^{\mu\nu}\mathscr{S} + \lambda g^{\mu\nu} = 0 \quad (4.139)$$

当有物质场存在时,总作用量

$$I = I_g + I_c + I_m = \frac{-1}{16\pi G}\int d^4x\sqrt{-g}(\mathscr{S} - 2\lambda + \mathscr{L}_m) \quad (4.140)$$

其中 $\mathscr{L}_m$ 为物质场在弯曲时空中的拉氏量,它既包含了物质场,也包含了物质场与度规场之间的相互作用. $\mathscr{L}_m$ 通常不含 $g_{\mu\nu}$ 的导数项,而

$$T^{\mu\nu} = \frac{2}{\sqrt{-g}} \frac{\delta I_m}{\delta g_{\mu\nu}}$$

右端在零曲率极限时趋于通常能量动量张量. 而

$$\delta I_m = \frac{1}{2}\int \mathrm{d}^4 x \sqrt{-g} T^{\mu\nu} \delta g_{\mu\nu} \tag{4.141}$$

当对总作用量(4. 140)变分由 $\delta I = 0$ 得

$$\mathscr{R}^{\mu\nu} - \frac{1}{2} g^{\mu\nu} \mathscr{S} + \lambda g^{\mu\nu} = -8\pi G T^{\mu\nu}$$

即爱因斯坦场方程(4. 131)式. 例如在 §4. 2 例 6 曾分析了经典电磁场的作用量(4. 80),在弯曲时空中,电磁场的广义协变作用量应表示为

$$I_{em} = -\frac{1}{4}\int \mathrm{d}^4 x \sqrt{-g} F_{\mu\nu} F^{\mu\nu} \tag{4.142}$$

首先当保持规范势 A 不变而对 $g_{\mu\nu}$ 变分

$$\delta(\sqrt{-g} F_{\mu\nu} F^{\mu\nu}) = F_{\mu\nu} F^{\mu\nu} \delta(\sqrt{-g}) + \sqrt{-g} F_{\mu\nu} F_{\alpha\beta} \delta(g^{\mu\alpha} g^{\nu\beta})$$

$$= \frac{1}{2} F_{\mu\nu} F^{\mu\nu} \sqrt{-g} g^{\alpha\beta} \delta g_{\alpha\beta} - 2 F_{\mu\nu} F_{\alpha\beta} \sqrt{-g} g^{\mu\rho} g^{\alpha\sigma} g^{\nu\beta} \delta g_{\rho\sigma}$$

$$= \left(\frac{1}{2} F_{\mu\nu} F^{\mu\nu} g^{\rho\sigma} - 2 F^{\rho}_{\ \nu} F^{\sigma\nu}\right) \sqrt{-g} \delta g_{\rho\sigma} = 2$$

$$\delta I_{em} = \frac{1}{2}\int \mathrm{d}^4 x \sqrt{-g} \left(-\frac{1}{4} F_{\mu\nu} F^{\mu\nu} g^{\rho\sigma} + F^{\rho}_{\ \nu} F^{\sigma\nu}\right) \delta g_{\rho\sigma}$$

即相应电磁场的能量动量张量

$$T^{\mu\nu}_{em} = -\frac{1}{4} F_{\alpha\beta} F^{\alpha\beta} g^{\mu\nu} + F^{\mu}_{\ \alpha} F^{\nu\alpha} \tag{4.143}$$

其中

$$T^{00}_{em} = \frac{1}{4} F_{\alpha\beta} F^{\alpha\beta} + F^{0}_{\ \alpha} F^{0\alpha} = \frac{1}{2}(B^2 - E^2) + E^2 = \frac{1}{2}(B^2 + E^2)$$

即 T^{00}_{em} 为能量密度,而

$$T^{01}_{em} = F^{0}_{\ 2} F^{12} + F^{0}_{\ 3} F^{13} = E^2 B^3 - E^3 B^2 = (\boldsymbol{E} \times \boldsymbol{B})^1$$

即 T^{0i}_{em} 给出能流变化率的 Poynting 矢量.

另方面如保持 $g_{\mu\nu}$ 不变而对规范势 A 进行变分,则与 §4. 2 例 6 中作用量变更相当,这里我们用张量形式再演算一遍:

$$\delta(F_{\mu\nu} F^{\mu\nu} \sqrt{-g}) = \sqrt{-g}\, 2 F^{\mu\nu} \delta F_{\mu\nu} = \sqrt{-g}\, 4 F^{\mu\nu} (\delta A_{\mu})_{,\nu}$$

$$= 4(\sqrt{-g} F^{\mu\nu} \delta A_{\mu})_{,\nu} - 4(\sqrt{-g} F^{\mu\nu})_{,\nu} \delta A_{\mu} \tag{4.144}$$

规范势的变更 δA_μ 为张量,上式右端第一项为切场的散度,在积分时化为全微分贡献为零. 注意到 $F^{\mu\nu}$ 为反对称张量,其协变导数

$$F^{\mu\nu}_{;\sigma} = F^{\mu\nu}_{,\sigma} + \Gamma^{\mu}_{\sigma\rho}F^{\rho\nu} + \Gamma^{\nu}_{\sigma\rho}F^{\mu\rho}$$

$$F^{\mu\nu}_{;\nu} = F^{\mu\nu}_{,\nu} + \Gamma^{\mu}_{\nu\rho}F^{\rho\nu} + \Gamma^{\nu}_{\nu\rho}F^{\mu\rho} = F^{\mu\nu}_{,\nu} + \frac{1}{\sqrt{-g}}\partial_\rho(\sqrt{-g})F^{\mu\rho} = \frac{1}{\sqrt{-g}}\partial_\rho(\sqrt{-g}F^{\mu\rho}) \tag{4.145}$$

利用以上诸式,得电磁作用量的全变分为

$$\delta I_{em} = \int d^4x\ \sqrt{-g}\left[\frac{1}{2}T^{\mu\nu}_{em}\delta g_{\mu\nu} + F^{\mu\nu}_{;\nu}\delta A_\mu\right] \tag{4.146}$$

于是由 $\delta(I_g + I_c + I_{em}) = 0$ 得耦合方程组

$$\mathscr{R}^{\mu\nu} - \frac{1}{2}g^{\mu\nu}\mathscr{S} + \lambda g^{\mu\nu} = -8\pi G T^{\mu\nu}_{em}$$

$$F^{\mu\nu}_{;\nu} = 0$$

以上办法可推广到引力场与其他场相互作用,而且其他场间也可有互作用. 用作用量原理很易得到它们间耦合的运动方程.

§4.7　正交标架场与自旋联络　时空规范理论初步

n 维流形 M 上的局域坐标变换,在一点切空间中诱导的自然基矢变换矩阵为 $GL(n,R)$ 群的元素,$GL(n,R)$ 群仅有张量表示,没有旋量表示. 当我们讨论黎曼流形上的旋量场时,必须采用标架场(vierbein)的表述. 在黎曼流形上可以选取正交标架场 $\{e_a(x)\}$. 它们在局域正交转动下仍是正交标架. 正交变换群 $O(n)$ 具有旋量表示. 对于具有半奇数自旋的场,必须用正交标架的变换群表示. 在正交标架丛上的黎曼联络常称为自旋联络.

在黎曼流形上可以引入处处正交的切标架向量场 $e_a(x)$

$$e_a(x) = e^i_a(x)\frac{\partial}{\partial x^i},\quad a = 1,\cdots,n \tag{4.147}$$

满足

$$g_{ij}e^i_a e^j_b = \eta_{ab},\quad g^{ij} = \eta^{ab}e^i_a e^j_b \tag{4.148}$$

其中

$$\eta_{ab} = \eta^{ab} = \pm\delta^a_b$$

为平度规,对欧氏空间,均取正号,对闵氏空间,最后一个指标 $\eta_{nn} = -1$,其余取 $+1$.

正交切标架$\{e_a(x)\}$的对偶基矢为余切向量1形式$\theta^a(x)$

$$\theta^a(x) = \theta_i^a(x)\mathrm{d}x^i, \quad a = 1,\cdots,n \tag{4.149}$$

满足

$$\langle \theta^a, e_b \rangle = \delta_b^a \tag{4.150}$$

$$g_{ij} = \eta_{ab}\theta_i^a\theta_j^b, \quad \eta^{ab} = g^{ij}\theta_i^a\theta_j^b \tag{4.151}$$

即将度规张量场分解为标架场,这时

$$\mathrm{d}s^2 = g_{ij}\mathrm{d}x^i\mathrm{d}x^j = \eta_{ab}\theta_i^a\theta_j^b\mathrm{d}x^i\mathrm{d}x^j = \eta_{ab}\theta^a\theta^b \tag{4.152}$$

存在两类张量指标,一类为流形局域坐标变换群张量指标$i,j,\cdots$,可利用度规张量场g_{ij}或g^{ij}来下降或提升. 另一类为各点切空间的正交转动群张量指标$a,b,\cdots$,可利用平度规张量η_{ab}或η^{ab}下降或提升. 利用此两类度规张量场,可以在切标架场与余切标架场间建立起1-1对应

$$e_a^i(x) = \eta_{ab}g^{ij}(x)\theta_j^b(x) \tag{4.153}$$

利用标架场可以自动体现两种局域变换群:

1) 流形M的一般局域坐标变换

$$\{x^i\} \to \{x'^i(x)\} \tag{4.154}$$

在引力理论中,这相当于任意非惯性坐标系间的变换. 标架场在上述坐标变换下,$e_a^i(x)$按切向量场分量变,$\theta_i^a(x)$按余切向量场分量变

$$e_a^i(x') = \frac{\partial x'^i}{\partial x^j}e_a^j(x)$$

$$\theta_i^a(x') = \frac{\partial x^j}{\partial x'^i}\theta_j^a(x) \tag{4.155}$$

为了分析物理规律在任意坐标变换下的不变性,即分析广义协变原理,应将运动方程中各张量相对自然基分量的普通导数∂_i换为含有联络的协变导数∇_i　,例如,对切向量场$X = \xi^i\partial_i$,其分量ξ^i的协变导数为

$$\nabla_k\xi^i \equiv \xi^i_{;k} = \xi^i_{,k} + \Gamma^i_{kj}\xi^j \tag{4.156}$$

含有联络系数的协变导数$\nabla_k\xi^i$为(1,1)型张量场的分量.

(4.147)及(4.149)式表明,利用标架场$\{e_a^i(x), \theta_i^a(x)\}$可以将任意坐标系换为局域正交活动标架,用广义相对论语言,即可以将非惯性坐标系的自然基矢转换为局域惯性系基矢,另方面,在局域惯性系间还可进行依赖时空位置的局域正交转动(局域Lorentz变换). 即还存在

2) 流形M每点邻域各切空间局域正交标架间的转换群:

$$\begin{aligned} e_a^i(x) &\to e'^i_a(x) = L_a^b(x)e_b^i(x) \\ \theta_i^a(x) &\to \theta'^a_i(x) = L^{-1}(x)^a_b\theta_i^b(x) \end{aligned} \tag{4.157}$$

不同惯性系间的变换即 Lorentz 变换. 当变换矩阵 L_b^a 是不依赖时空位置的常矩阵,可称为整体 Lorentz 变换,物理规律相对整体 Lorentz 变换不变,此即狭义相对论的光速不变原理. 爱因斯坦指出,必须也考虑依赖时空位置的局域 Lorentz 变换. 这样,正如通常规范理论(杨-Mills 理论)一样,当要求物理规律在局域 Lorentz 变换下不变,应将方程中普通导数换为含有联络的协变导数,相对局域 Lorentz 变换的协变导数用符号 D_i,相应联络称自旋联络:

$$\mathrm{D}_i e_a = \omega_{ia}^b e_b \tag{4.158}$$

其中 $\omega_{ib}^a(x)$ 称为自旋联络系数,而

$$\omega_b^a(x) = \omega_{ib}^a dx^i \tag{4.159}$$

称为自旋联络 1 形式. 可将它们排成方阵 1 形式:

$$\omega = (\omega_b^a) \tag{4.160}$$

指标 a,b 可看成正交标架转动群 $O(n)$ 群伴随表示空间的指标,自旋联络 1 形式 ω 为取值在 $O(n)$ 群伴随表示空间上的 1 形式. 对含有正交转动群表示张量指标的量,可作用含有自旋联络的协变导数

$$\mathrm{D}_i = \partial_i + \omega_i \tag{4.161}$$

要求所引入的含自旋联络的协变导数 D_i 为作用在 $O(n)$ 群伴随表示空间上的线性微分算子,具有性质:

1) 在一般局域坐标变换下:$x^i \to x'^i(x)$

$$\mathrm{D}_i \to \frac{\partial x^k}{\partial x'^i}\mathrm{D}_k \tag{4.162}$$

2) 在局域正交标架转动下:$(e_a^i(x) \to L_a^b(x) e_b^i(x))$

$$\mathrm{D}_i \to L^{-1}\mathrm{D}_i L \tag{4.163}$$

任意切向量场既可取坐标自然基矢也可取切空间正交标架场表示,

$$X = \xi^i \partial_i = \xi^a e_a$$

$\{\xi^i]$ 与 $\{\xi^a\}$ 代表同一切场的不同类型分量,两者间由标架场分量关连,

$$\xi^i = \xi^a e_a^i, \qquad \xi^a = \xi^i \theta_i^a$$

与(4.161)式类似,对于 $\{\xi^a\}$ 可作协变导数,

$$\mathrm{D}_i \xi^a = (\mathrm{D}_i X)^a = \xi_{,i}^a + \omega_{ib}^a \xi^b \tag{4.164}$$

利用自旋联络,可讨论旋量场 ψ 与引力场(度规张量场或标架场)的耦合,这也正是必须引入标架场的原因. 令 Σ_b^a 为 Lorentz 群旋量表示的生成元,满足对易关系

$$[\Sigma_{ab}, \Sigma_{cd}] = \eta_{bc}\Sigma_{ad} + \eta_{ad}\Sigma_{bc} - \eta_{ac}\Sigma_{bd} - \eta_{bd}\Sigma_{ac} \tag{4.165}$$

则旋量场 ψ 的协变导数可表示为

$$D_i\psi = \partial_i\psi + \frac{1}{2}\omega_i^{ab}\Sigma_{ab}\psi \tag{4.166}$$

下面我们以切向量的平行输运为例来说明自旋联络的几何意义，并将它与非 Abel 规范场进行类比，表明广义相对论中局域 Lorentz 不变性与非 Abel 规范对称性的相似性.

若沿底流形某曲线 $C(t)$ 平行输运某切向量 $X=\xi^a e_a$，则此切向量的分量 ξ^a 满足方程

$$\mathrm{D}_Y\xi^a = 0, \quad Y = \frac{\mathrm{d}}{\mathrm{d}t} \tag{4.167}$$

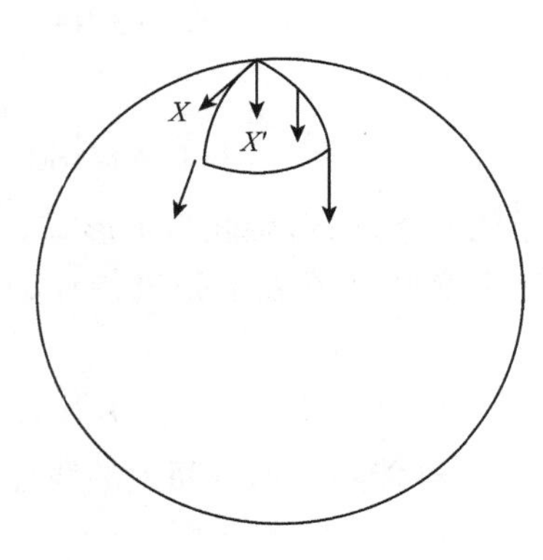

图 4.1　沿以北极为起点及终点的球面三角形平行输运切向量 X 的示意图

若沿以 p 点为起点的闭合曲线 $C(t)$ 平行输运切向量 X，当再次回到 p 点时，所得切向量 X'_p 一般会相对原切向量 X_p 有一转动，例如，流形为 E^3 中二维球面 S^2，如图 4.1 所示. 绕流形上一无穷小回路平行输运切向量 $X=\xi^a e_a$，回到起点后可得向量的无穷小转动，转动大小与闭合回路所包面积 Δ^{ik} 成比例

$$\delta\xi^a \approx \Delta^{ik}R^a_{bik}\xi^b$$

即

$$\delta\xi^a = \int \mathrm{d}x^i \wedge \mathrm{d}x^k R^a_{bik}\xi^b \tag{4.168}$$

其中曲率系数 R^a_{bik} 可如(3.50)式用自旋联络系数表示为

$$R^a_{bik} = \partial_i\omega^a_{kb} - \partial_k\omega^a_{ib} + \omega^a_{ic}\omega^c_{kb} - \omega^a_{kc}\omega^c_{ib} \tag{4.169}$$

将联络及曲率均写成在 $O(n)$ 群伴随表示空间中的算子，用矩阵表示，为

$$\omega_k = (\omega^a_{kb}), \quad \Omega_{ik} = (R^a_{bik}) \tag{4.170}$$

上述表示中，a,b 为矩阵元指标，而 k,i 等为矩阵本身的指标. 这时，(4.169)可表示为

$$\Omega_{ik} = \partial_i\omega_k - \partial_k\omega_i + [\omega_i,\omega_k] \tag{4.171}$$

此式很像杨-Mills 场的场强表达式(见上章习题 3)

$$F_{\mu\nu} = \partial_\mu A_\nu - \partial_\nu A_\mu + [A_\mu, A_\nu] \tag{4.172}$$

或采用微分形式表达，上两式可分别表示为

$$\Omega = \mathrm{d}\omega + \omega\wedge\omega$$

及

$$F = \mathrm{d}A + A\wedge A \tag{4.173}$$

由上述类比可看出,在广义相对论中为保证局域 Lorentz 变换的不变性,需引入自旋联络 ω,ω 相当于 $O(n)$ 规范场势,而相应曲率形式 Ω 相当于 $O(n)$ 规范场强.

以上分析表明将空间正交标架转动对称规范化,自旋联络相当于规范场势,而曲率相当于规范场强. 进一步能否将平移对称规范化?能否把引力规范由 Lorentz 群规范推广到 Poincare 群规范?这种设想存在着很大困难.

下面我们分析一下广义相对论中的广义协变原理. 物理规律可用任意非惯性系表达,即物理规律可用任意局域坐标系表达. 若流形局域坐标作光滑的无穷小变换

$$x^i \to x'^i(x) = x^i + \xi^i(x) \tag{4.174}$$

在此无穷小变换下,标架场的变换是

$$\delta\theta_i^a \equiv \theta'^a_i - \theta_i^a = \xi^k \partial_k \theta_i^a + \xi^k_{,i}\theta_k^a \tag{4.175}$$

相当于对标架场的自然基矢指标取李导数(但活动标架场的指标不变). 当我们考虑远离物质的近似平空间,可在某点无穷小邻域选正交标架系,使标架场 θ^a 的分量沿自然基矢 ∂_k 方向,即 $\theta_k^a = \delta_k^a$,这时上式可近似表示为

$$\delta\theta_i^a = \partial_i \xi^a \tag{4.176}$$

相当于由规范参数 ξ^a 的局域性引起规范场势的变更,即在线性近似下,由局域平移(局域微分同胚)变换的不变性,所需引入的规范势相当于 θ_i^a,而相应的规范场强为

$$\tau_{ik}^a = \mathrm{D}_i\theta_k^a - \mathrm{D}_k\theta_i^a \tag{4.177}$$

也就是自旋联络的挠率.

当将平移由整体变换变成局域变换,而将标架场 θ_μ^a 看成是局域平移群的规范势很勉强,这因标架场 θ_μ^a 有很强的严格限制

$$g_{\mu\nu} = \eta_{ab}\theta_\mu^a\theta_\nu^b \tag{4.178}$$

使局域性平移 $\xi^i(x)$ 不可能是任意函数. 另一方面由度规场 $g_{\mu\nu}(x)$ 组成的拉氏量为标曲率 $\mathscr{L}_g = \dfrac{-1}{16\pi G}\mathscr{S}$,完全不同于标准规范场的 $-\dfrac{1}{4}F_{\mu\nu}F^{\mu\nu}$ 形式. 很难将广义坐标变换完全纳入规范场的框架.

在有挠率的空间,标架场 θ^a 与联络场 ω_b^a 是相互独立的. 联络的挠率对决定流形上测地线无影响,因此在广义相对论中常取挠率为零的联络,即黎曼联络. 爱因斯坦理论是宏观理论,由于引力常数 G 的值非常小,在微观范围,常规物质和规范场的能动张量对微观范围内时空弯曲贡献常可忽略,除非是在宇宙早期. 时空 Lorentz 规范理论常相当于考虑微观领域的爱因斯坦方程,需考虑引力场本身赝能量动量张量对时空弯曲的影响. 挠率所造成的时空弯曲是微观的,对宏观的时空弯

曲没有直接贡献,它只是通过挠率所对应的规范场能量动量张量,经爱因斯坦方程影响时空弯曲.

下面我们着重分析挠率为零的黎曼联络,这时联络场 ω_b^a 可由标架场 θ^a 及其导数决定,下面我们就分析此问题. 要求自旋联络 ω_b^a 为黎曼联络,即要求满足下面两个条件:

1) 保度规条件,即保持标架场的正交性,有

$$\omega_{ab} \equiv \eta_{ac}\omega_b^c = -\omega_{ba} \tag{4.179}$$

2) 无挠条件,即

$$\nabla_a e_b - \nabla_b e_a = [e_a, e_b] = f_{ab}^c e_c \tag{4.180}$$

由上式知标架结构函数

$$f_{bc}^a(x) = \omega_{c,b}^a - \omega_{b,c}^a \tag{4.181}$$

其中

$$\omega_{c,b}^a = e_b^i \omega_{ic}^a \tag{4.182}$$

将(4.166)式循环置换后求和,注意到(4.179)式,得

$$\omega_{b,c}^a = \frac{1}{2}(f_{ab}^c - f_{bc}^a - f_{ca}^b) \tag{4.183}$$

进一步可证保度规无挠自旋联络系数为

$$\omega_i^{ab} = \frac{1}{2}\theta^{ak}(\partial_i\theta_k^b - \partial_k\theta_i^b) - \frac{1}{2}\theta^{bk}(\partial_i\theta_k^a - \partial_k\theta_i^a) - \frac{1}{2}\theta^{aj}\theta^{bl}(\partial_j e_{cl} - \partial_l e_{cj})\theta_i^c \tag{4.184}$$

即保度规无挠自旋联络,可由标架场及其导数决定,正好像通常 Levi-Civitta 联络可用度规张量场及其导数表示一样.

黎曼流形上存在两种黎曼联络:Levi-Civitta 联络与自旋联络,下面分析它们间的关系. 首先,由联络 1 形式可算出曲率 2 形式,其指标为张量指标,可得到两种曲率 2 形式间的关系

$$\Omega_b^a(x) = \mathrm{d}\omega_b^a + \omega_c^a \wedge \omega_b^c = \theta_i^a(\mathrm{d}\Gamma_j^i + \Gamma_k^i \wedge \Gamma_j^k)e_b^j = \theta_i^a \Omega_j^i e_b^j \tag{4.185}$$

自旋联络 1 形式 ω_b^a 的指标是非张量指标,它与 Levi-Civitta 联络 1 形式 Γ_k^i 间的关系是非线性的. 利用(4.139a)式,得

$$\omega_b^a \wedge \theta^b = \omega_{jb}^a \theta_i^b \mathrm{d}x^j \wedge \mathrm{d}x^i = -\mathrm{d}(\theta_i^a \mathrm{d}x^i) = -(\nabla_j\theta_i^a)\mathrm{d}x^j \wedge \mathrm{d}x^i \tag{4.186}$$

上式最后一步利用了坐标联络的对称条件,再注意到保度规条件,得

$$0 = \nabla_i(g^{jk}\theta_j^a\theta_k^b) = g^{jk}\theta_j^a \nabla_i\theta_k^b + (\nabla_i\theta_j^a)g^{jk}\theta_k^b$$

即

$$\theta^{ak}\nabla_i\theta_k^b = -\theta^{bk}\nabla_i\theta_k^a \tag{4.187}$$

将上两式结合在一起,得

$$\omega_{jb}^a = -e_b^k(\nabla_j\theta_k^a) = \theta_k^a\nabla_j e_b^k = \theta_k^a\partial_j e_b^k + \theta_k^a\Gamma_{jl}^k e_b^l \equiv \theta_k^a e_{b;j}^k \tag{4.188}$$

或写为

$$\omega_b^a = \theta_k^a(\delta_l^k d + \Gamma_l^k)e_b^l \equiv \theta_k^a(\nabla e_b)^k$$

反过来也可将 Levi-Civitta 联络用自旋联络表示

$$\Gamma_l^k = e_a^k\omega_b^a\theta_l^b + e_a^k \mathrm{d}\theta_l^a \tag{4.189}$$

当作用在张量场分量上时,含有 Levi-Civitta 联络 Γ 的协变导数∇_i 与含有自旋联络 ω 的协变导数 D_i 间有关系

$$\mathrm{D}_i = \partial_i + \omega_{ib}^a = \theta_k^a(\delta_j^k\partial_i + \Gamma_{ij}^k)e_b^j \tag{4.190}$$

$$\nabla_i = \partial_i + \Gamma_{ik}^j = e_a^j(\delta_b^a\partial_i + \omega_{ib}^a)\theta_k^b \tag{4.191}$$

其中导数理解为对右作用,且当有张量指标时,由联络指标缩并相应张量指标. 例如,对切向量场

$$X = \xi^i\partial_i = \xi^a e_a$$

$$\mathrm{D}_i\xi^a = (\delta_b^a\partial_i + \omega_{ib}^a)\xi^b = \theta_k^a(\delta_j^k\partial_i + \Gamma_{ij}^k)e_b^j\theta_l^b\xi^l = \theta_k^a\nabla_i\xi^k \tag{4.192}$$

由以上运算可看出,张量场正交活动标架分量的协变导数相当于将标架场抽出,将自旋联络换成为 Levi-Civitta 联络,成张量场自然基分量的协变导数. 为简化记号,可将两种黎曼联络的协变导数均用记号 D_i 代表,而约定,当作用在标架场时,可将标架场看作常量抽出,即

$$\mathrm{D}_i\theta_j^a = 0 \tag{4.193}$$

且约定

$$\begin{aligned}\mathrm{D}_i\xi^j &\equiv \nabla_i\xi^j = \partial_i\xi^j + \Gamma_{ik}^j\xi^k \\ \mathrm{D}_i\xi^a &= \partial_i\xi^a + \omega_{ib}^a\xi^b\end{aligned} \tag{4.194}$$

标架场 θ_j^a 本身有两张量指标,因此(4.193)式也可写成

$$\mathrm{D}_i\theta_j^a = \partial_i\theta_j^a - \Gamma_{ij}^k\theta_k^a + \omega_{ib}^a\theta_j^b = 0 \tag{4.195}$$

此式即(4.189)式. 由此方程可确定两种黎曼联络间关系. 上式代表 n^3 个独立方程,而自旋联络系数与 Levi-Civitta 联络系数的独立分量数也各为 n^3 个. 故可完全确定两者间的关系.

§4.8 测地线 Jacobi 场与 Jacobi 方程

测地线是通常欧氏空间中直线的推广. 欧氏空间中两点间以直线为最短,而通

常称弯曲空间中两点间最短曲线为测地线. 这样定义的测地线需假定空间具有度规来测量距离. 在未定义度规的流形上也可定义测地线,例如在仿射联络流形上,如§3.4,将测地线定义为自平行曲线,即平行输运自己切矢的曲线. 测地线的这两种定义对黎曼流形是相同的. 短程线概念仅对具有正定度规的黎曼流形有意义,而自平行线概念对广义黎曼流形,甚至在没有定义度规的仿射联络流形也是对的,即当流形上给定联络 1 形式 $\Gamma^i_j = \mathrm{d}x^k \Gamma^i_{kj}(x)$,用 v 表示沿曲线的切向量. 可这样定义测地线:平行输运自己的切矢量的曲线称为测地线,即在测地线上各点均满足

$$\nabla v = 0 \tag{4.196}$$

当取局域坐标时,将切矢表为 $v = \frac{\mathrm{d}x^i}{\mathrm{d}t}\frac{\partial}{\partial x^i}$,则得测地线方程组

$$\frac{\mathrm{d}^2 x^i}{\mathrm{d}t^2} + \Gamma^i_{jk}\frac{\mathrm{d}x^j}{\mathrm{d}t}\frac{\mathrm{d}x^k}{\mathrm{d}t} = 0 \tag{4.197}$$

当流形上给定度规张量场 $g_{ij}(x)$,可选与度规张量相容的对称联络,这时 Γ^i_{jk} 可用 $g_{ij}(x)$ 及其导数表示,故测地线由度规场决定.

下面分析测地线为短程线的几何意义. 流形上经 p,q 两点的曲线 $\gamma(t)$ ($\gamma(0)=p,\gamma(1)=q$),利用度规可定义此两点曲线的弧长

$$S[\gamma] = \int_0^1 \sqrt{g_{ij}\frac{\mathrm{d}x^i}{\mathrm{d}t}\frac{\mathrm{d}x^j}{\mathrm{d}t}}\,\mathrm{d}t \tag{4.198}$$

弧长 $S[\gamma]$ 为曲线 $\gamma(t)$ 的泛函. 下面求此弧长为最短的极值条件. 由经典力学大家熟悉的作用量泛函

$$S[\gamma] = \int_p^q L(x,\dot{x})\,\mathrm{d}t \tag{4.199}$$

为极值的条件,即要求 Lagragian 函数 $L(x,\dot{x})$ 满足 Euler-Lagrangian 方程:

$$\frac{\mathrm{d}}{\mathrm{d}t}\left(\frac{\partial L}{\partial \dot{x}^i}\right) - \frac{\partial L}{\partial x^i} = 0 \tag{4.200}$$

现在 $L = \sqrt{g_{ij}(x)\dot{x}^i\dot{x}^j}$,相应 Euler-Lagrangian 方程为

$$\frac{\mathrm{d}}{\mathrm{d}t}\left(\frac{g_{kj}\dot{x}^j}{\sqrt{g_{ij}\dot{x}^i\dot{x}^j}}\right) = \frac{\dfrac{\partial g_{ij}}{\partial x^k}\dot{x}^i\dot{x}^j}{2\sqrt{g_{ij}\dot{x}^i\dot{x}^j}} \tag{4.201}$$

弧长泛函 $S[\gamma]$(4.198)与曲线 $\gamma=\gamma(t)$ 的参数选取无关. 如选曲线参数 t 与自然参数 l 成比例

$$l = ct,\ c \in \mathbb{R}\ \text{为常数}$$

$$\mathrm{d}l^2 = g_{ij}\mathrm{d}x^i\mathrm{d}x^j = c^2\mathrm{d}t^2$$

即

$$\sqrt{g_{ij}\dot{x}^i\dot{x}^j} = |\dot{x}| = c$$

方程(4.201)化为

$$\frac{\mathrm{d}}{\mathrm{d}t}(g_{kj}\dot{x}^j) = \frac{1}{2}\frac{\partial g_{ij}}{\partial x^k}\dot{x}^i\dot{x}^j \tag{4.202}$$

即

$$g_{kj}\ddot{x}^j + \dot{x}^j\frac{\partial g_{kj}}{\partial x^i}\dot{x}^i = \frac{1}{2}\frac{\partial g_{ij}}{\partial x^k}\dot{x}^i\dot{x}^j$$

注意到方程的对称性,易证

$$\frac{\partial g_{kj}}{\partial x^i}\dot{x}^i\dot{x}^j = \frac{1}{2}\left(\frac{\partial g_{kj}}{\partial x^i} + \frac{\partial g_{ki}}{\partial x^j}\right)\dot{x}^i\dot{x}^j$$

并利用 $g^{kl}g_{kj} = \delta^l_j$,可得

$$\ddot{x}^l + \Gamma^l_{ij}\dot{x}^i\dot{x}^j = 0 \tag{4.203}$$

其中

$$\Gamma^l_{ij} = \frac{1}{2}g^{kl}\left(\frac{\partial g_{kj}}{\partial x^i} + \frac{\partial g_{ki}}{\partial x^j} - \frac{\partial g_{ij}}{\partial x^k}\right) \tag{4.204}$$

为度规张量场决定的黎曼联络(4.142)式,而(4.203)式与(4.197)式同,在黎曼流形上两点间短程线就是用黎曼联络决定的自平行线.

下面我们分析在测地线 $\gamma(t)$ 附近曲线族的相对行为,即考虑由点 p 到点 q 的曲线族

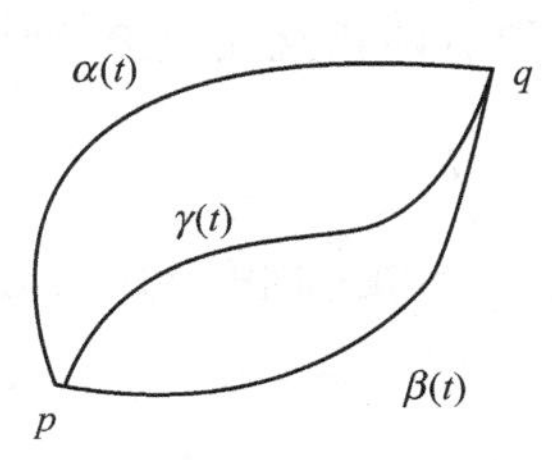

$$F: I \times I \to M$$
$$u,\ t \to F(u,t)$$

对固定 u,$F(u,t) = \gamma_u(t)$ 为由 p 到 q 的曲线,而当 $u = 0$ 为给定测地线

$$\gamma(t) = \gamma_0(t) = F(0,t)$$

而假定曲线 γ 可连续地畸变为

$$\alpha(t) = \gamma_{-1}(t)$$
$$\beta(t) = \gamma_1(t)$$

曲线族 $\gamma_u(t)$ 相对 $\gamma(t)$ 的变更又可称为 γ 的变分. 由 $F(u,t)$ 的连续性,也可固定 t,这时 $F(u,t) \equiv F_t(u)$ 为由 $\alpha(t)$ 到 $\beta(t)$ 的曲线. 下面用 $V = \frac{\partial}{\partial t}$,$J = \frac{\partial}{\partial u}$ 为切于相应曲线族的切场,假定它们间关系满足

$$L_J V = [J, V] = 0 \tag{4.205}$$

即它们中任一个可被另一个线族变更回自己，这时，在黎曼流形 M 上，当取无挠的黎曼联络，这时联络挠率张量 T 为零条件，

$$T(J,V) = \nabla_J V - \nabla_V J - [J,V] = \nabla_J V - \nabla_V J = 0 \tag{4.206}$$

而黎曼曲率张量算子 $R(V,J)$ 满足

$$R(J,V)V = (\nabla_J \nabla_V - \nabla_V \nabla_J - \nabla_{[J,V]})V$$

$$\overset{(4.205)}{=\!=\!=} \nabla_J \nabla_V V - \nabla_V \nabla_J V$$

$$\overset{(4.206)}{=\!=\!=} \nabla_J \nabla_V V - \nabla_V \nabla_V J$$

当 $\gamma(t)$ 为测地线时，$\nabla_V V = 0$，上式化为

$$\nabla_V \nabla_V J + R(J,V)V = 0 \tag{4.207}$$

此方程称为 Jacobi 场方程，满足此方程的矢场 $J = \frac{\partial}{\partial u}$ 称为 Jacobi 场，它是测地线的无穷小变更场 J 满足的方程.

取满足测地线方程(4.197)的曲线 $\gamma(t)$，它是平行输运自己切线 V 的测地线，沿曲线 $\gamma(t)$ 如存在非零的 Jacobi 场 J，它是测地线 γ 的测地变更场，满足方程(4.207)，设此非零的 Jacobi 场在测地线 γ 上点 p 与点 q 处为零，则称点 p 与 q 为测地线上的共轭点，表明在点 p 处无穷小邻近测地线会在 q 处相交. 例如，球面上的对顶点即相互共轭点. 而具非正截曲率(参见 §6.3)的黎曼流形没有共轭点.

习　题　四

1. 在三维欧氏空间中，利用外微分算子 d 及 Hodge * 运算，证明下列各式：

$$\text{grad} fg = (\text{grad} f)g + f(\text{grad} g)$$

$$\text{curl}(f\boldsymbol{V}) = (\text{grad} f)\cdot\boldsymbol{V} + f(\text{curl}\boldsymbol{V})$$

$$\text{div}(f\boldsymbol{V}) = (\text{grad} f)\cdot\boldsymbol{V} + f\text{div}\boldsymbol{V}$$

$$\text{div}(\boldsymbol{V}\times\boldsymbol{W}) = \boldsymbol{W}\cdot\text{curl}\boldsymbol{V} - \boldsymbol{V}\text{curl}\boldsymbol{W}$$

2. 四维欧氏空间 U(1) 规范场，场方程为

$$\delta F = J_\mu \mathrm{d}x^\mu \equiv J$$

请写出其相应分量表达式，并请证明

$$\delta J = 0$$

即通常流守恒方程.

3. 请证明

$$**\alpha_r = \text{sgn}(g)(-1)^{r(n-r)}\alpha_r$$

$$\alpha_r \wedge *\beta_r = \beta_r \wedge *\alpha_r$$

$$(\alpha_r, \mathrm{d}\beta_{r-1}) = (\delta\alpha_r, \beta_{r-1})$$

4. 对黎曼流形,请证明下列等式:

$$g^{\alpha\beta}_{,\sigma} = -g^{\alpha\mu}g^{\beta\nu}g_{\mu\nu,\sigma}$$

$$g_{,\nu} = gg^{\lambda\mu}g_{\lambda\mu,\nu}(g = \det(g_{\mu\nu}))$$

$$\Gamma^{\mu}_{\nu\mu} = \frac{1}{2}(\ln g)_{,\nu}$$

$$g^{\mu\nu}\Gamma^{\lambda}_{\mu\nu} = -\frac{1}{\sqrt{g}}\partial_\rho(\sqrt{g}g^{\rho\lambda})$$

5. 请证明黎曼曲率张量满足 Bianchi 恒等式,

$$R^{l}_{k[ij,m]} = 0$$

并导出其约化形式

$$\nabla_k\left(\mathscr{R}^k_j - \frac{1}{2}\delta^k_j\mathscr{R}\right) = 0$$

6. 请证明在二维与三维空间,可由 Ricci 张量完全决定黎曼曲率张量.
7. 自旋联络是黎曼联络吗?请分析在黎曼流形上 Christoffel 联络与自旋联络的关系.

第五章　欧空间的黎曼子流形
正交活动标架法

欧几里得空间是大家熟悉的平直空间,任意 n 维光滑流形局域像$\mathbb{E}^n$,且所有黎曼流形均可嵌入在足够高维的欧氏空间中作为其子流形. 欧氏空间具平庸联络及零曲率,且度规平庸,而作为其子流形的黎曼度规及联络可由嵌入欧氏空间的平庸度规诱导组成,故我们特别注意研究欧氏空间的子流形.

在§5.1 我们先分析一般黎曼流形中正则子流形. 在将流形 M 嵌入黎曼流形 N 时,将切场推入,同时将余切场拖回,可由 N 上度规及联络得 M 上诱导度规及诱导联络. 在§5.2 用活动标架法分析高维欧空间$\mathbb{E}^n$ 中子流形. §5.3 分析三维欧空间中曲线与曲面,这是经典微分几何的主要内容. §5.4 用 Cartan 活动标架法计算黎曼曲率,利用对称性分析,用 Cartan 结构方程,常能通过简捷计算得到黎曼曲率张量. §5.5 分析伪球面与 Bäcklund 变换,它们在分析非线性可积体系孤子解时非常有用. 最后一节介绍局域法坐标系,在我们分析流形局域性质时,引入局域法坐标系,常可使各种分析计算大为简化.

§5.1　黎曼流形的子流形　诱导度规与诱导联络

设 m 维流形 M 等长浸入在 n 维黎曼流形 N 中,$n=m+p,p>0$. 由于我们这里仅分析局域性质,可认为 M 是嵌入在 N 中

$$i:M\to N$$

用$(U,\{x^j\}_1^m)$表示 M 的局域坐标卡,$(V,\{u^a\}_1^n)$表示 N 的局域坐标卡,嵌入子流形 M 可表示为

$$u^a = u^a(x)$$

将 M 嵌入,诱导将切空间推入,

$$X(x) = \xi^i(x)\partial_i \to i_*X = \xi^i L_i^a \partial_a \qquad (L_i^a = \frac{\partial u^a}{\partial x^i})$$

$$= \bar{\xi}^a \partial_a \qquad (\bar{\xi}^a = \xi^i L_i^a) \tag{5.1}$$

黎曼流形 N 上定义有度规:

$$ds^2 = \eta_{ab}du^a du^b, \quad \eta_{ab} = \eta_{ba}$$

N 上度规张量场$\{\eta_{ab}\}$被拖回映射得 M 上度规场$\{g_{ij}\}$

$$ds^2 = \eta_{ab}\frac{\partial u^a}{\partial x^i}\frac{\partial u^b}{\partial x^j}dx^i dx^j = g_{ij}dx^i dx^j$$

$$g_{ij} = \eta_{ab}\frac{\partial u^a}{\partial x^i}\frac{\partial u^b}{\partial x^j} = g_{ji} \tag{5.2}$$

$\{g_{ij}(x)\}$称为子流形 M 上诱导度规,使嵌入子流形 M 为黎曼流形. M 上两任意切场

$$X = \xi^i\partial_i, \quad Y = \eta^j\partial_j \in \mathscr{X}(M)$$

可得 N 上相应切场

$$\bar{X} = i_* X = \bar{\xi}^a\partial_a, \quad \bar{Y} = i_* Y = \bar{\eta}^a\partial_a \quad \in \mathscr{X}(N)$$

这时,两切场间内积

$$(X,Y)_M = \xi^i\eta^j g_{ij} = \xi^i\eta^j\eta_{ab}\frac{\partial u^a}{\partial x^i}\frac{\partial u^b}{\partial x^j} = \bar{\xi}^a\bar{\eta}^b\eta_{ab} = (\bar{X},\bar{Y})_N$$

在不引起混淆时,常可将 M 及其嵌入像 $i(M)$看成等同,且可忽略标志度规的下标 M 及 N,简记为

$$(X,Y) = (X,Y)_M = (\bar{X},\bar{Y})_N \tag{5.3}$$

对于两切场间李括弧运算

$$\begin{aligned}
[\bar{X},\bar{Y}]\mid_{u=u(x)} &= (\bar{\xi}^a\partial_a\bar{\eta}^b - \bar{\eta}^a\partial_a\bar{\xi}^b)\partial_b = \left(\xi^i\frac{\partial u^a}{\partial x^i}\partial_a\left(\eta^j\frac{\partial u^b}{\partial x^j}\right) - \eta^i\frac{\partial u^a}{\partial x^i}\partial_a\left(\xi^j\frac{\partial u^b}{\partial x^j}\right)\right)\partial_b \\
&= \left(\xi^i\partial_i\left(\eta^j\frac{\partial u^b}{\partial x^j}\right) - \eta^i\partial_i\left(\xi^j\frac{\partial u^b}{\partial x^j}\right)\right)\partial_b = (\xi^i\partial_i\eta^j - \eta^i\partial_i\xi^j)\frac{\partial u^b}{\partial x^j}\partial_b \\
&= \overline{[X,Y]} = [X,Y]
\end{aligned}$$

此式表明两切场被推入后作李括弧运算等于先作李括弧运算后再推入,即可简记为

$$[\bar{X},\bar{Y}]\mid_M = [X,Y] \tag{5.4}$$

N 中向量 V 在点 $p\in M$ 与 M 中所有在 p 点的切向量 X 满足

$$(V,X) = 0$$

则称 V 为 M 在 N 中在点 p 的法向量. M 在 N 中单位法向量场称为 M 的法截面.

在 N 上给定联络$\{\Gamma^c_{ba}\}$,可对 N 上张量场进行协变微分$\bar{\nabla}$运算. 对 M 上切场 X,Y 的推入切场 $\bar{X},\bar{Y}$,可计算协变导数

$$\begin{aligned}
\bar{\nabla}_{\bar{X}}\bar{Y}\mid_M &= \bar{\xi}^b(\partial_b\bar{\eta}^c + \Gamma^c_{ba}\bar{\eta}^a)\mid_{u=u(x)} = \xi^i\frac{\partial u^b}{\partial x^i}\left(\partial_b\bar{\eta}^c + \Gamma^c_{ba}\frac{\partial u^a}{\partial x^j}\eta^j\right) \\
&= \xi^i\left(\partial_i\left(\frac{\partial u^c}{\partial x^j}\eta^j\right) + \Gamma^c_{ba}\frac{\partial u^b}{\partial x^i}\frac{\partial u^a}{\partial x^j}\eta^j\right)
\end{aligned}$$

其值与 N 上联络场 $\{\Gamma^c_{ba}\}$ 的选取有关，而与切场嵌入扩张无关，可简记为

$$\overline{\nabla}_X Y \equiv \overline{\nabla}_{\overline{X}} \overline{Y}|_M$$

它可能不再切于子流形 M，利用 N 上度规可将它分为两部分

$$\overline{\nabla}_X Y = \nabla_X Y + H(X,Y) \tag{5.5}$$

其中 $\nabla_X Y$ 为其切分量，而 $H(X,Y)$ 为其法分量，$H(X,Y)$ 与嵌入子流形在该点的任意切方向垂直. ∇ 称为由 $\overline{\nabla}$ 诱导的联络.

令 $f,g,\in\mathscr{F}(M)$ 为 M 上任意函数

$\overline{\nabla}_{f\overline{X}} g\overline{Y}|_M = \overline{\nabla}_{fX} gY = f(X(g)Y + g\,\overline{\nabla}_X Y) = fX(g)Y + fg\,\nabla_X Y + fgH(X,Y)$，所以

$$\nabla_{fX} gY = fX(g)Y + fg\,\nabla_X Y \tag{5.6a}$$

$$H(fX,gY) = fgH(X,Y) \tag{5.6b}$$

即由仿射联络 $\overline{\nabla}$ 诱导的联络 ∇ 仍为仿射联络.

如 N 上联络 $\overline{\nabla}$ 无挠即满足

$$(\overline{\nabla}_{\overline{X}}\overline{Y} - \overline{\nabla}_{\overline{Y}}\overline{X} - [\overline{X},\overline{Y}])_M = 0$$

则由(5.4)(5.5)式得

$$\nabla_X Y + H(X,Y) - \nabla_Y X - H(Y,X) - [X,Y] = 0$$

即

$$\nabla_X Y - \nabla_Y X - [X,Y] = 0 \tag{5.7a}$$

$$H(X,Y) = H(Y,X) \tag{5.7b}$$

即诱导联络 ∇ 仍无挠.

如 N 上所给联络为保度规的黎曼联络，则由(5.3)(5.5)式得

$$(X,Y,Z\in\mathscr{X}(M))$$

$$\overline{\nabla}_{\overline{X}}(\overline{Y},\overline{Z})|_M = ((\overline{\nabla}_{\overline{X}}\overline{Y},\overline{Z}) + (\overline{Y},\overline{\nabla}_{\overline{X}}\overline{Z}))_M = (\nabla_X Y,Z) + (Y,\nabla_X Z)$$

而左端 $=\overline{X}(\overline{Y},\overline{Z})|_M = X(Y,Z) = \nabla_X(Y,Z)$，即

$$\nabla_X(Y,Z) = (\nabla_X Y,Z) + (Y,\nabla_X Z) \tag{5.8}$$

诱导联络 ∇ 仍为保诱导度规的黎曼联络.

当 M 为 N 中余维 $p=1$ 的子流形，称 M 为 N 中超曲面，这时(5.5)称为 Gauss 公式：

$$\overline{\nabla}_X Y = \nabla_X Y + B(X,Y)E \tag{5.9}$$

这里 E 代表超面 M 在 N 中单位法向量场. $B(X,Y)\in\mathscr{F}(M)$，B 为 M 上双线性对称

二阶协变张量场,称为 M 的第Ⅱ基本形式(度规场 G 称第Ⅰ基本形式). 而

$$\overline{\nabla}_X E = -\varepsilon AX \in \mathscr{X}(M) \tag{5.10}$$

称 Weingarten 公式. 这里 $\varepsilon=(E,E)_N=\pm 1$, A 称形状算子(shape operator),为(1,1)型张量场,易证

$$B(X,Y) = (AX,Y)_M \tag{5.11}$$

§5.2 n 维欧空间$\mathbb{E}^n$ 的子流形 正交活动标架法

$\mathbb{E}^n$ 具非常简单性质:度规可取 $\eta_{ij}=\delta_{ij}$,且在任意点 $p\in\mathbb{E}^n$ 的切空间 T_pE^n 与余切空间 $T_p^*\mathbb{E}^n$ 都与$\mathbb{E}^n$ 本身微分同胚,$\mathbb{E}^n$ 具有整体坐标基. Cartan 用活动标架研究嵌入在高维欧空间中光滑子流形. 下面我们先分析一下 Cartan 活动标架法的一般特点.

在 n 维欧空间$\mathbb{E}^n$ 中选正交活动标架:

$$(\boldsymbol{x};\boldsymbol{e}_1(x),\cdots,\boldsymbol{e}_n(x)) \tag{5.12}$$

活动标架原点 $\boldsymbol{x}$ 作无穷小位移 $\mathrm{d}\boldsymbol{x}$,同时整个正交标架$\{\boldsymbol{e}_\alpha(x)\}_1^n$ 作无穷小转动变换 $\mathrm{d}\boldsymbol{e}_\alpha$,它们都可用在该点上述活动标架展开:

$$\mathrm{d}\boldsymbol{x} = \sum_{\alpha=1}^n \boldsymbol{e}_\alpha\theta_\alpha \tag{5.13}$$

$$\mathrm{d}\boldsymbol{e}_\alpha = \sum_{\beta=1}^n \boldsymbol{e}_\beta\omega_{\beta\alpha} \tag{5.14}$$

展开系数$\{\theta_\alpha\}$与$\{\omega_{\beta\alpha}\}$都是 1 形式,分别称为活动标架(5.12)的标架 1 形式与联络 1 形式. 它们满足欧空间平庸联络的无挠及零曲率条件:

$$\mathrm{d}\theta_\alpha + \sum_{\beta=1}^n \omega_{\alpha\beta}\wedge\theta_\beta = 0 \tag{5.15}$$

$$\mathrm{d}\omega_{\alpha\beta} + \sum_{\gamma=1}^n \omega_{\alpha\gamma}\wedge\omega_{\gamma\beta} = 0 \tag{5.16}$$

正交标架完全刻划了物体的刚体运动,上述两方程称为$\mathbb{E}^n$ 中刚体运动群的结构方程,或称为正交活动标架的结构方程. 注意到在标架转动时仍保持标架的正交性:$(\boldsymbol{e}_\alpha,\boldsymbol{e}_\beta)=\delta_{\alpha\beta}$,导致

$$(\mathrm{d}\boldsymbol{e}_\alpha,\boldsymbol{e}_\beta)+(\boldsymbol{e}_\alpha,\mathrm{d}\boldsymbol{e}_\beta) = 0$$

$$\omega_{\alpha\beta} = -\omega_{\beta\alpha} \tag{5.17}$$

下面讨论嵌入在$\mathbb{E}^n$ 中的 m 维定向光滑子流形 M,可将活动标架原点取在子流形 M 上,得 m 参数活动标架. 可在 M 的每点 $\boldsymbol{x}$ 选正交标架

$$(\boldsymbol{x};\boldsymbol{e}_1,\cdots,\boldsymbol{e}_m,\boldsymbol{e}_{m+1},\cdots,\boldsymbol{e}_n) \tag{5.18}$$

使 $e_i(i\leqslant m)$ 为在点 $x\in M$ 处子流形 M 的切矢量

$$\boldsymbol{e}_i(x)\in T_xM,\ i\leqslant m$$

且 $\{\boldsymbol{e}_i\}_1^m$ 与 M 的定向一致. 而 $\boldsymbol{e}_\alpha(m<\alpha\leqslant n)$ 为 M 在 x 点的法向量. 此局域正交标架称为子流形 M 的 Darboux 标架.

在流形 M 上选局域坐标系 $\{u^i\}_1^m$,将活动标架原点沿流形 M 作无穷小位移,并将它们用上述 Darboux 标架展开:

$$\mathrm{d}\boldsymbol{x}=\sum_{i=1}^m\boldsymbol{e}_i\theta_i \tag{5.19}$$

这时

$$\theta_i=\theta_i(u)=\sum_{j=1}^m\theta_{ij}\mathrm{d}u^j\in\Lambda^1(M)$$

位移的平方称为流形 M 的第 I 基本形式:

$$I=(\mathrm{d}\boldsymbol{x},\mathrm{d}\boldsymbol{x})=\sum_{i=1}^m\theta_i^2=\sum_{i,j=1}^m g_{ij}(u)\mathrm{d}u^i\mathrm{d}u^j \tag{5.20}$$

其中

$$g_{ij}(u)=\sum_{\alpha=1}^n\frac{\partial x^\alpha(u)}{\partial u^i}\frac{\partial x^\alpha(u)}{\partial u^j} \tag{5.21}$$

为子流形诱导度规,随着活动标架原点转动同时,整个 Darboux 活动标架作转动,可将活动标架的无穷小变换也用相应 Darboux 标架展开:

$$\mathrm{d}\boldsymbol{e}_i=\sum_{j=1}^m\boldsymbol{e}_j\omega_{ji}+\sum_{a=m+1}^n\boldsymbol{e}_a\omega_{ai} \tag{5.22}$$

$$\mathrm{d}\boldsymbol{e}_b=\sum_{j=1}^m\boldsymbol{e}_j\omega_{jb}+\sum_{a=m+1}^n\boldsymbol{e}_a\omega_{ab} \tag{5.23}$$

展开系数 $\{\omega_{\alpha\beta}\}$ 都是 1 形式

$$\omega_{\alpha\beta}=-\omega_{\beta\alpha}\in\Lambda^1(M) \tag{5.24}$$

与(5.15)(5.16)相似,它们满足的正交活动标架的结构方程可表示为

$$\mathrm{d}\theta_i+\sum_{j=1}^m\omega_{ij}\wedge\theta_j=0 \tag{5.25}$$

$$\sum_{j=1}^m\omega_{aj}\wedge\theta_j=0 \tag{5.26}$$

$$\mathrm{d}\omega_{ij}+\sum_{k=1}^m\omega_{ik}\wedge\omega_{kj}+\sum_{a=m+1}^n\omega_{ia}\wedge\omega_{aj}=0 \tag{5.27}$$

$$d\omega_{ib} + \sum_{k=1}^{m} \omega_{ik} \wedge \omega_{kb} + \sum_{a=m+1}^{n} \omega_{ia} \wedge \omega_{ab} = 0 \tag{5.28}$$

$$d\omega_{ab} + \sum_{k=1}^{m} \omega_{ak} \wedge \omega_{kb} + \sum_{c=m+1}^{n} \omega_{ac} \wedge \omega_{cb} = 0 \tag{5.29}$$

由(5.25)知 ω_{ij}为子流形 M 的联络 1 形式,与(5.22)式比较,相当于在(5.22)式中忽略右手第二项,可将 M 上切标架变换 $d\boldsymbol{e}_i$ 正交投射到 M 的切丛截面 $\mathscr{X}(M)$上,得到 M 上活动标架的协变导数:

$$D\boldsymbol{e}_i = \sum_{j=1}^{m} \boldsymbol{e}_j\omega_{ji} \tag{5.30}$$

即利用 E^n 空间平度规得到的切场的平行输运,再正交投射到 M 的切丛截面,用此规则来定义 M 上切场的平行输运,因而得到诱导的黎曼联络,是与诱导度规场 $g_{ij}(u)$ 相容的黎曼联络.

为简单起见,设 M 为 E^n 中定向超曲面,即设 $n = m + 1$,M 的 Darboux 标架仅有一个法向量 e_n,这时(5.17) - (5.20)式可简化为

$$de_i = \sum_{j=1}^{m} e_j\omega_{ji} + e_n\omega_{ni} \tag{5.31}$$

$$de_n = \sum_{j=1}^{m} e_j\omega_{jn} \tag{5.32}$$

$$d\theta_i + \sum_{j=1}^{m} \omega_{ij} \wedge \theta_j = 0 \tag{5.33}$$

$$\sum_{j=1}^{m} \omega_{nj} \wedge \theta_j = 0 \tag{5.34}$$

$$d\omega_{ij} + \sum_{k=1}^{m} \omega_{ik} \wedge \omega_{kj} + \omega_{in} \wedge \omega_{nj} = 0 \tag{5.35}$$

$$d\omega_{in} + \sum_{k=1}^{m} \omega_{ik} \wedge \omega_{kn} = 0 \tag{5.36}$$

由(5.32)式及$\{\theta_j\}$的线性无关性,再由 Cartan 引理(见§1.6)知

$$\omega_{ni} = \sum_{j=1}^{m} h_{ij}\theta_j, \quad h_{ij} = h_{ji} \tag{5.37}$$

可引入超曲面的第Ⅱ基本形式

$$\text{II} = -(dx, de_n) = \sum_{i=1}^{m} \omega_{ni}\theta_i = \sum_{i,j=1}^{m} h_{ij}\theta_i\theta_j \tag{5.38}$$

而超曲面 M 的黎曼曲率形式可表示为

$$\Omega_{ij} = d\omega_{ij} + \sum_{k=1}^{m} \omega_{ik} \wedge \omega_{kj} = -\omega_{in} \wedge \omega_{nj} = \frac{1}{2}\sum_{k,l=1}^{m} R_{ijkl}\theta_k \wedge \theta_l$$

其中

$$R_{ijkl} = h_{ik}h_{jl} - h_{il}h_{jk} \tag{5.39}$$

(5.35)以及由它导出的(5.39)和(5.40)式,常称为 Gauss 方程,而(5.36)式相当于通常曲面论中的 Codazzi 方程,也可将它写成张量方程形式

$$\partial_l h_{ij} - \Gamma^k_{li}h_{kj} = \partial_j h_{il} - \Gamma^k_{ji}h_{kl} \tag{5.40}$$

§5.3　三维欧空间$\mathbb{E}^3$ 中曲线与曲面

由于人们生活在三维空间中,对三维空间有直观的几何形象,下面,我们利用活动标架法对三维空间中的曲线与曲面进行分析,它们的几何意义很明显.

对三维空间中给定曲线,可如下选标架使此曲线的表达式简单,首先将标架原点选在曲线上,且令 $\boldsymbol{e}_1$ 沿切线方向(为明显起见,下面三维空间中向量用黑体字母表示)

$$\mathrm{d}\boldsymbol{x} = \boldsymbol{e}_1\theta_1 \tag{5.41}$$

$$I = \mathrm{d}s^2 = (\mathrm{d}\boldsymbol{x}, \mathrm{d}\boldsymbol{x}) = \theta_1^2 \tag{5.42}$$

$\theta_1 = \pm \mathrm{d}s$,取定符号则确定了曲线方向,对定向曲线,可选

$$\theta_1 = \mathrm{d}s \neq 0$$

即$\dfrac{\mathrm{d}\boldsymbol{x}}{\mathrm{d}s} = \boldsymbol{e}_1$ 为单位切向量,其长为

$$\left|\frac{\mathrm{d}\boldsymbol{x}}{\mathrm{d}s}\right| = 1$$

曲线上垂直各点切向量的平面称为该点的法平面. 注意到 $\boldsymbol{e}_1$ 的长恒为 1,故

$$\left(\boldsymbol{e}_1, \frac{\mathrm{d}\boldsymbol{e}_1}{\mathrm{d}s}\right) = 0$$

即在$\dfrac{\mathrm{d}\boldsymbol{e}_1}{\mathrm{d}s} \neq 0$ 的点,$\dfrac{\mathrm{d}\boldsymbol{e}_1}{\mathrm{d}s}$必在法平面上,此$\dfrac{\mathrm{d}\boldsymbol{e}_1}{\mathrm{d}s}$称为曲线的曲率向量,其方向称为主法线方向

$$\frac{\mathrm{d}\boldsymbol{e}_1}{\mathrm{d}s} = \kappa\boldsymbol{e}_2$$

$\boldsymbol{e}_2$ 为单位主法线方向,而 $\kappa = \kappa(s)$ 称为曲线的曲率,为单位切向量对弧长 s 的回转率,在切线方向变化快处曲率 κ 大. 在 $\kappa \neq 0$ 处,可令

$$\rho = 1/\kappa \tag{5.43}$$

称为曲率半径. κ 恒等于零的曲线为直线. 对于直线,主法线方向不确定,下面设曲

线上处处$\kappa \neq 0$,即有确定的主法线方向$\boldsymbol{e}_2$,按右手规则选定活动标架,令

$$\boldsymbol{e}_3 = \boldsymbol{e}_1 \times \boldsymbol{e}_2$$

为单位付法线方向,于是得到沿曲线的单参数活动标架,

$$\mathrm{d}\boldsymbol{e}_\alpha = \sum_{\beta=1}^{3} \boldsymbol{e}_\beta \omega_{\beta\alpha} \tag{5.44}$$

其中

$$\omega_{\alpha\beta} = P_{\alpha\beta}(s)\,\mathrm{d}s = -\omega_{\beta\alpha}$$

$$P_{\alpha\beta} = \begin{pmatrix} 0 & \kappa & 0 \\ -\kappa & 0 & \tau \\ 0 & -\tau & 0 \end{pmatrix}$$

即

$$\frac{\mathrm{d}\boldsymbol{e}_2}{\mathrm{d}s} = -\kappa \boldsymbol{e}_1 + \tau \boldsymbol{e}_3 \tag{5.45}$$

上式中$\tau = \tau(s)$称为曲线的挠率. 曲线切线与主法线所确定平面称为曲线的密切平面,挠率τ表示曲线密切平面的回转率,τ恒为零的曲线为平面曲线.

对封闭曲线c,还可引入全挠率$\tau(c)$

$$\tau(c) = \frac{1}{2\pi}\oint_c \tau\,\mathrm{d}s \tag{5.46}$$

为共形不变量. 在球面上$\tau(c)=0$,并存在下述定理:

定理 5.1 如对某曲面,其上封闭曲线的全挠率为零,则此曲面必为球面.

注意,对一维流形,每点仅有一个切方向,其余均为嵌入的法方向,故一维子流形本身相应黎曼联络及黎曼曲率张量均为零,而上述曲线曲率$\kappa(s)$及挠率$\tau(s)$均为曲线的嵌入特性,由这两函数可惟一决定空间曲线形状.

下面用 Cartan 的正交活动标架法分析在三维欧空间曲面$S(u^1,u^2)$. 选曲面各点法向量为$\boldsymbol{e}_3$,而在各点切平面上,选正交标架$\boldsymbol{e}_1,\boldsymbol{e}_2$,其确定还可差一旋转. 这样沿曲面$S(\boldsymbol{x}=\boldsymbol{x}(u))$得双参数正交活动标架族$(\boldsymbol{x};\boldsymbol{e}_1,\boldsymbol{e}_2,\boldsymbol{e}_3)$,正交标架原点沿曲面作无穷小位移

$$\mathrm{d}\boldsymbol{x} = \boldsymbol{e}_1\theta_1 + \boldsymbol{e}_2\theta_2 \tag{5.47}$$

$$\theta_i = \theta_i(u) = \sum_{j=1}^{2} \theta_{ij}(u)\,\mathrm{d}u^j \in \Lambda^1(S) \tag{5.48}$$

曲面第 I 基本形式

$$I = \mathrm{d}s^2 = (\mathrm{d}\boldsymbol{x},\mathrm{d}\boldsymbol{x}) = \theta_1^2 + \theta_2^2 = E\mathrm{d}u^2 + 2F\mathrm{d}u\mathrm{d}v + G\mathrm{d}v^2 = \sum_{i,j=1}^{2} g_{ij}\mathrm{d}u^i\mathrm{d}u^j \tag{5.49}$$

正交活动标架$(\boldsymbol{x};\boldsymbol{e}_1,\boldsymbol{e}_2,\boldsymbol{e}_3)$的无穷小变换：

$$\begin{aligned}\mathrm{d}\boldsymbol{e}_1 &= \boldsymbol{e}_2\omega_{21} + \boldsymbol{e}_3\omega_{31}\\ \mathrm{d}\boldsymbol{e}_2 &= \boldsymbol{e}_1\omega_{12} + \boldsymbol{e}_3\omega_{32}\\ \mathrm{d}\boldsymbol{e}_3 &= \boldsymbol{e}_1\omega_{13} + \boldsymbol{e}_2\omega_{23}\end{aligned} \tag{5.50}$$

其中$\omega_{\alpha\beta} = -\omega_{\beta\alpha}$都是曲面上 1 形式. 可以证明：

命题 5.1　ω_{12}只与曲面的第 I 基本形式有关. 即存在惟一的 1 形式$\omega_{12} = -\omega_{21}$满足条件

$$\mathrm{d}\theta_1 = -\omega_{12}\wedge\theta_2,\quad \mathrm{d}\theta_2 = -\theta_1\wedge\omega_{12} \tag{5.51}$$

证明　如有ω'_{12}满足

$$\mathrm{d}\theta_1 = -\omega'_{12}\wedge\theta_2,\quad \mathrm{d}\theta_2 = -\theta_1\wedge\omega'_{12}$$

则得

$$(\omega'_{12} - \omega_{12})\wedge\theta_i = 0,\quad i = 1,2.$$

由于θ_1,θ_2线性独立,故$\omega'_{12} = \omega_{12}$. □

另一方面,由于$\theta_3 = 0$,由$\mathrm{d}\theta_3 = 0$得

$$\omega_{31}\wedge\theta_1 + \omega_{32}\wedge\theta_2 = 0 \tag{5.52}$$

由 Cartan 引理知

$$\begin{aligned}\omega_{31} &= a\theta_1 + b\theta_2\\ \omega_{32} &= b\theta_1 + c\theta_2\end{aligned} \tag{5.53}$$

于是曲面的第Ⅱ基本形式

$$\begin{aligned}\mathrm{II} &= -(\mathrm{d}\boldsymbol{x},\mathrm{d}\boldsymbol{e}_3) = -\theta_1\omega_{13} - \theta_2\omega_{23} = a\theta_1^2 + 2b\theta_1\theta_2 + c\theta_2^2\\ &= L\mathrm{d}u^2 + 2M\mathrm{d}u\mathrm{d}v + N\mathrm{d}v^2 = \sum_{i,j=1}^{2}h_{ij}\mathrm{d}u^i\mathrm{d}u^j\end{aligned} \tag{5.54}$$

曲面的第 I 基本形式决定曲面的度规结构,决定曲面的内蕴性质(intrinsic property). 而曲面的第Ⅱ基本形式反映曲面嵌入在$\mathbb{E}^3$的弯曲程度. 曲面的弯曲程度还可通过研究曲面上曲线来了解.

曲面上过点p作曲线c,曲线c的切矢$\boldsymbol{T}$与标架基矢$\boldsymbol{e}_1$夹角为ϕ,则

$$\boldsymbol{T} = \frac{\mathrm{d}\boldsymbol{x}}{\mathrm{d}s} = e_1\frac{\theta_1}{\mathrm{d}s} + e_2\frac{\theta_2}{\mathrm{d}s} = e_1\cos\phi + e_2\sin\phi \tag{5.55}$$

令

$$\boldsymbol{b} = \boldsymbol{e}_3\times\boldsymbol{T} \tag{5.56}$$

$$\frac{\mathrm{d}\boldsymbol{T}}{\mathrm{d}s} = \kappa\boldsymbol{N} = \kappa_g\boldsymbol{b} + \kappa_n\boldsymbol{e}_3 \tag{5.57}$$

$\boldsymbol{N}$为曲线c的主法线方向,κ为曲线曲率. 而κ_n与κ_g分别称为法曲率与测地曲率. 法曲率

$$\kappa_n = \left(\frac{\mathrm{d}\boldsymbol{T}}{\mathrm{d}s}, \boldsymbol{e}_3\right) = -\left(\frac{\mathrm{d}\boldsymbol{x}}{\mathrm{d}s}, \frac{\mathrm{d}\boldsymbol{e}_3}{\mathrm{d}s}\right) = \frac{\mathrm{II}}{\mathrm{I}} \tag{5.58}$$

$$= \frac{\theta_1}{\mathrm{d}s}\frac{\omega_{31}}{\mathrm{d}s} + \frac{\theta_2}{\mathrm{d}s}\frac{\omega_{32}}{\mathrm{d}s}$$

$$= a\cos^2\phi + 2b\sin\phi\cos\phi + c\sin^2\phi \tag{5.58a}$$

在曲面上沿某切方向$\mathrm{d}\boldsymbol{x}$移动时,造成法向量$\boldsymbol{e}_3$作相应变更$\mathrm{d}\boldsymbol{e}_3$,$\mathrm{d}\boldsymbol{e}_3$与法向垂直,故$\mathrm{d}\boldsymbol{e}_3$也属于切平面,将$\mathrm{d}\boldsymbol{x}$映射到$\mathrm{d}\boldsymbol{e}_3$为切平面的线性变换,称 Weingarten 变换,记为

$$\mathrm{d}\boldsymbol{e}_3 = -W(\mathrm{d}\boldsymbol{x}) \tag{5.59}$$

注意到

$$\mathrm{d}\boldsymbol{e}_3 = \boldsymbol{e}_1\omega_{13} + \boldsymbol{e}_2\omega_{23}$$

并将(5.47)和(5.53)代入上两式,得

$$W(\boldsymbol{e}_1) = a\boldsymbol{e}_1 + b\boldsymbol{e}_2$$
$$W(\boldsymbol{e}_2) = b\boldsymbol{e}_1 + c\boldsymbol{e}_2 \tag{5.60}$$

变换矩阵$\begin{pmatrix} a & b \\ b & c \end{pmatrix}$为对称矩阵,故 Weingarten 变换为自共轭变换,有两个实特征值κ_1与κ_2

$$W(\boldsymbol{u}) = \kappa_1\boldsymbol{u}, \quad W(\boldsymbol{v}) = \kappa_2\boldsymbol{v} \tag{5.61}$$

相应特征方向,$\boldsymbol{u}$,$\boldsymbol{v}$称为在该点主方向. 当两特征值不相等时,两对应特征方向彼此正交

$$(\boldsymbol{u},\boldsymbol{v}) = 0, \quad 当\ \kappa_1 \neq \kappa_2$$

Weingarten 变换的特征值κ_1,κ_2称为主曲率,两者相乘(变换矩阵的行列式)称为全曲率K

$$K = \kappa_1\kappa_2 = ac - b^2 = \frac{LN - M^2}{EG - F^2} = \frac{R_{1212}}{g} \tag{5.62}$$

又称为 Gauss 曲率. Weingarten 变换矩阵的迹的一半称为曲面在该点的中曲率H,

$$H = \frac{1}{2}(\kappa_1 + \kappa_2) = \frac{1}{2}(a + c) \tag{5.63}$$

$H = 0$的曲面称为极小曲面.

当我们在曲面M上取特殊的 Darboux 标架,使$\boldsymbol{e}_1$,$\boldsymbol{e}_2$分别为曲面M在点x的 Weingarten 变换的特征方向(主方向),即有

$$\omega_{13} = \kappa_1\theta_1, \quad \omega_{23} = \kappa_2\theta_2$$

则第Ⅱ基本形式

$$\mathrm{II} = \kappa_1\theta_1^2 + \kappa_2\theta_2^2 \tag{5.64}$$

于是法曲率满足

$$\kappa_n = \frac{\mathrm{II}}{\mathrm{I}} = \kappa_1\cos^2\phi + \kappa_2\sin^2\phi \tag{5.65}$$

此式称为 Euler 公式,其中 ϕ 为切向量 $\mathrm{d}\boldsymbol{x}$ 方向与主方向 $\boldsymbol{e}_1$ 间夹角,即

$$\frac{\mathrm{d}\boldsymbol{x}}{\mathrm{d}s} = \cos\phi\boldsymbol{e}_1 + \sin\phi\boldsymbol{e}_2$$

法曲率 κ_n 仅与曲线 C 的切向量方向有关,而与切向量长度无关,相切两曲线在切点的法曲率相同. 由曲线切向量 $\mathrm{d}\boldsymbol{x}$ 和曲面法向量 $\boldsymbol{e}_3$ 决定的平面与曲面 M 相交的平面曲线,称为曲面 M 沿方向 $\mathrm{d}\boldsymbol{x}$ 的法截线,法曲率 κ_n 即该法截线在该点的曲率.

满足(5.61)式的曲面正交活动标架$\{\boldsymbol{x};\boldsymbol{e}_1,\boldsymbol{e}_2,\boldsymbol{e}_3\}$称为曲面主方向正交活动标架,或称为曲面的二级正交标架场,而将由曲面上一特定曲线 C 选出的正交标架如(5.56)式所示$\{\boldsymbol{x};\boldsymbol{T},\boldsymbol{b},\boldsymbol{e}_3\}$为一级正交标架场. 曲面上一些不变式和不变量与一级标架场的选取无关,如曲面的第Ⅰ,Ⅱ基本形式,曲面面积元 $\theta_1 \wedge \theta_2$,矩阵$\begin{pmatrix} a & b \\ b & c \end{pmatrix}$的行列式和迹等. 下面分析仅由曲面度规结构(第Ⅰ基本形式)决定的曲面的内蕴性质. 由命题1知曲面的黎曼联络 ω_{12} 仅与第Ⅰ基本形式有关. 相应地黎曼曲率2形式

$$\Omega_{12} = \mathrm{d}\omega_{12} = -\omega_{13} \wedge \omega_{32} = K\theta_1 \wedge \theta_2 \tag{5.66}$$

2维流形黎曼张量系数仅有一个非零独立分量 R_{1212} 如(5.62)式,即高斯曲率 K. 形式上高斯曲率 K 与第Ⅱ基本形式有关,在高斯以前,K 是由第Ⅰ基本形式与第Ⅱ基本形式的系数共同确定的

$$K = \frac{\mathrm{II}}{\mathrm{I}} = \frac{h_{11}h_{22} - h_{12}^2}{g_{11}g_{22} - g_{22}^2} = \frac{R_{1212}}{g} \tag{5.67}$$

而高斯证明,高斯曲率 K 可由曲面的第Ⅰ基本形式定出来,为曲面的内蕴性质,即存在下述重要定理:

高斯大定理(Gauss-remarkable theorem) 曲率 K 只与第Ⅰ基本形式有关.

首先由命题5.1知黎曼联络 ω_{12} 仅与第Ⅰ基本形式有关,而(5.66)式右端曲面面积元也仅与度规场有关,故高斯曲率 K 仅由度规场$\{g_{ij}\}$决定.

对曲面 M 作同胚映射,如要求曲面 M 上任意光滑曲线 C 的像的弧长与曲线 C

的弧长相同,则称为等长映射. 例如,将一张纸光滑地无伸缩的变形,均为等长映射. 曲面 M 在等长映射下不变的性质,称为曲面的内蕴性质,它们只能用曲面的第一基本形式$\{g_{ij}\}$以及其偏导数表示. 例如曲面上曲线弧长、两切向量间夹角、曲面面积等均为曲面的内蕴性质. 而上述高斯定理表明,曲面的高斯曲率也为曲面的内蕴性质,这是高斯的一重要贡献.

曲面的高斯曲率场为曲面各点两主曲率 κ_1 与 κ_2 的积,$K=\kappa_1\kappa_2$. 当我们固定曲面度规,对曲面作等长映射,可分别改变 κ_1,κ_2,但是它们的乘积 $\kappa_1\kappa_2=K$ 不能改变. 例如,取一薄纸,当它平躺在桌面上,其主曲率 κ_1,κ_2 均为零. 可作等长映射而将它卷成一柱形管状,这时保持 $\kappa_2=0$ 而改变 κ_1 为非零,但是高斯曲率 K 仍保持为零. 但是决不可能将纸同时在两方向上卷曲.

κ_1 与 κ_2 的乘积高斯曲率 K 是曲面本身的内蕴性质,是在曲面作等长映射下的不变量. 但是曲面的平均曲率 $H=\dfrac{1}{2}(\kappa_1+\kappa_2)$ 不是曲面内蕴性质,而是嵌入特性.

曲面上正交标架场的选取可以差一转动,曲面上几何量,包括曲面上曲线嵌入特性的几何量,都可用正交标架表示,而且应该与曲面标架场的选取无关. 下面简单介绍下三维欧空间中曲面上的一些特殊曲线.

给定曲面上曲线 $c(s)$,可选取一组正交标架场$\{\boldsymbol{x}_j,\boldsymbol{T},\boldsymbol{b},\boldsymbol{e}_3\}$如(5.56),(5.57)式所示.

$$\frac{\mathrm{d}\boldsymbol{T}}{\mathrm{d}s}=\kappa_g\boldsymbol{b}+\kappa_n\boldsymbol{e}_3$$

$$\frac{\mathrm{d}\boldsymbol{e}_3}{\mathrm{d}s}=-\kappa_n\boldsymbol{T}+\tau_g\boldsymbol{b}$$

测地曲率 κ_g 决定了曲线切向量沿曲线的协变导数

$$\nabla_s\boldsymbol{T}=\kappa_g\boldsymbol{b}$$

当 $\kappa_g=0$,曲线切向 T 沿曲线平行输运,即此曲线为测地线. 测地线是曲面上两点间曲线弧长取极值的曲线. 测地线主法线与曲面法线平行,此条件可写为

$$(\mathrm{d}\boldsymbol{T},\boldsymbol{e}_3\times\boldsymbol{T})\equiv(\mathrm{d}\boldsymbol{T},\boldsymbol{e}_3,\boldsymbol{T})=0 \tag{5.68}$$

此即测地曲率 $\kappa_g=0$ 的条件.

通过曲面上任意普点 $p\in M$,沿任意方向 $\mathrm{d}\boldsymbol{x}$ 仅有一根测地线. 该测地线在点 p 的挠率 τ_g 称为曲面 M 在点 p 沿切方向 $\mathrm{d}\boldsymbol{x}$ 的测地挠率

$$\tau_g=\left(\frac{\mathrm{d}\boldsymbol{e}_3}{\mathrm{d}s},\ \boldsymbol{e}_3\times\boldsymbol{T}\right)\equiv\left(\frac{\mathrm{d}\boldsymbol{e}_3}{\mathrm{d}s},\ \boldsymbol{e}_3,\boldsymbol{T}\right) \tag{5.69}$$

在曲线 M 上过点 p 有两个主方向,$\boldsymbol{e}_1(\boldsymbol{e}_2)$是使曲面法曲率取最大(小)值的方

向. 主向量场的积分曲线称为主曲率线,其切方向为 Weingarten 变换的本征方向,即沿此方向的法线变更 $\mathrm{d}\boldsymbol{e}_3$ 沿切方向

$$\mathrm{d}\boldsymbol{e}_3 = -W(\mathrm{d}\boldsymbol{x}) = -\lambda(s)\mathrm{d}\boldsymbol{x}$$

故主曲率线的切向测地挠率为零

$$(\mathrm{d}\boldsymbol{x}, \boldsymbol{e}_3, \mathrm{d}\boldsymbol{e}_3) = 0 \tag{5.70}$$

此条件为主曲率线的充要条件. 即沿主曲率线切方向,曲面的测地挠率 $\tau_g = 0$. 主曲率线的密切平面与该点法截面平行.

当点 p 处 κ_1 与 κ_2 反号,即

$$K = ac - b^2 \leqslant 0$$

这时该点的第Ⅱ基本二次式可分解为两个实系数一次式的乘积. 这时有可能存在法曲率 κ_n 为零的方向,此方向称为曲面在该点的渐近方向. 即沿此方向

$$\kappa_n = \left(\frac{\mathrm{d}\boldsymbol{T}}{\mathrm{d}s}, \boldsymbol{e}_3\right) = -\left(\boldsymbol{T}, \frac{\mathrm{d}\boldsymbol{e}_3}{\mathrm{d}s}\right) = 0$$

即

$$(\mathrm{d}\boldsymbol{x}, w(\mathrm{d}\boldsymbol{x})) = 0 \tag{5.71}$$

渐近方向场的积分曲线称为渐近线. 易证渐近曲线的密切平面与曲面切平面重合. 而主曲率线及测地线的密切平面通过法线,与该点法截面重合,与渐近曲线特性恰相反.

§5.4　用 Cartan 活动标架法计算黎曼曲率

下面我们简短讨论黎曼曲率张量的计算问题. 当流形上给定度规张量场 $g_{ij}(x)$ 后,由(4.17)可算出黎曼联络,再由(3.50)或(4.81)算出黎曼曲率张量. 这种计算往往很繁. 用 Cartan 活动标架法,利用 Cartan 的两个结构方程常更有效. 尤其是当流形具有一定对称性时,更加方便,并能够同时得到标架场与曲率张量场. 简短说其方法由下面三步组成:

1) 按照体系的对称选活动标架,并最好选正交活动标架.

2) 计算联络 1 形式 $\Gamma^a_b = \theta^c \Gamma^a_{cb}$. 由下面两条件来惟一确定黎曼联络

(i) 保度规: $dg_{ab} = \Gamma_{ab} + \Gamma_{ba}$ 　　(5.72)

(ii) 无挠: $\mathrm{d}\theta^a + \Gamma^a_b \wedge \theta^b = 0$ 　　(5.73)

3) 计算曲率 2 形式

$$\Omega^a_b = \mathrm{d}\Gamma^a_b + \Gamma^a_c \wedge \Gamma^c_b = \frac{1}{2} R^a_{bcd} \theta^c \wedge \theta^d \tag{5.74}$$

上两式(5.73)(5.74)即 Cartan 结构方程，常能通过简捷计算得到黎曼曲率张量，下面举例说明具体计算过程：

例 5.1　2 维球面 $S^2 = \{\boldsymbol{x} \in \mathbb{E}^3 \mid |\boldsymbol{x}|^2 = 1\}$.

第一步　由度规形式确定正交活动标架 1 形式

$$ds^2 = r^2 d\theta^2 + r^2(\sin\theta d\varphi)^2 = (\sigma^1)^2 + (\sigma^2)^2 \tag{5.75}$$

其中正交标架 1 形式

$$\sigma^1 = r d\theta, \quad \sigma^2 = r\sin\theta d\varphi \tag{5.76}$$

第二步　由 Cartan 第一结构方程及无挠度规条件

$$\begin{cases} d\sigma^a = -\omega^a_b \wedge \sigma^b \\ \omega_{ab} + \omega_{ba} = 0 \end{cases} \tag{5.77}$$

解出联络 1 形式 ω^a_b 只有 $\binom{2}{2} = 1$ 个独立的联络 1 形式

$$\omega^1_2 = f d\theta + g d\varphi$$

将(5.76)式取外微分，与(5.77)式比较，得

$$\omega^1_2 = -\cos\theta d\varphi \tag{5.78}$$

第三步　由 Cartan 第二结构方程算曲率 2 形式，得

$$\Omega^1_2 = \frac{1}{2} R^1_{2ab} \sigma^a \wedge \sigma^b = d\omega^1_2 = \frac{1}{r^2} \sigma^1 \wedge \sigma^2 \tag{5.79}$$

Ricci 曲率张量

$$(\mathscr{R}_{ab}) = \frac{1}{r^2} \begin{pmatrix} 1 & 0 \\ 0 & 1 \end{pmatrix} \tag{5.80}$$

Ricci 标曲率

$$\mathscr{S} = R^a_{bac} g^{bc} = \mathrm{tr}(\mathscr{R}_{ab}) = \frac{2}{r^2} \tag{5.81}$$

高斯曲率

$$K = R_{1212} = \frac{1}{r^2} \tag{5.82}$$

即 S^2 为正常曲率面.

例 5.2　三维欧氏空间中的伪球面：犬线旋转面

如图 5.1 所示，在 yz 平面上，曲线 C 上任意点 p 引曲线切线交 z 轴于 q 点，线段 pq 的长度为常数值 a，此曲线称为犬线，以 z 轴为轴作犬线旋转面，其上各点可用三维欧氏空间坐标表示为

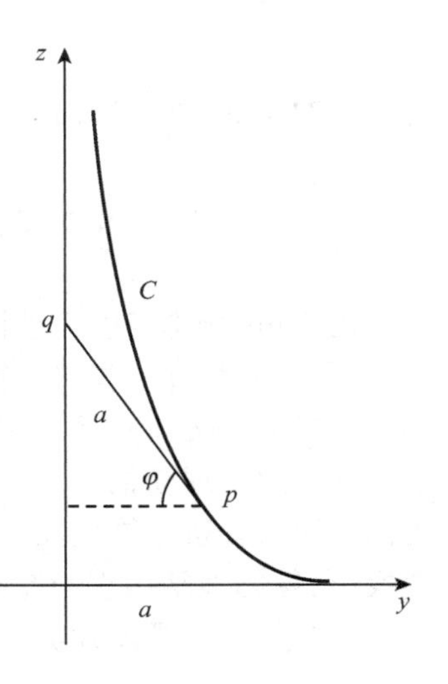

图 5.1　犬线

$$x = a\cos\varphi\cos v$$
$$y = a\cos\varphi\sin v$$
$$z = a\ln\tan\left(\frac{\varphi}{2} + \frac{\pi}{4}\right) - a\sin\varphi \tag{5.83}$$

易证,此犬线旋转面的无穷小弧长 ds 为

$$ds^2 = a^2(\tan^2\varphi d\varphi^2 + \cos^2\varphi dv^2) = a^2(d\xi^2 + d\eta^2)/\eta^2$$
$$\xi = av, \quad \eta = a/\cos\varphi \tag{5.84}$$

1）选标架 1 形式

$$\theta^1 = \frac{a}{\eta}d\xi, \quad \theta^2 = \frac{a}{\eta}d\eta \tag{5.85}$$

2）算联络 1 形式,由

$$d\theta^2 = 0, \quad d\theta^1 = \frac{d\xi}{\eta} \wedge \theta^2$$

得

$$\omega_2^1 = -\frac{1}{\eta}d\xi \tag{5.86}$$

3）得曲率 2 形式

$$\Omega_{12} = d\omega_{12} = -\frac{1}{a^2}\theta_1 \wedge \theta_2 \tag{5.87}$$

故高斯曲率

$$K = -\frac{1}{a^2} \tag{5.88}$$

为负常曲率面,称伪球面.

§5.5　伪球面与 Bäcklund 变换

杨-Mills 场论与引力理论都是非线性场论,其中完全可积精确解的存在起重要作用,它们都有一些共同特点,例如,手征场模型与自对偶杨-Mills 场,以及轴对称引力场(Ernst 场方程),它们都是自耦合体系,均具有拓扑非平庸孤子解,这些孤子解常可用伪球面描写[3-6],并可利用 Bäcklund 变换得到新解. 本节我们利用活动标架法来分析三维欧氏空间中伪球面($K = -1$ 的常曲率面),并分析其 Bäcklund 变换[7],熟练地掌握它们有利于深入分析上述各完全可积物理问题.

上节例 5.2 具体分析了在三维欧氏空间中犬线旋转面,为

$$K = -\frac{1}{a^2}$$

的伪球面. 对于 $K=-1$ 的伪球面,取主曲率线为坐标,即

$$\theta_1 = f\mathrm{d}u, \quad \theta_2 = g\mathrm{d}v \tag{5.89}$$

$$\omega_{31} = \kappa_1 f\mathrm{d}u, \quad \omega_{32} = \kappa_2 g\mathrm{d}v \tag{5.90}$$

得

$$\mathrm{d}\theta_1 = -\omega_{12} \wedge \theta_2 = -f_{,v}\mathrm{d}u \wedge \mathrm{d}v \tag{5.91}$$

$$\mathrm{d}\theta_2 = -\theta_1 \wedge \omega_{12} = g_{,u}\mathrm{d}u \wedge \mathrm{d}v$$

得

$$\omega_{12} = \frac{f_{,v}}{g}\mathrm{d}u - \frac{g_{,u}}{f}\mathrm{d}v \tag{5.92}$$

由 Codazzi 方程(5.36),有

$$\mathrm{d}\omega_{13} = -\omega_{12} \wedge \omega_{23} \tag{5.93}$$

将(5.90)和(5.92)式代入上式,得

$$(\kappa_1 - \kappa_2)f_{,v} + \kappa_{1,v}f = 0 \tag{5.94}$$

由于 $K=\kappa_1\kappa_2=-1$,可令

$$\kappa_1 = \cot\psi, \quad \kappa_2 = -\tan\psi \tag{5.95}$$

代入(5.94)式,得

$$(\ln f)_{,v} + (-\ln\sin\psi)_{v} = 0$$

$$f = U(u)\sin\psi \tag{5.96}$$

类似可证

$$g = V(v)\cos\psi \tag{5.97}$$

改变主曲率线参数,可将 $U(u)$,$V(v)$ 分别吸入 $\mathrm{d}u$ 与 $\mathrm{d}v$ 中,得

$$\theta_1 = \sin\psi\mathrm{d}u, \quad \theta_2 = \cos\psi\mathrm{d}v \tag{5.98}$$

$$\omega_{31} = \cos\psi\mathrm{d}u, \quad \omega_{32} = -\sin\psi\mathrm{d}v \tag{5.99}$$

于是此伪球面的两基本形式为

$$\mathrm{I} = \sin^2\psi\mathrm{d}u^2 + \cos^2\psi\mathrm{d}v^2 \tag{5.100}$$

$$\mathrm{II} = \cos\psi\sin\psi(\mathrm{d}u^2 - \mathrm{d}v^2) \tag{5.101}$$

Ⅱ可分解为两个实系数的一次式,即存在两个渐近方向,此两渐近方向的夹角为 2ψ.

将(5.98)和(5.99)式代入(5.92)式,得

$$\omega_{12} = \psi_{,v}\mathrm{d}u + \psi_{,u}\mathrm{d}v \tag{5.102}$$

由高斯方程(5.66),有

$$d\omega_{12} = K\theta_1 \wedge \theta_2 = -\theta_1 \wedge \theta_2 \tag{5.103}$$

将(5.98)和(5.102)式代入,得

$$\psi_{,uu} - \psi_{,vv} = \sin\psi\cos\psi \tag{5.104}$$

而两渐近方向夹角 $\varphi = 2\psi$ 满足

$$\varphi_{,uu} - \varphi_{,vv} = \sin\varphi \tag{5.105}$$

此即熟知的 sin-Gordon 方程. 于是,当 sin-Gordon 方程有一个解,则可如(5.98),(5.99),(5.102)一样写出 $\theta_1, \theta_2, \omega_{31}, \omega_{32}, \omega_{12}$,它们满足结构方程,这组标架的端点即 $K = -1$ 的伪球面. 这样,sin-Gordon 方程的一个解与一个伪球面 1 - 1 对应.

由方程的一个解得到另一个解的变换称为 Bäcklund 变换. 方程的每个解对应于一曲面(伪球面),可称为孤子面,现讨论由一个孤子面 M 变到另一个孤子面 M' 的曲面变换.

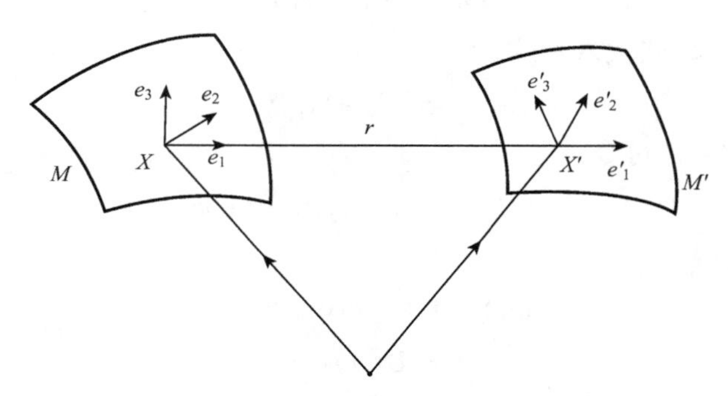

图 5.2　两伪球面间的 Bäcklund 变换

两曲面的公共切线族可组成线汇,选

$$\boldsymbol{e}_1 = \boldsymbol{e}'_1 \tag{5.106}$$

沿公切线,而

$$\boldsymbol{x}' = \boldsymbol{x} + r\boldsymbol{e}_1 \tag{5.107}$$

设两曲面法线 $\boldsymbol{e}_3$ 与 $\boldsymbol{e}'_3$ 间夹角为 τ

$$(\boldsymbol{e}_3, \boldsymbol{e}'_3) = \cos\tau \tag{5.108}$$

如果 r 与 τ 为常数,则称相应线汇为假球线汇.

Bäcklund 定理　假球线汇的两个焦曲面的高斯曲率相同,

$$K = K' = -\frac{\sin^2\tau}{r^2} < 0 \tag{5.109}$$

证明　采用右手标架,由(5.106)和(5.108)式知

$$e'_2 = \cos\tau e_2 + \sin\tau e_3$$

$$e'_3 = -\sin\tau e_2 + \cos\tau e_3 \tag{5.110}$$

$$dx' = e'_1\theta'_1 + e'_2\theta'_2 = e_1\theta'_1 + (\cos\tau e_2 + \sin\tau e_3)\theta'_2$$

另一方面,有

$$dx' = dx + r de_1 = e_1\theta_1 + e_2\theta_2 + r(e_2\omega_{21} + e_3\omega_{31})$$

两者比较,得

$$\theta'_1 = \theta_1 \tag{5.111}$$

$$\cos\tau\theta'_2 = \theta_2 + r\omega_{21} \tag{5.112}$$

$$\sin\tau\theta'_2 = r\omega_{31} \tag{5.113}$$

由上两式消去 θ'_2,得

$$\sin\tau(\theta_2 + r\omega_{21}) = r\cos\tau\omega_{31} \tag{5.114}$$

注意到(5.53)式,由(5.111)与(5.113)式,可证

$$\theta'_1 \wedge \theta'_2 = \frac{r}{\sin\tau} b\theta_1 \wedge \theta_2 \tag{5.115}$$

另一方面,有

$$\omega'_{31} = (de'_1, e'_3) = (de_1, -\sin\tau e_2 + \cos\tau e_3) = -\sin\tau\omega_{21} + \cos\tau\omega_{31}$$

再利用(5.51)式,得

$$\omega'_{31} = \frac{\sin\tau}{r}\theta_2$$

$$\omega'_{32} = (de'_2, e'_3) = \cos^2\tau(de_2, e_3) - \sin^2\tau(de_3, e_2) = \omega_{32} = b\theta_1 + c\theta_2$$

$$\omega'_{31} \wedge \omega'_{32} = -\frac{\sin\tau}{r} b\theta_1 \wedge \theta_2$$

与(5.115)式比较,如 $b \neq 0$,则

$$d\omega'_{12} = -\omega'_{13} \wedge \omega'_{32} = -\frac{\sin\tau}{r} b\theta_1 \wedge \theta_2 = -\frac{\sin^2\tau}{r^2}\theta'_1 \wedge \theta'_2 \tag{5.116}$$

即高斯曲率

$$K = -\frac{\sin^2\tau}{r^2} \tag{5.117}$$

由于两个焦曲面的地位是对称的,故

$$K = K' = -\frac{\sin^2\tau}{r^2}$$

本定理得证. □

于是从一伪球面 M(其高斯曲率为负常数,$K=-\frac{\sin^2\tau}{r^2}$)出发,选不在主方向上任意单位矢量 $\boldsymbol{e}_1$,使沿矢量场的 M 的切线构成一假球线汇,即要求满足(5.114)式. 易证(5.114)式完全可积(见习题4),将它解出后便可得到假球线汇,并由孤子面 M 可得另一具相同负常曲率的孤子面 M'.

相对分量 $\theta_\alpha,\omega_{\alpha\beta}$ 满足(5.114)式的活动标架 $\{\boldsymbol{e}_\alpha\}$ 称为公切线系标架. 为简单起见,假设孤子面为 $K=-1$ 的伪球面,即

$$r=\sin\tau$$

于是(5.114)式化为

$$\omega_{21}=\cot\tau\omega_{31}-\csc\tau\theta_2 \tag{5.118}$$

在孤子面 M 上取主曲率系活动标架 $\boldsymbol{a}_1,\boldsymbol{a}_2,\boldsymbol{e}_3$,其相对分量记为 $\sigma_\alpha,\lambda_{\alpha\beta}$,

$$\sigma_1=\sin\psi\mathrm{d}u,\quad \sigma_2=\cos\psi\mathrm{d}v$$

$$\lambda_{31}=\cos\psi\mathrm{d}u,\quad \lambda_{32}=-\sin\psi\mathrm{d}v \tag{5.119}$$

取公切线方向

$$\boldsymbol{e}_1=\cos\alpha\boldsymbol{a}_1+\sin\alpha\boldsymbol{a}_2 \tag{5.120}$$

$$\boldsymbol{e}_2=-\sin\alpha\boldsymbol{a}_1+\cos\alpha\boldsymbol{a}_2$$

$$\mathrm{d}\boldsymbol{e}_1=\cos\alpha\mathrm{d}\boldsymbol{a}_1+\sin\alpha\mathrm{d}\boldsymbol{a}_2+\boldsymbol{e}_2\mathrm{d}\alpha$$

$$\omega_{21}=(\boldsymbol{e}_2,\mathrm{d}\boldsymbol{e}_1)=\mathrm{d}\alpha+\lambda_{21}$$

$$\omega_{31}=(\boldsymbol{e}_3,\mathrm{d}\boldsymbol{e}_1)=\cos\alpha\lambda_{31}+\sin\alpha\lambda_{32}$$

$$\theta_2=(\sigma_1\boldsymbol{a}_1+\sigma_2\boldsymbol{a}_2,\boldsymbol{e}_2)=-\sin\alpha\sigma_1+\cos\alpha\sigma_2$$

将以上三式代入(5.118)式,并利用(5.119)式,得

$$\begin{aligned}\sin\tau(\alpha_{,u}-\psi_{,v})&=\cos\tau\cos\alpha\cos\psi+\sin\alpha\sin\psi\\ \sin\tau(\alpha_{,v}-\psi_{,u})&=-\cos\tau\sin\alpha\sin\psi-\cos\alpha\cos\psi\end{aligned} \tag{5.121}$$

用渐近曲线作参数,即令

$$u=x-y,\quad v=x+y \tag{5.122}$$

则得

$$\begin{aligned}\frac{\partial(\alpha-\psi)}{\partial x}&=\gamma\cos(\alpha+\psi)\\ \frac{\partial(\alpha+\psi)}{\partial y}&=\frac{1}{\gamma}\cos(\alpha-\psi)\end{aligned} \tag{5.123}$$

其中

$$\gamma=\cot\tau-\csc\tau=-\frac{1}{\cot\tau+\csc\tau} \tag{5.124}$$

当 ψ 是 sin-Gordon 方程的一个解. 则(5.123)(或(5.121))式的解 α 是 sin-Gordon 方程的新解. 2α 为新解伪球面 M' 的两渐近方向间夹角. (5.123)(或(5.121))式称为 Bäcklund 变换方程,为一阶微分方程. 而 sin-Gordon 方程((5.104)或(5.105))本身为二阶微分方程,如已知其一解,可利用 Bäcklund 变换得到另一新解. 利用此方法已分析了手征场[3],轴对称引力场[5],自对偶杨-Mills 场[6]等问题.

§5.6　测地线与局域法坐标系

在张量分析计算中,常需选局域坐标系及相应的自然标架来进行计算,计算结果与坐标选取无关. 为使计算简化,常希望能选这样坐标系,使联络在该点为零: $\Gamma^i_{jk}|_p=0$,当然,在该点邻域联络不恒为零. 这时,许多公式大为简化:除联络的导数项外,含联络项均为零,而联络导数项常可组合成张量分量形式,与局域坐标系的选取无关,使计算简化. 这时应注意

1) 仅对无挠联络,可通过坐标变换使联络在一点为零.

在点 p 邻域作坐标变换 $\{x^i\}\to\{y^i\}$

$$\Gamma^a_{bc}(y)=\frac{\partial y^a}{\partial x^i}\frac{\partial x^j}{\partial y^b}\frac{\partial x^k}{\partial y^c}\Gamma^i_{jk}(x)+\frac{\partial^2 x^i}{\partial y^b\partial y^c}\frac{\partial y^a}{\partial x^i}\tag{5.125}$$

如 $\Gamma^i_{jk}(x)|_p=0$,则

$$\Gamma^a_{bc}(y)|_p=\left.\frac{\partial^2 x^i}{\partial y^b\partial y^c}\frac{\partial y^a}{\partial x^i}\right|_p=\Gamma^a_{cb}(y)|_p\tag{5.126}$$

即联络必无挠.

2) 当联络无挠,则在点 p 邻域必存在一坐标系:测地坐标系,利用此测地系自然标架,$\Gamma^i_{jk}|_p=0$.

下面简单介绍测地线及法坐标系.

设 M 是 n 维黎曼流形,其中任意点 $p\in M$,在 $Y\in T_pM$ 方向存在一条以点 p 为起点,以 Y 为切方向的测地线,$\gamma_Y(t)$,满足

$$\gamma_Y(0)=p,\ \frac{\mathrm{d}\gamma_Y}{\mathrm{d}t}(0)=Y\tag{5.127}$$

在此测地线上以 t 为参数的点

$$\gamma_Y(t)=\exp(tY)\tag{5.128}$$

的坐标 $\{x^i\}$ 满足测地线方程

$$\frac{\mathrm{d}^2x^i}{\mathrm{d}t^2}+\Gamma^i_{jk}\frac{\mathrm{d}x^j}{\mathrm{d}t}\frac{\mathrm{d}x^k}{\mathrm{d}t}=0\tag{5.129}$$

这里注意,测地线参数 t 可差一仿射变换 $t\to s=at+b$,$a\neq0$. 而不影响上方程,故测

地参数 t 常称为仿射参数. 在 p 点邻域,沿测地线 $\gamma_Y(t)$ 点的坐标可表示为

$$x^i = x^i|_p + \left.\frac{dx^i}{dt}\right|_p t + \frac{1}{2}\frac{d^2x^i}{dt^2}t^2 + \cdots = x^i|_p + y^i t - \frac{1}{2}\Gamma^i_{jk}y^j y^k t^2 + \cdots$$

当要求

$$x^i = y^i t$$

则 $\frac{d^2x^i}{dt^2}=0$ 要求 $\Gamma^i_{jk}y^j y^k$ 沿曲线为零,以上讨论对 T_pM 中所有切向 $Y\in T_p(M)$ 都成立,故

$$\Gamma^i_{jk}|_p = 0$$

在 $T_p(M)$ 空间原点的 ε 邻域,$|Y| = \sqrt{(Y,Y)} < \varepsilon$ 时,在以点 p 为起点,以 Y 为切方向的测地线上,有一点 q,使由 p 到 q 的弧长为 $|Y|$,记

$$q = \mathrm{Exp}_p Y$$

于是可得指数映射

$$\begin{aligned}\mathrm{Exp}_p: T_pM &\to M\\ Y &\to \mathrm{Exp}_p Y\end{aligned} \tag{5.130}$$

此指数映射将 T_pM 中原点附近 ε 邻域内的点微分同胚映射到 M 上 p 点邻域的点,可作为 p 点邻域的局域坐标系. 下面考虑一特殊的测地坐标系:p 点邻域的法坐标系. 即在 T_pM 选正交标架 $\{e_i(p)\}_1^n$

$$\begin{gathered}(e_i(p), e_j(p)) = \delta_{ij}\\ Y = \sum_{i=1}^n y_i e_i(p) \in T_pM\end{gathered} \tag{5.131}$$

以点 p 为起点,沿 Y 方向作测地线,利用指数映射可由 T_pM 的坐标得流形 M 上 p 点邻域 $q=\mathrm{Exp}Y$ 点局域坐标 $\{y_i\}_1^n$,以 $\{y_i\}_1^n$ 作为 q 点坐标,称为 p 点邻域法坐标系.

$$y_i(t) = ta_i$$

沿测地线

$$q_Y(t) = \mathrm{Exp}_p Y = (y_1(t), \cdots, y_n(t))$$

由点 p 到 $q_Y(t)$ 的弧长是

$$\rho(q) = |Y| = t\sqrt{a_1^2 + \cdots + a_n^2} = \sqrt{y_1^2 + \cdots + y_n^2}$$

沿径向测地线 $q_Y(t)$ 的切向量

$$\frac{d}{dt} = \frac{\partial y_1}{\partial t}\frac{\partial}{\partial y_1} + \cdots + \frac{\partial y_n}{\partial t}\frac{\partial}{\partial y_n} = \frac{1}{t}\sum_{j=1}^n y_j\frac{\partial}{\partial y_j}$$

令

$$N = t\frac{\partial}{\partial t} = \sum_{j=1}^{n} y_i \frac{\partial}{\partial y_i} \tag{5.132}$$

为沿由 p 至 q 径向测地线的切矢量. 在点 $p \in M$ 邻域 $U(\varepsilon)$,取局域法坐标系 $\{y_i\}_1^n$. 并在此邻域 $U(\varepsilon)$ 选正交活动标架场 $\{e_i(y)\}_1^n$,使 $e_i(0) = e_i(p)$ 恰为 T_pM 中给定的幺正正交标架,且使 $e_i(y)$ 沿着过点 p 及点 $q(y)$ 的测地线是平行输运,即满足

$$\nabla_N \quad e_i(y) = 0 \tag{5.133}$$

$$(e_i(y), e_j(y)) = \delta_{ij}, \quad e_i(0) = e_i(p) \in T_p(M)$$

由于 $e_i(y)$ 沿径向测地线平行输运,径向测地线切矢 $\frac{\partial}{\partial \rho}$ 用活动标架 $\{e_i(y)\}$ 展开,展开系数与测地参数 t 无关.

$$\left.\frac{\partial}{\partial \rho}\right|_{t=0} = \sum_{i=1}^{n} \frac{a^i}{a} e_i(0)$$

$$\frac{\partial}{\partial \rho} = \sum_{i=1}^{n} \frac{a^i}{a} e_i(y) = \sum_{i=1}^{n} \frac{y_i}{\rho} e_i(y)$$

即

$$\sum_{i=1}^{n} y_i e_i(y) = \rho \frac{\partial}{\partial \rho} = \sum_{i=1}^{n} y_i \frac{\partial}{\partial y_i} \tag{5.134}$$

于是可选择与活动基矢 $\{e_i(y)\}_1^n$,对偶的标架 1 形式

$$\{\theta_i(y)\}_1^n, \quad \langle \theta_i(y), e_j(y) \rangle = \delta_{ij} \tag{5.135}$$

以及活动标架的联络 1 形式 $\omega_{ij}(y)$

$$\nabla e_i(y) = \sum_{j=1}^{n} e_j(y) \omega_{ji}(y), \quad \omega_{ji}(y) = -\omega_{ij}(y) \tag{5.136}$$

它们满足结构方程

$$\mathrm{d}\theta_i(y) + \omega_{ij}(y) \wedge \theta_j(y) = 0 \tag{5.137}$$

在邻域 U_ε 用局域法坐标系,上述 1 形式可表为

$$\theta_i(y) = \theta_{ik}(y)\mathrm{d}y_k, \quad \omega_{ij}(y) = H_{kij}(y)\mathrm{d}y_k$$

联络系数:

$$H_{kij} = -H_{kji} \tag{5.138}$$

满足

$$\langle \theta_i, \sum_{j=1}^{n} y_j e_j(y) \rangle = y_i = \langle \theta_i, \sum_{j=1}^{n} y_j \frac{\partial}{\partial y_j} \rangle$$

$$= \langle \sum_k \theta_{ik} \mathrm{d}y_k, \sum_{j=1}^n y_j \frac{\partial}{\partial y_j} \rangle = \sum_k \theta_{ik} y_k \tag{5.139}$$

类似由

$$\mathrm{d}\rho = \sum_{i=1}^n \frac{y_i}{\rho} \mathrm{d}y_i = \sum_{i=1}^n \frac{y_i}{\rho} \theta_i$$

$$\langle \mathrm{d}\rho, \frac{\partial}{\partial y_k} \rangle = \frac{y_k}{\rho} = \langle \sum_{i,j=1}^n \frac{y_i}{\rho} \theta_{ij} \mathrm{d}y^j, \frac{\partial}{\partial y_k} \rangle = \sum_{i=1}^n \frac{y_i}{\rho} \theta_{ik} \tag{5.140}$$

沿径向测地线弧元平方

$$\mathrm{d}s^2 = \sum_i \theta_i^2 = \sum_{ijk} \theta_{ik} \mathrm{d}y_k \theta_{ij} \mathrm{d}y_j = \sum_{jn} g_{jk}(y) \mathrm{d}y_j \mathrm{d}y_k$$

故

$$g_{jk}(y) = \sum_i \theta_{ij}(y) \theta_{ik}(y)$$

利用(5.139)(5.140)式可证

$$\sum_{k=1}^n g_{jk} y_k = \sum_{ik} \theta_{ij} \theta_{ik} y_k \xlongequal{(11)} \sum_i \theta_{ij} y_i \xlongequal{(12)} y_i \tag{5.141}$$

这是在邻域 U_ε 的法坐标系 $\{y_i\}_1^n$ 的最基本关系式. 进一步由(5.133)可证

$$\langle \nabla e_i, N \rangle = 0 = \langle e_k \omega_{ki}, \sum_{j=1}^n y_j \frac{\partial}{\partial y_j} \rangle = \sum_{kj} y_j H_{jki} e_k = 0$$

即联络系数还满足

$$\sum_j y_j H_{jki} = 0 \tag{5.142}$$

由结构方程(5.137)取局域法坐标系,可表为

$$\frac{\partial \theta_{ik}}{\partial y_l} - \frac{\partial \theta_{il}}{\partial y_k} = \sum_j (\theta_{jk} H_{lji} - \theta_{jl} H_{kji}) \tag{5.143}$$

在分析几何量在一点处作泰勒展开时,采用法坐标系常最方便,这时在点 p 处联络为零,而联络的导数虽不为零,但常可组成为张量的分量,仍能得到有几何意义的展开. 下面将常用的度规场 g_{ij},标架系数 θ_{ij} 以及联络系数 H_{ijk} 在以点 p 为中心的法坐标系中的泰勒展式列在下面以备参改:

$$g_{ij} = \delta_{ij} + \frac{1}{3} \sum_{k,l} R_{iklj}(p) y_k y_l + \cdots \tag{5.144}$$

$$\theta_{ij} = \delta_{ij} + \frac{1}{6} \sum_{k,l} R_{iklj}(p) y_k y_l + \cdots \tag{5.145}$$

$$H_{ijk} = \frac{1}{2} \sum_l R_{lijk}(y) y_l + \cdots \tag{5.146}$$

习 题 五

1. 对 s^2 流形,采用自然度规($\mathbb{R}^3$ 中等半径面),导出其黎曼联络及曲率.
2. 对 s^3 流形,采用 SU(2)群流形左不变向量场为活动标架,导出其相应联络与曲率.
3. 请证明保度规的 Killing 矢量 $X=\xi^i(x)\partial_i$,

$$L_X G = 0$$

其分量$\{\xi^i(x)\}$满足 Killing 方程:

$$\xi_{i;j} + \xi_{j;i} = 0$$

4. 请证明(5.114)式完全可积,即利用(5.51)式,证明(5.114)式外微分恒等于零,为闭理想.

第六章　齐性黎曼流形　对称空间

在第二章我们曾分析了流形变换及李变换群，在 §2.6 节更进一步分析了齐性 G 流形，分析了流形上对称变换群. 流形上所有微分同胚变换集合对形成李群来说是太大了，仅形成变换赝群（pseudo-group of transformations）（见 Kobayashi，Nomizu §1.1）. 当流形上具有附加的几何结构，例如，仿射联络流形，流形上给定有仿射联络，这时流形上所有保联络的仿射变换集合会形成仿射变换群. 对于广义黎曼流形，流形上给定有度规张量场，流形上所有保度规的等长变换集合形成等长群. 仿射变换群及等长群均为李群. 本章将分析在这些李群作用下的齐性空间. 通常对称空间是指其度规具有最大对称性的黎曼流形，为等长群的齐性空间，其曲率张量在等长群平行输运变换下不变.

在本章 §6.1 从李群及其陪集空间出发，再给空间以度规结构，形成具有 G 不变度规的齐性流形，由 G 不变度规可得相应黎曼联络及黎曼曲率，它们都具有很高对称性. 在 §6.2 进一步深入分析对称空间结构，指出对称空间是具有对合变换的齐性空间. 在 §6.3 分析对称空间的代数结构：(G,H,σ) 三元组. 分析对称空间上不变形式，它与流形整体拓扑性质密切相关.

完全可积物理体系常可表达为对称空间中场论. §6.4 进一步利用对称空间结构，利用对合自同构算子得到可积场论的非线性实现. 在本章最后一节以非线性 σ 模型为例更仔细地分析完全可积体系，分析对称空间中场论.

§6.1　李群的黎曼几何结构

n 维李群是一光滑流形（局域像 $\mathbb{R}^n$），而有时为显示其形状，可再给群 G 度规结构. 任一李群常可存在多种度规结构. 由于群 G 可对自己本身作用，我们要特别注意在群 G 作用下不变度规，尤其是左右双不变度规. 当群 G 上存在 G 作用下不变度规场，这时保度规的等长群的生成元：Killing 矢场，即为左（右）基本矢场. 而 G 不变度规完全由它在群恒等元处切空间所取值所决定，即由相应李代数的 Killing 形式所决定.

下面以 SU(2) 群流形为例进行分析. 大家熟知 SU(2) 群存在 2 维表示，即其每个群元 g 可用 2×2 幺正矩阵表示（其中 z_i 为复数）.

$$g = \begin{pmatrix} z_1 & z_2 \\ z_3 & z_4 \end{pmatrix}, \quad 满足\ g^{-1} = g^{\dagger}, 且\ \det g = 1$$

可将每个群元用两个复数(z_1, z_2)再加一约束如下表示：

$$g = \begin{pmatrix} z_1 & -\bar{z}_2 \\ z_2 & \bar{z}_1 \end{pmatrix} \in \mathrm{SU}(2), \quad \det g = z_1\bar{z}_1 + z_2\bar{z}_2 = 1 \tag{6.1}$$

再将每个复数用两个实数表示，即令

$$z_1 = t - \mathrm{i}z,\ z_2 = y - \mathrm{i}x \tag{6.2}$$

则上约束条件表示为

$$x^2 + y^2 + z^2 + t^2 = 1$$

由此看出作为拓扑流形

$$\mathrm{SU}(2) \simeq S^3$$

SU(2)群流形是3参数李群，与S^3微分同胚. 注意到$\mathbb{R}^4$中单位球S^3在SO(3)转动群作用下不变，而SU(2)群为SO(3)群的二重普适覆盖，如采用$S^3 \subset \mathbb{R}^4$的标准度规

$$\begin{aligned} \mathrm{d}s^2 &= \mathrm{d}x^2 + \mathrm{d}y^2 + \mathrm{d}z^2 + \mathrm{d}t^2 \quad (受约束\ x^2 + y^2 + z^2 + t^2 = 1) \\ &= \mathrm{d}z_1\mathrm{d}\bar{z}_1 + \mathrm{d}z_2\mathrm{d}\bar{z}_2 \quad (约束\ z_1\bar{z}_1 + z_2\bar{z}_2 = 1) \\ &= \frac{1}{2}\mathrm{tr}\left\{\mathrm{d}\begin{pmatrix} \bar{z}_1 & \bar{z}_2 \\ -z_2 & z_1 \end{pmatrix}\mathrm{d}\begin{pmatrix} z_1 & -\bar{z}_2 \\ z_2 & \bar{z}_1 \end{pmatrix}\right\} \quad (约束\ z_1\bar{z}_1 + z_2\bar{z}_2 = 1) \\ &= \frac{1}{2}\mathrm{tr}(\mathrm{d}(g^{-1})\mathrm{d}g) = \frac{1}{2}\mathrm{tr}((ig^{-1}\mathrm{d}g)(ig^{-1}\mathrm{d}g)) \end{aligned} \tag{6.3}$$

其中$g^{-1}\mathrm{d}g$是群G上左不变1形式，可用su_2李代数的生成元：三个Pauli矩阵展开：

$$\mathrm{i}g^{-1}\mathrm{d}g = \tau_a\vartheta_a \quad (重复指标求和) \tag{6.4}$$

$$\tau_x = \begin{pmatrix} 0 & 1 \\ 1 & 0 \end{pmatrix}, \quad \tau_y = \begin{pmatrix} 0 & -\mathrm{i} \\ \mathrm{i} & 0 \end{pmatrix}, \quad \tau_z = \begin{pmatrix} 1 & 0 \\ 0 & -1 \end{pmatrix}$$

代入(6.3)式，且利用熟知的Pauli矩阵间关系式：

$$(\boldsymbol{\tau} \cdot \boldsymbol{a})(\boldsymbol{\tau} \cdot \boldsymbol{b}) = (\boldsymbol{a} \cdot \boldsymbol{b}) + \mathrm{i}\boldsymbol{\tau} \cdot [\boldsymbol{a} \times \boldsymbol{b}] \tag{6.5}$$

得

$$\mathrm{d}s^2 = \vartheta_x^2 + \vartheta_y^2 + \vartheta_z^2 \tag{6.6}$$

即群流形S^3为可平行化流形，$\{\vartheta_a\}_1^3$组成群流形S^3上正交活动标架，它们是SU(2)群流形上左不变1形式，满足Maurer-Cartan方程

$$d\vartheta_a = \frac{1}{2}\varepsilon_{abc}\vartheta_b \wedge \vartheta_c \tag{6.7}$$

选此正交活动标架,得联络 1 形式

$$\omega_{ab} = \varepsilon_{abc}\vartheta_c \quad \text{及循环置换} \tag{6.8}$$

得曲率 2 形式

$$\Omega_{ab} = \vartheta_a \wedge \vartheta_b \quad \text{及循环置换} \tag{6.9}$$

为常曲率空间,非零曲率张量分量有

$$R_{2323} = R_{3131} = R_{1212} = 1 \tag{6.10}$$

且(6.6)式为 su_2 李代数的 Killing-Cartan 度规,以上推导表明它与 S^3 的标准度规是一致的,是 SU(2)群作用不变度规.

下面分析具有李群 G 作用的齐性黎曼流形.

§6.2　齐性黎曼流形

齐性空间是具有李群 G 传递作用的流形. 这种流形常可实现为陪集空间 G/H,即其上有群 G 传递作用,同时对流形上任一点 $p \in M$,G 的子群 H 保持点 p 不变,H 称为稳定子群,使整个空间同构于 G/H. 如果代替 p 点,选空间上另一点 q,这时稳定子群 H' 必与 H 共轭. 因此当提到齐性空间 G/H 时,H 可为其共轭等价类中某代表元,点 $p \in G/H$ 相应于 $[e] = eH$ 称为 G/H 的原点.

当 H 为群 G 的闭子群,用 $\{G,H\}$ 对常可组成两类陪集空间:右陪集类 $[a] = aH$,在其集合 G/H 上群 G 左作用:$g \in G$,

$$g:[a] \to [ga]$$

类似可定义左陪集,其上群 G 右作用. 一般左陪集不等于右陪集,除非 H 是 G 的不变子群,这时 G/H 为商群. 通常陪集空间不是商群,其中两类间乘法无确定定义,仅存在群 G 对它们的作用,是群 G 作用的齐性空间.

齐性空间 G/H 上可能存在多种度规,而我们要特别注意分析的是 G 不变度规. 本节开始分析李群流形 G,相当于稳定子群 H 为单位元的齐性空间,曾特别指出群 G 上存在 $G \times G$ 不变度规,即 G 左右作用双不变度规. 陪集流形 G/H 上 G 不变度规可由 G 上 $G \times H$ 不变度规投射得到.

下面以二维球面

$$S^2 \simeq SU(2)/U(1)$$

为例进行具体分析. S^2 是大家最熟悉的二维紧致流形,是第 1 Hopf 丛的底流形. 由于 Hopf 丛在现代理论物理场论拓扑分析中常遇到,在附录 H 中曾对各次 Hopf 丛与可除代数作简单介绍,在这里先对第 1 Hopf 丛作认真分析对理介高次 Hopf 丛

结构是有益的. S^2 是三维欧空间的单位球面

$$S^2 = \{(x,y,z) \in \mathbb{E}^3 \mid x^2+y^2+z^2=1\}$$

具有标准的度规及黎曼联络,它们具有 $O(3)$ 转动对称性. S^2 是转动群 $O(3)$ 的齐性流形,而在各点的稳定子群是 U(1) 群.

如图 6.1 做极射投影,将球面上 p 点投射到赤道平面上 Q 点,p 点坐标 (x,y,z) 与 Q 点坐标 (x_1,x_2) 可表示为

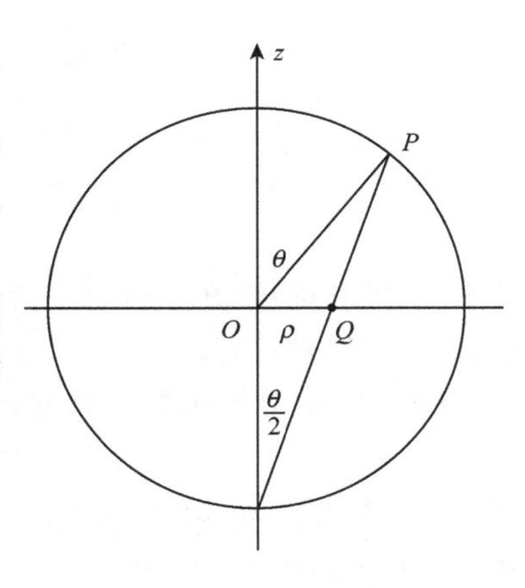

图 6.1

$$x = \sin\theta\cos\varphi, \qquad x_1 = \rho\cos\varphi = \frac{x}{1+z}$$

$$y = \sin\theta\sin\varphi, \qquad x_2 = \rho\sin\varphi = \frac{y}{1+z}$$

$$z = \cos\theta, \qquad \rho = \tan\frac{\theta}{2} = \frac{\sin\theta}{1+\cos\theta} \tag{6.11}$$

取二维球面 S^2 的标准测度,即将 S^2 作为三维欧空间中单位球面所得度规,它在三维空间转动群 SO(3) 作用下不变.

$$ds^2 = (d\theta)^2 + \sin^2\theta(d\phi)^2 = (\vartheta^1)^2 + (\vartheta^2)^2 \tag{6.12}$$

这里取正交活动标架 1 形式

$$\vartheta^1 = d\theta, \quad \vartheta^2 = \sin\theta d\phi \tag{6.13}$$

由其外微分可得联络 1 形式

$$\omega = \cos\theta d\phi = \frac{\cos\theta}{\sin\theta}\vartheta^2 \tag{6.14}$$

进一步外微分得曲率 2 形式为

$$\Omega = \sin\theta d\theta \wedge d\phi = \vartheta^1 \wedge \vartheta^2 \tag{6.15}$$

黎曼曲率张量系数的非零分量 $R_{1212}=1$.

通常物理文献上常将联络 1 形式称为规范势,记为

$$A = A_\theta \vartheta^1 + A_\varphi \vartheta^2$$

由(6.14)式知

$$A_\theta = 0, \quad A_\varphi = \frac{\cos\theta}{\sin\theta} \tag{6.14a}$$

上式在 $\theta=0$ 与 $\theta=\pi$ 时奇异,联络的这种表达式称为 Schwinger 规范. 可对势 A 作规范变换,相当于对陪集 $S^2=\mathrm{SU}(2)/\mathrm{U}(1)$ 作 U(1) 转动,作规范变换后新的规范势为

$$\mathrm{i}A_{\varphi}^{\pm} = \mathrm{e}^{\pm \mathrm{i}\varphi}\left(\mathrm{i}A_{\varphi} + \frac{1}{\sin\theta}\frac{\partial}{\partial\varphi}\right)\mathrm{e}^{\mp \mathrm{i}\varphi}$$

得

$$A_{\varphi}^{\pm} = \frac{\mp 1 + \cos\theta}{\sin\theta} \tag{6.16}$$

其中 A^+ 仅在南极($\theta = \pi$)有奇点,称为 Dirac 北区规范势,类似 A^- 仅在北极有奇点,称为南区规范势.

可将$\mathbb{E}^3$ 中单位矢量 $\boldsymbol{N}$ 用矩阵表示为

$$N = \boldsymbol{N} \cdot \boldsymbol{\tau} = N^a \tau_a \tag{6.17}$$

其中$\{\tau_a\}_1^3$ 为 Pauli 矩阵,为 su_2 李代数生成元. 现将矩阵 N 表达为取值在 su_2 李代数上,对它可作 SU(2)群的伴随(adjoint)变换,将矩阵 N 表示为

$$N = g\tau_3 g^{-1} \tag{6.18}$$

$$g = \begin{pmatrix} z_1 & -\bar{z}_2 \\ z_2 & \bar{z}_1 \end{pmatrix} \in \mathrm{SU}(2), \quad \det g = |z_1|^2 + |z_2|^2 = 1 \tag{6.19}$$

这样定义的矩阵 N 不仅仍满足 $N^2 = I$,且当对 g 右乘 U(1)元素:

$$g \to g\mathrm{e}^{\mathrm{i}\tau_3\gamma}$$

N 不变,即(6.18)式定义的 $N \in \mathrm{SU}(2)/\mathrm{U}(1)$. 这样利用(6.18)式可实现 SU(2)到 SU(2)/U(1)的 Hopf 映射.

单位矢量$\mathbb{N} = (\sin\theta\cos\varphi,\ \sin\theta\sin\varphi,\ \cos\theta)$,如图 6.2 所示,令矢量$\mathbb{b} = (-\sin\varphi, \cos\varphi, 0)$,绕$\mathbb{b}$ 将径向矢量由 z 轴转至$\mathbb{N}$ 的矩阵 g 为

$$g = \mathrm{e}^{-\mathrm{i}\tau\cdot b\theta/2} = \cos\frac{\theta}{2} - \mathrm{i}\sin\frac{\theta}{2}\tau \cdot b = \begin{pmatrix} \cos\frac{\theta}{2} & -\sin\frac{\theta}{2}\mathrm{e}^{-\mathrm{i}\varphi} \\ \sin\frac{\theta}{2}\mathrm{e}^{\mathrm{i}\varphi} & \cos\frac{\theta}{2} \end{pmatrix} \tag{6.19a}$$

利用$\frac{1}{2}\mathrm{tr}(\tau_a\tau_b) = \delta_{ab}$,知

$$N^a = \frac{1}{2}\mathrm{tr}(N\tau_a) = \frac{1}{2}\mathrm{tr}(g(1 + \tau_3)g^{-1}\tau_a) = z^+ \tau_a z \tag{6.20}$$

其中

$$z = \begin{pmatrix} z_1 \\ z_2 \end{pmatrix} = \begin{pmatrix} \cos\frac{\theta}{2} \\ \sin\frac{\theta}{2}\mathrm{e}^{\mathrm{i}\varphi} \end{pmatrix} = \frac{1}{\sqrt{1 + |\zeta|^2}}\begin{pmatrix} 1 \\ \zeta \end{pmatrix}$$

$$\zeta = \tan\frac{\theta}{2}\mathrm{e}^{\mathrm{i}\varphi} = x_1 + \mathrm{i}x_2 \tag{6.21}$$

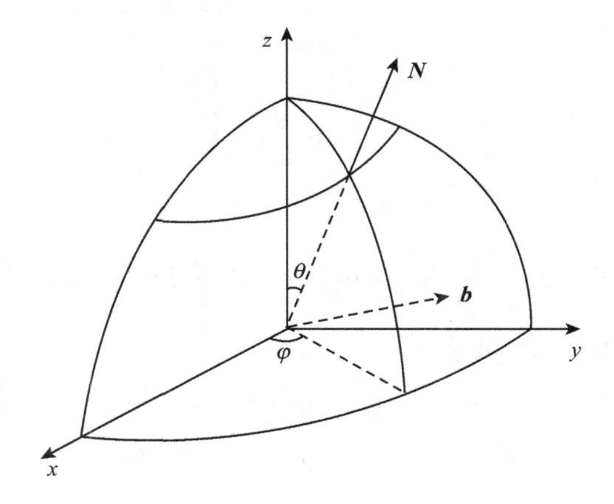

图6.2

注意上两式表明,由于引入两复标量场(z_1,z_2),具约束$|z_1|^2+|z_2|^2=1$,即为具有三个独立自由度的S^3,而(6.20)将它们表为三个实场N^a,具约束$\boldsymbol{N}\cdot\boldsymbol{N}=1$,为具有两个自由度的$S^2$.即(6.20)式相当于Hopf映射$\boldsymbol{\eta}:S^3\to S^2,\boldsymbol{z}\to\boldsymbol{N}$.

当我们用SU(2)不变的Killing-Cartan形式定义陪集空间度规

$$\begin{aligned}\mathrm{d}s^2&=\mathrm{d}x^2+\mathrm{d}y^2+\mathrm{d}z^2\quad(\text{约束 } x^2+y^2+z^2=1)\\&=\frac{1}{2}\mathrm{tr}(\mathrm{d}N\mathrm{d}N)=\mathrm{d}z^+\mathrm{d}z\quad(\text{约束 } z^+z=1)\\&=\frac{4\mathrm{d}\zeta\mathrm{d}\bar{\zeta}}{(1+|\zeta|^2)^2}=4\frac{\mathrm{d}x_1^2+\mathrm{d}x_2^2}{(1+x_1^2+x_2^2)^2}=(\vartheta^1)^2+(\vartheta^2)^2\end{aligned}\tag{6.22}$$

其中

$$\vartheta^a=\mathrm{itr}(g^{-1}\mathrm{d}g\tau_a)\tag{6.23}$$

上式表明所取度规与通常2维球面S^2的标准度规一致.

进一步对标架1形式微分可得联络1形式:

$$\omega=\frac{1}{2}\mathrm{tr}(g^{-1}\mathrm{d}g\tau_3)=\mathrm{tr}\left(g^{-1}\mathrm{d}g\frac{1+\tau_3}{2}\right)=z^+\mathrm{d}z\tag{6.24}$$

相应曲率2形式为

$$\Omega=\mathrm{d}\omega=\mathrm{d}z^+\wedge\mathrm{d}z=2\mathrm{i}\frac{\mathrm{d}\zeta\wedge\mathrm{d}\bar{\zeta}}{(1+|\zeta|^2)^2}=4\frac{\mathrm{d}x_1\wedge\mathrm{d}x_2}{(1+x_1^2+x_2^2)^2}\tag{6.25}$$

可在陪集S^2上再引入U(1)自由度,形成以S^2为底流形,以U(1)为纤维的Hopf丛,即令

$$Z = \begin{pmatrix} \cos\dfrac{\theta}{2} \\ \sin\dfrac{\theta}{2}e^{i\varphi} \end{pmatrix} e^{i\chi} \tag{6.26}$$

则

$$ds^2 = dz^+ dz = \frac{1}{4}d\theta^2 + d\chi^2 + \sin^2\frac{\theta}{2}d\varphi^2 + 2\sin^2\frac{\theta}{2}d\varphi d\chi$$

进一步设法引入正交标架,可令

$$\psi = \varphi + \chi \tag{6.27}$$

则

$$ds^2 = \frac{1}{4}d\theta^2 + \cos^2\frac{\theta}{2}d\chi^2 + \sin^2\frac{\theta}{2}d\psi^2 = \sum_{i=1}^{3}(\sigma^i)^2 \tag{6.28}$$

即 Hopf 丛上标架 1 形式

$$\sigma^1 = \frac{1}{2}d\theta, \quad \sigma^2 = \cos\frac{\theta}{2}d\chi, \quad \sigma^3 = \sin\frac{\theta}{2}d\psi \tag{6.29}$$

微分得联络 1 形式 $A = A_i\sigma^i = Z^+ dZ$

$$A = \cos^2\frac{\theta}{2}d\chi + \sin^2\frac{\theta}{2}d\psi \tag{6.30}$$

即

$$A_1 = 0, \quad A_2 = \cos\frac{\theta}{2}, \quad A_3 = \sin\frac{\theta}{2} \tag{6.31}$$

注意这时联络 A 不再奇异. 即将陪集空间 S^2 扩张为 Hopf 丛 $S^3 = SU(2)$,联络 A 可在丛 S^3 上整体定义.

给定流形 M 可能有若干种齐性结构,例如

$$S^5 \simeq SO(6)/SO(5) \simeq SU(3)/SU(2)$$

其上 SO(6)不变度规比 SU(3)不变度规具有更大的对称性,前者即通常$\mathbb{R}^6$ 中单位球面 S^5 的标准度规. 而后者相当于$\mathbb{C}P^2 \times U(1)$对称度规.

§6.3　对称空间与局域对称空间

黎曼流形 M,在其任意点 $p \in M$ 的邻域 U,可沿各方向定义测地线,引入局域法坐标系. 可定义含 p 点邻域 U 到自己的对称变换 S_p,使 p 点为固定点,且

$$S_p: \mathrm{Exp}X \to \mathrm{Exp}(-X), \quad X \in T_p(M). \tag{6.32}$$

即 S_p 在点 p 的切空间的诱导映射反转所有切矢 X,当此变换 S_p 为等长变换,则称

为对称变换. 对称变换 S_p 为对合变换(involutive),满足 S_p^2 为 p 点邻域的恒等变换.

当对任意点 $p\in M$, S_p 均为等长变换,则 M 称为黎曼局域对称空间. 可以证明:

定理 6.1 黎曼流形 M 为黎曼局域对称空间的必充条件是其黎曼曲率张量满足

$$\nabla R = 0 \tag{6.33}$$

此定理证明可参看 S. Helgason "Differential Geometry, Lie Group, and Symmetric Space",这里简单分析其必要条件. 在 p 点邻域选局域坐标系:见 §5.6. (5.244)式:

$$x^a = 0, \quad g_{ab} = \delta_{ab}, \quad \frac{\partial g_{ab}}{\partial x^c} = 0$$

在对称变换 S_p 作用下, g_{ab}, R_{abcd}不变,而张量$\nabla_s R_{abcd}$反号. 另方面 S_p 为等长变换, $\nabla_s R_{abcd}$不变,故$\nabla_s\ R_{abcd}$在 p 点为零.

在上述分析中,如将黎曼流形换为仿射联络流形,度规换为仿射联络,等长变换换为仿射变换,仍可定义对称变换 S_p. 当仿射流形 M 上每点 p 均存在仿射对称变换 S_p,则 M 称为仿射局域对称空间. 可以证明

定理 6.2 仿射联络流形 M 为仿射局域对称空间的必充条件是其挠率张量 T 为零,曲率张量 R 的协变微分为零:

$$T = 0, \quad \nabla R = 0 \tag{6.34}$$

以下分析将着重分析具有度规结构的黎曼流形,很易将它推广到仿射流形上,不再赘述.

在 §4.5 分析的常曲率空间为等长变换群的齐性空间,是具有最大对称性的空间,此空间曲率张量的协变导数恒为零.

$$\nabla R = 0$$

常曲率空间是黎曼局域对称空间.

在上节我们分析黎曼齐性流形 $M\simeq G/H$,当等长群 G 对 M 作用传递,而对任意点 $p\in M$ 的稳定子群为 H,可以证明(见下节的分析)它也是黎曼局域对称空间.

$\nabla R=0$ 对黎曼曲率张量加了很强的限制,使曲率张量的所有标量特征值均为常值

$$R_{abcd}R^{abcd} = \text{const} \tag{6.35}$$

$$\mathscr{S} = \mathscr{R}_a^a = \text{const} \tag{6.36}$$

可利用和乐群(holonomy)概念来分析对称空间,和乐群的每一元素保持度规结构不变,如果和乐群能进一步保持黎曼曲率张量不变,其黎曼曲率张量满足(6.33),

则流形 M 为黎曼局域对称空间.

对于满足(6.33)式的黎曼局域对称空间,当再加些整体条件.要求流形是单连通,即流形上任意闭回路均可连续收缩为零(即基本群 $\pi_1(M)=0$,见下章分析).则对称变换 S_p 可延拓为整个流形 M 的等长变换,则流形 M 称为黎曼对称空间,或简称为对称空间.即

定义 6.1　单连通黎曼流形 M,当对其每点 $p\in M$,存在等长变换 $S_p:M\to M$,使点 p 为弧立固定点,且其在切空间 $T_p(M)$ 诱导映射 S_{p*} 反转所有切矢

$$S_{p*}:X\to -X,\quad X\in T_p(M) \tag{6.37}$$

此等长变换 S_p 称为 M 在 p 点对称变换,则此流形 M 称为对称空间.

对称变换 S_p 为等长变换,必将测地线映到测地线,令 $\gamma(t)$ 为 M 上测地线

$$\gamma:(-\varepsilon,\varepsilon)\to M,\ \gamma(0)=p.$$

通常取参数 t 比例于弧长,则

$$S_{p*}:\dot{\gamma}(0)\to -\dot{\gamma}(0)$$

由于测地线是被其初点及初方向惟一确定,故

$$S_p\gamma(t)=\gamma(-t) \tag{6.38}$$

极易证明:

定理 6.3　令 $\gamma(t)$ 为 M 上测地线,

$$\gamma(0)=p,\gamma(\tau)=q$$

则

$$S_qS_p\gamma(t)=\gamma(t+2\tau) \tag{6.39}$$

证明　令 $c(t)=\gamma(t+\tau)$ 为初点在 $c(0)=\gamma(\tau)=q$ 点的测地线,则

$$S_q\cdot S_p\gamma(t)=S_q\gamma(-t)=S_qc(-t-\tau)=c(t+\tau)=\gamma(t+2\tau)\qquad\square$$

上式表明,测地线可无限延伸.在对称空间,每测地线能在两个方向无限延伸,参数 t 可取实数 $\mathbb{R}$ 的任意值,即对称空间是测地完备的.

对黎曼流形的完备性及紧致性问题,存在 Hopf-Rirow 定理:对黎曼流形 M,下列叙述等价:

1) M 作为度规空间是完备的;

2) M 的闭且有界子集为紧致的;

3) M 是测地完备的;

4) M 上任意两点 $p,q\in M$,可被最短长度测地线连接.而黎曼对称空间就是具有以上各条件的黎曼流形,是测地完备的.对称空间中任两点可被测地线连接.

§6.4 对称空间的代数结构 (G,H,σ)三元组 非线性实现

由上节分析知对称空间 M 可传递等长群 G 作用. G 为连通李群,其李代数记为 $\mathfrak{g}$,$\mathfrak{g}$ 作为线性空间可成为群 G 伴随作用的表示空间

$$ad_g T = gTg^{-1}, \quad T \in \mathfrak{g}, g \in G$$

诱导李代数 $\mathfrak{g}$ 的伴随表示

$$\mathrm{Ad}_X Y = [X,Y], \quad X,Y \in \mathfrak{g}$$

在空间 $\mathfrak{g}$ 存在有 G 不变的 Killing-Cartan 形式

$$(X,Y) = \mathrm{tr}(Ad_X, Ad_Y)$$

对称空间 M 在等长群 G 作用下传递,而各点迷向群(isotropy group)相互同构,记为 H. H 为 G 的闭子群,而流形 M 可表示为

$$M \simeq G/H$$

且李群 G 具有对合自同构映射 σ,σ 诱导 G/H 的对合自同构 σ_0 是使 G/H 在原点为孤立固定点的对称变换. σ 不变各点切空间(李代数 $\mathfrak{g}$ 空间)上 Killing-Cartan 度规

$$(\sigma X,\sigma Y) = (X,Y) \tag{6.40}$$

齐性流形 $M \simeq G/H$ 上存在相对 G 不变,且 σ 不变的无挠联络 Γ,其曲率张量 R 相对联络 Γ 为平行输运,$\nabla R=0$.

正因为对称空间具有以上特点,通常可将对称空间定义为具有对合自同构的齐性空间,即由(G,H,σ)三要素组成.

手征场模型、自对偶杨-Mills 场、轴对称引力场等均存在完全可积精确解. 这些完全可积物理体系常可表达为对称空间场,即为取值在对称空间(G,H,σ)上的场论[3~6,10]. 这里 σ 为对合自同构算子,

σ 不变李代数 $\mathfrak{g}$ 的 Killing-Cartan 度规,$\sigma^2=1$,且 $\sigma \neq 1$,其本征值为 ± 1,令 $\mathfrak{h}$ 为本征值为 $+1$ 的空间,$\mathfrak{k}$为本征值为 -1 的空间,即李代数 $\mathfrak{g}$ 可作如下分解(称 Cartan 分解):

$$\mathfrak{g} = \mathfrak{h} + \mathfrak{k} \tag{6.41}$$

明显 $\mathfrak{h}$ 与 $\mathfrak{k}$ 相对 Killing-Cartan 度规相互正交. 取 $n=\sigma_*$ 为 σ 诱导的作用于李代数 $\mathfrak{g}$ 上的对合算子,$\mathfrak{h}$ 为 n 的本征值为 $+1$ 的子空间,而 $\mathfrak{k}$ 为 n 的本征值为 -1 的子空间

$$[n,\mathfrak{h}] = 0, \quad \{n,\mathfrak{k}\} = 0 \tag{6.42}$$

这里以方括号代表对易,曲括号代表反对易. Cartan 分解使得 $\mathfrak{h}$, $\mathfrak{k}$ 间存在如下关系:

$$[\mathfrak{h},\mathfrak{h}] \subset \mathfrak{h} \tag{6.43a}$$

$$[\mathfrak{h},\mathfrak{k}] \subset \mathfrak{k} \tag{6.43b}$$

$$[\mathfrak{k},\mathfrak{k}] \subset \mathfrak{h} \tag{6.43c}$$

第一等式表明 $\mathfrak{h}$ 为 $\mathfrak{g}$ 的子代数,是李群 G 的闭子群 H 的李代数. 空间 $M = G/H$ 在等长群 G 作用下为齐性空间,此齐性空间在每点 $p \in M$ 的切空间 T_pM 与 $\mathfrak{k}$ 同构,指数映射 Exp 将 $\mathfrak{g}$ 映入 G,将 $\mathfrak{k}$ 映入 M. 第二等式(6.43b)表明 H 为稳定子群,空间 $\mathfrak{k}$ 在 Ad_H 的作用下不变,空间 $\mathfrak{k}$ 可作为子代数 $\mathfrak{h}$ 的表示空间. 一般陪集空间都必对应有上述两式. 下面着重分析最后一等式(6.43c),它的存在是对称空间的标志,正由于存在对合变换算子 n,表明李代数 $\mathfrak{g}$ 为 z_2 阶化李代数, $\mathfrak{k}$ 作为 $\mathfrak{h}$ 的补空间,为 n 的本征值 -1 的空间,这时 $M \simeq G/H$ 为对称空间. (G,H,σ) 或 $(\mathfrak{g},\mathfrak{h},\mathfrak{n})$ 称为对称空间的三元组,或称为对称空间的代数模型,可由等长变换李群 G 的分类决定对称空间的分类,主要有三种情况:

i $[\mathfrak{k},\mathfrak{k}]=0$,即 $\mathfrak{k}$ 为 $\mathfrak{g}$ 的 Abel 理想. $\mathfrak{g}$ 非半单,相应地,群 G 非单李群,存在有不变子群 K, G 是 H 与 K 的半直积

$$G = H \oplus_s K,$$

空间 M 恒等于 K,等长群 G 作用相当于 M 的仿射变换. 例如: M 为 2 维欧空间 E^2,等长群 G 为二维欧氏运动群 $E(2)$,而保持点 $p \in M$ 固定的稳定子群为平面转动群 $O(2)$,

$$E^2 = E(2)/O(2) \tag{6.44}$$

是曲率恒为零的对称空间,群 G 的作用相当于 K 的仿射变换

$$gx = Rx + a, \quad x,a \in \mathbb{R}^2, \{R\} = \mathrm{SO}(2)$$

下面两种情况相当于等长群 G 为半单. 由李群教程知道,半单李代数 Killing-Cartan 形式非简并. 即对李代数 $\mathfrak{g}$ 中两任意元素 X,Y 间可引入不变双线性形式(度规)

$$(X,Y) = -\mathrm{tr}(ad_X, ad_Y) \tag{6.45}$$

这里 $ad_XY = [X,Y] \in \mathfrak{g}$, ad 为 $\mathfrak{g}$ 的伴随表示算子. 有下面两种类型的对称空间.

ii 等长群 G 为紧致李群,即为正交群的子群. 这时 Killing 型(6.45)在 $\mathfrak{g}$ 上正定,

例 6.1　$M = S^2 = \mathrm{SO}(3)/\mathrm{SO}(2)$　为正曲率面.　　(6.46)

iii 等长群 G 非紧, $\mathfrak{g}$ 上 Killing 型不定.

例 6.2　Lobachevskian 平面

$$M = H^2 = \mathrm{SO}(2,1)/\mathrm{SO}(2) \tag{6.47}$$

为负曲率面.

对称空间必为其等长变换群 G 作用的齐性空间. 反之齐性空间 $M=G/H$,当进一步存在 G 的对合自同构变换 σ:

$$\sigma: G \to G$$

$$\sigma^2 = id, \quad \sigma|_H = id. \tag{6.48}$$

这时,对 $M=G/H$ 上的任意点 $p\in M$,存在 M 的对称变换 $S_p: M \to M$. 使 p 点固定,而对 M 上另一点 q,因为 G 对 M 作用传递,必存在 $g\in G$ 使

$$q = g \cdot p, \ g \in G$$

这样可以定义

$$S_p(q) = S_p(g \cdot p) = \sigma(g) \cdot p$$

易证明 S_p 为 M 的自微分同胚变换,且使

$$S_p^2 = id, \quad S_p(p) = p$$

而其诱导映射 S_{p*} 为 $T_p(M)$空间相对原点的反演变换. 由此表明 $M=G/H$ 为对称空间.

在本节最后,我们还将简单介绍下利用对称空间作群的非线性实现,以及对称空间上活动标架的选取等问题.

陪集 G/H 流形具有左作用 G 不变对称变换,及右作用局域 H 不变对称变换. 令 $T\in\mathfrak{h}$ 为稳定子群 H 的厄米生成元,$X\in\mathfrak{p}$ 为 $\mathfrak{p}$ 中 G 的生成元,群 G 中任意群元可写为

$$g = \mathrm{e}^{-\mathrm{i}\xi X}\mathrm{e}^{-\mathrm{i}\eta T} = uh, \quad h \in H, \ u \in G/H. \tag{6.49}$$

当两群元 g_1 与 g_2 相差右乘 $h\in H$:$g_1=g_2h$,则这两群元相应于陪集 G/H 空间中同一点

$$g_1 \sim g_2, \quad \text{如 } g_1 = g_2 h$$

因此陪集 G/H 空间可用 $u=\mathrm{e}^{-\mathrm{i}\xi X}$来参数化,即可将 ξ 看成陪集流形上的坐标参数.

下面分析群元 $g_0\in G$ 对陪集 G/H 的左乘.

$$g_0 u = g_0 \mathrm{e}^{-\mathrm{i}\xi X} = \mathrm{e}^{-\mathrm{i}\xi' X}\mathrm{e}^{-\mathrm{i}\eta' T}$$

其中 $\xi'=\xi'(\xi,g_0)$, $\eta'=\eta'(\xi,g_0)$. (6.50)

当 $g_0=h'\in H$,即由稳定子群 H 中群元 h'对陪集流形作用,这时变换.

$$u \to h'u = h'uh'^{-1}h' = u'h'$$

$$u' = h'uh'^{-1}$$

即

$$e^{-i\xi' X} = h' e^{-i\xi X} h'^{-1} \tag{6.51}$$

在稳定子群 H 中元素 h' 的作用下陪集按 H 的伴随表示变,陪集参数 ξ 线性变换:

$$\xi \to \xi' = D(h')\xi,\ D(h') \in Ad_H$$

但是当 $g_0 \in G$ 但 $g_0 \notin H$ 时,这时(6.50)一般不能写成封闭形式,仅当 G/H 为对称空间时,此变换才能明显写出,且为非线性变换. 下面我们分析当 G/H 为对称空间情况,这时群 G 中存在自同构映射

$$T \to T$$
$$X \to - X \tag{6.52}$$

当 $g_0 \in G$ 但 $g_0 \notin H$,在 g_0 的左作用下,

$$u \to g_0 u = u'h \tag{6.53}$$

在对合自同构映射作用下 $g_0 \to g'_0, u \to u^{-1},\ h \to h$

$$g'_0 u^{-1} = u'^{-1} h$$

取其逆得

$$u g'^{-1}_0 = h^{-1} u'$$

与(6.53)相乘得

$$u'^2 = g_0 u^2 g'^{-1}_0$$

即

$$e^{-2i\xi' X} = g_0 e^{-2i\xi X} g'^{-1}_0 \tag{6.54}$$

此为非线性变换,例如,当取 $g_0 = e^{i\xi X}$,这时 $g'^{-1}_0 = g_0 = e^{i\xi X}$,这时 $\xi' = 0$. 存在着 $0 \leftrightarrow$ 有,这是非线性变换,这是对称空间特点,可以利用对称空间产生群 G 的非线性实现,这点对取值在对称空间的场论模型起重要作用.

在群 G 的李代数 $\mathfrak{g}$ 的伴随表示空间,常可利用对合算子 n,将取值在对称空间 $M \simeq G/H$ 中场量表示为

$$N(X) = g(x) n g(x)^{-1}, \quad g(x) \in G \tag{6.55}$$

上式表示的 $N(x)$ 取值在陪集流形 $M \simeq G/H$ 上.

在群 G 整体作用下不变的 Maurer-Cartan 形式场量 $a(x)$ 可记为

$$a_\mu(x) = g^{-1}(x) \partial_\mu g(x) \tag{6.56}$$

可利用自同构算子 n 将场量分解为两部分

$$a_\mu(x) = \mathfrak{h}_\mu(x) + \mathfrak{k}_\mu(x) \tag{6.57}$$

其中

$$\mathfrak{h}_\mu(x) = \frac{1}{2}\{a_\mu, n\} n, \quad \mathfrak{k}_\mu = \frac{1}{2}[a_\mu, n] n \tag{6.58}$$

易证它们满足

$$[n,\mathfrak{h}_\mu(x)] = 0, \quad \{n,\mathfrak{k}_\mu(x)\} = 0 \tag{6.59}$$

即对李代数 $\mathfrak{g}$ 作 Cartan 分解 $\mathfrak{g} = \mathfrak{h} + \mathfrak{k}$,

$$\mathfrak{h}_\mu(x) \in \mathfrak{h}, \quad \mathfrak{k}_\mu(x) \in \mathfrak{k}.$$

任意紧致连通李群 G 都可看成是黎曼整体对称空间,群流形本身可被 G 左作用或右作用,二者相互可交换,可形成乘积空间

$$G_L \times G_R = \{(g_1,g_2) \mid g_1,g_2 \in G\} \tag{6.60}$$

置换 $\sigma:(g_1,g_2)\to(g_2,g_1)$是乘积空间的对合自同构,固定点集由对角子群 G_V 组成

$$G_V = \{(g,g) \in G \times G\} \tag{6.61}$$

黎曼对称空间 $M = G_L \times G_R/G_V \simeq G$ (6.62)

对于取值在群流形上的主手征场,由于群流形本身可被 G 左作用或右作用,所以可将手征场看作是取值在对称陪集流形 $G_L \times G_R/G_V$ 上. 即任一紧致连通李群 G 都可看成是黎曼整体对称空间,可利用对称空间结构,对场量进行非线性实现,下面分析此问题.

例如,可把 SU(3)手征场看成是取值在

$$\mathrm{SU}(3)_L \times \mathrm{SU}(3)_R/\mathrm{SU}(3)_V = G/H \tag{6.63}$$

上的,而 G 中元素 g 可记为

$$g = \Phi\bar{h}(\bar{h} \in H, \quad \phi \in G/H) \tag{6.64}$$

具有对合自同构 σ

$$\sigma\bar{h}\sigma = \bar{h}, \quad \sigma\Phi\sigma = \Phi^{-1} \tag{6.65}$$

$\sigma g\neq g$,而 $\sigma \cdot \sigma g = g, \sigma^2 = id$. 可取表象

$$\sigma = \begin{pmatrix} 0 & I \\ I & 0 \end{pmatrix} \tag{6.66}$$

则

$$\bar{h} = \begin{pmatrix} h & 0 \\ 0 & h \end{pmatrix}, \quad \Phi = \begin{pmatrix} \phi & 0 \\ 0 & \phi^{-1} \end{pmatrix} \tag{6.67}$$

对称空间中动力学变量可写为

$$N(x) = g(x)\sigma g(x)^{-1} = \Phi\sigma\Phi^{-1} = \begin{pmatrix} 0 & \phi^2 \\ \phi^{-2} & 0 \end{pmatrix} \equiv \begin{pmatrix} 0 & U(x) \\ U^{-1}(x) & 0 \end{pmatrix} \tag{6.68}$$

满足约束条件

$$N^2(x) = I$$

而由对称空间场量表示的流算子

$$N(x)\mathrm{d}N(x) = \begin{pmatrix} U(x)\mathrm{d}U^{-1}(x) & 0 \\ 0 & U^{-1}(x)\mathrm{d}U(x) \end{pmatrix} \tag{6.69}$$

这样,可将左、右手流结合在一起,作为对称陪集空间中场量进行分析.

§6.5　非线性 σ 模型　对偶对称与孤子解

非线性 σ 模型在理论物理中有广泛地应用. 它是这样一种场论模型,其相互作用不是靠对自由场拉氏量外加相互作用部分,而是靠几何方法引入,是由流形度规所决定的联络与曲率引入. 其相互作用特征在很多方面与非 Abel 规范理论类似,例如,有渐近自由,具有非平庸拓扑结构,有孤子解等. 将本节与第十六章非 Abel杨-Mills 场论进行对比分析,可更清楚地看出其特征.

物理模型的动力学理论都应从作用量原理出发,由作用量 I 变更条件 $\delta I=0$ 得运动方程. 讨论 d 维时空中取值在 n 维流形 M 上的场 $u(x)$,如流形 M 可取局域坐标 $u^i(i=1,2,\cdots,n)$,且流形 M 上定义有黎曼度规

$$\mathrm{d}s^2 = g_{ij}\mathrm{d}u^i\mathrm{d}u^j$$

可利用下面形式的作用量泛函 I 来决定 σ 模型的动力学问题

$$I = \frac{1}{2}\int \mathrm{d}^d x g_{ij}\partial_\mu u^i(x)\partial^\mu u^j(x), \quad i,j = 1,\cdots,n;\mu = 1,\cdots,d \tag{6.70}$$

由作用量对度规的变更 $\delta I=0$ 得运动方程

$$\partial^\mu\partial_\mu u^i + \Gamma^i_{jk}(u)\partial_\mu u^j\partial^\mu u^k = 0 \tag{6.71}$$

其中 $\Gamma^i_{jk}(u)$ 是由流形度规决定的黎曼联络:

$$\Gamma^i_{jk} = \frac{1}{2}g^{il}\left(\frac{\partial g_{lj}}{\partial u^k} + \frac{\partial g_{lk}}{\partial u^j} - \frac{\partial g_{jk}}{\partial u^l}\right) \tag{6.72}$$

(6.71)式为通常测地线方程的推广. 下面着重讨论此运动方程的具有有限作用量的解,故设当 $|x|\to\infty$ 时,场 $u(x)$ 有极限 u_0,因此可补充空间 R^d 以 $\{\infty\}$ 点,而整个空间看成 d 维球

$$S^d = R^d \cup \{\infty\}$$

场 $u(x)$ 可看成由 S^d 到流形 M 的映射

$$u: S^d \to M \tag{6.73}$$

而场 $u(x)$ 可用同伦群 $\Pi_d(M)$(见下章)的同伦等价类标志. 当 $\Pi_d(M)\neq 0$ 时,可能存在拓扑非平庸解.

下面为简单起见,集中讨论二维场论,一方面利用度规结构引入作用量泛函

$$I = \frac{1}{2}\int d^2x g_{ij}(x)\partial_\mu u^i(x)\partial^\mu u^j(x) \tag{6.74}$$

另一方面可利用2维空间 Hodge $*$ 对偶算子(即反对称张量$\epsilon^{\mu\nu}$)引入拓扑荷

$$Q = \frac{1}{2}\int d^2x g_{ij}(x)\epsilon^{\mu\nu}\partial_\mu u^i(x)\partial_\nu u^j(x) \tag{6.75}$$

可对场方程的拓扑非平庸解进行拓扑分类.

为简单起见,下面讨论$O(3)\sigma$模型. 场流形$M = O(3)/O(2) \simeq S^2$,其场量

$$N^a(x^1,x^2) \quad (a = 1,2,3)$$

满足约束

$$\mathbb{N}\cdot\mathbb{N} = \sum_{a=1}^{3}(N^a)^2 = 1 \tag{6.76}$$

可看成映射$S^2 \to M \simeq S^2$,映射可按整数$Q = \pi_2(M)$来分类

$$Q = \frac{1}{8\pi}\int d^2x N\cdot(\partial_\mu\mathbb{N}\times\partial_\nu\mathbb{N})\epsilon^{\mu\nu} \tag{6.77}$$

对场变量取极射投影,并取复坐标(参见(6.11)):

$$W = \frac{N^1 + iN^2}{1 + N^3} = \tan\frac{\theta}{2}e^{i\phi} \tag{6.78}$$

可对底空间也取复坐标$z = x^1 + ix^2$,则

$$Q = \frac{1}{\pi}\frac{dz d\bar{z}}{(1 + |w|^2)^2}(\partial w\bar{\partial}\bar{w} - \bar{\partial}w\partial\bar{w}) \tag{6.79}$$

其中

$$\partial w = \frac{\partial w}{\partial z}, \quad \bar{\partial}w = \frac{\partial w}{\partial\bar{z}}$$

相应地,作用量I也可写成$O(3)$不变形式

$$\begin{aligned} I &= \frac{1}{2}\int d^2x\partial_\mu\mathbb{N}\cdot\partial^\mu\mathbb{N} = 2\int\frac{d^2x}{(1 + |w^2|)^2}\partial_\mu w\partial^\mu\bar{w} \\ &= 4\int\frac{dz d\bar{z}}{(1 + |w|^2)^2}(\partial w\bar{\partial}\bar{w} + \bar{\partial}w\partial\bar{w}) \end{aligned} \tag{6.80}$$

注意到等式

$$\frac{1}{2}(\partial_\mu\mathbb{N} + \epsilon_{\mu\nu}[\mathbb{N}\times\partial_\nu\mathbb{N}])^2 = (\partial_\mu\mathbb{N})^2 - \epsilon_{\mu\nu}\mathbb{N}\cdot[\partial_\mu\mathbb{N}\times\partial_\nu\mathbb{N}] \tag{6.81}$$

得

$$I = 4\pi | Q | + \frac{1}{4}\int d^2x(\partial_\mu \mathbb{N} \pm \epsilon_{\mu\nu}[\mathbb{N} \times \partial_\nu \mathbb{N}])^2 \geqslant 4\pi | Q | \tag{6.82}$$

作用量 I 对场量变分极值可得场满足运动方程,一般为二阶微分方程. 而由(6.82)式看出,为得作用量的极值解,即拓扑荷为 Q 的非平庸解,可解下列自对偶条件:

$$\partial_\mu \mathbb{N} \pm \epsilon_{\mu\nu}[\mathbb{N} \times \partial_\nu \mathbb{N}] = 0 \tag{6.83}$$

或取复坐标(6.78),上两式可表为

$$\partial w = 0, \quad \text{或 } \bar{\partial} w = 0 \tag{6.84}$$

此即大家熟悉的柯西-黎曼条件,其解:

$$w = w(\bar{z}), \quad \text{或 } w = w(z) \tag{6.85}$$

若要求在 $|z| \to \infty$ 时 $w(z)$ 有确定极限,例如为 1,这时最一般的解形式可表示为

$$w(z) = \prod_{i=1}^{Q} \frac{z - a_i}{z - b_i}, \quad \text{或 } w(\bar{z}) = \prod_{j=1}^{Q} \frac{\bar{z} - a_j}{\bar{z} - b_j} \tag{6.86}$$

它们是拓扑数为 $\pm Q$ 的,具有有限作用量的运动方程的解.

(6.85)式为底空间到场流形的全纯映射,即当场量相当于底空间到场流形的共形映射时,对偶方程被满足. 自对偶方程为一阶方程,相当于运动方程的开方,若场满足自对偶方程,则作用量取极值,即得运动方程解.

有孤子解的非线性方程常具有确定几何意义,常可表示成某线性方程的可积条件,具有无穷多守恒流……等特点,下面以 $O(3)\sigma$ 模型为例进行深入分析[3].

首先可将解 $N^a(x^1, x^2)$ 写成矩阵形式,即令

$$N(x) = N^a(x)\sigma_a \tag{6.87}$$

其中 σ_a 为三个 Pauli 矩阵

$$\sigma_1 = \begin{pmatrix} 0 & 1 \\ 1 & 0 \end{pmatrix}, \quad \sigma_2 = \begin{pmatrix} 0 & -i \\ i & 0 \end{pmatrix}, \quad \sigma_3 = \begin{pmatrix} 1 & 0 \\ 0 & -1 \end{pmatrix}$$

约束条件($\mathbb{N} \cdot \mathbb{N} = 1$)表示成

$$N^2(x) = I \tag{6.88}$$

I 为 2×2 的单位矩阵. 场的动力学由拉氏量决定:

$$L = \frac{1}{8}\mathrm{tr}(\partial_\mu N(x)\partial^\mu N(x)) \tag{6.89}$$

在约束条件(6.88)下对作用量变更,得运动方程

$$[\partial_\mu \partial^\mu N(x), N(x)] = 0 \tag{6.90}$$

此式也可写成

$$\partial_\mu K^\mu = 0 \tag{6.91}$$

其中

$$K_\mu = -\frac{1}{2}N\partial_\mu N \tag{6.92}$$

即拉氏量(6.89)在变更

$$\delta N = [N,C]\delta\varepsilon, \quad C = \sigma_a C^a (C^a = \text{const}) \tag{6.93}$$

下 $\delta L=0$,故存在守恒的 Noëther 流

$$J_\mu = \text{tr}(K_\mu C) \tag{6.94}$$

满足

$$\partial^\mu J_\mu = 0 \tag{6.95}$$

此即运动方程(6.91).

注意到场取值在 O(3)/O(2) 上,O(3) 的伴随表示空间为$\mathbb{E}^3$. 由(6.88)及(6.92)式知

$$\{K_\mu, N\} = 0 \tag{6.96}$$

故可将 $K_1(x)$,$K_2(x)$及 $N(x)$看成在 E^3 中的活动标架,解流形的法方向沿$N(x)$,可引入局域规范变换使 $N(x)$在各处均转为与 x 无关的常矩阵 $n=\sigma_3$:

$$g^{-1}(x)N(x)g(x) = n = \sigma_3 \tag{6.97}$$

这时仍剩下 U(1)规范自由度

$$g(x) \to g'(x) = g(x)h(x) \tag{6.98}$$

其中 $h(x)$满足

$$h(x)nh^{-1}(x) = n \tag{6.99}$$

这时,矢量 $K_\mu(x)$规范协变为 k_μ

$$k_\mu(x) = g^{-1}(x)K_\mu(x)g(x) \tag{6.100}$$

利用 $g(x)$可引入左不变纯规范势

$$a_\mu(x) = g^{-1}(x)\partial_\mu g(x) \tag{6.101}$$

上述规范势在整体(与底空间坐标 x 无关)左作用 SO(3)转动下不变.

注意到场流形 $N(x)$取值在具有对合自同构 n 的对称空间 O(3)/O(2)上,利用对合自同构 n 可将纯规范势 a_μ 分解为两部分

$$a_\mu = g^{-1}\partial_\mu g = h_\mu + k_\mu \tag{6.102}$$

其中

$$\begin{aligned} \mathfrak{h}_\mu &= \frac{1}{2}(g^{-1}\partial_\mu g + n^{-1}g^{-1}\partial_\mu g n) \\ k_\mu &= \frac{1}{2}(g^{-1}\partial_\mu g - n^{-1}g^{-1}\partial_\mu g n) \end{aligned} \tag{6.103}$$

具有性质

$$[n,\mathfrak{h}_\mu]=0,\quad \{n,k_\mu\}=0 \tag{6.104}$$

描写手征场可用满足(6.90)式的 $N(x)$,也可用满足(6.91)式的 $K_\mu(x)$,也可以用 $\mathfrak{h}_\mu(x)$ 与 $k_\mu(x)$,下面我们来分析 $\mathfrak{h}_\mu(x)$ 与 $k_\mu(x)$ 所满足的方程.

纯规范势 $a_\mu(x)$ 满足的 Maurer-Cartan 方程可表示为

$$\text{高斯方程}:\partial_\mu\mathfrak{h}_\nu-\partial_\nu\mathfrak{h}_\mu+[\mathfrak{h}_\mu,\mathfrak{h}_\nu]+[k_\mu,k_\nu]=0 \tag{6.105}$$

$$\text{Codazzi 方程}:\mathscr{D}_\mu k_\nu-\mathscr{D}_\nu k_\mu=0 \tag{6.106}$$

其中

$$\mathscr{D}_\mu\equiv\partial_\mu+[\mathfrak{h}_{\mu,}\ ] \tag{6.107}$$

另方面,将(6.100)的逆变换代入运动方程(6.91)式,得

$$\mathscr{D}_\mu k^\mu=0 \tag{6.108}$$

令

$$k_\mu^*=\varepsilon_{\mu\nu}k^\nu\quad(\varepsilon_{01}=-\varepsilon_{10}=1) \tag{6.109}$$

则 Codazzi 方程(6.106)可表示为

$$\mathscr{D}_\mu{}^*k^\mu=0 \tag{6.110}$$

注意到(6.105)式也可表示为

$$\partial_\mu\mathfrak{h}_\nu-\partial_\nu\mathfrak{h}_\mu+[\mathfrak{h}_\mu,\mathfrak{h}_\nu]-[{}^*k_\mu,{}^*k_\nu]=0 \tag{6.111}$$

可看出运动方程(6.108)与 Codazzi 方程(6.106)(相应地(6.105)与(6.111)式)在下面变换下相互对偶:

$$k_\mu\leftrightarrow i^*k_\mu$$

如场 $k_\mu(x)$ 满足自对偶条件

$$k_\mu=\pm i^*k_\mu \tag{6.112}$$

由 Codazzi 方程(6.110)知运动方程(6.108)必满足.自对偶条件(6.112)与(6.83)式相当.

由以上各式看出,k_μ 与 i^*k_μ 满足相同的线性方程,可利用此对偶对称性引入连续对偶变换,即作 k_μ 与 ${}^*k_\mu$ 的实线性组合

$$\begin{aligned}\tilde{k}_\mu(x,\gamma)&=\cosh\varphi k_\mu(x)+\sinh\varphi{}^*k_\mu(x)\\{}^*\tilde{k}_\mu(x,\gamma)&=\cosh\varphi{}^*k_\mu(x)+\sinh\varphi k_\mu(x)\end{aligned} \tag{6.113}$$

其中$\left(\gamma=e^\varphi=\dfrac{1+\lambda}{1-\lambda}\right)$

$$\begin{aligned}\cosh\varphi &= \frac{1}{2}(\gamma + \gamma^{-1}) = \frac{1+\lambda^2}{1-\lambda^2}\\ \sinh\varphi &= \frac{1}{2}(\gamma - \gamma^{-1}) = \frac{2\lambda}{1-\lambda^2}\end{aligned} \tag{6.114}$$

γ 为实参数,当 $\gamma=1$ 时

$$\tilde{k}_\mu(x,1) = k_\mu(x)$$

易证 $\mathfrak{h}_\mu,\tilde{k}_\mu(x,\gamma)$ 满足与 k_μ,k_μ 相同的方程

$$\begin{aligned}&\mathscr{D}_\mu\tilde{k}^\mu(x,\gamma) = 0\\ &\partial_\mu\mathfrak{h}_\nu - \partial_\nu\mathfrak{h}_\mu + [\mathfrak{h}_\mu,\ \mathfrak{h}_\nu] + [\tilde{k}_\mu(x,\gamma),\tilde{k}_\nu(x,\gamma)] = 0\end{aligned} \tag{6.115}$$

故 $\mathfrak{h}_\mu(x)+\tilde{k}_\mu(x,\gamma)$ 也可表示为纯规范

$$\begin{aligned}&\mathfrak{h}_\mu(x) + \tilde{k}_\mu(x,\gamma) = u(x,\gamma)\partial_\mu u^{-1}(x,\gamma)\\ &u(x,1) = g^{-1}(x)\end{aligned} \tag{6.116}$$

手征场 $N(x)$ 取值在对称空间 $O(3)/O(2)$ 上,如(6.97),(6.98)式所示,$g(x)$ 可右作用局域(依赖坐标 x 的)$O(2)$ 规范转动

$$g(x) \to g'(x) = g(x)S(x) \tag{6.117}$$

这时,纯规范势 $a_\mu(x)$ 以及 $\mathfrak{h}_\mu(x)$ 及 $k_\mu(x)$ 也作相应规范变换:

$$\begin{aligned}a_\mu &\to a'_\mu = S^{-1}a_\mu S + S^{-1}\partial_\mu S\\ \mathfrak{h}_\mu &\to \mathfrak{h}'_\mu = S^{-1}\mathfrak{h}_\mu S + S^{-1}\partial_\mu S\\ k_\mu &\to k'_\mu = S^{-1}k_\mu S\end{aligned} \tag{6.118}$$

在作局域规范变换时,通常 S 取值在子群 $O(2)$ 上,下面进一步推广到取值在 $O(3)$ 上,即取 $S(x)$ 为满足(6.116)式的 $u^{-1}(x,\gamma)$,即令

$$\begin{aligned}\hat{H}_\mu\langle\gamma\rangle &= u(x,\gamma)^{-1}\mathfrak{h}_\mu u(x,\gamma) + u(x,\gamma)^{-1}\partial_\mu u(x,\gamma)\\ \hat{K}_\mu\langle\gamma\rangle &= u(x,\gamma)^{-1}\tilde{k}_\mu(x,\gamma)u(x,\gamma)\\ \hat{N}\langle\gamma\rangle &= u(x,\gamma)^{-1}nu(x,\gamma)\end{aligned} \tag{6.119}$$

由(6.116)及(6.119)诸式得

$$\hat{K}_\mu\langle\gamma\rangle = -\hat{H}_\mu\langle\gamma\rangle = -\frac{1}{2}\hat{N}\langle\gamma\rangle\partial_\mu\hat{N}\langle\gamma\rangle \tag{6.120}$$

由于 $\tilde{k}_\mu(x,\gamma)$ 满足(6.115),由规范协变性知,$\hat{K}_\mu\langle\gamma\rangle$ 满足

$$\partial_\mu\hat{K}_\mu\langle\gamma\rangle + [\hat{H}_\mu\langle\gamma\rangle,\hat{K}^\mu\langle\gamma\rangle] = 0 \tag{6.121}$$

即 $\hat{N}\langle\gamma\rangle$ 为运动方程(6.90)的一个新解,此解与原来解 $N(x)$ 的关系可表示为

$$\hat{N}\langle\gamma\rangle = U^{-1}(x,\gamma)N(x)U(x,\gamma) \tag{6.122}$$

其中

$$\begin{aligned} U(x,\gamma) &= g(x)u(x,\gamma) \\ U(x,1) &= I \end{aligned} \tag{6.123}$$

称为对偶变换算子，易证它满足下面线散方程：

$$\partial_\mu U(x,\gamma) = -(H_\mu(x) + \tilde{K}_\mu(x,\gamma))U(x,\gamma) \tag{6.124}$$

其中

$$\begin{aligned} H_\mu(x) &= g(x)\mathfrak{h}_\mu(x)g^{-1}(x) + g(x)\partial_\mu(g^{-1}(x)) = \frac{1}{2}N(x)\partial_\mu N(x) \\ \tilde{K}_\mu(x,\gamma) &= g(x)\tilde{k}_\mu(x,\gamma)g^{-1}(x) = \cosh\varphi K_\mu(x) + \sinh\varphi\, {}^*K_\mu(x) \\ &= U(x,\gamma)\hat{K}\langle\gamma\rangle U^{-1}(x,\gamma) \end{aligned} \tag{6.125}$$

即(6.124)式可写为

$$\begin{aligned} \partial_\mu U(x,\gamma) &= \frac{1}{2}(N\partial_\mu N(\cosh\varphi - 1) + \varepsilon_{\mu\nu}N\partial^\nu N\sinh\varphi)U(x,\gamma) \\ &\overset{(114)}{=\!=\!=} \frac{\lambda}{1-\lambda^2}(\lambda N\partial_\mu N + \varepsilon_{\mu\nu}N\partial^\nu N)U(x,\gamma) \end{aligned} \tag{6.126}$$

上方程是含有任意参数 λ 的线性微分方程组，由此方程组的可积条件可得手征场 $N(x)$ 满足的非线性运动方程(90)，此非线性运动方程($O(3)\sigma$ 模型的场方程)是具有孤子解的完全可积体系，通常可采用逆散射方法来解此完全可积体系.

为进一步分析手征场方程解的几何意义，选活动标架的 $\boldsymbol{e}_3$ 沿手征场 $\boldsymbol{N}=(N^1, N^2, N^3)$ 方向，注意到 $N=N^a\sigma_a$，可将(6.97)式推广为

$$g^{-1}(x)e_i^a\sigma_a g(x) = \sigma_i \tag{6.127}$$

将上式微分，并注意到 Gauss-Weingartan 公式

$$\mathrm{d}e_i = e_j\omega_{ji} \tag{6.128}$$

得

$$\begin{aligned} g^{-1}\mathrm{d}g &= \frac{1}{4}\mathrm{i}\epsilon^{abc}\omega_{bc}\sigma_a \\ &= \frac{1}{2}\mathrm{i}\begin{pmatrix} \omega_{12} & \omega_{23} - \mathrm{i}\omega_{31} \\ \omega_{23} + \mathrm{i}\omega_{31} & -\omega_{12} \end{pmatrix} \end{aligned} \tag{6.129}$$

代入(6.103)式得

$$\begin{aligned} \mathfrak{h}_\mu \mathrm{d}x^\mu &= \frac{1}{2}\mathrm{i}\omega_{12}\sigma_3 \\ k_\mu \mathrm{d}x^\mu &= \frac{1}{2}\mathrm{i}(\omega_{23}\sigma_1 + \omega_{31}\sigma_2) \end{aligned} \tag{6.130}$$

由以上分析看出，$\mathfrak{h}_\mu dx^\mu$ 与 $k_\mu dx^\mu$ 组成 SU(2) 群流形上三个左不变 1 形式. 对称群 SU(2) 是手征场方程（也即拉氏量(6.89)）的对称性. 由于它是完全可积体系，存在拓扑非平庸的孤子解. 下面分析运动方程的孤子解的对称性.

下面分析手征场满足的运动方程，利用微分形式可将运动方程(6.90)式改写成

$$\mathrm{d}[N, *\mathrm{d}N] = 0 \tag{6.131}$$

由上式知 $[N, *\mathrm{d}N]$ 为闭形式，可局域写成正合形式，令

$$\mathrm{d}X = \frac{1}{2\mathrm{i}}[N, *\mathrm{d}N] \tag{6.132}$$

由于

$$\boldsymbol{N}\cdot\mathrm{d}\boldsymbol{X} = \frac{1}{4\mathrm{i}}\mathrm{tr}(N[N, *\mathrm{d}N]) = 0$$

故 $\mathrm{d}\boldsymbol{X}$ 在孤子面的切平面上

$$\mathrm{d}X = e_1\theta_1 + e_2\theta_2 \tag{6.133}$$

另一方面，易证

$$*\mathrm{d}X = \frac{1}{2\mathrm{i}}[N, \mathrm{d}N] = \varepsilon_{3ab}e_a\omega_{3b} \tag{6.134}$$

比较上两式，得到孤子面上活动标架两组基本相对分量间的关系：

$$\theta_a = \varepsilon_{3ab} * \omega_{3b} \tag{6.135}$$

再利用（高斯方程）及 Hodge $*$ 的性质，可证

$$\mathrm{d}\omega_{12} = -\omega_{13}\wedge\omega_{32} = *\omega_{13}\wedge *\omega_{32} = -\theta_1\wedge\theta_2 = K\theta_1\wedge\theta_2 \tag{6.136}$$

故高斯曲率

$$K = -1 \tag{6.137}$$

即活动标架的端点 X 为伪球面，而伪球面的法线像即我们待求的手征场方程解 N.

由对偶关系(6.135)及(6.130)式知

$$\frac{1}{2}(\theta_1\sigma_1 + \theta_2\sigma_2) = \mathrm{i}^* k_\mu \mathrm{d}x^\mu \tag{6.138}$$

即 $h_\mu dx^\mu$ 与 $\mathrm{i}^* k_\mu dx^\mu$ 组成了 SU(1,1) 群流形上三个左不变 1 形式，对称群 SU(1,1) 反应了孤子面的对称性. 孤子面为负常曲率面，负常曲率面的等长群为 SU(1,1)，其可积条件即对偶变换后的高斯方程与手征场的运动方程.

下面我们分析手征场方程解的 Bäcklund 变换.

正如 §5.5 所分析，两伪球面的公切线族组成假球线汇. 在此两伪球面上选活动标架，取公切线系，即

$$\boldsymbol{e}'_1 = \boldsymbol{e}_1 \tag{6.139}$$

设两伪球面对应法线 $\boldsymbol{e}_3$ 与 $\boldsymbol{e}'_3$ 间夹角为 τ

$$(\boldsymbol{e}_3, \boldsymbol{e}'_3) = \cos\tau \tag{6.140}$$

或写成矩阵形式

$$NN' = \cos\tau I + \mathrm{i}\sin\tau R \tag{6.141}$$

$$\cos\tau = \frac{1}{2}\mathrm{tr}(NN') \tag{6.142}$$

而两伪球面间的 Bäcklund 变换如 §5.5 的图 5.1 所示，可表示为

$$X' = X + \sin\tau R \tag{6.143}$$

此式反映，在两伪球面间公切线族组成假球线汇，对应法线间夹角 τ，以及两切点间距离 $r = \sin\tau$ 均为常数. 故

$$\mathrm{d}X' = \mathrm{d}X + \sin\tau \mathrm{d}R \tag{6.144}$$

利用(6.132)式，得

$$N\partial_\mu N - N'\partial_\mu N' = \mathrm{i}\sin\tau\epsilon_{\mu\nu}\partial^\nu R \tag{6.145}$$

注意到 τ 是常数，再利用(6.141)式，得

$$N\partial_\mu N - N'\partial_\mu N' = \epsilon_{\mu\nu}\partial^\nu(NN') \tag{6.146}$$

此即大家熟悉的手征场解的 Bäcklund 变换方程.

Pohlmeyer[2] 曾指出，单参数 τ 的 Bäcklund 变换 $BT(\tau)$ 可通过对偶变换 $DT(\gamma)$ 由 Bianchi 变换 $BT\left(\tau = \frac{\pi}{2}\right)$ 产生，如下图所示.

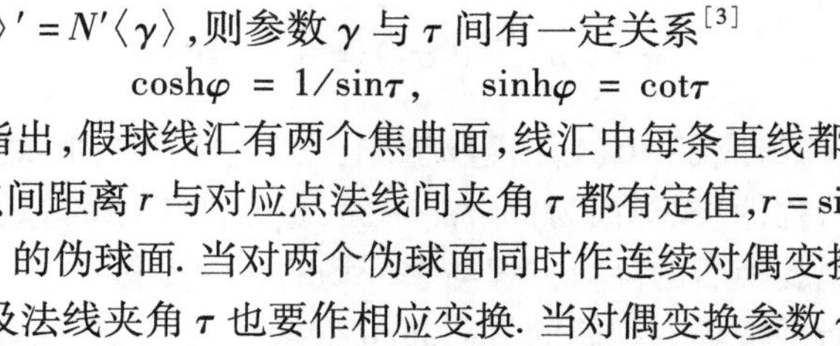

$$\begin{array}{ccccc} N & \xrightarrow{\quad BT(\tau) \quad} & & & N' \\ \downarrow DT(\gamma) & & & & \downarrow DT(\gamma) \\ \hat{N}\langle\gamma\rangle & \xrightarrow[BT(\tau=\pi/2)]{} & \hat{N}\langle\gamma\rangle' & & \hat{N}'\langle\gamma\rangle \end{array}$$

如要求 $\hat{N}\langle\gamma\rangle' = N'\langle\gamma\rangle$，则参数 γ 与 τ 间有一定关系[3]

$$\cosh\varphi = 1/\sin\tau, \quad \sinh\varphi = \cot\tau \tag{6.147}$$

在 §5.5 曾指出，假球线汇有两个焦曲面，线汇中每条直线都是两焦曲面的公切线，且对应切点间距离 r 与对应点法线间夹角 τ 都有定值，$r = \sin\tau$ 使两焦曲面为高斯曲率 $K = -1$ 的伪球面. 当对两个伪球面同时作连续对偶变换，则相应两焦曲面间公切线长 r 及法线夹角 τ 也要作相应变换. 当对偶变换参数 γ 满足(6.147)式时，这时相应假球线汇的公切线长 $r' = \sin\tau' = 1$. 正因为在连续对偶变换与连续 Bäcklund 变换间有上述关系，我们可讨论在对偶变换后两焦曲面间Bianchi变换，引

入具有参数 γ 的"无穷小 Bäcklund 变换"[3,9]

为分析两手征场解间的 Bäcklund 变换,可引入表示两手征场间转动矩阵 B

$$N' = NB \tag{6.148}$$

$$B + B^+ = 2\cos\tau I = 2\tanh\varphi I \tag{6.149}$$

这里及下面均利用了关系(6.147),即用对偶变换参数 γ(或 φ)来表示 Bäcklund 变换.

$$B - B^+ = 2\mathrm{i}\sin\tau R \equiv 2\mathrm{sech}\varphi\hat{B} \tag{6.150}$$

利用 Bäcklund 变换方程(6.146),经过冗长但基本的计算,得 $\hat{B}$ 满足下面矩阵 Riccati 方程

$$D_\mu\hat{B} + {}^*\tilde{K}_\mu + \hat{B}{}^*\tilde{K}_\mu\hat{B} = 0 \tag{6.151}$$

其中

$$D_\mu \equiv \partial_\mu + [H_\mu,\ ] \tag{6.152}$$

作"无穷小 Bäcklund 变换",即令

$$\delta N = N\hat{B} \tag{6.153}$$

为简单起见,这里及下面均忽略小参数 $\delta\varepsilon$. 类似(6.94)式,引入

$$j_\mu = \mathrm{tr}(K_\mu\hat{B}) \tag{6.154}$$

利用运动方程及 $\hat{B}$ 满足的 Riccati 方程(6.160),可证

$$\begin{aligned}\partial_\mu j^\mu &= \mathrm{tr}(K_\mu\partial^\mu\hat{B}) = -2\sinh\varphi\,\mathrm{tr}(K_\mu K^\mu + K_\mu\hat{B}K^\mu\hat{B}) = -\tanh\varphi\,\partial_\mu\mathrm{tr}({}^*K^\mu\hat{B}) \\ &\equiv -\partial_\mu i^\mu\end{aligned} \tag{6.155}$$

故可引入守恒流

$$J_\mu(x,\gamma) = j_\mu + i_\mu = \mathrm{sech}\varphi\,\mathrm{tr}(\tilde{K}_\mu\hat{B}) \tag{6.156}$$

由(6.150)式知,$\hat{B}$ 代表两焦曲面间公切线的方向,令 δ 为公切线方向与某选定活动标架的 $\boldsymbol{e}_1(x)$ 轴间夹角,则

$$\hat{B} = \mathrm{i}\sigma_a(e_1^a(x)\cos\delta + e_2^a(x)\sin\delta) \tag{6.157}$$

利用(6.127)式,知

$$g^{-1}(x)\hat{B}g(x) = \mathrm{i}(\sigma_1\cos\delta + \sigma_2\sin\delta) = \mathrm{i}\begin{pmatrix}0 & \Gamma \\ \Gamma^{-1} & 0\end{pmatrix} \equiv b \tag{6.158}$$

其中

$$\Gamma = \mathrm{e}^{-\mathrm{i}\delta} \tag{6.159}$$

代入(6.156)式,得

$$J_\mu(x,\gamma) = \mathrm{sech}\varphi\,\mathrm{tr}(\tilde{k}_\mu(x,\gamma)b) \tag{6.160}$$

在公切线系，$\Gamma=1$，由(6.138)得

$$i*J_\mu(x,\gamma)\mathrm{d}x^\mu = \mathrm{sech}\varphi\tilde{\theta}_1 \tag{6.161}$$

由流 $J_\mu(x,\gamma)$ 守恒，得

$$d\tilde{\theta}_1 = 0 \tag{6.162}$$

另方面，我们知道，在公切线系，对 Bianchi 变换，有（在(5.118)式中令 $\tau=\pi/2$）

$$\omega_{12} = \tilde{\theta}_2 \tag{6.163}$$

知(6.162)式必然满足. 即手征方程的孤子解所对应的伪球面，经对称变换后，成为 $r=\sin\tau=1$ 的假球线汇的焦曲面，使(6.162)式必然满足，此式相当于存在含参数 γ 的守恒流 $J(x,\gamma)$.

利用(6.125)式知，在求 Noether 流时的生成元 T，实际上是公切线方向的对偶变换：

$$T = u^{-1}(x,\gamma)bu(x,\gamma) \tag{6.164}$$

即是绕活动标架转固定角度 $\delta\varepsilon$ 变更得到的 Noether 流.

§6.6　非局域守恒流　隐藏对称性的 Noether 分析

有孤子解的非线性方程常具有确定几何意义，常可表示成某线性方程的可积条件，常具有守恒的拓扑荷，有无穷多守恒流. 如此多隐藏的对称性与存在着连续对偶对称有关. 本节以 2 维主手征模型为例，对非局域守恒流进行分析. 采用度规 $\eta_{00}=\eta_{11}=1$，$\epsilon_{01}=-\epsilon_{10}=\epsilon^{10}=-\epsilon^{01}=1$，令 G 为矩阵李群，拉氏密度

$$\mathscr{L} = \frac{1}{2}\mathrm{tr}\{\partial_\mu g(x)\partial^\mu g^{-1}(x)\},\quad g(x)\in G \tag{6.165}$$

场量 $A_\mu(x)=g^{-1}\partial_\mu g$，作为纯规范满足 Mourer-Cartan 方程

$$\partial_\mu A_\nu - \partial_\nu A_\mu + [A_\mu, A_\nu] = 0 \tag{6.166}$$

令 T 为李代数 $\mathfrak{g}$ 的固定生成元，对拉氏量作整体变换

$$\delta g = -gT \tag{6.167}$$

$$\delta L = -\mathrm{tr}\{A_\mu\partial^\mu(g^{-1}\delta g)\} = 0$$

此不变性导数 A_μ 守恒，即得 A_μ 满足运动方程：

$$\partial^\mu A_\mu(x) = 0 \tag{6.168}$$

但如 $T=T(x)$ 不再为固定生成元，则拉氏量在局域变换下不再不变.

与上节分析类似，存在满足线散方程(6.126)式的对偶变换算子 $U(x,\lambda)$

$$\partial_\mu U(x,\lambda) = \frac{\lambda}{1-\lambda^2}(\lambda A_\mu + \epsilon_{\mu\nu}A^\nu)U(x,\lambda) \tag{6.169}$$

或具体写出

$$\partial_0 U(x,\lambda) = \frac{\lambda}{1-\lambda^2}(\lambda A_0 - A_1)U(x,\lambda) \tag{6.169a}$$

$$\partial_1 U(x,\lambda) = \frac{\lambda}{1-\lambda^2}(\lambda A_1 - A_0)U(x,\lambda) \tag{6.169b}$$

此组方程的可积条件即方程(6.166)与运动方程(6.168). 可将(6.169)式的 $\frac{\lambda}{1-\lambda^2}(\lambda A_\mu+\epsilon_{\mu\nu}A^\nu)=\partial_\mu U\cdot U^{-1}$看成纯规范,$U$ 作为相因子,引入非局域变换

$$\delta g(x) = -g(x)U(x)TU^{-1}(x) \tag{6.170}$$

则

$$\delta L = \mathrm{tr}\{A_\mu\partial^\mu(UTU^{-1})\} = \mathrm{tr}\{[U^{-1}A_\mu U, U^{-1}\partial^\mu U]T\} \tag{6.171}$$

由(6.169)式,可将 $U^{-1}A_\mu U$ 用 $U^{-1}\partial_\mu U$ 表示

$$U^{-1}A_\mu U = \frac{1}{\lambda}\epsilon_{\mu\nu}U^{-1}\partial^\nu U - U^{-1}\partial_\mu U \tag{6.172}$$

代入(6.171),则 δL 可表示为全散度

$$\delta L = \partial^\mu \mathrm{tr}\left\{\frac{2}{\lambda}\epsilon_{\mu\nu}U^{-1}\partial^\nu UT\right\} \tag{6.173}$$

这是否意味着作用量在非局域变换(6.170)下不变,而存在守恒流

$$j_\mu = \frac{\delta L}{\delta\partial^\mu g}\delta g = \mathrm{tr}(A_\mu UTU^{-1})$$

这里注意,为得到守恒流,需不用运动方程(off shell 对称). 而解 off shell,方程组(6.169)不自洽,因(6.169)方程的可积条件包含运动方程,即仅能分析不可积相因子沿某路径的积分是可能的,下面仅用(6.169a)式沿空间方向路积分

$$U(x,\lambda) = P\exp\frac{\lambda}{1-\lambda^2}\int_{-\infty}^{x}\mathrm{d}y(\lambda A_1(y,\lambda) - A_0(y,\lambda)) \tag{6.174}$$

可以证明对任意 $g(x)$,变更 $\delta g = -gUTU^{-1}$可在不用运动方程(6.168)的条件下引起 δL 改变全散度项. 即可证

$$\varepsilon^{\mu\nu}\partial_\nu(U^{-1}\partial_\nu U) = [U^{-1}\partial_0 U, U^{-1}\partial_1 U] \tag{6.175}$$

$$\varepsilon^{\mu\nu}\partial_\mu(U^{-1}A_\mu U) = \varepsilon^{\mu\nu}U^{-1}(\partial_\mu A_\nu)U - \varepsilon^{\mu\nu}[U^{-1}\partial_\mu U, U^{-1}A_\nu U]$$

$$= \frac{1}{\lambda}[U^{-1}A_1U - U^{-1}\partial_1 U] + \frac{1-\lambda^2}{\lambda^2}[U^{-1}\partial_0 U, U^{-1}\partial_1 U] - \frac{1}{\lambda}[U^{-1}A_0U, U^{-1}\partial_0 U] \tag{6.176}$$

于是由(6.171)式,不用运动方程可证

$$\delta L = \mathrm{tr}\left(- \lambda \varepsilon^{\mu\nu} \partial_\mu (U^{-1} A_\nu U) T + \frac{1 - \lambda^2}{\lambda} \varepsilon^{\mu\nu} \partial_\mu (U^{-1} \partial_\nu U) T\right) = \partial_\mu i^\mu \tag{6.177}$$

于是可得依赖参数 λ 的守恒流

$$J_\mu \langle \lambda \rangle = j_\mu + i_\mu = \mathrm{tr}(U^{-1} A_\mu U + \lambda \varepsilon_{\mu\nu} U^{-1} A^\nu U - \frac{1 - \lambda^2}{\lambda} \varepsilon_{\mu\nu} U^{-1} \partial^\nu U) T \tag{6.178}$$

满足

$$\partial^\mu J_\mu \langle \lambda \rangle = 0 \tag{6.179}$$

将 $J_\mu \langle \lambda \rangle$ 按参数 λ 展开,可得无穷多守恒流. 总之,非局域守恒律是由非局域无穷小生成元生成,此无穷小生成元在平行输运时不变. 无穷多守恒流的存在与连续对偶对称变换有关.

习　题　六

1. n 维球 S^n 中有哪些是群流形?
2. E^5 中满足下面约束的超曲面称 de Sitter 空间:

$$\xi_1^2 + \xi_2^2 + \xi_3^2 - \xi_4^2 + \xi_5^2 = 1, \quad (\xi_1, \xi_2, \xi_3, \xi_4, \xi_5) \in E^5$$

　请说明此空间同胚于 $S^3 \times E^1$,运动群为 SO(4,1),而每点稳定子群为 SO(3,1),即

$$M \simeq \mathrm{SO}(4,1)/\mathrm{SO}(3,1)$$

　并请证明它是正常曲率面($K>0$).

3. E^5 中满足下面约束的超曲面称反 de Sitter 空间:

$$\xi_1^2 + \xi_2^2 + \xi_3^2 - \xi_4^2 - \xi_5^2 = -1$$

　类似上题可证它同胚于 $S^1 \times E^3$,为负常曲率面($K<0$),

$$M \simeq \mathrm{SO}(3,2)/\mathrm{SO}(3,1)$$

4. 请认真分析下如何利用对称空间的结构作群的非线性实现.

第七章　流形的同伦群与同调群

从本章开始我们将分析流形的大范围拓扑性质，它不仅对经典场论的分析非常重要，而且在近代量子场论中，大范围拓扑分析的作用愈来愈突出. 拓扑分析中流形的拓扑不变量起关键作用. 拓扑不变量本身为代数对象（数，群，向量空间，……），它是流形在同胚变换下的不变量，可利用它们对流形进行分类，用它标志流形的整体结构（global structure）. 在本章中我们将着重介绍流形上两种拓扑不变量：流形 M 的 k 阶同伦群 $\pi_k(M)$ 与流形 M 的 k 阶同调群 $H_k(M)$.

同伦（homotopy）意指由一拓扑对象到另一对象的连续畸变. 流形 M 的 k 阶同伦群 $\pi_k(M)$ 标志由 k 维球面 S^k 到流形 M 的连续映射的拓扑障碍，$\pi_k(M)\neq 0$ 标志流形 M 中存在 $(k+1)$ 维洞（$\mathbb{R}^{k+1}-\{0\}$）.

同调（homology）意指拓扑对象间的等价关系. 流形 M 的 k 阶同调群 $H_k(M)$ 测量在流形 M 上存在多少相互同调（相互等价）的拓扑非平庸（非边缘的 k 维子流形）. 流形的同伦群与同调群密切相关，对物理学家来说，似乎同伦群更易于定义和掌握，但是要确定流形的同伦群常常很困难，而同调群的数学理论实际上更为简单，常通过对流形同调群的计算来得到流形的同伦群.

§7.1　同伦映射及具有相同伦型的流形

研究流形的拓扑性质的重要工具是映射. 可利用同伦概念将流形间所有连续映射分为等价类. 即当在两个拓扑流形 M 与 N 间有两个连续映射 f 与 g

$$f,g:\quad M\to N$$

如果映射 F 可连续形变为 g，则称此两映射相互同伦. 或用较为精确的数学语言说，如存在一族连续映射

$$F:\quad M\times[0,1]\to N$$

$$x,\lambda\to F(x,\lambda)$$

在这族映射 f 中，如果 $F(x,\lambda)$ 中参数 λ 由 0 连续地变到 1 时，有

$$F(x,0)=f(x),\quad F(x,1)=g(x)$$

使映射 f 连续地变为 g，则称此两连续映射 f 与 g 同伦，记为

$$f \sim g$$

两映射同伦，其中一个可以连续地改变为另一个，而 $F(x,\lambda)$ 就是在两连续映射 f,g 间单参数连续内插. 对于固定 x，它给出 N 中由 $f(x)$ 到 $g(x)$ 间一条连续曲线.

易证连续映射间的同伦关系为等价关系，于是可将 M 到 N 的连续映射集合分介为互不相交的同伦等价类集合，可将 f 所属的同伦等价类记为 $\langle f\rangle$.

组合映射与同伦等价关系相容，即如

$$f,g:\quad M \to N, \qquad 且 f \sim g$$

$$h,j:\quad N \to L, \qquad 且 h \sim j$$

则

$$h \cdot f \sim j \cdot f \sim h \cdot g \sim j \cdot g : M \to L$$

使得组合映射的同伦等价类是类间乘法

$$\langle f \cdot g\rangle = \langle f\rangle\langle g\rangle$$

与类中映射代表元的选取无关.

利用同伦映射可定义流形的伦型与流形的收缩等概念.

定义 7.1　两流形 M 与 N 间如果存在连续映射 f 与 g：

$$f:\quad M \to N$$

$$g:\quad N \to M$$

使得 $g \cdot f$ 与 M 上恒等映射同伦：$g \cdot f \sim id_M$

$f \cdot g$ 与 N 上恒等映射同伦：$f \cdot g \sim id_N$.

则称此两流形同伦等价，或称为它们具有相同的伦型(homotopy type). 注意如果代替连续映射换为同胚映射，即

$$g \cdot f = id_M, \qquad f \cdot g = id_N$$

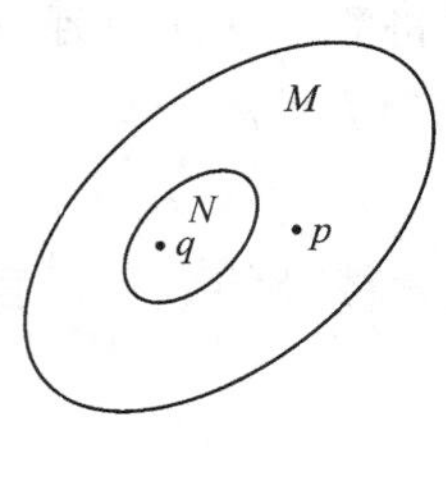

图 7.1

这时 g 为 f 的逆映射 $g = f^{-1}$，两流形拓扑等价，称为同胚. 同胚必同伦，但反之不一定对. 同伦为同胚(拓扑等价)的必要条件，但不是充分条件. 同胚必须两流形维数相同，而同伦等价并不保持维数.

判断流形同伦的最简便方案是分析流形的形变收缩，如一流形能连续的形变为另一个，则此两流形必同伦等价. 可以说，同伦是用一连续参数正则化的连续形变. 可这样定义流形的形变收缩(参见图 7.1).

定义 7.2　令 $N \subset M$ 为流形 M 的子流形，如存在连续收缩映射 $r: M \to N$，$r|_N = id_N$，及同伦映射 $F: M \times [0,1] \to M$

$$F(p,0)=p$$
$$F(p,1)=r(p)\in N\subset M$$
$$F(q,\lambda)=q,\ \forall q\in N,\lambda\in[0,1]$$

则称流形 M 可连续形变到 N,形变过程中任何阶段都不变 N 中点,称 N 为 M 的形变收缩.

例 7.1 令 $M=\mathbb{R}^n$ 为 n 维线性空间,$N=0$ 为单点流形. 映射 f 是$\mathbb{R}^n$ 到原点的常值映射

$$f:\mathbb{R}^n\to 0$$
$$x\to f(x)=0$$

而映射 g 是单点$\{0\}$到$\mathbb{R}^n$ 的正则入射

$$g:\quad 0\to\mathbb{R}^n$$
$$0\to g(0)=0$$

则

$$(f\cdot g)(0)=f[g(0)]=f(0)=id_N(0)$$

即

$$f\cdot g=id_N$$

另方面

$$g\cdot f(x)=g[f(x)]=g(0)=0$$

存在同伦映射

$$F(x,\lambda)=\lambda x$$
$$F(x,0)=0=g\cdot f(x)$$
$$F(x,1)=x=id_M$$
$$id_M\sim g\cdot f$$

故$\mathbb{R}^n$ 与单点同伦,是可缩流形. 可缩流形是种最简单的拓扑流形,常称为拓扑平庸流形.

例 7.2 E^n 中闭球体(n 维盘)D^n 除去原点后,$D^n-\{0\}$可形变收缩为单位球面 S^{n-1},即可引入同伦映射 F

$$F:(D^n-\{0\})\times[0,1]\to D^n-\{0\}$$
$$x,\lambda\to F(x,\lambda)=(1-\lambda)x+\lambda\frac{x}{|x|}$$

故 $D^n-\{0\}$与 S^{n-1}同伦型

$$D^n-\{0\}\simeq S^{n-1}$$

流形间同胚关系为等价关系，可利用同胚将所有拓扑空间分为等价类，使属于同一等价类的拓扑流形相互同胚，它们的拓扑性质相同，为标志每一拓扑等价类，需用足够多的拓扑不变量，例如流形的维数、紧致性、连通性……，流形的伦型也是拓扑不变量. 流形间同伦也是等价关系，可利用同伦型将所有拓扑空间分为等价类. 由于同伦要求比同胚弱，故得到更粗的同伦等价类，同胚的流形必具有相同的伦型，但反之不一定对，例如，流形的维数具有拓扑不变性，是同胚映射下的拓扑不变量，但不具有伦型不变性. 具有相同伦型的流形可以具有不同维数，例如，拓扑平庸流形可为任意维数的可缩流形，它们相互同伦.

本章将分析的同伦群与同调群都是流形伦型不变量.

§7.2　流形的基本群　多连通空间的覆盖空间

首先介绍路径(path)与环路(closed path)等概念.

路径(path)是指将实轴上线段 $I=[0,1]$ 到流形 M 上的连续映射 f

$$f:\quad I\to M$$
$$\lambda\to f(\lambda)$$

注意映射 f 本身称为路径，而映射 f 的像 $f(I)$ 本身是流形 M 上的曲线.

对于流形 M，路径很多，故我们研究路径的同伦等价类. 两个路径如能由一个连续地变成另一个，就称此两路径同伦.

这里我们强调我们研究的是映射路径本身，而不简单是映射的像. 可如图 7.2(a)用源图表示，注明映入像位置，源是可缩线段 $I=[0,1]$，整个映入流形 M，而仅端点固定. 图 7.2(b)用映射的像表示，而在像曲线上注明源的参数 t，这样更明显地表示出路径的全部信息，故一般常用这种表示. 仅当考查高维环路时，像的高维立体图不易划出，需同时用源图来表示.

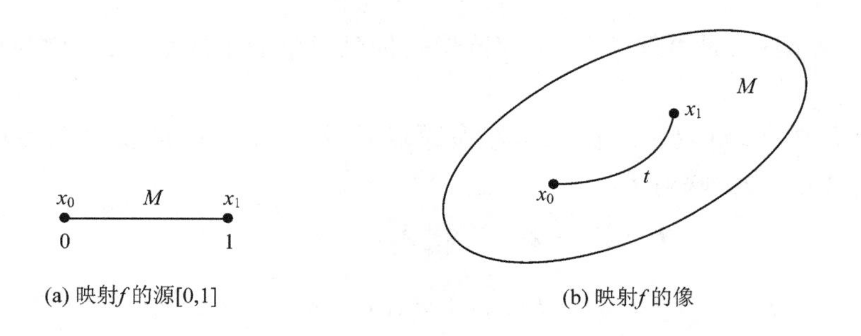

(a) 映射f的源[0,1]　　(b) 映射f的像

图 7.2　路径的示意图

如果映射 f 的起点与终点像都是 M 上同一点 x_0 点.

$$f(0) = f(1) = x_0$$

则此路径称为以 x_0 为基点的环路,如果一个环路可连续地变为另一个环路(保持基点 x_0 不变)则此两环路同伦等价,同伦关系为等价关系. 于是可将以 x_0 为基点的环路空间划分为不同等价类,在一给定类的各环路相互同伦,可用 $\langle f\rangle$ 代表与环路 f 同伦的环路类.

例如在图 7.3 中,R^2 空间有两个区域 D_1 与 D_2,其中区域 D_2 有个洞,而 D_1 没有,在 D_1 中所有以 x_1 为基点的环路可收缩到 x_1 点,即都与恒等映射属于同一个同伦等价类,而在 D_2 中,以 x_2 为基点的环路 f_2 与 f_1 属不同同伦等价类. 上例表明,为区别二维空间的拓扑性质,表明二维空间中是否含有洞,需用环路同伦等价类而不是环路本身.

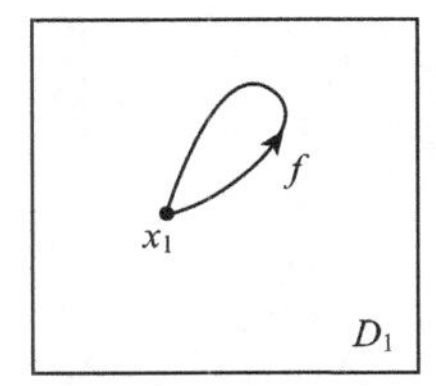

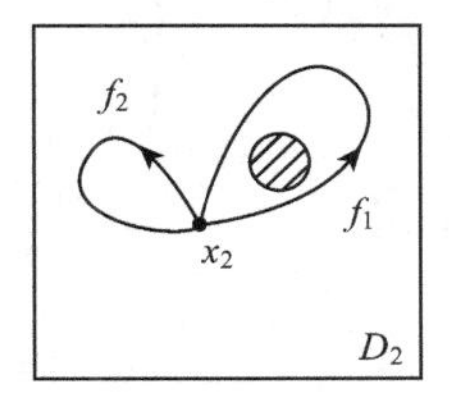

图 7.3　环路同伦等价类示意图

环路的起点和终点为同一点 x_0,于是可定义两个具有相同基点的环路乘积.

对于以 x_0 为基点的两个环路 f 与 g,可以如下定义它们的乘法 $h = f\circ g$:

$$h(\lambda) = \begin{cases} f(2\lambda), & 0 \leqslant \lambda \leqslant \dfrac{1}{2} \\ g(2\lambda - 1), & \dfrac{1}{2} \leqslant \lambda \leqslant 1 \end{cases}$$

h 仍为以 x_0 为基点的连续映射环路,先走遍 f,然后再走遍 g,如图 7.4 所示:

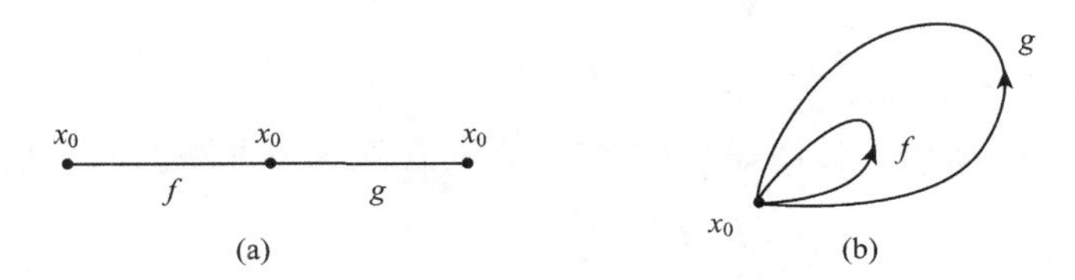

图 7.4　$h = f\circ g$ 的示意图,(a)为源图,(b)为像图

容易验证这样定义的环路乘法与同伦等价关系相容. 考虑以 x_0 为基点的同伦等价环路类的集合,可定义环路类的乘法.

$$\langle f\rangle\langle g\rangle = \langle f\circ g\rangle \tag{7.1}$$

即将同伦类的乘积定义为其代表元的乘积所决定的同伦类. 于是,在以 x_0 点为基点的环路同伦类的集合 $\pi_1(M,x_0)=\{\langle f\rangle\}$ 中,用上式定义的类的乘法,形成群,称为流形 M 上以 x_0 为基点的同伦群 $\pi_1(M,x_0)$,又称为流形 M 的基本群. 容易验证 $\pi_1(M,x_0)$ 符合群的条件:

1) 集合 $\{\langle f\rangle\}$ 中存在单位元素 e,它是常值环路的同伦类,对 $t\in I, e(t)=x_0$.

可以验证,对任意环路 f,可定义一组环路 F_λ:

$$F_\lambda(t) = \begin{cases} f((1+\lambda)t), & \text{当 } 0\leqslant t\leqslant \dfrac{1}{1+\lambda} \\ x_0, & \text{当 } \dfrac{1}{1+\lambda}\leqslant t\leqslant 1 \end{cases}$$

即 $F_0=f, F_1=f\circ e$ 故

$$f\sim f\circ e$$

类似可证 $f\sim e\circ f$.

2) 对每个环路 f 的同伦类 $\langle f\rangle$ 存在有逆元素,

$$\langle f\rangle^{-1} = \langle f'\rangle \tag{7.2}$$

其中 f' 称为逆环路:

$$f'(t) = f(1-t), \qquad 0\leqslant t\leqslant 1 \tag{7.2a}$$

可以验证,$f\circ f'\sim e$,为此可引入一族环路 G_λ, $0\leqslant\lambda\leqslant 1$

$$G_\lambda(t) = \begin{cases} f(2\lambda t), & \text{当 } 0\leqslant t\leqslant \dfrac{1}{2} \\ f(2\lambda(1-t)), & \text{当 } \dfrac{1}{2}\leqslant t\leqslant 1 \end{cases}$$

易证 $G_0=e, G_1=f\circ f'$ 故 $f\circ f'\sim e$.

3) $\pi_1(M,x_0)$ 的合成法则(1)是可结合的. 即对任意 3 个环路 f,g,h,可以证明

$$(f\circ g)\circ h \sim f\circ(g\circ h) \tag{7.3}$$

注意环路 $(f\circ g)\circ h$ 与 $f\circ(g\circ h)$ 具有相同的像,仅合成时在不同比例处,可用源图示意表示,为此可引入一族环路 $F(t,\lambda)$ 如下:

$$F(t,\lambda) = \begin{cases} f(4t/(\lambda+1)), & \text{当 } t \in [0,\frac{\lambda+1}{4}] \\ g(4t-\lambda-1), & \text{当 } t \in [\frac{\lambda+1}{4},\frac{\lambda+2}{4}] \\ h((4t-\lambda-2)/(2-\lambda)), & \text{当 } t \in [\frac{\lambda+2}{4},1] \end{cases}$$

易验证

$$F(t,0) = \begin{cases} f(4t), & t \in [0,1/4] \\ g(4t-1), & t \in [1/4,1/2] \\ h(2t-1), & t \in [1/2,1] \end{cases} = \begin{cases} f\circ g(2t), & t \in [0,1/2] \\ h(2t-1), & t \in [1/2,0] \end{cases}$$
$$= (f\circ g)\circ h(t)$$

$$F(t,1) = \begin{cases} f(2t), & t \in [0,1/2] \\ g(2(2t-1)), & t \in [1/2,3/4] \\ h(2(2t-1)-1), & t \in [3/4,1] \end{cases} = \begin{cases} f(2t), & t \in [0,1/2] \\ g\circ h(2t-1), & t \in [1/2,1] \end{cases}$$
$$= f\circ (g\circ h)(t)$$

因此得证

$$(f\circ g)\circ h \sim f\circ (g\circ h)$$

故同伦等价类的乘法是可结合的

$$(\langle f\rangle\langle g\rangle)\langle h\rangle = \langle f\rangle(\langle g\rangle\langle h\rangle)$$

这里要强调的,正是环路同伦类集合,而不是环路集合,具有群的结构.

对于同伦群 $\pi_1(M,x_0)$ 存在下述定理.

定理 7.1 对于具有相同伦型的两个道路连通流形 M 与 N,其同伦群相互同构,

$$\pi_1(M,x_0) = \pi_1(N,y_0), \quad \text{其中 } x_0 \in M, y_0 \in N$$

此定理的自然推论是,对于道路连通流形 M,$\pi_1(M,x_0)$ 在同构意义下仅依赖于流形 M,而与基点 x_0 的选择无关,相对不同基点 x_0 及 x_1 的同伦群 $\pi_1(M,x_0)$ 与

$\pi_1(M,x_1)$相互同构. 故常可简记为$\pi_1(M)$,称为流形M的基本群(fundamental group),有下述定理.

定理 7.2　对道路连通的流形M,以流形上不同点$x_0,x_1\in M$为基点的一阶同伦群相互同构,称为流形M的基本群$\pi_1(M)$:

$$\pi_1(M,x_0) = \pi_1(M,x_1) \equiv \pi_1(M) \tag{7.4}$$

对道路连通流形如基本群平庸(仅恒等元),则称此流形是单连通的. 例如

例 7.3　E^n是单连通的流形,$\pi_1(E^n)=0$　　(7.5)

例 7.4　$S^n(n\geqslant 2)$是单连通的流形.

因分析映射$f:S^1\to S^n$,S^n中必有非像点$y_0\notin f(s^1)$,即像$f(s^1)$必在$S^n\backslash y_0$上,而$S^n\backslash y_0\simeq\mathbb{R}^n$,故$f(s^1)$必可收缩到一点,即

$$\pi_1(S^n) = 0, \qquad 当\, n\geqslant 2 \tag{7.6}$$

例 7.5　　$\pi_1(S^1)=Z$　　(7.7)

这因绕$S^1 m$圈的环路不可能连续地形变为绕$S^1 n\neq m$圈. 故流形S^1有无穷多环路同伦等价类. S^1又称为是无穷连通.

流形基本群非平庸($\pi_1(M)\neq 0$)常称为多连通空间,其突出特点是:定义在多连通流形上的函数常是多值函数. 在量子力学中波函数应为单值函数,但由于空间拓扑性质,由于空间的多连通性,会产生重要的物理效应,如 Bohm-Aharonov 效应,超导体中磁通量子化效应等. 需特别注意分析空间拓扑性质对物理现象的影响. 多连通流形M上函数ψ常是多值,常需找M的覆盖空间E,使E上函数ψ变为单值. 对不同函数ψ,为使其单值化(monodromy)常需不同覆盖空间. 但M有种特殊的覆盖空间:普适覆盖空间$U(M)$,$\pi_1(U(M))=0$,即它是单连通的,其上所有函数都是单值的,普适覆盖空间$U(M)$相当于M的扩展,使$\pi_1(M)$的每个元素,有一复制样本,即

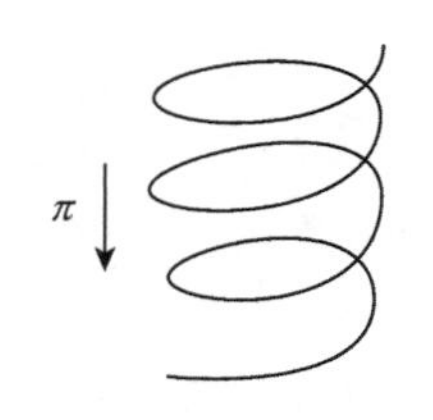

$$M = U(M)/\pi_1(M)$$

例如,实轴$\mathbb{R}$是S^1的普适覆盖,将S^1看成复平面上模为 1 的复数,存在投射

$$\pi:\quad \mathbb{R}\to S^1$$
$$t\to e^{i2\pi t}$$

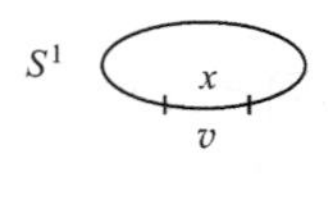

图 7.5

在S^1上点x邻域小开集U,$\pi^{-1}(U)$为$\mathbb{R}$中开区间的不连接并. 即如图 7.5 将$\mathbb{R}$看成无穷螺线,而将投射π看成通常投射.

可将π^{-1}看成作用在$\mathbb{R}$上的平移群z

$$z: \quad x \to x + z$$

将此平移群的轨道看成一个成员$[x]$,所有轨道集合$\{[x]\}$称为轨道空间

$$S^1 \cong \mathbb{R}/Z$$

下面分析轨道空间的基本群. 令 M 为单连通流形,例如实轴$\mathbb{R}$,$\pi_1(M)=0$,其上有变换群 G 作用,如作用有效,保持点 $x\in M$ 不动的迷向子群为 $G_x\subset G$ 存在正合序列

$$0 \to G_x \to G$$

进一步研究此变换群 G 对 M 作用的轨道,将每条轨道看成一点所得轨道空间M/G 一般不再是单连通,即 $\pi_1(M/G,x)\neq 0$. 在变换群 G 与 $\pi_1(M/G,x)$间存在同态映射,映射的同态核为 G_x,即存在群同态正合系列

$$0 \to G_x \to G \to \pi_1(M/G,x) \to 0$$

因此(参见附录 D)

$$\pi_1(M/G,x) = G/G_x$$

当变换群 G 的作用自由,即 G_x 仅含恒等元. 这时

$$\pi_1(M/G,x) = G \qquad (\text{当 } G_x = e)$$

此即下定理.

定理 7.3 设流形 M 有离散群 G 自由作用,G 作用的轨道集合组成轨道空间 $N=M/G$,当流形 M 为单连通($\pi_1(M)=0$,即 M 为 N 的普适覆盖空间),则

$$\pi_1(N) = \pi_1(M/G) = G \qquad (\text{当 } \pi_1(M) = 0) \tag{7.8}$$

正如前面分析的例 3

$$\pi_1(S^1) = \pi_1(\mathbb{R}/Z) = Z \qquad (\text{因 } \pi_1(\mathbb{R}) = 0)$$

例 7.6 注意到实投射空间$\mathbb{R}P^n\simeq S^n/Z_2$,故

$$\pi_1(\mathbb{R}P^n) = \pi_1(S^n/Z_2) = Z_2,\text{当 } n \geqslant 2 \tag{7.9}$$

但任意

$$\pi_1(\mathbb{R}P^1) = \pi_1(S^1/Z_2) = Z \tag{7.10}$$

后者是由于 S^1 本身为无穷连通,而$\mathbb{R}P^1\sim S^1$.

下面分析一些简单的二维空间的基本群.

例 7.7 $M=\mathbb{R}^2-\{0\}$

具有一个洞的二维开区间,其基本群 $\pi_1(M)$仅有一个生成元

$$\alpha:[0,1] \to \mathbb{R}^2 - \{0\}$$

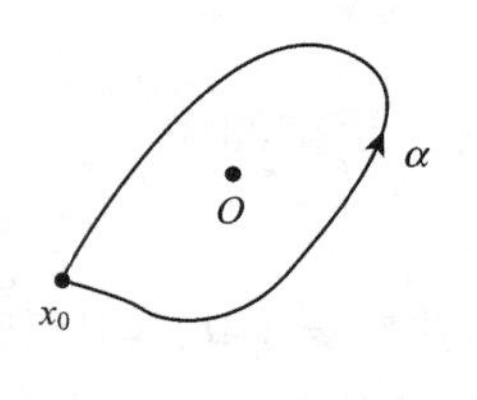

图 7.6

其代表元的像如图 7.6.

由此非平庸环路同伦等价类可生成其整数倍个群元，它们组成与整数加群$\mathbb{Z}$同构的群，即

$$\pi_1(\mathbb{R}^2 - \{0\}) = \{\langle \mathbb{Z}\gamma \rangle\} = \mathbb{Z}$$

例 7.8　$M = \mathbb{R}^2 - \{p\} - \{q\}$

具有两个洞的二维开区间，其基本群 $\pi_1(M)$ 有两个生成元 α 与 β，如图 7.7(a)所示. 而环路

$$\gamma \simeq \beta^{-1} \circ \alpha \circ \beta \neq \alpha \tag{7.11}$$

图 7.7(b)表示环路 γ 在源空间的表示. γ 与 α 都是以 x_0 为基点绕障碍 p 点正一圈的环路，但二者并不同伦等价. 即

$$\alpha \circ \beta \simeq \beta \circ \gamma \neq \beta \circ \alpha$$

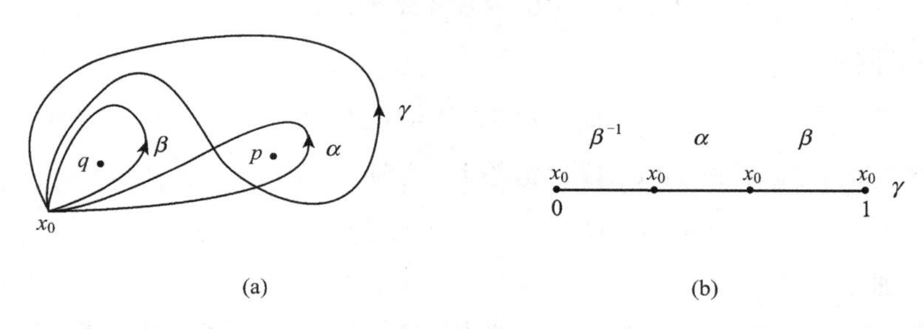

图 7.7　具有两个洞的二维开区间上环路示意图

有两个洞的开区间的基本群是非 Abel 群.

例 7.9　(7.6)式表明 S^2 基本群平庸，这是由于 S^2 去掉一非像点 $y_0 \notin f(S^1)$ 后同伦于平庸开区间，故任意环路均平庸. S^2 为亏格为零的紧黎曼面. 下面我们分析亏格为 1 与 2 的紧黎曼面 T^2 与 $\sum_2$ 的基本群的结构.

例 7.10　二维环面 T^2.

可切割 T^2 后摊成平面如图 7.8 所示：

环路 a 与 b 为 T^2 的不等价非平庸环路的像，沿它们可将环面 T^2 摊开成平面，或如图 7.8(b)将相对边贴合：先贴合 b 成圆柱，再贴合 a 成环面 T^2. 故右边图是左边 T^2 的拓扑等价，称为 T^2 的典范表示. 右边长方形内拓扑平庸，无拓扑障碍. 令曲线 a 与 b 是环路映射 α 与 β 的像. 由图看出

$$\alpha \circ \beta \circ \alpha^{-1} \circ \beta^{-1} = 1$$

即

$$\alpha \circ \beta = \beta \circ \alpha \tag{7.12}$$

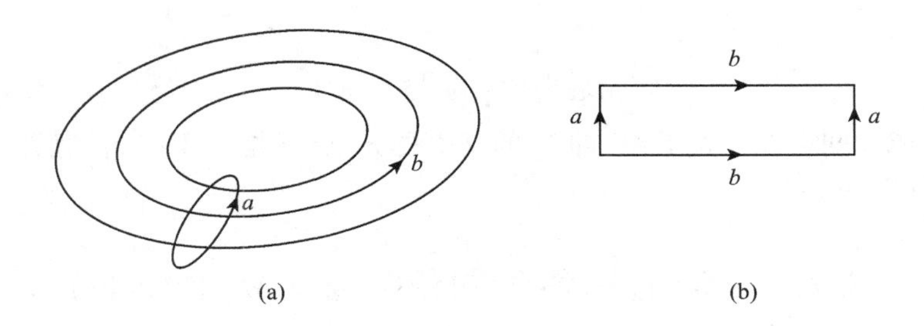

图 7.8 T^2 的典范表示

故 T^2 的基本群是由两个生成元生成的 Abel 群

$$\pi_1(T^2) = \{\langle \mathbb{Z}\alpha \oplus \mathbb{Z}\beta \rangle\} = \mathbb{Z} \oplus \mathbb{Z} \tag{7.13}$$

例 7.11 亏格 2 的黎曼面 Σ_2 也可称为双环面. 可如图 7.9 将双环面 Σ_2 切割摊开成八边形面

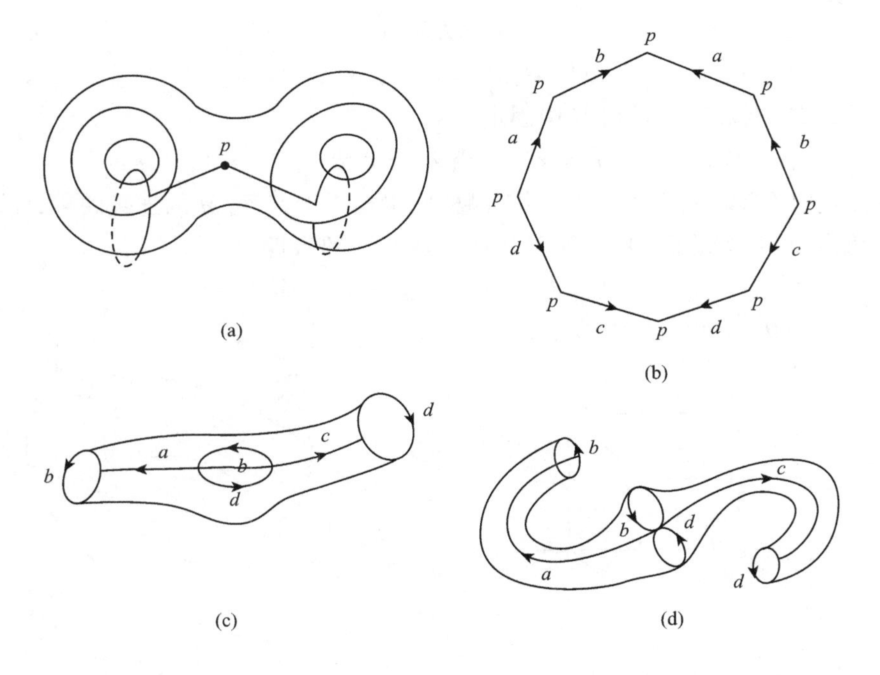

图 7.9 Σ_2 的典范表示

图 7.9(a) 表示曲面 Σ_2 的切割. 图 7.9(b) 为 Σ_2 的典范表示,将图 7.9(b) 中边 a 与边 c 贴合得图(c). 进一步将相同的 p 点贴合成(d) 图,然后可得亏格为 2 的曲面 Σ_2. 令曲线 a,b,c,d 为环路映射 $\alpha,\beta,\gamma,\delta$ 的像. 由图 7.9(b) 可看出这四个环

路间有关系

$$\alpha\beta\alpha^{-1}\beta^{-1}\gamma\delta\gamma^{-1}\delta^{-1} = 1 \tag{7.14}$$

这四个生成元间存在上述关系，即Σ_2的基本群$\pi_1(\Sigma_2)$是非Abel群，其四个生成元间有关系(7.14)．

§7.3　流形的各阶同伦群 $\pi_k(M)\,(k\in\mathbb{N})$

用基本群来研究二维曲面的分类问题很理想，基本群非平庸标志二维曲面上有洞．但是对高维流形，常需进一步引入与基本群类似的高阶同伦群$\pi_k(M,x_0)$，这是以流形中x_0点为基点的k维环路映射同伦等价类集合组成的群．为说明此概念，可首先将一维环路推广为k维环路，令I_k为E^k中闭k维单位区间

$$I_k = \{\lambda = (\lambda^1,\cdots,\lambda^k) \in E^k \mid 0 \leqslant \lambda^i \leqslant 1, i = 1,\cdots,k\}$$

连续映射f为

$$f:\quad I_k \to M$$
$$\lambda^1,\cdots,\lambda^k \to f(\lambda^1,\cdots,\lambda^k) \in M$$

并要求I_k的边缘∂I_k映射到M中固定点x_0

$$f(\lambda^1,\cdots,\lambda^k) = x_0,\quad 当\ \lambda^i = 0\ 或\ 1, \forall i = 1,\cdots,k$$

则称此映射f为以x_0为基点的k维环路，此也相当于S^k到M的连续映射，而保持S^k中确定点(例如北极)映射到M中固定点x_0．k维环路

$$f:\quad I_k \to M,\quad \partial I_k \to x_0 \in M$$

等价于$S^k \to M$，可如图7.10表示：

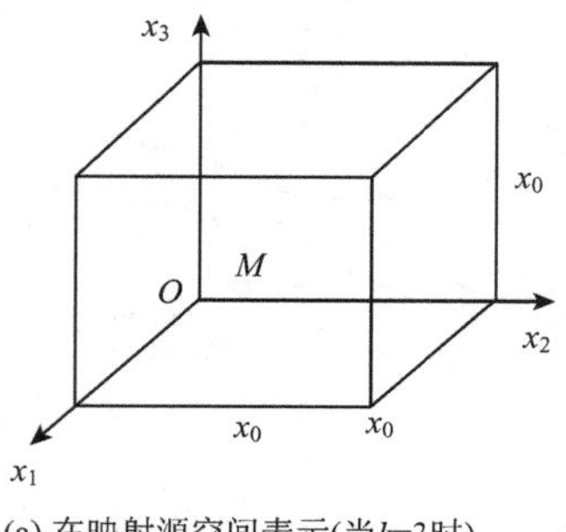

(a) 在映射源空间表示(当k=3时)

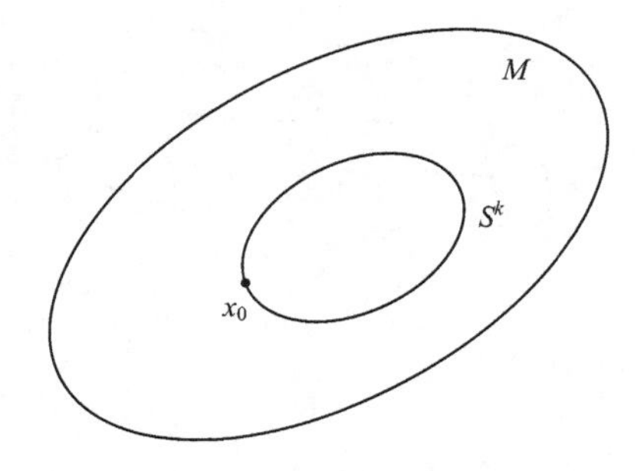

(b) 在映射像空间的表示

图7.10　k维环路映射示意图

以x_0为基点的k维环路f与g间，可如下定义乘法$h = f\circ g$：

$$
h(\lambda^1,\cdots,\lambda^k) = \begin{cases} f(2\lambda^1,\lambda^2,\cdots,\lambda^k), & 0\leqslant\lambda^1\leqslant\dfrac{1}{2} \\ g(2\lambda^1-1,\lambda^2,\cdots,\lambda^k), & \dfrac{1}{2}\leqslant\lambda^1\leqslant 1 \end{cases} \tag{7.15}
$$

例如,可用图 7.11 表示两个二维环路的相乘.

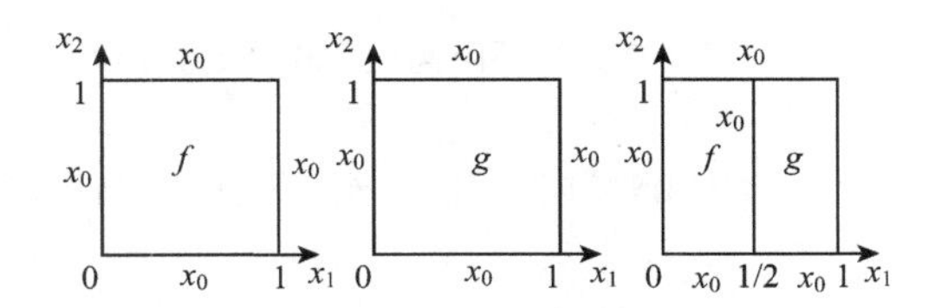

图 7.11 两个二环路 f,g 及其乘积 $h=f\circ g$ 的示意图

如果一 k 维环路可连续地变为另一个 k 维环路(保持基点 x_0 不变),则称此两环路同伦等价,可用$\langle f\rangle$代表与 k 维环路 f 同伦等价的环路类. 对于以 x_0 为基点的 k 维环路同伦等价类的集合,用各类中代表元的乘法定义同伦类的乘法

$$
\langle f\rangle\langle g\rangle = \langle f\circ g\rangle \tag{7.16}
$$

与上节对基本群的分析相似,可以证明 k 维环路同伦等价类的集合

$$
\pi_k(M,x_0) = \{\langle f\rangle\}
$$

形成 k 阶同伦群,类间乘法由各类代表元相乘的同伦等价类来定义,如(7.16)式. 这样定义的乘法满足成群的条件(封闭,可结合,有恒等元,有逆元),$\pi_k(M,x_0)$称为流形 M 的以 x_0 点为基点的 k 阶同伦群.

在定义环路类间乘法时,各环路代表元的基点 x_0 同样起重要作用. 但是很易证明(与基本群的分析类似),对于道路连通流形 M,相对流形 M 上不同基点 x_0 与 x_1 的同伦群 $\pi_k(M,x_0)$与 $\pi_k(M,x_1)$相互同构,故可简记为

$$
\pi_k(M,x_0) = \pi_k(M,x_1) \equiv \pi_k(M)
$$

称为流形 M 的 k 阶同伦群.

以上分析我们看出,高阶同伦群 $\pi_k(M,x_0)$是基本群 $\pi_1(M,x_0)$的简单推广,但是,不同的是基本群 $\pi_1(M,x_0)$可能是非 Abel 群,而 $k\geqslant 2$ 的高阶同伦群 $\pi_k(M,x_0)$必为 Abel 群. 这是因为 $I_1=[0,1]$的边缘 $S^0=[0,1]$为两点,是不连接的,而 $k\geqslant 2$ 的 I_k 的边缘$\partial I_k\simeq S^{k-1}$是连通的,而以 x_0 点为基点的任意 k 维环路 f,可连续畸变使映射到 x_0 点的 I_k 边缘$\partial I_k\sim S^{k-1}$加厚,所得环路与 f 同伦,由于 $S^{k-1}(k\geqslant 2)$的连通性,使得 $k\geqslant 2$ 阶环路同伦类在相乘时是可置换的,例如对两个二维环路同伦

类f与g相乘时,可由图7.12看出,二维环路同伦类相乘时是可置换的.

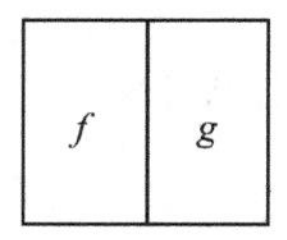
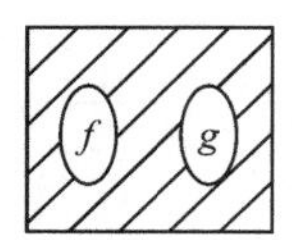
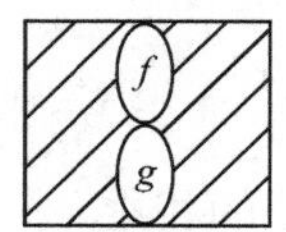
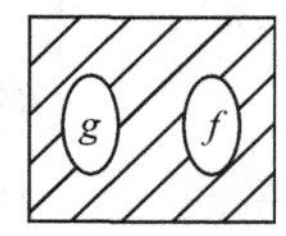
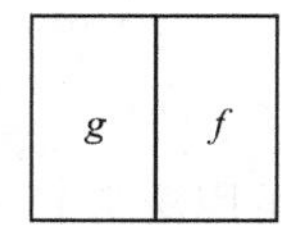

图7.12　两个二维环路同伦类相乘的置换性

下面我们简单介绍流形M的零阶同伦群$\pi_0(M,x_0)$,与两流形拓扑积$M\times N$的同伦群等概念.

我们先简单回顾下各阶同伦群的定义,k阶同伦群$\pi_k(M,x_0)=\{[\alpha]\}$是这样一些连续映射$\alpha$的同伦等价类集合.

$$\alpha\in \mathrm{Mapp}_0(S^k,M),\qquad [\alpha]\in\pi_k(M,x_0) \tag{7.17}$$

这里$\mathrm{Map}(X,Y)$表示由空间X到空间Y间连续映射集合,而$\mathrm{Map}_0(X,Y)$表示$\mathrm{Map}(X,Y)$中这样一些映射,它将X的基点$x_0\in X$映射到Y的基点$y_0\in Y$. (7.17)式表明α为将S^k上基点p(例如为北极)映射到$x_0\in M$的S^k到M的连续映射. 通过前面分析知当$k\geqslant 1$时$\pi_k(M,x_0)$有群结构,且当$k\geqslant 2$时$\pi_k(M,x_0)$有Abel群结构,而当$k=0$时,$S^0=Z_2$,$\pi_0(M,x_0)$一般无自然的群结构,仅在特殊情况下具有群结构. 下面介绍两种重要情况.

① 当M为李群流形G,其含恒等元$x_0=e$的连通部分G_0形成G的正规子群,这时

$$\pi_0(G,e)=G/G_0 \tag{7.18}$$

为商群,有自然的群结构. 例如

$$M=\mathrm{O}(3)=\{\mathrm{O}\in 3\times 3\text{ 实矩阵}\mid \mathrm{O}^t\mathrm{O}=1\}$$

$\det\mathrm{O}=\pm 1$将$\mathrm{O}(3)$分为两连通片,$\pi_0(\mathrm{O}(3))=\mathbb{Z}_2$.

$M=\mathrm{O}(1,3)$,除$\det\mathrm{O}=\pm 1$外,是否保持时间方向又将M分为不连通区域,故

$$\pi_0(\mathrm{O}(1,3))=Z_2\oplus Z_2$$

行列式为1的$\mathrm{SO}(n)$为连通李群,而$\mathrm{SO}(r,s)$有两连通片,故

$$\pi_0(\mathrm{SO}(n))=0,\qquad \pi_0(\mathrm{SO}(r,s))=Z_2$$

$$\pi_0(\mathrm{O}(n))=\mathbb{Z}_2,\qquad \pi_0(\mathrm{O}(r,s))=\mathbb{Z}_2\oplus Z_2 \tag{7.19}$$

流形M的零阶同伦群表明M的连通片结构. $\pi_0(M)$中元素个数正好代表M中连通分支个数. 对紧致连通流形M,$\pi_0(M)=0$.

② 环路空间 $L=\Omega(M,x_0)$，为流形 M 上以 x_0 为基点的环路 γ 所组成空间；

$$L=\Omega(M,x_0)=\{\gamma(t),\gamma(0)=\gamma(1)=x_0\} \tag{7.20}$$

每一环路 γ 代表 L 中一点，两环路 $\gamma_1(t)$ 与 $\gamma_2(t)$ 同伦，代表它们在 L 中是连通的. 用 e 代表常环路 $\gamma(t)=x_0$. 则

$$\pi_0(L,e)=\pi_1(M,x_0) \tag{7.21}$$

环路空间的零阶同伦群可能非 Abel.

在计算流形同伦群时，有时还常讨论两个流形 M 与 N 的拓扑积的同伦群，可以证明下述定理：

定理 7.4 两个流形 M 与 N 的拓扑积的同伦群，同构于它们的同伦群的直积

$$\pi_k(M\times N,x_0\times y_0)\simeq\pi_k(M,x_0)\times\pi_k(N,y_0)$$
$$x_0\in M,\quad y_0\in N \tag{7.22}$$

上式右端为两个群的直积，群 G_1 与 G_2 的直积为所有有序对的集合

$$G_1\times G_2=\{(g_1,g_2)\mid g_1\in G_1,g_2\in G_2\} \tag{7.23}$$

且在有序对 (g_1,g_2) 间利用 G_1,G_2 的乘法得到诱导乘法规则

$$(g_1,g_2)\cdot(g'_1,g'_2)=(g_1g'_1,g_2g'_2)$$

(7.22)式的证明是显然的，因为流形 $M\times N$ 上以 (x_0,y_0) 点为基点的 k 环路就是 (M,x_0) 与 (N,y_0) 的 k 环路对的集合. 即

$$\pi_k(M\times N),(x_0,y_0)=\{[\alpha]\}$$
$$\alpha:\quad (S^k,p)\rightarrow(M\times N,(x_0,y_0))$$

此连续映射 α 当限制在流形 M(或 N)上时为 α_1(或 α_2)：

$$\alpha_1=\alpha|_M:\quad (S^k,p)\rightarrow(M,x_0)$$
$$\alpha_2=\alpha|_N:\quad (S^k,p)\rightarrow(N,y_0)$$

α_1 与 α_2 完全决定了映射 $\alpha=(\alpha_1,\alpha_2)$，在映射同伦畸变下，$\alpha_1$ 与 α_2 独立畸变，

$$\pi_k(M,x_0)=\{[\alpha_1]\},\qquad \pi_k(N,y_0)=\{[\alpha_2]\}$$
$$\pi_k(M\times N,(x_0,y_0))=\{[\alpha_1,\alpha_2]\}=\pi_k(M,x_0)\times\pi_k(N,y_0)$$ □

例 7.12 二维环面 $T^2=S^1\times S^1$ 其基本群

$$\pi_1(T^2)=\pi_1(S^1)\times\pi_1(S^1)=\mathbb{Z}\times\mathbb{Z}\equiv\mathbb{Z}\oplus\mathbb{Z} \tag{7.24}$$

而

$$\pi_0(T^2)=0,\quad \pi_k(T^2)=0\quad (k\geqslant 2)$$

本节最后介绍下 n 维流形间连续映射的 Brouwer 指数概念. n 维球面 S^n 的 n 阶同伦群 $\pi_n(S^n)=\mathbb{Z}$,表明连续映射 f: $S^n\to S^n$ 的同伦等价类与整数 $\mathbb{Z}$ 同构. 标志映射 f 同伦类的阶数

$$\deg(f)\ \in\ \mathbb{Z}$$

是该映射 f 的拓扑示性数,如 f 非满映射,必可同伦收缩为零,即 $\deg(f)=0$. 如 f 是满射,则 $\deg(f)$ 可能为非零整数,称为映射 f 的绕数(winding number),或称 Brouwer 指数. 可用微分几何办法来具体计算映射 f 的指数. 下面具体分析两同维流形间光滑映射 f 的 Brouwer 指数.

设 M 与 N 为两紧致、连通、定向 n 维流形,存在光滑映射

$$f:\quad M\to N \tag{7.25}$$

设 N 上存在有 n 形式 $\omega\in N$ 满足

$$\int_N\omega\ =\ 1 \tag{7.26}$$

满足上式的 n 形式 ω 称为流形 N 的归一体积元. 当被映射 f 拖回,$f^*\omega$ 在 M 上积分称为映射 f 的 Brouwer 指数:

$$\deg(f)\ =\ \int_M f^*\omega \tag{7.27}$$

易证如 f,g 为两光滑映射,相互同伦,则

$$\deg(f)\ =\ \deg(g)$$

如 L,M,N 均为紧致连通定向 n 流形,

$$f:\quad L\to M,\qquad g:\quad M\to N$$

均为光滑映射,则

$$\deg(g\circ f)\ =\ \deg(g)\deg(f) \tag{7.28}$$

Brouwer 阶数是在紧致连通定向流形间的同伦不变量,常为整数,例如:

例 7.13　　将 S^1 看作模 1 复数 Z 集合,S^1 间映射

$$f_1:S^1\to S^1,\qquad f_1(z)\ =\ Z^n$$
$$f_2:S^1\to S^1,\qquad f_2(z)\ =\ \bar{Z}^n \tag{7.29}$$

则 $\deg(f_1)=n,\deg(f_2)=-n$.

例 7.14　将 S^3 看作模 1 四元数 q 集合,S^3 间映射

$$g_1:S^3\to S^3,\qquad g_1(q)\ =\ q^n$$

$$g_2:S^3\to S^3,\qquad g_2(q)\ =\ \bar{q}^n \tag{7.30}$$

则 $\deg(g_1)=n,\deg(g_2)=-n$.

上各例中整数 $\pm n$,也常称为绕数. 它们均为映射同伦不变量.

(7.29)式表明 $\deg f\in\pi_1(S^1)=Z$,(7.30)式表明 $\deg g\in\pi_3(S^3)=Z$.
最后介绍几个常用术语:

① $\pi_0(M)=0$,称 M 为连通流形.

而 $\pi_0(\mathrm{O}(N))=\mathbb{Z}_2(N\geqslant 2)$表明 $\mathrm{O}(N)$有两连通片.

② $\pi_1(M)=0$ 称 M 为单连通流形.

而 $\pi_1(\mathrm{SO}(N))=Z_2(N\geqslant 3)$,常称 $\mathrm{SO}(N)$为双连通流形.　　$\pi_1(S^1)=Z$,有时称 S^1 为无穷连通流形.

③ 对高阶同伦群,当 $n>2$.

$$\pi_n(S^n)=Z,\qquad \pi_k(S^n)=0\quad(k<n).$$

n 维球面 S^n 的低阶($k<n$)的同伦群均为零,常称为 k 阶($k<n$)连通流形.

注意双连通流形($\pi_1(M)=\mathbb{Z}_2$)与 2 阶连通流形($\pi_2(M)=0$)的区别.

§7.4　相对同伦群与群同态正合系列　纤维映射正合系列

如何确定流形的各阶同伦群,是一个非常困难的问题,甚至像 S^2 这样简单的拓扑流形,其所有各阶同伦群的计算直到现在仍未完全解决. 下面介绍相对同伦群与正合同伦序列,可作为同伦群的重要计算方法之一.

设流形 N 是流形 M 的闭子流形,点 q 属于 N

$$q\in N\subset M$$

当 $k\geqslant 2$ 如存在 I_k 至 M 的映射 f,其中 ∂I_k 的一个面 I_{k-1} 映射到 N

$$f:\quad I_k=\{(\lambda^1,\cdots,\lambda^k)\in E^k\mid 0\leqslant\lambda^i\leqslant 1\}\to M$$
$$I_{k-1}=\{(\lambda^1,\cdots,\lambda^k)\in I_k\mid \lambda^k=0\}\to N\tag{7.31}$$

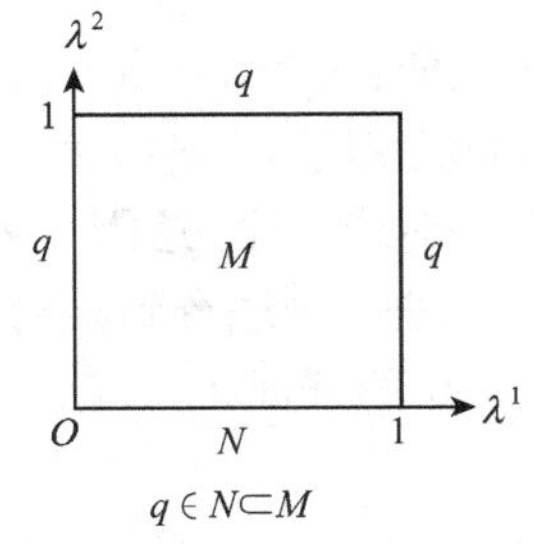

图 7.13　M 中相对 N 以 q 点为基点的 2 环路示意图

同时 I_k 的其他边缘 $\partial I_k\backslash I_{k-1}$ 以及 ∂I_{k-1} 均映射到给定点 q,满足以上条件的映射 f 称为 M 中相对 N 以 q 为基点的 k 环路,例如,M 中相对 N 以 q 为基点的 2 环路如图 7.13 所示.

可与(7.1)式类似定义两个相对 k 环路的乘积,例如,两个相对 k 环路 f 与 g 的乘积 $f\circ g$ 可如图 7.14 所示.

相对 k 环路的同伦等价类的集合,以类中代表元的乘积的同伦等价类作为类

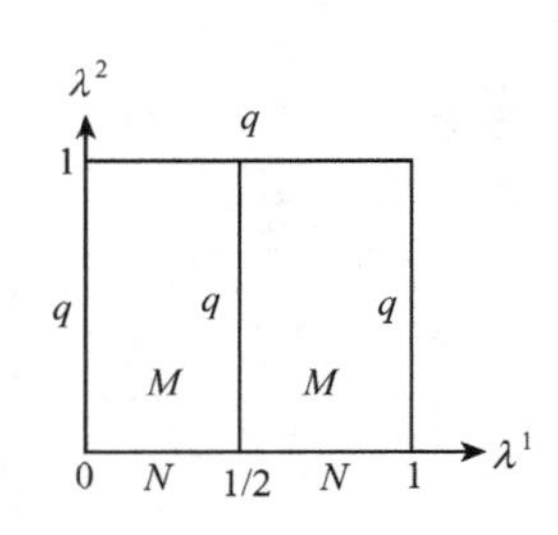

图 7.14　两个相对 2 环路相乘的示意图

的乘积,可以形成流形偶(M,N)的相对同伦群$\pi_k(M,N,q)$,当$k=2$,$\partial I_2=S^1$,这时映射

$$f: I_2 \to M$$
$$\partial I_2 = S^1 \to N, q \tag{7.32}$$

正如$\pi_1(N,q)$具有群结构,但可能非 Abel,同样$\pi_2(M,N,q)$具有群结构,但可能非 Abel.

当$k\geqslant 3$,$\pi_k(M,N,q)$必为 Abel 群.

下面我们来分析相对同伦群$\pi_k(M,N,q)$与同伦群$\pi_k(M,q)$,$\pi_k(N,q)$等之间关系,采用以下符号:

$$\pi_k(M,N,q)=\{[\alpha]\}\qquad \alpha: I_k\to M\qquad \partial I_k\to N,q$$
$$\pi_k(M,q)=\{[\beta]\}\qquad \beta: I_k\to M\qquad \partial I_k\to q$$
$$\pi_k(N,q)=\{[\gamma]\}\qquad \gamma: I_k\to N\qquad \partial I_k\to q$$

注意到$N\subset M$,存在包含映射(inclusion map)

$$i: N\to M$$

此映射可诱导k环路类间映射i,并得群的同态映射

$$i_*:\quad \pi_k(N,q)\to\pi_k(M,q) \tag{7.33}$$

注意到　$\pi_k(M,q,q)\simeq\pi_k(M,q)$,而在流形偶$(M,q)$与$(M,N)$间存在包含映射$j$:$(M,q)\to(M,N)$,此映射$j$可得诱导映射$j_*$:

$$j_*:\quad \pi_k(M,q)\to\pi_k(M,N,q) \tag{7.34}$$

易验证:①当$\pi_{k-1}(N,q)=0$　此同态映射(7.34)为满映射,②当$\pi_k(N,q)=0$则此同态对应(7.34)为 1 - 1 对应的入射. 但是当$\pi_k(N,q)\neq 0$,此同态对应可能若干个对应一个,这因后者$\pi_k(M,N,q)$的元素$[\alpha]$同伦类受更多的限制.

进一步注意到相对同伦群$\pi_k(M,N,q)=\{[\alpha]\}$,如将相对$k$环路$\alpha$限制到其$\lambda_k=0$的开面$I_{k-1}$,记为$\alpha'=\alpha|_{\lambda_k=0}$

$$\alpha'=\alpha|_{\lambda_k=0};\quad I_{k-1}\to N,\quad \partial I_{k-1}\to q$$

$[\alpha]\in\pi_{k-1}(N,q)$,此边缘映射造成$\pi_k(M,N,q)$到$\pi_{k-1}(N,q)$间同态映射

$$\partial:\quad \pi_k(M,N,q)\to\pi_{k-1}(N,q)$$
$$[\alpha]\to[\alpha'] \tag{7.35}$$

组合(7.33)(7.34)(7.35)可得同伦群间下列群同态系列:

$$\cdots\to\pi_k(N,q)\xrightarrow{i_*}\pi_k(M,q)\xrightarrow{j_*}\pi_k(M,N,q)\xrightarrow{\partial}\pi_{k-1}(N,q)\to\cdots \tag{7.36}$$

当流形偶 M 与 N 都是道路连通流形时,可以证明上述群同态系列是正合的(exact),即存在定理.

定理 7.5　当 M 与 N 都是道路连通流形时,同伦群同态系列(7.35)是正合的,即同态映射 i_*, j_*, ∂满足下列条件:

$$(1)\quad \mathrm{Ker}\partial = \mathrm{Im}j_* \tag{7.37}$$

$$(2)\quad \mathrm{Ker}j_* = \mathrm{Im}i_* \tag{7.38}$$

$$(3)\quad \mathrm{Ker}i_* = \mathrm{Im}\partial \tag{7.39}$$

证　(1)如$[\alpha] \in \mathrm{Ker}\partial$,即$\partial\alpha$ 与 $\pi_{k-1}(N,q)$的常映射 e 同伦

$$\partial\alpha: I_{k-1} \to N, \qquad \partial I_{k-1} \to q$$

$$e \in \pi_{k-1}(N,q), \quad I_{k-1} \to q$$

此同伦映射类提供映射:$I_{k-1} \times [0,1] \to N$. 组合此映射使其为 $j_*\beta: I_k \to M, \partial I_k \to Nq$. 故$[\alpha] \in \mathrm{Im}j_*$,即 $\mathrm{Ker}\partial \subset \mathrm{Im}j_*$. 另方面,令$[\beta] \in \pi_k(M,q)$,将此映射$\beta$ 限制到$\lambda_k = 0$面

$$\beta|_{\lambda_k=0}, \quad I_{k-1} \to q$$

它与 $\pi_{k-1}(N,q)$的恒等元 e 同伦,可见

$$[j_*\beta] \in \mathrm{Ker}\partial$$

故 $\mathrm{Im}j_* \subset \mathrm{Ker}\partial$. 因此(7.27)式得证 $\mathrm{Ker}\partial \simeq \mathrm{Im}j_*$.

(2) 如$[\beta] \in \mathrm{Ker}j_*$,即存在 $\alpha = j_*\beta$ 与 $\pi_k(M,N,q)$的恒等元同伦. $j_*\beta \sim e \in \pi_k(M,N,q)$故存在同伦映射 β_t 使

$$\beta_0 = \beta: \quad I_k \to M, \qquad \partial I_k \to q$$

$$\beta_1: \quad I_k \to N, \qquad \partial I_k \to N, q$$

限制在此伦型

$$\beta_t, \partial I_k \times [0,1] \to N, \qquad \partial I_k \to q$$

相当于形成同纬映射(suspension).

$$\partial I_k \times [0,1] \simeq S^{k-1} \times [0,1] \simeq S^k$$

它代表 $\mathrm{Im}i_*$ 中元素:$\beta_t \simeq i_*\gamma$

$$\beta_t \simeq i_*\gamma: \qquad I_k \to N, \qquad \partial I_k \to q$$

故　$[\beta] \in \mathrm{Im}i_*$,即　$\mathrm{Ker}j_* \subset \mathrm{Im}i_*$.

其逆包含映射是显然的,令$[\gamma] \in \pi_k(N,q)$

$$\beta = i_*\gamma: \quad I_k \to N \subset M, \quad \partial I_k \to q$$

通过同伦畸变,

$$j_*\beta:\quad I_k \to N,\quad \partial I_k \to N,q$$

与 $\pi_k(M,N,q)$ 的恒等元同伦，故 $[\beta] \in \mathrm{Ker}j_*$. 故 $\mathrm{Im}i_* \subset \mathrm{Ker}j_*$，因此(7.38)式得证：$\mathrm{Ker}j_* \simeq \mathrm{Im}i_*$.

(3) 令 $[\gamma] \in \mathrm{Ker}i_*$，即 $\beta = i_*\gamma$ 与 $\pi_k(M,q)$ 的恒等元同伦. 故存在同伦映射 β_t

$$\beta_0 = \beta = i_*\gamma:\quad I_k \to N \subset M,\quad \partial I_k \to q$$

$$\beta_1 = e \in \pi_k(M,q):\quad I_k \to q,\quad \partial I_k \to q$$

限制在此伦型，存在组合映射

$$\delta:\quad I_k \times [0,1] \to M,\qquad I_k \to N,\quad \partial I_k \to q$$

$[\delta] \in \pi_{k+1}(M,N,q)$，使在边缘同态映射下，$\partial(\delta) \simeq \gamma$，即 $[\gamma] \in \mathrm{Im}\partial$ 此分析表明 $\mathrm{Ker}i_* \subset \mathrm{Im}\partial$.

其逆包含映射是显然的，令 $[\delta] \in \pi_{k+1}(M,N,q)$，

$$\partial(\delta):\quad I_k \to N,\qquad \partial I_k \to q$$

在 M 中可同伦于常映射 $(e) \in \pi_k(M,q)$，即 $\mathrm{Im}\partial \subset \mathrm{Ker}i_*$ 因此(7.39)式得证：$\mathrm{Ker}i_* \simeq \mathrm{Im}\partial$. □

可组成各阶同伦群的同态正合系列是流形偶 (M,N) 的基本性质，可利用此同态正合系列研究流形的各阶同伦群. 在第十三章将介绍的纤维丛就是一种特殊的流形偶，它是流形上切丛及各种张量丛的推广，这里先初步介绍些纤维丛概念利用纤维丛语言分析问题. 纤维丛 E 局域可看为底流形 B 与纤维 F 的直积流形，存在投射映射，

$$\pi:\quad E \to B$$

在点 $x \in B$ 处，投射映射的逆像 $\pi^{-1}(x)$ 为纤维空间 F_x，所有各点的纤维 F_x 与标准纤维 F 同构，纤维丛 E 可用图 7.15 示意表示.

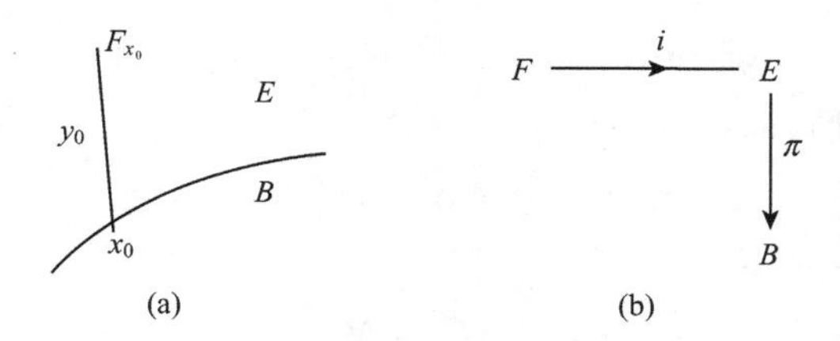

图 7.15　纤维丛示意图

在纤维 $F_{x_0} = \pi^{-1}(x_0)$ 上选任意点 y_0，则同伦群 $\pi_k(E,y_0)$，$\pi_k(F,y_0)$ 与 $\pi_k(E,F,y_0)$ 间存在下列群同态正合系列与(7.36)(同伦群同态正合系列)相似：

$$\cdots \to \pi_k(F) \xrightarrow{i_*} \pi_k(E) \xrightarrow{j_*} \pi_k(E,F) \xrightarrow{\partial} \pi_{k-1}(F) \to \cdots \tag{7.40}$$

而丛的投射映射 $\pi: E \to B$ 保纤维,将每个纤维 $F_{x_0} = \pi^{-1}(x_0)$ 投射映射到单点 x_0,故对相对同伦群 $\pi_k(E,F;y_0)$ 有诱导同态

$$\pi_*:\quad \pi_k(E,F;y_0) \to \pi_k(B,x_0)$$

此同态 π_* 为同构,即

$$\pi_k(E,F;y_0) \simeq \pi_k(B,x_0)$$

故由(7.40)可导致下述纤维丛 $E(B,F,\pi)$ 上各阶同伦群的同态正合系列

$$\cdots \to \pi_k(F) \xrightarrow{i_*} \pi_k(E) \xrightarrow{\pi_*} \pi_k(B) \xrightarrow{\partial} \pi_{k-1}(F) \to \cdots \tag{7.41}$$

此同态正合系列将丛空间 E,纤维空间 F,底空间 B 的各阶同伦群间建立密切联系. 可利用此同态正合系列计算一些轨道空间与齐性空间的同伦群,下面分析此问题.

多连通空间的覆盖空间是一种具有离散纤维的纤维丛, §7.2 分析的基本群的计算,例如(7.7) ~ (7.10)诸式都可利用(7.41)式正合系列得到,请读者自己验证. 下面再举些物理文献中常遇到的一些齐性空间与轨道空间为例进行分析.

例 7.15 群 G 相对其子群 H 的陪集流形记为 G/H,存在如下群同态正合系列

$$e \to H \xrightarrow{i} G \xrightarrow{\pi} G/H \to e$$

于是可类似(7.41)式得同伦群同态正合系列

$$\cdots \to \pi_2(G) \to \pi_2 G/H \xrightarrow{\partial} \pi_1(H) \to \pi_1(G) \to \cdots \tag{7.42}$$

除正交群外,所有紧单李群单连通. 而且所有单李群的二阶同伦群平庸. 即单李群 G 常具有性质

$$\pi_1(G) = \pi_2(G) = 0 \tag{7.43}$$

将此结果代入系列(7.42),得对一般单李群 G

$$\pi_2(G/H) = \pi_1(H) \tag{7.44}$$

例如对复投射空间 $\mathbb{C}P^n$,由上式得

$$\pi_2(\mathbb{C}P^n) = \pi_2(\mathrm{SU}(n+1)/\mathrm{SU}(n) \times U(1)) = \pi_1(\mathrm{SU}(n) \times \mathrm{U}(1)) = Z \tag{7.45}$$

例 7.16 S^1 的普适覆盖空间为 $\mathbb{R}^1$, $S^1 = \mathbb{R}^1/Z$

相当于具离散群纤维 Z 的纤维丛: $\mathbb{Z} \to \mathbb{R}^1$

$$\downarrow \pi$$

$$S^1$$

故存在同伦群同态正合系列

$$\cdots \to \pi_k(\mathbb{Z}) \to \pi_k(\mathbb{R}^1) \to \pi_k(S^1) \to \pi_{k-1}(\mathbb{Z}) \to \cdots \quad (k \geqslant 2) \tag{7.46}$$

注意到离散群$\mathbb{Z}$的高阶同伦群平庸，上正合系列为

$$0 \to \pi_k(\mathbb{R}^1) \to \pi_k(S^1) \to 0, \quad (\text{当 } k \geqslant 2)$$

$$\pi_k(S^1) \simeq \pi_k(\mathbb{R}^1) = 0 \qquad (\text{当 } k \geqslant 2) \tag{7.47}$$

一般对于具有离散纤维的覆盖空间 E 有如下定理：

定理 7.6　当投射映射　$\pi: E \to B$　为具有离散纤维 F 的覆盖映射，则

$$\pi_k(E, F, y_0) = \pi_k(E, y_0) \qquad (\text{当 } k \geqslant 2) \tag{7.48}$$

因此

$$\pi_k(B, x_0) = \pi_k(E/F, x_0) = \pi_k(E, y_0) \qquad (k \geqslant 2)$$

证　这是因为纤维 $F = \pi^{-1}(x_0)$是离散的，使得任何连续映射

$$f: \quad I_k \to E$$
$$\partial I_k \to y_0, F$$

必须整个$\partial I_k \to y_0$，　故得(7.48)．

利用此定理使当 $k \geqslant 2$，

$$\pi_k(S^1) = \pi_k(\mathbb{R}^1/\mathbb{Z}) = \pi_k(\mathbb{R}^1) = 0$$

此即(7.47)式．

例 7.17　　Hopf 从

$$0 \to \mathrm{U}(1) \to \mathrm{SU}(2) \to \mathrm{SU}(2)/\mathrm{U}(1) \to 0 \tag{7.49}$$

即 SU(2)为由行列式为 1 的 2×2 幺正矩阵组成，同胚于 S^3 流形．而 $U(1)$ 为 SU(2)的子群，由对角矩阵组成，同胚于 S^1 流形．而陪集 SU(2)/U(1)同胚于 S^2 流形：

$$S^2 \cong S^3/S^1 \cong \mathrm{SU}(2)/U(1)$$

由(7.49)知存在同伦群同态正合系列

$$\cdots \to \pi_k(S^1) \to \pi_k(S^3) \to \pi_k(S^2) \to \pi_{k-1}(S^1) \tag{7.50}$$

再将(2)式代入上式得

$$0 \to \pi_k(S^3) \to \pi_k(S^2) \to 0 \qquad (k \geqslant 3)$$

$$\pi_k(S^3) = \pi_k(S^2) \quad \text{当 } k \geqslant 3 \tag{7.51}$$

§7.5　同调群 $H_k(M,Z)$

流形整体不变量的研究是从组合拓扑学开始的，基本想法是把流形剖分成一

些元胞(cell),研究它们是如何拼凑在一起的.

对于光滑流形 M,其中每点邻域都与 R^n 的开集微分同胚,故可利用 R^n 的剖分作为流形 M 的剖分,我们首先讨论 R^n 中有向子流形,称为标准 k 单形(standard k-simplex).

$$\Delta_k = \left\{x = (x^0,x^1,\cdots,x^k) \in R^{k+1} \,\middle|\, \sum_{i=0}^{k} x^i = 1, x^i \geq 0\right\}$$

例如,最简单的几个标准 k 单形见图 7.16. 图中 v_i 为标准 k 单形 Δ_k 的顶点.

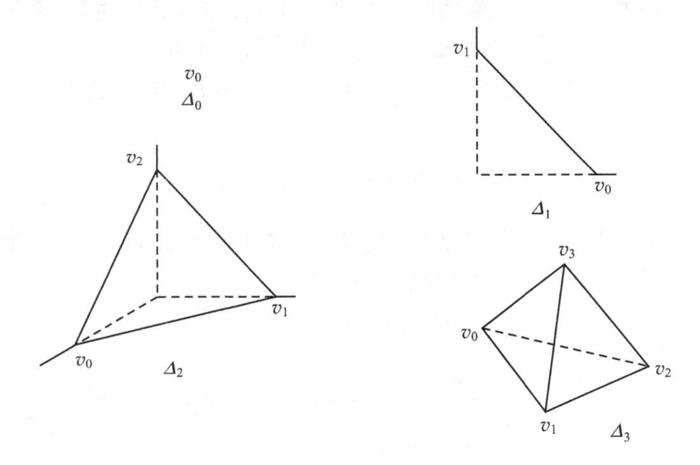

图 7.16 最初的几个标准 k 单形

$$v_0 = (1,0,0,\cdots,0), v_1 = (0,1,0,\cdots,0), \cdots$$

$k+1$ 个顶点张成的 k 维超平面 Δ_k 为定向 k 单形也可由其顶点 $\{v_i\}$ 表示为

$$\Delta_k = [v_0,v_1,\cdots,v_k] = \mathrm{sgn}(P)[v_{p_0},v_{p_1},\cdots,v_{p_k}]$$

其中 $p \in P(k+1)$,$P(k+1)$ 为 $(k+1)$ 阶置换群,$\mathrm{sgn}(P) = \pm 1$ 由置换的偶奇性决定,仍代表该单形,而顶点的奇置换,代表该单形的反向(负)单形.

进一步分析单纯复形(simplicial complex),它是各种维数单形的有限集合,且满足以下两条件:

① 集合中每一单形,包括其所有各维单形,都在集合中.

② 集合中任两单形或不相交,或交于单个低维面.

单纯复形 K,也简称复形. K 的全体单形的全体所形成空间叫作一个多面体,记作 $|K|$. K 叫作 $|K|$ 的一个单纯剖分或三角剖分,或简称剖分. 多面体 $|K|$ 为拓扑空间,可利用剖分 K 来研究多面体 $|K|$ 这拓扑空间的同调群结构. 多面体 $|K|$ 到流形 M 的同胚映射,可得到流形 M 的剖分. 将标准单形 $|\Delta_k|$ 同胚映射到 M 上,就得

到流形 M 中 k 维有向子流形,同胚映射

$$\phi: |\Delta_k| \to \sigma^k \subset M$$

同胚映射的像 σ^k 称为流形 M 的连续 k 单形,可由各顶点的像(仍记为 v_i)表示

$$\sigma^k = [v_0, v_1, \cdots, v_k] \subset M$$

这里应强调,同调论是研究同胚映射的像,k 单形本身是流形 M 的 k 维子流形. 对 n 维流形 M,其子流形最高维数为 n,不可能存在高于 n 维的单形. 而同伦论是研究连续映射本身,故可能存在任意高阶环路及高阶同伦群. 正因为同调论是研究流形 M 的各维子流形的等价类,故一般要比同伦群的研究简单.

流形 M 中连续 k 单形的整系数线性组合称为流形 M 中的连续 k 链(singular k-chain)

$$c_k = \sum_i a_i \sigma_i^k \qquad a_i \in Z$$

流形 M 上连续 k 链的集合 $C_k(M) = \{c_k\}$ 是由 M 上所有定向 k 单形所产生的自由 Abel 群. 即对每个 k 单形均有两种取向:$\pm\sigma^k$

$$\sigma^k + (-\sigma^k) = 0$$

对任意整数 a, b

$$a\sigma^k + b\sigma^k = (a+b)\sigma^k$$

$$a(-\sigma^k) = (-a)\sigma^k$$

M 中全部连续 k 链集合 $C_k(M)$,加上上述关系定义的加法运算,形成 Abel 群. 在一般情况下其生成元数目无穷多,为便于分析,设法在链群间建立同态对应,使链群间建立等价关系,可研究等价类集合,使之便于处理. 为此,在链群上引入边缘算子 ∂,它使每个 k 单形映射到其边缘:$(k-1)$ 单形

$$\partial\sigma^k = \partial[v_0, v_1, \cdots, v_k] = \sum_{i=0}^{k}(-1)^i[v_0, \cdots, \hat{v}_i, \cdots, v_k] = \sum_{i=0}^{k}(-1)^i\sigma_i^{k-1} \in C_{k-1}(M)$$

其中 v_i 上符号 ∧ 代表将顶点 v_i 略去. 边缘算子本身是具有明显几何意义的算子,当边缘算子 ∂ 作用在任意 k 链上,便有

$$\partial c_k = \partial\left(\sum_i a_i\sigma_i^k\right) = \sum_i a_i(\partial\sigma_i^k) \in C_{k-1}(M)$$

使得边缘算子保持链群加法运算,使边缘算子成为具有代数意义的链群间的同态对应算子

$$\partial: \quad C_k(M) \to C_{k-1}(M)$$

并将零维链的边缘定义为零. 利用边缘同态算子 ∂ 可得到 $C_k(M)$ 的两个重要子群:

1）边缘同态的核

$$Z_k = \{c_k \in C_k(M) \mid \partial c_k = 0\}$$

称为 k 闭链群,其生成元 c_k 称为 k 闭链(k-cycle)

2）边缘同态的像

$$B_k = \{b_k = \partial c_{k+1} \mid c_{k+1} \in C_{k+1}(M)\}$$

称为 k 边缘链群,其生成元 b_k,称为边缘链.

易证边缘链的边缘必为零

$$\partial \cdot \partial = 0$$

例如,2 单形

$$\sigma^2 = [v_0, v_1, v_2]$$

$$\partial\sigma^2 = [v_1, v_2] - [v_0, v_2] + [v_0, v_1]$$

$$\partial \cdot \partial\sigma^2 = [v_2] - [v_1] - [v_2] + [v_0] + [v_1] - [v_0] = 0$$

任意 k 单形

$$\sigma^2 = [v_0, v_1, \cdots, v_k]$$

$$\begin{aligned}\partial \cdot \partial\sigma^2 &= \partial\left(\sum_{i=0}^{k}(-1)^i[v_0, \cdots, \hat{v}_i, \cdots, v_k]\right) = \sum_{i=0}^{k}(-1)^i\partial[v_0, \cdots, \hat{v}_i, \cdots, v_k] \\ &= \sum_{j<i}(-1)^{i+j}[v_0, \cdots, \hat{v}_j, \cdots, \hat{v}_i, \cdots, v_k] \\ &\quad + \sum_{j>i}(-1)^{i+j-1}[v_0, \cdots, \hat{v}_i, \cdots, \hat{v}_j, \cdots, v_k] = 0\end{aligned}$$

即边缘链必为闭链,故 B_k 为 Z_k 的子群

$$B_k \subset Z_k$$

且都是 Abel 群,故 B_k 必为 Z_k 的正则子群,于是可定义其商群:

$$H_k(M) = Z_k(M)/B_k(M)$$

称为流形 M 的 k 同调群(homology group),同调群 H_k 为 k 闭链的等价类(mod 边缘)的集合,当两 k 闭链 $z_k^{(1)}$ 与 $z_k^{(2)}$ 间相差边缘链

$$z_k^{(1)} - z_k^{(2)} \in B_k(M)$$

则称此两闭链 $z_k^{(1)}$ 与 $z_k^{(2)}$ 相互等价

$$z_k^{(1)} \sim z_k^{(2)}$$

此等价关系称为同调,即 $z_k^{(1)}$ 与 $z_k^{(2)}$ 相互同调,属于同一同调类,记为 $\langle z_k \rangle$.

由于流形 M 上链的数目很多,只集中讨论闭链,并且将相差为边缘的闭链看成是属于同一同调类,这样 H_k 中的非平庸 k 闭链类为绕 $(k+1)$ 维洞的 k 维子流形,不绕洞的闭链(可填满的)为边缘链,应看成与零链属同一同调类,于是 $H_k(M)$ 可看成是流形 M 中 $(k+1)$ 维空洞的量度,一般是有限生成的 Abel 群.

注意到流形同调群 $H_k(M)$ 中生成元为绕 $(k+1)$ 维洞的 k 维子流形等价类，流形的形变收缩不变同调群，故具相同伦型的流形的同调群相互同构.

流形的同调群为 Abel 群，群的秩是其重要特性. 流形 M 的 k 阶同调群的维数(秩)称为流形的 k 阶 Betti 数：

$$b_k = \dim(H_k(M)) \tag{7.52}$$

它是流形的拓扑不变量，而且是伦型不变量. 流形上各阶 Betti 数的交替和称为流形 M 的 Euler 数 $\chi(M)$

$$\chi(M) = \sum_{k=0}^{n}(-1)^k b_k \tag{7.53}$$

Euler 数是标志流形平庸程度特性的一个重要的拓扑数，是最早由组合拓扑学得到的. 将流形剖分成单形的集合，k 维单形的数目 a_k 与具体剖分有关. 但是 Euler 发现，对二维流形(曲面)作各种三角剖分，剖分后点、边、面数 $v_{顶}$、$e_{边}$、$f_{面}$ 的交替和

$$\chi = v_{顶} - e_{边} + f_{面}$$

与剖分无关，是拓扑不变量. 上述 Euler 公式可进一步推广到任意高维连通流形 M，将流形 M 作三角剖分，其中各维单形数 a_k 的交替和称为流形 M 的 Euler 数

$$\chi(M) = \sum_{k=0}^{n}(-1)^k a_k \tag{7.54}$$

可以证明，上述定义的 Euler 数，即(7.53)式定义的 Euler 数. 这因为，在各维链群间存在同态对应

$$\partial_k:\quad C_k(M) \to C_{k-1}(M),\quad 0 \leqslant k \leqslant n$$

这里，C_{-1} 被定义为零空间. 由线性代数的秩与零维数定理知

$$\begin{aligned} a_k &= \dim(C_k(M)) = \dim(\mathrm{Ker}\partial_k) + \dim(\mathrm{Im}\partial_k) \\ &= \dim(Z_k(M)) + \dim(B_{k-1}(M)) \end{aligned}$$

而 Betti 数为

$$b_k = \dim(H_k(M)) = \dim(Z_k(M)) - \dim(B_k(M))$$

故

$$\begin{aligned} \sum_{k=0}^{n}(-1)^k b_k &= \sum_{k=0}^{n}(-1)^k \dim(Z_k(M)) + \sum_{k=0}^{n}(-1)^{k+1}\dim(B_k(M)) \\ &= \sum_{k=0}^{n}(-1)^k \dim(Z_k(M)) + \sum_{k=0}^{n}(-1)^k \dim(B_{k-1}(M)) \\ &= \sum_{k=0}^{n}(-1)^k a_k = \chi(M) \end{aligned}$$

上式第二步利用了

$$B_n(M) = B_{-1}(M) = 0$$

正因为 Euler 数$\chi(M)$可以表示为 Betti 数的交替和,Betti 数为流形的拓扑不变量,且为伦型不变量,故 Euler 数$\chi(M)$为流形 M 的拓扑不变量,而且为同伦不变量.

下面分析一些简单流形的同调群,先介绍几个常用的定理.

定理 7.7 如果流形 M 可分解为 l 个互不相交的连通分支的并,$M = M_1 U\cdots UM_l$,则

$$H_k(M) = H_k(M_1) \oplus \cdots \oplus H_k(M_l) \tag{7.55}$$

正因为有此定理,我们只需逐个研究其各个连通分支的同调群. 下面如未加说明,都是讨论连通流形.

流形的同调群均为交换群(Abel 群),交换群的一般结构(见附录 E)是自由群与挠子群的直和:

$$H_k(M) = \underbrace{\mathbb{Z} \oplus \cdots \oplus \mathbb{Z}}_{b_k} \oplus T_k(M), \qquad 当 0 < k < n$$

对 n 维流形 M 的同调群 $H_k(M)$,当 $k = 0$ 与 $k = n$ 时,均仅自由群,无挠子群. 这点可从下面分析得到.

流形 M 上不存在负一维链,故零维链(点)都是闭链,且对道路连通流形,所有点属同一同调类,故存在定理.

定理 7.8 对道路连通流形,

$$H_0(M) = \mathbb{Z}, \qquad b_0 = 1 \tag{7.56}$$

n 维流形 M 上不存在 $n+1$ 维链:

$$C_{n+1}(M) = 0 \quad \Rightarrow B_n(M) = 0$$

如流形上存在 n 维定向闭链,则必为实质闭链(非边缘链),可作为 n 阶同调群生成元,故存在

定理 7.9 对 n 维连通流形 M,

$$H_n(M) = \begin{cases} \mathbb{Z}, & 对紧致定向流形 & (7.57a) \\ 0, & 对紧致不定向流形 & (7.57b) \\ 0, & 对非紧致流形 & (7.57c) \end{cases}$$

下面举些例子来说明上述各定理的应用及同调群的计算. 这里我们再强调一下,同调论的要素就是存在链群系列及边缘同态算子,要注意对它们的分析.

例 7.18 对拓扑平庸可缩流形,例如$\mathbb{R}^n$,与单点具有相同伦型,故其同调群为

$$H_k(\mathbb{R}^n) = \begin{cases} Z, & k = 0 \\ 0, & k \neq 0 \end{cases} \tag{7.58}$$

例 7.19　n 维球面 S^n，为紧致定向流形，

$$H_0(S^n) = Z, \qquad b_0 = 1$$

$$H_n(S^n) = Z, \qquad b_n = 1$$

且注意到连续映射

$$f: S^k \to S^n \qquad (1 \leqslant k \leqslant n-1)$$

S^n 中必有非像点 $p \notin f(S^k)$，而 $S^n \setminus \{p\} \simeq \mathbb{R}^n$，故 $f(S^k)$ 必可收缩到一点，即

$$\pi_k(S^n) = 0 \qquad (\text{当} 1 \leqslant k \leqslant n-1)$$

$$H_k(S^n) = 0 \qquad (\text{当} 1 \leqslant k \leqslant n-1)$$

故 Euler 数

$$\chi(S^n) = \sum_{k=0}^{n} (-1)^k b_k = 1 + (-1)^n = \begin{cases} 2, & \text{当 } n \text{ 为偶数} \\ 0, & \text{当 } n \text{ 为奇数} \end{cases} \tag{7.59}$$

例 7.20　二维环面 T^2，可定向

$$H_0(T^2, Z) = Z, \quad H_2(T^2, Z) = Z, \quad H_1(T^2, Z) = Z \oplus Z$$

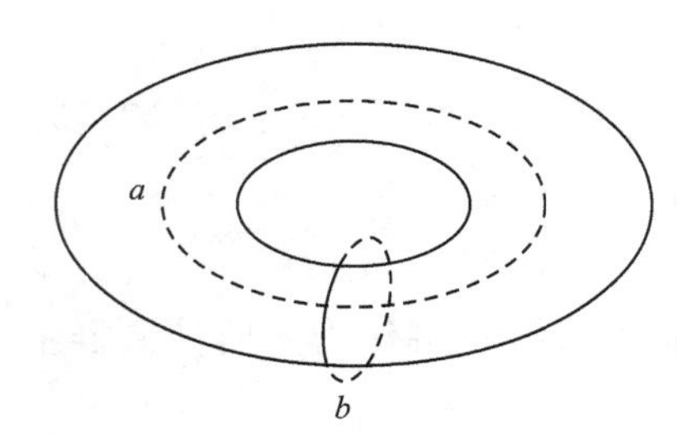

图 7.17

如图 7.17 所示，H_1 的两个生成元为闭链 a 与 b

$$\chi(T^2) = 1 - 2 + 1 = 0 \tag{7.60}$$

例 7.21　Klein 瓶 K^2.

如图(7.18a)，是一非定向二维面. 从一两头开口的管子出发，如右图把管子弯曲，先把管子一端捏得稍细一些将细的一端插入粗的一端的管壁内，再使二瓶口作同心圆状粘起来. 如沿闭环路 a 与 b 切开可成图 7.18(b)，由于 K^2 为连通的，故 $H_0(K^2) = Z$ 而整个二维面 K^2 的边缘：

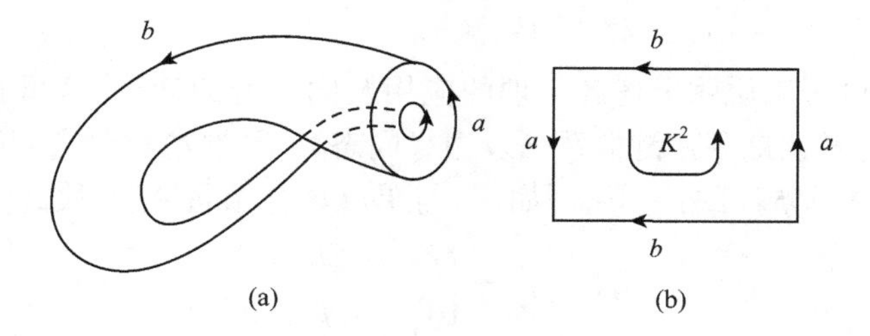

图 7.18

$$\partial K^2 = a + b + a - b = 2a \neq 0$$

整个 K^2 非二维定向闭链，故 $H_2(K^2)=0$

a 与 b 都是一维闭链，但是 $2a=\partial K^2$ 为边缘，a 生成 Z_2 群，而 b 为不受约束的自由闭链可生成整个整数加群$\mathbb{Z}$，即

$$H_1(K^2) = \mathbb{Z} \oplus \mathbb{Z}_2 \tag{7.61}$$

例 7.22　二维实投射空间$\mathbb{R}P^2 = S^2/\mathbb{Z}_2$.

RP^2 为连通的，故 $H_0(RP^2)=\mathbb{Z}$.

RP^2 为 S^2 对顶点相等，故整个$\mathbb{R}P^2$ 相当于 2 维盘且其边缘圆上对顶点相等，如图 7.19. $\partial RP^2 = 2a$，表明整个$\mathbb{R}P^2$ 非定向闭链.

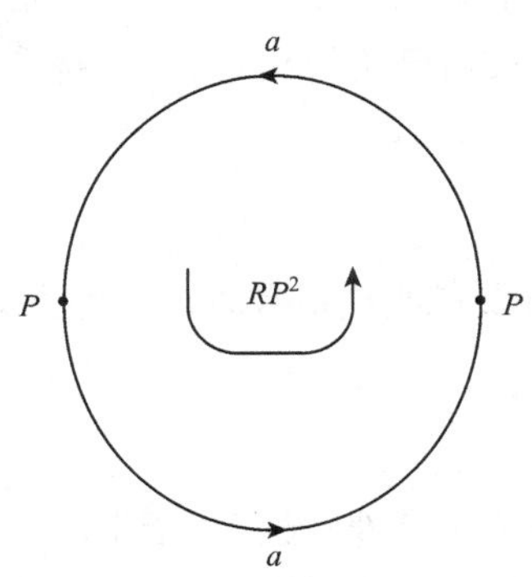

图 7.19

$\mathbb{R}P^2$ 非定向，没有二维定向闭链，即

$$H_2(\mathbb{R}P^2) = 0$$

图中 a 为 1 维闭链，但是它的 2 倍为边缘，故用它作生成元仅能得到两个元素，即

$$H_1(\mathbb{R}P^2) = \mathbb{Z}_2.$$

由以上分析知，$\mathbb{R}P^2$ 流形的各阶 Betti 数

$$b_0 = 1,\quad b_1 = 0,\quad b_2 = 0$$

且在一维有一个模 2 挠子群：$\tau_1 = \mathbb{Z}_2$.

故$\mathbb{R}P^2$ 的 Euler 数

$$\chi(\mathbb{R}P^2) = \sum_{i=0}^{2}(-1)^i b_i = 1 \tag{7.62}$$

§7.6　一般同调群 $H_k(M,G)$

前面讨论的各种链群，都是以各维子流形为生成元，以整数为系数的线性组合，相应同调群 $H_k(M)$ 又称为整同调群，记为 $H_k(M,\mathbb{Z})$. 我们也可将各种链群所用系数整数加群$\mathbb{Z}$，换为任何一个可交换群 G，例如将整数$\mathbb{Z}$ 换为 Z_2（模 2 整数），Q（有理数），$\mathbb{R}$（实数），$\mathbb{C}$（复数），因而得到以相应可交换群元为系数的各阶链群 $C_k(M,G)$，闭链群 $Z_k(M,G)$，边缘链群 $B_k(M,G)$，同调群 $H_k(M,G)$等. 所有这些链群，也可称为左 G 模（left G-module）. 一般把 $H_k(M,Z)$，$H_k(M,Z_2)$，$H_k(M,Q)$，$H_k(M,\mathbb{R})$，$H_k(M,\mathbb{C})$等分别叫做整同调群，模 2 同调群，有理同调群，实同调群，复同调群等.

在所有同调群中，整同调群 $H_k(M,Z)$为最基本，其他同调群 $H_k(M,G)$系列均

可由流形 M 的整同调群 $H_k(M,Z)$ 系列与可交换群 G 的性质完全确定,此即普适系数定理.

这里我们再强调一下,与整同调群相比,其他同调群都只给出较少的信息,整同调群一般具有结构

$$H_k(M,Z) = Z \oplus \cdots \oplus Z \oplus T_k(M) = F_k(M) \oplus T_k(M) \tag{7.63}$$

其中 $F_k(M)$ 为 r 秩自由群,$T_k(M)$ 为有限阶群,称为挠子群,当将整系数 Z 换为有理数 Q 时

$$H_k(M,Q) = Q \oplus \cdots \oplus Q$$

Q 的数目称为 $H_k(M,Q)$ 的秩 r,也称为 Betti 数 b_k,但是(7.63)式中的挠子群 $T_k(M)$ 已不再出现,因为挠子群 $T_k(M)$ 中元素 $\tau_k \in T_k(M)$,为有限阶(例如 m 阶)群的元,即

$$m\tau_k = 0$$

当取有理数系数时,τ_k 为恒等元的$\frac{1}{m}$倍,即

$$\tau_k = \frac{1}{m}0 = 0$$

故 $H_k(M,Q)$ 没有挠子群.

也可将整数$\mathbb{Z}$嵌入有理数 Q,实数$\mathbb{R}$,复数$\mathbb{C}$中,得

$$H_k(M,Q) = H_k(M,\mathbb{Z}) \otimes_Z Q$$

$$H_k(M,\mathbb{R}) = H_k(M,\mathbb{Z}) \otimes_Z \mathbb{R}$$

$$H_k(M,\mathbb{C}) = H_k(M,\mathbb{Z}) \otimes_Z \mathbb{C} \tag{7.64}$$

当抛去挠子群后,它们实质同构.

在处理一些特殊问题时,有时需要用模 2 群 Z_2 为系数,在 $Z_2 = \{0,1\}$ 群中,$+1 = -1$,故 $C_k(M,Z_2)$ 是由无定向单形得到的链群,对于一些无定向流形,我们常常需要讨论模 2 同调群 $H_k(M,Z_2)$,用它们算出来的流形的各阶 Betti 数 $b_k^{(2)}$ 称为 k 阶模 2 的 Betti 数,它们与整同调群的相应 Betti 数 b_k 一般不等,但是,由各阶 Betti 数的交替和算出的 Euler 数 $\chi(M)$ 都相同,与采用的同调群的系数群无关,这点可由下面所举例子中看出.

与前面引入的整同调群的三个定理 7.1 ~ 7.3 相对应,对一般同调群也存在下述三定理:

定理 7.10　如果流形 M 可分解为 l 个连通分支 $M_1, M_2, \cdots, M_l$,则有

$$H_k(M,G) = H_k(M_1,G) \oplus H_k(M_2,G) \oplus \cdots \oplus H_k(M_l,G) \tag{7.65}$$

因为有此定理,我们只需逐个研究其连通分支的同调群,下面如不加说明,都是讨论连通流形.

零维同调群及其结构需要特别分析,零维同调群是流形连通性的判断依据,对连通流形 M,与(7.56)式相当,有

定理 7.11　对连通流形 M,有

$$H_0(M,G)=G \tag{7.66}$$

定理 7.12　对 n 维连通流形,有

$$H_n(M,G)=\begin{cases}G, & \text{对紧致定向流形}\\ {}_2G, & \text{对紧致不定向流形}\\ 0, & \text{对非紧致流形}\end{cases} \tag{7.67}$$

这里${}_2G=\{a\in G|2a=0\}$是 G 中元素的双倍映射核组成子群,这是因为 n 维连通流形 M 的 n 维区域的边缘为 $(n-1)$ 维边缘链,故 n 维流形中最高阶的边缘链为 $B_{n-1}(M,G)$,而 $B_n(M,G)$ 必为零. 因此如能找到 n 维流形 M 的定向区域,为 n 维闭链 Z_n,它必为可产生 n 维同调群的实质闭链. 对紧致定向流形,整个流形定向无边,为同调群的生成元,故 $H_n(M,G)=G$.

对于不定向流形,整个流形不定向,但可找到一个定向区域,使此定向区域的边缘恰为 $(n-1)$ 维子流形的两倍(见后面关于$\mathbb{R}P^n$ 流形的同调群的分析例子). 故这时

$$H_n(M,G)={}_2G$$

下面以实投射空间$\mathbb{R}P^3$ 与$\mathbb{R}P^n$ 为例分析当取不同交换群为系数时,对所得同调群的影响.

例 7.23　三维实投射空间$\mathbb{R}P^3\simeq S^3/Z_2\simeq \mathrm{SO}(3)$.

$\mathbb{R}P^3$ 为 S^3 对顶点相等,故整个$\mathbb{R}P^3$ 相当于 3 维盘 D^3(S^3 的上半球面),且在其边缘 S^2 上令对顶点相等,即其边缘是$\mathbb{R}P^2$,

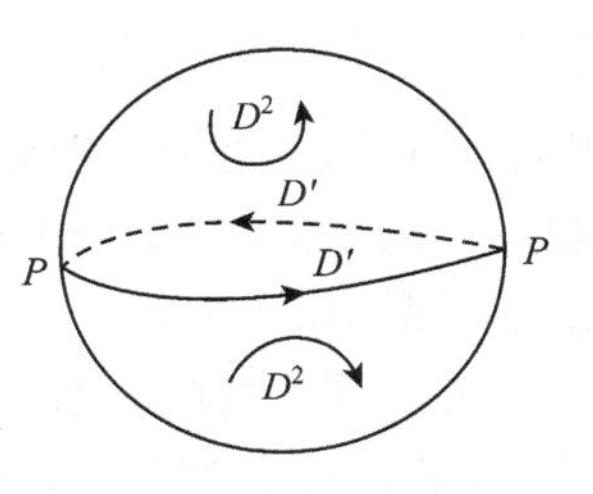

图 7.20

如图 7.20 所示

$$\partial\,\mathbb{R}P^3=D^2-D^2=0$$

即整个$\mathbb{R}P^3$ 为可定向闭链,可作为 $H_3(\mathbb{R}P^3)$ 的生成元,

$$H_3(\mathbb{R}P^3,Z)=Z$$

以上分析也可如下描述:令 φ 代表将 S^3 对顶点相等的映射

$$\varphi:\quad S^3\to\mathbb{R}P^3$$

用 D^k 代表 S^k 的上半球面$(k=1,2,3)$,即 k 维盘,而$\varphi(D^k)$为$\mathbb{R}P^3$ 流形上 k 维链,下

面分析它们的性质：

$$\partial\varphi(D^3) = \varphi(S^2) = \varphi(D^2) - \varphi(D^2) = 0$$

$$\partial\varphi(D^2) = \varphi(D^1) + \varphi(D^1) = 2\varphi(D^1)$$

$$\partial\varphi(D^1) = P - P = 0$$

故 $\varphi(D^3)$ 为闭链，且非边缘链，是同调群的生成元. 令 $M = RP^3$，故

$$H_3(M,G) = G$$

$\varphi(D^2)$ 非闭链，除非 $G = Z_2$，于是

$$H_2(M,\mathbb{Z}) = 0,\quad H_2(M,\mathbb{Z}_2) = \mathbb{Z}_2$$

$\varphi(D^1)$ 为闭链，但注意到 $\varphi(D^1) = \frac{1}{2}\partial\varphi(D^2)$，故

$$H_1(M,Z) = Z_2,\quad H_1(M,\mathbb{Z}_2) = \mathbb{Z}_2$$

且流形为连通流形

$$H_0(M,G) = G$$

现将 RP^3 的同调群列如表 7.1.

表 7.1

k	整同调群 $H_k(M,Z)$	实同调群 $H_k(M,R)$	模 2 同调群 $H_k(M,Z_2)$
0	Z	R	Z_2
1	Z_2	0	Z_2
2	0	0	Z_2
3	Z	R	Z_2

由上表看出，除整同调群外，还存在有 Poincare 对偶（$b_k = b_{n-k}$），对整同调群，还可能存在挠子群. 对于挠子群，除整同调群外，其他系数同调群未能反应. 整同调群给出信息最多.

各阶同调群的维数：Betti 数与同调群所选系数有关，但是由它们算出的 Euler 数：Betti 数的交替和，与所选系数无关. 例如对整同调群

$$b_0 = 1,\quad b_1 = 0,\quad b_2 = 0,\quad b_3 = 1,\quad \chi = \sum_i (-1)^i b_i = 0$$

对模 2 同调群，$\mathbb{R}P^3$ 的各阶 Betti 数均为 1，而算出的 Euler 数仍为零. 即 Euler 数与计算时所选同调群的系数无关.

例 7.24　由上例看出，对 n 维实投射空间$\mathbb{R}P^n$，其各阶整同调群为

$$\text{i}\quad H_0(\mathbb{R}P^n,\mathbb{Z}) = \mathbb{Z}$$

ii $H_n(\mathbb{R}P^n,\mathbb{Z})=\begin{cases}0, & 当 n 偶\\ \mathbb{Z}, & 当 n 奇\end{cases}$

iii 当 $0<k<n$

$$H_k(\mathbb{R}P^n,\mathbb{Z})=\begin{cases}0, & 当 k 偶\\ \mathbb{Z}_2, & 当 k 奇\end{cases}\tag{7.68}$$

故 Euler 数

$$\chi(\mathbb{R}P^n)=\begin{cases}1, & 当 n 偶\\ 0, & 当 n 奇\end{cases}$$

而当取模 2 整数为系数,这时

$$H_k(\mathbb{R}P^n,\mathbb{Z}_2)=\mathbb{Z}_2 \qquad (0\leqslant k\leqslant n)$$

故所有各阶模 2 Betti 数均为 1:$b'_i=1$

$$\chi(\mathbb{R}P^n)=\sum_{i=0}^{n}(-1)^i b'_i=\begin{cases}1, & 当 n 为偶\\ 0, & 当 n 为奇\end{cases}$$

表明 Euler 数的计算与所选同调群的系数无关.

§7.7 同伦群与同调群关系 n 维球面 S^n 的各阶同伦群

同伦群与同调群都是流形上代数函子,是用代数方法来研究流形的拓扑性质的工具,它们是代数拓扑学(用群、同态等代数概念与方法来研究流形的拓扑性质)的基础. 分析流形上的同伦群与同调群,是研究流形拓扑性质的重要方法. 同伦群概念直观,直接影响流形大范围拓扑性质,但是同伦群的计算通常极困难,而同调群的计算往往较容易. 同伦群与同调群两者都是流形的伦型不变量,两者密切相关.

我们首先分析流形的基本群 $\pi_1(M)$ 与一阶同调群 $H_1(M)$ 间关系,存在下述定理:

定理 7.13 设流形 M 为道路连通流形,则其基本群 $\pi_1(M)$ 与一阶同调群 $H_1(M)$ 间同态对应

$$\psi:\pi_1(M)\to H_1(M)\tag{7.69}$$

为满射,且同态核为 $\pi_1(M)$ 的对易子子群 $[\pi_1,\pi_1]$,而 $H_1(M)$ 即同态像,与商群同构:

$$H_1(M)=\pi_1(M)/[\pi_1,\pi_1]\tag{7.70}$$

其中 $[\pi_1,\pi_1]$ 是 $\pi_1(M)$ 的子群,是由 $\pi_1(M)$ 的所有对易子:$aba^{-1}b^{-1}$(其中 $a,b\in$

$\pi_1(M)$)生成的子群. 将 $\pi_1(M)$ 中所有对易子看成恒等元,所得商群 $H_1(M)$ 为Abel群. 因此 $H_1(M)$ 是 $\pi_1(M)$ 的 Abel 化,$H_1(M)$ 中元素由商群 $\pi_1(M)/[\pi_1,\pi_1]$ 的等价类表示,同态映射 ψ(7.69)可表示为

$$\psi:\quad \pi_1(M) \to H_1(M)$$
$$a \to [a]$$

由于等价类满足关系 $[aba^{-1}b^{-1}]=1$,即 $[ab]=[ba]$,等价类乘法可交换,$H_1(M)$ 为 $\pi_1(M)$ 的 Abel 化.

例 7.25　亏格为 g 的定向 2 维曲面 Σ_g,当 $g>1$ 时,其基本群 $\pi_1(\Sigma_g)$ 非 Abel,其生成元 $\{\alpha_i,\beta_i\}_1^g$ 相互不可交换,受约束

$$\alpha_1\beta_1\alpha_1^{-1}\beta_1^{-1}\cdots\alpha_g\beta_g\alpha_g^{-1}\beta_g^{-1} = 1$$

而其同调群 $H_1(\Sigma_g)$ 为 $\pi_1(\Sigma_g)$ 的 Abel 化:

$$H_1(\Sigma_g) = \pi_1(\Sigma_g)/[\pi_1,\pi_1] = \underbrace{\mathbb{Z}\oplus\cdots\oplus\mathbb{Z}}_{2g} \equiv 2g\mathbb{Z}$$

Σ_g 为连通定向闭流形,故

$$H_0(\Sigma_g) = \mathbb{Z},\quad H_2(\Sigma_g) = \mathbb{Z}$$

故 Euler 数 $\chi(\Sigma_g)=2-2g$.　　(7.71)

例 7.26　单连通流形 $\pi_1(M)=0$,故由定理知

$$\pi_1(M) = 0 \quad \Rightarrow H_1(M) = 0$$

单连通流形其一阶同调群平庸,但反之不一定对.

对于连通且单连通流形,在其高阶同伦群与同调群间存在下述定理:

定理 7.14　(Hurewicz 同构定理)　单连通的道路连通流形($\pi_1(M)=H_1(M)=0$)的第一个非平庸同伦群与同调群发生在同阶,而且相等. 即如果

$$\pi_k(M) = 0 \qquad (\text{当 } 1 \leqslant k < m)$$

则

$$H_k(M) = 0 \qquad (\text{当 } 1 \leqslant k < m)$$

且

$$H_m(M) = \pi_m(M)$$

例如,n 维球 S^n 是物理学中经常遇到的直观拓扑流形,其同调群非常简单,即

$$H_0(S^n) \simeq H_n(S^n) \simeq Z$$
$$H_k(S^n) = 0 \qquad (\text{当 } k \neq 0,n) \tag{7.72a}$$

S^n 是具有最简单同调群的非平庸拓扑流形,但是 S^n 的同伦群却非常复杂,由

Hurewicz 定理知,当 $k\leqslant n$ 时,同伦群与同调群同构

$$\pi_k(S^n) = H_k(S^n) \qquad (k \leqslant n)$$

但是当 $k>n$ 时,其同伦群非常复杂,很难计算,直到现在,对简单的二维球面 S^2 的同伦群还未彻底解决(应该说已解决的很少).下面我们将常用的 S^n 的低阶同伦群列如表 7.2 和表 7.3,以便查找,关于 n 维球面 S^n 的各阶同伦群的计算,已知有如下结论:

表 7.2 S^n 的同伦群

π_k \ S^n	1	2	3	4	5	6	7	8	9	10	11
1	Z										
2	0	Z									
3	0	Z	Z								
4	0	Z_2	Z_2	Z							
5	0	Z_2	Z_2	Z_2	Z						
6	0	Z_{12}	Z_{12}	Z_2	Z_2	Z					
7	0	Z_2	Z_2	$Z+Z_{12}$	Z_2	Z_2	Z				
8	0	Z_2	Z_2	Z_2+Z_2	Z_{24}	Z_2	Z_2	Z			
9	0	Z_3	Z_3	Z_2+Z_2	Z_2	Z_{24}	Z_2	Z_2	Z		
10	0	Z_{15}	Z_{15}	Z_3+Z_{24}	Z_2	0	Z_{24}	Z_2	Z_2	Z	
11	0	Z_2	Z_2	Z_{15}	Z_2	Z	0	Z_{24}	Z_2	Z_2	Z

1) 由 Hurewicz 定理,(7.72a)式知

$$\pi_k(S^n) = 0 \qquad (k < n)$$

$$\pi_n(S^n) = \mathbb{Z}$$

2) 注意到 S^1 的普适覆盖空间 $\mathbb{R}^1$ 拓扑平庸,且覆盖纤维为离散空间 $\mathbb{Z}$,即(7.51)

$$\pi_k(S^1) = \pi_k(\mathbb{R}^1/\mathbb{Z}) = \pi_k(\mathbb{R}^1) = 0 \quad (k \geqslant 2)$$

3) 由 Hopf 丛同态系列(7.51)可推得

$$\pi_k(S^3) = \pi_k(S^2) \qquad (k \geqslant 3)$$

由此知,$\pi_3(S^2)=\pi_3(S^3)=\mathbb{Z}$.

4) 在 §7.4 我们将指出,利用同纬映像(suspension map)可以证明,在高阶同伦群间存在如下同构关系,见 §7.4 分析

$$\pi_{n+k}(S^n) \simeq \pi_{n+k+1}(S^{n+1}) \qquad (n \geqslant k+2) \tag{7.72b}$$

即存在球 S^n 的稳定同伦群,关于 $k\leqslant 19$ 时球的稳定同伦群见表 7.3.

表 7.3　球的稳定同伦群

k	$\pi_{n+k}(S^n)$, $n \geqslant k+2$	k	$\pi_{n+k}(S^n)$, $n \geqslant k+2$
0	Z	10	Z_6
1	Z_2	11	Z_{504}
2	Z_2	12	0
3	Z_{24}	13	Z_3
4	0	14	$Z_2 + Z_2$
5	0	15	$Z_{480} + Z_2$
6	Z_2	16	$Z_2 + Z_2$
7	Z_{240}	17	$Z_2 + Z_2 + Z_2 + Z_2$
8	$Z_2 + Z_2$	18	$Z_8 + Z_2$
9	$Z_2 + Z_2 + Z_2$	19	$Z_{264} + Z_2$

5）球面的所有各阶同伦群均为 Abel 群. 其中

$\pi_n(S^n) = Z$,相应拓扑不变量称为绕数(winding number),或称 Brouwer 阶数,见§7.3 分析.

$\pi_{4k-1}(S^{2k})$可能为秩 1 的 Abel 群,相应映射:

$$f:\quad S^{4k-1} \to S^{2k}$$

称 Hopf 映射,相应的拓扑不变量称 Hopf 不变量,见附录 H 的分析.

其余的 Abel 群均为秩零的有限阶群. 且由附录 E 交换群的基本定理(E.7)知,如有两绕系数,则必 τ_i 可整除 τ_{i+1},例如 $\pi_{10}(S^4) = Z_3 + Z_{24}$,3 可整除 24.

习　题　七

1. 请求出下列流形的基本群:$\mathbb{E}^n$,S^n,$\mathbb{R}P^n$,T^2.
2. 请证明对半单李群 G 及其子群 H,有
$$\pi_2(G/H) = \pi_1(H)$$
3. 利用 Hopf 映射
$$S^3 \to S^2 \simeq \mathrm{SU}(2)/\mathrm{U}(1)$$
证明
$$\pi_k(S^3) = \pi_k(S^2) \qquad (k \geqslant 3)$$
4. 试求出 SO(3)流形的整同调群,以及其各阶 Betti 数与 Euler 数
5. 注意到复投射空间$\mathbb{C}P^n = S^{2n+1}/S^1$,请证明
$$\pi_2(\mathbb{C}P^n) = \mathbb{Z}, \qquad \pi_{2n+1}(\mathbb{C}P^n) = \mathbb{Z}$$
$$\pi_j(\mathbb{C}P^n) = \pi_j(S^{2n+1}) \qquad (当 j > 2)$$

第八章　上同调论　de Rham 上同调论及其他相关伦型不变量

上章引入同伦群与同调群，本章进一步利用对偶同态与对偶链群，引入上边缘算子与上同调群. 上同调群存在环结构使上同调群更易于处理. §8.2 统一处理链复形与链映射，引入同调系列的基本定理. §8.3 是 §8.2 内容在流形（上）同调论中的应用. 介绍流形偶的相对（上）同调群，利用切除偶（excisive couple）组成所谓 Mayer-Vietoris 系列，使（上）同调论更易于计算. §8.4 介绍一些常见群流形的各阶同调群，介绍由流形各阶 Betti 数组成的 Poincaré 多项式.

de Rham 上同调论及谐和形式是利用微分几何工具，利用流形上微分形式与微分算子这些局域概念分析流形的整体拓扑性质，利用 Stokes 公式在局域性质与整体性质间建立联系，第 5 节与第 6 节介绍 de Rham 上同调论与谐和形式，这是本章重点. 在本章最后一节初步介绍李群流形及对称空间上的不变形式.

§8.1　上同调论　对偶同态与对偶链群

众所周知，向量空间 V 上任两线性函数相加仍为线性函数，线性函数与数乘仍为线性函数，故线性函数集合本身形成一新的向量空间 V^*，称为与 V 对偶的向量空间，易证其维数与原向量空间维数同

$$\dim V^* = \dim V$$

向量空间 V 到实数 $\mathbb{R}$ 的同态映射（保持线性空间结构的映射）的集合，记为 $\mathrm{Hom}(V,\mathbb{R})$，形成与 V 对偶的向量空间 V^*

$$V^* = \mathrm{Hom}_{\mathbb{R}}(V,\mathbb{R}) \tag{8.1}$$

用物理学家熟悉的 Dirac 记号，用右矢 $|a\rangle$ 代表向量空间 V 中向量，用左矢 $\langle f|$ 代表对偶空间 V^* 中向量，即线性映射

$$f:\quad V\to R$$
$$|a\rangle \to \langle f|a\rangle$$

类似我们可以讨论 Abel 群 A 到整数加群 $\mathbb{Z}$ 的同态映射集合：$\mathrm{Hom}_z(A,\mathbb{Z})$，即以整数为系数的线性映射 f 的集合，称为对偶 Abel 群，记为

$$A^* = \mathrm{Hom}(A,\mathbb{Z}) = \{f\} \tag{8.2}$$

$$f:\quad A \to \mathbb{Z}$$

$$a \to \langle f,a\rangle \in \mathbb{Z}$$

且$\langle f,a\rangle$是f与a的双线性函数,这种同态映射的集合,可定义它们的加法,即其中任意两映射f,h,可利用整数加群的加法定义$f+h$

$$\langle (f+h),a\rangle = \langle f,a\rangle + \langle h,a\rangle$$

于是所有从A到Z的同态映射的集合$\mathrm{Hom}(A,\mathbb{Z})$形成与$A$对偶的 Abel 群,记为$A^*$,而且可以证明,如果$A$为$n$维自由群,有一组基$X=\{x_1,x_2,\cdots,x_n\}$则其对偶群$A^*$也为$n$维自由群,有一组基$\Xi=\{\xi_1,\xi_2,\cdots,\xi_n\}$,使得

$$\langle \xi_i,x_j\rangle = \delta_{ij} \tag{8.3}$$

基Ξ称为基X的对偶基.

如果有两个 Abel 群A与B间有同态对应φ,则在它们的对偶群间,存在对偶同态对应φ^*,如下图所示:

$$\begin{array}{ccccc} & a \in A & \xrightarrow{\varphi} & B, & \varphi(a) \in B \\ (\varphi^*(\beta) \in \mathrm{Hom}(A,Z)) & \downarrow & \xleftarrow[\varphi^*]{} & \downarrow & (\beta \in \mathrm{Hom}(B,Z)) \\ & Z & & Z & \end{array}$$

$$\langle \varphi^*(\beta),a\rangle = \langle \beta,\varphi(a)\rangle \in \mathbb{Z} \tag{8.4}$$

同态φ^*称为φ的对偶同态. 并易证明如在 Abel 群A,B,C间有同态对应:

$$\varphi:A \to B,\qquad \psi:B \to C$$

则在相应的对偶 Abel 群:

$$A^* = \mathrm{Hom}(A,\mathbb{Z}),\quad B^* = \mathrm{Hom}(B,\mathbb{Z}),\quad C^* = \mathrm{Hom}(C,\mathbb{Z})$$

间有对偶同态

$$\varphi^*:B^* \to A^*,\qquad \psi^*:C^* \to B^*$$

则乘积同态

$$\psi\varphi:A \to C$$

的对偶同态是

$$(\psi\varphi)^* = \varphi^*\psi^*:C^* \to A^* \tag{8.5}$$

当 Abel 群A选基$\{a_1,\cdots,a_k\}$,群B选基$\{b_1,\cdots,b_l\}$,则同态$\varphi:A\to B$可表示为

$$\varphi(a_i) = \sum_{j=1}^{l}\varphi_{ij}b_j,\qquad i=1,\cdots,k \tag{8.6}$$

如在 A^* 与 B^* 选对偶基:

$$A^* \text{ 选基}:\{\alpha_1,\cdots,\alpha_k\} \text{ 满足 } \quad \langle \alpha_i, a_j\rangle = \delta_{ij}, \quad i,j = 1,\cdots,k \tag{8.7}$$

$$B^* \text{ 选基}:\{\beta_1,\cdots,\beta_l\} \text{ 满足 } \quad \langle \beta_i, b_j\rangle = \delta_{ij}, \quad i,j = 1,\cdots,l \tag{8.8}$$

则对偶同态 $\varphi^*:B^*\to A^*$ 可表示为

$$\varphi^*(\beta_i) = \sum_{j=1}^{k}\varphi_{ij}^*\alpha_j, \quad i = 1,\cdots,l \tag{8.9}$$

极易证明

$$\varphi_{ij}^* = \varphi_{ji} \tag{8.10}$$

即对偶同态矩阵为原同态矩阵的转置矩阵

$$\varphi^* = \varphi^t \tag{8.10a}$$

由对偶同态的定义式(8.4)

$$\langle \varphi^*(\beta_j), a_i\rangle = \langle \beta_j, \varphi(a_i)\rangle$$

将(8.6)、(8.9)式代入上式并利用(8.7)(8.8)式即证(8.10)式.

同调论的要素是,存在着链群系列,而且在它们间存在边缘同态∂,利用边缘同态核与像,组成同调群.

由 k 链群 $C_k(M)$ 到整数加群 Z 的同态映射集合 $\mathrm{Hom}(C_k(M),Z)$,得$C_k(M)$的对偶链群:$C^k(M)$,为避免混淆,将指标 k 写在上面,称为 k 上链群,而可将$C_k(M)$称为 k 下链群. 由下链群间的边缘同态

$$\partial: C_k(M) \to C_{k-1}(M)$$

可诱导得在上链群间的对偶同态上边缘算子$\bar{\partial}\equiv\partial^*$

$$\bar{\partial}: C^k(M) \leftarrow C^{k-1}(M)$$

因为$\partial_{k-1}\cdot\partial_k=0$,所以其对偶同态间有关系

$$\bar{\partial}_k\cdot\bar{\partial}_{k-1} = (\partial_{k-1}\partial_k)^* = 0$$

于是可利用上边缘运算定义上链群 $C^k(M)$的子群

上闭链群 $\quad Z^k(M,Z)$,为$\bar{\partial}_k$ 的核

上边缘群 $\quad B^k(M,Z)$,为$\bar{\partial}_{k-1}$的像

以及上同调群 $\quad H^k(M,Z)=Z^k(M,Z)/B^k(M,Z)$

上同调群(co-homology group)H^k 为 k 上闭链的等价类(mod 上边缘)的集合,并构成 Abel 群.

对于定向流形,在流形的上链间还可利用上链间的有序并定义上链间上积(杯积)即如 $x^p\in C^p(M)$,$y^q\in C^q(M)$,则

$$x^p \cup y^q \in C^{p+q}(M) \tag{8.11}$$

这样定义的上积是双线性函数,且上积运算满足分配律与结合律,使上链群成上链环. 对上积作上边缘运算满足

$$\bar{\partial}(x^p \cup y^q) = \bar{\partial}x^p \cup y^q + (-1)^p x^p \cup \bar{\partial}y^q \tag{8.12}$$

进一步可证

$$\begin{aligned} &上闭链 \cup 上闭链 = 上闭链 \\ &上边缘 \cup 上闭链 = 上边缘 \\ &上边缘 \cup 上边缘 = 上边缘 \end{aligned} \tag{8.13}$$

于是可以证明,两个上闭链的上积的上同调类由两个因子的上同调类完全决定. 因此我们可以进一步定义上同调类的上积运算,它也满足分配律与结合律. 进一步可定义上同调群的上直积映射 U

$$U: H^k(M) \times H^l(M) \to H^{k+l}(M) \tag{8.14}$$

若我们定义所有各阶上同调群的直和 H^*

$$H^*(M) = \oplus \sum_{k=0}^{n} H^k(M) \tag{8.15}$$

则上面直积运算(8.14),使 $H^*(M)$ 为上同调环,有上直积(杯积)

$$U: H^*(M) \times H^*(M) \to H^*(M) \tag{8.16}$$

U 直积的对偶运算 U^* 反转映射方向,使在各阶下同调群的直和

$$H_*(M) = \oplus \sum_{k=1}^{n} H_k(M) \tag{8.17}$$

中,存在对偶映射

$$U^*: H_*(M) \to H_*(M) \times H_*(M) \tag{8.18}$$

即对偶杯积 U^* 并不能在同调理论中提供环结构,一般流形的下同调环结构不一定存在,而上同调环必然存在,这使得上同调论显得更重要. 在分析流形的拓扑不变量时,与同调论相比,上同调论是更有效和易于掌握的工具. 尤其是 de Rham 上同调及谐和形式,利用微分几何及分析工具来研究流形的拓扑性质,将在本章逐步分析.

关于(上)同调群的具体计算,我们将在后面利用同调系列等方法进行分析. 下面仅将一些常用结果用定理形式列在下面以备查找.

定理 8.1　对 n 维连通流形 M,其零维同调群:

$$H_0(M,G) = G, \qquad H^0(M,G) = G \tag{8.19}$$

定理 8.2　对 n 维连通流形 M,其 n 阶同调群:

$$H_n(M,G)=\begin{cases}G & \text{对紧致定向}\\ {}_2G & \text{对紧致不定向}\\ 0 & \text{对非紧致流形,}\end{cases}\qquad H^n(M,G)=\begin{cases}G & \text{对紧致定向}\\ G_2 & \text{对紧致不定向}\\ 0 & \text{对非紧致流形}\end{cases}\tag{8.20}$$

定理 8.3 对 n 维紧致连通流形 M,其上、下同调群间存在如下对应关系:

$$b^k=b_k,\quad b^k=\dim H^k(M,G),\quad b_k=\dim H_k(M,G)$$

$$T^k=T_{k-1},\quad T^k \text{ 为 } H^k(M,Z) \text{ 的挠子群}$$

$$T_{k-1} \text{ 为 } H_{k-1}(M,Z) \text{ 的挠子群}\tag{8.21}$$

定理 8.4 (Poincaré 对偶) 对紧致定向流形,在高低阶同调群间存在如下对应关系:

$$b_k=b_{n-k}$$

$$T_{k-1}=T_{n-k}\tag{8.22}$$

定理 8.5 (Kunneth 公式) 对拓扑积流形 $M=M_1\times M_2$,其上同调群间存在如下关系:

$$H^k(M_1\times M_2,\mathbb{R})=\oplus\sum_{i+j=k}H^i(M_1,\mathbb{R})\otimes H^j(M_2,\mathbb{R})\tag{8.23}$$

故

$$b^k(M_1\times M_2)=\sum_{i+j=k}b^i(M_1)b^j(M_2)$$

$$\chi(M_1\times M_2)=\chi(M_1)\chi(M_2)$$

前两定理见上章分析. 定理 8.3 及定理 8.4 的证明请参看江泽涵"拓扑学引论"第五章定理 2.4 与定理 7.7. 定理 8.4 与定理 8.5 的证明需利用上同调群结构,我们将在本章后面几节分析.

由上面定理可看出,流形 M 的整下同调群 $H_k(M,Z)$ 不仅可以决定一般 Abel 系数群的下同调群 $H_k(M,G)$,而且也可以完全决定上同调群 $H^k(M,G)$. 因此常说 $H_k(M,Z)$ 为流形上的基本同调群.

§8.2 链复形与链映射 同调正合系列

同调论的要素是:存在着链群系列,且在它们间存在边缘同态算子∂,满足$\partial^2=0$:

$$\cdots\to C_{k+1}\xrightarrow{\partial_{k+1}}C_k\xrightarrow{\partial_k}C_{k-1}\xrightarrow{\partial_{k-1}}\cdots\tag{8.24}$$

$C=\{C_i,\partial\}$ 称为链复形. 注意, $\partial^2=0$ 仅表明

$$\mathrm{Im}\partial_{k+1} \quad \subset \quad \mathrm{Ker}\partial_k$$

系列(8.24)并非正合系列,而同调论正是对正合性偏离的一种度量,即引入同调群

$$H_k(C) = \mathrm{Ker}\partial_k/\mathrm{Im}\partial_{k+1} \tag{8.25}$$

当链复形 $C=\{C^i,\bar{\partial}\}$ 中同态算子 $\bar{\partial}$ 作用使链群指标上升

$$\cdots \to C^{k-1} \xrightarrow{\bar{\partial}} C^k \xrightarrow{\bar{\partial}_k} C^{k+1} \to \cdots \tag{8.26}$$

则称为上链复形, $\bar{\partial}$ 称上边缘算子,满足 $\bar{\partial}^2=0$,上同调群

$$H^k(C) = \mathrm{Ker}\bar{\partial}_k/\mathrm{Im}\bar{\partial}_{k-1} \tag{8.27}$$

是系列(8.26)对正合性偏离的度量.

两个同类型复形之间如存在链同态映射

$$f: C \to D$$

是指存在一组群同态

$$f_i: C_i \to D_i$$

它们与边缘算子 ∂ 可换

$$f_{k-1} \cdot \partial_k = \partial_k \cdot f_k \tag{8.28}$$

即指下图可交换:

$$\begin{array}{ccc}
\to C_k & \xrightarrow{\partial_k} & C_{k-1} \to \\
\downarrow f_k & & \downarrow f_{k-1} \\
\to D_k & \xrightarrow{\partial_k} & D_{k-1} \to
\end{array}$$

这种链同态 f 诱导出链同调间"推前"同态映射 f_*:

$$f_*: H_k(C) \to H_k(D) \tag{8.29}$$

具性质: $(f\cdot g)_* = f_*\cdot g_*$

当有三组链复形 $A=\{A_i,\partial\}$, $B=\{B_i,\partial\}$, $C=\{C_i,\partial\}$,它们间有链同态 $f=\{f_i\}$, $g=\{g_i\}$,它们在每成分上都形成短正合列

$$0 \to A_i \to \xrightarrow{f_i} B_i \xrightarrow{g_i} C_i \to 0 \tag{8.30}$$

则可证,除 f 与 g 会诱导链同调群间同态对应

$$f_*: H_k(A) \to H_k(B), \qquad g_*: H_k(B) \to H_k(C)$$

还存在链边缘同态映射

$$\Delta: H_k(C) \to H_{k-1}(A)$$

可用下面的图表示出此 Δ 映射

$$
\begin{array}{ccccccccc}
 & & \downarrow & & \downarrow & & \downarrow & & \\
0 & \rightarrow & A_k & \xrightarrow{f_k} & B_k & \xrightarrow{g_k} & C_k & \rightarrow & 0 \\
 & & & & b & & c & & \\
 & & \partial\downarrow & & \downarrow & & \downarrow & & \\
0 & \rightarrow & A_{k-1} & \rightarrow & B_{k-1} & \rightarrow & C_{k-1} & \rightarrow & 0 \\
 & & a & & \partial b & & & & \\
 & & \downarrow & & \downarrow & & \downarrow & &
\end{array}
\tag{8.31}
$$

在同调类$[c]\in H_k(C)$中取代表元 c,为闭链,满足

$$\partial c = 0$$

因 g_k 为满射,故存在 b 使

$$g_k(b) = c$$

$$g_{k-1}(\partial\cdot b) \overset{(28)}{=\!=} \partial\cdot g_k(b) = \partial c = 0$$

即

$$\partial b \in \mathrm{Ker} g_{k-1} \overset{(29)}{=\!=} \mathrm{Im} f_{k-1}$$

即存在 $a\in A_{k-1}$使

$$f_{k-1}(a) = \partial b$$

再由图可交换,知∂a 满足

$$f_{k-2}(\partial a) = \partial\cdot f_{k-1}(a) = \partial\cdot\partial b = 0$$

因f_{k-2}为单射,故由上式知$\partial a=0$,即 a 为闭链,是 $H_{k-1}(A)$中同调类$[a]$ 的代表元.于是通过此过程得 Δ 映射:

$$\Delta: H_k(C) \rightarrow H_{k-1}(A)$$
$$[c] \rightarrow \Delta[c] = [a]$$

利用映射 Δ 与链同态f_*,g_*组合可得长同态序列。存在下定理.

定理 8.6 (同调代数基本定理) 长同态序列

$$\xrightarrow{\Delta} H_k(A) \xrightarrow{f_*} H_k(B) \xrightarrow{g_*} H_k(C) \xrightarrow{\Delta} H_{k-1}(A) \rightarrow \tag{8.32}$$

为正合同态系列.

证 如$[c]\in\mathrm{Ker}\Delta$,即$\Delta[c]=[a]=0$,a 同调于 0,$a\sim 0$. 即存在 $a'\in A_k$,使$\partial a'=a$ 引入 $b'=b-f_k(a')$满足

$$\partial b' = \partial b - \partial \cdot f_k(a') = \partial b - f_{k-1}\partial a' = \partial b - f_{k-1}a = 0$$

故 b' 为闭链，$[b'] \in H_k(B)$，且可证

$$g_k([b']) = [g_k(b - f_k(a'))] = [g(b)] = [c], \quad 即[c] \in \mathrm{Im}g_*$$

反之显然，故 $\mathrm{Ker}\Delta = \mathrm{Im}g_*$，类似可证

$$\mathrm{Im}\Delta = \mathrm{Ker}f_*, \qquad \mathrm{Im}f_* = \mathrm{Ker}g_*$$ □

对上链复形 $C = \{C^i, \bar{\partial}\}$ 可有完全类似的分析. 对两上链复形间如存在链同态映射 $f: C \to D$. 它们与上边缘算子 $\bar{\partial}$ 可换：

$$f_{k+1} \cdot \bar{\partial}_k = \bar{\partial}_k \cdot f_k \tag{8.28a}$$

这种链同态 f 诱导出链上同调间"拖后"同态映射

$$f^*: H^k(D) \to H^k(C)$$

具性质

$$(f \cdot g)^* = g^* \cdot f^* \tag{8.29a}$$

当有三个上链复形间链同态形成短正合系列

$$0 \to A^i \to B^i \to C^i \to 0 \tag{8.30a}$$

则存在与(8.32)相似的上同调群同态长正合序列

$$\to H^k(C) \xrightarrow{g^*} H^k(B) \xrightarrow{f^*} H^k(A) \xrightarrow{\bar{\Delta}} H^{k+1}(C) \to \tag{8.32a}$$

除箭头正好相反外，(8.32)与(8.32a)几乎完全相同.

（上）链复形间链同态 f 诱导致（上）同调群间同态（f^*）f_*，注意二者组合规则(8.29)与(8.29a)的不同，称同调 H_* 为协变函子，而上同调 H^* 为逆变函子.

§8.3　相对（上）同调群　切除定理与 Mayer-Vietoris（上）同调序列

（上）同调论中存在同调群正合序列，使同调论成为可计算函子，而同伦论中不存在这种序列，比同调论更难于处理. 本节我们分析此问题，首先引入相对同调群概念，再分析相对上同调论.

设 $N \subset M$ 为流形 M 的闭子流形，$M \backslash N$ 是 M 的开子流形，将 $M \backslash N$ 的 k 维定向子流形的任一线性组合（以整数 $\mathbb{Z}$ 为系数，换为其他 Abel 群 G 为系数也可类似讨论），叫做 $M \backslash N$ 的 k 维链，记作

$$c_k \in C_k(M \backslash N) \quad \subset C_k(M) \tag{8.33}$$

如何定义 $C_k(M \backslash N)$ 的边缘算子？ c_k 作为 $C_k(M)$ 中元素，存在边缘算子 ∂，∂c_k 可能

在 N 上也可能在 $M\backslash N$ 上,即

$$\partial c_k = (\partial c_k)_N + (\partial c_k)_{M\backslash N} \quad \in C_{k-1}(M)$$

称$(\partial c_k)_{M\backslash N} \equiv \hat{\partial} c_k$,用此限制映射定义算子$\hat{\partial}$

$$\hat{\partial}: \quad C_k(M\backslash N) \to C_{k-1}(M\backslash N)$$

当用 j 代表 M 到 $M\backslash N$ 的限制映射,可将此边缘算子记为

$$\hat{\partial} = j \cdot \partial \tag{8.34}$$

易证满足$\hat{\partial} \cdot \hat{\partial} = 0$. 于是可定义 $M\backslash N$ 的闭链,边缘链

$$C_k(M\backslash N) \supset Z_k(M\backslash N) \supset B_k(M\backslash N)$$

于是可定义同调群

$$H_k(M\backslash N) = Z_k(M\backslash N)/B_k(M\backslash N)$$

以后把 $M\backslash L$ 记为(M,L),叫做流形偶,把 $C_k(M\backslash N)$,$Z_k(M\backslash N)$,$B_k(M\backslash N)$,$H_k(M\backslash N)$等均改记为 $C_k(M,N)$,$Z_k(M,N)$,$B_k(M,N)$,$H_k(M,N)$等,称$H_k(M,N)$为相对于 N 的 M 的同调群,简称(M,N)相对同调群. 利用链的线性组合表示可以证明

定理 8.7 (切除定理) 当流形 M 是它的两个子流形 N 与 N'的并

$$M = N \cup N', \qquad N \cap N' = K$$

则下面相对同调群间存在同构关系

$$H_i(M,N) = H_i(N',K) \tag{8.35}$$

证 参见图 8.1.

$$M - N = L' = N' - K$$

故 $C_i(M,N) = C_i(N',K)$其中 i 维子流形 $c_i \in C_i(M,N) \subset C_i(M)$,具边缘算子$\partial$,同时,$c_i \in C_i(N',K) \subset C_i(N)$,具边缘算子$\partial'$,类似(8.34)式定义相对链群边缘算子

$$\hat{\partial} c_i = \hat{\partial}' c_i$$

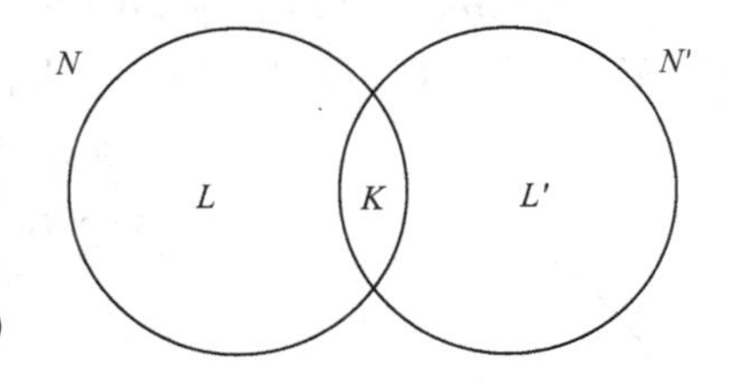

图 8.1

于是相对闭链群及边缘链群间

$$Z_i(M,N) = Z_i(N',K)$$
$$B_i(M,N) = B_i(N',K)$$

于是(8.35)成立. □

由图可见,$N' = M - L$, $K = N - L$. 存在子流形包含关系

$$L \subset N \subset M \tag{8.36}$$

而(8.35)式即

$$H_i(M,N) = H_i(M\backslash L, N\backslash L) \tag{8.35a}$$

即 N 的内部结构不会影响相对同调群 $H_k(M,N)$,此即切除定理的内容.

因为ℕ 是 M 的闭子流形,包含映射

$$i: N \to M$$

诱导链映射 I:　$C_k(N) \to C_k(M)$,为 1 - 1 对应入射. 而限制映射 j: $M \to M - N$,诱导链映射 J:　$C_k(M) \to C_k(M,N)$

为满映射. 易证下面为短正合序列:

$$0 \to C_k(N) \xrightarrow{I} C_k(M) \xrightarrow{J} C_k(M,N) \to 0 \tag{8.37}$$

即相对链群

$$C_k(M,N) = C_k(M)/C_k(N)$$

此相当于切除定理. 进一步利用上节的基本定理(32)式,知在同调群 $H_k(N)$ $H_k(M)$,与相对同调群 $H_k(M,N)$ 间存在下列长正合序列:

$$\to H_k(N) \xrightarrow{i_*} H_k(M) \xrightarrow{j_*} H_k(M,N) \xrightarrow{\Delta} H_{k-1}(N) \to \tag{8.38}$$

注意这时 i_* 不再是 1 - 1 对应入射,j_* 不再是满射. 我们先分析一下同态边缘算子 Δ 的组成:

$$\Delta:\quad H_k(M,N) \to H_{k-1}(M,N)$$

令 $z_k \in Z_k(M,N) \subset C_k(M,N)$ 为相对闭链. 注意如把 M 中边缘算子∂作用在 $C_k(M,N)$ 上,$\partial C_k(M,N) \not\subset C_{k-1}(M,N)$,但如把$\partial$作用在 $Z_k(M,N)$ 上

$$\partial Z_k(M,N) \subset C_{k-1}(N)$$

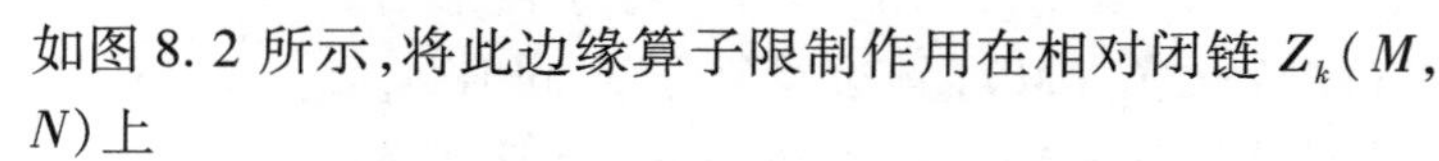

如图 8.2 所示,将此边缘算子限制作用在相对闭链 $Z_k(M,N)$ 上

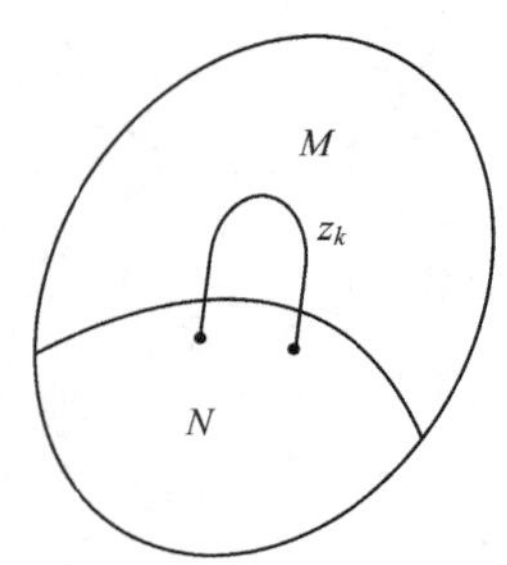

图 8.2

$$\partial:\quad Z_k(M,N) \to Z_{k-1}(N)$$

$$\partial:\quad B_k(M,N) \to B_{k-1}(N)$$

即此边缘算子诱导出同调群间边缘同态算子:

$$\Delta:\quad H_k(M,N) \to H_{k-1}(N)$$

下面我们证明同调群同态序列(8.38)在 $H_k(M,N)$ 处的正合性. 令 $\alpha \in H_k(M,N)$,且 $\Delta\alpha = 0$,Z_k 为同调类 $\alpha = [Z_k]$ 中任一代表元,而∂Z_k 在 N 中同调于零,可对此 Z_k 添加在 N 中具相同边缘同调类的 k 维链,这时在包络空间 M 中形成闭链$\beta \in H_k(M)$,而最初

引入 $\alpha = j_*\beta$. 以上分析表明 $\mathrm{Ker}\Delta \subset \mathrm{Im}j_*$. 而其逆包含是显然的,因为在 M 中任意闭链,作为相对 N 的链也必在 N 中具零边缘. 因此 $\mathrm{Ker}\Delta = \mathrm{Im}j_*$. 同态序列(38)在其他处的正合性可类似证明. □

流形 M 上的同调群 Mayer-Vietoris 系列的分析完全类似. 流形 M 上两开集 U 与 V,当其交 $W = U\cap V$ 非空,分析在各区域 $U, V, N = U\cup V, W = U\cap V$ 上的同调群,它们间关系. 首先应分析在这些区域上各维链群间关系. 在 N 上 k 维子流形,必是 U 上或 V 上的 k 维子流形,故 $C_k(N) = C_k(U) + C_k(V)$,但是因为交 W 非空,故非直和. 因此可以这样来处理,作 $C_k(U)$ 与 $C_k(V)$ 的直和:$C_k(U)\oplus C_k(V)$,在交叠区 W 上 k 维链 $C_k(W)$,可作入射映射 i

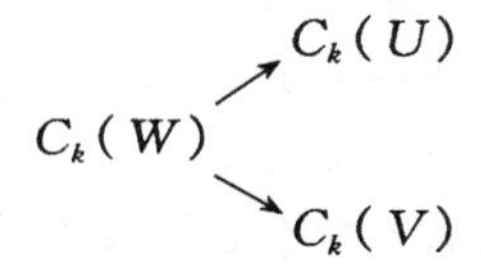

而在直和 $C_k(U)\oplus C_k(V)$ 与 $N = U\cup V$ 间可如下定义自然映射

$$j:\quad C_k(U)\oplus C_k(V) \to C_k(N)$$
$$C_1, C_2 \to C_1 - C_2 \tag{8.39}$$

这显然是满射,而此同态映射的核同构于 $C_k(W)$,即在 k 维链群间存在短正合序列

$$0 \to C_k(W) \xrightarrow{i} C_k(U)\oplus C_k(V) \xrightarrow{j} C_k(N) \to 0$$

于是在三个链复形间组成短正合序列,由定理(8.32)式得同调群长正合序列

$$\cdots \to H_k(W) \xrightarrow{i_*} H_k(U)\oplus H_k(V) \xrightarrow{j_*} H_k(N) \xrightarrow{\Delta} H_{k-1}(W) \to \tag{8.40}$$

此序列称 Mayer-Vietoris 序列,利用它如已知各开集 U 与 V 以及它们的交 W 上的同调群,可以算出同调群 $H_*(U\cup V)$. 区域并上的同调群,为区域同调群直和相对于交的相对同调群.

为了对同调群间同态对应有具体理解,下面以 $k = 1$ 为例进行认真分析. 将 $k = 1$ 代入(8.40)式

$$\to H_1(U\cap V) \xrightarrow{i_*} H_1(U)\oplus H_1(V) \xrightarrow{j_*} H_1(U\cup V) \xrightarrow{\Delta} H_0(U\cap V) \to$$
$$H_1(U\cup V) = Z_1(U\cup V)/B_1(U\cup V) = \{\alpha\}$$

同调类 $\alpha = [\gamma]$,可选代表元 γ 为 $U\cup V$ 中 1 闭链. 如图 8.3 所示,可将它表示为

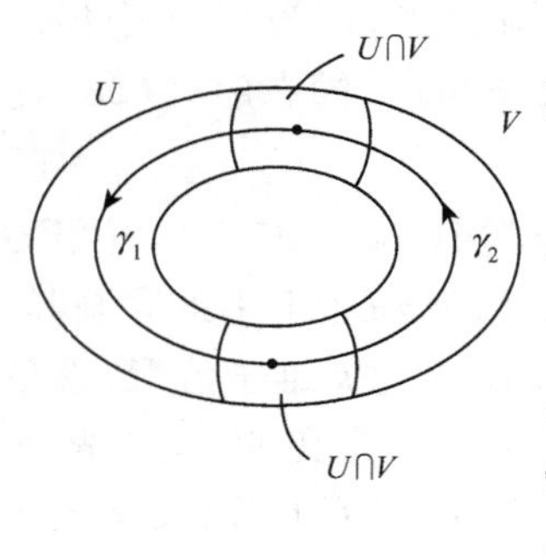

图 8.3

$$\gamma = \gamma_1 + \gamma_2$$

其中 γ_1 为 U 中 1 - 链、而 γ_2 为 V 中 1 - 链. 而

$$\alpha = [\gamma_1 + \gamma_2] \in H_1(U \cup V)$$

由于代表 $\pi\gamma$ 为 1 - 闭链,满足

$$\partial\gamma = \partial(\gamma_1 + \gamma_2) = 0$$

$\partial\gamma_1 = -\partial\gamma_2$,为 U 与 V 中 0 闭链,故也为交 $U \cap V$ 上 0 闭链. 见图 8.3,限在交叠区 $U \cap V$,$\partial\gamma_1$ 不是边缘链,故是 $U \cap V$ 中非平庸的 0 同调链,即

$$\Delta\alpha = \Delta[\gamma_1 + \gamma_2] = [\partial\gamma_1] = -[\partial\gamma_2] \in H_0(U \cap V)$$

可以证明同调类$[\partial\gamma_1]$与 γ_1 及 γ_2 的选择无关,是流形伦型不变量.

类似可讨论相对上同调群,存在相似的切除定理

$$H^k(M,N) = H^k(M \backslash L, N \backslash L) \tag{8.41}$$

上链群短正合序列

$$0 \to C^k(M,N) \to C^k(M) \to C^k(N) \to 0 \tag{8.42}$$

及上同调群的长正合序列

$$\to H^{k-1}(N) \to H^k(M,N) \to H^k(M) \to H^k(N) \to \tag{8.43}$$

同样可分析流形上开集并与交的上同调群 Mayer-Vietoris 序列

$$\to H^k(U \cup V) \to H^k(U) \oplus H^k(V) \to H^k(U \cap V) \to H^{k+1}(U \cup V) \to \tag{8.44}$$

作为同调论的形式对偶,上同调论有许多性质与同调论相似,但是注意对于上同调,诱导同态及同调的诱导同态方向恰相反.

这里注意同调群正合序列与上章分析的同伦群正合序列(7.36)或(7.40)的不同. 在两个开集的并上,同伦群没有明确运算方案,仅对两空间的笛卡儿积,如(7.22)式,$\pi_k(M \times N) = \pi_k(M) \oplus \pi_k(N)$,且进一步对扭曲笛卡儿积,纤维丛 $F \to E \to M$,存在同伦覆盖的正合序列(7.40). 而对同伦群不存在 Mayer-Vietoris 系列的分析.

§8.4　若干群流形各阶同调群　Poincaré 多项式

§8.1 曾指出,对紧致连通流形,其各阶上下同调群的维数相同. 流形各阶同调群的维数称为流形的 Betti 数

$$b_k(M) = \dim H_k(M,Z) = \dim H_k(M,\mathbb{R}) = \dim H^k(M,\mathbb{R}) \tag{8.45}$$

它是流形的重要的伦型不变量. 利用 n 维流形 M 的各阶 Betti 数 $\{b_k(M)\}$. 可组成流形的 Poincaré 多项式

$$P(M,t) = \sum_{k=0}^{n} b_k(M)t^k \tag{8.46}$$

它是参数 t 的多项式,而当参数 $t=-1$ 时

$$P(M,-1) = \sum_{k=0}^{n} (-1)^k b_k(M) = \chi(M) \tag{8.46a}$$

就是流形的 Euler 示性数.

流形的 Betti 数集合 $\{b_k\}$ 及 Poincaré 多项式包含流形的同调群(或上同调群)的信息.

对于拓扑积流形 $M=M_1\times M_2$,其上同调群存在 Künneth 公式(8.23),利用(8.23)式可以证明

$$P(M_1\times M_2,t) = P(M_1,t)P(M_2,t) \tag{8.47}$$

下面我们研究紧致单李群 SU(n),SP(n),SO(n)的 Poincaré 多项式. 注意到这些单李群分别与复 n 维空间$\mathbb{C}^n$,四元数 n 维空间 H^n,实 n 维空间$\mathbb{R}^n$ 中保其自然度规结构的转动变换群间关系,得:

$$\begin{aligned} \mathrm{SU}(n)/\mathrm{SU}(n-1) &\simeq S^{2n-1} \\ \mathrm{SP}(n)/\mathrm{SP}(n-1) &\simeq S^{4n-1} \\ \mathrm{SO}(n)/\mathrm{SO}(n-1) &\simeq S^{n-1} \end{aligned} \tag{8.48}$$

已知 n 维球 S^n 的 Poincaré 多项式

$$P(S^n,t) = 1+t^n \tag{8.49}$$

由(8.48)知

$$\begin{aligned} &P(\mathrm{SU}(2)) = (1+t^3), \quad \mathrm{SU}(2)\simeq S^3 \\ &P(\mathrm{SU}(3)) = (1+t^3)(1+t^5), \quad \mathrm{SU}(3)/\mathrm{SU}(2)\simeq S^5 \\ &P(\mathrm{SU}(n)) = (1+t^3)(1+t^5)\cdots(1+t^{2n-1}) = \prod_{k=1}^{n-1}(1+t^{2k+1}) \end{aligned} \tag{8.50}$$

即当分析 SU(n)群的上同调群时,其行为如同 $S^3\times S^5\times\cdots\times S^{2n-1}$ 的拓扑积流形的上同调群.

以 SU(3)群为例

$$P(\mathrm{SU}(3)) = 1+t^3+t^5+t^8$$

其非零的 Betti 数是

$$b_0 = b_3 = b_5 = b_8 = 1$$

对紧致辛群 SP(n)流形，其 Poincaré 多项式

$$P(\mathrm{SP}(n)) = (1+t^3)(1+t^7)\cdots(1+t^{4n-1}) = \prod_{k=1}^{n}(1+t^{4k-1}),$$

$$\dim \mathrm{SP}(n) = n(2n+1), n \geqslant 2 \tag{8.51}$$

即

$$\mathrm{SP}(n) \sim S^3 \times S^7 \times \cdots \times S^{4n-1}$$

关于正交群，奇维正交群 SO($2n+1$)流形，其行为与酉群类似，其 Poincaré 多项式

$$P(\mathrm{SO}(2n+1)) = (1+t^3)(1+t^7)\cdots(1+t^{4n-1}) = \prod_{k=1}^{n}(1+t^{4k-1}),$$

$$\dim \mathrm{SO}(2n+1) = n(2n+1), n \geqslant 2 \tag{8.52}$$

而偶维正交群 SO($2n$)，其行为类似 $S^{2n-1}\times S^3\times S^7\times\cdots\times S^{4n-5}$，其 Poincaré 多项式

$$P(\mathrm{SO}(2n)) = (1+t^3)(1+t^7)\cdots(1+t^{4n-5})(1+t^{2n-1})$$

$$= (1+t^{2n-1})\prod_{k=1}^{n-1}(1+t^{4n-1}),$$

$$\dim \mathrm{SO}(2n) = n(2n-1), n \geqslant 2 \tag{8.53}$$

关于正交群的覆盖群 Spin($2n+1$)与 Spin($2n$)，结果与相应正交群(8.52)，(8.53)同. 这因它们与相应正交群的同调群仅差挠子群，相应 Betti 数相同.

对紧致连通单群 G，其 Poincaré 多项式一般均可表示为

$$P(G) = \prod_{i=1}^{n}(1+t^{2m_i+1})$$

$$\mathrm{Dim}G = \sum_{i=1}^{n}(2m_i+1) \tag{8.54}$$

其中 n 为李群 G 的秩，$\{m_i\}_1^n$ 为李群 G 的 Exp 指数，它是群 G 的重要特性，群上 Weyl 反演不变对称多项式的阶的素因子为(m_i+1). (8.54)式表明，Poincaré 多项式反映出群流形的 Betti 数与 Weyl 不变多项式间深刻联系.

按照 Dykin 对单李群的分类，SU($n+1$)群属 A 系列中紧致李群，可简记为 SU($n+1$) $=A_n$.

类似 SO($2n+1$) $=B_n$，SP(n) $=C_n$，SO($2n$) $=D_n$，它们都是一般线性群 GL(n,ℂ)的子群，统称为经典群. 除经典群外，还有五种例外单李群：E_6，E_7，E_8，

F_4, G_2，它们的紧致连通李群的 Poincaré 多项式仍如(8.54)式，这些群连同前述经典群的 Exp 指数 m_i 及有关信息列如下表以备参考.

表 8.1 单李群 Dykin 分类，其紧致连通李群的 Exp 指数

	紧连通李群 G	Rank G	Dim G	Exp 指数 m_i	Coxeter 数 h
A_n	$SU(n+1)$	n	$n(n+2)$	$1,2,\cdots,n$	$n+1$
B_n	$SO(2n+1)$	n	$n(2n+1)$	$1,3,\cdots,2n-1$	$2n$
C_n	$SP(n)$	n	$n(2n+1)$	$1,3,\cdots 2n-1$	$2n$
D_n	$SO(2n)$	n	$n(2n-1)$	$1,3,\cdots,2n-3,n-1$	$2n-2$
E_6	E_6^u	6	78	1,4,5,7,8,11	12
E_7	E_7^u	7	133	1,5,7,9,11,13,17	18
E_8	E_8^u	8	248	1,7,11,13,17,19,23,29	30
F_4	F_4^u	4	52	1,5,7,11	12
G_2	G_2^u	2	14	1,5	6

表中最后一行

$$h = m_j + m_{n-j+1} = m_1 + m_n$$

称 Coxeter 数. 易证指数和

$$\sum_{i=1}^{n} m_i = \frac{1}{2}nh$$

注意所有李群 G 均为可平行化流形，故其初基闭链均为奇维球，单群流形行为同胚于奇维球乘积，各群流形的初基闭链的维数为 $2m_i+1$，而群的维数等于它们之和，即

$$\text{Dim}G = \sum_{i=1}^{n}(2m_i+1) = n(h+1) \tag{8.55}$$

§8.5 de Rham 上同调论

当同调群 $H_k(M,G)$ 的系数群 G 为域时，$H_k(M,G)$ 本身形成域 G 上线性空间，这时其对偶的线性空间即上同调群 $H^k(M,G)$. 如我们仅关心同调群的秩(Betti 数)及由它所决定的 Euler 数，而对其挠子群暂不考虑，则可研究在实数域上的线

性空间 $H_k(M,R)$ 及其对偶线性空间 $H^k(M,R)$（复数域上可作完全类似的讨论），这时可以利用分析工具来研究. 注意到

Stokes 定理：

$$\int_c \mathrm{d}\omega = \int_{\partial c} \omega \tag{8.56}$$

或写为

$$\langle c, \mathrm{d}\omega \rangle = \langle \partial c, \omega \rangle \tag{8.56a}$$

将积分区域（链）与微分形式（上链）联系，将边缘算子与外微分算子对应.

$$\langle \partial^2 c, \omega \rangle = \langle \partial c, \mathrm{d}\omega \rangle = \langle c, \mathrm{d}^2\omega \rangle = 0$$

de Rham 注意到此点，利用微分形式与作用于其上的外微分算子 d，建立了与同调论相对偶的 de Rham 上同调论. 即利用微分算子 d，在微分形式中定义了两组子空间：

$Z^k_{dR} = \{\omega_k; \mathrm{d}\omega_k = 0\}$，即 d_k 的核集合（闭形式集合）

$B^k_{dR} = \{\omega_k; \omega_k = \mathrm{d}\alpha_{k-1}\}$，即 d_{k-1} 的像集合（正合形式集合）

如两个闭形式相差一正合形式，则称它们是属于同一上同调类，上同调类的集合即上同调群

$$H^k_{dR}(M,R) = Z^k_{dR}/B^k_{dR} = \mathrm{Ker}d_k/\mathrm{Im}d_{k-1} \tag{8.57}$$

设 $c_k \in Z_k$（为闭链），$\omega_k \in Z^k_{dR}$（为闭形式）

$$\langle c_k, \omega_k \rangle = \int_{c_k} \omega_k \in R \tag{8.58}$$

易证此积分仅依赖等价类，即

$$\int_{c_k} (\omega_k + \mathrm{d}\alpha_{k-1}) = \int_{c_k + \partial C_{k+1}} \omega_k = \int_{c_k} \omega_k$$

即定义了映射

$$H_k(M,R) \oplus H^k_{dR}(M,R) \to R \tag{8.59}$$

这说明 de Rham 上同调群是与同调群 $H_k(M,R)$ 对偶的同调群，即 $H^k_{dR}(M,R)$ 与上同调群 $H^k(M,R)$ 为自然同态，此即 de Rham 定理.

de Rham 定理　对紧致流形 M，$H^k_{dR}(M,R)$ 同构于 M 的简单 k 维上同调群 $H^k(M,R)$. 因此，依赖于微分结构的空间 $H^k_{dR}(M,R)$ 实际上为拓扑不变量.

下面为记号简单，上同调群 $H^k(M,R)$ 都是指 de Rham 上同调群，而忽略下标 dR.

为了便于比较和记忆，下面将 de Rham 上同调论与简单同调论列表类比，利用 Stokes 定理

$$\langle c, d\omega \rangle = \langle \partial c, \omega \rangle$$

极易证明两者间存在下列对偶对应关系.

de Rham 上同调论	简单同调论
$\mathrm{d}: \Lambda^k \to \Lambda^{k+1}$	$\partial: c_k \to c_{k-1}$
$\mathrm{d}^2 = 0$	$\partial^2 = 0$
$\mathrm{d}\omega = 0$,称 ω 为闭形式,上闭链	$\partial c = 0$,称 c 为闭链
$\omega = \mathrm{d}\alpha$,称 ω 正合形式,上边缘链	$c = \partial\alpha$,称 c 边缘链
$\omega = \mathrm{d}\alpha \underset{\nLeftarrow}{\Rightarrow} \mathrm{d}\omega = 0$	$c = \partial a \underset{\nLeftarrow}{\Rightarrow} \partial c = 0$
$Z^k = \{\omega_k \mid \mathrm{d}\omega_k = 0\}$	$Z_k = \{c_k \mid \partial c_k = 0\}$
$B^k = \{\omega_k \mid \omega_k = \mathrm{d}\alpha_{k-1}\}$	$B_k = \{c_k \mid c_k = \partial c_{k+1}\}$
$H^k = Z^k/B^k = \mathrm{Ker}d_k/\mathrm{Im}d_{k-1}$	$H = Z_k/B_k = \mathrm{Ker}\partial k/\mathrm{Im}\partial_{k+1}$
$b^k = \dim H^k$	$b_k = \dim H_k$
$\omega_1 \sim \omega_2$,如 $\omega_1 - \omega_2 = \mathrm{d}\alpha$	$c_1 \sim c_2$,如 $c_1 - c_2 = \partial a$

在各种拓扑空间上,常可采用不同方法引入同调群,进一步利用对偶映射引入各种上同调群,它们常有些不同性质. 对微分流形,所有各种上同调群都与 de Rham 上同调群同构. de Rham 上同调论利用流形上微分形式与外微分算子这些局域概念分析流形的整体拓扑性质,在流形的局域性质与整体性质间建立联系. 由于我们对流形上微分形式及外微分运算比较熟悉,使 de Rham 上同调论更易于掌握与运用.

下面我们对 n 维光滑流形 M 上各阶 de Rham 上同调群具体分析.

在同伦群与同调群的分析中,零阶群常需特别定义,而从对偶的观点出发,对零阶上同调群常更易直接定义. 由于流形上不存在 -1 形式,故函数 f(0 形式)不可能表示为正合形式,当它满足闭形式条件:$\mathrm{d}f = 0$,即 f 为常函数. 常函数是零维上同调群的生成元,所以对连通流形 M,

$$H^0(M, \mathbb{R}) = \mathbb{R} \tag{8.60}$$

是局域实常函数组成的向量空间$\mathbb{R}$. 对于具有 n 个连通分支的流形 M,

$$H^0(M, \mathbb{R}) = \mathbb{R} \oplus \cdots \oplus \mathbb{R} \qquad (\text{共 } n \text{ 个})$$

即 0 阶 Betti 数

$$b^0 = \dim H^0(M, \mathbb{R}) = \text{流形连通分支数}. \tag{8.61}$$

注意在分析零阶同伦群时,$\pi_0(M)$ 中群元数为道路连通分支数. 对一般流形,道路连通分支数与流形连通分支数相同,即:

$$\pi_0(M) \text{ 中群元数} = \dim H^0(M, \mathbb{R})$$

这里两概念是相互对偶的,左端是用实轴$\mathbb{R}$上闭区间 $I=[0,1]$ 到 M 上连续映射流形的道路连通性,右端是用 M 到$\mathbb{R}$的映射,分析常函数空间. 上同调群的特殊特点在于还自然存在$\mathbb{R}$模结构.

$k>0$ 阶同调群 $H^k(M)$ 要分析 k – 闭形式与 k – 正合形式间关系. 正合形式必是闭形式,反之,如 α 为闭形式:$\mathrm{d}\alpha=0$,α 能否表达为正合形式? 即能否表达为某低一阶微分形式 β 的外微分:$\alpha=\mathrm{d}\beta$. 关于此问题,存在下定理.

Poincaré 引理 每一闭形式局域均可表达为正合形式. 即在每点邻域的开集 U 中,如 α 满足 $\mathrm{d}\alpha=0$,则开集 U 中存在低一阶微分形式 β,相当于 α 的局域积分,使 $\alpha=\mathrm{d}\beta$.

例如,当 $k=1$,$\alpha=\alpha_i(x)\mathrm{d}x^i$,如满足

$$\mathrm{d}\alpha = 0, \qquad 即\frac{\partial\alpha_i}{\partial x^k} = \frac{\partial\alpha_k}{\partial x^i} \tag{8.62}$$

则在点 Q 的邻域内,可选任意光滑路径对 α 积分得函数

$$f(p) = \int_Q^p \alpha_i(x)\mathrm{d}x^i$$

由普通微积分知道,由于条件(8.62),表明上积分与所选路径无关,所得 $f(p)$ 仅是终点 p 的函数,而其外微分就是给定的

$$\alpha = \mathrm{d}f = \mathrm{d}(f + \mathrm{const})$$

即解非惟一,不同解间还可差常函数.

Poincaré 引理表明,对于可缩空间,例如$\mathbb{R}^n$,除 0 形式外,任意闭形式都可表为低一阶形式的外微分,必同调于零,即

$$H^k(\mathbb{R}^n) = \begin{cases} \mathbb{R}, & 当 \quad k=0 \\ 0, & 当 \quad k>0 \end{cases} \tag{8.63}$$

n 维连通紧致闭流形 M,其最高阶微分形式为 n 维,故高于 n 阶的上同调群当然为零. 而对 n 阶上同调群,如流形可定向,这时存在有处处非零的 n 形式,它必为闭形式(因为 M 上不存在 $n+1$ 形式),且它必非正合(因为它对整个 M 的积分必非零. 而正合形式对整个闭流形 M 的积分为零). 用此处处非零的 n 形式作为生成元得:

$$H^n(M,\mathbb{R}) = \mathbb{R}, \quad (当 M 为 n 维定向闭流形). \tag{8.64}$$

而如流形 M 不可定向,则 $H^n(M,\mathbb{R})=0$

下面以 n 维球面 S^n,及 n 维实投射空间$\mathbb{R}P^n$ 为例说明 de Rham 上同调群的计算.

例 8.1 S^n 为 $n+1$ 维欧氏空间 E^{n+1} 中单位球面,是紧致定向连通无边 n 维流形.

1) $$H^0(S^n,R)=R(\text{因 } S^n \text{ 连通}) \tag{8.65}$$

2) $$H^n(S^n,R)=R \tag{8.66}$$

这是因为 S^n 紧致定向,其上可定义处处非零的 n 形式 ω,即 n 维体积元,它在整个流形 S^n 上的积分非零

$$\int_{S^n}\omega \neq 0 \tag{8.67}$$

ω 为闭形式(因 n 维流形上的 n 形式必闭),而且 ω 不是正合形式,否则,如 $\omega=\mathrm{d}\alpha$,由于 S^n 无边,便有

$$\int_{S^n}\omega = \int_{S^n}\mathrm{d}\alpha = \int_{\partial S^n}\alpha = 0$$

与(8.67)式矛盾. 故 n 形式 ω 为上同调类生成元,于是(8.66)式得证.

3) $$H^k(S^n,R)=0 \quad (0<k<n) \tag{8.68}$$

这是因为 S^n 上任意低维子流形均为可收缩流形,任意 k 闭链 $c_k(0<k<n)$ 必为边缘链

$$c_k = \partial c_{k+1} \qquad (0<k<n)$$

所以,如 $\alpha_k\in Z^k$ 为闭形式,它对 S^n 上任意闭链 c_k 的积分为

$$\int_{c_k}\alpha_k = \int_{\partial c_{k+1}}\alpha_k = \int_{c_{k+1}}\mathrm{d}\alpha_k = 0$$

由于 α_k 对任意闭链积分均为零,故 α_k 必为正合形式. 正因为 S^n 上任意 $k(0<k<n)$ 维闭形式均为正合形式,没有非平庸的 k 维闭形式,故(8.68)式得证.

例 8.2 $\mathbb{R}P^n=S^n/Z_2$

实 n 维投射空间 $\mathbb{R}P^n$ 是其覆盖流形 S^n 的对顶点相等后得到的,存在 S^n 到 $\mathbb{R}P^n$ 的投射映射,这是连续满映射,可利用 S^n 的特性来研究 $\mathbb{R}P^n$ 的性质.

1) 由于 S^n 是连通的,$\mathbb{R}P^n$ 是连通的,故

$$H^0(\mathbb{R}P^n,R) = R \tag{8.69}$$

2) 下面分析 $\mathbb{R}P^n$ 的定向问题. $\mathbb{R}P^n=S^n/Z_2$,在 S^n 上北极选余切场基矢标架:$E=\{\mathrm{d}x^1,\mathrm{d}x^2,\cdots,\mathrm{d}x^n\}$,将此标架沿 x^1 方向测地线平移至南极得 $E'=\{-\mathrm{d}x^1,\mathrm{d}x^2,\cdots,\mathrm{d}x^n\}$.

另方面,$\mathbb{R}P^n$ 为 S^n 的对顶点相等后得到,S^n 作对顶点相等投射 i 诱导标架变换:$\mathrm{d}x^k\to-\mathrm{d}x^k$,

$$i_*:\quad E'\to i_*E' = \{\mathrm{d}x^1,-\mathrm{d}x^2,\cdots,-\mathrm{d}x^n\} = (-1)^{n-1}E$$

因此当 $n=2l$ 为偶,S^{2l}流形上左右标架相互投射,故$\mathbb{R}P^{2l}$非定向流形,

$$H^n(\mathbb{R}P^{2l},\mathbb{R}) = 0 \tag{8.70a}$$

当 $n=2l+1$ 为奇，S^{2l} 流形上对点投射左仍左，右仍右，在投射到 $\mathbb{R}P^{2l+1}$ 时，仍有两种定向标架，可选定一种定向 $n=2l+1$ 阶恒正微分形式 ω 为体积元，为闭形式，在整个 $\mathbb{R}P^n$ 上积分非零，故 ω 非正合，以它为生成元得

$$H^n(\mathbb{R}P^{2l+1},\mathbb{R}) = \mathbb{R} \tag{8.70b}$$

3) $\mathbb{R}P^n$ 的局域特性与 S^n 相同，当 $k\neq 0,n$，在 S^n 上任意 k 形式必为正合形式，故在 $\mathbb{R}P^n$ 上任意 k 闭形式必为正合形式，于是

$$H^k(\mathbb{R}P^n,\mathbb{R}) = 0 \qquad (0 < k < n) \tag{8.71}$$

注意到外积维持上同调等价关系，利用外积，有与(8.13)式相似的关系：

$$\begin{gathered}\text{闭形式} \wedge \text{闭形式} = \text{闭形式}\\ \text{闭形式} \wedge \text{正合形式} = \text{正合形式}\end{gathered} \tag{8.72}$$

例如，若 α_k 为闭形式

$$\alpha_k \wedge \mathrm{d}\beta_j = (-1)^k \mathrm{d}(\alpha_k \wedge \beta_j) \quad (\alpha_k \in Z^k)$$

于是利用外积可定义上同调群的上积

$$H^k(M,R) \otimes H^j(M,R) = H^{k+j}(M,R) \tag{8.73}$$

即 de Rham 上同调环与一般上同调环同构.

对拓扑积流形 $M=M_1\times M_2$，利用如上定义的上同调群上积，有

$$H^k(M,R) = \oplus \sum_{i+j=k} H^i(M_1,R) \otimes H^j(M_2,R) \tag{8.74}$$

因此在 Betti 数与 Euler 数间有下面关系：

$$b^k(M) = \sum_{i+j=k} b^i(M_1) b^j(M_2) \tag{8.75}$$

$$\chi(M) = \chi(M_1)\chi(M_2) \tag{8.76}$$

这就是 Kunneth 公式.

例 8.3　n 维环　　　$T^n = S^1\times S^1\times\cdots\times S^1$

$$H^k(T^n) = \oplus \binom{n}{k} Z \tag{8.77}$$

即 n 维环的各阶上同调群均非平庸，

$$b^k(T^n) = \binom{n}{k}$$

$$\chi(T^n) = \sum_{k=0}^{n} (-1)^k \binom{n}{k} = 0 \tag{8.78}$$

利用微分形式还很易讨论 Poincaré 对偶. 对于紧致定向流形 M，可如下定义 k 形式 α_k 与 $(n-k)$ 形式 β_{n-k} 间标积：

$$\langle \alpha_k, \beta_{n-k} \rangle = \int \alpha_k \wedge \beta_{n-k} \in R \tag{8.79}$$

利用这种标积，在 $H^k(M,R)$ 与 $H^{n-k}(M,R)$ 间建立对偶对应，使两者在代数上同构，故

$$b^k = b^{n-k} \tag{8.80}$$

§8.6　谐和形式 $\mathrm{Harm}^k(M,R)$

当流形上存在有度规张量场时，可引入 Hodge ∗ 运算，将外微分算子 d 与 Hodge ∗ 运算结合，可定义作用于流形上的余微分算子 δ，亦可定义椭圆微分算子（Laplace 算子）Δ：

$$\Delta = \mathrm{d}\delta + \delta\mathrm{d} \tag{8.81}$$

Laplace 算子的核 $\omega_k(\Delta\omega_k = 0)$ 称为谐和形式. 谐和 k 形式的集合 $\{\omega_k\}$ 组成实数域上线性空间 $\mathrm{Harm}^k(M,R)$，存在 Hodge 分解定理[8].

Hodge 分解定理　对紧致无边 Riemann 流形 M，其上任意 k 形式均可惟一分解为正合，余正合，及谐和形式之和

$$\omega_k = \mathrm{d}\alpha_{k-1} + \delta\beta_{k+1} + \gamma_k \tag{8.82}$$

其中 γ_k 为谐和 k 形式. 在上式中右端三项相互正交.

证明　可利用 Green 函数算子 $\hat{G}$ 按如下方法来证明.

众所周知，对任意线性微分算子 $\hat{L}$ 构成的微分方程

$$\hat{L}\phi = f \tag{8.83}$$

方程右端 f 为已知函数，ϕ 为待求的解. 当算子 $\hat{L}$ 非奇异，即上方程 $\hat{L}\phi = 0$ 无解时，常可选 $\hat{L}$ 的 Green 函数 $\hat{G}$ 满足下述算子方程

$$\hat{L}\hat{G} = I \tag{8.84}$$

这里 I 为恒等算子. 这时(8.83)式的解可表示为

$$\phi = \hat{G}f$$

但是当算子 $\hat{L}$ 奇异时，即 $\hat{L}\phi = 0$ 有解，令 P 为投影算子，它使任意函数投射到齐次方程 $\hat{L}\phi = 0$ 的解空间. 这时应在齐次方程解的正交补子空间中定义 Green 函数，即应选 $\hat{G}$ 满足

$$\hat{L}\hat{G} = I - P \tag{8.85}$$

对 Laplace 算子 Δ，令 P 为将任意微分形式投射到调和形式上的算子，则 Δ 的 Green 函数 $\hat{G}$ 应满足下式：

$$\Delta\hat{G} + P = I \tag{8.86}$$

由于Laplace算子自伴恒正,故满足上式的Green函数$\hat{G}$必存在,将上式作用在k形式上得

$$\omega_k = \mathrm{d}\delta\hat{G}\omega_k + \delta\mathrm{d}\hat{G}\omega_k + P\omega_k$$

此即著名的Hodge分解定理((8.82)式).

进一步可以证明,每一个上同调类中含且仅含一个谐和形式,即谐和k形式的集合$\mathrm{Harm}^k(M,R)$与$H^k(M,R)$同构,即有

定理8.8 对紧致无边流形M,$\mathrm{Harm}^k(M,R)$与$H^k(M,R)$同构

$$\mathrm{Harm}^k(M,R) \simeq H^k(M,R) \tag{8.87}$$

证明 如$\omega_k \in Z^k$,即$\mathrm{d}\omega_k = 0$. 对(8.82)式外微分,知

$$\mathrm{d}\delta\beta_{k+1} = 0$$

$$\langle\beta, \mathrm{d}\delta\beta\rangle = 0 \Rightarrow \langle\delta\beta, \delta\beta\rangle = 0 \Rightarrow \delta\beta = 0$$

$$\omega = \mathrm{d}\alpha + \gamma$$

因此ω与γ相互同调

$$\omega \sim \gamma$$

此定理得证.

正因为有此定理,所以可利用谐和形式的研究得到关于上同调论的相应结果,例如:

1) 在紧致无边流形上,若$\mathrm{Harm}^k(M,R)$有限维,则$H^k(M,R)$有限维,谐和k形式的维数,就是Betti数b^k.

2) 由于Hodge $*$ 与LaplaceΔ对易,使

$$* \mathrm{Harm}^k(M,R) \sim \mathrm{Harm}^{n-k}(M,R) \tag{8.88}$$

因此可证明上同调论中Poincaré对偶

$$H^k(M,R) \sim H^{n-k}(M,R)$$

$$b^k = b^{n-k} \tag{8.88a}$$

3) 如$\omega^{(1)}$在M_1上谐和,$\omega^{(2)}$在M_2上谐和,易证$\omega^{(1)} \wedge \omega^{(2)}$在$M_1 \times M_2$上谐和. 因此

$$\mathrm{Harm}^k(M,R) = \oplus \sum_{i+j=k} \mathrm{Harm}^i(M_1,R) \otimes \mathrm{Harm}^j(M_2,R) \tag{8.89}$$

于是可证明上同调论中的Kunneth公式

$$H^k(M,R) = \oplus \sum_{i+j=k} H^i(M_1,R) \otimes H^j(M_2,R)$$

$$b_k(M) = \sum_{i=0}^{k} b_i(M_1) b_{k-i}(M_2) \tag{8.89a}$$

以上三结果是代数拓扑学中重要结果,用其他方法都较难证明,而用微分几何

流形上分析方法极易证明.

§8.7 李群流形上双不变形式 对称空间上不变形式

李群 G 上微分形式 ω 如满足

$$L_x^* \omega = \omega, \quad \text{对所有 } x \in G$$

这里 L_x 表示 G 上左平移变换

$$L_x : g \to xg, \quad \text{对所有 } g \in G$$

类似可定义 G 上右不变形式. 群流形上双不变形式 ω 是指它即是左不变,又是右不变. 显然,G 上任意左不变 s 形式也为右不变 s 形式的必充条件是它必为群伴随作用下不变(Ad-invariant),即

$$\sum_{i=1}^{s} \omega(X_1, \cdots, [X, X_i], X_{i+1}, \cdots, X_s) = 0, \qquad X_i \in \mathrm{Lie}(G) \tag{8.90}$$

利用此方程 ,可以证明下述定理:

定理 8.9 群流形上任意双不变形式必为闭形式.

证 令 ω 为 G 上左不变 s 形式,$\{X_i\}$ 为 G 上左不变向量场,则

$$\mathrm{d}\omega(X_0, X_1, \cdots, X_s) = \sum_{i<j} (-1)^{i+j} \omega([X_i, X_j], X_0, \cdots, \hat{X}_i, \cdots, \hat{X}_j, \cdots, X_s) \tag{8.91}$$

这里 $\hat{X}_i$ 代表忽略宗量 X_i. 当 ω 也为右不变,则由(8.90)式知左端为零,即左端相对任意左不变向量场均为零,即 $\mathrm{d}\omega = 0$.

注意到 Hodge * 运算与左、右平移可交换,故可证任意双不变形式必余闭,$\delta\omega = 0$. 因此双不变形式必是谐和形式:$\Delta\omega = 0$.

反之可证,群流形上谐和形式必为双不变形式,即有下定理:

定理 8.10 在连通李群流形 G 上双不变形式必为谐和形式. 故连通紧致李群 G 的上同调环与双不变微分形式环同构.

在 G 作用的齐性空间 M 上,微分形式 $\Lambda^*(M)$ 中最重要的是 G 作用下的不变形式 ω,即满足

$$g^* \omega = \omega, \qquad \text{对所有 } g \in G$$

易证,不变形式 ω 的外微分仍为不变形式

$$g^* \mathrm{d}\omega = \mathrm{d}(g^* \omega) = \mathrm{d}\omega$$

即齐性空间 M 上所有不变形式集合形成环. 特别是当齐性空间为对称空间,则其上同调环与不变形式环实质同构,即存在下定理:

定理 8.11 如流形 M 为紧致连通李群 G 作用的对称空间,则 M 上不变形式必闭,

且不变形式环与 M 的上同调环同构. 其证明可参看[DFN]现代几何Ⅲp. 10.

每一紧致李群流形 G 也可看成是 $G\times G$ 作用下的对称空间,上两定理结论是一致的.

习　题　八

1. 请给出紧致连通 G_2^u 流形的各阶 Betti 数及 Poincaré 多项式.
2. 请求出下列各流形的各阶 de Rham 上同调群,各阶 Betti 数与 Euler 数:

①S^6 与 S^7;

②RP^2 与 RP^3;

③SU(3).

3. 请证明在连通李群流形 G 上双不变形式必为谐和形式.

第九章　Morse 理论　CW 复形与拓扑障碍分析

流形伦型分析是很困难问题,前两章从相互对偶观点分析流形的同伦群与(上)同调群. 本章利用流形上光滑函数临界点特性来分析流形的伦型. 首先介绍对流形的推广的三角剖分:流形的原胞结构(CW 复形结构). CW 复形是包括微分流形的更广泛的一类空间. §9.2 介绍 Morse 函数与 Morse 不等式. Morse 理论是微分拓扑学的重要组成部分,包括大范围变分学与临界点理论. 流形上光滑回路空间 $\Omega(M)$ 为无限维空间,利用测地线及临界点理论,可将$\Omega(M)$的伦型问题化为有限维空间问题. 这方面,J. Milnor[11] 作了透彻清晰的介绍. §9.3 介绍 $\Omega(M)$ 的伦型分析,着重分析黎曼流形上测地线及其变分问题,它们在理论物理路积分量子化中起重要作用. 在§9.4、§9.5 利用 Morse 理论分析线性空间 U 群,O 群,及辛群的 Bott 周期. 在本章最后一节利用流形的原胞结构,分析流形定向,自旋等结构整体存在的拓扑障碍,初步介绍 Stiefel-Whitney 类及第 1 陈类,为下面三章流形基本几何结构分析做准备.

§9.1　CW 复形

CW 复形,又称原胞复形,是流形概念的推广,它通常相当于各维开球(open ball)(又称为原胞 cell)的粘结. 流形 M 常有开覆盖

$$M = \bigcup_{\alpha \in I} U_\alpha \tag{9.1}$$

各开集(也称开球)在共同交部分是同胚地粘在一起. 而 CW 复形是通过开球边界的连续映射而粘结在复形上,注意此映射不是边缘与其像的同胚,而是连续粘结,可允许有不同阶球间通过边缘连续粘结,常可允许有更复杂丰富的性质. 下面先简单介绍下一些基本概念与定义. 单位盘 D^k 是由 $\mathbb{R}^k$ 中所有模小于等于 1 的矢量 v 组成

$$D^k = \{v \in \mathbb{R}^k \mid |v| \leqslant 1\} \tag{9.2}$$

与 D^k 同胚的空间称为闭 k 原胞,而与 $D^k \backslash \partial D^k$ 同胚的空间称为开 k 原胞,简称 k 开球,$\mathbb{R}^k$ 就是 k 开球(open k-cell).

定义 1　CW 复形 X 是这样一个拓扑空间,它可以表示为不相交的元胞 σ_i^k 的并

$$X = \bigcup_{k=0}^{\infty} \bigcup_{i \in I_k} \sigma_i^k \tag{9.3}$$

其中 I_k 为指标集，σ_i^k 为 k 胞，对于每个 k 维原胞 σ_i^k，有一个 k 维闭球 D^k 到空间 X 的连续映射

$$X_i^k : D^k \to X \tag{9.4}$$

X_i^k 称为特征映射(characteristic map)，具以下性质：

1. 当将 X_i^k 限制到 k 盘的内部 $D^k \backslash \partial D^k$，是此开球与 σ_i^k 的同胚；
2. 而每原胞的边缘 $\partial\sigma_i^k = \overline{\sigma_i^k} \backslash \sigma_i^k$ 必包含在有限个较低阶元胞的并中.

CW 复形字母 C 表示"闭包有限"(closure finiteness)，表示空间 X 的所有开胞 σ_i^k 都是互相分离的，但是其闭胞 $\overline{\sigma_i^k}$ 可能与其他胞相交，闭包有限就是指每个胞 σ_i^k 的闭胞 $\overline{\sigma_i^k}$ 只能与有限多个胞腔相交.

CW 复形的字母 W 表示弱拓扑(weak topology)的 W 条件，表示空间 X 拓扑是其有限子复形(仅有有限多个原胞的子复形)的直接极限. 即 K 的子集当且仅当它与每个有限子复形的交是闭的. 注意这里弱拓扑术语与通常分析中意义是不同的. 这里 W 条件是 Whitehead 将它作为研究同伦论的工具而引入，故又称为 Whitehead Topology. 注意所有无限维 Hilbert 空间都同胚，故一般同调论对研究无限维空间用处不大. 但 $\mathbb{R}P^\infty$, $\mathbb{C}P^\infty$ 作为有限维复形的直接极限，可作为 CW 复形研究其同调论.

一般流形也可用原胞结构来描写：

图 9.1　单点 σ^0 与 D^n 连续粘结

例 9.1　n 维球 S^n

$$S^n = \sigma^0 \cup \sigma^n \tag{9.5}$$

特征映射将 n 维开球的边缘

$$\partial\sigma^n = \overline{\sigma^n} \backslash \sigma^n \tag{9.6}$$

映入单点 σ^0，"连续粘接"成 S^n.

例 9.2　2 维定向面(见图 7.9)

$$\Sigma_g = \sigma^0 \cup \left(\bigcup_{j=1}^{2g} \sigma_j^1\right) \cup \sigma^2 \tag{9.7}$$

这里 g 称为曲面的亏格(genus). Σ_g 可表示 为一个基本 2 维开胞 σ^2，$\overline{\sigma^2}$ 同胚于基本 2 维多边形，其所有顶点粘合为零维胞 σ^0，其 $2g$ 个 1 维胞 σ_j^1 都是 1 维定向开区间，将两具相同文字的边按定向粘结.

例 9.3　Klein 瓶 K^2[见图 7.18.(a)，(b)]

$$K^2 = \sigma^0 \cup \sigma_a^1 \cup \sigma_b^1 \cup \sigma^2 \tag{9.8}$$

其原胞结构与亏格 $g=1$ 的环面 $T^2 \equiv \Sigma_1$ 相似，但是其特征映射不同. 对 Klein 瓶

$$\partial\sigma^2 = 2\sigma_a^1 \tag{9.9}$$

故

$$H_2(K^2,Z)=0 \tag{9.10}$$

而$\partial\sigma_a^1=\partial\sigma_b^1=0$,故

$$H_1(K^2,Z)=Z\oplus Z_2 \tag{9.11}$$

$$H_0(K^2,Z)=Z \tag{9.12}$$

以上结果见§7.6例3的分析.

例9.4　实投射空间$\mathbb{R}P^n$,是$\mathbb{R}^{n+1}$中通过原点直线集合.

例如　$\mathbb{R}P^2=\mathbb{R}^3$ 中通过原点直线集合

$$=\mathbb{R}^3-\{0\}/\sim,\qquad (x,y,z)\sim(ax,ay,az) \tag{9.13}$$

当$z\neq0$时,用$\xi=x/z,\eta=y/z,[\xi,\eta,1]$表示等价类. $z=0$中直线对应与渐近方向,与$z=1$不相交,$\mathbb{R}P^2$是由$\mathbb{R}^2$加所有平行线相应的无穷远点组成,即

$$\mathbb{R}P^2=\mathbb{R}^2\cup\mathbb{R}P^1,\qquad \mathbb{R}P^1=\mathbb{R}^1\cup\{\infty\text{ 点}\} \tag{9.14}$$

见图7.19.即

$$\mathbb{R}P^1=\sigma^0\cup\sigma^1\simeq S^1$$

$$\mathbb{R}P^2=\mathbb{R}P^1\cup\mathbb{R}^2\simeq\sigma^0\cup\sigma^1\cup\sigma^2 \tag{9.15}$$

以上过程可类推得

$$\mathbb{R}P^n=\mathbb{R}P^{n-1}\cup\mathbb{R}^n\simeq\sigma^0\cup\sigma^1\cup\cdots\cup\sigma^n \tag{9.16}$$

例9.5　复投射空间$\mathbb{C}P^n$,

已知　$\mathbb{C}P^1=S^2$　如(9.5)式

$$\mathbb{C}P^1=\{\text{点}\}\cup\mathbb{C}=\sigma^0\cup\sigma^2 \tag{9.17}$$

而$\mathbb{C}P^n$为$\mathbb{C}^{n+1}$空间通过原点复线集合:

$$\mathbb{C}P^n=\{[z_0,z_1,\cdots,z_n]\},(z_0,z_1,\cdots,z_n)\sim c(z_0,\cdots,z_n) \tag{9.18}$$

而$\mathbb{C}^n=\sigma^{2n}$可如下正则嵌入$\mathbb{C}P^n$

$$\chi:\quad \mathbb{C}^n\to\mathbb{C}P^n$$

$$(z_0,z_1,\cdots,z_{n-1})\to[z_0,z_1,\cdots,z_{n-1},1]$$

上面假定$z_{n-1}\neq0$.而在$\mathbb{C}P^n$中$z_{n-1}=0$组成$\mathbb{C}P^n$的复$n-1$维子流形$\mathbb{C}P^{n-1}=\mathbb{C}P^n\backslash\mathbb{C}^n$即

$$\mathbb{C}P^n\simeq\mathbb{C}P^{n-1}\cup\mathbb{C}^n\simeq\mathbb{C}P^1\cup\mathbb{C}^2\cup\cdots\cup\mathbb{C}^n\simeq\sigma^0\cup\sigma^2\cup\sigma^4\cup\cdots\cup\sigma^{2n} \tag{9.19}$$

由以上各例看出,一个复杂的拓扑空间常可由具平庸拓扑的原胞粘结而成.空间的原胞结构也就是空间的一种特殊的几何剖分,利用它可以找到一些拓扑空间的同调群.

$\mathbb{C}P^n$ 的 CW 原胞结构(9.19)表明,各相邻原胞维数间有一跳跃(>1).对这种情况,代数拓扑分析表明有一规则(见 Greenberg M. J. etc.“Algebraic Topology”):空间同调群生成元与原胞在同维,故$\mathbb{C}P^n$ 的整同调群为

$$H_k(\mathbb{C}P^n,\mathbb{Z}) = \begin{cases} Z, & \text{当 } k = 0,2,\cdots,2n \\ 0, & \text{其他} \end{cases} \tag{9.20}$$

但是对实投射空间,其原胞结构如(9.16)式,相邻原胞维数没有跳跃,故其同调群将复杂得多,见(7.68)式.此结果很易由上述原胞结构得到,见§9.2 关于 Morse 不等式的分析.

§9.2　Morse 函数与 Morse 不等式

流形 M 的拓扑结构与 M 上连续光滑函数特性有关,可通过对流形 M 上光滑实函数特性研究得到流形的拓扑特性.

令 M 是一紧致光滑 n 维流形,映射

$$f:M \to \mathbb{R}$$

是 M 上光滑实值函数.当 f 在某点 p 邻域达到极值,即当取局部坐标系后,函数 $f(p)$ 沿所有坐标线一阶导数为零.

$$\frac{\partial f}{\partial x^j}(p) = 0, \qquad i = 1,2,\cdots,n$$

即 $\mathrm{grad}\, f(x) = 0$,则称点 $P \in M$ 为函数 f 的临界点.为分析函数在临界点的特性,需进一步研究函数 f 的二阶导数矩阵

$$(H_{ij}(p)) = \left(\frac{\partial^2 f}{\partial x^i \partial x^j}(p)\right)$$

称为 Hessian 矩阵,它是 $T_p(M)$ 上双线性对称泛函.如此矩阵非奇导,则临界点 P 称非简并(non-degenerate).此性质与坐标系的选取无关.

流形 M 上光滑函数 f 如其所有临界点均非简并,则此函数称为 Morse 函数.可证存在下述定理:(其证明见 Dubrovin etc.“Modern Geometry” Ⅲ p.188)

引理(Morse)　命 P 为 M 上光滑实值函数 f 的非简并临界点,则在 P 点邻域存在局域坐标 $\{y^i\}_1^n$,使 f 可表为

$$f(y) = f(p) - y_1^2 \cdots - y_k^2 + y_{k+1}^2 + \cdots + y_n^2 \tag{9.21}$$

其中整数 k 称为函数 f 在点 P 的指数.

由此引理立即可推出,非简并临界点必是孤立的,无由临界点组成的线、面等,即沿任何方向移动均非临界点.

可利用流形上光滑函数临界点特性分析流形的拓扑性质.

下面以$\mathbb{R}^3$中二维环面T^2为例进行分析如图9.2，以环面T^2距$\mathbb{R}^3$中一个平面的高为所研究的函数

$$f: \quad M \to \mathbb{R}$$

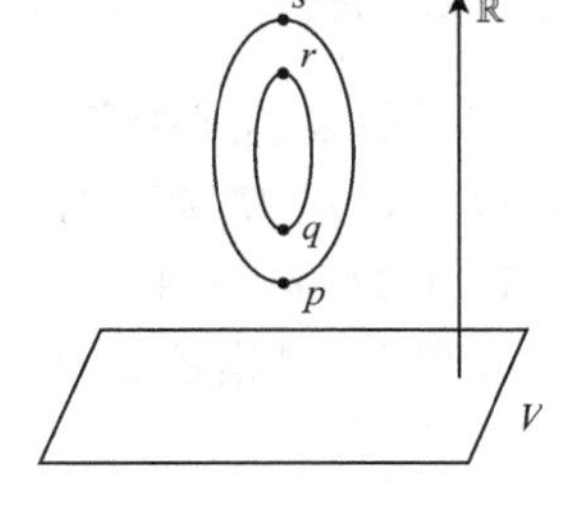

图9.2

以M_a表示适合$f(x) \leqslant a$的所有点$x \in M$的集合

$$M_a = \{x \in M \mid f(x) \leqslant a\}$$

如图9.2，易看出

1. 如$a < f(p)$，则M_a是空集.

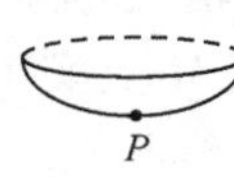

2. 如$f(p) < a < f(q)$，则M_a同胚于一个2维胞腔，这时胞腔各点$Z \in T^2$的高函数

$$f(z) = f(p) + x^2 + y^2 \tag{9.21a}$$

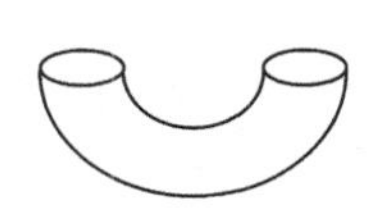

3. 如$f(q) < a < f(r)$，则M_a同胚于一个圆柱面相当于在原2维胞腔上粘合一个一维胞腔. 点q相当于高函数的鞍点，在临界点q附近各点$Z \in T^2$的高函数

$$f(z) = f(q) + x^2 - y^2 \tag{9.21b}$$

4. 如$f(r) < a < f(s)$，则M_a同胚于一具有圆边缘截口的环面

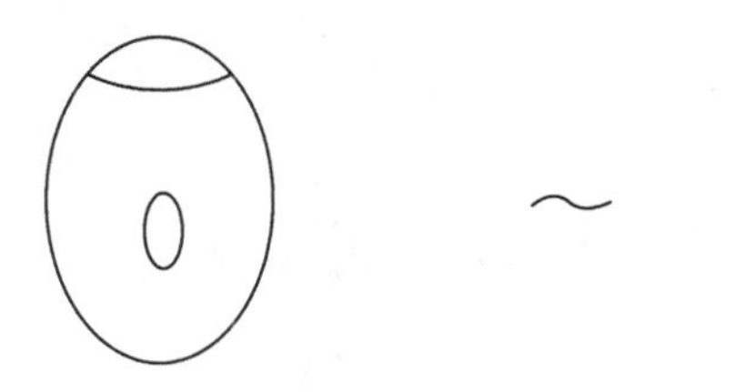
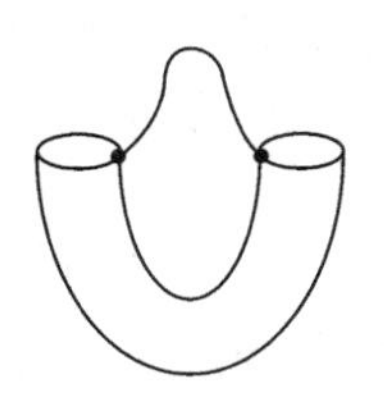

同伦于在原柱面上再粘合一个一维胞腔. 点r也相当于高函数的鞍点，在临界点r附近各点$Z \in T^2$的高函数

$$f(z) = f(r) - x^2 + y^2 \tag{9.21c}$$

5. 最后如$a > f(s)$，则M_a为整个环面T^2，相当于在原来的圆边缘截口上再粘上一个二维胞腔. 在临界点s附近各点$Z \in T^2$的高函数

$$f(z) = f(s) - x^2 - y^2 \tag{9.21d}$$

注意高函数在临界点 p,q,r,s 处一阶导数 $\frac{\partial f}{\partial x}$ 和 $\frac{\partial f}{\partial y}$ 同时为零，临界点是孤立的. 在每点高函数表达式中负号个数，即临界点指数，对 p,q,r,s 诸点分别是 0,1,1,2，此指数也正好是 M_a 越过临界点时需粘合胞腔的维数，存在如下定理：

定理 9.1（Morse 引理）　令 $f\in \boldsymbol{F}(M)$ 为一实值光滑函数，而 $p\in M$ 是函数 f 的非简并临界点，具指数 k，$f(p)=c$，令 $M_c=\{x\in M\mid f(x)\leqslant c\}$，则对充分小 $\varepsilon>0$，

$$M_{c+\varepsilon}\sim M_{c-\varepsilon}\cup\boldsymbol{\sigma}^k \tag{9.22}$$

其中 $\boldsymbol{\sigma}^k$ 为 k 维胞腔. 即 $M_{c+\varepsilon}$ 的伦型与 $M_{c-\varepsilon}$ 粘上一个 k 维胞腔后的伦型相互同构.

此定理表明，紧致流形 M 常可与某 CW 复形 X 同伦型. 当 f 是流形 M 上实可微函数（Morse 函数），当 f 有一个指数为 k 的临界点，则复形 X 有一个 k 维胞腔.

以图 9.2 的环面 T^2 为例，表明

$$T^2\sim\boldsymbol{\sigma}^0\cup\boldsymbol{\sigma}^1\cup\boldsymbol{\sigma}^1\cup\boldsymbol{\sigma}^2$$

类似可证

$$S^2\sim\boldsymbol{\sigma}^0\cup\boldsymbol{\sigma}^2$$

易证存在下述定理

定理 9.2（Reeb）　令 M 为紧致流形，f 为 M 上实值光滑函数，如 f 仅有两个非简并临界点，则 M 必与球面同胚.

下面以 §9.1 例 5 分析过的 $\mathbb{C}P^n$ 为例，

$$\mathbb{C}P^n=S^{2n+1}/\mathrm{U}(1)=\{\lambda(z_0,\cdots,z_n)\in\mathbb{C}^{n+1}\mid\lambda\neq 0,\quad\sum_{j=0}^{n}\mid z_j\mid^2=1\}$$

在 $\mathbb{C}P^n$ 上可如下定义一实值函数：

$$f:\mathbb{C}P^n\to\mathbb{R}$$

$$[z_0,\cdots,z_n]\to f(z_0,\cdots,z_n)=\sum_{j=0}^{n}a_j\mid z_j\mid^2 \tag{9.23}$$

其中 $\{a_j\}$ 为各不相同的实常数.

下面取 $z_0\neq 0$ 的开集 $U_0\subset\mathbb{C}P^n$，可把开集 U_0 如下微分同胚地映到 $\mathbb{R}^{2n}$ 中的开单位球 $\boldsymbol{\sigma}^{2n}$ 上，即令 $\frac{z_j}{z_0}\mid z_0\mid=x_j+iy_j$，则

$$\mid z_j\mid^2=x_j^2+y_j^2,\qquad\mid z_0\mid^2=1-\sum_{j=1}^{n}(x_j^2+y_j^2)$$

在开集 U_0 上函数 f(9.23) 可表为

$$f(z)=\sum_{j=0}^{n}a_j\mid z_j\mid^2=a_0+\sum_{j=0}^{n}(a_j-a_0)(x_j^2+y_j^2) \tag{9.23a}$$

函数 f 在 U_0 只有一个临界点 $P_0=(1,0,\cdots,0)$,$f(p_0)=a_0$,当所选 $\{a_j\}$ 中有 ν 个 $a_j<a_0$,则临界点 P_0 的指数为 2ν.

$\mathbb{C}P^n$ 流形可被 $n+1$ 个开集 $\{U_j\}_0^n$ 覆盖

$$\mathbb{C}P^n = \bigcup_{j=0}^{n} U_j$$

$\mathbb{C}P^n$ 上函数 f(9.23)在每个开集 U_j 上均有一个临界点 P_j,函数 f 在点 P_j 的指数为满足 $a_k<a_j$ 的 $\{a_k\}$ 的数目的两倍. 整个 $\mathbb{C}P^n$ 共有 $n+1$ 个临界点 $\{P_j\}_0^n$,因此在 0 到 $2n$ 之间的每个偶数都恰是某一个临界点的指数,故 $\mathbb{C}P^n$ 同伦等价于

$$\mathbb{C}P^n \simeq \sigma^0 \cup \sigma^2 \cup \cdots \cup \sigma^{2n}$$

恰如(9.19)式所示

由前述 Morse 引理知,n 维紧致流形 M 必同伦等价于 CW 复形 X,原胞复形 X 的 k 维原胞数为 ν_k. 注意到同伦等价空间具有同构的同调群. 而流形 M 的 k 阶同调群的秩,即 Betti 数 $b_k=\dim H_k(M)$,最多与 k 阶原胞数相等,(因为有些原胞可能与高阶原胞边缘粘结,对秩无贡献). 即存在著名的 Morse 不等式,即有下定理:

定理 9.3(Morse 不等式)　令 f 为紧致流形 M 上实值光滑函数,以 μ_k 表示函数 f 的指数为 k 的临界点数目,而 $b_k=\dim H_k(M)$ 为流形 M 的 k 阶 Betti 数,它们间存在下述不等式

$$b_k \leqslant \nu_k \tag{9.24}$$

上节曾引入流形 M 上 Poincaré 多项式

$$P(t) = \sum_{k=0}^{n} b_k t^k$$

类似可引入 Morse 多项式

$$m(t) = \sum_{k=0}^{n} \nu_k t^k \tag{9.25}$$

由 Morse 不等式(9.24)可以证明

$$\sum_{k=0}^{n} \nu_k t^k = \sum_{k=0}^{n} b_k t^k + (1+t)\sum_{k=0}^{n-1} Z_k t^k,\quad Z_k \in \mathbb{N} \tag{9.26}$$

其中 Z_k 为依赖于函数 f 的非负整数.

如果代替 f 而考查 Morse 函数 $\bar{f}\equiv -f$,这改变了每个临界点处 Hessian 矩阵的符号,因而将 ν_k 变为 ν_{n-k},对于 Morse 函数,(9.26)式改为

$$\sum_{k=0}^{n} \nu_{n-k} t^k = \sum_{k=0}^{n} b_k t^k + (1+t)\sum_{k=0}^{n-1} \bar{Z}_k t^k \tag{9.26a}$$

这恰好是利用 Poincaré 对偶($b_k = b_{n-k}$),并将 t 换为 t^{-1} 所得结果.

将 $t = -1$ 代入(9.26)式得流形 M 的 Euler 示性数

$$\chi(M) = \sum_{k=0}^{n}(-1)^k b_k = \sum_{k=0}^{n}(-1)^k \nu_k \tag{9.27}$$

此式右端为流形 M 作原胞剖分时各阶原胞数的交替和,相当于(7.54)式,是 Euler 数的另一种表述. 并可得

推论:如　　$\nu_{k+1} = \nu_{k-1} = 0$

　　则　　$b_k = \nu_k$,且 $b_{k+1} = b_{k-1} = 0$

因此,由 $\mathbb{C}P^n$ 的原胞结构,知其偶阶 Betti 数为 1,而奇阶 Betti 数为零,如(9.20)式所示.

§9.3　路径空间 $\Omega(M)$ 的伦型　Morse 理论基本定理

所有无限维 Hilbert 空间都同胚,因而一般同调论对无限维空间用处不大,但常可对与它们同伦型的 CW 复形作伦型分析.

首先分析路径空间(path space)$\Omega(M;p,q)$ 的伦型结构,它是一种简单的无穷维流形,其各阶同伦群与流形 M 的各阶同伦群密切相关.

给定连通光滑流形 M,用 $\gamma(t)$ $(0 \leqslant t \leqslant 1)$ 标志 M 上以点 $p = \gamma(0)$ 为起点,以点 $q = \gamma(1)$ 为终点的连续道路,而所有这种道路形成的空间,称为道路空间,记为 $\Omega(M;p,q)$. 这是一种无穷维光滑流形. 利用纤维丛同伦正合系列可以证明

$$\pi_i(\Omega(M;p,q)) \simeq \pi_{i+1}(M), \qquad i \geqslant 1 \tag{9.28}$$

首先引入流形 M 上以点 $p \in M$ 为起点的所有道路 $\gamma(t)$ $(0 \leqslant t \leqslant 1)$ 的空间 $E(p)$,即起点固定为 $p = \gamma(0)$,而终点 $\gamma(1)$ 可为 M 上任意点 q. 可定义 $E(p)$ 到 M 的投射映射

$$\pi: \quad E(p) \to M$$

$$\pi: \quad \gamma(t) \to \gamma(1) = q \in M$$

基于 M 上任一点 q 上纤维 $\pi^{-1}(q)$ 恰为从 p 到 q 的所有道路形成空间 $\Omega(M;p,q)$,由纤维丛结构

$$\Omega(M;p,q) \xrightarrow{i} E(p) \xrightarrow{\pi} M$$

可得其上同伦群同态正合系列(5.21)

$$\pi_{i+1}(E(p)) \xrightarrow{\pi_*} \pi_{i+1}(M) \xrightarrow{\partial} \pi_i(\Omega(M;p,q)) \xrightarrow{i_*} \pi_i(E(p))$$

注意到空间 $E(p)$ 拓扑平庸,$\pi_i(E(p)) = 0$,由上正合系列得

$$\pi_i(\Omega(M;p,q)) \simeq \pi_{i+1}(M), \quad i \geqslant 1.$$

当我们取 $q=p$,即分析流形 M 上以 P 点为基点的环路(loop)空间,记为 $\Omega(M,p)$.由上述定理可得推论

$$\pi_i(\Omega(M,p),e) \simeq \pi_{i+1}(M,p), \qquad i \geqslant 1 \tag{9.29}$$

其中 e 表示恒同道路 $\gamma(t)=p$. 对连通流形 M,同伦群与基点的选取无关,上两式均可记为

$$\pi_i(\Omega(M)) \simeq \pi_{i+1}(M), \qquad i \geqslant 1$$

下面分析路径空间 $\Omega(M;p,q)$的拓扑,表明它是一种无穷维光滑流形. 可有很多办法定义其拓扑,为简单起见,设 M 为黎曼流形,可利用 M 上黎曼度规定义道路间距离函数,利用此附加结构可表明空间 $\Omega(M)$为光滑的无穷维流形. 首先,对其中任意道路 $\gamma\in\Omega$,可如下定义在点 γ 的无穷维切空间 $T_\gamma\Omega$,将它视为沿道路$\gamma(t)$的所有满足 $v(0)=v(1)=0$ 的光滑矢场 $v(t)$组成的线性空间. 为分析 $T_\gamma\Omega$,需分析点 $\gamma\in\Omega$ 的邻域,讨论 γ 的以参数 $u(-\varepsilon\leqslant u\leqslant\varepsilon)$为参量的改变,即分析$[-\varepsilon,\varepsilon]\times[0,1]$到 M 的光滑映射

$$\alpha:\quad [-\varepsilon,\varepsilon]\times[0,1]\to M$$

$$u,\quad t\to\alpha(u,t),\quad \alpha(u,0)=p,\quad \alpha(u,1)=q \tag{9.30}$$

令 $\alpha(u,t)\equiv\gamma_u(t)$,其中 $\gamma_0=\gamma$,即特别关注的道路 $\gamma\in\Omega$. 可将 γ_u 看成 Ω 中通过 γ 以 u 为参数的轨道,此轨道在 γ 点处切点即沿过 γ 的向量场.

$$v(t)=\frac{\partial\alpha}{\partial u}(0,t), \qquad \in T\gamma\Omega \tag{9.31}$$

在通常变分计算中,记此切场为 $\delta\gamma$.

道路空间 $\Omega(M)$为无穷维光滑流形,类似上节可在 $\Omega(M)$上定义 Morse 函数(常称为 Morse 泛函),即存在连续映射

$$F:\quad \Omega(M)\to\mathbb{R}$$

$$F:\quad \gamma\to F(\gamma) \tag{9.31a}$$

可分析泛函 $F(\gamma)$的临界点 γ(临界道路 $\gamma(t)$). 即当泛函 $F(\gamma)$对 γ 的任意变分 $\delta\gamma=\left.\dfrac{\partial F(\alpha_u)}{\partial u}\right|_{u=0}$ 都是零,这时 $\gamma=\gamma_0$ 称为$F(\gamma)$的临界点. 可进一步分析泛函 $F(\gamma)$的二阶变分,临界点指数,而得到与此无穷维流形 $\Omega(M)$同伦型的 CW 复形,通过它们可对 $\Omega(M)$作伦型分析.

在黎曼流形 M 上,常对 $\Omega(M)$引入能量泛函 $E(\gamma)$与长度泛函 $L(\gamma)$:

$$E[\gamma]=\int_0^1\left|\frac{\mathrm{d}\gamma}{\mathrm{d}t}\right|^2\mathrm{d}t \tag{9.32}$$

$$L[\gamma] = \int_0^1 \left|\frac{\mathrm{d}\gamma}{\mathrm{d}t}\right| \mathrm{d}t \tag{9.33}$$

为将二者进行比较,应用 Schwarz 不等式

$$\left(\int_0^1 fh \mathrm{d}t\right)^2 \leqslant \left(\int_0^1 f^2 \mathrm{d}t\right)\left(\int_0^1 h^2 \mathrm{d}t\right)$$

令 $f(t) = 1, h(t) = \left|\frac{\mathrm{d}\gamma}{\mathrm{d}t}\right|$,得

$$L^2 \leqslant E \tag{9.34}$$

这里等式成立的充要条件是 $|\dot{\gamma}| = \text{const}$,即参数 t 与弧长成比例.

在流形 M 上,连结两点 p,q 的所有逐段光滑道路的弧长的下确界称为两点间距离 $\rho(p,q)$,而连接两点间逐段光滑曲线 γ,如其长度等于此下确界 $\rho(p,q)$,则称为连接两点间极小测地线.

在§4.8 曾证明泛函 $L[\gamma]$ 的临界点就是满足(4.197)的测地线. 下面能量泛函 $E[\gamma]$ 的临界点,由能量泛函定义(9.32)式,取局域坐标系后,

$$E[\gamma] = \int_0^1 g_{ij}(x)\dot{x}^i\dot{x}^j \mathrm{d}t \tag{9.32a}$$

将被积函数 $g_{ij}(x)\dot{x}^i\dot{x}^j \equiv \zeta(x,\dot{x})$ 代入 Euler-Lagrangian 方程

$$\frac{\mathrm{d}}{\mathrm{d}t}\frac{\partial\zeta}{\partial\dot{x}^k} - \frac{\partial\zeta}{\partial x^k} = 0$$

得

$$2\frac{\mathrm{d}}{\mathrm{d}t}(g_{kj}\dot{x}^j) = \frac{\partial g_{ij}}{\partial x^k}\dot{x}^i\dot{x}^j$$

上式与(4.202)式相同,可化为测地线方程(4.203)

$$\ddot{x}^l + \Gamma^l_{ij}\dot{x}^i\dot{x}^j = 0$$

即能量泛函的临界道路也为满足测地方程的测地线 γ. (9.34)式表明能量泛函 $E[\gamma]$ 正好在从 p 到 q 的极小测地线上取其极小值 ρ^2.

道路 γ 是泛函 $E[\gamma]$ 的临界点的充要条件是:γ 是一条测地线. 下面进一步分析临界点特性,即分析在临界道路处的 Hesse 泛函,即要定义一个双线性泛函

$$E_{**}: T_\gamma(\Omega) \times T_\gamma(\Omega) \to \mathbb{R}$$

其中 γ 是泛函 $E[\gamma]$ 的临界点,即为一条测地线. 进一步引入在点 $\gamma \in \Omega$ 的双参数变分,即代替(9.30)式的单参数 u,取双参数 $(u_1,u_2) \in U$,U 为二维参数空间($\mathbb{R}^2$ 在原点邻域):

$$\alpha:\quad U \times [0,1] \to M$$

$$u_1,u_2,t \to \alpha(u_1,u_2,t),\quad \alpha(0,0,t) = \gamma(t) \tag{9.35}$$

令 $\alpha(u_1u_2,t)\equiv\tilde{\alpha}(u_1,u_2)(t)$，$\tilde{\alpha}(u_1,u_2)$ 为 γ 的双参数变更.

其变分向量场为

$$W_i = \frac{\partial\tilde{\alpha}}{\partial u_i}(0,0) \quad \in T_\gamma(\Omega),\quad i = 1,2$$

而道路空间 Ω 上能量 Hesse 泛函 $\delta^2 E$ 可表示为

$$E_{**}(W_1,W_2) = \frac{\partial^2 E(\tilde{\alpha}(u_1,u_2))}{\partial u_1\partial u_2}\Big|_{u_1=u_2=0} \tag{9.36}$$

它是 W_1 和 W_2 的一个完全确定的对称双线性泛函，可简记为

$$\delta^2 E \equiv \frac{\partial^2 E}{\partial u_1\partial u_2}(0,0)$$

与上节对 Morse 函数在临界点的指数定义相似，可如下定义能量泛函(Morse 泛函)临界点 γ(测地线 γ)的指数 λ. 即设 Hesse 泛函

$$E_{**}:\quad T_\gamma(\Omega)\times T_\gamma(\Omega)\to\mathbb{R}$$

限在 $T_\gamma(\Omega)$ 的某子空间是负定，此子空间的最大维数 λ 就称为泛函 E_{**} 在临界点 γ 的指数.

如 γ 是 p 到 q 的极小测地线，则双线性泛函 E_{**} 是半正定时，因而 E_{**} 在 γ 的指数 λ 为零.

下面我们进一步分析沿测地线的 Jacobi 场及共轭点等概念. 在 §4.8 我们曾引入 Jacobi 场 $J(t)$，它是沿测地线 $\gamma(t)$ 满足 Jacobi 方程的向量场. Jacobi 方程是一个二阶线性微分方程

$$\frac{\mathrm{D}^2 J}{\mathrm{d}t^2} + R(V,J)V = 0 \tag{9.37}$$

其中 $V=\dfrac{\mathrm{d}\gamma}{\mathrm{d}t}$是沿该测地线的切场. 此方程的解可由其初始条件

$$J(0),\quad \frac{\mathrm{D}J}{\mathrm{d}t}(0) \qquad \in T_\gamma(\Omega)$$

完全确定.

令 $\gamma(t)$ 为流形 M 上一条测地线，$p=\gamma(a)$ 及 $q=\gamma(b)$ 为测地线 γ 上两点，如果存在沿 γ 的非零 Jacobi 场，且此 Jacobi 场在 $t=a$ 与 $t=b$ 时为零，则称 p 和 q 沿测地线 $\gamma(t)$ 共轭，点 p 和 q 作为共轭点的重数等于所有这种 Jacobi 场的向量空间维数. 例如$\mathbb{R}^{n+1}$中单位球面 S^n，球面上大圆是测地线，例如通过北极 p 与南极 q 的所有经线都是测地线. 保持对顶点 p 与 q 固定不动转动球面，得到测地线间变分向量场：Jacobi 场，它们在 p 和 q 点都为零. 对 n 维球 S^n，可在 $(n-1)$ 个不同方向上作为旋转，得到 $(n-1)$ 个线性独立的 Jacobi 场. 因此球面上对顶点 p 和 q 沿测地线共

轭的重数是 $n-1$.

下面我们继续分析道路空间 Ω 上能量泛函在临界点的特性. 在临界点 $\gamma \in \Omega(M,p,q)$ 处,泛函 E_{**} 简并的充要条件是端点 p 和 q 沿测地线 γ 共轭,而 E_{**} 的简并度(零化数 ν)等于 p 和 q 作为共轭点的重数.

当 M 为 n 维流形时,在 $t=a$ 时为零的 Jacobi 场组成空间具有维数为 n,它们在 $t=b$ 时可能非零,要求在 $t=b$ 时 Jacobi 场为零,此限制条件使零化数 ν 必小于 n,即泛函 E_{**} 的零化数 ν 必是有限数.

令　$\gamma^{\tau}:[0,\tau]\to M$ 是从 $\gamma(0)$ 到 $\gamma(\tau)$ 的测地线,γ^{τ} 是能量泛函的临界点,命 $\lambda(\tau)$ 是相应于 γ^{τ} 的 Hesse 泛函的指数. 首先易证,对充分小的 τ,γ^{τ} 是极小测地线,Hesse 泛函 E_{**} 半正定,$\lambda(\tau)=0$. 进一步增大 τ,当 τ 越过 $\gamma(0)$ 的共轭点时,指数跳迁,这时 γ^{τ} 不再是极小测地线,此测地线 γ^{τ} 仍是能量泛函的临界点,可以证明(见 MGⅢ. 定理 21.7)

定理 9.4 (Morse index 定理)　Hesse 泛函 E_{**} 在临界点 γ 的指数 λ 等于 $\gamma(0)$ 沿 γ 的共轭点($0<t<1$)的个数(按其重数计算),这个指数总是有限的.

当测地线 γ 的端点 p,q 不是共轭点,则能量 Hesse 泛函的核(零化子)零维,即 γ 为泛函 $E[\gamma]$ 的非简并临界点. 对无穷维流形 $\Omega(M,p,q)$,当 p,q 在所有连接它们的测地线上均非共轭点,而在每个测地线 γ,作为 Hesse 泛函有指数 λ,正如上节 Morse 函数理论分析,道路空间 $\Omega(M)$ 可同伦等价于 CW 复形,即对 p 到 q 的每个测地线(即每个临界点),可产生等于临界点指数 λ 的 λ 维元胞,使 $\Omega(M,p,q)$ 与 CW 复形具相同伦型.

当 M 为黎曼流形,利用 M 上度规也可在道路空间 $\Omega(M)$ 上定义距离函数(例如 $d(\gamma_1,\gamma_2)=\max\limits_{0\leqslant t\leqslant 1}\rho(\gamma_1(t),\gamma_2(t_1))$. 这样对于每个常数 $a>0$,用 Ω^a 表示所有其 $E[\gamma]\leqslant a$ 的所有道路 γ 的集合,即 $\Omega^a\subset\Omega(M)$,可以证明 Ω^a 同伦等价于有限原胞复形,当 $a\to\infty$,其极限 $\Omega(M)$ 同伦等价于可数原胞复形,此即 Morse 理论基本定理:

定理 9.5 (Morse 基本定理)　设 M 为紧致黎曼流形,p,q 为 M 上这样两点,对连结它们的任何测地线都不共轭,则道路空间 $\Omega(M,p,q)$ 同伦等价于可数原胞复形,其每个 λ 维原胞与由 p 到 q 的指数为 λ 的测地线 1－1 对应.

关于定理 4,定理 5 的证明可参见 Dubrovin 等著 Modern GeometryⅢ.

当 M 为紧致黎曼流形,两点 $p,q\in M$,其距离 $\rho(p,q)=\sqrt{d}$,用 Ω^d 表示从 p 到 q 的极小测地线组成空间. 极小测地线为指数为零的临界点. 如从 p 到 q 任何非极小测地线的指数都大于或等于 λ_0,则由 Morse 理论可证,小于 λ_0 的低阶相对同伦群均为零

$$\pi_i(\Omega,\Omega^d)=0,\qquad 0\leqslant i\leqslant\lambda_0$$

由此推出，同态映射

$$\pi_i(\Omega^d) \to \pi_i(\Omega), \qquad 0 \leqslant i \leqslant \lambda_0 - 2$$

是一同构映射，进一步利用(9.28)式可证

$$\pi_i(\Omega^d) = \pi_i(\Omega) = \pi_{i+1}(M), \qquad 0 \leqslant i \leqslant \lambda_0 - 2 \tag{9.38}$$

以上将道路空间 $\Omega(M,p,q)$ 的两基点选在一般位置，使相应能量泛函的临界点均非简并，为 Morse 泛函. 有时将基点选某些特殊点会更利于分析. 例如对单位球面 S^{n+1}，如选 p,q 为对径点，这时从 p 到 q 有无穷条极小测地线，极小测地线组成流形 Ω^d，它们形成 n 维光滑流形，等价于赤道 S^n. 而非极小测地线最少要绕 S^{n+1} 半圈以上，所以这条测地线的内部最少含有两个共轭点，每个有重数 n，故通过对顶点的非极小测地线的指数都必大于或等于 $2n \equiv \lambda_0$. 总之，当选 S^{n+1} 上对径点 p 与 q 为基点，极小测地线组成流形 $\Omega^d \simeq S^n$，而非极小测地线的指数均大于或等于 $2n = \lambda_0$. 将 $\Omega = \Omega(S^{n+1})$，$\Omega^d = S^n$ 代入(9.38)式得

$$\pi_i(S^n) = \pi_i(\Omega^d) = \pi_i(\Omega(S^{n+1})) = \pi_{i+1}(S^{n+1}) \quad i \leqslant 2n - 2 \tag{9.39}$$

注意到对 n 维球，其 $k \leqslant n$ 的各 k 阶同伦群都已熟知，令 $i = n + k$，上式即(7.72)式：

$$\pi_{n+k}(S^n) \simeq \pi_{n+k+1}(S^{n+1}), \qquad k \leqslant n - 2$$

§9.4　若干齐性空间的稳定同伦群　U 群的 Bott 周期

在第六章曾分析各种齐性 G 流形. 众所周知，经典李群 G 都是一般线性群 GL(N)的子群，我们这里着重分析其紧致子群，即分析具有度规的线性空间上的保度规群：正交群 O(N)，幺正群 U(N)与辛群 SP(N).

1. 实线性空间 $\mathbb{R}^N$，可具有通常欧氏内积，保此内积不变的所有线性变换集合组成正交群 O(N)，

$$O: \mathbb{R}^N \to \mathbb{R}^N, \quad O^t O = I$$

这里 O^t 为 O 的转置矩阵. $O(N)$ 由满足 $O^t O = I$ 的所有 $N \times N$ 实矩阵组成. $\mathbb{R}^N$ 中单位向量形成球面 S^{N-1}，O(N)群作用其上传递，其中保持点 $x \in S^{N-1}$ 不变的稳定子群为 O($N-1$)，即

$$S^{N-1} \simeq \mathrm{O}(N)/\mathrm{O}(N-1) \tag{9.39a}$$

2. 复线性空间 $\mathbb{C}^N$，具有通常厄米内积，保此内积不变的所有线性变换集合组成幺正群 U(N)

$$U: \mathbb{C}^N \to \mathbb{C}^N, \qquad U^\dagger U = I$$

这里 $U^{\dagger}$ 为 U 的转置复共轭矩阵，$\mathrm{U}(N)$ 由满足 $U^{\dagger}U=I$ 的所有 $N\times N$ 复矩阵组成. $\mathbb{C}^{N}$ 中单位向量形成球面 S^{2N-1}，$\mathrm{U}(N)$ 群作用其上传递，保持点 $x\in S^{2N-1}$ 不变的特定子群是 $\mathrm{U}(N-1)$，

$$S^{2N-1}\simeq \mathrm{U}(N)/\mathrm{U}(N-1) \tag{9.39b}$$

3. 四元数线性空间 $\mathbb{H}^{N}$，具有两个相互反交换的复结构. 相当于 $\mathbb{C}^{2N}$ 具有自然厄米内积，且具有辛结构，保厄米结构且保辛结构的变换集合组成辛群 $\mathrm{SP}(N)$

$$A:\mathbb{H}^{N}\to\mathbb{H}^{N},\qquad A^{\dagger}A=I,\quad A^{\dagger}JA=J \tag{9.40}$$

其中 $J=\begin{pmatrix} & I_n\\ -I_n & \end{pmatrix}$，$\mathrm{SP}(N)$ 是由满足条件(9.40)的 $2N\times 2N$ 的复矩阵 A 组成. $\mathbb{H}^{n}\simeq\mathbb{C}^{2n}$ 中单位向量形成球面 S^{4N-1}，$\mathrm{SP}(N)$ 在其上作用传递，而保持点 $x\in S^{4N-1}$ 不变的特定子群为 $\mathrm{SP}(N-1)$. 故

$$S^{4N-1}\simeq \mathrm{SP}(N)/\mathrm{SP}(N-1) \tag{9.39c}$$

以上(39a,b,c)三式表明存在短正合序列

$$0\to \mathrm{O}(N-1)\xrightarrow{i}\mathrm{O}(N)\xrightarrow{\pi}\mathrm{S}^{N-1}\to 0 \tag{9.41a}$$

$$0\to \mathrm{U}(N-1)\xrightarrow{i}\mathrm{U}(N)\xrightarrow{\pi}\mathrm{S}^{2N-1}\to 0 \tag{9.41b}$$

$$0\to \mathrm{SP}(N-1)\xrightarrow{i}\mathrm{SP}(N)\xrightarrow{\pi}\mathrm{S}^{4N-1}\to 0 \tag{9.41c}$$

由于单连通流形 S^{n} 的低阶($k\leqslant n$)的同伦群很简单，利用(9.41)各式，可得相应同伦群的长正合系列

$$\to\pi_{k+1}(S^{N-1})\xrightarrow{\partial}\pi_{k}(\mathrm{O}(N-1))\xrightarrow{i_*}\pi_{k}(\mathrm{O}(N))\xrightarrow{\pi_*}\pi_{k}(S^{N-1})\xrightarrow{\partial} \tag{9.42a}$$

$$\to\pi_{k+1}(S^{2N-1})\xrightarrow{\partial}\pi_{k}(\mathrm{U}(N-1))\xrightarrow{i_*}\pi_{k}(\mathrm{U}(N))\xrightarrow{\pi_*}\pi_{k}(S^{2N-1})\xrightarrow{\partial} \tag{9.42b}$$

$$\to\pi_{k+1}(S^{4N-1})\xrightarrow{\partial}\pi_{k}(\mathrm{SP}(N-1))\xrightarrow{i_*}\pi_{k}(\mathrm{SP}(N))\xrightarrow{\pi_*}\pi_{k}(S^{4N-1})\xrightarrow{\partial} \tag{9.42c}$$

利用以上同伦群同态正合系列，并注意到球的低阶同伦群平庸，可得这些经典群都存在高秩群的稳定同伦群系列

$$\pi_{k}(\mathrm{O}(N))=\pi_{k}(\mathrm{O}(N+1))=\cdots=\pi_{k}(\mathrm{O}_{\infty}),\qquad k<N-1 \tag{9.43a}$$

$$\pi_{k}(\mathrm{U}(N))=\pi_{k}(\mathrm{U}(N+1))=\cdots=\pi_{k}(\mathrm{U}_{\infty}),\qquad k<2N \tag{9.43b}$$

$$\pi_k(\mathrm{SP}(N)) = \pi_k(\mathrm{SP}(N+1)) = \cdots = \pi_k(\mathrm{SP}_\infty), \qquad k < 4N+2 \tag{9.43c}$$

由以上三式看出,当 N 足够大时,O 群,U 群与辛群的同伦群与 N 无关,称为稳定同伦群. 这些经典群的稳定同伦群见表 9.1. 由表还可看出,它们的各阶同伦群周期地改变,称为 Bott 周期. 本节先分析 U 群的 Bott 周期:周期为 2. 下节将进一步分析正交群与辛群的 Bott 周期:周期为 8.

表 9.1 U 群,O 群与辛群的稳定同伦群

π_k	$\mathrm{U}(N)$ $\left(N>\frac{k}{2}\right)$	$\mathrm{O}(N)$ $(N>k+1)$	$\mathrm{SP}(N)$ $\left(N>\frac{1}{4}(k-2)\right)$
0	0	Z_2	0
1	Z	Z_2	0
2	0	0	0
3	Z	Z	Z
4	0	0	Z_2
5	Z	0	Z_2
6	0	0	0
7	Z	Z	Z
8	0	Z_2	0
Bott 周期	2	8	8

由这些经典群存在稳定同伦群还可推得一些重要推论:Stiefel 流形的稳定同伦群平庸. 下面我们先来分析此问题.

Stiefel 流形 $V_{k,N}$是$\mathbb{E}^N$ 中 k 标架集合,其传递群为$\mathbb{E}^N$ 中的转动群 $\mathrm{SO}(N)$,确定 k 标架将$\mathbb{E}^N$ 中 k 维子空间固定,而在其正交补空间还可任意转动,故在$\mathrm{SO}(N)$群作用下,保持 k 标架不变的稳定子群为 $\mathrm{SO}(N-k)$,故齐性空间 $V_{k,N}$可表示为:

$$V_{k,N} \simeq \mathrm{SO}(N)/\mathrm{SO}(N-k) \simeq \mathrm{O}(N)/\mathrm{O}(N-k) \tag{9.44a}$$

类似可得复 Stiefel 流形 $V^c_{k,N}$与四元数 Stiefel 流形 $V^H_{k,N}$的陪集表达式

$$V^c_{k,N} \simeq \mathrm{U}(N)/\mathrm{U}(N-k) \tag{9.44b}$$

$$V^H_{k,H} \simeq \mathrm{SP}(N)/\mathrm{SP}(N-k) \tag{9.44c}$$

由于 O 群,U 群与辛群都存在稳定同伦群,故上述各 Stiefel 流形的稳定同伦群平庸,即它们的低阶同伦群为零,如下式所示:

$$\pi_i(V_{k,N}) = 0 \qquad (i < N-k) \tag{9.45a}$$

$$\pi_i(V^c_{k,N}) = 0 \qquad (i < 2(N-k)) \tag{9.45b}$$

$$\pi_i(V^H_{k,N}) = 0 \qquad (i < 4(N-k)) \tag{9.45c}$$

这些结果是以后分析纤维丛结构时引入分类空间的基础.

下面分析 Bott 关于 U 群同伦群的周期性定理.

U(N)是 $N \times N$ 矩阵空间的光滑子流形,其切丛与 $N \times N$ 斜厄米矩阵空间同构. 由李代数 $\mathscr{G} = u(N)$ 的 Killing 型可得矩阵 $X, Y \in \mathscr{G}$的对称黎曼内积:

$$(X,Y) = R_e(\mathrm{tr}(XY^\dagger)) = \sum_{ij} X_{ij}\overline{Y}_{ij} \tag{9.46}$$

这个内积在 U(N)上确定了一个 U(N)左右不变黎曼度规. 指数映射 Exp

$$\mathrm{Exp}: \quad \mathscr{G} \to \mathrm{U}(N)$$
$$X \to A = \mathrm{e}^X$$

将 $\mathscr{G}$中原点 O 的邻域微分同胚地映成 U(N)的恒等元 I 的邻域. 于是对每个斜厄米阵 X,对应关系:

$$t \to \exp(tX)$$

定义 U(N)的一个单参数子群,一个通过原点的测地线.

由矩阵理论知存在幺正矩阵 $B \in \mathrm{U}(N)$将 $X \in \mathscr{G}$对角化为

$$BXB^{-1} = \begin{pmatrix} ia_1 & & \\ & \ddots & \\ & & ia_n \end{pmatrix}, \qquad a_i \in \mathbb{R} \tag{9.47}$$

对幺正矩阵 $A \in U(N)$ 可对角化为

$$BAB^{-1} = \begin{pmatrix} \mathrm{e}^{ia_1} & & \\ & \ddots & \\ & & \mathrm{e}^{ia_n} \end{pmatrix}, \qquad a_i \in \mathbb{R}$$

易证

$$\det(\exp X) = \exp(\mathrm{tr} X) \tag{9.48}$$

当要求 $A \in \mathrm{SU}(N)$,要求 $\det A = 1 \Rightarrow \mathrm{tr} X = 0$.

下面应用 Morse 理论来分析 SU($2m$)群流形,与上节对球面 S^n 的分析类似,找 SU($2m$)群流形上两特殊点 I 与 $-I$ 间所有测地线集合. 即找 $X \in \mathscr{G}$,通过原点测地线,$\exp(tX)$,要求在 $t=1$ 时 $\exp X = -I$.

首先找矩阵 $B \in \mathrm{U}(N)$使 X 对角化如(9.47)式要求 $\exp X = -I$ 则要求所有

$$a_i = k_i \pi$$

k_i 为奇整数. 从 I 到 $-I$ 测地线长度 l 是

$$l^2 = (X,X) = \pi^2 \sum_1^{2m} k_i^2$$

要求为极小测地线条件是 $k_i = \pm 1$. 对 SU$(2m)$流形, $trX = 0$ 要求 $\sum_1^{2m} k_i = 0$,即要求 X 共轭于

$$X_0 = \pi \begin{pmatrix} iI_m & \\ & -iI_m \end{pmatrix}$$

即 X 为 C^{2m} 中 m 维面组成的 Grassmann 流形

$$G^c_{m,2m} \cong \mathrm{U}(2m)/\mathrm{U}(m) \times \mathrm{U}(m)$$

用 $\Omega = \Omega(\mathrm{SU}(2m))$ 表示 SU$(2m)$流形上道路空间,用 Ω^d 表示 SU$(2m)$上从 I 到 $-I$ 的极小测地线集合形成流形. 以上分析表明此流形同伦等价于 $G^c_{m,2m}$流形 ,即

$$\Omega^d \simeq G^c_{m,2m} \tag{9.49}$$

可以证明 SU$(2m)$上从 I 到 $-I$ 的每一非极小测地线的指数必$\geqslant \lambda_0 = 2m+2$. (见 Dubrovin 等“Modern Geometry”Ⅲ引理 25.4).

由(9.38)式知当 $i < \lambda_0$ 时,Ω^d 与 Ω 同伦,即

$$\pi_i(\Omega^d) = \pi_i(\Omega), \qquad i < \lambda_0 = 2m+2$$

而由(9.28)知后者又同构于 $\pi_{i+1}(\mathrm{SU}(2m))$,于是得结论

$$\pi_i(G^c_{m,2m}) \simeq \pi_{i+1}(\mathrm{SU}(2m)), \qquad i < 2m \tag{9.50}$$

另方面注意到 Grassmann 流形 $G^c_{m,2m}$为 U(m)纤维丛的分类空间,其$2m$ 普适覆盖空间为 Stiefel 流形

$$V^c_{m,2m} = \mathrm{U}(2m)/\mathrm{U}(m), \qquad \pi_i(V^c_{m,2m}) = 0, \quad i < 2m \tag{9.45b}$$

故由纤维丛系列

$$\mathrm{U}(m) \to V^c_{m,2m} \to G^c_{m,2m}$$

知

$$\pi_i G^c_{m,2m} = \pi_{i-1}\mathrm{U}(m), \quad i < 2m \tag{9.51}$$

并由纤维丛 SU$(m) \to$U$(m) \to S^1$ 的同伦正合系列知

$$\pi_i(\mathrm{SU}(m)) = \pi_i(\mathrm{U}(m)) \qquad 当\, i > 1 \tag{9.52}$$

结合以上各式可证当 $1 < i < 2m$

$$\pi_{i-1}\mathrm{U}(m) \overset{(51)}{\simeq} \pi_i G^c_{m,2m} \overset{(50)}{\simeq} \pi_{i+1}\mathrm{SU}(2m) \overset{(52)}{\simeq} \pi_{i+1}\mathrm{U}(2m) \tag{9.53}$$

进一步由(9.43b)，两边都可表示为

$$\pi_{i-1}\mathrm{U} = \pi_{i+1}\mathrm{U} \tag{9.53a}$$

此即

定理(Bott)　U 群的稳定同伦群 $\pi_i\mathrm{U}$ 具有周期 2.

为了具体计算这些同伦群，注意到 $\mathrm{U}(1)\simeq S^1$

$$\pi_0\mathrm{U}(1) = \pi_0\mathrm{U} = 0$$
$$\pi_1\mathrm{U}(1) = \pi_1\mathrm{U} = \mathbb{Z}$$

即得表 7.2 所示结果：

$$\pi_{2k}\mathrm{U} = 0, \qquad \pi_{2k+1}\mathrm{U} = Z \tag{9.54}$$

§9.5　正交群与辛群的 Bott 周期

正交群 $\mathrm{O}(n)$ 是由所有满足 $AA^t = I$ 的 $n\times n$ 实矩阵 A 组成：

$$\mathrm{O}(n) = \{A \in \mathbb{R}(n) \mid AA^t = I\}$$

而

$$\mathrm{U}(n) = \{A \in \mathbb{C}(n) \mid AA^t = I\}$$

$\mathrm{O}(n)$ 群是 $\mathrm{U}(n)$ 群的子群，继承了 $\mathrm{U}(n)$ 群的左右不变 Riemann 度规.

当 $n=2m$ 为偶数时，$\mathrm{O}(n)$ 的定义表示所作用空间$\mathbb{R}^n$ 具有复结构

$$J:\mathbb{R}^n \to \mathbb{R}^n, \qquad J^2 = -I$$

J 为$\mathbb{R}^n$ 的自同构变换，$J\in\mathrm{O}(n)$.

$\mathbb{R}^n$ 上复结构集合记为 $\Omega_1(n)$，$\mathrm{O}(n)$ 群是空间 $\Omega_1(n)$ 的传递群，令 $\mathrm{U}(n/2)$ 是 $\mathrm{O}(n)$ 中与 J 交换的所有正交变换组成子群，于是空间 $\Omega_1(n)$ 与商空间 $\mathrm{O}(n)/\mathrm{U}(n/2)$ 同构

$$\Omega_1(n) \simeq \mathrm{O}(n)/\mathrm{U}(n/2), \qquad n = 2m, m \in \mathbb{Z}_t \tag{9.55}$$

当 $n=4l$ 为 4 的整数倍，$\mathbb{R}^n$ 可能具有四元数结构，即具有两个相互反交换的复结构 J_1 与 J_2. $\mathbb{R}^n$ 上这种四元数结构集合组成空间记为 $\Omega_2(n)$.

$(\mathbb{R}^n, J_1)\simeq\mathbb{C}^{n/2}$，$\Omega_2(n)$ 也可看作复向量空间$\mathbb{C}^{n/2}$上四元数结构集合，$U(n/2)$ 在其上作用传递. 对于固定的 J_2，$\mathrm{SP}(n/4)$ 是 $\mathrm{U}(n/2)$ 中与 J_2 交换的所有幺正变换组成的子群，于是

$$\Omega_2(n) \simeq \mathrm{U}(n/2)/\mathrm{SP}(n/4), \qquad n = 4l, l \in \mathbb{Z}_+ \tag{9.56}$$

下面假定 n 可被 2^{2k-1} 整除，命 $J_1,\cdots,J_{k-1}$ 为$\mathbb{R}^n$ 上彼此反交换的复结构. 在$\mathbb{R}^n$ 还可能存在另一复结构 J 与所有$\{J_i\}_1^{k-1}$ 反交换. 命 $\Omega_k(n)$ 为$\mathbb{R}^n$ 上与固定$\{J_i\}_1^{k-1}$ 反交

换的所有复结构 J 的集合所组成空间,也即$\mathbb{R}^n$ 上具有 Clifford 代数 Cl_k 模结构,这种结构集合所组成空间,称 $\Omega_k(n)$,它是 $\Omega_{k-1}(n)$的子空间. 即有

$$\Omega_k(n) \subset \Omega_{k-1}(n) \subset \cdots \subset \Omega_1(n) \subset O(n) \tag{9.57}$$

它们都是紧致集合 $\mathrm{O}(n)$的紧致闭子集. 类似于附录 K 对各阶实 Clifford 代数结构分析,下面先着重分析 $\Omega_4(n)$,存在

定理 9.6 $\Omega_4(n) \simeq \mathrm{Sp}(n/8), \quad n = 8k, \quad k \in \mathbb{Z}_+$

证 令 J_1, J_2, J_3 为$\mathbb{R}^n$ 上彼此反交换的复结构,且仍存在另一复结构 J 与 $\{J_i\}_1^3$ 均反对易. 现分析 J 的集合所组成空间.

令 $\alpha = J_1J_2J_3 \quad \in \mathrm{O}(n)$, 满足条件

$$\alpha^2 = 1$$

故其本征值为 ±1. 利用 α 可将$\mathbb{R}^n$ 分介为 α 本征值为 ±1 的子空间

$$\mathbb{R}^n = V_1 \oplus V_2, \qquad \dim V_1 = \dim V_2 = n/2$$

由于

$$[\alpha, J_1] = 0, \qquad [\alpha, J_2] = 0$$

故 V_1 和 V_2 在 J_1, J_2 作用下不变. 下面引入 $\beta = J_3J$,

$$[\beta, J_1] = [\beta, J_2] = 0$$

而 β 与 α 反交换:

$$\alpha\beta + \beta\alpha = 0, \quad \text{即 } \beta: V_1 \leftrightarrow V_2$$

且 $\beta^2 = -1$. 故 β 是保持$\mathbb{H}^{n/4}$四元数结构的映射. 组成辛群 $\mathrm{SP}(n/8,) = \mathrm{SP}(n/8, \mathbb{C}) \cap \mathrm{U}(n/4)$. 由以上分析可得结论

$$\Omega_4(n) \simeq \mathrm{SP}(n/8), \quad n = 8k, k \in \mathbb{Z}_+ \tag{9.58}$$

类似还可证明下述同构关系: □

定理 9.7 当 n 为整数的 8 倍,存在下列同构关系:

$$\Omega_5(n) \simeq \Omega_1(\mathrm{SP}(n/8)) \simeq \mathrm{SP}(n/8)/\mathrm{U}(n/8), \quad n = 8k, k \in \mathbb{Z}_+ \tag{9.59}$$

$$\Omega_6(n) \simeq \Omega_2(\mathrm{SP}(n/8)) \simeq \mathrm{U}(n/8)/\mathrm{O}(n/8), \quad n = 8k, k \in \mathbb{Z}_+ \tag{9.60}$$

证 令$\{J_i\}_1^4$ 为$\mathbb{R}^n$ 上彼此反交换的复结构. 这时仍可能存在另一复结构 J 与所有 $\{J_i\}_1^4$ 均反交换,现分析 J 的集合所组成空间 $\Omega_5(n)$.

令 $\alpha = J_1J_2J_3, \beta = J_1J_4J$,它们相互交换,且平方均为 1. 它们有共同本征向量空间.

利用 α 的本征值 ±1 将$\mathbb{R}^n$ 分解

$$\mathbb{R}^n = V_1 \oplus V_2, \quad \dim V_1 = \dim V_2 = n/2$$

β 可与 α 交换,故保持上分解,而利用 β 的本征值 ±1 可以将 V_1 与 V_2 进一步分解

$$V_1 = W \oplus W', \qquad \dim W = \dim W' = n/4$$

注意 J_1 与 β 交换,而 J_2 与 β 反交换,故

$$J_2 : W \leftrightarrow W'$$

而 W 在 J_1 作用下不变,即 J_1 为 W 的复结构.

β 在 $\mathrm{Sp}(n/8)$ 作用下传递,而其中保持 W 的复结构 J_1 的 $\mathrm{U}(n/8)$ 子群为特定子群. 故

$$\Omega_5(n) \simeq \Omega_1(\mathrm{SP}(n/8)) \simeq \mathrm{SP}(n/8)/\mathrm{U}(n/8)$$

(9.59)得证,类似可以证明(9.60)式　□

附录 K 曾证明,实 Clifford 代数 Cl_n 模具有周期 8 结构,与它相关,存在下定理:

定理 9.8　当 n 为整数的 16 倍,存在同构关系

$$\Omega_8(n) \simeq \Omega_4(\mathrm{SP}(n/8)) \simeq \mathrm{O}(n/16) \tag{9.61}$$

证　令 $\{J_i\}_1^7$ 为 $\mathbb{R}^n$ 上彼此反交换的复结构. 这时仍可能存在另一复结构 J 与所有 $\{J_i\}_1^7$ 均反交换,现分析 J 的集合所组成空间 $\Omega_8(n)$.

$$令\quad \alpha = J_1J_2J_3, \qquad \beta = J_1J_4J_5$$
$$\gamma = J_2J_4J_6, \qquad \delta = J_1J_6J_7$$

它们相互交换,具有共同的本征向量空间,且它们的平方等于 I,本征值为 ±1.

利用 α 的本征值 ±1 可将 $\mathbb{R}^n$ 分解

$$\mathbb{R}^n = V_1 \oplus V_2, \quad \dim V_1 = \dim V_2 = n/2$$

进一步利用 β 的本征值 ±1 可将 V_1 与 V_2 进一步分解

$$V_1 = W \oplus W', \qquad \dim W = \dim W' = n/4$$

再利用 γ 与 δ 可作进一步分解

$$W = X \oplus X', \qquad \dim X = \dim X' = n/8$$
$$X = Y \oplus Y', \qquad \dim Y = \dim Y' = n/16$$

令 $\varepsilon = J_7J$,它与 α,β,γ 均可交换,故其作用不变 V,W,X 等子空间. 但 ε 与 δ 反交换,故 ε 的作用使 Y 同构地映为 Y',属于正交群 $\mathrm{O}(n/16)$. 这一同构映像也使 J 惟一确定. 由此看出 $\Omega_8(n)$ 微分同胚于正交群 $\mathrm{O}(n/16)$.

将以上结果与附录 K 关于实数域上 Cl_k 模结构一起列在表 9.2 中.

表 9.2 Cl_k 模与 O(n) 齐性子流形 $\Omega_k(n)$ 结构

k	Cl_k	M_k	d_k	ν_k	$\Omega_k(n)$	表示空间结构
0	$\mathbb{R}$	$\mathbb{R}$	1	1	$O(n)$	实向量空间 $V=\mathbb{R}^n$
1	$\mathbb{C}$	$\mathbb{C}$	2	1	$O(n)/U(n/2)$	(V,J_1)具复结构
2	$\mathbb{H}$	$\mathbb{H}$	4	1	$U(n/2)/Sp(n/2)$	(V,J_1,J_2)具四元数结构
3	$\mathbb{H}\oplus\mathbb{H}'$	$\mathbb{H}$	4	2	$G_{n/8}(H^{n/4})$	$\mathbb{H}(J_3=\pm J_1J_2)$
4	$\mathbb{H}(2)$	$\mathbb{H}(2)$	8	1	$Sp(n/8)$	$\mathbb{H}(2)$
5	$\mathbb{C}(4)$	$\mathbb{H}(2)$	8	1	$Sp(n/8)/U(n/8)$	$(\mathbb{H}(2),J_5)$具复结构 J_5
6	$\mathbb{R}(8)$	$\mathbb{H}(2)$	8	1	$U(n/8)/O(n/8)$	$(\mathbb{H}(2),J_5,J_6)$具实结构
7	$\mathbb{R}(8)\oplus\mathbb{R}(8)'$	$\mathbb{R}(8)$	8	2	$G_{n/16}(\mathbb{R}^{n/8})$	$\mathbb{R}(8)(J_7=\pm J_1J_2J_3J_5J_6J_7)$
8	$\mathbb{R}(16)$	$\mathbb{R}(16)$	16	1	$O(n/16)$	$\mathbb{R}(16)$
$k+8$	Cl_k	M_k	$16d_k$	ν_k	Ω_k	周期为 8

表中第 1 列摘自附录 I 表 2. 第 2 列 M_k 为具有 k 重反交换复结构$\{J_i\}_1^k$ 的极小空间,它是 Cl_k 的不可约$\mathbb{R}$ 模,$d_k=\dim M_k$,ν_k 为 Cl_k 的不等价不可约表示数,$\Omega_k(n)$为 O(n)齐性空间的各种闭子流形结构,其中 n 可被 2 的高次幂除尽. 表中最后一行表明周期为 8 的结构(Bott 周期).

下面进一步分析正交群的各阶同伦群的稳定同伦群,及其周期性(Bott 周期). 它与上面分析的具有多个反交换复结构的结构组成空间相关,与实 Clifford 代数 Cl_n 模的结构周期性密切相关.

定理 9.9 O(n)上从 I 到 $-I$ 的极小测地线组成空间 Ω^d 同胚于$\mathbb{R}^n$ 上的复结构空间 $\Omega_1(n)$.

证明 O(n)为 $n\times n$ 正交矩阵组成群,而其李代数 $\mathfrak{g}$ 可以和 $n\times n$ 反对称矩阵组成空间等同. 任何通过 O(n)的恒等元 I 的测地线 $\gamma(t)$($\gamma(0)=I$)均可惟一写为

$$\gamma(t)=\exp(tX),\qquad X\in\mathfrak{g}$$

令 $n=2m$,X 反对称,故存在 $B\in O(n)$使

$$BXB^{-1}=\begin{pmatrix}0 & a_1 & & & \\ -a_1 & 0 & & & \\ & & \ddots & & \\ & & & 0 & a_m \\ & & & -a_m & 0\end{pmatrix}\qquad a_i\in\mathbb{R},a_i\geqslant 0$$

$$Be^XB^{-1}=\begin{pmatrix}\cos a_1 & \sin a_1 & \\ -\sin a_1 & \cos a_1 & \\ & & \ddots\end{pmatrix}\in O(n)$$

要求 $e^X = -1$ 的充要条件是

$$a_i = k_i \pi$$

k_i 为奇整数. 而要求 $\gamma(t) = e^{tX}$是由 I 到 $-I$ 的极小测地线的充要条件是所有 $a_i = \pi$,这时

$$X = \pi J, \quad J = B^{-1}\begin{pmatrix} 0 & 1 & & & \\ -1 & 0 & & & \\ & & \ddots & & \\ & & & 0 & 1 \\ & & & -1 & 0 \end{pmatrix} B, \qquad J^2 = -1$$

故 J 为 $O(n)$ 定义表示空间$\mathbb{R}^n$ 上复结构. 反之令 J 为$\mathbb{R}^n$ 空间任一复结构,满足 $J^2 = -1$,则必存在沿 $X = \pi J$ 的测地线 $\gamma(t) = \exp(t\pi J)$,它是由 I 到 $-I$ 的极小测地线.

由此可见,$O(n)$上从 I 到 $-I$ 的极小测地线组成空间 Ω^d 同胚于$\mathbb{R}^n$ 上所有复结构组成空间 $\Omega_1(n)$.

测地线是道路空间 $\Omega(M,p,q)$上能量泛函取极值的临界点,极小测地线的临界指数为零. 可以证明 $O(n)$中从 I 到 $-I$ 的任何非极小测地线的指数都大于或等于 $\lambda_0 = n-2$. 关于此临界指数最小值 λ_0 的计算,请参看[11]. 将以上结果代入(9.38)式得

$$\pi_i \Omega_1(n) = \pi_i \Omega(O(n)) = \pi_{i+1} O(n), \quad 当 i \leqslant n-4 \tag{9.62}$$

下面分析 $O(n)$齐性空间闭子流形 $\Omega_k(n)$上的极小测地线空间 $\Omega^d(\Omega_k(n))$. 注意(9.57)式的子流形系列

$$\Omega_k(n) \subset \Omega_{k-1}(n) \cdots \subset \Omega_1(n) \subset \Omega_0(n) = O(n) \tag{9.57}$$

所有 $\Omega_l(n)$均是 $O(n)$的紧致闭子流形,且都是 $O(n)$的整体测地子流形(子流形上的每条测地线都是大流形上测地线). 且存在以下定理:

定理 9.10　所有 $\Omega_l(n)$ $(0 \leqslant l \leqslant k)$ 都是 $O(n)$时整体测地子流形,且当 $0 \leqslant l \leqslant k$,$\Omega_l(n)$中从 J_l 到 $-J_l$ 的极小测地线组成的空间 $\Omega^d(\Omega_l(n))$同胚于 $\Omega_{l+1}(n)$.

证明　熟知 $O(n)$中单位元 I 附近可取法坐标系,使邻域任何一点惟一表示为

$$A = \exp X \in O(n), \qquad X \in g$$

$\mathbb{R}^n$ 中复结构 $J \in \Omega_l(n) \subset O(n)$,在点 J 附近可取法坐标系,使领域任何点可表示为

$$A = J\exp X \in \Omega_l(n), \qquad XJ + JX = 0 \tag{9.63}$$

这时要求 $J\exp X$ 保持为$\mathbb{R}^n$ 的复结构(即保持属于 $\Omega_l(n)$),其充要条件是 X 与 J 反

交换(因为易检验,这时 $A^2 = JJJ^{-1}e^XJe^X = -e^{J^{-1}XJ}e^X = -e^{-X}e^X = -1$).

在 $\Omega_l(n)$ 上选定相互反交换复结构 $\{J_i\}_1^l$,设 $\mathbb{R}^n$ 上还存在复结构 J 与 $\{J_i\}_1^l$ 反交换,令 $J = J_lX$,易看出 X 是与 J_l 反交换且与 $\{J_i\}_1^{l-1}$ 交换的复结构,所以映射:

$$t \to \gamma(t) = J_l\exp(\pi tX) \tag{9.64}$$

定义了一条从 J_l 到 $-J_l$ 的测地线,它是 $\mathrm{O}(n)$ 上极小测地线,故也是 $\Omega_l(n)$ 的极小测地线. 此极小测地线中点

$$\gamma(\frac{1}{2}) = J_lX = J \in \Omega_{l+1}(n) \tag{9.65}$$

这样组成的从 J_l 到 $-J_l$ 的极小测地线集合组成空间 $\Omega^d(\Omega_l(n))$,它与 $\Omega_{l+1}(n)$ 同胚. □

可以证明,$\Omega_l(n)$ 中从 J_l 到 $-J_l$ 的非极小测地线的指数必大于或等于

$$\lambda_0 = \frac{n}{d_{k+1}} - 1 \tag{9.66}$$

其中 d_{k+1} 见表 9.2. 关于此临界指数最小值 λ_0 的计算,请参看[11]. 因此利用(38)式可导出阶数小于 λ_0 的各阶同伦群的同构映射

$$\pi_i(\Omega_{l+1}(n)) = \pi_i\Omega(\Omega_l(n)) = \pi_{i+1}(\Omega_l(n)), \qquad i \leqslant \lambda_0 - 2 \tag{9.67}$$

令 Ω_k 表示空间 $\Omega_k(n)$ 当 $n\to\infty$ 时的直接极限,$\Omega_0 \equiv O$ 为无穷正交群. Ω_{l+1} 与 $\Omega\Omega_l$ 都具有 CW 复形同伦型,注意到 $\lambda_0 = \frac{n}{d_{l+1}} - 1$ 随 n 趋于无穷大,表明

$$\pi_i\Omega_{l+1} \simeq \pi_i\Omega\Omega_l \simeq \pi_{i+1}\Omega_l$$

即存在同伦等价关系

$$\pi_kO \simeq \pi_{k-1}\Omega_1 \simeq \cdots\cdots \simeq \pi_1\Omega_{k-1} \tag{9.68}$$

进一步注意到(9.61)式即表 9.1 所示,正交群特定同伦群存在下定理:

定理(Bott) 无限正交群 O 和它自身的第八个闭路空间有同样的伦型,故

$$\pi_i\mathrm{O} \simeq \pi_{i+8}\mathrm{O} \tag{9.69}$$

由(9.58)式,用 Sp 表示 $\Omega_4\mathrm{O}$ 为无限辛群,由上述论证知

$$\pi_{i+4}\mathrm{O} = \pi_i\mathrm{SP}, \pi_{i+4}\mathrm{SP} \simeq \pi_i\mathrm{O} \tag{9.70}$$

因此可得表 9.1 所示结果,注意 $\mathrm{SP}(1) \simeq S^3$,是连通,单连通,单李群,其 0,1,2,3 阶同伦群分别为:0,0,0,$\mathbb{Z}$. 而 O(3) 群有两连通片,为双连通,单李群,其 0,1,2,3 阶同伦群为:$\mathbb{Z}_2$,$\mathbb{Z}_2$,0,$\mathbb{Z}$. 对高秩 O 群及辛群,很易检验表 9.1 的结果.

§9.6 拓扑障碍与示性类 Stiefel-Whitney 类

偶维球面 S^{2n} 上不存在处处非零向量场,这是由于偶维球的欧拉示性数

$$\chi(S^{2n}) = 2 \neq 0$$

流形上是否存在处处非零的向量场,是由流形整体拓扑性质决定的,流形 M 上处处非零向量场的存在,存在有整体拓扑障碍,欧拉数 $\chi(M)$ 就是种典型的拓扑障碍. 问题在于还存在其他拓扑障碍吗? 1935 年 Stiefel 与 Whitney 分析光滑流形切丛,用示性类(上同调类)来表明存在某些线性独立矢场的拓扑障碍,引入 Stiefel-Whitney 示性类. 1940 年陈省身用微分几何方法,将复矢丛的示性类(底流形的上同调类)用纤维丛联络表达,得到与联络和度规的选取无关的拓扑不变量. 这些我们将在本书第二部分认真分析,这里我们仅着重分析连续映射的扩张问题(extension of maps),其拓扑障碍(obstructions),及流形切丛的示性类等问题,对流形切丛的 Stiefel-Whitney 类作初步介绍.

设 M 为 n 维黎曼流形,在每点切空间可选正交标架 $\{e_a(x)\}_1^n$,所有正交标架集合的并组成标架丛 $L(M)$. 如在流形 M 上每点选定一正交标架 $\{e_a(x)\}_1^n$,其他正交标架 $\{e'_a(x)\}_1^n$ 与原选定标架差正交变换 $\mathrm{O}(N)$

$$e'_a(x) = e_b(x)B_a^b(x), \qquad (B_a^b(x)) \in \mathrm{O}(N)$$

因此称标架丛 $L(M)$ 为以 $\mathrm{O}(N)$ 群为纤维的主丛,可表示为

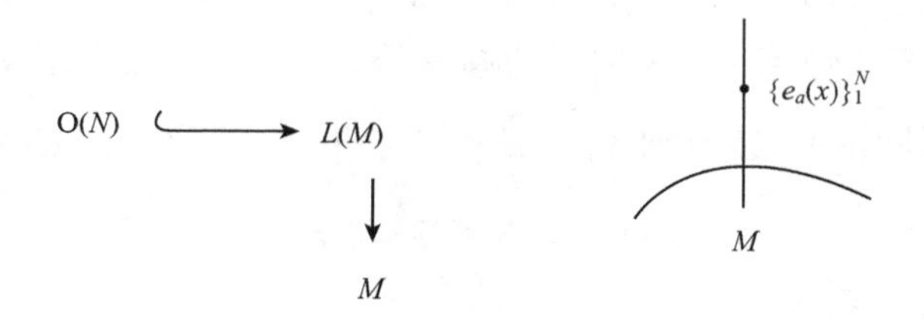

标架丛 $L(M)$ 的截面为正交标架场 $\{e_a(x)\}_1^N$,如上面所示.

标架丛 $L(M)$ 局域同构于直积流形 $\mathrm{O}(N)\times M$. $L(M)$ 的局域截面总是存在的,但一般不存在整体非零截面. 如标架丛 $L(M)$ 存在非零整体截面,即 M 上存在 n 个处处非零向量场,则称 M 为可平行化流形.

为判断流形 M 上是否存在 $k\leqslant n$ 个处处非零的相互正交的向量场,可分析由 k 个相互正交切场组成的 k 标架丛 $L(E_k)$,其纤维为 Stiefel 流形 $V_{k,n}$:

$$V_{k,n} \simeq \mathrm{SO}(n)/\mathrm{SO}(n-k) \simeq \mathrm{O}(n)/\mathrm{O}(n-k) \tag{9.71}$$

即在 M 每点固定一个 k 标架 $E_k = \{e_a(x)\}_1^k$,其他 k 标架可由 E_k 作 $\mathrm{O}(n)$ 正交转动得到,而其中在 k 标架 E_k 的正交补空间转动不变 E_k,组成特定子群 $\mathrm{O}(n-k)$,即 $V_{k,n}$ 为(9.71)所示齐性空间. 而 k 标架丛 $L(E_k)$,其纤维为 Stiefel 流形 $V_{k,n}$,可表示为

$$V_{k,n} \hookrightarrow L(E_k) \xrightarrow{\pi} M \tag{9.72}$$

$V_{k,n}$为齐性空间,如(9.71)式所示,其低阶同伦群平庸,如(9.45a)所示:

$$\pi_i(V_{k,n}) = 0, \qquad i < n - k$$

问题在于其第一个非平庸的同伦群 $\pi_{n-k}(V_{k,n}) = ?$ 例如

$$\pi_{n-1}(V_{2,n+1}) = ?$$

分析 $V_{2,n+1} = \mathrm{SO}(n+1)/\mathrm{SO}(n-1)$ 的纤维丛结构

$$S^{n-1} \xhookrightarrow{i} V_{2,n+1} \xrightarrow{\pi} S^n \tag{9.73}$$

由纤维丛同伦群正合序列(7.41)得

$$\cdots \to \pi_{j+1}(S^n) \xrightarrow{\partial} \pi_j(S^{n-1}) \xrightarrow{i_*} \pi_j(V_{2,n+1}) \xrightarrow{\pi_*} \pi_j(S^n) \to \cdots \tag{9.74}$$

将 $j = n-1$ 代入上式得

$$\cdots \to \mathbb{Z} \xrightarrow{\partial} \mathbb{Z} \xrightarrow{i_*} \pi_{n-1}(V_{2,n+1}) \xrightarrow{\pi_*} 0$$

知 i_* 为满射,而

$$\pi_{n-1}(V_{2,n+1}) \simeq \pi_{n-1}(S^{n-1})/\partial\pi_n(S^n)$$

即需认真分析同伦序列(9.74)式的边缘同态∂映射,可以证明下结论:

定理 9.11

$$\pi_{n-1}(V_{2,n-1}) \simeq \begin{cases} \mathbb{Z}_2, & \text{当 } n \text{ 为偶} \\ \mathbb{Z}, & \text{当 } n \text{ 为奇} \end{cases} \tag{9.75}$$

证 ①当 n 为偶,$\chi(S^n) = 2$,球面 S^n 上没有处处非零切场. 选有一个奇点 $p \in S^n$ 的切场 ξ,切场 ξ 在奇点 p 的指数为 2:$\mathrm{Ind}(\xi) = 2$.

分析由 n 维盘 D^n 到 S^n 的连续映射 α 及其提升 β,如图 9.3(a)所示

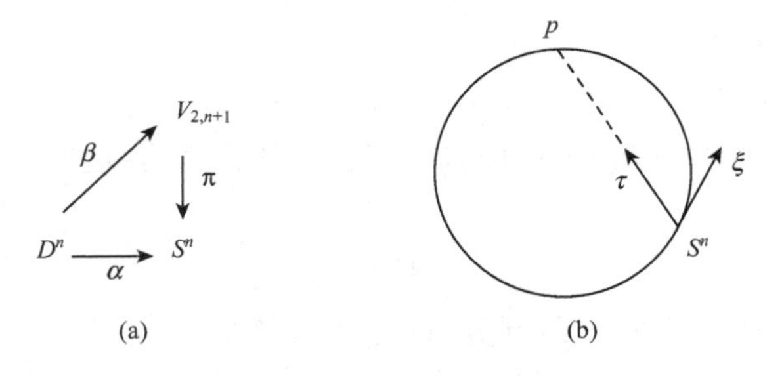

图 9.3

$S^n \backslash p \sim D^n$. 而图 9.3(b)是映射 β 的示意图

$$\beta: \quad D^n \to V_{2,n+1}$$

$$\tau \to (\tau, \xi/|\xi|)$$

其中 τ 为终点为 p 的单位矢量，ξ 为所给 S^n 上切场. 而映射 α：

$$\alpha: \quad D^n \to S^n$$
$$\partial D^n \to p$$

即 α 为 $\pi_n(S^n)$ 中生成元的代表元，为 1 阶连续映射. 而 $\pi \circ \beta = \alpha$，而将 α 限在 ∂D^n 即

$$\partial\alpha = \alpha|_{\partial D^n}: \qquad S^{n-1} \to V_{2,n+1}$$

其指数恰为切场 ξ 的指数：

$$\mathrm{Ind}(\partial\alpha) = \mathrm{Ind}(\xi) = 2$$

即

$$\pi_{n-1}(V_{2,n+1}) \simeq \mathbb{Z}_2, \qquad \text{当 } n \text{ 为偶.}$$

②当 n 为奇，$\chi(S^n)=0$，而 $\chi(S^{n-1})=2$，这时，如 $\alpha \in \pi_n(S^n)$ 的非零元，则 α 的提升有拓扑障碍，仅对 α 与 $\pi_n(S^n)$ 中零元同伦才可提升，故

$$\pi_{n-1}(V_{2,n+1}) \simeq \pi_{n-1}(S^{n-1}) = \mathbb{Z}, \quad \text{当 } n \text{ 为奇} \qquad \square$$

类似递推可证

$$\pi_{n-k+1}(V_{k,n+1}) = \begin{cases} \mathbb{Z}_2, & \text{当 } n-k \text{ 为偶} \\ \mathbb{Z}, & \text{当 } n-k \text{ 为奇，或 } k=1 \end{cases} \tag{9.76}$$

以上结果表明 Stiefel 流形 $V_{k,n+1}$ 的低阶 $(i \leqslant n-k)$ 同伦群平庸，而其 $(n-k+1)$ 阶同伦群如上式.

下面回到本节最初提出问题：何时底流形 M 上存在有 k 个相互正交的处处非零的向量场？即何时 k 标架丛 $L(E_k)$（(9.72)式）具有整体截面. 首先分析从 $L(E_k)$ 到底流形 M 的投射

$$\pi: \quad L(E_k) \to M$$

分析从底流形 M 到丛 $L(E_k)$ 上截面映射存在的拓扑障碍. 设底流形 M 为单连通，即

$$\pi_1(M) = 0$$

首先对底流形 M 作推广的三角剖分，即分析底流形 M 的各维原胞结构，分析其 CW 复形结构. CW 复形所有维数 $\leqslant j$ 的原胞集合，称为 CW 复形的 j 骨架(skeleton)，记为 K^j. 设在 $(j-1)$ 骨架 $K^{j-1} \subset M$ 上存在截面映射

$$\varphi: K^{j-1} \to L(E_k), \qquad \pi \circ \varphi = id_M \tag{9.77}$$

分析此截面映射 φ 进一步扩张为底流形 M 上截面的拓扑障碍.

令 $\sigma^j \subset K^j$ 为 M 上任意 j 原胞，在此原胞的内部开邻域内，纤维丛局域平庸，存在同胚映射

$$\pi^{-1}(\sigma^j) = \sigma^j \times F$$

在元胞边缘 $\partial\sigma^j(\sim S^{j-1}) \in K^{j-1}$，由(9.77)式知存在截面映射

$$\varphi:\quad \partial\sigma^j \to \partial\sigma^j \times F \tag{9.78}$$

下面设 $\pi_{j-1}(F)$ 非零，即存在将上述截面扩张的拓扑障碍. 进一步将上映射再用投射 P_2 投到纤维 F 上

$$P_2:\quad \partial\sigma^j \times F \to F \tag{9.79}$$

即利用 $P_2 \circ \varphi$ 可对底流形上任意 j 元胞 σ^j 定义连续映射

$$\alpha(\sigma^j, \varphi) \equiv \alpha_\varphi(\sigma^j) \in \pi_{j-1}(F)$$

对任意 j 原胞 $\sigma^j \subset M$，α_φ 可如上定义. α_φ 是定义在 j 链 σ^j 上而取值在 $\pi_{j-1}(F)$ 上的上链.

$$\sigma^j \in j\text{ 链}, \qquad \alpha_\varphi \in j\text{ 上链}$$

在各阶链群间存在同态映射：边缘算子∂. 而在其对偶的各阶上链群间存在与∂对偶的上边缘算子，记为 δ. 可以证明，(9.79)定义的上链 α_φ，实质上为上闭链(cocycle)，即可以证明对任意的$(j+1)$链 σ^{j+1}，

$$\delta\alpha_\varphi(\sigma^{j+1}) = \alpha_\varphi(\partial\sigma^{j+1}) = 0 \tag{9.80}$$

证　上式第一等式是 δ 为∂的对偶同态的定义. 关于第二等式，注意到(9.80)α_φ 的定义，是通过截面 φ(9.78)再投射到纤维 F 的映射(9.79)，而现在 α_φ 对 j 链$\partial\sigma^{j+1}$的作用，决定于$\partial(\partial\sigma^{j+1})$到纤维 F 的投射，显然它属于 $\pi_{j-1}(F)$ 的零元，故 $\delta\alpha_\varphi = 0$，即 $\alpha_\varphi \in j$ 闭链，是上闭链. □

进一步可以证明，如 $\alpha_\varphi = \delta\beta$，则对 K^{j-1} 上截面 φ 可连续改变，而不改变在 K^{j-2} 上的映射，使对新截面映射 φ 使 $\alpha_\varphi = 0$. 即相互差 $\delta\beta$ 的上闭链 α_φ 与 α'_φ 间，截面映射 φ 相互同伦，这时可称 α_φ 与 α'_φ 为相互同调. 即截面扩张的拓扑障碍由上同调群 $H^j(M, \pi_{j-1}(F))$元素标志

$$\alpha_\varphi \in H^j(M, \pi_{j-1}(F)) \tag{9.81}$$

例 9.6　流形定向问题，n 维黎曼流形上正交标架丛

$$\mathrm{O}(n) \hookrightarrow L(M) \to M$$

存在 n 维定向正交标架的拓扑障碍在于：

$$H^1(M, \pi_0(\mathrm{O}(n))) = H^1(M, \mathbb{Z}_2)$$

称为第一 Stiefel-Whitney 类记为

$$W_1(M) \in H^1(M,\mathbb{Z}_2)$$

流形 M 的第一 Stiefel-Whitney 类 $W_1(M)=0$ 为流形 M 整体可定向的必充条件.

例 9.7　流形是否存在整体自旋结构问题.

设 M 为 n 维黎曼定向流形. 可选 n 维定向标架组成流形的标架丛 $L(M)$, 是 $\mathrm{SO}(n)$ 主丛

$$\mathrm{SO}(n) \to L(M) \to M$$

$\mathrm{SO}(n)$ 群非单连通, $\pi_1(\mathrm{SO}(n))=\mathbb{Z}_2$. $\mathrm{SO}(n)$ 的普适覆盖群为 $\mathrm{Spin}(n)$, 是 $\mathrm{SO}(n)$ 的双重覆盖, 有群同态正合序列

$$1 \to \mathbb{Z}_2 \to \mathrm{Spin}(n) \to \mathrm{SO}(n) \to 1 \tag{9.82}$$

$\mathrm{SO}(n)$ 主丛可提升为 $\mathrm{Spin}(n)$ 主丛的拓扑障碍为

$$H^2(M,\pi_1(\mathrm{SO}(n))) = H^2(M,\mathbb{Z}_2) \tag{9.83}$$

称为第二 Stiefel-Whitney 类 $W_2 \in H^2(M,\mathbb{Z}_2)$.

流形 M 的第二 Stiefel-Whitney 类 $W_2=0$ 是流形 M 为自旋流形的必充条件.

例 9.8　复 m 维流形 M 上常可选幺正标架, 组成标架丛 $L(M)$, 是结构群为 $\mathrm{U}(m)$ 的主丛. 其结构群可进一步约化为 $\mathrm{SU}(m)$ 的拓扑障碍为

$$H^2(M,\pi_1(\mathrm{U}(m))) = H^2(M,\mathbb{Z})$$

称为第一陈类

$$C_1 \in H^2(M,\mathbb{Z}) \tag{9.84}$$

$C_1=0$ 为流形 M 上存在整体 $\mathrm{SU}(m)$ 结构的必充条件.

§9.7　Čech(上)同调　拓扑性质对几何结构的影响

紧致流形 M 常需被若干开集覆盖

$$M = \bigcup_{\alpha\in I} U_\alpha$$

当开集 $\{U_\alpha\}$ 的所有非空的有限交叠区 $U_{\alpha_0}\cap\cdots\cap U_{\alpha_k}$ 拓扑平庸, 则称此开覆盖 $\mathscr{U}=\{U_\alpha\}$ 为好覆盖(good cover). 例如 S^2 可被两个开集覆盖

$$S^2 = U_0 \cup U_1$$

$U_0(U_1)$ 是上(下)多半球面, 交叠区 $U_0\cap U_1$ 拓扑非平庸, 故此覆盖不是好覆盖. 可如下图将下半球面分为三个开集, 与上半球面 U_0 一起, 可得 S^2 的由四个开集组成的好覆盖, 如图 9.4 所示:

一般为得到 $S^n(n\geqslant 1)$ 的好覆盖, 开集数必须 $\geqslant n+2$, 这是因为 $\mathbb{R}^{n+1}$ 中单位球

面 S^n 是同胚于 $(n+1)$ 单形，它具有 $(n+2)$ 个顶点.

任意光滑流形均允许有好覆盖. 光滑流形每个开覆盖均允许有可数的，局域有限的加细使覆盖成为好覆盖.

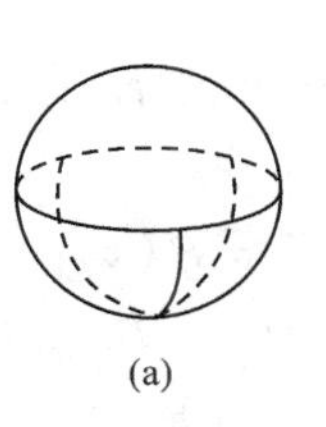

(a)

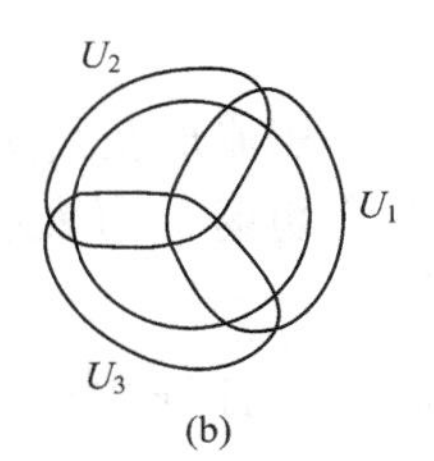

(b)

图 9.4 2 维球面 S^2 的好覆盖

流形的拓扑决定了它可能的三角剖分. 流形的好覆盖可用来定义流形 M 的三角剖分，即在每个开集 U_α 可选一点 α，这样所得点的集合 $\{\alpha_i\}_{i\in I}$ 可选为三角剖分的顶点. 如 $U_\alpha\cap U_\beta$ 非空，则可将点 α 与点 β 连接得一边，为 1 单形，记为 $U_{\alpha\beta}$. 如 $U_\alpha\cap U_\beta\cap U_\gamma$ 非空，则它相当于一个 2 单形，记为 $U_{\alpha\beta\gamma}$. 可重复此过程，使所有开集的有限交叠区都对应于有限维单形. 这样由流形的开覆盖及其非空交叠区所组成单形，称为覆盖 $\mathscr{U}$ 的神经（Nerve），记为 $\mathscr{N}(\mathscr{U})$. 开覆盖的神经 $\mathscr{N}(\mathscr{U})$ 为一复形，其顶点 $\{\alpha_i\}_{i\in I}$ 的子集合，如

$$U_{\alpha_0\cdots\alpha_k} = U_{\alpha_0}\cap U_{\alpha_1}\cap\cdots\cap U_{\alpha_k}\neq 0$$

则定义了复形 $\mathscr{N}(\mathscr{U})$ 的一个 k 维子复形，称为 Čech 链复形。覆盖的指标集 I 为可数有序集，使各 Čech 链复形都是定向链复形，可定义作用于链复形的边缘算子. ∂_i 代表忽略第 i 开集，例如

$$\partial_0:\quad U_{\alpha_0\alpha_1\alpha_2}\to U_{\alpha_1\alpha_2} = \partial_0(U_{\alpha_0\alpha_1\alpha_2})$$

复形 $\mathscr{N}(\mathscr{U})$ 与其子复形集合间可如上定义有边缘算子 ∂，$\partial = \sum_{i=0}^{n}(-1)^i\partial_i$ 这样得到的链复形 $\{C_k,\partial\}$ 可定义 Čech 同调群 $H_*(N,Z)$.

类似我们可讨论链群对偶：上链群，及对偶同态：上边缘同态 δ，Čech 上同调群。例如，讨论定义在 Čech k 链上的 l 形式 ω：

$$\omega\in\Lambda^l(U_{\alpha_0\cdots\alpha_k}) = C^k(\mathscr{U},\Lambda^l)$$

称为 k 上链. 例如

0 上链 $\quad\omega_j\in\Lambda^l(U_j)$

1 上链 $\quad\omega_{jk}\in\Lambda^l(U_j\cap U_k)\quad(\omega_{jk} = -\omega_{kj})$

k 上链 $\quad\omega_{\alpha_0\cdots\alpha_k}\in\Lambda^l(U_{\alpha_0\cdots\alpha_k})\quad(\omega_{\cdots i\cdots j\cdots} = -\omega_{\cdots j\cdots i\cdots})$

可由交替差算子定义上边缘算子 δ：

$$(\delta\omega)_{\alpha_0\cdots\alpha_{k+1}} = \sum_{i=0}^{k+1}(-1)^j\omega_{\alpha_0\cdots\hat{\alpha}_i\cdots\alpha_{k+1}},$$

这里 $\hat{\alpha}_i$ 代表将 α_i 忽略. 易证 $\delta\cdot\delta=0$，因而得 Čech 上同调

$$H^k(\mathscr{U},\Lambda^l) = \mathrm{Ker}\delta_k/\mathrm{Im}\delta_{k-1}$$

当分析流形及其切丛结构,可在各开集 U_α 选局部坐标系 $x=(x^1,\cdots,x^n)$,则切场 X 及余切场 ω 可表示为

$$X = \xi^i(x)\partial_i,\qquad \omega = \omega_i(x)\mathrm{d}x^i$$

在流形各开集的交叠区 $U_{\alpha\beta}=U_\alpha\cap U_\beta$ 存在坐标变换. 设 U_β 开集局部坐标为 $y=(y^1,\cdots,y^2)$,坐标标架间变换矩阵

$$g_{\alpha\beta}(x) = (\frac{\partial y^i}{\partial x^j}),\qquad \det(\frac{\partial y^i}{\partial x^j}) \neq 0$$

使逆变换存在. 在各点标架变换矩阵集合组成 n 维向量空间一般线性变换群 $GL(n,\mathbb{R})$,它是流形标架丛的结构群,简记为 G,而可将流形标架丛 $L(E)$ 的纤维丛结构记为

$$G \xrightarrow{i} L(E) \xrightarrow{\pi} M \tag{9.85}$$

注意转换矩阵 $g_{\alpha\beta}(x)$ 定义了一个取值结构群 G 的 Čech 1 上链:

$$g_{\alpha\beta}: U_\alpha \cap U_\beta \rightarrow G \tag{9.86}$$

即 $g_{\alpha\beta}$为定义在 Čech 1 单形上的 G 值函数,为 Čech1 上链,即 $g_{\alpha\beta}\in C^1(u,G)$,进一步注意到在三开集的交叠区 $U_{\alpha\beta\gamma}$上要求$\{g_{\alpha\beta}\}$满足 1 上闭链条件(9.86)

$$g_{\alpha\beta}g_{\beta\gamma}g_{\gamma\alpha} = 1 \tag{9.87}$$

即 $g_{\alpha\beta}$为 Čech 1 上闭链,如对流形 M 的开覆盖 $u=\{U_\alpha\}$,存在两 1 上闭链$\{g_{\alpha\beta}\}$与$\{g'_{\alpha\beta}\}$,二者相互等价的必充条件是,对每个开集 U_α 存在连续映射

$$g_\alpha: U_\alpha \rightarrow G,\qquad g_\alpha \in C^\circ(u,G)$$

使得

$$g'_{\alpha\beta} = g_\alpha^{-1}\cdot g_{\alpha\beta}\cdot g_\beta$$

即存在 Čech 0 上链 $g=\{g_\alpha\}_{\alpha\in I}$,使两 1 上闭链相互同调,二者仅差上边缘,故属于 $H^1(u,G)$ 的同一同调类,$g_{\alpha\beta}\in H^1(u,G)$.

当 u'是开覆盖 u 的加细(refinement),好覆盖的加细必为好覆盖。则利用覆盖中各开集的限制映射

$$\nu:\quad H^1(u,G)\rightarrow H^1(u',G)$$

可利用两次加细而得直接极限

$$\lim H^1(u,G) = H^1(M,G)$$

它代表了流形 M 上主 G 丛的 1 阶 Čech 上同调闭链集合. 当 G 为 Abel 群时,它是

流形 M 的 1 阶 Čech 上同调群，而当 G 是非 Abel 群，则 $H^1(M,G)$ 不是群，仅为 G 模. Čech 上同调是取值在结构群 G 上的层上同调(sheaf cohomology)的特殊情况. 它标志流形 M 上主 G 丛等价类的特征.

上述 Čech 上同调分析表明，纤维丛在交叠区转换函数 $g_{\alpha\beta}$ 为 Čech 1 上同调类中元素

$$g_{\alpha\beta} \in H^1(M,G) \tag{9.88}$$

Čech 上同调是分析纤维丛结构群的有效工具.

如存在群间同态正合短序列

$$1 \to H \xrightarrow{i} G \xrightarrow{j} K \to 1 \tag{9.89}$$

则由 Čech 上同调论知对紧致流形 M，存在长正合序列

$$\begin{aligned} &H^0(M,H) \xrightarrow{i_*} H^0(M,G) \xrightarrow{j_*} H^0(M,K) \to \\ &\to H^1(M,H) \xrightarrow{i_*} H^1(M,G) \xrightarrow{j_*} H^1(M,K) \end{aligned} \tag{9.90}$$

$H^0(M,G)$ 为 0 上闭链同调类集合，与 M 到 G 的连续映射恒等，而 i_* 与 j_* 可由系数同态明显得到，但注意虽然序列(9.89)中 j 为满同态，但是(9.90)中诱导同态 j_* 非满射.

注意长正合序列(9.90)第 2 列各项 $H^1(M,G)$ 具有自然的 G 模结构，但不一定具有群结构，仅当 G 是 Abel 群，$H^1(M,G)$ 才具有群结构，成为第 1 阶 Čech 上同调群. 在序列(9.90)中，$H^1(M,K)$ 需由 $H^1(M,G)$ 被 $H^1(M,H)$ 右除作用得到. 当 H 为 Abel 群，$H^1(M,H)$ 具有群结构，正合序列(9.90)可进一步延伸，用上边缘同态 ∂ 运算可得到第 2 阶 Čech 上同调群 $H^2(M,H)$，即有同态正合序列

$$\to H^1(M,H) \xrightarrow{i_*} H^1(M,G) \xrightarrow{j_*} H^1(M,K) \xrightarrow{\partial} H^2(M,H) \to \tag{9.90a}$$

下面先分析流形 M 的定向问题，分析何时 M 的标架丛可由主 $O(n)$ 丛(纤维为 $O(n)$ 的丛)进一步约化为主 $SO(n)$ 丛. 注意存在群同态正合系列：

$$1 \to SO(n) \xrightarrow{i} O(n) \xrightarrow{j} Z_2 \to 1 \tag{9.91}$$

诱导映射为

$$W_1: \quad H^1(M,O(n)) \xrightarrow{j_*} H^1(M,\pi_0(O(n))) = H^1(M,Z_2) \tag{9.92}$$

恰为第一 Stiefel-Whitney 类. 一般非零，当

$$W_1(M) = H^1(M,\pi_0(O(n))) = H^1(M,Z_2) = 0$$

则

$$i_*:\quad H^1(M,\mathrm{SO}(n)) \to H^1(M,\mathrm{O}(n))$$

为满映射,即流形 M 上必可选定向正交标架,流形 M 为可定向流形. 即第一 Stiefel-Whitney 类 $W_1=0$ 为流形可定向的必充条件.

下面分析流形 M 上存在自旋结构的条件. 设流形 M 为可定向黎曼流形,其标架丛可约化为纤维为 $\mathrm{SO}(n)$ 群的主丛. $\mathrm{SO}(n)$ 群非单连通,$\pi_1(\mathrm{SO}(n))=Z_2$,存在其普适覆盖群:自旋群 $\mathrm{Spin}(n)$,$\pi_1(\mathrm{Spin}(n))=0$,存在群同态正合序列:

$$1 \to Z_2 \xrightarrow{i} \mathrm{Spin}(n) \xrightarrow{j} \mathrm{SO}(n) \to 1 \tag{9.93}$$

与(9.89)式后的分析相同,存在 Čech 上同调正合长序列,且这时因为 Z_2 为 Abel 群,序列(9.90)可进一步延长. 得

$$H^1(M,Z_2) \xrightarrow{i_*} H^1(M,\mathrm{Spin}(n)) \xrightarrow{j_*} H^1(M,\mathrm{SO}(n)) \xrightarrow{\partial} H^2(M,Z_2) \to \tag{9.94}$$

诱导的上边缘映射恰为

$$W_2: H^1(M,(\mathrm{SO})(n)) \xrightarrow{\partial} H^2(M,\pi_1(\mathrm{SO}(n))) = H^2(M,Z_2) \tag{9.95}$$

为第二 Stiefel-Whitney 类. 一般非零,而其为零的必充条件为 $\mathrm{Ker}\partial=\mathrm{Im}j_*$,即来自结构群为 $\mathrm{Spin}(n)$ 的主丛. 仅当 $H^2(M,\pi_1\mathrm{SO}(n))=W_2=0$,

$$j_*: H^1(M,\mathrm{Spin}(n)) \to H^1(M,\mathrm{SO}(n))$$

为满映射,M 上的 $\mathrm{SO}(n)$ 主标架丛必可提升为 $\mathrm{Spin}(n)$ 主丛,即底流形 M 为自旋流形,存在整体 $\mathrm{Spin}(n)$ 主丛.

复 m 维流形 M 上必可选幺正标架,使标架丛及其伴丛结构群 G 为 $\mathrm{U}(m)$,$\mathrm{U}(m)$ 不是半单李群:

$$\mathrm{U}(m) = \mathrm{U}(1) \times \mathrm{SU}(m)$$

流形上切丛结构群是否可约化到单李群 SU_m 常存在拓扑障碍,注意到群同态系列

$$0 \to \mathbb{Z} \xrightarrow{i} \mathbb{R} \xrightarrow{j} \mathrm{U}(1) \to 0 \tag{9.96}$$

其中所有群均为 Abel 群. 于是存在 Čech 上同调群正合长序列.

$$H^1(M,Z) \xrightarrow{i_*} H^1(M,\mathbb{R}) \xrightarrow{j_*} H^1(M,\mathrm{U}(1)) \xrightarrow{\partial} H^2(M,\mathbb{Z}) \to \tag{9.97}$$

诱导的上边缘映射为

$$C_1:\quad H^1(M,\mathrm{U}(1)) \to H^2(M,\pi_1(\mathrm{U}(1))) = H^2(M,Z)$$

为流形 M 的第一 Chern 类,复流形切丛结构群可约化为 $\mathrm{SU}(m)$ 的必充条件是第一陈类 $c_1=0$.

令 $L(M)$ 为 n 维光滑流形 M 上标架丛，即如(9.85)所示，是具纤维为 $GL(n,\mathbb{R})$ 的纤维丛

$$GL(n,\mathbb{R}) \hookrightarrow L(M) \xrightarrow{\pi} M \tag{9.98}$$

$L(M)$ 代表在每点 $x \in M$ 的切空间 T_xM 所有线性标架集合的并组成的标架丛，也称为以 $GL(n,\mathbb{R})$ 为纤维的主丛(principal bundle)(其精确定义见13章). 也可记为 $P(M,GL(n,\mathbb{R}))=L(M)$.

对黎曼流形，在每点切空间可选正交标架，流形上所有正交标架的并，组成黎曼流形 M 上正交标架丛，可记为

$$O(n) \hookrightarrow P(M) \xrightarrow{\pi} M \tag{9.99}$$

也可将正交标架丛称为以 $O(n)$ 群为纤维的主丛 $P=P(M,O(n))$.

对紧致定向黎曼流形，可选定向正交标架，形成流形 M 上以 $SO(n)$ 为纤维的标架丛(主丛)

$$SO(n) \hookrightarrow P(M) \xrightarrow{\pi} M \tag{9.100}$$

$O(n)$, $SO(n)$ 均为 $GL(n,\mathbb{R})$ 的李子群. 主丛 $P(M,O(n))$((9.99)式), $P(M,SO(n))$((9.100)式)均为标架丛 $L(M)=P(M,GL(n,\mathbb{R}))$(9.98)式)的主子丛. 当流形 M 上标架丛 $L(M)$ 可约化为其主子丛 $P(M,G)$，其中 $G\subseteq GL(n,\mathbb{R})$ 为 $GL(n,\mathbb{R})$ 的李子群，则称流形 M 具有 G 结构. 紧致流形 M 的拓扑性质对流形 M 上可能存在的 G 结构(也称为几何结构)有很强的限制. 我们将在下面各章中逐次分析，下面将常遇情况列表9.3所示.

表9.3

名称	G 结构	必要条件
黎曼流形	$O(n)$	无
Loientz 流形	$O(1,n-1)$	欧拉数 $\chi(M)=0$
定向流形	$SL(n,\mathbb{R})$	$H^n(M,\mathbb{R})\neq 0$
定向黎曼流形	$SO(n)$	$W_1=0, W_1\in H^1(M,\mathbb{Z}_2)$
自旋流形	$Spin(n)$	$W_2=0, W_2\in H^2(M,\mathbb{Z}_2)$
辛流形	$Sp(n,\mathbb{R})$	$n=2m, H^n(M,\mathbb{R})\neq 0, H^2(M,\mathbb{R})\neq 0$
复流形	$GL(m,\mathbb{C})$	$H^{2m}(M,\mathbb{R})\neq 0$
厄米流形	$U(m)$	$H^{2m}(M,\mathbb{R})\neq 0$
Kähler 流形	$U(m)$	$H^{2k}(M,\mathbb{R})\neq 0, k=1,2,\cdots,m$
Calabi-Yau 流形	$SU(m)$	$H^{2k}(M,\mathbb{R})\neq 0, k=1,2,\cdots,m,\quad c_1=0, c_1\in H^2(M,\mathbb{R})$

习　题　九

1. 已知$\mathbb{C}P^n$ 的元胞结构(9.5). 请利用 Morse 不等式,找到$\mathbb{C}P^n$ 的各阶 Betti 数.

2. 请利用同伦群同态正合序列证明 U 群、O 群及辛群均存在稳定同伦群,并请给出稳定性条件. 并请证明(9.45a)式.

3. 请给出$\mathbb{R}^4$ 空间上复结构集合组成空间的陪集结构.

4. 什么叫流形 M 的好覆盖. 请具体给出 S^1,S^2,S^3 的好覆盖.

第十章　辛流形　切触流形

分析力学(经典力学的拉格朗日形式与哈密顿形式)在经典力学与量子力学的对应中起关键作用. 经典力学中描写具有 n 个自由度的点粒子,可用 n 个坐标 $\{q^i;i=1,\cdots,n\}$ 来标志体系位型空间 M. 体系的运动状态需由坐标 q^i 及速度 $\dot{q}^i$ 来描述,它们组成位型空间 M 的切丛 $T(M)$ 的局部坐标. 动力学体系的拉格朗日量 $L=L(q^i,\dot{q}^i)$ 是定义在位型空间切丛上函数.

位型空间的余切丛 $T^*(M)$,即体系的相空间用局部坐标 $\{q^i,p_i;i=1,\cdots,n\}$ 来描述. p_i 为粒子的广义动量. 动力学体系的哈密顿量 $H=H(q^i,p_i)$ 是定义在位型空间余切丛上函数. 动力学体系的相空间 $\{q^i,p_i\}$ 为偶维流形,是具有辛结构的辛流形.

为描写动力学体系状态随时间的变化,需用态空间(扩展相空间)描述,具有 $2n+1$ 个独立变量 $\{q^i,p_i,t\}$. 显含时间的哈密顿量 $H=H(q^i,p_i,t)$ 是定义在态空间上函数. 态空间是奇维流形,是具有切触结构的切触流形. 保持切触结构的变换称切触变换. 分析力学中保持运动方程正则形式的正则变换就是切触变换.

本章将着重分析具有辛结构的辛流形(辛几何)和具有切触结构的切触流形(切触几何).

§10.1　辛流形(M,ω)

我们首先来分析流形上辛结构.

定义 10.1　光滑流形 M 上微分 2 形式 $\omega\in\Lambda^2(M)$,若满足以下两条件:

(1) ω 是非退化 2 形式:当在流形上取局域坐标系,2 形式 ω 可表示为

$$\omega = \frac{1}{2}\omega_{ij}(x)\mathrm{d}x^i \wedge \mathrm{d}x^j$$

非退化条件可表示为上式系数组成矩阵行列式非零

$$\det(\omega_{ij}) \neq 0 \tag{10.1}$$

(2) ω 是闭形式,即

$$\mathrm{d}\omega = 0 \tag{10.2}$$

则称 ω 为流形 M 上辛结构.

如果微分 2 形式 ω 仅满足条件(1),则称 ω 为近辛结构(almost symplectic structure).

如果 ω 仅满足条件(2),则称 ω 为予辛结构(presymplectic structure).

定义 10.2　光滑流形 M,当具有辛结构 ω,则(M,ω)称辛流形.

下面我们分析具有辛结构的辛流形(M,ω)的一些基本性质.

在辛流形 M 上每点的切空间 $T_p(M)$ 是辛线性空间,即其中任两向量 $X,Y\in T_p(M)$间可定义有斜对称内积.

$$\omega(X,Y)\equiv\langle\omega;X,Y\rangle\equiv-\omega(Y,X)$$

ω 的非退化条件要求

$$\omega(X,Y)=0,\quad\forall Y\in T_p(M)\Rightarrow X=0$$

即对向量 X,当它与 $T_p(M)$ 中其他所有向量 Y 的内积为零,则必有 $X=0$.

斜对称矩阵奇维必奇异,因此非退化条件(1)表明切空间必偶维 $d=2n$,且

$$\omega^n\equiv\bigwedge_n\omega\neq0\tag{10.1a}$$

上式中我们将微分形式外乘用幂次简化表示,这是因为 ω 为 2 形式,其外乘与普通乘法相同. 此式表明在流形 M 上存在处处非零的 $2n$ 形式,它就是流形 M 的体积元. 故辛流形 M 必为偶维定向流形,但其逆不一定真,例如四维球 S^4 是偶维定向流形,但 S^4 上不允许有辛结构,这点可由下面上同调论分析看出.

当流形 M 为紧辛流形,ω^n 为恒正体积元,是 de Rham 上同调群 $H^{2n}(M,R)$ 的生成元,上同调类$[\omega^n]\neq0$ 导致

$$[\omega]\neq0\quad\Rightarrow[\omega^k]\neq0,\quad k=1,2,\cdots,n$$

$$[\omega^k]\in H^{2k}(M,\mathbb{R}),\quad k=1,2,\cdots,n$$

故 $H^{2k}(M,\mathbb{R})$ 均非零. 故紧辛流形 M 的各阶偶贝蒂数均非零

$$b_{2k}=\dim H^{2k}(M)>0,\qquad k=1,2,\cdots,n$$

由此性质我们知道维数$\neq2$ 的球 $S^n(n\neq2)$没有辛结构,仅在与 S^2 同胚的 CP^1 上可定义有辛结构.

Darboux 曾经证明如下重要定理(见 V. I. Arnold. Mathematical Method of Classical Mechanics. 1978. P230)

定理 10.1 (Danboux' Theorem)　令 M 为 $2n$ 维光滑流形,ω 为在点 $x\in M$ 邻域上非退化闭 2 形式,则在点 x 邻域可选局域坐标$\{q^1,\cdots,q^n,p_1,\cdots p_n\}$,使微分形式 ω 具有如下标准形式:

$$\omega=\mathrm{d}p_i\wedge\mathrm{d}q^i\equiv\sum_{i=1}^{n}\mathrm{d}p_i\wedge\mathrm{d}q^i\tag{10.3}$$

这时局域坐标$\{p_i, q^i\}_1^n$,称为 Darboux 坐标.

辛结构 ω 满足的条件(2):ω 为闭形式,表明在辛流形(M,ω)上,辛结构 ω 可积. 保持辛结构的微分同胚变换称为辛自同构. 由上述定理可得结论,具有相同维数的所有辛流形均局域辛自同构,即在辛流形上必可选局域坐标使辛结构 ω 具标准形式(10.2).

辛结构 ω 满足的条件(1):ω 为非退化 2 形式,由于辛结构 ω 非退化,可在流形 M 的切场 $\mathscr{X}(M)$ 与余切场 $\Lambda^i(M)$ 间建立对应关系,即存在映射 μ:

$$\mu:\quad X\in\mathscr{X}(M)\to -i_X\omega\in\Lambda^1(M)$$

用局域坐标系,$X=\xi^i\partial_i$,

$$-i_X\omega=-\omega_{ij}\xi^i\mathrm{d}x^j \tag{10.4}$$

因为 ω 非退化,切场与余切场间对应为 1 - 1 的,也可定义逆映射.

这里我们将反对称的辛结构与对称的度规结构作一简单对比. 度规张量常能通过坐标变换在一点化为对角形式(见 §4.1),$g_{ij}=\pm\delta_{ij}$,而一般不能在该点邻域化为对角形,除非曲率张量系数 R_{ijkl} 全为零. 为判断平坐标系是否存在,需研究由 g_{ij} 的二阶导数表达的曲率张量,仅当所有 R_{ijil} 均为零,才可能存在局域平坐标使 $g_{ij}=\pm\delta_{ij}$. 而辛结构是局域可积的,可局域辛同胚于标准形式,可在任意点的邻域通过保辛结构的坐标变换化为标准形式(10.3),即可取局域 Darboux 坐标. 即辛几何实质上是整体(global)的,相同维数的辛流形局域辛自同构,如何区别同维辛流形的整体特征,整体辛不变量的研究是一重要课题.

对任意光滑流形上均可定义黎曼结构,但是,不是任意光滑流形都可存在辛结构. 存在辛结构的流形必须是偶维定向,对紧流形还需各偶阶贝蒂数大于零. 例如 $S^{2n}(n>1)$ 均无辛结构. 对紧半单李群 G,由第八章知其二阶同调群平庸:$H^2(G,R)=0$,故这种群流形上均不存在辛结构.

下面举几种典型的辛流形为例来说明辛流形的一些特点,并由此可见辛流形的重要性.

例 10.1 位型空间 N 的余切丛,$M=T^*(N)$,对于物理应用来说,这是最重要的流形,这里 N 为任意 n 维流形,例如为描写具 n 个自由度的点粒子体系的位型空间,在一点邻域可选局域坐标$\{q^i, i=1,\cdots,n\}$来描写. 流形 N 的切丛为

$$T(N)=\bigcup_{x\in N}T_x(N)$$

而余切丛 $T^*(N)=\bigcup\limits_{x\in N}T_x^*(N)$,其中 $T_x^*(N)$ 为 $T_x(N)$ 的对偶线性空间,可选对偶基来表示.

余切丛 $T^*(N)=M$ 为 $2n$ 维流形,M 上的辛结构可由流形 N 的光滑结构如下决定. 即在 $2n$ 维流形 $M=T^*(N)$ 上可选局部坐标系$\{p_i, q^i, i=1,\cdots,n\}$,可引入正

则 1 形式

$$\vartheta = \sum_i p_i \mathrm{d}q^i \in \Lambda^1(M) \tag{10.5}$$

此正则 1 形式与位型流形上局域坐标系的选取无关. 由其外微分得到光滑的 2 形式

$$\omega = \mathrm{d}\vartheta = \sum_i \mathrm{d}p_i \wedge \mathrm{d}q^i \qquad \in \Lambda^2(M)$$

给出余切丛 $M = T^*(N)$ 上的辛结构. 注意正则 1 形式 ϑ 能在 M 上整体定义,称为 M 的辛势. 在经典力学中底流形 N 称为位型空间,其余切丛 $T^*(N) = M$ 称为哈密顿体系的相空间,而余切矢 $\{p_i\}$ 为与广义坐标 $\{q^i\}$ 对偶的广义动量.

注意并非所有辛流形都能由此方法得到. 余切丛 $T^*(N)$ 一般非紧流形,且它的辛形式 $\omega = \mathrm{d}\vartheta$ 为正合形式. 而辛流形仅要求 ω 为闭形式,存在着非正合的辛形式,即可能存在着不同种类的辛流形.

例 10.2　李群的余伴随轨道.

这段需要用到较多李群、李代数及其表示知识,与流形上微分方程组有关. 通过这段分析可看出如何通过流形的对称变换组成流形的辛结构,为下面几节对流形的辛叶,约化相空间,动量映射等打下基础.

令 G 为一李群,$\mathfrak{g}$ 是其李代数,$\mathfrak{g}^*$ 是与线性空间 $\mathfrak{g}$ 对偶的线性空间,正如第二章的分析,李代数 $\mathfrak{g}$ 作为线性空间可与群上恒等元处切空间 $T_e(G)$ 同构,进一步可将 $\mathfrak{g}$ 实现为群 G 流形上左不变向量场代数. 这时 $\mathfrak{g}^*$ 可实现为群 G 流形上左不变 1 形式.

G 对自己的共轭作用

$$\varphi_g:\quad G \to G, h \to ghg^{-1}, \quad \forall g, h \in G$$

此作用在 $h = e$ 时的线性化得 G 对李代数 $\mathfrak{g}$ 的作用,得 G 的伴随表示

$$Ad:\quad G \to Aut(\mathfrak{g}), \quad g \to Ad_g$$

此作用诱导 G 在 $\mathfrak{g}^*$ 上对偶作用,得到 G 的余伴随表示

$$Ad^*:\quad G \to Aut(\mathfrak{g}^*), \quad g \to Ad_g^*$$

而对应的无穷小变换,即相应李代数 $\mathfrak{g}$ 的伴随表示 ad 及余伴随表示

$$ad:\quad \mathfrak{g} \to \mathrm{End}(\mathfrak{g}), \quad X \to ad_X$$

而

$$ad_X Y = [X, Y], \qquad X, Y \in \mathfrak{g}$$

而李代数 $\mathfrak{g}$ 的余伴随表示

$$ad^*:\quad \mathfrak{g} \to \mathrm{End}(\mathfrak{g}), \quad X \to ad_X^*$$

令 $\sigma\in\mathfrak{g}^*$，则$\langle ad_X^*\sigma,Y\rangle=\langle\sigma,[X,Y]\rangle$.

在空间 $\mathfrak{g}^*$ 中任一点 $\sigma\in\mathfrak{g}^*$ 在群 G 作用下得通过 σ 点的轨道 N_σ，在轨道流形 N_σ 上与李代数元 $X\in\mathfrak{g}$ 对应的基本向量场记为 ξ_X，可用下式来定义流形 N_σ 上的2形式 ω_σ

$$\omega_\sigma(\xi_X,\xi_Y)=\langle\sigma,[X,Y]\rangle \tag{10.6}$$

令 G_σ 记点 σ 的稳定子群，其对应李代数记为 $\mathfrak{g}_\sigma$，则切空间 $T_\sigma N$ 与 $\mathfrak{g}/\mathfrak{g}_\sigma$ 同构. 很易证明2形式 ω_σ 在 $T_\sigma N$ 上非退化. 所以由(10.6)式引入的2形式 ω_σ 在轨道 N_σ 上非退化. 进一步利用李代数的 Jacobi 恒等式可以证明 ω_σ 为闭2形式. 所以非退化闭2形式 ω_σ 为轨道 N_σ 上的辛结构. 李群 G 在 $\mathfrak{g}^*$ 空间中的余伴随轨道(N,ω)为辛流形.

在§10.5中我们将分析齐性辛流形. 任意齐性辛流形均为某李群的余伴随轨道.

例 10.3　复投射流形及 Kähler 流形.

在下章中我们将介绍具有复结构的复流形(M,J). 任意 n 维流形都可引入度规结构，而在下章中我们将介绍，在复流形上进一步引入度规结构后，可得到相容的辛结构. 因此下章将介绍的复投射流形和 Kähler 流形都是辛流形. 所有 Kähler 流形都是辛流形，但反之不一定对，请见下章讨论.

§10.2　辛向量场与哈密顿向量场　泊松括弧

在辛流形(M,ω)上，保辛结构变换的无穷小生成元 $X\in\mathscr{X}(M)$ 被称为辛矢场，它满足

$$L_X\omega=0,\qquad X\in\mathscr{X}(M) \tag{10.7}$$

注意到映射

$$X\longrightarrow L_X$$

是实线性映射，即 $L_{aX+bY}=aL_X+bL_Y\ (a,b\in\mathbb{R})$，故由(10.7)式定义的辛矢场集合是辛流形 M 上向量场空间的子空间，用 $\mathrm{Sym}(M)$ 标志辛矢场集合. 进一步注意到 $[L_X,L_Y]=L_{[X,Y]}$，使如 $X,Y\in\mathrm{Sym}(M)$，则$[X,Y]$也是辛矢场. 于是 $\mathrm{Sym}(M)$ 形成 M 上向量场李代数 $\mathscr{X}(M)$ 的李子代数.

注意到辛流形上辛结构 ω 为闭形式，$d\omega=0$，故

$$L_X\omega=(d\cdot i_X+i_X\cdot d)\omega=di_X\omega$$

使辛矢场 X 满足方程(10.7)相当于 $i_X\omega$ 为闭形式. 因此存在下面命题.

命题 10.2　令 $X\in\mathscr{X}(M)$ 为辛流形(M,ω)上的向量场，则下面各条件等价：

(1) X 是一辛矢场,记为 $X \in \mathrm{Sym}(M)$;

(2) 辛结构 ω 沿 X 方向李导数为零:$L_X\omega = 0$;

(3) $i_X\omega$ 是闭形式,即 $\mathrm{d}i_X\omega = 0$.

令 X 为流形 M 上辛矢场,$X \in \mathrm{Sym}(M)$,这时 $i_X\omega$ 为流形 M 上闭 1 形式,而闭 1 形式是流形 M 的 1 阶 de Rham 上同调群 $H^1(M,\mathbb{R})$ 的生成元,令 X 与 $i_X\omega$ 所代表的 $H^1(M,\mathbb{R})$ 中上同调类 $[i_X\omega]$ 相对应就得到一个标准的满线性映射 μ_s

$$\mu_s:\quad \mathrm{Sym}(M) \to H^1(M,\mathbb{R}) \qquad (10.8)$$
$$X \to [-i_X\omega]$$

它是(10.4)式映射 μ 在辛矢场上的限制. 下面进一步分析此映射的核,即使 $i_X\omega$ 为一正合形式

$$-i_X\omega = \mathrm{d}f, \qquad f \in F(M)$$

注意到辛结构 ω 为非退化 2 形式,(10.4)式映射 μ 为 1-1 对应的实线性映射,存在逆映射 μ^{-1},对于流形上任意光滑函数 $f \in F(M)$,映射

$$\mu^{-1}:\quad \mathrm{d}f \in \Lambda^1(M) \to X_f \in \mathscr{X}(M) \qquad (10.9)$$

向量场 $X_f = \mu^{-1}(\mathrm{d}f)$ 称为哈密顿矢场,满足

$$-i_{X_f}\omega = \mathrm{d}f \qquad (10.9\mathrm{a})$$

我们知道正合形式必是闭形式,反之不一定. 对应地,哈密顿矢场必是辛矢场,反之不一定. 用 $\mathrm{Ham}(M)$ 表示辛流形上所有哈密顿矢场集合,以上分析表明

$$\mathrm{Ham}(M) \subset \mathrm{Sym}(M) \subset \mathscr{X}(M)$$

易证以上包含关系也是李代数的包含关系(是子代数链系列). 且存在以下引理

引理 10.3　如 $X, Y \in \mathrm{Sym}(M)$,则

(1) $[X,Y] = X_{\omega(X,Y)}, \qquad \in \mathrm{Ham}(M)$ (10.10a)

(2) $[X,X_f] = X_{Xf}, \qquad X_f \in \mathrm{Ham}(M)$ (10.10b)

证　(1) 由于 $i_{[X,Y]} = [L_X, i_Y]$,故

$$\begin{aligned} i_{[X,Y]}\omega &= L_X i_Y\omega - i_Y L_X\omega \\ &= (\mathrm{d}\cdot i_X + i_X\mathrm{d})i_Y\omega = \mathrm{d}\cdot i_X \cdot i_Y\omega = \mathrm{d}\omega(Y,X) \end{aligned}$$

右端为正合 1 形式,对比(9)式得 $[X,Y] = X_{\omega(X,Y)}$

(2) 因为 $Xf = \langle \mathrm{d}f; X\rangle = -\langle i_{X_f}\omega; X\rangle = \omega(X, X_f)$

而哈密顿矢场 X_f 必为辛矢场,再由(10.10a)式得

$$[X, X_f] = X_{\omega(X,X_f)} = X_{Xf}$$

由此引理可推出 $\mathrm{Ham}(M)$ 不仅为李代数 $\mathrm{Sym}(M)$ 的子代数,而且 $\mathrm{Ham}(M)$ 是李代数 $\mathrm{Sym}(M)$ 的理想.

由映射(10.9)知,对流形 M 上任意光滑函数 $f\in F(M)$,可存在惟一的哈密顿矢场 $X_f\in \mathrm{Ham}(M)$ 即存在实线性映射 λ

$$\lambda:\quad F(M)\to \mathrm{Ham}(M)$$
$$f\to X_f$$

此映射的核等于外微分算子的核,是流形 M 上局域常函数 $H^0(M,\mathbb{R})$. 与(10.8)表示的映射 μ_s 结合,可得如下实线性映射正合系列:

$$0\to H^0(M,\mathbb{R})\to F(M)\xrightarrow{\lambda}\mathrm{Sym}(M)\xrightarrow{\mu_s}H^1(M,\mathbb{R})\to 0 \tag{10.11}$$

μ_s 为满映射

$$\mathrm{Ker}\mu_s = \mathrm{Img}\lambda = \mathrm{Ham}(M)$$

哈密顿矢场都是辛矢场,反之不一定,但是当 M 为单连通流形,$H^1(M,\mathbb{R})=0$,映射 λ 成为满映射,这时所有辛矢场都是哈密顿矢场.

哈密顿矢场 X_f 在点 x 处为零的充要条件是 $\mathrm{d}f|_x=0$,这时 x 为 X_f 的一个临界点. 当 M 为紧流形,每一哈密顿矢场在 M 上至少有两个零点. 而对辛矢场,仅当它不是哈密顿矢场时,有可能在任一点处都非零.

流形 M 上辛结构 ω 非退化,在切场与余切场间的映射 μ 为 1－1 对应的实线性映射,存在着逆映射 μ^{-1}. 下面我们更认真地分析下映射 μ^{-1}. 当在流形上取局域坐标,辛结构 ω 可表为

$$\omega = \frac{1}{2}\omega_{ij}(x)\mathrm{d}x^i \wedge \mathrm{d}x^j$$

矩阵$(\omega_{ij}(x))$非奇异,存在逆矩阵,用$(\lambda^{ij}(x))$表示$(\omega_{ij}(x))$的转置逆矩阵,即

$$\lambda^{ij}(x)\omega_{jk}(x) = -\delta^i_k$$

$(\lambda^{ij}(x))$也为反对称非退化矩阵,可利用它组成双矢

$$\Lambda = \lambda^{ij}(x)\frac{\partial}{\partial x^i}\otimes\frac{\partial}{\partial x^j},\qquad \lambda^{ji}(x) = -\lambda^{ij}(x) \tag{10.12}$$

利用此双矢 Λ 可将逆映射 μ^{-1} 表示为

$$\mu^{-1}:\quad \Lambda^1(M)\to\mathscr{X}(M)$$
$$\alpha_i\mathrm{d}x^i\to\langle\alpha_i\mathrm{d}x^i,\Lambda\rangle = \lambda^{ij}\alpha_i\partial_j$$
$$\mathrm{d}f = f_{,i}\mathrm{d}x^i\to\lambda^{ij}f_{,i}\partial_j = X_f$$

在辛流形 M 上,利用其辛结构 ω 或由其决定的双矢 Λ,可在流形 M 上光滑函数空间 $F(M)$ 上引入泊松(Poisson)括弧{ , },即引入由 $F(M)\times F(M)$ 到 $F(M)$ 的实双线性映射. 对流形 M 上两任意光滑函数 $f,g\in F(M)$ 定义它们间泊松括弧如下:

$$\{f,g\} \equiv \langle \mathrm{d}f \otimes \mathrm{d}g; \Lambda \rangle = \lambda^{ij}\partial_i f \partial_j g \qquad (10.13\mathrm{a})$$

$$= \langle \mathrm{d}g; X_f \rangle = X_f g = -X_g f \qquad (10.13\mathrm{b})$$

$$= -\langle i_{X_g}\omega; X_f \rangle = \langle i_{X_f}\omega; X_g \rangle = \omega(X_f, X_g) \qquad (10.13\mathrm{c})$$

这样定义的泊松括弧具有以下性质:

(1) 实双线性

$$\{af + bg, h\} = a\{f,h\} + b\{g,h\}, \qquad \forall a,b \in \mathbb{R}, f,g,h \in F(M)$$

(2) 斜对称　　$\{f,g\} = -\{g,f\}$

(3) Jacobi 等式,　$\{f,\{g,h\}\} + \{g,\{h,f\}\} + \{h,\{f,g\}\} = 0$

(4) Leibniz 规则　$\{f,gh\} = g\{f,h\} + \{f,g\}h$　　(10.14)

由性质(1)～(3)表明泊松括弧使 $F(M)$ 形成为李代数. 进一步性质(4) Leibniz 规则表明映射 $f \to \{f,\cdot\}$ 是 $F(M)$ 上的导子映射,因此知存在与 f 对应的矢场 X_f 使得 $X_f g = \{f,g\}$,正如(10.13b)所示.

在辛流形 M 上可定义泊松括弧. 而泊松括弧使流形上光滑函数 $F(M)$ 成为李代数. 当我们在流形的 de Rham 上同调群 $H^0(M,\mathbb{R})$ 与 $H^1(M,\mathbb{R})$ 上定义 zero 括弧,使它们均形成李代数,则系列(10.11)组成李代数正合系列,而由泊松括弧所定义的李代数 $F(M)$ 的中心是 M 上局域常函数空间 $H^0(M,\mathbb{R}) = \mathbb{R}$.

由 Darboux 定理知在辛流形 M 上,可选局域 Darboux 坐标 $\{q^i, p_i, i = 1, \cdots, n\}$,这时

$$\text{辛结构} \qquad \omega = \sum_{i=1}^{n} \mathrm{d}p_i \wedge \mathrm{d}q^i$$

$$\text{哈密顿矢场} \qquad X_f = \sum_{i=1}^{n}\left(\frac{\partial f}{\partial p_i}\frac{\partial}{\partial q^i} - \frac{\partial f}{\partial q^i}\frac{\partial}{\partial p_i}\right) \qquad (10.15)$$

$$\text{泊松括弧} \qquad \{f,g\} = \sum_{i=1}^{n}\left(\frac{\partial f}{\partial p_i}\frac{\partial g}{\partial q^i} - \frac{\partial f}{\partial q^i}\frac{\partial g}{\partial p_i}\right)$$

分析力学的哈密顿形式就是用动力学变量 q^i, p_i 组成的相空间描写,相空间是辛流形(M,ω),可选局域 Darboux 坐标 $\{q^i, p_i\}$ 描写. 经典力学体系的每个状态可由此辛流形上一点标志,而动力学变量可由 M 上函数 $f = f(q,p)$ 表示. 在相空间上选定非稳定函数 $H = H(q,p)$ $(\mathrm{d}H \neq 0)$,称为哈密顿函数,这时(M,ω,H)形成哈密顿体系. 对于给定的哈密顿函数 H,利用流形的辛结构 ω 可得哈密顿矢场 X_H,体系状态的演化就由哈密顿矢场描写. 矢场 X_H 可产生沿矢场积分曲线的单参数(以 t

为参数)同胚变换群,其生成元就是 X_H,使得任意动力学变量 $f=f(p,q)$ 沿 X_H 产生的单参数变换的演化为

$$\frac{\mathrm{d}}{\mathrm{d}t}f(p,q) = X_H f = \{H,f\} \tag{10.16}$$

例如,哈密顿矢场 X_H 的积分曲线 $\{q^i(t),p_i(t)\}$ 满足

$$\frac{\mathrm{d}}{\mathrm{d}t}q^i = X_H q^i = \{H,q^i\} = \frac{\partial H}{\partial p_i}$$

$$\frac{\mathrm{d}}{\mathrm{d}t}p_i = X_H p_i = \{H,p_i\} = -\frac{\partial H}{\partial q^i} \tag{10.17}$$

此即大家熟悉的经典力学中哈密顿方程.

且由哈密顿矢场的定义知

$$L_{X_H}\omega = 0$$

此方程表明相空间体积元 ω^n 沿哈密顿矢场不变.此即大家熟知的相空间体积不随时间改变的 Liouville 定理.

§10.3　泊松流形与辛叶　Schouten 括弧

上节表明在辛流形 M 上任意两函数 f,g 间可定义泊松括弧 $\{f,g\}$,泊松括弧具有性质(10.14).为在流形上函数间定义泊松括弧,可在流形上给定双矢张量场 Λ 如(10.12)式,它是反对称二阶逆变张量场,这时泊松括弧可如(10.15)式表示.本节讨论的泊松流形是辛流形的推广,流形 M 上定义有满足性质(10.14)的泊松括弧,而定义泊松结构的双矢 Λ 可以是退化的,仅要求它是反对称二阶逆变张量,是流形上微分形式的自同态算子,且使微分形式的阶减少 2:

$$\Lambda:\quad \Lambda^k(M)\to\Lambda^{k-2}(M)$$

$$\alpha_k\to\Lambda(\alpha_k) = \langle\alpha_k;\Lambda\rangle$$

类似我们可引入 k 矢场,它是 k 阶完全反对称逆变张量,也就是说它是矢量丛 $\Lambda^k(TM)$ 的可微截面,可记为向量场的反对称张量积

$$X_1\wedge X_2\cdots\wedge X_k\qquad\in\Omega^K(TM)$$

用它可表示流形微分形式的自同态算子,而 k 矢场使微分形式的阶减少 k.

向量场间可定义李括弧运算,对向量场 $X,Y\in\mathscr{X}(M)\equiv\Omega^1(TM)$

$$[X,Y]=L_XY,\qquad\in\Omega^1(TM)$$

类似在 k 矢场间可定义 Schouten 括弧,它是李括弧的推广.对 k 矢场 A 与 l 矢场 B,要求 $[A,B]$ 为 $(k+l-1)$ 矢场,特别是对任意向量场 X,Schouten 括弧

$$[X,A] = L_X A \qquad \in \Omega^k(TM), \quad \forall A \in \Omega^k(TM) \tag{10.18a}$$

$$[X_1 \wedge \cdots \wedge X_k, Y_1 \wedge \cdots \wedge Y_l]$$
$$= \sum_{i=1}^{k} \sum_{j=1}^{l} (-1)^{i+j}[X_i, Y_j] \wedge X_1 \wedge \cdots \hat{X}_i \cdots \wedge X_k \wedge Y_1 \wedge \cdots \hat{Y}_j \cdots \wedge Y_l$$

其中符号 $\hat{X}_i$ 表示把 X_i 去掉.

注意到流形 M 上可微函数 $f \in F(M)$ 可以看为是 0 阶矢场,也可定义 f 与向量场间 Schouten 括弧

$$[X,f] = L_X f = Xf = \langle \mathrm{d}f, X \rangle$$

类似可推广到 f 与任意 k 矢场间 Schouten 括弧:

$$[f, X_i \wedge \cdots \wedge X_k] = (-1)^k [X_1 \wedge \cdots \wedge X_k, f] = (-1)^k \langle \mathrm{d}f; X_1 \wedge \cdots \wedge X_k \rangle$$
$$= \sum_{i=1}^{k} (-1)^i (X_i f) X_1 \wedge \cdots \wedge \hat{X}_i \wedge \cdots \wedge X_k \tag{10.18b}$$

这样定义的各阶 k 矢场间 Schouten 括号是惟一的. 它们是普通李括弧的推广,并包含李括弧在内为其特例,故仍用李括弧相同符号. 且易证在各阶多重矢场间的 Schouten 括弧具有如下关系:

设 $A \in \Omega^k(TM)$, $B \in \Omega^l(TM)$, $C \in \Omega^*(TM)$ 为任意多重矢场,则

$$[A,B] = -(-1)^{(k-1)(l-1)}[B,A] \tag{10.19a}$$

$$[A, B \wedge C] = [A,B] \wedge C + (-1)^{(k-1)l} B \wedge [A,C] \tag{10.19b}$$

$$[A,[B,C]] = [[A,B],C] + (-1)^{(k-1)(l-1)}[B,[A,C]] \tag{10.19c}$$

由(10.19b)看出,k 矢场是多矢场分级结合代数的$(k-1)$阶 Z_2 导子.

Schouten 括弧$[A,B]$对$(k+l-1)$形式 α 的作用可表示为

$$i_{[A,B]}\alpha \equiv \langle \alpha, [A,B] \rangle = (-1)^{kl+l} i_A \mathrm{d} i_B \alpha + (-1)^k i_B \mathrm{d} i_A \alpha \tag{10.20}$$.

下面我们来具体分析泊松流形及其上的泊松结构.

定义 10.3 流形 M 上给定一斜对称可微双矢场 $\Lambda \in \Omega^2(T(M))$,如满足 Schouten 括号

$$[\Lambda, \Lambda] = 0 \tag{10.21}$$

则称它为流形 M 上泊松结构. 具有泊松结构的流形(M,Λ)称为泊松流形.

首先指出,利用双矢 Λ,对于流形 M 上两任意光滑函数 f_1, f_2,可定义它们间泊松括弧

$$\{f_1, f_2\} = \langle \mathrm{d}f_1, \mathrm{d}f_2; \Lambda \rangle$$

这样引入的泊松括弧满足(10.14)所要求的各性质. 利用(10.20)式可以证明

$$[\Lambda, \Lambda](\mathrm{d}f_1, \mathrm{d}f_2, \mathrm{d}f_3) = 2\langle \mathrm{d}f_1; \Lambda(L_\Lambda(\mathrm{d}f_2)\mathrm{d}f_3) \rangle + \text{循环置换}$$
$$= 2\langle \mathrm{d}f_1; \Lambda(d(\Lambda(\mathrm{d}f_2) f_3)) \rangle + \text{循环置换}$$

$$= 2\{f_1, \{f_2, f_3\}\} + \text{循环置换}$$

因此由条件

$$[\Lambda, \Lambda] = 0 \Rightarrow \{,\} \text{ 满足 Jacobi 等式.}$$

具有泊松结构的流形(M,Λ)上可定义泊松括弧. 当选局域坐标系$\{X^i\}_1^n$,泊松双矢可表为

$$\Lambda = \lambda^{ij}(x)\frac{\partial}{\partial x^i}\otimes\frac{\partial}{\partial x^j}, \qquad \lambda^{ij} = -\lambda^{ji}$$

$$= \frac{1}{2}\sum_{i,j}\lambda^{ij}\frac{\partial}{\partial x^i}\wedge\frac{\partial}{\partial x^j} \tag{10.22}$$

利用双矢 Λ 可将余切场映射为切场,

$$\Lambda:\quad \Lambda^1(M) \to \mathscr{X}(M)$$

而泊松结构的秩就定义为此线性映射的秩,也即矩阵$(\lambda^{ij}(x))$的秩. 在这里并未要求映射非退化. 例如任意流形均允许存在平庸的泊松结构,即 $\Lambda=0$,使任意两函数的泊松括弧为零. 辛流形必为泊松流形,但其逆非真. 泊松流形一般不是辛流形. 仅当在流形上存在处处非退化的双矢场$\Lambda(x)$,$\Lambda(x)$有逆,其逆为非退化的辛 2 形式$\omega(x)$,再由$\Lambda(x)$满足$[\Lambda,\Lambda]=0$,可导出 ω 为闭形式,这时流形才是辛流形. 也就是说仅当泊松结构的秩处处等于流形 M 的维数,泊松结构满秩,这时流形 M 上才会存在辛结构. 在某种意义上可说泊松结构是予辛结构的对偶,可如下表所示.

表 10.1

予辛流形(M,ω)		泊松流形(M,Λ)
$\omega=\frac{1}{2}\omega_{ij}(x)\mathrm{d}x^i\Lambda\mathrm{d}x^j$ 2 形式 $\omega:\mathscr{X}(M)\to\Lambda^1(M)$		$\Lambda=\lambda^{ij}(x)\partial_i\otimes\partial_j, \lambda^{ij}=-\lambda^{ji}$ 双矢 $\Lambda:\Lambda^1(M)\to\mathscr{X}(M)$
$\mathrm{d}\omega=0$		$[\Lambda,\Lambda]=0$
ω 非退化	$\Leftrightarrow$	Λ 非退化
	$\Downarrow$	
	辛流形(M,ω)	

泊松双矢 Λ 可将余切场映为切场,而对流形上任意光滑函数 $f(x)\in F(M)$, $\mathrm{d}f\in\Lambda^1(M)$,可得对应的向量场(称哈密顿向量场)

$$X_f = \Lambda(\mathrm{d}f) = \lambda^{ij}\partial_i f\partial_j = [\Lambda, f] = [f, \Lambda] \tag{10.23}$$

这里最后一行用了 Schouten 括弧(10.18b)式.

而流形上任两函数间泊松括弧可表示为

$$\{f,g\} = X_f g = \Lambda(\mathrm{d}f,\mathrm{d}g) = \lambda^{ij}(x)\partial_i f\partial_j g \tag{10.24}$$

特别对局域坐标函数$\{x^i\}$间,$\{x^i,x^j\}=\lambda^{ij}$,

$$\{f,g\} = \{x^i,x^j\}\partial_i f\partial_j g \tag{10.24a}$$

即在一坐标邻域内,已知坐标函数间的泊松括弧就能决定两任意函数间泊松括弧.

这里我们注意泊松结构有可能退化. 当函数$f(x)\in F(M)$对$F(M)$中任意函数$g(x)\in F(M)$,均有$\{f(x),g(x)\}=0$,则称f为M的卡西米尔(Casimir)函数. 卡西米尔函数没有对应的哈密顿矢场.

泊松流形(M,Λ)上可微函数集合$F(M)$具有泊松括弧运算,使$(F(M)\{\ ,\ \})$形成一李代数. 可以证明

$$[X_f,X_g] = X_{\{f,g\}} \tag{10.25}$$

于是在李代数$(F;\{\ ,\ \})$与向量场李代数$(\mathscr{X}(M);[\ ,\ ])$间存在同态映射

$$f\to X_f = \lambda^{ij}\partial_i f\partial_j = [\Lambda,f]$$

因此代数$(F;\{\ ,\ \})$又称为泊松-李代数.

下面我们简单给出(10.25)式的证明,令$f,g,h\in F(M)$.

$$\begin{aligned}[X_f,X_g]h &= X_fX_gh - X_gX_fh = \{f,\{g,h\}\} - \{g,\{f,h\}\}\\ &= \{\{f,g\},h\} = X_{\{f,g\}}h\end{aligned}$$

此方程对任意$h\in F(M)$均对,故得$[X_f,X_g]=X_{\{f,g\}}$.

另外我们还可导出下列等式:

$$\begin{aligned}[X_f,X_g] - X_{\{f,g\}} &= [X_f,[\Lambda,g]] - [\Lambda,\{f,g\}]\\ &= [[X_f,\Lambda],g] + [\Lambda,[X_f,g]] - [\Lambda,[X_f,g]]\\ &= [[X_f,\Lambda],g]\end{aligned}$$

再由(25)得$[[X_f,\Lambda],g]=0$,此式对任意函数$g\in F(M)$均对,故得

$$[X_f,\Lambda] = L_{X_f}\Lambda = 0 \tag{10.26}$$

由以上分析我们可得以下结论:

命题 10.4　在微分流形 M 上

$$设 f,g,h\in F(M),\Lambda\in\Omega^2(TM),\quad 且令 X_f = [\Lambda,f]$$

可证下列各条件等价:

(1) $\{f,\{g,h\}\}+\{g,\{h,f\}\}+\{h,\{f,g\}\}=0$;

(2) $[X_f,X_g]=X_{\{f,g\}}$;

(3) $[X_f,\Lambda]=0$;

(4) $[\Lambda,\Lambda]=0$.

令(M_1,Λ_1)和(M_2,Λ_2)为两泊松流形,两者间如存在可微映射 $\varphi:M_1\to M_2$,如对任意$f,g\in F(M_2)$下式均满足:

$$\varphi^*\{f,g\}_2 = \{\varphi^*f,\varphi^*g\}_1 \tag{10.27}$$

则称 φ 为从(M_1,Λ_1)到(M_2,Λ_2)的泊松映射(Poisson morphism). 而 1 - 1 对应的泊松映射称为泊松同构.

在泊松流形(M,Λ)上用 X 标志无穷小泊松自同构的生成元,即 X 保泊松结构 $L_X\Lambda=0$,X 的积分流线为泊松自同构 φ 映射,即下面各叙述相互等价:

(1) 泊松双矢相对 X 的李导数为零

$$L_X\Lambda = 0 \tag{10.28a}$$

(2) 矢场 X 是泊松 - 李代数$(F(M);\{,\})$的导子:

$$X\{f,g\} = \{Xf,g\} + \{f,Xg\} \tag{10.28b}$$

(3) 矢场 X 是泊松自同构 φ 无穷小生成元,而对两任意函数$f,g\in F(M)$泊松自同构 φ 满足

$$\varphi^*\{f,g\} = \{\varphi^*f,\varphi^*g\}, \qquad \forall f,g\in F(M) \tag{10.28c}$$

即

$$\varphi^*\Lambda = \Lambda$$

在泊松流形(M,Λ)上,对任意可微函数$f\in F(M)$,矢场 $X_f=[\Lambda,f]$称为与 f 相关的哈密顿矢场,它是无穷小泊松自同构生成元. 从任一点 $p\in M$ 出发沿哈密顿矢场 X_f 方向作积分曲线 $C_p(f)$. 流形 M 上通过 p 点与所有可微函数相关的积分曲线集合 $S_p=\bigcup_f C_p(f)$形成流形 M 的泊松子流形,在此子流形上诱导的泊松结构 $\Lambda|_{S_p}$ 满秩,即 S_p 为辛流形,称为 M 的辛叶. 于是可知所有泊松流形都是浸入辛子流形的并,这些辛子流形称为泊松结构的辛叶,每叶都具有惟一的辛结构. 这些辛叶可能维数不同. 例如在§10.1 的例2,李代数 $\mathfrak{g}$ 的对偶 $\mathfrak{g}^*$ 一般并非辛空间(其维数有可能为奇维),但是 $\mathfrak{g}^*$ 可能利用 Kirillov 公式(10.6)得到一非平庸的泊松结构. 令 $\sigma\in\mathfrak{g}^*$,$f,h\in F(\mathfrak{g}^*)$,则 $\mathrm{d}f(\sigma)$与 $\mathrm{d}h(\sigma)$都是 $\mathfrak{g}^*$ 上线性形式,即都属于李代数 $\mathfrak{g}$,这时 $\mathfrak{g}^*$ 上函数间可如 Kirillov 公式定义泊松括弧:

$$\{f,h\}(\sigma) = \langle\sigma;[\mathrm{d}f(\sigma),\mathrm{d}h(\sigma)]\rangle \tag{10.29}$$

任意泊松流形都能表示成辛叶的并. 在目前情况,$\mathfrak{g}^*$ 上的群 G 的余伴随轨道就是辛叶,在通过点 σ 的轨道 S_σ 上,用 X 与 Y 记与函数f,h 相应的哈密顿向量场,它们也即与李代数成员对应的基本向量场,与(10.29)式相似可定义轨道 S_σ 上非

简并 2 形式

$$\omega(X,Y)(\sigma) = \langle \sigma, [X,Y] \rangle \tag{10.30}$$

由李代数满足的 Jacobi 等式可证此 2 形式 ω 为闭形式,$\mathrm{d}\omega = 0$. 因此轨道 S_σ 为辛子流形. 群 G 在 g^* 上的余伴随轨道 S_σ 就是泊松流形 g^* 的辛叶,在辛叶上存在非退化的泊松括弧{,},称李 – 泊松结构.

§10.4　辛流形的子流形

$2n$ 维辛流形(M,ω)的子流形 N 一般不再是辛流形. 用 i 表示子流形 N 的典范嵌入映射,$i:N\to M$,则 M 上辛结构 ω 诱导出 N 上的 2 形式 $\omega_N = i^*\omega$. ω_N 虽然仍为闭形式,

$$\mathrm{d}\omega_N = 0$$

但是一般不再是非退化,即

$$\mathrm{rank}\omega_N \leqslant \dim N$$

即辛流形(M,ω)的子流形(N,ω_N)一般为予辛流形. 这点我们可举一些特例明显看出.

根据 Darboux 定理,辛流形(M,ω)上局域可选典范 Darboux 坐标$\{p_i, q^i\}_1^n$,其辛结构可表示为

$$\omega = \sum_{i=1}^{n} \mathrm{d}p_i \wedge \mathrm{d}q^i$$

下面利用对坐标函数加以约束得到一些特殊的积分子流形

例 10.4　令 $N = \{(p_i, q^i) \in M \mid \text{所有 } p_i = 0, i = 1, \cdots; n\}$,$n$ 个约束使积分子流形 N 为 n 维,而这时 $\omega_N = 0$,为零秩. 此子流形 N 称为(M,ω)的拉格朗日子流形.

例 10.5　令 $N = \{(p_i, q^i) \in M \mid p_i = q^i = 0, i = k+1, \cdots, n\}$. $2(n-k)$个约束使积分子流形 N 为 $2k$ 维,而这时

$$\omega_N = \sum_{i=1}^{k} \mathrm{d}p_i \wedge \mathrm{d}q^i$$

$$\mathrm{rank}\omega_N = \dim N = 2k$$

故流形(N,ω_N)为 M 的辛子流形.

在一般情况下 $\mathrm{rank}\omega_N \leqslant \dim N$,故辛流形$(M,\omega)$的子流形$(N,\omega_N)$为予辛流形.

为简单起见,我们仅分析积分子流形 N,由辛结构 ω 诱导的 2 形式 ω_N 为常秩 r. 首先分析在一点 $x \in N \subset M$ 处切空间的性质.

令 $V=T_x(M)$ 是 $2n$ 维向量空间,具有非退化的辛结构 ω,故是辛向量空间,此空间的任意两向量 $X,Y\in V$ 间可定义斜内积:

$$\langle X,Y\rangle=-\langle Y,X\rangle=\omega\langle X,Y\rangle|_x$$

当 $\langle X,Y\rangle=0$,则称此两向量 X 和 Y 斜正交.

令 $W=T_x(N)\subset V$,是 $d=\dim N$ 维向量空间. 作为辛向量空间 V 的子空间,存在 W 的正交补空间

$$W^{\perp}=\{X\in V|\langle X,Y\rangle=0\ \forall\ Y\in W\}$$

由于辛结构非退化,斜积非退化,故

$$\dim W+\dim W^{\perp}=2n$$

注意斜积的特点,$\langle X,X\rangle=0$,正交补空间 $W^{\perp}$ 可能与原来空间 W 有交. 用 ω_N 标志 V 中辛结构 ω 在 W 上诱导的 2 形式,W 上的 2 形式 ω_N 有可能退化,其核是

$$\ker\omega_N=\{X\in W|\ i_X\omega_N=0\}=W\cap W^{\perp}$$

令 $k=\dim\mathrm{Ker}\omega_N$,$\mathrm{Ker}\omega_N$ 在向量空间 W 中的余维数 $r=\dim W-k$ 就是 ω_N 的秩,即

$$r+k=d$$

欧空间的子空间仅一不变量:子空间的维数. 而对辛空间的子空间,除了子空间的维数 d 以外,原来辛结构 ω 在子空间上诱导的 2 形式 ω_N 的秩 r 也是实质不变量. 于是存在一些特殊的子空间 W:

1) 迷向子空间,$W\subset W^{\perp}$.

2) 余迷向子空间,$W\supset W^{\perp}$.

3) 拉格朗日子空间. $W=W^{\perp}$. 即同时为迷向及余迷向.

4) 辛子空间. $W\cap W^{\perp}=0$,即诱导 2 形式 ω_N 非退化.

$2n$ 维辛向量空间 V 的四种特殊子空间 W 及其特性列如下表.

子空间 W	特性	ω_N 的秩 r	W 的维数 d
迷向	$W\subset W^{\perp},\omega_N=0$	$r=0$	$d\leqslant n$
余迷向	$W\supset W^{\perp},\omega_{W^{\perp}}=0$	$r=2d-2n$	$d\geqslant n$
拉格朗日	$W=W^{\perp},\omega_N=0$	$r=0$	$d=n$
辛	$W\cap W^{\perp}=0,\omega_N$ 非退化	$r=d>0$	$d=2l<2n$

辛流形 (M,ω) 的子流形 (N,ω_N) 一般是予辛流形,由 ω 诱导的 2 形式是闭形式但一般可能退化,$\mathrm{rank}\omega_N\leqslant\dim N$. 当 2 形式 ω_N 为常秩,这时 $T(N)$ 是 $T(M)$ 的完

全可积的向量子丛,得到的积分子流形(N,ω_N)的特性可用其上各点 x 的切空间$(T_x(N),\omega_N)$的特性标志,如上表所示. 当辛结构 ω 在 N 上诱导的 2 形式 $\omega_N=0$,则(N,ω_N)称为迷向子流形,迷向子流形的维数必小于等于 $n=\frac{1}{2}\dim M$. 最大迷向子流形具 n 维,称为拉格朗日子流形. 当诱导的 2 形式 ω_N 在 N 上非退化,则(N,ω_N)为辛子流形.

动力学体系的哈密顿形式用位型空间上余切丛(相空间 M)来描写,相空间具有自然的辛结构,可采用局域典范 Darboux 坐标,使运动方程等写成正则形式. 而当我们分析约束体系动力学时,将运动限制在相空间 M 的子集合;约束相空间 N' 是相空间 M 的子流形,一般仅为予辛流形. 如何将予辛流形(N,ω_N)辛约化,得到具有辛结构的约化相空间 Γ 是一重要问题. 这里我们假定 2 形式 ω_N 具有常秩 $r>0$,即 N 上子丛 $\mathrm{Ker}\omega_N$ 可积. 用 Γ 标志商流形 $N/\mathrm{Ker}\omega_N$,用 π 标志正则投射

$$\pi: N\rightarrow\Gamma = N/\mathrm{Ker}\omega_N \tag{10.31}$$

而 $\dim\Gamma=\mathrm{rank}\omega_N$,在 Γ 上存在辛 2 形式 ω_Γ 使得

$$\omega_N = \pi^*\omega_\Gamma$$

则称辛流形(Γ,ω_Γ)为与予辛流形(N,ω_N)相关的约化辛流形. 这里我们仅需注意约化相空间 Γ 为商空间,与(N,ω_N)相关,N 为辛流形 M 的子流形,而 Γ 一般不能实现为 M 的子流形,一般也不能成为某位型空间的余切空间.

辛流形的辛约化对约束体系的动力学问题非常重要. 常可对辛流形的对称性质进行分析,利用保辛结构的正则变换来实现辛约化,这是我们下节将分析的问题.

§10.5　齐性辛流形与约化相空间　动量映射

两同维辛流形(M_1,ω_1),(M_2,ω_2)间微分同胚映射 $f:M_1\rightarrow M_2$,如保辛结构,即

$$f^*\omega_2 = \omega_1$$

则此映射称为辛射.

辛流形(M,ω)的辛自同胚变换集合形成一群,称辛自同构群,它是流形的微分同胚群的子群. 辛几何的基本对象就是研究辛流形在辛自同构变换下的不变量.

下面分析李群 G 对辛流形(M,ω)的作用,群 G 对 M 的作用可表示为

$$\phi:\quad G\times M\rightarrow M$$

$$g,x\rightarrow\phi(g,x)\equiv\phi_g(x)\equiv gx$$

于是相对于 G 的李代数 $\mathfrak{g}$ 中元素 X,可得到 M 上基本矢场

$$X_M f(x) = \frac{\mathrm{d}}{\mathrm{d}t} f(\mathrm{e}^{-tX} x) \mid_{t=0}, \qquad \forall f \in F(M), X \in \mathfrak{g} \tag{10.32}$$

当 G 对 (M,ω) 的作用为辛射,即 ϕ 满足

$$\phi_g^* \omega = \omega, \qquad \forall g \in G \tag{10.33}$$

或

$$L_{X_M} \omega = 0, \qquad \forall X \in \mathfrak{g}$$

即基本向量场 X_M 为辛矢场. 在辛射作用下,泊松结构也不变,这时对泊松双矢 Λ

$$\begin{aligned} \phi_{g*} \Lambda &= \Lambda \\ L_{X_M} \Lambda &= 0 \end{aligned} \tag{10.34}$$

也可用对任意函数 $f,h \in F(M)$ 的泊松括弧表示为

$$\begin{aligned} \phi_g^* \{f,h\} &= \{\phi_g^* f, \phi_g^* h\}, \qquad \forall g \in G \\ X_M \{f,h\} &= \{X_M f, h\} + \{f, X_M h\}, \qquad \forall X \in \mathfrak{g} \end{aligned} \tag{10.35}$$

具有群 G 辛作用的辛流形 (M,ω,G) 称为辛 G 空间. 进一步如李群 G 对 M 的作用传递,则称 (M,ω,G) 为齐性辛 G 空间. 这时 G 的李代数 $\mathfrak{g}$ 中任意元素 X,在 M 上对应有基本矢场 X_M,它们都是辛矢场.

如果所有基本矢场 X_M 都是哈密顿矢场,则这时 G 对 M 的辛作用称为哈密顿作用,这时基本矢场 X_M 满足下式:

$$i_{X_M} \omega = -\mathrm{d}H_X, \qquad \forall X \in \mathfrak{g} \tag{10.36}$$

这里 $H_X(x) \in F(M)$ 是基本矢场的生成函数,称为与 $X \in \mathfrak{g}$ 对应的哈密顿函数,此函数并不确定,可差一任意常数. 当我们选定与各元素 $X \in \mathfrak{g}$ 对应的哈密顿函数作为基底,可得线性映射

$$\begin{aligned} \mathscr{H}: \quad & \mathfrak{g} \to F(M) \\ & X \to H_X \end{aligned}$$

称为哈密顿映射. 这时在 (M,ω) 的每一连通片上两哈密顿函数间泊松括弧 $\{H_X, H_Y\}$ 与 $H_{\{X,Y\}}$ 间可差一常数

$$\{H_X, H_Y\} = H[X,Y] + C(X,Y), \qquad \forall X,Y \in \mathfrak{g} \tag{10.37}$$

这里常数 $C(X,Y)$ 必满足

$$\begin{aligned} & C(X,Y) = -C(Y,X) \\ & C([X,Y],Z) + C([Y,Z],X) + C([Z,X],Y) = 0 \end{aligned} \tag{10.38}$$

在李代数 $\mathfrak{g}$ 上满足以上关系的双线性斜对称函数称为此李代数 $\mathfrak{g}$ 的 2 上闭链.

如果能够选基底$\{H_X\}_{X\in\mathfrak{g}}$使所有 $C(X,Y)=0$,即满足

$$\{H_X,H_Y\} = H_{[X,Y]}, \qquad \forall X,Y\in\mathfrak{g} \tag{10.39}$$

这时 G 对(M,ω)的作用称强哈密顿作用,而流形(M,ω)称为强齐性 G 空间.

对强哈密顿映射 $\mathscr{H}:\mathfrak{g}\to F(M)$,我们可讨论其对偶映射. 令 $\mathfrak{g}^*$ 是与 $\mathfrak{g}$ 对偶的线性空间,可定义与哈密顿映射对偶的准动量映射

$$\mu:\quad M\to\mathfrak{g}^*$$
$$X\to\mu(x)$$

满足

$$\langle\mu(x),X\rangle = H_X(x), \qquad \forall X\in\mathfrak{g} \tag{10.40}$$

这时对李代数中所有元素 $X\in\mathfrak{g}$,与 $H_X(x)\in F(M)$对应的哈密顿向量场 X_{H_X}与基本向量场 X_M 相一致

$$X_M = X_{H_X}$$

在准动量映射 μ 作用下,使群 G 对 M 的强哈密顿作用与群 G 对 $\mathfrak{g}^*$ 的余伴随作用 Ad^* 相关,如下图所示:

$$\begin{array}{ccc} M & \xrightarrow{g} & M \\ \mu\downarrow & & \downarrow\mu \\ \mathfrak{g}^* & \xrightarrow[Ad_g^*]{} & \mathfrak{g}^* \end{array}$$

如上图可交换,即 $Ad_g^*\circ\mu=\mu\circ g$ 这时群 G 对 M 与对 $\mathfrak{g}^*$ 的作用等价,这时映射 μ 称为动量映射. 这点与群的上同调有关,一般不一定能做到,但当 G 是紧致或半单,这时常可做到使上图可交换.

动量映射 μ 为满映射,对 $\mathfrak{g}^*$ 中点 σ,逆动量映射 μ^{-1}的像集合

$$\mu^{-1}(\sigma) = M_\sigma \tag{10.41}$$

用 G_σ 表示 G 对 $\mathfrak{g}^*$ 余伴随作用 Ad^* 时对点 σ 的稳定子群. G_σ 对 M_σ 作用的轨道集合形成商空间 N

$$N = M_\sigma/G_\sigma \tag{10.42}$$

称为具有对称群 G 的体系的约化相空间,当 G_σ 紧致且它对 M_σ 的作用没有固定点,则约化相空间 N 为一光滑流形,流形 N 在群 G 作用下为齐性流形,且其切空间 $T_\sigma(N)$与商空间 $\mathfrak{g}/\mathfrak{g}_\sigma$ 同构,这里 $\mathfrak{g},\mathfrak{g}_\sigma$ 是与 G,G_σ 的对应李代数. 令 $X\in\mathfrak{g}/\mathfrak{g}_\sigma$ 为 N 上 G 传递作用的生成元,用 X_N 表示与 X 对应的 N 上基本向量场,而切空间$T_\sigma(N)$由$\{X_N\}_{X\in\mathfrak{g}/\mathfrak{g}_\sigma}$张成. 由于 G 对(M,ω)的作用是强哈密顿,哈密顿函数$\{H_X\}$在 G_σ 作

用下不变,故$\{H_X\}$能定义在流形N上,且能在N上用下式定义微分2形式ω_N

$$\omega_N(X_N, Y_N) = H_{[X,Y]} \tag{10.43}$$

易证这样定义的N上2形式是闭形式且非退化,故约化相空间(N,ω_N)为偶维辛流形.

这里我们应注意,虽然(N,ω)是齐性辛G空间,但轨道空间M/G一般非辛,它甚至于可能为奇维流形. 但是利用动量映射μ将M/G分层得到约化相空间$N = M_\sigma/G_\sigma$,约化相空间(N,ω_N)为辛流形.

由于动量映射的重要性,我们举两简单例子来具体表述.

点粒子运动的三维欧空间$\mathbb{E}^3$为位型空间N,坐标为(x^1,x^2,x^3). 其余切丛$M = T^*E^3$,任意余切矢可表示为$\sum_{i=1}^{3} p^i \mathrm{d}x^i$,$M$上具有正则辛形式

$$\omega = \sum_{i=1}^{3} \mathrm{d}p^i \wedge \mathrm{d}x^i$$

M是平移群G的齐性辛空间,其李代数生成的基本矢场

$$X_N = \sum_{i=1}^{3} a^i \frac{\partial}{\partial x^i}$$

$$L_{X_N}\mathrm{d}x^i = \mathrm{d}L_{X_N}x^i = \mathrm{d}a^i = 0 \tag{10.44}$$

即平移群对余切矢作用平庸,因此将N上矢场自然延拓至余切丛$M = T^*E^3$得

$$X_M = \sum_{i=1}^{3} a^i \frac{\partial}{\partial x^i}$$

可用下式可得到对应的哈密顿函数H_X:

$$-i_{X_M}\omega = \sum_{i=1}^{n} a^i \mathrm{d}p^i = \mathrm{d}(\sum a^i p^i) = \mathrm{d}\langle \mu(x,p), X\rangle$$

动量映射μ: $M \to \mathfrak{g}^* \simeq \mathbb{R}^3$

$$(\boldsymbol{x},\boldsymbol{p}) \to \mu(\boldsymbol{x},\boldsymbol{p}) = \boldsymbol{p}$$

平移群诱导的动量映射像限值为动量.

下面分析三维空间转动群SO(3),其李代数生成E^3上基本矢场

$$X_N = \sum_{ij} a_{ij} x^i \frac{\partial}{\partial x^j}, a_{ij} = -a_{ji}$$

$$L_{X_N}\mathrm{d}x^j = \mathrm{d}L_{X_N}x^j = \mathrm{d}(a_{ij}x^i) = a_{ij}\mathrm{d}x^i$$

即转动群对余切坐标p^i作用使$p^j \to \sum_i a_{ij} p^j$.

$$X_M = \sum_{ij} a_{ij}\left(x^i \frac{\partial}{\partial x^j} + p^i \frac{\partial}{\partial p^j}\right)$$

$$-i_{X_M}\omega = \sum_{ij} a_{ij}(x^i \mathrm{d}p^j - p^i \mathrm{d}x^j) = \sum_{ij} a_{ij}(x^i \mathrm{d}p^j + p^j \mathrm{d}x^i)$$
$$= \sum_{ij} a_{ij} \mathrm{d}(x^i p^j) = \mathrm{d}\sum_{ij} a_{ij} x^i p^j$$

SO(3)诱导的动量映射

$$\mu: M \to \mathfrak{g}^* \simeq \mathbb{R}^3$$
$$(\boldsymbol{x},\boldsymbol{p}) \to \mu(\boldsymbol{x},\boldsymbol{p}) = \boldsymbol{x} \times \boldsymbol{p} \tag{10.45}$$

转动群诱导的动量映射像取值为角动量.

动量映射即将相空间映射到 $\mathfrak{g}^*$,使 $\mathfrak{g}^*$ 元素用相空间坐标表示,为守恒量,可用来找约化相空间

$$N = M_\sigma / G_\sigma$$

为辛流形.

§10.6 切触流形(M,η)

在上节对经典力学的分析中,曾假设动力学变量 $f=f(q,p)$ 与哈密顿函数 $H=H(q,p)$ 都不显含时间,相当于力学中保守体系,它在相空间运动轨迹的切线方向仅是相空间位置(q,p)的函数,对非保守力体系,动力学变量及哈密顿函数均显含时间,这时对相空间应再多加一独立变量 t,应分析局域坐标为$\{t,q^i,p_i;i=1,\cdots,n\}$的 $2n+1$ 维态空间,$2n+1$ 维态空间为奇维定向流形,为具有切触结构的切触流形. 切触结构(contact structure)是偶维辛流形上辛结构在奇维流形上的类似结构.

定义 10.4 令 M 为 $2n+1$ 维光滑流形,θ 为 M 上可微 1 形式且处处满足

$$\theta \wedge (\mathrm{d}\theta)^n \neq 0, \qquad \forall x \in M \tag{10.46}$$

则 θ(可再乘以可逆函数 f)称为 M 上切触结构.

具有切触结构的流形 M 称为切触流形(M,θ),其处处非零的 $2n+1$ 形式 $\theta\wedge(\mathrm{d}\theta)^n$ 是流形 M 的体积元,故切触流形(M,θ)是一奇维定向流形.

在经典力学中,动力学体系位型空间的余切丛为辛流形,而位型空间上切触元的流形为切触流形. 下面我们先介绍切触元(contact element)的概念.

在 3 维欧空间 E^3,切触元(x,σ)代表 E^3 中一点 x 及通过 x 的一个开平面 σ,$\sigma \in P(E^3)$(E^3 的投射空间,$P(E^3)=RP^2$)决定空间的方向,点 x 及通过该点的方向 σ 组成切触元(x,σ). 在空间 E^3 的自同构变换中,保持将一切触元映射为另一切触元的变换称为切触变换.

令 N 为 $n+1$ 维光滑流形,切触元(x,σ)由 N 上点 x 及通过 x 点的切空间 $T_x(N)$ 中 n 维超面 σ 组成,$\sigma \in P(T_x(N))$. 此超面 σ 局域可用处处非零的可微 1

形式θ如下式决定

$$\langle \theta, X\rangle|_x = 0, \qquad X \in P(T_x N) \tag{10.47}$$

此方程也可写为法甫方程：

$$\varepsilon \equiv f\theta = 0$$

这里f为没有零点的实值函数. 法甫形式$\varepsilon \in P(T_x^*(N))$为流形$N$的投射余切丛$M = P(T^*(N))$中元素. 将微分1形式$\theta$延拓到流形$M$上,决定光滑超面场的法甫形式$\theta$满足非简并条件

$$\theta \Lambda (\mathrm{d}\theta)^n \neq 0$$

故M为$2n+1$维切触流形. 任意光滑流形N,其投射余切丛$M = P(T^*(N))$为一切触流形.

下面我们再分析下切触流形(M,θ)上的切触结构(相容坐标长集)及保切触变换的生成元.

奇维流形M上存在开覆盖$\{U_\alpha\}_{\alpha \in I}$,$M = \bigcup\limits_{\alpha \in I} U_\alpha$如在每一邻域$U_\alpha$上存在满足(10.46)式的切触形式$\theta_\alpha$,而在两邻域的叠置区这两切触形式仅差用非零函数相乘,则此流形(M,θ)称为具有切触结构的切触流形. 流形M的保持此切触结构的微分同胚变换称为切触同胚(contactomorphism),它仅使切触形式可差一非零函数相乘.

切触流形(M,θ)上单参数切触同胚变换群生成元$X \in \mathscr{X}(M)$称为切触矢场,或称无穷小切触变换,切触矢场保切触结构θ,即满足下述方程:

$$L_X\theta = f\theta, \qquad f \in F(M) \tag{10.48}$$

所有切触矢场的集合记为$\mathrm{Cont}(M,\theta)$.

切触流形(M,θ)的无穷小自同构生成元矢场$X \in \mathscr{X}(M)$称为强切触矢场,即满足

$$L_X\theta = 0 \tag{10.48a}$$

所有强切触矢场集合记为$\mathrm{Cont}_0(M,\theta)$.

注意到$L_{[X,Y]} = [L_X, L_Y]$,集合$\mathrm{Cont}_0(M,\theta)$与$\mathrm{Cont}(M,\theta)$均形成李代数.

与辛流形相似,对切触流形也存在相应Darboux定理:具相同维数的切触流形局域切触同胚,即流形(M,θ)上存在局域坐标$(z, q^1, \cdots, q^n, p_1, \cdots, p_n) \equiv \{X^n\}_0^{2n}$. 使得切触形式$\theta$能写为

$$\begin{aligned}\theta &= \mathrm{d}z - \sum_{i=1}^{n} p_i \mathrm{d}q^i \equiv \sum_{\mu=0}^{2n} \theta_\mu(x)\mathrm{d}x^\mu \\ &\equiv \mathrm{d}x^0 - \sum_{i=1}^{n} y_i \mathrm{d}x^i\end{aligned} \tag{10.49}$$

这里记 $q^i = x^i, p_i = y^i = x^{i+n}, z = x^0$.

在切触流形(M,θ)上存在一个处处非零矢场 $E \in \mathscr{X}(M)$ 满足

$$i_E\theta = 1, \qquad i_E \mathrm{d}\theta = 0 \tag{10.50}$$

向量场 E 称为切触形式 θ 的特征矢场(Reeb 矢场),易证 Reeb 矢场 E 满足 $L_E\theta = 0$,即 $E \in \mathrm{Cont}_0(M,\theta)$. 用局域 Darbowx 坐标,Reeb 矢场

$$E = \frac{\partial}{\partial z}$$

设 $X \in \mathrm{Cont}(M,\theta)$,即满足

$$L_X\theta = f\theta, \qquad f \in F(M)$$

则可证上式中 $f = E\langle\theta, X\rangle$.

证　　$f\theta = L_X\theta = (\mathrm{d}i_X + i_X\mathrm{d})\theta = \mathrm{d}\langle\theta, X\rangle + i_X\mathrm{d}\theta$

两边与 Reeb 矢场 E 取标得

$$f = \langle \mathrm{d}\langle\theta, X\rangle, E\rangle + \langle \mathrm{d}\theta; X, E\rangle = E\langle\theta, X\rangle$$

由(10.50)式知 Reeb 矢场 $E \in \ker \mathrm{d}\theta$,非零 Reeb 矢场生成切丛 $T(M)$ 的秩 1 子丛,称垂直丛. M 上任意矢场 $X \in \mathscr{X}(M)$ 能分介为

$$X = i_X\theta E + (X - i_X\theta E) \tag{10.51}$$

其中第一项为垂直部分是秩 1 的垂直丛. 而第二项

$$X - \mathrm{i}_X\theta E \quad \in \mathrm{Ker}\theta$$

为水平部分,是具秩 $2n$ 的水平丛. 即切触流形(M,θ)的切丛 $T(M)$ 能分介为

$$T(M) = \mathrm{Ker}\theta \oplus \mathrm{Ker}\ \mathrm{d}\theta$$

另一方面,余切丛 $T^*(M)$ 也可分介为两部分,即流形 M 上任意余切场 $\alpha \in \Lambda^1(M)$ 可分解为

$$\alpha = \varepsilon + \sigma = (i_E\alpha)\theta + (\alpha - (i_E\alpha)\theta) \tag{10.52}$$

其中 $\varepsilon = (i_E\alpha)\theta = \varphi\theta\ (\varphi = i_E\alpha \in F(M))$ 为由非零 θ 生成的秩 1 的余矢丛. 而 $\sigma = \alpha - (i_E\alpha)\theta$ 满足

$$i_E\sigma = \langle\sigma, E\rangle = 0 \tag{10.53}$$

σ 形成 $2n$ 秩余矢丛,称为是 Semi basic 形式当用局域坐标$\{x^\mu\}_{\mu=0,1,\cdots,n}$表达

$$\sigma = \sum_{\mu=1}^{2n} \sigma_i(x)\mathrm{d}x^i \qquad \in \text{Semi basic 形式}$$

其中 $\sigma_i(x) = \sigma_i(x^0, x^i, y^i)$,当其中所有函数 $\sigma_i(x)$ 均不含 x^0,则称为是 basic 1 形式.

在经典力学中,我们常需分析相对 Reeb 矢场 E 的积分不变量,可将微分 k 形

式 $\alpha_k \in \Lambda^k(M)$分成如下三类：

(1) α_k 为 E 的不变量，即满足

$$L_E\alpha_k = 0 \tag{10.54}$$

即 E 为 α_k 的无穷小自同构变换生成元.

(2) α_k 为 E 的绝对不变量(积分不变量)，即满足

$$L_E\alpha_k = 0, \qquad i_E\alpha_k = 0 \tag{10.55}$$

注意到 $L_{fX}\alpha = fL_X\alpha + \mathrm{d}f\Lambda i_X\alpha$，由上式可证

$$L_{fX}\alpha = 0, \qquad f \in F(M) \tag{10.56}$$

另外条件(55)也完全等价于

$$i_E\alpha_k = 0, \qquad i_E\mathrm{d}\alpha_k = 0 \tag{10.57}$$

即 α_k 属于可积的闭理想，由 Frobenius 定理，知存在相应积分子流形，α_k 称为是 E 矢的初积分.

(3) α_k 为 E 的相对不变量，即满足 $\quad i_E\mathrm{d}\alpha_k = 0$

采用局域 Darboux 坐标$\{x^\mu\}_0^{2n}$，$E = \dfrac{\partial}{\partial x^0}$，而微分 k 形式 α_k 可表示为

$$\alpha_k = \frac{1}{k!}\alpha_{\mu_1,\cdots,\mu_k}(x)\,\mathrm{d}x^{\mu_1} \wedge \cdots \wedge \mathrm{d}x^{\mu_k} \tag{10.58}$$

可以证明当其所有分量函数 $\alpha_{\mu_1,\cdots,\mu_k}(x) = \alpha_{\mu_1,\cdots,\mu_k}(x^i, y^i)$ 都不含 x^0，则 α_k 为 Reeb 矢场 E 的不变量.

证 可将 α_k 表示为

$$\alpha_k = \alpha'_k + \beta_{k-1} \wedge \mathrm{d}x^0 \tag{10.59}$$

其中 α'_k 不含 $\mathrm{d}x^0$，这时

$$L_E\alpha_k = (\mathrm{d}i_E + i_E\mathrm{d})\alpha_k = (-1)^{k-1}\mathrm{d}\beta_{k-1} + i_E(\mathrm{d}\beta_{k-1} \wedge \mathrm{d}x^0) = 0$$

当进一步加条件 $i_E\alpha_k = 0$，即 $\alpha_k = \alpha'_k$ 不含 $\mathrm{d}x^0$，这时 α_k 为 Reeb 矢场 E 的绝对不变量.

经典力学中 n 体动力学可用位型空间切丛上含时间 t 的拉格朗日函数 $L = L(q, \dot{q}, t)$描写，也可用位型空间余切丛上含时间的哈密顿函数 $H = H(q, p, t)$描写. 注意到显含时间，可将 H 看成是$(2n+1)$维态空间上函数. 在态空间上将 H 看成与时间 t 对偶的动力学变量，可引入含作用量量纲的作用 1 形式

$$\theta = \sum_{i=1}^{n} p_i\mathrm{d}q^i - H\mathrm{d}t$$

很易证明

$$\theta \wedge (\mathrm{d}\theta)^n = \Big(\sum_{i=1}^n p_i \frac{\partial H}{\partial p_i} - H\Big)\mathrm{d}t \wedge \bigwedge_n (\mathrm{d}p_i \wedge \mathrm{d}q^i)$$

令 $\dot{q}^i = \dfrac{\partial H}{\partial p_i}$,如要求

$$L = \sum_{i=1}^n p_i \dot{q}^i - H \neq 0$$

则这时作用 1 形式 θ 满足

$$\theta \wedge (\mathrm{d}\theta)^n \neq 0 \tag{10.60}$$

即态空间(S,θ)为具有切触结构的切触流形. 保持切触结构不变(可差乘可逆函数)的变换称为切触变换. 在经典力学中的正则变换就是切触变换.

在上式(10.60)中看出,当 θ 改为 $\theta + \mathrm{d}\varphi$ 仍满足该条件,即切触结构等价类可差正合形式 $\mathrm{d}\phi$,下面以经典力学态空间正则变换为例说明此问题. 令

$$Q^i = Q^i(q,p,t), P_i = P_i(q,p,t)$$

新变量的哈密顿函数记为 $\mathscr{H} = \mathscr{H}(Q,P,t)$,则保持态空间切触结构的正则变换应满足

$$\theta - \theta' = \mathrm{d}\varphi$$

即

$$\sum_{i=1}^n p_i \mathrm{d}q^i - H\mathrm{d}t - \sum_{i=1}^n p_i \mathrm{d}Q^i + \mathscr{H}\mathrm{d}t = \mathrm{d}\varphi$$

其中 $\varphi = \varphi(q,Q,t)$ 称为正则变换的生成函数,如将$\{q^i, Q^i, t\}$这 $2n+1$ 个坐标看成独立变量,则由上式看出

$$p_i = \frac{\partial\varphi}{\partial q^i},\quad P_i = \frac{\partial\varphi}{\partial q^i},\quad \mathscr{H} = H + \frac{\partial\varphi}{\partial t}$$

用此形式我们得到保持运动方程正则形式不变的正则变换.

习　题　十

1. 请证明,对 $f,g \in F(M)$,X_f,X_g 为相应哈密顿矢场.

$$\{f,g\} = -L_{X_f} g = L_{X_g} f$$

2. 当辛流形上取正则坐标(q^i, p_i),即辛形式为

$$\omega = \mathrm{d}q^i \wedge \mathrm{d}p_i$$

请证明

$$\{f,g\} = \sum_{i=1}^N \Big(\frac{\partial f}{\partial q^i}\frac{\partial g}{\partial p_i} - \frac{\partial f}{\partial p_i}\frac{\partial g}{\partial q^i}\Big)$$

3. $f,g \in F(M)$，请证明它们对应的哈密顿矢场间有下列关系

$$X_{\{f,g\}} = -[X_f, X_g]$$

4. 当群 G 时辛流形(M,ω)作用为保辛结构的辛射，即满足 $\phi_g^* \omega = \omega$

请证明，与 G 的李代数 $\mathfrak{g}$ 中元素 X 对应的基本向量场 X_M 满足

$$L_{X_M}\omega = 0,$$

$$X_M\{f,g\} = \{X_M f, h\} + \{f, X_M h\}, \qquad f,h \in F(M)$$

第十一章　复 流 形

§11.1　复流形及其复结构　近复结构与近复流形(M,J)

复流形局域像$\mathbb{C}^n$. n 维复流形 M 是一光滑流形,局域与 n 维复线性空间$\mathbb{C}^n$ 的开集同胚,即流形上任意点邻域都存在局域复坐标系. 整个流形 M 需用若干个开集$\{U_a\}$所覆盖,$M=\bigcup_a U_a$,而相关的坐标卡集(atlas)$\{(U_a,\varphi_a)\}$,要求坐标映射$\varphi_a:U_a\to\mathbb{C}^n$ 为局域全纯坐标,且在交叠区局域坐标变换满足全纯(holomorphic)条件. 具有上述性质的坐标卡集就在 M 上定义了复结构. 全纯条件比实解析条件强多了,使得复流形上复分析更加丰富多彩. 下面我们先分析复流形的复结构,然后将它进一步推广讨论实流形上的近复结构,它在切空间水平上具有复结构特点. 具有近复结构的流形称近复流形. 复流形必为近复流形,而近复流形不一定为复流形,仅当近复结构可积,这时才为复流形. 本节我们分析上述各基本概念,下节讨论近复结构可积的各种判别式.

n 维复流形,相当于 $2n$ 维实流形,我们首先将 n 个复坐标用 $2n$ 个实坐标表示$(\mathrm{i}=\sqrt{-1})$

$$z^\alpha = x^\alpha + \mathrm{i}y^\alpha,\quad \bar{z}^\alpha = x^\alpha - \mathrm{i}y^\alpha,\quad \alpha = 1,\cdots,n \tag{11.1}$$

$$\mathrm{d}z^\alpha = \mathrm{d}x^\alpha + \mathrm{i}\mathrm{d}y^\alpha,\quad \mathrm{d}\bar{z}^\alpha = \mathrm{d}x^\alpha - \mathrm{i}\mathrm{d}y^\alpha \tag{11.2}$$

$$\frac{\partial}{\partial x^\alpha} = \frac{\partial}{\partial z^\alpha} + \frac{\partial}{\partial \bar{z}^\alpha},\frac{\partial}{\partial y^\alpha} = \mathrm{i}\frac{\partial}{\partial z^\alpha} - \mathrm{i}\frac{\partial}{\partial \bar{z}^\alpha} \tag{11.3}$$

$$\frac{\partial}{\partial z^\alpha} \equiv \partial_\alpha = \frac{1}{2}\left(\frac{\partial}{\partial x^\alpha} - \mathrm{i}\frac{\partial}{\partial y^\alpha}\right)$$

$$\frac{\partial}{\partial \bar{z}^\alpha} \equiv \bar{\partial}_\alpha = \frac{1}{2}\left(\frac{\partial}{\partial x^\alpha} + \mathrm{i}\frac{\partial}{\partial y^\alpha}\right) \tag{11.4}$$

对流形上任意复值函数$f\in C^\infty(M)$,取局域坐标系后,可进行外微分运算

$$\mathrm{d}f = \partial_\alpha f\mathrm{d}z^\alpha + \bar{\partial}_\alpha f\mathrm{d}\bar{z}^\alpha \equiv \partial f + \bar{\partial} f \tag{11.5}$$

如函数f满足

$$\bar{\partial} f = 0 \tag{11.6}$$

则称函数为全纯函数. 下面我们来认真分析一下全纯条件

$$\bar{\partial} f = 0$$

任意复值函数f可用两个实值函数表示

$$f = u + \mathrm{i}v \tag{11.7}$$

条件(11.6)即 Cauchy-Riemann 条件

$$\frac{\partial u}{\partial x^\alpha} = \frac{\partial v}{\partial y^\alpha}, \quad \frac{\partial u}{\partial y^\alpha} = -\frac{\partial v}{\partial x^\alpha} \tag{11.8}$$

在流形 M 某点邻域取局域坐标$\{z^\alpha;\alpha=1,\cdots,n\}$,作局域坐标变换

$$z^\alpha \to z'^\alpha = f^\alpha(z), \qquad \alpha = 1,\cdots,n \tag{11.9}$$

如要求此坐标变换满足全纯条件,即要求各$f^\alpha = u^\alpha + \mathrm{i}v^\alpha$ 均满足(11.8)式

$$\frac{\partial u^\alpha}{\partial x^\beta} = \frac{\partial v^\alpha}{\partial y^\beta}, \quad \frac{\partial u^\alpha}{\partial y^\beta} = -\frac{\partial v^\alpha}{\partial x^\beta}, \quad \alpha,\beta = 1,\cdots,n \tag{11.10}$$

令

$$y^\alpha = x^{n+\alpha}, \quad v^\alpha = u^{n+\alpha} \tag{11.11}$$

并引入 $2n\times 2n$ 矩阵 J

$$J = \begin{pmatrix} 0 & -I_n \\ I_n & 0 \end{pmatrix} \tag{11.12}$$

其中 I_n 为 $n\times n$ 单位矩阵. 这时可将 Cauchy-Riemann 条件(11.10)统一表示为

$$\left(\frac{\partial u^i}{\partial x^k}\right) = \begin{pmatrix} \dfrac{\partial u^\alpha}{\partial x^\beta} & \dfrac{\partial u^\alpha}{\partial y^\beta} \\ \dfrac{\partial v^\alpha}{\partial x^\beta} & \dfrac{\partial v^\alpha}{\partial y^\beta} \end{pmatrix} = \begin{pmatrix} \dfrac{\partial v^\alpha}{\partial y^\beta} & -\dfrac{\partial v^\alpha}{\partial x^\beta} \\ -\dfrac{\partial u^\alpha}{\partial y^\beta} & \dfrac{\partial u^\alpha}{\partial x^\beta} \end{pmatrix} = -(J^i_j)\left(\frac{\partial u^j}{\partial x^l}\right)(J^l_k) \tag{11.13}$$

或以 $L=\left(\dfrac{\partial u^i}{\partial x^k}\right)$代表坐标变换矩阵,上式可记为

$$L = -JLJ \tag{11.13a}$$

(11.12)式引入的矩阵 J 满足

$$J^2 = -I_{2n} \tag{11.14}$$

而在局域坐标变换下满足

$$J = LJL^{-1} \tag{11.15}$$

上式表明 J 是与局域坐标选取无关的(1,1)型张量场. 满足上两性质的(1,1)型张量 J 称为流形 M 的复结构,而(11.12)式是复结构 J 的典范形式.

我们知道(1,1)型张量场是切场 $\mathscr{X}(M)$ 上自同构算子,也是余切场 $\Lambda^1(M)$ 上自同构算子,即

$$J \in \mathrm{Hom}_F(\mathscr{X},\mathscr{X}) \cong \mathrm{Hom}_F(\Lambda^1,\Lambda^1)$$

当我们如(11.11)式选实坐标系 $\{x^i\}_1^{2n}=\{x^\alpha,y^\alpha\}_1^n$,对余切场 $\Lambda^1(M)$ 取自然标架 $\{\mathrm{d}x^i\}_1^{2n}$,将 dx^i 排成列矢量,而 J 取典范式(11.12),令 $(J\mathrm{d}x)^i\equiv J\mathrm{d}x^i$,极易得到

$$J\mathrm{d}x^\alpha=-\mathrm{d}y^\alpha,\qquad J\mathrm{d}y^\alpha=\mathrm{d}x^\alpha \tag{11.16}$$

代入(11.2)式得

$$J\mathrm{d}z^\alpha=J\mathrm{d}x^\alpha+\mathrm{i}J\mathrm{d}y^\alpha=-\mathrm{d}y^\alpha+\mathrm{i}\mathrm{d}x^\alpha=\mathrm{i}\mathrm{d}z^\alpha \tag{11.17a}$$

$$J\mathrm{d}\bar{z}^\alpha=J\mathrm{d}x^\alpha-\mathrm{i}J\mathrm{d}y^\alpha=-\mathrm{d}y^\alpha-\mathrm{i}\mathrm{d}x^\alpha=-\mathrm{i}\mathrm{d}\bar{z}^\alpha \tag{11.17b}$$

即 $\mathrm{d}z^\alpha,\mathrm{d}\bar{z}^\alpha$ 均为 J 的本征余切场,本征值为 i 与 $-$i.

J 的本征值为 i 的余切场,称为[1,0]形式,是以 $\{\mathrm{d}z^\alpha\}$ 为基底;J 的本征值为 $-$i的余切场,称为[0,1]形式,是以 $\{\mathrm{d}\bar{z}^\alpha\}$ 为基底;局域全纯坐标变换是保复结构的变换,这时余切场的类型也不变.

流形上切场与余切场相互对偶

$$\mathscr{X}(M) \cong \mathrm{Hom}_F(\Lambda^1(M),F(M))$$

类似我们也可分析复结构算子对切场的作用. 利用对偶关系,我们可以定义上述复结构算子 J 在切场上作用的伴随算子,为简化记号仍记为 J,即要求

$$\langle \omega,JX\rangle=\langle J\omega,X\rangle \tag{11.18}$$

再由(11.16)式可得到

$$\langle \mathrm{d}x^\alpha,J\frac{\partial}{\partial y^\beta}\rangle=\langle J\mathrm{d}x^\alpha,\frac{\partial}{\partial y^\beta}\rangle=-\langle \mathrm{d}y^\alpha,\frac{\partial}{\partial y^\beta}\rangle=-\delta^\alpha_\beta$$

$$J\frac{\partial}{\partial y^\beta}=-\frac{\partial}{\partial x^\beta}$$

类似可证

$$J\frac{\partial}{\partial x^\alpha}=\frac{\partial}{\partial y^\alpha}$$

$$J\partial_\alpha=\frac{1}{2}J\Big(\frac{\partial}{\partial x^\alpha}-\mathrm{i}\frac{\partial}{\partial y^\alpha}\Big)=\frac{1}{2}\Big(\frac{\partial}{\partial y^\alpha}+\mathrm{i}\frac{\partial}{\partial x^\alpha}\Big)=\mathrm{i}\partial_\alpha$$

$$J\bar{\partial}_\alpha=\frac{1}{2}J\Big(\frac{\partial}{\partial x^\alpha}+\mathrm{i}\frac{\partial}{\partial y^\alpha}\Big)=\frac{1}{2}\Big(\frac{\partial}{\partial y^\alpha}-\mathrm{i}\frac{\partial}{\partial x^\alpha}\Big)=-\bar{\partial}_\alpha \tag{11.19}$$

∂_α 为 J 的本征值为 i 的向量场,称[1,0]向量场. $\bar{\partial}_\alpha$ 为 J 的本征值为 $-$i 的向量场,称[0,1]向量场. 向量场类型的这种划分,在作保复结构的局域全纯坐标变换时不变.

以上我们认真的分析了复流形的结构,找到在作局域全纯坐标变换下不变的

一阶逆变一阶协变的张量场J,满足$J^2=-I$,此张量场J称为复流形上的复结构.下面我们考虑更一般的情况,讨论在实光滑流形上的近复结构,它是这样定义的:

定义 11.1 光滑流形M上如存在一阶逆变一阶协变的光滑张量场J,满足$J^2=-1$,则张量场J称为流形M的近复结构(almost complex structure).具有近复结构的流形(M,J)称为近复流形.

下面我们着重分析实m维近复流形(M,J)的一些基本性质.

一阶逆变一阶协变光滑张量场J,是切场集合$\mathscr{X}(M)$上的自同构算子,即对任意切场$X\in\mathscr{X}(M)$

$$JX\in\mathscr{X}(M)$$

在流形M上任意p点处,J是切空间$T_p(M)$到自身的线性映射,在p点邻域U取局域坐标系$(x^i;i=1,\cdots,m)$,利用切场的自然基矢组$\{\frac{\partial}{\partial x^i}\}$,可将近复结构$J$对基矢的作用表示为

$$J\frac{\partial}{\partial x^i}=J_i^k(x)\frac{\partial}{\partial x^k},\quad J_i^k(x)\in\mathscr{F}(M)\tag{11.20}$$

其中函数组$\{J_i^k(x)\}$满足

$$J_i^k(x)J_k^j(x)=-\delta_i^j$$

上式即$J^2=-1$的具体表达式.矩阵$(J_i^k(x))$的本征值为$\pm\mathrm{i}$,且必须成对出现,故切空间$T_p(M)$必为偶数维,可令$m=2n$,即流形M必为实偶维流形.

近复流形是复流形的一种推广,它在(余)切空间水平上具有复流形特点.下面我们更仔细的分析近复流形(M,J)的(余)切丛的线性结构.

由于J的本征值为纯虚数$\pm\mathrm{i}$,将流形各点切空间及余切空间进行复化将使分析简化.余切空间$T_p^*(M)$是$T_p(M)$上实线性函数集合

$$T_p^*(M)=\mathrm{Hom}(T_p(M),R)$$

而复化后的余切空间是$T_p(M)$上复值线性函数集合.

$$T_p^*(M)\otimes C=\mathrm{Hom}(T_p(M),C)$$

它是复m维向量空间.复化的复m维向量空间$T_p^*(M)\otimes C$可与原来实m维向量空间$T_p^*(M)$采用相同的基矢组,仅系数可允许取复数.复化后向量空间中任意元素$\theta\in T_p^*(M)\otimes C$均可表示为

$$\theta=\sigma+\mathrm{i}\omega,\quad\sigma,\omega\in T_p^*(M)$$

$T_p(M)$上的线性映射算子J在余切空间$T_p^*(M)$上诱导出一个线性映射算子,仍记为J

$$\langle\sigma,JX\rangle=\langle J\sigma,X\rangle\tag{11.21}$$

可将作用在余切空间上的近复结构算子，自然地复线性延拓到复化余切空间上，即规定

$$J\theta = J\sigma + \mathrm{i}J\omega$$

J 的本征值为 $\pm\mathrm{i}$. J 的本征值为 i 的余切向量，称为[1,0]型余切向量，对应于本征值为 $-\mathrm{i}$ 的余切向量，称为[0,1]型余切向量. 全体[1,0]型余切向量集合记为 $T_{10}^{*}(M)$，全体[0,1]型余切向量集合记为 $T_{01}^{*}(M)$（为简化记号略去下指标 p）.

$$T_p^*(M)\otimes\mathbb{C} = T_{10}^*(M)\oplus T_{01}^*(M)\equiv T_c^*(M)\oplus\bar{T}_c^*(M) \tag{11.22}$$

注意流形 M 为实 $2n$ 维近复流形，故 $T_p(M)$ 为实 $2n$ 维向量空间，$T_p^*(M)\cong\mathrm{Hom}(T_p(M),\mathbb{R})$ 为实 $2n$ 维向量空间. $T_p^*(M)\otimes\mathbb{C}\cong\mathrm{Hom}(T_p(M),\mathbb{C})$ 为复 $2n$ 维向量空间.

流形 M 上近复结构 J 可在流形上每点 P 的切空间 $T_p(M)$ 与余切空间 $T_p^*(M)$ 诱导出线性空间上复结构算子 J，它是满足 $J^2 = -I$（I 为恒等映射）的实线性自同构算子. 当我们将实线性空间 $T_p^*(M)$ 复化，我们可如下将实线性算子 J 扩张为作用在 $T_p^*(M)\otimes\mathbb{C}$ 上的复线性映射算子

$$J(\omega\otimes a) = J\omega\otimes a,\qquad \forall\,\omega\in T_p^*(M),\quad a\in\mathbb{C} \tag{11.23}$$

且可进一步在 $T_p^*(M)\otimes\mathbb{C}$ 空间定义复共轭运算

$$\overline{\omega\otimes a} = \omega\otimes\bar{a} \tag{11.24}$$

复化向量空间的复共轭运算使 $T_{10}^*(M)$ 与 $T_{01}^*(M)$ 间有同构对应，故二者均为复 n 维向量空间. 在 $T_{10}^*(M)$ 中取 n 个线性独立余切向量 $\{\theta^\alpha\}_1^n$ 作为基矢，则 $\{\theta^\alpha,\bar{\theta}^\alpha\}_1^n$ 组成 $T_p^*(M)\otimes\mathbb{C}$ 的一组基矢，用这组基矢作为基底，近复结构 J 可表示为

$$J = \begin{pmatrix}\mathrm{i}I_n & 0\\ 0 & -\mathrm{i}I_n\end{pmatrix} \tag{11.25}$$

仅当将余切空间复化，才可使 J 对角化.

θ^α 为切空间上复值线性函数，可如(11.20)式分解成实部与虚部

$$\theta^\alpha = \sigma^\alpha + \mathrm{i}\omega^\alpha,\qquad \alpha = 1,\cdots,n \tag{11.26}$$

其中 σ^α 与 ω^α 均为未复化前实余切向量，易证

$$\sigma^\alpha = \frac{1}{2}(\theta^\alpha + \bar{\theta}^\alpha)$$

$$\omega^\alpha = -\frac{\mathrm{i}}{2}(\theta^\alpha - \bar{\theta}^\alpha) \tag{11.27}$$

上式表明，这 $2n = m$ 个实余切向量 $\{\sigma^\alpha,\omega^\alpha\}$ 可以作为复化余切空间的一组基底，

相互线性独立,因而也是原来实 $2n$ 维余切空间的一组基底. 利用基矢组$\{\sigma^\alpha,\omega^\alpha\}$可给流形 M 的余切空间一个 $m=2n$ 维体积元.

$$\tau_{2n}=\bigwedge_{1\leqslant\alpha\leqslant n}(\sigma^\alpha\wedge\omega^\alpha)$$

下面我们将证明,用流形上近复结构 J 选出的体积元 τ_{2n}在作坐标变换时保持为恒正. 即在作坐标变换后,可在复化余切空间取另一组基矢$\{\theta'^\alpha,\bar{\theta}'^\alpha\}$,其中 θ'^α为$[1,0]$型余切向量,故为$\{\theta^\alpha\}$的 n 个复线性独立的线性组合,相应转换矩阵 Jacobi$\mathscr{G}\neq 0$.

$$\theta'^1\wedge\cdots\theta'^n=\mathscr{G}\theta^1\wedge\cdots\wedge\theta^n$$

故 $$\bigwedge_{1\leqslant\alpha\leqslant n}(\theta'^\alpha\wedge\bar{\theta}'^\alpha)=\mathscr{G}\bar{\mathscr{G}}\bigwedge_{1\leqslant\alpha\leqslant n}(\theta^\alpha\wedge\bar{\theta}^\alpha)$$

而 $$\mathscr{G}\bar{\mathscr{G}}=|\mathscr{G}|^2>0$$

利用$\{\theta'^\alpha,\bar{\theta}'^\alpha\}$得到的实余切空间基矢组$\{\sigma'^\alpha,\omega'^\alpha\}$所形成 m 维体积元

$$\tau'_{2n}=\bigwedge_{1\leqslant\alpha\leqslant n}(\sigma'^\alpha\wedge\omega'^\alpha)=|\mathscr{G}|^2\tau_{2n}$$

两个 m 维体积元间仅差正数因子,表明它们给出流形余切空间相同的定向. 任意两个利用流形近复结构 J 按上述方式选出的基底给出的 τ_{2n}有相同定向,此即证明了.

定理 11.1 近复流形是实偶维定向流形.

从本节前半部分对复流形的分析看出,复流形上必存在近复结构,复流形是近复流形,但是,近复流形不一定是复流形,近复流形不一定可选局域复解析坐标卡集. 下面我们先利用微分形式方法说明在什么条件下近复结构可积而成为复结构. 在下节还将从不同角度分析近复结构可积条件的各种等价叙述.

前面对流形每点张量空间的分析,可推广到流形 M 上的张量丛与张量场. 在 $m=2n$ 维近复流形上,设$\{\theta^\alpha\}$为 n 个复线性无关的$[1,0]$型 1 形式,则$\{\overline{\theta^\alpha}\}$为 n 个复线性无关的$[0,1]$型 1 形式. 利用$\{\theta^\alpha\}$,$\{\bar{\theta}^\alpha\}$以及流形 M 上的复值光滑函数,可组成流形 M 上复值$[p,q]$型微分形式 $\alpha_{p,q}\in\Lambda^{p,q}$:

$$\alpha_{p,q}=\frac{1}{p!q!}f_{\alpha_1\cdots\alpha_p\beta_1\cdots\beta_q}\theta^{\alpha_1}\wedge\cdots\wedge\theta^{\alpha_p}\wedge\bar{\theta}^{\beta_1}\wedge\cdots\wedge\bar{\theta}^{\beta_q}$$

(p,q)型复值微分形式 $\Lambda^{p,q}$为复数值函数环上的模,具有下列性质:

1) 如 $\alpha\in\Lambda^{p,q}$,则 $\bar{\alpha}\in\Lambda^{q,p}$;

2) 如 $\alpha\in\Lambda^{p,q}$,$\beta\in\Lambda^{r,s}$,则 $\alpha\wedge\beta\in\Lambda^{p+r,q+s}$;

3) 如 p 或 $q>n$,则 $\Lambda^{p,q}=0$.

对$[1,0]$型微分形式$\{\theta^\alpha\}$,其外微分是 2 形式,可表示成

$$\mathrm{d}\theta^\alpha=f^\alpha_{\beta\gamma}\theta^\beta\wedge\theta^\gamma+g^\alpha_{\beta\bar{\gamma}}\theta^\beta\wedge\bar{\theta}^\gamma+h^\alpha_{\bar{\beta}\bar{\gamma}}\bar{\theta}^\beta\wedge\bar{\theta}^\gamma$$

$$f^{\alpha}_{\beta\gamma}, g^{\alpha}_{\beta\bar{\gamma}}, h^{\alpha}_{\bar{\beta}\bar{\gamma}} \in \mathscr{F}^{*}(M) \tag{11.28}$$

近复结构可积条件是

$$\mathrm{d}\theta^{\alpha} \subset \Lambda^{2,0} \oplus \Lambda^{1,1} \tag{11.29}$$

即(11.28)式中所有 $h^{\alpha}_{\bar{\beta}\bar{\gamma}}=0$,此条件也可表示为

$$\mathrm{d}\theta^{\alpha} = 0 \bmod \{\theta^{\alpha}\} \tag{11.29a}$$

即由$\{\theta^{\alpha}\}$组成的理想为闭理想.

当近复结构满足可积条件(11.29),由§2.3Frobenius 定理,知存在局部复坐标系$\{z^{\alpha}\}$,使得[1,0]型微分形式均为$\{\mathrm{d}z^{\alpha}\}$的复线性组合,在此局域坐标系的自然基矢中,近复结构 J 的分量取典范形式(11.25).

整个流形常需用若干个开集$\{U_a\}$覆盖,在每一开集 U_a,有相应的 J_a. 在两开集的交叠区 $U_a \cap U_b$,若 J_a 与 J_b 均满足可积条件(11.29),则可分别取局域复坐标系$\{z^{\alpha}\}$与$\{w^{\alpha}\}$,使 $J_a = J_b$ 均具有上述典范形式,这时$\{\mathrm{d}z^{\alpha}\}$为$\{\mathrm{d}w^{\alpha}\}$的线性组合,这表明$\{w^{\alpha}\}$为$\{z^{\alpha}\}$的全纯函数,即可组成复解析相容的坐标卡集,故流形 M 为复流形. 即存在下述定理:

定理 11.2　如流形 M 上有一个可积的近复结构,则流形 M 必为复流形.

复流形必为近复流形,近复流形必为实偶维定向流形,这两论点的逆都不一定对,例如 S^{2n} 均为偶维实定向流形,只有 S^2 为复流形,与 CP^1 流形同胚. 1969 年 Adler 曾证明,S^6 有近复结构,不可积,其余 $S^{2n}(n\neq 1,3)$ 均无近复结构.

由以上分析中我们应注意微分流形的拓扑结构,微分结构,复解析结构,与这三种拓扑结构相应存在三种特殊的拓扑映射. 一般的同胚映射有可能改变流形的微分结构,而保微分结构的微分同胚映射有可能改变复结构,保复结构的全纯映射是一种特殊的、最光滑的拓扑映射. 可以说,复流形有三种特殊的拓扑映射,其光滑程度不同,相应特性也不同.

1) 在流形 M 在作同胚映射下流形的不变性质称为流形的拓扑性质. 同胚映射保流形的拓扑结构.

2) 在流形 M 作微分同胚映射下流形的不变性质称为流形的微分同胚性质,微分同胚映射保流形的微分结构.

3) 复流形在全纯映射下的不变性质为流形复结构的不变量,全纯映射保流形的复结构.

注意到全纯映射必为微分同胚映射,微分同胚映射必为同胚映射,但反之并不对. 即全纯映射为保复结构的最光滑的同胚映射.

§11.2　近复结构可积条件　Nijenhuis 张量

上节我们曾利用外微分算子分析近复结构的可积条件(11.29),本节我们将

分析近复结构对作用在张量场上各种微分算子(协变导数算子与李导数算子等)的限制与影响,并引入近复结构的挠率这一重要概念,最后将近复结构可积条件的各种等价形式列在一起,以备参考.

首先我们介绍流形的近复结构对流形上联络的限制.

对具有近复结构 J 的流形,在定义联络时,常要求所定义的联络保近复结构,要求 J 相对于联络定义的协变导数 ∇_X 平行输运,即满足条件

$$\nabla_X(JY) = J\nabla_X Y, \qquad \forall X,Y \in \mathscr{X}(M) \tag{11.30}$$

满足上述条件的联络称为近复仿射联络(almost complex affine connection),是复线性标架丛上的联络.

利用近复仿射联络得到的曲率张量 R 满足方程

$$R(X,Y)\cdot J = J\cdot R(X,Y), \qquad X,Y \in \mathscr{X}(M) \tag{11.31}$$

下面我们证明,对近复流形 M,可允许存在满足(11.30)式的近复仿射联络.

首先,在流形 M 上可选一任意的无挠仿射联络,由它定义的协变微分记为 ∇',有

$$\nabla'_X Y - \nabla'_Y X - [X,Y] = 0, \quad \forall X,Y \in \mathscr{X} \tag{11.32}$$

利用此无挠仿射联络及流形的近复结构 J,可定义一个一阶逆变二阶协变张量场 Q,它使两个任意向量场 $X,Y \in \mathscr{X}$ 映射到向量场 $Q(X,Y) \in \mathscr{X}$:

$$Q(X,Y) = \frac{1}{4}\{(\nabla'_{JY}J)X + J((\nabla'_Y J)X) + 2J((\nabla'_X J)Y)\} \tag{11.33}$$

易证(利用 $(\nabla'_X J)J + J\nabla'_X J = 0$)

$$Q(X,JY) - JQ(X,Y) = (\nabla'_X J)Y$$

利用上式易证用下式定义的协变导数 ∇_X 满足(11.30)式:

$$\nabla_X Y = \nabla'_X Y - Q(X,Y) \tag{11.34}$$

于是利用流形 M 上任意无挠仿射联络(其协变导数记为 ∇')通过(11.34)和(11.33)可得到保近复结构 J 的近复仿射联络(其协变导数记为 ∇),但是所得近复仿射联络的挠率一般非零,计算此近复仿射联络的挠率张量 T,易证

$$\begin{aligned}
T(X,Y) &= \nabla_X Y - \nabla_Y X - [X,Y] = -Q(X,Y) + Q(Y,X) \\
&= \frac{1}{4}\{\nabla'_{JX}(JY) - \nabla'_{JY}(JX) - (\nabla'_X Y - \nabla'_Y X) \\
&\quad - J(\nabla'_{JX} Y - \nabla'_Y (JX)) - J(\nabla'_X (JY) - \nabla'_{JY} X)\} \\
&= \frac{1}{4}\{[JX,JY] - [X,Y] - J[JX,Y] - J[X,JY]\}
\end{aligned} \tag{11.35}$$

上式中第二、三步曾利用了∇' 中联络为无挠仿射联络，即利用了(11.32)式.

上式右端一般非零，其性质完全由流形 M 的近复结构 J 的性质决定，上式对任意切场 X,Y 均对，利用上式右端可定义流形上一新张量场

$$N(X,Y) = [JX,JY] - [X,Y] - J[JX,Y] - J[X,JY]$$
$$\forall X,Y \in \mathscr{X}(M) \tag{11.36}$$

张量场 N 将两任意切场 X,Y 映射到切场 $N(X,Y)\in\mathscr{X}$，故 N 是一阶逆变二阶协变张量场，称为近复结构 J 的挠率张量(torsion). 当近复结构 J 决定的挠率 N 非零，联络保近复结构与联络无挠不相容. 流形上无挠联络∇' 不保近复结构，而保近复结构的近复联络∇ 有挠. 仅当近复结构无挠($N=0$)，才能得到无挠的近复仿射联络($T=0$).

当在流形上取局部坐标系($x^i, i=1,\cdots,m$)，近复结构对自然基矢的作用如(11.20)式，这时，由(11.36)式可求出近复结构 J 的挠率张量 N 在自然基矢中的分量，可表示为：

$$N_{ij}^{l} = J_i^k J_{j,k}^l - J_j^k J_{i,k}^l + J_k^l(J_{i,j}^k - J_{j,i}^k) \tag{11.37}$$

易验证复流形上典范近复结构 J(11.12)无挠，故复流形允许有保复结构的无挠仿射联络，即有

定理 11.3　复流形上存在有无挠的近复联络.

由(11.36)或(11.37)式引入的近复结构的挠率，是判断此近复结构是否可积的基本判据. 在本节最后将说明此判据与上节引入的近复结构可积条件等价. 下面先分析近复结构对李导数的限制，说明近复结构 J 是否有挠对 J 的自同构代数的影响.

如近复流形 M 上存在一向量场 X，使

$$L_X J = 0 \tag{11.38}$$

则向量场 X 能产生近复结构 J 的无穷小自同构变换. 由(11.38)式及李导数特性易证

$$[X,JY] = L_X(JY) = J[X,Y], \qquad \forall Y \in \mathscr{X}(M) \tag{11.38a}$$

或

$$ad_X(JY) = Jad_X(Y), \qquad \forall Y \in \mathscr{X}(M) \tag{11.38b}$$

当向量场 X 满足上述条件，JX 一般不再满足上述条件.

定理 11.4　如向量场 X 为近复结构无穷小自同构变换，JX 仍为近复结构无穷小自同构的充要条件是

$$N(X,Y) = 0, \qquad \forall Y \in \mathscr{X}(M) \tag{11.39}$$

这里 N 是近复结构 J 的挠率张量.

因此,当近复结构 J 可积(其挠率 N 为零),近复结构的无穷小自同构李代数 $\mathfrak{g}$ 在 J 作用下稳定,对 $\mathfrak{g}$ 中任意元素 X,Y,可证

$$J[X,Y] = [JX,Y] = [X,JY] \tag{11.40}$$

如果令 X,Y 均为 J 的本征值为 i 的本征向量,即 $X,Y\in[1,0]$ 型向量场,由上式导出 $[X,Y]$ 仍为 $[1,0]$ 型向量场,即 $[1,0]$ 型矢场在李括弧运算下封闭. 类似可证 $[0,1]$ 型矢场也在李括弧运算下封闭.

流形上与近复结构 J 相似的任一个一阶协变一阶逆变张量场 $K\in\mathscr{T}_1^1(M)$ 是作用在切场上的张量算子

$$K:\quad \mathscr{X}(M)\to\mathscr{X}(M)$$

利用(11.36)式可定义与张量算子 K 相关的(1,2)型张量场 N:

$$N(X,Y) = [KX,KY] - [X,Y] - K[KX,Y] - K[X,KY]$$
$$\forall X,Y\in\mathscr{X}(M) \tag{11.36a}$$

此(1,2)型张量 N 称为算子 K 的挠率张量,又称为 Nijenhuis torsion tensor,具有性质

$$N(X,Y) + N(Y,X) = 0 \tag{11.41}$$

它是张量算子 K 的可积性的障碍.

如引理 11.4 所示,近复结构 J 可积的充要条件是与 J 相应的 Nijenhuis 挠率张量为零.

下面总结引理 11.4 以及(11.19),(11.40)诸式,可得下定理

定理 11.5 (近复结构 J 的可积条件)　在近复流形 M 上,近复结构 J 的可积条件有以下各种相互等价的定义,主要有三大类:

I. 利用近复结构 $J\in\mathscr{T}_1^1(M)$ 为张量算子.

① 近复结构无挠是近复结构可积的充要条件. 即近复结构 J 应满足

$$N(X,Y) = [JX,JY] - [X,Y] - J[X,JY] - J[JX,Y] = 0$$
$$\forall X,Y\in\mathscr{X}(M)$$

Ⅱ. 利用切向量场及李括弧运算来判断.

对于具有近复结构 J 的近复流形,可将流形每点切空间复化,利用 J 的作用,将复化切空间分解为 J 的本征值为 $\pm\mathrm{i}$ 的两子空间的直和,相应地可得到 $[1,0]$ 型与 $[0,1]$ 型复化切向量场,两者在复共轭运算下有 1－1 对应关系,对于给定近复结构 J 的近复流形 M,其上复值向量场能惟一地分解为 $[1,0]$ 型与 $[0,1]$ 型向量场的直和。任意 $[1,0]$ 型切向量场 Z 均可表示为

$$Z = X - \mathrm{i}JX \tag{11.42a}$$

其中 $X\in\mathscr{X}(M)$ 为流形 M 上某实切场,上式表示的切场 Z 满足

$$JZ = iZ \tag{11.42b}$$

即为近复结构 J 的本征值为 i 的本征切场,与复余切场对偶,有性质

$$\langle\bar{\theta}^\alpha, Z\rangle = 0, \quad \forall \bar{\theta}^\alpha \in \Lambda^{0,1} \tag{11.42c}$$

上三式可作为 Z 为[1,0]型切场的等价定义. 对[0,1]型切场也可有完全相似的定义(仅将 $i\to -i, \bar{\theta}^\alpha \to \theta^\alpha$ 即可).

利用近复结构 J 将复值切场分介为两不变子空间,下列条件都是近复结构 J 可积的充要条件:

② [1,0]型切场在李括弧运算下封闭是近复结构 J 可积的充要条件.

③ [0,1]型切场在李括弧运算下封闭是近复结构 J 可积的充要条件.

Ⅲ. 利用微分形式及外微分运算来判断.

在 $m=2n$ 维近复流形上,利用近复结构 J 对复值微分 1 形式的作用,得到复值微分 1 形式的一组基 $\{\theta^\alpha, \bar{\theta}^\alpha; \alpha = 1, \cdots, n\}$,利用它们及流形 M 上的复值函数 $\mathscr{F}(M)$,可组成流形 M 上复值微分形式. 为判断近复结构的可积性,下列各条件相互等价,都是近复结构可积的充要条件

④ $d\theta^\alpha \in \Lambda^{2,0} \oplus \Lambda^{1,1}, \quad \forall \theta^\alpha \in \Lambda^{1,0}$

⑤ $d\bar{\theta}^\alpha \in \Lambda^{1,1} \oplus \Lambda^{0,2}, \quad \forall \bar{\theta}^\alpha \in \Lambda^{0,1}$

⑥ $d\alpha_{p\cdot q} \in \Lambda^{p+1,q} \oplus \Lambda^{p,q+1}, \quad \forall \alpha_{p,q} \in \Lambda^{p,q} \qquad p,q = 0,1,\cdots,n$

⑦ $d = \partial + \bar{\partial}$

⑧ $\bar{\partial}^2 = 0$

⑨ $\partial^2 = 0$

⑩ $\partial\bar{\partial} + \bar{\partial}\partial = 0$

上述 10 个条件相互等价,对近复流形 M,如有上述条件中任一条件满足,则近复结构可积,由定理 11.2 知此流形为复流形,存在复解析相容的坐标卡集. 在此流形上,不仅外微分算子,且协变导数算子及李导数算子都有很好的性质,即存在无挠的近复联络(定理 11.3),近复结构的无穷小自同构李代数在 J 作用下稳定(定理 11.4)等.

极易证明上述三类 10 个条件都相互等价,下面仅在每类中选一个为例来说明证明步骤. 首先证明条件①②等价、令 Z 与 W 均为[1,0]型切场,由(11.42a)式知它们可表示为

$$Z = X - iJX, \quad W = Y - iJY, \quad X, Y \in \mathscr{X}(M)$$

易证

$$[Z, W] + iJ[Z, W] = -N(X, Y) - iJN(X, Y)$$

条件②即要求上式左端为零,其充要条件为,对任意切场,$N(X,Y)$ 为零,此即条件

①.

下面证明条件⑤与条件②等价,令 Z 与 W 均为[1,0]型切场,条件②说$[Z,W]$也为[1,0]型切场,它们均满足(11.42c)式,而由(2.56)式知

$$d\bar{\theta}^{\alpha}(Z,W) = Z\bar{\theta}^{\alpha}(W) - W\bar{\theta}^{\alpha}(Z) - \bar{\theta}^{\alpha}([Z,W]) = 0$$

故 $d\bar{\theta}^{\alpha}$ 不含[2,0]型微分形式,此即条件⑤. 反之,从条件⑤出发,如 Z 与 W 均为[1,0]型切场,代入(2.56)式得

$$\bar{\theta}^{\alpha}([Z,W]) = 0$$

此式对任意 $\bar{\theta}^{\alpha}\in\Lambda^{0,1}$ 均成立,故$[Z,W]$为[1,0]型切场.

§11.3 近辛流形上近复结构 近厄米流形(M,ω,J)

前面我们曾分别讨论了微分流形 M 上三种重要的几何结构:具有度规张量场 g 的黎曼流形(M,g),具有辛结构的辛流形(M,ω),及具有复结构的复流形(M,J).

度规张量场 g 是流形上二阶协变对称双线性非简并形式.

近辛结构 ω 是流形上二阶协变反对称非简并形式.

近复结构 J 是流形上一阶协变一阶逆变张量场.

这三种二阶张量场紧密相关. 在本节我们将着重分析三者间关系. 常常可由其中任两个可导致第三个. 本节将着重分析具有这三种结构的近厄米流形(M,ω,J).

首先分析近辛结构与近复结构的相容性.

令(M,ω)为近辛流形,即 ω 为流形 M 上非退化反对称 2 形式. 当 M 上给定一近复结构 $J\in\mathscr{T}^1_1(M)$,如 J 满足下两条件则称 J 与 ω 相容

(1) $\omega(JX,JY)=\omega(X,Y)$, $\forall X,Y\in\mathscr{X}(M)$.

(2) $\omega(X,JX)>0$,对所有非零的 $X\in\mathscr{X}(M)$. (11.43)

条件(1)表明 J 保近辛结构. 进一步由条件(2)及 ω 为非退化 2 形式,可用 $\omega(X,JY)$来定义非退化对称双线性形式

$$g(X,Y) \equiv \omega(X,JY) = \omega(Y,JX) = g(Y,X) \tag{11.44}$$

即为黎曼度规张量场,且近复结构保此度规

$$g(JX,JY) = g(X,Y) \tag{11.45}$$

具有相容近辛结构 ω 与近复结构 J 的流形(M,ω,J)称为近厄米流形. 其上常可定义一个复值二阶协变斜对称张量场

$$H:\mathscr{X}(M)\times\mathscr{X}(M)\rightarrow C^{\infty}(M)$$

$$H(X,Y) = g(X,Y) - \mathrm{i}\omega(X,Y), \quad \forall X,Y\in\mathscr{X}(M) \tag{11.46}$$

即其实部与虚部分别为度规结构与近辛结构,这样定义的二阶协变张量场 H 保近

复结构 J,即满足

$$H(JX,JY) = H(X,Y), \qquad \forall X,Y \in \mathscr{X}(M) \tag{11.47}$$

而且满足下列性质:

(1) $H(X,Y)$相对其宗量是实双线性

$$H(aX+bY,cZ) = acH(X,Z) + bcH(Y,Z)$$
$$\forall X,Y,Z \in \mathscr{X}(M), \quad a,b, \quad c \in \mathbb{R} \tag{11.48a}$$

(2) 复斜对称,即 $H(X,Y) = \overline{H(Y,X)}$ (11.48b)

这里上横线代表取复共轭.

(3) $H(JX,Y) = iH(X,Y)$ (11.48c)

(4) $H(X,Y) + H(Y,X) > 0$ (11.48d)

具有上述4性质的二阶协变斜对称张量场 H 称为厄米度规. 具有厄米度规的近复流形,称为近厄米流形(almost Hermitian manifold).

具有相容近复结构的近辛流形(M,ω,J)就是近厄米流形.

下面我们进一步分析两相关命题:

命题 11.6　任意近复流形允许有厄米度规.

证明　首先由定理4.2知任意微分流形上均可定义黎曼度规张量场 g,对于近复流形(M,J),利用 g 与近复结构 J 可如下定义一个 J 作用不变的度规张量场

$$G(X,Y) = \frac{1}{2}(g(X,Y) + g(JX,JY)), \quad \forall X,Y \in \mathscr{X}(M) \tag{11.49}$$

如此定义的度规张量场 G 在 J 作用下不变

$$G(JX,JY) = G(X,Y) \tag{11.50}$$

进一步可用下式引入与 J 相容的近辛结构:

$$\omega(X,Y) = G(JX,Y)$$

再用(11.46)式得到满足(11.48)诸式的近厄米结构

$$H(X,Y) = G(X,Y) - \mathrm{i}G(JX,Y) \tag{11.51}$$

命题 11.7　任意近辛流形(M,ω)上都存在满足(9.43)的相容的近复结构 J,因而允许有厄米度规.

证明　设(M,ω)为近辛流形,令 g 为其上一度规能量场. 利用 ω 及 g 可得到满足下式的张量算子 $A \in \mathscr{T}_1^1(M)$:

$$\omega(X,Y) = g(AX,Y), \qquad \forall X,Y \in \mathscr{X}(M) \tag{11.52}$$

为明确起见我们对 A 对流形 M 上一点 p 的切空间 $T_p(M)$的作用进行分析. 因为 ω 及 g 均为非退化形式,故 A 为 $T_p(M)$的可逆自同构算子,而 $T_p(M)$的任一可逆自同构算子必可作极化分解

$$A = BO$$

其中$B=(AA^t)^{\frac{1}{2}}$为自伴对称恒正算子,而

$$O = B^{-1}A, O^t = A^tB^{-1}$$

满足

$$OO^t = B^{-1}AA^tB^{-1} = B^{-1}B^2B^{-1} = id$$

$$O^tO = A^tB^{-2}A = A^t(AA^t)^{-1}A = id \tag{11.53}$$

即O为正交算子.

由(11.51)式因ω为反对称,g为对称,故算子$A^t=-A,B^t=B$,得$O^t=-O$,代入(11.53)

$$O^2 = -id \tag{11.54}$$

即O为近复结构算子. 且可证

$$\omega(OX,OY) = g(AOX,OY) = g(OAX,OY)$$
$$= g(AX,Y) = \omega(X,Y)$$

满足(11.43a)式,O保近辛结构,而且可证

$$\omega(X,OX) = g(AX,OX) = g(OBX,OX) = g(BX,X)$$

由于B为自伴对称恒正算子,故上式恒正(11.43b)式也被证明. 故如上引入的近复结构算子O(记为J)为与近辛结构相容,而(M,ω,J)为近厄米流形.

下面我们再认真分析近厄米流形(M,ω,I)上的厄米度规张量场H,它满足(11.48)各式.

$$H(X,Y) = \omega(X,JY) - \mathrm{i}\omega(X,Y) = g(X,Y) - \mathrm{i}\omega(X,Y) \tag{11.55}$$

由上节分析我们知道,对近复流形,可将切场及余切场复化,可得到J的本征值为$\pm\mathrm{i}$的[1,0]型与[0,1]型切场及余切场. 下面设法将厄米度规张量用复化余切场的[1,0]型基矢组$\{\theta^\alpha\}$与[0,1]型基矢组$\{\bar{\theta}^\alpha\}$表示.

由(11.26)知可选$\{\sigma^\alpha,\omega^\alpha;\alpha=1,\cdots,n\}$为复化余切场的基,同时也是原实余切场的一组基,有

$$J\sigma^\alpha = -\omega^\alpha, \quad J\omega^\alpha = \sigma^\alpha, \quad \alpha = 1,\cdots,n$$

设$\{e_\alpha,E_\alpha\}$为在实切场集合$\mathscr{X}(M)$中与$\{\sigma^\alpha,\omega^\alpha\}$对偶的一组基矢组,利用对偶关系(11.21)及(11.52)式易证

$$Je_\alpha = E_\alpha, \quad JE_\alpha = -e_\alpha$$

矢场$X,Y\in\mathscr{X}(M)$可表为

$$X = \xi^\alpha e_\alpha + \xi^{n+\alpha}E_\alpha, \quad Y = \eta^\alpha e_\alpha + \eta^{n+\alpha}E_\alpha$$

由

$$\theta^\alpha = \sigma^\alpha + \mathrm{i}\omega^\sigma, \quad \bar{\theta}^\alpha = \sigma^\alpha - \mathrm{i}\omega^\alpha$$

利用$\{\sigma^\alpha, \omega^\alpha\}$与$\{e_\alpha, E_\alpha\}$的对偶性可证

$$\langle \theta^\alpha, X\rangle = \xi^\alpha + \mathrm{i}\xi^{n+\alpha}, \quad \langle \bar{\theta}^\alpha, Y\rangle = \eta^\alpha - \mathrm{i}\eta^{n+\alpha}$$

利用(11.53)及厄米度规性质易证

$$\begin{aligned} H(X,Y) &= (\xi^\alpha + \mathrm{i}\xi^{n+\alpha})(\eta^\beta - \mathrm{i}\eta^{n+\beta})H(e_\alpha, e_\beta) \\ &= H(e_\alpha, e_\beta)\langle \theta^\alpha, X\rangle\langle \bar{\theta}^\beta, Y\rangle \end{aligned}$$

令

$$h_{\alpha\bar{\beta}} \equiv H(e_\alpha, e_\beta)$$

则可将度规张量场 H 表示为

$$H = h_{\alpha\bar{\beta}}\theta^\alpha \otimes \bar{\theta}^\beta \tag{11.56}$$

可将其对称部分表示为

$$\mathrm{d}s^2 = h_{\alpha\bar{\beta}}\theta^\alpha\bar{\theta}^\beta = \frac{1}{2}h_{\alpha\bar{\beta}}(\theta^\alpha \otimes \bar{\theta}^\beta + \bar{\theta}^\beta \otimes \theta^\alpha) \tag{11.57}$$

其反对称部分 ω 可表示为

$$\omega = \frac{\mathrm{i}}{2}h_{\alpha\bar{\beta}}\theta^\alpha \wedge \bar{\theta}^\beta = \frac{\mathrm{i}}{2}h_{\alpha\bar{\beta}}(\theta^\alpha \otimes \bar{\theta}^\beta - \bar{\theta}^\beta \otimes \theta^\alpha)$$

进一步如近复结构 J 可积,即为复结构. 这时(M, ω, J)为具有恒正定厄米度规的复流形,称厄米流形. 下节我们将对它认真分析.

§ 11.4　厄米流形(M, H)

当近厄米流形(M, ω, J)上近复结构 J 无挠,即为复结构. 这时流形 M 为具有正定厄米度规的复流形,称为厄米流形(Hermitian manifold).

厄米流形(M, H)上复结构 J 可积,在其每点邻域可选局域复坐标系$\{z^\alpha\}_1^n$. 可选余切场基矢组$\{\mathrm{d}z^\alpha, \mathrm{d}\bar{z}^\alpha\}_1^n$,它们分别为$[1,0]$型与$[0,1]$型余切场. 同时可选其对偶基矢$\{\partial_\alpha, \partial_{\bar{\alpha}}\}_1^n$ 为切场基矢组,它们分别为$[1,0]$型与$[0,1]$型切场. 这时可将厄米度规的对称部分(11.56)与反对称部分(11.57)表示为

$$\mathrm{d}s^2 = h_{\alpha\bar{\beta}}\mathrm{d}z^\alpha\mathrm{d}\bar{z}^\beta \tag{11.58}$$

$$\omega = \frac{\mathrm{i}}{2}h_{\alpha\bar{\beta}}\mathrm{d}z^\alpha \wedge \mathrm{d}\bar{z}^\beta \tag{11.59}$$

其系数$\{h_{\alpha\bar{\beta}}\}$可排成 $n \times n$ 阶对称非奇异正定矩阵

$$H = (h_{\alpha\bar{\beta}}) \in \mathbb{C}(n) \qquad (\text{复 } n \times n \text{ 矩阵}) \tag{11.60}$$

其行列式 $h \equiv \det H > 0$. 可用 $h^{\bar{\alpha}\beta}$表示 H 的逆矩阵的矩阵元,即满足

$$h^{\bar{\alpha}\beta} h_{\beta\bar{\gamma}} = \delta_{\bar{\gamma}}^{\bar{\alpha}}, h_{\alpha\bar{\beta}} h^{\bar{\beta}\nu} = \delta_{\alpha}^{\gamma} \tag{11.61}$$

n 维复流形为实 $2n$ 维流形,可进一步如(11.1)~(11.4)式选实切丛及实余切丛的基底,将复结构 J 表为标准形式. 当将 n 个坐标$\{z^{\alpha}\}_1^n$ 排成一排,记为 $z \equiv (z^1, \cdots, z^n)$, $\mathrm{d}z \equiv (\mathrm{d}z^1, \cdots, \mathrm{d}z^n)$,可将 $\mathrm{d}s^2$ 记为

$$\mathrm{d}s^2 = \mathrm{d}zH\mathrm{d}\bar{z}^{\mathrm{T}} = \frac{1}{2}(\mathrm{d}zH\mathrm{d}\bar{z}^{\mathrm{T}} + \mathrm{d}\bar{z}\bar{H}\mathrm{d}z^{\mathrm{T}})$$

进一步将$(\mathrm{d}z, \mathrm{d}\bar{z})$排成 $1 \times 2n$ 矩阵,可将上式记为

$$\begin{aligned} \mathrm{d}s^2 &= \frac{1}{2}(\mathrm{d}z, \mathrm{d}\bar{z})\begin{pmatrix} H & 0 \\ 0 & \bar{H} \end{pmatrix}\begin{pmatrix} \mathrm{d}\bar{z}^{\mathrm{T}} \\ \mathrm{d}z^{\mathrm{T}} \end{pmatrix} \\ &= \frac{1}{2}(\mathrm{d}x, \mathrm{d}y)\begin{pmatrix} I & I \\ \mathrm{i}I & -\mathrm{i}I \end{pmatrix}\begin{pmatrix} H & 0 \\ 0 & \bar{H} \end{pmatrix}\begin{pmatrix} I & -\mathrm{i}I \\ I & \mathrm{i}I \end{pmatrix}\begin{pmatrix} \mathrm{d}x^{\mathrm{T}} \\ \mathrm{d}y^{\mathrm{T}} \end{pmatrix} \end{aligned}$$

进一步如(11.11)记 $y^{\alpha} = x^{n+\alpha}$,记 $2n \times 2n$ 矩阵

$$G = \frac{1}{2}\begin{pmatrix} I & I \\ \mathrm{i}I & -\mathrm{i}I \end{pmatrix}\begin{pmatrix} H & 0 \\ 0 & \bar{H} \end{pmatrix}\begin{pmatrix} I & -\mathrm{i}I \\ I & \mathrm{i}I \end{pmatrix} = \frac{1}{2}\begin{pmatrix} H + \bar{H} & -\mathrm{i}H + \mathrm{i}\bar{H} \\ \mathrm{i}H - \mathrm{i}\bar{H} & H + \bar{H} \end{pmatrix}$$

注意到 $H^{\mathrm{T}} = \bar{H}$,上式为对称正定实矩阵,为实 $2n$ 维流形的黎曼度规矩阵,

$$\mathrm{d}s^2 = \mathrm{d}x\ G\ \mathrm{d}x^{\mathrm{T}} = g_{ij}\mathrm{d}x^i\mathrm{d}x^j, \qquad i,j = 1, \cdots, 2n \tag{11.58a}$$

即复 n 维厄米流形(M,h)为具有黎曼度规的实 $2n$ 维黎曼流形,且具有保度规的可积的复结构 J,为同时具有相容的复结构和度规结构的复流形,也可记为(M,g,J). 其度规结构

$$\begin{aligned} \mathrm{d}s^2 &= h_{\alpha\bar{\beta}}\mathrm{d}z^{\alpha}\mathrm{d}\bar{z}^{\beta}, \qquad \alpha,\beta = 1, \cdots, n & (11.58) \\ &= g_{ij}\mathrm{d}x^i\mathrm{d}x^j, \qquad i,j = 1, \cdots, 2n & (11.58\mathrm{a}) \end{aligned}$$

及相应的基本 2 形式

$$\omega = \frac{\mathrm{i}}{2}h_{\alpha\bar{\beta}}\mathrm{d}z^{\alpha} \wedge \mathrm{d}\bar{z}^{\beta}$$

为流形的近辛结构,易证它是实形式,且其 n 次外幂 $\omega^n \neq 0$(因 $h = \det(h_{\alpha\bar{\beta}}) \neq 0$)为流形 M 的处处非零的体积元,是 $2n$ 维上同调群 $H^{2n}(M, \mathbb{R})$的生成元,即

$$H^{2n}(M, \mathbb{R}) \neq 0 \tag{11.62}$$

对于流形 M 上任意两切向量场.

$$X = \xi^{\alpha}\partial_{\alpha} + \bar{\xi}^{\alpha}\partial_{\bar{\alpha}}, \qquad Y = \eta^{\alpha}\partial_{\alpha} + \bar{\eta}^{\alpha}\partial_{\bar{\alpha}} \tag{11.63}$$

可利用上述度规张量定义向量场间内积

$$(X,Y) = \frac{1}{2}h_{\alpha\bar{\beta}}(\xi^{\alpha}\bar{\eta}^{\beta} + \eta^{\alpha}\bar{\xi}^{\beta}) \tag{11.64}$$

也可在同阶微分形式间引入整体内积运算,为此需对厄米流形引入 Hodge * 运算. Hodge * 是保持张量线性结构的线性算子,可由它对微分形式的基底作用完全确定,其定义如下:

$$*(\mathrm{d}z^{\alpha_1} \wedge \cdots \wedge \mathrm{d}z^{\alpha_p} \wedge \mathrm{d}\bar{z}^{\beta_1} \wedge \cdots \wedge \mathrm{d}\bar{z}^{\beta_q}) = \left(\frac{\mathrm{i}}{2}\right)^n \frac{2^{p+q}(-1)^{\frac{1}{2}n(n-1)+np}}{(n-p)!(n-q)!}\cdot$$

$$\in^{\alpha_1\cdots\alpha_p}{}_{\bar{\gamma}_1\cdots\bar{\gamma}_{n-p}} \in^{\bar{\beta}_1\cdots\bar{\beta}_q}{}_{\delta_1\cdots\delta_{n-q}} \mathrm{d}z^{\delta_1} \wedge \cdots \wedge \mathrm{d}z^{\delta_{n-q}} \wedge \mathrm{d}\bar{z}^{\gamma_1} \wedge \cdots \wedge \mathrm{d}\bar{z}^{\gamma_{n-p}} \tag{11.65}$$

其中 $\in$ 为推广的 Lievi-Civita 完全反对称张量

$$\in_{\alpha_1\cdots\alpha_n} = |h|^{\frac{1}{2}}\delta^{1\cdots n}_{\alpha_1\cdots\alpha_n}, \quad h = \det(h_{\alpha\bar{\beta}}), \quad \alpha,\beta = 1,\cdots,n$$

$$\in^{\bar{\alpha}_1}{}_{\alpha_2\cdots\alpha_n} = h^{\bar{\alpha}_1\beta} \in_{\beta\alpha_2\cdots\alpha_n} \tag{11.66}$$

易证

$$*1 = \left(\frac{\mathrm{i}}{2}\right)^n (-1)^{\frac{1}{2}n(n-1)} h\mathrm{d}z^1 \wedge \cdots \wedge \mathrm{d}z^n \wedge \mathrm{d}\bar{z}^1 \wedge \cdots \wedge \mathrm{d}\bar{z}^n$$

$$= h\mathrm{d}x^1 \wedge \mathrm{d}y^1 \wedge \cdots \wedge \mathrm{d}x^n \wedge \mathrm{d}y^n = \frac{\omega^n}{n!} \tag{11.67}$$

它是流形 M 上最优体积元. 与(4.25)式比较,$h^2 = |\det(g_{ij})|$,二者结果一致,为了更明显地看出二者的一致性,以一维复空间为例

$$*\mathrm{d}z = *(\mathrm{d}x + \mathrm{i}\mathrm{d}y) = \mathrm{d}y - \mathrm{i}\mathrm{d}x = -\mathrm{i}\mathrm{d}z$$

$$*\mathrm{d}\bar{z} = *(\mathrm{d}x - \mathrm{i}\mathrm{d}y) = \mathrm{i}\mathrm{d}\bar{z}$$

而

$$\mathrm{d}z \wedge \mathrm{d}\bar{z} = -2\mathrm{i}\mathrm{d}x \wedge \mathrm{d}y$$

$$*(\mathrm{d}z \wedge \mathrm{d}\bar{z}) = -2\mathrm{i} * (\mathrm{d}x \wedge \mathrm{d}y) = -2\mathrm{i}$$

$$*1 = \mathrm{d}x \wedge \mathrm{d}y = \frac{\mathrm{i}}{2}\mathrm{d}z \wedge \mathrm{d}\bar{z}$$

以上运算表明(11.65)定义的 * 算子与 §4.2 定义的实 $2n$ 维黎曼流形上 Hodge * 算子相一致,这里可将 * 称推广的 Hodge * 算子.

对任意(p,q)形式 $\sigma_{p,q} \in \Lambda^{p,q}(M,h)$

$$\sigma_{p,q} = \frac{1}{p!q!}f_{\alpha_1\cdots\alpha_p\bar{\beta}_1\cdots\bar{\beta}_q}(z,\bar{z})\mathrm{d}z^{\alpha_1} \wedge \cdots \wedge \mathrm{d}z^{\alpha_p} \wedge \mathrm{d}\bar{z}^{\beta_1} \wedge \cdots \wedge \mathrm{d}\bar{z}^{\beta_q} \tag{11.68}$$

可证

$$\overline{*\sigma_{p,q}} = *\bar{\sigma}_{p,q} \tag{11.69}$$

即 $*$ 算子是可与复共轭运算交换的实算子，而且可以证明

$$**\sigma_{p,q} = (-1)^{p+q}\sigma_{p,q} \tag{11.70}$$

与(11.32)比较二者仍是相符合的. 下面分析是 §4.2 节的简单推广，即利用 Hodge $*$ 算子可在两同型微分形式间引入整体内积，可引入与微分算子对偶的余微分算子，并进一步引入 Laplace 算子等. 仅这时注意由于在复流形上有 $\{z^\alpha, \bar{z}^\alpha\}$ 两种坐标，所有函数也都取值在复数域，故形式上比较复杂些，要小心处理.

设(M,h)为紧致闭厄米流形，对于两同型微分形式 $\sigma_{p,q}, \tau_{p,q} \in \wedge^{p,q}(M,h)$间，可利用对偶算子(Hodge $*$ 算子)定义其整体内积. 即 $\sigma_{p,q}, \tau_{p,q}$如(11.68)式形式.

$$\tau_{p,q} = \frac{1}{p!q!}g_{\alpha_1\cdots\alpha_p\bar{\beta}_1\cdots\bar{\beta}_q}(z,\bar{z})\mathrm{d}z^{\alpha_1}\wedge\cdots\wedge\mathrm{d}z^{\alpha_p}\wedge\mathrm{d}\bar{z}^{\beta_1}\wedge\cdots\wedge\mathrm{d}\bar{z}^{\beta_q} \tag{11.68a}$$

且令

$$g^{\alpha_1\cdots\alpha_p\bar{\beta}_1\cdots\bar{\beta}_q} = h^{\bar{\gamma}_1\alpha_1}\cdots h^{\bar{\gamma}_p\alpha_p}h^{\bar{\beta}_1\delta_1}\cdots h^{\bar{\beta}_q\delta_q}\,\overline{g_{\gamma_1\cdots\gamma_p\bar{\delta}_1\cdots\bar{\delta}_q}} \tag{11.71}$$

易证

$$\begin{aligned}\sigma_{p,q}\wedge *\bar{\tau}_{p,q} &= \frac{2^{p+q}}{p!q!}f_{\alpha_1\cdots\alpha_p\bar{\beta}_1\cdots\bar{\beta}_q}g^{\alpha_1\cdots\alpha_p\bar{\beta}_1\cdots\bar{\beta}_q} *1\\ &= \bar{\tau}_{p,q}\wedge *\sigma_{p,q}\end{aligned} \tag{11.72}$$

即为流形 M 最优体积元的倍数，于是可在两相同型微分形式间定义整体内积(global inner product)：

$$(\sigma_{p,q};\tau_{p,q}) = \int\sigma_{p,q}\wedge *\bar{\tau}_{p,q} = \frac{2^{p+q}}{p!q!}\int f_{\alpha_1\cdots\alpha_p\bar{\beta}_1\cdots\bar{\beta}_q}g^{\alpha_1\cdots\alpha_p\bar{\beta}_1\cdots\bar{\beta}_q} *1 \tag{11.73}$$

这样定义的内积(;)具有以下性质：

1) 斜线性：当 $\sigma,\tau,\rho\in\Lambda^{p,q}(M,h)$

$$\begin{gathered}(\sigma;\tau) = \overline{(\tau;\sigma)}\\ (a\sigma+b\tau;\rho) = a(\sigma;\rho)+b(\tau;\rho),\qquad a,b\in\mathbb{C}\end{gathered} \tag{11.74}$$

2) 正定

$$(\sigma;\sigma)\geqslant 0,\text{等号成立当且仅当}\ \sigma = 0 \tag{11.75}$$

于是可对任微分形式 $\sigma\in\Lambda^{p,q}(M,h)$可定义其模

$$|\sigma| \equiv \sqrt{(\sigma;\sigma)} \tag{11.76}$$

在厄米流形(M,h)的微分形式 $\Lambda^*(M,h) = \oplus\sum_{p,q}\Lambda^{p,q}(M,h)$ 上可定义外微分算子

$$d = \sum_{i=1}^{n} \left(dx^i \frac{\partial}{\partial x^i} + dy^i \frac{\partial}{\partial y^i} \right) = \sum_{\alpha=1}^{n} \left(dz^\alpha \frac{\partial}{\partial z^\alpha} + d\bar{z}^\alpha \frac{\partial}{\partial \bar{z}^\alpha} \right) = \partial + \bar{\partial} \tag{11.77}$$

其中

$$\partial = \sum_{\alpha=1}^{n} dz^\alpha \frac{\partial}{\partial z^\alpha}: \quad \Lambda^{p,q} \to \Lambda^{p+1,q}$$

$$\bar{\partial} = \sum_{\alpha=1}^{n} d\bar{z}^\alpha \frac{\partial}{\partial \bar{z}^\alpha}: \quad \Lambda^{p,q} \to \Lambda^{p,q+1}$$

当微分形式 $\sigma \in \Lambda^{p,q}(M,h)$ 满足

$$\bar{\partial}\sigma = 0$$

则称 σ 为全纯(holomorphic)(p,q)形式. 这时 σ 可表示为

$$\sigma = \frac{1}{p!q!} f_{\alpha_1\cdots\alpha_p\bar{\beta}_1\cdots\bar{\beta}_q}(z) dz^{\alpha_1} \wedge \cdots \wedge dz^{\alpha_p} \wedge d\bar{z}^{\beta_1} \wedge \cdots \wedge d\bar{z}^{\beta_q}$$

其中系数函数 $f_{\alpha_1\cdots\alpha_p\bar{\beta}_1\cdots\bar{\beta}_q}(z)$ 满足 $\bar{\partial}f=0$,即函数 $f(z)$ 为全纯函数. σ 微分形式当其系数函数为全纯函数时,被称为是全纯微分形式.

由于厄米流形上复结构可积,∂ 及 $\bar{\partial}$ 算子具有性质:

$$\partial \cdot \partial = 0, \quad \bar{\partial} \cdot \bar{\partial} = 0, \quad \partial \cdot \bar{\partial} = -\bar{\partial} \cdot \partial \tag{11.78}$$

在厄米流形 $(M,h)=(M,g,J)$ 上可如(4.33)式引入余微分算子 δ,复 n 维厄米流形为实 $2n$ 维黎曼流形,故按(4.33)式

$$\delta = -*d* = -*(\bar{\partial}+\partial)* = \vartheta + \bar{\vartheta}$$

其中

$$\vartheta = -*\bar{\partial}*: \quad \Lambda^{p,q} \to \Lambda^{p-1,q}$$

$$\bar{\vartheta} = -*\partial*: \quad \Lambda^{p,q} \to \Lambda^{p,q-1} \tag{11.79}$$

这里注意,余微分算子相当于在对偶空间作外微分,与 ∂ 算子对偶的余微分算子是 $\vartheta = -*\bar{\partial}*$,而且注意,在作 Hodge $*$ 运算后,当进一步作 $\bar{\partial}$ 运算时,推广的 Levi-Civita 张量含有度规张量 $h_{\alpha\bar{\beta}}(z,\bar{z})$,对它们也需作用,因此在具体计算时形式上是比较复杂的.

类似于 d 与 δ 相对于流形上微分形式内积是相互伴随算子

$$(d\alpha;\beta) = (\alpha;\delta\beta), \quad \alpha \in \Lambda^{k-1}(M), \quad \beta \in \Lambda^k(M)$$

可以证明,相对于厄米流形上微分形式的整体内积,∂ 与 ϑ,$\underline{\partial}$ 与 $\bar{\vartheta}$ 是相互伴随的算子

$$(\partial\alpha,\beta) = (\alpha,\vartheta\beta), \quad \alpha \in \Lambda^{p-1,q}, \beta \in \Lambda^{p,q} \tag{11.80a}$$

$$(\bar{\partial}\alpha,\beta) = (\alpha,\bar{\vartheta}\beta), \quad \alpha \in \Lambda^{p,q-1}, \beta \in \Lambda^{p,q} \tag{11.80b}$$

证 由 * 算子定义(11.65)可看出,当 $\alpha\in\Lambda^{p-1,q}$,$\beta\in\Lambda^{p,q}$则

$$\alpha\wedge *\bar{\beta}\quad\in\Lambda^{n-1,n}$$

$$\begin{aligned}
d(\alpha\wedge *\bar{\beta}) &= \partial(\alpha\wedge *\bar{\beta}) = \partial\alpha\wedge *\bar{\beta}+(-1)^{p+q-1}\alpha\wedge\partial *\bar{\beta}\\
&= \partial\alpha\wedge *\bar{\beta}+\alpha\wedge * * \partial *\bar{\beta}\\
&= \partial\alpha\wedge *\bar{\beta}-\alpha\wedge *\overline{\vartheta\beta}
\end{aligned}$$

$$(\partial\alpha;\beta)-(\alpha;\vartheta\beta)=\int_M d(\alpha\wedge *\bar{\beta})$$

故当 M 为紧致闭流形,$\partial M=0$,利用 Stokes 定理得

$$(\partial\alpha;\beta)=(\alpha;\vartheta\beta)$$

(11.80a)得证,类似(11.80b)也可证明.

黎曼流形上 Laplace 算子定义为

$$\Delta=(d+\delta)^2=d\delta+\delta d$$

它是自伴随算子

$$(\Delta\alpha;\beta)=(\alpha;\Delta\beta)$$

类似在厄米流形上可定义另外两种偏 Laplace 算子

$$\begin{aligned}
\Box &= \partial\vartheta+\vartheta\partial\\
\overline{\Box} &= \bar{\partial}\bar{\vartheta}+\bar{\vartheta}\,\bar{\partial}
\end{aligned}\tag{11.81}$$

利用(11.78)、(11.80)式可以证明它们都是自伴随算子

$$\begin{aligned}
(\Box\alpha;\beta) &= (\alpha;\Box\beta)\\
(\overline{\Box}\alpha;\beta) &= (\alpha;\overline{\Box}\beta)
\end{aligned}\tag{11.82}$$

且如 α 满足$\Box\alpha=0$,当且仅当$\partial\alpha=\vartheta\alpha=0$,如 α 满足$\overline{\Box}\alpha=0$,当且仅当$\bar{\partial}\alpha=\bar{\vartheta}\alpha=0$.

在厄米流形上有三种 Laplace 算子 $\Delta,\Box,\overline{\Box}$,一般它们互不相等. 在一般厄米流形上,含有 * 的微分算子的计算都很繁. 厄米流形上存在有度规结构及复结构,二者虽然相容,但是一般不存在与二者均相容的无挠联络,这是我们在下节要着重分析的内容. 因此像$\Box$与$\overline{\Box}$等二阶微分算子的计算很复杂. 我们这里先初步分析下厄米流形上 Hodge * 算子与复结构 J 的特点及相互间关系. 正由于厄米流形上存在度规结构,可定义 Hodge * 算子,它仅依赖于黎曼度规结构与定向,* 为实线性算子,$*1=\frac{\omega^n}{n!}$为实 $2n$ 形式,处处非零,为流形 M 的最优体积元,利用 * 可定义流形 M 上整体内积(也称为 Hodge 内积),并可引入余微分算子 δ,它是外微分算子 d 相对 Hodge 内积的伴随算子. 另方面在厄米流形 M 上还存在可积的复结构 J,利用复结构 J 可在复化切丛及余切丛上引入双重阶化$[p,q]$张量,使流形上 r 形式可进一步分解

$$\Lambda^r(M) = \oplus \sum_{p+q=r} \Lambda^{p,q}(M)$$

且可证明这种直和分解相对 Hodge 内积是相互正交.

证　令 $\sigma \in \Lambda^{p,q}(M)$，$\tau \in \Lambda^{r,s}$，$p+q=r+s$. 而它们间 $\sigma \wedge * \bar{\tau}$ 为 $[n-r+p, n-s+q]$ 形式. 因此当且仅当 $r=p$，$s=q$ 时，$\sigma \wedge * \bar{\tau}$ 才为 $2n$ 形式，否则 $\sigma \wedge * \bar{\tau}$ 将为零.

下节讨论厄米流形上联络表明，保复结构与度规的厄米联络常存在挠率，无挠保度规的黎曼联络不保复结构，使得在分析 $\square$ 与 $\bar{\square}$ 算子时将很复杂，仅对 Kahler 流形上一切简化，$\square = \bar{\square} = \frac{1}{2}\Delta$.

§11.5　厄米流形上仿射联络

厄米流形 (M,h) 上，存在度规结构及与它相容的复结构. 要求联络满足

1）保度规

$$\nabla G = 0 \tag{11.83}$$

2）保复结构

$$\nabla_X JY = J\nabla_X Y, \quad \forall X, Y \in \mathscr{X}(M) \tag{11.84}$$

有时要求联络满足无挠条件.

3）无挠

$$\nabla_X Y - \nabla_Y X = [X, Y] \tag{11.85}$$

以上三条件常不能同时满足. 满足(11.83)(11.85)式的无挠保度规的联络称黎曼联络，正如第四章的分析，此两条件可惟一确定联络形式：将联络用度规张量场一阶导数表达的 Levi-civita-Christoffel 联络. 由联络决定的和乐群为 SO$(2n)$. 用黎曼联络常不能保复结构，即(11.84)式一般不能满足.

另一方面，满足(11.84)，(11.85)式的保复结构的无挠联络，常称近复联络. 近复联络决定的和乐群为 GL$(n,\mathbb{C})$. 近复联络常不保度规，即(11.83)式一般不满足.

如放弃无挠条件，则可存在同时保复结构与度规结构的联络，即要求联络仅满足(11.83)，(11.84)式，这种联络称为厄米允许联络，一般仅由(11.83)，(11.84)式不能惟一确定联络，可进一步要求联络 1 形式为[1,0]型 1 形式，这种联络称为[1,0]型厄米联络，可证这时曲率 2 形式为[1,1]型，而挠率 2 形式为[2,0]型. 下面就来分析这些问题.

在复 n 维流形 M 上，选局域复坐标系 $\{z^\alpha\}_1^n$，为明确起见，令希腊文指标 α,β 取 1 到 n，而令拉丁文指标 $j,k\cdots$ 取 $1,\cdots,n;\bar{1},\cdots,\bar{n}$. 选自然标架 $\{\partial_k\}$，用协变导数算子 ∇ 来定义仿射联络

$$\nabla_{\partial j}\partial_k = \Gamma_{jk}^l\partial_l \tag{11.86}$$

仿射联络原来定义在实向量丛上,现进一步复线性延拓到复向量丛上,令

$$\overline{\Gamma_{jk}^i} = \overline{\Gamma_{\bar{j}\bar{k}}^{\bar{i}}} \tag{11.87}$$

注意到复自然标架为复结构本征矢

$$J\partial_\alpha = \mathrm{i}\partial_\alpha, \qquad J\partial_{\bar{\alpha}} = -\mathrm{i}\partial_{\bar{\alpha}}$$

故对保复结构的近复联络,由条件(84)可证

$$\nabla_j J\partial_\alpha = \mathrm{i}\nabla_j\partial_\alpha = \mathrm{i}\Gamma_{j\alpha}^k\partial_k \overset{(84)}{=} J\nabla_j\partial_\alpha = J\Gamma_{j\alpha}^k\partial_k$$

得

$$\Gamma_{j\alpha}^{\bar{\beta}} = 0 = \Gamma_{j\bar{\alpha}}^{\beta} \tag{11.88}$$

如进一步要求联络无挠:$\Gamma_{jk}^i = \Gamma_{kj}^i$,结合(11.88)式可证,联络 Γ_{jk}^i的非零分量仅有

$$\Gamma_{\beta\gamma}^\alpha \text{ 或 } \Gamma_{\bar{\beta}\bar{\gamma}}^{\bar{\alpha}}$$

即所有具有混合指标分量的联络均为零. 保复结构的无挠联络的和乐群为 GL(n,ℂ),这种联络称为近复联络.

如放弃无挠条件,而要求联络保厄米度规即联络满足

$$\nabla_j h_{\alpha\bar{\beta}} = 0 \tag{11.89}$$

再结合联络保复结构条件(11.88),得

$$\partial_j h_{\alpha\bar{\beta}} = h_{\gamma\bar{\beta}}\Gamma_{j\alpha}^\gamma + h_{\alpha\bar{\gamma}}\Gamma_{j\bar{\beta}}^{\bar{\gamma}} \tag{11.90}$$

满足此式的联络 Γ_β^α 称为厄米允许联络. 由上式看出仅由保复结构与保厄米度规两条件还不能完全确定联络. 如进一步要求所得联络 1 形式 Γ_β^α 为[1,0]形式,即

$$\Gamma_\beta^\alpha = \Gamma_{\gamma\beta}^\alpha \mathrm{d}z^\gamma$$

即要求

$$\Gamma_{\bar{\gamma}\beta}^\alpha = 0 \tag{11.91}$$

这时可解得

$$\Gamma_{\beta\gamma}^\alpha = h^{\bar{\delta}\alpha}\partial_\beta h_{\gamma\bar{\delta}} \tag{11.92}$$

所得联络称为厄米流形上[1,0]型联络. 可以证明,在局域坐标作全纯变换时,[1,0]型联络仍保持为[1,0]型联络,即如此定义的[1,0]型厄米联络是与局域坐标系的选取无关的.

将(11.92)式写成矩阵表达式即

$$\Gamma = (H)^{-1}\partial H \tag{11.92a}$$

将它代入曲率 2 形式 Ω 的表达式:

$$\Omega = \mathrm{d}\Gamma + \Gamma\wedge\Gamma = -(H)^{-1}\bar{\partial}H\wedge(H)^{-1}\partial H + (H)^{-1}\bar{\partial}\partial H \tag{11.93}$$

此式表明曲率矩阵 Ω 为由[1,1]型微分形式构成矩阵. 而将[1,0]型联络(11.92a)代入挠率的表达式立即看出其挠率矩阵由[2,0]型微分形式组成.

总之,在厄米流形的切丛上存在惟一确定的[1,0]型允许联络,它的曲率矩阵为[1,1]型,挠率矩阵为[2,0]型,这种联络又称为厄米联络. 厄米联络的和乐群是

$$\mathrm{U}(n) \subset \mathrm{GL}(n,\mathbb{C}) \cap \mathrm{O}(2n)$$

可将以上结果列入表 11.1 以便参考比较:

表 11.1　厄米流形上三种联络及其满足条件

	无挠条件	保复结构条件	保度规条件	和乐群
近复联络	$\Gamma^i_{jk} = \Gamma^i_{kj}$	$\Gamma^\alpha_{j\bar\beta} = 0 = \Gamma^{\bar\alpha}_{j\beta}$	无	$\mathrm{GL}(n,\mathbb{C})$
黎曼联络	$\Gamma^i_{jk} = \Gamma^i_{kj}$	无	$\nabla_j \quad g_{kl} = 0$	$\mathrm{O}(2n)$
厄米联络	无	$\Gamma^\alpha_{j\bar\beta} = 0 = \Gamma^{\bar\alpha}_{j\beta}$	$\nabla_j \quad h_{\alpha\bar\beta} = 0$	$\mathrm{U}(n)$
	[2,0]型挠率	[1,0]型,$\Gamma^\alpha_{\bar\gamma\beta} = 0$	$\Gamma^\alpha_{\beta\gamma} = h^{\bar\delta\gamma}\partial_\beta h_{\gamma\bar\delta}$	

在厄米流形上存在有复结构 J,还有在复结构 J 作用下不变的厄米度规. 在厄米流形上存在两种性质不同的无挠联络:平行移动复结构的无挠联络称近复联络,其和乐群为 $\mathrm{GL}(n,\mathbb{C})$;平行移动黎曼度规张量的无挠联络称黎曼联络,其和乐群为 $\mathrm{O}(2n)$. 这两种无挠联络一般并不相容. 无挠联络往往不保厄米度规. 保厄米度规且保复结构的[1,0]型联络,称厄米联络,其曲率形式为[1,1]型,挠率形式为[2,0]型.

§11.6　Kähler 流形

厄米流形 (M,h) 上定义有恒正厄米度规

$$\mathrm{d}s^2 = h_{\alpha\bar\beta}\mathrm{d}z^\alpha \mathrm{d}\bar z^\beta$$

及其相关的基本近辛形式

$$\omega = \frac{\mathrm{i}}{2} h_{\alpha\bar\beta}\mathrm{d}z^\alpha \wedge \mathrm{d}\bar z^\beta$$

它是实形式,$\omega = \bar\omega$,常称为 Kähler 形式. 如果流形 M 的 Kähler 形式可积,即为辛形式,满足闭形式条件

$$\mathrm{d}\omega = 0 \tag{11.94}$$

则称流形 (M,ω,J) 为 Kähler 流形. 由 $\mathrm{d}\omega = 0$ 条件得

$$\frac{\partial h_{\alpha\bar\beta}}{\partial z^\gamma} = \frac{\partial h_{\gamma\bar\beta}}{\partial z^\alpha}, \qquad \frac{\partial h_{\alpha\bar\beta}}{\partial \bar z^\gamma} = \frac{\partial h_{\alpha\bar\gamma}}{\partial \bar z^\beta} \tag{11.94a}$$

即 $h_{\alpha\bar\beta}$ 可局域表示为

$$h_{\alpha\bar{\beta}} = \frac{\partial^2 F(z,\bar{z})}{\partial z^\alpha \partial \bar{z}^\beta} \tag{11.95}$$

这里 $F(z,\bar{z})$ 为实函数，称为 Kähler 势. 这里应注意，虽然厄米度规张量 $h_{\alpha\bar{\beta}}$ 可在 Kähler 流形上整体定义，但是 Kähler 势 $F(z,\bar{z})$ 仅可局域定义，且不惟一，在 Kähler 势作下列变换下：

$$F(z,\bar{z}) \to F(z,\bar{z}) + G_1(z) + G_2(\bar{z})$$

其中 $G_1(G_2)$ 为任意全纯(反全纯)函数，所导出的厄米度规张量 $h_{\alpha\bar{\beta}}$ 不变.

将(11.95)代入流形基本辛形式 ω 的表达式得

$$\omega = \frac{\mathrm{i}}{2} h_{\alpha\bar{\beta}} \mathrm{d}z^\alpha \wedge \mathrm{d}\bar{z}^\beta = \frac{\mathrm{i}}{2} \partial\bar{\partial} F(z,\bar{z}) \tag{11.96}$$

此即在复流形上推广的 Poincare 引理：对任意闭形式 ω：

$$\mathrm{d}\omega = (\partial + \bar{\partial})\omega = 0, \qquad \partial\omega = 0, \bar{\partial}\omega = 0 \tag{11.97}$$

必可局域表达为双正合形式.

在 Kähler 流形 M 上，由于厄米度规 $h_{\alpha\bar{\beta}}$ 满足约束条件(11.94a)，故这时[1,0]型厄米联络(11.92)式

$$\Gamma^\alpha_{\beta\gamma} = h^{\bar{\delta}\alpha} \partial_\beta h_{\gamma\bar{\delta}} = \Gamma^\alpha_{\gamma\beta} \tag{11.98}$$

厄米联络挠率为零！厄米联络挠率为零是厄米流形为 Kähler 流形的充要条件. 无挠厄米联络也称为 Kähler 联络.

Kähler 度规是复流形上最优度规，其上度规结构，复结构，以及无扰条件都相容. 无挠的黎曼度规也保复结构. Kähler 流形在各种物理问题中经常出现，我们将对它作更认真分析.

在 Kähler 流形上，Kähler 联络受很强的限制(保度规，保复结构，无挠)，联络系数的非零分量仅有

$$\Gamma^\alpha_{\beta\gamma} = h^{\alpha\bar{\delta}} \frac{\partial h_{\beta\bar{\delta}}}{\partial z^\gamma} = \Gamma^\alpha_{\gamma\beta}, \qquad \Gamma^{\bar{\alpha}}_{\bar{\beta}\bar{\gamma}} = \overline{\Gamma^\alpha_{\beta\gamma}} \tag{11.99}$$

曲率张量系数非零分量仅有

$$R^\alpha_{\beta\gamma\bar{\delta}} = -\frac{\partial \Gamma^\alpha_{\beta\gamma}}{\partial \bar{z}^\delta} = R^\alpha_{\gamma\beta\bar{\delta}} \tag{11.100}$$

注意这时曲率张量比通常黎曼曲率张量多 $\beta\gamma$ 变换的对称性. 上式也可通过与度规张量的缩并得四阶协变曲率张量的表达式

$$R_{\alpha\bar{\beta}\gamma\bar{\delta}} = h_{\alpha\bar{\beta}} \frac{\partial}{\partial \bar{z}^\delta} \Gamma^\lambda_{\alpha\gamma} = \frac{\partial^2 h_{\alpha\bar{\beta}}}{\partial z^\gamma \partial \bar{z}^\delta} - h^{\bar{\gamma}\rho} \frac{\partial h_{\alpha\bar{\lambda}}}{\partial z^\gamma} \frac{\partial h_{\nu\bar{\beta}}}{\partial \bar{z}^\delta}$$

$$= \frac{\partial^4 F}{\partial z^\alpha \partial z^{\bar{\beta}} \partial z^\gamma \partial z^{\bar{\delta}}} - h^{\bar{\lambda}\rho} \frac{\partial^3 F}{\partial z^{\bar{\lambda}} \partial z^\alpha \partial z^\gamma} \frac{\partial^3 F}{\partial z^\rho \partial z^{\bar{\beta}} \partial z^{\bar{\delta}}} \tag{11.101}$$

上节曾提到在厄米流形上作余微分运算时,由于 Hodge * 运算后会出现度规张量场,因此在进一步作微分运算时会很复杂. 但是在 Kähler 流形上,Kähler 联络无挠,在微分形式上普通外微分与协变外微分作用相同,而且度规场的协变外微分为零. 因此在对偶空间作外微分时仅需对系数作协变外微分,使问题简化很多,可得

$$\vartheta\sigma_{p,q} = - * \bar{\partial} * \sigma_{q,p} = \frac{2}{(p-1)!q!} h^{\bar{\gamma}\delta} f_{\delta\alpha_1\cdots\alpha_{p-1}\bar{\beta}_1\cdots\bar{\beta}_q;\bar{\gamma}}$$
$$\mathrm{d}z^{\alpha_1} \wedge \cdots \wedge \mathrm{d}z^{\alpha_{p-1}} \wedge \mathrm{d}z^{\bar{\beta}_1} \wedge \cdots \wedge \mathrm{d}z^{\bar{\beta}_q} \tag{11.102}$$

$$\bar{\vartheta}\sigma_{p,q} = - * \partial * \sigma_{p,q} = \frac{2(-1)^p}{p!(q-1)!} h^{\bar{\gamma}\delta} f_{\alpha_1\cdots\alpha_p\bar{\gamma}\bar{\beta}_1\cdots\bar{\beta}_{q-1};\delta} \mathrm{d}z^{\alpha_1}$$
$$\wedge \cdots \wedge \mathrm{d}z^{\alpha_p} \wedge \mathrm{d}z^{\bar{\beta}_1} \wedge \cdots \wedge \mathrm{d}z^{\bar{\beta}_{q-1}} \tag{11.103}$$

下面计算 Kähler 流形上的 Laplace 算子.

$$\Delta = \mathrm{d}\delta + \delta\mathrm{d} = (\partial + \bar{\partial})(\vartheta + \bar{\vartheta}) + (\vartheta + \bar{\vartheta})(\partial + \bar{\partial})$$
$$= (\partial\vartheta + \vartheta\partial) + (\overline{\partial\vartheta} + \overline{\vartheta\partial}) + (\partial\bar{\vartheta} + \bar{\vartheta}\partial) + (\bar{\partial}\vartheta + \vartheta\bar{\partial})$$

可以证明

1)　$\partial\bar{\vartheta} + \bar{\vartheta}\partial = 0,\qquad \bar{\partial}\vartheta + \vartheta\bar{\partial} = 0$ (11.104)

2)　$\square = \bar{\square} = \frac{1}{2}\Delta$ (11.105)

证

$$\partial\sigma_{p,q} = \frac{1}{p!\ q!} f_{\alpha_1\cdots\alpha_p\bar{\beta}_1\cdots\bar{\beta}_q;\alpha} \mathrm{d}z^\alpha \wedge \mathrm{d}z^{\alpha_1} \wedge \cdots \wedge \mathrm{d}z^{\alpha_p} \wedge \mathrm{d}z^{\bar{\beta}_1} \wedge \cdots \wedge \mathrm{d}z^{\bar{\beta}_q}$$
$$= \frac{1}{(p+1)!\ p!\ q!} f_{\alpha_1\cdots\alpha_p\bar{\beta}_1\cdots\bar{\beta}_q;\alpha} \delta^{\alpha\alpha_1\cdots\alpha_p}_{\gamma_1\cdots\gamma_{p+1}} \mathrm{d}z^{\gamma_1} \wedge \cdots \wedge \mathrm{d}z^{\gamma_{p+1}} \wedge \mathrm{d}z^{\bar{\beta}_1} \wedge \cdots \wedge \mathrm{d}z^{\bar{\beta}_q} \tag{11.106}$$

结合(11.106)与(11.108)式得

$$\bar{\vartheta}\partial\sigma_{p,q} = \frac{2(-1)^{p+1}}{(p+1)!p!(q-1)!} h^{\bar{\gamma}\delta} f_{\alpha_1\cdots\alpha_p\bar{\gamma}\bar{\beta}_1\cdots\bar{\beta}_{q-1};\alpha\delta} \delta^{\alpha\alpha_1\cdots\alpha_p}_{\gamma_1\cdots\gamma_{p+1}}$$
$$\mathrm{d}z^{\gamma_1} \wedge \cdots \wedge \mathrm{d}z^{\gamma_{p+1}} \wedge \mathrm{d}z^{\bar{\beta}_1} \wedge \cdots \wedge \mathrm{d}z^{\bar{\beta}_{q-1}} \tag{11.107}$$

$$\partial\bar{\vartheta}\sigma_{p,q} = \frac{2(-1)^p}{(p+1)!p!(q-1)!} h^{\bar{\gamma}\delta} f_{\alpha_1\cdots\alpha_p\bar{\gamma}\bar{\beta}_1\cdots\bar{\beta}_{q-1};\delta\alpha} \delta^{\alpha\alpha_1\cdots\alpha_p}_{\gamma_1\cdots\gamma_{p+1}}$$
$$\cdot \mathrm{d}z^{\gamma_1} \wedge \cdots \wedge \mathrm{d}z^{\gamma_{p+1}} \wedge \mathrm{d}z^{\bar{\beta}_1} \wedge \cdots \wedge \mathrm{d}z^{\bar{\beta}_{q-1}} \tag{11.108}$$

而

$$f_{\alpha_1\cdots\alpha_p\bar{\beta}_1\cdots\bar{\beta}_q;\alpha\delta} - f_{\alpha_1\cdots\alpha_p\bar{\beta}_1\cdots\bar{\beta}_q;\delta\alpha} = \sum_{j=1}^{p} f_{\alpha_1\cdots\gamma\alpha_{j+1}\alpha_p\bar{\beta}_1\cdots\bar{\beta}_q} R^{\gamma}_{\alpha_j\alpha\delta} = 0 \qquad (11.109)$$

上式最后一步是由于曲率张量非零分量仅[1,1]型如(11.100)式. 因此

$$\bar{\vartheta}\partial + \partial\bar{\vartheta} = 0$$

类似可证 $\vartheta\bar{\partial} + \bar{\partial}\vartheta = 0$ 以及 $\square = \partial\vartheta + \vartheta\partial = \overline{\partial\vartheta} + \overline{\vartheta\partial} = \square$ 为实算子,故

$$\Delta = \square + \overline{\square} = 2\square = 2\overline{\square}$$ □

满足 $\Delta\sigma_{p,q} = 0$ 的$[p,q]$形式 $\sigma_{p,q}$ 称为$[p,q]$谐和形式,Kähler 流形上基本辛形式 ω 就是[1,1]谐和形式. 即不仅满足 $\mathrm{d}\omega = 0$,而且可证

$$\delta\omega = (\vartheta + \bar{\vartheta})\omega = 0, \vartheta\omega = 0, \bar{\vartheta}\omega = 0 \qquad (11.110)$$

证 $\omega = \frac{\mathrm{i}}{2} h_{\alpha\bar{\beta}} \mathrm{d}z^{\alpha} \wedge \mathrm{d}\bar{z}^{\beta}$

$$* \omega = \frac{\mathrm{i}}{2} h_{\alpha\bar{\beta}} \left(\frac{\mathrm{i}}{2}\right)^{n} \frac{4(-1)^{\frac{1}{2}n(n-1)+n}}{(n-1)!\ (n-q)!} \in^{\alpha}{}_{\bar{\gamma}_1\cdots\bar{\gamma}_{n-1}} \in^{\bar{\beta}}{}_{\delta_1\cdots\delta_{n-1}}$$
$$\mathrm{d}z^{\delta_1} \wedge \cdots \wedge \mathrm{d}z^{\delta_{n-1}} \wedge \mathrm{d}\bar{z}^{\gamma_1} \wedge \cdots \wedge \mathrm{d}\bar{z}^{\gamma_{n-1}}$$
$$= \left(\frac{\mathrm{i}}{2}\right)^{n} \frac{2\mathrm{i}(-1)^{\frac{1}{2}n(n-1)+n}}{(n-1)!\ (n-1)!} h h^{\alpha\bar{\beta}} \delta^{1\cdots\cdots n}_{\bar{\beta}\bar{\gamma}_1\cdots\bar{\gamma}_{n-1}} \delta^{1\cdots\cdots n}_{\alpha\bar{\delta}_1\cdots\bar{\delta}_{n-1}}$$
$$\mathrm{d}z^{\delta_1} \wedge \cdots \wedge \mathrm{d}z^{\delta_{n-1}} \wedge \delta\bar{z}^{\gamma_1} \wedge \cdots \wedge \mathrm{d}\bar{z}^{\gamma_{n-1}}$$

注意到(重复指标求和)

$$h^{\alpha\bar{\beta}}_{,\mu} = -h^{\alpha\bar{\gamma}} h^{\bar{\beta}\delta} h_{\delta\bar{\gamma},\mu}, \qquad h_{,\mu} = h h^{\alpha\bar{\beta}} h_{\alpha\bar{\beta},\mu}$$

$$(hh^{\alpha\bar{\beta}})_{,\mu} = -hh^{\alpha\bar{\gamma}} h^{\bar{\beta}\delta} h_{\delta\bar{\gamma},\mu} + hh^{\alpha\bar{\beta}} h^{\bar{\gamma}\delta} h_{\delta\bar{\gamma},\mu} = -hh^{\alpha\bar{\gamma}} h^{\bar{\beta}\delta} h_{\delta\bar{\gamma},\mu} + hh^{\alpha\bar{\beta}} h^{\bar{\gamma}\delta} h_{\mu\bar{\gamma},\delta}$$

上式最后一步利用了(11.94a),令 $\mu = \alpha$ 并对 α 求和得

$$(hh^{\alpha\bar{\beta}})_{,\alpha} = -hh^{\alpha\bar{\gamma}} h^{\bar{\beta}\delta} h_{\delta\bar{\gamma},\alpha} + hh^{\alpha\bar{\beta}} h^{\bar{\gamma}\delta} h^{\alpha\bar{\nu},\delta} = 0 \qquad (11.111)$$

故 $$\partial * \omega = 0$$

类似可证,$\bar{\partial} * \omega = 0$,故 $\vartheta\omega = 0 = \bar{\vartheta}\omega$, $\delta\omega = 0$. □

在 Kähler 流形上,对全纯形式 $\sigma \in \Lambda^{p,q}(M)$

$$\bar{\partial}\sigma = 0$$

可以证明(利用(11.109)式)(习题 9.5)

$$\bar{\vartheta}\sigma = 0$$

故

$$\overline{\square}\sigma = 0$$

再由(11.108)式知

$$\Delta\sigma = 0$$

即 σ 必为谐和形式. 在 Kähler 流形上,其全纯形式相对 Kähler 度规自动为谐和形式. 反之也对,即由 $\Delta\sigma=0$ 可得 $\bar{\partial}\sigma=0$,使每一谐和形式必为全纯形式.

紧致 Kähler 流形有很强拓扑限制,Kähler 形式的各阶外乘

$$\omega \wedge \omega, \qquad \omega \wedge \omega \wedge \omega, \cdots$$

直到 n 个 ω 外乘,均非零,且都是谐和形式,它们是各偶数阶上同调群 $H^r(M,\mathbb{R})$ $(r=2,4,\cdots,2n)$ 的生成元,它们都不会在整个流形上表达成正合形式,这因为,n 个 ω 的外乘

$$\bigwedge_n \omega = \left(\frac{\mathrm{i}}{2}\right)^n n!h \bigwedge_n (\mathrm{d}z^\alpha \wedge \mathrm{d}\bar{z}^\alpha) = n! * 1$$

由于 $h=\det(h_{\alpha\bar{\beta}})>0$,故对紧致流形 M 有

$$V = \int_M \bigwedge_n \omega > 0$$

如果有 l 个 ω 外乘为正合形式,即下式成立:

$$\bigwedge_l \omega = \omega \wedge \cdots \wedge \omega = \mathrm{d}\alpha$$

则

$$\int_M \mathrm{d}\alpha \wedge \bigwedge_{n-l} \omega = \int_M \mathrm{d}(\alpha \wedge \bigwedge_{n-l} \omega) = 0$$

矛盾. 故 Kähler 形式的各阶外乘均非整体正合形式. 故 Kähler 流形的所有偶数阶 Betti 数均非零.

复流形上是否存在 Kähler 度规,是由流形的拓扑性质决定的. 这里我们注意,任意复流形均可定义厄米度规,厄米流形条件与具有复结构条件相同,它们都是偶维定向流形,对紧致流形,其最高阶 Betti 数非零. 而对 Kähler 流形,需要有更强的条件. 各偶阶 Betti 数均非零(参见 §7.8 表). 下面我们举一允许有复结构(允许有厄米度规)但不允许有 Kähler 度规的流形例子:Hopf 流形.

例 11.1　Hopf 流形:在 $C^n-\{0\}$ 中由等价关系 $z^{i'}=2z_i(1\leqslant i\leqslant n)$ 生成的离散群记为 Γ,由它产生的商流形

$$C^n - \{0\}/\Gamma \simeq S^{2n-1} \times S^1$$

称为 Hopf 流形,它是复流形,但是由 Kunneth 公式知

$$H^2(S^1 \times S^{2n-1},\mathbb{R}) = 0, \qquad n \geqslant 2$$

故此 Hopf 流形不是 Kähler 流形.

一般可以证明,任意两奇维球的乘积 $S^p\times S^q$ 常有复结构,但不是 Kähler 流形,不允许有 Kähler 度规.

下面举可以具有 Kähler 度规流形的例子:

例 11.2　$M=\mathbb{C}^n$ 具有自然的 Kähler 度规

$$ds^2 = \sum_{\mu=1}^{n} dz^\mu d\bar{z}^\mu$$

$$\omega = \frac{i}{2}\sum_{\mu=1}^{n} dz^\mu \wedge d\bar{z}^\mu = \sum_{\mu=1}^{n} dx^\mu \wedge dy^\mu \tag{11.112}$$

由于 ω 具常系数,$d\omega=0$,为 Kähler 度规,也可表示为

$$\omega = \frac{i}{2}\partial\bar{\partial}f, \qquad f = \sum_{\mu=1}^{n} | z_\mu |^2$$

例 11.3　$M=\mathbb{C}P^n$,这是一种重要的 Kähler 流形. $\mathbb{C}P^n$ 为$\mathbb{C}^{n+1}-\{0\}$中通过原点复直线集合,每复直线交单位球面 S^{2n+1},且仍可差复相角变换:

$$\mathbb{C}P^n \simeq S^{2n+1}/U(1)$$

即当取 S^{2n+1} 中点的坐标:

$$\sum_{k=1}^{n} z^k \bar{z}^k = 1$$

要求度规在相角变换下不变

$$z^k \to e^{i\varphi} z^k, \quad \bar{z}^k \to e^{-i\varphi}\bar{z}^k$$

这时

$$dz^k \to e^{i\varphi}(dz^k + iz^k d\varphi), \quad d\bar{z}^k \to e^{-i\varphi}(d\bar{z}^k - i\bar{z}^k d\varphi) \tag{11.113}$$

可如下引入在上述变换下不变的厄米度规

$$ds^2 = \sum_{k=0}^{n} dz^k d\bar{z}^k - (\sum_{i=0}^{n} z^i d\bar{z}^i)(\sum_{j=0}^{n} \bar{z}^j dz^j)$$

由此度规决定的,用$\mathbb{C}P^n$ 中齐次坐标表达的基本辛形式可表示为

$$\omega = \frac{i}{2}\frac{| z |^2 \sum_{k=0}^{n} dz^k \wedge d\bar{z}^k - \sum_{k,j=0}^{n} \bar{z}^k z^j dz^k \wedge d\bar{z}^j}{| z |^4} \tag{11.114}$$

此式在 z^k 的尺度变换下不变,即是定义在$\mathbb{C}P^n$ 上. 在 $z^0\neq0$ 的邻域,可取在此邻域的局域坐标系

$$\xi^\alpha = z^\alpha/z^0, \qquad \alpha = 1,2,\cdots,n$$

$$\omega = \frac{i}{2}\frac{(1+| \xi |^2)\sum_{\alpha=1}^{n} d\xi^\alpha \wedge d\bar{\xi}^\alpha - \sum_{\alpha,\beta=1}^{n} \bar{\xi}^\alpha \xi^\beta d\xi^\alpha \wedge d\bar{\xi}^\beta}{(1+| \xi |^2)^2} = \frac{i}{2}\partial\bar{\partial}\ln(1+\sum_{\alpha=1}^{n}\xi^\alpha\bar{\xi}^\alpha) \tag{11.115}$$

即$\mathbb{C}P^n$流形为 Kähler 流形. 上述相关度规称为 Fubini-Study 度规.

当$n=1$,$\mathbb{C}P^1\simeq S^2$,可用球极投射坐标(球面半径$r=\frac{1}{2}$)

$$ds^2=\frac{dz\cdot d\bar{z}}{(1+z\cdot\bar{z})^2}=\frac{dx^2+dy^2}{(1+x^2+y^2)^2} \tag{11.116}$$

$$\omega=\frac{i}{2}\frac{dz\wedge d\bar{z}}{(1+z\bar{z})^2}=\frac{dx\wedge dy}{(1+x^2+y^2)^2}=\frac{i}{2}\partial\bar{\partial}\ln(1+z\bar{z}) \tag{11.117}$$

§ 11.7　Kähler-Einstein　特殊 Kähler 流形及紧 Kähler 流形的 Hodge 分解定理

在黎曼流形上度规张量场$g_{ij}(x)$为对称、双线性、非简并张量场,利用度规可引入黎曼联络与曲率,曲率张量的缩并可得 Ricci 张量$\mathscr{R}_{ij}$,Ricci 张量场$\mathscr{R}_{ij}(x)$也为对称双线性非简并张量场,一般黎曼流形g_{ij}与$\mathscr{R}_{ij}$间关系复杂. 在 Einstein 研究广义相对论时,曾在用 Ricci 张量表达的引力场方程中,再添加与度规场成比例的宇宙项,且研究了仅含宇宙项的真空场方程. 这种令 Ricci 张量场与度规张量场成比例的空间称为 Einstein 流形. 下面我们分析在 Kähler 流形上类似关系.

在上节曾指出,在 Kähler 流形上,其基本辛形式

$$\omega=\frac{i}{2}h_{\alpha\bar{\beta}}dz^\alpha\wedge d\bar{z}^\beta=\frac{i}{2}\partial\bar{\partial}F(z,\bar{z})$$

为实闭[1,1]形式,满足

$$\omega=\bar{\omega},\qquad d\omega=0$$

这时无挠黎曼联络保复结构,保复结构及厄米度规的联络挠率为零,非零联络分量仅(见(11.99)式)

$$\Gamma^\alpha_{\beta\gamma}=\Gamma^\alpha_{\gamma\beta}=h^{\alpha\bar{\delta}}h_{\beta\bar{\delta},\gamma},\quad \Gamma^{\bar{\alpha}}_{\bar{\beta}\bar{\gamma}}=\overline{\Gamma^\alpha_{\beta\gamma}}$$

因此黎曼曲率张量的非零分量仅(见(11.100)式):

$$R^\alpha_{\beta\gamma\bar{\delta}}=R^\alpha_{\gamma\beta\bar{\delta}}=-\Gamma^\alpha_{\beta\gamma,\bar{\delta}}$$

将它与一般黎曼曲率张量对比它有两突出特点:

1) 由后两指标特点看出,用它组成的曲率 2 形式必为[1,1]形式.

2) 中间两指标交换对称. 使得黎曼曲率张量的缩并运算(得 Ricci 张量)与曲率 2 形式的取迹运算(得示性类)相联系.

在 Kähler 流形上，Ricci 张量 $R_{jk}=R^l_{jlk}$ 具有性质

$$R_{\alpha\beta}=0=R_{\bar{\alpha}\bar{\beta}}$$

$$R_{\alpha\bar{\beta}}=\overline{R_{\bar{\alpha}\beta}}=-\Gamma^{\gamma}_{\alpha\gamma,\bar{\beta}}=-\frac{\partial^2\ln h}{\partial z^\alpha\partial\bar{z}^\beta}\qquad(h=\det(h^{\alpha\bar{\beta}}))\tag{11.118}$$

可引入 Ricci 形式

$$\rho=\mathrm{i}\mathscr{R}_{\alpha\bar{\beta}}\mathrm{d}z^\alpha\wedge\mathrm{d}\bar{z}^\beta=-\mathrm{i}\partial\bar{\partial}\ln h$$

显然 Ricci 形式是实闭形式，满足

$$\rho=\bar{\rho},\qquad \mathrm{d}\rho=0\tag{11.119}$$

在 Kähler 流形上有两种实闭 2 形式：Kähler 形式 ω 与 Ricci 形式 ρ，二者关系一般复杂. 但在特殊情况下，当 Kähler 流形的 Kähler 势 $F=F(z,\bar{z})$ 满足下述方程：

$$2\ln\det\left(\frac{\partial^2F}{\partial z^\alpha\partial\bar{z}^\beta}\right)+\lambda F=G_1(z)+G_2(\bar{z})\tag{11.120}$$

其中 $G_1(G_2)$ 为任意全纯（反全纯）函数，λ 为实常数，则由上式推出

$$\rho=\lambda\omega\tag{11.121}$$

这种 Kähler 流形称为 Kähler-Einstein 流形，其度规张量为 Einstein 度规.

例 11.4 $M=\mathbb{C}P^1\cong S^2$，如(11.116)式取 Kähler 势

$$F=\ln(1+z\bar{z})$$

$$\frac{\partial^2F}{\partial z\partial\bar{z}}=\frac{1}{(1+z\bar{z})^2}$$

$$2\ln\frac{1}{(1+z\bar{z})^2}+\lambda\ln(1+z\bar{z})=\ln(1+z\bar{z})(\lambda-4)$$

故当 $\lambda=4$ 满足条件(11.120).

对于一般复投射空间 $\mathbb{C}P^n$，当取 Fubini-Study 度规(11.115)式，可以验证其 Kähler 势

$$F=\ln\left(1+\sum_{\alpha=1}^n\xi^\alpha\bar{\xi}^\alpha\right)$$

满足条件(11.120)，且取

$$\lambda=2n+2\tag{11.122}$$

即 $\mathbb{C}P^n$ 是 Kähler-Einstein 流形.

流形 M 的黎曼联络曲率 2 形式 Ω 的迹称为 M 的第一陈类

$$c_1 = \frac{\mathrm{i}}{2\pi}\mathrm{tr}\Omega = \frac{\mathrm{i}}{4\pi}R^l_{lkj}\mathrm{d}x^k \wedge \mathrm{d}x^j \in H^2(M,\mathbb{Z}) \tag{11.123}$$

当流形上存在 Kähler 度规时,由(11.118)式引入的 Ricci 形式 ρ 与第一陈类 c_1 等价(忽略比例常数因子二者相等). c_1 是流形的拓扑示性类,表明 Kähler 流形上 Ricci 形式 ρ 是流形的拓扑示性类,它与流形 M 上和乐群约化的拓扑障碍相关,下面就来分析此问题.

n 维黎曼流形,其联络和乐群可约化为 $\mathrm{O}(n)$,这因黎曼联络保度规,它保持矢量间标积在平移时不变. 联络保度规表现在其黎曼曲率张量前两指标反对称

$$R_{ijkl} = -R_{jikl}$$

黎曼曲率 2 形式 Ω 可作为和乐群 $\mathrm{O}(n)$ 的生成元.

对 Kähler 流形,其黎曼联络也保复结构,使 $2n$ 维黎曼流形同时为 n 维复流形,其和乐群为

$$\mathrm{U}(n) = \mathrm{SU}(n) \times \mathrm{U}(1)$$

$\mathrm{U}(n)$ 群不是半单李群,为乘积流形,相应度规可否进一步约化,什么是进一步约化的拓扑障碍?

Kähler 流形上 Ricci 形式 ρ 实质上是流形上正则线丛(流形上全纯 n 形式线丛)上的曲率形式,是 $\mathrm{U}(1)$ 群的生成元. 仅当 Kähler 流形上 Ricci 形式 ρ 为正合形式,这时称为 Ricci 平 Kähler 流形,其和乐群可由 $\mathrm{U}(n)$ 约化为 $\mathrm{SU}(n)$ 和乐群可约化为 $\mathrm{SU}(n)$ 的流形称为特殊(special) Kähler 流形.

对 n 维复流形,其第一陈类 $c_1 = 0$ 的充要条件是存在处处非零且非奇异的全纯 n 形式. 1959 年 Calabi[41] 猜想 $c_1 = 0$ 的 Kähler 流形可以允许有 Ricci 平 Kähler 度规,和乐群为 $\mathrm{SU}(n)$. 1977 年 Yau[42] 进一步证实了 Calabi 猜想,故通常将 $c_1 = 0$ 的 Kähler 流形称为 Calabi-Yau 流形,其上存在惟一的 Ricci 平 Kähler 度规,其和乐群为 $\mathrm{SU}(n)$,即 Calabi-Yau 流形为一种特殊 Kähler 流形.

Kalyza-Klein 理论将物理上真实的四维闵空间看成由高维空间部分紧致化得到,而内部紧致空间的和乐群表现为物理时空场的内部对称群. 物理学中常将内部对称群选为紧致半单李群,例如 $\mathrm{SU}(n)$ 群. 对 Kähler 流形,和乐群必为 $\mathrm{U}(n)$,如要求和乐群为 $\mathrm{SU}(n)$,流形上相应度规将很复杂,和乐群的进一步约化存在拓扑障碍. 因此 $c_1 = 0$ 的 Calabi-Yau 流形在弦场论等理论物理中得到重视和应用.

在本章最后我们简短介绍下紧致 Kähler 流形上 Hodge 分解定理,它是分析 Kähler 流形拓扑性质的重要工具.

对紧致流形 M,存在 de Rham 上同调群,可由具复系数的 d 闭形式表示:

$$H^k(M,\mathbb{C}) = \mathrm{Ker}\ d/\mathrm{Im}\ d$$

在紧致 Kähler 流形(M,ω,J)上,J 为可积复结构,可引入双重阶化微分形式 $[p,q]$ 形式.

$$\wedge^k(M) = \oplus \sum_{p+q=k} \wedge^{p,q}(M)$$

这种直和分介相对整体内积是相互正交. 由于$\bar{\partial} \cdot \bar{\partial} = 0$,可引入 Dolbeault 上同调群,由$\bar{\partial}$闭$[p,q]$形式表示

$$H^q(M,\Omega^p(M)) = \text{Ker } \bar{\partial}/\text{Im}\bar{\partial}$$

对具有 Kähler 度规 Kähler 流形上,存在 Hodge 分介定理,de Rham 群与 Dolbeault 群都可用谐和形式表示.

$$\mathscr{H}^k_\Delta = \{\sigma \in \Lambda^k(M), \Delta\omega = 0\}$$

$$\mathscr{H}^{p,q}_{\overline{\square}} = \{\sigma \in \Lambda^{p,q}(M), \overline{\square}\omega = 0\}$$

每上同调类都存在一个谐和形式. 即存在同构关系

$$\mathscr{H}^k_\Delta(M) \cong H^k(M,C)$$

$$\mathscr{H}^{p,q}_{\overline{\square}}(M) \cong H^q(M,\Omega^p) \cong H^{p,q}(M)$$

可以证明线性独立谐和形式维数为有限. 流形 M 的 Betti 数

$$b_k(M) = \dim_c \mathscr{H}^k_\Delta(M) = \dim_c H^k(M,C)$$

为拓扑示性数. 可称

$$H^{p,q}(M) = \dim_c \mathscr{H}^{p,q}_{\overline{\square}}(M) = \dim_c H^{p,q}(M)$$

为流形 M 的 Hodge 数,它是 M 的复结构不变量,不依赖度规的选择. 在 Kähler 流形上,$\Delta/2, \square, \overline{\square}$均为实算子,且相等,在 Betti 数与 Hodge 数间,可以证明存在下列关系:

1) $\quad H^k(M,\mathbb{C}) = \sum_{p+q=k} H^{p,q}(M), \qquad b_k = \sum_{p+q=k} h^{p,q}$

2) $\quad \overline{H^{p,q}(M)} = H^{q,p}(M), \qquad h^{p,q} = h^{q,p}$

3) 由于存在处处非零体积元 $*1 = \omega^n/n!$

$$\Delta * = * \Delta, \quad * : H^{p,q}(M) \to H^{n-q,n-p}(M)$$

$$h^{n-q,n-p} = h^{p,q}$$

再结合前两性质,得 b_{2k+1}为偶数.

4) $h^{1,0} = h^{0,1} = \frac{1}{2}b_1$ 为拓扑不变量.

5) 如流形为 $c_1 = 0$ 的 Calabi-Yau 流形,$c_1 = 0$ 的充要条件为存在处处非零的全纯n形式,利用此全纯 n 形式,可使谐和$[p,0]$形式与谐合$[n-p,0]$形式对偶,即有

$$h^{p,0} = h^{n-p,0}$$

$$h^{n,0} = h^{0,0} = 1$$

例 11.5 复 3 维 Calabi-Yau 流形 M^6,其 Hodge 数 $h^{p,q}$可排成菱形方块,由于性质

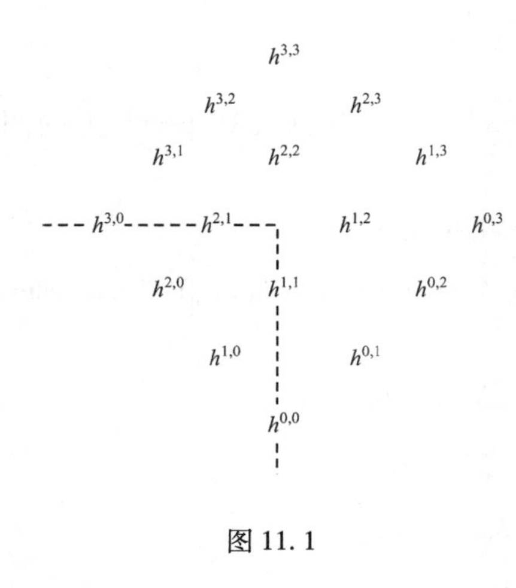

图 11. 1

(2) $1h^{p,q} = h^{q,p}$ 图中应左右对称，性质(3) $h^{n-q,n-p} = h^{p,q}$，使图中相对于中心反演对称. 故只需研究图 11. 1 虚线所划左下方的 Hodge 数.

设 M^6 为单连通，$\pi_1(M)=0$，

$$b_1(M^6) = \dim H_1(M^6) = h^{1,0} + h^{0,1} = 0$$

$\therefore h^{1,0}=0$ 并由性质(5)：$h^{3,0}=h^{0,0}=1$，　$h^{2,0}=h^{1,0}=0$.

故对复三维 Calabi-Yau 流形，独立的 Hodge 数仅 $h^{1,1}\geqslant 1$，与 $h^{2,1}$，而流形的欧拉数

$$\chi(M^6) = \sum_{k=0}^{6}(-1)^k b_k = \sum_{p+q=k}(-1)^{p+q}h^{p,q}$$

$$= 2(h^{1,1} - h^{1,2})$$

例 11. 6　复 2 维 Calabi-Yau 流形 M^4，如连通且单连通，则如上例分析知

$$h^{2,0} = h^{0,0} = 1, \qquad h^{1,0} = 0$$

其 Hodge 菱形可表示为

$$\begin{matrix} & & 1 & & \\ & 0 & & 0 & \\ 1 & & h^{1,1} & & 1 \\ & 0 & & 0 & \\ & & 1 & & \end{matrix}$$

欧拉数：$\chi = h^{1,1}+4$.

在超弦理论中，分析弦对偶特性时常遇到的 K_3 面，是 $\mathbb{C}P^3$ 中由 4 次齐次多项式的零点集组成的复 2 维超面

$$K_3 = \{(z_0,z_1,z_2,z_3) \in \mathbb{C}P^3 \mid z_0^4 + z_1^4 + z_2^4 + z_3^4 = 0\}$$

它是连通且单连通的 Calabi-Yau 流形

$$\chi = h^{1,1} + 4 = 24, \qquad h^{1,1} = 20$$

习题十一

1. 在 n 维球 S^n 中，哪些是复流形？哪些是近复流形？哪些是群流形？哪些是可平行化流形？

2. 对近复流形 M,如设

$$\theta = \sigma + \mathrm{i}\omega \quad \in T_{10}^{*}(M)$$

请证明 $\bar{\theta} = \sigma - \mathrm{i}\omega \quad \in T_{01}^{*}(M)$

3. 请证明,如近复结构 J 无挠,由 $\nabla_X J = 0$ 可推出 $\nabla_{JX} J = 0$.

4. 请证明厄米流形上基本 2 形式

$$\omega = \frac{\mathrm{i}}{2} h_{\alpha\bar{\beta}} \mathrm{d}z^{\alpha} \wedge \mathrm{d}\bar{z}^{\beta}$$

为实形式.

5. 在厄米流形上 $\tau, \sigma \in \wedge^{p,q}(M)$,请证明(11.72)式

6. 请证明在 Kähler 流形上,Kähler 联络系数的非零分量仅有

$$\Gamma^{\alpha}_{\beta\gamma} = \Gamma^{\alpha}_{\gamma\beta} = h^{\alpha\bar{\delta}} h_{\beta\bar{\delta},\gamma}, \qquad \Gamma^{\bar{\alpha}}_{\bar{\beta}\bar{\gamma}} = \overline{\Gamma^{\alpha}_{\beta\gamma}}$$

而曲率张量的非零分量仅有

$$R^{\alpha}_{\beta\gamma\bar{\delta}} = R^{\alpha}_{\gamma\beta\bar{\delta}} = -\Gamma^{\alpha}_{\beta\gamma,\bar{\delta}}$$

7. 请证明 Kähler 流形上全纯形式必为谐和形式.

第十二章　旋量　自旋流形

旋量在物理中非常重要. 基本粒子都具有本征角动量:自旋. 粒子自旋的奇偶性与多粒子体系遵守统计密切相关. 旋量是相对论量子力学,量子场论研究的基本对象,但是旋量没有自洽的经典力学模型对应,旋量是与空间轨道运动无关的转动生成元.

自旋几何是黎曼几何的特殊课题. 自旋结构依赖度规,依赖度规的共形等价类,与空间复结构相关. 这是我们在第 1 节介绍旋量概念时着重强调的内容.

紧致流形上旋量场的整体存在可能存在拓扑障碍,但流形局域总可定义旋量场,在平空间总可定义旋量场. 在第 2 节分析物理时空(4 维闵空间)的 Lorentz 变换与自旋变换,介绍物理学中常用的旋量张量分析. 第 3 节分析各维空间中 Dirac 旋量,Weyl 旋量,纯旋量(pure spinor). 第 4 节分析各维旋量空间的实结构,分析是否存在 Majorana 表象. 在第 5 节我们将分析紧致流形上自旋结构及 Spin^c 结构的存在问题. 第 6 节讨论自旋结构的联络与 Dirac 算子.

§12.1　旋　　量

旋量是流形上一种重要的几何结构. 首先要强调的是,旋量不仅与方向有关(流形定向的改变会使自旋反向),而且与流形的度规结构有关. 保度规的线性变换群为正交群,经典李群中仅正交群有旋量表示。N 维黎曼流形上正交标架变换群 $\mathrm{SO}(N)$ 为连通李群,但非单连通,其单连通覆盖群 $\mathrm{Spin}(N)$ 的基本表示,也称为 $\mathrm{SO}(N)$ 的旋量表示,存在下述群同态正合系列

$$1 \to \mathbb{Z}_2 \to \mathrm{Spin}(N) \to \mathrm{SO}(N) \to 1 \tag{12.1}$$

群 $\mathrm{Spin}(N)$ 的基本表示是 $\mathrm{SO}(N)$ 群的"双值表示",表示空间 S 称为旋量空间,其成元称为旋量,相当于矢量的"开方",两相互 ± 反向的旋量对应于一个矢量.

量子力学中 Schrödinger 方程:

$$\mathrm{i}\hbar \frac{\partial}{\partial t}\psi = \left(\frac{P^2}{2m} + V(x)\right)\psi \tag{12.2}$$

不满足 Lorentz 协变性. 在量子力学建立不久,将量子力学与狭义相对论结合,曾提出 Klein-Gordon 方程

$$-\hbar^2\frac{\partial^2}{\partial t^2}\psi = (-\hbar^2c^2\nabla^2 + m^2c^4)\psi \tag{12.3}$$

此为满足 Lorentz 协变性的 4 维闵空间波动方程,由于方程含对时间二阶导数,存在负概率困难. 物理学中因果性原理常要求研究只含时间的一阶微商的方程,允许有直接概率解释. 1928 年 Dirac 提出将(12.3)式两边开方,右端能量算子

$$\varepsilon = \sqrt{c^2p^2 + m^2c^4}$$

可将含有开方这一非线性运算写成线性矩阵形式,引入 Dirac 方程:

$$\mathrm{i}\hbar\frac{\partial}{\partial t}\psi = H\psi = (-\mathrm{i}\hbar c\boldsymbol{\alpha}\cdot\nabla + \beta mc^2)\psi \tag{12.4}$$

其中 ψ 为含有 4 个分量的旋量,称为 Dirac 旋量,而 $\boldsymbol{\alpha}$ 与 β 均为 4×4 矩阵:

$$\alpha_{\mathrm{i}} = \begin{pmatrix} 0 & \sigma_i \\ \sigma_i & 0 \end{pmatrix}, \beta = \begin{pmatrix} I_2 & 0 \\ 0 & -I_2 \end{pmatrix} \tag{12.5}$$

σ_i 为 3 个 Pauli 矩阵,I_2 为 2×2 单位矩阵

$$\sigma_1 = \begin{pmatrix} 0 & 1 \\ 1 & 0 \end{pmatrix},\quad \sigma_2 = \begin{pmatrix} 0 & -\mathrm{i} \\ \mathrm{i} & 0 \end{pmatrix},\quad \sigma_3 = \begin{pmatrix} 1 & 0 \\ 0 & -1 \end{pmatrix},\quad I_2 = \begin{pmatrix} 1 & 0 \\ 0 & 1 \end{pmatrix} \tag{12.6}$$

Dirac 利用矩阵完成了在四维物理时空中 $\varepsilon^2 = c^2p^2 + m^2c^4$ 的开方,而引入旋量 ψ 这一重要概念.

二百年前数学家欧拉也曾发现三维欧空间 E^3 中矢量的"开方"得旋量. 即对 E^3 中矢量

$$\boldsymbol{V} = x\boldsymbol{i} + y\boldsymbol{j} + z\boldsymbol{k},\qquad \boldsymbol{V}\cdot\boldsymbol{V} = x^2 + y^2 + z^2 \tag{12.7}$$

1770 年欧拉研究矩阵 $(x^2 + y^2 + z^2)I_2 = W^2$ 的开方

$$W = x\sigma_1 + y\sigma_2 + z\sigma_3 = \begin{pmatrix} z & x - \mathrm{i}y \\ x + \mathrm{i}y & -z \end{pmatrix} \tag{12.8}$$

$$\det W = -(x^2 + y^2 + z^2)$$

将整个空间转动,令转轴平行于 (m,n,l) 矢量,转角

$$\theta = 2\arctan\frac{1}{2}\sqrt{m^2 + n^2 + l^2} \tag{12.9}$$

利用 W 欧拉发现 E^3 中转动群的一种新表示:

$$W' = \frac{UWU^\dagger}{1 + \frac{1}{4}(m^2 + n^2 + l^2)},\quad U = \begin{pmatrix} 1 + \frac{\mathrm{i}}{2}l & \frac{1}{2}(\mathrm{i}m + n) \\ \frac{1}{2}(\mathrm{i}m - n) & 1 - \frac{\mathrm{i}}{2}l \end{pmatrix} \tag{12.10}$$

注意转角 θ 表达式(12.9)中因子 2,当 θ 转动为 4π 时 W 转回至原位,而这时矢量 $\boldsymbol{V}$ 已转两周,$\boldsymbol{W}$ 为矢量 $\boldsymbol{V}$ 的二重覆盖. 欧拉所找到的这种转动群的新表示,即转动群 O(3)的旋量表示.

以上我们强调旋量的引入与空间度规结构有关,将矢量用度规缩并后再开方可得旋量,旋量是矢量的双重覆盖. 其次我们强调旋量结构仅依赖度规的共形等价类. 在 4 维闵空间 $E^{3,1}$ 中光维结构共形不变. De Sitter 空间中零模(null)矢量(模为零的非零矢量)决定空间光维结构. 最简单的旋量是零模矢量的开方. 称为纯旋量(pure spinor),1938 年 Elie Cartan 曾利用空间的零模矢量来引入旋量,为说明此点,我们先分析下古老的勾、股、弦问题(Pythagorean triples),三个正整数(x,y,z):

$$z^2 = x^2 + y^2 \tag{12.11}$$

即(x,y,z)组成 3 维 De Sitter 空间 $E^{2,1}$ 中零模矢量,可将它用 2×2 对称矩阵表达

$$S = \begin{pmatrix} z+x & y \\ y & z-x \end{pmatrix}, \qquad \det S = 0 \tag{12.12}$$

存在 2 分量旋量 $\phi = \begin{pmatrix} a \\ b \end{pmatrix}$,使得

$$\frac{1}{2}\begin{pmatrix} z+x & y \\ y & z-x \end{pmatrix} = \phi\phi^t = \begin{pmatrix} a \\ b \end{pmatrix}(a,b) = \begin{pmatrix} a^2 & ab \\ ab & b^2 \end{pmatrix} \tag{12.13}$$

即

$$z = a^2 + b^2, \quad x = a^2 - b^2, \quad y = 2ab \tag{12.14}$$

当选任两相对互素整数(a,b),由上式可得满足勾股弦规律(12.11)的整数解. 反之也对.

类似我们分析三维欧空间中电场 $\boldsymbol{E}$ 与磁场 $\boldsymbol{B}$,将它们组成复矢量

$$\boldsymbol{F} = \boldsymbol{E} + \mathrm{i}\boldsymbol{B} \qquad \in \mathbb{C}^3 \tag{12.15}$$

可将它们看成是复化欧空间

$$E^3 \otimes_R \mathbb{C} = \mathbb{C}^3 \tag{12.16}$$

中矢量. 真空中电磁场满足

$$E^2 = B^2, \qquad \boldsymbol{E}\cdot\boldsymbol{B} = 0 \tag{12.17}$$

这时复矢量 $\boldsymbol{F}=\boldsymbol{E}+\mathrm{i}\boldsymbol{B}$ 为零模矢量($\boldsymbol{F}\cdot\boldsymbol{F}=0$),可用下面对称矩阵表示:

$$S = \begin{pmatrix} F_1 + \mathrm{i}F_2 & \mathrm{i}F_3 \\ \mathrm{i}F_3 & F_1 - \mathrm{i}F_2 \end{pmatrix}, \qquad \det S = 0 \tag{12.18}$$

进一步可将满足(12.17)式的电磁场表达为 4 维闵时空中零模矢量,即令

$$k^0 = |E| = |B|$$

$$k^0\boldsymbol{k} = \boldsymbol{E}\times\boldsymbol{B} \tag{12.19}$$

易证

$$k^{02} - \boldsymbol{k}\cdot\boldsymbol{k} = 0$$

可将零模矢量(k^0,k^1,k^2,k^3)写成纯旋量相乘

$$\psi = k^\mu\sigma_\mu = \begin{pmatrix}\phi_1\\ \phi_2\end{pmatrix}(\phi_1^*,\phi_2^*) = \Phi\Phi^\dagger \tag{12.20}$$

其中$\sigma_0 = I_2$, $\{\sigma_i\}_1^3$为 Pauli 矩阵. 零模矢量ψ(满足$\det\psi = 0$)可"开方"得旋量Φ.

由以上分析还可看出,为得到旋量表示,常将表示空间复化(正交群的旋量表示常是复表示). 旋量常与流形切丛的复化有关,与流形是否存在与度规相容的近复结构有关.

§12.2　时空的 Lorentz 变换与自旋变换　旋量张量代数

四维流形,特别是4维物理时空:简称4维闵空间M^4,旋量分析特别有效和方便,我们在这里着重介绍如下.

在M^4中选正交归一基矢$\{e_\mu\}_1^4$

$$(e_\mu,e_\nu) = \eta_{\mu\nu}$$

$$\eta_{\mu\nu} = \eta_{\mu\nu} = \begin{pmatrix}1 & & & \\ & -1 & & \\ & & -1 & \\ & & & -1\end{pmatrix} \tag{12.21}$$

$$ds^2 = \eta_{\mu\nu}dx_\mu dx^\nu, \qquad \mu,\nu = 0,1,2,3 \tag{12.22}$$

任意矢量

$$v = v^i e_i = te_0 + xe_1 + ye_2 + ze_3$$

$$(v,v) = |v|^2 = t^2 - x^2 - y^2 - z^2 \tag{12.23}$$

通过原点的光锥上点(零模矢量),其坐标(t,x,y,z)满足

$$t^2 - x^2 - y^2 - z^2 = 0 \tag{12.24}$$

可用光锥与$t=1$超面的交ζ^+来表示将来零模方向空间,其坐标满足

$$x^2 + y^2 + z^2 = 1 \tag{12.25}$$

空间同胚于二维球面S^2,称为(逆)天体球(celestial sphere)ζ^+,球ζ^+表示观察者视界,又称为天空映射(skymapping). ζ^+上各点坐标(x,y,z)可用一复数ζ表示

$$\zeta = \frac{x + \mathrm{i}y}{t - z} = \frac{t + z}{x - \mathrm{i}y} = \mathrm{e}^{\mathrm{i}\varphi}\cot\frac{\theta}{2} \tag{12.26}$$

相当于球面 S^2 以北极($z=1$)为极点对赤道面($z=0$)作极射投影. 利用

$$\zeta\bar{\zeta} = \frac{x^2 + y^2}{(t - z)^2} = \frac{t + z}{t - z} \tag{12.27}$$

可解得(12.26)式的逆变换

$$z/t = \frac{\zeta\bar{\zeta} - 1}{\zeta\bar{\zeta} + 1}, \quad x/t = \frac{\zeta + \bar{\zeta}}{\zeta\bar{\zeta} + 1}, \quad \mathrm{i}y/t = \frac{\zeta - \bar{\zeta}}{\zeta\bar{\zeta} + 1} \tag{12.26a}$$

为了表示整个将来光维方向,应将 ζ 用两个复数之比表示

$$\zeta = \xi/\eta \tag{12.28}$$

这样可解得光锥上各零模矢量坐标.

$$z = \frac{1}{\sqrt{2}}(\xi\bar{\xi} - \eta\bar{\eta}), \qquad x = \frac{1}{\sqrt{2}}(\xi\bar{\eta} + \eta\bar{\xi})$$

$$t = \frac{1}{\sqrt{2}}(\xi\bar{\xi} + \eta\bar{\eta}), \qquad y = \frac{1}{\mathrm{i}\sqrt{2}}(\xi\bar{\eta} - \eta\bar{\xi}) \tag{12.29}$$

可将零模矢量的坐标排成 2×2 厄米方阵,其行列式为零

$$\mathscr{N} = \frac{1}{\sqrt{2}}\begin{pmatrix} t + z & x + \mathrm{i}y \\ x - \mathrm{i}y & t - z \end{pmatrix} = \begin{pmatrix} (\xi\bar{\xi} & \xi\bar{\eta}) \\ (\eta\bar{\xi} & \eta\bar{\eta}) \end{pmatrix} = \begin{pmatrix} \xi \\ \eta \end{pmatrix}(\bar{\xi}, \bar{\eta}) \tag{12.30}$$

即

$$\varphi = \begin{pmatrix} \xi \\ \eta \end{pmatrix}, \quad \mathscr{N} = \varphi\varphi^{\dagger}$$

零模矢量的"开方"为旋量 φ.

(ξ,η)的任意复线性变换,可导致(t,x,y,z)的实线性变换.

$$\begin{pmatrix} \xi' \\ \eta' \end{pmatrix} = \begin{pmatrix} \alpha & \beta \\ \gamma & \delta \end{pmatrix}\begin{pmatrix} \xi \\ \eta \end{pmatrix}, \quad \alpha,\beta,\gamma,\delta \in \mathbb{C}, \alpha\delta - \beta\gamma = 1$$

即旋量变换:

$$\varphi' = A\varphi, \qquad \det A = 1 \tag{12.31}$$

易证两逐次旋量变换的组合仍为满足上条件的旋量变换,且任意旋量变换矩阵有逆矩阵

$$A^{-1} = \begin{pmatrix} \delta & -\beta \\ -\gamma & \alpha \end{pmatrix}$$

即自旋变换集合形成群

$$\mathrm{SL}(2,c) = \{A = \begin{pmatrix} \alpha & \beta \\ \gamma & \delta \end{pmatrix} \mid \det A = 1\} \tag{12.32}$$

将自旋变换(12.31)代入(12.30)可得零模矢量的变换

$$\mathcal{N} \to \mathcal{N}' = \frac{1}{\sqrt{2}}\begin{pmatrix} t' + z' & x' + \mathrm{i}y' \\ x' - \mathrm{i}y' & t' - z' \end{pmatrix} = A\frac{1}{\sqrt{2}}\begin{pmatrix} t + z & x + \mathrm{i}y \\ x - \mathrm{i}y & t - z \end{pmatrix}A^{\dagger} \tag{12.33}$$

此为(t,x,y,z)的实线性变换,且保持

$$\det\mathcal{N}' = \det\mathcal{N} = t^2 - x^2 - y^2 - z^2 = 0$$

即变换(12.33)定义了保持$t^2 - x^2 - y^2 - z^2$不变的零模矢量变换,而零模矢量又跨过整个向量空间,导致整个向量空间的变换,于是可得矢量间 Lorentz 变换 $\mathrm{SO}_0(1,3)$. 这里下标 0 表明是与恒等元连续连通部分,又称为限制 Lorentz 群(restricted Lorentz group). 以上分析表明:

每一自旋变换(12.31)相应于一个限制 Lorentz 变换(12.33);反之:每一限制 Lorentz 变换相应于两个自旋变换,其中一个是另一个的逆. 即自旋变换群$\mathrm{SL}(2\ \mathbb{C})$为 Lorentz 群 $\mathrm{SO}_0(1,3)$的双重覆盖.

存在 $\mathrm{SL}(2C)$不变矩阵:

$$\varepsilon_{AB} = \varepsilon^{AB} = 1, \qquad \varepsilon = \begin{pmatrix} 0 & 1 \\ -1 & 0 \end{pmatrix} \tag{12.34}$$

可利用它们在旋量空间升降指标,但注意其反对称性,约定指标左上右下缩并,即

$$\chi^A = \varepsilon^{AB}\chi_B, \quad \chi_A = \chi^B\varepsilon_{BA}, \quad \varepsilon_{AB} = \varepsilon^{CD}\varepsilon_{CA}\varepsilon_{DB} \tag{12.35}$$

ε 矩阵在 $\mathrm{SL}(2,\mathbb{C})$下不变,即令

$$A = (\alpha_B^A) \in \mathrm{SL}(2,\mathbb{C}), \qquad \det A = 1$$

$$A\varepsilon A^{\dagger} = \begin{pmatrix} 0 & \det A \\ -\det A & 0 \end{pmatrix} = \varepsilon\det A = \varepsilon$$

即

$$\varepsilon_{AB}\alpha_C^A\alpha_D^B = \varepsilon_{CD} \tag{12.36}$$

流形上张量场代数是切场及余切场的各种张量积代数. 类似,在 4 维流形 M 上,基本旋量场有四类:

1. 逆变旋量 $\xi^A \in S^-$,为 2 分量的列矢量.

在 $\alpha = (\alpha_B^A) \in \mathrm{SL}(2,\mathbb{C})$作用下如下协变:

$$\xi^A \to \tilde{\xi}^A = \xi^B\alpha_B^A \tag{12.37}$$

2. 协变旋量 $\eta_A \in S_-$

在 SL(2,ℂ)的作用下,按 $\alpha = (\alpha_B^A)$ 的转置逆矩阵 $\beta = \alpha^{-1}$ 变换.

$$\eta_A \to \widetilde{\eta}_A = \beta_A{}^B \eta_B, \qquad \beta = \alpha^{-1} = (\beta_A{}^B) \tag{12.38}$$

易见变换前后旋量间内乘 $\xi^A \eta_A$ 不变

$$\widetilde{\xi}^A \widetilde{\eta}_A = \xi^A \eta_A = \varepsilon^{AB} \xi_B \eta_A = \xi_2 \eta_1 - \xi_1 \eta_2$$

即 η_A 是 ξ^A 的对偶旋量,$S^- = (S_-)^*$,它们的指标可用不变张量 ε 来下降或上升.另外还存在与 S^- 共轭的,按 $\overline{\alpha}$ 变换的旋量 S^+,即

3. 逆变共轭旋量 $\chi^{\bar{A}} \in S^+$

在自旋转动 SL(2,ℂ)的作用下按 $\overline{\alpha} = (\overline{\alpha}_{\bar{B}}^{\bar{A}})$ 作用协变

$$\chi^{\bar{A}} \to \widetilde{\chi}^{\bar{A}} = \chi^{\bar{B}} \overline{\alpha}_{\bar{B}}{}^{\bar{A}} \tag{12.39}$$

4. 协变共轭旋量 $\zeta_{\bar{A}} \in S_+$

在 SL(2,ℂ)作用下按 $\overline{\beta} = \overline{\alpha}^{-1}$ 变换

$$\zeta_{\bar{A}} \to \widetilde{\zeta}_{\bar{A}} = \overline{\beta}_{\bar{A}}{}^{\bar{B}} \zeta_{\bar{B}} \tag{12.40}$$

这里我们注意,不变张量 ε 本身选为厄米矩阵

$$\varepsilon_{AB}{}^{+} = \varepsilon_{\overline{BA}} = \varepsilon_{AB}$$

即

$$\varepsilon_{\overline{AB}} = \varepsilon^{\overline{AB}} = -1, \qquad \overline{\varepsilon} = \begin{pmatrix} 0 & -1 \\ 1 & 0 \end{pmatrix} = \varepsilon^{\mathrm{T}}$$

共轭旋量带横指标提升与下降用 $\overline{\varepsilon}$ 矩阵. 在 SL(2,ℂ)作用下旋量内乘不变

$$\widetilde{\chi}^{\bar{A}} \widetilde{\zeta}_{\bar{A}} = \chi^{\bar{A}} \zeta_{\bar{A}}$$

即 $\zeta_{\bar{A}}$ 是 $\chi^{\bar{A}}$ 的对偶旋量,$S_+ = (S^\dagger)^*$,它们的指标可用不变张量 $\overline{\varepsilon}$ 来下降或提升.

这四种旋量场是四维流形 M 上基本旋量场,它们的各种张量积可组成流形 M 上各种张量场,例如

$$S^+ \otimes S^- = S^+ \otimes (S_-)^* = \mathrm{Hom}_c(S_-, S^+) = T(M) \otimes \mathbb{C} \tag{12.41}$$

切丛的正交变换 SO(4,ℂ)可由左、右旋量变换的张量积表示

$$\mathrm{SO}(4,\mathbb{C}) = \mathrm{SL}(2,\mathbb{C}) \times \mathrm{SL}(2,\mathbb{C})/Z_2 \tag{12.42}$$

注意到不变张量 ε 为厄米矩阵,在 SL(2,ℂ)的子群 SU(2)作用下不变,可取上式实形式

$$\mathrm{SO}(1,3) = \mathrm{SU}(2) \times \mathrm{SU}(2)/Z_2 \tag{12.43}$$

为研究四维物理时空 M^4 中向量与旋量关系,可引入 2 维 Γ 矩阵

$$\sigma_\mu = \frac{1}{\sqrt{2}}(I,\sigma_i), \qquad \mu = 0,1,2,3, 而 i = 1,2,3, \tag{12.44}$$

其中 σ_i 为三个标准的 Pauli 矩阵.

$$\sigma_1 = \begin{pmatrix} 0 & 1 \\ 1 & 0 \end{pmatrix}, \quad \sigma_2 = \begin{pmatrix} 0 & -i \\ i & 0 \end{pmatrix}, \quad \sigma_3 = \begin{pmatrix} 1 & 0 \\ 0 & -1 \end{pmatrix} \tag{12.45}$$

满足

$$\eta^{\mu\nu}\sigma_\mu{}^{A\bar{B}}\sigma_\nu{}^{C\bar{D}} = \varepsilon^{AC}\varepsilon^{\bar{B}\bar{D}} \tag{12.46}$$

进一步可引入

$$\sigma^\mu = \frac{1}{\sqrt{2}}(I,\bar{\sigma}_i) \tag{12.47}$$

$$\sigma^\mu_{A\bar{B}} = \eta^{\mu\nu}\sigma_\nu{}^{C\bar{D}}\varepsilon_{CA}\varepsilon_{\bar{D}\bar{B}} \tag{12.48}$$

满足

$$\eta_{\mu\nu}\sigma^\mu_{A\bar{B}}\sigma^\nu_{C\bar{D}} = \varepsilon_{AC}\varepsilon_{\bar{B}\bar{D}} \tag{12.49}$$

及

$$\begin{aligned} \sigma_\mu{}^{A\bar{C}}\sigma^\nu_{A\bar{C}} &= \mathrm{tr}(\sigma_\mu\sigma^\nu) = \delta^\nu_\mu \\ \sigma_\mu{}^{A\bar{B}}\sigma^\mu_{C\bar{D}} &= \delta^A_C\delta^{\bar{B}}_{\bar{D}} \end{aligned} \tag{12.50}$$

任意 2 ×2 厄米矩阵

$$\begin{aligned} \hat{X} &= \frac{1}{\sqrt{2}}\begin{pmatrix} x^0 + x^3 & x^1 - \mathrm{i}x^2 \\ x + \mathrm{i}x^2 & x^0 - x^3 \end{pmatrix} = x^\mu\sigma_\mu \\ 2\det\hat{X} &= \eta_{\mu\nu}x^\mu x^\nu = |x|^2 \end{aligned} \tag{12.51}$$

其中 $\{x^\mu\}_0^3$ 为实数,组成 M^4 中逆变矢量. 也可将微分形式基矢 $\{\mathrm{d}x^\mu\}_0^3$ 组成旋量形式

$$\theta = \mathrm{d}x^\mu\sigma_\mu, \qquad \theta^{A\bar{B}} = \mathrm{d}x^\mu\sigma_\mu{}^{A\bar{B}}$$

在作旋量变换时,$\alpha = (\alpha^A_B) \in \mathrm{SL}(2,\mathbb{C})$

$$\theta \to \tilde{\theta} = \alpha\theta\bar{\alpha}^{\mathrm{T}} = \mathrm{d}x^\mu\alpha\sigma_\mu\bar{\alpha}^{\mathrm{T}} = \mathrm{d}\tilde{x}^\mu\sigma_\mu$$

由于 $\alpha\sigma_\mu\bar{\alpha}^{\mathrm{T}}$ 仍为厄米方阵,故必可用$\{\sigma_\nu\}$的实线性组合表示:

$$\alpha\sigma_\mu\bar{\alpha}^T = L_\mu{}^\nu\sigma_\nu \tag{12.52}$$

由于旋量变换保旋量内积

$$\det\tilde{\theta} = \det\theta$$

得

$$\eta_{\mu\nu}L^{\mu}_{\lambda}L^{\nu}_{\rho} = \eta_{\lambda\rho} \tag{12.53}$$

即 $L=(L^{\mu}_{\lambda})\in SO(1,3)$，为 M^4 空间矢量的 Lorentz 变换矩阵，且是实方阵.

在号差为 -2 的广义黎曼流形上（其切空间为 4 维闵空间 $M^{1,3}$），选广义正交归一标架 $\{e_a\}_0^3$，任意实向量 $X=\xi^a e_a$ 对应有厄米旋量

$$\xi^{A\bar{B}} = \xi^a \sigma_a{}^{A\bar{B}} \tag{12.54}$$

此为 $\begin{pmatrix}1 & 1\\ 0 & 0\end{pmatrix}$ 型厄米旋量. 进一步对于相对广义正交标架 $\{e_a\}_0^3$ 的 $\begin{pmatrix}r\\ s\end{pmatrix}$ 型张量 $T^{a_1\cdots a_r}_{b_1\cdots b_s}$，对应有 $\begin{pmatrix}r & r\\ s & s\end{pmatrix}$ 型旋量

$$T^{A_1\cdots A_r\bar{B}_1\cdots\bar{B}_r}_{C_1\cdots C_s\bar{D}_1\cdots\bar{D}_s} = T^{a_1\cdots a_r}_{b_1\cdots b_s}\sigma^{A_1\bar{B}_1}_{a_1}\cdots\sigma^{A_r\bar{B}_r}_{a_r}\sigma^{b_1}_{C_1\bar{D}_1}\cdots\sigma^{b_s}_{C_s\bar{D}_s} \tag{12.55}$$

按此规则，张量指标都可代以一对旋量指标，并可进一步按指标置换对称及反对称分介为在自旋变换 SL(2,ℂ) 作用下不可约表示变换的旋量张量. 且注意到任两指标的反对称部分：

$$\phi_{\mathscr{D}AB} - \phi_{\mathscr{D}BA} = \phi_{\mathscr{D}C}{}^{C}\varepsilon_{AB} \tag{12.56}$$

故当 $\phi_{\mathscr{D}AB}$ 相对指标 AB 反对称时常可表示为

$$\phi_{\mathscr{D}AB} = -\phi_{\mathscr{D}BA} = \frac{1}{2}\phi_{\mathscr{D}C}{}^{C}\varepsilon_{AB}$$

即可将不变 ε 矩阵抽出.

将各种张量方程写成旋量形式常使问题简化，分析方便. 例如电磁场 F_{ab} 为反对称二阶张量，可写成旋量形式：

$$F_{ab} \to F_{A\bar{A}B\bar{B}} = \varepsilon_{AB}\psi_{\bar{A}\bar{B}} + \varepsilon_{\bar{A}\bar{B}}\phi_{AB} \tag{12.57}$$

其中 ϕ_{AB}，$\psi_{\bar{A}\bar{B}}$ 均相对指标对称，即

$$\phi_{AB} = \phi_{BA} = \frac{1}{2}F_{AB\bar{C}}{}^{\bar{C}},\quad \phi_{\bar{A}\bar{B}} = \phi_{\bar{B}\bar{A}} = \frac{1}{2}F^{C}_{C\bar{A}\bar{B}}$$

易证(12.57)式相当于场强的相对 Hodge * 对偶变换本征空间分解. 这里 * Hodge * 运算按标准定义

$$*F_{ab} = \frac{1}{2}\varepsilon_{abcd}F^{cd} = \frac{1}{2}\varepsilon_{ab}{}^{cd}F_{cd}$$

导致其旋量形式

$$* F_{AB\bar{A}\bar{B}} = -\mathrm{i}\phi_{AB}\varepsilon_{\bar{A}\bar{B}} + \mathrm{i}\varepsilon_{AB}\psi_{\bar{A}\bar{B}}$$

故将二阶张量写成(12.57)式具有很方便的特性：

1）如 F_{ab} 为实张量，　则 $\psi_{\bar{A}\bar{B}} = \overline{\phi_{AB}}$

2）如 F_{ab} 为自对偶，　则 $\phi_{AB} = 0$

3）如 F_{ab} 为反自对偶，　则 $\psi_{\bar{A}\bar{B}} = 0$

§12.3　Dirac 旋量　Weyl 旋量　纯旋量　各维旋量的矩阵表示结构

n 维流形 M 每点切空间 $T_pM = V$ 为 n 维向量空间. 黎曼流形 M 的度规结构可诱导切空间 V 内度规结构

$$g:\quad V \times V \to \mathbb{R}$$

切空间 V 可复化为 n 维复向量空间

$$V^c = V \otimes \mathbb{C}$$

是 n 维复向量空间,存在自同构变换 $J, J^2 = -1$,

$$J:\quad V^c \to V^c$$

可定义与度规相容的厄米结构

$$\langle v, w\rangle = g(v, w) + \mathrm{i}g(Jv, w)$$

复化切空间可作极化分解

$$V^c = V \otimes \mathbb{C} = V^{1,0} + V^{0,1} \tag{12.58}$$

相对诱导厄米度规,$V^{1,0}$($V^{0,1}$)为 V^c 的迷向子空间(其中矢量的厄米内积为零),而其上外积空间

$$S = \wedge V^{1,0} \tag{12.59}$$

可由它实现 Clifford 代数 $Cl^c(V)$ 的忠实表示

$$\gamma:\quad Cl_n^c \to \mathrm{End}_c(S) \tag{12.60}$$

当 $n = 2k$ 为偶,线性空间 S 的维数为 2^k,而当 $n = 2k+1$ 为奇,$\dim S = 2^k$.

在 V 中选正交归一基矢

$$\{e_i\}_1^n,\qquad (e_i, e_j) = g_{ij}$$

$\gamma(e_i) \equiv \mathrm{i}\gamma_i$ 满足

$$\gamma_i\gamma_j + \gamma_j\gamma_i = 2g_{ij}\,\mathrm{I}_s \tag{12.61}$$

其中 γ_i 为 $2^k \times 2^k$ 复矩阵,称为 Γ 矩阵

$$\gamma_i = (\gamma_{i\rho}^{\sigma}), \quad i = 1,\cdots,n, \qquad \sigma,\rho = 1,\cdots,2^k$$

指标 i 为切空间矢量指标,σ,ρ 为旋量空间指标. Γ 矩阵相当于上节分析的矢量与旋量间转换矩阵. 由矩阵集合 $\{\gamma_i\}_1^n$ 生成 Clifford 代数 Cl_n^c 的忠实表示. 当限制代数系数为实数时由 $\{\gamma_i\}_1^n$ 可为 $Cl_{r,s}$ 的忠实表示,这里 $r+s=n$,$r-s$ 为流形度规的号差. 注意到

$$\mathrm{Spin}(r,s) \subset Cl_{r,s}^{\mathrm{even}} \tag{12.62}$$

通过 Γ 矩阵也可实现 Spin(r,s) 的表示

$$\begin{aligned} \tau: \quad \mathrm{Spin}(r,s) &\rightarrow \mathrm{End}_c(S) \\ a &\rightarrow \tau(a) \end{aligned} \tag{12.63}$$

即对任意 $a \in \mathrm{Spin}(r,s)$,$\psi \in S$

$$\tau(a)\psi = \Lambda(a)\psi$$

其中 Λ 为 $2^k \times 2^k$ 矩阵,满足

$$\Lambda\gamma_i\Lambda^{-1} = L_i^j\gamma_j, \quad L = (L_i^j) \in \mathrm{SO}(r,s) \tag{12.64}$$

这样得到的 Spin(r,s) 的表示称为 Dirac 表示,它是忠实表示,但不一定不可约. 表示空间 S 中元素 ψ 称为 Dirac 旋量. 由(12.64)式看出, $\pm\Lambda \in \mathrm{Spin}(r,s)$ 对应于同一个 $L \in \mathrm{SO}(r,s)$,存在 Spin(r,s) 到 SO(r,s) 的同态映射

$$\rho: \quad \Lambda \rightarrow L$$

它是 Spin(r,s) 到 SO(r,s) 的满同态映射,$\mathrm{Ker}\rho = Z_2$,

下面设 $n=2k$ 为偶,令

$$\gamma_f = i^k\gamma_1\gamma_2\cdots\gamma_{2k}, \qquad \gamma_f^2 = 1 \tag{12.65}$$

易证

$$\{\gamma_f,\gamma_i\} = 0, \qquad [\gamma_f,\Sigma_{ij}] = 0 \tag{12.66}$$

其中

$$\Sigma_{ij} = \frac{1}{4}[\gamma_i,\gamma_j] \tag{12.67}$$

为 Spin(r,s) 群的李代数 $\mathrm{spin}_{r,s}$ 生成元. 由(12.66)式知所得 Dirac 表示作为 $\mathrm{spin}_{r,s}$ 李代数表示是可约表示,表示空间 S 可按 γ_f 的本征值 ± 1 分解为两子空间

$$\begin{aligned} S &= S^+ \oplus S^- \\ S^+ &= \{\psi \in S \mid \gamma_f\psi = \psi\} \\ S^- &= \{\psi \in S \mid \gamma_f\psi = -\psi\} \end{aligned} \tag{12.68}$$

故当 $n=2k$ 为偶,具有两种旋量表示

$$\tau^{\pm}: \quad \mathrm{Spin}(r,s) \to \mathrm{End}_c(S^{\pm})$$

此两表示都是 2^{k-1} 维不可约表示,而表示空间 $S^{\pm}$ 中成元

$$\psi^{\pm} = \frac{1}{2}(1 \pm \gamma_f)\psi \in S^{\pm} \tag{12.69}$$

被称为 Weyl 旋量.

下面我们将着重介绍纯旋量(pure spinor)这一重要概念. E. Cartan 称它是最简单的旋量,它与复化切空间近复结构 J 有关,投射纯旋量等价于复化切空间的最大零模面,这最简单的旋量(simple spinor)是最"复杂"的(最高阶零模)微分形式的开方. 下面我们先简单说明几个相关概念.

首先我们引入与旋量 ψ 垂直的矢量这一概念,即令

$$\psi \in S, \qquad u \in V$$

当

$$\gamma(u)\psi = 0$$

则称矢量 u 与旋量 ψ 垂直. 可以证明下述

引理 对任意非零旋量 ψ,与 ψ 垂直矢量 u 组成空间

$$N(\psi) = \{u \in V \mid \gamma(u)\psi = 0\} \subset V$$

仅依赖于旋量 ψ 的方向,且空间 $N(\psi)$ 为空间 V 的全零面或称迷向空间,即对 $N(\psi)$ 中任意两向量 u 与 v,

$$g(u,v) = g(u,u) = 0$$

证明 设 $u,v \in N(\psi) \subset V$,

$$\gamma(u)\gamma(v) + \gamma(v)\gamma(u) = -2g(u,v)\Big|_s$$

而左端作用于 ψ 上为零,故

$$-2g(u,v)\psi = 0$$

而 ψ 为非零旋量,故 $g(u,v)=0$,即 $N(\psi)$ 为 V 的迷向子空间. □

下面从不同角度给出纯旋量的两种等价的定义:

定义 12.1 旋量 ψ,当与其垂直的迷向空间 $N(\psi)$ 为 V 的最大迷向子空间(maximal isotropic subspace),ψ 称为纯旋量.

最大迷向子空间与空间复结构相关. 空间 V 上复结构 J 是指 V 上自同构变换

$$J: \quad V \to V, \qquad J^2 = -1$$

给定复结构 J,就是对 V 中基矢组给了一种定向:$\{e_1, Je_1, e_2, Je_2, \cdots, e_n, Je_n\}$,称为与 J 相关的正则定向. 每个复结构,就决定了一种最大迷向子空间的分解,就决定

一个纯旋量. 而

$$n = 2k \text{ 维空间复结构模空间 } \sim \mathrm{SO}(2k)/\mathrm{U}(k)$$

$$\text{其维数} = \frac{1}{2}k(k-1), \text{故独立纯旋量数 } d_n = \frac{1}{2}k(k-1)+1$$

下面从另一角度来分析此问题. 为使分析简化,仍设 $n=2k$ 为偶数,令 γ 为 Cl_{2k} 的不可约表示

$$\gamma: \quad Cl_{2k} \to \mathrm{End}_c(s)$$

$$e_i \to \gamma_i$$

而 γ_i^t 满足与 γ_i 相同反交换关系(12.61),即在 S 的对偶空间 S^* 定义表示. 由于 Cl_{2k} 为单代数,在 S 与 S^* 间存在同构 $B:S \to S^*$

$$\gamma_i^t = B\gamma_i B^{-1} \tag{12.70}$$

可如下定义旋量空间的标积:

$$\langle \psi^*, \phi \rangle = \langle B\psi, \phi \rangle = \psi^t B\phi \tag{12.71}$$

即

$$\phi \otimes B\psi = \phi \otimes \psi^* = \mathrm{Hom}(\psi, \phi) \in Cl_{2k}$$

即 $\phi \otimes B\psi$ 可按 Cl_{2k} 表示基底生成元 $\{\gamma_i\}$ 生成

$$\phi \otimes B\psi = \frac{1}{2^k}\sum_{l=0}^{k} B_l^{\mu_1\cdots\mu_l}\gamma_{\mu_1}\cdots\gamma_{\mu_l}$$

其中

$$B_l^{\mu_1\cdots\mu_l} = \langle B\psi, \gamma^{\mu_1}\cdots\gamma^{\mu_l}\phi \rangle \tag{12.72}$$

定义 12.2　Weyl 旋量 ϕ 为纯旋量的必充条件

$$\phi \otimes \phi = \frac{1}{2^k}\sum_k \langle B\phi, \gamma^{[\mu_1}\cdots\gamma^{\mu_k]}\phi \rangle \gamma_{\mu_1}\gamma_{\mu_k}$$

即

$$B_l^{\mu_1\cdots\mu_l}(\varphi, \varphi) = \langle B\phi, \gamma^{\mu_1}\cdots\gamma^{\mu_l}\phi \rangle = 0, \quad \text{当 } l < k \tag{12.73}$$

即当 $\dim V = n = 2k$ 为偶,纯旋量是(反)自对偶 k 矢量的开方,可用通过原点的 k 面代表.

类似当 $\dim V = n$ 为奇数,纯旋量可由通过原点的一对$\left(\frac{n}{2} \pm \frac{1}{2}\right)$面代表,它们相互为正交补.

已知 $n=2k$ 时 Weyl 旋量空间维数

$$D_n = 2^{\frac{n}{2}-1} = 2^{k-1}$$

而这时独立纯旋量数 d_n

$$d_n = \frac{1}{8}n(n-2)+1 = \frac{1}{2}k(k-1)+1 \tag{12.74}$$

而当 $n=2k-1$ 为奇数时 Dirac 旋量空间维数

$$D_n = 2^{\frac{n}{2}-\frac{1}{2}} = 2^{k-1}$$

而这时独立纯旋量数

$$d_n = \frac{1}{8}(n^2-1)+1 = \frac{1}{2}k(k-1)+1 \tag{12.74a}$$

证　(i) $n=2k$ 为偶. V 中零模锥面 Q 的方程可写为

$$\sum_{i=1}^{k} x^i y_i = 0$$

而 Q 中 $(k-1)$ 面可表示为

$$y_j = \sum_{i=1}^{k} S_{ji}x^i$$

S_{ji} 为 $k\times k$ 斜方阵,有独立参数数 $\frac{1}{2}k(k-1)$.

(ii) 当 $n=2k-1$ 为奇,Q 锥面常可写为

$$\sum_{i=1}^{k-1} x^i y_i = Z^2$$

而这时 $(k-2)$ 面(与 k 面正交)常可表示为

$$y_i = \sum_{j=1}^{k-1} S_{ij}x^i + t_i z, \quad z = \sum_{i=1}^{u-1} t_i x^i$$

有独立参数数 $\frac{1}{2}k(k-1)$,即证. □

现将 1 ~ 14 维空间中 Weyl 旋量(或奇维 Dirac 旋量)维数 D_n 与独立纯旋量维数 d_n 列如下表,而它们的差 (D_n-d_n) 即纯旋量所必需满足的附加条件数,附加条件形式如(12.73)式.

空间维数 n	1,2	3,4	5,6	7,8	9,10	11,12	13,14
不可约旋量空间维数 D_n	1	2	4	8	16	32	64
独立纯旋量数 d_n	1	2	4	7	11	16	22
D_n-d_n	0	0	0	1	5	16	42

例如,当 $n=8$,Weyl 旋量 ϕ 为纯旋量的条件是

$$\langle B\phi,\phi\rangle = 0 \tag{12.75}$$

而当 $n=10$，Weyl 旋量 ϕ 为纯旋量的条件是

$$\langle B\phi, \gamma_a \phi \rangle = 0, \qquad a = 1, \cdots, 5 \tag{12.76}$$

在奇维空间 Dirac 旋量 ψ 为纯旋量的条件也类似.

以上分析看出，在低维($n<7$)空间，奇维空间 Dirac 旋量均为纯旋量，偶维空间 Weyl 旋量也都是纯旋量，在低维空间纯旋量概念的引入不一定很重要，这正是我们过去忽略它的原因. 但是在弦论，超引力理论等常需分析高维空间中的旋量场，这时纯旋量概念的引入起重要作用. 例如 $n=7$ 维流形和乐群的 G_2 结构，$n=8$ 维流形和乐群的 Spin(7) 结构，都与存在非平庸可平行纯旋量场有关. 存在下定理.

定理 12.1　当且仅当流形 M 是 Kähler 且 Ricci 平，流形上才允许存在可平行纯旋量场.

因此 Kähler 流形上如存在整体可定义的纯旋量场，则必为 Ricci 平，相应联络和乐群可约化为 SU(n). 这些问题我们将在本章最后一节中讨论.

附录 K 对各秩 Spin(N) 群及其表示作初步介绍，我们这里仅对物理文献中常遇到的各秩 Spin 群及其表示的一些特点作简单介绍。

经典李群都是 GL(N, $\mathbb{R}$) 的子群，而 Spin(N) 群不是 GL(N, $\mathbb{R}$) 的子群，是 SO(N) 群的普适覆盖群. 通常 Spin(N) 群需藉助 Clifford 代数来实现：

$$\mathrm{Spin}(N) \subset Cl_N^{\mathrm{even}}, \quad \mathrm{Spin}(r,s) \subset Cl_{r,s}^{\mathrm{even}}$$

附录 J 表 3 列出各阶 $Cl_{r,s}^{\mathrm{even}}$ 的矩阵表示结构，由它也可得 Spin(r, s) 群的矩阵表示结构.

Spin(N) 是连通且单连通紧致李群. 经典李群中 SU(N)，SP(N) 也是连通且单连通紧致李群，它们是 GL(N, $\mathbb{R}$) 的子群，而 Spin(N) 不是，当 $N \geqslant 7$ 时，它们互不同构. 但是在 $N \leqslant 6$ 时，它们间常会存在同构对应，下面列出这些同构关系.

Spin(N) 的低维同构群	Cl_N^{even} 的矩阵表示结构
Spin(3) $\simeq$ SU(2) $\simeq$ SP(1)	$\mathbb{H}$
Spin(4) $\simeq$ Spin(3) × Spin(3)	2 $\mathbb{H}$
Spin(5) $\simeq$ SP(2)	$\mathbb{H}$
Spin(6) $\simeq$ SU(4)	$\mathbb{C}$

上表右端列出 Cl_N^{even} 的矩阵表示结构，它们与左端所示 Spin(N) 群的同构关系是自洽的. 正由于 Spin(N) 群的低维实现可以不通过 Clifford 代数，这正是过去物理学家对 Clifford 代数不够重视的原因. 而近代理论物理常需分析高维空间中的旋量，当 $N \geqslant 7$，Spin(N) 的矩阵表示必须通过 Clifford 代数的矩阵表示来实现.

紧致正交群 SO(N)连通但非单连通

$$\pi_0(\mathrm{SO}(N)) = 0, \qquad \pi_1(\mathrm{SO}(N)) = \mathbb{Z}_2$$

而非紧致正交群 SO(r,s)有两连通片

$$\pi_0(\mathrm{SO}(r,s)) = \mathbb{Z}_2 \tag{12.77}$$

其含恒等元的连通部分为其子群,记为 $\mathrm{SO}^0(r,s)$,其基本群

$$\pi_1(\mathrm{SO}^0(r,s)) = \pi_1(\mathrm{SO}(r)) \times \pi_1(\mathrm{SO}(s)) = \begin{cases} \mathbb{Z}_2 \times \mathbb{Z}_2, & \text{当 } r,s \geqslant 3 \\ \mathbb{Z}_2, & \text{当 } r \geqslant 3, s = 1 \\ \mathbb{Z}_2 \times \mathbb{Z}, & \text{当 } r \geqslant 3, s = 2 \\ \mathbb{Z}, & \text{当 } r = 2, s = 1 \end{cases} \tag{12.78}$$

在物理学中常遇到的闵空间 $E^{3,1}$,以及 De Sitter 空间 $E^{4,1}$,以及它们的推广 $E^{r,1}(r\geqslant3)$,其正交群的连通部分 $\mathrm{SO}_0(r,1)$的基本群

$$\pi_1(\mathrm{SO}_0(r,1)) = \mathbb{Z}_2, r \geqslant 3 \tag{12.78a}$$

它们也存在普适覆盖群 Spin(r,1),是($\mathrm{SO}_0(r,1)$)的双重覆盖,有短正合同态系列

$$1 \to \mathbb{Z}_2 \to \mathrm{Spin}(r,1) \to \mathrm{SO}_0(r,1) \to 1 \tag{12.79}$$

Spin(r,1)是非紧致、连通且单连通李群,当 $N = r + 1 \geqslant 7$ 时,它们的实现需通过 $Cl_{r,1}^{\text{even}}$的矩阵表示来实现. 但是在 $N = r + 1 \leqslant 6$ 时,Spin(r,1)常会与经典非紧致连通李群 $\mathrm{SL}(N,\mathbb{K})$:

$$\mathrm{SL}(N,\mathbb{K}) = \{A \in \mathrm{Hom}_{\mathbb{K}}(\mathbb{K}^N,\mathbb{K}^N) \mid \det A = 1\} \quad \mathbb{K} = \mathbb{R},\mathbb{C} \text{ 或} \mathbb{H}$$

存在同构关系. 下面列出这些同构关系:

Spin(r,1)的低维同构群	$Cl_{r,1}^{\text{even}}$的矩阵表示结构
$\mathrm{Spin}(2,1) \simeq \mathrm{SL}(2,\mathbb{R})$	$\mathbb{R}$
$\mathrm{Spin}(3,1) \simeq \mathrm{SL}(2,\mathbb{C})$	$\mathbb{C}$
$\mathrm{Spin}(4,1) \simeq \mathrm{SP}(1,1)$	$\mathbb{H}$
$\mathrm{Spin}(5,1) \simeq \mathrm{SL}(2,\mathbb{H})$	$2\,\mathbb{H}$

由上表也可看出 Spin(r,1)的表示与 $Cl_{r,1}^{\text{even}}$的矩阵表示结构密切相关.

§ 12.4　各维旋量的表示结构　Majorana 表象

本节着重分析 Spin(N) 群的生成元：李代数 spin_N 的矩阵表示，分析旋量表示空间是否存在实结构. 由于一般量子引力，弦场论中物理场应为实场，存在粒子反粒子共轭变换 $\mathscr{C}$，

$$\mathscr{C}\,\overline{\mathscr{C}} = 1 \tag{12.80}$$

故本节着重分析各维旋量空间是否存在实结构，分析 Majorana 表示存在条件.

Spin(N) 群是 $\frac{1}{2}N(N-1)$ 维紧致连通且单连通李群，是 SO(N) 群的 2 重覆盖群，存在 2 对 1 的同态投射

$$\rho:\quad \mathrm{Spin}(N) \longrightarrow \mathrm{O}(N)$$
$$\Lambda \longrightarrow R$$

而表示矩阵间连系如(12.64)式

$$\Lambda(R)\gamma_j\Lambda(R)^{-1} = \gamma_i R_{ij} \tag{12.81}$$

而两群 Spin(N) 与 O(N) 在恒等元处切空间正交转动矩阵可表示为

$$R = \exp\left(\frac{1}{2}\theta^{ij}r_{ij}\right)$$

$$\Lambda(R) = \exp\left(\frac{1}{2}\theta^{ij}\lambda_{ij}\right) \tag{12.82}$$

而相应李群的李代数生成元可表示为

$$r = \mathrm{d}RR^{-1} = \frac{1}{2}\mathrm{d}\theta^{ij}r_{ij} \qquad \in \mathrm{so}_N$$

$$\lambda = \mathrm{d}\Lambda\Lambda^{-1} = \frac{1}{2}\mathrm{d}\theta^{ij}\lambda_{ij} \qquad \in \mathrm{spin}_N \tag{12.83}$$

已知无穷小转动矩阵 r 为实 $N\times N$ 反对称矩阵组成，令 e_{kl} 为在 k 行 l 列为 1 而其他元素为零的 $N\times N$ 矩阵，则在 $k-l$ 面转动矩阵生成元 r_{kl} 可表示为

$$r_{kl} = e_{kl} - e_{lk} = -r_{lk} \tag{12.84}$$

它们满足 so_N 李代数运算规则

$$[r_{jk}, r_{lm}] = \delta_{kl}r_{jm} + \delta_{jm}r_{kl} - \delta_{km}r_{jl} - \delta_{jl}r_{km} \tag{12.85}$$

将无穷小转动表达式代入(12.81)式

$$\left(1 + \frac{1}{2}\theta^{kl}\lambda_{kl}\right)\gamma_j\left(1 - \frac{1}{2}\theta^{kl}\lambda_{kl}\right) = \gamma_i\left(1 + \frac{1}{2}\theta^{kl}r_{kl}\right)_{ij}$$

得

$$\lambda_{kl}\gamma_j - \gamma_j\lambda_{kl} = \gamma_i(r_{kl})_{ij} = \gamma_k\delta_{lj} - \gamma_l\delta_{kj} \tag{12.86}$$

且要求 $\text{tr}\lambda = 0$,满足以上条件的一般解为

$$\lambda_{jk} = \frac{1}{4}[\gamma_j, \gamma_k] \tag{12.87}$$

易证它们满足

$$[\lambda_{jk}, \lambda_{lm}] = \delta_{kl}\lambda_{jm} + \delta_{jm}\lambda_{kl} - \delta_{km}\delta_{jl} - \delta_{jl}\lambda_{km} \tag{12.88}$$

将上式与(12.85)式比较,表明两李代数同构

$$\text{spin}_N \simeq \text{so}_N \tag{12.89}$$

这样通过 Γ 矩阵$\{\gamma_j\}_1^N$ 得到的李代数 $\text{spin}_N \simeq \text{so}_N$ 的表示,又可称为正交群O(N)的旋量表示,表示所作用空间 S 为 $2^{[N/2]}$ 维向量空间,称为旋量空间,S 中向量称为 Dirac 旋量.

附录 J. 5 曾给出 Clifford 代数 Cl_N 的表示矩阵$\{\gamma_i\}$的具体表达式,其具体形式如(J. 34)(J. 35)式,它们满足($g_{ij} = \delta_{ij}$)

$$\gamma_i\gamma_j + \gamma_j\gamma_i = 2\delta_{ij} \tag{12.90}$$

可选各 γ_i 为厄米矩阵,且为幺正矩阵:

$$\gamma_i^{\dagger} = \gamma_i = \gamma_i^{-1} \tag{12.91}$$

而 spin_N 李代数生成元

$$\lambda_{kl} = \frac{1}{4}[\gamma_k, \gamma_l] = \frac{1}{2}\gamma_k\gamma_l$$

为反厄米矩阵.

当 $N = 2k$ 为偶,Γ 矩阵中最后元素

$$\gamma_f = (-\mathrm{i})^k\gamma_1\gamma_2\cdots\gamma_{2k} \tag{12.92}$$

满足

$$\gamma_f^2 = 1, \quad \{\gamma_f, \gamma_j\} = 0, [\gamma_f, \lambda_{jk}] = 0 \tag{12.93}$$

正由于 spin_{2k}的所有生成元 λ_{jk}均可与 γ_f 对易,旋量 Dirac 表示可约,旋量空间 S 可进一步按 γ_f 的本征值 ± 1 的本征态分解

$$S = S^+ \oplus S^-$$

其中

$$\begin{aligned} S^+ &= \{\psi \in S \mid \gamma_f\psi = \psi\} \\ S^- &= \{\psi \in S \mid \gamma_f\psi = -\psi\} \end{aligned} \tag{12.94}$$

即可引入投射算子

$$P^{\pm} = \frac{1}{2}(1 \pm \gamma_f)$$

而

$$\psi^{\pm} = \frac{1}{2}(1 \pm \gamma_f)\psi \in S^{\pm} \tag{12.95}$$

称为 Weyl 旋量,是具有 2^{k-1} 个分量的手征旋量.

下面分析旋量空间的实结构,注意到 $\mathrm{Spin}(N) \subset Cl_N^{\mathrm{even}}$,利用 Cl_N^{even} 的矩阵表示结构,可得 Spin(N)的矩阵表示结构. 附录 J 表 3 曾给出 $Cl_{r,s}^{\mathrm{even}}$ 的矩阵表示类型,表明,当

$$r - s = 3,4,5 \bmod(8) \tag{12.96}$$

为 4 元数矩阵表示. 即相应旋量空间的复共轭变换 $\mathscr{C}$ 满足 $\mathscr{C}\overline{\mathscr{C}} = -1$. 这种表示也称为赝实(pseudo-real)表示.

$$r - s = 0, \pm 1(\mathrm{mod}8) \quad \text{存在实旋量表示} \tag{12.97}$$

$$r - s = \pm 2(\mathrm{mod}8) \quad \text{存在复旋量表示} \tag{12.98}$$

即使是在复旋量表示,但仍存在实结构,即存在复共轭变换 $\mathscr{C}$,满足 $\mathscr{C}\overline{\mathscr{C}} = 1$,如(12.80)式. 以上两种情况($r-s=0, \pm 1, \pm 2$)都存在 Majorana 表示.

在附录 J.5 还给出 Γ 矩阵的具体实现,如(J.35)式所示,其中手征算子 γ_f:

$$\gamma_f = (-\mathrm{i})^k \gamma_1 \cdots \gamma_{2k} = (-\mathrm{i})^k \sigma_3 \otimes \cdots \otimes \sigma_3 \tag{12.99}$$

当 $N = 4l$, $P^{\pm} = \frac{1}{2}(1 \pm \gamma_f)$ 为实投射算子,故两 Weyl 旋量空间 $S^{\pm}$ 自共轭,而当 $N = 4l + 2(k = 2l + 1)$, $P^{\pm}$ 相互复共轭,使两 Weyl 旋量空间 $S^{\pm}$ 相互复共轭. 以上结果可列在下表中(最后一列为附录 J 的表 3,供对照参考).

N mod8	W 旋量自(互)共轭	是否存在 M 表象	不可约表示特性	Cl_N^{even} 表示结构
1	/	M	M	$\mathbb{R}$
2	互	M	M 或 W	$\mathbb{C}$
3	/	赝实	D	$\mathbb{H}$
4	自	赝实	W	$2\mathbb{H}$
5	/	赝实	D	$\mathbb{H}$
6	互	M	M 或 W	$\mathbb{C}$
7	/	M	M	$\mathbb{R}$
8	自	M	M 和 W	$2\mathbb{R}$

注意,仅在 $N = 8$ 维空间,Spin(8)存在既是 Weyl 又是 Majorana 表示. D 代表 Driac 表示.

§12.5 自旋结构与自旋流形 Spin^c 结构

黎曼流形切丛可选正交标架,N 维定向黎曼流形上各种张量场都取值于正交群 SO(N)的表示空间,相关结构群为 SO(N). SO(N)群非单连通,其普适覆盖群为 Spin(N),Spin(N)是SO(N)的双重覆盖群,Spin(N)群的表示空间称为旋量空间. 流形上各种旋量场都是取值在 Spin(N)群的表示空间. Spin(N)标架是SO(N)标架的双重覆盖. 黎曼流形切丛 Spin(N)标架丛及其对正交标架丛的投射称为流形 M 的自旋结构. 整体具有固定自旋结构的黎曼流形称为自旋流形.

由于 Spin(N)标架为 SO(N)标架的双重覆盖,存在群同态短正合序列

$$1 \longrightarrow \mathbb{Z}_2 \xrightarrow{i} \mathrm{Spin}(N) \xrightarrow{j} \mathrm{SO}(N) \longrightarrow 1 \tag{12.100}$$

由 Cěch 上同调论(见 §9.7)知对紧致流形 M,存在长正合序列:

$$H^1(M,\mathbb{Z}_2) \xrightarrow{i_*} H^1(M,\mathrm{Spin}(N)) \xrightarrow{j_*} H^1(M,\mathrm{SO}(N)) \xrightarrow{\partial} H^2(M,\mathbb{Z}_2) \to \cdots \tag{12.101}$$

诱导的上边缘映射恰为

$$W_2: \quad H^1(M,\mathrm{SO}(N)) \xrightarrow{\partial} H^2(M,\pi_1(\mathrm{SO}(N))) = H^2(M,\mathbb{Z}_2) \tag{12.102}$$

为第二 Stiefel-Whitney 类. 当且仅当 $H^2(M,\pi_1(\mathrm{SO}(N))) = W_2 = 0$,映射 j_* 为满映射,这时 M 上 SO(N)标架必可提升为 Spin(N)标架,这时称底流形 M 为自旋流形.

且由正合序列(12.101)知,当 $W_2 = 0$,一方面映射 j_* 满,M 有自旋结构,另方面由于 $\mathrm{Ker}j_* = \mathrm{Im}i_*$,$M$ 上自旋结构的种类与 $H^1(M,\mathbb{Z}_2)$ 的成元数相对应. 如 $H^1(M,\mathbb{Z}_2)=0$,则这时自旋结构是惟一的,否则 $H^1(M,\mathbb{Z}_2)$ 中元素数决定不等价的自旋结构数. 例如对 2 阶连通流形 $M(\pi_1(M)=\pi_2(M)=0)$,必具有惟一自旋结构. 例如

各维球面 $S^n(n>2)$

Stiefel 流形 $V_{k,n}(n-k>2)$

为了使大家对流形整体自旋结构有更清晰的理解,将它与熟悉的流形整体定向问题作简单类比. 在 §9.6 分析拓扑障碍时曾指出,当标架丛纤维 F 的最低阶同伦群为 $\pi_k(F)$,则第 1 个拓扑障碍将会在 $H^{k+1}(M,\pi_k(F))$ 中遇到,它为零是标架丛整体截面存在的必充条件. 流形整体自旋结构存在的拓扑障碍是比流形整体定向更深一层次的拓扑障碍,下面我们将它们列表对比分析,注意它们的异同:

问题	O_N 标架丛约化为 SO_N 的 流形定向问题	SO_N 标架丛提升为 $Spin_N$ 的 流形自旋结构存在问题
拓扑 障碍	$\pi_0(O_N)=\mathbb{Z}_2$ $H^1(M,\pi_0(O_N))=H^1(M,\mathbb{Z}_2)$	$\pi_1(SO_N)=\mathbb{Z}_2$ $H^2(M,\pi_1(SO_N))=H^2(M,\mathbb{Z}_2)$
同态 正合 序列	$1\to SO_N\xrightarrow{i}O_N\xrightarrow{j}\mathbb{Z}_2\to 1$ $H^1(M,SO_N)\xrightarrow{i_*}H^1(M,O_N)\xrightarrow{j_*}$ $\xrightarrow{W_1}H^1(M,\mathbb{Z}_2)$	$1\to\mathbb{Z}_2\xrightarrow{i}Spin_N\xrightarrow{j}SO_N\to 1$ $H^1(M,Spin_N)\xrightarrow{j_*}H^1(M,SO_N)\xrightarrow{\partial}$ $\xrightarrow{W_2}H^2(M,\mathbb{Z}_2)$
必充 条件	$W_1(M)=0$ 限制到任意闭回路(1-cocycle) 正交标架丛允许整体截面	$W_2(M)=0$ 限制到任意浸入面(2-cocycle) 旋量丛允许整体截面
例	$\mathbb{R}P^n$:　iff　$n\in$ odd 复流形均可定向	$\mathbb{C}P^n$:　iff　$n\in$ odd 复流形:　iff　$C_1(M)=0$ mod(2)

表后两行列出本书中常遇到的投射空间及复流形的相关特点. 关于$\mathbb{R}P^n$与$\mathbb{C}P^n$的Stiefel-Whitney类在后面第15章还会认真分析. 下面我们先简单分析下近复流形上自旋结构问题,进一步分析自旋结构的推广:$Spin^c$结构,后者也得到广泛应用.

N维黎曼流形M上每点$p\in M$切空间$T_pM=V$,其对偶余切空间$T_p{}^*M=V^*$,V与V^*均为具有度规结构的N维向量空间.

当流形M上有近复结构J,由J决定V的定向:$e_1,Je_1,\cdots,e_n,Je_n$,可将切丛复化

$$V\otimes\mathbb{C}\simeq V^{1,0}+V^{0,1}$$

令

$$S=\wedge^*V^{1,0}=\{u-\mathrm{i}Ju\mid u\in V\}\tag{12.103}$$

为复化切丛的全零(迷向)子丛. 任一切矢$v\in T_pM$可定义它对$\psi\in S$的Clifford作用

$$\rho_v\psi=v\wedge\psi-v^*\lrcorner\psi\tag{12.104}$$

易证

$$\rho_v\cdot\rho_v\psi=-|v|^2\psi\tag{12.105}$$

由此映射可得Clifford代数$Cl(N)$的表示(参见附录J)于是可得

$$\mathrm{Spin}(N)\subset Cl(N)$$

的表示. 空间S为$\mathrm{Spin}(N)$的复表示空间,通常称为Dirac旋量空间.

自旋结构整体是否存在,其拓扑障碍在于 Stiefel-Whitney 类. 复 N 维流形为实 $2N$ 维定向流形,给定厄米度规后可选厄米正交标架,由于存在自然的嵌入:

$$\mathrm{U}(N) \subset \mathrm{SO}(2N) \tag{12.106}$$

使复流形切丛陈类 $C_k(M)$ 与其切丛的 Stiefel-Whitney 类间诱导映射

$$w_{2k} \to \overline{C}_k \equiv C_k \bmod 2, \qquad w_{2k+1} \to 0$$

因此对任意复流形,其 $w_1(M)=0$,而

$$w_2(M) = C_1(M) \bmod 2 \tag{12.107}$$

故对复流形,其整体自旋结构存在的必充条件为模 2 约化第 1 陈类为零: $\overline{C}_1(M)=0$.

当 $Cl(N)$ 作复扩张 $Cl^c(N)=Cl(N)\otimes\mathbb{C}$,令复数 Z 标志表示的中心,即恒等元的复标量倍数.

可如下引入 $Cl^c(N)$ 的单位元乘群的子群:

$$\mathrm{Spin}^c(N) = \mathrm{Spin}(N) \times_{z_2} U(1) \subset Cl^c(N) \tag{12.108}$$

注意 $\mathrm{Spin}^c(N)$ 由 $\mathrm{Spin}(N)$ 及单位复数生成,由于单位复标量属于 $Cl^c(N)$ 的中心,故与 $\mathrm{Spin}(N)$ 交换,因此映射

$$\mathrm{Spin}(N) \times S^1 \to \mathrm{Spin}^c(N)$$

为满射,此映射的核为元素:

$$(a,z), \qquad az = 1$$

即

$$a = z^{-1} \in \mathrm{Spin}(N) \cap S^1$$

即由 ±1 组成. $z_2=\{\pm1\}$ 的作用使 (a,z) 与 $(-a,-z)$ 相等. 而 $\mathrm{Spin}^c(N)$ 被此作用的商形成对 $\mathrm{SO}(N)\times S^1$ 的双重覆盖,有短正合序列:

$$1 \to Z_2 \to \mathrm{Spin}^c(N) \xrightarrow{j} \mathrm{SO}(N) \times \mathrm{U}(1) \to 1 \tag{12.109}$$

这里我们要强调的是 $\mathrm{Spin}^c(N)$ 为 $\mathrm{SO}(N)\times S^1$ 的双重覆盖,而它对两个因子的作用均非平庸,我们先分析其对第二个因子的投射,第二因子为复线丛 L 的截面,L 称为 $\mathrm{Spin}^c(N)$ 的 det 线丛(determinant line bundle),分析

$$1 \to \mathrm{Spin}(N) \xrightarrow{i} \mathrm{Spin}^c(N) \xrightarrow{\delta} S^1 \to 1 \tag{12.110}$$

注意到 $\pi_1(\mathrm{Spin}(N))=0$,可将 $\mathrm{Spin}(N)$ 嵌入映射

$$i: \mathrm{Spin}(N) \to \mathrm{Spin}^c(N), \qquad a \to a\mathrm{e}^{\mathrm{i}\theta}$$

而映射

$$\delta: \quad \mathrm{Spin}^c(N) \to S^1, \qquad a\mathrm{e}^{\mathrm{i}\theta} \to \mathrm{e}^{2\mathrm{i}\theta} \tag{12.111}$$

而此映射 δ 诱导 $\mathrm{Spin}^c(N)$ 的基本群同构:

$$\pi_1(\mathrm{Spin}^c(N)) = \mathbb{Z} \tag{12.112}$$

下面分析 $\mathrm{Spin}^c(N)$ 对 $\mathrm{SO}(N)$ 的覆盖,由 $\mathrm{Spin}^c(N)$ 的定义知存在同态正合序列

$$1 \to S^1 \to \mathrm{Spin}^c(N) \xrightarrow{Ad} \mathrm{SO}(N) \to 1 \tag{12.113}$$

注意到 $\pi_1(\mathrm{SO}(N)) = \mathbb{Z}_2$,由上序列可诱导各空间基本群间同态映射

$$0 \to \mathbb{Z} \xrightarrow{2} \mathbb{Z} \xrightarrow{\alpha} \mathbb{Z}_2 \to 0 \tag{12.114}$$

称为 Bockstein 同态. 因而诱导流形上整同调群的模 2 约化

$$H^2(M,\mathbb{Z}) \xrightarrow{\alpha_*} H^2(M,\mathbb{Z}_2) \xrightarrow{\beta} H^3(M,\mathbb{Z}) \tag{12.115}$$

令 $C_k(M) \in H^2(M,\mathbb{Z})$ 为复流形切丛陈示性类,则

$$\overline{C}_k = \alpha_*(C_k) = C_k \bmod 2 \tag{12.116}$$

称为模 2 约化陈类。

$\mathrm{Spin}^c(N)$ 是 $\mathrm{SO}(N)$ 的非平庸 2 重覆盖,下面分析其在整个流形上存在的拓扑障碍. 由短正合序列(12.109)可诱导流形上同调群长正合序列

$$H^1(M,\mathrm{Spin}^c(N)) \xrightarrow{j_*} H^1(M,\mathrm{SO}(N)) \oplus H^1(M,\mathrm{U}(1)) \xrightarrow{\partial} H^2(M,\mathbb{Z}_2) \tag{12.117}$$

因 $\pi_1(U(1)) = \mathbb{Z}$,相应标架丛的拓扑障碍

$$H^2(M,\pi_1(U(1)) = H^2(M,\mathbb{Z})$$

为切丛的第一陈类 $C_1(M)$,当 $\overline{C}_1(M) = 0$, $W_2 = 0$,流形 M 为自旋流形,存在整体自旋结构. 而当 $\overline{C}_1 = W_2$ 非零,虽然整体自旋结构不存在,但如

$$W_2 + \overline{C}_1 \qquad \in \mathrm{Ker}\ \partial \tag{12.118}$$

这时仍可存在整体 $\mathrm{Spin}^c(N)$ 结构,即有

定理 12.2　定向黎曼流形 M,其切丛具有 $\mathrm{Spin}^c(N)$ 结构的必充条件是:第二 Stiefel-Whitney 类 $W_2(M)$ 为整同调类(陈类)的模 2 约化.

由 Bockstein 同态诱导的上同调序列(12.95)知

$$\beta\overline{C}_1 \quad \in \quad H^3(M,\mathbb{Z}) \tag{12.119}$$

当我们将整同调群 $H^3(M,\mathbb{Z})$ 中 2 阶挠元(2-torsion)称为 $W_3(M)$,由它可判断 $W_2(M)$ 是否是整同调类的模 2 约化. 故也可将流形切丛具 Spin^c 结构的必充条件表示为

$$W_3(M) = 0 \tag{12.120}$$

切丛具有 Spin^c 结构的定向黎曼流形,称 Spin^c 流形. 例如所有自旋流形($W_2(M)=0$)当然也必是 Spin^c 流形.

近复流形均为偶维($n=2k$)定向流形. 由于 $\mathrm{SO}(2k)$ 存在正则子群 $U(k)$,存在嵌入同态映射 i 的提升映射 j:

$$\begin{aligned} i: &\quad U(k) \to \mathrm{SO}(2k) \\ j: &\quad U(k) \to \mathrm{SO}(2k) \times U(1) \\ &\quad g \to (i(g), \det g) \end{aligned} \tag{12.121}$$

故所有近复流形都具有正则 determined Spin^c 结构.

可以证明所有定向光滑 3 维黎曼流形的切丛都可定义 Spin^c 结构. 所有定向光滑 4 维黎曼流形的切丛都可定义 Spin^c 结构. 而仅当 4 维流形上交形式

$$Q: \quad H_2(M,\mathbb{Z}) \times H_2(M,\mathbb{Z}) \to \mathbb{Z} \tag{12.122}$$

为偶时才具有 Spin 结构.

由以上结论看出,具有 Spin^c 结构的流形很多,比具有 Spin 结构的流形多很多. 没有 Spin^c 结构的简单流形,例如 5 维定向流形 $M=\mathrm{SU}(3)/\mathrm{SO}(3)$,其模 2 上同调群生成元有

$$H^*(M,\mathbb{Z}_2) = \{1, W_2, W_3, W_2 \cdot W_3\}$$

由于 $W_3 \neq 0$,且可生成整同调群 $H^3(M,Z)$ 的挠子群,$W_3(M) \neq 0$,故 $M=\mathrm{SU}(3)/\mathrm{SO}(3)$ 不具 Spin^c 结构.

下章纤维丛分类空间常需分析各种投射空间几何结构特点,下面将常遇的几种空间的定向及自旋结构列在下表供参考.

	定向	Spin^c	Spin
$\mathbb{R}P^n$	$n=2k+1$	$n=4l+1$	$n=4l+3$
$\mathbb{C}P^n$	√	√	$n=2k+1$
$\mathbb{H}P^n$	√	√	√
复流形	√	√	$C_1=0 \bmod 2$

§12.6 自旋结构的联络 Dirac 算子 Weitzenböck 公式

黎曼流形 M 上具有局域自旋结构. 令

$$\psi(x) \in S$$

表示黎曼流形上旋量场,其协变导数$\nabla_i\ \psi$可表示为

$$\nabla_i\ \psi = (\partial_i + \frac{1}{2}\omega_i{}^{ab}(x)\Sigma_{ab})\psi \qquad (12.123)$$

其中Σ_{ab}如(12.67)式为Spin(n)群的生成元表示矩阵

$$\Sigma_{ab} = \frac{1}{4}[\gamma_a,\gamma_b] \qquad (12.124)$$

而$\omega_i{}^{ab}(x)$为保黎曼度规且无挠的自旋联络.

设流形M为自旋流形,具有整体自旋结构,可如(12.103)式引入旋量丛S,S为Clifford代数$Cl(V)$模,可如(12.104)式定义任一切矢$v\in V$对截面$\psi\in S$的Clifford作用,于是可利用对S的作用实现$Cl(V)$的表示,也即实现Spin(V)$\subset Cl(V)$的表示.联络算子∇为作用于旋量丛截面的线性微分算子,可表示为

$$\nabla = \mathrm{d} + \omega \qquad (12.125)$$

其中ω为取值李代数spin_N的联络1形式.

$$\omega = \frac{1}{2}\mathrm{d}x^i\omega_i{}^{ab}\Sigma_{ab} = \frac{1}{4}\omega_{ab}e_a\cdot e_b = \frac{1}{2}\sum_{a<b}\omega_{ab}e_a\cdot e_b \qquad (12.126)$$

可引入与自旋结构相关的Dirac算子

$$D = e_a\cdot\nabla e_a \qquad (12.127)$$

这里仍用重复指标求和习惯,$\{e_a(x)\}_1^N$为正交活动标架场,是Clifford代数的基底,而e_a与∇e_a间乘法为Clifford代数乘法,可以证明

1) 这样引入的Dirac算子不依赖正交标架的选取,可以在整个自旋流形上定义。

证　如另选正交标架

$$e'_b = R_{ab}e_a,\quad R = (R_{ab}) \in O(N)$$

则

$$e'_b\cdot\nabla_{e'_b} = R_{ab}e_a\cdot\nabla_{R_{cb}e_c} = R_{ab}R_{cb}e_a\cdot\nabla e_c = \delta_{ac}e_a\cdot\nabla_{e_c} = e_a\cdot\nabla_{e_a}$$ □

2) 当M为偶维,$N=\dim M=2k$,存在手征算子e_f

$$e_f = (-\mathrm{i})^k e_1\cdots e_N \qquad (12.128)$$

易证它与正交基底的选取无关,故为协变常数:

$$\nabla e_f = 0 \qquad (12.129)$$

e_f定义了一个在SO(N)作用下不变的旋量丛截面分解

$$S = S^+\oplus S^-$$

$$\psi^\pm = \frac{1}{2}(1\pm e_f)\psi \in S^\pm,\quad \psi\in S \qquad (12.130)$$

由于(12.129)式,手征算子e_f与联络算子∇可交换,故联络∇保持旋量丛分解为奇

偶阶不变. 而由于 e_a 的 Clifford 乘法交换偶奇阶的截面,故 Dirac 算子 D 映射:

$$S^{\pm} \to S^{\mp} \tag{12.131}$$

这里注意,自旋丛依赖于度规的选择,而 Dirac 算子在度规的共形变换下保持不变.

在黎曼流形上,每点切空间 V 存在内积(,),可扩充为复化切空间 $V \otimes \mathbb{C}$ 上厄米内积$\langle\ ,\ \rangle$

$$\langle \alpha_i e_i, \beta_j e_j \rangle = \bar{\alpha}_i \beta_i \tag{12.132}$$

并可进一步扩张到切丛外幂 $\wedge^* V$ 上内积,而各 $e_{i_1} \wedge \cdots \wedge e_{i_k}$ 组成正交归一基底. 于是在 S 空间存在逐点厄米内乘$\langle\ ,\ \rangle$,可证它们在 Spin(N) 作用下不变. 即对所有截面 $\psi, \varphi \in S$,可证

$$\langle e_i \psi, e_i \varphi \rangle = \langle \psi, \varphi \rangle \tag{12.133}$$

且联络∇保度规,即

$$e_a \langle \psi, \varphi \rangle = \langle \nabla_{e_a} \psi, \varphi \rangle + \langle \psi, \nabla_{e_a} \varphi \rangle \tag{12.134}$$

设 M 为紧致自旋流形,可引入旋量场间整体内积

$$(\psi; \varphi) = \int_M \langle \psi(x), \varphi(x) \rangle * 1 \tag{12.135}$$

定理 12.3 令 M 为具自旋结构的紧致黎曼流形,则 Dirac 算子 $\mathrm{D} = e_a \cdot \nabla_{e_a}$ 为自伴(self adjoint)算子,即对所有旋量场 $\psi, \varphi \in S$,

$$(\mathrm{D}\psi; \varphi) = (\psi; \mathrm{D}\varphi) \tag{12.136}$$

证 对任意点 $x \in M$,可选在 x 点的法坐标系,即在该点联络为零,但联络的导数可不为零,即在点 x

$$\nabla_{e_a}(e_b) = 0, \qquad \text{对所有 } a, b \tag{12.137}$$

于是

$$\begin{aligned}
\langle \mathrm{D}\psi(x), \varphi(x) \rangle &= \langle e_a \nabla_{e_a} \psi(x), \varphi(x) \rangle \xlongequal{(133)} - \langle \nabla_{e_a} \psi(x), e_a \varphi(x) \rangle \\
&\xlongequal{(134)} - e_a \langle \psi(x), e_a \varphi(x) \rangle + \langle \psi(x), \nabla_{e_a}(e_a \varphi(x)) \rangle \\
&\xlongequal{(137)} - e_a V^a(x) + \langle \psi(x), e_a \nabla_{e_a} \varphi(x) \rangle
\end{aligned}$$

这里 $V^a(x) = \langle \psi(x), e_a \varphi(x) \rangle$ 为矢场

$$V(x) = V^a(x) e_a(x)$$

的第 a 分量,故上式右端第 1 项为此矢场的散度项,于是得到

$$\langle \mathrm{D}\psi(x), \varphi(x) \rangle = -\operatorname{div} V(x) + \langle \psi(x), \mathrm{D}\varphi(x) \rangle \tag{12.138}$$

由于上式中所有项与特殊的坐标系选取无关,为规范协变,与在该点选局域法坐标

系无关,该式在整个流形上均成立,将上式在紧致流形 M 上积分,注意到(4.38)高斯定理

$$\int_M \operatorname{dim} V * 1 = 0$$

于是(12.136)式得证. □

满足 $D^2\psi=0$ 的旋量场称为谐和(Harmonic)旋量场,旋量场 ψ 为谐和场的必充条件为

$$D\psi = 0 \tag{12.139}$$

因为

$$(D\psi, D\psi) = (D^2\psi, \psi) = 0$$

□

在§4.2 我们曾分析作用于微分形式上 Laplace 算子 $\Delta=(d+\delta)^2$,得到 Weitzenböck 公式(4.58). 现对作用于旋量丛上 D^2 算子作类似分析, D^2 与相应的 Bochner 算子 $-\nabla^2_{e_a,e_a}$ 的差为阶≤1 的协变微分算子,可证,存在作用于旋量场的 Weitzenböck 公式

$$D^2 = -\nabla^2_{e_a e_a} + \frac{1}{4}\mathscr{S} \tag{12.140}$$

其中 $\mathscr{S}$ 为流形 M 的标曲率.

证　对任意点 $x\in M$,可选在 x 点的法坐标系进行计算,使(12.137)式成立,且由于联络无挠

$$[e_a, e_b] = \nabla_{e_a} e_b - \nabla_{e_b} e_a \xlongequal{(137)} 0 \tag{12.141}$$

因此

$$\begin{aligned} D^2\psi &= e_b \nabla_{e_b}(e_a \nabla_{e_a}\psi) \xlongequal{(137)} e_b e_a \nabla_{e_b} \nabla_{e_a}\psi \\ &= -\nabla_{e_a}\nabla_{e_a}\psi + \sum_{a<b} e_b e_a (\nabla_{e_b}\nabla_{e_a} - \nabla_{e_a}\nabla_{e_b})\psi \\ &\xlongequal{(137)(141)} -\nabla^2_{e_a e_a}\psi + \sum_{a<b} e_b e_a R(e_b, e_a)\psi \end{aligned} \tag{12.142}$$

这里

$$\nabla^2_{XY} = \nabla_X \nabla_Y - \nabla_{\nabla_X Y}\ \text{为二阶协变导数}$$

$$R(X,Y) = \nabla^2_{XY} - \nabla^2_{YX} = \nabla_X\nabla_Y - \nabla_Y\nabla_X - \nabla_{[X,Y]}$$

为曲率张量算子,为一阶协变微分算子. 当将它作用在旋量场上,可将它用局域正交标架场 $\{e_a\}$ 表示为

$$R(e_a, e_b) = \frac{1}{2}\sum_{c<d} \langle R(e_a, e_b)e_c, e_d\rangle e_c e_d \tag{12.143}$$

代入(12.142)式,注意到黎曼曲率张量的对称性,并反复利用 Clifford 代数关系

$$e_a e_b + e_b e_a = -2\delta_{ab}$$

可证(见习题)

$$D^2\psi = -\nabla^2_{e_a e_a}\psi + \frac{1}{4}\mathscr{S}\psi \qquad \square$$

当 M 为 Spin^c 流形,我们应分析与 spin^c 结构相关的 Spin^c 联络 ∇^A

$$\nabla^A = \mathrm{d} + \frac{1}{2}\left(\sum_{a<b}\omega_{ab}e_a e_b + \mathrm{i}A\right) \tag{12.144}$$

即由于 $\mathrm{Spin}^c(N)$ 的李代数为 $\mathrm{spin}_N \oplus u_1$,需对 Spin^c 结构的 det 线丛部分附加一取值 $U(1)$ 群李代数 $\mathrm{i}\mathbb{R}$ 的联络,上式中 $\mathrm{i}A$ 即取值 u_1 的联络 1 形式.

可完全类似地引入与 Spin^c 结构相关的 Dirac 算子

$$D_A = e_a \nabla^A_{e_a} \tag{12.145}$$

及相应的 Weitzenböck 公式

$$D_A^2 = -\nabla^{A2}_{e_a e_a} + \frac{1}{4}\mathscr{S} + \frac{1}{2}F \tag{12.146}$$

其中

$$F = \frac{1}{2}\sum_{a<b}F_{ab}e_a e_b$$

为联络 A 的曲率 2 形式.

习 题 十 二

1. σ 为三个 Pauli 矩阵,请证明(A,B 为三维空间矢量)

$$(A\cdot\sigma)(B\cdot\sigma) = A\cdot BI + \mathrm{i}(A\times B)\cdot\sigma$$

2. 请求出 $\sigma\cdot n$ 的本征值为 ± 1 的本征态.
3. 请将 2 阶反对称张量 F_{ab} 写成旋量形式,并请说明在 Hodge * 算子作用下各项如何变.
4. 何谓纯旋量? 请分析给出在 10 维空间中 Weyl 旋量 Φ 为纯旋量的必充条件.
5. 请给出 2~10 维欧空间中不可约旋量表示的最低维数.
6. 请证明(12.146)式.

第二部分　纤维丛几何、规范场论

纤维丛几何是研究物理规范场论的最有效工具. 量子规范理论大范围拓扑分析, 量子反常的非微扰根源, 常需利用 Atiyah-Singer 指标定理及其推广进行深入分析研究. 本部分共九章可分为三个单元:

A. 纤维丛拓扑与几何

第十三章　纤维丛

第十四章　纤维丛上联络

第十五章　示性类

在这三章中底流形可以是一般微分流形(可暂未引入度规)

B. 规范场论。黎曼流形上纤维丛几何

第十六章　杨-Mills 规范理论

第十七章　规范理论与复几何

当底流形为黎曼流形, 可对纤维丛上联络与曲率再加以物理动力学约束: 引入作用量, 形成物理动力学理论. 在第十七章进一步分析复流形上规范理论, 分析保共形度规的规范理论.

C. Atiyah-Singer 指标定理, 量子规范理论拓扑分析

第十八章　Atiyah-Singer 指标定理

第十九章　量子反常拓扑障碍的递降继承

第二十章　规范轨道空间上同调与族指标定理　量子场论大范围拓扑分析

第二十一章　带边流形与开无限流形指标定理　APS-η 不变量与分数荷问题

第十三章　纤维丛的拓扑结构

流形上向量场大范围拓扑性质,与流形的几何与拓扑特性密切相关. 例如地球上刮风定理:地球上不可能处处有风,就是因为:2 维球面 S^2 的欧拉数为 2,拓扑非平庸,S^2 上没有处处非零的光滑矢场. 为研究场论大范围拓扑性质,研究它与局域性质的关系,纤维丛理论是一种有力的数学工具. 纤维丛理论,将拓扑学与微分几何结合,是 20 世纪几何学研究中重要组成部分,并在理论物理中得到广泛应用,物理学中规范场论,尤其是量子规范理论的大范围性质,常需藉助纤维丛理论得以深入研究.

在第 1 节我们先介绍 n 维流形 M 上 k 秩向量丛 $E(M,F,\pi,G)$,它是通常流形上切丛 $T(M)$ 的简单推广. 切丛 $T(M)$ 在各点纤维与$\mathbb{R}^n$ 同构,而矢丛 E 的纤维为 k 维向量空间,相当于在各点有"内部向量空间",它与流形各点的切空间无关. 在第 2 节分析与矢丛 E 相关的各种纤维丛,特别是与其相伴的标架丛$L(E)$,它是纤维为 $GL(k,\mathbb{R})$ 群流形的主丛. 注意主丛与矢丛的各自特点及它们间关系. 由于任意矢丛均可表示为某主丛的伴丛,使矢丛分类问题归结于主丛分类问题,故我们需特别分析主丛结构. 在第 3 节分析主丛 $P(M,G)$ 与其伴矢丛 $E=P\times_G V$ 的一般特点. 在第 4 节分析主丛的约化,主丛约化的拓扑障碍为$H^l(M,\pi_{l-1}(F))$,是底流形上同调类,与结构群的拓扑性质相关. 在第 5 节介绍 Čech 上同调,利用它对纤维丛结构群约化拓扑障碍进行分析. 第 6 节分析主丛的同伦分类,介绍普适丛与分类空间,最后一节利用分类空间上自然矢丛对矢丛等价类 $V\,\mathrm{ect}(M)$ 进行分析,介绍矢丛的代数拓扑学:K 理论.

§13.1　向量丛 $E(M,F,\pi,G)$

纤维丛这概念我们已接触多次,如流形上的切向量丛,张量丛等,现在我们将它们的含意进一步澄清,并推广研究流形上的一般向量丛 $E(M,F,\pi,G)$. 向量丛 E 由底流形 M 及纤维空间 F 组成,可由图 13.1 示意表示,底流形 M 为 m 维流形,而纤维空间 F 为 k 维向量空间. 切向量丛的纤维为流形各点切空间,是 m 维向量空间. 现在推广为一般向量丛 E,纤维空间维数 k 可以与底流形维数 m 不相等,称 k 维向量丛.

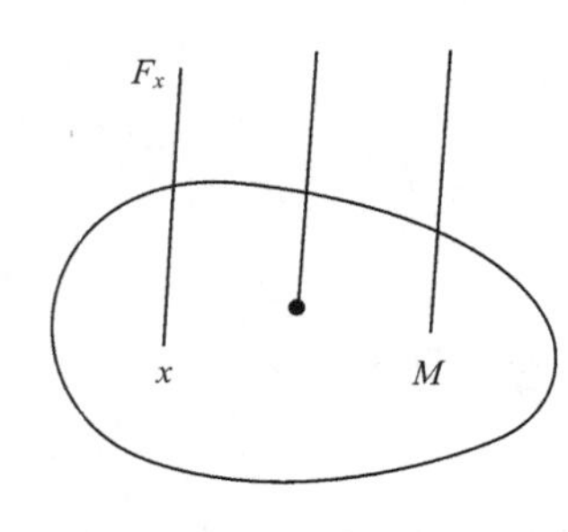

图 13.1　向量丛 E 示意图

在向量丛 E 与底流形 M 间存在投射变换

$$\pi: E \to M \tag{13.1}$$

投射变换 π 为连续满映射. 其逆变换在底流形 M 上每点 x 处得纤维 F_x,

$$\pi^{-1}: x \to F_x$$

纤维 F_x 为 k 维向量空间,称为通过 x 点的纤维,它是与底流形的切空间无关的内部空间,使矢丛 E 结构与切丛 $T(M)$ 结构无关.

流形 M 的所有点上纤维都相互同构,都与标准纤维 $F = \mathbb{R}^k$ 同构:

$$F_x \simeq F = \{\xi = (\xi^1, \cdots, \xi^k) \in \mathbb{R}^k\} \tag{13.2}$$

矢丛 $E = \bigcup_{x \in M} F_x$,是底流形 M 上所有点上纤维的并集. 矢丛 E 局域为直积流形. 当底流形 M 用若干开集 $\{U_\alpha\}$ 覆盖,开集 U_α 又称坐标邻域,存在局域坐标系

$$x = (x^1, x^2, \cdots, x^n) \in U_\alpha$$

对每一开集 U_α,存在微分同胚映射

$$\psi_\alpha: \pi^{-1}(U_\alpha) \to U_\alpha \times F$$
$$u \to (\pi(u), \varphi_\alpha(u)) = (x, \xi_\alpha(x)) \tag{13.3}$$

其中 ψ_α 是从纤维 F_x 到典型纤维 $F = \mathbb{R}^k$ 的同胚映射. 同胚映射 ψ_α 相当于取丛 E 的局域坐标系,表明丛 E 局域平庸;局域为 U_α 与纤维 F 的拓扑积. 矢丛 E 是以流形 M 为参数的向量空间族,局域可表示为参数空间 U 与向量空间 F 的拓扑积 $U \times F$,但是丛 E 整体一般不能表达为平庸拓扑积,而是存在扭曲,即丛的整体结构还依赖于在交叠区纤维间如何光滑粘结. 即当 M 的两开集 U_α 与 U_β 间有交叠区: $U_\alpha \cap U_\beta \neq 0$,这时相对开集 U_β 存在另一种微分同胚映射

$$\psi_\beta: \pi^{-1}(U_\beta) \to U_\beta \times F$$
$$u \to (\pi(u), \varphi_\beta(u)) = (x, \xi_\beta(x)) \tag{13.4}$$

对交叠区中点 $x \in U_\alpha \cap U_\beta$,存在连续可逆映射

$$\psi_\alpha \cdot \psi_\beta^{-1}: (U_\alpha \cap U_\beta) \times F \to (U_\alpha \cap U_\beta) \times F \tag{13.5}$$

对于每一固定点 $x \in U_\alpha \cap U_\beta$,上述映射为纤维空间 F 的变换,用 $g_{\alpha\beta}(x)$ 表示此变换

$$g_{\alpha\beta}(x) \in GL(k, R)$$

称其为向量丛 F 的转换函数. 它使在 U_α 上的乘积结构与 U_β 上乘积结构相关. 显然丛 E 的转换函数应满足下列相容条件:

$$g_{\alpha\alpha}(x) = 1, \qquad x \in U_\alpha$$

$$g_{\alpha\beta}(x)=g_{\beta\alpha}(x)^{-1},\qquad x\in U_\alpha\cap U_\beta$$

$$g_{\alpha\beta}(x)\cdot g_{\beta\gamma}(x)\cdot g_{\gamma\alpha}(x)=1,\qquad x\in U_\alpha\cap U_\beta\cap U_\gamma \tag{13.6}$$

(上例各式中重复指标并不求和). 满足上述条件的丛 E 上转换函数集合形成群 $G\subset GL(k,R)$,称为丛 E 的结构群.

总之,向量丛 E 由底流形 M,纤维空间 F,投影映射 π,及结构群 G 组成,记为 $E=E(M,F,\pi,G)$,也可表示为

$$\begin{array}{ccc} F\longrightarrow E & & G\\ \quad\downarrow\pi & & \\ \quad M & & \end{array}$$

或简记为

$$F\hookrightarrow E\xrightarrow{\pi}M$$

向量丛 E 局域为乘积流形,可用 $\{U_\alpha,\psi_\alpha\}$ 标志其局域坐标系,使丛上每点 u 有局域坐标

$$u=(x,\xi(x)),\quad \pi(u)=x\in U_\alpha,\quad \xi\in F$$

向量丛 E 整体一般不是乘积流形,其整体拓扑结构由结构群 $G=\{g_{\alpha\beta}(x)\}$ 决定.

转换函数 $g_{\alpha\beta}(x)$ 是底流形上的矩阵函数(取值于非奇异 $k\times k$ 矩阵. 当底流形作坐标变换时,转换函数本身不变. 另一方面,在纤维空间作坐标变换时,转换函数要做相应的变换. 例如对 $x\in U_\alpha$ 的纤维 F 作坐标变换 $g_\alpha(x)$

$$g_a(x):F\rightarrow F'$$

$$\xi(x)\rightarrow\xi'(x)=g_\alpha(x)\xi(x),\quad g_\alpha(x)\in GL(k,R) \tag{13.7}$$

则相应地转换函数将变换为

$$g'_{\alpha\beta}(x)=g_\alpha(x)g_{\alpha\beta}(x)g_\beta(x)^{-1} \tag{13.8}$$

其集合 $G'=\{g'_{\alpha\beta}(x)\}$ 与原结构群 G 等价. 即当 $g_{\alpha\beta}(x)$ 跑遍整个结构群 G 时,所得 $g'_{\alpha\beta}(x)$ 的集合 G' 与 G 同构. 转换函数的这种变换,相当于规范变换,不改变丛的整体拓扑结构.

流形 M 上切丛 $T(M)$ 是我们熟悉的一种特殊的向量丛. 下面以切丛为例说明一般矢丛结构的特点. 流形 M 上切丛 $T(M)=\bigcup\limits_{P\in M}T_p(M)$,在点 $P\in M$ 处的纤维即 $T_p(M)$,与标准纤维 $\mathbb{R}^n$ 同构. 在 $T_p(M)$ 中选基矢组 $\{e_\alpha(p)\}$,可将 $T_p(M)$ 中任意切向量 X_p 表为

$$X_p=\xi^\alpha(p)e_\alpha(p)$$

即可用 n 个实数 $\{\xi^\alpha(p);\alpha=1,\cdots,n\}$ 来表示此向量

$$\xi(p)=(\xi^1(p),\cdots,\xi^n(p))$$

切丛 $T(M)$ 中定义有投射变换

$$\pi: T(M) \to M$$
$$X_p \to p$$

切丛局域是底流形与纤维的笛卡儿积,即存在同胚映射

$$\psi_\alpha: \pi^{-1}(U_\alpha) \to U_\alpha \times \mathbb{R}^n$$
$$X_p \to (p, \xi(p))$$

当点 $p \in U_\alpha \cap U_\beta$,还存在同胚变换

$$\psi_\beta: \quad \pi^{-1}(U_\beta) \to U_\beta \times R^n$$
$$X_p \to (p, \xi'(p)), \xi(p) = g_{\alpha\beta}(p)\xi'(p)$$

其中 $g_{\alpha\beta}(p)$ 为 $T_p(M)$ 中变换矩阵,为非奇异 $n \times n$ 阶矩阵. 其集合 $\{g_{\alpha\beta}(p)\}$ 满足相容关系(13.6),组成切丛 $T(M)$ 的结构群

$$G = \{g_{\alpha\beta}(p)\} = GL(n, \mathbb{R})$$

若底流形 M 在点 p 选局域坐标

$$x = (x^1, \cdots, x^n)$$

切空间基矢 $e_\alpha(p)$ 就可用自然标架表示为

$$e_\alpha(p) = e_\alpha^i(p) \frac{\partial}{\partial x^i}$$

当底流形作坐标变换时,不影响纤维的坐标,故不影响转换函数 $g_{\alpha\beta}(p)$. 另方面,切空间 $T_p(M)$ 还可作基矢变换,这时纤维坐标需如(13.7)式作相应变换,结构函数将如(13.8)式变换. 这时,结构群 G 在同构意义下不变.

流形上切丛截面为流形上切向量场,是按照一定规则在流形上每点安排一个切向量. 此概念也可推广到一般向量丛 E 上. 即可引入矢丛 E 上截面这一重要概念. 矢丛截面是定义在底流形 M 上而取值在丛的纤维上的矢值函数,可如下定义:

定义 13.1　矢丛 $E(M, F, \pi, G)$ 的截面 S 是从底流形 M 到丛 E 的 1 - 1 对应连续入射 s:

$$S: M \to E$$
$$x \to s(x)$$

并要求此 1 - 1 对应的入射是保纤维的入射,即要求满足

$$\pi \circ S = id_M \tag{13.9}$$

当在点 $P \in M$ 邻域 U 取局部坐标系,截面 S 可表为

$$S: U \to \pi^{-1}(U) = U \times F$$
$$x \to s(x) = (x; \xi^1(x), \cdots, \xi^k(x)) \tag{13.10}$$

即在底流形 M 上每点 $x \in U$,对应于纤维 F_x 上一个向量 $\xi(x)$,矢丛截面相当于 M

上 k 维向量值函数.

进一步分析矢丛 E 的截面集合组成空间 $\Gamma(E)$

$$\Gamma(E) = \{s;s\text{ 为矢丛 }E\text{ 的截面}\} \tag{13.11}$$

矢丛纤维为 k 维向量空间,可利用纤维的向量空间结构来定义截面集合 $\Gamma(E)$ 的向量空间结构. 即 $\Gamma(E)$ 中任两局域截面 $\xi(x)$ 与 $\eta(x)$ 可相加

$$\xi(x) + \eta(x) = [\xi + \eta](x) \tag{13.12}$$

即可逐点向量相加. 截面也可逐点与数乘,且截面在各点可乘不同数,即截面$\xi(x)$可与底流形上函数$f(x)$相乘

$$f(x)\xi(x) = [f\xi](x) \tag{13.13}$$

于是矢丛截面集合 $\Gamma(E)$ 本身形成向量空间. 向量丛 E 局域平庸,即在 $\pi^{-1}(U)$ 中存在 k 个线性独立的光滑截面,其他光滑截面都可以表示为这 k 个光滑截面的以外底流形上光滑函数为系数的线性组合,因此 $\Gamma(E)$ 为 k 秩 $\mathscr{F}$模. 在每点 $x\in M$ 的邻域 U,在 $\pi^{-1}(U)$ 上各纤维 F_x 上可选基矢$\{e_\alpha(x)\}_1^k$,称为活动标架,每截面$\xi(x)$可用活动标架展开

$$\xi(x) = \sum_{a=1}^{k}\xi^a(x)\mathrm{e}_a(x) \tag{13.14}$$

矢丛截面 $\xi(x)$ 也可称为底流形上 k 维矢场.

当对纤维基矢作变换,即对活动标架作变换,如(13.7)式,变换矩阵 $g\in GL(k,\mathbb{R})$,在变换群 $G=GL(k,\mathbb{R})$ 的作用下,纤维(k 维向量空间)的原点 O 不变,零点是矢丛纤维上的特殊点,称为矢丛的零截面. k 秩矢丛 E 是局域平庸,即在底流形的任意开邻域 U 上,常可选 k 个线性独立处处非零的光滑截面$\{e_a(x)\}_1^k$,作为活动标架,而任意光滑截面常可如(13.14)式表示为这 k 个光滑截面以光滑函数为系数的线性组合. 但是向量丛 E 上整体处处非零光滑截面不一定存在. 下面举例说明.

例 13.1　量子力学中带电粒子的 Schrödinger 波函数 $\psi(x,y,z)$ 为底空间$\mathbb{R}^3$ 上的复线丛截面(复值函数场),当我们分析在磁单极周围的带电粒子时,磁单极所在点为场强奇点,磁单极周围电磁场是拓扑非平庸球对称场,必须分析在底空间$\mathbb{R}^3-\{O\}$上粒子波函数 $\psi(x,y,z)$,这时必须最少引入两个开邻域

$$U_+ = \{(x,y,z)\in\mathbb{R}^3-\{O\},z>-\varepsilon\},\quad U_- = \{(x,y,z)\in\mathbb{R}^3-\{O\},z<+\varepsilon\}$$

在每一开邻域上复线丛是平庸的. 令 $\psi_\pm$ 为在相应邻域上复线丛截面,在此二邻域的交叠区:$U_+\cap U_-$同伦等价于$\mathbb{R}^2-\{O\}$,交叠区上两波函数间需用转换函数(复数的相因子)连接

$$\psi_+ = \mathrm{e}^{in\phi}\psi_-,\quad (\phi\text{ 为方位角})$$

此转换函数 $e^{in\phi}\in U(1)$，为规范变换，而整个复线丛在 $n\neq 0$ 时是非平庸的扭曲丛. 且由于带电粒子波函数应为单值连续函数，n 应为整数，此即 Dirac 在 1931 年导出的磁荷量子化条件.

例 13.2　S^2 上的切丛 $T(S^2)$ 与余切丛 $T^*(S^2)$

由于底流形 S^2 拓扑非平庸(欧拉数 $\chi(S^2)=2\neq 0$)，使其上切丛 $T(S^2)$ 整体非平庸. 因为，如认为 $T(S^2)$ 整体平庸，即存在光滑的 1－1 映射

$$\psi:\quad T(S^2)\to S^2\times R^2$$

其逆象给 $T(S^2)$ 各处非零截面，这不可能. 即 $T(S^2)$ 整体非乘积结构，这是由底流形 S^2 拓扑非平庸决定了的.

为了讨论 S^2 上切丛与余切丛，必须将 S^2 最少用两个开集覆盖(设 S^2 为 R^3 中半径 1/2 的球面)

$$U_+ = S^2 - \left\{(0,0,-\frac{1}{2})\right\}$$

$$U_- = S^2 - \left\{(0,0,\frac{1}{2})\right\}$$

可如图 13.2 将此两开集分别作极射投影，得坐标

$$\text{在开集}\quad U_+,x=(x^1,x^2)$$

$$\text{在开集}\quad U_-,x'=(x'^1,x'^2)$$

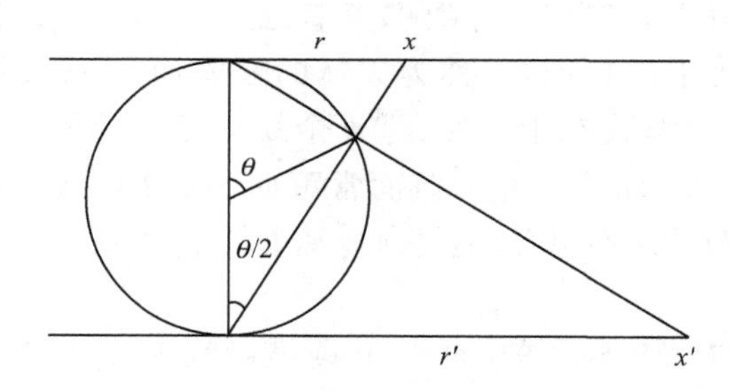

图 13.2

$$x^1 = r\cos\varphi,\quad x^2 = r\sin\varphi,\quad \left(r=\tan\frac{\theta}{2}\right)$$

$$x'^1 = r'\cos\varphi = \cot\frac{\theta}{2}\cos\varphi = \frac{1}{r^2}x^1$$

$$x'^2 = r'\sin\varphi = \frac{1}{r^2}x^2,\quad \left(r'=\cot\frac{\theta}{2}=\frac{1}{r}\right)$$

上两式可统一表示为 $x'=\frac{1}{r^2}x$

$$dx' = \frac{1}{r^2}dx - 2\frac{dr}{r^3}x = \frac{1}{r^4}(r^2 dx - 2x(x \cdot dx))$$

故在交叠区 $U_+ \cap U_-$，$T^*(S^2)$ 的转换函数 $\frac{\partial x'}{\partial x}$ 为

$$\varphi_{ij}(x^1, x^2) = \frac{1}{r^4}(\delta_{ij}r^2 - 2x^i x^j)$$

在球面赤道上，$r = r' = 1$，转换函数矩阵是

$$(\varphi_{ij}(x^1, x^2)) = \begin{pmatrix} -\cos 2\varphi & -\sin 2\varphi \\ -\sin 2\varphi & \cos 2\varphi \end{pmatrix}$$

此映射为赤道 $S = \{e^{i\varphi}, 0 \leqslant \varphi \leqslant \pi\}$ 到 $GL(2, \mathbb{R})$ 的非平庸映射，且恰为 $GL(2, \mathbb{R})$ 的基本同伦群 $\pi_1(GL(2, \mathbb{R})) = Z$ 的生成元的两倍.

切丛 $T(S^2)$ 的转换函数为 $T^*(S^2)$ 转换函数矩阵的转置逆矩阵，切丛 $T(S^2)$ 也是非平庸丛，整体不能将丛表示为平庸的笛卡儿积，结构群不能约化为恒等元. 这与 S^2 的欧拉数 $\chi(S^2) = 2$ 非零有关.

向量丛局域为平庸拓扑积，而丛的整体拓扑性质取决于转换函数，其集合称为丛的结构群 G. 结构群 G 决定了丛的整体结构，由上例看出转换函数是否平庸与底流形的拓扑相关. 底流形 S^2 拓扑非平庸使其上切丛 $T(S^2)$ 及相关丛拓扑非平庸.

§13.2 与矢丛 E 相关的各种纤维丛 标架丛 $L(E)$

向量丛 E 是以底流形 M 为参数的向量空间族，许多向量空间的术语可转移到向量丛上. 例如可讨论两向量丛 E 与 E' 的直和与直乘

$$E \oplus E', \quad E \otimes E'$$

这时各导出丛相当于在底流形 M 各点纤维上相应线性空间运算

$$(F \oplus F')_x = F_x \oplus F'_x, \quad (F \otimes F')_x = F_x \otimes F'_x$$

当纤维空间定义有内乘，还可定义与各纤维 F_x 对偶向量空间 F_x^* 为纤维的对偶向量丛 E^*，以及 E 与 E^* 的各种张量积与外积

$$E \otimes E \otimes \cdots \otimes E^* \otimes \cdots \otimes \Lambda^k E^*$$

形成 M 上各种类型张量丛.

向量丛 E 局域平庸，而丛 E 整体结构依赖满足(13.6)式的结构函数集合，取决于结构群 $G = GL(k, \mathbb{R})$，当给 G 另一表示 $\rho(G)$，相应表示空间为 F'，则可定义新的纤维丛 E'，以 F' 为标准纤维. 丛 E' 为与原向量丛 E 相关的向量丛.

上节曾指出矢丛 E 局域平庸，在 $\pi^{-1}(U)$ 中存在 k 个线性独立的光滑截面

$\{e_a(x)\}_1^k$,任意截面 $\xi(x)$ 可用这 k 个截面为基矢以底流形上函数为系数展开,如(13.14)式所示,这 k 个有序基矢的集合:

$$L_x = (e_1(x), \cdots, e_k(x))$$

称为矢丛 E 在点 $x \in M$ 处的一个标架. 标架场 $\{e_a(x)\}_1^k$ 可重新线性组合,可用其 k 个线性独立组合作为新的标架场:

$$e'_b(x) = e_a(x) B^a_{b(x)}, \quad \det(B^a_b(x)) \neq 0 \tag{13.15}$$

其中 $k \times k$ 非奇异矩阵 $B = (B^a_b)$ 为 $\mathrm{GL}(k, \mathbb{R})$ 群的群元,由每个矩阵函数 $B(x) = (B^a_b(x))$ 可得一新的标架场. 令

$$L_x \approx \{e'_b(x) = e_a(x) B^a_{b(x)}\} \tag{13.16}$$

为在点 x 处所有标架集合,即矩阵 $B = (B^a_b)$ 跑遍整个 $\mathrm{GL}(k, \mathbb{R})$. 而与矢丛 E 相伴的标架丛 $L(E)$:

$$L(E) = \underset{x \in M}{U} L_x \tag{13.17}$$

标架丛 $L(E)$ 的截面就是标架场 $\{e_a(x)\}_1^k$. 可定义 $B \in \mathrm{GL}(k, \mathbb{R})$ 对标架丛 $L(E)$ 的右作用:

$$L(E) \times \mathrm{GL}(k, \mathbb{R}) \longrightarrow L(E)$$

$$L_x, B \longrightarrow L'_x = \{e'_b(x)\}_1^k (e'_b = e_a B^a_b)$$

当 B 跑遍 $\mathrm{GL}(k, \mathbb{R})$,则 L'_x 跑遍该点所有标架,使标架丛 $L(E)$ 每点 B 作用轨道均与 $G = \mathrm{GL}(k, \mathbb{R})$ 同胚,G 为标架丛 $L(E)$ 的纤维,相应商空间 $L(E)/G \simeq M$,存在标架丛 $L(E)$ 到 M 的满映射

$$\pi_L: L(E) \longrightarrow M$$

即可将标架丛 $L(E)$ 表示为

$$G \hookrightarrow L(E) \xrightarrow{\pi_L} M \tag{13.18}$$

由上节分析知矢丛 E 的实质结构依赖于满足(13.6)的结构函数集合,依赖于结构群 $G = \mathrm{GL}(k, \mathbb{R})$,可标志矢丛 E 在交叠区如何粘结的可逆映射可具体表示为(13.5)式

$$\psi_\alpha \psi_\beta^{-1}: (U_\alpha \cap U_\beta) \times F \longrightarrow (U_\alpha \cap U_\beta) \times F$$

$$(x, \xi(x)) \longrightarrow (x, g_{\alpha\beta}(x) \xi(x))$$

当我们代替向量 $\xi \in F$,用 $\mathrm{GL}(k, \mathbb{R})$ 中某固定群元 $B \in \mathrm{GL}(k, \mathbb{R})$,可分析与上式类似的局域结构

$$\Psi_{\alpha\beta}: (U_\alpha \cap U_\beta) \times \mathrm{GL}(k, \mathbb{R}) \to (U_\alpha \cap U_\beta) \times \mathrm{GL}(k, \mathbb{R})$$

$$(x, B) \to (x, g_{\alpha\beta} B) \tag{13.19}$$

所得纤维为 G,结构群也为 G 的标架丛 $L(E)$,称为与矢丛 E 相关的主丛.

对于每个 k 秩矢丛 E,对应有一个以 $\mathrm{GL}(k,\mathbb{R})$ 为纤维的标架丛 $L(E)$. 纤维是群流形的丛称为主丛,标架丛 $L(E)$ 就是一种主丛,称为向量丛 E 的伴主丛.

这里需要特别注意的是,标架丛 $L(E)$ 的纤维不是 k 维向量空间,而是群流形 G,因此标架丛各截面间没有线性加法运算,与向量丛 E 比较,应注意它们具有不同的特性:

1) 向量丛纤维为向量空间,有向量加法及与数乘的运算,这些运算保纤维. 同时还可定义结构群 G 对纤维的作用,群 G 作用也保纤维,保持向量空间结构.

2) 主丛纤维为群流形,不是向量空间,无线性结构,"加法"不保纤维. 仅可定义群对纤维的乘法运算,群乘法运算保纤维.

例如. 在 n 维流形 M 上,其各种张量丛的纤维都是 $\mathrm{GL}(n,R)$ 的各种表示空间,其结构群都是 $\mathrm{GL}(n,R)$ 的表示矩阵群. 这些向量丛的伴主丛都是以 $\mathrm{GL}(n,R)$ 群流形为纤维的标架丛,它的纤维及结构群都是 $\mathrm{GL}(n,R)$.

总之,流形上向量丛截面相当于流形上向量值函数,即向量场,而 k 秩矢丛 E 的截面集合 $\Gamma(E)$ 为 k 秩 $\mathscr{F}(M)$ 模(以函数 $f\in\mathscr{F}(M)$ 为系数的向量场加群). 利用 k 个 $\mathscr{F}$ 线性独立的截面可组成与矢丛 E 相伴的标架丛 $L(E)$,它是以矢丛 E 的结构群 G 为纤维的主丛 $P(M,G)$ 如(13.18)所示.

§13.3　主丛 $P(M,G)$ 与其伴矢丛 $E=P\times_G V$

主丛 $P=P(M,G)$ 是这样一种纤维丛,其纤维为李群流形 G,丛 P 的结构群仍属于 G,并以左平移作用于纤维 G.

由于对李群 G 的左与右作用可对易,可定义群 G 对 P 的右作用,它不变结构群

$$P\times G\to P$$

$$u,\alpha\to u\alpha = R_\alpha u\in P,\quad u\in P,\alpha\in G \tag{13.20}$$

由于纤维本身为群流形,群 G 对主丛 P 的作用是自由的(即除恒等元外,所有作用无固定点),使每轨道同胚于群 G 流形,即将群 G 作用的整个轨道看作一点,得轨道空间,即底流形 $M=P/G$,于是存在主丛 P 到底流形 M 的正则投射

$$\pi:\quad P\to M$$

正则投射保纤维,即有性质

$$\pi(R_\alpha u) = \pi(u)\quad (u\in P,\alpha\in G) \tag{13.21}$$

可将主丛 P 记为 $P(M,G)$,也可表示为

$$G \hookrightarrow P \xrightarrow{\pi} M, \text{或 } G \longrightarrow P \quad \downarrow \pi \quad M$$

主丛 P 局域平庸，对底流形邻域 U_α 的纤维上各点，存在同胚映射

$$\begin{aligned} \psi_\alpha: \quad & \pi^{-1}(U_\alpha) \to U_\alpha \times G \\ u \quad & \to (\pi(u), \varphi_\alpha(u)) = (x, g_\alpha(x)), g_\alpha \in G \end{aligned} \tag{13.22}$$

其中 φ_α 是将 x 点纤维 G_x 同胚映射到标准纤维 G 的映射，如图 13.3 所示.

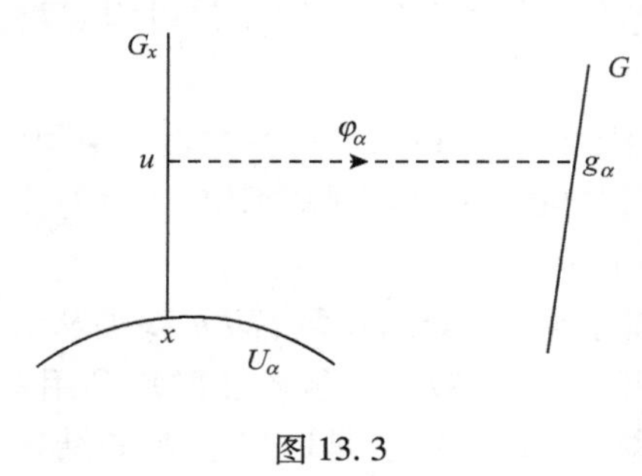

图 13.3

丛的整体结构依赖于在交叠区纤维如何光滑粘结，即当 $x \in U_\alpha \cap U_\beta$，在纤维 $\pi^{-1}(x)$ 上的点 u，有

$$\varphi_\alpha(u) = g_\alpha, \quad \varphi_\beta(u) = g_\beta$$

$$g_\alpha = \varphi_\alpha \varphi_\beta^{-1} g_\beta = \lambda_{\alpha\beta}(x) g_\beta$$

转换函数 $\lambda_{\alpha\beta}(x) \in G$ 满足与(13.6)式相同的相容条件，转换函数的集合 $\{\lambda_{\alpha\beta}(x)\} \subset G$ 形成丛的结构群，主丛 P 的结构群属于丛的标准纤维李群 G.

可以利用群元 $\alpha \in G$ 对标准纤维的右乘来定义对主丛 P 的右乘

$$\varphi_\alpha(R_\alpha u) = g_\alpha \alpha \tag{13.23}$$

可以证明，这样定义的右乘与所选局域坐标系映射无关，即可证

$$\varphi_\beta^{-1}(g_\beta \alpha) = \varphi_\alpha^{-1} \varphi_\alpha \varphi_\beta^{-1}(g_\beta \alpha) = \varphi_\alpha^{-1}(\lambda_{\alpha\beta} g_\beta \alpha) = \varphi_\alpha^{-1}(g_\alpha \alpha) \tag{13.24}$$

即可以定义群元 $\alpha \in G$ 对整个主丛 P 的右作用. 当 $u \in \pi^{-1}(U_\alpha \cap U_\beta)$

$$\varphi_\alpha(R_\alpha u) = \varphi_\alpha(u) \cdot \alpha$$

$$\varphi_\beta(R_\alpha u) = \varphi_\beta(u) \cdot \alpha$$

在群元 α 对丛 P 作用后，转换函数

$$\lambda_{\alpha\beta}(x) = \varphi_\alpha(R_\alpha u) \varphi_\beta(R_\alpha u)^{-1} = \varphi_\alpha(u) \varphi_\beta(u)^{-1} \tag{13.25}$$

这表明转换函数与群 G 对主丛的右作用无关. 群 G 对主丛 P 的右作用不改变丛的结构群，不影响丛的整体拓扑结构.

例 13.3　$P(\mathbb{R}P^n, \mathbb{Z}_2)$，即

$$\begin{aligned} & \mathbb{Z}_2 \hookrightarrow S^n \longrightarrow \mathbb{R}P^n \\ & S^n = \{x = (x^1, \cdots, x^{n+1}) \in \mathbb{R}^{n+1} \mid \sum_1^{n+1} (x^i)^2 = 1\} \end{aligned} \tag{13.26}$$

宇称群$\mathbb{Z}_2=\{e,p\}$作用于 S^n,对点 $x\in S^n$

$$xe = x, \qquad xp = -x$$

作用自由,将群$\mathbb{Z}_2$ 作用的每一轨道看成一点(属于同一等价类),即将球面 S^n 上对顶点属同等价类,类组成轨道空间 $S^n/\mathbb{Z}_2=\mathbb{R}P^n$,将对顶点看成相等的映射称 S^n 到 $\mathbb{R}P^n$ 的正则投射 π,π 保纤维

$$\pi(x\cdot g) = [x\cdot g] = [\pm x] = [x] = \pi(x) \in \mathbb{R}P^n, \quad g\in\mathbb{Z}_2$$

例 13.4 $P(\mathbb{C}P^n,U(1))$,即

$$U(1) \hookrightarrow S^{2n+1} \xrightarrow{\pi} \mathbb{C}P^n \tag{13.27}$$

$$S^{2n+1} = \{Z = (Z^1,\cdots,Z^{n+1}) \in \mathbb{C}^{n+1} \mid \sum_1^{n+1} |Z^i|^2 = 1\}$$

$$\begin{aligned}\mathbb{C}P^n &= \{[Z] = [CZ], Z\in\mathbb{C}^{n+1}, c\in\mathbb{C}-\{0\}\}\\ &= \{[Z] = [\mathrm{e}^{i\varphi}Z], Z\in S^{2n+1}, e^{i\varphi}\in U(1)\}\end{aligned} \tag{13.28}$$

S^{2n+1}到$\mathbb{C}P^n$ 的正则投射 π 保纤维,即令 $g=e^{i\varphi}\in U(1)$,

$$\pi(Z\cdot g) = [Z^1e^{i\varphi},\cdots,Z^{n+1}e^{i\varphi}] = [Z^1,\cdots,Z^{n+1}] = \pi(Z) \in \mathbb{C}P^n$$

$n=1$ 时即复 Hopf 丛(complex Hopf bundle),又称第 1Hopf 丛:

$$U(1) \hookrightarrow S^3 \longrightarrow S^2 \tag{13.29}$$

例 13.5 $P(\mathbb{H}P^n,\mathrm{Sp}(1))$即

$$\mathrm{Sp}(1) \hookrightarrow S^{4n+3} \longrightarrow \mathbb{H}P^n \tag{13.30}$$

$$S^{4n+3} = \{q = (q^1,\cdots,q^{n+1}) \in \mathbb{H}^{n+1} \sum_1^{n+1} |q^i|^2 = 1\}$$

$$\begin{aligned}\mathbb{H}P^n &= \{[q] = [aq], q\in\mathbb{H}^{n+1}, a\in\mathbb{H}-\{0\}\}\\ &= \{[q] = [gq], q\in S^{4n+3}, g\in Sp(1)\ \text{单位四元数}\}\end{aligned} \tag{13.31}$$

$n=1$ 时即四元数 Hopf 丛(quaternionic Hopf bundle),又称第 2Hopf 丛:

$$\mathrm{Sp}(1) \hookrightarrow S^7 \longrightarrow S^4 \tag{13.32}$$

例 13.6 当 H 是李群 G 的闭李子群,H 右作用于 G,此作用是自由地,作用轨道同胚于 H,将每轨道看成一等价类,轨道空间 G/H 为齐性空间,G 到陪集 G/H 的正则投射 π 为满映射,形成以 H 为纤维的主丛 $P(G/H,H)$

$$H \hookrightarrow G \longrightarrow G/H \tag{13.33}$$

例如

$$\mathrm{U}(n) \hookrightarrow \mathrm{SU}(n+1) \longrightarrow \mathbb{C}P^n \tag{13.34}$$

$$\mathrm{SO}(n) \hookrightarrow \mathrm{SO}(n+1) \longrightarrow S^n \tag{13.35}$$

下面从主丛 $P(M,G)$ 出发,分析其伴向量丛 $P\times_G V$,它是结构群与主丛 P 的结

构群相同的向量丛,称为 P 的伴丛. 令

$$\rho: G \longrightarrow \mathrm{GL}(V)$$

为群 G 的 k 维表示,V 为 k 维向量空间,$\mathrm{GL}(V)$ 为 V 的一般线性变换群. 作直积丛 $P\times V$,可如下定义群 G 对 $P\times V$ 的作用:

$$(u,y) \to (R_\alpha u, \rho(\alpha^{-1})y) \quad (u \in P, y \in V, \alpha \in G) \tag{13.36}$$

在群 G 的所有群元作用下 (u,y) 的轨道记为 $[u,y]$,将每个轨道看成一点,轨道的集合形成轨道空间,记为

$$P \times_G V = \{[u,y]\}$$

存在投射映射

$$\pi_V: \quad P \times_G V \to M$$

$$[u,y] \to \pi_V[u,y] = \pi(u) = x$$

注意到 G 对 $P\times V$ 的作用(见(13.36)式)自由,故 $\pi_V^{-1}(x)$ 同构于 V. 易证具有投射 π_V 的轨道空间 $P\times_G V$ 为一向量丛

$$\begin{array}{ccc} V \to & P \times_G V \\ & \downarrow \pi_V \\ & M \end{array}$$

称为 P 的伴矢丛,也可将伴矢丛记为

$$E(M,V,G,\pi_V,P) = P \times_G V$$

主丛 P 的转换函数 $\lambda_{\alpha\beta}$ 的表示 $\rho(\lambda_{\alpha\beta})$ 即作用于伴丛 E 上的转换函数,主丛与伴丛的结构群 G 相同,主丛结构决定了伴丛的结构.

在群论中大家熟知,如 V 与 W 都是群 G 的表示空间,则可利用表示空间的直和$\oplus$,直积$\otimes$,外直积 Λ,…得到新的表示,$g\in G$ 对它们的作用可表示为

1) $(v,w)\in V\oplus W,\quad g(v,w)=(gv,gw)$.

2) $v\otimes w\in V\otimes W,\quad g(v\otimes w)=gv\otimes gw$.

3) $v\wedge w\in V\wedge W,\quad g(v\wedge w)=gv\wedge gw$.

4) $\varphi\in\mathrm{Hom}(V,W),(g\cdot\varphi)(v)=\varphi(g^{-1}v)$

例如　$V^*\equiv\mathrm{Hom}(V,\mathbb{R})=W,\langle w,v\rangle\equiv w(v)\in\mathbb{R}$

$$\langle gw,v\rangle = \langle w,g^{-1}v\rangle$$

设主丛 $P=P(M,G)$ 具有不同伴矢丛:

$$E = P\times_G V, \quad F = P\times_G W$$

则可对向量丛类似(13.37)各式定义它们间$\oplus$,$\otimes$,$\wedge$,…,等各种运算

1) $E\oplus F=P\times_G(V\oplus W)$

2) $E\otimes F=P\times_G(V\otimes W)$

3) $E\wedge F=P\times_G(V\wedge W)$

4) $\mathrm{Hom}(E,F)=P\times_G\mathrm{Hom}(V,W)$

5) $E^*=P\times_G V^*$

例如 $x(M)=\Gamma(TM)$, $\Lambda^k(M)=\Gamma(\Lambda^k TM)$,它们都是切标架丛 $L(TM)$ 的伴矢丛.

§13.4 丛射 诱导丛 主丛的约化

考虑两个主 G 丛 $P_1(M_1,G)$ 与 $P_2(M_2,G)$,当两者间存在连续映射

$$\psi:\quad P_1\longrightarrow P_2$$

满足

$$\psi(u\cdot g)=\psi(u)\cdot g,\quad \forall u\in P_1,\ g\in G \tag{13.37}$$

则称此连续映射为主射(principal morphism). 注意含 u 的纤维属于 P_1,而含 $\psi(u)$ 的纤维属 P_2,(13.37)表明主射 ψ 保纤维,即 ψ 将 P_1 丛的每个纤维都微分同胚地映射到 P_2. 可以证明,利用两主丛上投射映射 π_1 与 π_2,主射 ψ 可诱导底流形 M_1 与 M_2 间映射 $f:M_1\to M_2$,使

$$f\circ\pi_1=\pi_2\circ\psi \tag{13.38}$$

$$\begin{array}{ccc} P_1 & \xrightarrow{\psi} & P_2 \\ \pi_1\downarrow & & \downarrow\pi_2 \\ M_1 & \xrightarrow[f]{} & M_2 \end{array}$$

且易证明,如 ψ 为同胚映射,则其诱导映射 f 也是同胚映射. 特别是当两主丛 $P_1(M,G)$ 与 $P_2(M,G)$ 具相同底流形 M,而丛射 ψ 诱导的映射 f 为底流形的恒等映射,则称此两主丛等价.

当主丛 $P(M,G,\pi)$ 与乘积丛 $M\times G\xrightarrow{\pi_1}M$ 等价,则称主丛平庸,即这时 P 可整体平庸化,存在同胚映射

$$\begin{aligned}\psi:\quad \pi^{-1}(M)&\longrightarrow M\times G \\ u&\longrightarrow(\pi(u),\varphi(u))\end{aligned} \tag{13.39}$$

满足

$$\varphi(u\cdot g)=\varphi(u)\cdot g,\quad \forall u\in\pi^{-1}(M),g\in G$$

这时能在底流形各开集取纤维坐标(即作规范变换),使结构群仅含恒等元.

下面着重分析两问题:

1）如何判断纤维丛整体是否平庸.

2）如何使纤维丛结构群约化.

纤维丛局域为底流形开集与纤维的笛卡儿积，但是从整体看不一定是平庸的笛卡儿积，这正是要认真讨论纤维丛的原因. 向量丛 E 是否平庸，主要看其相伴主丛 P 是否平庸，因为它们的结构群相同. 如能在各区域取纤维的坐标（即作规范变换），使结构群仅含恒等元，则纤维丛平庸. 为判断纤维丛是否平庸，有

定理 13.1　主丛平庸当且仅当主丛 P 有一个整体光滑截面.

证明　如主丛 P 有整体光滑截面 σ

$$\sigma: \quad M \to P$$
$$x \to \sigma(x) \ \in G$$

利用群 G 对纤维右作用可使通过 x 处纤维上所有元素均可表为 $\sigma(x)g, g \in G$ 为群 G 中任意元素. 当 x 跑遍整个底流形，丛 P 中所有元素 $u \in P$ 均能写成

$$u = \sigma(x)g, \quad \text{对某 } x \in M,\ g \in G$$

于是存在 P 到 $M \times G$ 的微分同胚变换

$$\psi: \quad P \to M \times G$$
$$u = \sigma(x)g \to (x, g)$$

即主丛 P 平庸.

或者说，主丛存在整体截面，即在底流形 M 点 x 的坐标邻域 U_α 上存在群上函数

$$\sigma_\alpha: \quad U_\alpha \to G$$
$$x \to \sigma_\alpha(x) \tag{13.40}$$

在交叠区 $x \in U_\alpha \cap U_\beta$

$$\sigma_\alpha(x) = g_{\alpha\beta}(x)\sigma_\beta(x)$$

于是转换函数

$$g_{\alpha\beta}(x) = \sigma_\alpha(x)\sigma_\beta^{-1}(x) \tag{13.41}$$

可在各开集 U_α 中用 $\sigma_\alpha^{-1}(x)$ 作规范交换，则转换函数变换为

$$g'_{\alpha\beta}(x) = \sigma_\alpha^{-1}(x)g_{\alpha\beta}(x)\sigma_\beta(x) = I$$

即主丛平庸.

主丛与伴丛具有相同的结构群，如主丛平庸，则其伴丛也平庸. 如主丛有整体截面 $\sigma(x)$，则对伴向量丛的标准纤维空间 F 中任意向量 ξ 作用，可得伴丛上整体截面

$$\xi(x) = \rho(\sigma^{-1}(x))\xi$$

且线性独立的整体截面有 k 个，此即下述定理.

定理 13.2 如向量丛 E 有处处非零的整体截面，且线性独立截面的最大集合等于纤维维数 k，则向量丛 E 平庸.

证明 当向量丛的线性独立的处处非零整体截面最大集合等于纤维空间维数，则可选它们作为向量丛的活动标架，故向量丛 E 的标架丛 $L(E)$ 有整体截面. $L(E)$ 为向量丛 E 的主丛，主丛平庸，故向量丛平庸.

我们这里要特别强调处处非零的截面，因为对于任意的向量丛 E，都存在有平庸的整体零截面. 这因为向量空间的原点在向量空间线性变换群的作用下保持不变，故可利用

$$S(x)=0$$

定义向量丛上的一个整体截面，称零截面. 零截面在结构群的作用下不变，而且向量丛的非零整体截面也有无穷多. 这因在开集 U_α，向量丛可看为是平庸拓扑积，可选非零截面，且可使此截面在 U_α 的边界附近为零，于是可连续延拓此截面使在 U_α 外均为零. 故对任意向量丛，非零整体截面可有无穷多，但是，处处非零的整体截面不一定存在.

注意 主丛的恒等元在群的作用下非不变，故主丛无零截面.

下面进一步分析纤维丛结构群同伦约化问题. 本节开始介绍两主丛间从映射 ψ 会诱导底流形间映射 f，如(13.38)式. 下面分析在两纤维丛间(包括主丛及向量丛)，当底流形间存在连续映射 $f:M\to N$，可诱导其上两纤维丛的各纤维间相应映射. 下面先以向量丛为例进行分析. 向量丛是以底流形为参数的可微向量空间族，令 $E\xrightarrow{\pi}N$ 为 N 上可微矢丛，相对 N 的复盖 $\{U_\alpha\}$，矢丛 E 截面的转换函数集合 $\{g_{\alpha\beta}\}$. 当存在连续映射

$$f:\quad M\to N$$

$$x\to y=f(x)$$

会诱导其上纤维丛间拖回映射

$$f^*:E\to f^*E$$

$$F_y\to F_{f(x)}$$

且丛 $f^*E\to M$ 为 M 上可微矢丛，相对 M 的复盖 $\{f^{-1}(U_\alpha)\}$，截面转换函数为 $\{f^*g_{\alpha\beta}\}$. 易证由上述资料由流形 N 上可微矢丛 E 可惟一确定 M 上可微矢丛 f^*E. 存在下列定理

定理 13.3 如果流形 M 到流形 N 上两映射 f 与 g 同伦，则其相应的诱导丛 f^*E 与 g^*E 相互等价.

定理 13.4 可收缩底空间上的任意纤维丛必平庸. 例如，R^n 上纤维丛必平庸.

证明　由于底流形 M 可收缩,即流形的恒等映射 f

$$f:\quad M \to M$$
$$x \to x$$

与常映射 g

$$g:\quad M \to M$$
$$x \to x_0$$

相互同伦,而 $f^* E = E$, $g^* E = M \times F$,故向量丛 E 与平庸丛 $M \times F$ 等价,即向量丛 E 平庸.

于是为了得到非平庸丛,作为丛的底流形应选不可收缩空间. 最简单的不可收缩空间为 n 维球,以 S^n 为底流形的纤维丛有可能非平庸. 例如,我们来分析一下 S^4 上的任意 $SU(2)$ 主丛,S^4 不可收缩,但可用去掉南极的北半球 S_+ 与去掉北极的南半球 S_- 这两个开集覆盖.

$$S^4 = S_+ \cup S_-$$

$S_\pm$ 均可收缩,但其并 S^4 不可收缩,而其交

$$S_+ \cap S_- = I \times S^3$$

可畸变收缩为 S^3,交叠区的转换函数

$$g_{+-}:\quad S_+ \cap S_- \to \mathrm{SU}(2)$$

由于交叠区与 S^3 同伦,故转换函数可按 $\pi_3(\mathrm{SU}(2)) = Z$ 来分类. 于是可利用同伦群 $\pi_3(\mathrm{SU}(2)) = Z$ 来对 S^4 上 SU(2) 丛进行分类,可用整数 $k \in Z$ 来标志 S^4 上的 SU(2) 主丛.

对于更一般情况,例如对 S^n 上的 G 主丛,可类似分析,用 $\pi_{n-1}(G)$ 来进行分类.

纤维丛的结构群 G 常可约化,即以结构群 G 为纤维的主丛 $P(M,G)$,其结构群 G 常可进一步约化. 若群 G 有最大紧致子群 H,H 为 G 的闭子群,且陪集空间为可收缩空间,则常可将平庸的非紧致部分收缩掉使主丛 $P(M,G)$ 约化为主丛 $P(M,H)$.

例如,n 维流形 M 的切标架丛 $L(M)$,其结构群为 $\mathrm{GL}(n,R)$,$\mathrm{GL}(n,R)$ 不可收缩,但可连续形变收缩为 $O(n)$ 群. 下面分析此问题.

$\mathrm{GL}(n,\mathbb{R})$ 由所有 $n \times n$ 非奇异矩阵组成:

$$\mathrm{GL}(n,\mathbb{R}) = \{A \in \mathbb{R}(n) \mid \det A \neq 0\}$$

由线性代数的基本理论知道,任意非奇异矩阵 A 可分解为正交矩阵 $B \in \mathrm{O}(n)$ 与正定对称矩阵 $C \in PS$ 的乘积:

$$\mathrm{GL}(n,\mathbb{R}) = O(n) \times PS, \quad A = BC \tag{13.42}$$

其中 $\mathrm{O}(n)$ 为 n 秩正交群流形，PS 为所有正定对称 $n \times n$ 矩阵集合，PS 不形成群，也不形成向量空间. 所有 n 秩对称矩阵集合组成向量空间 S，而 PS 与向量空间 S 同胚对应，由向量空间 S 可通过指数映射得到 PS

$$\mathrm{Exp}: \quad S \to PS$$
$$s \to \mathrm{Exp}(s) \in PS$$

此指数映射为连续满映射，任意正定对称矩阵都是对称矩阵经 Exp 映射得到. 空间 S 作为向量空间可畸变收缩，与单点同伦，故 PS 也可畸变收缩. 因此 $\mathrm{GL}(n,\mathbb{R})$ 与 $\mathrm{O}(n)$ 具有相同伦型，$\mathrm{GL}(n,\mathbb{R})$ 可畸变收缩到 $\mathrm{O}(n)$，即任意 n 维流形 M 标架丛结构群必可同伦约化为紧致子群 $\mathrm{O}(n)$.

黎曼流形上可选正交标架，正交标架间变换群为 $\mathrm{O}(n)$，$\mathrm{O}(n)$ 变换不变黎曼度规. 正由于 $\mathrm{O}(n)$ 与 $\mathrm{GL}(n,\mathbb{R})$ 具相同伦型，故任意光滑流形 M 上必允许存在黎曼度规. 且任意两黎曼度规可连续畸变为另一个没有拓扑障碍.

物理学中常需分析结构群为 $\mathrm{O}(1,3)$ 的 Lorentz 流形，这时在流形任意点上时间方向特殊，时空流形常常有一整体时间方向，故必要求流形上存在一个处处非零向量场，其必充条件是流形欧拉数为零. 所以 Lorentz 流形的必充条件是其欧拉数为零. $\chi(M) = 0$

完全类似，流形 M 允许有 $O(p,q)$ 结构的必充条件是处处存在 p（或 q）个线性独立的处处非零的整体向量场. 即要求 p（或 q）一正交标架丛具有整体截面.

可定向流形允许处处非零的 n 维体积元，其 n 维同调群非零：$H^n(M,\mathbb{R}) \neq 0$. 流形 M 上每点有一确定定向标架，定向标架间变换群为 $\mathrm{SL}(n,\mathbb{R})$. n 维流形 M 具有 $\mathrm{SL}(n,\mathbb{R})$ 结构的必充条件是 $H^n(M,\mathbb{R}) \neq 0$.

在第 10,11 章中曾分析具有辛结构的辛流形和具有复结构的复流形，它们都必需为偶维（$n = 2m$）定向流形，故其

$$H^n(M,\mathbb{R}) \neq 0$$

复 m 维的复流形切丛结构群为 $\mathrm{GL}(m,\mathbb{C})$，$\mathrm{GL}(m,\mathbb{C})$ 的最大紧致子群为 $\mathrm{U}(m)$，$\mathrm{GL}(m,\mathbb{C})$ 与 $\mathrm{U}(m)$ 具有相同伦型，$\mathrm{GL}(m,\mathbb{C})$ 可畸变收缩到 $\mathrm{U}(m)$，故任意复流形上必可存在厄米度规，可选厄米正交标架，使切丛结构群可约化为 $\mathrm{U}(m)$，以上分析与实黎曼流形切丛结构群 $\mathrm{GL}(n,\mathbb{R})$ 必可约化为 $\mathrm{O}(n)$ 的分析完全相似.

以上分析了底流形拓扑性质对流形切标架丛结构群的影响. 这里可将相应分析推广到流形 M 上以任意李群为结构群的纤维丛. 可利用底流形的 CW 复形结构，设流形 M 上主 G 丛对低维单形平庸，从 1 维，2 维，⋯到 k 维单形，这时如主 G 丛截面不再能进一步扩张到次高维单形（与 S^k 同伦），即 $\pi_k(G)$ 非平庸，流形 M 上存在主 G 丛整体截面的拓扑障碍在于 $H^{k+1}(M,\pi_k(G))$. $H^{k+1}(M,\pi_k(G))$ 的同调

群元素,即流形示性类,形成纤维丛结构群约化的拓扑障碍.

由以上分析可看出,当纤维丛结构群 G 非紧致,常能约化到其最大紧致子群 H. 将纤维丛结构群 G 约化到其子群的拓扑障碍可用 $H^{k+1}(M,\pi_k(G/H))$ 的同调群元来表示. 例如,分析 S^4 上 SU(3) 丛

$$\mathrm{SU}(3)/\mathrm{SU}(2) \simeq S^5, \quad \pi_i(S^5) = 0, \quad 当 1 \leqslant i < 5$$

故 S^4 上没有障碍使 SU(3) 群约化到 SU(2). 但是 S^4 上存在 SU(2) 结构群约化障碍:

$$H^4(M,\pi_3(\mathrm{SU}(2))) = H^4(M,Z) = Z$$

这里 Z 即瞬子数.

§13.5　纤维丛的同伦分类　普适丛与分类空间

当给定底流形 M,及纤维空间 F,可能形成多少个不等价的纤维丛? 为回答此问题,注意到任意向量从 E 都是主丛 $P(E)$ 的伴丛,主丛平庸则伴向量丛平庸,伴丛结构由主丛结构决定,故我们将集中研究主丛的分类问题. 即对给定底流形 M,当结构群为群 G 时,有多少种不等价的主丛 $P = P(M,G)$.

对于具有一定结构群 G 的主丛的分类,主要是进行同伦群的分析. 例如,对于以 n 维球 S^n 为底流形的主丛,S^n 拓扑非平庸,可用两个开集覆盖,由于每个开集均为可收缩的拓扑平庸流形,当将主丛 P 限制在开集上时可表示为平庸直积

$$P|_{x\in U_\alpha} = U_\alpha \times G$$

而在两个开集的交叠区(与赤道 S^{n-1} 同伦型),需用规范变换连接,规范变换函数为交叠区到李群 G 的映射

$$\psi_{\alpha\beta}: U_\alpha \cap U_\beta \to G \tag{13.43}$$

它同伦于由 S^{n-1} 到 G 的映射. 于是 S^n 上主丛 $P(S^n,G)$ 的分类,可用 $\pi_{n-1}(G)$ 标志.

下面我们讨论一般主丛的分类问题. 对于给定主丛 $P(M,G)$ 存在普适丛 $\xi(G)$

$$\begin{array}{c} G \to \xi(G) \\ \downarrow \\ B_G \end{array}$$

其特点是各阶同伦群为零

$$\Pi_k(\xi(G)) = 0, \qquad k \geqslant 1 \tag{13.44}$$

普适丛 $\xi(G)$ 的底流形 B_G 称为分类空间. 如存在由流形 M 到 B_G 的连续映射 f

$$f:M \to B_G \tag{13.45}$$

其诱导映射是

$$f^*:\xi(G) \to P(M,G)$$

使给定主丛 $P(M,G)$ 与对普适丛 $\xi(G)$ 作拖回映射所得 $f^*\xi$ 同构

$$P(M,G) \simeq f^*\xi(G) \tag{13.46}$$

如存在两个连续映射

$$f,g:M \to B_G$$

当映射 f 与 g 同伦，则相应诱导丛等价

$$f^*\xi(G) \simeq g^*\xi(G) \tag{13.47}$$

于是，流形 M 上以 G 为结构群的主丛等价类集合与由 M 到 B_G 的连续映射同伦类 $[M,B_G]$ 集合之间，存在 1－1 对应. 此即主丛分类定理：

定理 13.5 以 M 为底流形，以李群 G 为纤维的主丛 $P(M,G)$，可按由 M 到分类空间 B_G（普适丛 $\xi(G)$ 的底流形）的映射同伦类 $[M,B_G]$ 集合来分类.

例如，我们再来分析 $P(S^n,G)$ 的分类问题，由上定理知它由集合 $[S^n,B_G]$ 决定，即由 $\pi_n(B_G)$ 决定. 可由普适丛 $\xi(G)$ 的同伦群正合系列

$$\cdots \to \pi_k(\xi(G)) \to \pi_k(B_G) \to \pi_{k-1}(G) \to \pi_{k-1}(\xi(G)) \to \cdots$$

由(13.44)式知

$$\pi_k(B_G) = \pi_{k-1}(G), \qquad \forall k \geqslant 1$$

故 $P(S^n,G)$ 的分类由 $\pi_{k-1}(G)$ 标志，与(13.43)结论同.

当我们分析 n 维流形 M 上主丛分类问题时，可找比条件(13.44)较弱的相对普适丛 $\xi(n,G)$，即将条件改为

$$\pi_k(\xi(n,G)) = 0, \quad k < n$$

当底流形 M 的维数小于 n 时，可用相对 n 普适丛 $\xi(n,G)$ 代替普适丛 $\xi(G)$，得到类似(13.47)的纤维丛分类定理. 而普适丛 $\xi(G)$ 为相对 n 普适丛的极限

$$\xi(G) = \lim_{n\to\infty}\xi(n,G) \tag{13.48}$$

例 13.7 以整数加群$\mathbb{Z}$为纤维，以 S^1 为底流形的普适主丛为

$$\mathbb{Z} \hookrightarrow \mathbb{R} \longrightarrow S^1 \tag{13.49}$$

$$\pi_k(\mathbb{R}) = 0, \quad k \geqslant 1$$

流形 M 上主 $\mathbb{Z}$ 丛 $P(M,\mathbb{Z})$ 可按 M 到 S^1 连续映射的同伦类 $[M,S^1] \simeq H^1(M,\mathbb{Z})$ 来分类.

例 13.8 $U(1)$-主丛 $P(\mathbb{C}P^n,U(1))$：((13.27)式).

$$U(1) \hookrightarrow S^{2n+1} \longrightarrow \mathbb{C}P^n$$

因 $\pi_k(S^n)=0$,当 $k<n$. 故上述主丛为相对 $2n$ 普适丛 $\xi(2n,U(1))$,当取 $n\to\infty$ 极限,得普适丛 $\xi(U(1))$

$$U(1) \hookrightarrow S^\infty = \lim_{n\to\infty} S^{2n+1} \longrightarrow \mathbb{C}P^\infty \tag{13.50}$$

其中 $S^\infty = \lim_{n\to\infty} S^{2n+1}$ 称 Hilbert 球,其所有有限阶同伦群均为零. 故流形 M 上 $U(1)$ 主丛分类按 M 到 $\mathbb{C}P^\infty$ 连续映射同伦类 $[M,\mathbb{C}P^\infty]$ 来分类. 因 $\pi_1(U(1))=\pi_2(\mathbb{C}P^\infty)=\mathbb{Z}$,故

$$[M,\mathbb{C}P^\infty] \simeq H^2(M,\mathbb{Z}) \tag{13.51}$$

例 13.9 已知 Stiefel 流形

$$V_{k,n} \simeq O(n)/O(n-k)$$

满足

$$\pi_j(V_{k,n}) = 0, \quad 当 j < n-k \tag{13.52}$$

且 $V_{k,n}$ 可表示为 Grassmann 流形 $G_{k,n}$ 上 $O(k)$ 主丛

$$\begin{array}{rcl} O(k) \hookrightarrow & V_{k,n} & \simeq O(n)/O(n-k) \\ & \downarrow & \\ & G_{k,n} & \simeq O(n)/O(n-k)\times O(k) \end{array} \tag{13.53}$$

再由(13.52)式知上述主丛是相对 $(n-k-1)$ 普适丛 $\xi(n-k-1,O(k))$.

例 13.10 复 Stiefel 流形

$$V^c_{k,n} \simeq U(n)/U(n-k)$$

满足

$$\pi_j(V^c_{k,n}) = 0, \quad 当 j < 2(n-k) \tag{13.54}$$

且 $V^c_{k,n}$ 可表示为复 Grassmann 流形 $G^c_{k,n}$ 上 $U(k)$ 主丛

$$\begin{array}{rcl} U(k) \hookrightarrow & V^c_{k,n} & \simeq U(n)/U(n-k) \\ & \downarrow & \\ & G^c_{k,n} & \simeq U(n)/U(n-k)\times U(k) \end{array} \tag{13.55}$$

再由(13.54)式知上述主丛是相对 $(2n-2k-1)$ 普适丛 $\xi(2n-2k-1,U(k))$.

例 13.11 在理论物理杨-Mills 规范理论中,规范势集合

$$\mathfrak{A} = \{A(x)\}$$

为拓扑平庸流形,是无穷维可缩流形. 而规范变换 g 为底空间到群流形 G 的映射

$$g: M \to G$$

规范变换集合 $\mathscr{G}=\{g(x)\}$ 称为规范群,为无穷维群. 规范群 $\mathscr{G}$ 可能拓扑非平庸.

定义在联络空间 $\mathfrak{A}=\{\mathrm{A(x)}\}$ 上的物理体系,由于物理规律存在规范不变性,

故各物理体系实质上是定义在规范轨道空间 $\mathfrak{A}/\mathscr{G}$上. 由于 $\mathscr{G}$可能拓扑非平庸,使轨道空间 $\mathfrak{A}/\mathscr{G}$也拓扑非平庸. 存在以规范群 $\mathscr{G}$为纤维的规范丛

$$\mathscr{G} \hookrightarrow \mathfrak{A} \longrightarrow a/\mathscr{G} \tag{13.56}$$

这是我们在分析规范理论时要重点研究对象. 因为 $\mathfrak{A}$ 拓扑平庸,其各阶同伦群为零,故上式主 $\mathscr{G}$普适丛 $\xi(\mathscr{G})$,相应分类空间

$$B_g = \mathfrak{A}/\mathscr{G} \tag{13.57}$$

注意,此例中各流形均为无穷维流形.

下面将文献上常遇到的各普适丛 $\xi(G)$ 及相应分类空间 B_G 列在下表以供参考.

结构群 G	普适主丛 $\xi(G)$	分类空间 B_G
$\mathrm{O}(k)$	$V_{k,\infty}$	$G_{k,\infty}$
$\mathrm{SO}(k)$	$\hat{V}_{k,\infty}$	$\hat{G}_{k,\infty}$
$\mathrm{U}(k)$	$V^c_{k,\infty}$	$G^c_{k,\infty}$
$\mathrm{Sp}(k)$	$V^H_{k,\infty}$	$G^H_{k,\infty}$

其中 $\hat{G}_{k,\infty} = \lim\limits_{n\to\infty}\hat{G}_{k,n}$,而 $\hat{G}_{k,n}$是$\mathbb{R}^n$ 中通过原点具确定方向的 k 维面组成流形

$$\hat{G}_{k,n} = \mathrm{O}(n)/\mathrm{O}(n-k) \times \mathrm{SO}(k) \tag{13.58}$$

它是通常 Grassmann 流形 $G_{k,n}$的 2 叶覆盖空间.

普适分类空间 B_G 均为无穷维 Grassmann 流形,它们是“无穷维流形”,不属于我们通常定义的流形. 在处理无穷维流形时要很小心,要注意如何取 $n\to\infty$ 的极限. 仅对相对有限阶普适分类空间,可用通常微分几何方法分析.

* §13.6　矢丛的分类及 K 理论

主丛的分类完全决定了伴矢丛的分类. 为对流形 M 上矢丛分类,可利用 M 到 B_G 的连续映射 f,利用普适主丛 $\xi(G)$ 的拖回映射 $f^*\xi(G)$ 对 M 上主丛 $P(M,G)$ 分类,再对伴丛 $E=P\times_G V$ 分类. 另方面,也可直接利用 $\xi(G)$ 的伴矢丛 ξ_E,即分类空间 $G_{k,\infty}$ 上自然 k 面丛 ξ^k_E ,利用 $f^*\xi^k_E$ 对 M 上 k 维矢丛分类. 此即本节将分析讨论的方法. 下面我们先介绍 $G_{k,n}$上自然 k 面丛概念. 先分析 $k=1$,即投射空间$\mathbb{R}P^n = G_{1,n+1}$上自然线丛.

$\mathbb{R}P^n$ 是在$\mathbb{R}^{n+1}$空间通过原点的直线 l 集合,可定义在$\mathbb{R}P^n$ 上的 $n+1$ 维平庸丛

$$\varepsilon^{n+1} = \mathbb{R}P^n \times \mathbb{R}^{n+1}$$

而自然线丛 λ 是 ε^{n+1} 的子丛，$\mathbb{R}\to\lambda \xrightarrow{\pi} \mathbb{R}P^n$ 是以 $\mathbb{R}P^n$ 为底流形，在点 $P\in\mathbb{R}P^n$ 处纤维 $\pi^{-1}(P)$ 上的点 $x\in\mathbb{R}^{n+1}$ 恰为 $\mathbb{R}^{n+1}$ 中通过原点与 P 的直线 l 上点，即

$$\lambda = \{(p,x) \in \varepsilon^{n+1} \mid x \in l\} \tag{13.59}$$

令 $\lambda^{\perp}$ 为 λ 在 ε^{n+1} 中的正交补

$$\lambda \oplus \lambda^{\perp} = \varepsilon^{n+1} \tag{13.60}$$

用 $l^{\perp}$ 表示丛 $\lambda^{\perp}$ 在点 $P\in\mathbb{R}P^n$ 处纤维，$l^{\perp}\in\mathbb{R}^{n+1}$ 为 P 点所在直线 l 的正交补 n 面. 可以证明投射空间 $\mathbb{R}P^n$ 的切丛 $T(\mathbb{R}P^n)$ 与 $\mathrm{Hom}(\lambda,\lambda^{\perp})$ 同构

$$T(\mathbb{R}P^n) = \mathrm{Hom}(\lambda,\lambda^{\perp}) \tag{13.61}$$

证　令 S^n 为 $\mathbb{R}^{n+1}$ 空间中单位球面，$\mathbb{R}P^n \simeq S^n/\mathbb{Z}_2$ 可看成球面 S^n 上对顶点对 $\{x, -x\}$ 集合. 令 v 为在点 $x\in S^n$ 处切向量，则切丛 $T(\mathbb{R}P^n)$ 为所有对 $\{(x,v),(-x,-v)\}$ 的集合. 用 $\mathbb{R}^{n+1}$ 的自然度规，$(x,v)=0$，即

$$T(\mathbb{R}P^n) = \{(x,v),(-x,-v) \mid \quad (x,x) = 1,(x,v) = 0\}$$

而其中每对决定一线性映射 $l\to l^{\perp}$，反之也对. 故 $\mathbb{R}P^n$ 在点 $\pm x$ 处切空间与 $\mathrm{Hom}(l,l^{\perp})$ 同构，即整个切丛

$$T(\mathbb{R}P^n) = \mathrm{Hom}(\lambda,\lambda^{\perp}) \tag{13.62}$$

对复投射空间 $\mathbb{C}P^n$ 也可作类似分析，即在 $\mathbb{C}P^n$ 流形上自然存在这样几个特殊的矢丛：

1) 平庸乘积丛　$\varepsilon_c^{n+1} = \mathbb{C}P^n \times \mathbb{C}^{n+1}$

2) 自然复线丛　$\gamma = \{([Z],Z) \in \mathbb{C}P^n \times \mathbb{C}^{n+1}\}$

其中 $Z=(Z_1,Z_2,\cdots,Z_{n+1})\in\mathbb{C}^{n+1}$，而 $[Z]\in\mathbb{C}P^n$ 代表通过原点及点 Z 的复线. 自然复线丛 γ 为平庸丛 ε_c^{n+1} 的子丛，存在补丛（商丛）$\gamma^{\perp}$，即

3) 自然商丛 $\gamma^{\perp}$，为 $\mathbb{C}P^n$ 上 n 面丛，满足

$$\gamma \oplus \gamma^{\perp} = \varepsilon_c^{n+1}$$

4) 切丛 $T(\mathbb{C}P^n) = \mathrm{Hom}_c(\gamma,\gamma^{\perp})$ (13.63)

进一步可推出，在 Grassmann 流形 $G_{k,n}\equiv G_k(\mathbb{R}^n)$ 上，除平庸乘积丛 $G_{k,n}\times\mathbb{R}^n$ 外，还自然存在这样几个特殊矢丛：自然 k 面丛 σ，其补丛 $\sigma^{\perp}$，$\sigma^{\perp}$ 为 $(n-k)$ 面丛，及切丛 $T(G_{k,n})$

$$T(G_{k,n}) = \mathrm{Hom}(\sigma,\sigma^{\perp}) \tag{13.64}$$

$G_{k,n}$ 为 $k(n-k)$ 维光滑紧流形.

可利用 Grassmann 流形上自然 k 面丛对紧致流形 M 上 k 矢丛进行分类. 例如设 E 为 M 上 k 秩矢丛，常能找到某补丛 $\widetilde{E}$，使得

$$E \oplus \widetilde{E} = M \times \mathbb{R}^n \tag{13.65}$$

这样,从 E 的每个纤维可看成是$\mathbb{R}^n$ 中一个 k 维子空间,从而给出了从 M 到 Grassmann 流形 $G_{k,n}$上的一个映射

$$f: \quad M \to G_{k,n}$$

而其诱导的拖回映射f^*,将 $G_{k,n}$上自然 k 面丛 σ 映射到 $E \simeq f^* \sigma$,于是可由 M 到 $G_{k,n}$的映射同伦类$[M,G_{k,n}]$来标志 M 上 k 秩矢丛等价类 $\mathrm{Vect}_k(M)$.

类似可利用复 Grassmann 流形上自然复 k 面丛对紧致流形 M 上复 k 矢丛进行分类.

为对 M 上矢丛进行同伦分类,在上述分析中,需取 n 为充分大. 可以证明存在下述定理.

定理 13.6 设 M 是具有 r 个开集组成的好复盖,则对每个 $n \geqslant rk$,存在下述 1 - 1 对应

$$\begin{aligned} \mathrm{Vect}_k(M) &= [M, G_{k,n}] \\ \mathrm{Vect}_k^c(M) &= [M, G_{k,n}^c] \end{aligned} \tag{13.66}$$

其证明可参见[BT].

$G_{k,n}$为相对普适分类空间,而普适分类空间 $B_{O(k)} = \lim\limits_{n\to\infty} G_{k,n}$. 可把前述分析扩充到 $n\to\infty$ 的情形,希望构造 $G_{k,\infty}$.

令$\mathbb{R}^\infty$ 为这种向量空间:其元素是 $x = (x_1, x_2, \cdots)$,其中除了有限个项之外,所有的 x_i 都为零. 可这样定义$\mathbb{R}^k$ 到$\mathbb{R}^\infty$ 的入射

$$\begin{aligned} i: \quad & \mathbb{R}^k \to \mathbb{R}^\infty \\ (x_1, \cdots, x_k) &\to (x_1, \cdots, x_k, 0, \cdots) \end{aligned} \tag{13.67}$$

这样就使$\mathbb{R}^\infty$ 成了全体$\mathbb{R}^k$ 的并集.

类似存在如下嵌入映射:

$$G_{k,n} \xhookrightarrow{i} G_{k,n+1} \xhookrightarrow{i} \cdots \quad \xhookrightarrow{i} G_{k,\infty} = B_{O(k)} \tag{13.68}$$

为明确起见,将前面 引入的 $G_{k,n}$上自然 k 面丛"σ"改记为 σ_n,可将 σ_n 诱导嵌入映射为 $G_{k,n+1}$上 $\sigma_{n+1}, \cdots$,最后取极限,而将普适分类空间 $B_{O(k)}$ 上普适 k 面丛记为 σ,即存在嵌入映射系列

$$\sigma_n \xhookrightarrow{i_*} \sigma_{n+1} \xhookrightarrow{i_*} \cdots \quad \hookrightarrow \sigma$$

普适 k 面丛 σ 限制在 $G_{k,n}$上即 σ_n

令 $\mathrm{Vect}_k^R(M)$为流形 M 上 k 维实向量丛等价类全体,可以证明它们与 M 到普适分类空间 $B_{O(k)}$ 的映射同伦类同构:

$$\mathrm{Vect}_k^R(M) \simeq [M, B_{O(k)}] \tag{13.69}$$

即(13.66)式在取 $n\to\infty$ 极限时正确.

下面分析 M 上所有各维($k\geqslant 0$)矢丛等价类集合 $\mathrm{Vect}^R(M)$,它们是不相交子集 $\mathrm{Vect}_k^R(M)$的并集

$$\mathrm{Vect}^R(M) = \bigcup_{k\geqslant 0} \mathrm{Vect}_k^R(M) \tag{13.70}$$

其成元在矢丛直和⊕运算下构成半群,

$$[E] + [F] = [E \oplus F] \tag{13.71}$$

其中 E,F 为 M 上向量丛,$[E],[F]\in \mathrm{Vect}^R(M)$为向量丛等价类. $\mathrm{Vect}^R(M)$在上式定义的 + 法运算下形成 Abel 半群,零维丛 $\varepsilon^\circ = M\times\{0\}$ 为其零元素.

矢丛集合 $\mathrm{Vect}^R(M)$在(13.71)式定义的 + 法运算下构成半群. 即加法运算不存在逆运算减法,不存在消去律,由 $a+c=b+c$ 不能推出 $a=b$. 这是由于矢丛直和⊕运算本身不满足消去律. 例如,在$\mathbb{R}^3$ 中单位球面 S^2 的切丛 $T(S^2)$非平庸,但法丛 $N(S^2)$与平庸线丛 $\varepsilon^1 = S^2\times\mathbb{R}$同构,存在 ε^1 到 $N(S^2)$的同构映射:$(x,a)\to(x,ax)$,即

$$N(S^2) \simeq \varepsilon^1$$

而切丛 $T(S^2)$与法丛 $N(S^2)$两者直和为 S^2 上三维平庸丛 ε^3

$$T(S^2) \oplus N(S^2) = \varepsilon^3$$

另方面 $\varepsilon^2 = S^2\times\mathbb{R}^2$ 为 S^2 上平庸面丛,与上式相似有

$$\varepsilon^2 \oplus N(S^2) = \varepsilon^2 \oplus \varepsilon^1 = \varepsilon^3$$

上两式比较,如形式地将 $N(S^2)$相消,则会得到 $T(S^2)\simeq\varepsilon^2$ 的错误结论.

数学家将这种含有零元的 Abel 半群的代数体系称为 Abel 半幺群(monoid),可以从半幺群 S 出发,利用等价关系 ~ 来构成 Abel 群 $A(S)$:

$$A(S) = S\times S/\sim \tag{13.72}$$

即当存在元素 $D\in S$,使得

$$E + F' + D = E' + F + D \tag{13.73a}$$

则称(E,F)与(E',F')等价

$$(E,F) \sim (E',F') \tag{13.73b}$$

即它们属于同一等价类,记为$[E,F]$,或 $E-F$,而$[E,F]$的逆元记为$[F,E]$. 利用此等价关系,使 $A(S)=\{[E,F]\}$形成 Abel 群.

例 13.12　$S=\mathbb{Z}_+$,为非负整数集合,在通常加法运算下为半幺群. 这时 $A(S)=\mathbb{Z}$为通常整数加群.

例 13.13　$S=\mathbb{Z}-\{0\}$,为非零整数集合,在通常乘法运算下形成半幺群,这时 $A(S)=Q-\{0\}$为有理数乘群.

半群 $\mathrm{Vect}^R(M)$通过引入(13.73)式等价关系得到 Abel 群 $K^R(M)$,它的元素是形式差$[E]-[F]$,且下等式

$$[E]-[F]=[E']-[F'] \tag{13.74a}$$

成立的必充条件是存在$[D]\in \mathrm{Vect}^R(M)$,使得

$$[E\oplus F'\oplus D]=[E'\oplus F\oplus D] \tag{13.74b}$$

矢丛的张量积$\otimes$可在$K^R(M)$上定义乘积

$$[E]\cdot[F]=[E\otimes F]$$

它使$K^R(M)$成为一个具有单位元$[\varepsilon^1]$的环.

以上我们着重讨论实向量丛,对复向量丛 $\mathrm{Vect}^c(M)$,可以完全类似分析,所有定理在复向量丛时都有相应定理,可类似定义 $K^c(M)$群,而且由于复矢丛的分析更简单且易于掌握,在通常文献都先着重分析复矢丛的 K 理论,将 $K^c(M)$就简记为 $K(M)$,而将 $K^R(M)$记为 $KO(M)$.

K 理论是定义在矢丛稳定类上的推广的上同调论,在证明 Atiyah-Singer 指数定理中起重要作用.

习 题 十 三

1. 请说明 S^4 上 $SU(2)$主丛的拓扑分类.
2. 向量丛有整体截面,是否向量丛平庸? 如何判断向量丛是否平庸.
3. 请说明与结构群 G 相关的普适丛 $\xi(G)$的定义. 如何对主丛 $P(M,G)$分类? 并请以结构群 G 为 $\mathrm{U}(k)$为例进行说明.

*4. 已知 $S^2\simeq \mathrm{cp}^1$,令 L 为 cp^1 上的自然线丛,

$$L=\{(p,z)\in \mathrm{cp}^1\times C^2 \mid z\in p\}$$

请证明

$$T^*(S^2)\simeq L\otimes L$$

第十四章　纤维丛上联络与曲率

近代物理主要是研究场论，从微分几何观点看，场就是纤维丛的截面. 纤维丛上截面是流形上函数的推广，函数可微分，而对纤维丛上截面进行微分，必须约定各纤维与其邻近纤维间关系，必须引进联络. 含有联络的协变导数是使截面映射到截面的线性微分算子.

纤维丛理论中协变微分、联络与纤维丛上平行输运概念紧密相关，关键在于比较邻近纤维上各点，在邻近纤维间建立联系，且使这种联系与丛的特殊局域化无关. 表达纤维丛上联络有许多种等价形式，物理上最常用的是作用于向量丛截面上含有联络的协变导数算子，上章曾指出，向量丛整体结构主要取决于其伴主丛结构，向量丛联络性质常由与其相应主丛联络决定，故近代联络理论都先研究主丛联络，主丛联络决定了主丛各伴矢丛联络. 在第 1 节我们概略介绍主丛上联络，并用三种等价方式（切空间，余切空间，及底流形上微分形式）表述. 在第 2 节表明可由主丛联络决定其各种伴矢丛联络. 物理上规范势相当主丛联络，而各种物质场是各种伴矢丛的截面，其协变导数算子含有联络正表明物质场与规范场相互作用. 在第 3 节更认真分析作用在向量丛截面集合上的协变导数算子. 第 4 节介绍直积丛上联络，对流形上切丛及标架丛上联络，还需注意其可能存在挠率问题. 在本章最后一节介绍纤维丛平行输运与联络的和乐群这一重要概念，讨论黎曼流形上与各种 G 结构相容的联络，分析具有特殊和乐群的联络.

§14.1　主丛 $P(M,G)$ 上联络与曲率

如何定义纤维丛上的联络？我们先回忆一下通常流形切丛上联络的定义，见第三章的分析. 在流形 M 上给定曲线 $x(\tau)$，沿此曲线每点有一沿曲线的切向量

$$X = \frac{\mathrm{d}}{\mathrm{d}\tau} = \frac{\mathrm{d}x^i}{\mathrm{d}\tau}\frac{\partial}{\partial x^i} \tag{14.1}$$

如流形 M 上存在某切向量场 Y，切场 Y 在曲线 $x(\tau)$ 上各点如满足

$$\nabla_X\ Y = 0 \tag{14.2}$$

则称向量 Y 沿曲线 $x(\tau)$ 平行输运. 即联络定义了任意切场 Y 沿某 X 方向的平行输

运. 下面我们用纤维丛语言将上述结果再重叙一遍.

切向量场 Y 为切丛截面,将向量场 Y 限制在流形 M 曲线 $x(\tau)$ 上,即通过曲线 $x(\tau)$ 上各纤维 F_x 与截面 Y 的交,得到曲线 $x(\tau)$ 的提升. 若此提升满足(14.2)式,则称为曲线的水平提升. 给定了联络,也就是给定了曲线的水平提升.

将以上结果推广到任意纤维丛上,如果在整个丛空间中定义了底空间曲线 $x(\tau)$ 的水平提升 $u(\tau)$,且 $u(\tau)$ 满足

$$\pi(u(\tau)) = x(\tau) \tag{14.3}$$

也就定义了联络.

本节分析如何定义主丛 $P(M,G)$ 上的联络,由于 m 维流形 M 与 k 维李群 G 均为光滑流形,主丛 P 局域为底流形与群流形的直积流形,也为光滑流形,可讨论主丛 P 的切丛 $T(P)$ 与余切丛 $T^*(P)$. 得到联络的不同表达形式. 下面我们先分析联络的切空间表述.

在丛 P 上点 $u \in \pi^{-1}(x) = F_x$,有切空间 $T_u(P)$,是 $m+k$ 维线性空间. 可利用结构群 G 对主丛 P 的右作用(它使纤维 F_x 自变换)得到群流形 F_x 上的 k 个右不变切向量场 $V_\alpha(\alpha=1,2,\cdots,k)$,它们在纤维 F_x 的每点组成与纤维 F_x 相切的垂直子空间

$$V_u \subset T_u(P)$$

关键在于确定 $T_u(P)$ 中相对 V_u 的补子空间 H_u

$$T_u(P) = V_u \oplus H_u \tag{14.4}$$

H_u 称为水平子空间. 上式不能惟一确定水平子空间 H_u,仅当主丛上定义了联络,也就确定了丛上截面的平行输运,也就确定了水平子空间 H_u.

主丛 P 局域平庸,可将丛上点 $u \in \pi^{-1}(x)$ 表示为

$$u = (x,g) \tag{14.5}$$

利用底流形 M 上曲线 $x(\tau)$ 的水平提升为主丛上曲线

$$u(\tau) = (x(\tau),g(\tau))$$

$$\pi(u(\tau)) = x(\tau) \tag{14.6}$$

选出水平切空间 H_u,即水平曲线 $u(\tau)$ 的切向量是水平空间 H_u 中的向量. 纤维丛上平行输运可由含联络 Γ 的协变微分算子 ∇ 生成

$$\nabla = \mathrm{d} + A \tag{14.7}$$

令 $X = \xi^\mu(x)\dfrac{\partial}{\partial x^\mu}$ 为底流形 M 上切向量场,则沿 X 方向协变导数 ∇_X 对主丛局域截面 u 的作用可表示为

$$\nabla_X u = \xi^\mu\left(\frac{\partial}{\partial x^\mu} + A_\mu\right)u \tag{14.8}$$

当主丛如(14.6)式局域平庸化,可类似(14.2)式约定,当 $g(\tau)$ 满足下式就认为 $u(\tau)$ 是曲线 $x(\tau)$ 的水平提升

$$\nabla_\tau\ g = (\frac{\mathrm{d}}{\mathrm{d}\tau} + A_\mu \frac{\mathrm{d}x^\mu}{\mathrm{d}\tau})g = 0 \tag{14.9}$$

即联络形式

$$A = A_\mu \mathrm{d}x^\mu = -\mathrm{d}g \cdot g^{-1} = A_\mu^a(x)\tau_a \mathrm{d}x^\mu \in T^*(M) \times \mathfrak{g} \tag{14.10}$$

为取值李代数 $\mathfrak{g}$ 的底流形 M 上 1 形式. 这里 τ_a 为李代数 $\mathfrak{g}$ 的生成元,当结构群为 SU(2) 群,$\tau_a = \dfrac{\sigma_a}{2\mathrm{i}}$,$\sigma_a$ 为三个 Pauli 矩阵.

为分析方便,设 G 为矩阵群(所有经典群都可表示为矩阵群). $g = (g_{ij}) \in G$,每矩阵元 g_{ij} 可看成群 G 上函数. 主丛上曲线 $u(\tau)$ 的切向为

$$\frac{\mathrm{d}}{\mathrm{d}\tau} = \frac{\mathrm{d}x^\mu}{\mathrm{d}\tau}\frac{\partial}{\partial x^\mu} + \frac{\mathrm{d}g_{ij}}{\mathrm{d}\tau}\frac{\partial}{\partial g_{ij}}$$

利用(14.9)式,知当 $u(\tau)$ 满足水平曲线条件时

$$\begin{aligned}\frac{\mathrm{d}}{\mathrm{d}\tau} &= \frac{\mathrm{d}x^\mu}{\mathrm{d}\tau}\left[\frac{\partial}{\partial x^\mu} - (A_\mu \cdot g)_{ij}\frac{\partial}{\partial g_{ij}}\right] = \frac{\mathrm{d}x^\mu}{\mathrm{d}\tau}\left[\frac{\partial}{\partial x^\mu} - A_\mu^a(\tau_a)_{ik}g_{kj}\frac{\partial}{\partial g_{ij}}\right] \\ &= \frac{\mathrm{d}x^\mu}{\mathrm{d}\tau}(\frac{\partial}{\partial x^u} - A_\mu^a \widetilde{V}_a) = \frac{\mathrm{d}x^\mu}{\mathrm{d}\tau}\mathscr{D}_\mu\end{aligned} \tag{14.11}$$

其中

$$\widetilde{V}_a \approx (\tau_a)_{ik}g_{kj}\frac{\partial}{\partial g_{ij}} = \mathrm{tr}(\tau_a g \frac{\partial}{\partial g^t}) \tag{14.12}$$

为群 G 流形上右不变基本向量场(参见§3.7),指向主丛垂直切方向(纤维方向). 而

$$\mathscr{D}_\mu \equiv \frac{\partial}{\partial x^\mu} - A_\mu^a \widetilde{V}_a \tag{14.13}$$

称为协变导数,它是$\dfrac{\partial}{\partial x^\mu}$的水平提升,由它可组成 m 维水平切空间 H_u 的基矢,这样组成的 H_u 具有性质

$$\pi_* H_u = T_{\pi(u)}(M) \tag{14.14}$$

(14.13)式使底空间的切矢有确定的水平提升,且当群 G 对主丛 P 右作用时其形式不变.

由以上分析我们看出,可用下述办法得到主丛上联络.

给一规则,将主丛 P 上任一点 u 处的切空间 $T_u(P)$ 分解为两个子空间的直和

$$T_u = H_u \oplus V_u \tag{14.15}$$

其中 V_u 为由纤维群流形的右不变基本矢场 $\{\widetilde{V}_a\}$ 组成的 k 维线性空间($k=\dim G$),满足

$$\pi_* V_u = 0 \tag{14.16}$$

而 H_u 为由(14.13)式表示的 $\{\mathscr{D}_u\}$ 组成的 m 维水平子空间($m=\dim M$),满足

1) $$\pi_* H_u = T_{\pi(u)}(M),\text{即 } H_u = \pi^* T_x(M) \tag{14.17}$$

2) $R_{a*}H_u = H_{ua}$,即水平子空间族 $\{H_u\}$ 为 R_a 不变.

$$\{H_{R_a u}\} = \{H_u\} \tag{14.18}$$

3) 随着 u 的变化,H_u 是光滑可微的.

以上是主丛联络的最基本的表述方式,利用切空间表述. 用(14.10)式及(14.13)式所定义的联络满足以上各条件. 条件1)表明给定联络,即在主丛任意点 u 给定水平子空间 H_u 的分布,而 H_u 为丛的切空间 $T_u(P)$ 中垂直子空间 V_u 的互补子空间. 条件2)表明联络在一点 u 上的值可决定在整个纤维上的值. 条件3)进一步表明,当丛上给定联络,就给定丛上微分结构,使能对主丛及相伴丛进行微分运算.

(14.13)式定义的协变导数一般不对易

$$[\mathscr{D}_\mu,\mathscr{D}_\nu] = -F^a_{\mu\nu}\widetilde{V}_a \tag{14.19}$$

其中

$$F^a_{\mu\nu} = \partial_\mu A^a_v - \partial_\nu A^a_\mu + f^a_{bc}A^b_\mu A^c_\nu \tag{14.20}$$

称为曲率张量. (14.19)式表明协变导数的对易子仅具有垂直分量. 进一步可证对易子满足 Jacobi 等式

$$[\mathscr{D}_\mu,[\mathscr{D}_v,\mathscr{D}_\lambda]] + [\mathscr{D}_v,[\mathscr{D}_\lambda,\mathscr{D}_\mu]] + [\mathscr{D}_\lambda,[\mathscr{D}_\mu,\mathscr{D}_v]] = 0 \tag{14.21}$$

此方程称为联络曲率张量 $F^a_{\mu\nu}$((14.20)式)所必须满足的 Bianchi 等式,也是在选联络时,联络 $A^a_\mu(x)$ 所必须满足的方程.

也可利用余切空间 $T^*(P)$ 中取值在李代数 $\mathfrak{g}$ 上的 1 形式 ω 来定义主丛上联络,这是联络的另一种表达方式,是与前面切空间表述方式等价的方式.

在丛 P 上取局域坐标(14.7),可将丛 P 上联络 1 形式 ω 写为

$$\omega = g^{-1}Ag + g^{-1}\mathrm{d}g \in \Omega^1(P,\mathfrak{g}) \tag{14.22}$$

这里采用通常物理文献习惯,将联络 Γ 记为

$$A = A_\mu \mathrm{d}x^\mu = A^a_\mu(x)\tau_a \mathrm{d}x^\mu \in T^*(M)\times\mathfrak{g} \tag{14.23}$$

而 $\Omega^1(P,\mathfrak{g})$ 表示主丛 P 上取值李代数 $\mathfrak{g}$ 的 1 形式. 此联络 1 形式 ω 的第二项,即其纵分量 $g^{-1}\mathrm{d}g$ 为左不变 Maurer-Cartan 形式 $g^{-1}\mathrm{d}g$:

$$\omega|_{纤} = g^{-1}\mathrm{d}g \tag{14.24}$$

当群 G 从右边作用在主丛 P 上时,A 不变,而 ω 像伴随张量一样变化:

$$R_a:\quad P \to P,\ a \in G$$

$$u \to ua$$

$$R_a^*:\quad \omega \to a^{-1}\omega a \equiv \mathrm{Ad}_{a^{-1}}\omega \tag{14.25}$$

易证,ω 具有性质

$$\langle \omega, \mathscr{D}_\mu \rangle = 0 \tag{14.26}$$

$$\langle \omega, \widetilde{V}_a \rangle = g^{-1}\tau_a g = \mathrm{Ad}_{g^{-1}}\tau_a \tag{14.27}$$

即 ω 可对没 $T(P)$ 的水平子空间,而将垂直子空间的基底映射为常矩阵. 可利用具有上述性质的联络形式 ω 将 $T(P)$ 划分为满足条件(14.16)和(14.17)的水平子空间 $H(P)$ 与垂直子空间 $V(P)$.

在余切空间给定满足条件(14.24)、(14.25)的联络 1 形式 ω,即给定了联络,这就是主丛上联络的余切空间表述.

将联络 1 形式 ω 限制在丛上 u 点处,记为 ω_u,ω_u 作用在 $T_u(P)$ 上,令

$$H_u = \{X \in T_u(P) \mid \omega_u(X) = 0\} \equiv \mathrm{Ker}(\omega_u) \tag{14.28}$$

为 ω_u 的核,由条件(14.24)和(14.26)知映射

$$\pi_*:\quad H_u \to T_{\pi(u)}(M)$$

为同构,即 H_u 与丛 P 的纤维"垂直"(线性无关),而条件(14.25)保证

$$R_{a*}H_u = H_{ua}$$

且条件(14.25)与(14.24)相容. 因此,联络的余切空间表述与切空间表述完全等价.

在主丛 P 上给定联络 1 形式 ω,可对丛上每点切空间分解为水平与垂直两部分的直和,

$$X = \overline{X} + \hat{X},\quad \forall X \in T_u(P) \tag{14.16a}$$

$$\overline{X} \in H_u,\quad \hat{X} \in V_u$$

使

$$\omega_u(\overline{X}) = 0,\quad \pi_*(\hat{X}) = 0$$

对于丛 P 上任意 k 形式 α,也可定义其水平部分 $\overline{\alpha}$:

$$\overline{\alpha}(X_1, \cdots, X_k) = \alpha(\overline{X}_1, \cdots, \overline{X}_k) \tag{14.29}$$

相应地,可定义 α 的协变微分

$$\mathscr{D}\alpha \equiv (\overline{\mathrm{d}\alpha}) \tag{14.30}$$

并可给出主丛 P 上曲率 2 形式

$$\Omega \equiv \mathscr{D}\omega = \mathrm{d}\omega + \omega \wedge \omega \in \Omega^2(P,\mathfrak{g}) \tag{14.31}$$

这样定义的主丛上取值李代数的曲率 2 形式 Ω 与任意垂直切矢量的缩并为零

$$\langle \Omega;\hat{X},\ \hat{Y}\rangle = 0, \qquad \forall\, \hat{X},\hat{Y} \in V(P) \tag{14.32a}$$

而对水平切矢量的缩并

$$\langle \Omega;\ \bar{X},\bar{Y}\rangle = [\mathrm{D}_{\bar{X}},\mathrm{D}_{\bar{Y}}] - \mathrm{D}_{[\bar{X},\bar{Y}]} = -F(\bar{X},\bar{Y}) \tag{14.32b}$$

与(14.19)式所得结果同. 易证曲率 Ω 满足 Bianchi 恒等式

$$\mathscr{D}\Omega \equiv \mathrm{d}\Omega + \omega \wedge \Omega - \Omega \wedge \omega = 0 \tag{14.33}$$

在群 G 对主丛 P 右作用时,Ω 如张量变化

$$R_{a*}:\Omega \to a^{-1}\Omega a, \quad a \in G \tag{14.34}$$

可将 Ω 拖回到底流形上,表示为

$$\Omega = g^{-1}Fg$$

其中

$$F = \mathrm{d}A + A \wedge A = \frac{1}{2}F^a_{\mu\nu}\tau_a\mathrm{d}x^\mu \wedge \mathrm{d}x^\mu \in \Omega^2(M,\mathfrak{g}) \tag{14.35}$$

为底流形 M 上取值李代数 2 形式,满足与(35)式相应地 Bianchi 恒等式:

$$\mathscr{D}F \equiv \mathrm{d}F + A \wedge F - F \wedge A = 0 \tag{14.35a}$$

此式与(14.22)式完全等价.

下面我们介绍主丛联络的第三种表述方式,即利用底流形 M 上微分形式来表述. 底流形 M 上联络 1 形式 A 与曲率 2 形式 F 可认为是主丛 P 上 ω 与 Ω 拖回至底流形的结果. 由于一般主丛非平庸,仅局域平庸,设底流形 M 可用若干开集 $\{U_\alpha\}$ 覆盖,对每一开集 U_α,主丛 P 有局域截面

$$g_\alpha:\quad U_\alpha \to P$$
$$x \in U_\alpha \to g_\alpha(x)$$

则

$$g_\alpha^*\omega = A^\alpha, \quad g_\alpha^*\Omega = F^\alpha \tag{14.36}$$

当 $U_\alpha \cap U_\beta \neq 0$,在交叠区,有

$$g_\alpha(x) = g_{\alpha\beta}(x)g_\beta(x) \tag{14.37}$$

其中 $g_{\alpha\beta}(x) \in G$ 为转换函数. 为了使联络形式 ω 在交叠区仍有确定定义,需

$$\omega = g_\alpha^{-1}A^\alpha g_\alpha + g_\alpha^{-1}\mathrm{d}g_\alpha = g_\beta^{-1}A^\beta g_\beta + g_\beta^{-1}\mathrm{d}g_\beta \tag{14.38}$$

利用(14.37)式可证,在交叠区联络 A 的两种表达式间:

$$A^\beta = g_{\alpha\beta}^{-1}A^\alpha g_{\alpha\beta} + g_{\alpha\beta}^{-1}\mathrm{d}g_{\alpha\beta} \tag{14.39}$$

而相应曲率 2 形式 F 的变换为

$$F^{\beta} = g_{\alpha\beta}^{-1} F^{\alpha} g_{\alpha\beta} \tag{14.40}$$

而这时主丛上曲率 2 形式 Ω 在整个底流形上仍可自洽地定义

$$\Omega = g_{\alpha}^{-1} F^{\alpha} g_{\alpha} = g_{\beta}^{-1} F^{\beta} g_{\beta} \tag{14.41}$$

由以上分析我们看出,若我们在底流形开集 U_{α} 上找到取值在李代数上 1 形式 A,在交叠区满足条件(14.39),则可利用(14.38)式定义主丛 P 上联络 1 形式 $\omega \in T^{*}(P)$. 于是,在底流形上给定联络 1 形式

$$A = A_{\mu}(x)\mathrm{d}x^{\mu} = A_{\mu}^{a}(x)\frac{\lambda_{a}}{2\mathrm{i}}\mathrm{d}x^{\mu} \tag{14.42}$$

而在交叠区,各区所定义的 A 按(14.39)式变换,则在主丛 P 上给定了联络. 这是给出主丛联络的第三种方法. 而(14.49)式相当于规范场理论中规范势的规范变换. 正如(14.36)式所表示的,规范势 A 相当于把主丛联络 1 形式 ω 通过主丛局域截面拖回到底流形上,规范场强 F 相当于把曲率 2 形式 Ω 拖回到底流形上.

总之,主丛上联络可用三种等价方式表述:

1) 切空间表述,将主丛 P 上任一点 u 处切空间 $T_{u}(P)$ 分解为两子空间直和:$T_{u} = H_{u} + V_{u}$,其中 H_{u} 称为水平子空间满足

$$\pi_{*} H_{u} = T_{\pi(u)}(M)$$

$$\{H_{R_{a}u}\} = \{H_{u}\}$$

且 H_{u} 随 u 的变化是光滑的. 而垂直子空间 V_{u} 由主丛纤维(群流形 G)上右不变向量场 $\{\widetilde{V}_{a}\}_{1}^{k}$ 组成,满足

$$\pi_{*} V_{u} = 0$$

2) 余切空间表述. 在 $T^{*}(P)$ 中选取值李代数 $\mathfrak{g}$ 的联络 1 形式 $\omega \in \Omega^{1}(P,\mathfrak{g})$,满足

$$\omega\,|_{\text{纤维}} = g^{-1}\mathrm{d}g$$

$$R_{a}^{*}\omega = a^{-1}\omega a, \quad \forall a \in G$$

而在丛上各点 $u \in P$,切丛水平子空间

$$H_{u} = \mathrm{Ker}(\omega_{u})$$

3) 底流形上微分形式表述. 在底流形 M 上各开邻域 U_{α} 上给出联络 1 形式 A

$$A = A_{\mu}^{a}(x)\tau_{a}\mathrm{d}x^{\mu} \in \Omega^{1}(M,\mathfrak{g})$$

为取值李代数 $\mathfrak{g}$ 的微分 1 形式. 而在交叠区如(14.39)式作规范交换.

§14.2 伴矢丛 $P\times_G V$ 上联络与曲率物质场与规范场相互耦合

主丛 $P(M,G)$ 有许多相关的伴矢丛

$$E(M,V,\pi,G,P) = P\times_G V$$

其中 V 为按群 G 的表示 $\rho(G)$ 变换的表示空间. 群 G 对伴丛 $E=P\times_G V$ 的作用可表示为

$$g(u,v) = (u\cdot g,\rho(g^{-1})v),\quad \forall u\in P,\ v\in V,\ g\in G$$

这种 G 作用所得等价类组成商空间即伴丛 $E=P\times_G V$,它是以 $M\simeq P/G$ 为底流形,以向量空间 V 为纤维的向量丛

$$V\hookrightarrow P\times_G V\longrightarrow M$$

称为主丛 P 的伴矢丛,主丛 P 的结构决定伴丛 E 的结构,它们有相同结构群. 主丛 P 上联络决定伴丛 E 上联络.

在理论物理规范场论中,主丛联络相应于杨-Mills 理论中规范势

$$A_\mu(x)\simeq A_\mu^a(x)\tau_a$$

主丛曲率相应于规范场强

$$F_{\mu\nu}(x) = F_{\mu\nu}^a(x)\tau_a$$

规范场论常需研究规范势 $A_\mu(x)$(为自旋 1 的粒子)与物质场 $\psi(x)$ 的相互作用,物质场 $\psi(x)$ 相当于时空流形上的伴丛 E

$$E(M,V,\pi,G,P) = P\times_G V$$

的截面. 物质场 $\psi(x)$ 取值在群 G 表示空间 V 中的向量上,例如,当 V 为 k 维向量空间,则物质场 $\psi(x)$ 是具有 k 个分量的向量

$$\psi(x) = (\psi^1(x),\cdots,\psi^k(x))$$

$\psi(x)$ 场的 k 个分量相应于粒子的 k 重态.

主丛 $P(M,G)$ 上联络,完全决定了伴丛 E 上的联络. 作用在伴丛截面 $\psi(x)$ 上的协变微分算子含有主丛上联络 $A_\mu(x)$,因而也就决定了物质场 $\psi(x)$ 与规范场 $A_\mu(x)$ 间的相互作用. 下面我们来更仔细分析一下伴丛上的联络及相应的协变微分算子.

伴丛 E 的结构群 G 与主丛 P 的结构群相同,令 ρ 为作用在向量空间 V 上的群 G 的表示,主丛 P 的转换函数 $g_{\alpha\beta}$ 的表示 $\rho(g_{\alpha\beta})$ 即作用在伴丛 E 上的转换函数. 主丛 P 与伴丛 E 具有相同底流形 M,M 上曲线 $x(\tau)$ 在主丛 $P(M,G)$ 上的水平提升

$u(\tau)$为

$$u(\tau) = (x(\tau), g(\tau))$$

它完全确定了曲线 $x(\tau)$ 在伴丛 $E = P \times_G V$ 上的水平提升.

$$z(\tau) = (x(\tau), \psi(\tau)) \tag{14.43}$$

$$\psi(\tau) = g^{-1}(\tau)\psi$$

这里为简化记号,用 g^{-1} 代表其表示矩阵 $\rho(g^{-1})$. 并令 $g(0) = 1$. 可利用底流形 M 上曲线 $x(\tau)$ 的水平提升得到丛 E 上水平曲线 $z(\tau)$,作用在向量场 $\psi(x)$ 上的协变导数 D_τ 就是从 E 上水平曲线 $z(\tau)$ 的切向量,它也就决定了丛 E 的切空间 $T(E)$ 的水平子空间 $H(E)$

$$D_\tau \psi(\tau)\mid_{\tau=0} = \frac{\mathrm{d}}{\mathrm{d}\tau}(g^{-1}(\tau)\psi(x(\tau)))\mid_{\tau=0} = \frac{\mathrm{d}x^\mu}{\mathrm{d}t}\left(\frac{\partial}{\partial x^\mu}\psi + A_\mu \psi\right) = \frac{\mathrm{d}x^\mu}{\mathrm{d}\tau}\mathrm{D}_\mu \psi$$

其中

$$\mathrm{D}_\mu = \frac{\partial}{\partial x^\mu} + A_\mu \tag{14.44}$$

为作用在丛 E 截面 $\psi(x)$ 上的协变导数算子. 当群 G 对相应主丛 P 右作用时,对于伴丛 E 的截面,有

$$\psi \to g^{-1}\psi$$

易证这时

$$\mathrm{D}_\mu \psi \to g^{-1}\mathrm{D}_\mu \psi \tag{14.45}$$

即协变导数算子就是使向量从 E 的截面映射到截面的微分算子.

将主丛 P 曲率 Ω 拖回到底流形 M 上,得 2 形式 F,可将 F 看成底流形 M 上取值为李代数 $\mathscr{G}$的二阶反对称逆变张量场(张量丛的截面),由(14.40)式知此张量丛是主丛 P 的伴丛,其截面 F 的协变导数是

$$\mathrm{D}_\tau F\mid_{\tau=0} = \frac{\mathrm{d}}{\mathrm{d}\tau}(g^{-1}(\tau)F(x(\tau_1)g(\tau)\mid_{\tau=0} = \frac{\mathrm{d}x^\mu}{\mathrm{d}t}\left(\frac{\partial}{\partial x^\mu}F + [A_\mu, F]\right) = \frac{\mathrm{d}x^\mu}{\mathrm{d}\tau}D_\mu F$$

或令

$$\mathrm{D}F \equiv \mathrm{d}x^\mu \mathrm{D}_\mu F = \mathrm{d}F + [A, F] \tag{14.46}$$

称为 F 的协变外微分,在结构群 G 的作用下,DF 的变换规律与 F 相同,即与(14.40)式类似.

$$\mathrm{D}F^\beta = g_{\alpha\beta}^{-1}\mathrm{D}F^\alpha g_{\alpha\beta}$$

向量场 $\psi(x)$ 可称为取值为向量(群 G 的表示空间)的 0 形式,$F(x)$ 称为取值为矩阵(伴随张量)的 2 形式,对于取值为伴随张量型的 l 形式 Σ

$$\Sigma^{\beta} = g_{\alpha\beta}^{-1}\Sigma^{\alpha}g_{\alpha\beta}$$

可定义其协变外微分

$$\mathrm{D}\Sigma = \mathrm{d}\Sigma + A\wedge\Sigma - (-1)^{l}\Sigma\wedge A$$

易证 $\mathrm{D}\Sigma$ 为伴随张量型 $(l+1)$ 形式

$$\mathrm{D}\Sigma^{\beta} = g_{\alpha\beta}^{-1}\mathrm{D}\Sigma^{\alpha}g_{\alpha\beta}$$

即协变外微分算子 D 使规范协变形式仍映射到规范协变形式.

为了更好地理解联络与协变导数的意义,下面举理论物理中两个例子.

例 14.1　电磁场为 $U(1)$ 规范场. 在电磁场中运动的带电粒子波函数 $\psi(x)$ 为 $U(1)$ 伴矢丛的截面,是复值函数,按概率解释,其模 $|\psi(x)|$ 代表在该点 x 找到粒子的概率幅,而 $\psi(x)=|\psi(x)|\mathrm{e}^{\mathrm{i}\theta}$,相角 θ 本身无物理意义,波函数 $\psi(x)$ 可作整体相角变换而不改变物理状态. 但是如作局域(依赖于位置)的相角变换:

$$\psi(x)\to\psi'(x) = \mathrm{e}^{-\mathrm{i}e\alpha(x)}\psi(x) \tag{14.47}$$

由于相角依赖坐标,波函数的普通微分不再是丛上截面,必须引入含规范势的协变微分

$$\mathrm{D}_{\mu} = \partial_{\mu} + A_{\mu}(x)$$

这时,$\mathrm{D}_{\mu}\psi(x)$ 仍为伴丛上截面,其变换规律同 $\psi(x)$.

$$\mathrm{D}_{\mu}\psi(x)\to\mathrm{D}_{\mu}\psi'(x) = \mathrm{e}^{-\mathrm{i}e\alpha(x)}\mathrm{D}_{\mu}\psi(x) \tag{14.47a}$$

其中

$$\mathrm{D}'_{\mu} = \partial_{\mu} + A'_{\mu}(x)$$

而在规范变换下,规范势 $A(x)$ 应按下面规律变换:

$$A_{\mu}(x)\to A'_{\mu}(x) = \mathrm{e}^{-\mathrm{i}e\alpha(x)}(A_{\mu}(x)+\partial_{\mu})\mathrm{e}^{\mathrm{i}e\alpha(x)} = A_{\mu}(x) + \mathrm{i}e\partial_{\mu}\alpha(x)$$

这样可以使(14.47a)式满足. 含有规范势的协变微分算子,是使伴矢丛截面映射到截面的线性微分算子. 协变导数本身给出带电粒子与规范场间的相互作用,称最小电磁耦合.

例 14.2　杨-Mills 场为 $SU(2)$ 规范场,它引入的物理原因是,在基本粒子物理现象中,存在核力同位旋对称性,当忽略电磁相互作用时,质子与中子相当于同位旋双重态,称核子态,可表示为

$$\psi_N(x) = \begin{pmatrix}\psi_p(x)\\ \psi_n(x)\end{pmatrix} \tag{14.48}$$

对具有同位旋对称的场论,何谓质子何谓中子仅可局域定义,依赖于位置. $\psi_N(x)$ 满足的 SU(2) 规范协变的 Dirac 方程为

$$\gamma^{\mu}\mathrm{D}_{\mu}\psi_N(x) = -\mathrm{i}m_N\psi_N(x) \tag{14.49}$$

其中 D_μ 为协变导数算子,必需含有杨-Mills 场 $A(x)$

$$\mathrm{D}_\mu\psi_N(x) = (\partial_\mu + A_\mu(x))\psi_N(x) \tag{14.50}$$

$A(x)$是取值在SU(2)李代数上的1形式,是结构群为SU(2)的主丛 P 上联络1形式 ω 对底流形的拖回. 主丛 P 上局域截面

$$s_\alpha:\quad U_\alpha \to P$$

称为局域规范,而

$$A(x) = s_\alpha^*\omega = A_\mu^\alpha(x)\tau^\alpha \mathrm{d}x^\mu$$

当将 $A_\mu(x) = A_\mu^a(x)\tau^\alpha$ 代入(14.50)式成为作用于核子态 ψ_N 上算子时,因为 ψ_N 按SU(2)群(同位旋群)的二维表示变,应取 τ_α 的2维表示$\dfrac{\sigma_\alpha}{2\mathrm{i}}$,这里 σ_α 是通常 Pauli 矩阵. 作用于物质场 ψ_N 上协变导数算子含有规范势 $A_\mu(x)$,表明存在物质场与规范场间相互作用.

§14.3　k 秩向量丛截面上协变微分算子∇与联络算子 D

在理论物理中向量丛特别重要,向量丛截面是定义在 M 上取值在纤维上的矢值函数,即流形上向量场. 由于矢丛纤维为 k 维向量空间,可利用纤维的向量空间结构定义截面集合 $\Gamma(E)$ 的向量空间结构,使任两截面间可相加,并可定义截面与函数乘,使截面集合 $\Gamma(E)$ 为 k 秩 $\mathscr{F}(M)$ 模. 在物理上各种物质场都是矢丛截面,场论就是对这些矢丛截面进行各种微分运算与分析. 由于它的重要性,我们在本节对作用向量丛截面 $\Gamma(E)$ 上协变导数与协变微分算子的特点进行认真分析与讨论. 我们先将矢丛 E 及其伴主丛(标架丛)一起考虑,引入协变微分算子∇,首先写出与矢丛局域平庸化无关,与局域标架选取无关形式,然后再写出明显依赖局域坐标选取形式,而分析与局域坐标选取无关的,有几何意义与物理意义的运算,引入对矢丛截面平行输运的联络算子 D.

k 矢向量丛 $E \xrightarrow{\pi} M$,是 $\mathrm{GL}(k,\mathbb{R})$ 主丛(标架丛)的伴丛. 标架丛的局域截面 $\{\mathrm{e}_i(x)\}_1^k$ 即矢丛 E 的活动标架. 矢丛局域平庸,对底流形 M 的开集 U,矢丛截面 $S\in\Gamma(E)$,可局域表达为由 U 到 $\pi^{-1}(U)$ 内的 $1-1$ 对应光滑映射

$$S(x) = \sum_{i=1}^k \mathrm{e}_i(x)\xi^i(x) \tag{14.51}$$

即为开集 U 上向量值函数. 作用于矢丛截面上协变微分算子∇是作用于 $\Gamma(E)$ 上而映射到 $\Gamma(E\otimes T^*M)$ 上的线性微分算子

$$\nabla:\quad \Gamma(E) \longrightarrow \Gamma(E\otimes T^*M)$$

满足

$$\nabla(as + bs') = a\nabla S + b\nabla S', \quad a,b, \in \mathbb{R}$$

$$\nabla fS = \mathrm{d}f \otimes S + f\nabla S, \quad f \in \mathscr{F}(M) \tag{14.52}$$

由此性质，将(14.51)式 $S(x)$ 的局域表达式代入得

$$\nabla S = \nabla(e_i(x)\xi^i(x)) = \mathrm{d}\xi^i(x) \otimes e_i(x) + \xi^i(x)\nabla e_i(x) \tag{14.53}$$

当对上式中 $\nabla e_i(x)$ 作用确定，则 ∇S 就被完全确定. 将 $\nabla e_i(x)$ 用局域标架 $\{e_i(x)\}_1^k$ 展开

$$\nabla e_i(x) = e_j(x)\Gamma^j_i(x) \in \Gamma(E \otimes T^*(M)) \tag{14.54}$$

其中　$\Gamma^j_i(x) = \mathrm{d}x^\mu \Gamma^j_{\mu i}(x)$ 称为向量丛 E 上联络 1 形式. 将(14.54)式代入(14.53)式得

$$\nabla S = e_i \otimes (\mathrm{d}\xi^i + \Gamma^i_j \xi^j) \tag{14.55}$$

若向量丛 E 的纤维标架进行变换

$$e'_j(x) = e_i(x)\Lambda^i_j(x) \tag{14.56}$$

应要求丛上截面 $s(x)$ 不变，即

$$s(x) = e_i z^i = e'_i z'^i$$

故纤维坐标应作相应变换

$$z'^i(x) = \Lambda^{-1}(x)^i_j \xi^j(x) \tag{14.57}$$

按新的标架，应如下定义联络 1 形式 Γ'^i_j，由(14.53)式协变微分为

$$\nabla e'_j = \nabla(e_i\Lambda^i_j) = e_l\Gamma^l_i\Lambda^i_j + e_i\mathrm{d}\Lambda^i_j$$

而左端 $= e'_i\Gamma'^i_j$，故

$$\Gamma^i_j = (\Lambda^{-1})^i_l \Gamma^{\ l}_{\ k}\ \Lambda^k_j + (\Lambda^{-1})^i_l \mathrm{d}\Lambda^l_j \tag{14.58}$$

也可利用按上规律变换的一组底流形 M 上 1 形式来定义联络. 利用上式易证截面 S 的协变微分与标架的选取无关(在交叠区仍有确定定义)，即有整体意义.

$$\nabla(s) = e_j \otimes \Gamma^j_i \xi^i + e_j \otimes \mathrm{d}\xi^j = e'_j \otimes \Gamma'^j_i \xi'^i + e'_j \otimes \mathrm{d}\xi'^j$$

利用联络可将截面 s 沿底流形 M 上切方向 $X = \xi^\mu(x)\dfrac{\partial}{\partial x^\mu}$ 的方向导数 $\nabla_X s$ 表示为

$$\nabla_X s = \langle \nabla s; X \rangle = X^\mu(x)\nabla_\mu s \tag{14.59}$$

其中

$$\nabla_\mu s = e_i\left(\frac{\partial \xi^i}{\partial x^\mu} + \Gamma^i_{\mu j}\xi^j\right) \tag{14.60}$$

当要求截面 s 沿 X 方向平行输送，即要求

$$\nabla_X s = X^\mu e_i \left(\frac{\partial \xi^i}{\partial x^\mu} + \Gamma^i_{\mu j} \xi^j \right) \tag{14.61}$$

向量丛 E 的纤维空间沿底流形 M 上曲线 $x(\tau)$ 平行输送，比较在曲线不同点上的纤维，可将底流形上曲线 $x(\tau)$ 水平提升为丛上水平曲线 $u(\tau)$，

$$u(\tau) = (x(\tau), \xi(\tau)) \tag{14.62}$$

水平曲线沿 $u(\tau)$ 的微分可得丛 E 的切丛 $T(E)$ 的水平子空间

$$\frac{\mathrm{d}}{\mathrm{d}\tau} = \frac{\mathrm{d}x^\mu}{\mathrm{d}\tau} + \frac{\mathrm{d}\xi^i}{\mathrm{d}\tau} \frac{\partial}{\partial \xi^i}$$

其中 $\frac{\mathrm{d}\xi^i}{\mathrm{d}\tau}$ 应满足方程(14.61)故

$$\frac{\mathrm{d}}{\mathrm{d}\tau} = \frac{\mathrm{d}x^\mu}{\mathrm{d}\tau} \left(\frac{\partial}{\partial x^\mu} - \Gamma^i_{\mu j} \xi^j \frac{\partial}{\partial \xi^i} \right) = \frac{\mathrm{d}x^\mu}{\mathrm{d}\tau} \mathrm{D}_\mu \tag{14.63}$$

其中

$$\mathrm{D}_\mu = \frac{\partial}{\partial x^\mu} - \Gamma^i_{\mu j} \xi^j \frac{\partial}{\partial \xi^i} \tag{14.64}$$

为底流形 M 的切向量 $\frac{\partial}{\partial x^\mu}$ 的水平提升，可选之为 $T(E)$ 的水平子空间 $H(E)$ 的基底. 于是可将 $T(E)$ 在 $u \in \pi^{-1}(x)$ 处的切空间 $T_u(E)$ 分解为水平子空间 $H_u(E)$（可选基底 ∇_μ　$,\mu = 1, \cdots, m$）及垂直子空间 $V_u(E)$ $\left(\text{可选基底} \frac{\partial}{\partial \xi^i}, i = 1, \cdots, k\right)$，

$$T_u(E) = H_u(E) \oplus V_u(E)$$

可如图 14.1 所示.

以上对丛 E 上联络与平行输运问题用切空间表述，下面也可用余切空间的对偶表述. 即

在丛 E 的余切丛 $T^*(E)$. 可取矢值 1 形式

$$\omega^i = \mathrm{d}\xi^i + \Gamma^i_{\mu j} \mathrm{d}x^\mu \xi^j \tag{14.65}$$

易证如上定义的 ω^i 满足

$$\langle \omega^i, \mathrm{D}_\mu \rangle = 0, \langle \omega^i, \frac{\partial}{\partial \xi^j} \rangle = \delta^i_j \tag{14.66}$$

即可利用 ω^i 将向量丛的切丛 $T(E)$ 分解为垂直与水平子空间. 可将 $\omega^i \in T^*(E)$ 称为向量丛 E 的联络 1 形式.

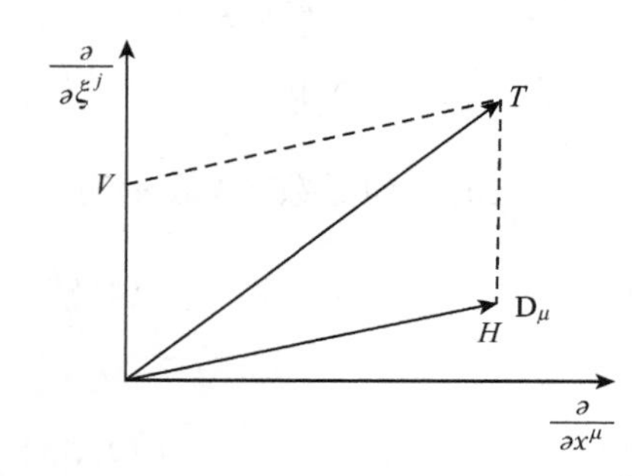

图 14.1　丛 E 的切丛 $T(E)$ 分解示意图

下面分析(14.63)式. 沿底流形由曲线 $x(\tau)$ 的切方向记为 $X \in \mathscr{X}(M)$，(14.63)式代表沿 X 方向的协变导数算子

$$\mathrm{D}_X ; \Gamma(E) \to \Gamma(E)$$

D_X 是作用于矢丛 E 截面 $\xi(x)=\{\xi^1(x),\cdots,\xi^k(x)\}\in\Gamma(E)$ 上的线性微分算子，具性质：

1）是线性导子，满足 Leibniz 法则：$\xi\in\Gamma(E), X\in\mathscr{X}(M)$.

$$\mathrm{D}_X(a\xi+b\xi')=a\mathrm{D}_X\xi+b\mathrm{D}_X\xi',\quad a,b\in\mathbb{R}$$

$$\mathrm{D}_X f\xi = X(f)\xi+f\mathrm{D}_X\xi,\qquad f\in\mathscr{F}(M) \tag{14.67}$$

2）F 线性地依赖于在该点的方向 X，即

$$\mathrm{D}_{fX+gY}\xi = f\mathrm{D}_X\xi+g\mathrm{D}_Y\xi,\qquad f,g\in\mathscr{F}(M) \tag{14.68}$$

有时简称算子 D 为矢丛 E 上联络，D 是作用于矢丛截面 $\xi(x)=\{\xi'(x),\cdots,\xi^k(x)\}$ 上的，标志矢丛截面平行输运的联络运子

$$\mathrm{D}:\quad TM\times\Gamma(E)\to\Gamma(E)$$

$$\mathrm{D}_X:\qquad \Gamma(E)\to\Gamma(E)$$

且 $\mathrm{D}_X\mathscr{F}$线性地依赖于 $X\in\mathscr{X}(M)$，是 F 模 $\Gamma(E)$ 上协变微分算子. 且可进一步引入高阶协变微分算子

$$\mathrm{D}^2 : TM\times TM\times\Gamma(E)\to\Gamma(E)$$

$$\mathrm{D}^2(X,Y)=\mathrm{D}_X\cdot\mathrm{D}_Y-\mathrm{D}_{\nabla_X Y} \tag{14.69}$$

其中∇_X 为作用于底流形切场的协变导数. 上式相对 X 与 Y 均为 $\mathscr{F}$线性. 并可进一步引入作用于矢丛截面的高阶协变导数算子

$$\begin{aligned}\mathrm{D}^m(X_1,\cdots,X_m) &= \mathrm{D}_{X_1}\mathrm{D}^{m-1}(X_2,\cdots,X_m)-\mathrm{D}^{m-1}(\nabla_{X_1}\ X_2,\cdots,X_m)\\ &\quad-\cdots-\mathrm{D}^{m-1}(X_2,\cdots,\nabla_{X_1}X_m)\end{aligned} \tag{14.70}$$

$$\mathrm{D}^m(X_1,\cdots,X_m):\Gamma(E)\to\Gamma(E)$$

它们相对宗量 $X_1,\cdots,X_m$ 等均为 $\mathscr{F}$线性时，是 F 模 $\Gamma(E)$ 上协变微分算子.

沿底流形 M 不同方向平行输运算子 D_X 与 D_Y 相互不可交换，可引入联络 D 的曲率算子

$$R(X,Y)=\mathrm{D}_X\mathrm{D}_Y-\mathrm{D}_Y\mathrm{D}_X-\mathrm{D}_{[X,Y]} \tag{14.71}$$

它相对宗量 X,Y 为 $\mathscr{F}$线性，且是作用于 $\mathscr{F}$模 $\Gamma(E)$ 上的协变微分算子

$$R(X,Y):\ \Gamma(E)\to\Gamma(E)$$

满足

$$R(X,Y)\xi^i = R^i_j(X,Y)\xi^j$$

其中 $R^i_j=\dfrac{1}{2}R^i_{j\mu\nu}\mathrm{d}x^\mu\wedge\mathrm{d}x^\nu\in\Lambda^2(M)$，称向量丛曲率张量 2 形式，其中系数

$$R^i_{j\mu\nu} = \partial_\mu \Gamma^i_{\nu j} - \partial_\nu \Gamma^i_{\mu j} + \Gamma^i_{\mu l}\Gamma^l_{\nu j} - \Gamma^i_{\nu l}\Gamma^l_{\mu j} \tag{14.72}$$

曲率张量非零是矢丛 E 水平子空间可积性的拓扑障碍,也就是找到局域平标架的障碍.

当底流形协变导数∇_X 联络无挠,即满足

$$\nabla_X Y - \nabla_Y X = [X,Y] \tag{14.73}$$

这时易证

$$R(X,Y) = \mathrm{D}^2(X,Y) - \mathrm{D}^2(Y,X) \tag{14.74}$$

它们均是作用于截面 $\Gamma(E)$上的协变微分算子. 可以证明,作用于矢丛截面上的任意高阶线性微分算子必可表为(13.70)型算子的 $\mathscr{F}$线性组合,得到与局域坐标选取无关有几何意义的微分算子. 这点我们将在 § 19.2 进行认真分析.

通常,将联络 1 形式 $\mathrm{d}x^\mu \Gamma^i_{\mu j}$记为

$$A^i_j(x) = \mathrm{d}x^\mu \Gamma^i_{\mu j}(x) \in \Gamma(gl(k,\mathbb{R}) \otimes T^* M) \tag{14.75}$$

为取值在 $gl(k,\mathbb{R})$李代数($k \times k$ 矩阵)上 1 形式. 而曲率 2 形式$\frac{1}{2}R^i_{j\mu\nu}\mathrm{d}x^\mu \wedge \mathrm{d}x^\nu$ 记为

$$F^i_j(x) = \frac{1}{2}R^i_{j\mu\nu}\mathrm{d}x^\mu \wedge \mathrm{d}x^\nu \in \Gamma(gl(k,\mathbb{R}) \otimes \wedge^2(M)) \tag{14.76}$$

为取值在 $gl(k,\mathbb{R})$上 2 形式. 且可将联络算子 D 记为

$$\mathrm{D} = \mathrm{d} + A \tag{14.77}$$

本节最后分析当向量丛截面间定义有度规结构时,对联络取值的限制. 即当丛 E 截面集合间定义有度规,即定义有双线性映射

$$\Gamma(E) \times \Gamma(E) \to \mathscr{F}(M)$$

$$\xi(x),\eta(x) \to \langle \xi(x),\eta(x) \rangle \in \mathscr{F}(M) \tag{14.78}$$

要求丛 E 上联络 D 为保丛 E 度规的联络,即满足

$$\mathrm{d}\langle \xi,\eta \rangle = \langle \mathrm{D}\xi,\eta \rangle + \langle \xi,\mathrm{D}\eta \rangle \tag{14.79}$$

即对底流形 M 上任意切向量场 $X \in \mathscr{X}(M)$,

$$X\langle \xi,\eta \rangle = \langle \mathrm{D}_X\xi,\eta \rangle + \langle \xi,\mathrm{D}_X\eta \rangle \tag{14.80}$$

当在开集 $U \subset M$ 上选丛 E 截面的正交活动标架$\{e_a(x)\}^k_1$,满足

$$\langle e_a(x),e_b(x) \rangle = \delta_{ab} \tag{14.81}$$

丛 E 的任意截面

$$\xi(x) = \xi^a(x)e_a(x) = (\xi^1(x),\cdots,\xi^k(x)) \in \Gamma(E)$$

外微分算子 $\mathrm{d}:\Gamma(E) \to \Gamma(E \otimes T^*(M))$对各分量取外微分,而

$$\mathrm{d}e_a \equiv O, \quad a = 1,\cdots,k \tag{14.82}$$

$$O = X\langle e_a, e_b\rangle = \langle A(X)e_a, e_b\rangle + \langle e_a, A(x)e_b\rangle$$
$$= \langle A(X)^c_a e_c, e_b\rangle + \langle e_a, A(X)^d_b e_d\rangle = A(x)^b_a + A(X)^a_b$$

$$A^{\mathrm{T}}(X) = -A(X) \in O(k) \tag{14.83}$$

满足上条件的联络 A 称为保纤维度规结构的联络. 类似当纤维空间具有其他几何结构(如厄米结构,辛结构,……)可引入保这些结构的联络.

注意,这里我们仅假定丛的纤维上定义有度规,底流形仍是未给定度规的一般微分流形. 仅当底流形为黎曼流形,才能在纤维丛上引入作用量泛函,引入物理动力学方程,这是我们将在 16 章后集中分析的问题.

§14.4　对偶矢丛　直积丛上联络与曲率切丛联络的挠率问题

对给定向量丛 E,对流形上任意点 $x\in M$ 上纤维

$$\pi^{-1}(x) = F_x = \mathbb{R}^k$$

为 k 维向量空间,其上线性函数集合

$$F_x^* = \mathrm{Hom}_{\mathbb{R}}(F_x, \mathbb{R})$$

仍为 k 维向量空间. 如在底流形 M 各点逐点取对偶向量空间 F_x^* 为纤维,得矢丛 E 的对偶矢丛 E^*.

当对矢丛 E 截面集合 $\Gamma(E)$ 取局域活动标架 $\{e_a\}_1^k$,在对偶矢丛 E^* 取对偶活动标架 $\{e_a^*\}_1^k$,满足

$$\langle e_a, e_b^*\rangle = \delta_{ab} \tag{14.84}$$

于是在相互对偶的截面

$$\xi(x) = \xi^a e_a \in \Gamma(E), \quad \eta(x) \in \eta^a e_a^* \in \Gamma(E^*)$$

间定义有标积

$$\langle \xi(x), \eta(x)\rangle = \xi^a(x)\eta^a(x) \in \mathscr{F}(M) \tag{14.85}$$

在交叠区,丛 E 的转换函数为 $k\times k$ 非奇异矩阵 λ,则丛 E^* 的相应转换函数为 $(\lambda^{-1})^t$.

当在矢丛 E 上定义有联络 $\mathrm{D} = \mathrm{d} + A$

$$\mathrm{D}e_a = A_a^b e_b \tag{14.86}$$

而在对偶矢丛上诱导对偶联络 $\mathrm{D}^* = \mathrm{d} + A^*$,要求满足

$$\mathrm{d}\langle \xi(x), \eta(x)\rangle = \langle \mathrm{D}\xi, \eta\rangle + \langle \xi, \mathrm{D}^*\eta\rangle \tag{14.87}$$

即

$$O = \mathrm{d}\langle e_a, e_b^* \rangle = \langle \mathrm{D}e_a, e_b^* \rangle + \langle e_a, \mathrm{D}^* e_b^* \rangle$$
$$= \langle A_a^c e_c, e_b^* \rangle + \langle e_a, A_b^{*d} e_d^* \rangle = A_a^b + A_b^{*a}$$

即

$$A^* = -A^t$$

下面分析直积丛上联络与曲率. 设 M 上矢丛 E_1、E_2 具联络 $\mathrm{D}_1, \mathrm{D}_2$,则在 E_1 与 E_2 的张量积丛

$$E = E_1 \otimes E_2$$

上可定义联络

$$\mathrm{D}(\xi_1 \otimes \xi_2) = \mathrm{D}_1\xi_1 \otimes \xi_2 + \xi_1 \otimes \mathrm{D}_2\xi_2$$

其中　$\xi_i \in \Gamma(E_i)$,　$\xi_1 \otimes \xi_2 \in \Gamma(E)$.

特别在 $\mathrm{End}(E) = E \otimes E^*$ 上,令

$$\sigma = \sigma^{ab}(x) e_a \otimes e_b^* \in \Gamma(E \otimes E^*)$$

在 $\mathrm{End}(E) = E \otimes E^*$ 从上诱导联络 D 满足

$$\mathrm{D}\sigma = \mathrm{d}\sigma^{ab} e_a \otimes e_b^* + \sigma^{ab} A_a^c e_c \otimes e_b^* + \sigma^{ab} e_a \otimes A_b^{*c} e_c^*$$
$$= (\mathrm{d}\sigma^{ab} + A_d^a \sigma^{db} - \sigma^{ad} A_d^b) e_a \otimes e_b^* = \mathrm{d}\sigma + [A, \sigma]$$

即对 $\mathrm{End}(E)$ 从诱导联络作用类似李括弧作用.

进一步可定义作用在

$$\Omega^p(E) = \Gamma(E \otimes \Lambda^p(M)), \quad O \leqslant p \leqslant n = \dim M \tag{14.88}$$

上的联络 D

$$\mathrm{D}: \quad \Omega^p(E) \to \Omega^{p+1}(E) \tag{14.89}$$

注意,外微分算子 d 满足 $\mathrm{d} \cdot \mathrm{d} = 0$,但此关系对作用于取值矢丛微分形式的联络算子 D 不再适合. 令 $\xi \in \Gamma(E) = \Omega^0(E)$.

$$D \circ D(\xi) = (\mathrm{d} + A) \circ (\mathrm{d} + A)\xi = (\mathrm{d} + A)(\mathrm{d}\xi + A\xi)$$
$$= (\mathrm{d}A)\xi - A\mathrm{d}\xi + A\mathrm{d}\xi + A \wedge A\xi$$

即

$$D \circ D = \mathrm{d}A + A \wedge A = F: \Omega^0(E) \to \Omega^2(E) \tag{14.90}$$
$$F \in \Omega^2(E) \otimes (\Omega^0(E))^* = \Omega^2(\mathrm{End}E)$$

将 F 看成取值 $\mathrm{End}E$ 上 2 形式,由(14.87)式可证

$$\mathrm{D}F = \mathrm{d}F + [A, F]$$
$$\overset{(90)}{=} \mathrm{d}A \wedge A - A \wedge \mathrm{d}A + [A, \mathrm{d}A + A \wedge A]$$

$$= [A,A \wedge A] = A_\mu A_\nu A_\lambda [\mathrm{d}x^\mu, \mathrm{d}x^\nu \wedge \mathrm{d}x^\lambda] = 0 \tag{14.91}$$

此即联络 D 的曲率 F 满足的 Bianchi 等式.

注意一般 k 秩向量丛 E 上联络

$$A_b^a = \mathrm{d}x^\mu \Gamma^a_{\mu b} \in \Gamma(gl(k,\mathbb{R}), \otimes T^* M)$$

为取值 End(E)的 1 形式,相应联络系数

$$\{\Gamma^a_{\mu b}(x)\}, \quad a,b = 1,\cdots,k; \quad \mu = 1,\cdots,n$$

无挠率概念,仅底流形切丛联络有挠率概念. 切丛联络系数

$$\{\Gamma^\lambda_{\mu\nu}(x)\}, \quad \lambda,\mu,\nu = 1,\cdots,n$$

作用在一般向量丛 E 截面上协变微分算子

$$\nabla: \Gamma(E) \to \Gamma(E \otimes T^* M)$$

将丛 E 截面映射为直积丛 $E \otimes T^* M$ 的截面,若再次作用协变微分算子

$$\nabla: \Gamma(E \otimes T^* M) \to \Gamma(E \otimes T^* M \otimes T^* M)$$

不仅需知丛 E 上联络系数 $\Gamma^a_{\mu b}$,而且还需知道余切丛上联络系数 $\Gamma^\lambda_{\mu\nu}$. 即当对一般向量丛作多重协变微分,不仅需知矢丛 E 上联络,还必须知道切丛联络,后者存在挠率问题.

例如,当我们对矢丛 E 截面

$$\xi(x) = (\xi^1(x), \cdots, \xi^k(x)) \in \Gamma(E)$$

取协变导数时

$$\xi^a_{;\mu} \equiv \nabla_\mu \ \xi^a = \frac{\partial \xi^a}{\partial x^\mu} + \Gamma^a_{\mu b}\xi^b \tag{14.92}$$

于是,当再次取协变导数时,相对 $\xi^a_{;\mu}$ 的下指标 μ 的协变微分,切丛联络会有贡献,即

$$\xi^a_{;\mu;\nu} = \partial_\nu(\partial_\mu \xi^a + \Gamma^a_{\mu b}\xi^b) + \Gamma^a_{\nu b}(\partial_\mu \xi^b + \Gamma^b_{\mu c}\xi^c) - \Gamma^\lambda_{\mu\nu}(\partial_\lambda \xi^a + \Gamma^a_{\lambda b}\xi^b) \tag{14.93}$$

双重协变导数的对易子为

$$\xi^a_{;\mu;\nu} - \xi^a_{;\nu;\mu} = - R^a_{b\mu\nu}\xi^b - T^\lambda_{\mu\nu}\xi^a_{;\lambda} \tag{14.94}$$

其中

$$T^\lambda_{\mu\nu} = \Gamma^\lambda_{\mu\nu} - \Gamma^\lambda_{\nu\mu} \tag{14.95}$$

为切丛联络的挠率张量.

注意直积丛 $E \otimes TM$ 上联络 $\Gamma^{E\otimes TM}$

$$\Gamma^{E\otimes TM} = \Gamma^E \otimes I + I \otimes \Gamma^{TM} \tag{14.96}$$

而相应曲率 $R^{E\otimes TM}$满足

$$R^{E\otimes TM} = R^E \otimes I + I \otimes R^{TM} \tag{14.97}$$

注意 $R^{E\otimes TM}\neq R^{E}\otimes R^{TM}$，否则 R^{E} 与 R^{TM} 中有一个为零，$R^{E\otimes TM}$ 就为零，实际并非如此.

本节最后以 CP^1 上自然线丛 L 及其对偶丛 L^* 为例，分析其自然联络与曲率.

$\mathbb{C}P^1$ 是通过 2 维复平面 $\mathbb{C}^2$ 原点的线丛集合.

$$\mathbb{C}P^1 = \{(z^0,z^1) \in \mathbb{C}^2, \mid (cz^0,cz^1) = (z^0,z^1)\}$$

以 $x=[z^0,z^1]\in\mathbb{C}P^1$ 记流形 $\mathbb{C}P^1\simeq S^2$ 上点的坐标.

令 $I^2=\mathbb{C}P^1\times\mathbb{C}^2$ 为 $\mathbb{C}P^1$ 流形上平庸复面丛，其中点坐标可标志为

$$(x;z^0,z^1) \in I^2 = \mathbb{C}P^1 \times \mathbb{C}^2$$

$\mathbb{C}P^1$ 的自然线丛 L 为 I^2 的子丛：

$L=\{(x^j;z^0,z^1)\in I^2\mid(z^0,z^1)$ 恰为 $\mathbb{C}P^1$ 的点 x 的齐坐标$\}$

由 C^2 的正则度规可诱导线丛 L 的纤维度规；即在丛 L 的同一纤维 $\pi^{-1}(x)=F_x$ 上任意两点间可如下定义内积

$$((x;z^0,z^1),(x;w^0,w^1)) = z^0\bar{w}^0 + z^1\bar{w}^1 \tag{14.98}$$

于是在丛 L 上任一点 $u\equiv(x;z^0,z^1)$ 可定义长度

$$h(x;z^0,z^1) = |z^0|^2 + |z^1|^2 \tag{14.99}$$

丛 L 为复流形 CP^1 上全纯线丛. 在 U_0 区（$z^0\neq0$），选线丛局域截面坐标为 $(x;1,\zeta^1_{(0)})$，其中

$$\zeta^1_{(0)} = z_1/z_0 = x + \mathrm{i}y \equiv z \tag{14.100}$$

可重新归一定义丛上各点长度

$$h(x;z) = 1 + |z|^2 \tag{14.101}$$

保此度规的联络 1 形式为

$$\omega = h^{-1}\partial h = \frac{\bar{z}\mathrm{d}z}{1+|z|^2} \tag{14.102}$$

而曲率 2 形式是

$$\begin{aligned}\Omega &= \mathrm{d}\omega + \omega\wedge\omega = (\partial+\bar{\partial})(h^{-1}\partial h)\\ &= -\partial\bar{\partial}\ln h = -\frac{\mathrm{d}z\wedge\mathrm{d}\bar{z}}{(1+|z|^2)^2} = \frac{2\mathrm{i}\mathrm{d}x\wedge\mathrm{d}y}{(1+x^2+y^2)^2}\end{aligned} \tag{14.103}$$

在上述计算过程中可看出，虽然联络 1 形式 $\omega=h^{-1}\partial h$ 相对于 ∂ 为"纯规范"，但是由于 $\mathrm{d}=\partial+\bar{\partial}$，故由其算出曲率 Ω 非平庸（$\neq0$）.

我们熟知二维球面 $S^2\simeq CP^1$，为复 1 维 Kähler 流形，当取复坐标，如在 §11.7 所示，由其度规表达式(11.116)，可直接得到底空间 Kähler 形式(11.117)，它与本节(103)式仅差因子 2i.

§14.5　平行输运与联络的和乐群 G 结构　具特殊和乐群的联络

设底流形 M 为 n 维流形，则从纤维丛空间 E 上任意点 u 出发，当给定联络后，存在 n 维水平切方向，它通过 u 横截纤维且随 u 光滑变化，是从 E 在 u 的切空间 $T_u(E)$ 的水平子空间. 此在丛 E 上任意点的 n 维切方向称为由联络决定的水平方向，它们是底流形切方向的水平提升，且在投射 $E\xrightarrow{\pi}M$ 诱导下与底流形切空间 $T_x(M)$ 1－1 对应. 当丛上光滑曲线 $u(\tau)$，在任意参量 τ 处其切方向均在水平方向，则称 $u(\tau)$ 是底流形 M 上曲线 $x(\tau)$ 的水平提升.

在底流形 M 上以 x_0 为基底的闭回路 $\gamma(\tau)$

$$\gamma(0) = \gamma(1) = x_0 \tag{14.104}$$

对纤维 $\pi^{-1}(x_0)=F_{x_0}$ 上任意点 u，可得底流形上闭回路 $\gamma(\tau)$ 的水平提升 $u(\tau)$

$$u(0) = u \in F_{x_0},\quad u(\tau) = v \in F_{x_0}$$

于是由底流形上以 x_0 为基底的回路 $\gamma(\tau)$ 可得纤维上变换

$$\varphi_\gamma: F_{x_0}\to F_{x_0},\quad u\to v$$

φ_γ 连续地依赖于回路 γ，且与回路 γ 的参数化无关. 对于以 x_0 点为基点的底流形 M 上回路集合 $\{\gamma(\tau)\}$，利用联络作水平提升，可得纤维 F_{x_0} 上变换集合 $\{\varphi_\gamma\}$，满足

$$\varphi_{\gamma_1\gamma_2} = \varphi_{\gamma_1}\varphi_{\gamma_2},\quad \varphi_{\gamma^{-1}} = (\varphi_\gamma)^{-1} \tag{14.105}$$

我们知道以 x_0 为基点的 M 上回路集合 $\{\gamma(\tau)\}$ 形成以 x_0 为基底的回路群(loop group) $\Omega(x_0,M)$，而 φ_γ 形成回路群 $\Omega(x_0,M)$ 到纤维 F_{x_0} 的微分同胚变换群 $\mathscr{D}\equiv \mathrm{diff}F$ 的同态映射

$$\varphi:\quad \Omega(x_0,M)\to\mathscr{D}\equiv \mathrm{diff}F$$

$$\gamma\to\varphi_\gamma$$

同态映射像 $\varphi(\Omega)$ 为 $\mathscr{D}$ 的子群，称为给定联络的和乐群 Hol.

例 14.3　设 E 为流形 M 上 k 秩矢丛. $\gamma:[0,1]\to M$ 为满足 $\gamma(0)=\gamma(1)=x$ 的逐段光滑回路. 当矢丛 E 给定联络∇，将矢丛 E 截面 S 沿 $\dot\gamma(t)$ 方向平行输运

$$\nabla_{\dot\gamma(t)}s(t) = 0,\quad s(0) = e\in E_x,\quad s(1) = \varphi_\gamma e\in E_x$$

$$\varphi_\gamma: E_x\to E_x$$

为可逆线性映射，即 $\varphi_\gamma\in \mathrm{GL}(k,\mathbb{R})$.

$$\mathrm{Hol}_x(\nabla) = \{\varphi_\gamma, \gamma \in \Omega(x,M)\} \subseteq \mathrm{GL}(k,\mathbb{R}) \tag{14.106}$$

设流形 M 是连通的则易证在共轭等价的意义下,联络的和乐群与基点的选择无关,可记为

$$\mathrm{Hol}(\nabla) \subseteq \mathrm{GL}(k,\mathbb{R}) \tag{14.107}$$

且当 M 为单连通流形,则 $\mathrm{Hol}(\nabla)$ 为 $\mathrm{GL}(k,\mathbb{R})$ 的连通李子群. 和乐群 $\mathrm{Hol}(\nabla)$ 在矢丛 E 的纤维$\mathbb{R}^k$ 上有自然表示,称为和乐群表示.

例 14.4　设 $P=P(M,G)$ 为以 G 为纤维的主丛. 当给定联络 D 后,可讨论底流形上闭曲线

$$\gamma:[0,1]\to M,\quad \gamma(0) = \gamma(1) = x \in M$$

的水平提升

$$s:[0,1]\to P,\quad s(0) = u, s(1) = v$$

当纤维 $\pi^{-1}(x)$ 上 u 与 v 间存在光滑水平曲线 $s(t)$ 连接,则记 $u\sim v$. 主丛 P 给定联络 D 的和乐群

$$\mathrm{Hol}_u(P,D) = \{g \in G, u \sim gu\} \subseteq G \tag{14.108}$$

易证

$$\mathrm{Hol}_{gu}(P,D) = g\mathrm{Hol}_u g^{-1}$$

在共轭等价的意义下,联络的和乐群与基点的选择无关,可记为

$$\mathrm{Hol}(P,D) \subseteq G \tag{14.109}$$

且当 M 为单连通流形,则 $\mathrm{Hol}(P,D)$ 为 G 的连通李子群.

例 14.5　$E=P\times_\rho V$ 为主丛 P 的伴矢丛,对主丛 P 上给定联络 D,可在伴矢丛 $E=\rho(P)$ 上诱导联络∇,$\rho:G\to\mathrm{GL}(V)$ 为 G 在向量空间 V 上表示,

$$\mathrm{Hol}(P,D) \subseteq G,\quad \mathrm{Hol}(\nabla) \subseteq \mathrm{GL}(V)$$

在共轭等价意义下

$$\rho(\mathrm{Hol}(P,D)) = \mathrm{Hol}(\nabla) \tag{14.110}$$

在§9.7 我们曾分析流形 M 的 G 结构. 本节最后我们分析与 G 结构相容联络对其和乐群的限制,及具特殊和乐群的联络的存在问题.

当主丛 $P=P(M,G)$ 上给定联络 D,设其和乐群 $H=\mathrm{Hol}_u(P,D)$ 为 G 的闭子群,令

$$Q = \{q \in P, u \sim q\}$$

则 $Q=P(M,H)$ 为具纤维 H 的 P 的主子丛,这时 P 上联络 D 限制到 Q 得 Q 上联络 D',即 P 约化到 Q 使 P 上联络 D 约化为 Q 上联络 D'.

[KN]P. 90 曾给定理:如 $\dim M\geqslant 2$,G 为连通李群,则主丛 $P=P(M,G)$ 上存在

联络 D,使其和乐群 $\mathrm{Hol}(P,D)=G$. 且进一步可推出,对每连通李子群 $H\subset G$,当且仅当 $P=P(M,G)$ 可约化为 $Q=P(M,H)$,则 P 上存在联络 D 具和乐群 $\mathrm{Hol}(P,D)=H$.

此定理表明,那些群会是丛上联络的和乐群完全决定于主丛是否可约化,即具整体拓扑意义. §9.7 分析的流形拓扑性质对 G 结构的限制,也即对存在和乐群为 G 的联络的限制.

首先我们分析 n 维流形 M 上标架丛 $L(M)$ 上联络 D 的和乐群 $\mathrm{Hol}(D)$,它与流形 M 的切丛 TM 的联络∇的和乐群 $\mathrm{Hol}(\nabla)$ 在共轭等价意义下同构

$$\mathrm{Hol}(L(M),D)=\mathrm{Hol}(\nabla)\subseteq \mathrm{GL}(n,\mathbb{R}) \tag{14.111}$$

如 $L(M)$ 上联络 D 可约化到 $P(M,G)$ 上联络,则称切丛联络∇与 G 结构相容.

当 M 上具有正定黎曼度规,可选正交标架,与度规相容联络很多,但我们着重注意无挠联络,保度规且无挠的联络(Levi-Civita 联络),和乐群为 $O(n)$. 下面分析黎曼流形上的 G 结构,即可以从正交标架丛 $P(M,O(n))$ 约化的联络的和乐群.

当 M 为 n 维紧致定向黎曼流形,相容联络的和乐群为 $\mathrm{SO}(n)$.

当 M 为偶维($n=2m$ 维)流形,存在近复结构 J,即具 $\mathrm{GL}(m,\mathbb{C})$ 结构,当近复结构无挠,即存在无挠的 $\mathrm{GL}(m,\mathbb{C})$ 结构:复结构. 与度规及复结构均相容联络具和乐群

$$\mathrm{U}(m)=\mathrm{O}(2m)\cap\mathrm{GL}(m,\mathbb{C}) \tag{14.112}$$

这种流形称为 Kähler 流形.

当 M 为 $n=4l$ 维流形,切丛存在 4 元数结构,即具有两个相互反交换的复结构 J,K,当切丛存在无挠的四元数结构,与度规及四元数结构均相容的联络具和乐群

$$\mathrm{Sp}(l)\cdot\mathrm{Sp}(1)=\mathrm{O}(4l)\cap\mathrm{GL}(L,\mathbb{H}) \tag{14.113}$$

这种流形常称为 Qaternionic Kähler 流形.

上述两种李群均非单李群,物理学中常对联络和乐群为单李群时更重视,即常需讨论 Ricci 平流形. 注意不可约黎曼对称空间常为具非零标曲率的 Einstein 空间,故联络具 Ricci 平和乐群的空间必非对称空间,因而一般 Ricci 平和乐度规很难找. Berger 指出,Ricci 平和乐度规可能具有以下四种:

$$\mathrm{SU}(m),\quad \mathrm{Sp}(l),\quad G_2,\quad \mathrm{Spin}(7) \tag{14.114}$$

它们与前述 Kähler, Qaternionic Kähler 流形上联络和乐群的包含关系如下所示:

$$U(m)\supset \boxed{\begin{array}{r} \mathrm{SU}(m)\supset\mathrm{Sp}(l) \\ \cap \\ G_2,\quad \mathrm{Spin}(7) \end{array}} \subset\mathrm{Sp}(l)\cdot\mathrm{Sp}(1) \tag{14.115}$$

它们的共同交为 Sp(l)，具 Sp(l)和乐联络的流形称 Hyper-Kähler 流形.

具 SU(m)和乐联络的称 Calabi-Yau 流形.

黎曼流形且具 $U(m)$，SU(m)，Sp(l)和乐群联络的均为复流形，可用复几何分析，见第十一章与第十七章. 复流形的整体几何常可用复代数几何方法研究，在第十七章中将作初步介绍. 虽然具 Sp(l) · Sp(1)和乐群($l>1$)非 Kähler 流形（虽然叫做 Qaternionic Kähler 流形），但仍然可用复几何方法进行分析. 而(115)式中最难分析的是联络具 G_2，Spin(7)和乐的流形，其整体几何不能用复几何分析. G_2，Spin(7)称为例外特殊和乐群，其分析比其他和乐群的分析更困难，目前仍在发展中.

习 题 十 四

1. 在 S^2 上取球坐标活动标架，请求出其 Levi-Civita 联络.
2. 请比较对一般向量丛截面的二次协变外微分与二次协变导数，说明在什么情况下会出现切丛的挠率.
3. 请证明 cp^N 上自然线丛 L 为全纯线丛. 由 C^{n+1} 的正则度规可诱导丛 L 的纤维上度规. 请求出保此度规的黎曼联络与曲率.
4. 对于丛 P 上的 r 形式 ω_r，可如下定义它的水平部分 $H\omega_r$：当 $H\omega_r$ 与任意 r 个丛上切场 $V_{(i)}$ 缩并时，有

$$\langle H\omega_r;V_{(1)},\cdots,V_{(r)}\rangle=\langle\omega_r;HV_{(1)},\cdots,HV_{(r)}\rangle$$

即只要矢场 $V_{(i)}$ 中有一个为垂直的（切纤维的），则上式为零.

请证明由(2.1)式定义的丛 P 上曲率 2 形式 $\Omega=H\mathrm{d}\omega$ 即证明 $\Omega=\mathrm{d}\omega+\omega\wedge\omega$ 与任意垂直切场的缩并为零.

第十五章　示　性　类

示性类是底流形的上同调类,用以区别不等价的纤维丛.

从局域看,纤维丛相当于底流形开集与纤维的笛卡儿积,从整体看,一般不能将其简单地看成是乘积空间,即可能整体非平庸.问题在于,如何判断丛偏离平庸的偏差.对于纤维丛的分类,主要是进行同伦群的分析,常可用一些拓扑不变的整数(称为示性数)来标志纤维丛对平庸丛的偏差.当我们在纤维丛上引入联络后,联络规定了各纤维与其邻近纤维的关系,这时示性数往往可用联络表示的示性类在整个底流形上的积分表示,但要求积分的结果(示性数)与所选联络无关.也就是说,在纤维丛上选不同联络,用不同联络所表示的示性类相互仅差底流形上正合形式,使得示性类在整个底流形上的积分(示性数)与联络的选取无关,是拓扑不变量.

我们通常假定纤维丛的底流形 M 是拓扑非平庸的紧致无边流形,可以用若干个开集 $\{U_\alpha\}$ 覆盖.纤维丛的整体拓扑性质完全由交叠区的转换函数决定,因此要求示性类为底流形上的闭形式,在任意开集 U_α 上可局域表达为正合形式(Poincare 引理),使它在开集上的积分通过 Stoke's 定理仅依赖于交叠区转换函数.示性类是底流形上的闭微分形式,对非平庸丛,示性类整体不是正合形式,使得在整个紧致无边底流形上的积分非零,因此,纤维丛 E 的示性类 $\chi(E)$ 应为底流形 M 的上同调类,

$$\chi(E)\in H^*(M)$$

总之,纤维丛的示性类是用纤维丛联络表达的底流形的上同调类,而示性类在整个底流形上积分所得示性数是与联络的选取无关的拓扑不变量.这是我们想首先说明的第一点.

纤维丛的结构实质地依赖于结构群 G,可利用普适丛 $\xi(G)$ 的底空间 B_G 对各种结构群 G 的纤维丛进行分类,利用流形 M 到分类空间 B_G 上映射的同伦等价类 $[M,B_G]$,对 M 上纤维丛分类.与各种结构群 G 对应的,取值在 G 作用的表示空间上的,B_G 上的上同调类 $H^*(B_G)$ 称为普适示性类,将它通过映射 $[M,B_G]$ 拖回到流形 M 上,得 M 上各种矢丛 E 的示性类.例如

1. n 维复矢丛 $E(M,\mathbb{C}^n,U(n),\pi)$,结构群 $G=\mathrm{GL}(n,\mathbb{C})$ 常可约化为 $U(n)$,示性类

称陈类(Chern class):

$$C_k(E) \in H^{2k}(M,\mathbb{Z})$$

分类空间 $B_{U(n)} \simeq G^c_{n,\infty}$ 可通过映射 $f: M \to G^c_{n,\infty}$,将普适陈类 $H^*(B_{U(n)})$ 拖回到 M 上得到复矢丛 E 的陈类.

2. n 维实矢丛 $E(M,\mathbb{R}^n,O(n),\pi)$,示性类称 Pontrjagin 类:

$$P_k(E) \in H^{4k}(M,\mathbb{Z})$$

相应分类空间 $B_{O(n)} \simeq G_{n,\infty}$.

3. 实偶维定向矢丛 $E(M,\mathbb{R}^{2m},\mathrm{SO}(2m),\pi)$,分类空间为 $B_{\mathrm{so}(2m)} = \hat{G}_{2m,\infty}$,这时除有 Pontrjagin 类外,还有一种新的示性类,称为欧拉类

$$\chi(E) \in H^{2m}(M,\mathbb{Z})$$

4. 实 n 维矢丛 $E(M,\mathbb{R}^n,\mathbb{Z}_2,\pi)$,分类空间为 $B_{\mathbb{Z}_2} = \mathbb{R}P^\infty$,相应示性类称 Stiefel-Whitney 类.

$$w_i(E) \in H^i(M,\mathbb{Z}_2)$$

对于以整数$\mathbb{Z}$为系数的上同调类,常可将$\mathbb{Z}$嵌入实数域$\mathbb{R}$,得实数域$\mathbb{R}$上的上同调类 $H^*(M,\mathbb{R})$,构成 de Rham 上同调类. 可利用分析工具来研究. 例如陈类,Pontrjagin 类与欧拉类,常可用相应主丛 $P(E)$ 的曲率 2 形式 Ω 的多项式来得到纤维丛的示性类. 可取 Ω 的这种多项式,称为结构群 G 的对称不变多项式,用它们表达的底流形的上同调类,与丛上联络选取无关. 即可采用陈-Weil 同态办法来组成相应的示性类. 我们首先在 §15.1 分析陈-Weil 同态,说明如何利用 Weil 同态来组成各种示性类.

在 §15.2 分析复矢丛及陈示性类. 光滑矢丛的上同调不变量必为陈类,可选归一使陈类在紧致底流形上的积分为整数,称陈示性数. 陈类是整同调群的生成元. 利用分裂原理,可利用陈类的有理数组合得到其他示性类:Todd 类,陈特征标等. 陈特征标可分析矢丛 K 群到 $H^*(M,Q)$ 的环同态,在分析 Atiyah-Singer 指标定理时起重要作用. 可以说复矢丛 E 对整上同调环 $H^*(BU_n,\mathbb{Z})$ 的任意同态都可由陈类多项式表示.

§15.3 分析实矢丛及 Pontrjagin 示性类. 对实向量丛,整普适示性类 $H^*(BO_n,\mathbb{Z})$ 比复矢丛的整普适示性类 $H^*(BU_n,\mathbb{Z})$ 复杂的多,这因存在挠元素. 注意到 $\mathrm{O}(N) \subset \mathrm{U}(N)$,在本节通过复化,可与陈类分析类似,利用陈-Weil 同态分析 Pontrjagin 示性类,即暂时忽略$\mathbb{Z}_2$ 挠子群,仍用微分几何办法(陈-Weil 同态)分析 Pontrjagin 示性类.

§15.4 分析实偶维定向矢丛的欧拉类,它是矢丛存在处处非零截面的惟一拓扑障碍.

§15.5 介绍 Stiefel-Whitney 类，它是以$\mathbb{Z}_2$ 为系数的上同调类，其形式不能用曲率多项式来表达，故不能通过陈-Weil 同态得到. 它是流形伦型不变量，可用公理化形式组成.

是否还有其他类型示性类？在 §15.6 分析普适示性类，说明复矢丛的所有示性类都可由陈类多项式表示，而对实矢丛，由于可能存在 2 阶挠元素，情况比较复杂. 在最后一节介绍奇维流形上陈-Simons 形式，它在现代理论物理中得到广泛应用.

§15.1 陈-Weil 同态

为了说明 Weil 同态概念，我们先介绍群 G 的对称多线性不变多项式. 记 G 的李代数为 $L(G)$，令 F 为 $L(G)$ 的对称 k 线性映射

$$F: L(G) \times L(G) \times \cdots \times L(G) \to R$$

$$a_1, a_2, \cdots, a_k \to F(a_1, a_2, \cdots, a_k) \in R$$

其中 $a_i \in L(G)$，而且 $F(a_1, \cdots, a_k)$满足

1) 多线性
$$F(ca_1, a_2, \cdots, a_k) = F(a_1, \cdots, ca_i, \cdots, a_k) = cF(a_1, \cdots, a_k), c \in R \tag{15.1}$$

2) 对称
$$F(a_{\sigma_1}, \cdots, a_{\sigma_k}) = F(a_1, \cdots, a_k) \tag{15.2}$$

其中 σ 为 k 阶置换群中一元素. 上两式表明，F 相对其宗量置换不变，并相对各宗量均为线性.

3) 群 G 作用下不变

即对任意群元 $g \in G$，有

$$F(a_1^g, a_2^g, \cdots, a_k^g) = F(a_1, a_2, \cdots, a_k) \tag{15.3}$$

其中

$$a_i^g = ad_g(a_i) = g^{-1} a_i g, \quad g \in G$$

则称映射 F 在群 G 作用下不变.

李代数 $L(G)$的对称不变 k 线性映射集合记为 $I^k(G)$，易证 $I^k(G)$为实数域上的向量空间. 进一步令

$$I(G) = \sum_{k=0}^{\infty} I^k(G) \tag{15.4}$$

并可在其间引入乘法运算，即若 $F_1 \in I^k(G)$，$F_2 \in I^j(G)$，则可如下定义两者的积：

$$F_1 \cdot F_2(a_1,\cdots,a_{k+j}) = \frac{1}{(k+j)!}\sum_{\sigma} F_1(a_{\sigma_1},\cdots,a_{\sigma_k}) \cdot F_2(a_{\sigma_{k+1}},\cdots,a_{\sigma_{k+j}}) \tag{15.5}$$

其中求和 σ 是对 $k+j$ 级置换群的所有置换求和,集合 $I(G)$ 中定义乘法后形成实数域上的对易代数.

对于以 G 为结构群的丛 E 的主丛 $P(M,G)$,选定了联络形式 ω 后,可得曲率形式均用丛 $P(M,G)$ 的曲率 2 形式 Ω 代入,可以得到底流形 M 上的 $2k$ 形式

$$F_{\Omega} = F(\Omega,\cdots,\Omega) \tag{15.6}$$

可证 F_{Ω} 具有下述性质:

1)为 M 上的闭形式

$$\mathrm{d}F_{\Omega} = kF(\mathrm{D}\Omega,\Omega,\cdots,\Omega) = 0 \tag{15.7}$$

因为 $\mathrm{D}\Omega = \mathrm{d}\Omega + [\omega,\Omega] = 0$,为所选联络必须满足的 Bianchi 恒等式. 于是 F_{Ω} 属于底流形 M 的上同调类

$$F_{\Omega} \in H^*(M,R)$$

2)F_{Ω} 的上同调类仅依赖于向量丛 E 本身性质,而与丛 E 的联络选取无关.

证 令 ω_0 与 ω_1 为丛上联络,其相应曲率为 Ω_0,Ω_1,令 $F(a^r)$ 为 r 阶不变多项式. 令

$$\omega_t = \omega_0 + t\eta, \quad \eta = \omega_1 - \omega_0 \quad (0 \leqslant t \leqslant 1)$$

为 ω_0 与 ω_1 间线性内插. 则

$$\Omega_t = \mathrm{d}\omega_t + \omega_t \wedge \omega_t$$

$$\frac{\partial \Omega_t}{\partial t} = \mathrm{d}\eta + \{\omega_t,\eta\} = \mathrm{D}_t\eta$$

$$\frac{\partial}{\partial t}F(\Omega_t^r) = rF(\mathrm{D}_t\eta,\Omega_t^{r-1}) = r\mathrm{D}_tF(\eta,\Omega_t^{r-1}) = r\mathrm{d}F(\eta,\Omega_t^{r-1})$$

故

$$F(\Omega_1^r) - F(\Omega_0^r) = \mathrm{d}Q(\omega_0,\omega_1) \tag{15.8}$$

其中

$$Q(\omega_0,\omega_1) = r\int_0^1 F(\omega_1 - \omega_0,\Omega_t^{r-1})\,\mathrm{d}t \tag{15.9}$$

(15.8)式表明 $F(\Omega^r)$ 的上同调类与联络的选取无关,$F(\Omega_1^r)$ 与 $F(\Omega_0^r)$ 间仅差正合形式.

对向量丛 E 上每个 G 不变的对称 r 线性多项式,都定义了一个示性类

$$\chi_F(E) = F(\Omega,\cdots,\Omega)$$

流形 M 的上同调类集合可形成上同调环 $H^*(M,R)$，由丛 E 的结构群 G 的不变多项式环 $I(G)$ 到 $H^*(M,R)$ 的映射 W 是

$$W: F(a_1,\cdots,a_r) \in I(G) \to F(\Omega,\cdots,\Omega) \in H^*(M,R) \tag{15.10}$$

为同态映射，称为 Weil 同态.

由以上分析我们看出，正是由于多项式 F 为群 G 的不变多项式. 使得 F_Ω 的同调类与丛 E 的联络选取无关，而得到标志丛 E 的偏离平庸特性的示性类，为底流形 M 的上同调类.

令 B_G 为普适丛 $\xi(G)$ 的底流形，即为结构群 G 的分类空间，可以证明在$\Gamma(G)$ 与 $H^*(B_G,R)$ 间存在同构 W_0，而下图是可交换的.

$$\begin{array}{ccc} & I(G) & \\ W\swarrow & & \searrow W_0 \\ H^*(M,R) & \xleftarrow[f^*]{} & H^*(B_G,R) \end{array}$$

正是由于有不变多项式环 $I(G)$ 与分类空间上的上同调环 $H^*(B_G,R)$ 间同构，Weil 同态才会给出纤维丛示性类的表示.

下面简单分析下如何得到不变对称多项式环 $I(G)$，写出陈-Weil 同态的明显表达式.

首先分析由 n 个变量 $\{x_i\}_1^n$ 组成的对称多项式环 Λ_n. 以$\mathbb{Z}[x_1,\cdots,x_n]$表示 n 个变量生成的系数在整数环$\mathbb{Z}$的多项式代数，而在置换群 S_n 作用下不变的对称多项式环

$$\Lambda_n = \mathbb{Z}[x_1,\cdots,x_n]^{Sn} = \bigoplus_{k\geqslant 0}\Lambda_n^k$$

引入$(n+1)$个基本对称多项式$\{e_r\}_1^n$.

$$e_r = \sum_{i_1<\cdots<i_r} x_{i_1}\cdots x_{i_r} \tag{15.11}$$

即

$$e_0 = 1,\quad e_1 = x_1 + x_2 + \cdots + x_n,\cdots,\quad e_n = x_1x_2\cdots x_n$$

它们是母函数

$$E(t) = \prod_{i\geqslant 1}(1 + x_it) = \sum_{r\geqslant 0} e_rt^r \tag{15.12}$$

按 t 的幂次展开的系数. 存在对称多项式的基本定理：

1) $\{e_r\}_1^n$ 是代数独立的，即它们不满足系数在 Λ_n 中的任意多项式方程. 也就是说，对任意非零 $P(x_1,\cdots,x_n)\in\Lambda_n$，则 $P(e_1,\cdots,e_n)\neq 0$.

2) 任意对称多项式 $P\in\Lambda_n$，必可用$\{e_r\}_1^n$ 惟一表示，例如

$$x_1^3 + x_2^3 + x_3^3 = e_1^3 - 3e_1e_2 + 3e_3$$

即$\mathbb{Z}[e_1,\cdots,e_n]$形成$\mathbb{Z}[x_1,\cdots,x_n]$的由对称多项式组成的子代数，$\{e_i\}_1^n$为此子代数的最小生成元集合.

下面分析G不变对称多项式环$I(G)$. 令G为任意矩阵李群，$L(G)$为其李代数，令Σ为$L(G)$值k形式

$$\Sigma = \alpha \otimes A \in \Omega^k(M, L(G)) \tag{15.13}$$

其中A属$L(G)$的矩阵表示，$\alpha \in \Lambda^k(M)$为流形M上k形式. 设Σ在群G作用下规范协变：

$$\Sigma \to \Sigma^g = g^{-1}\Sigma g, \quad g \in G \tag{15.14}$$

对由矩阵值形式Σ组成的多项式，引入对称迹(symmetrized trace)，记为

$$\mathrm{Str}(\Sigma_1,\cdots,\Sigma_l) = \alpha_1 \wedge \cdots \wedge \alpha_l \otimes \frac{1}{l!}\sum_{\sigma\in S_l}\mathrm{tr}(A_{\sigma_1},\cdots,A_{\sigma_l}) \tag{15.15}$$

即将微分形式部分抽出作外乘，而将剩余部分作通常矩阵的迹，并取完全对称化. 易证这样定义的对称迹具有下述性质：

1) 它是G不变对称多项式，即满足

$$\mathrm{Str}(\Sigma_{\sigma_1},\cdots,\Sigma_{\sigma_l}) = \mathrm{Str}(\Sigma_1,\cdots,\Sigma_l), \quad \sigma \in S_l \tag{15.16}$$

$$\mathrm{Str}(\Sigma_1^g,\cdots,\Sigma_l^g) = \mathrm{Str}(\Sigma_1,\cdots,\Sigma_l), \quad g \in G \tag{15.17}$$

2) 对于任一取$L(G)$值1形式ρ，存在下列等式：

$$\sum_{i=1}^{l}(-1)^{k_1+\cdots+k_{i-1}}\mathrm{Str}(\Sigma_1,\cdots,[\rho,\Sigma_i],\cdots,\Sigma_l) = 0 \tag{15.18}$$

利用上性质，易证

$$\mathrm{dStr}(\Sigma_1,\cdots,\Sigma_l) = \sum_{i=1}^{l}(-1)^{k_1+\cdots+k_{i-1}}\mathrm{Str}(\Sigma_1,\cdots,\mathrm{D}\Sigma_i,\cdots,\Sigma_l) \tag{15.19}$$

其中

$$\mathrm{D}\Sigma_i = \mathrm{d}\Sigma_i + [\omega,\Sigma_i]$$

为含联络1形式ω的协变外微分. 例如当取$\Sigma=\Omega$为取值$L(G)$的曲率2形式，这时，因为

$$\mathrm{D}\Omega = \mathrm{d}\Omega + [\omega,\Omega] = 0$$

故

$$\mathrm{dStr}(\Omega^l) = 0, \quad \mathrm{Str}(\Omega^l) \in H^*(M,\mathbb{R})$$

于是利用对称迹组成取值$L(G)$的G不变对称多项式

$$P(\Sigma_1,\cdots,\Sigma_l) = \mathrm{Str}(\Sigma_1,\cdots,\Sigma_l) \in I(G)$$

将各Σ_i用取值$L(G)$的曲率2形式Ω代替，即作陈-Weil映射(15.10)，得

$$P(\Omega_1,\cdots,\Omega_l) \in H^*(M,\mathbb{R})$$

为矢丛 E 的示性类.

§15.2　复矢丛与陈示性类(Chern class)

我们先讨论 m 维复向量丛,其结构群为 $\mathrm{GL}(m,c)$,这是因为 $\mathrm{GL}(m,c)$ 的拓扑比 $\mathrm{GL}(m,R)$ 的拓扑简单的多,易于分析. 复矢丛上曲率形式 Ω 为取值在李代数 $gl(m,\mathbb{C})$ 上的 2 形式,取李代数 $gl(m,c)$ 的 m 维基础表示,Ω 可表为 $m\times m$ 阶矩阵 2 形式,$\Omega=(\Omega_j^i)$ 为反厄米矩阵,其矩阵元为

$$\Omega_j^i = -\overline{\Omega_i^j} \in \Lambda^2(E) \tag{15.20}$$

为矢丛 E 上 2 形式,没有垂直分量,即它与矢丛任意垂直切矢量的缩并为零,故可将 Ω 表为底流形上 2 形式 R 在投射映射下的拖回映射

$$\Omega = \pi^* R$$

$R=(R_j^i)$,其矩阵元是

$$R_j^i = -\overline{R_i^j} \in \Lambda^2(M)$$

为底流形上复值 2 形式. 对复向量丛,其最基本的示性类为陈类,可如下选曲率矩阵 Ω 的不变多项式称为总陈类 $C(E)$

$$C(E) = \det\left(I+\frac{\mathrm{i}}{2\pi}\Omega\right) = \sum_{k=0}^{m}\left(\frac{\mathrm{i}}{2\pi}\right)^k S_k(\Omega) \tag{15.21}$$

其中 $S_k(\Omega)$ 为 Ω 的 k 阶齐次对称多项式

$$S_k(\Omega) = \frac{1}{k!}\sum_{(i)(j)}\delta_{i_1\cdots i_k}^{j_1\cdots j_k}\Omega_{j_1}^{i_1}\cdots\Omega_{j_k}^{i_k}$$

$$S_k(\Omega) = S_k(\Omega^g) = \pi^* S_k(R) \in H^{2k}(M,\mathbb{C})$$

为底流形 M 上 $2k$ 阶闭形式,而矢丛的第 k 陈类 $c_k(E)$ 可表示为

$$c_k(E) = \left(\frac{\mathrm{i}}{2\pi}\right)^k S_k(\Omega) \tag{15.22}$$

其中因子 i^k 是为了使

$$c_k(E) \in H^{2k}(M,R)$$

这是因为 Ω 为反厄米矩阵,$\mathrm{i}\Omega$ 为厄米矩阵,其本征值为实,而 $\mathrm{i}^k S_k(\Omega)=S_k(\mathrm{i}\Omega)$ 为实本征值的第 k 次齐次对称函数.

注意 $U(n)$ 纤维丛拓扑障碍分析,由(9.54)式知 U_n 的各阶稳定同伦群:

$$\pi_{2k+1}U = \mathbb{Z}, \qquad \pi_{2k}U = 0$$

各阶拓扑障碍属于以整数为系数的流形 M 的整同调类 $H^*(M,\mathbb{Z})$. 在定义陈类时,可设法选归一因子 $(2\pi)^{-k}$,如(15.22)式,使陈类在整个底流形上的积分为

整数

$$C_k = \int_M c_k(E) \in \mathbb{Z}$$

称为矢丛 E 的第 k 陈数.

例 15.1　$\mathbb{C}P^1$ 上自然线丛 L,由(14.103)式知线丛曲率

$$\Omega = \frac{2\mathrm{i}\mathrm{d}x \wedge \mathrm{d}y}{(1+x^2+y^2)^2}$$

故其第一陈类的积分

$$C_1 = \frac{\mathrm{i}}{2\pi}\int_{S^2}\Omega = -\frac{1}{\pi}\int_{S^2}\frac{\rho\mathrm{d}\rho \wedge \mathrm{d}\varphi}{(1+\rho^2)^2} = -\int_0^\infty \frac{2\rho\mathrm{d}\rho}{(1+\rho^2)^2} = -1 \qquad (15.23)$$

由此例可看出,在曲率 2 形式前乘因子$\frac{\mathrm{i}}{2\pi}$,会使拓扑不变数为整数,称为陈示性数. 这样,由(15.22)式定义的陈类 $c_k(E)$:

$$c_k(E) = \left(\frac{\mathrm{i}}{2\pi}\right)^k S_k(\Omega) \in H^{2k}(M,\mathbb{Z})$$

为底流形 M 上整同调群的生成元,例如

$$c_1(E) = \frac{\mathrm{i}}{2\pi}\delta_i{}^j\Omega^i_j = \frac{\mathrm{i}}{2\pi}\mathrm{tr}\Omega$$

$$c_2(E) = \left(\frac{\mathrm{i}}{2\pi}\right)^2\frac{1}{2!}\delta^{kl}_{ij}\Omega^i_k \wedge \Omega^j_l = -\frac{1}{8\pi^2}(\Omega^i_i \wedge \Omega^j_j - \Omega^i_j \wedge \Omega^j_i)$$

$$= \frac{1}{8\pi^2}[\mathrm{tr}(\Omega \wedge \Omega) - (\mathrm{tr}\Omega) \wedge (\mathrm{tr}\Omega)]$$

$$c_3(E) = \frac{\mathrm{i}}{48\pi^3}[-2\mathrm{tr}(\Omega \wedge \Omega \wedge \Omega)$$
$$+3(\mathrm{tr}(\Omega \wedge \Omega)) \wedge \mathrm{tr}\Omega - \mathrm{tr}\Omega \wedge \mathrm{tr}\Omega \wedge \mathrm{tr}\Omega)] \qquad (15.24)$$

…………

以上结果也可利用下述矩阵等式得到

$$\det(1+A) = \exp\,\mathrm{tr}\,\ln(1+A) = \exp\,\mathrm{tr}\left(A - \frac{A^2}{2} + \frac{A^3}{3} - \cdots\right)$$

$$= 1 + \mathrm{tr}\left(A - \frac{A^2}{2} + \cdots\right) + \frac{1}{2}\left[\mathrm{tr}\left(A - \frac{A^2}{2} + \cdots\right)\right]^2 + \cdots$$

$$= 1 + \mathrm{tr}A + \frac{1}{2}[(\mathrm{tr}A)^2 - \mathrm{tr}A^2] + \cdots \qquad (15.25)$$

将 A 由$\frac{\mathrm{i}}{2\pi}\Omega$代替,即得总陈类

$$C(E) = \det\left(I + \frac{\mathrm{i}}{2\pi}\Omega\right) = 1 + c_1(E) + c_2(E) + \cdots \tag{15.26}$$

注意上展式只有有限项,当 $k > m$ 或 $k > \frac{n}{2}$(n 为底流形 M 的维数,m 为纤维向量空间的复维数)时,$c_k = 0$.

注意到在定义总陈类 $C(E)$时,如(15.26)时,用表示矩阵的行列式表达,而任两矩阵 A 与 B 的直和的行列式

$$\det(A \oplus B) = \det A \cdot \det B$$

故对两矢丛的直和 $E \oplus F$,其总陈类

$$C(E \oplus F) = C(E) \wedge C(F) \tag{15.27}$$

通过选适当局域坐标系,常可使 k 秩复向量丛 E 分裂为 k 个复线丛 L_j 的直和:

$$E = \oplus \sum_{j=1}^{k} L_j \tag{15.28}$$

$$C(L_j) = 1 + \frac{\mathrm{i}}{2\pi}\Omega_j \equiv 1 + x_j$$

由(15.27)式知

$$C(E) = \prod_{j=1}^{k}(1 + x_j), \quad x_j = \frac{\mathrm{i}}{2\pi}\Omega_j \tag{15.29}$$

一般并非所有复矢丛都可分裂为线丛. 但是可证(分裂原理),对任意复矢丛 E,存在连续映射 f,使 $f^* E$ 是可分裂的. 此原理也相当于任意矩阵都可用对角矩阵来逼近见[BT] §21. 令 Ω 为取值在李代数 $gl(k,c)$ 上的曲率 2 形式. 即为 $k \times k$ 矩阵 2 形式. 设可对角化为 k 个 2 形式 Ω_j 的直和,则

$$C(E) = \det\left(1 + \frac{\mathrm{i}}{2\pi}\Omega\right) = \prod_{j=1}^{k}\left(1 + \frac{\mathrm{i}}{2\pi}\Omega_j\right) = \prod_{j=1}^{k}(1 + x_j) \in H^*(M,Z)$$

与(15.25)式比较,得

$$c_1(E) = \sum_{j=1}^{k} x_j, c_2(E) = \sum_{i<j} x_i x_j, \cdots\cdots \cdots\cdots \tag{15.30}$$

即各陈类$\{c_k\}$是矩阵$(1 + \frac{\mathrm{i}}{2\pi}\Omega)$的各本征值$\{x_j\}$的基本对称多项式,由对称多项式基本定理知$\{x_j\}$的其他对称多项式均可由$\{c_k\}$生成. 利用$\{x_j\}$的其他形式的对称多项式,可得到复矢丛 E 的其他形式的示性类,它们均可由陈类$\{c_k(E)\}$生成. 即利用分裂原理及对称多项式的基本定理,可通过各种对称函数来定义示性类. 例如 Todd 函数

$$Td(x) = \prod_{i=1}^{r} \frac{x_i}{1 - \mathrm{e}^{-x_i}} = \sum_{j} \mathscr{F}_j(e_1, \cdots, e_r)$$

是相对变量$\{x_i\}_1^r$为对称的,故可用基本对称多项式$e_k = e_k(x_1, \cdots, x_r)$生成. 当用$\frac{\mathrm{i}}{2\pi}\Omega$代替$x_j$,即用陈类$c_k(E)$代替$e_k$,得

$$Td(E) = 1 + \frac{1}{2}c_1(E) + \frac{1}{12}(c_1(E)^2 + c_2(E))$$

$$+ \frac{1}{24}c_1(E)c_2(E) + \cdots \in H^*(M,Q) \tag{15.31}$$

具有性质

$$Td(E \oplus F) = Td(E)Td(F) \tag{15.32}$$

注意在定义陈示性类时,通过$\det(1 + \frac{\mathrm{i}}{2\pi}\Omega)$来定义总陈类,按分裂原理

$$C(E) = \prod_i (1 + x_i), \qquad C(F) = \prod_j (1 + y_j)$$

$$C(E \oplus F) = \prod_i (1 + x_i)(1 + y_j) = C(E) \cdot C(F)$$

$$C(E \otimes F) = C((\bigoplus_i E_i) \otimes (\bigoplus_j F_j)) = C(\bigoplus_{i,j}(E_i \otimes F_j)) = \prod_{i,j}(1 + x_i + y_j) \tag{15.33}$$

在分析矢丛直积时很不方便. 矢丛等价类集合具有环结构,K理论研究矢丛稳定等价类集合,为保持矢丛直积的同态对应,常引入陈特征标$Ch(E)$.

$$Ch(E) = \mathrm{tr}(\exp\frac{\mathrm{i}}{2\pi}\Omega) = \mathrm{tr}\sum_{k=0}^{\infty}\frac{1}{k!}\left(\frac{\mathrm{i}}{2\pi}\Omega\right)^k \in H^*(M,\mathbb{R}) \tag{15.34}$$

注意到当$2k > \dim M$时,$\mathrm{tr}(\Omega^k) = 0$,上式为由矢丛$E$的曲率2形式$\Omega$组成的$ad(G)$不变多项式,为底流形$M$上的上同调类. 由分裂原理,

$$Ch(E) = \sum_{k=0}^{\infty}\frac{1}{k!}\sum_{j=1}^{r}x_j^k = \sum_{j=1}^{r}e^{x_j} = r + \sum_1^r x_j + \frac{1}{2}\sum_1^r x_j^2 + \cdots$$

$$= r + c_1(E) + \frac{1}{2}(c_1^2(E) - 2c_2(E)) + \cdots = \sum_{l=0}^{\infty}ch_l(E) \tag{15.35}$$

$$ch_0(E) = r = \dim E, \quad ch_1(E) = c_1(E)$$

$$ch_2(E) = \frac{1}{2}(c_1^2(E) - 2c_2(E)) \in H^4(M,Q) \tag{15.36}$$

所有的各阶 Chern 特征标$ch_l(E)$均能表达为用有理数系数的陈类多项式,即$ch_l(E) \in H^{2l}(M,Q)$. 且易证

$$ch(E \oplus F) = \mathrm{tr}\mathrm{e}^{\frac{\mathrm{i}}{2\pi}\Omega(E \oplus F)} = \sum_i \mathrm{e}^{x_i} + \sum_j \mathrm{e}^{y_j} = ch(E) + ch(F) \tag{15.37}$$

$$ch(E \otimes F) = \mathrm{tr} e^{\frac{i}{2\pi}\Omega(E\otimes F)} = \sum_{i,j} e^{x_i + y_j} = \sum_i e^{x_i} \cdot \sum_j e^{y_i} = ch(E) \cdot ch(F) \quad (15.38)$$

即陈特征标 ch 定义了由矢丛 K 群到 $H^*(M, Q)$ 的环同态,在分析 Atiyah-Singer 指标定理中起重要作用.

例 15.2　两个复线丛 L 与 L',其直积仍为复线丛,于是由(15.38)式可证

$$1 + c_1(L \otimes L') = (1 + c_1(L))(1 + c_1(L')) = 1 + c_1(L) + c_1(L')$$

即

$$c_1(L \otimes L') = c_1(L) + c_1(L') \quad (15.39)$$

例 15.3　$\mathbb{C}P^1$ 上自然线丛 L 的对偶丛为 L^*,由于

$$L \otimes L^* = I$$

为$\mathbb{C}P^1$ 上平庸复线丛,故其总陈类为

$$C(L \otimes L^*) = C(I) = 1, \quad c_1(I) = 0$$

代入(15.39)式知

$$c_1(L^*) = -c_1(L)$$

再由(15.23)式知陈数 $c_1(L^*) = 1$.

例 15.4　$S^2 \simeq CP^1$ 的余切丛 $T^*(S^2)$ 的陈数 $C_1(T^*(S^2))$.

在 CP^1 上取两覆盖 $U_0(z^0 \neq 0)$ 与 $U_1(z^1 \neq 0)$,CP^1 上自然线丛 L 在此两区域的局域截面是

$$\sigma_0 = (1, \zeta_0) \quad (\zeta_0 = z^1/z^0)$$

$$\sigma_1 = (\zeta_0^{-1}, 1)$$

因此,其转换函数由下式决定:

$$\sigma_1 = \zeta_0^{-1} \sigma_0$$

另方面选 $S^2 = CP^1$ 上复坐标

$$\zeta_0 = z^1/z^0 \quad (\text{在 } U_0 \text{ 区})$$

$$\zeta_1 = z^0/z^1 \quad (\text{在 } U_1 \text{ 区})$$

因此,$T^*(CP^1)$上的基矢可选为 $d\zeta_0$(在 U_0 区)与 $d\zeta_1$(在 U_1 区),它们满足

$$-d\zeta_1 = \zeta_0^{-2} d\zeta_0$$

与自然线丛 L 的转换函数比较,知

$$T^*(CP^1) = L \otimes L$$

于是由(15.39)及(15.23)式知

$$C_1(T^*(CP(1))) = C_1(L) + C_1(L) = -2$$

其对偶丛,即 $CP^1 = S^2$ 的切丛 $T(S^2)$ 的陈数

$$C_1(TS^2) = 2$$

一般习惯,复流形的复切丛的陈类就称为流形本身的陈类,即

$$C_1(S^2) = C_1(TS^2) = 2$$

恰好为 S^2 的欧拉数,在 § 15.3 我们将指出,复流形切丛的顶陈类(即底流形所允许最高陈类),就是欧拉类.

在本节最后对陈示性类的特性作简短总结,可由示性类的基本特性及(15.27),(15.23)等式作为陈类的公理化组成,即可用下述四公理来决定复矢丛的陈类:

公理 15.1　对流形 M 上 k 秩复矢丛 E,存在上同调类系列:

$$c_j(E) \in H^{2j}(M, \mathbb{Z}), \quad j = 0, 1, 2, \cdots$$
$$c_0(E) = 1, \quad c_j(E) = 0, \quad \text{当} j > k$$

称为矢丛 E 的陈类,且令

$$C(E) = 1 + c_1(E) + \cdots + c_k(E)$$

称为总陈类.

公理 15.2　当存在光滑映射 $f: M' \to M, E' = f^* E$,则

$$C(E') = f^*(C(E)) \in H^*(M', \mathbb{Z})$$

公理 15.3　当 E 与 F 为在相同底流形 M 上的两复矢丛,则其 Whitney 和丛 $E \oplus F$ 上总陈类

$$C(E \oplus F) = C(E)C(F)$$

即

$$c_l(E \oplus F) = \sum_{j=0}^{l} c_j(E) c_{l-j}(F)$$

公理 15.4　对 $\mathbb{C}P^1$ 上自然复线丛 L,其陈类 $c_1(L)$ 非零,是 $H^2(\mathbb{C}P^1, \mathbb{Z})$ 的生成元,并取系数使

$$\int_{\mathbb{C}P^1} C_1(L) = -1$$

利用公理 2 及浸入映射:

$$\mathbb{C}P^1 \to \mathbb{C}P^2 \to \cdots$$

可将公理 4 改写为

公理 15.4′　对 $\mathbb{C}P^\infty$ 上自然复线丛 λ,其陈类 $c_1(\lambda)$ 非零,为上同调环 $H^*(\mathbb{C}P^\infty, \mathbb{Z})$

的生成元.

$\mathbb{C}P^{\infty}$ 为复线丛的普适分类空间,于是由分裂原理,可得所有复矢丛的陈类. 很易证明,由陈-Weil 同态(15.26)式所得上同调类满足上述四公理.

§15.3　实矢丛与 Pontrjagin 类

实 k 维矢丛的转换函数属 GL(k,R)群. 当给定实矢丛纤维黎曼度规,丛转换函数可约化为 $O(k)$,与复矢丛时的情况略微不同的是,当我们取结构群为$O(k)$或$GL(k,R)$时,其特征形式不同,但是两者之差为正合形式,故上同调类相同,即其示性类实质上相同. 为简单起见,我们将着重讨论 $O(k)$丛的 Pontrjagin 类,丛的曲率 Ω 是取值 $O(k)$李代数的实值 2 形式,满足

$$\Omega = -\Omega^{t} \tag{15.40}$$

其中 Ω^{t} 的上标 t 表示转置矩阵. 丛的总 Pontrjagin 类可用特征多项式表示为

$$\begin{aligned} P(E) &= \det\left(I - \frac{\Omega}{2\pi}\right) = 1 + p_1 + p_2 + \cdots \\ &= 1 - \frac{1}{8\pi^2}\mathrm{tr}\Omega \wedge \Omega + \frac{1}{(2\pi)^4}\frac{1}{64}(\in_{abcd}\Omega^{ab} \wedge \Omega^{cd})^2 + \cdots \end{aligned} \tag{15.41}$$

注意到上式中非零多项式必为 Ω 的偶次幂,即

$$p_j(E) \in H^{4j}(M) \tag{15.42}$$

且当 $4j>n$,或 $2j>k$ 时,$p_j=0$.

易证,总 Pontrjagin 类 $P(E)$具有下述性质:

$$P(E \oplus F) = P(E)\cdot P(F) \tag{15.43}$$

Pontrjagin 示性类可用一般线性联络计算,也可用黎曼联络计算,而其上同调类与所选联络和度规无关. 由(15.41)式知第 k-Pontrjagin 示性类为

$$p_k = \frac{1}{(2k)!(2\pi)^{2k}}\delta^{i_1\cdots i_{2k}}_{j_1\cdots j_{2k}}\Omega_{i_1j_1} \wedge \cdots \wedge \Omega_{i_{2k}j_{2k}} \tag{15.44}$$

例如

$$p_1 = \frac{1}{2(2\pi)^2}\delta^{i_1i_2}_{j_1j_2}\Omega_{i_1j_1} \wedge \Omega_{i_2j_2} = -\frac{1}{8\pi^2}\Omega_{i_1i_2} \wedge \Omega_{i_2i_1} = -\frac{1}{8\pi^2}\mathrm{tr}\Omega^2$$

最后一步为简化符号,略去了外乘符号∧,下面也采用此习惯:

$$p_2 = \frac{1}{(2\pi)^4}\left[\frac{1}{8}(\mathrm{tr}\Omega^2)^2 - \frac{1}{4}\mathrm{tr}\Omega^4\right]$$

$$p_3 = \frac{1}{(2\pi)^6}\left[-\frac{1}{48}(\mathrm{tr}\Omega^2)^3 + \frac{1}{8}\mathrm{tr}\Omega^2\mathrm{tr}\Omega^4 - \frac{1}{6}\mathrm{tr}\Omega^6\right]$$

$$p_4 = \frac{1}{(2\pi)^8}\Big[\frac{1}{384}(\mathrm{tr}\Omega^2)^4 - \frac{1}{32}(\mathrm{tr}\Omega^2)^2\mathrm{tr}\Omega^4 + \frac{1}{12}\mathrm{tr}\Omega^2\mathrm{tr}\Omega^6 + \frac{1}{32}(\mathrm{tr}\Omega^4)^2 - \frac{1}{8}\mathrm{tr}\Omega^8\Big]$$

$$p_5 = \frac{1}{(2\pi)^{10}}\Big[-\frac{1}{3840}(\mathrm{tr}\Omega^2)^5 + \frac{1}{192}(\mathrm{tr}\Omega^2)^3\mathrm{tr}\Omega^4 - \frac{1}{48}(\mathrm{tr}\Omega^2)^2\mathrm{tr}\Omega^6 - \frac{1}{64}\mathrm{tr}\Omega^2(\mathrm{tr}\Omega^4)^2 + \frac{1}{16}\mathrm{tr}\Omega^2\mathrm{tr}\Omega^8 + \frac{1}{24}\mathrm{tr}\Omega^4\mathrm{tr}\Omega^6 - \frac{1}{10}\mathrm{tr}\Omega^{10}\Big] \tag{15.45}$$

对任意实向量丛 E，可定义其复化丛

$$E_c = E \otimes C$$

将实向量丛 E 的总 Pontrjagin 类与相应复化丛 E_c 的总陈类对比

$$C(E_c) = \det\left(L + \frac{\mathrm{i}}{2\pi}\Omega\right) = 1 - p_1 + p_2 - \cdots$$

$$p_j(E) = (-1)^j c_{2j}(E_c) \in H^{4j}(M,\mathbb{Z}) \tag{15.46}$$

另一方面，对任意 k 维复向量丛 E，忽略其复结构后，可看成为 $2k$ 维实向量丛 E_r，易证

$$(-1)^j p_j(E_r) = \sum_{i=0}^{j}(-1)^i c_i(E) c_{2j-i}(E) \tag{15.47}$$

例如，当 $j=1$ 时，得

$$-p_1(E_r) = c_0(E)c_2(E) - c_1(E)c_1(E) + c_2(E)c_0(E) = 2c_2(E) - c_1(E)^2$$

$$p_2(E_r) = c_2^2(E) - 2c_1(E)c_3(E) + 2c_4(E) \tag{15.48}$$

利用分裂原理，对复化实向量丛 E_c，有

$$E_c \simeq L_1 \oplus L_1^* \oplus L_2 \oplus L_2^* \oplus \cdots \oplus L_k \oplus L_k^*$$

由(15.29)式知

$$C(E_c) = \prod_{i=1}^{k}(1 - x_i^2) = 1 - p_1 + p_2 - \cdots$$

$$P(E) = 1 + p_1 + p_2 + \cdots = \prod_{i=1}^{k}(1 + x_i^2) \tag{15.49}$$

对实向量丛 E，利用实母函数也可得到其他示性类，例如 Hirzebruch L 多项式

$$L(x) = \prod_a \frac{x_a}{\tanh x_a} = \prod_a\left(1 - \frac{x_a^2}{3} + \frac{2}{15}x_a^4 - \frac{17}{315}x_a^6 + \cdots\right)^{-1}$$

$$= \prod_a\Big[\sum_1^{\infty} 2^{2n}(2^{2n}-1)(2n!)^{-1}B_{2n}x_a^{2(n-1)}\Big]^{-1}$$

其中 B_{2n} 为 Bernoulli 数. 与 Pontrjagin 示性类比较，可将 $L(E)$ 表示为

$$\begin{aligned}L(E) &= 1 + \frac{1}{3}p_1 + \left(-\frac{1}{45}p_1^2 + \frac{7}{45}p_2\right) + \left(\frac{2}{945}p_1^3 - \frac{13}{945}p_1p_2 + \frac{62}{945}p_3\right) \\ &\quad + \left(-\frac{1}{4725}p_1^4 + \frac{22}{14175}p_1^2p_2 - \frac{71}{14175}p_1p_3 - \frac{19}{14175}p_2^2 + \frac{127}{4725}p_4\right) \\ &\quad + \left(\frac{2}{93555}p_1^5 - \frac{83}{467775}p_1^3p_2 + \frac{79}{155925}p_1^2p_3 + \frac{127}{467775}p_1p_2^2\right. \\ &\quad \left. - \frac{919}{467775}p_1p_4 - \frac{16}{22275}p_2p_3 + \frac{146}{13365}p_5\right) + \cdots \end{aligned} \tag{15.50}$$

当 M 为 $4n$ 维紧致定向流形,由 Poincaré 对偶

$$H^{2n}(M,\mathbb{R}) \otimes H^{2n}(M,\mathbb{R}) \longrightarrow \mathbb{R}$$

为对称非简并双线性形式,其正本征值数减负本征值数称为号差(signature),为拓扑不变量,Hirzebruch 证明,L 亏格(L-genus)

$$\hat{L}(M) = \int_M L(TM) \tag{15.51}$$

为拓扑不变量;是整数. 于是由(15.50)式可看出,任意 4 维流形 M 的 Pontrjagin 示性数 $P_1[M] = \int_M P_1$ 必可被 3 除尽,任意 8 维流形的$(7p_2 - p_1^2)[M]$必可被 15 除尽.

利用 A 亏数(roof)多项式

$$A(x) = \prod_a \frac{x_a/2}{\sinh x_a/2} = \prod_a \left(1 + \frac{1}{3!}\left(\frac{x_a}{2}\right)^2 + \frac{1}{5!}\left(\frac{x_a}{2}\right)^4 + \cdots\right)^{-1} \tag{15.52}$$

可引入矢丛 E 的 A 亏数(roof)示性类

$$\begin{aligned}A(E) &= 1 + \frac{1}{2^2}\left(-\frac{1}{6}p_1\right) + \frac{1}{2^4}\left(\frac{7}{360}p_1^2 - \frac{1}{90}p_2\right) \\ &\quad + \frac{1}{2^6}\left(\frac{-31}{15120}p_1^3 + \frac{11}{3780}p_1p_2 - \frac{1}{945}p_3\right) \\ &\quad + \frac{1}{2^8}\left(\frac{127}{604800}p_1^4 - \frac{113}{226800}p_1^2p_2 + \frac{4}{14175}p_1p_3 + \frac{13}{113400}p_2^2 - \frac{1}{9450}p_4\right) \\ &\quad + \frac{1}{2^{10}}\left(-\frac{73}{3421440}p_1^5 + \frac{1073}{14968800}p_1^3p_2 - \frac{61}{1247400}p_1^2p_3 - \frac{311}{7484400}p_1p_2^2\right. \\ &\quad \left. + \frac{53}{1871100}p_1p_4 + \frac{1}{44550}p_2p_3 - \frac{1}{93555}p_5\right) + \cdots \end{aligned} \tag{15.53}$$

可以证明对自旋流形 M,其 A 亏数(roof)亏格

$$\hat{A}(M) = \int_M A(TM) \tag{15.54}$$

为拓扑不变量,是整数. 对复化矢丛的 Todd 类

$$Td_c(\mathrm{E}\times\mathbb{C})=\prod_{a=1}^{n}\frac{x_a}{1-\mathrm{e}^{-x_a}}\frac{(-x_a)}{1-\mathrm{e}^{x_a}}=\prod_{a=1}^{n}\left(\frac{x_a}{\mathrm{e}^{x_a/2}-\mathrm{e}^{-x_a/2}}\right)^2$$

$$=\prod_{a=1}^{n}\left(\frac{x_a/2}{\sinh x_a/2}\right)^2=(A(E))^2 \qquad (15.55)$$

A 亏格 $\hat{A}(E)$ 为相应复化矢丛 Todd 数的开方,此式在分析 Dirac 算子的指数定理时要用到.

§15.4　实偶维定向矢丛与欧拉类

实定向 k 维矢丛结构群常可约化为 SO(k)群,其相应李代数仍为 $L(O(k))$,其伴随表示为 $k\times k$ 维实反对称矩阵. 奇维实反对称矩阵必为零,而任意偶维($k=2l$)反对称矩阵 $\alpha=(\alpha_{ij})$ 的行列式为完全平方,可求出其实平方根. 取值在李代数 L(O(k))上的曲率 2 形式的行列式的平方根,是 SO(k)不变的 k 形式,称为此实矢丛的欧拉形式 $e(\Omega)$,为闭形式,其上同调类是与丛上联络和度规的选择无关的丛的欧拉示性类 $e(E)$.

可用如下方法找到 $\det\alpha$ 的平方根 $e(\alpha)$. 令 $\{z^i\}$ 为丛 E 的局域纤维坐标,因为矩阵 $\alpha=(\alpha_{ij})$ 的矩阵元指标反对称,可如下组成纤维上 2 形式:

$$A=\frac{1}{2}\alpha_{ik}\mathrm{d}z^i\wedge\mathrm{d}z^k \qquad (15.56)$$

取 A 的 $l=k/2$ 重外积,可如下得到 $e(\alpha)$:

$$\frac{1}{l!}\bigwedge_l A=e(\alpha)\mathrm{d}z^1\wedge\cdots\wedge\mathrm{d}z^k \qquad (15.57)$$

而矢丛 E 的欧拉类

$$e(E)=e\left(\frac{\Omega}{2\pi}\right)\in H^k(M) \qquad (15.58)$$

具有下述性质:对奇维丛,有

$$e(E)=0\quad(k\ 为奇数)$$

对直和丛,有

$$e(E\oplus F)=e(E)\cdot e(F) \qquad (15.59)$$

例如,当 $k=4$,如矩阵 $\alpha=(\alpha_{ij})$ 已对角化

$$\alpha=\begin{pmatrix}0 & x_1 & 0 & 0\\ -x_1 & 0 & 0 & 0\\ 0 & 0 & 0 & x_2\\ 0 & 0 & -x_2 & 0\end{pmatrix}$$

则

$$\det\alpha = x_1^2 \cdot x_2^2$$

而由(15.56)式定义的2形式为

$$A = x_1 \mathrm{d}z^1 \wedge \mathrm{d}z^2 + x_2 \mathrm{d}z^3 \wedge \mathrm{d}z^4$$

$$\frac{1}{2}A \wedge A = x_1 x_2 \mathrm{d}z^1 \wedge \mathrm{d}z^2 \wedge \mathrm{d}z^3 \wedge \mathrm{d}z^4$$

$$e(\alpha) = x_1 x_2 = (\det\alpha)^{1/2}$$

由分裂原理,可将向量丛 E 的欧拉示性类表示为

$$e(E) = x_1 x_2 \cdots x_l \tag{15.60}$$

而第 l 阶 Pontrjagin 示性类为

$$p_1(E) = x_1^2 x_2^2 \cdots x_l^2 = e(E)^2$$

复矢丛有自然定向,如忽略 l 维复矢丛 E 的复结构,则可将之看成为 $2l=k$ 维定向实矢丛 E_r,可证

$$e(E_r) = (p_k(E_r))^{1/2} = c_k(E) \tag{15.61}$$

即复矢丛 E 的实化丛 E_r 的欧拉类,就是从 E 的顶陈类.

本节最后还将说明以下几点:

1) 欧拉类形式上可看为 Pontrjagin 类的平方根,而实际上如将相应曲率2形式 Ω 代入后,对 k 维流形的切丛,有

$$p_{k/2}(E)(\in H^{2k}(M)) = 0$$

但是欧拉类可以不为零,

$$e(E) \in H^k(M)$$

2) Pontrjagin 类可用黎曼联络计算,也可用线性联络计算,两者所得上同调类相同. 但是欧拉类仅能用黎曼联络计算,这是因为欧拉类 $e(\Omega)$ 为 $SO(k)$ 不变,不是 $GL(k,R)$ 不变.

3) 一般称流形 M 的欧拉类,是指流形切丛 $T(M)$ 的欧拉类. 例如,对二维黎曼流形 M,其欧拉类 $e(M)$ 即

$$e(T(M)) = \frac{1}{4\pi} \in_{ab} \Omega^{ab} = \frac{1}{2\pi}\Omega^{12} \tag{15.62}$$

对四维黎曼流形 M

$$e(T(M)) = \frac{1}{32\pi^2} \in_{abcd} \Omega^{ab} \wedge \Omega^{cd} \tag{15.63}$$

对 $2k$ 维黎曼流形 M

$$e(T(M)) = \frac{1}{2^k(2\pi)^k k!} \epsilon_{a_1\cdots a_{2k}} \Omega^{a_1 a_2} \wedge \cdots \wedge \Omega^{a_{2k-1}a_{2k}} \tag{15.64}$$

§15.5　Stiefel-Whitney 类

Stiefel－Whitney 类是实向量丛 E 的以$\mathbb{Z}_2$ 为系数的上同调类

$$w_i(E) \in H^i(M,\mathbb{Z}_2), \quad i = 1,2,\cdots$$

其形式不能用曲率多项式表达,故不能通过陈-Weil 同态得到. 它是流形伦型不变量,可用下述四公理来决定它(关于满足此四公理的上同调类的存在及惟一性,可参看 J. W. Milnor, J. D. Stasheff"Characteristic Classes".(1974)Princeton).

公理 15.5　对流形 M 上实 k 秩矢丛 E,存在上同调类系列

$$w_i(E) \in H^i(M,\mathbb{Z}_2), \quad i = 0,1,2,\cdots$$

$$w_0(E) = 1, \quad w_j(E) = 0, 当 j > k$$

称为矢丛 E 的 Stiefel-Whitney 类,且

$$W(E) = 1 + w_1(E) + \cdots + w_k(E)$$

称为总 Stiefel-Whitney 类.

公理 15.6　当存在光滑映射 $f:M'\to M, E'=f^*E$,则

$$w_i(E') = f^* w_i(E) \tag{15.65}$$

公理 15.7　当 E 与 F 为在相同底流形 M 上两矢丛,则其 Whitney 和丛 $E\oplus F$ 上总 Stielfel-Whitney 类

$$W(E \oplus F) = W(E)W(F) \tag{15.66}$$

即

$$w_l(E \oplus F) = \sum_{i=0}^{l} w_i(E) \cup w_{l-i}(F) \quad (通常忽略符号 \cup) \tag{15.67}$$

例如

$$w_1(E \oplus F) = w_1(E) + w_1(F)$$

$$w_2(E \oplus F) = w_2(E) + w_1(E)w_1(F) + w_2(F)$$

公理 15.8　对于$\mathbb{R}P^1$ 上自然实线丛 γ_1^1,其 Stiefel-Whitney 类非零,它是 $H^1(\mathbb{R}P^1, \mathbb{Z}_2)$的生成元.

进一步利用公理 2 及浸入映射

$$\mathbb{R}P^1 \to \mathbb{R}P^2 \to \cdots$$

可将公理 15.8 改写为

公理 15.8′　对$\mathbb{R}P^{\infty}$上自然实线丛γ_{∞}^{1}，其 Stiefel-Whitney 类非零，为上同调环$H^{*}(\mathbb{R}P^{\infty},\mathbb{Z}_2)$的生成元.

$\mathbb{R}P^{\infty}$为实线丛的普适分类空间，于是由分裂原理，可得所有实矢丛的 Stiefel-Whitney 类.

例 15.5　当 E 为平庸丛，即存在由 E 到单点矢丛的映射，故由公理 15.6 知

$$w_i(E) = 0, \quad 对所有\ i > 0$$

例 15.6　当 $E\oplus F$ 平庸，则

$$w_1(E) + w_1(F) = 0$$

$$w_2(E) + w_1(E)w_1(F) + w_2(F) = 0$$

…… ……

于是可逐级归纳，使 $w_i(F)$ 表示为 $w_i(E)$ 的多项式.

Stiefel-Whitney 类是流形伦型不变量，正如在 §9.6 曾指出.

1）流形 M 为定向的充要条件是

$$w_1(TM) = 0 \tag{15.68}$$

2）流形 M 为自旋流形的充要条件是

$$w_2(TM) = w_1(TM) = 0 \tag{15.69}$$

例 15.7　令 τ 表示 S^n 的切丛，ν 表示 S^n 的法丛，由于法丛平庸 $W(\nu)=1$，且 $\tau\oplus\nu$ 为平庸丛，故

$$W(\tau)W(\nu) = 1, \Rightarrow W(\tau) = 1 \tag{15.70}$$

即所有 S^n 都可定向，且都允许存在自旋场.

例 15.8　由公理 15.8 知$\mathbb{R}P^n$ 的自然线丛 γ_n^1 其第 1 Stiefel-Whitney 类非零，记为

$$\chi = w_1(\gamma_n^1)$$

$$W(\gamma_n^1) = 1 + \chi \tag{15.71}$$

而$\mathbb{R}P^n$ 的切丛 $T(\mathbb{R}P^n)$，由(13.63)式知

$$T(\mathbb{R}P^n) = \mathrm{Hom}(\gamma_n^1, \gamma_n^{1\perp}) \tag{15.72}$$

且丛 $\mathrm{Hom}(\gamma_n^1,\gamma_n^1)=\varepsilon$ 为平庸线丛，具有处处非零整体截面. 而

$$T(\mathbb{R}P^n)\oplus\varepsilon \simeq \mathrm{Hom}(\gamma_n,\gamma_n^{1\perp})\oplus\mathrm{Hom}(\gamma_n^1,\gamma_n^1)$$

$$\simeq \mathrm{Hom}(\gamma_n^1,\varepsilon^{n+1}) \simeq \mathrm{Hom}(\gamma_n^1,\varepsilon^1\oplus\cdots\oplus\varepsilon^1)$$

由于自然线丛 γ_n^1 具有欧氏度规，故其对偶丛 $\mathrm{Hom}(\gamma_n^1,\varepsilon^1)\simeq\gamma_n^1$，因此

$$T(\mathbb{R}P^n)\oplus\varepsilon \simeq \gamma_n^1\oplus\cdots\oplus\gamma_n^1$$

故由公理 15.7 知

$$W(T(\mathbb{R}P^n)\oplus\varepsilon)=W(\tau(\mathbb{R}P^n))\xlongequal{(15.71)}(1+X)^{n+1} \tag{15.73}$$

将右端按二项式定理展开,并对系数模 2 等余,且注意到 $H^{n+1}(\mathbb{R}P^n,\mathbb{Z}_2)=0$,得

$$W(\mathbb{R}P^2)=1+\chi+\chi^2$$
$$W(\mathbb{R}P^3)=1$$
$$W(\mathbb{R}P^4)=1+\chi+\chi^4$$
$$W(\mathbb{R}P^5)=1+\chi^2+\chi^4$$

即

$$w_1(\mathbb{R}P^{2k+1})=\binom{2k+2}{1}\text{mod}2=0$$

奇维$\mathbb{R}P^{2k+1}$可定向.

$$w_2(\mathbb{R}P^{4l+3})=\binom{4l+4}{2}\text{mod}2=0$$

$\mathbb{R}P^{4l+3}$为自旋流形.

例 15.9　复投射空间$\mathbb{C}P^n$,令

$$\varphi\in H^2(\mathbb{C}P^n,\mathbb{Z}_2)$$

为$\mathbb{C}P^n$ 的自然复线丛 γ 的第 2 Stiefel-Whitney 类生成元,与上例类似可证

$$W(\mathbb{C}P^n)=(1+\varphi)^{n+1}=1+w_2+w_4+\cdots$$

$$w_2(\mathbb{C}P^n)=(n+1)\mid_{\text{mod}2}\varphi=\begin{cases}0,\text{当 } n \text{ 为奇}\\ \varphi,\text{当 } n \text{ 为偶}\end{cases} \tag{15.74}$$

故当 n 为奇,$\mathbb{C}P^n$ 具自旋结构.

§15.6　普适丛与普适示性类 $H^*(BG,K)$ 各种示性类间关系

前面我们分析了区别纤维丛矢丛的四种主要示性类,现将它们的主要特点列如下表:

示性类名称	向量丛	结构群 G	示性类	例
陈类	复向量丛	$U(k)$	$c_i(E)\in H^{2i}(M,R)$	$c_1=\frac{\mathrm{i}}{2\pi}\mathrm{tr}\Omega$ $c_2=\frac{1}{8\pi}(\mathrm{tr}(\Omega)^2-(\mathrm{tr}\Omega)^2)$

续表

示性类名称	向量丛	结构群 G	示性类	例
Pontrjagin 类	实向量丛	$O(k)$	$p_i(E)\in H^{4i}(M,R)$	$p_1=-\frac{1}{8\pi^2}\mathrm{tr}\Omega^2$ $p_2=\frac{1}{64}\frac{1}{(2\pi)^4}(\in_{abcd}\Omega^{ab}\wedge\Omega^{cd})^2$
欧拉类	实定向向量丛	$\mathrm{SO}(k)$	$e(E)\in H^k(M,R)$	$e(E)=\frac{\varepsilon_{a_1\cdots a_{2j}}}{2^j(2\pi)^j j!}R^{a_1a_2}\wedge\cdots\wedge R^{a_{2j-1}a_{2j}}$ $(k=2j)$
Stiefel-Whitney 类	实向量丛	$O(k)$	$w_i(E)\in H^i(M,Z_2)$	$W(\gamma_n^1)=1+w_1$ $w_1\in H^1(\mathbb{R}P^n,\mathbb{Z}_2)$

在§13.5和§13.6曾指出,流形 M 上矢丛的分类由 M 到普适丛的底空间 B_G 的映射同伦类来标志,如(13.66),(13.69)等式所示

$$\mathrm{Vect}_k^R(M)=[M,BO_k]$$
$$\mathrm{Vect}_k^c(M)=[M,BU_k] \tag{15.75}$$

而分类空间的上同调类 $H^*(B_G,K)$,就决定流形 M 的示性类. 因此 $H^*(B_G,K)$ 称为普适示性类,其按同伦映射(15.75)的拖回,是矢丛和乐群约化的拓扑障碍.

例如,从 $BO_n=G_{n,\infty}$ 出发,分析以 $\mathbb{Z}_2$ 为系数的上同调类,以公理化形式建立起 Stiefel-Whitney 类

$$H^*(BO_n,\mathbb{Z}_2)=\mathbb{Z}_2[w_1,\cdots,w_n] \tag{15.76}$$

对复矢丛,从 $BU_n=G_{n,\infty}^c$ 出发,分析以整数 $\mathbb{Z}$ 为系数的同调类,以公理化形式建立起陈类

$$H^*(BU_n,\mathbb{Z})=\mathbb{Z}[c_1,\cdots,c_n] \tag{15.77}$$

实际上

$$H^*(BU_n)=H^*(BT_n)^W$$

这里 T_n 为 U_n 的最大环面,W 为 Weyl 反演对称群,即均为对称多项式,c_j 为第 j 个初等对称多项式,称为第 j 陈类. 可以说复 n 秩矢丛对上同调环 $H^*(BU_n,\mathbb{Z})$ 的任意同态都可以由陈类多项式表示.

对复矢丛 E 也可分析其以 $\mathbb{Z}_2$ 为系数的上同调群. 注意到存在

$$U_n\subset \mathrm{SO}_n \tag{15.78}$$

的自然包含,诱导映射 $BU_n\to BO_{2n}$,使存在环同构

$$H^*(BU_n,\mathbb{Z}_2)\simeq\mathbb{Z}_2[\tilde{c}_1,\cdots,\tilde{c}_n],\quad \tilde{c}_k=c_k\mathrm{mod}2 \tag{15.79}$$

即

$$w_{2k}(E) = c_k(E)\bmod 2, \quad w_{2k+1}(E) = 0 \tag{15.80}$$

类似可证

$$H^*(BSP_n, \mathbb{Z}) = \mathbb{Z}[\sigma_1, \cdots, \sigma_n] \tag{15.81}$$

$$\sigma_k \in H^{4k}(BSP_n, \mathbb{Z})$$

为辛群分类空间 BSP_n 的上同调群的正则生成元，由于存在自然映射：$SP_n \subset U_{2n}$

$$BSP_n \to BU_{2n}$$

类似(15.80)存在

$$c_{2k} \to \sigma_k, \qquad c_{2k+1} \to 0 \tag{15.82}$$

即对具有 4 元数结构的复矢丛，仅偶陈类非零.

我们知道整同调群最基本，当分析实矢丛的示性类，普适示性类 $H^*(BO_n, Z)$ 由于有挠子群，分析很困难. 故一般采用下面两种方法：

(1) 先分析 Z_2 同调群，即 Stiefel-Whitney 类(15.76)式.

(2) 然后分析 $H^*(BO_n, Q)$：

$$H^*(BO_n, Q) = Q[p_1, \cdots, p_{[\frac{n}{2}]}]$$

$$P_k \in H^{4k}(BO_n, Q), \quad k = 1, 2, \cdots, [\frac{n}{2}]$$

称为整 Pontrjagin 示性类. 可如 §15.3 用陈-Weil 同态进行分析. 即可将实矢丛复化，由复化诱导

$$O_n \to U_n, \qquad BO_n \to BU_n$$

得(见(15.46)式)

$$p_k = (-1)^k c_{2k}(\mathbb{E} \times \mathbb{C}) \in H^{4k}(M, \mathbb{Z})$$

而为分析实矢丛的整个整同调群，需分析 Bockstein 同态

$$O \longrightarrow \mathbb{Z} \xrightarrow{2} \mathbb{Z} \xrightarrow{\pi} \mathbb{Z}_2 \longrightarrow O, \quad \mathbb{Z}_2 = \mathbb{Z}/2\mathbb{Z} \tag{15.83}$$

诱导同态

$$H^k(M, \mathbb{Z}) \xrightarrow{2} H^k(M, \mathbb{Z}) \xrightarrow{\pi_*} H^k(M, \mathbb{Z}_2) \xrightarrow{\beta} H^{k+1}(M, \mathbb{Z}) \tag{15.84}$$

Bockstein 映射 β 的核为 $H^k(M, \mathbb{Z})$ 中同调类的模 2 约化，而

$$H^*(BO_n, \mathbb{Z}) = \mathbb{Z}[p_1, \cdots, p_{[\frac{n}{2}]}] \oplus I_{\text{mag}}\beta \tag{15.85}$$

§15.7　次级示性类：陈-Simons 形式

纤维丛的示性类是底流形 M 的上同调类，即是底流形上非平庸闭形式. 通常

可利用 Weil 同态用丛上曲率多项式来表示示性类. 注意到曲率 Ω 为底流形上 2 形式,故仅用曲率多项式只能表达偶维流形上的示性类.

第 r 阶陈类

$$c_r(\Omega) = P(\Omega^r) \in \Lambda^{2r}(M)$$

为闭 $2r$ 形式,局域可表达为正合形式的外微分,类似(10.8)式可证明,陈类 $C(\Omega)$ 可局域表达为

$$C(\Omega) = \mathrm{d}Q(0,\omega) \equiv \mathrm{d}Q(\omega) \tag{15.86}$$

其中 ω 为联络 1 形式,而

$$Q(\omega) = r\int_0^1 P(\omega,\Omega_t^{r-1})\,\mathrm{d}t$$

其中

$$\Omega_t = t\mathrm{d}\omega + t^2\omega \wedge \omega$$

如果 $P(\Omega^r)=0$,则 $Q(\omega)$ 为闭形式,可用来定义 $H^{2r-1}(M,R)$ 中元素.

定理 15.1　设丛上可定义一族联络 ω_S,则可证明 $Q(\omega_S)$ 满足

$$\frac{\partial}{\partial s}Q(\omega_s) = r(r-1)\mathrm{d}R(s) + rP(\sigma,\Omega_s^{r-1})$$

其中

$$\sigma = \frac{\partial \omega_s}{\partial s}, \Omega_s = \mathrm{d}\omega_s + \omega_s \wedge \omega_s$$

$$R(s) = \int_0^1 P(\sigma,\omega_t,\Omega_t^{r-2})\,\mathrm{d}t$$

$$\omega_t = t\omega_s$$

$$\Omega_t = \mathrm{d}\omega_t + \omega_t \wedge \omega_t = t\mathrm{d}\omega_s + t^2\omega_s \wedge \omega_s$$

证明

$$\mathrm{d}P(\sigma,\omega_t,\Omega^{r-2}) = P(\mathrm{D}_t\sigma,\omega_t,\Omega_t^{r-2}) - P(\sigma,\mathrm{D}_t\omega_t,\Omega_t^{r-2})$$

其中

$$\mathrm{D}_t = \mathrm{d} + [\omega_t,\xi]$$

而

$$\frac{1}{r}\frac{\partial}{\partial s}Q(\omega_s) = \int_0^1 P(\sigma,\Omega_t^{r-1})\,\mathrm{d}t + (r-1)\int_0^1 P(\omega_s,t\mathrm{D}_t\sigma,\Omega_t^{r-2})\,\mathrm{d}t$$

故

$$\frac{1}{r}\frac{\partial}{\partial s}Q(\omega_s) - (r-1)\mathrm{d}R(s)$$

$$= \int_0^1 P(\sigma, r\Omega_t + (r-1)t^2\omega_s \wedge \omega_s, \Omega_t^{r-2})\mathrm{d}t$$

$$= r\int_0^1 t^{r-1} P\left(\sigma, \mathrm{d}\omega_s + \frac{2r-1}{r} t\omega_s \wedge \omega_s, (\mathrm{d}\omega_s + t\omega_s \wedge \omega_s)^{r-2}\right)\mathrm{d}t$$

$$= r\int_0^1 t^{r-1} P(\sigma, \Omega_s + (at-1)\omega_s \wedge \omega_s, (\Omega_s + (t-1)\omega_s \wedge \omega_s)^{r-2})\mathrm{d}t$$

其中 $a = \dfrac{2r-1}{r}$. 将上式右端展开

$$P(\sigma, \Omega_s + (at-1)\omega_s \wedge \omega_s, (\Omega_s + (t-1)\omega_s \wedge \omega_s)^{r-2})$$
$$= P(\sigma, \Omega_s^{r-1}) + \sum_{1 \leqslant q \leqslant r-1} c_q P(\sigma, \Omega_s^{r-q-1}, (\omega_s \wedge \omega_s)^q) \tag{15.87}$$

其中

$$c_q = (t-1)^q \binom{r-2}{q} + (t-1)^{q-1}(at-1)\binom{r-2}{q-1} \tag{15.88}$$

$$\int_0^1 t^q (1-t)^r \mathrm{d}t = \frac{q!r!}{(q+r+1)!} \quad (q, r \geqslant 0) \tag{15.89}$$

易证

$$\int_0^1 t^{r-1} c_q \mathrm{d}t = 0, \quad 1 \leqslant q \leqslant r-1$$

故(15.67)式得证. 利用此式可进一步证明:

定理 15.2 如 $P \in I(G)$ 为不变多项式,联络族 ω_s 及其相应曲率 Ω_s,如满足条件

$$P(\Omega_s^r) = 0 \tag{15.90}$$

$$P(\sigma, \Omega_s^{r-1}) = 0 \tag{15.91}$$

则 $Q(\omega)$ 为闭形式,且其上同调类与联络类 $\{\omega_s\}$ 中的联络选取无关(与参数 s 无关).

具有以上性质的 $Q(\omega)$ 为奇维流形上纤维丛的示性类,称为次级示性类,又称为陈-Simons 形式.

例 15.10 n 维黎曼流形 M 上切丛的结构群为 $G = \mathrm{GL}(n, R)$. 取局域坐标系 $\{x^i\}$,其黎曼度规是

$$h_{ij} = h_{ji} = \left(\frac{\partial}{\partial x^i}, \frac{\partial}{\partial x^j}\right) \tag{15.92}$$

度规矩阵 $H = (h_{ij})$ 正定. 其 Levi-Civita 联络为

$$\omega = (\Gamma_i^j), \quad \Gamma_i^j = \Gamma_{ki}^j \mathrm{d}x^k \tag{15.93}$$

满足保度规条件

$$dH - \omega H - H^t\omega = 0 \tag{15.94}$$

将此式外微分,得到曲率 $\Omega = d\omega + \omega \wedge \omega$ 满足的

$$\Omega H + H^t\Omega = 0 \tag{15.95}$$

因此,如 P 为奇阶不变多项式,利用(15.80)可证

$$P(\Omega) = 0 \tag{15.96}$$

由联络无挠条件可证

$$\Omega^i_k \wedge dx^k = 0 \tag{15.97}$$

我们讨论相互保形的黎曼度规

$$H(s) = e^{2\alpha s}H \tag{15.98}$$

其中 α 为标量函数,s 为参数. 可证相应联络满足

$$\frac{1}{s}(\omega(s) - \omega(0)) = d\alpha I + \beta + \gamma \tag{15.99}$$

其中 I 为单位矩阵,而矩阵

$$\beta = \left(\frac{\partial\alpha}{\partial x^i}dx^i\right), \quad \gamma = -\left(h_{jk}dx^k \frac{\partial\alpha}{\partial x^l}h^{lj}\right) \tag{15.100}$$

于是有

定理 15.3　如 P 为偶($2r$)阶不变多项式,则对于黎曼度规保形族的 Levi-Civita 联络,有

1)
$$P\left(\frac{\partial\omega(s)}{\partial s}, \Omega(s)^{2r-1}\right) = 0 \tag{15.101}$$

2)
$$Q(\omega(s')) - Q(\omega(s)) = dR \tag{15.102}$$

进一步如 $P(\Omega^{2r}) = 0$,则

$$Q(\omega) \in H^{4r-1}(M, R)$$

且上同调类仅依赖于黎曼流形 M 的保形结构,与相互保形度规的 Levi-Civita 联络选取无关.

例 15.11　讨论 S^1 上复线丛,局域平,即曲率 $\Omega = 0$. 选丛上截面为

$$S(\theta) = e^{iq\theta}(0 \leqslant \theta < 2\pi, \text{为 } S^1 \text{ 局域坐标}) \tag{15.103}$$

若 q = 整数,则此截面可在 S^1 上整体单值定义. 可选联络 ω 使 $S(\theta)$ 平行输运:$\nabla S = 0$

$$\omega = -iq d\theta \quad (0 \leqslant \theta < 2\pi) \tag{15.104}$$

相应于第一陈类 $c_1 = \frac{i}{2\pi}\mathrm{tr}\Omega$ 的次级示性类

$$Q(\omega) = \frac{i}{2\pi}\int_0^1 \omega dt = \frac{q}{2\pi}d\theta \tag{15.105}$$

此例相应于 U(1)规范场(电磁场)中的 Bohm-Aharonov 效应,在拓扑非平庸空间,即使电磁场强为零,仍可能存在拓扑不等价的电磁场势,并可在实验上观察其效果. 完全类似,通常认为曲率是流形的实质几何量,而联络不是,因规范变换时,规范势(联络)的变换非齐性,没有本征零点. 而上述例子告诉我们,联络也是基本的几何对象,曲率为零仅仅表明绕一非常小的闭环路平行输运时和乐群为恒等元. 通常可用不可积相因子来描写平行输运,非零场给出局域不可积,而大范围的不可积具有拓扑特征. 即使对零场,也可能需用规范势(联络)表示的次级示性类标志,联络是基本的几何对象,而为了表示联络所需选择的规范是非实质的.

流形的整体性质与局域性质密切相关,流形在一点的曲率是流形的局域性质,在三维欧氏空间中二维面的曲率可以是局域常数,而整体具有常曲率的紧致闭曲面必为 S^2. 流形 M 上某曲线在一点附近是否为测地线是局域性质,但是流形 M 上一对固定点间的测地线数目是流形 M 的整体不变量. 示性类(及次级示性类)用曲率形式(以及联络形式)这些局域几何量,来测量纤维丛偏离平庸丛的程度,表明整体不变量与局域性质的密切关系,示性类(及次级示性类)为局域不变量,而其在整体流形上的积分为标志整体性质的拓扑不变示性数. 第十八章我们将分析 Atiyah - Singer 指数定理及其在物理中应用,能更清楚地看出大范围微分几何整体性质与其局域性质的密切联系. 可看出在理论物理中,场论的大范围拓扑分析对经典场论,尤其对量子场论是极其重要的.

习 题 十 五

1. 请证明 $\mathrm{tr}\Omega$ 为闭形式,并对丛上两个联络 ω 与 ω' 得到的 Ω 与 Ω',可证

$$\mathrm{tr}\Omega - \mathrm{tr}\Omega$$

为正合形式.

2. 对于四维黎曼流形上切丛,请证明其上非平庸示性类为

$$c_2 = -\frac{1}{8\pi^2}R^{ij}_{\mu\nu}R_{ij\lambda\rho}\mathrm{d}x^\mu \wedge \mathrm{d}x^\nu \wedge \mathrm{d}x^\lambda \wedge \mathrm{d}x^\rho$$

$$e(M) = \frac{1}{8\pi^2 4!} \in^{ijkl} R_{ij\mu\nu}R_{kl\lambda\rho}\mathrm{d}x^\mu \wedge \mathrm{d}x^\nu \wedge \mathrm{d}x^\lambda \wedge \mathrm{d}x^\rho$$

并求出 S^4 流形相应的示性数.

3. 请求出 S^2 切丛的总陈类及相应的陈数.
4. 请求出 cp^n 的总陈类,并利用其顶陈类即欧拉类求出欧拉数.
5. 请求出 U(1)主丛与 SU(2)主丛的总陈类.

第十六章　杨-Mills 规范理论 时空流形上纤维丛几何

对称性分析在场论与量子场论中起重要作用，由熟知的 Noether 定理知，若拉氏量具有某种连续对称性，则必然存在有相应的守恒律. 进一步，如对称变换局域化，即在不同时空点作不同对称变换，称规范变换，要求拉氏量在局域对称变换（规范变换）下不变，则必然要引入规范场，即为了在不同点处场量能进行比较，必须引入规范场. 规范理论在现代物理理论中占有极突出地位，强、弱电磁互作用都是通过规范场传递，引力作用也与局域 Lorentz 变换相关. 而在规范理论及引力理论中，拓扑分析愈来愈重要，常需要用拓扑学与微分几何的语言与方法来分析具体物理问题. 前面曾经提到，规范场相当于主丛上的联络，物质场相当于伴矢丛的截面，这些具有确定物理意义的场也具有几何意义. 本章将首先讨论纯杨-Mills 场，相当于对主丛上联络进行认真分析.

杨-Mills 规范场论中，规范势 A 与规范场强 F 相当于纤维丛上联络 ω 与曲率 Ω. 由于规范场强 F 可用规范势 A 的微分表达，F 必满足 Bianchi 等式，而本章还将补充一重要方程：场强要求满足杨-Mills 场方程，即运动方程，是由作用量变分极值得到的方程. 可以说有了作用量，就有运动方程，就是物理动力学理论.

作用量必含底空间度规，底空间必为具有度规结构的空间，当未考虑引力时，主要分析 E^4 或 M^4 上规范理论. 因此本章也可称为时空流形上纤维丛几何，它的数学表达形式相当于调和形式的推广. 正因为存在场方程，场的大范围拓扑性质与椭圆微分算子指数定理相关，这是我们将在下面着重分析的.

§16.1 简单介绍非 Abel 规范场势、场强，及它们满足的 Bianchi 等式与杨-Mills 场方程，特别注意场方程与 Bianchi 等式的差别. 场方程为动力学方程，需由作用量变分导出.

§16.2 介绍′tHooft 单极，它是满足杨-Mills 场方程的能量有限经典磁荷解. 正如在引力场论中，球对称 Schwarz 解的分析起重要作用，类似对非 Abel 规范场论，在物理时空（M^4）上静球对称无奇异单极（′tHooft 单极）的存在值得着重分析研究.

§16.3 分析非 Abel 规范场的规范不变守恒流. 存在平移不变同位旋方向 $\boldsymbol{n}(x)$（满足 $D_\mu \boldsymbol{n}(x)=0$）是 SU(2) 规范场可约化为 U(1) 的条件，而即使对不可约化规范场，找不到满足$\nabla_\mu \boldsymbol{n}(x)=0$ 的 $\boldsymbol{n}(x)$，但是利用问题的对称性将势分为两部分，可找满足$\tilde{\nabla}_\mu \boldsymbol{n}=0$ 在伴丛 SU(2)/U(1) 上平移不变截面，可分析与 Hopf 映射相关的 Hopf 不变量，利用规范协变非零的$\nabla_\mu \boldsymbol{n}$，分析非 Abel 规范场的自源荷流分布，它仍是规范不变的. §16.4 分析 E^4 空间中(反)自对偶瞬子解. 最后两节分析规范场与物质场耦合体系，分析规范对称性的自发破缺.

§16.1　杨-Mills 场的作用量与运动方程

四维时空流形上的杨-Mills 场即非 Abel 规范场 $\mathscr{A}_\mu(x)$，取值在李群 G 的李代数 $\mathfrak{g}$ 的表示矩阵上：

$$\mathscr{A}_\mu(x) = T_a A_\mu^a(x) \tag{16.1}$$

其中 T_a 为李代数 $\mathfrak{g}$ 的反厄米表示矩阵

$$[T_a, T_b] = f_{ab}^c T_c, \quad T_a^+ = -T_a \tag{16.2}$$

指标 a 跑遍群 G 的维数，而$f_{ab}{}^c$ 为群 G 结构常数. 为简单起见，常如下选择表示矩阵的归一：

$$\mathrm{tr}(T_a T_b) = -\frac{1}{2}\delta_{ab} \tag{16.3}$$

称李代数的 Killing-Cartan 度规. 故场的分量(称规范势)

$$A_\mu^a(x) = -2\mathrm{tr}(T_a \mathscr{A}_\mu(x)) \tag{16.4}$$

而相应的规范场强为

$$F_{\mu\nu}^c(x) = \partial_\mu A_\nu^c - \partial_\nu A_\mu^c + e f_{ab}{}^c A_\mu^a(x) A_\nu^b(x) \tag{16.5}$$

其中 e 为场的耦合常数，表明非 Abel 规范场存在有自耦合. 一般为使表达式简化，常引入含有耦合常数 e 的势

$$A_\mu(x) = e\mathscr{A}_\mu(x) = eT_a A_\mu^a(x) \tag{16.6}$$

$$A_\mu^a(x) = -\frac{2}{e}\mathrm{tr}T^a A_\mu(x)$$

这时，含有耦合常数 e 的场强

$$F_{\mu\nu} = eT_a F_{\mu\nu}^a = \partial_\mu A_\nu - \partial_\nu A_\mu + [A_\mu, A_\nu] \tag{16.7}$$

此表达式中不显含 e. 进一步还可写成微分表达式

$$A = A_\mu \mathrm{d}x^\mu \tag{16.8}$$

$$F = \frac{1}{2}F_{\mu\nu}\mathrm{d}x^\mu \wedge \mathrm{d}x^\nu$$

$$= \mathrm{d}A + \frac{1}{2}[A, A] = \mathrm{d}A + A \wedge A \tag{16.9}$$

规范势 A 相当于主丛联络拖回至底流形,而规范场强 F 相当于主丛曲率拖回至底流形. 可证场强 F 必满足 Bianchi 等式,即

$$\mathrm{D}F = \mathrm{d}F + [A, F] = 0 \tag{16.10}$$

此式也可用张量形式表达为

$$\mathrm{D}_\mu F^{\lambda\rho} + \mathrm{D}_\lambda F^{\rho\mu} + \mathrm{D}_\rho F^{\mu\lambda} = 0 \tag{16.11}$$

其中

$$\mathrm{D}_\mu = \partial_\mu + [A_\mu,]$$

本章讨论杨-Mills 场的动力学理论,场的运动方程由作用量 S 相对场 A_μ 变分稳定而得到,而作用量 S 表示为拉氏密度 $\mathscr{L}$ 的时空积分

$$S = \int_M \mathrm{d}^4 x \mathscr{L} \tag{16.12}$$

$$\mathscr{L} = \frac{1}{2e^2}\mathrm{tr}F^{\mu\nu}F_{\mu\nu} = -\frac{1}{4}F_a^{\mu\nu}F_{\mu\nu}^a = \frac{1}{2}(E_a^2 - B_a^2) \tag{16.13}$$

其中

$$E_a^i = F_a^{i0}, \quad \boldsymbol{E}_a = -\dot{\boldsymbol{A}}_a - \nabla A_a^0 - ef_{ab}^c A^{0b}\boldsymbol{A}_c \tag{16.14}$$

$$B_a^i = -\frac{1}{2}\in^{ijk}F_{jk}^a, \quad \boldsymbol{B}_a = \nabla \times \boldsymbol{A}_a - \frac{1}{2}ef_a^{bc}\boldsymbol{A}_b \times \boldsymbol{A}_c \tag{16.15}$$

注意到底流形为定义有度规的时空,存在 Hodge $*$ 算子,可将作用量 S 表示为

$$S = \frac{1}{e^2}\int_M \mathrm{tr}(F \wedge *F) \tag{16.16}$$

由作用量相对场 A 的变分极值得场的运动方程

$$\partial_\mu F_a^{\mu\nu} + ef_{ab}^c A_\mu^b F_c^{\mu\nu} = 0 \tag{16.17}$$

此式可写成矩阵形式,如

$$\mathrm{D}_\mu F^{\mu\nu} = 0 \tag{16.17a}$$

并可进一步写成外微分形式

$$\mathrm{D} * F = 0 \tag{16.17b}$$

对于四维杨-Mills 场,常可引入场强 $F_{\mu\nu}$ 的对偶场 $^*F_{\mu\nu}$

$$^*F_{\mu\nu} = \frac{1}{2}\in_{\mu\nu\lambda\rho}F^{\lambda\rho} \tag{16.18}$$

使得

$$*F = *\left(\frac{1}{2}F_{\mu\nu}\mathrm{d}x^\mu \wedge \mathrm{d}x^\nu\right) = \frac{1}{2}F_{\mu\nu}\frac{1}{2}\in_{\mu\nu\lambda\rho}\mathrm{d}x^\lambda \wedge \mathrm{d}x^\rho$$

$$= \frac{1}{2} {}^*F_{\mu\nu} dx^\mu \wedge dx^\nu \tag{16.19}$$

上式左端为作用在微分形式上的 Hodge $*$ 算子(记号 $*$ 写在行的中间),右方为以对偶场为系数的微分形式(记号 $*$ 写在场的左肩上). 引入对偶场后,场满足的 Bianchi等式(16.11)可表示为

$$D_\mu^* F^{\mu\nu} = 0 \tag{16.19a}$$

我们将对杨-Mills 场通常采用的矩阵表达式与微分形式表达式列在表 16.1.

表 16.1　Bianchi 等式与场方程的两种表达式比较

	矩阵张量表达式	微分形式表达式
规范势	$A_\mu(x) = eA_\mu^a(x) T_a$	$A = eA_\mu^a T_a dx^\mu$
规范场强	$F_{\mu\nu} = \partial_\mu A_\nu - \partial_\nu A_\mu + [A_\mu, A_\nu]$	$F = dA + A \wedge A$
Bianchi 等式	$D\mu^* F^{\mu\nu} = 0$	$DF = 0$
无源场方程	$D_\mu F^{\mu\nu} = 0$	$D * F = 0$

将两种表达式进行比较,对于规范场强满足的场方程与 Bianchi 等式,在将张量式改写成外微分形式时,协变导数 D_μ 换为外微分算子 D 的同时,需将被缩并的场分量 $F^{\mu\nu}$换成 $*F$(或将$^*F^{\mu\nu}$换成 $F^{\mu\nu}$). 本书曾多次强调,仅当底流形上定义有度规后,才能如(16.17)~(16.17b)式那样利用指标缩并或 Hodge $*$ 来引入场方程. 而对于 Bianchi 等式,则无此要求,如(16.10),(16.11)式所示. 在 Bianchi 等式(16.11a)中,虽然形式上有指标缩并运算,但由于它是与对偶场的缩并,故实际上仅代表(16.11)式所表达的三个指标循环求和的 Jacobi 等式.

§16.2　′tHooft 单极　静球对称无奇异单极解析求解

′tHooft 曾给杨-Mills 场方程(16.17)一个能量有限经典磁荷解,是静球对称无奇异单极解. 我们知道,U(1)-Dirac 单极不仅存在原点奇异,且必存在奇异弦,需采用分区规范,或将它嵌入在 SU(2)规范场中,奇异弦可不再出现. SU(2)规范场,如果可通过规范变换约化为 U(1)的,则必然有点奇异,场的奇点即磁荷的源. 1974 年′tHooft 在伦敦报告了一个天衣无缝的,无点奇异的无外源的磁荷解,引起理论物理学界的震动,值得我们认真分析. 在′tHooft 单极[12]周围剩下的完整无缺的对称性是局域 U(1)的,它在不同的时空点表现为绕内部空间不同方向的轴 $\boldsymbol{n}(x)$的转动,即空间对称转动需同步引起同位旋轴的同步转动,因而这 SU(2)规范场是不可约化同步球对称的,其规范势必等价于下形式:

$$A_i^a(x) = \in_{iaj}(\phi(r) - 1)x^j/er^2, r^2 = \sum_{i=1}^{j} x_i^2; \quad i,a,j = 1,2,3 \tag{16.20}$$

$$A_0^a(x) = G(r)x^a/er^2$$

其中 $\phi(r)$ 与 $G(r)$ 为待定经向函数. $a=1,2,3$ 为同位旋指标, $i,j=1,2,3$ 为空间分量指标, $\in_{iaj}$ 表示空间与同位旋同步转动. 将规范势代入(16.5)式得规范场强:

$$\begin{aligned} E_i^a(x) &= F_{io}^a(x) = E_r(r)x_i x^a/er^2 + E_T(r)(r^2\delta_i^a - x_i x^a)/er^2 \\ H_i^a(x) &= \frac{1}{2}\in_{ijk}F_{jk}^a = H_r(r)x_i x^a/er^2 + H_T(r)(r^2\delta_i^a - x_i x^a)/er^2 \end{aligned} \tag{16.21}$$

其中

$$\begin{aligned} E_r(r) &= (rG'(r) - G(r))/er^2, \quad E_T(r) = \phi(r)G(r)/er^2 \\ H_r(r) &= (\phi^2(r) - 1)/er^2, \quad H_T(r) = \phi'(r)/er \end{aligned} \tag{16.22}$$

其中下标"r"表示经向场强,"T"表示各切向场强的共同值.

将势与场强代入无外源场方程(16.17),采用球坐标分离变量,注意到场强的各切向分量同步相等如(16.21)式,得

$$\frac{1}{r^2}\frac{\mathrm{d}}{\mathrm{d}r}(r^2E_r) - \frac{2}{r}\phi E_T = 0 \tag{16.23}$$

$$\frac{1}{r^2}\frac{\mathrm{d}}{\mathrm{d}r}(rH_T) - \frac{1}{r}\phi H_r + \frac{G}{r}E_T = 0$$

将(16.22)式代入得

$$\begin{aligned} r^2G'' &= 2\phi^2 G \\ r^2\phi'' &= \phi(\phi^2 - 1 - G^2) \end{aligned} \tag{16.24}$$

为要求在原点处场非奇异,由(16.22)式知

$$\left.\begin{aligned} \phi^2 &= 1 + O(r^2), \quad \phi' = O(r) \\ G &= O(r^2), \quad G' = O(r) \end{aligned}\right. (\text{当 } r\to 0) \tag{16.25}$$

并且易证,为得有限能解,当约定 $\phi(r)$ 为实函数,则在无穷远处,应满足如下渐近行为:

$$\left.\begin{aligned} G &\to \mathrm{i}\beta r, \\ \phi &\to p(r)\mathrm{e}^{-\beta r}, \end{aligned}\right. \quad \text{当 } r\to\infty \tag{16.26}$$

其中 β 为大于零实数, $p(r)$ 为 r 的某有限阶多项式.

上述渐近行为表明,电场与磁场的径向部分都以 $\mathrm{e}^{-2\beta r}$ 的行为趋于库仑场行为,而电场与磁场的切向部分都以 $\mathrm{e}^{-\beta r}$ 的行为趋于零,且二者渐近值之比

$$\lim_{r\to\infty} H_T/E_T \to \mathrm{i}$$

分析解的渐近行为,可以证明,这种静球对称无源无奇异解必满足自对偶条

件[13]下面简短说明证明步骤,将规范势(16.20)式代入场满足的 Bianchi 等式(16.11),仍采用球坐标分离变量得

$$-\frac{1}{r^2}\frac{\mathrm{d}}{\mathrm{d}r}(r^2H_r)+\frac{2}{r}\phi H_T=0$$

$$-\frac{1}{r}\frac{\mathrm{d}}{\mathrm{d}r}(rE_T)+\frac{1}{r}\phi E_r+\frac{G}{r}H_T=0 \tag{16.27}$$

将上式与场方程(23)对偶组合,令

$$F^{\pm}=H\pm\mathrm{i}E \tag{16.28}$$

得

$$\frac{1}{r^2}\frac{\mathrm{d}}{\mathrm{d}r}(r^2F_r^{\pm})-\frac{2}{r}\phi F_T^{\pm}=0$$

$$-\frac{1}{r}\frac{\mathrm{d}}{\mathrm{d}r}(rF_T^{\pm})+\frac{1}{r}\phi F_r^{\pm}\pm\mathrm{i}\frac{G}{r}F_T^{\pm}=0 \tag{16.29}$$

由上式消去切向场强可得径向场强满足如下二阶方程:

$$\frac{\mathrm{d}^2}{\mathrm{d}r^2}(r^2F_r^{\pm})-\left(\frac{\phi'}{\phi}\pm\mathrm{i}\frac{G}{r}\right)\frac{\mathrm{d}}{\mathrm{d}r}(r^2F_r^{\pm})-2\phi^2F_r^{\pm}=0 \tag{16.30}$$

利用函数 $G(r)$,$\phi(r)$ 的渐近行为(16.25)、(16.26),知 $r\to\infty$ 时,上式第3项比1,2项快 $\mathrm{e}^{-2\beta r}$ 倍行为趋于零,故要求前两项渐近行为的主要部分相互抵消. 由(16.25)式知 $\left(\frac{\phi'}{\phi}-\mathrm{i}\frac{G}{r}\right)\to 0$,知 F_r^- 没有满足边界条件的非平庸解,只有平庸解

$$F_r^-=H_r-\mathrm{i}E_r\equiv 0 \tag{16.31}$$

即场的径向部分是自对偶的. 将上结果代回(16.29)式知场的切向部分也是自对偶的.

以上分析证明了,满足物理边界条件的,SU(2)规范场的无外源无奇异静球对称解,必然是自对偶的. 下面我们从自对偶条件

$$F^-=H-\mathrm{i}E\equiv 0 \tag{16.31a}$$

出发,积分求得精确解,解析地证明解的惟一性. 将场的表达式(16.22)代入自对偶条件得

$$\begin{aligned}(\phi^2-1)&=\mathrm{i}(rG'-G)\\ r\phi'&=\mathrm{i}\phi G\end{aligned} \tag{16.32}$$

令 $\phi=r/\psi$,代入上式得

$$\mathrm{i}G=1-r\psi'/\psi \tag{16.33}$$

将上两式代入(16.32a)得

$$(\psi'/\psi)'=-1/\psi^2$$

即

$$[(\psi'/\psi)^2]' = (1/\psi^2)'$$

积分得

$$\left(\frac{\psi'}{\psi}\right)^2 = \frac{1}{\psi^2} + c_1$$

开方后再积分得

$$r = \int \frac{\mathrm{d}\psi}{\pm\sqrt{1 + c_1\psi^2}} = \pm\frac{1}{\sqrt{c_1}}\mathrm{sh}^{-1}(\sqrt{c_1}\psi) + c_2 \tag{16.34}$$

由规范势在原点无奇异要求

$$\phi^2 \to 1, \quad \psi \to 0, \quad r \to 0$$

得

$$c_2 = 0, \quad \pm\,\mathrm{sh}\,\sqrt{c_1}r = \sqrt{c_1}\psi = \sqrt{c_1}r/\phi$$

再由无穷远点边界条件(16.25)知$\sqrt{c_1}$即前所选β,得

$$\phi = \pm\frac{\beta r}{\mathrm{sh}\beta r} \tag{16.35}$$

代入(16.33)得

$$G = \mathrm{i}(\beta r\coth\beta r - 1) \tag{16.36}$$

此结果与文献[14],[15]同.

§ 16.3　非 Abel 规范场的规范不变守恒流

杨-Mills 理论中作用量(16.12)具有规范对称性,矢势 A_μ 可作规范变换

$$A_\mu \to A_\mu^g \equiv g^{-1}A_\mu g + g^{-1}\partial_\mu g \tag{16.37}$$

其中 $g\in G$,为与 T^a 同维的么正表示矩阵,即有

$$g^+ = g^{-1} \tag{16.38}$$

相应地场强 $F_{\mu\nu}$规范协变为

$$F_{\mu\nu} \to F_{\mu\nu}^g = g^{-1}F_{\mu\nu}g \tag{16.39}$$

由于拉氏密度 $\mathscr{L}$((16.13)式)中含取迹运算,使 $\mathscr{L}$ 及作用量 S 规范不变,因而使得上述规范变换为场方程(16.17)的对称变换,即如 A_μ 与 $F_{\mu\nu}$为场方程(16.17)的解,则任意规范变换 $g(x)$后,$A_\mu^g(x)$与 $F_{\mu\nu}^g(x)$仍为场方程(16.17)的解.

对无穷小规范变换

$$g(x) = \mathrm{e}^{\Theta(x)} = I + \Theta(x) + \cdots \tag{16.40}$$

其中反厄米矩阵 $\Theta(x)$ 可表示为

$$\Theta(x) = \theta^a(x) T_a \tag{16.41}$$

其中 $\theta^a(x)$ 为小的实参量,当精确到一级小量

$$A_\mu \to A_\mu + \delta A_\mu, \quad \delta A_\mu = D_\mu \Theta \tag{16.42}$$

或用分量形式

$$\delta A_\mu^a = \frac{1}{e}\partial_\mu \theta^a + f_{bc}^a A_\mu^b \theta^c \tag{16.42a}$$

相应地,场强改变为

$$\delta F_{\mu\nu} = [F_{\mu\nu}, \Theta] \tag{16.43}$$

或

$$\delta F_{\mu\nu}^a = f_{bc}^a F_{\mu\nu}^b \theta^c \tag{16.43a}$$

物理体系的连续对称变换会导致存在守恒的 Noether 流,物理学中通常守恒流指与规范场耦合的外物质场的荷与流. 下面我们先简单分析下费米场 $\psi(x)$ 与规范场耦合体系,其拉格朗日函数

$$\mathscr{L} = -\frac{1}{4}F_a^{\mu\nu}F_{\mu\nu}^a + \bar{\psi}\{i\gamma^\mu(\partial_\mu + eA_\mu^a T_a) - m\}\psi = \mathscr{L}_F + \mathscr{L}_m + \mathscr{L}_I \tag{16.44}$$

其中

$$\mathscr{L}_m = \bar{\psi}(i\gamma^\mu\partial_\mu - m)\psi, \quad \mathscr{L}_I = eA_\mu^a J_a^\mu, \quad J_a^\mu = i\bar{\psi}\gamma^\mu T_a\psi \tag{16.45}$$

J_a^μ 本为无规范场仅有物质场时流,$\mathscr{L} = \mathscr{L}_m$ 具有对第 I 类规范变换(整体规范变换,$\Theta(\bar{x}) = \delta\theta^a T_a$ 取与位置 x 无关常量)保持不变:

$$\frac{\delta \mathscr{L}_m}{\delta \theta^a} = 0 \tag{16.46}$$

因而存在相应守恒流

$$J_a^\mu = \frac{\delta \mathscr{L}_m}{\delta(\partial_\mu \psi)}\frac{\delta \psi}{\delta \theta^a} = i\bar{\psi}\gamma^\mu T_a \psi \tag{16.47}$$

利用场 $\psi(x)$ 满足的运动方程及(16.46)式可证,J_a^μ 满足流守恒方程

$$\partial_\mu J_a^\mu = 0 \tag{16.48}$$

当我们进一步分析第 II 类规范变换(局域规范变换,($\Theta(x)$ 依赖 x 而非常量),仅物质场拉氏量 $\mathscr{L}_m$ 不再是规范不变的,为了保持局域规范变换下的不变性,必须引进规范场,如(16.44)式形成费米场与规范场耦合体系,可以证明这时总拉氏量 $\mathscr{L}$ 相对局域规范变换仍是不变时. 耦合体系拉氏量 $\mathscr{L}$ 对规范势 A_μ 变分,可得规范场满足的运动方程

$$\partial_\mu F^{\mu\nu}_a + ef^c_{ab}A^b_\mu F^{\mu\nu}_c = J^\mu_a \tag{16.49}$$

或记为

$$D_\mu F^{\mu\nu} = J^\mu$$

物质流 $J^\mu = J^\mu_a T_a$ 是规范场强协变散度的源，与此相应，J^μ 的协变散度为零

$$D_\mu \mathbb{J}^\mu = \partial_\mu J^\mu + [\mathbb{A},\mathbb{J}] = 0 \tag{16.50}$$

注意对非 Abel 规范场，J^μ 的普通散度非零，物质流 J^μ 不再是守恒流了！仅当物质场与 Abel 规范场耦合时，物质流为同位旋空间标量（复线丛截面），它的普通散度仍是零，相应物质流仍是守恒流. 而对与非 Abel 规范场耦合的物质流 J^μ，其普通散度非零，J^μ 不再是守恒流.

对与非 Abel 规范场耦合体系，是否存在守恒流？前面分析表明，守恒流应由整个拉氏量 $\mathscr{L}$ 在第 I 类规范变换下性质得到，仅这时应注意，对非 Abel 规范场，即使在第 I 类规范变换下，$\Theta(x) = \delta\theta^a T_a$ 为常量，由（16.42a）式知 $\delta A^a_\mu = f^a_{bc}A^b_\mu\theta^c$ 也非零，由于非 Abel 规范场的自耦合，势的变更对流也会有贡献. 因此整个体系守恒流应为

$$\tilde{J}^\mu_a = \frac{\delta\mathscr{L}}{\delta(\partial_\mu\psi)}\frac{\delta\psi}{\delta\theta^a} + \frac{\delta\mathscr{L}}{\delta(\partial_\mu A_\nu)}\frac{\delta A_\nu}{\delta\theta^a} = i\bar{\psi}\gamma^\mu T_a\psi - ef_{abc}F^{\mu\nu}_b A^c_\nu \tag{16.51}$$

由 $\mathscr{L}$ 在第 I 类规范变换下不变性：$\frac{\delta\mathscr{L}}{\delta\theta}=0$，及场的运动方程，可证 $\tilde{J}^\mu_a$ 是守恒的，满足

$$\partial_\mu \tilde{J}^\mu = 0 \tag{16.52}$$

的确由规范场方程（16.49）知这里引进的 $\tilde{J}^\nu = \partial_\mu \mathbb{F}^{\mu\nu}$，为反对称张量场 $\mathbb{F}^{\mu\nu}$ 的普通散度，故必满足（16.52）式，是守恒流. 但是其表达式（16.51）中含有规范势，而物理量应是规范协变的，$\tilde{J}_\mu$ 不是规范协变的，其物理意义不清楚.

对与非 Abel 规范场耦合体系，为得到规范不变的守恒流，可将前述第 I 类规范变换推广为[16]

$$\boldsymbol{\Theta}(x) = \boldsymbol{n}(x)\delta\theta, \quad \boldsymbol{n}(x)\cdot\boldsymbol{n}(x) = 1 \tag{16.53}$$

即各点的规范转角是常数 $\delta\theta$，但转轴的方向则可以不同，可根据体系的对称性选最优取向 $\boldsymbol{n}$，按照常规变分得到对应的流为

$$\begin{aligned}\boldsymbol{J}^\mu_n &= \frac{\delta\mathscr{L}}{\delta(\partial_\mu\psi)}\frac{\delta\psi}{\delta\theta} + \frac{\delta\mathscr{L}}{\delta(\partial_\mu \boldsymbol{A}_\nu)}\frac{\delta\boldsymbol{A}_\nu}{\delta\theta}\\ &= \boldsymbol{n}\cdot\boldsymbol{J}^\mu - \boldsymbol{F}^{\mu\nu}\cdot D_\mu \mathbb{n}, \qquad D_\mu \mathbb{n} = \partial_\mu\boldsymbol{n} + e[\boldsymbol{A}_\mu,\boldsymbol{n}]\\ &= \boldsymbol{n}\cdot(\boldsymbol{J}^\mu - e[\boldsymbol{F}^{\mu\nu},\boldsymbol{B}_\nu])\end{aligned} \tag{16.54}$$

其中

$$\boldsymbol{B}_\nu = \frac{1}{e}[\boldsymbol{n}, \nabla_\nu \ \boldsymbol{n}] \tag{16.55}$$

也为规范协变量. 由拉氏量 $\mathscr{L}$ 的规范不变性和运动方程,可证

$$\partial_\mu \mathbb{J}_n^\mu = \frac{\delta \mathscr{L}}{\delta \theta} = 0 \tag{16.56}$$

即 $\boldsymbol{J}_n^\mu$ 为守恒流,而且是规范不变的,相应的守恒荷

$$Q = \int \boldsymbol{J}_n^o \mathrm{d}^3 x \tag{16.57}$$

是规范变换 $\boldsymbol{n}(x)\delta\theta$ 的生成元.

在与非 Abel 规范场耦合体系,守恒流 $\boldsymbol{J}_n^\mu$ 除含有物质源流 $\boldsymbol{J}^\mu$ 外,还含有规范场的贡献 $-e\boldsymbol{n} \cdot [\boldsymbol{F}, \boldsymbol{B}_\nu]$,它是由于非 Abel 规范场存在自相互作用引起的自源流,而物质流与场自源流的和$\mathbb{J}_n^\mu$ 为规范不变的守恒流.

为了更清楚阐明非 Abel 规范场自源流的物理意义,下面我们以上节引入的 'tHooft单极为例进行认真分析.

为了能得到有确定物理意义的规范协变的自源守恒流,可与通常引力场情况作个类比. 物理体系中守恒量的存在与该体系允许的对称变换有关. 时空度规的对称变换群(其产生算符为 Killing 矢量)与能量动量等守恒量 1 - 1 对应. 平直时空有十个参数的运动群(非齐次 Lorentz 群),故对应十个定域的守恒量. 常曲率时空也有十个参数的运动群,对应十个定域的守恒量. 而一般的弯曲时空不存在确定的定域守恒能量动量(其能量动量张量 $T_{\mu\nu}$的协变散度为零,$\nabla_\mu \ T_{\mu\nu} = 0$. 但是其普通散度$\partial_\mu T_{\mu\nu}$一般不为零). 仅当存在不改变度规的 Killing 矢量 ξ_μ,才会在对应方向存在确定的定域守恒量 $\xi^\mu T_{\mu\nu}$,满足$\partial_\nu(\xi^\mu T_{\mu\nu}) = 0$.

类似,规范场中守恒流的存在与规范不变性有关,仅当存在不改变势的规范变换,才有确定的守恒流. 注意到规范势的变换规律(16.42),知当存在规范变换 $\boldsymbol{\Theta}(x)$满足

$$\mathrm{D}_\mu \boldsymbol{\Theta} = 0 \tag{16.58}$$

则规范势不变,必有确定的守恒流. 令

$$\boldsymbol{\Theta}(x) = |\boldsymbol{\Theta}(x)| \boldsymbol{n}(x) = \theta(x)\boldsymbol{n}(x) \tag{16.59}$$

如果存在平移不变的同位旋方向 $\boldsymbol{n}(x)$,满足

$$\mathrm{D}_\mu \boldsymbol{n}(x) = 0, \quad \boldsymbol{n}(x) \cdot \boldsymbol{n}(x) = 1 \tag{16.60}$$

这时$\boldsymbol{n}(x)$即是对称变换的产生算符(Killing 矢量),又是和乐群的产生算符. 由(16.54)式知道,守恒流中,场的自源流分量恒为零,仅剩下外源流,即这时 SU(2) 规范场必可约化为 U(1) 规范场,这时可证

$$[\boldsymbol{F}_{\mu\nu}, \boldsymbol{n}] = 0 \tag{16.61}$$

此规范场 $\boldsymbol{F}_{\mu\nu}$ 可 Abel 化，其六个时空分量的同位旋方向都相同：沿 $\boldsymbol{n}$ 方向 $n \cdot \boldsymbol{F}_{\mu\nu} = \boldsymbol{F}_{\mu\nu}$ 的普通散度即外源流

$$J^{\nu} = \partial_{\mu}(\boldsymbol{n} \cdot \boldsymbol{F}_{\mu\nu}) \tag{16.62}$$

满足 $\partial_{\mu}J^{\mu} = 0$，为守恒流. 下面我们将着重分析不可约化 SU(2) 规范场，即不存在满足(16.60)式的 $\boldsymbol{n}(x)$ 的情况.

引力场中如不存在 Killing 矢量，但在无穷远道界上渐近平直，或渐近有某 Killing 矢量，仍可以有整体的守恒量. 类似，规范场如渐近可约化，虽然这时定域守恒流是不确定的，但仍可以有整体守恒流. 引力场自身贡献的能量动量密度不是张量，与坐标的选择有关，有时可以根据场中其他物质的运动情况或场的对称性选择某一最优坐标系而得到有一定物理意义的能量动量密度. 类似，规范场中守恒流的存在与规范不变性有关，在非 Abel 规范场中也存在场自身贡献的荷流密度 $[\boldsymbol{F}^{\mu\nu}, \boldsymbol{A}_{\nu}]$ 见(16.54)式，此自源流是规范有关的，如何得到有确定物理意义的规范无关的流呢？

可与前面对引力场的分析类比，在有外源时可以根据其他物质（带电粒子的相轴，Higgs 场方向等）来决定在群表示空间的最优方向 $\boldsymbol{n}(x)$，在无外源时可根据场的对称性分析得到最优方向 $\boldsymbol{n}(x)$. 例如上节介绍的 'tHooft 单极，根据场的静球对称，在各点都可确定一个优先方向 $\boldsymbol{n}(x)$，$\boldsymbol{n}(x)$ 是各点同步对称规范变换的产生算符，可按 $\boldsymbol{n}(x)$ 将势 $\boldsymbol{A}_{\mu}(x)$ 分为两部分：分为由此优先方向 $\boldsymbol{n}(x)$ 产生的 U(1) 场势 $\widetilde{\boldsymbol{A}}_{\mu}(x)$ 和携带此 U(1) 荷的矢粒子势 $\boldsymbol{B}_{\mu}(x)$；

$$\boldsymbol{A}_{\mu}(x) = \widetilde{\boldsymbol{A}}_{\mu}(x) + \boldsymbol{B}_{\mu}(x) \tag{16.63}$$

其中

$$\widetilde{\boldsymbol{A}}_{\mu}(x) = (\boldsymbol{A}_{\mu}(x) \cdot \boldsymbol{n})\boldsymbol{n} - [\boldsymbol{n}, \partial_{\mu}\boldsymbol{n}] \tag{16.64}$$

因此

$$\tilde{\nabla}_{\mu}\boldsymbol{n}(x) \equiv \partial_{\mu}\boldsymbol{n}(x) + [\widetilde{\boldsymbol{A}}_{\mu}(x), \boldsymbol{n}(x)] = 0 \tag{16.65}$$

式中 $\widetilde{\nabla}_{\mu}$ 的上标"～"表示在作协变微商时仅取势 $\widetilde{\boldsymbol{A}}_{\mu}(x)$ 为联络，相对此联络，$\boldsymbol{n}(x)$ 为平移场，但是对整个杨-Mills 势 $\boldsymbol{A}_{\mu}(x)$，$\boldsymbol{n}(x)$ 并非平移场，即有

$$\nabla_{\mu}\ \boldsymbol{n}(x) \equiv \partial_{\mu}\boldsymbol{n}(x) + [\boldsymbol{A}_{\mu}(x), \boldsymbol{n}(x)] = [\boldsymbol{B}_{\mu}(x), \boldsymbol{n}(x)] \neq 0 \tag{16.66}$$

因此

$$\boldsymbol{B}_{\mu}(x) = [\boldsymbol{n}(x), \nabla_{\mu}\ \boldsymbol{n}(x)] \tag{16.67}$$

即对不可约 SU(2) 规范场，存在带荷的矢粒子 $\boldsymbol{B}_{\mu}(x)$，它是规范协变量，它的同位

旋方向与 $\boldsymbol{n}(x)$垂直. 由'tHooft 单极的静球对称性知

$$\boldsymbol{B}_o(x) = 0, \quad \boldsymbol{B}_r(x) = 0 \tag{16.68}$$

即 $\boldsymbol{B}(x)$为双横向矢量粒子.

规范场强 $\boldsymbol{F}_{\mu\nu}(x) = \partial_\mu \boldsymbol{A}_\nu - \partial_\nu \boldsymbol{A}_\mu + e[\boldsymbol{A}_\mu, \boldsymbol{A}_\nu]$也可分解为两部分:沿同位旋 $\boldsymbol{n}(x)$方向纵向场强

$$\boldsymbol{F}_{\mu\nu}^{\parallel} = (\boldsymbol{F}_{\mu\nu} \cdot \boldsymbol{n})\boldsymbol{n} \tag{16.69}$$

及横向场强

$$\begin{aligned} F_{\mu\nu}^{\perp} &= F_{\mu\nu} - F_{\mu\nu}^{\parallel} = [n,[F_{\mu\nu},n]] = \partial_\mu B_\nu + e[\widetilde{A}_\mu, B_\nu] - \partial_\nu B_\mu - e[\widetilde{A}_\nu, B_\mu] \\ &= \widetilde{\nabla}_\mu B_\nu - \widetilde{\nabla}_\nu B_\mu \end{aligned} \tag{16.70}$$

易证

$$\begin{aligned} F_{\mu\nu}^{\parallel} &= \partial_\mu(\widetilde{A}_\nu \cdot n)n - \partial_\nu(\widetilde{A}_\mu \cdot n)n - \frac{1}{e}[\partial_\mu n, \partial_\nu n] + \frac{1}{e}[B_\mu, B_\nu] \\ &= \widetilde{F}_{\mu\nu} + \frac{1}{e}[B_\mu, B_\nu] \end{aligned} \tag{16.71}$$

其中

$$\widetilde{F}_{\mu\nu} = \partial_\mu \widetilde{A}_\nu - \partial_\nu \widetilde{A}_\mu + e[\widetilde{A}_\mu, \widetilde{A}_\nu] \tag{16.72}$$

$\widetilde{\boldsymbol{F}}_{\mu\nu} \cdot n$为可约化 U(1)部分 Maxwell 场张量,可将轴$n(x)$的 Kronecker 映象与磁荷量子化数值 q 联系起来

$$\frac{1}{2}\iint(\widetilde{\boldsymbol{F}}_{\mu\nu} \cdot \boldsymbol{n}(x))\mathrm{d}x^\mu \wedge \mathrm{d}x^\nu = -\frac{q}{e}\iint \boldsymbol{n} \cdot [\mathrm{d}\boldsymbol{n}, \delta\boldsymbol{n}] = -\frac{4\pi q}{e} \tag{16.73}$$

磁荷 q 是与整体大范围的拓扑示性数(第 1 陈数)相联系的一种新守恒量:拓扑荷,它与相角变换无关,而仅与相轴的拓扑性质有关,是与第 1 Hopf 映射:SU(2) $\to S^2$ 相关的 Hopf 不变量. 这样利用 U(1)嵌入在 SU(2)中,分析 Hopf 丛

$$\mathrm{U}(1) \longrightarrow \mathrm{SU}(2) \longrightarrow S^2 \tag{16.74}$$

将 Kronecker 映象作为 SU(2)/U(1) = S^2 上伴丛平移不变截面 $\boldsymbol{n}(x)$(满足 $\widetilde{\nabla} n = 0$),建立起 U(1) Dirac 单极与'tHooft 单极中可约化部分的联系.

古老的电荷守恒律(规范对称守恒律)又有了新的丰富生动的内容,它可以是处处绕方向不同且随规范而异的轴的对称性产物. 对非 Abel 规范场,可分析绕 $\boldsymbol{n}(x)$轴作局域规范变换,选 $\boldsymbol{\Theta}(x) = \delta\theta\boldsymbol{n}(x)$,其中 $\delta\theta$ 为与时空坐标无关的常数,对无外源规范场拉氏量按常规变分得对应的守恒流

$$J_n^\mu = -\frac{\delta \mathscr{L}}{\delta(\partial_\mu A_\nu)}\frac{\delta A_\nu}{\delta\theta} = -\boldsymbol{F}^{\mu\nu}\cdot \mathrm{D}_\nu \boldsymbol{n} = -\boldsymbol{n}\cdot[\boldsymbol{F}^{\mu\nu},\boldsymbol{B}_\nu] = -\boldsymbol{n}[\boldsymbol{F}^{\mu\nu\perp},\boldsymbol{B}_\nu] \tag{16.75}$$

注意,这里的 $\boldsymbol{J}_n^\mu$ 为非 Abel 规范场本身供献的自源流,利用场满足的无源场方程 $\mathrm{D}_\mu \boldsymbol{F}^{\mu\nu}=0$,可以证明

$$\boldsymbol{J}_n^\mu = -\boldsymbol{n}[F^{\mu\nu},\boldsymbol{B}_\nu] = (\mathrm{D}_\nu\boldsymbol{n})\cdot\boldsymbol{F}^{\nu\mu} = \mathrm{D}_\nu(\boldsymbol{n}\cdot\boldsymbol{F}^{\nu\mu}) = \partial_\nu(\boldsymbol{n}\cdot\boldsymbol{F}^{\nu\mu}) \tag{16.76}$$

故所得自源流 $\boldsymbol{J}_n^\mu$ 是守恒的,规变协变的物理量.

对'tHooft 单极,将(16.21)式代入(16.75),利用

$$\boldsymbol{B}_o(x) = 0,\quad \boldsymbol{B}_r(x) = 0$$

$$\boldsymbol{E}_t\cdot\boldsymbol{B}_t = \boldsymbol{H}_t\cdot\boldsymbol{B}_t = 0(\text{这里切向指标 } t \text{ 不求和}) \tag{16.77}$$

这些都是由同步球对称性决定的规范不变关系,得到

$$\boldsymbol{J}_n^i = 0,\quad i = 1,2,3$$

$$\boldsymbol{J}_n^o = -\boldsymbol{n}\cdot[\boldsymbol{F}^{o\nu\perp},e\boldsymbol{B}_\nu] = 2\phi^2 G/r^3 \tag{16.78}$$

所得自源荷流 $\boldsymbol{J}_n^\mu$ 是守恒的,是规范不变的物理量. $\boldsymbol{J}_n^o$ 是按球对称连续分布的荷密度,此荷密度在原点最大,随半径 r 的增大按指数衰减,分布半径 $\sim 1/2\beta$,而整个空间的总荷 $|Q|=1$,它是量子化的.

上节我们曾证明,静球对称有限能量单极必是自对偶的,还可引进对偶的自源流

$$^*J_n^\mu = e[B_\nu,{}^*F^{\mu\nu}] \tag{16.79}$$

将(16.20)~(16.22)代入得

$$^*J_n^i = 0,\quad i = 1,2,3$$

$$^*J_n^o = 2\phi\phi'/r^2 \tag{16.80}$$

即存在连续分布的磁荷,它按 $\mathrm{e}^{-2\beta r}$ 指数律衰减,分布半径 $\sim 1/2\beta$. 它完全是场自身贡献的,不取量子化数值,但在无穷远处可约化边界条件的拓扑性质决定了总磁荷是量子化的. 总磁荷及总磁通量是量子化的,但可以有连续分布的非量子化磁荷,过半径 r 球面的磁通量也是非量子化的.

在这里我们应注意非 Abel 理论与 Abel 规范理论(Maxwell 理论)的重要区别,后者无自源流,线性规范理论场方程可完全由场强表达,不含规范势. 而杨-Mills 理论为非线性理论,场方程明显含有规范势,具有自耦合,存在自源流. 对于 Maxwell 理论,在规范变换下

$$g(x) = \mathrm{e}^{\mathrm{i}s(x)} \in U(1)$$

$$A_\mu \to A_\mu^g = A_\mu + \partial_\mu\varepsilon(x) \tag{16.81}$$

$$F_{\mu\nu} \to F_{\mu\nu} \tag{16.82}$$

其场强 $F_{\mu\nu}$规范不变,而场方程又可完全由场强表达,历史上曾认为规范势 A_μ 是没有物理意义的辅助量,它没有确定的数值,在规范变换下会改变数值,仅场强 $F_{\mu\nu}$为具有物理意义的量. 直到 20 世纪后半世纪,在量子力学发展后,Bohm-Aharonov 效应被实验观察到,人们始认识到规范势是有实质物理意义的场. 而对于杨-Mills 理论,场方程本身就明显含有规范势,并且场强 $F_{\mu\nu}$不再是规范不变,仅是规范协变,即如(16.39)式按伴随表示变换.

对于 Maxwell 理论的规范变换(16.81)、(16.82),其有限形式与无穷小形式有相同表达式,有限规范变换可由在恒等元附近无穷小变换的无穷次叠加得到. 而对于杨-Mills 理论,其有限变换与无穷小变换表达形式不同,不是所有有限规范变换都可由恒等元附近无穷小规范变换的无穷次叠加得到,即存在拓扑非平庸的有限规范变换,它不能连续地形变为恒等元. 非 Abel 规范场的上述特点,说明规范场势 A_μ 是理论中的基本场量. 规范场强 $F_{\mu\nu}$不是规范不变的物理量,且在一般情况下,它不能在规范等价的意义下惟一地确定规范势 A_μ,即可能存在规范不等价的势 A_μ,它们可导致相同场强 $F_{\mu\nu}$.

场强 $F_{\mu\nu}$相当于张量,而规范势 A_μ 为仿射量,没有确定的零点. 场强 F 相当于主丛曲率,是具有几何意义的量,规范势 A 相当于主丛上联络,虽然不是张量,但是也是有几何意义的量,甚至说是比曲率具有更基本的几何意义. 曲率为零仅表示可绕一非常小的闭回路平行输运,但仍可能存在大范围的不可积性. 规范势为几何对象,有物理意义,仅规范的选择是非物理的. 为了更清楚地说明此问题,我们在下节将更仔细地分析问题的边界条件及场的大范围拓扑性质.

§16.4　$\mathbb{E}^4$ 空间(反)自对偶瞬子解

当量子场论采用路径积分量子化时,常将普通时间解析延拓为虚时间,使普通四维时空闵空间 M^4,延拓为四维欧空间 E^4,这时,作用量 S 化为 i 的倍数 iI,使路径积分中因子

$$\mathrm{e}^{\mathrm{i}s} \to \mathrm{e}^{-I}$$

为指数衰减,故需讨论使欧氏作用量 I 极小的经典场位型. 在整个 E^4 空间取适当渐近边界条件,可得瞬子解,此即本节将讨论的对象.

为要求四维欧空间中作用量 I 有限,即要求场强 $F_{\mu\nu}$为平方可积,必须要求

$$F_{\mu\nu}(x) \to O(1/|x|^2),\ \text{当}\ |x| \to \infty \tag{16.83}$$

因此要求规范势 $A_\mu(x)$ 在无穷远处衰减为纯规范:

$$A_\mu(x) \to g^{-1}(x)\partial_\mu g(x) + O(1/|x|), \quad 当 |x| \to \infty \tag{16.84}$$

E^4 的无穷远边界可看为半径为无穷大的球面 S^3. 对 SU(2) 杨-Mills 场,对每个确定的 x, $g(x) \in \mathrm{SU}(2)$,即在无穷远处 $g(x)$ 相当于连续映射

$$g: S^3 \to \mathrm{SU}(2) \tag{16.85}$$

由于

$$\pi_3(\mathrm{SU}(2)) = Z$$

故存在同伦不等价的映射 g,可用整数 $k \in Z$ 来标志映射 g 所属的同伦等价类.

注意到上述渐近条件,可对 E^4 补充无穷远点,E^4 补充无穷远点后同胚于 S^4

$$E^4 \cup \{\infty\} \sim S^4$$

$S^4 - \{0\}$ 极射投影到 E^4 为共形映射. 当底流形为四维时,可以证明,对度规张量场的共形映射:

$$g_{\mu\nu}(x) \to f(x) g_{\mu\nu}(x), \quad f(x) > 0$$

Hodge * 算子共形不变,使作用量 I

$$I = -\frac{1}{e^2}\int_M \mathrm{tr}(F \wedge *F) \tag{16.86}$$

及由其极值导出的运动方程(16.17)均共形不变. 于是可在整个 S^4 上光滑地定义 SU(2) 规范势 $A_\mu(x)$,可以研究在紧致流形 S^4 上的规范场. E^4 拓扑平庸,其上任意纤维丛均平庸. 正是由于渐近条件使底流形可紧致化为 S^4,S^4 上存在拓扑非平庸规范场. 对 S^4 上 SU(2) 主丛 P,存在拓扑不变量——陈示性数. 存在示性类

$$c_1(P) = 0$$

$$c_2(p) = \frac{1}{8\pi^2}\mathrm{tr}(F \wedge F)$$

将示性类对整个 S^4 积分,得陈示性数

$$c_2 = \frac{1}{8\pi^2}\int_{S^4} \mathrm{tr}(F \wedge F) = -k \tag{16.87}$$

标志 S^4 上 SU(2) 主丛拓扑特性的示性数 c_2,即标志规范势 $A_\mu(x)$ 非平庸渐近特性的整数 k,它反映了 SU(2) 群的同伦特性 $\pi_3(\mathrm{SU}(2)) = Z$,为了更清楚地看出此点,可认真分析一下在 S^4 开覆盖交叠区的转换函数. 注意到示性类

$$c_2(P) \in H^4(S^4, Z)$$

为 S^4 上的闭形式,当 $k \equiv c_2 \neq 0$ 时,不能在整个 S^4 上写成恰当形式. 若我们将 S^4 用两个开集 $\{U_\pm\}$ 覆盖:

$$S^4 = U_+ \cup U_-$$

在每个平庸的开集 $U_\pm$ 上,由 Poincare 引理,知闭形式均可写成正合形式

$$c_2(P) = \frac{1}{8\pi^2}\mathrm{tr}(F \wedge F) = \mathrm{d}\omega$$

其中

$$\omega = \frac{1}{8\pi^2}\mathrm{tr}\left(F \wedge A - \frac{1}{3}A \wedge A \wedge A\right) \tag{16.88}$$

称为陈-Simons 形式. 在交叠区 $U_+ \cap U_-$,两规范势间差一规范变换 $g_{+-} \equiv g$,

$$A' = A^g = g^{-1}Ag + g^{-1}\mathrm{d}g$$

$$-8\pi^2 k = \int_{S^4}\mathrm{tr}(F \wedge F) = \int_{U_+\cup U_-}\mathrm{tr}(F \wedge F)$$

$$= \int_{S^3}\mathrm{tr}\left(F^g \wedge A^g - \frac{1}{3}A^g \wedge A^g \wedge A^g - F \wedge A + \frac{1}{3}A \wedge A \wedge A\right)$$

这里我们将 $U_\pm$ 表达为含赤道的北、南半球,利用了 Stokes 定理,并注意到在北、南半球的边界具有相反的定向. 注意到

$$F^g = g^{-1}Fg$$

可得

$$-8\pi^2 k = -\frac{1}{3}\int_{S^3}\mathrm{tr}[g^{-1}\mathrm{d}g \wedge g^{-1}\mathrm{d}g \wedge g^{-1}\mathrm{d}g - 3\mathrm{d}(g^{-1}A \wedge \mathrm{d}g)]$$

$$= -\frac{1}{3}\int_{S^3}\mathrm{tr}(g^{-1}\mathrm{d}g \wedge g^{-1}\mathrm{d}g \wedge g^{-1}\mathrm{d}g)$$

即

$$k = \frac{1}{24\pi^2}\int_{S^3}\mathrm{tr}(g^{-1}\mathrm{d}g \wedge g^{-1}\mathrm{d}g \wedge g^{-1}\mathrm{d}g) \tag{16.89}$$

此式右端为映射(16.85)的 Kronecker 指数,即群 G 覆盖 S^3 的倍数. 为了更明显地看出此点,可采用 SU(2)群的二维矩阵表示,即令

$$g(x) = n_4(x) + \mathrm{i}\boldsymbol{n}(x)\cdot\boldsymbol{\sigma} \tag{16.90}$$

其中 $\boldsymbol{\sigma} = \{\sigma_1, \sigma_2, \sigma_3\}$ 为三个 Pauli 矩阵,而 $\{n_\mu(x)\}$ 是 E^4 空间中单位矢量,满足

$$n_4^2 + \boldsymbol{n}^2 = 1$$

易证,由(16.90)定义的 g 满足

$$g^+ g = 1$$

即 g 为 SU(2)的二维表示,代入(16.89)得

$$k = \frac{1}{12\pi^2}\int \mathrm{d}^3x \in^{\mu\nu\lambda\rho} \in_{ijk}(n^\mu \partial_i n^\nu \partial_j u^\lambda \partial_\mu n^\rho) \tag{16.91}$$

上式中被积式恰为 E^4 中单位球面 $n(x)$ 的面积元,是由 x 空间(E^4 的无穷远边界

S^3)到 n 空间(群流形 SU(2) ~ S^3)映射的 Jacobi,即 k 为 Jacobi 的覆盖数,或称 Brouwer 指数.

杨-Mills 场论为非线性场论,对它的普适分析是很困难的,即使是紧致流形 S^4 上的杨-Mills 场论,分析也很复杂. 注意到场方程与 Bianchi 等式的相似性,如场 F 与其对偶场 $*F$ 成正比

$$F = \lambda * F \tag{16.92}$$

则由 Bianchi 等式

$$\mathrm{D}F = 0$$

可自动得到 Euler-Lagrange 运动方程

$$\mathrm{D} * F = 0$$

对(16.92)式再取 $*$ 运算

$$* F = \lambda * * F$$

再代入(16.92)式,并注意到(4.32)式,得

$$F = \lambda^2 * * F = \begin{cases} \lambda^2 F, & \text{对 } E^4 \text{ 度规} \\ -\lambda^2 F, & \text{对 } M^4 \text{ 度规} \end{cases}$$

因此应要求

$$\lambda = \pm 1, \quad \text{对 } E^4 \text{ 空间}$$

$$\lambda = \pm \mathrm{i}, \quad \text{对 } M^4 \text{ 空间}$$

对四维闵空间,应要求

$$* F = \pm \mathrm{i} F \tag{16.93}$$

由于 F 与 $*F$ 均为取值李代数 $\mathfrak{g}$ 的微分形式为使上式满足,G 不能为紧致李群,仅对非紧致李群,例如 SL$(2,c)$,上式始能满足.

对四维欧空间 E^4,自对偶条件为

$$* F = \pm F \tag{16.94}$$

这时对规范群无限制,可为任意紧致李群. 一般称条件 $*F = F$ 为自对偶,而称 $*F = -F$ 为反自对偶. 场方程(16.17)为二阶偏微分方程,而自对偶方程(16.94)为一阶偏微分方程,其求解问题比原运动方程(16.17)的求解问题简单的多.

任意场 F 都可分解为自对偶与反自对偶部分:

$$F = F^+ + F^- \tag{16.95}$$

其中

$$F^\pm = \frac{1}{2}(F \pm * F) \tag{16.96}$$

满足

$$*F^{\pm} = \pm F^{\pm} \tag{16.97}$$

代入(16.86)式,得

$$\begin{aligned} I &= -\frac{1}{e^2}\int_{S^4}\mathrm{tr}(F^+ + F^-) \wedge *(F^+ + F^-) = -\frac{1}{e^2}\int_{S^4}\mathrm{tr}(F^+ + F^-) \wedge (F^+ - F^-) \\ &= -\frac{1}{e^2}\int_{S^4}[\mathrm{tr}(F^+ \wedge F^+) - \mathrm{tr}(F^- \wedge F^-)] = \frac{1}{e^2}\| F^+ \|^2 + \frac{1}{e^2}\| F^- \|^2 \geqslant 0 \end{aligned} \tag{16.98}$$

其中符号 $\| \cdot \|$ 代表微分形式的模,可如下定义:

$$\| \alpha \|^2 = -\mathrm{tr}\langle \alpha;\alpha \rangle = -\mathrm{tr}\int \alpha \wedge *\alpha \geqslant 0$$

另一方面,可对第二陈数(16.87)作类似分析,得

$$8\pi^2 k = -\mathrm{tr}\int_{S^4}(F^+ + F^-) \wedge (F^+ + F^-) = \| F^+ \|^2 - \| F^- \|^2 \tag{16.99}$$

比较上两式得

$$e^2 I = \pm 8\pi^2 k + 2\| F^{\mp} \|^2 \geqslant 8\pi^2 |k| \tag{16.100}$$

由于 $k = -c_2$ 为拓扑不变量,对于具有确定 k 的作用量 I 的极小值解,就是场满足自对偶条件的解. 例如,如 $k=0$,I 的绝对极小值

$$I = 0 \Rightarrow F = F^+ = F^- = 0$$

相应于平联络的平庸情况. 如 $k>0$,则 I 的绝对极小值为自对偶解. 即有

$$e^2 I = 8\pi^2 k \Rightarrow F^- = 0$$

$$F = *F$$

如 $k<0$,则 I 的绝对极小值为反自对偶解. 即有

$$e^2 I = -8\pi^2 k \Rightarrow F^+ = 0$$

$$F = -*F$$

由以上分析我们看出,满足自对偶方程(16.94)式的解,是作用量 I 具绝对极小值的稳定解.

为具体起见,下面给出 $k=1$ 的球对称解[43],可设

$$A_\mu(x) = f(x^2)g^{-1}(x)\partial_\mu g(x) \tag{16.101}$$

代入自对偶方程可得如下形式解:

$$f(x^2) = \frac{x^2}{x^2 + \lambda^2} \tag{16.102}$$

$$g(x) = \frac{1}{|x|}(x^4 - \mathrm{i}\sigma \cdot x) = \frac{1}{|x|}\begin{pmatrix} x_4 - \mathrm{i}x_3 & -x_2 - \mathrm{i}x_1 \\ x_2 - \mathrm{i}x_1 & x_4 + \mathrm{i}x_3 \end{pmatrix} \tag{16.103}$$

此解在 $|x|\to 0$ 时,$A(x)=0$,无奇异. 而在 $|x|\to\infty$ 时,$A(x)$ 为纯规范,且其形式与(16.90)式相似,仅这时同位旋空间(n 空间)与坐标空间同步转动,是覆盖数为 1 的单瞬子解,称 BPST 解.

将(16.102)、(16.103)代入(16.101)式,得

$$A(x)=\frac{x^2}{\lambda^2+x^2}g^{-1}(x)\mathrm{d}g(x)=\frac{1}{\lambda^2+x^2}\sum_{j=1}^{3}\mathrm{i}\sigma_j\eta^j_{\mu\nu}x^\mu\mathrm{d}x^\nu \tag{16.104}$$

$$F(x)=-\frac{\lambda^2}{(\lambda^2+x^2)^2}\sum_{j=1}^{3}\mathrm{i}\sigma_j\eta^j_{\mu\nu}\mathrm{d}x^\mu\wedge\mathrm{d}x^\nu \tag{16.105}$$

其中 $\eta^j_{\mu\nu}(j=1,2,3;\mu,\nu=1,2,3,4)$ 定义为

$$\eta^j_{\mu\nu}=-\eta^j_{\nu\mu},\quad \eta^i_{jk}=\in_{ijk},\quad \eta^i_{j4}=\delta^i_j \tag{16.106}$$

具有性质

$$\eta^i_{\mu\nu}\eta^j_{\mu\lambda}=\delta_{ij}\delta_{\nu\lambda}+\in_{ijk}\eta^k_{\nu\lambda} \tag{16.107}$$

故有

$$\eta^i_{\mu\nu}\eta^j_{\mu\nu}=4\delta_{ij},\quad \eta^i_{\mu\nu}\eta^i_{\mu\lambda}=3\delta_{\nu\lambda}$$

可将它们排成三个 4×4 矩阵,称为'tHooft η 矩阵:

$$\eta^1=\begin{pmatrix}0&0&0&1\\0&0&1&0\\0&-1&0&0\\-1&0&0&0\end{pmatrix}$$

$$\eta^2=\begin{pmatrix}0&0&-1&0\\0&0&0&1\\1&0&0&0\\0&-1&0&0\end{pmatrix}$$

$$\eta^3=\begin{pmatrix}0&1&0&0\\-1&0&0&0\\0&0&0&1\\0&0&-1&0\end{pmatrix}$$

当将其中第四行及第四列矩阵元反号,得'tHooft $\bar{\eta}$ 矩阵 $\bar{\eta}=(\bar{\eta}^1,\bar{\eta}^2,\bar{\eta}^3)$,易证

$$[\eta^i,\eta^j]=-2\in_{ijk}\eta^k$$

$$[\bar{\eta}^i,\bar{\eta}^j]=-2\in_{ijk}\bar{\eta}^k$$

它们均与 SO(3) 代数同构. 注意到 E^4 空间转动群 SO(4) 局域等价与 SO(3) × SO

(3),SO(4)反对称张量 $A_{\mu\nu}$ 可分解为两个 SO(3)表示的直和,而 $\eta(\bar{\eta})$ 使 SO(3)矢量协变映射到 SO(4)自对偶(反自对偶)反对称张量上. 含有 η 矩阵的解(16.104)和(16.105)是自对偶单瞬子解,如将其中 η 矩阵换为 $\bar{\eta}$ 矩阵,则得反自对偶解. 注意到群元 g 的相乘会诱导同伦群 $\Pi_3(G)$ 的相加,在式(16.101)中,如将 $g(x)$ 用 $g^k(x)$ 代替,可得到第二陈数 $c_2=-k$ 的主丛,即得到 k 瞬子解.

满足自对偶方程 $*F=F$ 的一般解,常可将规范势表为

$$A_\mu^j(x) = \eta_{\mu\nu}^j \partial^\nu \ln\rho$$
$$\rho = \sum_{i=1}^{k+1} \frac{\lambda_i^2}{(x-a_i)^2} \tag{16.108}$$

其规范场强的表达式较复杂,而第二陈数的被积式可表示为

$$\frac{1}{16\pi^2}\mathrm{tr}F^{\mu\nu}F_{\mu\nu} = \Delta\Delta\ln\rho \tag{16.109}$$

这组解有 $5(k+1)$ 个参数 $\{\lambda_i, a_i\}$,但并非所有参数均有效,ρ 乘任意常数不改变联络,故最多有 $5k+4$ 个独立参数. 实际上仅当 $k\geqslant3$ 时上述 $5k+4$ 个参数为有效. 当 $k=1$ 时仅有 5 个独立参数,$k=2$ 时有 13 个独立参数,在下章利用 Atiyah-Singer 指数定理可以证明,自对偶联络规范等价类的独立参数数为 $8k-3$.

最后,为了便于记忆与应用,可类似表 16.1 将作用量与陈数的两种表达式列在表 16.2 中.

表 16.2　作用量与第二陈数两种表达式比较

	矩阵张量表达式	微分形式表达式
作用量 I	$-\frac{1}{2e^2}\int d^4x\,\mathrm{tr}(F^{\mu\nu}F_{\mu\nu})$	$-\frac{1}{e^2}\int \mathrm{tr}(F\wedge *F)$
第二陈数 c_2	$\frac{1}{16\pi^2}\int d^4x\,\mathrm{tr}(*F^{\mu\nu}F_{\mu\nu})$	$\frac{1}{8\pi^2}\int \mathrm{tr}(F\wedge F)$
陈-Simons	$\frac{1}{16\pi^2}\in^{\mu\alpha\beta\gamma}\mathrm{tr}\left(F_{\alpha\beta}A_\gamma-\frac{2}{3}A_\alpha A_\beta A_\gamma\right)$	$\frac{1}{8\pi^2}\mathrm{tr}(F\wedge A-\frac{1}{3}A\wedge A\wedge A)$

第二陈数 c_2 为拓扑不变量,它在规范势的局域变更下不变,在其张量表达式中虽有指标缩并运算,但是,由于是与对偶场的缩并,故实质上与底流形的度规无关,在弯曲空间中仍有意义. 而作用量 I 与度规有关,与所选规范势有关,而其极值即拓扑数 c_2,也即场方程的自对偶解的瞬子数.

§16.5　规范场与玻色场耦合体系

Ginzburg-Landau 方程、BPS 单极及其他.

本节分析规范场与玻色场耦合体系,并着重分析对称性自然破缺的规范理论.

设 M 为紧黎曼流形,E 为其上具厄米度规的 k 秩复矢丛

$$D_A = d + A, \quad A^+ = -A \tag{16.110}$$

为 E 上反厄米联络,曲率

$$F = dA + [A,A] \tag{16.111}$$

$\varphi(x) \in \Gamma(E)$ 为矢丛 E 光滑截面,记

$$|\phi| = \langle \phi,\phi \rangle^{\frac{1}{2}} \in \mathscr{F}(M) \tag{16.112}$$

存在下形式规范不变的作用量(能量)泛函

$$S(\phi,A) = \int_M \{\alpha |F|^2 + \beta |D_A\varphi|^2 + \gamma(|\phi|^2 - a)^2\} *1 \tag{16.113}$$

其中 α,β,γ 均为正常数,$a \in \mathbb{R}$,这是伴矢丛截面 ϕ 与规范场 A 耦合体系,能量泛函有下界而无上界. 对 ϕ,A 变分可得场方程,可求场方程的能量有限的解.

为简单起见,先分析紧黎曼面 Σ 上复线丛 L,规范群为 U(1)-Abel 规范场,能量泛函

$$S(\phi,A) = \int_\Sigma \{|F|^2 + |D_A\phi|^2 + \frac{1}{4}(|\phi|^2 - a)^2\} *1 \tag{16.114}$$

对 ϕ 变分得

$$\delta_A d_A \phi = \frac{1}{2}(a - |\phi|^2)\phi \tag{16.115}$$

对 A 变分得

$$\delta_A F = -\operatorname{Re}\langle d_A\phi,\phi \rangle \tag{16.116}$$

前者 ϕ 满足的非线性 Schrødinger 方程,后者为规范场满足的有源场方程(Maxwell 方程),易证它相对势 A 为线性,但相对 ϕ 非线性. 这对方程常称为 Ginzburg-Landau 方程,是为描写超导现象的空间变化而引入[17].

下面设黎曼面 Σ 具共形度规:$\rho^2(z)dzd\bar{z}$,并在 $z_o \in \Sigma$ 点邻域选法坐标系,且用 $\dfrac{z}{\rho(z_o)}$ 代替 z,并在 $T^*_{z_o}\Sigma$ 选正交归一基底 dx,dy,即选

$$dz = dx + idy, \quad dz \wedge d\bar{z} = 2idx \wedge dy \tag{16.117}$$

则在 Z_o 点邻域,Hodge $*$ 运算:

$$*dz = *(dxtidy) = dy - idx = -idz$$

$$*d\bar{z} = *(dx - idy) = dy + idx = id\bar{z}$$

$$*(dz \wedge d\bar{z}) = -2i*(dx \wedge dy) = -2i$$

$$*1 = dx \wedge dy = \frac{i}{2} dz \wedge d\bar{z} \tag{16.118}$$

将黎曼面上微分形式按上述坐标分解：

$$A = A_z dz + A_{\bar{z}} d\bar{z} = A^{1,0} + A^{0,1}$$

$$D_A = \partial_A + \bar{\partial}_A; \quad \partial_A = \partial + A^{1,0}, \bar{\partial}_A = \bar{\partial} + A^{0,1} \tag{16.119}$$

由$\partial \circ \partial = 0$可证

$$\begin{aligned} \partial_A \circ \partial_A \phi &= (\partial + A^{1,0})(\partial + A^{1,0})\phi \\ &= (\partial A^{1,0})\phi - A^{1,0} \wedge \partial\phi + A^{1,0}\partial\varphi + A^{1,0} \wedge A^{1,0}\phi \\ &= 0 \end{aligned} \tag{16.120}$$

最后一步利用Σ为复 1 维流形，$\Lambda^{2,0}(\Sigma) = 0$，类似可证

$$\bar{\partial}_A \cdot \bar{\partial}_A = 0$$

而

$$\begin{aligned} \partial_A \circ \bar{\partial}_A \phi &= (\partial + A^{1,0})(\bar{\partial} + A^{0,1})\phi \\ &= \partial\bar{\partial}\phi + (\partial A^{0,1})\phi - A^{0,1} \wedge \partial\phi + A^{1,0}\bar{\partial}\phi + A^{1,0} \wedge A^{0,1}\phi \\ \bar{\partial}_A \cdot \partial_A \phi &= (\bar{\partial} + A^{0,1})(\partial + A^{1,0})\phi \\ &= \bar{\partial}\partial\phi + (\bar{\partial}A^{1,0})\phi - A^{1,0} \wedge \bar{\partial}\phi + A^{0,1}\partial\phi + A^{0,1} \wedge A^{1,0}\phi \end{aligned}$$

$$(\partial_A \bar{\partial}_A + \bar{\partial}_A \partial_A)\phi = (\partial A^{0,1} + \bar{\partial} A^{1,0})\phi = F\phi \tag{16.121}$$

其中最后一步用：

$$F = dA = (\partial + \bar{\partial})(A^{1,0} + A^{0,1}) = \partial A^{0,1} + \bar{\partial} A^{1,0} \tag{16.122}$$

下面证明，由于玻色场势能项

$$V(\phi) = \frac{1}{4}(|\phi|^2 - a)^2 \tag{16.123}$$

在$|\phi|^2 = 0$处为局域极大，使此动力学体系可能存在对称性自发破缺. 可以证明

定理 16.1　能量泛函(16.114)可表示为

$$S(\phi, A) = \int_\Sigma \left\{2|\bar{\partial}_A \phi|^2 + \left(i * F + \frac{1}{2}(|\phi|^2 - a)\right)^2\right\} * 1 + 2\pi a c_1 \tag{16.124}$$

其中$c_1 = \frac{i}{2\pi}\int F$为复线丛$L$的第 1 陈数.

证

$$\begin{aligned} &\int_\Sigma \left\{i * F + \frac{1}{2}(|\phi|^2 - a)\right\}^2 * 1 \\ &= \int_\Sigma \left\{|F|^2 + \frac{1}{4}(|\phi|^2 - a)^2 + i * F(|\phi|^2 - a)\right\} * 1 \end{aligned} \tag{16.125}$$

而

$$\mathrm{i}a\int *F*1 = \mathrm{i}a\int F = 2\pi ac_1 \tag{16.126}$$

而 $\int\langle \mathrm{i}*F\phi,\phi\rangle *1 = \int\langle \mathrm{i}F\phi, *\phi\rangle *1$

$$\overset{(121)}{=\!=\!=}\int\langle \mathrm{i}(\partial_A\bar{\partial}_A+\bar{\partial}_A\partial_A)\phi, *\phi\rangle *1 = (\mathrm{I}) + (\mathrm{II}) \tag{16.127}$$

记

$$\partial_A = \mathrm{d}z\nabla_z^A,\quad \bar{\partial}_A = \mathrm{d}\bar{z}\nabla_{\bar{z}}^A$$

选在 z_0 点邻域法坐标系，并选规范使 $A(z_0)=0$，且在运算过程中不含 A 的导数项，并注意到厄米度规

$$\langle \mathrm{i}\mathrm{d}z\wedge \mathrm{d}\bar{z}, \mathrm{i}\mathrm{d}z\wedge \mathrm{d}\bar{z}\rangle = |\mathrm{d}z\wedge \mathrm{d}\bar{z}|^2 = 4$$

$$\langle \mathrm{d}z,\mathrm{d}z\rangle = \langle \mathrm{d}\bar{z},\mathrm{d}\bar{z}\rangle = 2 \tag{16.128}$$

(16.127)右端第 I 项：

$$\mathrm{I} = \int\langle \mathrm{i}\nabla_z^A\ \nabla_{\bar{z}}^A\ \phi\mathrm{d}z\wedge \mathrm{d}\bar{z}, \frac{\mathrm{i}}{2}\phi\mathrm{d}z\wedge \mathrm{d}\bar{z}\rangle *1$$

$$\overset{(127)}{=\!=\!=}2\int\langle \nabla_z^A\ \phi_{\bar{z}},\phi\rangle *1 = -2\int\langle \phi_{\bar{z}},\phi_{\bar{z}}\rangle *1 \overset{(128)}{=\!=\!=} -\int|\bar{\partial}_A\phi|^2 *1$$

类似(16.127)式右端第 II 项

$$\mathrm{II} = \int\langle \mathrm{i}\nabla_{\bar{z}}^A\ \nabla_z^A\ \phi\mathrm{d}\bar{z}\wedge \mathrm{d}z, \frac{\mathrm{i}}{2}\phi\mathrm{d}z\wedge \mathrm{d}\bar{z}\rangle *1$$

$$= -2\int\langle \nabla_{\bar{z}}^A\ \phi_z,\phi\rangle *1 = 2\int\langle \phi_z,\phi_z\rangle *1 = \int|\partial_A\phi|^2 *1$$

由于 1 形式的分解 $\Omega^1=\Omega^{1,0}\oplus\Omega^{0,1}$ 为相互正交，故

$$|D_A\phi|^2 = |\partial_A\phi|^2 + |\bar{\partial}_A\phi|^2 \tag{16.129}$$

将以上结果代入(16.124)式右端得

$$(16.124)\text{右端} = \int\{|F|^2+\frac{1}{4}(|\phi|^2-a)^2+|D_A\phi|^2\} *1 = S(\phi,A)$$ □

如复线丛 L 的第 1 陈数 c_1 满足 $c_1a\geqslant 0$，则能量泛函 $S(\phi,A)$ 的最低可能允许值要求 ϕ 与 A 满足下列一阶微分方程组：

$$\begin{cases}\bar{\partial}_A\phi = 0\\ \mathrm{i}*F = \dfrac{1}{2}(a-|\phi|^2)\end{cases} \tag{16.130}$$

另方面，如果 $c_1a\leqslant 0$，则上对方程组无解，因由(16.114)式知能量泛函 $S(\phi,A)$ 必取正值. 故当 $c_1a\leqslant 0$ 时，应分析与上方程组对偶方程组，即分析能量泛函的下

列表达式：

$$S(\phi,A)=\int_{\Sigma}\left\{2|\partial_A\phi|^2+\left(\mathrm{i}*F-\frac{1}{2}(|\phi|^2-a)\right)^2\right\}*1-2\pi ac_1 \tag{16.131}$$

使其达最小值要求 ϕ 与 A 满足下列方程组：

$$\begin{cases}\partial_A\phi=0\\ \mathrm{i}*F=\dfrac{1}{2}(|\phi|^2-a)\end{cases} \tag{16.132}$$

也可进一步分析下形式的能量泛函(设 $c_1\geqslant 0$)：

$$\begin{aligned}S_\varepsilon(\phi,A)&=\int_{\Sigma}\{\varepsilon|F|^2+|\mathrm{D}_A\phi|^2+\frac{1}{4\varepsilon}(|\phi|^2-1)^2\}*1\\&=\int_{\Sigma}\{2|\bar{\partial}_A\phi|^2+\varepsilon(\mathrm{i}*F+\frac{1}{2\varepsilon}(|\phi|^2-1))^2\}*1+2\pi c_1\end{aligned} \tag{16.133}$$

这里 $\varepsilon>0$ 为小实常数，由此能量泛函决定的最低可能允许值要求 ϕ,A 满足

$$\begin{cases}\bar{\partial}_A\phi=0\\ \varepsilon*\mathrm{i}F=\dfrac{1}{2}(1-|\phi|^2)\end{cases} \tag{16.134}$$

分析 $\varepsilon\to 0$ 的渐近情况，相应 $|\phi_\varepsilon|^2$ 在若干点列均匀收敛于 1，而 $\mathrm{d}A_\varepsilon$ 均匀收敛于零，相当于存在涡旋(vortex)，而涡旋数等于线丛 L 的陈数 c_1.

下面进一步推广，分析 SU(2) 规范场与 Higgs 场耦合体系，拉氏量形式上与(16.114)式相似，仅这时底空间为四维物理时空，并将原 U(1) 规范对称性代替为 SU(2) 规范对称性，作用量

$$S=\int \mathrm{d}^4x\mathscr{L}$$

$$\mathscr{L}(A,\phi)=-\frac{1}{4}F_{\mu\nu}{}^{a}F^{\mu\nu}_{a}+\frac{1}{2}\mathrm{D}_\mu\phi^a\mathrm{D}^\mu\phi_a-\lambda^2(\phi^a\phi_a-1)^2 \tag{16.135}$$

这里玻色场 $\phi=\phi_aT^a$ 取值在 SU(2) 的伴随表示，称 Higgs 场，$\mathrm{D}\phi=\mathrm{d}\phi+[A,\phi]$，取库仑规范 $A_0=0$，求定态解，可将静能 E(满足$\partial_0E=0$)表示为($H^a_i=\frac{1}{2}\varepsilon_{ijk}F^a_{jk}$称为磁场)：

$$\begin{aligned}E(A,\phi)&=\frac{1}{2}\int\mathrm{d}^3x\{H^a_iH^i_a+\mathrm{D}_i\phi^a\mathrm{D}^i\phi_a+\lambda^2(\phi^a\phi_a-1)^2\}\\&=\int\mathrm{d}^3x\{\frac{1}{2}|H^a_i\pm\mathrm{D}_i\phi^a|^2+\lambda^2(\phi^a\phi_a-1)^2\}\mp\int\mathrm{d}^3x\partial_i(H^i_a\phi^a)\end{aligned} \tag{16.136}$$

上式最后一项

$$\int \mathrm{d}^3 x \partial_i (H_a^i \phi^a) = n \tag{16.137}$$

是由无穷远处边界条件决定且规范不变的,整数守恒荷,为拓扑荷(磁荷). 由前两项的正定性质表明

$$E \geqslant | n | \tag{16.138}$$

由于要求能量 $E < \infty$,表明当$\mathbb{R}^3$ 中位置$|x| \to \infty$ 时,相应各场量应满足如下渐近条件:

$$\begin{aligned} \| \mathbb{F} \| &\to 0 \\ \| \mathrm{D}\phi \| &\to 0 \end{aligned} \qquad (| x | \to \infty) \tag{16.139}$$

且当 $\lambda \neq 0$ 时,还应要求

$$\| \phi \| \to 1 \qquad (| x | \to \infty) \tag{16.140}$$

下面先分析能量泛函(16.136)式的一般特点,它是上无限而下有界,存在某些极小极值. 当

$$\mathbb{A} = 0, \quad \phi = \phi_0, \| \phi_0 \| = 1$$

这里 ϕ_0 为模为 1 的常值,这时能量处于绝对极小值零,称为体系的基态. 这里注意此基态非惟一,存在简并. 任意 $\| \phi_0 \| = 1$ 的 $\phi_0 \in S^2 \subset \mathrm{SU}_2$ 均为基态,而当选出一特定的 ϕ_0,作用于 ϕ 上的 SU(2) 规范变换,当要求基态规范不变,则必须要求 $g^{-1}\phi_0 g = \phi_0$,即要求 g 为 SU(2) 中保持 ϕ_0 不变的迷向子群 U(1),基态仅在SU(2) 的子群 U(1)作用下不变. 选定 ϕ_0 使规范对称性由 SU(2)破缺为 U(1),称为对称性自发破缺.

为求特定有限能解,常要求(16.138)式不等式达到饱和,为此可要求参数 $\lambda \to 0$,此要求被称为 Prasad-Sommerfield 极限[18,19]. 当取 $\lambda = 0$ 极限,能量泛函 E 可表示为

$$\begin{aligned} E_0(A,\phi) &= \frac{1}{2}\int \mathrm{d}^3 x \{ H_i^a H_a^i + \mathrm{D}_i \phi^a \mathrm{D}^i \phi_a \} \\ &= \frac{1}{2}\int \mathrm{d}^3 x \, | H_i^a \pm \mathrm{D}_i \phi^a |^2 \mp \int \mathrm{d}^3 x \partial_i (H_a^i \phi^a) \end{aligned} \tag{16.141}$$

在此简单情况,能量极小值要求场 A,ϕ 满足 Bogomolny[19] 方程

$$H_i^a = \pm \mathrm{D}_i \phi^a \tag{16.142}$$

要求场位型(A,ϕ)满足(16.139)、(16.140)边界条件的场方程(16.142)的解,为给定 SU(2) 杨-Mills-Higggs 体系有限能解,称为 Bogomolny-Prasad-Sommerfield (BPS)单极解.

当取 Prasad-Sommerfield 极限 $\lambda=0$，似乎没有理由再要求边界条件（16.140），而这时仍需要求满足

$$\|\phi\| \to c, \qquad |x| \to \infty \tag{16.140a}$$

而当 $c\neq 0$，可对$\mathbb{R}^3$ 中坐标重新归一（rescaling），相当于使

$$\lambda^2(|\phi|^2 - c^2) = c^2\lambda^2(|\phi'|^2 - 1)$$

在 $c\lambda\to 0$ 时仍要求$|\phi'|^2\to 1$. 即我们要求满足边界条件

$$\lim_{R\to\infty} \operatorname{Sup}_{|x|\geqslant R} |\ \|\phi\|^2 - 1| = 0 \tag{16.140b}$$

的 Bogomolny 方程（16.142）的解. 它是所给杨-Mills-Higgs 体系的有限能解.

这里我们注意，Bogomolny 方程（16.142）与 4 维欧空无源杨-Mills 体系的（反）自对偶方程相类似，可将(A^a,ϕ^a)看成 4 维规范势

$$W_o^a = \phi^a, \quad W_i^a = A_i^a \quad (i=1,2,3)$$

则 Bogomolny 方程相应于（反）自对偶方程

$$F_{\mu\nu}^a = \pm\frac{1}{2}\varepsilon_{\mu\nu\lambda\rho}F_{\lambda\rho}^a \tag{16.143}$$

在第 4 节讨论的四维欧空间中纯杨-Mills-Higgs 体系的球对称瞬子解（BPST 解），与第 2，3 节分析的'tHooft 单极解，形式上均等价于这里分析的 BPS 单极解（可差 i trick），为简化形式，取（16.35）、（16.36）式中 $\beta=1$，$e=1$，代入（16.20），得

$$\phi(x) = \phi^a T_a = \left(\coth r - \frac{1}{r}\right)\frac{x^a}{r}T_a = \left(\coth r - \frac{1}{r}\right)\boldsymbol{n}\cdot\boldsymbol{T}$$

$$\mathbb{A}(x) = A_i^a(x)\,\mathrm{d}x^i T_a = \left(\frac{1}{r} - \frac{1}{\operatorname{sh} r}\right)\in_{aij}x^j\mathrm{d}x^i T_a \tag{16.144}$$

$$= \left(\frac{1}{r} - \operatorname{csch} r\right)(\boldsymbol{n}\times T)\cdot\mathrm{d}\boldsymbol{x}$$

称为'tHooft-Polyakov-Prasad-Sommerfield 单极.

§16.6　Seiberg-Witten 单极方程

上节分析规范场与玻色场耦合体系，首先分析 U(1) 规范场（Maxwell 场）与复线丛耦合的 Ginzburg-Landau 体系，泛函（16.133）在规范场强与自耦合势间引入单参数 ε 族，相当于超导理论中穿透深度与相干长度比的 Ginzburg 参数，利用 $\varepsilon\to 0$ 极限分析 2 维涡旋（vortex）解 U(1) 对称自发破缺的特点. 上节最后分析非 Abel 规范场（杨-Mills 场）与 Higgs 场耦合的 Prasad-Sommerfield 极限 $\lambda\to 0$，研究非 Abel 规范理论对称性自发破缺，得 BPS 单极解. 本节我们将以上结果作超对称推广，研究规范场与无质费米场耦合体系.

Donaldson[20]利用 SU(2)瞬子解模空间(moduli)研究光滑 4 维流形的微分结构,得到很大成功. 所得 Donaldson 多项式是不依赖黎曼度规的微分同胚不变量. 1994 年 Seiberg-Witten[21]研究 4 维黎曼流形 M 上度规的单参数族$\{g_t, t>0\}$,参数 t 起耦合常数作用. 当 t 很小(在紫外区,称弱耦合),可计算 Donaldson 不变量多项式. 而当 t 很大(在红外区,称强耦合),可得到计算 Donaldson 不变量的新方案,得 S-W 不变量. 这里注意,在紫外区分析的是反自对偶 SU(2)联络的模空间,而在红外区分析的是与 U(1)规范势耦合的 Seiberg-Witten(A,ψ)体系,2 分量旋量 ψ 与 U(1)规范场 A 通过 Seiberg-Witten 单极方程耦合. 我们在这里先简短介绍下 Seiberg-Witten 泛函及 S-W 单极方程. 我们知道,具自旋的费米场与流形度规的共形结构,与复几何、超对称等密切相关. 在下章我们将分析规范理论与复几何联系,而在下章最后一节我们将再次回到本节分析问题,讨论自对偶单极规范场基态及超时称等相关问题.

令(M,G)为紧致 4 维黎曼流形,具局域自旋结构

$$S = S^{+} \oplus S^{-} \tag{16.145}$$

用 $\Gamma(S^{\pm})$标志 Weyl 施量从 $S^{\pm}$ 的光滑截面集合,Dirac 算子

$$\mathrm{D} = e_i \cdot \nabla_{e_i} : \Gamma(S^{+}) \to \Gamma(S^{-}) \tag{16.146}$$

其中$\{e_i\}$为流形切丛 Clifford 代数基底,满足

$$e_i \cdot e_j + e_j \cdot e_i = -2\delta_{ij} \tag{16.147}$$

∇_{e_i} 为(M,G)上具 Levi-Civita 联络的协变导数算子,e_i 与∇_{e_i} 间乘积“·”为 Clifford 积,且重复指标求和.

流形上自旋结构的整体存在可能存在拓扑障碍,但是对 4 维定向紧致黎曼流形,Spin^c 结构必然存在. 用 L 标志 Spin^c 结构的 det-线丛,并用 D_A 表示含复线丛 L 上幺正联络 A 的 Dirac 算子. A 为纯虚,其曲率

$$F = \mathrm{d}A = \mathrm{i}F_A \tag{16.148}$$

F_A 为实 2 形式,其自对偶部分

$$F_A^{+} = \frac{1}{2}(F_A + *F_A) \quad \in \Lambda^2(M) \tag{16.149}$$

下面分析由费米场 $\psi \in \Gamma(S^{+})$与 U(1)规范场 A 耦合的 Seiberg-Witten 泛函

$$SW(A,\psi) = \int_M \{|\nabla_A \psi|^2 + |F_A^{+}|^2 + \frac{\mathscr{S}}{4}|\psi|^2 + \frac{1}{8}|\psi|^4\} *1 \tag{16.150}$$

其中 $\mathscr{S}$为(M,G)的标曲率,$|\psi|^2 = \langle\psi,\psi\rangle$为 Weyl 丛截面的不变厄米内积.

对 S-W 泛函变分可得运动方程

$$-\Delta_A\psi+\frac{\mathscr{S}}{4}\psi+\frac{1}{4}|\psi|^2\psi=0 \tag{16.151}$$

$$\delta F_A^+ +\frac{1}{2}\mathrm{Im}\langle\nabla_{e_i}\psi,\psi\rangle \mathrm{e}^{\mathrm{i}}=0 \tag{16.152}$$

上面(16.151)式表明旋量场满足与 U(1)规范势耦合的非线性 Schrødinger 方程. 且由于

$$\delta=-*\mathrm{d}* \quad 及 \; **=1$$

$$\delta F_A^+=\frac{1}{2}(-*\mathrm{d}*)(F_A+*F_A)=\frac{1}{2}\delta F_A$$

故上列第二个 Euler-Lagrangian 方程也能写为

$$\delta F_A=-\mathrm{Im}\langle\nabla_{e_i}^A\psi,\psi\rangle \mathrm{e}^{\mathrm{i}} \tag{16.152a}$$

此式表明旋量场 ψ 是携带 U(1)荷的源.

为了下面分析的需要,我们先计算下列 2 形式的模:

$$\alpha=\frac{1}{2}\langle e_i\cdot e_j\cdot s,s\rangle \mathrm{e}^i\wedge \mathrm{e}^j\in\Lambda^2 \tag{16.153}$$

其中

$$s=(s^1,s^2)\in\Gamma(S^{\hat{+}})\cong\mathbb{C}^2$$

为手征 Weyl 旋量. 注意到 Spin(V)的诱导表示保厄米度规

$$\langle e_j\cdot s,e_j\cdot s'\rangle=\langle s,s'\rangle$$

$$\langle e_j\cdot s,s'\rangle=-\langle s,e_j\cdot s'\rangle \tag{16.154}$$

可证明

$$\alpha(e_1,e_2)=\langle e_1\cdot e_2\cdot s,s\rangle=-\langle e_2\cdot s,e_1\cdot s\rangle=\mathrm{i}(s^1\bar{s}^2+s^2\bar{s}^1)=\alpha(e_3,e_4)$$

$$\alpha(e_1,e_3)=\langle e_1\cdot e_3\cdot s,s\rangle=s^1\bar{s}^2-s^2\bar{s}^1=-\alpha(e_2,e_4)$$

$$\alpha(e_1,e_4)=\mathrm{i}(s^1\bar{s}^1-s^2\bar{s}^2=\alpha(e_2,e_3)$$

$$\begin{aligned}|\alpha|^2&=\sum_{i<j}|\alpha(e_i,e_j)|^2\\&=2((s^1\bar{s}^1-s^2\bar{s}^2)^2+(s^1\bar{s}^2+s^2\bar{s}^1)^2-(s^1\bar{s}^2-s^2\bar{s}^1)^2)=2|s|^4\end{aligned} \tag{16.155}$$

并利用在 12 章给出的 Weigenböck 公式(12.146):

$$\int_M|\mathrm{D}_A\psi|^2*1=\int_M\{|\nabla_A\psi|^2+\frac{\mathscr{S}}{4}|\psi|^2+\frac{1}{2}\langle F^{\dagger}\psi,\psi\rangle\}*1 \tag{16.156}$$

可以证明 Seiberg-Witten 泛函(16.150)式可表示为

$$SW(A,\psi)=\int_M\{|\mathrm{D}_A\psi|^2+|F_A^{\dagger}-\frac{\mathrm{i}}{4}\langle e_j\cdot e_k\cdot\psi,\psi\rangle e^j\wedge e^k|^2\}*1 \tag{16.157}$$

证

$$|F_A^+ - \frac{i}{4}\langle e_j \cdot e_k \cdot \psi, \psi\rangle e^j \wedge e^k|^2$$

$$\xlongequal{(155)} |F_A^+|^2 + \frac{1}{8}|\psi|^4 - \frac{i}{2}\langle F_A^+, e^j \wedge e^k\rangle\langle e_j \cdot e_k \cdot \psi, \psi\rangle$$

而

$$-\frac{i}{2}\langle F_A^+, e^j \wedge e^k\rangle\langle e_j \cdot e_k \cdot \psi, \psi\rangle = -\frac{1}{2}\langle F_{jk}^+ e_j \cdot e_k \cdot \psi, \psi\rangle = -\frac{1}{2}\langle F^+ \psi, \psi\rangle$$

再利用(16.156)式即证(16.157)式等价于(16.150)式. □

从(16.157)式出发,知 S-W 泛函的最低可能值要求 ψ 及 A 满足下列一对一阶微分方程组

$$\begin{cases} D_A\psi = 0 \\ F_A^+ = \frac{i}{4}\langle e_j \cdot e_k \cdot \psi, \psi\rangle e^j \wedge e^k \end{cases} \tag{16.158}$$

此即著名的 Seiberg-Witten 单极方程,它是规范不变的,但不是共形不变.(16.158)的介必满足运动方程(16.151)、(16.152).这里自对偶机制又次发挥作用.

习 题 十 六

1. 对非 Abel 规范场 $F = dA + A \wedge A$.
   请证明 $DF = 0$,并将它用张量形式表达.
2. 杨-Mills 场能动张量为
   $$\theta^{\mu\nu} = 2\mathrm{tr}(F^{\mu\rho}F^{\nu}_{\rho} - \frac{1}{4}g^{\mu\nu}F^{\lambda\rho}F_{\lambda\rho})$$
   请利用杨-Mills 场满足的运动方程及 Bianchi 等式证明
   $$\partial_\mu\theta^{\mu\nu} = 0$$
3. 对 SU(2) 规范场,请具体求出瞬子数 $k = 1$ 的球对称解.
4. 请分析'tHooft 单极解自源荷流分布.

第十七章　规范理论与复几何

量子场论中基本场主要有两类：物质场与规范场. 物质场是时空上矢丛截面，规范场为矢丛上联络. 矢丛沿纤维坐标相应于自旋与同位旋，后者为粒子内部自由度，而前者与底空间度规及复结构有关，量子物理实质是复的. 场方程解常与边界渐近条件有关，与拓扑有关. 规范场常共形不变，为讨论场的大范围性质，常需将时空共形紧致化，将时空复化. 本章用复分析方法讨论规范理论，分析其渐近条件及拓扑性质. 前两节分析物理时空 M^4 与 E^4 的复化与共形紧致化. §17.3 分析复流形上全纯丛的特点. 简单介绍层(sheaf)上同调这一重要工具. 时空复结构参数空间常称为 Twistor 空间，第 4 节介绍紧致时空上场方程介(紧致时空上矢丛截面等价类)与投射 Twistor 空间上全纯丛层上同调类关系. 由投射 Twistor 空间解通过 Radon-Penrose 变换(包括沿纤维积分技术)可得到时空上场方程解. §17.5、§17.6介绍规范场论复分析的两种重要应用：瞬子解的 ADHM 组成与单极介的 ADHMN 组成. §17.7 介绍自对偶超对称单极，引入修正的 Seiberg-Witten 单极方程.

§17.1　物理时空的复化及共形紧致化

特殊相对论将四维时空解释为具有 Lorentz 度规的 Minkowski 空间，记为 M^4，它是具有 Poincaré 运动群的齐性空间. 另方面量子场论中也常需分析 4 维 Euclidian 空间，记为 E^4，它是四维 Euclidian 运动群的齐性空间. E^4 与 M^4 相互微分同胚.

$$M^4 \simeq E^4 \simeq \mathbb{R}^4 \tag{17.1}$$

仅采用度规不同，在分析时常用 i-trick 作解析延拓比较它们的场方程解的相互关系.

大家熟悉 E^4 可共形紧致化为 S^4，M^4 如何共形紧致化？共形结构与光维结构相关，与复结构相关. 如何将 E^4 与 M^4 复化并共形紧致化？

首先分析 n 维复流形 M 的闭复子流形 N 这一重要概念. $N\subset M$，在任意点 $P\in N$，有邻域 $U\subset M$ 及其局域坐标 $\{z^j\}_1^n$. 如存在定义在 U 上 k 个全纯函数 $\{f^i(z)\}_1^k$ 使得

$$N \cap U = \{q \in U, f^i(q) = 0, i = 1, \cdots, k\} \tag{17.2}$$

且在点 $q \in N \cup U$，矩阵$\left(\frac{\partial f^i}{\partial z^j}\right)$具最大秩 k，这时 N 为 $d = n - k$ 维复流形. N 称 M 的具余维 k 的闭子流形.

大家熟知

$$S^n = \{(x^1, \cdots, x^{n+1}) \in \mathbb{R}^{n+1}, \sum_{i=1}^{n+1} (x^i)^2 = 1\}$$

为$\mathbb{R}^{n+1}$的实闭子流形. 下面分析$\mathbb{C}^n$ 的子流形，例如

$$\begin{aligned} M_1 &= \{(z^1, \cdots, z^n) \in \mathbb{C}^n, \sum_{i=1}^{n} (z^i)^2 = 1\} \\ M_2 &= \{(z^1, \cdots, z^n) \in \mathbb{C}^n, \sum_{i=1}^{n} \| z^i \|^2 = 1\} \end{aligned} \tag{17.3}$$

M_1 为$\mathbb{C}^n$ 的$(n-1)$维复子流形，但是 M_1 非紧. M_2 为$\mathbb{C}^n$ 的实子流形 S^{2n-1}，是紧致流形，但不是复流形.

$\mathbb{C}^n$ 的紧致复子流形只有单点. 与$\mathbb{C}^n$ 相关的最简单的紧复流形为投射空间

$$\mathbb{P}(\mathbb{C}^n) \equiv \mathbb{C}P^{n-1} = \{\mathbb{Z} = (z^1, \cdots, z^n) \in \mathbb{C}^n \mid, \lambda \mathbb{Z} \cong \mathbb{Z}, \lambda \in \mathbb{C} - \{0\}\} \tag{17.4}$$

$\mathbb{P}(\mathbb{C}^n)$为$\mathbb{C}^n$ 中通过原点复线等价类组成空间. 且每复线与$\mathbb{C}^n$ 的实子流形 S^{2n-1}交于模为 1 的点，可差模 1 相因子，即

$$\mathbb{P}(\mathbb{C}^n) \cong S^{2n-1}/U(1) \tag{17.4a}$$

故$\mathbb{P}(\mathbb{C}^n)$为紧复流形，可用 n 个开集$\{U_i\}_1^n$ 复盖：

$$U_i = \{[z^1, \cdots, z^n], z^i \neq 0\} \tag{17.5}$$

$\{z^j\}$为点$[z]$的齐次坐标，而 $\zeta^j = z^j/z^i$ 为开集 U_i 中点的非齐次坐标.

下面分析 M^4 与 E^4 的复结构及共形结构.

大家熟知，$\mathbb{R}^2$ 有一个自然复结构，其点的实坐标(x, y)，可用一个复变量 $z = x + \mathrm{i}y$ 表示. 相当于对$\mathbb{R}^2$ 取自然度规，绕平面$\mathbb{R}^2$ 正向转 $\pi/2$ 为$\mathbb{R}^2$ 的复变换$\mathbb{i}$.

$\mathbb{R}^4$ 具有多种复结构，它们都与度规及定向相容. 当我们选定某 2 维面的正交变换为复结构$\mathbb{i}$，$\mathbb{i}^2 = -1$. 可对$\mathbb{R}^4$ 用转动群 SO(4)作用会产生复结构的其他选择，而其中 U(2) $\subset$ SO(4)保持原选择$\mathbb{i}$不变，故$\mathbb{R}^4$ 上复结构集合可由陪集

$$\mathrm{SO}(4)/\mathrm{U}(2) \simeq \frac{\mathrm{SU}(2) \times \mathrm{SU}(2)}{\mathrm{U}(1) \times \mathrm{SU}(2)} \simeq S^2 \simeq \mathbb{C}P^1 \tag{17.6}$$

标志. 即对陪集$\mathbb{C}P^1$ 上每点 u，$\mathbb{R}^4$ 有一个复结构. 选定复结构 u 后，再用两个复变量

z_u^1, z_u^2 作为$\mathbb{R}^4$ 的复坐标. 即对$\mathbb{R}^4$,需用 3 个复数(u, z_u^1, z_u^2)来标志其点.

下面分析 M^4 的共形结构. 保 M^4 度规的线性变换群为 Lorentz 群 O(1,3), O(1,3)群与平移群的直积组成 Poincaré 群(有 10 个连续参数). 我们知道描写电磁理论的 Maxwell 方程具有比 Poincaré 群更大对称性,即在

$$\text{膨胀:}\quad \boldsymbol{x} \longrightarrow \alpha\boldsymbol{x}, \quad \alpha \in \mathbb{R}$$

$$\text{反演:}\quad \boldsymbol{x} \longrightarrow \frac{-\boldsymbol{x}}{|\boldsymbol{x}|^2}$$

下不变,它们组成具有 15 个参数的共形群 $C(1,3)$,可用线性变换群 $O(2,4)$ 做 2 重覆盖. 而 $O(2,4)$的单连通普适覆盖群为

$$\mathrm{SU}(2,2) \cong \mathrm{Spin}(2,4) \tag{17.7}$$

可将 M^4 中点的坐标 $x=(x^0, x^1, x^2, x^3)$与 2×2 厄米矩阵基底$\{I_2, \sigma_a\}$结合写成

$$\hat{x} = \frac{1}{\sqrt{2}}\begin{pmatrix} x^0+x^3 & x^1-ix^2 \\ x^1+ix^2 & x^0-x^3 \end{pmatrix} \equiv \begin{pmatrix} x^{00} & x^{01} \\ x^{10} & x^{11} \end{pmatrix} = (x^{AA'}) \tag{17.8}$$

$$\det\hat{x} = \frac{1}{2}\|x\|^2$$

在 M^4 原点的光锥上的点称零模矢量,其 $\det\hat{x}=0$.

共形变换不变光锥,M^4 上光锥集合组成 M^4 的共形结构,决定空时的因果性,物理动力学必须维持此结构.

包含 M^4 及其共形紧致化流形 M 的紧致复流形$\mathbb{M}$上有对称变换群 SU(2,2)作用. $\mathbb{M}$为具有符号 + + ⋯(号差为零)厄米型 ϕ 的四维复流形(T,ϕ)

$$T = \{(z^0, z^1, z^2, z^3) \in \mathbb{C}^4\}, \quad \phi = \begin{pmatrix} O & I_2 \\ I_2 & O \end{pmatrix} \tag{17.9}$$

对每矢量 $z=(z^0, z^1, z^2, z^3)\in T$,可定义有厄米内积

$$\Phi(z) \equiv \phi(z,z) = (z^0, z^1, z^2, z^3)\begin{pmatrix} O & I_2 \\ I_2 & O \end{pmatrix}\begin{pmatrix} \bar{z}^0 \\ \bar{z}^1 \\ \bar{z}^2 \\ \bar{z}^3 \end{pmatrix}$$

$$= z^0\bar{z}^2 + z^1\bar{z}^3 + z^2\bar{z}^0 + z^3\bar{z}^1 \in \mathbb{R} \tag{17.10}$$

或选坐标 $z^\alpha\in T, w_\alpha\in T^*$. 其厄米内积记为

$$\langle z, w\rangle = z^\alpha w_\alpha \in \mathbb{C} \tag{17.11}$$

保此厄米度规的幺正变换称为 $\mathrm{SU}(T,\phi)=\mathrm{SU}(2,2)$. 有此对称群作用的紧致复空间称为复 Grassmann 流形 $G_2(T)=G^c_{2,4}$,称为四维时空的共形紧致复流形,记为

$$\mathbb{M} = G_2(T) \tag{17.12}$$

为 4 维紧致复流形,可选 T 中两排矢量即 (2×4) 复矩阵作为其齐次坐标. 可选 $\binom{4}{2}=6$ 个开集 $\{M_I\}$ 将 $\mathbb{M}$ 复盖

$$\mathbb{M} = \bigcup_I \mathbb{M}_I$$

其中开集 $\mathbb{M}_I$ 可选局域坐标

$$\begin{pmatrix} z^{00} & z^{01} & 1 & 0 \\ z^{10} & z^{11} & 0 & 1 \end{pmatrix} = z_I \in \mathbb{M}_I \tag{17.13}$$

开集 $\mathbb{M}_I$ 为仿射复化闵空间,表示在无穷远点处 I_2(无穷远点处光维)被移去

$$z = \begin{pmatrix} z^{00} & z^{01} \\ z^{10} & z^{11} \end{pmatrix} = \frac{1}{\sqrt{2}}\begin{pmatrix} z^0 + z^3 & z^1 - \mathrm{i}z^2 \\ z^1 + \mathrm{i}z^2 & z^0 - z^3 \end{pmatrix} \tag{17.14}$$

(z^0,z^1,z^2,z^3) 称为非齐次复坐标. 可证在交叠区非齐次坐标转换为全纯变换,但这时应注意非齐次坐标 z_I^{jk} 的转换包括被矩阵除,而非简单被标量除.

ϕ 是 T 上厄米型,为特殊的反线性对合,对任意矢量 $z\in T$,

$$\Phi(z) \equiv \phi(z,z) \in \mathbb{R} \tag{17.15}$$

为实,因此可按 $\phi(z)$ 数值为正、负、零而将 T 中矢量分为三类. 相应地对 T 中 2 维面 $S\subset T$ 也可分为三类:

1. 当对 S 中所有非零矢量 $z\in S,\phi(z)>0$,称 $S\in A^+$,称为正定面.
2. 当对 S 中所有非零矢量 $z\in S,\phi(z)<0$,称 $S\in A^-$,称为负定面.
3. 当对 S 中所有矢量 $z\in S,\phi(z)=0$,称 $S\in A^0$,为迷向面.

这样可将 $\mathbb{M}=G_2(T)$ 分解为

$$\begin{aligned} \mathbb{M}^+ &= \{S \in G_2(T), S \in A^+\} \\ \mathbb{M}^- &= \{S \in G_2(T), S \in A^-\} \\ \mathbb{M}^0 &= \{S \in G_2(T), S \in A^0\} \end{aligned} \tag{17.16}$$

可证群 $G=\mathrm{SU}(T,\phi)$ 对 $\mathbb{M}$ 作用非传递,仅对上述三个子空间各自分别传递作用. 开集 $\mathbb{M}^+$ 与 $\mathbb{M}^-$ 为 G 的开连通轨道,它们可含于同一开集 $\mathbb{M}_I$. 即令 $z=(z^{ij})=x-\mathrm{i}y$,为局域坐标,其中 x 与 y 均为 2×2 厄米矩阵. 令 $y\gg0$ 表示矩阵正定,则

$$\mathbb{M}^+ = \{z = x - \mathrm{i}y, y \gg 0\}$$

$$\mathbb{M}^- = \{z = x - iy, y \ll 0\}$$

而它们的闭交在 $SU(T,\phi)$ 作用下为连通闭轨道，记为

$$M = \mathbb{M}^0 = U(2) = S^1 \times S^3/z_2 \tag{17.17}$$

M 不包含在$\mathbb{M}$的同一坐标卡开集，而

$$M \cap \mathbb{M}_I = \{z = x - iy, y = 0\} = M^4 \tag{17.18}$$

M 为$\mathbb{M}$的实 4 维子流形，含 $M^4 = M \cap \mathbb{M}_I$ 为其开集，$G = SU(T,\phi)$ 作用 M 传递，当限制于 M^4 为其共形群作用，故称 M 为 M^4 的共形紧致化.

投射空间 $P(T)$ 与 Grassmann 流形 $G_2(T)$ 均为与 $T = \mathbb{C}^4$ 相关的紧致复流形. 可将上述空间进一步推广而引入旗帜流形(flag manifold)，$(V = \mathbb{C}^N)$

$$F_{d_1,\cdots,d_r}(V) = \{(S_1,\cdots,S_r), S_1 \subset S_2 \subset \cdots \subset S_r \subset V\} \tag{17.19}$$

其中 S_j 为 V 中 d_j 维子流形，而且

$$1 \leqslant d_1 < d_2 < \cdots < d_r < \dim V = N$$

前述 $P(T) = F_1(T)$，$G_2(T) = F_2(T)$，均为 1 旗流形的特例. 紧致复流形，其开集局域坐标卡可用矩阵表达，都可表达为旗帜流形. (17.19)式引入的 $F_{d_1,\cdots,d_r}(V)$ 称为 r 旗流形，是

$$d = d_1(N - d_1) + (d_2 - d_1)(N - d_2) + \cdots + (d_r - d_{r-1})(N - d_r)$$

维紧致复流形. 在 $SL(V) = SL(N,\mathbb{C})$ 作用下齐性可传递，是紧致齐性空间

$$F_{d_1,\cdots,d_r}(V) \simeq SU(N)/S(U(d_1) \times \cdots \times U(N - d_r)) \tag{17.20}$$

1 旗流形 $P(T)$，$G_2(T)$ 均为对称空间. 由于不可约厄米对称空间不变厄米度规仅一个参量，故 r 旗($r > 1$)流形 $F_{d_1,\cdots,d_r}(V)$ 一般不是对称空间.

与 4 维时空相关的$\mathbb{M} \equiv F_2(T)$ 与$\mathbb{P} \equiv F_1(T)$ 均为 1 旗流形，在它们间可引入对应空间

$$\mathbb{F} = F_{1,2}(T) = \{S_1 \subset S_2 \subset T, \dim S_1 = 1, \dim S_2 = 2\} \tag{17.21}$$

$$\dim \mathbb{F} = d_1(4 - d_1) + (d_2 - d_1)(4 - d_2) = 3 + 2 = 5$$

利用$\mathbb{F}$可在紧致复化时空流形$\mathbb{M} = G_2(T)$ 与投射 Twistor 空间$\mathbb{P} = CP^3$ 间建立双纤维映射

$$\begin{array}{ccc} & \mathbb{F} & \\ {}^{\mu}\swarrow & & \searrow^{\nu} \\ \mathbb{P} & & \mathbb{M} \end{array} \tag{17.22}$$

μ, ν 均为最大秩满全纯映射. 使得在$\mathbb{P}$与$\mathbb{M}$间存在对应，称为 Penrose 对应. 为更明显表示出其对应关系，可选开集局域坐标表达，即：在开集$\mathbb{M}_I$ 选局域坐标 $z = (z^{jk})$

$\in \mathbb{C}^{2\times 2}$,即

$$[z, I_2] \in \mathbb{M}_I$$

在相应开集$\mathbb{F}_I$选局域坐标

$$(z, [v]) \in \mathbb{F}_I \simeq \mathbb{M}_I \times \mathbb{C}P^1$$

其中$[v] = [v^0, v^1] \in \mathbb{C}P^1$. 则映射$\mu: \mathbb{F}_I \to \mathbb{P}_I$

$$\mu: (z, [v]) \longrightarrow [zv, v] \in \mathbb{P}_I \tag{17.23}$$

利用此对应关系,并注意到投射ν的纤维为紧致复流形$\mathbb{C}P^1$,在$\mathbb{P}$上全纯丛信息可通过沿纤维积分技术(即 Radon-Penrose integral-geometric transformation)得到$\mathbb{M}$上相应微分方程的介. 在本章后三节将通过一些具体例子分析此问题. 这里我们再分析下相应空间的对称变换群.

令$T = \mathbb{C}^4$称为缠量(Twistor)空间,其上对称变换群为$\mathrm{GL}(T) = \mathrm{GL}(4, \mathbb{C})$,当$T$上选定非零体积元$\Omega = \Lambda^4 T^*$,保此体积元的对称群为

$$\mathrm{SL}(T) = \mathrm{SL}(4, \mathbb{C}) \tag{17.24}$$

此对称群对相应旗帜流形$\mathbb{M} = F_2(T)$, $\mathbb{F} = F_{1,2}(T)$, $\mathbb{P} = F_1(T)$等作用传递. $\mathrm{SL}(4, \mathbb{C})$为复李群,可具有多种实形式.

当在T上选定非简并厄米型$\phi = \begin{pmatrix} 0 & I_2 \\ I_2 & 0 \end{pmatrix}$,得保此厄米型的对称变换群

$$\mathrm{SU}(T, \phi) = \mathrm{SU}(2,2) \tag{17.25}$$

它是物理闵时空M^4的共形群$\mathrm{SO}(2,4)$的2重覆盖群,即

$$\mathrm{SU}(2,2) \simeq \mathrm{Spin}(2,4) \tag{17.25a}$$

M^4的共形紧致化空间$M = S^1 \times S^3/z_2$为其作用的闭连通轨道. M为紧致复流形$\mathbb{M} = G_2(T)$的一种实形式.

下面我们分析四维欧空间E^4的共形紧致化S^4,它也为$\mathbb{M} = G_2(T)$的另一种实形式. 可用四元数$\mathbb{H}$(为纪念其发明人哈密顿)来分析,其任意元数$q \in \mathbb{H}$可表示为

$$q = x^0 + \boldsymbol{i}x^1 + \boldsymbol{j}x^2 + \boldsymbol{k}x^3, x^j \in \mathbb{R}$$

$$\boldsymbol{i}^2 = \boldsymbol{j}^2 = \boldsymbol{k}^2 = -1 \quad \boldsymbol{i} \times \boldsymbol{j} = \boldsymbol{k} = -\boldsymbol{j} \times \boldsymbol{i}$$

正如同$S^2 \simeq \mathbb{C}P^1 = \mathbb{P}(\mathbb{C}^2)$,类似

$$S^4 \simeq \mathbb{H}P^1 \equiv \mathbb{P}(\mathbb{H}^2) \tag{17.26}$$

其中

$$\begin{aligned} P(\mathbb{H}^2) &= \{(q^1, q^2) \in \mathbb{H}^2 \mid (\lambda q^1, \lambda q^2) \sim (q^1, q^2), \lambda \in \mathbb{H}\} \\ &\simeq \mathbb{H}^2 - \{0\} / \sim \equiv \mathbb{H}P^1 \end{aligned}$$

称为四元数投射空间，$\mathbb{P}(\mathbb{H}^2)$可用两个坐标卡覆盖，每个开集微分同胚于$\mathbb{H}\simeq\mathbb{R}^4$，交叠区由单位四元数微分同胚邻接.（见习题）

复数$\mathbb{C}$可看成由$\mathbb{H}$中$1,\boldsymbol{i}$生成的子域，则$\mathbb{H}\sim\mathbb{C}^2$，其元素$q\in\mathbb{H}$可记为$z^1+z^2\boldsymbol{j}$，$z^1$，$z^2\in\mathbb{C}$. 类似

$$\mathbb{H}^2\sim\mathbb{C}^4\ 其元素(q^1,q^2)=(z^0+z^1\boldsymbol{j},z^2+z^3\boldsymbol{j}) \tag{17.27}$$

现在分析复投射空间

$$\mathbb{P}(\mathbb{C}^4)=\mathbb{C}P^3$$

为通过$\mathbb{C}^4$空间原点的复线集合. 注意四元数每一个自由度，相当于两个复自由度，一个四元数投射线含有$\mathbb{C}P^1\simeq S^2$个复投射线，即存在下述纤维丛结构：

$$\begin{array}{ccc} \mathbb{C}P^1 \longrightarrow \mathbb{C}P^3\equiv P(\mathbb{C}^4), & \mathbb{C}P^3=\dfrac{\mathrm{Sp}(2)}{\mathrm{U}(1)\times\mathrm{Sp}(1)} \\ \downarrow & \\ \mathbb{H}P^1\equiv P(\mathbb{H}^2)\simeq S^4, & S^4=\dfrac{\mathrm{SO}(5)}{\mathrm{SO}(4)}=\dfrac{\mathrm{Sp}(2)}{\mathrm{Sp}(1)\times\mathrm{Sp}(1)} \end{array} \tag{17.28}$$

左乘$\mathbb{j}$可诱导$T=\mathbb{C}^4$中反全纯变换$\boldsymbol{\sigma}$：

$$\sigma(z^0,z^1,z^2,z^3)=(\bar{z}^1,-\bar{z}^0,\bar{z}^3,-\bar{z}^2) \tag{17.29}$$

此映射诱导$\mathbb{P}=\mathbb{C}P^3$中共轭变换

$$\sigma:\mathbb{P}\to\mathbb{P},\quad \sigma^2=1 \tag{17.30}$$

但这与通常标准的共轭映射$z^\alpha\to\bar{z}^\alpha$不同. 标准共轭映射在$\mathbb{P}$上有固定点，而映射$\sigma$在$\mathbb{P}$中无固定点，但在$\sigma$作用下有不变的复投射线，称为"实线"，即可保持(17.28)式的纤维化.

当在$T=\mathbb{C}^4$中选定由$\mathbb{H}^2$的四元数结构诱导的共轭映射σ(17.29)

$$\sigma:\mathbb{C}^4\to\mathbb{C}^4,\quad \sigma^2=-1 \tag{17.31}$$

保持(T,σ)的对称变换群

$$\mathrm{SU}(T,\sigma)\simeq\mathrm{SL}(2,\mathbb{H})\simeq\mathrm{Spin}(1,5) \tag{17.32}$$

S^4是$\mathrm{SU}(T,\sigma)$对$\mathbb{M}=G_2(T)$作用的闭连通轨道，存在S^4到$\mathbb{M}$的自然嵌入，如下图所示：$(T=\mathbb{C}^4)$

$$\begin{array}{ccccc} & & \mathbb{F}_{1,2}(T) & & \\ & \mu\swarrow & & \searrow\nu & \\ \mathbb{P}(T) & & & & \mathbb{M}\simeq G_2(T) \\ \downarrow & & \nearrow & & \uparrow \\ \mathrm{H}P^1=S^4 & & & & M\simeq S^1\times S^3/\mathbb{Z}_2 \end{array} \tag{17.33}$$

$\mathbb{M}$为S^4与M的不同形式的复化. S^4与M各自为$\mathrm{SL}(2,\mathbb{H})$与$\mathrm{SU}(2,2)$作用的闭轨

道. 而 SL(2,$\mathbb{H}$)与 SU(2,2)是复李群 SL(4,$\mathbb{C}$)的不同实形式.

当 M 为复流形 N 的可微子流形,J 为作用于 N 的实切丛 $T(N)$ 上的近复结构. 如 $M\subset N$ 满足

$$T(M)\cap JT(M)=0 \tag{17.34}$$

则称 M 为 N 的全实(totally real)子流形. 例如,在复流形 N 上任意实曲线均为全实子流形. 可以证明,S^4 与 M 均为$\mathbb{M}$中全实子流形. 当我们对$\mathbb{M}$中开集$\mathbb{M}_I$ 取局域坐标(z^0,z^1,z^2,z^3)如(17.14)式所示,如令 $z^\alpha=x^\alpha+\mathrm{i}y^\alpha$,则实闵空间

$$M^4=M\cap\mathbb{M}_I=\{z\in\mathbb{M}_I,y^0=y^1=y^2=y^3=0\}$$

而

$$E^4=S^4\cap\mathbb{M}_I=\{z\in\mathbb{M}_I,y^0=x^1=x^2=x^3=0\} \tag{17.35}$$

M^4 与 E^4 局域微分同胚,在场论中分析场的局域性质时,M^4 与 E^4 中场论常可采用 i-trick(将 $t\to\mathrm{i}t$)将两种场论中方程相互对应,这种映射仅为局域微分同胚,但不能扩大到整体大范围性质,因为 M 与 S^4 二者拓扑性质完全不同.

(17.22)式表示的 Penrose 对应表明,在$\mathbb{P}(T)$上全纯丛,通过对应空间$\mathbb{F}_{1,2}(T)$,由双满秩映射的 $\nu\cdot\mu^{-1}$ 映射(Radon-Penrose 变换),可得到$\mathbb{M}$上微分方程的解.(17.33)式进一步表明,当限制到它们的各种实形式时也可得到相应的对应. 下面我们将更仔细分析这些问题.

§17.2　Plucker 映射与 Klein 二次型
紧致复化时空$\mathbb{M}$上光锥结构

本节我们再对上节分析的一些紧复流形特点作认真分析,使我们对 Penrose 对应有更清晰理解.

投射空间$\mathbb{C}P^n$ 是一种最简单的紧复流形,它具有很好性质:是紧致 Kähler 流形. 用一组齐次多项式零点轨迹可选出$\mathbb{C}P^n$ 的闭子流形

$$N=\{[z^0,\cdots,z^n]\in\mathbb{C}P^n,P_j(z^0,\cdots,z^n)=0,j=1,\cdots,k\}$$

其中 $P_j(z^0,\cdots,z^n)$为$\{z^\alpha\}$的 j 阶齐次多项式. 所得闭子流形 N 称为投射代数流形,或称代数簇(algebraic variety). 注意并非所有紧复流形均能嵌入$\mathbb{C}P^n$ 作为其子流形. 存在

Kodaira 嵌入定理　紧复流形为投射代数簇的必充条件是:它有一闭正定(1,1)型 2 形式 ω,其上同调类$[\omega]$属于有理上同调类

$$[\omega]\in H^2(M,\mathbb{Q}) \tag{17.36}$$

或再乘以若干倍可使$[\omega]\in H^2(M,\mathbb{Z})$.

对一般 Grassmann 流形 $G_k(V)$，常可将它嵌入在$\mathbb{P}(\Lambda^k V)$中为其代数子流形，称为 Plücker 映射

$$pl:\mathbb{G}_k(V) \to \mathbb{G}_1(\Lambda^k V) = \mathbb{P}(\Lambda^k V) \tag{17.37}$$

其中 $\Lambda^k V$ 代表 n 维向量空间 V 的 k 次外幂. 如 V 有基底$\{e_i\}_1^n$，则 $\Lambda^k V$ 有基底

$$\{e_{i_1}\Lambda\cdots\Lambda e_{i_k}\},\quad i_1 < \cdots < i_k$$

$\Lambda^k V$ 为$\binom{n}{k}$维向量空间.

在 19 世纪 Klein 曾研究 $\dim V=4$ 时情况. 用 $T=\mathbb{C}^4$ 代表四维复向量空间.

$$\dim \mathbb{G}_2(T) = 2(4-2) = 4$$

$$\dim \mathbb{P}(\Lambda^2 T) = \binom{4}{2} - 1 = 5$$

$pl(\mathbb{G}_2(T))$嵌入在$\mathbb{P}(\Lambda^2 T)$中有余维 1. Klein 用对称 2 次型约束来定义 Plücker 映射

$$pl:\quad \mathbb{G}_2(T) \longrightarrow \mathbb{P}(\Lambda^2 T)$$

其映射像($y=(y^0,y^1,\cdots,y^5)\in\mathbb{C}^6$)：

$$Q_4 = \{[y] \in \mathbb{C}P^5, y \wedge y = 0\} \tag{17.38}$$

称为 Klein 二次型，是复 4 维紧致代数流形，而$\mathbb{M}=\mathbb{G}_2(T)$与 Q_4 复解析等价.

Klein 二次型可以作为投射空间$\mathbb{P}(T)$中两不同点$[z^\alpha]$与$[w^\alpha]$间连线坐标

$$y^{\alpha\beta} = z^\alpha w^\beta - z^\beta w^\alpha \tag{17.39}$$

这 6 个齐次坐标满足平方约束

$$y^{12}y^{34} - y^{13}y^{24} + y^{14}y^{23} = 0 \tag{17.40}$$

即($y^{\alpha\beta}$)组成 4×4 反对称方阵，此方阵为其法甫式(Pfaff($y^{\alpha\beta}$))，相当于 $\det(y^{\alpha\beta})$的方根. 为$\mathbb{P}(\Lambda^2 T)$中齐次坐标的对称双线性形式.

用 $y=(y^0,y^1,\cdots,y^5)$表示$\mathbb{P}(\Lambda^2 T)$的齐次坐标，用

$$q(y,z) = \sum_{a,b=0}^{5} q_{ab}y^a z^b \tag{17.41}$$

表示选定的对称形双线性形式，要求非简并，即 $\det(q_{ab})\neq 0$，而 Klein 流形

$$Q \equiv Q_4 = \{[y] \in \mathbb{C}P^5, q(y,y) = 0\} \subset \mathbb{C}P^5$$

令

$$\widetilde{Q} = \{y \in \mathbb{C}^6, q(y,y) = 0\} \subset \mathbb{C}^6 \tag{17.42}$$

为 Q 锥(cone over Q).

Q 在点 $p=[a^0,\cdots,a^5]$的切平面记为 $T_p(Q)$，可在$\mathbb{C}P^5$ 中完备化为

$$\overline{T}_P(Q) = \{[y] \in \mathbb{C}P^5, q(y,p) = \sum_{ij=0}^{5} q_{ij}a^j y^i = 0\} \tag{17.43}$$

将它记为 Klein 流形 Q 上切平面.

上节曾指出,时空共形紧流形 S^4 与 M 均为$\mathbb{M} = \mathbb{G}_2(T)$的全实子流形,而$\mathbb{M}$存在 Plücker 映射

$$\mathbb{M} \xrightarrow[\sim]{pl} Q_4\{[y] \in \mathbb{C}P^5, y \wedge y = 0\} \tag{17.44}$$

注意到双线性映射

$$\begin{gathered} \wedge^2 T \times \wedge^2 T \longrightarrow \wedge^4 T \simeq \mathbb{C} \\ \omega,\eta \longrightarrow \omega \wedge \eta = (\omega,\eta)\tau \end{gathered} \tag{17.45}$$

其中 $\tau = z_1 \wedge z_2 \wedge z_3 \wedge z_4$ 为 $\wedge^4 T$ 上正则 4 形式. 此双线性形式非简并,使 $\Lambda^2 T$ 与 $(\Lambda^2 T)^*$ 同构,使在 $\Lambda^2 T$ 空间定义有对称双线性内积.

$\mathbb{P}(\Lambda^2 T)$中一维线一般交其 4 维子流形 Q_4 于孤立点,而$\mathbb{P}(\Lambda^2 T)$中有这样一种线它完全含于 Q_4 中,称为零模线. $\mathbb{M}$上如有切矢

$$X \in T_P(\mathbb{M}) \simeq T_P(Q_4) \tag{17.46}$$

如 X 切于 Q_4 上零模线,则称 X 为零模矢量. 于是通过$\mathbb{M}$对$\mathbb{P}(\Lambda^2 T)$的 Plücker 嵌入,给$\mathbb{M}$上每点零模锥(cone of null lines)结构. 在流形$\mathbb{M}$上每点切空间上由对称二次型定义的零模锥,称为光锥,它决定了流形的共形结构,决定了时空流形动力学方程所必须满足的因果律.

例 17.1　分析 $M^4 = M \cap \mathbb{M}_I$ 上的零模锥结构. 设在开集$\mathbb{M}_I$,选坐标 $z = \begin{pmatrix} z^{11} & z^{12} \\ z^{21} & z^{22} \end{pmatrix}$,即齐次坐标为

$$[\mathrm{i}z, I_2] \in \mathbb{M}_I$$

作 Plücker 嵌入

$$z \longrightarrow z \wedge z$$

得

$$[\mathrm{i}z, I_2] \wedge [\mathrm{i}z, I_2] = [-\det z, -\mathrm{i}z^{12}, \mathrm{i}z^{11}, -\mathrm{i}z^{22}, \mathrm{i}z^{21}, 1] \in P(\Lambda^2 T) \tag{17.47}$$

在 M^4 原点的零模锥

$$\overline{T}_0(Q_4) \cap \mathbb{M}_I = \{(y^0, y^1, \cdots, y^4), y^0 = 0\} \tag{17.48}$$

即在原点零模锥满足条件

$$N_0 = \{y^0 = 0\} \cap \{y^0 = -\det Z\}$$

即

$$\det(Z^{ij}) = 0 \tag{17.49}$$

当限制在实 M^4 空间，即为

$$\det(x) = (x^0)^2 - (x^1)^2 - (x^2)^2 - (x^3)^2 = 0 \tag{17.50}$$

§17.3　复流形上全纯丛　结构层与层上同调

复流形上全纯矢丛，与通常实光滑流形上矢丛有很大不同. 实光滑流形开复盖的开集交叠区各点相互光滑地同胚粘结，且整个流形开复盖间存在单位配分. 而复流形各开集间是由小园盘用全纯函数粘结起来，整个流形开复盖不存在全纯单位配分. 通常光滑流形上纤维丛截面是流形 M 各点 $x \in M$ 到该点纤维的光滑映射. 推广到复流形上，讨论的是各开集上结构层的截面，层体现局域几何信息，层上同调讨论由局域全纯解析延拓得到整体信息，常可通过层上同调得到整体不变量.

为简单起见，我们先讨论复流形上全纯线丛，即复流形 M 上全纯函数

$$f: M \longrightarrow \mathbb{C} \tag{17.51}$$

全纯函数为有界函数，无极点. 但注意，由熟知的复变函数中值定理知：紧复流形上整体全纯函数必为常数. 为得到流形更多信息，需分析流形上存在极点的亚纯函数. 设点 P 为函数 $f(z)$ 的极点，即在 p 点 $f(p)$ 值无界. 但如有可能找到整数 $k \geqslant 0$，使 $(z-p)^k f(z)$ 有界，这时称奇点 p 为 $f(z)$ 的极点，而最小的这种 k 值称为此极点的阶，而当对函数乘以 $(z-p)^k$ 后，可使点 p 成为可去奇点. 当我们将全纯映射 (17.51) 用黎曼球 $S^2 = \mathbb{C} \cup \{\infty\}$ 代替复平面 $\mathbb{C}$，即为全纯映射 f

$$f:\quad M \longrightarrow S^2 = \mathbb{C} \cup \{\infty\} \tag{17.52}$$

f 为 M 上亚纯函数(meromorphic function)，这时极点与零点性质等价.

复变函数论中熟知，亚纯函数最基本性质是 Mittag-Leffler 定理. 对复平面 $\mathbb{C}$ 上亚纯函数 $f(z)$，其极点是孤立的，离散的. 由于复平面 $\mathbb{C}$ 非紧，极点集合不一定有限但必为可数. 设 $f(z)$ 在点 p_i 为 $k_i > 0$ 阶极点，则必可局域表示为

$$f(z) = g(z)/(z-p_i)^{k_i} \qquad (k_i > 0) \tag{17.53}$$

其中 $g(z)$ 在 p_i 附近全纯，且 $g(p_i) \neq 0$. 可将 $g(z)$ 在点 p_i 作 Taylor 展开，代入上式得 $f(z)$ 在 p_i 点处 Laurent 展开式：

$$f(z) = \frac{a_{-k_i}}{(z-p_i)^{k_i}} + \cdots + \frac{a_{-1}}{z-p_i} + a_0 + a_1(z-p_i) + \cdots \tag{17.54}$$

其中 $(z-p_i)$ 的负幂项称为 $f(z)$ 在点 p_i 处主部

$$\mathscr{P}_i = \frac{a_{-k_i}}{(z-p_i)^{k_i}} + \cdots + \frac{a_{-1}}{z-p_i} \tag{17.55}$$

另一方面,根据极点分布及其主部特点,可复制具有上述性质的亚纯函数,此即大家熟知的经典 Mittag-Leffler 定理:已给任意离散点列$\{p_i\}$及其相应主部$\{\mathscr{P}_i\}$,必存在在整个复平面$\mathbb{C}$上亚纯函数,以$\{p_i\}$为极点,以$\mathscr{P}_i$为在p_i处之主部.

当在紧复流形上提出 Mittag-Leffler 问题时,需注意,主部概念依赖于局域坐标,且流形上半纯函数极点与零点地位等价,需同等分析. 当半纯函数$f(z)$在点p_i具k_i重零点(或当k_i为负整数时,为极点),在相对紧集U,有有限个这种点列$\{p_i\}$,则函数

$$f_U(z) = \prod_{p_i \in U} (z-p_i)^{k_i}, \quad k_i \in \mathbb{Z} \tag{17.56}$$

为在U具有所给零点及极点的有理函数. 而由经典 Mittag-Leffler 定理,可以证明在复流形上存在具有所给零点及极点的整体半纯函数. 下面我们将举例说明此问题. 先介绍几个术语.

令f为复流形M上半纯函数,在p_i点具k_i重零点(或极点),则称

$$D = \sum_i k_i p_i \equiv (f) \tag{17.57}$$

为半纯函数的因子(divisor),且称

$$\deg(D) = \sum_i k_i \tag{17.58}$$

为因子D的阶.

下面分析紧复流形上全纯线丛$L \longrightarrow M$,表明与各开集半纯函数因子间关系.

例 17.2　设$\{U_\alpha\}$为复流形M的开覆盖,f_α与f_β为在交叠区$U_\alpha \cap U_\beta$有相同零点与极点的半纯函数,故f_α/f_β在交叠区非奇异且非零. 即由半纯函数因子(f_α)可决定全纯线丛,使在交叠区转换函数

$$g_{\alpha\beta} = f_\alpha/f_\beta : U_\alpha \cap U_\beta \longrightarrow \mathrm{GL}(1,\mathbb{C}) = \mathbb{C} - \{0\} \tag{17.59}$$

且满足相容条件:

$$g_{\alpha\beta} \circ g_{\beta\gamma} \circ g_{\gamma\alpha} = id. \tag{17.60}$$

可以证明,在整个流形M上存在整体半纯函数f,使f/f_α在U_α上非奇异非零,即在紧致复流形M上存在全纯线丛$L \longrightarrow M$. 令s与s'为此全纯线丛的半纯截面,它们因子为D_1与D_2

$$s' = fs$$

f必为半纯函数,其因子

$$(f) = D_1 - D_2, \quad \deg(f) = 0 \tag{17.61}$$

此线丛在交叠区转换函数全纯. 以上分析表明全纯线丛 L 与因子等价类 $[D]$ 1 - 1 对应.

例 17.3　投射空间上超平面丛 $H \to \mathbb{C}P^n$.

$$H = \{[z^0, \cdots, z^n] \in \mathbb{C}P^n \mid \sum_j a_j z^j = 0, (a^0, \cdots, a^n) \in \mathbb{C}^{n+1} - \{0\}\} \tag{17.62}$$

对 $\mathbb{C}P^n$ 上开集 $U_\alpha, z^\alpha \neq 0$,可引入因子

$$f_\alpha = a_0 \frac{z^0}{z^\alpha} + \cdots + a_\alpha + \cdots + a_n \frac{z^n}{z^\alpha},$$

其零点集即原来超平面 H 的零点集,于是得全纯线丛 $H \to \mathbb{C}P^n$,在交叠区 $U_\alpha \cap U_\beta$,转换函数

$$g_{\alpha\beta} = \frac{f_\alpha}{f_\beta} = \frac{z^\beta}{z^\alpha} \tag{17.63}$$

例 17.4　投射空间上普适自然线丛 $L \to \mathbb{C}P^n$.

其转换函数

$$g_{\alpha\beta} = \frac{z^\alpha}{z^\beta} \quad 在 U_\alpha \cap U_\beta 区$$

与(17.63)比较知 $L \simeq H^* = H^{-1}$.

由以上分析看出,分析复流形上全纯丛,需分析开集交叠区上截面转换函数,要求它们为全纯,即需分析开集上全纯结构层.

在第八章曾分析以 Abel 群 $G(\mathbb{Z}, \mathbb{R}, \mathbb{C}, \mathbb{Z}_2 \cdots)$ 为系数的流形 M 的上同调群 $H^*(M, G)$,本节将进一步将 Abel 群 G 推广为与流形开集 U 相关的代数对象,例如 $\mathscr{O}(U)$ 为 U 上所有全纯函数空间(全纯函数环),在这些开集局域系数整环间彼此有关. 例如开集 $V \subset U$,存在自然的限制映射:

$$r_V^U: \mathscr{O}(U) \longrightarrow \mathscr{O}(V)$$

与此类似可讨论各种结构层. 下面先介绍预层(presheaf)与层(sheaf)的定义,举例说明. 然后介绍层上同调(sheaf cohomology),它是分析全纯丛的重要工具.

定义 17.1　令 M 为拓扑空间,M 上环的预层(presheaf of rings) S 是对 M 上开集族 $\{U\}$ 有一环的分布

$$S: U \longrightarrow S(U)$$

具有性质:如开集 $V \subset U \subset M$,则存在限制同态映射

$$r_V^U: \quad S(U) \longrightarrow S(V) \tag{17.64}$$

具有性质:对开集 $W \subset V \subset U$

$$r_V^U \cdot r_W^V = r_W^U, \quad r_V^V = id \tag{17.65}$$

这里注意,我们可讨论环的预层,或讨论环上模的预层(presheaf of modules over rings),或代数预层(presheaf of algebras),⋯. 即预层是一族相同类型的代数对象,以 M 的开集为参数. 而纤维丛 $E \to M$ 是以 M 上点为参数的几何对象.

定义 17.2　当对流形 M 上各开子集集合 U_i:

$$U = \cup U_i$$

预层 $S(U_i)$ 与 $S(U)$ 间还满足如下两条件,则称该预层为层:

(1) 如　$s_i \in S(U_i)$,　$U_i \cap U_j \neq 0$

当对所有 i,j,

$$r_{U_i \cap U_j}^{U_i}(s_i) = r_{U_i \cap U_j}^{U_j}(s_j)$$

则存在

$$s \in S(U), \text{使 } r_{U_i}^U(s) = s_i \quad \text{对所有 } i \text{ 均对.} \tag{17.66}$$

(2) 如 $s,t \in S(U)$　满足对所有 U_i,

$$r_{U_i}^U(s) = r_{U_i}^U(t), \quad \text{则 } s = t \tag{17.67}$$

此条表明,在较大开集 U 上的层资料,可被它的局域资料惟一确定. 而条件(1)表明,局域资料可粘结起来得到整体资料.

例 17.5　M 为光滑流形

$\varepsilon = \{\varepsilon(U) \equiv$ 开集 U 上光滑函数层$\}$

$\varepsilon(E) = \{\varepsilon(U,E) \equiv$ 矢丛 $E \to M$ 的光滑截面集合$\}$

例 17.6　令 M 为复流形

$\mathscr{O} = \{\mathscr{O}(U) \equiv$ 开集 U 上全纯函数层$\}$

$\Omega^P = \{\Omega^P(U) \equiv$ 开集 U 上全纯 P 形式集合$\}$

$\mathscr{O}(E) = \{\mathscr{O}(U,E) \equiv$ 矢丛 $E \to M$ 的全纯截面集合$\}$

以上各预层均为层.

例 17.7　令 $B(U)$ 为复平面$\mathbb{C}$的开集 U 上有界全纯函数预层,易证此预层不是层.

总之,通常纤维丛理论分析流形上各点 $x \in M$ 上纤维的光滑截面,而推广到复流形上,讨论的是在各开集 $U \subset M$ 上层的截面,层体现开集局域信息,层上同调(例如取值全纯截面的上同调 $H^*(M, \mathscr{O}(E))$)允许由局域得到整体信息.

通常讨论层上同调有两种方案,一种是通过层的分解系列(resolution of sheaves),一种是通过 Čech 理论,这是一种依赖流形 M 的开复盖的组合理论. 正如我们在 §13.5 的讨论,仅现在注意各交叠区转换函数应为全纯函数,再通过覆盖加细(层的限制同态)并取极限得到整个流形的上同调. 因篇幅有限不可能仔细分析. 请参看[WW]第三章.

§17.4　Radon-Penrose 变换

在§17.1曾介绍Penrose对应(17.22),可以证明,在投射维量空间$\mathbb{P}(T)$上全纯丛,通过双纤维对应Penrose变换,可得到物理复化空间$\mathbb{M}$上微分方程解. 尤其是无质量场方程、自旋场方程,具有共形不变性,利用Penrose变换更为有效. 通常Penrose变换为积分变换,是经典Radon变换的推广,故又称为Radon-Penrose变换. 为分析$\mathbb{M}$上场方程与$\mathbb{P}(T)$上全纯丛间的对应,首先将4维闵空时的点坐标$x=(x^0,x^1,x^2,x^3)$如(17.8)式写成等价的旋量指标$(x^{AA'})$形式. 点坐标x^a为实,等价于矩阵$(x^{AA'})$为厄米矩阵. 为得复化闵空时,允许x^a为复数z^a,则相应矩阵$(z^{AA'})$如(17.14)式不再为厄米矩阵.

投射缠量空间$\mathbb{P}(T)$为三维复投射空间,用Penrose记号,其点的齐次坐标记为

$$[\omega^0,\omega^1,\pi_0,\pi_1]=[\omega^A;\pi_{A'}] \tag{17.68}$$

$\mathbb{M}$与$\mathbb{P}$间基本对应关系如(17.23)式,即由下述方程给出:

$$\omega^A=x^{AA'}\pi_{A'} \tag{17.69}$$

当空间点$q\in\mathbb{M}$固定,即上方程中$x^{AA'}$固定,由上方程的解$(\omega^A,\pi_{A'})$,得相应于在$\mathbb{P}$空间的对应对象$\hat{q}\subset\mathbb{P}(T)$. 可令$\pi_{A'}$取任意值,而$\omega^A=ix^{AA'}\pi_{A'}$,即与点$q$对应的解空间为2维复平面,注意到投射空间$\mathbb{P}(T)$的齐次坐标有等价关系

$$(\lambda\omega^A,\lambda\pi_{A'})\sim(\omega^A,\pi_{A'})$$

抽去此比例关系,知$\hat{q}$对应于1维投射空间$\mathbb{C}P^1\simeq S^2$. 即点$q\in\mathbb{M}$对应于投射缠量空间$\mathbb{P}(T)$中黎曼球面$l_q\simeq\mathbb{C}P^1$.

$$q\in\mathbb{M}\longrightarrow l_q\subset\mathbb{P}(T) \tag{17.70}$$

为黎曼球面. 当点q为实点x,即$(x^{AA'})$为厄米,这时对应的黎曼球面l_x的齐次坐标$(\omega^A,\pi_{A'})$满足

$$\omega^A\overline{\pi}_A+\overline{\omega}^{A'}\pi_{A'}=0 \tag{17.71}$$

即相应投射线l_x属于投射零模维量空间.

另一方面,在投射缠量空间$\mathbb{P}(T)$中选定点$p\in\mathbb{P}(T)$,即在(17.69)式中固定坐标$[\omega^A,\pi_{A'}]$(可差比例),解$x^{AA'}$,得到$\mathbb{M}$空间中对应对象$\widetilde{P}\subset\mathbb{M}$. 可设$\pi_{A'}\neq0$,$\widetilde{P}$相当于$\mathbb{M}$中复2维面$\Sigma_p$,其切矢具形式$\xi^{AA'}=\eta^A\pi^{A'}$,此二维面$\Sigma_p$称$\alpha$面,为自对偶全零面(totally null plane),其任两切矢u,v正交,且$F=u\wedge v=u\otimes v-v\otimes u$

满足

$$^{*}F^{ab} = \frac{1}{2} \in^{ab}{}_{cd}F^{cd} = \mathrm{i}F^{ab} \tag{17.72}$$

为自对偶双矢. 即

$$p \in \mathbb{P}(T) \longrightarrow \Sigma_p \subset \mathbb{M}, \text{为自对偶零面} \tag{17.73}$$

进一步如点 p 的齐次坐标$[\omega^A, \pi_{A'}]$满足(17.71)式,则对应解为实闵空时中零测地线.

利用 Penrose 对应,可以证明,在平空时中波动方程

$$\Box\phi = \left(\frac{\partial^2}{(\partial x^0)^2} - \frac{\partial^2}{(\partial x^1)^2} - \frac{\partial^2}{(\partial x^2)^2} - \frac{\partial^2}{(\partial x^3)^2}\right)\phi = 0 \tag{17.74}$$

的实解析解,可用回路积分来表达. 即首先在$\mathbb{P}(T)$空间选复解析函数$f(\omega^A, \pi_{A'})$,满足

$$f(\lambda\omega^A, \lambda\pi_{A'}) = \lambda^{-2}f(\omega^A, \pi_{A'}) \tag{17.75}$$

即为$\mathbb{P}(T)$空间上的 -2 阶齐性函数. 第二步通过双纤维对应(17.22),将它拖到对应空间$\mathbb{F}$,而函数$f(\omega^A, \pi_{A'})$的拖回为

$$g(x^a, \pi_{A'}) = f(\mathrm{i}x^{AA'}\pi_{A'}, \pi_{A'})$$

第三步是沿纤维 ν 积分,即将 π 自由度积掉得

$$\varphi(x^a) = \frac{1}{2\pi\mathrm{i}}\oint_\gamma g(x^a, \pi_{A'})\Delta\pi \tag{17.76}$$

其中 $\Delta\pi$ 为纤维 ν 上正则全纯 1 形式,设 x 固定,在对应 $l_x \simeq \mathbb{C}P^1$ 上选择避开 f 的奇点的一维回路 γ 进行积分,易验证所得 $\varphi(x^a)$满足

$$\Box\phi = 0$$

例 17.8 在投射缠量空间$\mathbb{P}(T)$选函数

$$f(z^\alpha) = \frac{1}{2z^0z^1} \tag{17.77}$$

记 $\zeta = \pi_{0'}/\pi_{1'}$, $\Delta\pi = \pi_{A'}\mathrm{d}\pi^{A'} = -\mathrm{d}\zeta$,则

$$\phi(x^{AA'}) = \frac{1}{4\pi\mathrm{i}}\oint_\gamma \frac{\mathrm{d}\zeta}{(x^{00'}\zeta + x^{01'})(x^{10'}\zeta + x^{11'})} \tag{17.78}$$

其中回路 γ 分开被积函数的两个单极点,积分可由极点之一的留数取值得

$$\varphi(x) = \frac{1}{x_a x^a} \tag{17.79}$$

此为波动方程的基本解,基点在原点 $x^a = 0$. 可将(17.77)式进一步推广给出在点 y^a 的基本解

$$\varphi(x,y) = \frac{1}{(x_a - y_a)(x^a - y^a)} \tag{17.80}$$

此为在闵空时中波算子□的 Green 函数.

下面再简单分析如何利用 Penrose 对应,从$\mathbb{P}(T)$空间上全纯丛得到$\mathbb{M}$空间上反自对偶杨-Mills 方程(ASDYM 方程)的解. 有两种方案讨论 ASDYM 方程

$$* F_{ab} = - F_{ab}$$

与$\mathbb{P}(T)$空间上全纯矢丛间关系:一种是用双纤维对应:$\mathbb{P}\xleftarrow{\mu}\mathbb{F}\xrightarrow{\nu}\mathbb{M}$. 另一种是用单纤维对应:$\mathbb{P}\to S^4$. 本节先分析前方案,下节讨论后者.

首先将 4 维欧空间 E^4 复化,讨论在$\mathbb{M}$空间上复化规范场,具规范群 $GL(n,\mathbb{C})$,满足反自对偶方程:

$$* F_{ab} = - F_{ab}$$

令 $U\subset\mathbb{M}$为$\mathbb{M}$中开集,D_a 为含规范势的联络算子,F_{ab}为相应规范场. 注意到SD－2形式与 ASD－2 形式相互正交,故规范场 F_{ab}为 ASD 场的必充条件为将它限制到与 U 相交的 SD 面 $\boldsymbol{\Sigma}$ 时为零. 即对切于 SD 面 $\boldsymbol{\Sigma}$ 的所有矢量 v^a,w^b,

$$v^a w^b F_{ab} = 0 \tag{17.81}$$

这时限制到 $U\cap\Sigma$上的联络 $D_a|_{U\cap\Sigma}$为可积.

令 $\hat{U}$ 为与 U 对应的$\mathbb{P}(T)$中开集,其点 $p\in\hat{U}$ 的 Penrose 对应 $\boldsymbol{\Sigma}_p$ 相应于与 U 相交的 SD 面,另一方面与点 $q\in M$ 对应的$\mathbb{P}(T)$中投射线 $l_q\subset\mathbb{P}$,存在下述定理:

定理 17.1　在下述两种场间存在 1－1 对应:

(ⅰ) U 上反自对偶 $GL(n,\mathbb{C})$规范场 V;

(ⅱ) $\hat{U}$ 上全纯 n 秩矢丛 E,且将 E 限制到 $l_q(q\in U)\subset\hat{U}$ 时为平庸.　　(17.82)

关于此定理的证明见[WW]P. 374～381.

这里仅注意(ⅰ)为具有联络的矢丛,而另一方面(ⅱ)仅为全纯矢丛,没有联络,所有 U 上规范场联络的信息,均体现在 $\hat{U}$ 上矢丛 E 的全纯结构上.

进一步可将规范群 $GL(n,\mathbb{C})$ 约化到其子群 $SL(n,\mathbb{C})$,或进一步约化到 $SU(n)$,当将规范群约化到其实形式 $SU(n)$时,常需限制规范场到$\mathbb{M}$的实子集. 例如 S^4 上,这是因为紧复流形上全纯函数除常值外不能取实值. 存在下述定理:

定理 17.2　在下述两种场间存在 1－1 对应:

(1) $U\subset S^4$ 上反自对偶 $SU(n)$规范场.

(2) $\hat{U}\subset\mathbb{P}(T)$上全纯 n 秩矢丛 E,且满足

(a) $E|_{l_x}$平庸,对所有 $x\in U$,$\det E$ 平庸;

(b) E 允许存在正实形式.　　(17.83)

此定理的证明请参看[WW] §8. 1. 对这类问题,常可采用单纤维图像$\mathbb{P}\to S^4$ 来分

析. 我们将在下节分析此问题.

§ 17.5　多瞬子(instantons)的 ADHM 组成

在介绍瞬子的 ADHM 组成前,我们先对如何组成矢丛上联络,及如何组成 4 维时空流形上反自对偶(ASD)联络这两问题作一般的几何分析,然后再用 ADHM 方案组成 S^4 上瞬子解.

大家熟知,具有黎曼度规的流形 M 可嵌入到高维欧空间,由高维平度规诱导组成流形 M 上度规. 对流形矢丛上联络也可用类似方法组成. 下面分析流形 M 上 n 秩矢丛 $E \xrightarrow{\pi} M$,在点 $x \in M$ 上纤维 $E_x \sim \mathbb{R}^n$. 为分析其截面 $\Gamma(E)$ 相对底流形协变导数∇_μ ,首先将矢丛 E 嵌入在 M 上平庸丛 $M \times \mathbb{R}^N$,每纤维 $E_x \sim \mathbb{R}^n$ 嵌入在$\mathbb{R}^N$ $(N > n)$,此嵌入随点 x 连续可微地变化. 矢丛截面 $\Gamma(E) = \{f(x)\}$ 是取值 E_x 的函数,通过嵌入可看成是取值在$\mathbb{R}^N$ 的 M 上光滑函数,将它相对底流形坐标取偏导数 $\partial_\mu f$ 时,所得值一般不再取值在子空间 E_x 上. 令 P_x 为$\mathbb{R}^N$ 到 $E_x \sim \mathbb{R}^n$ 的线性连续投射变换

$$P_x: \quad \mathbb{R}^N \longrightarrow E_x, \quad P_x^2 = P_x \tag{17.84}$$

令

$$\nabla_\mu f = P\partial_\mu f \tag{17.85}$$

可得矢丛 E 上截面的协变导数. 一般由上式导出 $\mathrm{GL}(n,\mathbb{R})$ 联络. 当进一步对矢丛 E 以附加结构,例如纤维 E_x 具有幺正度规厄米度规或四元数结构,……来固定 E_x 中内积,用保这种结构的正交投射,可相应得到 $O(n)$、$U(m)$ $(n = 2m)$、$\mathrm{Sp}(l)$ $(n = 4l)$,……联络.

对矢丛 E 选定规范,即选定线性映射

$$u_x: \mathbb{R}^n \longrightarrow \mathbb{R}^N \tag{17.86}$$

其像恰为 $E_x \subset \mathbb{R}^N$. 当取固定内积的幺正规范,$u^* u = 1$,这时由$\mathbb{R}^N$ 到 E_x 的正交投射

$$p = uu^*, \quad p^2 = p \tag{17.87}$$

令 $f = ug$,其中 g 取值在$\mathbb{R}^n$,则

$$\nabla(ug) = uu^* \mathrm{d}(ug) = u(\mathrm{d}g + u^*(\mathrm{d}u)g)$$

表明规范势

$$A = u^* \mathrm{d}u, \quad A_\mu = u^* \partial_\mu u \tag{17.88}$$

规范场强

$$F = \mathrm{d}u^* \mathrm{d}u + u^* \mathrm{d}u \wedge u^* \mathrm{d}u \tag{17.89}$$

或选 v 为投射到 $E^{\perp}$ 的正交规范

$$pv = 0 \tag{17.90}$$

令 $Q = vv^* = 1 - p$,则

$$F = p\mathrm{d}Q \wedge \mathrm{d}Qp = p\mathrm{d}v \wedge \mathrm{d}v^* p \tag{17.91}$$

下面分析如何组成 4 维流形上反自对偶联络. 首先讨论$\mathbb{R}^4$ 上 2 形式 ω 满足的自(反)对偶方程

$$* \omega^{\pm} = \pm \omega^{\pm} \tag{17.92}$$

$\mathbb{R}^4$ 上任意 2 形式 ω 可按 Hodge $*$ 算子的 $\pm$ 本征值分解

$$\omega = \omega^+ + \omega^- \tag{17.93}$$

相应于 SO(4)的六维表示空间可分解为两个三维不可约表示.

$\mathbb{R}^4$ 有无穷多复结构,与其自然度规及定向相容的复结构集合为

$$\mathrm{SO}(4)/\mathrm{U}(2) \simeq S^2 \simeq \mathbb{C}P^1 \tag{17.94}$$

选定一个复结构 $u \in \mathbb{C}P^1$,则$\mathbb{R}^4$ 与$\mathbb{C}^2$ 同构,可选复坐标将$\mathbb{R}^4$ 上 2 形式 ω 表示为

$$\omega = \omega^{2,0} + \omega^{1,1} + \omega^{0,2} \tag{17.95}$$

它们相当于按保复结构 $u \in \mathbb{C}P^1$ 的子群 $\mathrm{U}(2) \subset \mathrm{SO}(4)$ 的表示空间分解,其中 $\omega^{2,0}$ 与 $\omega^{0,2}$属 1 维表示,$\omega^{1,1}$属 4 维表示. $\mathbb{R}^4 \simeq \mathbb{C}^2$ 上自然厄米度规相应的基本 2 形式 μ 是(1,1)型,为自对偶形式,利用 μ 可将(17.95)式中 $\omega^{1,1}$进一步分解

$$\omega^{1,1} = c\mu + \mu^{\perp} = c\mu + \omega_0^{1,1}, \mu \in \omega^+, \omega_0^{1,1} \in \omega^- \tag{17.96}$$

其中 $\omega_0^{1,1}$ 称为初基 2 形式(primitive form),为 3 维,是按共形结构分解的反自对偶部分 ω^-,对所有与度规及定向相容的复结构均为(1,1)型. 反之也对,即在SO(4)作用下,所有复结构 u 决定的初基(1,1)型 $\omega_0^{1,1}$ 必与反自对偶型 ω^- 相重.

将$\mathbb{R}^4$ 共形紧致化为 S^4,可用四元数$\mathbb{H}$分析 S^4 上规范场问题. S^4 与四元数投射空间同构

$$S^4 \simeq \mathbb{H}P^1 = \{(q^1, q^2) \in \mathbb{H}^2 \mid (q^1\lambda, q^2\lambda) \sim (q^1, q^2) \text{ 对 } \lambda \in \mathbb{H}\} \tag{17.97}$$

令 $\boldsymbol{i}, \boldsymbol{j}, \boldsymbol{k}$ 表示四元数生成元,任意四元数 q 可表示为

$$q = x^0 + x^1\boldsymbol{i} + x^2\boldsymbol{j} + x^3\boldsymbol{k} \in \mathbb{H}, \quad x^a \in \mathbb{R}$$

$$\boldsymbol{i}^2 = \boldsymbol{j}^2 = \boldsymbol{k}^2 = -1, \boldsymbol{i} \cdot \boldsymbol{j} = \boldsymbol{k} = -\boldsymbol{j} \cdot \boldsymbol{i} \tag{17.98}$$

及其循环置换等式.

复数域$\mathbb{C}$为四元数域$\mathbb{H}$的子域. 将$\mathbb{C}$看成由 1,$\boldsymbol{i}$生成,则可将$\mathbb{H}^2$ 与$\mathbb{C}^4$ 同构表示为

$$(z^0,z^1,z^2,z^3) \in \mathbb{C}^4 \simeq (z^0+z^1\boldsymbol{j},z^2+z^3\boldsymbol{j}) \in \mathbb{H}^2 \tag{17.99}$$

而投射缠量空间$\mathbb{P}(T)=\mathbb{C}P^3$

$$\mathbb{P}(T)=\mathbb{C}P^3=\{(z^0,z^1,z^2,z^3)\in\mathbb{C}^4,c(z^0,z^1,z^2,z^3) \sim (z^0,z^1,z^2,z^3),c\in\mathbb{C}\} \tag{17.100}$$

由(17.99)式可看出,当固定一四元数投射线,即选定$\mathbb{H}P^1$ 中一点 $x\in S^4\simeq\mathbb{H}P^1$,所有相应复投射线集合形成$\mathbb{C}P^1\simeq S^2$,即$\mathbb{C}P^3$ 由 S^4 上纤维为$\mathbb{C}P^1$ 的丛组成

$$\begin{array}{ccc}\mathbb{C}P^1 & \longrightarrow & \mathbb{C}P^3\\ & & \downarrow\\ & & S^4\simeq\mathbb{H}P^1\end{array} \tag{17.101}$$

在$\mathbb{H}^2$ 空间利用左乘 $-\mathrm{j}$可得$\mathbb{H}^2\sim\mathbb{C}^4$ 的共轭线性变换

$$\sigma:\quad (z^0,z^1,z^2,z^3)\longrightarrow(-\bar{z}^1,\bar{z}^0,-\bar{z}^3,\bar{z}^2) \tag{17.102}$$

$\sigma^2=-1$,变换 σ 表示$\mathbb{H}^2$ 的四元数实结构,它诱导$\mathbb{C}P^3$ 的反线性变换:保持$\mathbb{H}P^1$ 固定,即保持(101)的纤维化,而对每个纤维 $l_x\simeq\mathbb{C}P^1$,σ 作用相当于$\mathbb{C}P^1\simeq S^2$ 的对径映射,复线纤维$\mathbb{C}P^1$ 上无固定点. 即 σ 为$\mathbb{H}P^1$ 的恒等变换,而在$\mathbb{C}P^3$ 引入"实结构". 注意通常复空间共轭映射 $z^\alpha\to\bar{z}^\alpha$,其固定点为同维实线性空间. 而现在映射 σ 在$\mathbb{C}P^3$ 中无固定实点,但有固定"实线"$l_x\simeq\mathbb{C}P^1$,在投射缠量空间$\mathbb{P}(T)$中连结$\mathbb{z}$与$\sigma(\mathbb{z})$的实线 l 在 σ 作用下不变. 所有这种实线都无交,即$\mathbb{P}(T)$被这种实线纤维化,商空间为 $S^4=\mathbb{P}/l$,S^4 是$\mathbb{P}$中实线的参数空间,存在如下单纤维 Penrose 对应:

$$\text{点 } x\in S^4 \quad \xrightarrow{\text{对应}} l_x\subset\mathbb{P} \text{ 为实线} \tag{17.103}$$

或如(17.101)所示存在$\mathbb{P}(T)$到 S^4 的满映射:

$$\mathbb{P}\xrightarrow[l]{} S^4 \tag{17.103a}$$

纤维为实线 l.

在 S^4 上选一点作为无穷远点移去后可同构于 E^4,相应于在$\mathbb{P}(T)$空间选齐次坐标 $z^2=z^3=0$,此无穷远点实线记 $\hat{I}$,在$\mathbb{P}(T)$移去 $\hat{I}$ 得开集

$$\mathbb{P}-\hat{I}\equiv\mathbb{P}_I$$

分析映射$\mathbb{P}_I\longrightarrow E^4$.

在 E^4 中选实坐标 $x=(x^0,x^1,x^2,x^3)$,或取四元数的 Pauli 矩阵表示

$$x=\frac{1}{\sqrt{2}}(x^0+\mathrm{i}\boldsymbol{x}\cdot\boldsymbol{\sigma})=(x^{AA'}) \tag{17.104}$$

在$\mathbb{P}_I$ 中实线坐标为

$$\omega^A=x^{AA'}\pi_{A'} \tag{17.105}$$

这里选定$[\pi_{A'}]$相当于在开集 $U\subset S^4$ 选定近复结构,而 $\hat{U}\subset\mathbb{P}$为 U 上近复结构

丛.

当给定 n 秩复矢丛 $E\to U$, 联络为 D. 当选定 $[\pi_{A'}]$, 可将丛 E 及联络 D 沿纤维 l 拖回到 $\hat{U}$ 上得矢丛

$$\hat{E}\longrightarrow\hat{U},\quad 联络\ \hat{D}$$

这时丛 $\hat{E}$ 仅为可微丛, 并非全纯丛. 为给 $\hat{E}$ 以全纯结构, 对丛 $\hat{E}$ 上任意点 $e\in\hat{E}$, 联络 $\hat{D}$ 可将 $Te(\hat{E})$ 分解为水平部分 He 及垂直部分 Ve:

$$Te(\hat{E}) = He + Ve, \dim He = \dim\hat{U} = 6, \dim Ve = 2n$$

Ve 具自然复结构, He 同构于 $T_z(\hat{U})$ 具复结构, 故 $Te(\hat{E})$ 具自然复结构. 因此矢丛 $\hat{E}$ 具自然近复结构, 此近复结构可积条件是: 联络 D 是自对偶, 使得

$$\hat{E}|_{l_x}\ 为平庸,\quad 对所有\ x\in S^4$$

由上述分析知存在以下定理:

定理 17.3　存在下述 1－1 对应:

$$S^4\ 上\ \mathrm{ASD}\quad \mathrm{GL}(n,c)\ 丛\ E\longleftrightarrow$$
$$\mathbb{C}P^3\ 上全纯\ n\ 秩丛\ \hat{E}, \hat{E}|_{l_x}为平庸(对所有\ x\in S^4) \tag{17.106}$$

此即相当于上节用双纤维对应导出的定理(17.82)式, 进一步设丛 E 纤维有正定厄米形式, 可使规范群 $\mathrm{GL}(n,\mathbb{C})$ 约化为 $\mathrm{SU}(n)$, 相应地对 $\mathbb{P}(T)$ 上全纯丛也需满足相应的实条件如(17.83)式.

下面讨论如何利用上述对应关系, 由 $\mathbb{P}(T)$ 空间上全纯矢丛出发, 组成 S^4 上 ASD 规范场解. 为简单起见, 着重分析规范群为 $\mathrm{SU}(2)\simeq\mathrm{Sp}(1)$ 的瞬子解, 即讨论 $S^4\simeq\mathbb{H}P^1$ 上纤维为 $\mathrm{Sp}(1)$ 的四元数线丛

$$\begin{array}{ccc}\mathrm{Sp}(1)\simeq\mathrm{SU}(2)\longrightarrow & \mathrm{Sp}(2)/\mathrm{Sp}(1) & \\ & \downarrow & \\ & & S^4\simeq\mathbb{H}P^1\simeq\dfrac{\mathrm{Sp}(2)}{\mathrm{Sp}(1)\times\mathrm{Sp}(1)}\end{array} \tag{17.107}$$

空间 $\mathbb{H}^2$ 可具有紧致群 $\mathrm{Sp}(2)$ 的不变度规, 可利用四元数进行分析.

采用 Horrock 方法来组成 $\mathbb{P}$ 上全纯矢丛 $V\to\mathbb{P}$. 即先设法组成 $\mathbb{P}$ 上 2 秩矢丛 E, 要求丛 E 具有非简并 2 形式, 使丛的结构群为 $\mathrm{SL}(2,c)$. 且要求当将丛 E 限制在 $\mathbb{P}$ 中实线上时, $E|_{l_x}$ 平庸. 利用丛上对合映射 σ, 通过非简并 2 形式定义正定厄米度规, 使 E 允许有正定实形式. 这样再通过单纤维 Penrose 对应, 可得 S^4 上 ASD 场的瞬子解. 下面我们来具体描写 ADHM 方案.

设 V 为 $\mathbb{P}$ 上 $(2k+2)$ 秩平庸矢丛, 具有辛形式 ω, 为 V 上非简并斜双线性形式. 利用此辛形式, 对 V 的任意子空间 $U\subset V$, 可用 U^0 表示 U 的湮没子, 即

$$U^0 = \{v\in V; 对所有\ u\in U, \omega(u,v) = 0\} \tag{17.108}$$

另一方面,设 W 为$\mathbb{P}$上 k 个标准线丛 $\mathscr{O}(-1)$ 的直和,引入线性映射 $A(z)$:

$$A(z):W\longrightarrow V \tag{17.109}$$

$A(z)$线性依赖于$\mathbb{P}$上齐次坐标 z^a,即

$$A(z)=A_az^a$$

而$\{A_a\}$均为$(2k+2)\times k$ 常矩阵. 要求 $A(z)$满足下列两条件:

(1) 非简并,迷向.

即对所有 $z^\alpha\neq 0$, $U_z=A(z)W$ 具有 k 维,表明 $A(z)$具最大秩. 且要求 $U_z\subset U_z^0$, U_z^0 具 $(2k+2)-k=k+2$ 维. 商空间 $E_z=U_z^0/U_z$ 具有 2 维. 且由 V 上辛形式ω,可诱导得 E_z 上非简并 2 形式. 这样可得到$\mathbb{P}$上具有非简并 2 形式的 2 秩矢丛 $E\to\mathbb{P}$,结构群为 $\mathrm{SL}(2,\mathbb{C})$.

(2) 实条件.

即对由(17.102)式得 V 上反线性变换 σ

$$\sigma:\quad V\longrightarrow V,\quad \sigma^2=-1$$

但对 W 作用相当于对$\mathbb{P}$上实线的对顶映射,$\sigma^2=1$. σ 与 V 上辛形式相容,即

$$\omega(\sigma u,\sigma v)=\overline{\omega(u,v)}$$

由 σ 及辛形式可引入 V 上厄米形式

$$\langle u,v\rangle=\omega(u,\sigma v) \tag{17.110}$$

为正定厄米形式,使任意子空间 $U\subset V$ 的正交补 $U^\perp=(\sigma U)^0$　　　(17.111)

　　要求线性映射 $A(z)$满足实条件,即要求

$$\sigma A(z)W=A(\sigma z)\sigma W \tag{17.112}$$

即

$$\sigma U_z=U_{\sigma z}$$

$$(U_{\sigma z})^\perp\overset{(111)}{=\!=\!=}(\sigma U_{\sigma z})^0=U_z^0$$

即

$$U_{\sigma z}\cap U_z^0=0=U_z\cap U_{\sigma z}^0 \tag{17.113}$$

于是利用满足上述两条件的线性映射 $A(z)$,可将$\mathbb{P}$上矢丛 V 分解为

$$V=U_z+E_z+U_{\sigma z}$$

其中

$$E_z=U_z^0\cap U_{\sigma z}^0 \tag{17.114}$$

依赖于连结$[z]$与$[\sigma z]$的实线,而$\mathbb{P}$中这种实线由 S^4 参数,即实线 l_x 依赖于点 $x\in S^4$.

将这样组成的$\mathbb{P}$上矢丛E,限制到任意连接$[z]$与$[\sigma z]$的实线l_x,$E|_{l_x}$平庸. 矢丛E满足(17.83)式的条件,可通过单纤维 Penrose 对应得到S^4上 ASD 场的瞬子解. 下面我们来具体描写组成瞬子解的 ADHM 方案.

选V中辛结构为斜对称$(2k+2)\times(2k+2)$矩阵

$$\Omega=\begin{pmatrix} 0 & 1 & & & \\ -1 & 0 & \ddots & & 0 \\ & \ddots & \ddots & & \\ 0 & & \ddots & 0 & 1 \\ & & & -1 & 0 \end{pmatrix}$$

$u,v\in V$用$(2k+2)\times 1$的列矢表示,则

$$\omega(v,u)=v^{\mathrm{T}}\Omega u$$

反线性对合σ作用于$v\in V$为

$$\sigma v=\Omega\bar{v},\quad v\in V$$

而作用于$w\in W$为复共轭

$$\sigma w=\bar{w},\quad w\in W$$

V上厄米型为正定

$$\langle v,u\rangle=v^{\mathrm{T}}\bar{u}$$

线性映射$A(z)$

$$W\longrightarrow V$$

要求满足ⓘ实条件(17.112)式即

$$\Omega\overline{A(z)}=A(\sigma z)\tag{17.115}$$

用$(\omega^A,\pi_{A'})$表示$\mathbb{P}$的齐次坐标,可将$A(z)$用四元数$(k+1)\times k$矩阵表示为

$$A(z)=B^{A'}\pi_{A'}-C_A\omega^A\tag{17.116}$$

其中$\omega^A=x^{AA'}\pi_{A'}$如(17.69)式. 而B与C为常矩阵. 当选定$[\pi_{A'}]$,即选定近复结构,可将$A(z)$用$(k+1)\times k$四元数矩阵$M(x)$表示为

$$M(x)=B-Cx\tag{17.117}$$

ⓘ非简并迷向条件,即要求

$$U_z=A(z)W\text{ 具秩 }k\text{,且 }U_z\subset U_z^0$$

此条件相当于要求

$$M(x)^+M(x)\quad\text{为实,且非奇异}\tag{17.118}$$

例如,满足上两条件可选

$$M(x)=\begin{pmatrix}\lambda_1 & \cdots & \lambda_k\\ x_1-x & 0 & \\ & \ddots & \\ 0 & & x_k-x\end{pmatrix}\begin{matrix}\lambda_i \text{ 为非零实数}\\ x_i \text{ 为互不相同四元数}\end{matrix} \tag{17.119}$$

与上述步骤对应,可在 S^4 上组成瞬子丛 $E\to S^4$,对任意点 $x\in S^4$,对应于投射缠量$\mathbb{P}(T)$空间中连结$[z]$与$[\sigma z]$实线 l_x,纤维 E_x 为 V 的 2 维子空间,与 U_z 及 $U_{\sigma z}$ 都正交,如(17.114)式. 可由$(2k+2)$秩平庸丛 $S^4\times V$ 正交投射得丛 E 上联络. 即令 $v(x)$ 为 S^4 上$(2k+1)$维矢量,满足

$$\begin{aligned}v^*(x)v(x)&=1\\ v^*(x)M(x)&=0\end{aligned} \tag{17.120}$$

则 $P=vv^*$ 为由 V 到 E_x 的正交投射$(k+1)\times(k+1)$矩阵,满足 $P^2=P$. 则由(17.88)式知规范势可表为

$$A_a=v^*\nabla_a v$$

将(17.119)式代入(17.120)式解得

$$v^*=\varphi^{-\frac{1}{2}}\left[1,\frac{\lambda_1}{x-x_1},\cdots,\frac{\lambda_k}{x-x_k}\right] \tag{17.121}$$

其中 φ 为 E^4 上实值函数

$$\varphi=1+\sum_{i=1}^{k}\frac{\lambda_i}{(x-x_i)^2} \tag{17.122}$$

而规范势 A_a

$$A_a=i\sigma_{ab}\nabla^b\ \ln\varphi \tag{17.123}$$

其中 $\sigma_{01}=-\sigma_{23}=-\frac{1}{2}\sigma_1$,及循环置换($\sigma_i$ 为 Pauli 矩阵). 上式即'tHooft k 瞬子解.

§17.6　多单极解　Nahm 方程与 ADHMN 组成

讨论杨-Mills 场与 Higgs 场耦合模型,拉氏量 $\mathscr{L}$:

$$\mathscr{L}=\frac{1}{4}\mathrm{tr}(F_{ab}F^{ab})-\frac{1}{2}\mathrm{tr}(\mathrm{D}_a\varphi)(\mathrm{D}^a\varphi)-\frac{1}{4}\lambda(|\varphi|^2-1)^2$$

$$\lambda\geqslant 0,\ |\varphi|^2=-\frac{1}{2}\mathrm{tr}\varphi^2 \tag{17.124}$$

找其静(与时间无关)纯磁场($F_{0a}=0$)情况,选 $A_0=0$ 规范,仅 $A_i(x)$ 表示为$\mathbb{R}^3$ 中

规范势,其相应哈密顿量

$$H = -\frac{1}{4}\mathrm{tr}(F_{ij}F^{ij}) - \frac{1}{2}\mathrm{tr}(\mathrm{D}_i\phi)(\mathrm{D}^i\phi) + \frac{1}{4}\lambda(|\varphi|^2 - 1)^2 \quad (17.125)$$

其有限能解要求取边条件当 $\boldsymbol{r}\to\infty$, $|\varphi|\to 1$,

$$E \geqslant \frac{1}{4}\int\lambda(|\varphi|^2 - 1)^2\mathrm{d}^3x \pm 8\pi n \quad (17.126)$$

通常更关心取 $\lambda=0$ 的极限情况,称为 Prasad-Sommefield 极限. 这时存在满足 $n>0$ 的极小能解

$$B_i = \frac{1}{2}\in_{ijk}F^{jk} = -\mathrm{D}_i\varphi \quad (17.127)$$

$$|\varphi| = 1 - \frac{n}{r} + 0(r^{-2}) \quad 当\ r\to\infty \quad (17.128)$$

此位型具有有限能 $E=8\pi n$. 而方程(17.127)称为 Bogomolny 方程. 应注意, Bogomolny 方程(17.127)可由 ASDYM 方程通过维数约化得到,故相应方程解也可类似用$\mathbb{P}(T)$上全纯丛资料,类似于瞬子的 ADHM 组成方案得到. 首先注意 E^4 空间上 ASDYM 方程

$$*F_{\mu\nu} = -F_{\mu\nu} \quad (17.129)$$

如对规范势 $A_\mu(x)$ 加条件:为静规范场,即所有势 $A_\mu(x)$ 均与时间 x^0 无关,仅为空间坐标 $x^i(i=1,2,3)$ 的函数,这时方程(17.129)等价于

$$B_i = \frac{1}{2}\in_{ijk}F^{jk} = \mathrm{D}_iA_0 \quad (17.130)$$

当限制规范变换 $g(x)$ 也与 x^0 无关,这时 A_0 变换:

$$A_0 \longrightarrow g^{-1}A_0g$$

即相当于按伴随表示变换的标量势,令 $A_0(x) = -\varphi(x)$ 代入(17.130),得 Bogomolny 方程(17.127),它是 ASDYM 方程的三维约化.

另一方面如设 ASDYM 方程(17.129)中所有规范势仅依赖时间 t,即 $A_\mu = A_\mu(t)$,而与空间坐标 x^i 无关. 且可作规范变换,选规范$A_0=0$,则剩下三个分量 $A_i(t)$满足

$$\frac{\mathrm{d}}{\mathrm{d}t}A_i = \frac{1}{2}\in_{ijk}[A_j, A_k] \quad (17.131)$$

此方程称为 Nahm 方程. 是 ASDYM 方程的一维约化.

Nahm 将瞬子的 ADHM 组成推广研究多单极组成. 即为了找满足 Bogomolny 方程(17.127)及相应边界条件(17.128)的解(A_i,φ),先找与上节 $M(x)$ 及 $v(x)$ 相应的矩阵,但注意到静单极相当于在时间轴上排满瞬子,故与单极解相应的$M(x)$与

$v(x)$ 均应变为无穷维，即应设 $v=v(x^i,t)$ 为在 $\mathbb{R}^3X(0,2)$ 上取四元数值的 n 矢量，满足归一条件

$$\int_0^2 v^* v \mathrm{d}t = 1 \tag{17.132}$$

而上节中 $M(x)$ 应换为微分算子，代替 $v^*M=0$ 应换为

$$\left(\mathrm{i}\frac{\mathrm{d}}{\mathrm{d}t} + x^* + T^*\right)v = 0 \tag{17.133}$$

其中

$$x = \frac{1}{\sqrt{2}}(t + \mathrm{i}\boldsymbol{x}\cdot\boldsymbol{\sigma}) = t - x^1\boldsymbol{i} - x^2\boldsymbol{j} - x^3\boldsymbol{k}$$

$$T = T_1(t)\boldsymbol{i} + T_2(t)\boldsymbol{j} + T_3(t)\boldsymbol{k} \tag{17.134}$$

其中 $T_i(t)$ 为 $t\in(0,2)$ 的 $n\times n$ 复值矩阵，满足 Nahm 方程(17.131)，且要求$T_i(t)$ 在开区间 $0<t<2$ 解析，而在 $t=0,t=2$ 具单极点，且

$$T_i^* = -T_i, \quad \overline{T}_i(2-t) = -T_i(t) \tag{17.135}$$

将满足以上要求的 T 代入(17.133)，解出满足归一条件(17.132)的 $v(x^i,t)$. 则可得满足 Bogomolny 方程的解：

$$\begin{aligned} A_i &= \int_0^2 v^* \nabla_i \, v\mathrm{d}t \\ \varphi &= \mathrm{i}\int_0^2 t v^* v\mathrm{d}t \end{aligned} \tag{17.136}$$

这种形式多单极解称为 ADHMN 组成. 注意此方案将 ASDYM 方程的 3 维约化与 1 维约化对偶联系.

§ 17.7 单极周围零能费米子解 Twistor 方程及自对偶超对称单极

1994 年 Seiberg 与 Witten 提出了著名的 S-W 单极方程(见 § 16.6 的分析)：

$$\begin{cases} D_A\psi = 0 \\ F_A^+ = \dfrac{\mathrm{i}}{4}\langle e_j\cdot e_k\cdot\psi,\psi\rangle e^j \wedge e^k \end{cases}$$

并进一步给出 S-W 不变量，由于上方程组是费米场与 U(1) 规范场耦合，而这比 Donaldson 不变量更易计算，受到数理学界极大重视.

但是这对方程中第 2 方程不是共形不变的. 且这对方程在平坦空间没有 L^2 解(平方可积解)，Freund 曾在 4 维闵空间找到单极方程的具有奇点的解，它们相当

于具有奇异的 Dirac 单极解[22,23].

下面我们分析在不可约化 SU(2)单极('tHooft-Polyakov 单极)周围零能费米子解. 为便于分析,我们将 S-W 单极方程用物理学家熟悉的张量形式写出

$$\gamma^{\mu}\mathrm{D}_{\mu}\psi(x) = \gamma^{\mu}(\partial_{\mu} - \mathrm{i}eA_{\mu})\psi(x) = 0 \tag{17.137}$$

$$F^{+}_{\mu\nu}(x) = -\frac{\mathrm{i}}{2}\bar{\psi}(x)\sigma_{\mu\nu}\psi(x) \tag{17.138}$$

在规范场可约化为 U(1)(相当于 Dirac 单极),这对 S-W 单极方程有原点奇异解.

在这对方程中,(17.137)式具共形不变性. 在不可约化规范场周围零能费米子体系,是稳定的基态(真空态),具有共形不变性. 真空基态在量子场论中极端重要. (17.137)式解多重简并不惟一,当再加上(17.138)式约束,选出可约化 Dirac 单极解[23],但是对不可约化规范场无解.

方程(17.137)有多重简并解,如何将它们分类(按解析指数分类),如何用另一方程(代替(17.138)式)限制它们使得到有确定解析指数的解?

对平直 4 维物理时空中旋量,Penrose[24]提议分析 Twistor 方程:

$$D_{A'}^{(A}\omega^{B)} = 0 \tag{17.139}$$

相当于 Dirac 方程的 Weyl 旋量形式,此方程的解可表示为

$$\omega^{A} = \overset{o}{\omega}{}^{A} - \mathrm{i}x^{AA'}\overset{o}{\pi}_{A'} \quad (A = 0,1) \tag{17.140}$$

$$\pi_{A} = \overset{o}{\pi}_{A} \tag{17.141}$$

其中($x^{AA'}$)即空时空标,如(17.8)式,而[ω^{A}, $\pi_{A'}$]如(17.68)所示 Twistor 坐标,或称双旋量坐标. 上式表明 $\pi_{A'} = \overset{o}{\pi}_{A'}$ 为固定旋量. 选定[$\pi_{A'}$] $\in \mathbb{C}P^{1}$ 相当于选定空间 M^{4} 的复结构,则旋量方程(17.139)的解可由(17.140)表示.

下面我们分析在 SU(2)规范场中零能费米子满足的 Dirac 方程(17.137),选 γ_5 对角表象

$$\gamma_{5} = \begin{pmatrix} I & 0 \\ 0 & -I \end{pmatrix}, \quad \gamma_{4} = \begin{pmatrix} 0 & I \\ I & 0 \end{pmatrix}, \quad \gamma_{j} = \begin{pmatrix} 0 & -\mathrm{i}\sigma_{j} \\ \mathrm{i}\sigma_{j} & 0 \end{pmatrix}, \tag{17.142}$$

其中$\{\sigma_j\}_1^3$ 为标准的 Pauli 矩阵. Dirac 旋量波函数

$$\psi = \begin{pmatrix} \chi^{+} \\ \chi^{-} \end{pmatrix} \tag{17.143}$$

在静球对称'tHooft 单极周围零能费米子满足的 Dirac 方程可表示为

$$D_{A}^{\pm}\chi^{\pm} = (\mathrm{i}\sigma_{k}\nabla_{k} \pm A_{4})\chi^{\pm} = 0 \tag{17.144}$$

将(16.20)式的 SU(2)规范势代入,用活动标架法,并注意渐近边界条件的约束,经过冗长的计算[23]得到方程的有限能解可表示为

$$\chi_{a}^{+} = (\sigma^{\mu\nu}F^{+}_{\mu\nu})_{ab}\pi_{b} \tag{17.145}$$

其形式很像 S-W 第二方程(17.138),但实质上有很大不同.我们[25]将方程组

$$
\begin{aligned}
\mathrm{D}^{+}\chi^{+} &= 0 \\
\chi^{+} &= \sigma^{\mu\nu}F_{\mu\nu}^{+}\pi
\end{aligned}
\tag{17.146}
$$

称为修正的 S-W 单极(MSW)方程. SW 方程非共形不变,而 MSW 是共形不变的.可以证明在$\mathbb{R}^4$上 SW 方程的有限能解必平庸,仅在 4 维闵空间存在有奇点的 Dirac 单极解.而我们的 MSW 单极方程适用于任意非 Abel 规范场,是共形不变的,存在有拓扑非平庸无奇异有限能单极解.自对偶杨-Mills 场 $F_{\mu\nu}^{+}$为零模矢量

$$
\det(\sigma^{\mu\nu}F_{\mu\nu}^{+}) = 0 \tag{17.147}
$$

由 MSW 方程决定的 Weyl 旋量是与零模矢量 $F_{\mu\nu}^{+}$对应的纯旋量χ^{+}.而由 MSW 单极方程(17.146)选定一确定的纯旋量χ^{+}(仅差规范等价类),可以证明

$$
\frac{1}{16\pi^2}\int \mathrm{d}^3x\,|F|^2 = \frac{1}{32\pi^2}\int \mathrm{d}^3x\,\mathrm{tr}(\psi^{+}\psi) \tag{17.148}
$$

即'tHooft 单极的总磁荷这拓扑示性数也可由携带荷的零能费米子密度积分得到.

MSW 单极方程(17.146)具有许多拓扑非平庸有限能解,可由拓扑非平庸单极规范场的自对偶部分 F^{+}选定一确定的纯旋量χ^{+},仅由于常旋量$[\pi_A]$的选取不同可差规范等价类.

$$
[\pi_0,\pi_1] \in \mathbb{C}P^1
$$

的选定相当于 4 维空时复结构的选定.选定$[\pi_A]$后,处于规范场背景中零能费米子可由 Penrose 的 Twistor 方程(17.146b)确定.

这里注意,MSW 方程存在明显的超对称性.物质场与规范场耦合基态常具共形不变性,是稳定基态,具有超对称性,在 1979 年我们利用局域活动标架分离变量,经过冗长计算得到零能解表达式[23],当时我们未注意到它具有超对称性.几乎同时 Osborn[26]分析 $N=4$ 超对称规范理论时,得到超对称单极解:

$$
\psi \simeq \sigma \cdot \mathbb{B}u \tag{17.149}
$$

其形式几乎与我们的方程(17.146b)完全相同.但这里应强调 Osborn 讨论的是一般的杨-Mills 场 F,不是其自对偶部分,未与 SD 相联系,并未能对零能简并解作规范等价的拓扑分类,未指出它与 Dirac 算子解析指数的联系,但是它强调了超对称性,利用超对称性非常简捷地得到了解的形式.

超对称分析物质场ψ与规范场 $F(A)$间对称性,MSW 方程(17.146)将规范场矢量 F^{+}与旋量场χ^{+}直接线性相关,保持超对称性,能否仍保持 Lorentz 协变性?原来 S-W 单极方程(17.138)将矢场 F 用旋量场ψ的双线性形式表达,明显的显示出 Lorentz 协变性,但失去共形不变性. MSW 方程(17.146)将规范群由 U(1)扩充到不可约化非 Abel 规范场,将规范场自对偶零模矢量 F^{+}与纯旋量χ^{+}直接线性相

关,保持了共形不变性,保持了超对称. 文[25]还仔细分析了在 Lorentz 群作用下势 A,场 F^+ 及旋量 χ^+ 的 Lorentz 变换,证明 MSW 方程仍保持了 Lorentz 协变性,显示超对称与 Lorentz 协变性的自洽,并且 MSW 单极存在能量有限的无奇异解析解,且其基态零能费米子密度可用来计算拓扑指数.

习 题 十 七

1. 请证明四维闵空间 M^4 的共形紧致化为

$$M = S^1 \times S^3/Z_2 = U(2)$$

2. $\mathbb{R}^4$ 上选定复结构后,其上 2 形式可分解为

$$\omega = \omega^{2,0} + \omega^{1,1} + \omega^{0,2}$$

另一方面$\mathbb{R}^4 \simeq \mathbb{C}^4$ 具自然厄米度规,可按 Hodge * 分解

$$\omega = \omega_+ + \omega_-$$

请分析这两种分解关系.

3. 请证明修正的 S-W 单极方程(17. 146)保持共形不变性,保持超对称性,而且保持 Lorentz 协变性.

第十八章 Atiyah-Singer 指标定理

§18.1 引言 欧拉数及其有关定理

在量子场论中，讨论经典场的量子化问题时，遇到在欧几里得作用量的稳定点周围的涨落问题，用数学术语来说，此即椭圆微分算子的本征值问题，本征值的分布反映了所讨论体系的拓扑性质与度规性质. 鼓的形状及膜的厚薄决定了鼓的声音，反过来，一个振动膜的面积、边缘的长度、膜的厚薄、洞的数目等可由它的振动谱得到. 用 Singer 的话来说，非常可能“听到鼓的形状”. 此即相当于指数定理. Atiyah-Singer 指数定理表明作用在纤维丛截面上微分算子的解析性质与纤维丛本身拓扑性质间密切相关，可简单表示为：微分算子 D 的解析指数 $I_a(D)$ 与算子所作用流形（向量丛 E）的拓扑指数 $I_t(E)$ 相等

$$I_a(D) = I_t(E) \tag{18.1}$$

此式左端为椭圆微分算子 D 的解析指数，是偏微分方程解的数目，更确切说，是推广的 Laplace 方程零频解的数目，是整数，在算子所作用流形的连续参数作微小变换下不变，反映了流形的整体（global）拓扑不变量.（18.1）式右端是算子所作用的向量丛 E 的拓扑指数，它们常可表示为丛 E 的示性类在底流形 M 上的积分，它反映了底流形 M 的拓扑特性及矢丛 E 的绕数. de Rham 上同调论、谐和分析等表明，可用分析方法来研究流形的拓扑，而 A-S 指数定理进一步表明，可用拓扑分析来表示流形上算子的解析指数.

矢丛上椭圆微分算子的解析指数是整体拓扑不变量，用丛上局域拓扑量（示性类）的积分来表达之，就是 Atiyah-Singer 指数定理. 此定理在现代场论中得到广泛的应用，例如研究费米子与规范场的相互作用，（18.1）式将费米子谱（左端）与所在外部规范场的大范围拓扑行为（右端）联系起来，将量子场的解析性质与背景场的拓扑性质联系起来.

下面我们先举大家都熟悉的欧拉数为例来说明（18.1）式两端的含意. 先分析欧拉数这个拓扑概念与 Laplace 算子指数间关系，分析与欧拉数有关的各定理. 欧拉数是大量几何课题的源泉和出发点，流形上许多性质与它有关. 例如：

1）流形整体不变量的研究是从组合拓扑学开始的，其基本想法是把流形剖分成一

些胞腔(子流形),分析它们是如何拼凑在一起的. 对紧致有向流形作剖分,欧拉数可定义为各维胞腔个数的交替和

$$\chi = \sum_p (-1)^p d_p \tag{18.2}$$

其中 d_p 为流形 M 在某一剖分下 p 维胞腔的个数. 此欧拉数为拓扑不变量,与所采用的剖分方式无关. 上式称为欧拉数的组合拓扑意义.

2) 对亏格(genus)为 g 的紧致黎曼面,其欧拉数

$$\chi = 2 - 2g \tag{18.3}$$

例如球面 S^2,亏格为零,$\chi(S^2) = 2$. 环面 T^2,亏格为 1,$\chi(T^2) = 0$.

3) 利用对流形各维链群边缘运算,可定义流形的各维同调群

$$H_p(M) = Z_p(M)/B_p(M)$$

可证

$$\chi = \sum_p (-1)^p \dim H_p = \sum_p (-1)^p b_p \tag{18.4}$$

其中 $b_p = \dim H_p$ 为流形的 Betti 数. 上式表明了欧拉数的代数拓扑意义.

由以上讨论我们知道,欧拉数是流形的整体拓扑不变量.

4) 利用外微分算子对流形上微分形式的作用可建立 de Rham 上同调论. 由 de Rham 定理可证

$$b_p = \dim H_p(M,R) = \dim H^p_{dR}(M,R)$$

$$\chi = \sum_p (-1)^p \dim H^p_{dR} \tag{18.5}$$

此即欧拉数的微分拓扑学意义.

5) 由 Hodge 定理知道流形上谐和形式的维数为

$$\dim H^p_{\text{harm}}(M) = \dim H^p_{dR}(M)$$

流形上谐和形式即 Laplace 算子 Δ_p 的零模解,故

$$\chi = \sum_p (-1)^p \dim \operatorname{Ker}\Delta_p = d_e - d_0 \tag{18.6}$$

其中 d_e, d_0 分别为偶奇次谐和形式的维数. (5),(6)两式表明欧拉数为微分算子(d 或 Δ)的解析指数,是整体(non-local)拓扑不变量.

另一方面,关于欧拉数还有两个重要定理:

6) Gauss-Bonnet 定理

$$\chi = \frac{1}{2\pi}\left\{\int_M R + \int_{\partial M} \frac{ds}{\rho} + \sum_i (\pi - \theta_i)\right\} \tag{18.7}$$

其中 M 为任意二维曲面,R 为曲率 2 形式,$1/\rho$ 为在光滑边缘曲线 ∂M 上的测地曲

率,θ_i 为顶点的内角,R、$1/\rho$ 及$(\pi-\theta_i)$分别相应于曲面 M 的面曲率、线曲率、点曲率,式(18.6)可解释成欧拉示性数χ 为各维曲率的总和. 上式为带边界流形的指数定理的特例. 详见第 21 章的分析.

对于紧致无边光滑曲面 M.

$$\chi = \frac{1}{2\pi}\int_M R \tag{18.8}$$

此即 Atiyah-Singer 指数定理的特例,它将欧拉数这整体不变量(Laplace 算子的解析指数)用曲率 2 形式(第一陈示性类)的积分来表示.

7) Poincaré-Hopf 定理 紧致无边二维光滑曲面 M 的欧拉数可由其上任意光滑向量场的孤立奇点指数和决定.

$$\chi = \sum_{\omega_0 \in Zero(\xi)} j(\xi, x_0) \tag{18.9}$$

其中 ξ 为流形 M 上的连续切向量场. $x_0 \in M$ 为 ξ 的孤立奇点($\xi(x_0)=0$). $j(\xi,x_0)$为 ξ 在孤立奇点x_0处的指数,它是利用 Gauss 映射(见图 18.1)定义的. 例如,在二维流形 M 上存在光滑磁场,可用罗盘磁针指向表明磁场方向,在磁场的孤立零点处,磁针指向不确定. 但由于零点 x_0 为孤立奇点,在 x_0 点周围,指针都有一确定方向,指针指向就相当于 Gauss 映射. 当罗盘绕 x_0 转一周,指针在罗盘中转的圈数,就是磁场在 x_0 点的指数. 上述实验用数学术语来表述,即:在流形 M 上绕 x_0 点划一小圆,因 x_0 为孤立奇点,在此小圆 c 上 $\xi(y)$非零. 同时在 x_0 点的切平面 T_{x_0}上划一个单位圆 S^1. 将 $\xi(y)$平移得它在单位圆 S^1 上的映像$\varphi(y)$,称为 Gauss 映射. 当 y 绕 c 转一圈后,$\varphi(y)$绕 S^1 转的圈数就叫做矢场 ξ 在孤立奇点 x_0 处的指数,记为$j(\xi,x_0)$,下面画出一些奇点,在 2 维平面上矢场奇点(矢场的零点)附近矢场分布示意图(见图 18.2),并注明相应奇点指数.

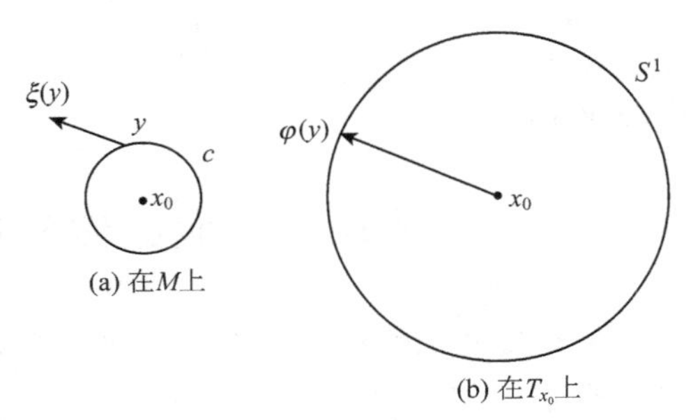

图 18.1 Gauss 映射示意图

总之,由(18.2)~(18.6)式我们知道欧拉数是椭圆微分算子的解析指数,是整体不变量,而(18.8)式将它进一步表达为局域不变量的积分,此即 Atiyah-Singer 指数定理的特例.

指数定理将解析算子的解析指数与标志所作用场的拓扑性质的示性数(局域示性类在整个流形上的积分)联系起来了. 本章我们将讨论其最简单形式:在紧致无边流形上的Atiyah-Singer指数定理. 下两章将讨论其推广以及它们在理论物理

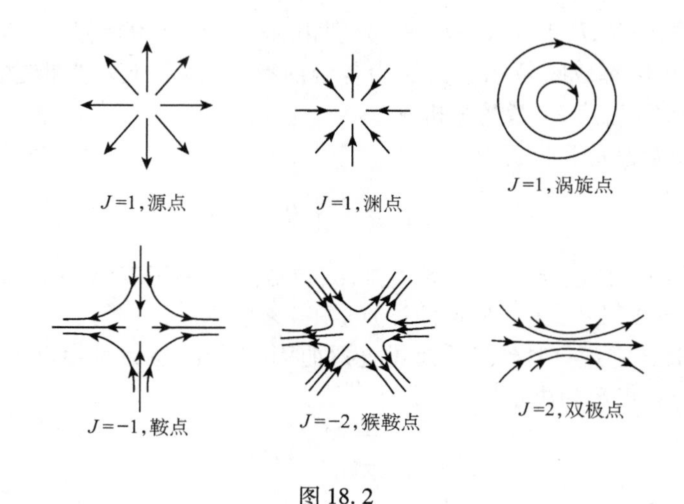

图 18.2

中的应用.

§18.2　椭圆微分算子及其解析指数

设 E 与 F 是流形 M(n 维)上的两个复向量丛,用 $\Gamma(E)$ 表示 m 维向量丛 E 的截面集合.

$$\Gamma(E) = \{(x;\xi^1(x),\cdots,\xi^m(x))\}$$

相应地

$$\Gamma(F) = \{(x;\eta^1(x),\cdots,\eta^l(x))\}$$

为 l 维向量丛 F 上截面集合. 将截面 $\Gamma(E)$ 映到截面 $\Gamma(F)$ 的算子 D 称为微分算子,它在 M 的每点邻域可表示为

$$\mathrm{D}(\xi^1(x),\cdots,\xi^m(x)) = (\eta^1(x),\cdots,\eta^l(x))$$

$$\left.\begin{aligned}\eta^i(x) &= \sum_j a^i_{j,\mu_1,\cdots,\mu_n}(x)\frac{\partial^{\mu_1+\cdots+\mu_n}}{\partial x_1^{u_1}\cdots\partial x_n^{\mu_n}}\xi^j(x)\\ \mu_1+\cdots+\mu_n &= \mu\leqslant\nu\end{aligned}\right\}\tag{18.10}$$

如用 η 表示 l 行列矩阵($\eta^i(x)$),ξ 表示 m 行列矩阵($\xi^j(x)$),算子 D 也可表为$l\times m$ 矩阵

$$\mathrm{D} = \sum_{\mu\leqslant\nu}a_{\mu_1\cdots\mu_n}(x)\frac{\partial^{\mu_1+\cdots+\mu_n}}{\partial x_1^{\mu_1}\cdots\partial x_n^{\mu_n}}\tag{18.11}$$

或简记为

$$\mathrm{D} = \sum_{\mu \leqslant \nu} a_\mu(x) \frac{\partial^{|\mu|}}{\partial x^\mu}, \quad \mu = (\mu_1, \cdots, \mu_n), |\mu| = \sum_i \mu_i \tag{18.11a}$$

其中 $a_\mu(x)$ 为 $l \times m$ 复值函数矩阵. 上式表明

$$D \in \Gamma(\odot^\mu TM \otimes \mathrm{Hom}(E, F))$$

其中$\odot^\mu$ 表示对称张量积. 注意到线性空间 V 的对称张量积$\odot^\mu V$ 与其对偶空间 V^* 上 μ 阶齐次多项式空间同构. 故在余切丛 T^*M 空间(简称 k 空间),可引入与算子 D 对应的象征(symbol):

$$\sigma_D(x, k) = \sum_{\mu \leqslant \nu} a_\mu(x)(ik)^\mu \in \mathrm{Hom}(E, F) \tag{18.12}$$

相当于在 $x \in M$ 点邻域对截面 $\xi(x)$ 作傅里叶变换

$$\xi(x) = \int \mathrm{e}^{\mathrm{i}x \cdot k} \hat{\xi}(k) \mathrm{d}k \tag{18.13}$$

则(18.10)式可表示为

$$\eta(x) = \mathrm{D}\xi = \int \mathrm{e}^{\mathrm{i}x \cdot k} \sigma_D(x, k) \hat{\xi}(k) \mathrm{d}k \tag{18.14}$$

微分算子的分类取决于其最高次微分项,故可取算子 D 的最高阶项的傅里叶变换,称为此微分算子的主象征(leading symbol),

$$\sigma(D) = \sum_{\mu_1 + \cdots + \mu_n = \nu} a_{\mu_1 \cdots \mu_n}(x) k_1^{\mu_1} \cdots k_n^{\mu_n} \tag{18.15}$$

这里为简化表示,忽略常数因子 i^ν. 上式为 $l \times m$ 阶复值矩阵,其中

$$k = (k_1, \cdots, k_n) \in C^n$$

若算子 D 的主象征具有下述性质(必须 $m = l$):

$$\det \sigma(D) \neq 0 \quad 当 \quad k \in C^n - \{0\}$$

则 D 称为椭圆微分算子.

例 18.1 $M = R^3$,三维空间向量分析中通常三个二阶微分算子 grad, curl, div 的主象征为

$$\begin{pmatrix} k_1 \\ k_2 \\ k_3 \end{pmatrix}, \begin{pmatrix} 0 & -k_3 & k_2 \\ k_3 & 0 & -k_1 \\ -k_2 & k_1 & 0 \end{pmatrix}, (k_1, k_2, k_3)$$

显然,它们都不是椭圆微分算子.

例 18.2 二维底流形上实线丛间的映射

$$\eta(x_1, x_2) = \left(\frac{\partial^2}{\partial x_1^2} + \frac{\partial^2}{\partial x_2^2}\right) \xi(x_1, x_2)$$

$$\sigma(D) = (k_1^2 + k_2^2)$$

为椭圆微分算子,此即一般 Laplace 算子.

例 18.3　二维底流形上面丛间映射

$$\eta'(x_1,x_2) = \frac{\partial\xi^1}{\partial x_1} - \frac{\partial\xi^2}{\partial x_2}$$

$$\eta^2(x_1,x_2) = \frac{\partial\xi^1}{\partial x_2} + \frac{\partial\xi^2}{\partial x_1}$$

$$\sigma(D) = \begin{pmatrix} k_1 & -k_2 \\ k_2 & k_1 \end{pmatrix}$$

为椭圆微分算子,此即 Cauchy-Riemann 算子.

例 18.4　四维流形上实线丛间映射

$$\eta(x_0,x_1,x_2,x_3) = \left(\frac{\partial^2}{\partial x_0^2} - \frac{\partial^2}{\partial x_1^2} - \frac{\partial^2}{\partial x_2^2} - \frac{\partial^2}{\partial x_3^2}\right)\xi(x_0,x_1,x_2,x_3)$$

$$\sigma(D) = k_0^2 - k_1^2 - k_2^2 - k_3^2$$

就是 d' Alembert 算子,它不是椭圆微分算子.

下面分析椭圆微分算子 D 的解析指数. 算子 D 是将截面 $\Gamma(E)$ 映到截面 $\Gamma(F)$ 的线性微分算子

$$\mathrm{D}:\Gamma(E) \longrightarrow \Gamma(F),\xi \longrightarrow \mathrm{D}\xi = \eta$$

算子的零模解的空间称为算子的核 Ker D

$$\mathrm{Ker\ D} = \{\xi \in \Gamma(E) \mid \mathrm{D}\xi = 0\}$$

并可定义算子 D 的像 Im D

$$\mathrm{Im\ D} = \{\eta \in \Gamma(F) \mid 存在\ \xi \in \Gamma(E),\eta = \mathrm{D}\xi\}$$

以及算子 D 的余核 Coker D

$$\mathrm{Coker\ D} = \Gamma(F)/\mathrm{Im\ D} \tag{18.16}$$

它们之间的关系可如图 18.3 所示:

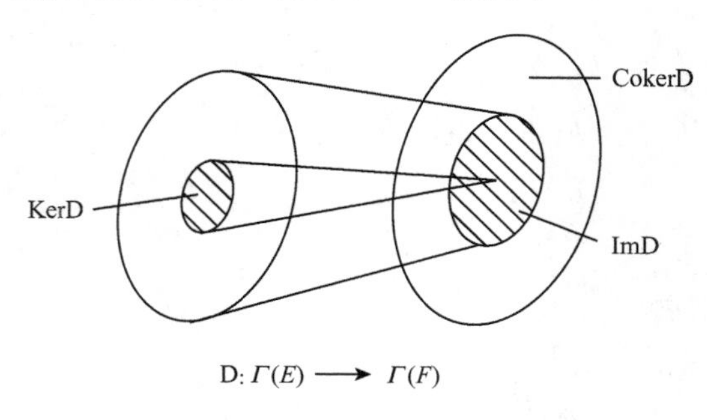

图 18.3

对于紧致流形 M 上的椭圆微分算子 D,由泛函分析可以证明 Ker D, Coker D 等都是有限维的,称为 Fredholm 算子. 可定义算子 D 的解析指数为

$$\mathrm{Ind\ D} = \dim\mathrm{Ker\ D} - \dim\mathrm{Coker\ D} \tag{18.17}$$

对于 Fredholm 算子,Ker D 为有限维,即齐次方程

$$\mathrm{D}\xi = 0$$

的解空间为有限维,上面齐次方程存在着有限个线性独立的解. 而 Coker D 为有限维,是指当 η 满足有限个条件时,非齐次方程

$$\mathrm{D}\xi = \eta$$

可存在有确定解. 注意两者提法不同,前者为解的惟一性问题(齐次方程有多少个线性独立解),而后者是解的存在性问题(非齐次方程的已知函数 η 满足多少个条件解才确定).

当纤维定义有度规时,可以利用下式定义算子 D 的伴随算子 $\mathrm{D}^\dagger$

$$(\mathrm{D}\xi,\eta) = (\xi,\mathrm{D}^\dagger\eta) \tag{18.18}$$

$\mathrm{D}^\dagger$将 $\Gamma(F)$线性映射到 $\Gamma(E)$:

$$\mathrm{D}^\dagger:\eta \in \Gamma(F) \longrightarrow \mathrm{D}^\dagger\eta \in \Gamma(E)$$

利用 D 与 $\mathrm{D}^\dagger$可组成两个自伴非负椭圆算子 $\Delta_E = \mathrm{D}^\dagger\mathrm{D}$ 与 $\Delta_F = \mathrm{D}\mathrm{D}^\dagger$

$$\Delta_E = \mathrm{D}^\dagger\mathrm{D}:\Gamma(E) \longrightarrow \Gamma(E)$$

$$\Delta_F = \mathrm{D}\mathrm{D}^\dagger:\Gamma(F) \longrightarrow \Gamma(F)$$

令

$$\Gamma_\lambda(E) = \{\xi \in \Gamma(E) \mid \Delta_E\xi = \lambda\xi\}, \qquad \Gamma_0(E) = \mathrm{Ker\,D}$$

$$\Gamma_\lambda(F) = \{\eta \in \Gamma(F) \mid \Delta_F\eta = \lambda\eta\}, \qquad \Gamma_0(F) = \mathrm{Ker\,D}^\dagger$$

可以证明,算子 Δ_E 与 Δ_F 的非零本征值 λ 的本征截面空间 $\Gamma_\lambda(E)$与 $\Gamma_\lambda(F)$间相互同构,即

$$\dim\Gamma_\lambda(E) = \dim\Gamma_\lambda(F), \qquad \text{当}\ \lambda \neq 0 \tag{18.19}$$

证明 令

$$\xi_\lambda \in \Gamma_\lambda(E), \qquad \lambda \neq 0$$

$$\Delta_E\xi_\lambda = \mathrm{D}^\dagger\mathrm{D}\xi_\lambda = \lambda\xi_\lambda$$

则

$$\Delta_F(\mathrm{D}\xi_\lambda) = \mathrm{D}\mathrm{D}^\dagger\mathrm{D}\xi_\lambda = \lambda\mathrm{D}\xi_\lambda$$

$$\mathrm{D}\xi_\lambda = \eta_\lambda \in \Gamma_\lambda(F)$$

而且

$$\eta_\lambda = \mathrm{D}\xi_\lambda \neq 0 \quad (\text{当}\ \lambda \neq 0)$$

否则

$$\Delta_E\xi_\lambda = 0, \quad \text{与}\ \lambda \neq 0\ \text{矛盾}$$

于是映射

$$\mathrm{D}:\Gamma_\lambda(E) \longrightarrow \Gamma_\lambda(F)$$

为 $\Gamma_\lambda(E)$与 $\Gamma_\lambda(F)$间 1 - 1 对应的双射,故

$$\dim\Gamma_\lambda(E) = \dim\Gamma_\lambda(F) \quad (\text{当}\ \lambda \neq 0)$$ □

注意 D 的零模态必为 Δ_E 的零模态,故 Δ_E 的非零本征态的维数,即 ImD 的维数,故由上式得

$$\dim \mathrm{Im}\, \mathrm{D} = \dim \mathrm{Im}\, \mathrm{D}^{\dagger} \tag{18.20}$$

注意到算子 D 为向量丛截面间线性映射，由线性代数基本定理知

$$\begin{aligned} \dim \Gamma(E) &= \dim \mathrm{Ker}\, \mathrm{D} + \dim \mathrm{Im}\, \mathrm{D} \\ \dim \Gamma(F) &= \dim \mathrm{Ker}\, \mathrm{D}^{\dagger} + \dim \mathrm{Im}\, \mathrm{D}^{\dagger} \end{aligned} \tag{18.21}$$

而由(18.16)式知

$$\begin{aligned} \dim \mathrm{Coker}\, \mathrm{D} &= \dim \Gamma(F) - \dim \mathrm{Im}\, \mathrm{D} = \dim \Gamma(F) - \dim \mathrm{Im}\, \mathrm{D}^{\dagger} \\ &= \dim \mathrm{Ker}\, \mathrm{D}^{\dagger} \end{aligned} \tag{18.22}$$

故当纤维上定义有度规后，微分算子的解析指数(18.17)可表示为

$$\mathrm{Ind}\, \mathrm{D} = \dim \mathrm{Ker}\, \mathrm{D} - \dim \mathrm{Ker}\, \mathrm{D}^{\dagger} \tag{18.23}$$

注意上式只与零模解数的差有关. 算子 D 与 $\mathrm{D}^{\dagger}$依赖于丛上联络与度规的选取，而零模解具有拓扑意义，微分算子 D 的解析指数是一整数，在流形及算子参数作微小变更时不变，是整体拓扑不变量，算子 D 的解析指数可用 D 与 $\mathrm{D}^{\dagger}$的零模解数差表示，它是拓扑不变量. 可以证明解析指数 Ind(D) 仅依赖于算子 D 的主象征 $\sigma(\mathrm{D})$. 下面分析 $\sigma(\mathrm{D})$的性质.

$\sigma(\mathrm{D})$依赖(x,k)，其中 $x \in M, k \in T^* M$，且具性质：

$$\begin{aligned} \sigma(a\mathrm{D} + b\mathrm{D}') &= a\sigma(\mathrm{D}) + b\sigma(\mathrm{D}') \\ \sigma(\mathrm{D} \circ \mathrm{D}') &= \sigma(\mathrm{D}) \cdot \sigma(\mathrm{D}') \end{aligned}$$

上述性质表明，$\sigma(D)$是取值在余切丛上的线性映射. 余切丛 $T^* M \xrightarrow{\pi} M$. 给定算子

$$\mathrm{D}:\quad \Gamma(E) \longrightarrow \Gamma(F)$$

设 π^* 为投射 π 诱导的逆映射，将底流形 M 微分同胚的嵌入余切丛 $T^* M$ 而为其零截面，而 $\sigma(\mathrm{D})$为其诱导的在 $T^* M$ 上的丛射

$$\sigma(\mathrm{D}): \pi^* E \longrightarrow \pi^* F$$

当 D 为椭圆，将此映射限制在零截面之外为同构映射，即

$$\sigma(\mathrm{D}): \pi^* E \Big|_{(T^* M - \{0\})} \xrightarrow{\simeq} \pi^* F \Big|_{(T^* M - \{0\})} \tag{18.24}$$

此条件也可更具体表示为：当选定度规，令 B 表示 $T^* M$ 零截面的管状邻域：

$$B = \{k \in T^* M, \ \|k\| \leqslant \varepsilon > 0\} \tag{18.25}$$

在零截面管状邻域之外，$\sigma(\mathrm{D})$有逆映射，即当将 $\sigma(\mathrm{D})$限制在∂B 时，$\sigma(\mathrm{D})$为同构映射：

$$\sigma(\mathrm{D}): \pi^* E \Big|_{\partial B} \xrightarrow{\simeq} \pi^* F \Big|_{\partial B} \tag{18.24a}$$

具有上述性质的三元组$(\pi^*E,\pi^*F,\sigma(\mathrm{D}))$决定了一种定义在余切丛上的稳定矢丛

$$\Sigma(\mathrm{D})\equiv[\pi^*E,\pi^*F,\sigma(\mathrm{D})]\in K(T^*M,T^*M-0)\simeq K(B,\partial B)\quad(18.26)$$

称为象征丛(symbol bundle)通过 K 理论与 Thom 同构可从它导出算子 D 的拓扑指数及 A-S 指标定理. 我们在下节先分析具紧支上同调与 Thom 同构,在§18.4 对矢丛 K 理论作简单介绍后,再回过头来分析象征丛 $\Sigma(\mathrm{D})$,及由它决定的算子 D 的拓扑指数及 Atiyah-Singer 指标定理.

§18.3　紧支上同调与矢丛上同调,Thom 同构与欧拉示性类

流形 M 上连续函数 f 的支(support)

$$\mathrm{Supp}f=\{p\in M\mid f(p)\neq 0\}$$

它是在 M 上函数 f 取值非零的区域的最小闭集. 当 $\mathrm{Supp}f$ 为紧致闭集,则称函数 f 具有紧支. 当我们仅用具有紧支的连续函数来定义 de Rham 复形,即所有微分形式均限制为具紧支的微分形式,则所得上同调称紧支上同调(compact cohomology),记为 $H_c^*(M)$. 当流形 M 本身为紧致流形时,$H_c^*(M)$与通常 de Rham 上同调 $H^*(M)$相同. 但是当 M 为非紧流形,例如对$\mathbb{R}^n$,$H_c^*(\mathbb{R}^n)\neq H^*(\mathbb{R}^n)$. 下面我们先分析此问题. 先分析 $n=1$ 的简单情况,$\Lambda^0(\mathbb{R})$中闭形式必常函数,故

$$H^0(\mathbb{R})=\mathbb{R}\quad(18.27)$$

但在$\mathbb{R}$上没有具紧支的常函数,故

$$H_c^0(\mathbb{R})=O\quad(18.28)$$

$\mathbb{R}$上所有 1 形式必闭,即 $\Lambda^1(\mathbb{R})=Z^1(\mathbb{R})$. 但是易证所有 1 形式必为正合形式. $\Lambda^1(\mathbb{R})=B^1(\mathbb{R})\sim O$,例如

$$\omega=f(x)\,\mathrm{d}x\quad\in\Lambda^1(\mathbb{R})$$

取积分

$$\int_0^x f(y)\,\mathrm{d}y=g(x)\quad\in\mathscr{F}(\mathbb{R})$$

$$\mathrm{d}g=f(x)\,\mathrm{d}x=\omega$$

故

$$H^1(\mathbb{R})=O\quad(18.29)$$

下面分析$\mathbb{R}$上具紧支 1 形式 $\omega\in\Lambda_c^1(\mathbb{R})$,它们仍然是闭形式(因是$\mathbb{R}$上最高阶形式),故为紧致闭链.

$$\Lambda_c^1(\mathbb{R}) = Z_c^1(\mathbb{R})$$

取积分映射

$$\int_R : \Lambda_c^1(\mathbb{R}) \longrightarrow \mathbb{R}$$

此映射为满映射,即以下序列正合:

$$Z_c^1(\mathbb{R}) \xrightarrow{\int_{\mathbb{R}}} \mathbb{R} \longrightarrow O$$

而当 $f \in \Lambda_c^o(\mathbb{R})$ 具有紧支, $\mathrm{d}f \in B_c^1(\mathbb{R})$ 为具有紧支的正合 1 形式, $\int_{\mathbb{R}} \mathrm{d}f = 0$. 即 $\mathrm{d}f \in \mathrm{Ker}\int_{\mathbb{R}}$. 表明存在下列短正合列:

$$O \longrightarrow B_c^1(\mathbb{R}) \longrightarrow Z_c^1(\mathbb{R}) \xrightarrow{\int_{\mathbb{R}}} \mathbb{R} \longrightarrow O$$

即

$$H_c^1(\mathbb{R}) = \mathbb{R} \tag{18.30}$$

以上分析可推广到任意 n 维平庸空间 $\mathbb{R}^n$. 因 $\mathbb{R}^n$ 同伦等价于单点,而 de Rham 上同调在同伦等价下不变,即 $H^*(\mathbb{R}^n) = H^*$(单点),即

$$\begin{aligned} H^o(\mathbb{R}^n) &= \mathbb{R} \\ H^k(\mathbb{R}^n) &= O, \qquad \text{当 } k > 0 \end{aligned} \tag{18.31}$$

而对紧支上同调,利用积分映射 $\int_{\mathbb{R}^n}$ 可证:

$$\Lambda_c^n(\mathbb{R}^n) = Z_c^n(\mathbb{R}^n) \xrightarrow{\int_{\mathbb{R}^n}} \mathbb{R} \longrightarrow O$$

而对正合 n 形式 $\omega = \mathrm{d}\sigma \in B_c^n(\mathbb{R}^n)$

$$\int_{\mathbb{R}^n} \omega = 0, \text{即 } \omega \in \mathrm{Ker}\int_{\mathbb{R}^n}$$

即存在下列短正合系列:

$$O \longrightarrow B_c^n(\mathbb{R}^n) \longrightarrow Z_c^n(\mathbb{R}^n) \xrightarrow{\int_{\mathbb{R}^n}} \mathbb{R} \longrightarrow O$$

即

$$H_c^n(\mathbb{R}^n) = \mathbb{R} \tag{18.32}$$

且在 $\mathbb{R}^n$ 上没有具紧支常函数,即

$$H_c^o(\mathbb{R}^n) = 0 \tag{18.32a}$$

对中间维次 $0<k<n$,与通常 de Rham 上同调分析相似,可证闭形式必正合形式,故

$$H_c^k(\mathbb{R}^n)=0,\quad 当 k\neq n \tag{18.32b}$$

这里注意,紧支上同调非同伦不变量,而仅为微分同胚不变量.

总之,通常 de Rham 上同调 $H^*(M)$ 为同伦不变量,$H^*(\mathbb{R}^n)=H^*(点)$,故

$$\begin{cases}H^o(\mathbb{R}^n)=\mathbb{R}\\ H^k(\mathbb{R}^n)=O,\qquad 当 k>0\end{cases} \tag{18.31}$$

而紧支上同调 $H_c^*(M)$ 不再为同伦不变量,仅为微分同胚下不变量,紧支上同调是重要概念,在同调论中还有些相互等价概念. 紧支上同调是一种局域同调,其生成元为局域凸形式(bump form). 当 M 为紧,$H_c^*(M)=H^*(M)$,当 M 非紧,但仍为局域紧 Hausdorff 空间,例如 $M=\mathbb{R}^n$,则 $H_c^*(M)=H^*(M,M-x_0)$,$x_0\in M$,$H^*(M,M-x_0)$ 称为 x_0 处局域同调群,即有性质:$H_c^*(\mathbb{R}^n)\simeq H^*(\mathbb{R}^n,\mathbb{R}^n-0)$;

$$\begin{cases}H^n(\mathbb{R}^n,\mathbb{R}^n-0)=H_c^n(\mathbb{R}^n)=\mathbb{R}\\ H^k(\mathbb{R}^n,\mathbb{R}^n-0)=H_c^k(\mathbb{R}^n)=0,\qquad 当 k\neq n\end{cases} \tag{18.32}$$

注意紧支上同调复形 $H_c^*(M)=\{\Lambda_c^*(M),d\}$的一些特殊性质. 当流形间存在光滑连续映射 $f:M\to N$,其对紧支形式诱导的拖回映射 $f^*(\Lambda_c^*(N))$一般不一定具有紧致支. 即 Λ_c^* 一般不是流形 M 上的逆变函子. 但是,如果我们不讨论所有的光滑映射,而仅讨论一种特殊的光滑映射,称为固有映射(proper map),它是这样一种光滑映射:使紧集的逆像仍为紧集. 当 f 为固有映射,则其诱导的拖回映射:$f^*(\Lambda_c^*(N))\in\Lambda_c^*(M)$.

下面分析纤维丛的上同调. 令 E 为 n 维流形 M 上 k 秩矢丛,E 的零截面为 M 到 E 的微分同胚嵌入,即 $M\times\{0\}$ 为 E 的形变收缩,即 E 与 M 具相同伦型,它们具有相同 de Rham 上同调

$$H^*(E)\simeq H^*(M) \tag{18.33}$$

下面分析矢丛的紧支上同调. 首先研究平庸丛:$E=M\times\mathbb{R}$

$$\pi:M\times\mathbb{R}\to M$$

为投射映射,其诱导的对 M 上形式拖回到 E 上形式一般非紧支,即 $\pi^*\Lambda_c^*(M)$ 常具非紧支. 但存在一种推前映射 $\pi_!$,称为沿纤维积分(integration over fibre),或称 Gysin 同态

$$\pi_!:\Lambda_c^*(M\times\mathbb{R})\to\Lambda_c^{*-1}(M)$$

注意,$\Lambda_c^*(M\times\mathbb{R})$各元素可惟一表示为下面两种形式的线性组合

i. $\tau_1=\pi^*\omega\cdot f(x,t)$

ii. $\tau_2 = \pi^* \omega \cdot f(x,t)\,\mathrm{d}t$.

其中$f(x,t)$为具紧支函数,ω 为底流形上微分形式. 可这样定义映射 $\pi_!$

$$\pi_! \tau_1 = 0$$

$$\pi_! \tau_2 = \omega \int_{-\infty}^{+\infty} f(x,t)\,\mathrm{d}t$$

易证这样引入的 $\pi_!$ 与外微分算子 d 交换,故可诱导上同调链映射

$$\pi_! : \Lambda_c^*(M \times \mathbb{R}) \longrightarrow \Lambda_c^{*-1}(M)$$

故诱导 1 - 1 对应入射

$$\pi_! : H_c^*(M \times \mathbb{R}) \longrightarrow H_c^{*-1}(M) \tag{18.34}$$

为产生与 $\pi_!$ 逆方向映射,引入

$$e = e(t)\,\mathrm{d}t \in \Lambda_c^1(\mathbb{R}),\text{且}\int_{-\infty}^{\infty} e = 1$$

引入映射

$$e_* : \Lambda_c^*(M) \longrightarrow \Lambda_c^{*+1}(M \times \mathbb{R})$$

$$\omega \longrightarrow \omega \wedge e$$

易证 $e_* \mathrm{d} = \mathrm{d} e_*$,故 e_* 为上同调链映射,且

$$\pi_! \cdot e_* = 1 \text{ on } \Lambda_c^*(M)$$

虽然 $e_* \cdot \pi_! \neq 1$,但可证存在同伦算子

$$K : \Lambda_c^*(M \times \mathbb{R}) \longrightarrow \Lambda_c^{*-1}(M \times \mathbb{R})$$

$$\omega \longrightarrow 0$$

$$\omega \cdot f\mathrm{d}t \longrightarrow \omega \int_{-\infty}^{t} f\mathrm{d}t - \omega E(t) \int_{-\infty}^{\infty} f\mathrm{d}t$$

其中 $E(t) = \int_{-\infty}^{t} e$ 可以证明

$$1 - e_* \pi_! = (-1)^{k-1}(\mathrm{d}K - K\mathrm{d}) \text{ on } H_c^k(M \times \mathbb{R}^1)$$

因此,存在同构映射:

$$H_c^*(M \times \mathbb{R}) \underset{e_*}{\overset{\pi_!}{\rightleftarrows}} H_c^{*-1}(M)$$

注意,对单点上常函数 1 重复用 e_* k 次可得

$$e_* \wedge \cdots \wedge e_* : 1 \longrightarrow e(t_1)\,\mathrm{d}t_1 \wedge \cdots \wedge e(t_k)\,\mathrm{d}e_k = \alpha$$

可选归一 $\int_{\mathbb{R}^k} \alpha = 1$,可选 α 的支尽可能小,所得局域肿 k 形式(bump form)α 为 $H_c^k(\mathbb{R}^k)$ 的生成元.

以上分析可推广到 k 秩矢丛 $E\to M$,可定义矢丛的在垂直方向具紧支的上同调 $H_{cv}^{*}(E)$. 即代替分析 $\Lambda_{c}^{*}(E)$,而研究在垂直方向具紧支的形式 $\Lambda_{cv}^{*}(E)$,即当将它限制在每固定纤维上时具有紧致支.

令 E 为 M 上 k 秩矢丛,E 为可定向矢丛,E 的一个定向是指它的第 k 阶外幂丛 $\Lambda^{k}E$ 有一个处处非零的截面. $S:M\to\Lambda^{k}E$. 此截面在每个纤维 E_{p}(p 为 M 上任意一点)上诱导一个定向,而 $E_{p}\simeq\mathbb{R}^{k}$ 为一个保持定向的微分同胚,它诱导同构 $H_{c}^{k}(E_{p})\simeq H_{c}^{k}(\mathbb{R}^{k})$.

矢丛 E 上微分形式是下面两种微分形式的组合:

1. $\tau_{1}=(\pi^{*}\omega)f(x,t_{1},\cdots,t_{k})\mathrm{d}t_{1}\Lambda\cdots\Lambda\mathrm{d}t_{r}, r<n$.
2. $\tau_{2}=(\pi^{*}\omega)f(x,t_{1},\cdots,t_{k})\mathrm{d}t_{1}\Lambda\cdots\Lambda\mathrm{d}t_{k}$.

其中 f 对每个固定 $x\in M$ 具有紧致支,$\omega\in\Lambda^{*}(M)$,可这样定义 Gysin 同态 $\pi_{!}$(沿纤维积分):

$$\pi_{!}\tau_{1}=0$$

$$\pi_{!}\tau_{2}=\omega\int_{\mathbb{R}^{k}}f(x,t_{1},\cdots,t_{k})\mathrm{d}t_{1}\wedge\cdots\wedge\mathrm{d}t_{k}$$

可以证明,这样定义的 $\pi_{!}\ \tau$ 与 M 上开覆盖坐标选取无关,与矢丛 E 的局域平庸化选择无关,即 $\pi_{!}\ \tau$ 为 M 上有整体定义的微分形式(global form). 并可证 $\pi_{!}\mathrm{d}=\mathrm{d}\pi_{!}$,即 $\pi_{!}$ 为上同调链映射,存在

定理(projection formula)　设 $\pi:E\to M$ 为 k 秩定向矢丛,$\omega\in\Lambda^{*}(M)$,$\tau\in\Lambda_{cv}^{*}(E)$,则

$$\pi_{!}(\pi^{*}\omega\wedge\tau)=\omega\pi_{!}\tau \tag{18.35}$$

进一步当底流形 M 为 n 维定向,$\omega\in\Lambda_{c}^{n+k-r}(M)$,$\tau\in\Lambda_{cv}^{r}(E)$,则上式中 Gysin 同态可具体表示为

$$\int_{E}\pi^{*}\omega\wedge\tau=\int_{M}\omega\wedge\pi_{!}\tau \tag{18.36}$$

注意 τ 在纤维方向具紧支,而 ω 与 $\pi^{*}\omega$ 在 M 横向具紧支.

Gysin 同态 $\pi_{!}$ 在同调群 $H_{cv}^{*}(E)$ 与 $H^{*-k}(M)$ 间建立同构,称 Thom 同构,即

定理(Thom 同构)　令 E 为 M 上 k 秩定向矢丛,则存在同构

$$H_{cv}^{*}(E)\simeq H^{*-k}(M) \tag{18.37}$$

且矢丛 E 上存在惟一的上同调类

$$\phi\in H_{cv}^{k}(E)$$

称 Thom 示性类,满足 $\pi_{!}\phi=1\in H^{o}(M)$,即矢丛 E 的 Thom 示性类 $\phi(E)$ 是底流形标量常函数 1 的同构像. 即存在 Thom 同构

$$\begin{aligned}\phi: H^*(M) &\xrightarrow{\sim} H_{cv}^{*+k}(E)\\ 1 &\to \phi(1) \in H_{cv}^k(E)\\ \omega &\to \pi^*\omega \wedge \phi(1)\end{aligned} \tag{18.37a}$$

Thom 类 $\phi(E)$ 限制到每个纤维 F 上时，即 $H_c^k(F)$ 的生成元. 令 i 表示矢丛 E 的零截面：

$$i: M \to E$$

零截面 i 诱导的拖回映射 i^* 将 Thom 类 ϕ 拖到底流形 M 上称为欧拉示性类

$$\chi(E) = i^*\phi(1) \in H^k(M) \tag{18.38}$$

它标志定向矢丛扭曲程度. 当矢丛 E 具有整体非零截面，则矢丛 E 平庸，$\chi(E)=0$. 对流形 M 上切丛 $T(M)$，其欧拉类也称为流形 M 的欧拉类.

$$\chi(M) \equiv \chi(T(M)) \quad \in H^n(M) \tag{18.39}$$

是 M 上存在处处非零切场的惟一拓扑障碍(见习题十八).

与(18.32)式讨论类似，矢丛垂直紧支上同调，为矢丛零截面邻域局域上同调，也可记为 $H^*(E, E-0)$，

$$H_{cv}^{*+k}(E) = H^{*+k}(E, E-0) \tag{18.40}$$

非同伦不变量，仅为微分同胚不变量.

§18.4　矢丛 K 理论简介　椭圆微分算子的拓扑指数与 Atiyah-Singer 指标定理

本节着重同伦分析，常将底流形作 CW 复形剖分，为与一般文献符号一致，采用符号将底空间记为 X(可以是一般流形 M 的推广)，并简化记号，将 §13.7 的矢丛同构类集合 Vect(M) 简记为 $V(X)$，$V(X)=\{E\}$ 是底空间 X 上矢丛同构类构成半群，可引入等价关系组成 K 群：$K(X)=\{E,F\}$，存在嵌入关系

$$\begin{aligned}V(X) &\longrightarrow K(X)\\ E &\longrightarrow [E,0]\end{aligned} \tag{18.41}$$

可将 $K(X)$ 中任意元素 $[E,F]$ 记为

$$[E,F] = [E,0] + [0,F] = [E] - [F] \tag{18.42}$$

注意在 K 群 $K(X)=\{[E]\}$ 中，切丛 $T(S^2)$ 与平庸丛 ε^2 属于同一等价类：

$$T(S^2) \sim \varepsilon^2$$

等价关系 ~ 称稳定等价关系. 如两矢丛 E 与 F 具有关系

$$E \oplus \varepsilon^k = F \oplus \varepsilon^l$$

则称 E 与 F 稳定等价，$E \sim F$，它们属于同一等价类. 矢丛 E 的等价类 $[E]$ 称稳定矢丛. 对于高秩矢丛，稳定等价关系可为同构关系. 即

$$\begin{aligned} &\text{对实矢丛，} \quad k > \dim X \\ &\text{对复矢丛，} \quad k > \frac{1}{2}\dim_c X \end{aligned} \tag{18.43}$$

当矢丛秩 k 超过上述稳定范围，稳定等价即为同构，仅在这时平庸丛可相消.

利用矢丛的张量积 $\otimes$ 可在 $K(X)$ 上定义乘积

$$[E] \cdot [F] = [E \otimes F] \tag{18.44}$$

它使 $K(X)$ 成可交换环. 矢丛张量积的反对称积称为矢丛的外积. 令 E 为 X 上 k 秩复矢丛，矢丛的 r 次外积 $\Lambda^r E(1 \leqslant r \leqslant k)$ 具有性质

$$\Lambda^r(E \oplus F) = \sum_{i+j=r} \Lambda^i E \oplus \Lambda^j F \tag{18.45}$$

以上运算通过等价类可推广为 $K(X)$ 环中运算. 并可用形式幂级数引入外积的生成函数

$$\lambda_t(E) = \sum_{r \geqslant 0} [\Lambda^r E] t^r \quad \in K(X) \tag{18.46}$$

具性质

$$\lambda_t(E \oplus F) = \lambda_t(E) \cdot \lambda_t(F) \tag{18.47}$$

而

$$\lambda_{-1}(E) = [\Lambda^{\text{even}} E] - [\Lambda^{\text{odd}} E] \quad \in K(X) \tag{18.48}$$

下面用 K 群定义一种推广的上同调论. 设 X 具有一基点 $x_0 \in X$，则嵌入映射 $x_0 \xrightarrow{i} X$ 诱导同态

$$i^*: K(X) \longrightarrow K(x_0) \simeq \mathbb{Z}, \tag{18.49}$$

同态核即约化群 $\tilde{K}(X) = \text{Ker } i^*$，为 $K(X)$ 环的理想，即

$$K(X) = K(X, x_0) + K(x_0) = \tilde{K}(X) + \mathbb{Z} \tag{18.50}$$

即与单点同伦的空间上矢丛 $V(x_0)$ 必平庸，仅按矢丛维数同伦分类：

$$V(x_0) \simeq \mathbb{Z}_+$$

为非负整数集合. 引入等价关系使半群 $\mathbb{Z}_+$ 扩充为整数加群 $\mathbb{Z}$，即

$$K(x_0) \simeq \mathbb{Z}$$

而约化 K 群 $\tilde{K}(X) = K(X, x_0)$ 为 $K(X)$ 的实质部分，存在嵌入关系

$$\begin{aligned} V(X) &\longrightarrow \tilde{K}(X) \\ E &\longrightarrow [E, \dim E] \end{aligned} \tag{18.51}$$

注意 $V(X)$ 是伦型不变，$K(X)$ 和 $\tilde{K}(X)$ 均为伦型不变.

在 §13.6 曾指出，对底空间 X 上 k 秩复矢丛集合 $V_k(X)$，存在普适分类空间 $B_{U(k)}$：

$$B_{U(k)} = G^c_{k,\infty} = \lim_{N\to\infty} U(N)\Big/ U(k) \times \cup (N-k)$$

$V_k(X)$ 可用底空间 X 到分类空间连续映射 f 的同伦等价类 $[X, B_{U(k)}]$ 来分类. 考虑到分类空间的自然浸入序列

$$\cdots \subset G^c_{k,\infty} \subset G^c_{k+1,\infty} \subset \cdots$$

用 BU 表示无限并 $\bigcup\limits_{k=1}^{\infty} G^c_{k,\infty}$，赋以极限拓扑所构成的拓扑空间. 实际上对确定的底空间 X，仅需取 k 超过(18.43)式稳定范围. 映射稳定同伦类集合与约化 K 群同构

$$[X, BU] \cong \tilde{K}(X) \tag{18.52}$$

例如，令 $X = S^n$，

$$\begin{aligned} \tilde{K}(S^n) &= [S^n, BU] = \pi_n(BU) \\ &= \pi_{n-1}(U) = \begin{cases} \mathbb{Z}, & \text{当 } n \text{ 为偶} \\ 0, & \text{当 } n \text{ 为奇} \end{cases} \end{aligned} \tag{18.53}$$

令 A 为 X 的子集；$A \subset X$，X/A 表示将 A 捏为一点所得空间，存在下列空间连续映射正合序列

$$A \xrightarrow{i} X \xrightarrow{\pi} X/A \tag{18.54}$$

注意到(18.52)式，由上序列知下面约化 K 群序列

$$\tilde{K}(X/A) \xrightarrow{\pi^*} \tilde{K}(X) \xrightarrow{i^*} \tilde{K}(A) \tag{18.55}$$

为群同态正合序列. 可定义空间对 (X, A) 的相对 K 群为

$$K(X, A) = \tilde{K}(X/A)$$

得序列

$$K(X, A) \xrightarrow{\pi^*} \tilde{K}(X) \xrightarrow{i^*} \tilde{K}(A) \tag{18.55a}$$

令 (X, A) 为紧致空间对，将 X 与 A 换为 $X \times$ 点与 $A \times$ 点，即将 $\tilde{K}(X)$ 与 $\tilde{K}(A)$ 均加上 $\mathbb{Z}$，上序列的正合性仍保持，即序列

$$K(X, A) \xrightarrow{j^*} K(X) \xrightarrow{i^*} K(A) \tag{18.56}$$

为正合序列.

下面我们对这样定义的相对 K 群的特点进行分析. 正如(18.42)式所示，$K(X)$ 中任意元素具有形式 $[E, F] = [E] - [F]$，其中 E, F 均为空间 X 上复矢丛，现要求

$$i^*([E,F])=0$$

当且仅当 E 与 F 限制在 A 上时为同构,反之,任一同构 $E|_A \longrightarrow F|_A$ 都可以扩张为保持纤维的线性映射

$$\begin{aligned}&\varphi:\xi\longrightarrow\eta\\&\varphi|_A:\xi|_A\xrightarrow{\simeq}\eta|_A\end{aligned}\tag{18.57}$$

因此 $K(X,A)$ 的元素为三元组 (E,F,φ) 的等价类.

注意序列(18.56)为正合序列,$\mathrm{Im}j^*=\mathrm{Ker}i^*$,但是 i^* 不一定为满射,j^* 也不一定为入射,如何将正合序列延长是我们下面要分析问题.

下面用 CW 复形语言对底空间作同伦分析,令 X 为紧致拓扑空间,可对它引入锥射(cone)

$$C:X\longrightarrow CX=X\times I/X\times\{1\}\tag{18.58}$$

其中 $I=[0,1]\subset\mathbb{R}$ 为闭区间. 锥 CX 是将 $X\times I$ 中顶部 $X\times\{1\}$ 视为一点所得空间,CX 显然是可缩的,进一步可引入同纬映射(suspension)

$$S:X\longrightarrow SX=CX/X\tag{18.59}$$

上述过程可如下图所示

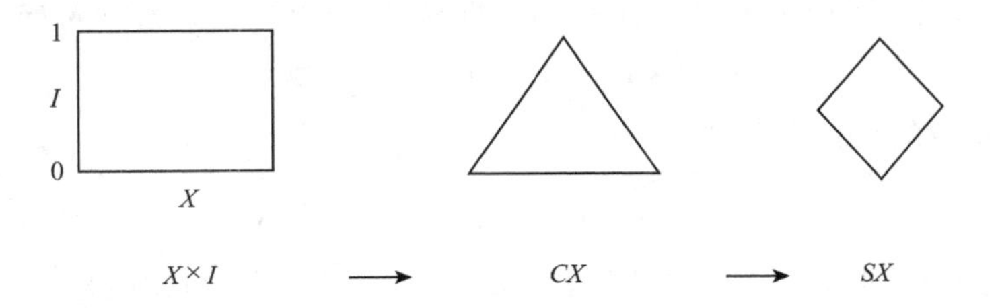

利用空间同纬映象可使正合序列(18.54)向右延伸. 首先可将投射 $X\xrightarrow{\pi}X/A$ 用嵌入映射的同伦运算来表达. 即在 $(X\times\{0\})\cup(A\times I)$ 中将顶部 $A\times\{1\}$ 捏合得空间

$$X\cup CA=(X\times\{0\})\cup(A\times I)\Big/A\times\{0\}$$

由于 CA 可缩,使 $X\cup CA$ 同伦等价于 X/A,再进一步将 X 捏合得

$$X\cup CA/X=SA$$

以上过程可如下图所示.

于是可得下列空间连续映射序列:

$$X\xrightarrow{i}X\cup CA\xrightarrow{\delta}SA\tag{18.60}$$

注意到同伦关系 $X\cup CA\sim X/A$,利用正合序列(18.60)可将正合序列(18.54)向右

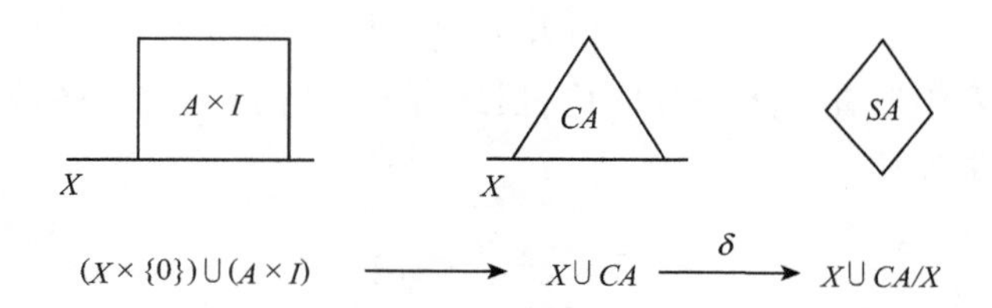

延伸，将(18.54)中投射 π 换为嵌入映射的同伦运算，即存在正合序列

$$\begin{array}{c} X \cup CA \xrightarrow{\delta} SA \xrightarrow{j} SX \longrightarrow \\ i \nearrow \quad \Big\Updownarrow \text{同伦等价} \\ A \xrightarrow{j} X \xrightarrow{\pi} X/A \end{array} \tag{18.61}$$

作用以 K 逆变函子，可得

$$\longrightarrow \widetilde{K}(SX) \xrightarrow{j^*} \widetilde{K}(SA) \xrightarrow{\delta^*} \widetilde{K}(X/A) \xrightarrow{i^*} \widetilde{K}(X) \xrightarrow{j^*} \tag{18.62}$$

进一步可引入多重同纬映射

$$S(SX) \equiv S^2X, \quad \cdots, S(S^{n-1}x) \equiv S^nX \tag{18.63}$$

可将空间映射正合序列(18.61)继续向右推移. 同时可以定义高阶 K 群：

$$K^{-n}(X) = \widetilde{K}(S^nX), \qquad n \geqslant 0 \tag{18.64}$$

于是可得 K 群的长正合序列

$$\xrightarrow{i^*} K^{-n}(X) \xrightarrow{j^*} K^{-n}(A) \xrightarrow{\delta^*} K^{-n+1}(X,A) \longrightarrow \tag{18.65}$$

以上正合序列仅对 $K^{-n}(X)(n\geqslant 0)$ 有定义，似乎不可无限延长. 但是由于复矢丛 K 理论存在 Bott 周期定理：

$$\widetilde{K}(X) = \widetilde{K}(S^2X) \tag{18.66}$$

利用 Bott 周期可以定义

$$K^n(X) = K^{n-2k}(X) \tag{18.67}$$

上式可选 k 充分大，使 $K^n(X)$ 可定义. 于是原本半无限正合序列(称 Barratt-Puppe 系列)可进一步向右推移，于是可得一完整的长正合序列，使阶化 K 群 $K^*(X) = K^0(X) \oplus K^1(X)$ 组成广义上同调论. 使得 K 理论中也有 Thom 同构对应. 几乎可以逐字重复上节对(18.37)式的分析：

Thom 同构定理：令 $E \xrightarrow{\pi} M$ 为复矢丛，在 $K(X)$ 与 $K(E,E-0)$ 间存在同构映射

$$\begin{aligned} \psi: K(X) &\xrightarrow{\simeq} K(E,E-0) \cong K_{cv}(E) \\ \xi &\longrightarrow \pi^*(\xi) \cdot \psi(1) \end{aligned} \tag{18.68}$$

下面利用复矢丛K理论及 Thom 同构来分析椭圆微分算子的拓扑指数问题. 在§18.2 分析表明,椭圆微分算子的主象征$\sigma(\mathrm{D})$决定了以余切丛为底空间的π^*E到π^*F的映射,且此映射当限制在余切丛零截面管状邻域外时为同构,即如(18.24)式:

$$\sigma(\mathrm{D}):\pi^*E\Big|_{T^*M-0}\xrightarrow{\sim}\pi^*F\Big|_{T^*M-0}$$

本节(18.56)到(18.57)分析进一步表明,具有(18.24)式性质的三元组(π^*E, $\pi^*F,\sigma(\mathrm{D})$)决定了相对$K$群$K(T^*M,T^*M-0)$的成元,称为象征丛(symbol bundle)

$$\Sigma(\mathrm{D})=[\pi^*E,\pi^*F,\sigma(\mathrm{D})]\in K(T^*M,T^*M-0) \tag{18.69}$$

$\Sigma(\mathrm{D})$是$K(T^*M,T^*M-0)$的成元,Thom 同构及陈特征标映射可使我们由相对K群元素出发到达底空间上同调群$H^*(M)$的元素,再对基本形式$[M]\in H_n(M)$作积分可得算子 D 的拓扑指数. 而两种 Thom 同构(18.37)与(18.68)开辟了两条到达$H^*(M)$的途径,即

$$\begin{array}{ccc}
K(T^*M,T^*M-0) & \xrightarrow{ch} & H^*(T^*M,T^*M-0)\\
\psi\uparrow\downarrow & & \phi\uparrow\downarrow\pi_!\\
K(M) & \xrightarrow{ch} & H^*(M)
\end{array}$$

此两条途径不可交换:$ch\psi^{-1}\neq\phi^{-1}ch$. 下面分析此问题. 从矢丛$E\in K(M)$出发

$$\begin{aligned}\pi_!ch\psi(E)&=\pi_!ch(\pi^*E\cdot\psi(1))=\pi_![ch\pi^*E\cdot ch\psi(1)]\\&=chE\cdot\pi_!ch\psi(1)\quad\in H^*(M)\end{aligned} \tag{18.70}$$

其中,$\pi_!ch\psi(1)\equiv\mu(E)\in H^*(M)$称为矢丛$E$的基本示性类,恰为上图两条路径的交换亏损(commutativity defect). 当我们定义算子 D 的拓扑指数时,需将此示性类$\mu(E)$作为改正项放入.

为计算$\mu(E)$,先分析下 Thom 同构映射的一些特点,当底流形M为紧,对任意$\omega\in H^*(M)$,通过 Thom 同构映射$\phi:H^*(M)\longrightarrow H_{ev}^{*+k}(E)$

$$\phi(\omega)=\pi^*\omega\cdot\phi(1) \tag{18.37}$$

再将上式通过零截面拖回映射i^*:

$$i^*\phi(\omega)=\omega\cdot\chi(E) \tag{18.71}$$

完全类似,对于广义上同调,也有相应的 Thom 同构. 在矢丛的K理论中,几乎可以逐句重复分析:

K理论中 Thom 同构定理:对于任一复矢丛$E\xrightarrow{\pi}M$,存在 Thom 同构映射

$$\psi: K(M) \longrightarrow K_{cv}(E) \simeq K(E, E-0)$$

$$\xi \longrightarrow \pi^* \xi \cdot \psi(1) \in K(E, E-0) \tag{18.72}$$

其中 Thom 示性类

$$\psi(1) = [\pi^* \Lambda_c^{\text{even}} E, \pi^* \Lambda_c^{\text{odd}} E, e_*]$$

其中 e_* 是指对矢丛 E 中每一基矢 e 有下形式作用

$$e_* = e\Lambda - i_e$$

当限制到零截面再拖回映射 i^*

$$i^* \psi(1) = \lambda_{-1}(E) \quad \in K(M) \tag{18.73}$$

上式中 $\lambda_t(E)$ 为(18.46)式矢丛外积生成函数

$$\lambda_{-1}(E) = [\Lambda^{\text{even}} E] - [\Lambda^{\text{odd}} E] \quad \in K(M) \tag{18.48}$$

下面讨论改正因子 $\mu(E)$ 的计算:

$$\mu(E) = \pi_! ch\psi(1) \quad \in H^*(M)$$

关键在于如何算 Thom 同构映射 ϕ 的逆映射:沿矢丛纤维积分 $\pi_!$,我们知道,复矢丛的任意示性类都是陈类的多项式有理函数,如何算出基本示性类 $\mu(E)$ 的明显表达式? 为此我们先分析普适分类空间 $B_{U(k)} = M$ 上普适矢丛 $\xi \longrightarrow B_{U(k)}$ 的基本示性类 $\mu(\xi) \in H^*(B_{U(k)})$. 由(18.71)式知

$$\mu(\xi) \cdot \chi(\xi) = i^* \phi(\mu(\xi)) = i^* ch\psi(1) = chi^* \psi(1) \overset{(73)}{=} ch\lambda_{-1}(\xi)$$

由于我们是在 $H^*(B_{U(k)})$ 中讨论,它是整环,没有零因子,乘以 $\chi(E)$ 的运算是1 - 1对应的.

由分裂原理,$\xi = l_1 \oplus \cdots + l_k$,且令 $x_j = c_1(l_j)$,则

$$\lambda_t(\xi) = \prod_{j=1}^{k} \lambda_t(l_j) = \prod_{j=1}^{k} (1 + t[l_j])$$

$$ch(\lambda_t \xi) = \prod_{j=1}^{k} (1 + t\mathrm{e}^{x_j})$$

$$ch(\lambda_{-1} \xi) = \prod_{j=1}^{k} (1 - \mathrm{e}^{x_j})$$

$$\mu(\xi) = \frac{ch\lambda_{-1}(\xi)}{\chi(\xi)} = \prod_{j=1}^{k} \frac{1 - \mathrm{e}^{x_j}}{x_j} = (-1)^k Td(\xi)^{-1} \tag{18.74}$$

即在通过 Thom 同构与陈特征标定义算子 D 的拓扑指数时,需塞入改正因子 $\mu(E)^{-1}$ 即需塞入 Todd 类 $Td(E)$ 因子.

下面分析流形 M 上椭圆微分算子 D 的拓扑指数. 对任意流形 M,其切丛 TM 本身为近复流形,即令 $TM \xrightarrow{\pi} M$ 为切丛,切丛的切丛

$$T(TM) = \pi^*(TM) \oplus \pi^*(TM) \simeq \pi^*(TM) \otimes \mathbb{C}$$

对它可进行 K 理论分析. 存在

定理(Atiyah-Singer)　令 M 为紧光滑流形, D 为作用于 M 上矢丛截面的椭圆微分算子,其主象征 $\sigma(\mathrm{D})$ 在 $K(T^*M, T^*M-0)$ 中决定了一个象征丛 $\Sigma(\mathrm{D})$

$$\Sigma(\mathrm{D}) = [\pi^*E, \pi^*F, \sigma(\mathrm{D})] \in K(T^*M, T^*M-0)$$

则

$$\mathrm{Ind}D = (-1)^{\frac{n(n+1)}{2}} \langle \pi_! ch(\Sigma \mathrm{D}) \cdot td(TM \otimes \mathbb{C}), [M] \rangle \tag{18.75}$$

其中 $[M]$ 表示需抽出 n 维体积元再对整个流形 M 积分. 因子 $(-1)^{\frac{n(n+1)}{2}}$ 是由于由 M 定向诱导 TM 定向时定向选择因子引起. 令 $(e_1, \cdots, e_n)$ 为 TM 的基底,决定了其正则定向,则 $T(TM)$ 的定向基底可选为

$$(e_1, e'_1, e_2, e'_2, \cdots, e_n, e'_n), \quad 其中\ e'_k = Je_k$$

按此规则, M 中标架的任意置换,诱导 TM 中标架的偶置换,即给出 TM 中整体定向.

如何计算 $\pi_! ch(\Sigma \mathrm{D}) \in H^*(M)$,可利用(18.71)式,得

$$\chi(TM) \cdot \pi_! ch(\Sigma \mathrm{D}) = i^* ch(\Sigma \mathrm{D}) = chi^*(\Sigma \mathrm{D}) = ch[E-F] = chE - chF$$

$$\pi_! ch(\Sigma \mathrm{D}) = \frac{chE - chF}{\chi(TM)} \tag{18.76}$$

带入(18.75)式,于是 Atiyah-Singer 定理也可写为

$$\mathrm{Ind}\ \mathrm{D} = (-1)^{\frac{n(n+1)}{2}} \frac{chE - chF}{\chi(TM)} td(TM \otimes \mathbb{C})[M] \tag{18.77}$$

上式右端各示性类都是底流形 M 上偶阶闭微分形式,可表示为矢丛的曲率多项式. 上式将微分算子 D 的解析指数这个整体稳定不变量用丛上曲率多项式(示性类这些局域不变量)的积分表达. 上式中被欧拉类 $\chi(TM)$ 除应预先完成,即上式对 $\chi(TM)=0$ 的流形也成立,仅要求商 $\dfrac{chE - chF}{\chi(TM)} = \pi_! ch \sum D$ 本身有意义即可.

(18.75)或(18.77)右端称为椭圆微分算子 D 的拓扑指数. Atiyah-Singer 表明,当向量丛 E 及 F 决定后,可决定拓扑指数,他们证明此拓扑指数为整数,并且是满足一些性质的惟一拓扑指数,他们还证明,作用于向量丛截面算子的解析指数也满足相同性质,由惟一性定理确定了解析指数即上述拓扑指数.

在下节我们将对四种经典椭圆复形(elliptic complex)给出 A-S 定理的具体表达式,可看出经典的 Gauss-Bonnet 定理、Hirzebruch 定理、Riemann-Roch 定理等都是 A-S 指数定理的特例.

§18.5　经典椭圆复形及其相应指标定理

令$\{E_p\}$为紧致流形 M 上的复矢丛的有限系列. 令算子

$$\mathrm{D}_p:\Gamma(E_p)\rightarrow\Gamma(E_{p+1}) \tag{18.78}$$

组成微分算子系列$\{D_p\}$,如图 18.4 所示.

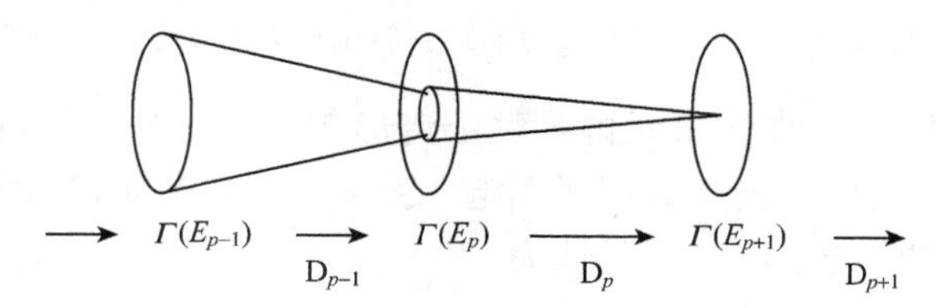

图 18.4

如果 $\mathrm{D}_p\mathrm{D}_{p-1}=0$,即

$$\mathrm{Ker}\ \mathrm{D}_p\supset\mathrm{Im}\ \mathrm{D}_{p-1} \tag{18.79}$$

则上述系列$(E,\mathrm{D})=(\{E_p\},\{\mathrm{D}_p\})$称为复形(complex). 如图 18.4 所示.

令算子

$$\mathrm{D}_p^{\dagger}:\Gamma(E_{p+1})\rightarrow\Gamma(E_p)$$

为 D_p 的对偶映射. 可定义相应的 Laplace 算子:

$$\begin{aligned}\Delta_p&=\mathrm{D}_p^{\dagger}\mathrm{D}_p+\mathrm{D}_{p-1}\mathrm{D}_{p-1}^{\dagger}\\ \Delta_p&:\Gamma(E_p)\rightarrow\Gamma(E_p)\end{aligned} \tag{18.80}$$

当作用在各向量丛 E_p 上的 Laplace 算子 Δ_p 为椭圆算子时,则相应复形称为椭圆复形. $\Delta_p h_p=0$ 的解 h_p 称为谐和截面. 复形(E,D)为椭圆复形的充要条件,是其象征(symbol)系列为正合系列(exact sequence),即

$$\mathrm{Ker}\ \widetilde{\mathrm{D}}_p(x,k)=\mathrm{Im}\ \widetilde{\mathrm{D}}_{p-1}(x,k),k\neq 0 \tag{18.81}$$

由于(18.79)式,可定义椭圆复形(E,D)的上同调群

$$H^p(E,\mathrm{D})=\mathrm{Ker}\ \mathrm{D}_p/\mathrm{Im}\ \mathrm{D}_{p-1} \tag{18.82}$$

可证每一上同调类仅含一个谐和形式,即有同构

$$H^p(E,\mathrm{D})=\mathrm{Ker}\ \Delta_p$$

由于 $\mathrm{Ker}\Delta_p$ 维数有限,故各阶上同调群维数有限,于是可定义椭圆复形的指数

$$\mathrm{Ind}(E,\mathrm{D})=\sum_p(-1)^p\dim H^p(E,\mathrm{D})=\sum_p(-1)^p\dim\ \mathrm{Ker}\Delta_p \tag{18.83}$$

对椭圆复形(E,D)，A-S 指数定理(18.77)式可表示为

$$\operatorname{Ind}(E,\mathrm{D}) = (-1)^{\frac{1}{2}n(n+1)} \frac{\sum_j (-1)^j ch(E_j)}{e(TM)} td(TM \otimes C)[M] \quad (18.84)$$

下面我们先以 de Rham 复形为例来说明 A-S 指数定理的具体形式.

令 M 为复定向紧致 n 维流形，其上各阶微分形式$\{\Lambda^k\}$组成流形上复 k 形式矢丛系列，外微分算子 d 定义了算子系列$\{d_p\}$

$$\xrightarrow{d_{k-1}} \Lambda^k \xrightarrow{d_k} \Lambda^{k+1} \xrightarrow{d_{k+1}} \quad (18.85)$$

相应地有对偶算子 δ 为其伴随算子系列. 易证复形(Λ,d)为椭圆复形，称 de Rham 复形.

$$\dim \frac{\operatorname{Ker} \mathrm{d}_k}{\operatorname{Im} \mathrm{d}_{k-1}} = \dim H_{dR}^k(M,C) = \dim H^k(M,R) = b_k$$

$$\operatorname{Ind}(\Lambda,d) = \sum_k (-1)^k b_k = \chi(M) \quad (18.86)$$

即 de Rham 复形的解析指数就是流形的欧拉数，下面计算(18.84)式的右端，设 $\dim M = n = 2l$，由(18.84)式，de Rham 椭圆复形(Λ,d)的 Atiyah-Singer 指标定理可表示为

$$\operatorname{Ind}(\Lambda,d) = (-1)^l \int_M \frac{\sum_k (-1)^k ch(\Lambda^k TM \otimes \mathbb{C}) \cdot td(TM \otimes \mathbb{C})}{e(TM)} \quad (18.87)$$

利用分裂原理

$$TM \otimes \mathbb{C} = \oplus \sum_{k=1}^{l} (l_k + \bar{l}_k)$$

令 $x_k = C_1(l_k)$，$C_1(\bar{l}_k) = -x_k$，故

$$td(TM \otimes \mathbb{C}) = \prod_{k=1}^{l} \frac{x_k}{1-\mathrm{e}^{-x_k}} \cdot \frac{-x_k}{1-\mathrm{e}^{x_k}}$$

$$e(TM) = \prod_{k=1}^{l} x_k$$

$$\sum_{k=1}^{n=2l} (-1)^k ch(\Lambda^k TM \otimes \mathbb{C}) = \prod_{k=1}^{2l} (1-\mathrm{e}^{x_k}) = \prod_{k=1}^{l} (1-\mathrm{e}^{x_k})(1-\mathrm{e}^{-x_k})$$

代入(18.87)式得

$$\mathrm{Ind}(\Lambda,d) = (-1)^l\int_M \frac{\prod_{j=1}^{l}(1-\mathrm{e}^{x_j})(1-\mathrm{e}^{-x_j})}{\prod_{i=1}^{l}x_i}\prod_{k=1}^{l}\frac{x_k}{1-\mathrm{e}^{-x_k}}\cdot\frac{-x_k}{1-\mathrm{e}^{x_k}}$$

$$= \int_M \prod_{k=1}^{l} x_k = \int_M e(TM) \tag{18.88}$$

上式表明，de Rham 复形 Atiyah-Singer 定理，即熟知的 Gauss-Bonnet 定理：流形 M 的欧拉示性数 $\chi(M)$ 可表示为欧拉示性类 $e(TM)$ 的积分：

$$\chi(M) = \int_M e(TM) \tag{18.89}$$

当微分算子 D 的象征 $\sigma(\mathrm{D})$ 在 T^*M 的某紧支集外为齐性，算子 D 称为是经典的(classical). 经典椭圆复形通常有四种类型：de Rham 复形，号差(signature)复形，Dolbault 复形，及自旋复形. 前面分析了 de Rham 复形及相应的 Gauss-Bonnet 定理，下面分析另三类经典椭圆复形及其相应的指标定理.

(1) 号差复形与 Hirzebruch L 多项式

令 M 为紧致定向偶维黎曼流形，$\dim M = n = 2l$. 对于中间维数上同调群 $H^l(M,\mathbb{R})$，可利用外乘来定义两个微分形式的整体内积(;)

$$(\sigma,\omega) = \int_M \sigma\wedge\omega, \qquad \sigma,\omega\in H^l(M,\mathbb{R}) \tag{18.90}$$

由于 Poincaré 对偶，这样定义的内积非简并，即对任意 $\sigma\neq 0$，必存在 ω 使 $(\sigma,\omega)\neq 0$，当 $l=2k$ 为偶，此内积为对称. 由线性代数理论知道，二次型可用初等运算对角化，存在惯性定理；二次型可由正负本征值数之差来分类. 对非简并双线性对称形式，其正本征值数减去负本征值数称为号差 $\tau(M)$，如 l 为奇，如定义的内积为反对称，这时定义号差 $\tau(M)$ 为零. 下面将集中分析 l 为偶，即流形 M 的维数

$$n = 4k, \qquad k\in\mathbb{Z}$$

利用 Hodge * 算子引入作用在流形 M 的 p 形式上的算子

$$\alpha = \mathrm{i}^{p(p-1)+2k} * \tag{18.91}$$

易证

$$\alpha d = -\delta\alpha, \quad \alpha\delta = -d\alpha \tag{18.92}$$

即算子 α 与 $(d+\delta)$ 反对易

$$\alpha(d+\delta) = -(d+\delta)\alpha \tag{18.93}$$

且易证

$$\alpha^2 = 1 \tag{18.94}$$

可令 $\Lambda^{\pm}$ 为 α 的本征值为 ± 1 的微分形式空间，注意到(18.93)式，有

$$d+\delta:\Gamma(\Lambda^{\pm})\to\Gamma(\Lambda^{\mp})$$

复形$(\Lambda^{\pm},d+\delta)$为椭圆复形，即号差复形. 其解析指数中，除了中间维数$p=2k$的谐和形式以外，α的±1本征值的谐和形式的贡献相消，这因$\alpha\sim *$，α的本征空间必为Λ^{p}与Λ^{n-p}形式的线性组合，令

$$\omega=\theta_p+\theta_{n-p}\in\Lambda^{+}$$

即$\alpha\theta_p=\theta_{n-p}$，$\alpha\theta_{n-p}=\theta_p$，则

$$\omega'=\theta_p-\theta_{n-p}\in\Lambda^{-}$$

即除$p=\frac{n}{2}=2k$的形式之外，α的$\pm$本征空间成对出现，对解析指数的贡献相消，结果

$$\begin{aligned}\mathrm{Ind}(\Lambda^{\pm},d+\delta)&=\dim H_{+}^{*}(M,\mathbb{R})-\dim H_{-}^{*}(M,\mathbb{R})\\&=\dim H_{+}^{2k}(M,\mathbb{R})-\dim H_{-}^{2k}(M,\mathbb{R})\end{aligned}$$

当作用于$p=2k$的形式，

$$\alpha=*\qquad(\text{当}\ p=2k)$$

可将$H^{2k}(M,R)$空间分解为按 Hodge $*$ 作用下本征值为±1的两个子空间$H_{\pm}^{2k}(M,R)$，其维数记为

$$b_{2k}^{\pm}=\dim H_{\pm}^{2k}(M,R)\tag{18.95}$$

于是，中间维次的 Betti 数是

$$b_{2k}=b_{2k}^{+}+b_{2k}^{-}$$

而号差复形的解析指数$\tau(M)$可表示为

$$\begin{aligned}\tau(M)\equiv\mathrm{Ind}(\Lambda^{\pm},d+\delta)&=\dim H_{+}^{2k}(M,R)-\dim H_{-}^{2k}(M,R)\\&=b_{2k}^{+}-b_{2k}^{-}\end{aligned}\tag{18.96}$$

而号差复形的拓扑指数，即 Atiyah-Singer 指标定理(18.77)的右端可约化为

$$\mathrm{Ind}(\Lambda^{\pm},d+\delta)=(-1)^{l}\int_M\frac{ch(\Lambda^{+}-\Lambda^{-})}{e(TM)}td(TM\otimes\mathbb{C})\tag{18.97}$$

利用分裂原理

$$ch(\Lambda^{+}-\Lambda^{-})(TM\otimes\mathbb{C})=\prod_{k=1}^{l}ch(\Lambda^{+}-\Lambda^{-})(l_k)=\prod_{k=1}^{l}(\mathrm{e}^{-x_k}-\mathrm{e}^{x_k}),$$

代入(18.97)式右端，其被积宗量为

$$(-1)^{l}\frac{\prod_{k=1}^{l}(\mathrm{e}^{-x_k}-\mathrm{e}^{x_k})}{\prod_{i=1}^{l}x_i}\prod_{j=1}^{l}\frac{x_j}{(1-\mathrm{e}^{-x_j})}\frac{-x_j}{(1-\mathrm{e}^{x_j})}=\prod_{k=1}^{l}\frac{x_k(\mathrm{e}^{-x_k}-\mathrm{e}^{x_k})}{(1-\mathrm{e}^{-x_k})(1-\mathrm{e}^{x_k})}$$

$$\because \quad \frac{A - A^{-1}}{(1-A)(1-A^{-1})} = \frac{A^2-1}{(1-A)(A-1)} = \frac{1+A}{1-A} = \frac{A^{-\frac{1}{2}}+A^{\frac{1}{2}}}{A^{-\frac{1}{2}}-A^{\frac{1}{2}}}$$

$$\therefore \quad \mathrm{Ind}(\Lambda^{\pm}, d+\delta) = \int_M \prod_{k=1}^{l} \frac{x_k}{\tanh\frac{x_k}{2}} = \int_M 2^l \prod_{k=1}^{l} \frac{x_k/2}{\tanh x_k/2} = \int_M L(M) \tag{18.98}$$

其中 $\prod_{k=1}^{l} \frac{x_k/2}{\tanh x_k/2} \equiv \hat{L}(E)$ 称约化 $\hat{L}$ 多项式. 即号差复形$(\Lambda^{\pm}, d+\delta)$的 Hirzebruch 定理

$$\tau(M) = 2^l \int_M \hat{L}(TM) = \begin{cases} \int_M L(M), & \text{当 } l \text{ 为偶} \\ 0, & \text{当 } l \text{ 为奇} \end{cases} \tag{18.99}$$

注意到 Poincaré 对偶,易证欧拉数为

$$\chi(M) = b_{2k}\mathrm{mod}2 = \tau(M)\mathrm{mod}2$$

例 $M = CP(2k)$,其欧拉数为

$$\chi(M) = 2k+1$$

而中间维数的 Betti 数是

$$b_{2k} = b_{2k}^{+} = 1$$

$$\tau(M) = 1$$

(2) Dolbeault 复形

令 M 为实 $n=2l$ 维紧致复流形$(\dim_c M = l)$其复化切丛 $TM \otimes \mathbb{C}$ 可按复结构 J 的正负本征值分解

$$TM \otimes \mathbb{C} \simeq T_c \oplus \bar{T}_c \tag{18.100}$$

余切丛外幂复化的直和分解

$$\Lambda^k T^* M \otimes \mathbb{C} \simeq \oplus \sum_{p+q=k} \Lambda^{p,q} \tag{18.101}$$

其中

$$\Lambda^{p,q} = \Lambda^p T_c^* \otimes \Lambda^q \bar{T}_c^* \tag{18.102}$$

称为(p,q)形式. 外微分算子

$$\mathrm{d} = \partial + \bar{\partial}$$

其中 $\bar{\partial} = \mathrm{d}\bar{z}_i \frac{\partial}{\partial \bar{z}_i}$ 为映射

$$\bar{\partial}: C^{\infty}(\Lambda^{p,q}) \to C^{\infty}(\Lambda^{p,q+1})$$

$$\alpha_{p,q} \to \bar{\partial}\alpha_{p,q} \in \Lambda^{p,q+1}(M)$$

由于$\bar{\partial}\circ\bar{\partial}=0$,下序列:

$$\longrightarrow \Lambda^{0,q} \xrightarrow{\bar{\partial}q} \Lambda^{0,q+1} \xrightarrow{\bar{\partial}_{q+1}} \cdots \tag{18.103}$$

称为 Dolbeault 复形,记为$(\Lambda^{0,*},\bar{\partial})$,其解析指数

$$\mathrm{Ind}(\Lambda^{0,*},\bar{\partial}) = \sum_{q=0}^{l}(-1)^q \dim H^{0,q}(M) \tag{18.104}$$

其中

$$H^{0,q}(M) = \mathrm{Ker}\bar{\partial}_q \Big/ \mathrm{Im}\bar{\partial}_{q-1}$$

下面分析其拓扑指数,按分裂原理

$$ch\left(\sum_{q=1}^{l}(-1)^q \Lambda^{0,q}\right) = \prod_{q=1}^{l}(1-\mathrm{e}^{x_q}) \tag{18.105}$$

将上式代入指标公式:

$$(-1)^l \frac{ch\left(\sum_{q=1}^{l}(-1)^q\Lambda^{0,q}\right)}{\mathrm{e}(TM)} td(TM\otimes\mathbb{C}) = (-1)^l \frac{\prod_{q=1}^{l}(1-\mathrm{e}^{x_q})}{\prod_{i=1}^{l}x_i}\prod_{j=1}^{l}\frac{x_j}{1-\mathrm{e}^{-x_j}}\frac{-x_j}{1-\mathrm{e}^{x_j}}$$

$$= \prod_{j=1}^{l}\frac{x_j}{1-\mathrm{e}^{-x_j}} = td(T_cM) \tag{18.106}$$

将 Dolbeault 复形的解析指数简记为$\mathrm{Ind}(\bar{\partial})$,则由 A-S 指数定理得

$$\mathrm{Ind}(\bar{\partial}) = \int_M td(T_cM) \tag{18.107}$$

例如,当$n=2$,$\dim_c M=1$,M为亏格为g的紧致黎曼面

$$\bar{\partial}:\Lambda^{0,0}(M) \to \Lambda^{0,1}(M)$$

解析指数

$$\mathrm{Ind}(\bar{\partial}) = \dim H^{0,0}_{\bar{\partial}}(M) - \dim H^{0,1}_{\bar{\partial}}(M) = 1-g \tag{18.108}$$

而

$$td(T_cM) = 1 + \frac{1}{2}c_1 + \frac{1}{12}(c_2 + c_1^2) + \cdots$$

故拓扑指数

$$\int_M td(T_cM) = \frac{1}{2}\int_M c_1 = \frac{1}{2}\chi(M)$$

即对亏格 g 的紧黎曼面$\mathbb{M}$,其欧拉数

$$\chi(M) = 2 - 2g \tag{18.109}$$

为经典 Riemann-Roch 定理的特例.

Dolbeault 复形解析指数又称为流形 M 的算术亏格(arithmetic genus). 在 $n=2$与 $n=4$ 的简单情况,不难看出,流形的算术亏格与流形的 Euler 数$\chi(M)$及号差 $\tau(M)$之间有关系

$$\begin{aligned} n = 2 \text{ 时:}\quad \mathrm{Ind}(\bar{\partial}) &= \frac{1}{2}\chi(M) \\ n = 4 \text{ 时:}\quad \mathrm{Ind}(\bar{\partial}) &= \frac{1}{4}(\chi(M) + \tau(M)) \end{aligned} \tag{18.110}$$

利用这些公式,可以判断某些流形是否允许复结构. 例如,当 $M=S^4$ 时,$\chi(M)=2$,$\tau(M)=0$,由(18.110)式知 $\mathrm{Ind}(\bar{\partial})=\frac{1}{2}$,非整数,说明 S^4 虽然是偶维可定向流形,但是不允许有复结构.

下面将几种简单流形的指数$\chi(M)$,$\tau(M)$,及 $\mathrm{Ind}(\bar{\partial})$列如表 18.1,以备参考.

表 18.1　若干简单流形的指数$\chi(M)$,$\tau(M)$与 Ind$(\bar{\partial})$

流形 M	欧拉数$\chi(M)$	符号差 $\tau(M)$	$\mathrm{Ind}(\bar{\partial})$
S^{2k}	2	0	—
S^{2k+1}	0	—	—
$S^1\times S^1$	0	—	0
$\mathrm{CP}(2k)$	$2k+1$	1	1
$\mathrm{CP}(2k+1)$	$2k+2$	—	1
备注	流形向量场零点的指数和. 当 n 奇时,$\chi=0$	中间维数自对偶与反自对偶谐和形式之差. 当 n 非 4 倍数时,$\tau=0$	仅当流形有复结构始有定义.

(3) 自旋复形

相对于 $T^*(M)$的正交标架基,可用自旋联络定义协变导数,得 Dirac 算子 D

$$\mathrm{D} = \gamma^a e_a^u(x)\mathrm{D}_\mu = \gamma^a e_a^\mu(x)\left(\frac{\partial}{\partial x^\mu} + \frac{1}{4}[\gamma_b,\gamma_c]\omega_\mu^{bc}(x)\right) \tag{18.111}$$

其中 γ^α 为 4×4 Dirac 矩阵,$e_a=e_a^\mu\frac{\partial}{\partial x^\mu}$为正交标架场,$\omega_\mu^{bc}\mathrm{d}x^\mu$ 为自旋联络 1 形式,易证

$$\mathrm{D}^\dagger\mathrm{D} = \mathrm{D}\mathrm{D}^\dagger = -g^{\mu\nu}\mathrm{D}_\mu\mathrm{D}_\nu + \frac{1}{16}[\gamma_a,\gamma_b][\gamma_c,\gamma_d]R^{abcd} = -g^{\mu\nu}\frac{\partial}{\partial x^\mu}\frac{\partial}{\partial x^\nu} + \cdots$$

因此,对黎曼流形,欧拉算子的主部是椭圆的.

利用 γ_5 矩阵将 Dirac 旋量空间 $\{\psi\}$ 分解为手征本征值 ±1 的两个空间 $\{\psi_\pm\} = \Delta_\pm$

$$\gamma_5\psi_\pm = \pm\psi_\pm \tag{18.112}$$

$$\mathrm{D}:\Gamma(\Delta_+) \to \Gamma(\Delta_-), \qquad \mathrm{D}^\dagger:\Gamma(\Delta_-) \to \Gamma(\Delta_+)$$

故自旋复形 $(\Delta_\pm, \mathrm{D})$ 的指数为

$$\mathrm{Ind}(\Delta_\pm, D) = \dim \mathrm{Ker}\, \mathrm{D} - \dim \mathrm{Ker}\, \mathrm{D}^\dagger = n_+ - n_- \tag{18.113}$$

其中 $n_\pm$ 是手征 ±1 的 Dirac 算子零本征值解数,零模解具拓扑意义,而解析指数为手征 ±1 零模解数差. 下面分析自旋复形 $(\Delta_\pm, \mathrm{D})$ 的拓扑指数,利用分裂原理

$$ch(\Delta^+ - \Delta^-) = \prod_{j=1}^{l}(\mathrm{e}^{-x_j/2} - \mathrm{e}^{x_j/2}) \tag{18.114}$$

将它代入指标公式

$$(-1)^l \frac{ch(\Delta^+ - \Delta^-)}{e(TM)} td(TM \otimes C) = (-1)^l \frac{\prod_{j=1}^{l}(\mathrm{e}^{-x_j/2} - \mathrm{e}^{x_j/2})}{\prod_{i=1}^{l} x_i} \prod_{k=1}^{l} \frac{x_k}{1-\mathrm{e}^{-x_k}} \frac{-x_k}{1-\mathrm{e}^{x_k}}$$

$$= \frac{\prod_{k=1}^{l} x_k}{\prod_{j=1}^{l}(\mathrm{e}^{x_j/2} - \mathrm{e}^{-x_j/2})} = \prod_{j=1}^{l} \frac{x_j/2}{\sinh x_j/2} \simeq \hat{A}(TM)$$

即自旋复形 $(\Delta^\pm, \mathrm{D})$ 的 A-S 指数定理可表示为

$$n_+ - n_- = \int_M \hat{A}(TM) \tag{18.115}$$

其中

$$\hat{A}(TM) = \prod_{j=1}^{l} \frac{x_j/2}{\sinh x_j/2} = 1 - \frac{1}{24}p_1 + \frac{1}{5760}(7p_1^2 - 4p_2) + \cdots$$

称为 M 的 $\hat{A}$ 亏数示性类,例如,当 $\dim M = 4$,

$$n_+ - n_- = -\frac{1}{24}\int_M p_1(TM) = \frac{1}{24.\,8\pi^2}\int_M \mathrm{tr}(\Omega \wedge \Omega) \tag{18.116}$$

下面分析扭曲椭圆复形(twisted elliptic complex)与相应指数定理. 前面讨论的四种经典椭圆复形,是流形切丛(或相应标架主丛)上的椭圆复形. 当流形上的各场量取值在另一个向量丛 V(例如同位旋空间)上时,相当于原切丛复形与矢丛 V 的张量积,这时各椭圆复形指数定理的具体表达式要略微复杂些,例如:

1）扭曲符号复形（twisted signature complex）

$$\mathrm{Ind}(\Lambda^{\pm}\otimes V,(d+\delta)_v)=\int_M L(M)\wedge\widetilde{Ch}V \tag{18.117}$$

其中

$$\widetilde{Ch}(V)=\sum_k\left(\frac{\mathrm{i}}{2\pi}\right)^k\frac{2^k}{k!}\mathrm{tr}(\Omega^k) \tag{18.118}$$

例 18.5 $n=2$ $\mathrm{Ind}=\int_M 2c_1(V)=\frac{\mathrm{i}}{\pi}\int_M\mathrm{tr}\Omega$

$n=4$

$$\begin{aligned}\mathrm{Ind}&=\dim V\cdot\frac{1}{3}\int_M P_1+\int_M(2c_1^2(V)-4c_2(V))\\&=-\frac{\dim V}{24\pi^2}\int_M\mathrm{tr}R\wedge R-\frac{1}{2\pi^2}\int_M\mathrm{tr}\Omega\wedge\Omega\end{aligned} \tag{18.119}$$

其中 Ω 为丛 V 的曲率，而 R 为底流形切丛曲率.

2）扭曲 Dolbeault 复形（twisted Dolbeault complex）

$$\mathrm{Ind}(\bar{\partial}_v)=\int_M td(T_c(M))\wedge Ch(V) \tag{18.120}$$

例 18.6 $n=2$

$$\begin{aligned}\mathrm{Ind}(\bar{\partial}_v)&=\frac{1}{2}\dim V\int_M c_1(T_c(M))+\int_M c_1(V)\\&=\frac{1}{2}\dim V\cdot\chi(M)+\frac{\mathrm{i}}{2\pi}\int_M\mathrm{tr}\Omega\end{aligned} \tag{18.121}$$

令 M 为亏格为 g 的紧黎曼面，$\mathscr{M}$ 表示不恒为零的亚纯函数，$\mathscr{O}$ 表示不恒为零的全纯函数. M 上每个半纯函数 $f\in\mathscr{M}(M)$，其极点及零点集合记为 $D=\prod_i p_i^{k_i}$，$\nu(p_i)=k_i\neq0$，$k>0$ 表示点 p 是 k 阶零点，$k<0$ 表示点 p 为 k 阶极点. D 称为除子（divison），$\nu(D)=\sum_i\nu(p_i)$ 称为除子的阶（degree）.

令 M 为亏格为 g 的紧致黎曼面，其上每个半纯函数 $f\in\mathscr{M}(M)$，其极点与零点集合 (f) 称为其除子. 设 $\{U_i\}$ 为 M 的开复盖，当给定除子 D，总有一族 $\{(U_i,\alpha_i)\}$，其中 α_i 为开集 U_i 中非恒为零的亚纯函数：$\alpha_i\in\mathscr{M}(U_i)$，且其除子与 D 在 U_i 的除子相同. 在交叠区 $U_i\cap U_j$

$$\alpha_i/\alpha_j\in\mathscr{O}(U_i\cap U_j) \tag{18.122}$$

于是由除子 D 可决定一全纯线丛[D]，其截面在交叠区的转换函数恰为 $g_{ij}=\alpha_i/\alpha_j$. [D]是复线丛，有其陈类 $c_1(\mathrm{D})\in H^2(M,\mathbb{Z})$，且有一整数，

$$\langle c_1(\mathrm{D}),[M]\rangle=d \tag{18.123}$$

恰为除子的阶. 即给定除子 D，[D]为 M 上全纯线丛. 令

$$H^0(M,[\mathrm{D}])=\{f\in\mathscr{M}(M)\mid(f)+\mathrm{D}\geqslant0\}$$

$$H^1(M,[\mathrm{D}]) = \{\omega \in \mathscr{M}^1(M) \mid (\omega) \geqslant \mathrm{D}\} \tag{18.124}$$

其中 $\mathscr{M}^1$ 表示半纯微分 1 形式,(ω)表示 1 形式 ω 的除子. Dolbeault 算子

$$\bar{\partial}_D : H^0(M,[\mathrm{D}]) \to H^1(M,[\mathrm{D}])$$

其解析指数

$$\mathrm{Ind}(\bar{\partial}_D) = \dim H^0(M,[\mathrm{D}]) - \dim H^1(M,[\mathrm{D}]) \tag{18.125}$$

其拓扑指数按(18.121)式为

$$\begin{aligned}\mathrm{Ind}\bar{\partial}_{\mathrm{D}} &= \frac{1}{2}\dim[\mathrm{D}]\int_M c_1(T_c(M)) + \int_M c_1([\mathrm{D}]) \\ &= \frac{1}{2}\chi(M) + d = 1 - g + d\end{aligned}$$

二者相等即著名的经典 Riemann-Roch 定理

$$\dim H^0(M,[\mathrm{D}]) - \dim H^1(M,[\mathrm{D}]) = 1 - g + d \tag{18.126}$$

它也为 Atiyah-Singer 指标定理的特例.

3) 扭曲自旋复形(twisted spin complex)

$$\mathrm{Ind}(\Delta_{\pm} \otimes V, \mathrm{D}_v) = \int_M \hat{A}(M) \wedge Ch(V) \tag{18.127}$$

例

$$n = 2, \nu_+ - \nu_- = \int_M c_1(V) = \frac{\mathrm{i}}{2\pi}\int_M \mathrm{tr}\Omega \tag{18.128}$$

$$\begin{aligned}n = 4, \nu_+ - \nu_- &= \frac{1}{24}\dim V\int_M p_1(T(M)) + \frac{1}{2}\int_M (c_1(V)^2 - 2c_2(V)) \\ &= \frac{1}{192\pi^2}\dim V\int_M \mathrm{tr}(R \wedge R) - \frac{1}{8\pi^2}\int_M \mathrm{tr}(\Omega \wedge \Omega)\end{aligned} \tag{18.129}$$

由于物理上常讨论自旋复形,故将 $n=6,8$ 的情况也列在下面以备参考(为简化记号,外乘符号省略):

$$n = 6, \mathrm{Ind}\ \mathrm{D}_v = \frac{1}{(2\pi)^3}\int_M \left(\frac{\mathrm{i}}{48}\mathrm{tr}R^2\mathrm{tr}\Omega + \frac{\mathrm{i}^3}{6}\mathrm{tr}\Omega^3\right)$$

$$\begin{aligned}n = 8, \mathrm{Ind}\ \mathrm{D}_v = \frac{1}{(2\pi)^4}\int_M \Big[&\frac{\dim V}{5760}\mathrm{tr}R^4 + \frac{\dim V}{4608}(\mathrm{tr}R)^2 \\ &+ \frac{\mathrm{i}^2}{96}\mathrm{tr}R^2\mathrm{tr}\Omega^2 + \frac{\mathrm{i}^4}{24}\mathrm{tr}\Omega^4\Big]\end{aligned}$$

4) de Rham 复形对扭曲不敏感

$$\mathrm{Ind}(\Lambda \otimes V, d) = \dim(V) \cdot \chi(M) \tag{18.130}$$

下面将本节分析的四种经典椭圆复形的指数定理列如表 18.2,表明它们都是 Atiyah-Singer 指数定理的特例.

表 18.2　典型椭圆复形的指数定理

经典指数定理	典型椭圆复形	解析指数	拓扑指数
1. Gauss-Bonnet 定理	de Rham 复形 (Λ,d)	$\chi(M)=\sum(-1)^p b_p$	$\int_M e(M)$
2. Hirzebruch 定理	Hirzebruch 符号复形 $(\Lambda^{\pm},d+\delta)$ $(\Lambda^{\pm}\otimes V,(d+\delta)_V)$	$\tau(M)=b_{2k}^{+}-b_{2k}^{-}$	$\int_M L(M)$ $\int_M L(M)\wedge\widetilde{C}h(V)$
3. Riemann-Roch 定理	Dolbeault 复形 $(\Lambda^{0,q},\bar{\partial})$ $(\Lambda^{0,q}\otimes V,\bar{\partial}_V)$	$\sum_{q=0}^{n/2}(-1)^q\dim H^{0,q}(M)$	$\int_M td(T_c(M))$ $\int_M td(T_c(M))\wedge Ch(V)$
4. Dirac 算子指数定理	自旋复形 $(\Delta_{\pm},D)$ $(\Delta_{\pm}\otimes V,D_V)$	$n_{+}-n_{-}$ $\nu_{+}-\nu_{-}$	$\int_M\hat{A}(M)$ $\int_M\hat{A}(M)\wedge Ch(V)$

§18.6　A-S 指数定理证明的简单介绍　热方程证明

A-S 指数定理的证明很困难，主要有三类证明，这些不同证明的区别在于它们对代数拓扑学的表示与应用：

1）配边证明(cobordism proof)[27,29]

此法为提出 A-S 指数定理时的第一个证明，是 Hirzebruch 理论的推广. 在闭偶维定向流形 M 上每一椭圆算子等价于(在 K 理论意义下)推广的号差(signature)算子，可利用 Thom 配边理论，用拓扑方法，得到一般号差算子的公式. 由于此证明方法采用了配边理论，较难掌握.

2）嵌入证明(imbedding proof)[30]

此是 A. Grothendieck 对 Riemann-Roch 定理证明方法的推广 . 利用 K 理论，对任意闭流形上任意椭圆算子，可利用嵌入法约化为标准形式.

Whitney 嵌入定理证明，任意光滑连通闭 n 维流形 M 必能光滑地嵌入$\mathbb{R}^{2n+1}$. 因此流形 M 总可光滑地嵌入在足够高的 N 维平空间

$$M\xrightarrow{i}\mathbb{R}^N$$

进一步利用 K 理论中 Thom 同构可得映射

$$i_!:K_{\mathrm{cpt}}(TM)\longrightarrow K_{\mathrm{cpt}}(T\mathbb{R}^N)\tag{18.131}$$

对单点 pt 也存在类似 Thom 同构映射

$$\varphi:K(pt)\longrightarrow K_{\mathrm{cpt}}(T\mathbb{R}^N)\tag{18.132}$$

椭圆微分算子的指数决定于其主象征 σ(D)，在复矢丛 K 理论中对应的象征丛的

同伦类记作

$$\Sigma(\mathrm{D}) = [\pi^* E, \pi^* F, \sigma(\mathrm{D})] \in K_{\mathrm{cpt}}(TM)$$

由(18.131)、(18.132)可组成映射系列

$$K_{\mathrm{cpt}}(TM) \xrightarrow{i_!} K_{\mathrm{cpt}}(T\mathbb{R}^N) \xrightarrow{\varphi^{-1}} K(pt) \simeq \mathbb{Z}$$

用陈特征标转到 $H^*(M)$ 时需填加 M 切丛复化的 Todd 类,此过程包含惟一性,而不必用到配边理论. 此证明方法强调了拓扑与分析的统一,易于推广. 但是,经典椭圆算子在嵌入过程中特殊结构被破坏. 且由于利用了较深的 K 理论,此法也难于被一般物理学家掌握.

3) 热方程证明(heat equation proof)[28]

前述两类证明主要采用拓扑方法,而热方程证明提供了一个完全不同的对指数定理的解析证明. 此法的基本思想来自 M. Reisz 对正自伴算子谱理论的分析. 对于给定椭圆微分算子,利用热方程,将算子象征(symbol)展开,可得到被积的局域拓扑不变量. 这分析方法虽然很繁,但是它更明显直接地将经典算子与流形的黎曼结构相联系,对理解算子谱与流形拓扑及度规性质间关系很有帮助,尤其是它与物理学家熟悉的量子场论重正化理论、超对称场论等紧密相关,物理学家较易掌握并得到广泛应用,因此我们在这里略微仔细地介绍.

设底流形 M 为紧致无边定向黎曼流形,其上矢丛 E 与矢丛 F 的整体截面组成 Hilbert 空间 $\Gamma(E)$ 与 $\Gamma(F)$,在其间作用的线性微分算子为

$$\mathrm{D}: \Gamma(E) \longrightarrow \Gamma(F)$$

存在伴随算子,是

$$\mathrm{D}^\dagger: \Gamma(F) \longrightarrow \Gamma(E)$$

$$(\eta, \mathrm{D}\xi) = (\mathrm{D}^\dagger \eta, \xi), \xi \in \Gamma(E), \eta \in \Gamma(F)$$

可利用 D 与 $\mathrm{D}^\dagger$ 组成两个非负的自伴椭圆算子

$$\Delta_E = \mathrm{D}^\dagger \mathrm{D}, \quad \Delta_F = \mathrm{D}\mathrm{D}^\dagger$$

且由于底流形紧致无边,使算子的谱分立. 令

$$\Gamma_\lambda(E) = \{\xi \in \Gamma(E); \Delta_E \xi = \lambda \xi\}$$

$$\Gamma_\lambda(F) = \{\eta \in \Gamma(F); \Delta_F \eta = \lambda \eta\}$$

$$\Gamma_0(E) \equiv \mathrm{Ker}\,\mathrm{D}, \quad \Gamma_0(F) \equiv \mathrm{Ker}\,\mathrm{D}^\dagger$$

可以证明,对具有相同的非零本征值 λ 的空间 $\Gamma_\lambda(E)$ 与 $\Gamma_\lambda(F)$ 同构,即具有相同多重性,如(18.19)式所示,而仅零模解具有不同多重性,于是

$$\mathrm{Ind}\,\mathrm{D} = \dim \Gamma_0(E) - \dim \Gamma_0(F) = \sum_\lambda f(\lambda)(\dim \Gamma_\lambda(E) - \dim \Gamma_\lambda(F))$$

$$(f(0) = 1) \qquad (18.133)$$

上式对任意满足 $f(0)=1$ 且使上式中求和收敛的函数均成立. 注意到 Δ_E 和 Δ_F 的本征值非负,函数

$$h(t) = \sum_{\lambda_n} \mathrm{e}^{-t\lambda_n} = \mathrm{tr}\ \mathrm{e}^{-t\Delta} \tag{18.134}$$

对 $t>0$ 的 t 值收敛,故在(12.64)式中可选权重函数 $f(\lambda)=\mathrm{e}^{-t\lambda}$,则

$$\mathrm{Ind\ D} = h_E(t) - h_F(t), \quad \forall t > 0 \tag{18.135}$$

上式与 t 的值无关,仅要求 $t>0$,当 $t\to 0^+$ 时,上式右端两项均奇异,但奇异部分相互抵消,使上式仍有意义,这与量子场论的重正化相当.

注意上式中热函数 $h(t)=\mathrm{tr\ e}^{-t\Delta}$ 为热传导方程

$$-\frac{\partial}{\partial t}h = \Delta h$$

的解的谱展开. 但一般不能将算子 $\mathrm{e}^{-t\Delta}$ 理解为 $\sum_{n=0}^{\infty}\frac{(-t\Delta)^n}{n!}$,因无法分析其求和收敛问题,应将它理解为积分算子

$$\mathrm{e}^{-t\Delta}\xi(x) = \int_M G(t,x,y)\xi(y)\mathrm{d}y \tag{18.136}$$

它是将 M 上矢丛截面 $\Gamma(E)$ 在 y 处值线性映射到 x 处值. 可选算子 Δ 的本征矢 $\{\xi_n(x)\}$ 为 $\Gamma(E)$ 的正交归一基矢组

$$\int_M \xi_k^+(x)\xi_l(x)\mathrm{d}x = \delta_{kl} \tag{18.137}$$

积分算子的核 $G(t,x,y)$ 可按 Δ 算子的本征态展开:

$$G(t,x,y) = \sum_{\lambda} \mathrm{e}^{-\lambda t}\xi_\lambda(x)\xi_\lambda^*(y) \tag{18.138}$$

它是热传播方程的点源解,即满足

$$\begin{aligned}\left(\frac{\partial}{\partial t}+\Delta_x\right)G(t,x,y) &= 0, \qquad \text{当}\ t>0 \\ G(0,x,y) &= \delta(x-y)\end{aligned} \tag{18.139}$$

热方程相当于统计物理中 Bloch 方程(虚时 Schrödinger 方程),将 t 代以统计物理中参数 $\beta=\frac{1}{kT}$,则(18.138)式相应于统计物理中正则密度矩阵

$$\rho(\beta,x,y) \sum_n \mathrm{e}^{-\beta\lambda_n}\psi_n(x)\psi_n^*(y) \tag{18.140}$$

矩阵函数 $G(t,x,y)$ 也与量子力学中 Feynman 传播函数 $K(t,x,y)$ 相似

$$K(t,x,y) = \sum_n \mathrm{e}^{-\mathrm{i}E_n t/\hbar}\psi_n(x)\psi_n^*(y) \tag{18.141}$$

它们在统计物理与量子力学中有广泛应用.

下面我们分析传播函数 $G(t,x,y)$ 的具体形式,先讨论较简单情况,即令

$$\Delta_0 = -\partial_\mu \partial^\mu \tag{18.142}$$

这时满足(12.75)式的解可表示为

$$G_0(t,x,y) = (4\pi t)^{-\frac{n}{2}} \mathrm{e}^{-(x-y)^2/4t} \tag{18.143}$$

下面设法求当 $t \to 0^+$ 时 $G(t,x,y)$ 的渐近展开. 首先如(18.13)式作傅里叶变换,其逆变换可表示为

$$\hat{\xi}(k) = \int \mathrm{e}^{-\mathrm{i}y\xi} \xi(y)\,\mathrm{d}y$$

将(18.136)式左端作傅里叶变换,得

$$\int G(t,x,y)\xi(y)\,\mathrm{d}y = \int \mathrm{e}^{\mathrm{i}xk} \sigma(\mathrm{e}^{-t\Delta})\hat{\xi}(k)\,\mathrm{d}k = \iint \mathrm{e}^{\mathrm{i}(x-y)k} \sigma(\mathrm{e}^{-t\Delta})\xi(y)\,\mathrm{d}y\mathrm{d}k$$

因为上式对任意截面 $\xi(y)$ 均成立,故

$$G(t,x,x) = \int \sigma(\mathrm{e}^{-t\Delta})\,\mathrm{d}k$$

利用此式可求 $G(t,x,x)$ 在 $t \to 0^+$ 时的渐近展开式,与(18.143)式相似可表示为

$$G(t,x,x) \underset{t \to 0^+}{\sim} \sum_{j=0}^{\infty} t^{(j-n)/2} \mu_j(x) \sqrt{g} \tag{18.144}$$

其中 $g = \det(g_{ij})$ 为度规张量的行列式. 在上面渐近展开式中,仅有有限个负幂次项. 称为渐近展开的主部. 当给定线性微分算子 D,相应自伴椭圆微分算子 $\Delta_E = \mathrm{D}^\dagger \mathrm{D}, \Delta_F = \mathrm{D}\mathrm{D}^\dagger$,为得到其热核函数 $G(t,x,y)$ 的渐近展开式. 可先分析下列形式幂级数:

$$G(t,x,y) = \frac{\mathrm{e}^{-|x-y|^2/4t}}{(4\pi t)^{n/2}} \sum_{i=0}^{\infty} t^i \mu_i(x,y) \tag{18.145}$$

称为热核的拟基本解(parametrix),将它代入热方程,可以得到 $\mu_j(x)$ 满足的循环公式. 对于具有几何意义的微分算子(协变微分算子,与丛上局域坐标选择无关),$\mu_j(x)$ 满足的循环公式中仅含丛的曲率多项式,即 $\mu_j(x)$ 具有微分几何意义. 而算子的解析指数(18.135)式可表为

$$\mathrm{Ind}(\mathrm{D}) = \mathrm{tr}\,\mathrm{e}^{-t\mathrm{D}^\dagger\mathrm{D}} - \mathrm{tr}\,\mathrm{e}^{-t\mathrm{D}\mathrm{D}^\dagger} = \int_M \mathrm{tr} G^E(t,x,x)\,\mathrm{d}x - \int_M \mathrm{tr} G^F(t,x,x)\,\mathrm{d}x$$

其中 G^E 与 G^F 均具(18.145)形式. 当 $t > 0$ 时有确切定义,其结果与 t 无关,当 $t \to 0^+$ 时,奇异部分相消,得

$$\mathrm{Ind}(\mathrm{D}) = \frac{1}{(4\pi)^{n/2}} \int \mathrm{tr}(\mu_{n/2}^E(x) - \mu_{n/2}^F(x))\,\mathrm{d}x \tag{18.146}$$

$\mu_{n/2}^{E}-\mu_{n/2}^{F}$为由曲率多项式表达的示性类，具有拓扑意义.

当我们将热函数与统计物理中配分函数相类比时，指数定理相当于将高温极限与低温极限相联系，“低温”极限($\beta\to\infty$)，得到椭圆算子的解析指数，为一种具有整体拓扑意义的示性数，而在高温极限($\beta\to0^{+}$)，可作渐近展开，相当于对椭圆算子象征(symbol)展开，其极限为局域扑拓不变量的积分，相当于具有拓扑意义的示性类的积分.

统计物理中密度矩阵$\rho(\beta,x,y)$，量子力学中 Feynman 传播函数$K_{s}(t,x,y)$，均能写成路径积分的形式，用路径积分方法，高温极限相当于准经典极限(路径积分的鞍点展开)，常可用圈图展开计算量子改正，可用推广的黎曼ζ函数计算高温极限，它相当于热函数$h(t)$的 Mellin 变换.

$$\zeta_{\Delta}(s,x,y)=\frac{1}{\Gamma(s)}\int_{0}^{\infty}\mathrm{d}tt^{s-1}(G(t,x,y)-P_{0}(x,y))\tag{18.147}$$

其中$\Gamma(s)$为欧拉Γ函数

$$\Gamma(s)=\int_{0}^{\infty}\mathrm{d}t\mathrm{e}^{-t}t^{s-1}$$

而$P_{0}(x,y)=\sum_{\lambda=0}\xi_{\lambda}(x)\xi_{\lambda}^{*}(y)$是投射到$\Delta$的零模态的投射算子.

对(18.147)式取迹($x=y$)并对M取积分得

$$\zeta_{\Delta}(s)=\sum_{\lambda\neq0}\lambda^{-s}=\int_{M}\mathrm{d}x\mathrm{tr}\zeta_{\Delta}(s,x,x)\tag{18.148}$$

称为推广的黎曼ζ函数，当$s\neq0$时它是解析的，而当$s\to0$时

$$\frac{\mathrm{d}}{\mathrm{d}s}\zeta_{\Delta}(s)\bigg|_{s=0}=-\sum_{i}\mathrm{e}^{-s\ln\lambda_{i}}\ln\lambda_{i}\bigg|_{s=0}=-\ln\prod_{i}\lambda_{i}$$

即

$$\det\Delta=\prod_{i}\lambda_{i}=\exp(-\zeta'_{\Delta}(0))\tag{18.149}$$

在量子场论中，利用ζ函数作准经典近似的量子改正计算，已经得到广泛应用. 可利用它计算热函数$h(t)$的高温($t\to0^{+}$)极限而得到算子拓扑指数的渐近积分表达式，即得到 A-S 指数定理.

将正定的 Laplace 算子推广到谱非正定的 Dirac 算子. 可代替ζ函数研究反映谱的不对称性的η函数

$$\eta(s)=\sum_{\lambda\neq0}\mathrm{sign}(\lambda)\mid\lambda\mid^{-s}\tag{18.150}$$

这时可进一步分析带边流形及奇维流形上的指数定理. 见§21.5分析.

§ 18.7　利用超对称场论模型证明 A-S 指数定理

超对称是指 Fermi 场与 Bose 场之间的对称性. 近年来发展的超弦模型,有可能导致自然界各种基本作用的统一,因而吸引了广大物理学工作者. 各种超对称物理模型与实验比较,目前还存在许多困难与障碍. 然而,超对称场论的数学结构的完美,表明它有一合理的核心. 超对称量子场论的可重正性,可克服一般大统一理论中 Hierarchy 困难,对引力场量子化不可重正困难,也提供了一个可能克服的途径. 超对称理论的数学结构,与场位形空间的拓扑性质密切相关,许多近代数学概念与成就,可应用于超对称理论. 另一方面,利用超对称场论也可得到许多有趣的数学结果,可用来证明 A-S 指数定理,Morse 不等式等,很有可能利用它导出更多新的数学结果,这方面仍在发展中.

A-S 指数定理的严格证明是很困难的,从 1963 年 Atiyah-Singer 提出后,经过许多数学家的工作,五年后他们又写了一系列文章,人们都很难掌握. 1982 年[35] Witten提出的标志超对称场论基态特性的指数 $\mathrm{tr}(-1)^F$,相当于作用在紧致流形上与外部杨-Mills 场耦合的 Dirac 算子的解析指数. 将此指数用超对称场论中的路径积分表示,经过计算可得到相应地拓扑指数. 这方面有许多物理学家做了不少工作. 下面我们仅简单介绍一下.

量子场论态矢 Hilbert 空间 $\mathscr{H}$ 可分解为 Bose 子与 Fermi 子态矢空间 $\mathscr{H}^+$ 与 $\mathscr{H}^-$ 的直和

$$\mathscr{H} = \mathscr{H}^+ \oplus \mathscr{H}^- \tag{18.151}$$

Witten 引入区别 Bose 子与 Fermi 子的算子 $(-1)^F$ (F 是 Fermi 子数算子):

$$\begin{aligned}(-1)^F\varphi &= \varphi, \quad \varphi \in \mathscr{H}^+ \\ (-1)^F\psi &= -\psi, \quad \psi \in \mathscr{H}^-\end{aligned} \tag{18.152}$$

超对称理论中定义有算子 $Q_i: \mathscr{H}^+ \leftrightarrow \mathscr{H}^-$,有性质.

1) 与 $(-1)^F$ 反对易: $(-1)^F Q_i = -Q_i(-1)^F$,

2) 与哈密顿算子对易. 且为简单起见,下面仅讨论 0 +1 维场论,故无自旋. H 为体系哈密顿量. 这时有下列等式:

$$\{Q_i, Q_j^*\} = 2\delta_{ij}H, \qquad \{Q_i, Q_j\} = \{Q_i^*, Q_j^*\} = 0 \tag{18.153}$$

为简单起见,设只有一个超荷算子 $Q: \mathscr{H}^+ \to \mathscr{H}^-$,及其伴随算子, $Q^*: \mathscr{H}^- \to \mathscr{H}^+$,也可定义实算子

$$S = \frac{1}{\sqrt{2}}(Q + Q^*) \tag{18.154}$$

体系哈密顿量为

$$H = \frac{1}{2}\{Q, Q^*\} = S^2 \tag{18.155}$$

H 的本征态方程是

$$H|E\rangle = E|E\rangle$$

$S|E\rangle$ 与 $|E\rangle$ 具相同能量(H 与 S 对易),但是具有相反 Fermi 子数的态,使 $E\neq 0$ 时,$S|E\rangle$ 也非零. 于是所有非零能态都成对出现,即对非零能级,可实现超对称变换 S 的二维表示.

对于零能态(基态)$|\Omega\rangle$,有

$$H|\Omega\rangle = 0, \quad S|\Omega\rangle = 0$$

零能态为超对称的一维表示,对零能态,Bose 态与 Fermi 态数可以不同. 零能 Bose 态 $|\varphi_0\rangle$ 及零能 Fermi 态 $|\psi_0\rangle$ 分别满足

$$Q|\varphi_0\rangle = 0, \quad Q^*|\psi_0\rangle = 0$$

$$\mathrm{tr}(-1)^F \mathrm{e}^{-\beta H} = n_B^{E=0} - n_F^{E=0} = \dim \mathrm{Ker} Q - \dim \mathrm{Ker} Q^* = \mathrm{Ind}(Q) \tag{18.156}$$

此指数是超对称量子场论的整体拓扑不变量,它等于零是超对称自发破缺的必须条件. 另一方面,上式左端 $\mathrm{tr}(-1)^F\mathrm{e}^{-\beta H}$ 可看作密度矩阵的正则系综配分函数($\beta = 1/kT$),可用泛函积分表示为

$$\mathrm{tr}(-1)^F \mathrm{e}^{-\beta H} = \int_{\mathrm{P.B.C}} \mathrm{d}\varphi \mathrm{d}\psi \exp[-S_E(\varphi, \psi)] \tag{18.157}$$

这里 P. B. C 代表以 β 为周期的周期性边界条件,S_E 为体系的欧几里得作用量.

算子的解析指数是整体拓扑不变量,在体系参数连续变化时不变,上式与参量 β 无关,可以计算 $\beta\to 0$ 高温极限,得到算子指数用局域拓扑量积分表达的 A-S 指数定理.

对于任意经典椭圆复形,都可找超对称场论模型,使超荷 Q 相当于需讨论的算子,在 $\beta\to 0$ 的高温极限,可得相应的 A-S 指数定理,下面为简单起见,我们举超对称 σ 模型为例来分析 de Rham 复形,对于其他复形,可做类似讨论.

通常 σ 模型的拉氏量可表为

$$L = \frac{1}{2} g_{ij}(\varphi)\dot{\varphi}^i\dot{\varphi}^j \left(\dot{\varphi} = \frac{\mathrm{d}}{\mathrm{d}t}\varphi\right) \tag{18.158}$$

$g_{ij}(\varphi)$ 为场流形上平滑度规张量场. 上面模型的超对称推广是

$$L = \frac{1}{2} g_{ij}(\varphi)\dot{\varphi}^i\dot{\varphi}^j + \frac{\mathrm{i}}{2} g_{ij}(\varphi)\bar{\psi}^i\gamma^0 \frac{\mathrm{D}}{\mathrm{D}t}\psi^j + \frac{1}{12} R_{ijkl}\bar{\psi}^i\psi^k\bar{\psi}^j\psi^l$$

其中 $\psi^i = \begin{pmatrix}\psi_1^i \\ \psi_2^i\end{pmatrix}$ 为两分量旋量.

$$\bar{\psi}^i_\alpha = \psi^i_\beta \gamma^0_{\beta\alpha} (\alpha,\beta = 1,2), \quad \gamma^0 = \begin{pmatrix} 0 & -1 \\ 1 & 0 \end{pmatrix}$$

$$\frac{D}{Dt}\psi^i = \frac{d}{dt}\psi^i + \Gamma^i_{jk}\varphi^j\psi^k \tag{18.159}$$

而 Γ^i_{jk} 与 R_{ijkl} 是由度规张量场 $g_{ij}(\varphi)$ 决定的黎曼联络与黎曼曲率张量

$$\Gamma^i_{jk} = \frac{1}{2}g^{il}(g_{jl,k} + g_{kl,j} - g_{jk,l})$$

$$R_{ijkl} = \frac{1}{2}(g_{ik,jl} + g_{jl,ik} - g_{jk,il} - g_{il,jk}) + (\Gamma^m_{ik}\Gamma^n_{jl} - \Gamma^m_{il}\Gamma^n_{jk})g_{mn}$$

(18.158)式在下面超对称变换下不变:

$$\begin{aligned} \delta\varphi^i &= \bar{\varepsilon}\psi^i \\ \delta\psi^i &= -\mathrm{i}\gamma^0\dot{\varphi}^i\varepsilon - \Gamma^i_{jk}\psi^j\psi^k \end{aligned} \tag{18.160}$$

其中 ε 为实两分量常 Grassman 旋量.

取 γ^0 对角基,即选

$$\psi^i = \frac{1}{\sqrt{2}}(\psi^i_1 + \mathrm{i}\psi^i_2), \quad \psi^{i*} = \frac{1}{\sqrt{2}}(\psi^i_1 - \mathrm{i}\psi^i_2) \tag{18.161}$$

并正则量子化

$$\begin{aligned} \{\psi^i, \psi^{j*}\} &= g^{ij}(\varphi) \\ \{\psi^i, \psi^j\} &= \{\psi^{*i}, \psi^{*j}\} = 0 \end{aligned} \tag{18.162}$$

这时拉氏量(18.158)化为

$$L = \frac{1}{2}g_{ij}(\varphi)\dot{\varphi}^i\dot{\varphi}^j + \frac{1}{2}g_{ij}(\varphi)\psi^{*i}\frac{D}{Dt}\psi^j - \frac{1}{4}R_{ijkl}\psi^{*i}\psi^{*j}\psi^k\psi^l \tag{18.163}$$

将无 Fermi 子态表示为场流形上的函数,注意到量子化 Fermi 子满足反对易法则,将单 Fermi 子态看成流形上 1 形式 $\psi^*_j|\Omega\rangle \sim 1$ 形式. 则算子

$$Q, Q^* \sim \mathrm{d}, \delta$$

$$H \sim \mathrm{d}\delta + \delta\mathrm{d} = \Delta$$

$$\mathrm{tr}(-1)^F \mathrm{e}^{-\beta H} = \sum (-1)^k b_k = \chi(M)$$

为场流形上奇偶谐和形式之差. 另一方面,正如(18.157)式,此算子可用所有场都具周期性边界条件的泛函积分表示为

$$\mathrm{tr}(-1)^F \mathrm{e}^{-\beta H} = \int_{\mathrm{P.B.C}} [\mathrm{d}\varphi \mathrm{d}\psi \mathrm{d}\psi^*] \exp\left(-\int_0^\beta H \mathrm{d}\tau\right) \tag{18.164}$$

系综正则配分函数(有限温度场论)相当于虚时(欧空间)路径积分,且采用周期性边界条件($-\beta$—$+\beta$). 当取 $\beta\to 0$ 极限,泛函积分主要贡献来自场量为常值的,动

能项贡献可作为微扰处理,采用准经典近似

$$\operatorname{tr}(-1)^F e^{-\beta H} \overset{\beta\to 0}{\sim} \int [\mathrm{d}\varphi_0 \mathrm{d}\psi_0^* \mathrm{d}\psi_0] \cdot e^{-\frac{\beta}{4}R_{ijkl}\psi^{*i}\psi^{*j}\psi^k\psi^l} \int [\mathrm{d}\varphi(t)\mathrm{d}\psi^*(t)\mathrm{d}\psi(t)] e^{-\text{动能项}}$$

$$= \int \frac{\mathrm{d}(V_d)}{(2\pi\beta)^{d/2}} \int \prod_{m=1}^{d} \mathrm{d}\psi_m^* \mathrm{d}\psi_m \exp\left(-\frac{\beta}{4}R_{ijkl}\psi^{*i}\psi^{*j}\psi^k\psi^l\right)$$

其中 d 为场流形的维数. 用 Berezin 公式计算上面含有 Grassmann 变数的积分,当 d 为奇时,指数展开中不能饱和 Grassmann 积分,故 $\operatorname{tr}(-1)^F e^{-\beta H}=0$,这与奇维紧致流形欧拉数为零一致. 当 d 为偶时,$d=2n$. 有

$$\operatorname{tr}(-1)^F e^{-\beta H} = \frac{(-\beta/4)^{d/2}}{(\pi\beta)^{d/2}\frac{d}{2}!}\int \mathrm{d}(V_d)\ \epsilon^{i_1j_1\cdots i_nj_n}\cdots \cdot \epsilon^{k_1l_1\cdots k_nl_n} \cdot R_{i_1j_1k_1l_1}\cdots R_{i_nj_nk_nl_n} \tag{18.165}$$

当 $d=4$,上式即成

$$\operatorname{tr}(-1)^F e^{-\beta H} = \chi(M) = \frac{1}{32\pi^2}\int_M \epsilon_{abcd} R_{ab} \wedge R\, cd$$

此即大家熟知的 A-S 指数定理的特例,Gauss-Bonnet 定理.

§18.8　A-S 指数定理在物理中应用举例

Dirac 对磁单极的分析,以及后来 Bohm-Aharonov 对在电磁场中 Fermi 子运动的分析,不可积相因子的引入,都表明在近代物理中需引入拓扑分析. 20 世纪末,对单极、瞬子、各种孤子,量子反常等分析,表明在量子场论中大范围拓扑分析非常重要,而 A-S 指数定理抓住了量子场论中整体分析的关键,在量子场论中得到广泛的应用. 这里,我们仅举两个规范场中的浅显例子:

例 18.7　磁单极周围零能 Fermi 子解数[23].

讨论在静球对称规范场磁单极周围零能 Fermi 子解. 因静球对称,采取活动标架可分离径向和角向,故相当于在 S^2 上具有规范群指标的零能 Fermi 子解,这时相应解析指数为正、负手征零能解数之差.

$$\operatorname{Ind}(\Delta \pm \otimes V, D) = \dim\psi^+ - \dim\psi^-$$

由指数定理(18.115),由于底流形为 S^2,故

$$\dim\psi^+ - \dim\psi^- = \int_M c_1(V) = \text{规范场第一陈类示性数}$$

而具体计算所找出的解数确实满足上式.

例 18.8　瞬子解的独立参数.

瞬子解是 S^4(四维欧空间紧致化)上 SU(2) 杨-Mills 场自对偶解. 瞬子解的独

立参数数(将规范等价瞬子看作相同)就是瞬子解模空间的维数. 下面我们说明,甚至不用明显知道其任一解,就能计算其独立参数数.

势 A 的无穷小规范变换

$$\delta A = \mathrm{d}\Theta + A \wedge \Theta = \mathrm{D}_0\Theta$$

其中 Θ 为 $M = S^4$ 上取值在 SU(2) 李代数 $\mathscr{G}$ 上的函数(M 上 $\mathscr{G}$ 值函数): $\Theta \in \Lambda^0_{\mathscr{G}}(M) = \Lambda^0(M) \otimes V_{\mathscr{G}}$

$$\delta F = \mathrm{d}\delta A + A \wedge \delta A = \mathrm{D}_1\delta A, \quad \delta A \in \Lambda^1_{\mathscr{G}}(M)$$

令 P_- 为将 2 形式投到反自对偶 2 形式上的算子,因仅考虑自对偶解,故

$$(P_- \mathrm{D}_1)\mathrm{D}_0\Theta = 0$$

因此我们得到下面复形 D_G:

$$0 \longrightarrow \Lambda^0_{\mathscr{G}}(M) \xrightarrow{\mathrm{D}_0} \Lambda^1_{\mathscr{G}}(M) \xrightarrow{P_- \mathrm{D}_1} \Lambda^2_{-\mathscr{G}}(M) \longrightarrow 0$$

可证此为椭圆复形,其解析指数为

$$\mathrm{Ind}(\mathrm{D}_G) = h_0 - h_1 + h_2$$

其中 $h_0 = \dim \mathrm{Ker}\, \mathrm{D}_0$,对不可约化 SU(2) 规范场,$h_0 = 0$,

$$h_2 = \dim(\Lambda^2_{-\mathscr{G}}(M)/\mathrm{Im}P_- \mathrm{D}_1)$$

当有自对偶瞬子解时,$h_2 = 0$,

$$h_1 = \dim \mathrm{Ker}(P_- \mathrm{D}_1) - \dim \mathrm{Im}\mathrm{D}_0$$

此即我们感兴趣的不等价瞬子解独立参数数

$$h_1 = -\mathrm{Ind}(\mathrm{D}_G)$$

再由指数定理

$$h_1 = 4c(G)k - \frac{1}{2}\dim(G)(\chi - \tau)$$

其中 $k = -\int_M c_2$,为第二陈类示性数,为瞬子解数(S^4 上 SU(2) 主丛绕数).

$$\chi = \int_M e(M), \quad \text{为 } M \text{ 的欧拉数}, \chi(S^4) = 2$$

$$\tau = \int_M L(M), \quad \text{为 } M \text{ 的号差}, \tau(S^4) = 0$$

$C(G)$ 为群 $G(\mathrm{SU}(2))$ 的 Casimir 算子的伴随表示指数,

$$C(\mathrm{SU}(2)) = 2, \quad \dim(\mathrm{SU}(2)) = 3$$

故自对偶瞬子解独立参数 $h_1 = 8k - 3$.

习题十八

1. 请求出$\mathbb{C}P^n$流形的欧拉示性类，并证明其在整个流形上积分所得欧拉数为 $n+1$.
2. 请以$\mathbb{C}P^2$为例验证 Hirzebruch 号差定理

$$\tau(M) = \int_M L(M) = -\frac{1}{24\pi^2}\int_M \mathrm{tr}(\Omega \wedge \Omega)$$

与 Riemann-Roch 定理：

$$\mathrm{Ind}(\bar{\partial}) = \int_M td(T_c(M))$$

3. 请利用扭曲自旋复形的指数定理

$$\mathrm{Ind}(\Delta_{\pm} \otimes V, D) = \int_M \hat{A}(M) \wedge ch(V)$$

证明与 S^4 上杨-Mills 场(SU_2 规范场)相互作用的零能正负手征 Fermi 子数的差恰为背景场的瞬子数.
4. 请说明 Thom 示性类与欧拉示性类关系，表明欧拉示性类是矢丛存在处处非零截面的惟一拓扑障碍.

第十九章　量子反常拓扑障碍的递降继承

在第十六、十七章中,我们曾分析经典杨-Mills场的拓扑性质,本章我们将进一步讨论当存在杨-Mills场与物质场相互作用时,对理论进行量子化时会出现“反常”,此反常现象的原因是量子效应引起的规范对称性的破缺. 我们知道,对称性问题研究在物理学中一直占有极重要的地位,在近代物理学中起了突出的作用. 自然界规律具有高度的对称性,但是具体的自然界又是极端的不对称,丰富多彩. 我们不仅要研究自然界的对称,也要研究各种对称性破缺. 对称性的破缺主要有三类:

1) 近似对称性. 如强作用SU(3)幺旋守恒,实际上是近似对称的,在中强作用就含有破坏幺旋守恒项,可假定在拉氏量中含有破坏对称性的项. 这种近似对称性分析,对基本粒子质谱分析起过很大作用.

2) 对称性的自发破缺. 即认为动力学规律是完全对称的,但是运动方程的解不对称,由于能量稳定性等问题,使基态不对称. 对称性自发破缺的研究在凝聚态物理(例如铁磁体的自发磁化,超导相的形成等)及粒子物理中都起了很重要的作用.

3) 由于量子效应引起的对称性反常破缺,它在量子场论中有更深刻的根源,不是由于能量或稳定性考虑引起的.

若经典场论具有某种对称性,用Noether定理就可以得到相应的流守恒方程. 如在量子化时此种对称性不能维持,使流守恒方程遭到破坏,就称为“反常”. 最初“反常”是在量子场论微扰计算中发现的:当讨论费米场与规范场相互作用时,对具有一个轴矢流与两个矢量流耦合的Feynman三角图计算时,如要求矢量流守恒,则轴矢流不守恒,造成手征对称破缺,此即量子规范理论中的手征反常.

在规范理论中发现“反常”后不久,研究费米场与外部引力场相互作用时,将Feynman三角图中矢量流用能量动量张量代替,如要求能量动量守恒,则必然引起轴矢流的不守恒,即在引力场中也会出现手征对称的破缺.

量子反常在近代量子场论的发展中起了极重要的作用,一直吸引着广大物理学家的注意力. 手征反常的分析在粒子物理理论中占有极重要地位. 反常分析解释了粒子物理中的U(1)疑难,对$\pi^0\to2\gamma$衰变给了满意的解释,并判断夸克(quark)有三种颜色. 在非Abel规范理论量子化时,规范反常影响量子场论可重正性. 反常相消条件常常是建立各种粒子物理模型的重要条件,使夸克数与轻子数相匹配. 反常与手征性的自发破缺、质量的自发产生、宇称CP的破坏原因等都密切相关.

量子场论中为什么会出现反常？反常最初是通过微扰论发现的，反常的出现是否因为在微扰中必须进行正常化和重正化而引起的？经过多年的研究分析，人们逐渐相信反常的存在与微扰理论无关，反常具有非微扰的拓扑根源，反映了自然界更深刻的本质. 若我们采用路径积分量子化，将规范势非微扰地看成经典背景场，可以明显地看出反常的拓扑根源，与 A-S 指数定理相关. 经典动力学方程(Euler-Lagrange 方程)常常是局域的，而量子动力学(用路径积分表示)依赖对作用量的泛函积分，则与场论的大范围拓扑性质有关. 当规范场与物质场相互作用时，量子场论的位型空间，不再是杨-Mills 场的 Hilbert 空间与费米场的固定 Hilbert 空间的简单张量积，而是以联络空间 $\mathfrak{A}=\{A\}$ 为底流形的矢丛截面，由于存在规范不变性，使定义在规范轨道空间 $\mathfrak{A}/\mathscr{G}$ 上的物理体系拓扑非平庸，使量子反常必然发生. 流反常仅反映了规范理论中第一级拓扑障碍，近年来人们更进一步认识到，二级拓扑障碍会导致奇维空间规范流代数中等时对易关系中反常 Schwinger 项，它与 Kac-Moody 代数有关，三级拓扑障碍标志规范群表示的不可结合性，对规范理论中高阶拓扑障碍的深入分析，目前仍在发展中.

§19.1 先简单介绍单态反常(Abel 反常)的非微扰分析，表明它与 A-S 指数定理密切相关. 非 Abel 反常的分析比较复杂，与正则化与重正化有关，有多种表达式，常要求满足一些自洽条件来固定其形式. 非 Abel 反常与 Atiyah-Singer 指标定理的关系较复杂，由于 Dinar 算子 $\not{D}$ 依赖规范势，且对物理体系存在规范不变性约束，规范轨道空间 $\mathfrak{A}/\mathscr{G}$ 拓扑非平庸. 非 Abel 反常与规范轨道空间的拓扑非平庸有关，与规范群 $\mathscr{G}$ 的拓扑障碍有关，需分析高 2 维空间(六维空间)的 A-S 指数定理，即非 Abel 反常与族指标定理(family index theorem)有关. 族指标定理建立在联络空间 $\mathfrak{A}$ 与轨道空间 $\mathfrak{A}/\mathscr{G}$ 上同调论基础上，与规范群 $\mathscr{G}$ 的各级拓扑障碍相关. 因此我们在 §19.2 将先着重研究联络空间同调论与上同调论，引入推广的陈-Simons 形式(Q 系列)，§19.3 分析规范群 $\mathscr{G}$ 的各级拓扑障碍，通过 Čech-de Rham 双复形，将不同维规范群与不同阶拓扑障碍密切相关. §19.4 仔细分析规范群上闭链密度(Ω 系列)与规范代数上闭链密度(ω 系列)的具体表达式，引入与规范轨道相关的简并上边缘算子. 从 §19.5 开始逐步对量子规范理论非 Abel 反常各维各阶拓扑障碍进行分析. 利用 Čech-de Rham 双复形，当将底空间维次降低一维，可得到高一阶拓扑上闭链，且各阶上闭链拓扑指标相等，形成拓扑障碍递降继承系列.

§19.1　单态反常与 Atiyah-Singer 指标定理

下面我们分析费米子间规范相互作用. 为简单起见，分析无质费米子与规范场互作用拉氏量

$$\mathscr{L} = \frac{1}{2}\mathrm{tr}F^{\mu\nu}F_{\mu\nu} + \mathrm{i}\,\mathrm{tr}\bar{\psi}\gamma^{\mu}(\partial_{\mu} + A_{\mu})\psi = \mathscr{L}_G + \mathscr{L}_I \tag{19.1}$$

其中

$$\not{D} = \gamma^{\mu}\mathrm{D}_{\mu} = \gamma^{\mu}(\partial_{\mu} + A_{\mu}), \qquad \bar{\psi} = \psi^{+}\gamma_0, \qquad A_{\mu} = A_{\mu}^{a}(x)T_a$$

T_a 为规范群生成元的表示矩阵,满足

$$[T_a, T_b] = f_{ab}^{c}T_c, \quad f_{ab}^{c}\ \text{为群结构常数.}$$

注意到

$$\{\gamma_5, \not{D}\} = 0 \tag{19.2}$$

使得经典作用量在费米场作整体手征转动下不变:

$$\psi(x) \to \psi'(x) = \mathrm{e}^{\mathrm{i}\theta\gamma_5}\psi(x)$$
$$\bar{\psi}(x) \to \bar{\psi}'(x) = \bar{\psi}(x)\mathrm{e}^{\mathrm{i}\theta\gamma_5} \tag{19.3}$$

并在相角 θ 作任意整体(与 x 无关)转动下不变,故由 Noether 定理和经典场论知矢量流 J_{μ} 与轴矢流 J_{μ}^{5} 守恒

$$\partial^{\mu}J_{\mu} = 0, \qquad \partial^{\mu}J_{\mu}^{5} = 0$$

其中

$$J_{\mu} = \bar{\psi}\gamma_{\mu}\psi, \qquad J_{\mu}^{5} = \bar{\psi}\gamma_{\mu}\gamma_5\psi \tag{19.4}$$

当量子化时,如要求矢量流$\langle J_{\mu}\rangle$仍守恒(这里$\langle\,\rangle$代表量子化后物理量的真空平均值),

$$\langle \partial^{\mu}J_{\mu}\rangle = 0$$

则轴矢流$\langle J_{\mu}^{5}\rangle$会发生反常:

$$\langle \partial^{\mu}J_{\mu}^{5}\rangle = -\frac{1}{16\pi^2}\mathrm{e}^{\mu\nu\rho\sigma}\mathrm{tr}F_{\mu\nu}F_{\rho\sigma} \tag{19.5}$$

其中

$$F_{\mu\nu} = F_{\mu\nu}^{a}T_a = \partial_{\mu}A_{\nu} - \partial_{\nu}A_{\mu} + [A_{\mu}, A_{\nu}]$$

上式称单态反常,或称 Abel 反常.

有时需分析非 Abel 反常,分析非单态流

$$J_{\mu a} = \bar{\psi}\gamma_{\mu}T_a\psi, \quad J_{\mu a}^{5} = \bar{\psi}\gamma_{\mu}\gamma_5T_a\psi \tag{19.6}$$

由经典场论知,它们满足协变守恒:

$$\mathrm{D}^{\mu}J_{\mu a} = 0, \quad \mathrm{D}^{\mu}J_{\mu a}^{5} = 0$$

当量子化时,如要求矢量流 $J_{\mu a}$ 协变守恒:

$$\langle \mathrm{D}^{\mu}J_{\mu a}\rangle = 0$$

则

$$\langle D^{\mu} J_{\mu a}^{5} \rangle \neq 0 \tag{19.7}$$

称为非 Abel 反常. 注意,Abel 反常(19.5 式)是指流本身为单态流(见 19.4 式),但规范场 $F_{\mu\nu}$ 仍为非 Abel 规范场,而非 Abel 反常是指流本身表达式含有非 Abel 规范群生成元(见 19.6 式).

在非 Abel 规范理论,与费米场纯轴矢相互作用不是规范不变的,而需分别分析下面两种组合互作用 $\bar{\psi}\gamma^{\mu}\frac{1}{2}(1 \pm \gamma_5) T_a \psi A_{\mu}^{a}$,即通常还需将费米场表达为左右手征旋量场

$$\psi_{\pm} = \frac{1}{2}(1 \pm \gamma_5)\psi \tag{19.8}$$

讨论具有确定手征的费米场 $\psi_{\pm}$ 与规范场 A_{μ} 耦合

$$\bar{\psi}\gamma^{\mu}\left(\partial_{\mu} + \frac{1}{2}(1 \pm \gamma_5) A_{\mu}\right)\psi = \psi_{\pm}\gamma^{\mu}(\partial_{\mu} + A_{\mu})\psi_{\pm} + \psi_{\mp}\gamma^{\mu}\partial_{\mu}\psi_{\mp} \tag{19.9}$$

与 $A_{\mu}^{a}(x)$ 耦合的左、右手征流为

$$J_{\pm a}^{\mu} = -\mathrm{i}\bar{\psi}_{\pm}\gamma^{\mu} T_a \psi_{\pm} \tag{19.10}$$

在经典场论中协变守恒,但在量子化后,会产生反常

$$\langle D_{\mu} J_{\pm a}^{\mu} \rangle = \frac{\mp \mathrm{i}}{24\pi^2} \mathrm{tr} T^a \in^{\mu\nu\lambda\rho} \partial_{\mu}\left[A_{\nu}\partial_{\lambda}A_{\rho} + \frac{1}{2}A_{\nu}A_{\lambda}A_{\rho}\right] \tag{19.11}$$

上式也称为非 Abel 反常.

下面我们首先分析单态反常,(19.5)式最初是通过微扰论计算得到的,可采用量子场论中常用的 Pauli-Villars 正则化方法进行计算,这里我们按照 Fujikawa[70] 用路径积分量子化方法进行分析. 下面将规范场 $A_{\mu}^{a}(x)$ 作为经典外场,仅对费米场 $\psi(x)$ 用路径积分量子化,得作用量泛函

$$\mathrm{e}^{\mathrm{i}W[A]} = \int \mathscr{D}\bar{\psi}\mathscr{D}\psi \mathrm{e}^{\mathrm{i}\int \mathrm{d}^4 x L} \tag{19.12}$$

将时空四维闵空间延拓至四维欧空间

$$x^0 \to -\mathrm{i}x^4, \quad A_0 \to \mathrm{i}A_4$$

选表象使

$$\gamma^{\mu\dagger} = -\gamma^{\mu}, \qquad \not{D}^{\dagger} = \not{D} \tag{19.13}$$

即 $\not{D}$ 为厄米算子,可分析其本征函数,并仅考虑束缚态解. 可将四维欧空间 E^4 紧致化为四维球 S^4,因为是束缚态解,本征值离散,

$$\not{D}\varphi_n = \lambda_n \varphi_n \tag{19.14}$$

本征值 λ_n 为实,且不同本征值本征态正交:

$$\int d^4x \varphi_n^{\dagger}(x) \varphi_m(x) = \delta_{nm} \tag{19.15}$$

将 ψ、$\bar{\psi}$ 用算子 $\not{D}$ 的本征函数 $\{\varphi_n\}$ 展开

$$\psi(x) = \sum_n a_n \varphi_n(x)$$

$$\bar{\psi}(x) = \sum_n \varphi_n^{\dagger}(x) \bar{b}_n \tag{19.16}$$

在量子化后，费米场 $\psi, \bar{\psi}$ 相互反对易，φ_n, φ_n^4 为普通函数，故上展式中 $a_n, \bar{b}_n$ 为 Grassmann 数，相互反对易.

作局域手征变换，即(19.31)式中参数 $\theta = \theta(x)$ 依赖时空位置

$$\psi(x) \to \psi'(x) = e^{i\theta(x)\gamma_5} \psi(x) \tag{19.17}$$

两边均按 $\{\varphi_n(x)\}$ 展开

$$\sum_n a'_n \varphi_n(x) = \sum_n a_n \theta^{i\delta(x)\gamma_5} \varphi_n(x)$$

利用正交关系(19.19)得

$$\alpha'_m = \sum_n \int d^4x \varphi_m^{\dagger}(x) e^{i\alpha(x)\gamma_5} \varphi_n(x) a_n \equiv \sum_n c_{mn} a_n \tag{19.18}$$

$$\prod_m da'_m = [\det(c_{mn})]^{-1} \prod_n da_n \tag{19.19}$$

上式取 $\det(c_{mn})$ 之逆，是因为 a 为 Grassmann 数.

下面着重分析无穷小局域手征变换，用等式

$$\mathrm{Det} M = \exp \operatorname{tr} \ln M \tag{19.20}$$

及极限公式

$$\ln(1 + x) \to x, \quad 当 x \to 0 \tag{19.21}$$

可证

$$\begin{aligned} \mathrm{Det}(c_{mn}) &\simeq \exp(\operatorname{tr}\langle \varphi_m(x) \mid i\theta(x)\gamma_5 \mid \varphi_n(x) \rangle) \\ &= \exp\left(i\int d^4x \theta(x) \sum_n \varphi_n^{\dagger}(x) \gamma_5 \varphi_n(x) \right) = \exp\left(i\int d^4x \theta(x) \alpha(x) \right) \end{aligned} \tag{19.22}$$

其中

$$\alpha(x) = \sum_n \varphi_n^{\dagger}(x) \gamma_5 \varphi_n(x) \tag{19.23}$$

对 $\bar{b}'_n$ 也可得类似式子，因此在作手征转动(19.17)时路径积分(19.11)的积分测度变换为

$$d\mu \to d\mu' = d\mu e^{-2i\int d^4x \theta(x) \alpha(x)} \tag{19.24}$$

即在作手征变换时,虽然拉氏量不变,但是路径积分量子化时,积分测度改变会贡献一因子,因而产生手征流散度反常.

注意 $\theta(x)\alpha(x)$ 包括 $\mathrm{tr}(\gamma_5\theta)\delta^4(x-x)$,其中 δ 函数趋于无穷大而迹为零,如何得到有意义的结果. 下面采用规范不变形式来正则化,即在取 δ 函数宗量为零前先内插一微分算子 $\exp\left(-\frac{\not{D}^2}{M^2}\right)$,计算出最后结果后再令 $M\to\infty$ 可得有意义的结果.

$$\begin{aligned}\alpha(x) &= \sum_n \varphi_n^\dagger(x)\gamma_5\varphi_n(x) = \lim_{M\to\infty}\sum_n \varphi_n^\dagger(x)\gamma_5 \mathrm{e}^{-\not{D}^2/M^2}\varphi_n(x)\\ &= \lim_{M\to\infty}\lim_{y\to x}\mathrm{tr}\gamma_5\mathrm{e}^{-\not{D}^2/M^2/M^2}\sum_n\varphi_n(x)\varphi_n^\dagger(y) \\ &= \lim_{M\to\infty}\lim_{y\to x}\mathrm{tr}\gamma_5\mathrm{e}^{-\not{D}^2/M^2}\delta^4(x-y)\end{aligned}\tag{19.25}$$

其中微分算子 $\not{D}^2\equiv\not{D}_x^2$ 仅对宗量 x 作用. 用 δ 函数的傅里叶变换,可得

$$\alpha(x) = \lim_{M\to\infty}\lim_{y\to x}\mathrm{tr}\gamma_5\int\frac{\mathrm{d}^4k}{(2\pi)^4}\mathrm{e}^{-\mathrm{i}ky}\mathrm{e}^{-\not{D}^2/M^2}\mathrm{e}^{\mathrm{i}kx}\tag{19.26}$$

注意到指数函数的共轭变换式

$$g^{-1}\exp(T)g = \exp(g^{-1}Tg)\tag{19.27}$$

$$\begin{aligned}\mathrm{e}^{-\mathrm{i}kx}\mathrm{e}^{-\not{D}^2/M^2}\mathrm{e}^{\mathrm{i}kx} &= \exp\left(-\mathrm{e}^{-\mathrm{i}kx}\frac{\not{D}^2}{M^2}\mathrm{e}^{\mathrm{i}kx}\right) = \exp\left(-\left(\mathrm{e}^{-\mathrm{i}kx}\frac{\not{D}}{M}\mathrm{e}^{\mathrm{i}kx}\right)^2\right)\\ &= \exp(-(\not{D}+\mathrm{i}k)^2/M^2) = \mathrm{e}^{\frac{k2}{M2}}\mathrm{e}^{-(2\mathrm{i}k\cdot x+\not{D}^2)/M^2}\end{aligned}\tag{19.28}$$

将以上结果代入(19.26),并对积分变量作尺度变换 $k\to Mk$ 得

$$\alpha(x) = \lim_{M\to\infty}M^4\int\frac{\mathrm{d}^4k}{(2\pi)^4}\mathrm{e}^{k^2}\mathrm{tr}\left(\gamma_5\exp\left(-\frac{2\mathrm{i}k}{M}-\frac{\not{D}^2}{M^2}\right)\right)$$

当我们将上式指数按 $\not{D}$ 的幂次展开,一方面注意到只有最少含 4 个 Dirac γ 矩阵的项才有贡献,否则在对 Dirac 指标取迹时为零,另一方面在取 $M\to\infty$ 极限时,多于 $1/M$ 的四次幂的因子贡献零,故只含 $\not{D}^2$ 的二次项,而

$$\begin{aligned}\mathrm{tr}(\gamma_5\not{D}^4) &= -4\in^{\alpha\beta\gamma\delta}\mathrm{tr}(D_\alpha D_\beta D_\gamma D_\delta) = -\in^{\alpha\beta\gamma\delta}\mathrm{tr}([D_\alpha,D_\beta][D_\gamma,D_\delta])\\ &= -\in^{\alpha\beta\gamma\delta}\mathrm{tr}(F_{\alpha\beta}F_{\gamma\delta})\end{aligned}\tag{19.29}$$

而

$$\int\frac{\mathrm{d}^4k}{(2\pi)^4}\mathrm{e}^{-k^2} = \frac{1}{16\pi^2}\tag{19.30}$$

故

$$\alpha(x) = -\frac{1}{32\pi^2} \in^{\alpha\beta\gamma\delta} \mathrm{tr}(F_{\alpha\beta}F_{\gamma\delta}) \tag{19.31}$$

将以上结果代入(19.24)得当费米场作手征转动时,路径积分测度变换为

$$\mathscr{D}\bar{\psi}'\mathscr{D}\psi' = \mathscr{D}\bar{\psi}\mathscr{D}\psi \exp\left(\frac{\mathrm{i}}{16\pi^2} \in^{\alpha\beta\gamma\delta} \int \mathrm{d}^4x\theta(x)\,\mathrm{tr}F_{\alpha\beta}F_{\gamma\delta}\right) \tag{19.32}$$

通过 wick 转动转回到闵时空,即去掉上式右边因子 i. 可得到手征反常等式(即(19.5)式)

$$\partial_\mu\langle\bar{\psi}\gamma^\mu\gamma_5\psi\rangle = -\frac{1}{16\pi^2} \in^{\alpha\beta\gamma\delta} \mathrm{tr}F_{\alpha\beta}F_{\gamma\delta} \tag{19.33}$$

以上我们利用场论中正则化方法,由(19.23)式最后计算出手征反常项

$$\sum_n \varphi_n^+(x)\gamma_5\varphi_n(x) = -\frac{1}{32\pi^2} \in^{\alpha\beta\gamma\delta} \mathrm{tr}F_{\alpha\beta}F_{\gamma\delta}$$

但从纤维丛示性类理论知道,右端恰为规范场的第 1 Pontrjagin 示性类,而左端反常函数 $\alpha(x)$ 对四维欧空间体积元积分:

$$\int \mathrm{d}^4x\alpha(x) = \int \mathrm{d}^4x \sum_n \varphi_i^\dagger(x)\gamma_5\varphi_n(x) \tag{19.34}$$

利用(19.21)式易证 $\lambda_n \neq 0$ 的态对上式的贡献为零,而对 Dirac 算子 $\not{D}$ 的零模态 φ_0,可取 φ 为 γ_5 的本征态

$$\gamma_5\varphi_0^\pm = \pm\varphi_0^\pm$$

故

$$\int \mathrm{d}^4x \sum_n \varphi_n^\dagger(x)\gamma_5\varphi_n(x) = \nu_+ - \nu_- \tag{19.35}$$

其中 $\nu_\pm$ 为左、右手征零模态 $\varphi_0^\pm$ 的态数,上式即 Dirac 算子 $\not{D}$ 的解析指数,再由 Atiyah-Singer 指数定理知,相应的拓扑指数为规范场 $A_\mu(x)$ 的第二陈数

$$\mathrm{Ind}_a\not{D} = \mathrm{Ind}_t\not{D}$$

$$\nu_+ - \nu_- = -\frac{1}{32\pi^2}\int \mathrm{d}^4x \in^{\mu\nu\rho\sigma} \mathrm{tr}F_{\mu\nu}F_{\rho\sigma} \tag{19.36}$$

结合上两式知,在量子化后,由拉氏量的手征对称性导出的 Ward 等式应如(19.5)式. 此具有反常的 Ward 等式(轴矢反常方程),原由微扰计算得到,现在利用 A-S 指数定理可直接得到它. 量子场论中轴矢流散度反常是量子现象,由上述分析看出它与手征费米子在外规范场中的零模解数有关,与外规范场的经典拓扑分析有关. 由于规范场拓扑非平庸,轴矢流反常散度为规范场拓扑荷的两倍.

非 Abel 反常分析比较复杂,例如(19.11)式,其右端含有规范势 A_μ,失去规范协变性. 非Abel反常与Atiyah-Singer指标定理的推广——族指标定理相关,族指

标定理是建立在联络空间与轨道空间上同调论的基础上. 因此下面三节先介绍联络空间上同调论,介绍规范群各级拓扑障碍的递降继承,然后再对非 Abel 反常作认真分析.

§ 19.2　联络空间同调论与上同调论推广的陈-Simons 形式系列

流形 M 上以 G 为结构群的主丛 $P(M,G)$ 上,联络 1 形式拖回至底流形可表示为

$$A = A_\mu^a(x)T^a \mathrm{d}x^\mu \tag{19.37}$$

为取值在 G 的李代数表示空间上的 1 形式. 而相应曲率 2 形式拖回至底流形上,可表示为

$$F = \frac{1}{2}F_{\mu\nu}^a T^a \mathrm{d}x^\mu \wedge \mathrm{d}x^\nu = \mathrm{d}A + A^2 \tag{19.38}$$

这里为简化记号,略去外乘符号 $\wedge$,即

$$A^2 \equiv A \wedge A = \frac{1}{2}[A,A]$$

对于任意两个取值在李代数表示上的微分形式,有

$$A = A^a T^a, \qquad B = B^a T^a$$

其中 A^a 为 n_A 阶微分形式,B^a 为 n_B 阶微分形式,其对易子定义为

$$[A,B] \equiv AB - (-1)^{n_A n_B}BA = A^a \wedge B^b \otimes [T^a,T^b] \tag{19.39}$$

即将微分形式部分抽出外乘,而相应李代数表示矩阵取对易.

令 $\mathfrak{A} = \{A\}$ 为丛 $P(M,G)$ 上规范势集合的空间. 称联络空间. 联络空间 $\mathfrak{A}$ 上每点 A 均可作规范变换.

$$A(x) \to A(x)^g = g(x)^{-1}A(x)g(x) + g(x)^{-1}\mathrm{d}g(x) \tag{19.40}$$

$$F(x) \to F(x)^g = g(x)^{-1}F(x)g(x)$$

联络空间 $\mathfrak{A} = \{A\}$ 为无穷维仿射空间中的凸流形,是拓扑平庸的(可收缩的),其中任意两点 A_0 与 A_1 的直线内插

$$A_t = A_0 + t(A_1 - A_0) \quad (0 \leqslant t \leqslant 1)$$

仍属于 $\mathfrak{A}$,即对 A_t 存在如(19.40)一样的规范变换

$$A_t \to A_t^g = g^{-1}A_t g + g^{-1}dg$$

A_t 仍为丛 $P(M,G)$ 上规范势,仍是联络空间 $\mathfrak{A}$ 中元素.

注意到联络空间 $\mathfrak{A} = \{A\}$ 为无穷维仿射空间中的凸流形,可在联络空间 $\mathfrak{A}$ 引

入同调论. 即空义标准定向 k 链

$$\Delta_k = \Delta_k(A_0, A_1, \cdots, A_k) \tag{19.41}$$

为以 $A_0, A_1, \cdots, A_k$ 为顶点的 k 链. 对它可引入边缘运算

$$\partial_k \Delta_k = \sum_i (-1)^i \Delta_{k-1}(A_0, \cdots, \check{A}_i, \cdots, A_k) \tag{19.42}$$

其中 $\check{A}_i$ 表示将顶点 A_i 删去所得到的$(k-1)$链.

各种 k 链 Δ_k 的整系数线性组合为 k 链群 Γ_k,(19.42)引入的边缘运算∂_k 将 k 链群 Γ_k 映射为$(k-1)$链群 Γ_{k-1},且为同态映射

$$\partial_k : \Gamma_k \to \Gamma_{k-1} \tag{19.43}$$

可进一步分析所有 k 链群系列$\{\Gamma_k\}$及其间同态映射算子系列$\{\partial_k\}$,易证

$$\partial_{k-1} \cdot \partial_k = 0 \tag{19.44}$$

于是,利用系列$\{\Gamma_k, \partial_k\}$可引入联络空间同调群:

$$H_k(\mathfrak{A}) = \mathrm{Ker}\partial_k / \mathrm{Im}\partial_{k+1} \tag{19.45}$$

其生成元为 k 闭链,为非边缘链的实质闭链.

联络空间 $\mathfrak{A}$ 上的线性泛函 $Q(\Gamma_k)$ 为 $\mathfrak{A}$ 的 k 上链,并可相应地引入上边缘算子 Δ. 利用复形系列$\{Q(\Gamma_k), \Delta\}$可得到联络空间的上同调群. 下面我们利用流形 M 上推广的陈-Simons 系列[31,32],将联络空间同调论复形$\{\Gamma_k, \partial_k\}$与流形 M 上的 de Rham 上同调论复形$\{\Lambda^k, d\}$连系,形成双复形(double complex),于是可极其自然地引入联络空间 $\mathfrak{A}$ 的上同调论复形$\{Q^k, \Delta\}$系列.

例如由主丛 $P(M,G)$的 n 阶陈特性出发,令

$$Q_{2n}(A) = \mathrm{tr}(F^n) \tag{19.46}$$

为 F 的 n 阶对称不变多项式,即除差常系数外,与第 n 阶陈特性相等,曲率 2 形式 F 的其他不变多项式均可表示为 $Q_{2n}(A)$的乘积的常系数组合.

在联络空间 $\mathfrak{A}$ 中取两点 A_0 和 A_1 作线性内插

$$A_t = A_0 + t(A_1 - A_0) \equiv A_0 + t\eta \tag{19.47}$$

其中

$$\eta = A_1 - A_0, \quad 0 \leqslant t \leqslant 1 \tag{19.48}$$

$$F_t = \mathrm{d}A_t + A_t^2 = F + t\mathrm{D}\eta + t^2\eta^2 \tag{19.49}$$

其中

$$\mathrm{D}\eta \equiv \mathrm{d}\eta + \{A_0, \eta\} \tag{19.50}$$

注意,η 为规范协变 1 形式,而其协变外微分 $\mathrm{D}\eta$ 为规范协变 2 形式. 由(15.8)式知道

$$Q_{2n}(A_1) - Q_{2n}(A_0) = \mathrm{d}Q_{2n-1}^1(A_0, A_1) \tag{19.51}$$

其中

$$Q_{2n-1}^1(A_0, A_1) = n\int_0^1 \mathrm{d}t \mathrm{tr}(A_1 - A_0, F_t^{n-1}) \tag{19.52}$$

为联络空间 $A_0(x)$, $A_1(x)$ 的泛函,具有性质

$$Q_{2n-1}^1(A_0^g, A_1^g) = Q_{2n-1}^1(A_0, A_1) \tag{19.53}$$

即在主丛 $P(M,G)$ 上有整体定义,称为联络空间的 1 上链. 而 $Q_{2n}(A)$ 称为联络空间零上链. (19.51)式左端为两个零上链之差,是对零上链作上边缘运算得到的 1 上边缘

$$\Delta Q_{2n}(A_0, A_1) \equiv Q_{2n}(A_1) - Q_{2n}(A_0) \tag{19.54}$$

上式中的 Δ 称为联络空间的上边缘算子.

下面进一步分析三个联络 $A_0(x)$, $A_1(x)$, $A_2(x)$ 间的连续内插,令

$$A_{ts} = A_0 + t(A_1 - A_0) + s(A_2 - A_0) \equiv A_0 + t\eta_1 + s\eta_2 \tag{19.55}$$

$$F_{ts} = \mathrm{d}A_{ts} + A_{ts}^2 \tag{19.56}$$

$$\frac{\partial F_{ts}}{\partial t} = \mathrm{d}\eta_1 + \{\eta_1 A_{ts}\} \equiv \mathrm{D}_{ts}\eta_1$$

$$\frac{\partial F_{ts}}{\partial s} = \mathrm{D}_{ts}\eta_2 \tag{19.57}$$

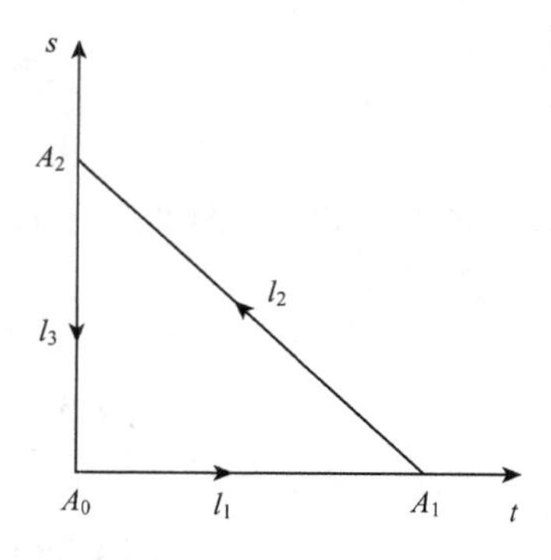

图 19.1

分析三个相关的 1 上链的交替和,如图 19.1 可得 1 上链的上边缘运算.

$$\begin{aligned}\Delta Q_{2n-1}^1(A_0, A_1, A_2) \equiv\ & Q_{2n-1}^1(A_1, A_2) \\ & - Q_{2n-1}^1(A_0, A_2) \\ & + Q_{2n-1}^1(A_0, A_1) \\ =\ & n\int_l \mathrm{tr}(\mathrm{d}t\eta_1 + \mathrm{d}s\eta_2, F_{ts}^{n-1})\end{aligned} \tag{19.58}$$

在下面运算过程中,需引入对称化迹 Str(　). 对取值在李代数 $\mathscr{G}$ 的 k 形式

$$\Sigma = \sigma \otimes \lambda \in \Omega^k(M, \mathscr{G}), \qquad \sigma \in \Lambda^k(M), \lambda \in \mathscr{G} \tag{19.59}$$

设在规范变换下 Σ 规范协变:

$$\Sigma \to \Sigma^g = g^{-1}\Sigma g, \qquad g \in G \tag{19.60}$$

取值李代数 $\mathscr{G}$ 的矩阵表示的微分形式集合 $\{\Sigma_i\}$ 的对称迹(symmetric trace)定义为

$$\mathrm{Str}(\Sigma_1,\cdots,\Sigma_l)=\sigma_1\wedge\cdots\wedge\sigma_l\otimes\frac{1}{l!}\sum_p \mathrm{tr}(\lambda_{p_1},\cdots,\lambda_{p_l}) \quad (19.61)$$

p 标志对所有置换求和,即将微分形式部分抽出外乘,再将表示矩阵部分对称化后取迹. 这样定义的对称迹具有下述性质:

(i) 对所有宗量置换完全对称

$$\mathrm{Str}(\Sigma_{p_1},\cdots,\Sigma_{p_l})=\mathrm{Str}(\Sigma_1,\cdots,\Sigma_l) \quad (19.62)$$

(ii) 对所有宗量作相同规范变换下不变

$$\mathrm{Str}(\Sigma_1^g,\cdots,\Sigma_l^g)=\mathrm{Str}(\Sigma_1,\cdots,\Sigma_l) \quad (19.63)$$

(iii) 对任意 $\mathscr{G}$值 1 形式 ω,下等式成立:

$$\sum_{i=1}^{l}(-1)^{k_1+\cdots+k_{i-1}}\mathrm{Str}(\Sigma_1,\cdots,[\omega,\Sigma_i],\cdots,\Sigma_l)=0 \quad (19.64)$$

其中 k_i 为 Σ_i 的微分形式的阶. 由上式易证:

$$\mathrm{d}\,\mathrm{Str}(\Sigma_1,\cdots,\Sigma_l)=\sum_{i=1}^{l}(-1)^{k_1+\cdots+k_{i-1}}\mathrm{Str}(\Sigma_1,\cdots,\mathrm{D}\Sigma_i,\cdots,\Sigma_l)=0 \quad (19.65)$$

其中 $\mathrm{D}\Sigma_i=\mathrm{d}\Sigma_i+[A,\Sigma_i]$ 为协变外微分.

下面回到(19.58),由于 2 形式间相互对易,故式(19.58)中取迹运算与对称迹运算等价. 利用上述对称迹的性质,并注意到在参数空间回路 $l=l_1+l_2+l_3$ 为联络空间标准 2 单形 Δ_2 的边缘:$l=\partial\Delta_2$,利用 Stokes 定理,得

$$\begin{aligned}\Delta Q_{2n-1}^1(A_0,A_1,A_2)&=n\int_{\partial\Delta 2}\mathrm{Str}(\mathrm{d}t\eta_1+\mathrm{d}s\eta_2,F_{ts}^{n-1})\\&=n\int_{\Delta 2}\left[\frac{\partial}{\partial t}\mathrm{Str}(\eta_2,F_{ts}^{n-1})-\frac{\partial}{\partial s}\mathrm{Str}(\eta_1,F_{ts}^{n-1})\right]\mathrm{d}t\wedge\mathrm{d}s\\&=n(n-1)\int_{\Delta 2}[\mathrm{Str}(\eta_2,D_{ts}\eta_1,F_{ts}^{n-2})-\mathrm{Str}(\eta_1,\mathrm{D}_{ts}\eta_2,F_{ts}^{n-2})]\mathrm{d}t\wedge\mathrm{d}s\\&=n(n-1)\mathrm{d}\int_{\Delta 2}\mathrm{Str}(\eta_1,\eta_2,F_{ts}^{n-2})=-\mathrm{d}Q'_{2n-2}(A_0,A_1,A_2)\end{aligned} \quad (19.66)$$

其中

$$Q_{2n-2}^1(A_0,A_1,A_2)=-n(n-1)\int_0^1\mathrm{d}t\int_0^{1-t}\mathrm{d}s\mathrm{Str}(\eta_1,\eta_2,F_{ts}^{n-2}) \quad (19.67)$$

为定义在联络空间三个联络上的泛函,是联络空间 2 上链,也称为推广的陈-Simons 形式.

以上过程可进一步推广. 注意到联络空间 $\mathfrak{A}=\{A\}$ 为无穷维仿射空间中的凸流形,可在 k 个线性无关的联络$\{A_i;i=1,2,\cdots,k\}$间作线性内插

$$A_t=A_0+\sum_{i=1}^{k}t_i\eta_i=A_\mu(x,t)\mathrm{d}x^\mu$$

$$\eta_i = A_i - A_0, \quad 0 \leqslant \sum_{i=1}^{k} t_i \leqslant 1 \tag{19.68}$$

令 $R(t)^k$ 为 k 维线性空间,可以在流形 $M \otimes R(t)^k$ 上引入联络 $\mathscr{A}$

$$\mathscr{A} = (A_\mu(x,t)\mathrm{d}x^\mu;0) = (A_t;0) \tag{19.69}$$

并可定义流形 $M \otimes R(t)^k$ 上曲率 $\mathscr{F}$

$$\mathscr{F} = (\mathrm{d} + \delta)\mathscr{A} + \mathscr{A}^2 = \mathrm{d}A_t + \sum_{i=1}^{k} \delta t_i \eta_i + A_t^2 = F_t + H \tag{19.70}$$

其中 d 为流形 M 上的外微分,而 δ 为参数空间 $R(t)^k$ 中对参数 $\{t_i\}$ 的外微分,并且为简化记号,略去外乘记号 ∧,即 $A^2 = A \wedge A$.

外微分算子 d,δ 满足熟知的法则

$$\mathrm{d}^2 = \delta^2 = 0$$

$$(\mathrm{d} + \delta)^2 = \mathrm{d}\delta + \delta\mathrm{d} = 0 \tag{19.71}$$

(19.70)式中

$$F_t = \mathrm{d}A_t + A_t^2 \tag{19.72}$$

而

$$H = \sum_{i=1}^{k} \delta t_i \eta_i \equiv \delta t \cdot \eta \tag{19.73}$$

为过 A_0 点沿确定方向 $\sum_{i=1}^{k} t_i \eta_i \equiv t \cdot \eta$ 上 A_0 的变更,H 为参数空间 1 形式与流形 M 上 1 形式的外积. 在主丛 $P(M,G)$ 上联络 A 作规范变换时,H 按规范协变

$$H \to H^g = g^{-1}Hg \tag{19.74}$$

且具性质

$$\delta H = 0 \tag{19.75}$$

$$H^2 = \delta t_1 \cdot \eta_1 \delta t_2 \cdot \eta_2 = -\delta t_1 \delta t_2 \eta_1 \eta_2$$

$$H^k = (-1)^{\frac{k(k-1)}{2}} \delta t_1 \delta t_2 \cdots \delta t_k \eta_1 \eta_2 \cdots \eta_k \tag{19.76}$$

利用(19.70)式将 $\mathscr{F}$ 的 n 阶对称迹按 H 的幂次展开

$$\mathrm{Str}(\mathscr{F}^n) = \mathrm{tr}(\mathscr{F}^n) = \sum_{k=0}^{n} q_{2n-k}^k \tag{19.77}$$

其中

$$q_{2n-k}^k = \frac{n!}{k!(n-k)!}\mathrm{Str}(H^k, F_t^{n-k}) \tag{19.78}$$

注意到 $\mathscr{F}$ 满足 Bianchi 等式:

$$\mathrm{D}\mathscr{F} = (\mathrm{d} + \delta) + [\mathscr{A}, F] = 0 \tag{19.79}$$

故由(19.65)式

$$(\mathrm{d}+\delta)\mathrm{Str}(\mathscr{F}) = 0 \tag{19.80}$$

将(19.77)式代入上式,要求同阶形式相等,得

$$\mathrm{d}q_{2n-k}^{k} = -\delta q_{2n-k+1}^{k-1}, \qquad k = 1,2,\cdots,n \tag{19.81}$$

及

$$\mathrm{d}q_{2n}^{0} = \mathrm{dtr}(F^{n}) = 0$$

$$\delta q_{n}^{n}(A_0,\cdots,A_n) = \delta\mathrm{Str}(H^{n}) = 0 \tag{19.82}$$

上式与(19.75)式符合.

在联络空间 $\mathfrak{A}=\{A\}$ 上选对 A_0 的 k 个线性无关变更 $\{\eta_i = A_i - A_0\}$,令

$$\Gamma_k = A_0 + \sum_{i=1}^{k} t_i\eta_i \equiv \Gamma_k(A_0,\cdots,A_k) \qquad \left(0 \leqslant \sum_{i=1}^{k} t_i \leqslant 1\right) \tag{19.83}$$

为联络空间过 A_0 点的 k 链. 可将 q_{2n-k}^{k} 对上述 k 链 Γ_k 积分,即将 q_{2n-k}^{k} 在参数空间 $R(t)^k$ 的 k 阶标准单形 Δ_k

$$\Delta_k = \Delta_k\left(t^1,\cdots,t^k, 0 \leqslant \sum_{i=0}^{k} t_i \leqslant 1\right)$$

上作 k 重积分,得 Γ_k 上的泛函

$$Q_{2n-k}^{k}(A_0,\cdots,A_k) = Q_{2n-k}^{k}(\Gamma_k) = \int^{\Gamma_k} q_{2n-k}^{k}$$

$$= (-1)^{\frac{k(k-1)}{2}} \frac{n!}{(n-k)!}\int^{\Delta_k}(\delta t)^k \mathrm{Str}(\eta_1,\cdots,\eta_k,F_t^{n-k}) \tag{19.84}$$

称为推广的陈-Simons 形式(Q 系列),为联络空间 k 上链. 易证

$$\mathrm{d}Q_{2n-k}^{K}(\Gamma_k) = \mathrm{d}\int^{\Gamma_k} q_{2n-k}^{k} = (-1)^k\int^{\Gamma_k}\mathrm{d}q_{2n-k}^{k} = (-1)^{k-1}\int^{\Gamma_k}\delta q_{2n-k+1}^{k-1}$$

$$= (-1)^{k-1}\int^{\partial\Gamma_k} q_{2n-k+1}^{k-1} = (-1)^{k-1} Q_{2n-k+1}^{k-1}(\partial\Gamma_k) \tag{18.85}$$

上式中第二等式后因子$(-1)^k$ 的来源是,设 d 与 δ 反对易,故在 d 与 $\int^{\Gamma_k}$ 交换次序时应多出此因子,以使 Stokes 定理(上式第四等式)保持通常形式. 第三等式是利用(19.81)式.

注意到泛函 $Q_{2n-k}^{k}(\Gamma_k)$ 相对被积的 k 链 Γ_k 的线性叠加性,上式右端 $Q_{2n-k+1}^{k-1}(\partial\Gamma_k)$ 又可进一步表示为

$$Q_{2n-k+1}^{k-1}(\partial\Gamma_k) = Q_{2n-k+1}^{k-1}\left(\sum_{i=1}^{k}(-1)^i\Gamma_{k-1}^{(i)}\right)$$

$$= \sum_{i=1}^{k}(-1)^i Q_{2n-k+1}^{k-1}(\Gamma_{k-1}^{(i)}) \equiv \Delta Q_{2n-k+1}^{k-1}(\Gamma_k) \tag{19.86}$$

其中 Δ 为作用在联络泛函空间上的算子，它使 $k+1$ 个 k 阶泛函（k 上链，组合成（$k+1$）上链，

$$\Delta Q_{2n-k+1}^{k-1}(A_0,\cdots,A_k) \equiv \sum_{j=0}^{k+1}(-1)^j Q_{2n-k+1}^{k-1}(A_0,\cdots,\hat{A}_j,\cdots,A_k) \qquad (19.87)$$

此式是(19.54)、(19.58)式的自然推广. 易证它满足

$$\Delta^2 = 0$$

故 Δ 称为联络泛函空间上的上边缘算子，可利用它来讨论联络空间的上同调论. (19.86)式表明，利用线性泛函的线性叠加性，可将联络空间同调群的边缘算子 ∂ 抽出，得到作用在联络线性泛函上的上边缘算子 Δ.

以上分析表明，(19.84)式引入的推广的陈-Simons 形式（Q 系列）具有下列重要性质：

1）$\Delta Q_{2n-k+1}^{k-1}(A_0,\cdots,A_k) = (-1)^k \mathrm{d}Q_{2n-k}^{k}(A_0,\cdots,A_k)$

$$(0 \leqslant k \leqslant n) \qquad (19.88)$$

$$\Delta Q_n^n(A_0,\cdots,A_{n+1}) = 0 \qquad (19.89)$$

2）Q 系列在其所有宗量作相同规范变换下不变.

$$Q_{2n-k}^k(A_0,\cdots,A_k) = Q_{2n-k}^k(A_0^g,\cdots,A_k^g) \qquad (19.90)$$

即 Q 系列实质上为轨道空间 $\mathfrak{A}/\mathscr{G}$ 上的泛函，在整个主丛 $P(M,G)$ 的联络空间上有整体定义.

3）Q 系列对所有宗量的置换完全反对称.

$$Q_{2n-k}^k(A_0,\cdots,A_k) = \delta_{0,\cdots,k}^{i_0,\cdots,i_k} Q_{2n-k}^k(A_{i_0},\cdots,A_{i_k}) \qquad (19.91)$$

为了便于查找，下面列举些简单的 Q 系列的表达式及一些常用关系式.

1）陈-Simons 形式，将 $k=1$ 代入(19.84)式

$$Q_{2n-1}^1(A_0,A_1) = n\int_0^1 \mathrm{d}t\mathrm{tr}(A_1 - A_0, F_t^{n-1}) \qquad (19.92)$$

其中

$$F_t = F_0 + t(F_1 - F_0) + t(t-1)(A_1 - A_0)^2 \qquad (19.93)$$

利用

$$\int_0^1 \mathrm{d}t t^k (1-t)^l = \frac{l!k!}{(k+l+1)!} \qquad (19.94)$$

易证

$$Q_{2n-1}^1(A_0,A_1) = \sum_{j=0}^{n-1} \frac{(-1)^{n-j-1} n!}{(n-j-1)!(2n-j-1)!}$$

$$\times \sum_{k+l=j} \frac{(n-k-1)!(n-l-1)!}{k!l!}$$
$$\times \operatorname{Str}(A_1 - A_0, (A_1 - A_0)^{2(n-j-1)}, F_0^k, F_1^l) \tag{19.95}$$

例如

$$Q_1^1(A_0, A_1) = \operatorname{tr}(A_1 - A_0)$$
$$Q_3^1(A_0, A_1) = \operatorname{tr}\left\{(A_1 - A_0)(F_0 + F_1) - \frac{1}{3}(A_1 - A_0)^3\right\}$$
$$Q_5^1(A_0, A_1) = \operatorname{tr}\left\{(A_1 - A_0)\left[F_0^2 + F_1^2 + \frac{1}{2}(F_0F_1 + F_1F_0)\right]\right.$$
$$\left. - \frac{1}{2}(A_1 - A_0)^3(F_0 + F_1) + \frac{1}{10}(A_1 - A_0)^5\right\}$$
$$Q_7^1(A_0, A_1) = \operatorname{tr}\left\{(A_1 - A_0)\left[F_0^3 + F_1^3 + \frac{1}{3}(F_1F_0^2 + F_0F_1^2)\right]\right.$$
$$+ (A_1 - A_0)^3\left[-\frac{4}{5}F_1F_0 - \frac{3}{5}(F_0^2 + F_1^2)\right]$$
$$\left. + \frac{1}{5}(A_1 - A_0)^5(F_0 + F_1) - \frac{1}{35}(A_1 - A_0)^7\right\} \tag{19.96}$$

以上相当于存在背景场 A_0 时的陈-Simons 形式，而一般文献常将 $A_0 = 0$ 时的陈-Simons 形式记为 $\omega_{2n-1}(A)$，即

$$\omega_{2n-1}(A) \equiv Q_{2n-1}^1(0, A) = n\int_0^1 \mathrm{d}t \operatorname{tr}(A, F_t^{n-1})$$
$$= n!(n-1)!\sum_{j=0}^{n-1}(-1)^{n-j-1}\frac{1}{(2n-j-1)!j!}\operatorname{Str}(A, A^{2(n-j-1)}, F^j) \tag{19.97}$$

例如

$$\omega_1(A) = \operatorname{tr}(A)$$
$$\omega_3(A) = \operatorname{tr}\left(FA - \frac{1}{3}A^3\right) = \operatorname{tr}\left(A\mathrm{d}A + \frac{2}{3}A^3\right)$$
$$\omega_5(A) = \operatorname{tr}\left(F^2A - \frac{1}{2}FA^3 + \frac{1}{10}A^5\right) = \operatorname{tr}\left(A(\mathrm{d}A)^2 + \frac{3}{2}A^3\mathrm{d}A + \frac{3}{5}A^5\right)$$
$$\omega_7(A) = \operatorname{tr}\left(F^3A - \frac{2}{5}F^2A^3 - \frac{1}{5}FA^2FA + \frac{1}{5}FA^5 - \frac{1}{35}A^7\right) \tag{19.98}$$

2）推广的陈-Simons 形式，令 $k=2$ 代入(19.84)式，有

$$Q_{2n-2}^2(A_0, A_1, A_2)$$

$$= -n(n-1)\int_0^1 \mathrm{d}t_1 \int_0^{1-t_2} \mathrm{d}t_2 \mathrm{Str}(A_1 - A_0, A_2 - A_0, F_t^{n-2}) \tag{19.99}$$

其中

$$\begin{aligned} F_t = &(1 - t_1 - t_2)F_0 + t_1 F_1 + t_2 F_2 \\ &- (1 - t_1 - t_2)[t_1(A_1 - A_0)^2 + t_2(A_2 - A_0)^2] \\ &- t_1 t_2 (A_1 - A_2)^2 \end{aligned} \tag{19.100}$$

利用

$$\int_0^1 \mathrm{d}t_1 \int_0^{1-t_1} \mathrm{d}t_2 (1 - t_1 - t_2)^k t_1^l t_2^m = \frac{k!m!l!}{(k+m+l+2)!} \tag{19.101}$$

$$\begin{aligned} \int_0^1 \mathrm{d}t_1 \int_0^{1-t_1} \mathrm{d}t_2 t_1^k t_2^l = \frac{k!l!}{(k+l+2)!} &= \int_0^1 \mathrm{d}t_1 \int_0^{1-t_1} \mathrm{d}t_2 (1 - t_1 - t_2)^k t_1^l \\ &= \int_0^1 \mathrm{d}t_1 \int_0^{1-t_1} \mathrm{d}t_2 (1 - t_1 - t_2)^k t_2^l \end{aligned} \tag{19.102}$$

易证，把 $n=2,3,\cdots$ 代入(19.99)式，得到

$$Q_2^2(A_0, A_1, A_2) = -\mathrm{tr}(A_1 - A_0, A_2 - A_0)$$

$$\begin{aligned} Q_4^2(A_0, A_1, A_2) = -\mathrm{tr}\{&(A_1 - A_0)(A_2 - A_0)(F_0 + F_1 + F_2) \\ &- \frac{1}{4}[(A_1 - A_0)^3(A_2 - A_0) + (A_1 - A_0)(A_2 - A_0)^3 \\ &+ (A_1 - A_0)(A_2 - A_0)(A_1 - A_2)^2]\} \end{aligned} \tag{19.103}$$

而 Zumino 引入的 α_{2n-2}(见§19.5)可表示为

$$\alpha_{2n-2} = Q_{2n-2}^2(0, A, v), \quad v = g\mathrm{d}g^{-1} \tag{19.104}$$

例如

$$\alpha_2 = \mathrm{tr}(vA)$$

$$\alpha_4 = \frac{1}{2}\mathrm{tr}\left\{v(A\mathrm{d}A + \mathrm{d}AA) + vA^3 - v^3 A + \frac{1}{2}(vA)^2\right\} \tag{19.105}$$

而各种反常的局域抵消项(Bardeen 抵消项见§19.5)为

$$B_{2n-2}(A_1, A_2) = c_n Q_{2n-2}^2(0, A_1, A_2) \tag{19.106}$$

$$c_n = \frac{\mathrm{i}^n}{n!(2\pi)^n}$$

例如在四维时空，令 $n=2$，得

$$\begin{aligned} B_4(A_1, A_2) = \frac{\mathrm{i}}{24\pi^2}\mathrm{tr}\Big\{&A_1 A_2(F_1 + F_2) - \frac{1}{2}(A_1^3 A_2 + A_1 A_2^3) \\ &+ \frac{1}{2}A_1 A_2 A_1 A_2\Big\} \end{aligned} \tag{19.107}$$

推广的陈-Simons 形式满足(19.85)式,可表示为

$$dQ_{2n-k}^{k}(A_0,A_1,\cdots,A_k)=(-1)^{k-1}\Delta Q_{2n-k+1}^{k-1}(A_0,A_1,\cdots,A_k)$$
$$(k=1,\cdots,n) \tag{19.108}$$

例如

$$dQ_{2n-1}^{1}(A_0,A_1)=\mathrm{tr}F_1^n-\mathrm{tr}F_0^n$$
$$dQ_{2n-2}^{2}(A_0,A_1,A_2)=-Q_{2n-1}^{1}(A_1,A_0)+Q_{2n-1}^{1}(A_0,A_2)-Q_{2n-1}^{1}(A_0,A_1)$$
$$\begin{aligned}d\alpha_{2n-2}&=-Q_{2n-1}^{1}(A,v)+Q_{2n-1}^{1}(0,v)-Q_{2n-1}^{1}(0,A)\\&=\omega_{2n-1}(A^g)-\omega_{2n-1}(A)+\omega_{2n-1}(v)\end{aligned} \tag{19.109}$$
$$\begin{aligned}\frac{1}{c_n}dB_{2n-2}(A_1,A_2)&=-Q_{2n-1}^{1}(A_1,A_2)+Q_{2n-1}^{1}(0,A_2)-Q_{2n-1}^{1}(0,A_1)\\&=-Q'_{2n-1}(A_1,A_2)+\omega_{2n-1}(A_2)-\omega_{2n-1}(A_1)\end{aligned} \tag{19.110}$$

§ 19.3　规范群 $\mathscr{G}$的各级拓扑障碍 Čech-de Rham 双复形

设物理时空为经 Wick 转动后的 m 维欧氏空间,并可进一步紧致化为无边紧致流形 M,规范变换 $g(x)$ 为取值在李群 G 的底流形 M 的函数,即为映射

$$g:M\to G \tag{19.111}$$

且一般要求 $g(x_0)=1$,这里 x_0 为与无穷远点相应的流形 M 上的某特殊点.

规范变换 g 的集合 $\mathscr{G}=\{g\}$ 为无穷维群,称规范变换群(以下简称规范群). 规范群 $\mathscr{G}$可能拓扑非平庸,即可能存在拓扑非平庸的同伦群

$$\pi_n(\mathscr{G})\neq 0$$

定义在联络空间 $\mathfrak{A}=\{A(x)\}$ 上的物理体系,由于存在规范不变性,实质上是定义在规范轨道空间 $\mathfrak{A}/\mathscr{G}$上,由于 $\mathscr{G}$可能拓扑非平庸,使得轨道空间 $\mathfrak{A}/\mathscr{G}$拓扑非平庸. 类似第七章利用投射与嵌入映射,可得到下列同伦群间的恰当系列:

$$\pi_{n+1}(\mathfrak{A})\to\pi_{n+1}(\mathfrak{A}/\mathscr{G})\to\pi_n(\mathscr{G})\to\pi_n(\mathfrak{A}) \tag{19.112}$$

由于联络空间 $\mathfrak{A}$ 为拓扑平庸的凸流形,即

$$\pi_n(\mathfrak{A})=0,\qquad n\geqslant 1 \tag{19.113}$$

故恰当系列(19.112)约化为

$$0\to\pi_{n+1}(\mathfrak{A}/\mathscr{G})\to\pi_n(\mathscr{G})\to 0$$

因此知

$$\pi_{n+1}(\mathfrak{A}/\mathscr{G})=\pi_n(\mathscr{G}),\qquad n\geqslant 1 \tag{19.114}$$

正是规范群 $\mathscr{G}$的拓扑非平庸造成轨道空间 $\mathfrak{A}/\mathscr{G}$拓扑非平庸,这使得定义在轨道

空间上的规范协变的 Dirac 算子存在拓扑障碍. 本节我们将利用 Čech-de Rham 双复形[33]来分析 Dirac 算子的各级拓扑障碍,同时能极其自然地得到规范群上同调.

由 A-S 指数定理我们知道,Dirac 算子的解析指数 $\mathrm{Ind}\not{D}$ 可用主丛 $P(M,G)$ 上局域多项式的积分表示:

$$\mathrm{Ind}\not{D} = \int_M \hat{A}(M)Ch(F) = Z \tag{19.115}$$

其中 Z 为整数,$Ch(F)$ 为用规范场强 F 表达的主丛 $P(M,G)$ 的总陈特性.

$$Ch(F) = \mathrm{tr}e^{\mathrm{i}F/2\pi} = \gamma + \frac{\mathrm{i}}{2\pi}\mathrm{tr}F + \cdots + \frac{\mathrm{i}^n}{n!(2\pi)^n}\mathrm{tr}F^n + \cdots \tag{19.116}$$

$\hat{A}(M)$ 为用底流形 M 的曲率 R 表达的 $\hat{A}$ 多项式,为简单起见,设底流形 M 可紧致化为与 $2n$ 维球面 S^{2n} 同胚的流形,由于我们在这里集中分析规范群的拓扑障碍,可令 $\hat{A}(S^{2n})=1$,于是(19.115)式化为

$$Z = c_n\int_{S^{2n}}\mathrm{tr}F^n = \int_{S^{2n}}\Omega_{2n}^{-1}(F), \qquad c_n = \frac{\mathrm{i}^n}{n!(2\pi)^n} \tag{19.117}$$

上式中 $\Omega_{2n}^{-1}(F)=c_n\mathrm{tr}F^n$ 称为主丛 $P(M,G)$ 的第 n 陈特性,为闭 $2n$ 形式. 当 $Z\neq 0$ 时,$\Omega_{2n}^{-1}(F)$ 不能在整个流形 S^{2n} 上表示为恰当形式,且规范势 A 本身不能在整个 S^{2n} 上有定义. 但是 $\Omega_{2n}^{-1}(F)$ 可以在整个 S^{2n} 上有定义,用 Čech 上同调语言,$\Omega_{2n}^{-1}(F)$ 为 Čech 零上闭链.

将流形 $M=S^{2n}$ 用两个开集覆盖

$$U_0 \cup U_1 = M$$

每个开集 $U_j(j=0,1)$ 均与 $2n$ 维盘 D_{2n} 同胚,为拓扑平庸区域,故由 Poincare 引理知,在每个区域 U_j,闭形式 $\Omega_{2n}^{-1}(F)$ 可表为恰当形式

$$\Omega_{2n}^{-1}(F = \mathrm{d}A_j + A_j^2) = \mathrm{d}\Omega_{2n-1}^{0}(A_j) \tag{19.118}$$

其中

$$\Omega_{2n-1}^{0}(A_j) = c_n Q_{2n-1}^{1}(0,A_j) = c_n\omega_{2n-1}(A_j) \tag{19.119}$$

为熟知的陈-Simons 形式,其具体表达式见(19.97、19.98)式,为简单起见,下面仅以 $n=3$ 为例来进行分析. 由(19.98)式知

$$\Omega_5^0(A) = c_3\omega_5(A) = c_3\mathrm{tr}\left(A(\mathrm{d}A)^2 + \frac{3}{2}A^3\mathrm{d}A + \frac{3}{5}A^5\right) \tag{19.120}$$

由于 $\Omega_5^0(A_j)$ 仅可在一个平庸区域 U_j 定义,在整个 S^6 上不能整体定义,故 $\Omega_5^0(A_j)$ 不是 Čech 零上闭链,而仅为 Čech 零上链. 在两个区域的交叠区 $U_{01}=U_0\cap U_1$,$\Omega_5^0(A_j)$ 的差非零,可表示为

$$\Delta\Omega_5^0(A_0,A_1) \equiv \Omega_5^0(A_1) - \Omega_5^0(A_0) \tag{19.121}$$

注意到交叠区 U_{01} 与 S^5 同伦等价，可将 U_{01} 收缩为 S^5 这时积分(19.117)可表示为

$$Z = \int_{S^6}\Omega_6^{-1}(F) = \sum_{j=0,1}\int_{D_6(j)}\Omega_6^{-1}(A_j) = \sum_{j=0,1}\int_{D_6(j)}\mathrm{d}\Omega_5^0(A_j)$$

$$= \int_{S^5}\Delta\Omega_5^0(A_0,A_1)$$

上式最后一步利用了 Stokes 定理，并注意到两个定向区域 $D_6^{(j)}$ 的边缘 S^5 取向相反，使求和运算变为取差运算.

两个区域 $\{U_j\}$ 的规范势 $\{A_j\}$ 间可差规范变换 g，即可令

$$A_0 = A,\quad A_1 = A^g = g^{-1}Ag + g^{-1}\mathrm{d}g \tag{19.122}$$

再利用(19.120)式得

$$\Delta\Omega_5^0(A,A^g) = c_3(\omega_5(A^g) - \omega_5(A))$$

$$= \frac{c_3}{2}\mathrm{dtr}\left\{v(\mathrm{d}AA + A\mathrm{d}A) + A^3v - Av^3 + \frac{1}{2}(Av)^2\right\} - \frac{c_3}{10}\mathrm{tr}v^5 \tag{19.123}$$

其中

$$v = g\mathrm{d}g^{-1}$$

代入(19.122)式，得

$$Z = -\frac{c_3}{10}\int_{S^5}\mathrm{tr}v^5 \tag{19.124}$$

即 Dirac 算子的解析指数 Z 相当于(将流形 S^6 分为两个区域后)交叠区(同伦等价于 S^5)内两区规范势间规范变换同伦类的绕数

$$\pi_5(G) = Z$$

以上步骤相当于将流形 S^6 上的微分形式 $\Lambda^*(S^6)$ 限制映射(restrictions)到其各区域 U_j，再取 Čech 差映射 Δ 得到 Mayer-Vietoris 系列

$$0 \to \Lambda^*(S^6) \xrightarrow{r} \Lambda^*(D_6^{(0)}) \oplus \Lambda^*(D_6^{(1)}) \xrightarrow{\Delta} \Lambda^*(S^5) \to 0$$

如上得到的 Mayer-Vietoris 系列为恰当系列. 注意到 $\Omega_6^{-1}(A_j) = \mathrm{d}\Omega_5^0(A_j)$ 为 Čech 零上闭链，而 Čech 差算子 Δ 与外微分算子 d 可对易，使 $\Delta\Omega_5^0(A_0,A_1)$ 必为闭形式，即对(19.121)式取外微分 d 运算，右端每项均为第 3 陈类 $\Omega_6^{-1}(F)$，故

$$\mathrm{d}\Delta\Omega_5^0(A_0,A_1) = 0$$

将 Čech 上同调与 de Rham 上同调结合，我们可以得到如下的 Δ-d 双复形：

M	U_j	U_{01}
	0	
	$\uparrow \mathrm{d}$	
$\Omega_6^{-1}(F) \xrightarrow{r}$	$\Omega_6^{-1}(F) \xrightarrow{\Delta}$	0
	$\uparrow \mathrm{d}$	$\uparrow \mathrm{d}$
	$\Omega_5^0(A_j) \xrightarrow{\Delta}$	$\Delta\Omega_5^0(A_0,A_1)$

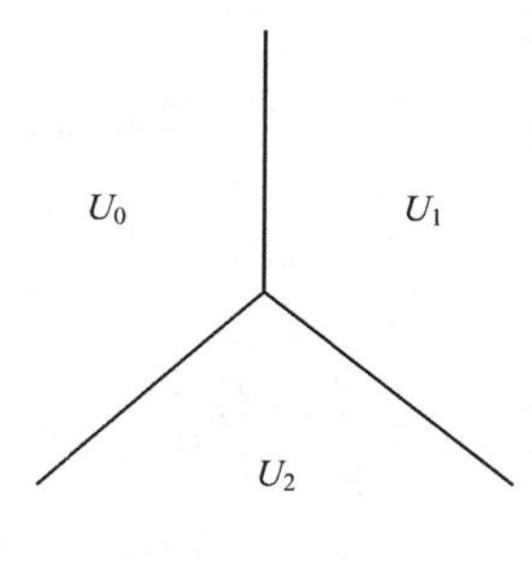

图 19.2

其中 r 代表限制映射，Δ 为 Čech 差映射，d 为外微分. 交叠区 U_{01} 同伦等价于 S^5（可收缩为 S^5），由于 S^5 拓扑非平庸，故虽然 $\Delta\Omega_5^0(A_0,A_1)$ 为闭形式，但不能在整个 S^5 上表达成恰当形式，为了分析规范群的更高阶拓扑障碍，需进一步分区. 这点可由对最初 S^6 的更细划分得到. 例如一开始就将 S^6 分为三个与 D_6 同胚的区域，如图 19.2 所示.

$$S^6 = \sum_{i=0,1,2} D_6^{(i)}$$

$$\partial D_6^{(i)} = S_5^{(i)} = \sum_{j\neq i} D_5^{(ij)}$$

$$\partial D_5^{(ij)} = S_4^{(ij)} = (-1)^{i+j} S^4 (i<j) \tag{19.125}$$

这时任两区域的交为 $D_5^{(ij)}$，拓扑平庸，在其上可将闭形式 $\Delta\Omega_5^0(A_i,A_j)$ 进一步表示为恰当形式

$$\Delta\Omega_5^0(A_i,A_j) = \mathrm{d}\Omega_4^1(A_i,A_j) \tag{19.126}$$

令 $A_i \equiv A, A_j = A^g, v = g\mathrm{d}g^{-1}$，由(19.123)式可将 $\Omega_4^1(A_i,A_j) \equiv \Omega_4^1(A,A^g)$ 表示为

$$\Omega_4^1(A,A^g) = -\frac{c_3}{2}\mathrm{tr}\left\{v(\mathrm{d}AA + A\mathrm{d}A) + A^3 v - Av^3 + \frac{1}{2}(Av)^2\right\} + \frac{c_3}{10}d^{-1}(\mathrm{tr}v^5) \tag{19.127}$$

这里 d^{-1} 为同伦算子. 于是指数 Z 可进一步表示为

$$\begin{aligned} Z &= \int_{S_6}\Omega_6^{-1}(F) = \sum_i \int_{D_6(i)}\Omega_6^{-1}(A_i) = \sum_{i<j}\int D_5^{(ij)}\Delta\Omega_5^0(A_iA_j) \\ &= \sum_{i<j}\int_{D_5(ij)}\mathrm{d}\Omega_4^1(A_i,A_j) = \sum_{i<j}\int_{S_4(ij)}\Omega_4^1(A_i,A_j) \\ &= \int_{S^4}\Delta\Omega_4^1(A_0,A_1,A_2) \end{aligned} \tag{19.128}$$

S^4 的定向约定(19.125)使对各 $\Omega_4^1(A_i,A_j)$ 的求和变为求交替和,从而自然引入上式的最后一步,其中

$$\Delta\Omega_4^1(A_0,A_1,A_2) \equiv \Omega_4^1(A_1,A_2) - \Omega_4^1(A_0,A_2) + \Omega_4^1(A_0,A_1) \qquad (19.129)$$

此即在三重交叠区上 Čech 上同调的求边运算 Δ,利用 Δ,d 算子的可对易性,上式右端各项微分如(19.126)式为陈-Simons 形式的差,而三项的外微分之和为零,故得 $\Delta\Omega_4^1(A_0,A_1,A_2)$为闭形式,但不能将它在拓扑非平庸的 S^4 上表示为恰当形式,为克服此拓扑障碍,可将最初流形 S^6 更细分. 为了看出其一般规律性,下面再举一例:将 S^6 分为四个与 D_6 同胚的区域,且其共同的四重交为 S^3,这时指数 Z 可表示为(在下面式子中,写在求和号 $\sum$ 上面的数字代表求和的项目)

$$\begin{aligned}
Z &= \int_{S^6}\Omega_6^{-1}(F) = \sum_i^{(4)}\int_{D_6(i)}\Omega_6^{-1}(A_i) = \sum_i^{(4)}\int_{D_6(i)}\mathrm{d}\Omega_5^0(A_i) \\
&= \sum_{i<j}^{(6)}\int_{D_5(ij)}\Delta\Omega_5^0(A_i,A_j) = \sum_{i<j}^{(6)}\int_{D_5(ij)}\mathrm{d}\Omega_4^1(A_i,A_j) \\
&= \sum_{i<j<k}^{(4)}\int_{D_4(ijk)}\Delta\Omega_4^1(A_i,A_j,A_k) = \sum_{i<j<k}^{(4)}\int_{D_4(jk)}\mathrm{d}\Omega_3^2(A_i,A_j,A_k) \\
&= \int_{S^3}\Delta\Omega_3^2(A_0,A_1,A_2,A_3)
\end{aligned} \qquad (19.130)$$

上式最后一步又一次用了 Stokes 定理,并在公共定向交叠区 S^3 上采取符号约定

$$S_3^{(ijk)} = (-1)^{i+j+k}S^3 \qquad (i<j<k)$$

使对 Ω_3^2 的求和号化为求交替和,而自然引入更高一阶的 Čech 差算子 Δ.

$$\begin{aligned}
\Delta\Omega_3^2(A_0,A_1,A_2,A_3) = &\Omega_3^2(A_1,A_2,A_3) - \Omega_3^2(A_0,A_2,A_3) \\
&+ \Omega_3^2(A_0,A_1,A_3) - \Omega_3^2(A_1,A_2,A_3)
\end{aligned} \qquad (19.131)$$

此即在四重交叠区上 Čech 上同调边缘运算,而作用在 Ω 系列的 Čech 差算子 Δ 的一般表达式与(19.87)式完全类似:

$$\Delta\Omega_{2n-k}^{k-1}(A_0,A_1,\cdots,A_k) \equiv \sum_{i=0}^{k}(-1)^i\Omega_{2n-k}^{k-1}(A_0,A_1,\cdots,\check{A}_i,\cdots,A_k) \qquad (19.132)$$

而利用 Δ 与 d 算子对易,易证上式为闭形式,在拓扑平庸区间,可得

$$\Delta\Omega_{2n-k}^{k-1}(A_0,A_1,\cdots,A_k) \underset{(1\leqslant k\leqslant 2n)}{=} \mathrm{d}\Omega_{2n-k-1}^{k}(A_0,A_1,\cdots,A_k) \qquad (19.133)$$

将(19.132)式与(19.87)及(19.91)式比较,可将定义在联络空间 $\mathfrak{A}$ 的标准 k 单形上的泛函 Ω 系列,推广到定义在 $\mathfrak{A}$ 中任意连续 k 链上的 k 上链 Γ_k 上泛函

$$\Omega_{2n-k-1}^{k}(A_0,A_1,\cdots,A_k) \equiv \Omega_{2n-k-1}^{k}(\Gamma_k) \qquad (19.134)$$

即这里引入的 Ω 系列,即上节引入的推广的陈-Simons 形式,注意到推广的陈-Simons 形式特性,可将(19.132)、(19.133)改写为

$$\Delta\Omega_{2n-k}^{k-1}(\Gamma_k) = \Omega_{2n-k}^{k-1}(\partial\Gamma_k) \tag{19.132a}$$

$$d\Delta_{2n-k}^{k-1}(\Gamma_k) = 0\text{，即 } \Delta\Omega_{2n-k}^{k-1}(A_0, A_1, \cdots, A_k) \equiv \Delta_{2n-k}^{k-1}(\partial\Gamma_k) \text{ 为闭形式.} \tag{19.133a}$$

类似可讨论更低维规范群的更高阶拓扑障碍,利用分区可能使 Poincare 同伦算子"d^{-1}"有确切定义,注意到 S^{2n} 与 $2n+1$ 维标准单形的边缘同胚,将 S^{2n} 用 $(2n+2)$ 个与 D_{2n} 同胚的区域覆盖后,可得到好覆盖(good cover),即所有交叠区拓扑平庸,其闭形式必可表为正合形式,无需进一步分区. 这样将 Čech 的上边缘算子 Δ 与 de Rham 的外微分算子 d 结合,可得如下表的 Δ-d 双复形.

表 19.1　Čech-de Rham 双复形

M	U_j	$\underset{2}{\cap}U$	$\underset{3}{\cap}U$	$\underset{4}{\cap}U$	$\underset{5}{\cap}U$	$\underset{6}{\cap}U$	$\underset{7}{\cap}U$	$\underset{8}{\cap}U$
Λ_7　0	0							
$\Lambda_6 \to \Omega_6^{-1} \xrightarrow{r}$	Ω_6^{-1}	0						
Λ_5	Ω_5^0	$\Delta\Omega_5^0$	0					
Λ_4		Ω_4^1	$\Delta\Omega_4^1$	0				
Λ_3			Ω_3^2	$\Delta\Omega_3^2$	0			
Λ_2				Ω_2^3	$\Delta\Omega_2^3$	0		
Λ_1					Ω_1^4	$\Delta\Omega_1^4$	0	
Λ_0						Ω_0^5	$\Delta\Omega_0^5$	0
$d\uparrow$ $\Delta\to$	C^0	C^1	C^2	C^3	C^4	C^5	$\uparrow i$ C^6 $\uparrow$ 0	$\to 0$

其中 $\underset{p}{\cap}U$ 表示 p 个区域的交,而 C^p 为在 $(p+1)$ 重交叠区 $\underset{p+1}{\cap}U$ 上的常实函数的集合,为简化,有 $\Omega_{5-k}^k \equiv \Omega_{5-k}^k(A_{i_0}, \cdots, A_{i_k})$. 此表中各 $\{\Delta\Omega_{6-k}^{k-1}\}_1^5$ 形式均为闭形式,可局域表示为 $\{\Omega_{5-k}^k\}_1^5$ 的外微分. 但 $\{\Delta\Omega_{6-k}^{k-1}\}_1^5$ 不能在整个非平庸区域表达成 $\{\Omega_{5-k}^k\}_1^5$ 的外微分. 但 $\{\Omega_{5-k}^k\}_1^5$ 的表达式中,例如(19.127)式,含有同伦算子 d^{-1},其明显表达式存在拓扑障碍,需进一步分区,在拓扑平庸的开集上,闭形式必为正合形式.

由以上分析我们可以看出,利用区域的细分,可使拓扑障碍推到更高阶,在交叠区,不同区域的规范势间差规范变换,于是可将 Čech 上同调与规范群上同调联系,即将底空间的细分与克服规范群拓扑障碍相联系,与规范群上同调群的边缘算

子相联系. 利用 Čech 上边缘算子 Δ 可自然地得到作用在规范群上链上的上边缘算子.

下面仍以表 1 的例子进行分析. 我们知道 $\Omega_6^{-1}=c_3\mathrm{tr}F^3$ 为 S^6 上规范场的陈特性,是规范无关的,是在整个 S^6 上都有定义的闭形式,它对整个 S^6 的积分为标志规范丛拓扑性质的陈示性数 Z,对拓扑非平庸丛,$Z\neq 0$,这时不能在整个 S^6 上将 $\Omega_6^{-1}(F)$ 表示为正合形式,仅当我们将 S^6 用两个邻域 $\{U_0,U_1\}$ 覆盖,在每个邻域 U_i 可将 $\Omega_6^{-1}(F)$ 表示为正合形式,而得到的陈-Simons 形式 $\Omega_5^0(A)$ 如(19.120)所示. $\Omega_5^0(A)$ 的表达式与规范有关,且其表达式不惟一,(19.120)式仅为一种最简单的表达式,各种表达式间还可差正合形式,将 $\Omega_5^0(A)$ 在与二重交叠区同伦等价的 S^5 上积分,可去掉上述不确定性,即令

$$\alpha^0(A)=2\pi\int_{S^5}\Omega_5^0(A)\tag{19.135}$$

这样,(19.122)式可表示为

$$\Delta\alpha^0(A;g)\equiv\alpha^0(A^g)-\alpha^0(A)=2\pi Z\tag{19.136}$$

满足上式的 $\alpha^0(A)$ 称为 S^5 上的规范群 $\mathscr{G}^5$ 的零上闭链($\mathscr{G}^5$ 的上标 5 为底流形 S^5 的维数,$\mathscr{G}^5$ 为五维底流形到群 G 的映射集合).

当 $Z\neq 0$ 时,$\alpha^0(A)$ 为 $\mathscr{G}^5$ 的非平庸零上闭链.

我们进一步将 S^6 用三个邻域覆盖,在拓扑平庸的两重交叠区 D_5^{ij},可由 $\Delta\Omega_5^0(A_i,A_j)=\mathrm{d}\Omega_4^1(A_i,A_j)$ 得到 $\Omega_4^1(A_i,A_j)$ 的表达式. 令

$$\alpha^1(A;g)=2\pi\int_{S^4}\Omega_4^1(A,A^g)\tag{19.137}$$

由(19.129)式得

$$\begin{aligned}\Delta\alpha^1(A;g_1,g_2)&\equiv\alpha^1(A^{g_1};g_2)-\alpha^1(A;g_1g_2)+\alpha^1(A;g_1)\\&=2\pi\int_{S^4}\Delta\Omega_4^1(A,A^{g_1},A^{g_1g_2})=2\pi Z\end{aligned}\tag{19.138}$$

上式中 $g_1,g_2\in\mathscr{G}^4$,满足上式的 $\alpha^1(A;g)$ 称为规范群 $\mathscr{G}^4$ 的 1 上闭链,而 $\Omega_4^1(A,A^g)$ 称为 1 上闭链密度,由其具体表达式(19.127)看出,可将它分为两个部分,其第一部分含有规范势 A,相当于 $c_3Q_4(0,A,v)$,而另一部分不含 A,仅含由规范变换 g 组成的纯规范势 $v=g\mathrm{d}g^{-1}$,即

$$\Omega_4^1(A,A^g)=c_3Q_4(0,A,v)+R_4^1(0,v)\tag{19.139}$$

其中 $R_4^1(0,v)$ 满足

$$\mathrm{d}R_4^1(0,v)=c_3Q_5(0,v)=-\frac{c_3}{10}\mathrm{tr}(g\mathrm{d}g^{-1})^5\tag{19.140}$$

形式上可将 $R_4^1(0,v)$ 写成

$$R_4^1(0,v) = -\frac{c_3}{10}\mathrm{d}^{-1}\mathrm{tr}(g\mathrm{d}g^{-1})^5 \tag{19.141}$$

普通四维时空上的 Wess-Zumino 有效作用量相当于这里引入的 $\mathscr{G}^4$ 的 1 上闭链 $\alpha^1(A;g)$，此泛函对规范群 $\mathscr{G}^4$ 中变更给出手征流的反常散度项，而其中 $R_4^1(0,v)$ 部分相当于 WZW“反常项”，它反映了规范场的大范围拓扑性质，正如(19.124)式所示，它是由于 $\pi_1(\mathscr{G}^4)=\pi_5(G)=Z\neq 0$ 引起的.

类似，我们可分析更低维规范群的更高阶拓扑障碍，例如，$\mathscr{G}^3$ 的二阶拓扑障碍

$$\pi_2(\mathscr{G}^3) = \pi_5(G) = Z$$

与前述 $\pi_1(\mathscr{G}^4)$ 有相同的拓扑根源，这时应将 S^6 分为四个邻域，其共同交为 S^3，令

$$\alpha^2(A;g_1,g_2) = 2\pi\int_{S_2}\Omega_3^2(A,A^{g_1},A^{g_1g_2}) \tag{19.142}$$

由(19.131)式，知

$$\begin{aligned}\Delta\alpha^2(A;A_1,A_2,A_3) &\equiv \alpha^2(A^{g_1};g_2,g_3) - \alpha^2(A;g_1g_2,g_3)\\ &\quad + \alpha^2(A;g_1,g_2g_3) - \alpha^2(A;g_1,g_2)\\ &= 2\pi\int\Delta\Omega_3^2(A,A^{g_1},A^{g_1g_2},A^{g_1g_2g_3}) = 2\pi Z\end{aligned} \tag{19.143}$$

$\alpha^2(A;g_1,g_2)$ 为规范群 $\mathscr{G}^3$ 上的 2 上闭链.

可将以上步骤推广，得到规范群 $\mathscr{G}^{2n-k-1}$ 的 k 上闭链，

$$\alpha^k(A;g_1,\cdots,g_k) = 2\pi\int_M\Omega_{2n-k-1}^k(A,A^{g_1},\cdots,A^{g_2\cdots g_k}) \tag{19.144}$$

利用底流形覆盖的神经(nerve)与联络空间单形间联系，用 Ω 系列的 Čech 上边缘算子 Δ 可自然地得到作用在 α^k 系列上的规范群上边缘算子(可用同一符号 Δ 表示，不会引起混淆)

$$\begin{aligned}&\Delta\alpha^k(A;g_1,\cdots,g_{k+1})\\ &= 2\pi\int_M\Delta\Omega_{2n-k-1}^k(A,A^{g_1},\cdots,A^{g_2\cdots g_{k+2}})\\ &= \alpha^k(A^{g_1};g_2,\cdots,g_{k+1}) - \alpha^k(A;g_1g_2,g_3,\cdots,g_{k+1})\\ &\quad + \cdots + (-1)^j\alpha^k(A;g_1,\cdots,g_jg_{j+1},\cdots,g_{k+1})\\ &\quad + \cdots + (-1)^{k+1}\alpha^k(A;g_1,\cdots,g_k)\end{aligned} \tag{19.145}$$

(19.136)，(19.138)，(19.143)诸式均为上式的简单特例. 易证上式所定义的算子 Δ 满足

$$\Delta^2 = 0 \tag{19.146}$$

故可用上同调语言来讨论规范群的上同调,如 α^k 满足

$$\Delta\alpha^k = 0 \quad (\mathrm{mod} 2\pi) \tag{19.147}$$

则称此 α^k 为 k 上闭链. 如 α^k 本身可表示为 $\Delta\alpha^{k-1}$,则称此 α^k 为 k 上边缘.

类似(19.134),(19.132a)式,可将定义在某规范轨道上标准 k 单形上泛函 α 系列推广为定义在规范轨道上连续 k 链上的规范群 k 上链

$$\alpha^k(\Gamma_k, S^{2n-k-1}) = 2\pi\int_{S^{2n-k-1}} \Omega^k_{2n-k-1}(\Gamma^k) \tag{19.148}$$

而

$$\Delta\alpha^k(\Gamma_{k+1}, S^{2n-k-1}) = 2\pi\int_{S^{2n-k-1}} \Delta\Omega^k_{2n-k-1}(\partial\Gamma_{k+1}) = 2\pi\int_{S^{2n-k-1}} \Omega^k_{2n-k-1}(\partial\Gamma_{k+1})$$
$$= \alpha^k(\partial\Gamma_{k+1}, S^{2n-k-1}) \tag{19.149}$$

此即(19.145)式.

由前述讨论看出,规范群 k 上闭链表示规范群的 k 阶拓扑障碍,它与规范体系的各阶反常相关. 由 Čech-de Rham 双复形(表 19.1)及前面分析可看出,不同维规范群的不同阶拓扑障碍密切相关,通过对流形区间的细分,可将拓扑非平庸区间细分得到平庸区间,就可克服 Poincare 同伦算子“d^{-1}”运算的拓扑障碍,将拓扑障碍推至更高一阶,而同时相应规范群 $\mathscr{G}^k$ 的维数 k(底空间维数)也降低一维.

§ 19.4　规范群上闭链密度(Ω 系列)与规范代数上闭链密度(ω 系列)　简并上边缘算子 $\bar{\Delta}$

设底流形 M 为 $2n-k-1$ 维闭流形,流形 M 到李群 G 的映射

$$g: M \to G$$

的集合

$$\mathscr{G}^{2n-k-1} = \{g\}$$

为无穷维规范群. 规范群 $\mathscr{G}^{2n-k-1}$ 可能拓扑非平庸,可讨论其 k 上闭链,即(19.144)式

$$\alpha^k(A; g_1, \cdots, g_k) = 2\pi\int_M \Omega^k_{2n-k-1}(A, A^{g_1}, \cdots, A^{g_1\cdots g_k}) \tag{19.144}$$

与(19.140)式类似,在 Ω 系列的表达式中,常可分出含势 A 的 Q 系列,剩下仅含纯规范势 v 的 R 系列

$$\Omega^k_{2n-k-1}(A, A^{g_1}, \cdots, A^{g_1\cdots g_k}) = c_n(-1)^k Q^{k+1}_{2n-k-1}(0, A, v_1, \cdots, v_k)$$
$$+ R^k_{2n-k-1}(0, v_1, \cdots, v_k) \tag{19.150}$$

其中

$$v_1 = g_1 d g_1^{-1}, \quad v_2 = (g_1 g_2) d (g_1 g_2)^{-1}, \cdots, c_n = \frac{i^n}{n!(2\pi)^n}$$

上式右端第一项 Q 系列已有明显表达式,见(19.84).关键在于求出右端第二项 R 系列的明显表达式.

这里应注意,在上式各项中,各泛函的宗量数目不同.Ω 系列与 R 系列均为规范群 $\mathscr{G}$ 上泛函,而 Q 系列为联络空间(还可差任意规范变换,故实质上为轨道空间 $\mathfrak{A}/\mathscr{G}$)上的泛函,由于

$$\pi_{k+1}(\mathfrak{A}/\mathscr{G}) = \pi_k(\mathscr{G})$$

注意:Ω 系列上下指标和为奇数 $2n-1$,而 Q 系列上下指标和为偶数 $2n$. 故在(19.150)式中,Q 系列泛函多一宗量,因此将(19.150)式两端用规范群上同调上边缘算子 Δ 作用时,它对右端第一项 Q 系列的作用应特殊研究,它应与(19.82)中引入的作用于联络空间泛函 Q 系列的差算子 Δ(19.87)式不同,称为联络空间泛函的简并差算子,记为 $\bar{\Delta}$,可从一些简单例子找到其作用规则,例如

$$\Omega_5^0(A) = c_3 Q_5^1(0,A)$$

$$\Delta\Omega_5^0(A,A^g) = c_3 \bar{\Delta} Q_5^1(0,A,v)$$

上式左端

$$\begin{aligned}\Delta\Omega_5^0(A,A^g) &= \Omega_5^0(A^g) - \Omega_5^0(A) \\ &= c_3(Q_5^1(0,A^g) - Q_5^1(0,A)) = c_3(\Delta Q_5^1(0,A,v) - Q_5^1(0,v))\end{aligned}$$

比较上两式得

$$\bar{\Delta} Q_5^1(0,A,v) = \Delta Q_5^1(0,A,v) - Q_5^1(0,v) \tag{19.151}$$

上式可进一步推广为

$$\begin{aligned}&(-1)^{k-1}\bar{\Delta} Q_{2n-k}^k(0,A,v_1,\cdots,v_k) \\ &= \Delta Q_{2n-k}^k(0,A,v_1,\cdots,v_k) - Q_{2n-k}^k(0,v_1,\cdots,v_k)\end{aligned}$$

在对(19.150)式进行规范群上边缘运算时,应对右端 Q 系列作用由(19.151)式定义的简并上边缘算子,并利用上式得

$$\begin{aligned}&\Delta\Omega_{2n-k}^{k-1}(A,A^{g_1},\cdots,A^{g_1\cdots g_k}) \\ &= c_n(-1)^{k-1}\bar{\Delta} Q_{2n-k}^k(0,A,v_1,\cdots,v_k) + \Delta R_{2n-k}^{k-1}(0,v_1,\cdots,v_k) \\ &= c_n \Delta Q_{2n-k}^k(0,A,v_1,\cdots,v_k) - c_n Q_{2n-k}^k(0,v_1,\cdots,v_k) \\ &\quad + \Delta R_{2n-k}^{k-1}(0,v_1,\cdots,v_k)\end{aligned} \tag{19.152}$$

为了得到 Ω 系列的明显表达式,应设法求出(19.150)式右端第二项中 R 系列的表达式,为此,可对(19.150)作外微分 d,利用(19.108)及(19.133)式

$$\Delta\Omega_{2n-k}^{k-1}(A,A^{g_1},\cdots,A^{g_1\cdots g_k}) = \mathrm{d}\Omega_{2n-k-1}^{k}(A,A^{g_1},\cdots,A^{g_1\cdots g_k}) \tag{19.153}$$

$$\mathrm{d}Q_{2n-k-1}^{k+1}(0,A,v_1,\cdots,v_k) = (-1)^k\Delta Q_{2n-k}^{k}(0,A,v_1,\cdots,v_k) \tag{19.133}$$

得

$$\begin{aligned}&\Delta\Omega_{2n-k}^{k-1}(A,A^{g_1},\cdots,A^{g_1\cdots g_k})\\&= c_n\Delta Q_{2n-k}^{k}(0,A,v_1,\cdots,v_k)+\mathrm{d}R_{2n-k-1}^{k}(0,v_1,\cdots,v_k)\end{aligned}$$

与(19.152)式比较,可得 R 系列满足的递推公式

$$\mathrm{d}R_{2n-k-1}^{k}(0,v_1,\cdots,v_k) = \Delta R_{2n-k}^{k-1}(0,v_1,\cdots,v_k) - c_nQ_{2n-k}^{k}(0,v_1,\cdots,v_k) \tag{19.154}$$

利用上式,在拓扑平庸区域,可利用同伦算子 d^{-1} 逐级求得 R 系列的各明显表达式,再代入(19.150)式得 Ω 系列的明显表达式. 下面将 Ω 系列中几个较简单的式子(相当于 $n=1,2,3$ 时)列在下面以备参考:

1. $n=1$ 时:$\Omega_2^{-1}=c_1\mathrm{tr}F$

$$\Omega_1^0(A)=c_1\mathrm{tr}A$$

$$\Omega_0^1(A,A^g)=c_1\mathrm{trln}g$$

2. $n=2$ 时:$\Omega_4^{-1}=c_2\mathrm{tr}F^2$

$$\Omega_3^0(A)=c_2\mathrm{tr}\left(A\mathrm{d}A+\frac{2}{3}A^3\right)=c_2\mathrm{tr}\left(AF-\frac{1}{3}A^3\right)$$

$$\Omega_2^1(A,A^g)=c_2\left[-\mathrm{tr}(vA)-\frac{1}{3}\mathrm{d}^{-1}\mathrm{tr}v^3\right] \tag{19.155}$$

3. $n=3$ 时:$\Omega_6^{-1}=c_3\mathrm{tr}F^3$

$$\Omega_5^0(A)=c_3\mathrm{tr}\left[A(\mathrm{d}A)^2+\frac{3}{2}A^3\mathrm{d}A+\frac{3}{5}A^5\right]=c_3\mathrm{tr}\left(F^2A-\frac{1}{2}FA^3+\frac{1}{10}A^5\right)$$

$$\Omega_4^1(A,A^g)=-\frac{c_3}{2}\mathrm{tr}\left[v(\mathrm{d}AA+A\mathrm{d}A)+A^3v-Av^3+\frac{1}{2}(Av)^2\right]-\frac{c_3}{10}\mathrm{d}^{-1}\mathrm{tr}(v^5)$$

$$\begin{aligned}\Omega_3^2(A,g_1,g_2)=\frac{c_3}{2}\mathrm{tr}\Big\{&A(\mathrm{d}g_1\mathrm{d}g_2g_2^{-1}g_1^{-1}-g_1\mathrm{d}g_2g_2^{-1}g_1^{-1}\mathrm{d}g_1g_1^{-1})\\&-\mathrm{d}^{-1}\left[\mathrm{dln}g_1\left(\mathrm{dln}g_1\mathrm{dln}g_1+\frac{1}{2}\mathrm{dln}g_2\mathrm{dln}g_1+\mathrm{dln}g_2\mathrm{dln}g_2\right)\mathrm{dln}g_2\right]\Big\}\end{aligned} \tag{19.156}$$

由以上分析看出,规范群上闭链密度(Ω系列)的具体表达式常常很复杂,一般情况下无明显表达式,使得规范群上闭链(α系列)常无具体表达式. 当我们分析规范群的拓扑障碍时,通常仅需分析规范群元在恒等元附近的行为,即分析其无穷小形式,相当于讨论规范代数上同调. 即讨论当各规范群元 $g=I+v$,当 $v\to 0$ 时 $\alpha^k(A;g_1,\cdots,g_n)$ 的主要项:

$$\beta^k(A;v) \equiv \alpha^k(A;I+v,\cdots,I+v) = 2\pi v_n\int_M \omega_{2n-k-1}^k(A;v) \tag{19.157}$$

其中 $\omega_{2n-k-1}^k(A;v)$ 为规范代数上闭链密度，可知(19.97)式由

$$\omega_{2n-1}(A+v) = Q_{2n-1}(0,A+v)$$

按 v 的幂次展开得到，即

$$\omega_{2n-1}(A+v) = \sum_{k=0}^{2n-1}\omega_{2n-k-1}^k(A,v) = n\int_0^1 \mathrm{d}t\mathrm{tr}(A+v,F_t^{n-1}) \tag{19.158}$$

其中

$$F_t = tF + (t^2-t)(A+v)^2$$

$$\omega_{2n-2}^1(A;v) = n(n-1)\int_0^1 \mathrm{d}t(1-t)\mathrm{Str}[v\mathrm{d}(AF_t^{n-2})] \tag{19.159}$$

例如

$$\omega_2^1(A;v) = \mathrm{tr}(v\mathrm{d}A)$$

$$\omega_4^1(A;v) = \mathrm{tr}\left[v\mathrm{d}\left(A\mathrm{d}A + \frac{1}{2}A^3\right)\right] \tag{19.160}$$

与 Ω 系列满足的(19.153)式对应，ω 系列满足如下递降方程：

$$\delta\omega_{2n-k}^{k-1} = \mathrm{d}\omega_{2n-k-1}^k \tag{19.161}$$

上闭链密度（Ω 系列与 ω 系列）对相应维数紧无边流形 M 积分后得上闭链，流形 M 紧致无边，故 Ω 系列与 ω 系列的具体表达式常可差恰当形式. 可以证明

$$\begin{gathered}\omega_{2n-k-1}^k(A;v)\\ = \frac{n!}{(n-k-1)!k!}\int_0^1 \mathrm{d}t(1-t)^n\mathrm{Str}[(\mathrm{d}v)^k,A,(t\mathrm{d}A+t^2A^2)^{n-k-1}]\\ 0\leqslant k\leqslant n-1\\ \omega_{n-j-1}^{n+j} = (-1)^j\frac{(n-1)!n!}{(n-j-1)!(n+j)!}\times\mathrm{tr}[(\mathrm{d}v)^{n-j-1},v,(v^2)^j]\\ 0\leqslant j\leqslant n-1\end{gathered} \tag{19.162}$$

上式 ω_{2n-k-1}^k 中上标 k 表示规范群上链的阶数，而下标 $2n-k-1$ 表示底空间形式阶数，需对 $(2n-k-1)$ 维紧致流形积分得相应规范群代数的 k-上闭链 $\beta^k(A,v)$，故 ω_{2n-k-1}^k 称为 k 上闭链密度，其具体表达式不惟一. 规范代数 k 上闭链 $\beta^k(A,v)$ 是规范群上闭链 α^k 在恒等元处展开，对于各种具体物理问题，有时对各规范群元 $g_i=I+v_i$，需对不同群元沿不同参数展开，当各 $v_i\to 0$ 时，

$$\beta^k(A;v_1,\cdots,v_k) = \alpha^k(A;I+v_1,\cdots,I+v_k) = 2\pi c_n\int_M \omega_{2n-k-1}^k(A,v_1,\cdots,v_k) \tag{19.163}$$

而(19.162)式为 $v_1=\cdots=v_k$ 的简并形式，下面将若干最简单的 ω 系列简并表达式

列在下面供参考. 在其同行符号 ~ 右端列出文献常出现的相互同调的非简并表达式以供参考

1. $n=2$ 时

$$\begin{aligned}
\omega_3^0 &= \mathrm{tr}\left(A\mathrm{d}A+\frac{2}{3}A^3\right)\\
\omega_2^1 &= \mathrm{tr}(\mathrm{d}vA)\\
\omega_1^2 &= \mathrm{tr}(\mathrm{d}vv)\\
\omega_0^3 &= -\frac{1}{3}\mathrm{tr}v^3
\end{aligned} \tag{19.164}$$

2. $n=3$ 时

$$\begin{aligned}
\omega_5^0 &= \mathrm{tr}\left[A(\mathrm{d}A)^2+\frac{3}{2}A^3\mathrm{d}A+\frac{3}{5}A^5\right]\\
\omega_4^1 &= \mathrm{tr}\left[v\mathrm{d}\left(A\mathrm{d}A+\frac{1}{2}A^3\right)\right]\\
\omega_3^2 &= \mathrm{tr}[(\mathrm{d}v)^2A] \sim \frac{1}{2}\mathrm{tr}(\{\mathrm{d}u,\mathrm{d}v\}A)\\
\omega_2^3 &= \mathrm{tr}[(\mathrm{d}v)^2v] \sim \frac{1}{2}\mathrm{tr}(u\{\mathrm{d}v,\mathrm{d}w\}+\text{置换})\\
\omega_1^4 &= -\frac{1}{2}\mathrm{tr}(\mathrm{d}vv^3)\\
\omega_0^5 &= \frac{1}{10}\mathrm{tr}(v^5)
\end{aligned} \tag{19.165}$$

规范代数各阶非平庸上闭链导致规范群生成元(流)的各阶反常. 例如四维流形的规范群 1 上闭链 $\alpha^1(A;g)$ 在恒等元附近主要项

$$\beta^1(A;I+v) = 2\pi c_3\int_{S_4}\omega_4^1 = \frac{-\mathrm{i}}{24\pi^2}\int_{S_4}\mathrm{tr}\left[v\mathrm{d}\left(A\mathrm{d}A+\frac{1}{2}A^3\right)\right] \tag{19.166}$$

给出了手征流的四维散度的非 Abel 反常,参见(19.11)式

关于非简并上闭链形式的推导,可如下分析. 这时需区别沿规范群轨道变分次序,设

$$A \xrightarrow{g} A^g \xrightarrow{h} A^{gh}$$

$$A^g = g^{-1}(A+\mathrm{d})g$$

在规范群恒等元附近展开:

$$g = I+u,\ u = g^{-1}\delta g$$

为沿规范轨道变更的生成元,易证

$$\delta A = -\mathrm{D}_A(g^{-1}\delta g) = -\mathrm{D}_A u,\ \delta u = -u^2 \tag{19.167}$$

再作规范变换 h,也在恒等元附近展开:$h=I+v, v=h^{-1}\delta' h$. 类似易证

$$\delta' A = -\mathrm{D}_A v,\quad \delta' v = -v^2$$

注意到规范变换 g 在前，故

$$\delta' u = 0 \tag{19.168}$$

而规范变换 h 在后，变更 δ 会对后面沿规范轨道的变换影响，即

$$\delta v = \delta(h^{-1}\delta' h) = -\{u, v\} \tag{19.168a}$$

已知 $\delta\omega_5^0 = -\mathrm{d}\omega_4^1(A, u)$，下面为简化记号记 $\omega_4^1(A, u) \equiv \omega_4^u$，

$$\delta\omega_4^v + \delta'\omega_4^u = -\mathrm{d}\omega_3^{uv}$$

得

$$\omega_3^{uv} = \frac{1}{2}\mathrm{tr}(\{\mathrm{d}u, \mathrm{d}v\}A) \tag{19.165a}$$

类似由

$$\delta\omega_3^{vw} + \delta'\omega_3^{wu} + \delta''\omega_3^{uv} = -\mathrm{d}\omega_3^{uvw}$$

可得

$$\omega_2^{uvw} = \frac{1}{2}\mathrm{tr}(u\{\mathrm{d}v, \mathrm{d}w\} + \text{置换}) \tag{19.165b}$$

§19.5　非 Abel 手征反常和反常自洽条件 Wess-Zumino-Witten 有效作用量　四维规范群 $\mathscr{G}^4$ 的 1 上闭链

对费米场与规范场相互作用体系，采用路径积分量子化，通常可先将规范场看成经典背景场，先对费米场进行路径积分

$$\int \mathrm{D}\psi \mathrm{D}\bar{\psi} \mathrm{e}^{-\mathrm{i}\int \mathrm{d}^4 x \bar{\psi} \not{D} \psi} = \det \not{D} = \mathrm{e}^{\mathrm{i}W[A]} \tag{19.169}$$

其中 $\not{D} = \gamma^\mu(\partial_\mu + A_\mu)$，而

$$W[A] = -\mathrm{i}\ln \not{D} \tag{19.170}$$

称有效作用量泛函. 由经典作用量变分得规范流

$$J_a^\mu = -\frac{\partial L}{\partial A_\mu^a} = -\bar{\psi}\gamma_\mu \mathrm{T}_a \psi \tag{19.171}$$

在量子化后流的量子力学矩阵元应由有效作用量的变分得到

$$\langle J_a^\mu \rangle = -\frac{\delta}{\delta A_\mu^a} W[A] \tag{19.172}$$

经典作用量规范不变，而有效作用量泛函 $W[A]$ 非规范不变，因而造成反常. 正如本章第一节分析，这可能是由于规范选择，路径积分测度非规范不变等原因引起，在第一节曾利用重正化算出单态手征流反常，另方面由拓扑分析用 Atiyah-Singer

指数定理导出反常形式,二者完全相同. 对非 Abel 反常的分析较复杂,这里先简单分析下手征反常所必须满足的自洽条件,然后找到满足自洽条件的反常应具形式.

对有效作用量泛函 $W[A]$(19.170)式作规范变更:

$$\delta W[A] = \int_{S^4} \mathrm{d}^4x(\mathrm{D}_\mu v)_a \frac{\delta}{\delta A_\mu^a} W[A] = \int_{S^4} \mathrm{d}^4x \mathrm{tr}(v \cdot \chi) \neq 0 \qquad (19.173)$$

造成流守恒反常

$$\mathrm{D}_\mu \langle J_a^\mu \rangle = -\mathrm{i}\chi_a[x;A] \qquad (19.174)$$

这里

$$\delta A_\mu^a = (\mathrm{D}_\mu v)^a = \partial_\mu v^a + f_{abc} A_\mu^b v^c \qquad (19.175)$$

故规范变换生成元

$$-\mathrm{i}G_a(x) = -\frac{\partial}{\partial x^\mu} \frac{\delta}{\delta A_\mu^a(x)} - f_{abc} A_\mu^b(x) \frac{\delta}{\delta A_\mu^c(x)} \qquad (19.176)$$

它们满足如下代数关系:

$$[G_a(x), G_b(y)] = \mathrm{i} f_{abc} \delta^4(x-y) G_c(x) \qquad (19.177)$$

而 $G_a(x)$ 作用在有效作用量泛函 $W[A]$ 上即手征流规范反常项

$$G_a(x) W[A] = \chi_a[x;A] \qquad (19.178)$$

将(19.177)式作用于 $W[A]$,得反常项应满足自洽条件

$$G_a(x)\chi_b[y,A] - G_b(x)\chi_a[y,A] = \mathrm{i} f_{abc} \delta^4(x-y)\chi_c[y,A] \qquad (19.179)$$

称为 Wess-Zumino 自洽性条件. 其平庸解可表示为

$$\chi_a[x,A] = G_a \Omega[A], \Omega[A] \neq 0 \qquad (19.180)$$

容易验证上式满足自洽性条件(19.179). 而我们需找满足自洽条件的非平庸解,即为量子反常.

下面分析在 $D=2n$ 维空间中的非 Abel 手征反常,引入记号

$$\begin{aligned} u \cdot G &= \int \mathrm{d}^D x u^a(x) G_a(x) \\ u \cdot \chi[A] &= \int \mathrm{d}^D x u^a(x) \chi_a[x,A] \end{aligned} \qquad (19.181)$$

上式中积分是对 D 维平坦空间进行的,假定场强在无穷远处足够快趋于零,可将空间共形紧致化为 D 维球 S^D,将上式中积分看成是在 S^D 上的积分. 利用上记号,Wess-Zumino 自洽条件(19.179)式可记为

$$u \cdot Gv \cdot \chi[A] - v \cdot Gu \cdot \chi[A] = [u,v] \cdot \chi[A] \qquad (19.182)$$

现求满足上式的反常项 $\chi[A]$. 设相应规范群 $\mathscr{G}^D$ 存在 1 阶拓扑障碍:$\pi_1(\mathscr{G}^D) \neq 0$. 由 §3 分析指出,低维空间规范群的高阶拓扑障碍与高维空间低阶拓扑障碍相

关. 为找 D 维规范群 $\mathscr{G}^D$ 的 1 阶拓扑障碍的明显表达式,我们设法到高 1 维的($D+1$)维空间去讨论分析. 即将规范场从 D 维球 S^{2n} 光滑地延拓到边界为 S^{2n} 的($D+1$)维盘 D^{2n+1},此奇维空间的次级示性类,陈-Simons 形式(见 19. 97 式)

$$\omega_{2n+1}(A) = \int_0^1 \mathrm{d}t\mathrm{tr}(A,(\mathrm{d}A + tA)^n) \tag{19.183}$$

满足

$$\mathrm{d}\omega_{2n+1}(A) = \mathrm{tr}F^{n+1} \tag{19.184}$$

为规范不变陈示性类,对上式作规范变换 $\hat{\delta} = v^a G_a$,右端规范不变,故($\hat{\delta}$ 与 d 反交换)

$$v^a G_a \mathrm{d}\omega_{2n+1}(A) = -\mathrm{d}(v^a G_a \omega_{2n+1}(A)) = 0$$

即 $v^a G_a \omega_{2n+1}(A)$ 为闭形式,可局域表示成某 $2n$ 形式 $\omega_{2n}^1(v^a, A)$ 的外微分

$$v^a G_a \omega_{2n+1}^0(A) = -\mathrm{d}\omega_{2n}^1(v, A) \tag{19.185}$$

这里 $\omega_{2n}^1(v, A)$ 的上指标 1 表示 v 的阶数,而下指标 $2n$ 表示底空间形式次数. 其具体表达式(见(19. 160)式)

$$\omega_{2n}^1(v^a, A) = n\int_0^1 \mathrm{d}t(1-t)\mathrm{Str}(vF_t^{n-1}) \tag{19.160}$$

易证这样得到的泛函

$$v \cdot \chi[A] = \int_{S^{2n}} \omega_{2n}^1(v, A) \tag{19.186}$$

满足 Wess-Zumino 自洽条件(19. 182)式.

例如对于 4 维杨-Mills 规范理论,$D = 2n = 4$,得到

$$\omega_4^1(v, A) = \mathrm{tr}\left(v\mathrm{d}\left(A\mathrm{d}A + \frac{1}{2}A^3\right)\right) \tag{19.187}$$

此即(19. 11)式表示的流散度反常项. 而(19. 11)式前归一化常数为(见(19. 117)式)

$$2\pi c_3 = 2\pi \frac{\mathrm{i}^3}{3!(2\pi)^3} = -\frac{\mathrm{i}}{24\pi^2} \tag{19.188}$$

在 § 19. 1 中指出单态反常归一化常数与 Dirac 算子指数相关,与 A-S 指数定理相关. 非 Abel 反常与指数定理的关系不太明显,$D = 2n$ 维空间非 Abel 反常与高两维($2n+2$)维空间拓扑示性类相关,如(19. 184)式所示,其右端需乘以常数 c_{n+1} 始为第($n+1$)陈示性类. 即非 Abel 反常与高两维空间拓扑示性类相关. 且注意到有效作用量泛函 $W[A]$ 必须满足量子化条件,故反常归一常数前还需乘以 2π,即应乘以 $2\pi c_{n+1}$.

Wess-Zumino-Witten 有效作用量.

下面我们进一步设法求出有效作用量 $W[A]$ 的具体形式，其形式不惟一，需根据具体物理条件将它确定. 上段分析表明，有效作用量泛函 $W[A]$ 非规范不变，在作规范变换时

$$\delta W[A] = \int_{S^4} \mathrm{d}^4 x \operatorname{tr}(v^a \chi^a) = 2\pi c_3 \int_{S^4} \omega_4^1(v, A) \tag{19.189}$$

将上式沿由 v 生成的单参数 4 维规范群的轨道积分，得

$$W[A, g] = 2\pi \int_{S^4} \Omega_4^1(A, A^g) = \alpha^1(A, g) \tag{19.190}$$

其中 $\Omega_4^1(A, A^g)$ 如

$$\begin{aligned}\Omega_4^1(A, A^g) &= c_3 Q_4^2(0, A, v) + R_4^1(0, v) \\ &= c_3 (Q_4^2(0, A, v) + \mathrm{d}^{-1} Q_5^1(0, v))\end{aligned}$$

其中第二项不含规范势 A，仅含由规范变换 g 组成的纯规范势 $v = g\mathrm{d}g^{-1}$，可记为

$$R_4^1(0, v) = -\frac{c_3}{10} \mathrm{d}^{-1} \operatorname{tr}(g\mathrm{d}g^{-1})^5 \tag{19.191}$$

此式含 Poincare 同伦算子 d^{-1}，无一般明显表达式，是产生反常的与规范场大范围性质有关的“反常项”. 由于 $\pi_1(\mathscr{G}^4) \neq 0$，为找 $\mathscr{G}^4$ 的 1 阶拓扑障碍的明显表达式，应设法到高一维的 5 维空间去分析，即需将 S^4 延拓至 5 维盘 D^5，即利用单参数规范群参数 θ 将底流形 S^4 延拓至 5 维盘 D^5

$$A \to A(\theta, x) = A^U = U^{-1}(\theta, x) A(x) U(\theta, x) + U^{-1}(\theta, x) \mathrm{d}_x U(\theta, x) \tag{19.192}$$

$$U(0, x) = I, \qquad U(1, x) = U(x) \tag{19.193}$$

$$A(0, x) = A(x), \quad A(1, x) = A^U = U^{-1}(A + \mathrm{d})U$$

再由(19.115)式，可将有效作用量泛函记为

$$W[A, U] = \alpha^1(\Gamma_1, S^4) = \alpha^0(\partial\Gamma, D^5) = 2\pi \int_{D^5} (\Omega_5^0(A) - \Omega_5^0(A^U)) \tag{19.194}$$

它不仅为四维规范势 $A \in \mathfrak{A}^4$ 的泛函，而且还依赖于含有参数 θ 的标量函数 $U(\theta, x)$. 上述形式表示的有效作用量泛函有如下特点：

1) $\Omega_5^0(A) - \Omega_5^0(A^U)$ 为闭微分形式：

$$\mathrm{d}(\Omega_5^0(A) - \Omega_5^0(A^U)) = \Omega_6^{-1}(F) - \Omega_6^{-1}(F) = 0 \tag{19.195}$$

故它在五维盘 D_5 上可表示为恰当形式，再利用 Stokes 定理可将有效作用量表示为四维时空上的积分.

上式外微分计算 R 是形式上的，表明(19.194)式中积分在 D^5 的“小”形变下

是不变的.

2）由(19.109)式知

$$\Omega_5^0(A) - \Omega_5^0(A^U) = \Omega_5^0(v) - c_3 \mathrm{d}Q_4^2(0,A,v)$$

其中

$$\Omega_5^0(v) = \mathrm{d}R_4^1(0,v) = -\frac{c_3}{10}\mathrm{tr}(U\mathrm{d}U^{-1})^5$$

有效作用量中可以含有

$$2\pi\Omega_5^0(v) = \frac{\mathrm{i}}{240\pi^2}\mathrm{tr}v^5 \tag{19.196}$$

常称为 WZW 项[34,35]是 Wess-Zumino 在 1971 年研究 SU(3)×SU(3)夸克圈图反常时发现，Witten 在 1983 年认真分析其拓扑根源，写出其在 5 维空间明显表达式. 当 $\pi_5(G)\neq 0$ 时，将上式对 S^5 积分

$$\int_{S^5}\mathrm{tr}(U\mathrm{d}U^{-1})^5 \neq 0$$

表明对 D^5 的“大”形变，WZW 项的 D^5 积分不确定，即对 S^4 的不同 5 维延拓 D^5 的积分可得不同值，选归一化系数如(19.195)式，可使积分为整数的 2π 倍，即导致 WZW 项量子化，这时有效作用量泛函虽写成 D^5 上积分，但与 S^4 如何延拓至某 D^5 无关. 即实质上仍是四维时空上的积分.

3）在四维规范变换下，会产生正确的自洽反常.

当要求含有参数 θ 的标量函数 U 在规范变换 $g\in\mathscr{G}^4$ 的作用下

$$U\to g^{-1}U \tag{19.197}$$

这时

$$A\to g^{-1}(A+\mathrm{d})g$$

$$A^U\to A^U$$

即(19.194)式中 $\Omega_5^0(A^U)$ 不变，仅其右端第一项产生反常

$$\hat{\delta}W[A,U] = 2\pi\int_{D^5}\hat{\delta}\omega_5(A) = 2\pi c_3\int_{D^5}\mathrm{d}\omega_4^1(A,v)$$

$$= 2\pi c_3\int_{S^4}\omega_4^1(A,v) = \int_{S^4}\mathrm{d}x^4\mathrm{tr}(v\cdot\chi) \quad (v = g^{-1}\mathrm{d}g) \tag{19.198}$$

恰为(19.189)式，表明所给有效作用量表达式(19.194)符合我们要求.

以上三性质是有效作用量泛函所必须满足的条件，即它本身应可表示为紧致化四维时空 S^4 上积分，虽可表示为五维盘上积分，但与如何延拓至五维盘无关. 此有效作用量在作四维规范变换时会产生相应的规范反常.

按(19.197)式作规范变换的标量场 $U(x)$ 相当于左手 π 场，它与规范场 A 的

互作用项含于如下式表达的协变导数 $D_\mu U$ 中：

$$D_\mu U = \partial_\mu U + A_\mu U \tag{19.199}$$

这样定义的协变导数在(19.197)式变换下作规范协变：

$$D_\mu U \to g^{-1} D_\mu U$$

而相应的动能项

$$-\frac{f_\pi^0}{16}\int \mathrm{tr}(D_\mu U^{-1} D^\mu U) \tag{19.200}$$

规范不变. 下面我们进一步将与 U 场耦合的规范场推广为 A_L 与 A_R，即令

$$D_\mu U = \partial_\mu U + A_\mu^L U - U A_\mu^R \tag{19.201}$$

除了在 g_L 作用下如(19.197)式变换外，还有右规范变换：

$$A_R \to A_R^{g_R} = g_R^{-1}(A_R + \mathrm{d})g_R, \quad A_L \to A_L^{g_R} = A_L \tag{19.202}$$

$$U \to U g_R$$

在 g_L 与 g_R 作用下，有

$$U \to g_L^{-1} U g_R \tag{19.203}$$

$$D_\mu U \equiv \partial_\mu U + A_\mu^L U - U A_\mu^R \to g_L^{-1}(D_\mu U) g_R \tag{19.204}$$

相应地可将(19.194)式的 $W[A,U] \equiv W[A_L,U]$ 推广为

$$W_{LR}[A_L,A_R,U] = W[A_L,U] + B[A_R,A_L^U] \tag{19.205}$$

其中第二项为仅由规范势组成的 Bardeen 抵消项，可用 Q 系列表示为

$$B[A_R,A_L^U] = 2\pi c_3\int_{S_4} Q_4^2(0,A_R,A_L^U) \equiv \int_{S_4} B_4(A_R,A_L^U)$$

$$= -\frac{\mathrm{i}}{24\pi^2}\int_{S_4}\mathrm{tr}\left\{A_R A_L^U(F_L + F_R) - \frac{1}{2}(A_R^3 A_L^U + A_R A_L^{U3}) + \frac{1}{2}(A_R,A_L^U)^2\right\} \tag{19.206}$$

此即(19.107)式

$$\mathrm{d}Q_4^2(0,A_R A_L^U) = -Q_5^1(A_R,A_L^U) + Q_5^1(0,A_L^U) - Q_5^1(0,A_R)$$

$$= -Q_5^1(A_R,A_L^U) + \frac{1}{c_3}\Omega_5^0(A_L^U) - \frac{1}{c_3}\Omega_5^0(A_R)$$

$$W_{LR}[A_L,A_R,U] = 2\pi\int_{D_5}\{\Omega_5^0(A_L) - \Omega_5^0(A_R) - Q_5^1(A_R,A_L^U)\} \tag{19.207}$$

易证

$$\mathrm{d}\{\Omega_5^0(A_L) - \Omega_5^0(A_R) - Q_5^1(A_R, A_L^U)\} = 0$$

并注意到 $Q_5^1(A_R, A_L^U)$ 的规范不变性,可证此有效作用量泛函 $W_{LR}[A_L, A_R, U]$ 在左、右规范变换下会产生反常

$$\delta^L W_{LR}[A_L, A_R, U] = 2\pi c_3 \int_{S_4} \omega_4^1(A_L, v)$$

$$\delta^R W_{LR}[A_L, A_R, U] = -2\pi c_3 \int_{S_4} \omega_4^1(A_R, v) \qquad (19.208)$$

此即(19.111)式所得结果.

§19.6　非 Abel 反常的拓扑根源　协变反常

4 维时空费米场与规范场互作用体系,量子化时先将规范场看成背景场,对费米场进行路积分,得到

$$\int \mathscr{D}\psi \mathscr{D}\bar{\psi} \mathrm{e}^{-\int d^4x \bar{\psi} \not{D} \psi} = \det \not{D} = \mathrm{e}^{\frac{\mathrm{i}}{\hbar} W[A]} \qquad (19.209)$$

量子反常产生根源在于:对费米场路径积分所得有效作用泛函 $W[A]$ 非规范不变.前节分析指出,有效作用量泛函 $W[A]$ 为 4 维规范群的非平庸 1 上闭链

$$W[A] = 2\pi \int_{S^4} \Omega_4^1(\Gamma_1) = \alpha^1(\Gamma_1, S^4) \qquad (19.210)$$

它满足 1 上闭链条件

$$\Delta\alpha^1(\Gamma_2, S^4) = \alpha^1(\partial\Gamma_2, S^4) = 2\pi Z \qquad (19.211)$$

共中 Γ_2 为联络空间 $\mathfrak{A}^4$ 中这样的 2 链,要求其边缘 $\partial\Gamma_2 = \Sigma_1$ 在四维规范群作用的同一轨道上. 即有效作用量 $\alpha^1(\Gamma_1, S^4)$ 为四维规范群 $\mathscr{G}^4$ 的 1 上闭链,当 $Z \neq 0$ 时,为非平庸 1 上闭链,在 $\mathscr{G}^4$ 规范变换下会产生规范流的散度反常.

§19.3 曾指出,规范群的各阶拓扑障碍相互关连:低维规范群的高阶拓扑障碍与高维规范群的低阶拓扑障碍密切相关.

若四维规范群存在一阶拓扑障碍,存在 $\mathscr{G}^4$ 的非平庸 1 上闭链

$$\Delta\alpha^1(\Gamma_2, S^4) = 2\pi Z \neq 0$$

则必然存在五维规范群的非平庸零上闭链,三维规范群的 2 上闭链,二维规范群的 3 上闭链等,这里我们要特别强调,具有相同拓扑根源的不同阶拓扑障碍,必须在不同维数的空间实现.

上节分析表明,自洽反常的原因是,有效作用量泛函 $W[A, U]$ 是 4 维规范群 $\mathscr{G}^4$ 的 1 上闭链. 为了分析其拓扑障碍,需将规范势 $A(x)$ 向高维空间延拓.(19.192)~(19.194)将底空间由 S^4 延拓到 5 维盘 D^5,为了分析 $\mathscr{G}^4$1 上闭链拓扑

障碍根源，需进一步将规范势嵌入双参数同伦族内，即第一步如(19.192)式将 S^4 延拓至 5 维盘 D^5，那里 $0\leqslant\theta\leqslant1$，注意到一般半单李群 G 的基本群 $\pi_1(G)=0$，可进一步将参数 θ 延拓取值在 $0\leqslant\theta\leqslant2\pi$，而要求

$$U(0,x)=U(2\pi,x)=I,\quad U(1,x)=U(x)\tag{19.212}$$

此边界条件使 $S^1\times S^4$ 同纬映射(suspension)到 S^5. 进一步再引入参数 $t\in[-1,1]$：

$$A\to A(t,\theta,x),\quad 1\geqslant t\geqslant-1$$

当 $t\geqslant0$ 时，记 $A_+(t,\theta,x)$ 为联络空间任一点 A_0(称为背景场)与 A^U 间的内插

$$A_+(t,\theta,x)=tA_0+(1-t)A^U,\quad 1\geqslant t\geqslant0\tag{19.213}$$

而当 $t\leqslant0$ 时记为

$$A_-(t,\theta,x)=A+(1+t)\mathrm{d}_\theta UU^{-1},\quad 0\geqslant t\geqslant-1\tag{19.214}$$

当 $t=0$(相当于赤道 S^5)时，有

$$A_+(0,\theta,x)=U^{-1}(\theta,x)(A_-(0;-\theta,x)+\mathrm{d}_x+\mathrm{d}_\theta)U(\theta,x)\tag{19.215}$$

正如大家熟悉的，普通球对称 Dirac 单极(S^2 上 U(1) 丛)的拓扑性质(单极数)由赤道 S^1 上的转换函数决定，四维紧致欧氏空间瞬子解的拓扑性质(瞬子数)由 S^4 的赤道 S^3 上转换函数决定. 现在 S^5 上转换函数 $U(\theta,x)\in\mathscr{G}^5$ 决定了 S^6 上丛的拓扑性质，因为

$$\pi_0(\mathscr{G}^5)=\pi_5(G)=Z\tag{19.216}$$

而整数 Z 即为 S^6 上丛的拓扑指数(第三陈示性数)

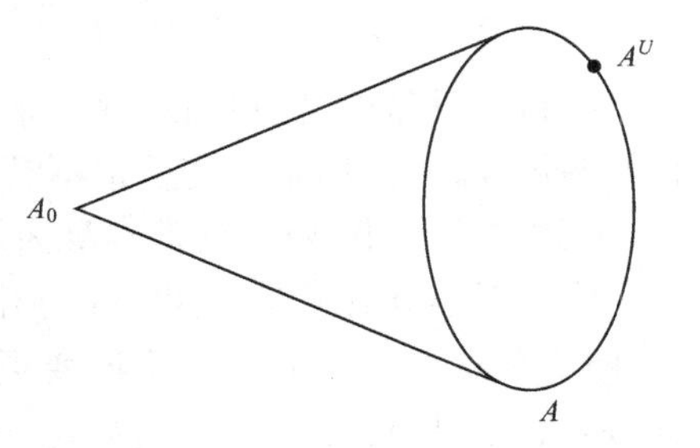

图 19.3

$$Z=c_3\int_{S^5}\mathrm{tr}\mathscr{F}^3\tag{19.217}$$

$$\mathscr{F}=(\mathrm{d}+\mathrm{d}_\theta+\mathrm{d}_t)A(t,\theta,x)+A(t,\theta,x)^2$$

$Z\neq0$ 是递降继承得各维闭链的始源. 正由于 Z 为整数，使得有效作用量与 S^4 如何延拓至五维盘 D^5 无关(mod2π)，即可以有确定的延拓，而将有效作用量表示为五维盘上的积分，而其前归一常数可由量子化条件决定. 以上分析表明，含 4 维规范势的 Dirac 算子族的一级拓扑障碍，需分析高两维空间的拓扑示性类，由含双参数的 Dirac 算子族及相应的族指标定理确定. 产生量子反常的根源在于四维规范群存在非平庸的 1 上闭链：

$$\Delta\alpha^1(\Gamma_2,S^4)=2\pi\int_{S^6}\Omega_6^{-1}(F)=2\pi Z\neq0\tag{19.218}$$

上式 $\Omega_6^{-1}(F)=\mathrm{tr}F^3$ 为整个 S^6 上的闭 6 形式,但当 $Z\neq0$ 时,不能在整个 S^6 上表示为恰当形式,且规范势 A 本身也不能在整个 S^6 上有定义. 为克服拓扑障碍,需分区. 在 $t=0$ 的 S^5 上,如固定 $A^{U(1,x)}$,而对点 A 用 $g\in\mathscr{G}^4$ 作用,即沿过 A 点的 $\mathscr{G}^4$ 轨道变更有效作用泛函

$$W[A,U]=\alpha^1(\Gamma^1,S^4) \tag{19.219}$$

可得规范流散度的自洽反常. 有效作用泛函 $W[A,U]$ 为 $\mathscr{G}^4$ 的 1 上闭链,满足 1 上闭链条件,由 $W[A,U]$ 沿过 A 点 $\mathscr{G}^4$ 轨道变更得规范流散度反常(自洽反常),所得反常依赖于规范,满足 WZ 自洽条件(19.179).

有时我们需讨论与其他物质场作规范不变耦合的协变流,其协变流散度的量子反常仍保持协变性,称为协变反常,即当要求协变矢流 $\tilde{J}^\mu$ 守恒,协变轴矢流 $\tilde{J}_5^\mu$ 的协变散度会产生反常:

$$\langle \mathrm{D}_\mu \tilde{J}^\mu\rangle_a=0$$

$$\langle \mathrm{D}_\mu \tilde{J}_5^\mu\rangle_a=-\frac{\mathrm{i}}{16\pi^2}\mathrm{tr}T^a\in^{\mu\nu\lambda\rho}F_{\mu\nu}F_{\lambda\rho} \tag{19.220}$$

与自洽反常的特点比较,我们来分析一下协变反常. 协变反常与自洽反常具有相同的拓扑根源,但是协变反常不满足 WZ 自洽条件,不能由有效作用量沿过 A 点 $\mathscr{G}^4$ 轨道变更导出. 协变反常本身为规范协变,应由用五维盘积分表示的有效作用量泛函相对点 A 作任意变更 δA 导出. 这里需强调指出的是,过 A 点作任意变更 δA,即不是沿过点 A 的 $\mathscr{G}^4$ 轨道变更,而是利用单参数规范群参数 θ 将底流形 S^4 延拓至五维,即协变反常应由满足 $\mathscr{G}^5$ 的零上闭链条件的零上闭链 $\alpha^0(\Gamma^0,S^5)$ 相对点 A 作任意变更 δA 导出.

$\mathscr{G}^5$ 的零上闭链条件与 $\mathscr{G}^4$ 的 1 上闭链条件有相同的拓扑根源. 满足零上闭链条件

$$\Delta\alpha^0(\Gamma^1,S^5)=\alpha^0(\Sigma^0,S^5)=0(\mathrm{mod}\ 2\pi) \tag{19.221}$$

的零上闭链 $\alpha^0(\Gamma^0,S^5)$ 可表示为

$$\alpha^0(\Gamma^0,S^5)=2\pi\int_{S^4\times S^1}\Omega_5^0(A)=2\pi c_3\int_{S^4\times S^1}\mathrm{tr}\left(F^2A-\frac{1}{2}FA^3+\frac{1}{10}A^5\right) \tag{19.222}$$

将 $\alpha^0(\Gamma^0,S^5)$ 相对点 A 作任意变更 δA,得

$$\int\delta A\frac{\delta}{\delta A}\alpha^0(\Gamma^0,S^5)=2\pi\int_{S^4\times S^1}\left[\frac{\mathrm{i}}{16\pi^3}\mathrm{tr}F^2\delta A-\frac{\mathrm{i}}{48\pi^3}\mathrm{dtr}\left(\mathrm{d}AA+A\mathrm{d}A+\frac{3}{2}A^3\right)\delta A\right]$$

$$=\frac{\mathrm{i}}{8\pi^2}\int_{S^4\times S^1}\mathrm{tr}F^2\delta A \tag{19.223}$$

因此,与其他物质场耦合的协变流的散度反常 $\tilde{\chi}^a$ 可表示为

$$\bar{\chi}^a = -\frac{\mathrm{i}}{8\pi^2}\mathrm{tr}T^a F^2 \tag{19.224}$$

此即(19.330)式的右端. 与自洽反常,协变反常可完全用场强 F 乘积表达,故为规范协变. 自洽反常与协变反常的线性形式除差因子 3 外完全相同,这是因为在计算三角图反常时,需进行 Bose 对称化,故自洽反常计算要比协变反常计算小三倍. 而两者不依赖于规范部分的线性形式(不计数字因子 3)均相同,说明两者有相同的拓扑根源,当讨论反常相消条件时,两者是相同的.

§ 19.7 哈密顿形式 三维规范群 $\mathscr{G}^3$ 的 2 上闭链 流代数反常 Schwinger-Jackiw-Johnson 项

前面分析表明,4 维费米子与规范场互作用,费米子路径积分量子化后有效作用量泛函非规范不变,含 WZW 项,为 4 维规范群 1 上闭链,其无穷小形式即为偶维时空中的流散度反常,它们满足反常自洽条件. 而低维规范群的高阶拓扑障碍与高维规范群的低阶拓扑障碍密切相关,四维规范群存在一阶拓扑障碍,则必然会存在三维规范群的 2 阶拓扑障碍. 三维规范群 2 上闭链使变换群的表示是投射的(projective),使得奇维空间规范群生成元的对易子代数不闭合,会出现反常的 Schwinger-Jackiw-Johnson 项,这是本节要着重分析的问题.

我们先分析具体物理模型,讨论杨-Mills 规范场与 Weyl 费米子耦合的经典哈密顿动力学体系,在正则量子化后如何出现流对易反常,及如何由量子场论微扰论方法算出量子反常项. 然后再利用规范群各阶反常的拓扑递降继承,分析反常项应具形式,比较上述两种计算方案,更清楚显示出反常的拓扑根源.

下面先分析固定时间 t 的物理体系的哈密顿描写,考虑 Weyl 费米子 ψ 最小耦合到非 Alel 规范场 $A^a(x)$ 的理论. 选 Weyl 规范 $A_0=0$,此哈密顿体系经典动力学可由泊松括弧描述

$$\{E_i^a(x), A_j^b(y)\} = \delta_{ij}\delta^{ab}\delta^3(x-y), \qquad E_i^a = -\dot{A}^a$$

$$\{\psi_a(x), \psi_b(y)\} = \delta_{ab}\delta^3(x-y) \tag{19.225}$$

这时高斯定律表现为约束

$$G^a(x) = D^i E_i^a(x) + \psi^\dagger T^a \psi = 0 \tag{19.226}$$

此约束是与时间无关的规范变换生成元. 引入符号

$$G(u) = \int_M u^a(x) G^a(x)\mathrm{d}^3x, \quad 记\ u = T^a u^a \tag{19.227}$$

其中积分是对空间 $M=\mathbb{R}^3$ 进行,由(19.225)诸式易证它们满足下泊松括号:

$$\{G(u), G(v)\} = G([u,v]) \tag{19.228}$$

即高斯定律(19.226)为第一类约束.

在正则量子化后,人们期望高斯约束仍满足简单关系

$$[G(u),G(v)] = G([u,v])$$

但是,在对费米场"二次"量子化后,上述等式会产生量子反常,即约束 $G^a(x)$ 的对易关系中存在一反常项

$$[G^a(x),G^b(y)] = \mathrm{i}f^{abc}G^c(x)\delta(x-y) + Z^{ab}(A;x,y) \tag{19.229}$$

相当于李代数的非中心扩张. 而反常项 $Z^{ab}(A,x,y)$ 称为 Schwinger-Jackiw-Johnson 项. 下面分析此问题. 三维高斯约束 $G^a(x)$ 如(19.226)式可记为

$$G^a(x) = G_0^a(x) + \rho^a \tag{19.226a}$$

其中

$$G_0^a(x) = D_i^{ac}\frac{\delta}{\delta A_i^a} = \partial_i\frac{\delta}{\delta A_i^a} + f^{abc}A_i^b\frac{\delta}{\delta A_i^c} \equiv -\delta_a^x \tag{19.230}$$

满足

$$[G_0^a(x),G_0^b(y)] = \mathrm{i}f^{abc}G_0^c(x)\delta^3(x-y) \tag{19.231}$$

而 $\rho^a = \bar{\psi}\gamma_0 T^a\psi$ 为 Weyl 费米流的时间分量,是费米子规范变换生成元,而

$$[G_0^a(x),\rho^b(y)] = -\delta_a^x\rho^b(y)$$

反映费米荷密度的规范相关性. 关键是计算费米荷密度间对易关系. Faddeev[72] 猜想 $G(u)$ 对易子间反常项为三维规范群的 2 上闭链,其形式比例于 ω_3^2. 许多人想用微扰论方法证明此猜想,有用正则点分离方法,有用 Bjoken-Johnson-Low(BJL)极限方法. BJL 极限方法提供计算两算子定时对易子的一种途径,即

$$\langle\phi_a|[A,B]|_t|\phi_b\rangle = \lim_{q\to\infty}q\int\mathrm{d}\tau\,\mathrm{e}^{\mathrm{i}q(\tau-t)}\langle\phi_a|TA(x,\tau)B(y,t)|\phi_b\rangle \tag{19.232}$$

这里 T 是通常的时序算子. Jo[73] 利用 BJL 极限方法计算出 $G_u(x) = u^a(x)G^a(x)$ 间对易关系为

$$\mathrm{i}\{G_u(x),G_v(y)\} = G_{\{u,v\}}(x)\delta^3(x-y) + 2\pi c_3\omega^{uv}(x)\delta^3(x-y) \tag{19.233}$$

其中反常项

$$\begin{aligned}\omega^{uv}(x)\mathrm{d}^3x &= \widetilde{\omega}_3^2(u,v,x)\\ &= \frac{1}{2}\mathrm{tr}[\{u,v\}(A\mathrm{d}A + \mathrm{d}AA + A^3) + (uAv + vAu)\mathrm{d}A]\end{aligned} \tag{19.234}$$

高斯约束对易子出现反常项,有它深刻的拓扑根源. 可以利用规范群拓扑递降继承观点来分析此问题. 规范代数出现反常项,表明物理波泛函 $\Psi[A]$(为联络空间 $\mathfrak{A}^3$ 上泛函)在三维规范群 $\mathscr{G}^3$ 作用下不再是通常表示,而是按投射表示变换:即令 $U(g) = \exp\left(\mathrm{i}\int \mathrm{d}^3 x u^a(x) G_a(x)\right)$,为作用在波泛函上的有限规范变换,则连续两次规范变换

$$U(g_1)U(g_2) = \mathrm{e}^{\mathrm{i}\alpha^2(A;g_1,g_2)} U(g_1 \cdot g_2) \tag{19.235}$$

其相因子

$$\alpha^2(A;g_1,g_2) \equiv \alpha^2(\Gamma_2, S^3) \tag{19.236}$$

由于存在此相因子,进一步易证三重积:

$$(U(g_1)U(g_2))U(g_3) = \mathrm{e}^{-\mathrm{i}\Delta\alpha^2(A;g_1,g_2,g_3)} U(g_1)(U(g_2)U(g_3)) \tag{19.237}$$

其中

$$\begin{aligned}\Delta\alpha^2(A;g_1,g_2,g_3) = {} & \alpha^2(A^{g_1};g_2,g_3) \\ & - \alpha^2(A;g_1g_2,g_3) + \alpha^2(A;g_1,g_2g_3) - \alpha^2(A;g_1,g_2)\end{aligned} \tag{19.238}$$

仅当

$$\Delta\alpha^2(A;g_1,g_2,g_3) = 0(\mathrm{mod}2\pi) \tag{19.239}$$

三重积仍为可结合,上式称为规范群2上闭链条件. 此3维规范群的2上闭链条件与上节分析的4维规范群的1上闭链有相同拓扑根源

$$\Delta\alpha^2(\Gamma_3, S^3) = \Delta\alpha^1(\Gamma_2, S^4) = 2\pi Z \tag{19.240}$$

具有相同的拓扑示性数 Z,它们都可以从6维空间陈示性类 $\Omega_6^{-1}(F) = c_3 \mathrm{tr}(F^3)$ 出发,通过Čech-de Rham 双复形递降方法得到.

从第三陈类 $\Omega_6^{-1} = c_3 \mathrm{tr} F^3$ 出发,通过递降方程,如§19.3和§19.4分析,在3维空间得2上闭链密度 Ω_3^2,其具体表达式如(19.156)式. 而 $\mathscr{G}^3$ 的2上闭链

$$\alpha^2(A;g_1,g_2) = 2\pi\int_{S^3} \Omega_3^2(A;g_1,g_2) \tag{19.241}$$

将2上闭链 $\alpha^2(A;g_1,g_2)$ 在恒等元附近展开;$g_1 = I + u$, $g_2 = I + v$,很易求出规范代数2上闭链

$$\frac{1}{2\pi c_3}\beta^2(A,u,v) = \int_{S^3} \omega_3^2(A,u,v) = \frac{1}{2}\int_{S^3} \mathrm{d}^3 x \in^{ijk} \mathrm{tr}[A_i\{\partial_j u, \partial_k v\}] \tag{19.242}$$

使得规范群生成元 $G_a(x)$ 的对易子产生反常项:

$$[G^a(x), G^b(y)] = \mathrm{i}f^{abc}G^c(x)\delta^3(x-y) + \pi c_3 \in^{ijk}\mathrm{tr}\{T^a, T^b\}\partial_i A_j \partial_k \delta^3(x-y) \tag{19.243}$$

或采用(19.227)式符号

$$G(u) = \int_M u^a(x) G^a(x)\mathrm{d}^3x, u = T^a u^a(x) \tag{19.227}$$

上式可记为

$$[G(u), G(v)] = G([u,v]) + \beta^2(A;u,v) \tag{19.244}$$

$$\beta^2(A;u,v) = \pi c_3 \int_M \mathrm{tr}(A(\mathrm{d}u\mathrm{d}v - \mathrm{d}v\mathrm{d}u)) = 2\pi c_3 \int_M \omega_3^2(A;u,v)$$

注意反常项含有规范势 A,故此规范代数相当于通常李代数的非中心扩张. 而反常项形式

$$\omega_3^2(A;u,v) = \frac{1}{2}\mathrm{tr}(\{\mathrm{d}u, \mathrm{d}v\}A)$$

即 Faddeev 猜想的反常项形式(19.165a),与 *Jo* 用量子场论方法,用 BJL 极限方法得到的 $\widetilde{\omega}_3^2$(见(19.234)式)仅相差规范等价类

$$\widetilde{\omega}_3^2(u,v,x) = \omega_3^2(A;u,v) + \delta\omega_4^1(A,v) + \delta'\omega_4^1(A,u) \tag{19.245}$$

其中符号 δ, δ' 见(19.167),(19.168)式,并参看那里的分析. 即它们导致的规范群 2 上闭链 α^2 满足相同的 2 上闭链条件.

以上分析表明,费米场与规范场耦合体系,物理态在规范群 $\mathscr{G}$ 的作用下不再按正则表示变换,而按投射表示(19.235)变换,使得相应的无穷小形式:规范代数生成元的对易子会产生反常项. 用拓扑递降方程所得结果(19.244)与量子场论方法所得结果(19.234)在规范等价的意义下一致. 规范代数出现反常项,反常项本身还含有规范势 A,这种非中心扩张是否仍满足李代数的约束——Jacobi 等式? 下面我们从(19.244)出发计算 $G(u)$ 的三重对易子,注意到

$$[G(u), \omega_3^2(A;v,\omega)] = Du\frac{\delta}{\delta A}\omega_3^2(A;v,w)$$

$$= \frac{\mathrm{d}}{\mathrm{d}t}\omega_3^2(A + t\mathrm{D}u; v,w)\Big|_{t=0} \equiv \delta_u \omega_3^2(A;v,w)$$

$$\Big[G(u), [G(v), G(w)]\Big] = \Big[G(u), G([v,w]) + 2\pi c_3 \int_M \omega_3^2(A;v,w)\Big]$$

$$= G([u,[v,w]]) + 2\pi c_3\Big(\int_M \omega_3^2(A;u,[v,w]) + \int_M \delta_u \omega_3^2(A;v,w)\Big)$$

对 u,v,w 循环置换,得

$$[G(u), [G(v), G(w)]] + \text{循环置换} = 2\pi c_3 \int_M \delta\omega_3^2(A;u,v,w)$$

$$= 2\pi c_3 \int_M \mathrm{tr}(\mathrm{d}u, \mathrm{d}v, \mathrm{d}w) = 2\pi c_3 \int_M \mathrm{d}\omega_2^3(A; u, v, w)$$

这里 $\omega_2^3(A;u,v,w)$ 即(19.165b)的 ω_2^{uvw}

$$\omega_2^3(A;u,v,w) = \omega_2^{uvw} = \frac{1}{2}\mathrm{tr}(u\{\mathrm{d}v, \mathrm{d}w\} + \text{置换})$$

这里积分区域 M 为 3 维平空间，当场在无穷远处足够快地趋于零

$$A_\mu \xrightarrow{r\to\infty} O(r^{-2}), F_{\mu\nu} \xrightarrow{r\to\infty} O(r^{-3})$$

则(19.243)右端积分为零. 表明李代数的 Jacobi 等式仍满足，带有反常项的对易子关系为李代数的非中心扩张. 对物理态波泛函 $\psi[A]$ 作规范变换可实现规范群的投射表示，其相因子 $\alpha^2(A;g_1,g_2)$ 满足规范群 $\mathscr{G}^3$ 的 2 上闭链条件，是可结合代数，使规范群生成元 $G^a(x)$ 可由作用在 Hillert 空间上的线性算子来实现，而有限规范变换 $U(g)$ 可表示为

$$U(g) = \exp \mathrm{i}G(u), g = \exp u^a T^a$$

实现静态(定时)3 维规范群的投射表示，如(19.235)式所示.

但是当物理体系具有非平庸边界条件，例如(19.245)式不再满足，规范场在无穷远处满足磁单极的边界条件

$$A_\mu \xrightarrow{r\to\infty} O(r^{-1}), F_{\mu\nu} \xrightarrow{r\to\infty} O(r^{-2}) \tag{19.246}$$

这时(19.243)式右端不再为零，存在反常 Jacobi 破坏项

$$J(u,v,w) \equiv [G(u), [G(v), G(w)]] + \text{循环置换}$$
$$= 2\pi c_3 \int_{S^2_\infty} \omega_2^3(A;u,v,w) \neq 0 \tag{19.247}$$

此处 $S^2_\infty = \partial M$ 由所有无穷远点组成.

此 Jacobi 等式破坏项以往常被人们忽略，这因通常数学家一般仅对紧致无边流形感兴趣，而物理学家常将无穷远处全散度项扔掉. 但当我们有非平庸边界条件如(19.246)式，在无穷远处全散度项仍会起重要作用，这在有奇异原点或在散射现象中应显示此效果，不应忽视.

非平庸边条件(19.246)使规范代数 Jacobi 等式被破坏，相当于(19.236)式所示表示的可结合性受到破坏，规范群存在非零的 3 上链

$$\alpha^3(A;g_1,g_2,g_3) = \Delta\alpha^2(A;g_1,g_2,g_3) = 2\pi Z \neq 0$$

但由于非零的 Z 仍保持为量子化整数，不影响算子的可结合性，即这样得到的非零 3 上链实质上为 3 上边缘链. 下节我们将通过杂化口袋模型的边界效应，将物理模型限制到更低维，可实现在界面上 2 维规范群的 3 上闭链. 3 上闭链的存在造成群表示不可结合性，需认真分析其特点.

§ 19.8　杂化口袋模型的边界效应 $\mathscr{G}^2$ 的 3 上闭链

杂化手征口袋模型(hybrid chiral bag model)在粒子物理与核物理中有重要应用. 此模型袋外介子系统与袋内夸克系统通过边界互作用,且介子与夸克都与背景规范场耦合. 模型作用量可写为

$$S = \int_{S^3 \times S^1} \mathrm{d}^4 x \mathscr{L} \tag{19.248}$$

即将空时紧致化为 $S^3 \times S^1$. 而拉氏密度

$$\mathscr{L} = \Theta_B \mathrm{i} \left(\bar{q}_L (\not{\partial} + \not{A}) q_L + \bar{q}_R \not{\partial} q_R \right) - \bar{\Theta}_B \big(\mathrm{tr} I^* (A,U) I(A,U) + 2\pi \Omega_4^1 (A,U) \big) + \delta_B \frac{1}{2} (\bar{q}_L U^{-1} q_L + \bar{q}_R U q_R) \tag{19.249}$$

其中 Θ_B 为在袋内取值 1,袋外取值零的阶跃函数,$\bar{\Theta}_B = 1 - \Theta_B$,$\delta_B = n_\mu \partial^\mu \Theta_B$ 为袋边 δ 函数,n_μ 为边界上单位法向量.

$$q_{L,R} = \frac{1}{2}(1 \pm \gamma_5) q \equiv P_{L,R} q, I(A,U) \equiv U^{-1}(\mathrm{d} + A) U \tag{19.250}$$

且袋外 WZW 项可延拓到 5 维盘,即

$$\mathrm{d}\Omega_4^1(A,U) = \Omega_5^0(I) - \Omega_5^0(A), \qquad \Omega_5^0(I) = c_3 \mathrm{tr}\left(I(\mathrm{d}I)^2 + \frac{3}{2} I^3 \mathrm{d}I + \frac{3}{5} I^5 \right)$$

对场 $q(x)$ 及 $U(x)$ 变分,得运动方程

袋内:

$$\mathrm{i}(\not{\partial} + \not{A}) q = 0 \tag{19.251}$$

袋外:

$$\partial_\mu I^{a\mu} - 2\pi \mathrm{i} c_3 \in^{\mu\nu\lambda\rho} \mathrm{tr} t^a \partial_\mu \left(I_\nu \partial_\lambda I_\rho + \frac{1}{2} I_\nu I_\lambda I_\rho \right) = 0 \tag{19.252}$$

边界:

$$\mathrm{i}\not{n} q = (U P_R + U^{-1} P_L) q \equiv U_5 q, \qquad -\mathrm{i}\bar{q}\not{n} = \bar{q} U_5 \tag{19.253}$$

$$\mathrm{i} n^\mu I_\mu = \frac{1}{2} n^\mu (j_\mu^R - U^{-1} j_\mu^L U)$$

此边界条件表明

$$\bar{q}\not{n} q \Big|_{边} = \bar{q} U_5 q \Big|_{边} = 0 \tag{19.254}$$

即矢流法分量为零,夸克场禁闭在袋内. 而手征夸克在边界反射会得到相移,此相移将外部手征场信息传给内部夸克场. 正是由于与外部手征场互作用,引起内部费米流散度反常,诱导费米荷对易反常,而限制到边界上的二维流对易子的 Jacobi 等

式被破坏,相应于在二维边界上规范变换为不可结合,反常相因子为二维规范群的 3 上闭链. 下面我们重点分析袋外的手征流结构(袋内可类似分析).

由于 WZW 作用量仅含时间的一次微分,因此在正则表述下与拉氏量对应的哈密顿量应为

$$H = \frac{1}{2}\int \mathrm{d}^3x \mathrm{tr}(I_0 I_0 + I_k I_k) \tag{19.255}$$

为了能用正则表述重新给出运动方程(19.252),必须将固定时间流间对易关系表达为

$$[I_i^a(x), I_j^b(y)] = 0 \tag{19.256}$$

$$[I_0^a(x), I_i^b(y)] = \mathrm{i}(\delta^{ab} - \partial_j^x - f^{abc}I_j^c(x))\delta^3(x-y) \tag{19.257}$$

$$[I_0^a(x), I_0^b(y)] = -\mathrm{i}f^{abc}I_0^c(x)\delta^3(x-y) - 2\pi\mathrm{i}c_3\omega_3^{ab}(x)\delta^3(x-y) \tag{19.258}$$

其中

$$\omega_3^{ab} = \frac{1}{2}\in^{ijk}\mathrm{tr}\{[t^a, t^b](\partial_i I_j I_k + I_i \partial_j I_k + I_i I_j I_k) + t^a \partial_i (I_j t^b I_k)\} \tag{19.259}$$

引入

$$Q_u(x) = u^a(x) I_0^a(x), \quad u(x) = u^a(x) t^a \tag{19.260}$$

则(19.257)、(19.258)两式可改写为

$$\mathrm{i}[Q_u(x), I_j(y)] = \mathrm{D}_j u(x)\delta^3(x-y) = (\partial_j u(x) + [I_j(x), u(x)])\delta^3(x-y) \tag{19.261}$$

$$\mathrm{i}[Q_u(x), Q_v(y)] = Q_{[u,v]}\delta^3(x-y) + 2\pi\mathrm{i}c_3\omega_3^{u,v}(x)\delta^3(x-y) \tag{19.262}$$

其中

$$\omega_3^2(I; u, v) \equiv \omega_3^{u,v}\mathrm{d}^3x = \frac{1}{2}\mathrm{tr}\{[u,v](I\mathrm{d}I + \mathrm{d}II + I^3) - (uIv - vIu)\mathrm{d}I\} \tag{19.263}$$

利用上三式经过冗长但直接的计算得

$$\begin{aligned}&[Q_u(x), [Q_v(y), Q_w(z)]] + \text{循环置换}\\ &= -2\pi c_3 \in^{ijk}\partial_i \omega_{2[j,k]}^{uvw}(x)\delta^3(x-y)\delta^3(y-z)\end{aligned} \tag{19.264}$$

其中

$$\omega_2^3(I; u, v, w) \equiv \omega_{2[j,k]}^{uvw}\mathrm{d}x^j \wedge \mathrm{d}x^k$$

$$= \frac{1}{2}\mathrm{tr}\{(u[v,w]+v[w,u]+w[u,v])\mathrm{d}I+[u,v]IwI+[v,w]IuI+[w,u]IvI\} \tag{19.265}$$

称为 3 上闭链密度.

将荷密度 $Q_u(x)$ 在整个袋外部 3 维盘积分,即引入

$$\bar{G}(u) = \int_{D^3}\mathrm{d}^3 x Q_u(x) \tag{19.266}$$

则(19.262)、(19.264)式可表示为

$$[\bar{G}(u),\bar{G}(v)] = \bar{G}([u,v]) + 2\pi c_3\int_{D^3}\omega_3^2(I;u,v) \tag{19.267}$$

$$[\bar{G}(u),[\bar{G}(v),\bar{G}(w)]] + \text{循环置换} = 2\pi c_3\int_{\partial D^3}\omega_2^3(I;u,v,w) \neq 0 \tag{19.268}$$

表明在袋的边界上存在非零的 Jacobi 等式反常,称为 3 上闭链. 是由静袋边界上手征场决定. 进一步分析袋内夸克体系,边界条件决定袋内夸克场的诱导荷. 袋外拓扑荷与袋内诱导荷均非整数,但可以证明它们的和是整数,这是因为它们来自相同的拓扑障碍,都与袋边界 2 维规范群的 3 上闭链相关(详细分析请参看文献). 将上式的非零反常项记作

$$J(u,v,w) \equiv [\bar{G}(u),[\bar{G}(v),\bar{G}(w)]] + \text{循环置换} \neq 0 \tag{19.269}$$

可以证明,此 Jacobi 破坏项满足约束

$$\begin{aligned}
&[\bar{G}(u),J(u,v,w)] + \text{循环置换}\\
&= J([u,v],w,z) - J(u,[v,w],z) + J(u,v,[w,z])\\
&\quad - J([u,w],v,z) + J([u,z],v,w) - J([v,z]u,w) = 0
\end{aligned} \tag{19.270}$$

此即规范代数 3 上闭链条件. 当分析边界散射现象时,会显示出此拓扑障碍的有关效应.

附　不可结合代数与反常 Jacobi 等式的约束

当对称变换乘积不可结合,其无穷小生成元对易子代数三重 Jacobi 等式被破坏. 可对此破坏项加以约束,使对称变换多重积仍有定义,此约束即 3 上闭链条件,形式如(19.270)式. 这是通常 Kac-Moody 代数的进一步推广.

不可结合代数有多种形式. 数学家研究的比较多的是 Malceev 代数. 但是 Malceev 代数与我们这里引入的变换群(不可结合)可除表示有本质差别. 下面先对 Malceev 代数作简单介绍.

为研究代数的不可结合性,对代数中三给定元素 a,b,c,可引入描述三重积不可结合性的"结合子"

$$\{a,b,c\} \equiv (ab)c - a(bc) \tag{19.271}$$

不可结合代数有很多种,例如交替代数 A.

定义 19.1 交替代数 A 是种不可结合代数,但其结合子满足

$$\{a,a,b\} = 0, \{a,b,b\} = 0 \tag{19.272}$$

八元数代数就是一种交替代数(见附录 G).

通常各种群代数为可结合代数. 矩阵代数是可结合代数. 由矩阵代数对易子组成的李代数,满足 Jacobi 恒等式,它们常是某李群的李代数的矩阵表示.

定义 19.2 交替代数 A 的元素的对易子

$$[a,b] = ab - ba \equiv a \cdot b \tag{19.273}$$

作为代数元素的积,所得代数称 Malceev 代数.

Malceev 代数不再是李代数,其元素三重积组成的 Jacobi

$$J(a,b,c) \equiv [[a,b],c] + \text{循环置换} = 6\{a,b,c\} \neq 0 \tag{19.274}$$

易证 Malceev 代数的 Jacobi 破坏项满足约束

$$J(a,b,[a,c]) = [J(a,b,c),a] \tag{19.275}$$

以上两式可经简单但冗长的代数运算直接证明,不再赘述.

当对量子场论中反常进行拓扑分析,注意到存在 3 上闭链拓扑障碍,相应规范代数 Jacobi 等式反常,它是由于规范变换不可结合引起,不少人想到生成元代数 Jacobi 破坏反常项可能会满足 Malceev 代数约束(19.275)式. 从我们的分析看出,变换群的不可结合产生非零 3 上闭链,这是由于要求规范群按"可除表示"变换,即虽然三重积不可结合,但多重积按给定结合方式相乘仍有确定值(§20.6 将对这种"可除表示"的一种具体实现进行认真分析),这时三重积非零相因子 $\alpha^3(A; g_1,g_2,g_3)$ 满足群 3 上闭链条件(见(19.145)式):

$$\begin{aligned}\Delta\alpha^3(A;g_1,g_2,g_3,g_4) &= \alpha^3(A^{g_1;g_2,\cdots,g_4}) - \alpha^3(A_1;g_1g_2,g_3,g_4) + \cdots \\ &+ \alpha^3(A;g_1,g_2,g_3) = 0(\mathrm{mod}2\pi)\end{aligned} \tag{19.276}$$

其无穷小形式即规范群代数 Jacobi 反常项满足

$$\begin{aligned}&J([u,v],w,z) - J(u,[v,w],z) + J(u,v,[w,z]) \\ &- J([u,w],v,z) + J([u,z],v,w) - J([v,z],u,w) = 0\end{aligned} \tag{19.270}$$

而不是 Malceev 代数的约束(19.275)式.

习 题 十 九

1. 请用你熟悉的重正化方法逐步推出手征反常等式(19.33)

$$\partial_\mu\langle\bar{\psi}\gamma^\mu\gamma_5\psi\rangle = -\frac{1}{16\pi^2}\in^{\alpha\beta\gamma\delta}\mathrm{tr}F_{\alpha\beta}F_{\gamma\delta}$$

2. 请证明

$$u \cdot \chi[A] = \int_{S2n} \omega_{2n}^1(u,A)$$

满足自洽反常条件(19.182)式

3. 请求出 $\mathscr{G}^4$ 的 1 上闭链 $\alpha^1(A,g)$ 的具体表达式,并请导出当 g 在恒等元附近时的无穷小形式.

4. 请写出对 WZW 有效作用量泛函 $W_{LR}[A_L,A_R,U]$((19.207)式)进一步引入抵消项

$$W_{VA}[A_L,A_R,U] = W_{LR}[A_L,A_R,U] + B[A_L,A_R]$$

的具体表达式.

5. 引入

$$\delta^V = \delta^L + \delta^R, \quad \delta^A = \delta^L - \delta^R$$

请证明对上题引入的 W_{VA},

$$\delta^V W_{VA} = 0$$

$$\delta^A W_{VA} = \frac{1}{4\pi^2}\mathrm{tr}v\left[F_V^2 + \frac{1}{3}F_A^2 - \frac{4}{3}(A^2F_V + AF_VA + F_VA^2) + \frac{8}{3}A^4\right]$$

其中

$$V = \frac{1}{2}(A_L + A_R), \quad A = \frac{1}{2}(A_L - A_R)$$

$$F_V = \mathrm{d}V + V^2 + A^2, \quad F_A = \mathrm{d}A + VA + AV$$

第二十章　规范轨道空间上同调与族指标定理量子场论中大范围拓扑分析

流形 M 上以 G 为结构群的主丛 $P(M,G)$ 上，联络 1 形式拖回至底流形可表示为

$$A(x) = A_\mu^a(x) T^a \mathrm{d}x^\mu$$

为取值在 G 的李代数 Lie(G) 空间上的 1 形式. 令 $\mathfrak{A} = \{A\}$ 为丛 $P(M,G)$ 上规范势集合组成的无穷维空间，称为联络空间. 正如 §19.2 节分析，联络空间为拓扑平庸的可缩空间.

当分析物质场与规范场相互作用体系时，作用量应为规范联络空间 $\mathfrak{A} = \{A\}$ 上泛函，而物理体系具有规范不变性，真实的物理动力学变量均应仅为规范轨道空间 $\mathfrak{A}/\mathscr{G}$ 上的泛函. 当将 $\mathfrak{A}$ 中彼此相差规范变换的规范势看成同一点，即将每一规范变换轨道上所有点看成同一点，由轨道集合组成轨道空间 $\mathfrak{A}/\mathscr{G}$，真实的物理动力学变量均应仅为规范等价类组成的空间 $\mathfrak{A}/\mathscr{G}$ 上泛函. 由于规范变换群 $\mathscr{G}$ 拓扑非平庸，故 $\mathfrak{A}/\mathscr{G}$ 也拓扑非平庸.

上章我们曾从 $2n$ 维空间 Dirac 算子的指数定理出发，利用 Čech-de Rham 双复形分析了规范群各级拓扑障碍的递降继承，表明低维空间规范群的高阶拓扑障碍与高维空间的低阶拓扑障碍密切相关. 在本章，我们将按照 Atiyah-Singer 方法构造联络空间上 Dirac 算子族的指标丛，利用族指标定理统一处理规范群上同调、轨道空间上同调与联络空间上同调，分析它们间关系. 并利用族指标定理对量子场论中物理体系进行大范围拓扑分析.

§20.1　Dirac 算子族指标定理

当分析物质场与规范场相互作用体系时，作用量应为规范联络空间 $\mathfrak{A} = \{A\}$ 上的泛函. 一方面注意到物理体系具有规范不变对称性，真实的物理动力学变量均应仅为规范轨道空间 $\mathfrak{A}/\mathscr{G}$ 上的泛函. 另一方面，当物理体系量子化时，场变量为规范势，规范不变性仅相当于对物理体系加有一定约束条件，量子理论中的基本场变量仍为规范势（规范联络 A），还需将对轨道空间分析提升到对整个联络空间 $\mathfrak{A}$ 上的分析，需分析在联络空间 $\mathfrak{A}$ 上具有约束的体系.

与规范场 A 耦合的 Dirac 算子

$$\not{D}_A \equiv \gamma^\mu D_\mu \equiv \gamma^\mu(\partial_\mu + A_\mu) \tag{20.1}$$

的解析指数

$$\dim \mathrm{Ker}\not{D}_A - \dim \mathrm{Ker}\not{D}_A^\dagger$$

即当 Dirac 算子与规范场耦合时,我们需集中研究算子 $\not{D}_A$ 的零频模式. 算子$\not{D}_A$中含有规范势 $A, A \in \mathscr{G}$, 当 A 改变时, $\mathrm{Ker}\not{D}_A$ 与 $\mathrm{Ker}\not{D}_A^\dagger$ 均改变,其维数可能产生跳跃,但是两者的形式差($\mathrm{Ker}\not{D}_A - \mathrm{Ker}\not{D}_A^\dagger$)却能定义,是 $\mathfrak{A}$ 上的矢丛,称为指标丛

$$\mathrm{Ind}\not{D}_A = \mathrm{Ker}\not{D}_A - \mathrm{Ker}\not{D}_A^\dagger \in K(\mathfrak{A})$$

其中 $K(\mathfrak{A})$ 表示 $\mathfrak{A}$ 上矢丛的形式差,称为 K 理论,见 § 18.4 分析. 在作规范变换时, $\mathrm{Ind}\not{D}_A$ 规范协变,当将在规范群 $\mathscr{G}$作用下等价元素类看成一元素,则 $\mathrm{Ind}\not{D}_A$ 为 $\mathfrak{A}/\mathscr{G}$上矢丛,即

$$\mathrm{Ind}\not{D}_A = \mathrm{Ker}\not{D}_A - \mathrm{Ker}\not{D}_A^\dagger \in K(\mathfrak{A}/\mathscr{G}) \tag{20.2}$$

以上分析表明,需认真分析联络空间 $\mathfrak{A}$ 与轨道空间 $\mathfrak{A}/\mathscr{G}$上的矢丛. 为此,我们先分析以轨道空间 $\mathfrak{A}/\mathscr{G}$为底流形,以规范群 $\mathscr{G}$为纤维的联络丛 $\mathfrak{A}$

$$\begin{array}{c} \mathscr{G} \longrightarrow \mathfrak{A} \\ \downarrow \\ \mathfrak{A}/\mathscr{G} \end{array}$$

在丛 $\mathfrak{A}$ 上选截面,即在轨道空间的每一轨道上选代表点

$$a = a_\mu(x)\mathrm{d}x^\mu$$

为取值李代数 $\mathrm{Lie}(G)$表示上的 1 形式,在丛 $\mathfrak{A}$ 中同一轨道(同一纤维)上各点 A 可与代表点 a 差规范变换

$$A = g^{-1}ag + g^{-1}\mathrm{d}g, \quad g \in \mathscr{G} \tag{20.3}$$

在丛 $\mathfrak{A}$ 上在点 A 处的余切矢为

$$\delta A = g^{-1}\delta a g - D_A v \tag{20.4}$$

其中

$$v = g^{-1}\delta g, \quad D_A v = \mathrm{d}v + \{A, v\} \tag{20.5}$$

为简单起见,可设仅 $D_A^\dagger$ 有零模,而 D_A 无零模,于是椭圆厄米算子 $D_A^\dagger D_A$ 为恒正算子,可定义 Green 算子

$$G_A = (D_A^\dagger D_A)^{-1} \tag{20.6}$$

在丛 $\mathfrak{A}$ 上引入联络

$$\mathscr{A} = -G_A D_A^\dagger \delta A \tag{20.7}$$

易证 $\mathscr{A}$ 具有性质

$$\mathscr{A}\Big|_{\text{纤维}} = g^{-1}\delta g \tag{20.8}$$

符合对联络的基本要求. 利用此联络可将丛 $\mathfrak{A}$ 在点 A 的余切矢 δA 分为水平及垂直部分

$$\delta A = \delta_h A + \delta_v A \tag{20.9}$$

其中水平余切矢 $\delta_h A$ 为

$$\delta_h A = (1 - \mathrm{D}_A G_A \mathrm{D}_A^\dagger)\delta A \equiv \pi\delta A \tag{20.10}$$

满足

$$\mathrm{D}_A^\dagger \delta_h A = 0$$

投射算子 $\pi = (1 - \mathrm{D}_A G_A \mathrm{D}_A^\dagger)$

$$\delta A \to \delta_h A$$

满足

$$\pi^2 = \pi = \pi^+$$

此投影算子 π 将丛 $\mathfrak{A}$ 在点 A 的余切空间 $T_A^*(\mathfrak{A})$ 投射到水平余切空间 H_A 上

$$\pi : T_A^*(\mathfrak{A}) \longrightarrow H_A \tag{20.11}$$

而垂直余切矢为

$$\delta_v A = \mathrm{D}_A G_A \mathrm{D}_A^\dagger \delta A = -\mathrm{D}_A \mathscr{A} \tag{20.12}$$

即垂直余切矢 $\delta_v A$ 本身为 D_A 的像.

这样,利用联络 $\mathscr{A}$ 将丛 $\mathfrak{A}$ 上各点的余切矢 δA 分为两部分.

进一步讨论主丛 $P(M,G)$ 与丛 $\mathfrak{A}$ 的直积丛:

$$P(M,G) \times \mathfrak{A}$$

在直积丛上引入总联络

$$A + \mathscr{A} = A - G_A \mathrm{D}_A^\dagger \delta A \tag{20.13}$$

可得直积丛 $P \times \mathfrak{A}$ 上总曲率:

$$\mathscr{F} = (\mathrm{d} + \delta)(A + \mathscr{A}) + \frac{1}{2}[A + \mathscr{A}, A + \mathscr{A}] = F + \delta_h A + \delta\mathscr{A} + \mathscr{A}^2 \tag{20.14}$$

利用 F 满足的 Bianchi 等式可证 $\mathrm{tr}(F^n)$ 为闭形式

$$\mathrm{d}\,\mathrm{tr}(F^n) = 0$$

且由(19.118)式知

$$\mathrm{tr}(F^n) = \mathrm{d}Q_{2n-1}(0,A) \equiv \mathrm{d}\omega_{2n-1}(A)$$

类似知,在直积丛 $P \times \mathfrak{A}$ 上,$\mathrm{tr}(\mathscr{F})$ 满足

$$(\mathrm{d}+\delta)\mathrm{tr}(\mathscr{F}) = 0 \tag{20.15}$$

$$\mathrm{tr}(\mathscr{F}) = (\mathrm{d}+\delta)\omega_{2n-1}(A+\mathscr{A}) \tag{20.16}$$

下面我们认真分析一下直积丛 $P\times\mathfrak{A}$ 上曲率 $\mathscr{F}$的特性. 在(20.14)式中各项均为取值在李代数 Lie(G)表示上的 $M\times\mathfrak{A}$ 上的微分形式,令 Λ_j^k 代表 M 上 j 形式及 $\mathfrak{A}$ 上 k 形式集合,则(20.14)式中各项为

$$\begin{aligned} F &= \mathrm{d}A + A^2 \in \Lambda_2^0 \\ \delta_h A &= (1-\mathrm{D}_A G_A \mathrm{D}_A^\dagger)\delta A \in \Lambda_1^1 \\ \delta\mathscr{A} &+ \mathscr{A}^2 \in \Lambda_0^2 \end{aligned} \tag{20.17}$$

注意到利用投射算子$(1-\mathrm{D}_A G_A \mathrm{D}_A^\dagger)$分解的联络空间 $\mathfrak{A}$ 上余切矢 $\delta_h A,\delta_v A$ 相互正交

$$\delta^2 = \delta_h^2 = \delta_v^2 = 0 \tag{20.18}$$

对(20.12)式作用 δ_v,得

$$\delta_v \mathrm{D}_A\mathscr{A} = -\mathrm{D}_A\delta_v\mathscr{A} + [\delta_v A,\mathscr{A}] = -\mathrm{D}_A(\delta_v\mathscr{A}+\mathscr{A}^2) = 0$$

由于 D_A 无零模,故

$$\delta_v\mathscr{A}+\mathscr{A}^2 = 0 \tag{20.19}$$

因此可以证明

$$\delta\mathscr{A}+\mathscr{A}^2 = \delta_h\mathscr{A} = -G_A[\delta_h A^\dagger,\delta_h A] \tag{20.20}$$

为丛 $\mathfrak{A}$ 上水平方向 2 形式. 将以上结果代入(20.14)式得

$$\mathscr{F} = F + \delta_h A + \delta_h\mathscr{A} \tag{20.21}$$

曲率 $\mathscr{F}$仅在水平方向($M\times\mathfrak{A}/\mathscr{G}$方向的提升)非零.

限定联络空间 $\mathfrak{A}$ 为不可约联络空间,规范变换群 $\mathscr{G}$对丛 $P\times\mathfrak{A}$ 的作用

$$(u,A)\to(ug,A^g)$$

无固定点,可定义主丛 $\hat{P}=P\times\mathfrak{A}/\mathscr{G}$,注意到 $\mathscr{G}$的作用与群 G 作用对易,丛 $\hat{P}$ 为以 $M\times\mathfrak{A}/\mathscr{G}$为底的主 G 丛

$$\begin{array}{c} G\to\hat{P} = P\times\mathfrak{A}/\mathscr{G} \\ \downarrow \\ M\times\mathfrak{A}/\mathscr{G} \end{array}$$

$P\times\mathfrak{A}$ 丛上联络 $A+\mathscr{A}$ 可自然降为主 G 丛 $\hat{P}$ 上联络,而相应曲率 $\mathscr{F}$如(20.21)式只在水平方向($M\times\mathfrak{A}/\mathscr{G}$方向的提升)非零.

为了分析定义在背景场中手征 Dirac 算子的规范协变传播子存在的拓扑障碍,需分析 Ind 丛(如(20.22)式)的示性类:

$$Ch(\mathrm{Ind}\not{D}_A) = \int_M \hat{A}(M)\,Ch(\hat{P})$$

其中 $\hat{A}(M)$ 为底流形 M 上 $\hat{A}$ 多项式,当我们仅讨论纯规范反常时,可取 M 为闭球面,$\hat{A}(M)=1$. 而 $Ch(\hat{P})$ 为主 G 从 $\hat{P}$ 的陈特性

$$Ch(\hat{P}) = \mathrm{tr}\left(\exp\frac{\mathrm{i}}{2\pi}\mathscr{F}\right) \tag{20.22}$$

将 $\mathscr{F}$ 按 $M\times\mathfrak{A}$ 上微分形式的双幂次展开,将 $\mathscr{F}$ 的 n 阶对称不变多项式 $\mathrm{tr}(\mathscr{F}^n)$ 对流形 $M=S^{2n-k}$ 积分,得族指标类

$$Q^k[M] = \int_M \mathrm{tr}(\mathscr{F}) \tag{20.23}$$

由(20.21)式知 $Q^k[M]$ 仅为 $\mathfrak{A}/\mathscr{G}$ 上 k 形式,此即 Atiyah-Singer 证明的
族指标定理:Dirac 算子指标丛的示性类

$$Ch^k(\mathrm{Ind}\not{D}_A) = c_n Q^k[M] = c_n\int_M \mathrm{tr}(\mathscr{F})\left(c_n = \frac{\mathrm{i}^n}{n!(2\pi)^n}\right) \tag{20.24}$$

仅为轨道空间 $\mathfrak{A}/\mathscr{G}$ 上的 k 形式.

为了分析规范轨道空间 $\mathfrak{A}/\mathscr{G}$ 的上同调, Atiyah-Singer 利用在主 G 丛 $P=P(M,G)$ 与联络丛 $\mathfrak{A}=\mathfrak{A}(\mathfrak{A}/\mathscr{G},\mathscr{G})$ 的直积丛 $P\times\mathfrak{A}$ 上引入联络 $A+\mathscr{A}$,引入与此直积丛相伴的主 G 丛 $\hat{P}=\hat{P}(M\times\mathfrak{A}/\mathscr{G},G)=P\times\mathscr{G}^{\mathfrak{A}}$,证明轨道空间 $\mathfrak{A}/\mathscr{G}$ 上同调类可用 $M\times\mathfrak{A}/\mathscr{G}$ 上示性类对 M 的积分得到. 而上式乘上常系数 c_n,将上 k 形式沿轨道空间 $\mathfrak{A}/\mathscr{G}$ 上 k 闭链 Σ_k 积分所得族指标为整数

$$c_n\int^{\Sigma_k} Q^k[M] = c_n Q[\Sigma_k, M] = c_n\int_{M\times\Sigma_k}\mathrm{tr}(\mathscr{F}^n) = Z \tag{20.25}$$

称族指标数.

下面我们将利用此定理,首先分析轨道空间 $\mathfrak{A}/\mathscr{G}$ 上 k 形式,分析 $\mathfrak{A}/\mathscr{G}$ 空间的上同调,将其提升嵌入为联络丛 $\mathfrak{A}$ 的上同调,再限制投射到纤维上得规范群上同调,分析规范群各阶拓扑障碍及它们与族指标定理的关系.

§20.2 轨道空间上同调及其提升 规范群上同调

由族指标定理,族指标 $Q^k(M)$ 仅为轨道空间 $\mathfrak{A}/\mathscr{G}$ 上的 k 形式. 对联络空间 $\mathfrak{A}$ 中点 A 沿算子 $D_A^\dagger$ 的零模空间作水平变更 δA

$$\mathrm{D}_A^\dagger\bar{\delta}A = 0 \tag{20.26}$$

且对主丛 $\hat{P}$ 上联络选局域水平规范,使

$$\bar{\delta}\mathscr{A} + \mathscr{A}^2 = 0 \tag{20.27}$$

于是

$$\mathscr{F} = F + \bar{\delta} A \tag{20.28}$$

将 $\mathrm{tr}(\mathscr{F})$ 按 δA 的幂次展开：

$$\mathrm{tr}(\mathscr{F}^n) = \sum_{k=0}^{n} \bar{q}_{2n-k}^{k} \tag{20.29}$$

其中

$$\bar{q}_{2n-k}^{k} = \frac{n!}{(n-k)!}\mathrm{Str}[(\bar{\delta} A)^k, F^{n-k}] \in \Lambda_{2n-k}^{k} \tag{20.30}$$

为 $M \times \mathfrak{A}/\mathscr{G}$上$(2n-k,k)$形式. 将(20.29)式代入

$$(\mathrm{d} + \bar{\delta})\mathrm{tr}(\mathscr{F}^n) = 0 \tag{20.31}$$

比较两端同阶形式，可得递降方程组

$$\begin{gathered}
\mathrm{d}\bar{q}_{2n}^{0} = \mathrm{dtr}(F^n) = 0 \\
\mathrm{d}\bar{q}_{2n-k}^{k} + \bar{\delta}\bar{q}_{2n-k+1}^{k-1} = 0 \quad (k = 1,\cdots,n) \\
\bar{\delta}\,\bar{q}_{n}^{n} = 0
\end{gathered} \tag{20.32}$$

将(20.29)式代入族指标式(20.24)，记 $\bar{Q}^{k}[M] = \int \bar{q}_{2n-k}^{k}(F,\bar{\delta} A)$，用(20.32)式易证

$$\begin{aligned}
\bar{\delta}\bar{Q}^{k}[M] &= \bar{\delta}\int_M \bar{q}_{2n-k}^{k} = (-1)^k \int_M \bar{\delta}\bar{q}_{2n-k}^{k} = (-1)^{k+1}\int_M \mathrm{d}\bar{q}_{2n-k-1}^{k+1} \\
&= (-1)^{k+1}\bar{Q}^{k+1}(\partial M)
\end{aligned} \tag{20.33}$$

若底流形 M 为紧致无边流形，$\partial M = 0$，则由上式知

$$\bar{\delta}\bar{Q}^{k}[M] = 0 \tag{20.34}$$

由于轨道空间 $\mathfrak{A}/\mathscr{G}$拓扑非平庸，上式不可能将 $\bar{Q}^{k}(M)$表示为某轨道空间 $k-1$ 形式的水平变更，即一般

$$\bar{Q}^{k}[M] \neq \bar{\delta}(\quad)$$

即相对于水平变更 $A \to A + \bar{\delta} A$，$\bar{Q}^{k}[M]$为规范轨道空间 $\mathfrak{A}/\mathscr{G}$的上闭链，属于 $\mathfrak{A}/\mathscr{G}$空间的上同调类[36].

下面我们将 $\mathfrak{A}/\mathscr{G}$上的 k 形式提升嵌入为 $\mathfrak{A}$ 上的 k 形式，注意到展式(20.14)右端各项为 $M \times \mathfrak{A}$ 上的不同阶形式，代入 $\mathrm{tr}(\mathscr{F}^n)$，按 $\mathfrak{A}$ 中形式的不同阶展开，得

$$\mathrm{tr}(\mathscr{F}^n) = \sum_{k=0}^{2n} q_{2n-k}^{k} \tag{20.35}$$

代入(20.15)式，比较不同阶形式，可得到与(20.32)式相似的递降方程组

$$\mathrm{d}q_{2n}^{0} = \mathrm{dtr}(F^n) = 0$$

$$\mathrm{d}q_{2n-k}^{k} + \delta q_{2n-k+1}^{k-1} = 0 \quad (k = 1,2,\cdots,2n) \tag{20.36}$$

将(20.35)式代入族指标(20.24)式,得

$$Q^{k}[M] = \int_{M} q_{2n-k}^{k} \tag{20.37}$$

由递降方程组(20.36)易证(与(20.33)式类似)

$$\delta Q^{k}[M] = (-1)^{k+1}\int_{M}\mathrm{d}q_{2n-k-1}^{k+1} = (-1)^{k+1}Q^{k+1}[\partial M] \tag{20.38}$$

对紧致无边流形 M,$\partial M=0$,故得

$$\delta Q^{k}[M] = 0 \tag{20.39}$$

这里 δ 为联络空间 $\mathfrak{A}$ 中任意变更,由于联络空间 $\mathfrak{A}$ 的拓扑平庸性,由相应的 Poincare 引理及上式知

$$Q^{k}[M] = \delta\beta^{k-1}[M] \tag{20.40}$$

这里注意在丛 $\mathfrak{A}$ 上任意变更 δA 与沿算子 $\mathrm{D}_{A}^{\dagger}$ 的零模空间作水平变更 $\bar{\delta}A$ 的区别. 对于丛 $\mathfrak{A}$ 上 k 形式 $Q^{k}[M] = \int_{M}q_{2n-k}^{k}$,相对 $\mathfrak{A}$ 中任意变更 $\bar{\delta}A$ 为闭形式,$\delta Q^{k}[M]=0$,而联络丛 $\mathfrak{A}$ 拓扑平庸,故必可表示为正合形式,如(20.40)式所示. 下面设法求出 $\beta^{k-1}[M]$的具体表达式.

另一方面,由于存在(20.36)式,其中

$$\omega_{2n-1}(A+\mathscr{A}) = Q_{2n-1}(0,A+\mathscr{A}) = n\int_{0}^{1}\mathrm{d}t\mathrm{tr}(A+\mathscr{A},\mathscr{F}_{t}^{n-1}) \tag{20.41}$$

$$\mathscr{F}_{t} = t\mathscr{F} + t(t-1)(A+\mathscr{A})^{2} \tag{20.42}$$

可将 $\omega_{2n-1}(A+\mathscr{A})$ 按 $\mathscr{A}$ 的幂次展开:

$$\omega_{2n-1}(A+\mathscr{A}) = \sum_{k=0}^{2n-1}\omega_{2n-k-1}^{k}(A,\mathscr{A}) \tag{20.43}$$

将上展式代入(20.16)式,然后在 $2n-k$ 维紧致无边流形 M 上积分,得

$$Q^{k}[M] = \int_{M}\delta\omega_{2n-k}^{k-1}(A,\mathscr{A}) = (-1)^{k}\delta\int_{M}\omega_{2n-k}^{k-1}(A,\mathscr{A}) \tag{20.44}$$

与(20.40)式比较,知

$$\beta^{k-1}[M] = (-1)^{k}\int_{M}\omega_{2n-k}^{k-1}(A,\mathscr{A}) \tag{20.45}$$

下面我们将丛 $\mathfrak{A}$ 上余切矢限制在纤维上,即在联络丛 $\mathfrak{A}$ 的点 A 沿 D_{A} 的像方向作垂直变更 $\hat{\delta}A$,且限制变更 $\hat{\delta}$ 满足

$$\hat{\delta}a = 0$$

这里 a 为丛 $\mathfrak{A}$ 中同一轨道(同一纤维)上各点 A 的代表点

$$A = g^{-1}ag + g^{-1}\hat{\delta}g, \quad g \in \mathscr{G}$$
$$\hat{\delta}A = -\mathrm{d}v - [A, v] = -\mathrm{D}_A v \tag{20.46}$$

其中 $v = g^{-1}\hat{\delta}g$ 满足

$$\hat{\delta}v = -v^2 \tag{20.47}$$

这种沿规范轨道方向的变更 $\hat{\delta}$ 相当于 BRST 算子，为幂零算子：$\hat{\delta}^2 = 0$. 当限制变更 $\delta A = \hat{\delta}A$，即沿纤维方向

$$\mathscr{A}\Big|_{纤维} = g^{-1}\delta g = v$$
$$\mathscr{F}\Big|_{纤维} = F \tag{20.48}$$

这时，可类似(20.43)式将 $\omega_{2n-1}(A+v)$ 按 v 的幂展开：

$$\omega_{2n-1}(A+v) = \sum_{k=0}^{2n-1} \omega_{2n-k-1}^{k}(A, v) \tag{20.49}$$

与(20.38)式类似，$\omega_{2n-1}(A+v)$ 满足

$$\mathrm{tr}(\mathscr{F}^n)\Big|_{纤维} = \mathrm{tr}(F^n) = (\mathrm{d} + \hat{\delta})\omega_{2n-1}(A+v) \tag{20.50}$$

将(20.49)式代入上式，并比较两边同阶形式，得

$$\begin{aligned}
\mathrm{tr}(F^n) &= \mathrm{d}\omega_{2n-1}^{0}(A) \\
0 &= \mathrm{d}\omega_{2n-2}^{1}(A, v) + \hat{\delta}\omega_{2n-1}^{0}(A) \\
0 &= \mathrm{d}\omega_{2n-k-1}^{k}(A, v) + \hat{\delta}\omega_{2n-k}^{k-1}(A, v) \\
0 &= \hat{\delta}\omega_{0}^{2n-1}(A, v)
\end{aligned} \tag{20.51}$$

$\omega_{2n-k-1}^{k}(A, v)$ 即 § 19.4 引入的规范代数上闭链密度系列（ω 系列），其具体表达式见(19.162). 进一步将 $\omega_{2n-k-1}^{k}(A, v)$ 在通过点 $\mathfrak{A}$ 的纤维（轨道 $\mathscr{G}_a$）上的 k 链 Γ_k 积分，引入

$$\Omega_{2n-k-1}^{k}(\Gamma_k) = (-1)^{k-1}c_n\int^{\Gamma_k}\omega_{2n-k-1}^{k}(A, v) \tag{20.52}$$

利用递降方程组(20.51)易证

$$\begin{aligned}
\mathrm{d}\Omega_{2n-k-1}^{k}(\Gamma_k) &= -c_n\int^{\Gamma_k}\mathrm{d}\omega_{2n-k-1}^{k}(A, v) = c_n\int^{\Gamma_k}\hat{\delta}\omega_{2n-k}^{k-1}(A, v) \\
&= c_n\int^{\partial\Gamma_k}\omega_{2n-k}^{k-1}(A, v) = \Omega_{2n-k}^{k-1}(\partial\Gamma_k)
\end{aligned} \tag{20.53}$$

与(19.133)式比较知这里引入的 Ω 系列即 § 19.4 引入的规范群上上闭链密度（Ω 系列）. 将它对底流形 $M = S^{2n-k}$ 积分，右端得规范群上闭链.

将(20.52)式乘 2π 并对 S^{2n-k-1} 积分得规范群 $\mathscr{G}^{2n-k-1}$ 的 k 上闭链

$$\alpha^k(\Gamma_k, S^{2n-k-1}) = 2\pi\int_{S^{2n-k-1}} \Omega^k_{2n-k-1}(\Gamma_k) \tag{20.54}$$

当将 S^{2n-k-1} 延拓为$(2n-k)$维盘 D,将(20.53)式对盘 D 积分

$$\int_{\partial D} \Omega^k_{2n-k-1}(\Gamma_k) = \int_D \Omega^{k-1}_{2n-k}(\partial\Gamma_k)$$

乘以 2π 可将上式记为

$$\alpha^k(\Gamma_k, S^{2n-k-1}) = \alpha^{k-1}(\partial\Gamma_k, D), \partial D = S^{2n-k-1} \tag{20.55}$$

上式表明通过泛函 α 使规范群上同调与底空间同调间建立对偶对应. 在上式证明过程中,曾利用(20.53)式在整个流形 D 上积分,要求(20.53)式在整个 D 中成立,这仅当 D 为拓扑平庸流形才成立. 对拓扑非平庸的 S_{2n-k},就不能简单误 认为

$$\alpha^{k-1}(\partial\Gamma^k, S_{2n-k}) = \alpha^k(\Gamma^k, \partial S_{2n-k}) = 0$$

当底流形拓扑非平庸时,应采用区域的细分来克服拓扑障碍,正如§19.4 分析的那样,利用区域的细分,将拓扑障碍推至更高阶. 采用区域细分,在拓扑平庸的区域上,(20.53)式成立. 即有

$$\begin{aligned}\alpha^{k-1}(\Sigma^{k-1}, S_{2n-k}) &= \alpha^{k-1}(\Sigma^{k-1}, D^+_{2n-k} + D^-_{2n-k})\\ &= \alpha^{k-1}(\partial\Gamma^k_+, D^+_{2n-k}) - \alpha^{k-1}(\partial\Gamma^k_-, D^-_{2n-k})\\ &= \alpha^k(\Gamma^k_+ + \Gamma^k_-, S_{2n-k-1}) = \alpha^k(\Sigma^k, S_{2n-k-1})\end{aligned} \tag{20.56}$$

在上式的证明过程中,第二等式的左边化到右边时,对规范群 $\mathscr{G}^{2n-k}$(上标表示此规范群为 $2n-k$ 维紧流形 M 到 G 的映射) 的闭链 Σ^{k-1},在两个不同盘 $D^{\dagger}_{2n-k}$ 进行了延拓,在 D^+_{2n-k} 与 D^-_{2n-k} 区域,Σ^{k-1} 有不同的延拓 Γ^k_+ 与 Γ^k_-,其边缘均为 Σ^{k-1}

$$\partial\Gamma^k_{\pm} = \pm\Sigma^{k-1}$$

利用(20.55)式可进一进化到第三等式的右端,这时仅取两个 $D^{\pm}_{2n-k}$ 的共同边缘(赤道 S_{2n-k-1})同伦等价的 S_{2n-k-1},其上的 k 链 $\Gamma^k_{\pm}$ 相加形成 k 闭链

$$\Sigma^k \subset \mathscr{G}^{2n-k-1}$$

注意到(20.52a)和(19.148)式,(20.56)式左端也可表示为

$$\alpha^{k-1}(\partial\Gamma^k, S_{2n-k}) = \Delta\alpha^{k-1}(\Gamma^k, S_{2n-k}) \tag{20.57}$$

于是,(20.56)式也可改写为

$$\Delta\alpha^{k-1}(\Gamma^k, S_{2n-k}) = \Delta\alpha^k(\Gamma^{k+1}, S_{2n-k-1}) \tag{20.56a}$$

此即§19.3 利用 Čech-de Rham 双复形证明的结果:低维规范群的高阶拓扑障碍与高维规范群的低阶拓扑障碍具有相同的拓扑根源,表明规范群不同阶上闭链密切相关.

由族指标定理,族指标 $Q^k[M] = \int_M \mathrm{tr}(F^n)$ 仅为轨道空间 $\mathfrak{A}/\mathscr{G}$上的 k 形式,将

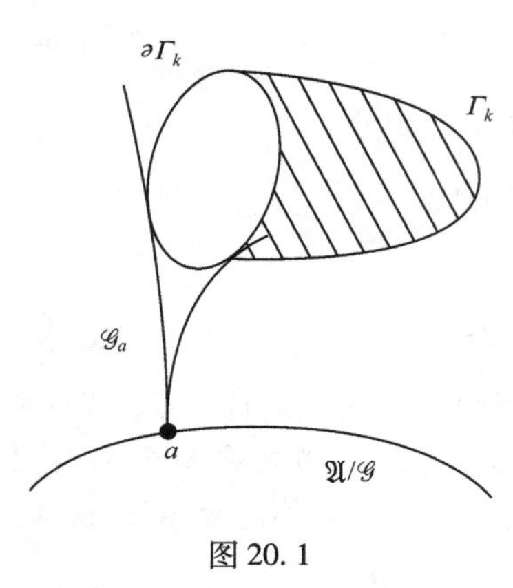

图 20.1

它提升嵌入联络丛 $\mathfrak{A}$，可将它表示为(20.40)式

$$Q^k[M] = \delta\beta^{k-1}[M]$$

在联络丛 $\mathfrak{A}$ 上选这样 k 链 Γ_k，使其边缘 $\partial\Gamma_k$ 属于规范群同一轨道

$$\partial\Gamma_k \subset \mathscr{G}_a$$

如图 20.1 所示，$\mathscr{G}_a$ 为过丛 $\mathfrak{A}$ 的点 a 的规范群轨道，将族指标 $Q^k[M]$ 沿丛 $\mathfrak{A}$ 中 k 链 Γ_k 积分得

$$Q[\Gamma_k, M] = \int^{\Gamma_k} Q^k[M] = \int^{\Gamma_k} \delta\beta^{k-1}[M]$$

$$= \int^{\partial\Gamma_k} \beta^{k-1}[M]$$

将(20.45)式代入上式，由于 $\partial\Gamma_k$ 属于规范群同一纤维，限制在纤维 $\partial\Gamma_k$ 上的积分，可取 BRST 规范 $\mathscr{A}\Big|_{\text{纤维}} = v$，上式可表为

$$Q[\Gamma_k, M] = (-1)^k \int^{\partial\Gamma_k} \int_M \omega_{2n-k}^{k-1}(A, v) = \int_M \Omega_{2n-k}^{k-1}(\partial\Gamma_k) = \frac{1}{2\pi}\alpha^{k-1}(\partial\Gamma_k, M) \tag{20.58}$$

由于 $\partial\Gamma_k$ 属于同一规范轨道，使得丛 $\mathfrak{A}$ 上 k 链投射到 $\mathfrak{A}/\mathscr{G}$ 上时为 k 维闭链 $\sum_k \subset \mathfrak{A}/\mathscr{G}$. 由族指标定理(19.195)得

$$Z = c_n Q[\textstyle\sum_k, S^{2n-k}] = c_n \int_{S^{2n-k}} \Omega_{2n-k}^{k-1}(\partial\Gamma_k) = \frac{1}{2\pi}\Delta\alpha^{k-1}(\Gamma_k, S^{2n-k}) \tag{20.59}$$

上式恰为规范群 $\mathscr{G}^{2n-k}$ 的 $(k-1)$ 上闭链条件，左端为轨道空间 $\mathfrak{A}/\mathscr{G}$ 的 k 上闭链条件，由上分析看出

$$\pi_k(\mathfrak{A}/\mathscr{G}) = \pi_{k-1}(\mathscr{G}) \tag{20.60}$$

利用族指标定理，通过(20.58)式具体实现上式，将族指数与规范群的拓扑障碍数相关连. 物理体系讨论局域动力学变更，当要求规范不变性时，均为规范等价类 $\mathfrak{A}/\mathscr{G}$ 上的变更，受族指标定理约束. 我们引入的 Q 系列，可与物理动力学 $\frac{\delta}{\delta A}$ 的各上同调联系，再通过(20.55)式，与族指标定理密切相关，可将规范群 $\mathscr{G}$ 上同调与族指标定理相联系，可更清楚地表达出各阶拓扑障碍的根源.

§ 20.3　量子规范理论的拓扑效应　θ 真空
4 维杨-Mills 理论

$$\mathscr{L} = \frac{1}{2e^2}\mathrm{tr}F^{\mu\nu}F_{\mu\nu} = -\frac{1}{4}\mathscr{F}_a^{\mu\nu}\mathscr{F}_{\mu\nu}^a = \frac{1}{2}(E_a^2 - B_a^2) \tag{20.61}$$

其中

$$E_a^i = F_a^{i0}, \boldsymbol{E}_a = -\dot{\boldsymbol{A}}_a - \nabla \dot{\boldsymbol{A}}_a^0 - ef_{abc}\boldsymbol{A}_b^0\boldsymbol{A}_c$$

$$B_a^i = -\frac{1}{2}\in^{ijk}\mathscr{F}_{jk}^a,\quad \boldsymbol{B}_a = \nabla\times\boldsymbol{A}_a - \frac{1}{2}ef_{abc}\boldsymbol{A}_b\times\boldsymbol{A}_c \tag{20.62}$$

对杨-Mills 理论正则量子化，通常采用哈密顿体系. 注意到所给拉氏密度 $\mathscr{L}$ 不含 A_0^a，没有与 A_0^a 共轭的动量，A_0^a 相当于辅助场，仅 A_i^a 为动力学变量. 对杨-Mills 理论可作规范变换，可选 Weyl 规范

$$A_0^a = 0 \tag{20.63}$$

与动力学变量 $\boldsymbol{A}_a$ 共轭的正则动量是

$$\boldsymbol{\Pi}_a = \dot{\boldsymbol{A}}_a = -\boldsymbol{E}_a$$

令其满足正则等时对易关系

$$[E_a^i(\boldsymbol{x}), A_b^j(\boldsymbol{x}')] = \mathrm{i}\hbar\delta_{ab}\delta^{ij}\delta(\boldsymbol{x}-\boldsymbol{x}') \tag{20.64}$$

而哈密顿量为

$$H = \frac{1}{2}\int\mathrm{d}^3x(\boldsymbol{E}_a^2 + \boldsymbol{B}_a^2) = \frac{1}{2}\int\mathrm{d}^3x(\boldsymbol{\Pi}_a^2 + \boldsymbol{B}_a^2) \tag{20.65}$$

在 Weyl 规范下，体系仍存在与时间无关的规范变换

$$\delta\boldsymbol{A}_a = -\boldsymbol{D}\theta$$

θ^a 为仅依赖空间坐标而与时间无关的 c 数，注意到通常由于连续对称性由 Noether 定理给出的守恒荷：

$$Q = \int\mathrm{d}^3x\boldsymbol{\Pi}_a\cdot\delta\boldsymbol{A}_a = -\int\mathrm{d}^3x\boldsymbol{\Pi}_a\cdot\boldsymbol{D}\theta \tag{20.66}$$

因为 θ^a 为任意的与时间无关 c 数，故可移去它而得到与时间无关的无穷小规范变换的生成元

$$G_a = (\boldsymbol{D}\cdot\boldsymbol{\Pi})_a = -(\boldsymbol{D}\cdot\boldsymbol{E})_a \tag{20.67}$$

利用对易关系(20.64)，易证

$$\left.\begin{aligned}&[G_a(\boldsymbol{x}),\boldsymbol{A}_b(\boldsymbol{x}')]=-\mathrm{i}\hbar\delta_{ab}\nabla\delta(\boldsymbol{x}-\boldsymbol{x}')-\mathrm{i}\hbar f_{abc}\boldsymbol{A}_c(\boldsymbol{x})\delta(\boldsymbol{x}-\boldsymbol{x}')\\&[G_a(\boldsymbol{x}),\boldsymbol{E}_b(\boldsymbol{x}')]=-\mathrm{i}\hbar f_{abc}\boldsymbol{E}_c(\boldsymbol{x})\delta(\boldsymbol{x}-\boldsymbol{x}')\end{aligned}\right\}\tag{20.68}$$

此两式表明,G_a 确为无穷小规范变换的生成元,而且它们与哈密顿量(20.65)对易

$$\dot{G}_a=\frac{\mathrm{i}}{\hbar}[H,G_a]=0\tag{20.69}$$

上式一方面表明哈密顿量在与时间无关规范变换下不变,另方面表明生成元 G_a 本身与时间无关.

在量子规范理论中,场的运动方程是

$$\dot{\boldsymbol{E}}_a=\frac{\mathrm{i}}{\hbar}[H,\boldsymbol{E}_a]=(\boldsymbol{D}\times\boldsymbol{B})_a\tag{20.70}$$

此即经典杨-Mills 场方程 $\mathrm{D}_\mu F^{\mu\nu}=0$ 的空间分量部分,而其时间分量部分为高斯定律

$$(D\cdot E)_a=0$$

它不再出现,由(20.67)式知,上式左端为规范变换生成元,不能简单令其为零,它并不与正则变量对易,它是在正则变量间固定时间约束,为第一类约束,仅能要求物理态满足

$$G_a(\boldsymbol{x})\mid 物\rangle=0\tag{20.71}$$

采用 Schrödinger 绘景,可将物理态表示为正则变量 $\boldsymbol{A}_a$ 的泛函 $\psi(A)$,上式可表示为

$$\left(\boldsymbol{D}\cdot\frac{\delta}{\delta A}\right)_a\psi[A]=(\nabla\delta_{ab}-f_{abc}\boldsymbol{A}_c)\cdot\frac{\delta}{\delta A_b}\psi[A]=0\tag{20.72}$$

注意到由规范群李代数可得到不同 G_a 间的对易式:

$$[G_a(\boldsymbol{x}),G_b(\boldsymbol{x}')]=-\mathrm{i}\hbar f_{abc}G_c(\boldsymbol{x})\delta(x-\boldsymbol{x}')\tag{20.73}$$

这表明约束的对易式封闭,故(20.242)式可积,可用无限叠加方法来得到有限的与时间无关的规范变换 $U(g)$

$$U(g)=\mathrm{e}^{\frac{\mathrm{i}}{\hbar}Q}\tag{20.74}$$

高斯定律(20.70)表明波泛函 $\psi[A]$在"小"规范变换下不变

$$U(g_0)\psi[A]=\psi[A^{g_0}]=\psi[A]\tag{20.75}$$

这里"小"规范变换是指 g_0 可与恒等变换 e 连续连接. 由于规范轨道空间 $\mathfrak{A}/\mathscr{G}$拓扑非平庸,还可能存在不能与 e 连续连接的"大"规范变换. 下面我们将具体分析此问题.

这里我们讨论的是在某固定时间的哈密顿体系，设杨-Mills场在三维欧氏空间无限远处很快衰减，而场运动方程是共形不变，可将$\mathbb{R}^3$共形紧致化为S^3，并采用Weyl规范$A_0=0$，讨论所有三维静规范势位形空间$\mathfrak{A}^3$，注意到物理体系具有规范不变性，故相应波泛函$\psi[A]$实质上为$\mathfrak{A}^3/\mathscr{G}$上的波泛函. 由于

$$\pi_1(\mathfrak{A}^3/\mathscr{G}) = \pi_0(\mathscr{G}) = \pi_3(G) = \mathbb{Z} \tag{20.76}$$

当$\mathbb{Z}\neq 0$时，存在拓扑障碍. 即存在"大"规范变换. 由于规范轨道空间$\mathfrak{A}^3/\mathscr{G}$拓扑非平庸，一般真空态在整个规范群$\mathscr{G}^3$作用下不再不变，如何得到规范不变的真空(称θ真空)，下面我们分析此问题.

(20.246)式表明，$\mathfrak{A}^3/\mathscr{G}^3$存在1级拓扑障碍. 由族指标定理知，轨道空间$\mathfrak{A}^3/\mathscr{G}^3$上的1形式

$$\overline{Q}^1[S^3] = \int_{S^3}\bar{q}_3^1(F,\bar{\delta}A) = \int_{S^3}\mathrm{tr}(F\bar{\delta}A) \tag{20.77}$$

它是闭的：$\bar{\delta}\overline{Q}^1(S^3)=0$，但由于$\mathfrak{A}^3/\mathscr{G}^3$拓扑非平庸，$\pi_1(\mathfrak{A}^3/\mathscr{G}^3)=Z\neq 0$，它不是正合的. 可将它提升到联络丛$\mathfrak{A}^3$上1形式

$$Q^1[S^3] = \int_{S^3}q_3^1(\mathscr{F}^2) = \int_{S^3}\mathrm{tr}(F\delta A) \tag{20.78}$$

$Q^1[S^3]$满足(19.209)、(19.210)式：

$$\delta Q^1[S^3] = 0 \tag{20.79}$$

$$2\pi c_2 Q^1[S^3] = -\delta\beta^0[M] \tag{20.80}$$

且由(20.45)式知

$$\beta^0[S^3] = 2\pi c_2\int_{S^3}\omega_3^0(A) = -\frac{1}{4\pi}\int_{S^3}\mathrm{tr}\left(A\mathrm{d}A+\frac{2}{3}A^3\right) \tag{20.81}$$

$\beta^0[S^3]$为$\mathfrak{A}^3$上泛函0形式，而$\mathfrak{A}^3$上泛函1形式$Q^1[S^3]$可解释为$\mathfrak{A}^3$上$U(1)$联络1形式. 由(19.245)式知，相应曲率形式为零，即$Q^1[S^3]$为$\mathfrak{A}^3$中"纯规范势". 当我们在$\mathfrak{A}^3$上选1链Γ^1，其边缘$\partial\Gamma^1=\Sigma^0$属丛$\mathfrak{A}(\mathfrak{A}/\mathscr{G},\mathscr{G})$上同一纤维，即端点$A$与$A^g$是同一规范轨道中的两点，则

$$\begin{aligned}
c_2Q^1(\Gamma^1,S^3) &= c_2\int^{\Gamma^1}Q^1(M) = -\frac{1}{2\pi}\int^{\Gamma^1}\delta\beta^0(M) = -\frac{1}{2\pi}\int^{\Sigma^0}\beta^0(M)\\
&= \frac{1}{8\pi^2}\int_{S^3}\left[\mathrm{tr}\left(A^g\mathrm{d}A^g+\frac{2}{3}(A^g)^3\right)-\mathrm{tr}\left(A\mathrm{d}A+\frac{2}{3}A^3\right)\right]\\
&= \frac{1}{24\pi^2}\int_{S^2}\mathrm{tr}(g^{-1}\mathrm{d}g)^3 = n(g)\in\mathbb{Z}
\end{aligned} \tag{20.82}$$

当$n(g)\neq 0$时，存在"大"规范变换，与Bohm-Aharonov效应相似，相应的波泛函存在积分相因子

$$\psi[A^g] = e^{i2\pi c_2 Q^1[\Gamma_1, S^3]\theta}\psi[A] = e^{-i2\pi n(g)\theta}\psi[A] \tag{20.83}$$

且由(80)式知,$c_2Q^1[S^3]$为联络丛 $\mathfrak{A}^3$ 的 1 上边缘,选 1 链 Γ^1 的两端点在同一规范轨道上

$$c_2Q^1[\Gamma^1, S^3] = \frac{1}{2\pi}\Delta\alpha^0(A;g) = \frac{1}{2\pi}(\alpha^0(A^g) - \alpha^0(A)) \tag{20.84}$$

其中

$$\alpha^0(A) = \int_{S^3} d^3x\omega_3^0(A) = \frac{1}{4\pi}\int_{S^3} d^3x\text{tr}\left(AdA + \frac{2}{3}A^3\right) \tag{20.85}$$

通过幺正变换可将相因子去掉,即令

$$\psi_\theta[A] = e^{i\theta\alpha^0(A)}\psi[A] \tag{20.86}$$

它与$\psi[A]$仅差依赖 A 的相因子,故在规范变换下具不同变换. 但是,很易证明

$$e^{\frac{i}{\hbar}Q}\alpha^0(A)e^{-\frac{i}{\hbar}Q} = \alpha^0(A) \tag{20.87}$$

故 $\alpha^0(A)$在“小”规范变换下规范不变,故 $\psi_\theta[A]$仍规范不变

$$U(g_0)\psi_\theta[A] = \psi_\theta[A^{g_0}] = \psi_\theta[A] \tag{20.88}$$

而在“大”规范变换下,

$$\begin{aligned}
\alpha^0(A^g) &= \alpha^0(g^{-1}Ag + g^{-1}dg) \\
&= \alpha^0(A) + \frac{1}{8\pi^2}\int_{S^3} d^3x \in^{ijk}\partial_i\text{tr}(\partial_j g \cdot g^{-1}A_k) \\
&\quad + \frac{1}{24\pi^2}\int_{S^3} d^3x \in^{ijk}\text{tr}(\partial_i g \cdot g^{-1}\partial_j g \cdot g^{-1}\partial_k g \cdot g^{-1}) \\
&= \alpha^0(A) + 2\pi n(g)
\end{aligned}$$

故

$$U(g)\psi_\theta[A] = \psi_\theta[A^g] = e^{i\theta(\alpha^0(A)+n(g))}\psi[A^g] = e^{i\theta}\alpha^0(A)\psi[A] = \psi_\theta[A] \tag{20.89}$$

即波泛函 $\psi_\theta[A]$在所有规范变换下均不变. 但这时,在幺正变换(20.86)下,哈密顿量也应作相应变换:

$$\begin{aligned}
H' &= e^{i\theta}\alpha^0(A)He^{-i\theta}\alpha^0(A) = e^{i\theta}\alpha^0(A)\frac{1}{2}\int d^3x(\pi_a^2 + B_a^2)e^{-i\theta}\alpha^0(A) \\
&= \frac{1}{2}\int d^3x\left[\left(\pi_a - \frac{\theta}{8\pi^2}B_a\right)^2 + B_a^2\right]
\end{aligned}$$

哈密顿量依赖 θ 参数,相应拉氏量也含有 θ 参数项. 波泛函幺正变换相当于正则变换,在拉氏量中会诱导全散度变换,即

$$\mathscr{L}' = \mathscr{L} + \theta C$$

其中

$$C = \frac{1}{16\pi^2}\mathrm{tr}({}^*F^{\mu\nu}F_{\mu\nu}) = -\frac{1}{8\pi^2}E_a \cdot B_a = \partial\mu W^\mu$$

$$W^\mu = \frac{1}{16\pi^2}\mathrm{tr} \in^{\mu\alpha\beta\gamma}\left(A_\alpha F_{\beta\gamma} - \frac{2}{3}A_\alpha A_\beta A_\gamma\right) \tag{20.88}$$

即新拉氏量依赖 θ 部分恰为标志拓扑性质的陈-Pontrjagin 示性类与 θ 参数的乘积，它们对作用量 I 的贡献仅为表面项

$$I' = I + \theta I_c$$

$$I_c = \int \mathrm{d}^4 x C = \int \mathrm{d}S_\mu W^\mu$$

且 I_c 相对势 A_μ^a 的变分为零

$$\delta I_c = \frac{1}{8\pi^2}\int \mathrm{d}^4 x \mathrm{tr}({}^*F^{\mu\nu}\delta F_{\mu\nu}) = \frac{1}{4\pi^2}\int \mathrm{d}^4 x \mathrm{tr}({}^*F^{\mu\nu}\mathrm{D}_\mu \delta A_\nu)$$

$$= -\frac{1}{4\pi^2}\int \mathrm{d}^4 x \mathrm{tr}(\mathrm{D}_\mu {}^*F^{\mu\nu})\delta A_\nu = 0$$

上式第二步曾用部分积分而将表面项略去，这是因为我们讨论的是局域变分，δA_ν 为局域的. 正因为对规范势的局域变分 $\delta I_c = 0$，使此附加项 I_c 不影响经典运动方程. 但在拉氏量(19.258)中引入了含 θ 项，此项破坏 CP 守恒.

总之，对非 Abel 规范理论，存在着拓扑非平庸规范变换(简称大规范变换)，其量子理论含有隐藏的真空角 θ 参数，量子态在作大规范变换时会在相因子上出现此 θ 参数. 可在拉氏量中增加含 θ 参数的扑拓项，它不会影响经典理论，而对量子理论相当于态矢作幺正变换，可得到规范不变的态矢. 对于纯杨-Mills 理论，此 θ 参数可为任意值，但当讨论费米子与杨-Mills 场相互作用时，会导致反常而诱导出非零 θ.

§20.4　三维时空规范理论与拓扑质量项

通常物理时空为四维，为什么我们在这里要简单介绍一下三维时空的规范理论呢？一方面，因为三维时空规范理论同样具有重要的物理应用，例如，当我们对大爆炸初期宇宙论分析时，需分析有限温度场论，而四维量子色动力学(四维量子规范理论)的高温极限可用三维量子规范理论表述. 这因为有限温度场论常可表达为在纯虚时间$\left(0 - \frac{1}{\mathrm{i}T}\right)$的形式，在此区间玻色场被周期定义，费米场被反周期定义，它们的能级均为离散的，当分析其高温极限时，可用三维场论作为四维物理的

唯象描述. 又例如,当我们分析量子 Hall 效应,讨论二维电子气体时,也需分析三维时空的规范理论. 另方面,通过分析三维时空的规范理论,可更清楚地看出场论的大范围拓扑性质对规范不变性,对量子力学及其相应的各种离散对称性的影响. 奇维时空会有崭新现象. 因此,我们在本节简单介绍一下三维时空规范理论.

对三维规范理论,注意到陈-Simons 项为三阶微分形式,可将它乘$\frac{2\pi m}{e^2}$加在通常杨-Mills 作用量上,得到作用量

$$I = \int d^3x\left(\frac{1}{2e^2}\mathrm{tr}F^{\mu\nu}F_{\mu\nu} - \frac{m}{8\pi e^2}\in^{\mu\nu\lambda}\mathrm{tr}\left(F_{\mu\nu}A_\lambda - \frac{2}{3}A_\mu A_\nu A_\lambda\right)\right) \tag{20.89}$$

这时拉氏量并非规范不变,但由作用量对势 A_μ^a 变分极值,$\delta I/\delta A_\mu^a = 0$ 可得到规范协变场方程

$$\mathrm{D}_\mu F^{\mu\nu} + \frac{m}{8\pi}\in^{\mu\lambda\rho}F_{\lambda\rho} = 0 \tag{20.90}$$

易见,参量 m 具有质量量纲[37].

在作用量的表达式(20.89)中,陈-Simons 项与度规的无穷小变更无关,故不影响其能量动量张量表达式

$$\theta^{\mu\nu} = 2\mathrm{tr}\left(F^{\mu\rho}F_\rho^\nu - \frac{1}{4}g^{\mu\nu}F^{\lambda\rho}F_{\lambda\rho}\right) \tag{20.91}$$

为简化,采用 Weyl 规范 $A_0=0$. 体系哈密顿量仍与通常表达式相同

$$H = \frac{1}{2}\int d^2x(E_a^2 + B_a^2)$$

$$E_a^i = -\dot{A}_a^i, B_a = -\frac{1}{2}\in^{ij}F_a^{ij} \tag{20.92}$$

下面对 2+1 维杨-Mills 理论进行拓扑分析,选 Weyl 规范 $A_0=0$,选某固定时刻 t 的静规范场位型 $\mathfrak{A}^2$. 为要求能量有限,可将二维空间紧致化为 S^2,二维规范群 $\mathscr{G}^2$ 为

$$\mathscr{G}^2: S^2 \to G$$

因为对一般单李群,$\pi_2(G)=0$,$\pi_3(G)=\mathbb{Z}\neq 0$,故

$$\pi_1(\mathfrak{A}^2/\mathscr{G}^2) = \pi_0(\mathscr{G}^2) = \pi_2(G) = 0 \tag{20.93}$$

$$\pi_2(\mathfrak{A}^2/\mathscr{G}^2) = \pi_1(\mathscr{G}^2) = \pi_3(G) = \mathbb{Z} \tag{20.94}$$

由(20.93)式知规范轨道空间 $\mathfrak{A}^2/\mathscr{G}^2$ 为单连通,二维规范群 $\mathscr{G}^2$ 是连通的,二维规范群的所有变换均为"小"规范变换,其任意有限规范变换 $g=e^{\theta^a T_a}$均可表示为

$$U(g) = e^{\frac{i}{\hbar}\int d^2x\theta^a G_a(x)} \tag{20.95}$$

这里 G_a 为规范群 $\mathscr{G}^2$ 的生成元. 即当我们选定 Weyl 规范 $A_0=0$,仍未完全确定规范,仍剩下依赖空间坐标的规范变换,其生成元 G_a 与场方程(20.90)的时间分量相同

$$G_a = -(D\cdot E)_a + \frac{m}{4\pi}B_a \tag{20.96}$$

与上节分析类似,不能简单令其为零,它并不与正则变量对易,它是在固定时间正则变量间第一类约束,仅能要求物理态 $\psi[A]$ 满足

$$G_a\psi[A] = \left[\frac{\hbar}{\mathrm{i}}\left(\mathrm{D}\cdot\frac{\delta}{\delta A}\right)_a + \frac{m}{8\pi}\in^{ij}\partial_i A_a^j\right]\psi[A] = 0 \tag{20.97}$$

由(20.94)式知,当$\mathbb{Z}\neq0$ 时,二维规范群 $\mathscr{G}^2$ 非单连通,在二维规范群中,存在着这样一族依赖于单参数 τ 的规范变换,参数 τ 同胚于 S^1,即为一闭圈,它不能收缩为一点,此拓扑障碍可表示为,当(20.95)式 $U(g)$ 作用在态矢 $\psi[A]$ 上时,不能使它简单地变换为 $\psi[A^g]$,而会产生一相因子:

$$\mathrm{e}^{\frac{i}{\hbar}\int\mathrm{d}^2\theta\alpha G_a}\psi[A] = \mathrm{e}^{-\frac{\mathrm{i}}{\hbar}\frac{m}{e^2}\alpha^1(A,g)}\psi[A^g] \tag{20.98}$$

下面分析此不可积相因子的明显表达式及其拓扑含意.

由(20.94)式知,由于 $\pi^2(\mathfrak{A}^2/\mathscr{G}^2)=\mathbb{Z}\neq0$,在规范轨道空间存在拓扑障碍. 由族指标定理知,族指标

$$\bar{Q}^2[S^2] = \int_{S^2}\bar{q}_2^2(F,\bar{\delta}A) = \int_{S^2}\mathrm{tr}(\bar{\delta}A\bar{\delta}A) \tag{20.99}$$

仅为轨道空间 $\mathfrak{A}^2/\mathscr{G}^2$ 上 2 形式,可将它提升嵌入联络丛 $\mathfrak{A}^2$ 中 2 形式

$$Q^2[S^2] = \int_{S^2}q_2^2(\mathscr{F}^2) = \int_{S^2}\mathrm{tr}(\delta A\delta A) + 2\delta\int_{S^2}\mathrm{tr}(\mathscr{A}F) \tag{20.100}$$

满足

$$\delta Q^2[S^2] = 0 \tag{20.101}$$

由于 $\mathfrak{A}^2$ 的拓扑平庸性,$Q^2[S^2]$可表达为

$$2\pi c_2 Q^2[S^2] = \delta\beta^1[S^2]$$

$$\beta^1[S^2] = -\frac{1}{4\pi}\int_{S^2}\mathrm{tr}(A\delta A) - \frac{1}{2\pi}\int_{S^2}\mathrm{tr}(\mathscr{A}F) \tag{20.102}$$

当将上述体系在 Schrödinger 绘景中量子化时,$\beta^1[S^2]$为 $\mathfrak{A}^2$ 上联络 1 形式,$\mathfrak{A}^2$ 上场速度算子

$$V_x = \delta_x + \mu\beta^1[S^2]$$

$$\delta_x = \int\mathrm{d}^2x\delta A_i^a(x)\frac{\delta}{\delta A_i^a(x)} \tag{20.103}$$

其对易关系为

$$[V_x, V_y] = \mu\delta\beta^1[S^2] = \mu 2\pi c_2 Q^2[S^2]$$
$$= \frac{-\mu}{8\pi^2}\int_{S^2}\mathrm{tr}(\delta A\delta A) - \frac{\mu}{4\pi^2}\delta\int_{S^2}\mathrm{tr}(\mathscr{A}F) \tag{20.104}$$

上式满足

$$[V_x,[V_y,V_z]] + \text{置换} = 2\pi c_2\delta Q^2[S^2] = 0 \tag{20.105}$$

这里最后一步利用(20.101)式. 这样在 $\mathfrak{A}^2$ 上的平移算子(即场速度算子 V_x)构成李代数,为普通平移群的非中心扩张. 在规范变换下,波泛函 $\psi[A]$改变相因子

$$\psi[A^g] = \mathrm{e}^{im\int_A^{Ag}\beta^1[S^2]}\psi[A] = \mathrm{e}^{im\alpha^1(A;g)}\psi[A]$$

其中

$$\alpha^1(A;g) = \frac{1}{4\pi}\int \mathrm{d}^2x \in^{ij}\partial_i g\cdot g^{-1}A_j + 2\pi\int R^1(g) \tag{20.106}$$

其中 $R^1(g)$满足(注意到规范变换 g 含参数 τ,即 $g=g(x^1,x^2,\tau)$):

$$\mathrm{d}R^1(g) = \frac{1}{24\pi^2}\mathrm{tr}(\mathrm{d}g\cdot g^{-1})^3 \tag{20.107}$$

另方面,当在联络丛 $\mathfrak{A}^2$ 沿不同轨道由 A 到达 A^g 时,所得相因子之差为

$$\int^{\partial\Gamma_2}\beta^1[S^2] = \int^{\Gamma_2}\delta\beta^1[S^2] = 2\pi c_2\int^{\Gamma_2}Q^2[S^2] = 2\pi\mathbb{Z} \tag{20.108}$$

即相因子 $\int_A^{Ag}\beta^1[S^2] = \alpha^1(A,g)$ 为规范群 1 上闭链,当$\mathbb{Z}\neq 0$ 时,为非平庸 1 上闭链,它不能如上节(关于 θ 真空的讨论)通过幺正变换移去. 即当$\mathbb{Z}\neq 0$ 时,二维规范群 $\mathscr{G}^2$ 非单连通,在作规范变换时,为得到与规范变换路径选取无关的真空泛函,应要求参量 m 为整数,即得拓扑质量量子化条件.

§20.5　群上同调与群表示结构特点 投射表示与 Manderstan 波函数

上章我们曾分析规范群各阶拓扑障碍及它们的相互关联. 物理体系常具有规范不变性,规范群拓扑障碍会引起规范等价的场位型存在拓扑障碍. 本章利用族指标定理,分析规范等价的轨道空间的拓扑障碍. 在 §20.3 分析(3+1)维量子规范理论的哈密顿形式由于

$$\pi_1(\mathfrak{A}^3/\mathscr{G}^3) = \pi_0(\mathscr{G}^3) = \pi_3(G) = \mathbb{Z}\neq 0 \tag{20.109}$$

在联络丛轨道空间存在不可收缩回路,联络丛上 1 形式 $Q^1(S^3)$为丛 $\mathfrak{A}^3$ 上 U(1)联络 1 形式,为纯规范势,其相应场强 2 形式 δQ^1 为零,即 $Q^1(S^3)$相当于丛 $\mathfrak{A}^3$ 上

Vortex 场. 与 Bohm-Aharonov 效应相似,分析问题时应注意此拓扑相因子.

在 § 20.4 分析(2 + 1)维量子规范理论的哈密顿形式,由于

$$\pi_2(\mathfrak{A}^2/\mathscr{G}^2) = \pi_1(\mathscr{G}^2) = \pi_3(G) = \mathbb{Z} \neq 0 \tag{20.110}$$

联络丛轨道空间存在不可收缩二维球,联络丛上 2 形式 $Q^2(S^2)$((20.100)式)相当于联络丛 $\mathfrak{A}^2$ 上 $U(1)$ 单极场,从 $\mathfrak{A}^2$ 上平移算子((20.103)式)的对易关系会产生非中心扩张,但相应平移群代数仍封闭:其 Jacobi 等式仍满足,如(20.105)式.这时相应态矢波泛函 $\psi[A]$ 可实现平移群的投射表示.

定义在无穷维 Hilbert 空间上的变换群的拓扑障碍与实现的群表示结构密切相关. 群上闭链常被实现为群表示的相因子. 1 阶上闭链为通常表示的诱导相因子,相应表示常称为诱导表示. 存在群 2 阶上闭链时,群取投射表示,相应李代数则含扩张项,但扩张项受 Jacobi 等式约束,使李代数仍封闭. 下面我们以最简单的平移群为例,说明群的各阶上闭链与群表示结构的关系. 并引入依赖路径的 Manderstan 波函数来具体实现平移群的投射表示,实现平移群的 2 上闭链.

平移群的群流形与底空间恒等. 考虑带荷标粒子在外部电磁场中运动,平移算子

$$U(\boldsymbol{a}) = \mathrm{e}^{a_\mu(\partial_\mu - \mathrm{i}A_\mu)} \tag{20.111}$$

作用在波函数 $\psi(\boldsymbol{x})$ 上

$$U(\boldsymbol{a})\psi(\boldsymbol{x}) = \mathrm{e}^{-\mathrm{i}\alpha^1(\boldsymbol{x};\boldsymbol{a})}\psi(\boldsymbol{x}+\boldsymbol{a}) \tag{20.112}$$

其中相因子

$$\alpha^1(\boldsymbol{x},\boldsymbol{a}) = \int_x^{x+a} \boldsymbol{A}(\xi), \quad \boldsymbol{A}(\xi) = A_\mu(\xi)\mathrm{d}\xi^\mu \tag{20.113}$$

易证

$$U(\boldsymbol{b})U(\boldsymbol{a})\psi(\boldsymbol{x}) = \mathrm{e}^{-\mathrm{i}\Delta\alpha^1(\boldsymbol{x};\boldsymbol{a},\boldsymbol{b})}U(\boldsymbol{a}+\boldsymbol{b})\psi(\boldsymbol{x}) \tag{20.114}$$

这里

$$\Delta\alpha^1(\boldsymbol{x};\boldsymbol{a},\boldsymbol{b}) = \alpha^1(\boldsymbol{x}+\boldsymbol{a};\boldsymbol{b}) - \alpha^1(\boldsymbol{x};\boldsymbol{a}+\boldsymbol{b}) + \alpha^1(\boldsymbol{x};\boldsymbol{a}) = \int_L \boldsymbol{A}(\xi) \tag{20.115}$$

这里 $L = L(\boldsymbol{x};\boldsymbol{a},\boldsymbol{b})$ 表示积分回路绕以 $\boldsymbol{x},\boldsymbol{x}+\boldsymbol{a},\boldsymbol{x}+\boldsymbol{a}+\boldsymbol{b}$ 为顶点的三角形,为得到通常表示

$$U(\boldsymbol{b})U(\boldsymbol{a}) = U(\boldsymbol{a}+\boldsymbol{b}) \tag{20.116}$$

要求

$$\Delta\alpha^1(\boldsymbol{x},\boldsymbol{a},\boldsymbol{b}) = \int_L \boldsymbol{A} = 2\pi Z(Z\text{ 为整数}) \tag{20.117}$$

即相因子 $\alpha^1(\mathbb{x},\mathbb{a})$ 为平移群的 1 上闭链，势$\mathbb{A}$ 为纯规范（为闭 1 形式），场强 $F = dA = 0$. 当 $Z\neq 0$，$\alpha^1(\mathbb{x},\mathbb{a})$ 为非平庸 1 上闭链，这时虽然波函数仍为$\mathbb{x}$ 的单值函数，但 A 不能表示为单值函数的全微分，相当于存在 Bohm-Aharonov 效应，空间存在量子化磁涡旋.

当条件(20.117)不满足，势$\mathbb{A}$ 不再是纯规范，场强$\mathbb{F} = dA\neq 0$，场中带荷粒子波函数不再有确定相因子，在绕闭回路平移一圈后 $\psi(x)$ 的相因子会改变. 相因子不可积！ Manderstan 建议采用依赖路径波函数

$$\psi(\boldsymbol{x},P) = \psi(\boldsymbol{x})\mathrm{e}^{-\mathrm{i}\int^{x}_{-\infty}\boldsymbol{A}(\xi)} \equiv \psi(\boldsymbol{x})\mathrm{e}^{-\mathrm{i}\int_P \boldsymbol{A}} \tag{20.118}$$

其中 P 标志由 $-\infty$ 到端点 $\boldsymbol{x}$ 的一个类空路径. 波函数 $\psi(\boldsymbol{x},P)$ 不仅依赖于端点 x，而且依赖于整个路径 P，相同端点不同路径波函数可差相因子

$$\psi(\boldsymbol{x},P') = \mathrm{e}^{-\mathrm{i}\alpha^2(L)}\psi(\boldsymbol{x},P) \tag{20.119}$$

其中

$$\alpha^2(L) = \int_M \boldsymbol{F},\qquad L = \partial M = P - P' \tag{20.120}$$

这里并未假定 $\boldsymbol{F}$ 可整体表达为 dA，相应地 $\alpha^2(L)$ 也未能表示为 $\Delta\alpha^1$，即空间可能存在拓扑非平庸单极. Manderstan 建议描写量子体系最好采用规范无关的量，即放弃用依赖规范的势 $\boldsymbol{A}$ 与通常波函数 $\psi(\boldsymbol{x})$，而采用与规范无关的场强 F 与依赖路径波函数 $\psi(\boldsymbol{x},P)$. 而 $\psi(\boldsymbol{x},P)$ 的路径仅当改变闭合回路时，才能明显写出规范不变表达式，即

$$\begin{aligned} U(-\boldsymbol{a}-\boldsymbol{b})U(\boldsymbol{b})U(\boldsymbol{a})\psi(\boldsymbol{x},P) &= \psi(\boldsymbol{x},P + L(\boldsymbol{x};\boldsymbol{a},\boldsymbol{b})) \\ &= \mathrm{e}^{-\mathrm{i}\alpha^2(\boldsymbol{x};\boldsymbol{a},\boldsymbol{b})}\psi(\boldsymbol{x},P) \end{aligned} \tag{20.121}$$

$$\alpha^2(\boldsymbol{x};\boldsymbol{a},\boldsymbol{b}) = \int_{M(\boldsymbol{x},\boldsymbol{a},\boldsymbol{b})} F,\qquad \partial M(\boldsymbol{x};\boldsymbol{a},\boldsymbol{b}) = L(\boldsymbol{x};\boldsymbol{a},\boldsymbol{b})$$

这里 $U(a)$ 不再是平移群的通常表示，由上式知

$$U(\boldsymbol{b})U(\boldsymbol{a})\psi(\boldsymbol{x},P) = \mathrm{e}^{-\mathrm{i}\alpha^2(\boldsymbol{x};\boldsymbol{a},\boldsymbol{b})}U(\boldsymbol{a}+\boldsymbol{b})\psi(\boldsymbol{x},P) \tag{20.122}$$

即为具有特征相因子 $\alpha^2(\boldsymbol{x};\boldsymbol{a},\boldsymbol{b})$ 的投射表示. 上式是(20.114)的推广，或说(20.114)是当(20.122)式中 α^2 为平庸的 2 上边缘 $\Delta\alpha^1$ 时的简并情况.

由 20.122 式易证

$$(U(\boldsymbol{c})U(\boldsymbol{b}))U(\boldsymbol{a})\psi(\boldsymbol{x},P) = \mathrm{e}^{-\mathrm{i}\Delta\alpha^2(\boldsymbol{x};\boldsymbol{a},\boldsymbol{b},\boldsymbol{c})}U(\boldsymbol{c})(U(\boldsymbol{b})U(\boldsymbol{a}))\psi(\boldsymbol{x},P) \tag{20.123}$$

其中

$$\Delta\alpha^2(\boldsymbol{x};\boldsymbol{a},\boldsymbol{b},\boldsymbol{c}) = \int_{\partial\Delta_3(\boldsymbol{x};\boldsymbol{a},\boldsymbol{b},\boldsymbol{c})}\boldsymbol{F}$$

这里积分区域是在以 $\boldsymbol{x}$ 点出发逐次加上 $\boldsymbol{a},\boldsymbol{b},\boldsymbol{c}$, $-(\boldsymbol{a}+\boldsymbol{b}+\boldsymbol{c})$ 为顶点的四面体 Δ_3 的四个面. 如要求表示为可结合的投射表示,则要求

$$\Delta\alpha^2(\boldsymbol{x};\boldsymbol{a},\boldsymbol{b},\boldsymbol{c}) = \int_{\partial\Delta_3} F = 2\pi Z \quad (Z \text{ 为整数}) \tag{20.124}$$

则 $\alpha^2(x;a,b,c)$ 称为平移群的 2 上闭链. 上条件表明 $\boldsymbol{F}$ 为除奇点外无源场强, $\mathrm{d}F=0$, 但是当 $Z\neq 0$ 时, 即当存在量子化磁单极时, F 不能整体写为正合形式, 不存在表达场强的整体的势.

利用(20.121)式可以证明平移算子的对易子

$$U(-\boldsymbol{b})U(-\boldsymbol{a})U(\boldsymbol{b})U(\boldsymbol{a})\psi(\boldsymbol{x},P) = \mathrm{e}^{\mathrm{i}\alpha^2(x;\boldsymbol{a},\boldsymbol{b})-\mathrm{i}\alpha^2(x+\boldsymbol{a}+\boldsymbol{b};\boldsymbol{a},\boldsymbol{b})}\psi(\boldsymbol{x},P) \tag{20.125}$$

上式的无穷小形式

$$[\partial_\mu,\partial_\nu]\psi(\boldsymbol{x},P) = -\mathrm{i}F_{\mu\nu}\psi(\boldsymbol{x},P) \tag{20.126}$$

表明当场强 F 不为零时, 平移算子生成元存在对易反常. 但由于条件(20.124), $\mathrm{d}F=0$, 上式受约束

$$\in_{\lambda\mu\nu}[\partial_\lambda,[\partial_\mu,\partial_\nu]]\psi(\boldsymbol{x},P) = -\mathrm{i}\in_{\lambda\mu\nu}\partial_\lambda F_{\mu\nu}\psi(\boldsymbol{x},P) = 0 \tag{20.127}$$

即平移算子生成元仍满足 Jacobi 等式, 它是算子可结合性条件的无穷小形式.

以上分析表明, 当平移群存在 2 上闭链, 利用依赖路径波函数 $\psi(\boldsymbol{x},P)$ 可如(20.122)式实现平移群的投射表示(projective representation)

$$U(\boldsymbol{b})U(\boldsymbol{a})\psi(\boldsymbol{x},P) = \mathrm{e}^{-\mathrm{i}\alpha^2(x;\boldsymbol{a},\boldsymbol{b})}U(\boldsymbol{a}+\boldsymbol{b})\psi(\boldsymbol{x},\boldsymbol{P}) \tag{20.122}$$

即它与通常正则表示

$$U(\boldsymbol{b})U(\boldsymbol{a}) = U(\boldsymbol{a}+\boldsymbol{b}) \tag{20.128}$$

相比仅差相因子 $\alpha^2(\boldsymbol{x};\boldsymbol{a},\boldsymbol{b})$, 而此相因子满足 2 上闭链条件(20.124)式, 使作用于态矢 $\psi(\boldsymbol{x},P)$ 上平移算子仍是可结合的算子, 满足(将(20.124)代入(20.123)式)

$$(U(\boldsymbol{c})U(\boldsymbol{b}))U(\boldsymbol{a})\psi(\boldsymbol{x},P) = U(\boldsymbol{c})(U(\boldsymbol{b})U(\boldsymbol{a}))\psi(\boldsymbol{x},P) \tag{20.129}$$

正因为满足上式, 投射表示仍为群的可结合表示. 上条件的无穷小形式, 即平移群生成元满足的李代数虽存在扩张项, 但仍满足 Jacobi 等式的约束(20.127)式. 正由于平移算子可结合, 可讨论其无穷小形式生成元. 利用 Manderstan 波函数. $\psi(\boldsymbol{x},P)$, 可将(20.112)式改写为

$$U(\boldsymbol{a})\psi(\boldsymbol{x},P) = \psi(\boldsymbol{x}+\boldsymbol{a},P') \tag{20.130}$$

其中路径 P' 为将路径 P 的末点由点 $\boldsymbol{x}$ 移至 $\boldsymbol{x}+\boldsymbol{a}$, 上方程的无穷小形式可表示为

$$\partial_\mu\psi(\boldsymbol{x},P) = \lim_{\mathrm{d}x^\mu\to 0}\frac{\psi(\boldsymbol{x}+\mathrm{d}\boldsymbol{x}^\mu,P')-\psi(x,P)}{\mathrm{d}x^\mu}$$

$$= ((\partial_\mu - iA_\mu)\psi(\boldsymbol{x}))e^{-i\int_P A} \tag{20.131}$$

即作用在 $\psi(\boldsymbol{x},P)$ 上的无穷小平移算子 ∂_μ 相当于协变系数,决定了 U(1)线丛态矢截面的平行输运. 正是由于曲率 2 形式非零(见(20.126)式),存在不可积相因子,但曲率 $\mathbb{F}$ 仍满足闭条件(见(20.127)式),使仍存在满足可结合条件的平移算子. 即可实现平移群的投射表示.

Manderstan 建议,当空间存在拓扑非平庸单极时,为描写量子力学体系,代替用依赖规范的势 $\mathbb{A}$ 与 $\psi(\boldsymbol{x})$,最好采用规范无关的场强 $\mathbb{F}$ 与 $\psi(\boldsymbol{x},P)$. 能更好地抓住物理问题的实质,能具体实现投射表示及其无穷小形式:生成元的反常对易式.

§20.6　平移群 3 上闭链的具体实现可除表示与带膜波函数

当空间变换群存在更高阶拓扑障碍时,表示的可结合性将被破坏. 当障碍满足 3 上闭链约束,使变换群算子的多重积虽不可结合,但按给定结合方式仍为一确定值,即可实现变换群的(不可结合)可除表示. 但这时由于多重积不可结合,不可能定义单个算子的作用,如何具体实现变换群的 3 上闭链? 上节分析表明,为实现平移群的投射表示,可引入依赖路径的 Manderstan 波函数 $\psi(\boldsymbol{x},P)$. 本节我们将指出,为具体实现平移群的可除表示,可引入带膜波函数 $\psi(\boldsymbol{x},M)$.

当空间平移群存在高阶拓扑障碍,即不可结合相因子不满足 2 上闭链条件,(20.124)式被破坏,2 形式 $\mathbb{F}$ 不再是无源场,$\mathbb{J} = dF \neq 0$,存在非零的源流,这时可令

$$\alpha^3(\boldsymbol{x};\boldsymbol{a},\boldsymbol{b},\boldsymbol{c}) = \int_{\partial\Delta_3} F = \int_{\Delta_3} J \neq 0(\mathrm{mod}2\pi) \tag{20.132}$$

这时平移算子失去可结合性. 在(20.121)式中相因子 $\alpha^2(\boldsymbol{x},\boldsymbol{a},\boldsymbol{b})$ 不仅依赖于回路 $L(\boldsymbol{x};\boldsymbol{a},\boldsymbol{b})$,而且依赖于回路 L 所张膜 $M(\boldsymbol{x};\boldsymbol{a},\boldsymbol{b})$. 为分析问题的不变特性,应引入依赖膜 M 的波函数 $\psi(\boldsymbol{x},L,M)$. 由于这时多重积不可结合,不可能定义单个平移算子 U 的作用,但可讨论闭 1 回路的 U 链的作用. 例如代替(20.121)式,可分析

$$(U(\boldsymbol{a}+\boldsymbol{b})^{-1}U(\boldsymbol{b})U(\boldsymbol{a}))\psi(\boldsymbol{x},L,M) = \psi(\boldsymbol{x},L',M+M(\boldsymbol{x};\boldsymbol{a},\boldsymbol{b}))$$

$$= e^{-i\int_{M(\boldsymbol{x};\boldsymbol{a},\boldsymbol{b})}F}\psi(\boldsymbol{x},L,M) \tag{20.133}$$

其中 $L = \partial M, L' = \partial(M + M(\boldsymbol{x};\boldsymbol{a},\boldsymbol{b}))$. 由于 L 必为膜 M 的边缘,故下面均可略去记号 L,将上式记为

$$V(\boldsymbol{x};\boldsymbol{a},\boldsymbol{b})\psi(\boldsymbol{x},M) = \psi(\boldsymbol{x},M+M(\boldsymbol{x};\boldsymbol{a},\boldsymbol{b})) = e^{-i\int_{M(\boldsymbol{x};\boldsymbol{a},\boldsymbol{b})}F}\psi(\boldsymbol{x},M) \tag{20.134}$$

这里引入作用在带膜波函数 $\psi(\boldsymbol{x},M)$ 上的膜生成算子 $V(\boldsymbol{x};\boldsymbol{a},\boldsymbol{b})$. 进一步可利用此膜生成算子对 $\psi(\boldsymbol{x}+\boldsymbol{a}+\boldsymbol{b},M)$ 的作用来定义对波函数的两次平移变换的积

$$V(\boldsymbol{x};\boldsymbol{a},\boldsymbol{b})\psi(\boldsymbol{x}+\boldsymbol{a}+\boldsymbol{b},M)=\psi(\boldsymbol{x}+\boldsymbol{a}+\boldsymbol{b},M+M(x;a,b))$$
$$\equiv(U(\boldsymbol{b})U(\boldsymbol{a}))\psi(\boldsymbol{x},M) \tag{20.135}$$

类似置换 $\boldsymbol{a},\boldsymbol{b}$ 得

$$V(\boldsymbol{x};\boldsymbol{b},\boldsymbol{a})\psi(\boldsymbol{x}+\boldsymbol{b}+\boldsymbol{a},M)=\psi(\boldsymbol{x}+\boldsymbol{b}+\boldsymbol{a},M+M(\boldsymbol{x},\boldsymbol{b},\boldsymbol{a}))$$
$$\equiv(U(\boldsymbol{a})U(\boldsymbol{b}))\psi(\boldsymbol{x},M) \tag{20.136}$$

两者相减,并取其无穷小平移极限得

$$[\partial_\mu,\partial_\nu]\psi(\boldsymbol{x},M)$$
$$=\lim_{\substack{dx^\mu\to0\\dx^\nu\to0}}\frac{\psi(\boldsymbol{x}+dx^\mu+dx^\nu,M+M(\boldsymbol{x};dx^\mu,dx^\nu))-\psi(\boldsymbol{x}+dx^\nu+dx^\mu,M+M(\boldsymbol{x};dx^\nu,dx^\mu))}{dx^\mu\wedge dx^\mu}$$
$$=-iF_{\mu\nu}\psi(\boldsymbol{x},M) \tag{20.137}$$

此式与(20.126)式形式上类似,但是是建立在对依赖膜波函数的作用上.

依赖膜的波函数 $\psi(\boldsymbol{x},M)$,不仅是坐标 $\boldsymbol{x}$ 的函数,而且依赖以 $\boldsymbol{x}$ 为基点,以 $\partial M=L$ 为边缘张成的膜 M. 对于具有相同边缘的膜 M 与 M' 的两波函数 $\psi(\boldsymbol{x},M)$ 与 $\psi(\boldsymbol{x},M')$,$\partial M=\partial M'$,二者可差相因子

$$\psi(\mathbb{x},M')=e^{-i\alpha^3(B)}\psi(\boldsymbol{x},M),B=M'-M=\partial D^3 \tag{20.138}$$

$$\alpha^3(B)=\int_B\boldsymbol{F}=\int_{D^3}\boldsymbol{J}\neq0$$

即当存在非平庸 3 上闭链时,流 $\boldsymbol{J}=d\boldsymbol{F}$ 非零,$\boldsymbol{F}$ 不确定,可差任意闭 2 形式,相当于差规范变换,即 $\boldsymbol{F}$ 相当于“超势”,而这时原来的势 1 形式 $\boldsymbol{A}$ 完全无定义,这时描写量子体系最好采用规范无关的量:流 $\boldsymbol{J}$ 与带膜波函数 $\psi(\boldsymbol{x},M)$ 作为基本物理量. 这时变换的可结合性被破坏,单个算子 U 无确切定义,但可如(20.135)式定义平移算子的二重积,而算子对易子的无穷小形式如(20.137)式,表明存在对易子反常. 进一步利用膜生成算子对带膜波函数的作用可实现平移算子的多重积. 下面先分析三重积,分析三重积可结合性的破坏. 仍从闭回路 U 链出发,分析由空间 $\boldsymbol{x}$ 通过平移 $\boldsymbol{a},\boldsymbol{b},\boldsymbol{c}$ 及 $-(\boldsymbol{a}+\boldsymbol{b}+\boldsymbol{c})$ 的 U 链对带膜波函数的作用

$$U(\boldsymbol{a}+\boldsymbol{b}+\boldsymbol{c})^{-1}\{U(\boldsymbol{c})[U(\boldsymbol{b})U(\boldsymbol{a})]\}\boldsymbol{\psi}(\boldsymbol{x},M)$$
$$=V(\boldsymbol{x};\boldsymbol{a}+\boldsymbol{b},\boldsymbol{c})V(\boldsymbol{x};\boldsymbol{a},\boldsymbol{b})\boldsymbol{\Psi}(\boldsymbol{x},M)$$
$$=\boldsymbol{\psi}(\boldsymbol{x},M+M(\boldsymbol{x};\boldsymbol{a},\boldsymbol{b})+M(\boldsymbol{x};\boldsymbol{a}+\boldsymbol{b},\boldsymbol{c})) \tag{20.139a}$$

$$U(\boldsymbol{a}+\boldsymbol{b}+\boldsymbol{c})^{-1}\{[U(\boldsymbol{c})U(\boldsymbol{b})]U(\boldsymbol{a})\}\boldsymbol{\psi}(\boldsymbol{x},M)$$
$$=V(\boldsymbol{x}+\boldsymbol{a};\boldsymbol{b},\boldsymbol{c})V(\boldsymbol{x};\boldsymbol{a},\boldsymbol{b}+\boldsymbol{c})\boldsymbol{\psi}(\boldsymbol{x},M)$$

$$= \boldsymbol{\psi}(\boldsymbol{x}, M + M(\boldsymbol{x};\boldsymbol{a},\boldsymbol{b}+\boldsymbol{c}) + M(\boldsymbol{x}+\boldsymbol{a};\boldsymbol{b},\boldsymbol{c})) \qquad (20.139\text{b})$$

这里我们注意三重积存在两种不同结合方案,如图 20.2 所示.

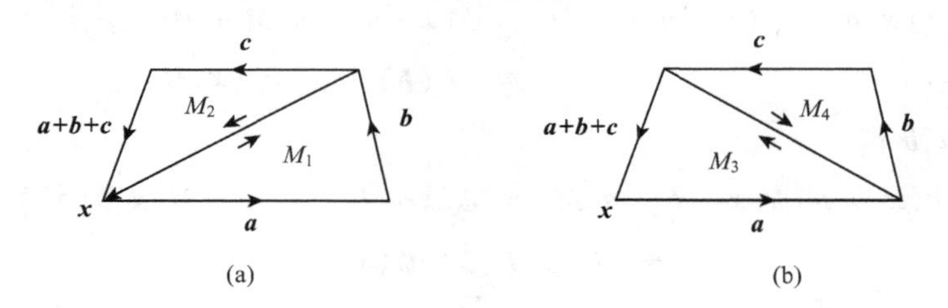

图 20.2 三重平移的两种不同结合方案

类似对二重积的处理,相当于将上两式对整个空间作平移 $\boldsymbol{a}+\boldsymbol{b}+\boldsymbol{c}$,可如下定义平移算子的三重积:

$$\begin{aligned}
&\{U(\boldsymbol{c})(U(\boldsymbol{b})U(\boldsymbol{a}))\}\boldsymbol{\Psi}(\boldsymbol{x},M)\\
&= V(\boldsymbol{x};\boldsymbol{a}+\boldsymbol{b},\boldsymbol{c})V(\boldsymbol{x};\boldsymbol{a},\boldsymbol{b})\psi(\boldsymbol{x}+\boldsymbol{a}+\boldsymbol{b}+\boldsymbol{c},M)\\
&= \psi(\boldsymbol{x}+\boldsymbol{a}+\boldsymbol{b}+\boldsymbol{c},M+M_1+M_2)\\
&= \mathrm{e}^{-\mathrm{i}\int_{M_1+M_2}\mathbb{F}}\psi(\boldsymbol{x}+\boldsymbol{a}+\boldsymbol{b}+\boldsymbol{c},M) \qquad (20.140\text{a})
\end{aligned}$$

其中 $M_1 = M(\boldsymbol{x};\boldsymbol{a},\boldsymbol{b})$, $M_2 = M(\boldsymbol{x};\boldsymbol{a}+\boldsymbol{b},\boldsymbol{c})$. 如图 20.2(a)所示. 类似如图 20.2(b),令 $M_3 = M(\boldsymbol{x};\boldsymbol{a},\boldsymbol{b}+\boldsymbol{c})$, $M_4 = M(\boldsymbol{x}+\boldsymbol{a};\boldsymbol{b},\boldsymbol{c})$,由(20.139b)可得

$$\begin{aligned}
&\{(U(\boldsymbol{c})U(\boldsymbol{b}))U(\boldsymbol{a})\}\psi(\boldsymbol{x},M)\\
&= V(\boldsymbol{x}+\boldsymbol{a};\boldsymbol{b},\boldsymbol{c})V(\boldsymbol{x};\boldsymbol{a},\boldsymbol{b}+\boldsymbol{c})\psi(\boldsymbol{x}+\boldsymbol{a}+\boldsymbol{b}+\boldsymbol{c},M)\\
&= \psi(\boldsymbol{x}+\boldsymbol{a}+\boldsymbol{b}+\boldsymbol{c},M+M_3+M_4)\\
&= \mathrm{e}^{-\mathrm{i}\int_{M_3+M_4}\mathbb{F}}\psi(\boldsymbol{x}+\boldsymbol{a}+\boldsymbol{b}+\boldsymbol{c},M) \qquad (20.140\text{b})
\end{aligned}$$

比较上两式,得

$$\{(U(\boldsymbol{c})U(\boldsymbol{b}))U(\boldsymbol{a})\}\psi(\boldsymbol{x},M) = \mathrm{e}^{-\mathrm{i}\alpha^3(\boldsymbol{x};\boldsymbol{a},\boldsymbol{b},\boldsymbol{c})}\{U(\boldsymbol{c})(U(\boldsymbol{b})U(\boldsymbol{a}))\}\psi(\boldsymbol{x},M) \qquad (20.141)$$

其中

$$\alpha^3(\boldsymbol{x};\boldsymbol{a},\boldsymbol{b},\boldsymbol{c}) = \int_{M_3+M_4-M_1-M_2}\mathbb{F} = \int_{\partial\Delta_3(\boldsymbol{x};\boldsymbol{a},\boldsymbol{b},\boldsymbol{c})}\mathbb{F} = \int_{\Delta_3(\boldsymbol{x};\boldsymbol{a},\boldsymbol{b},\boldsymbol{c})}\mathbb{J} \neq 0$$

此式为(20.123)式的推广,但是现在存在非零的$\mathbb{J}$,故必须代替 $\psi(\boldsymbol{x},P)$ 与 $\Delta\alpha^2$,用带膜波函数 $\psi(\boldsymbol{x},M)$ 及非零的 3 上链 α^3. (20.141)式表明由于 3 阶拓扑障碍,平移算子不可结合,此式的无穷小形式可表示为

$$\{(\partial_\nu\partial_\mu)\partial_\lambda - \partial_\nu(\partial_\mu\partial_\lambda)\}\psi(\boldsymbol{x},M) = -\mathrm{i}J_{\lambda\mu\nu}\psi(\boldsymbol{x},M) \tag{20.142}$$

将指标λ、μ、ν作置换并取循环求和可得

$$[[\partial_\mu,\partial_\nu],\partial_\lambda] + \text{循环置换} = -\mathrm{i}J_{\mu\nu\lambda} \neq 0 \tag{20.143}$$

此即表示无穷小平移不再满足李代数的 Jacobi 等式. 下面进一步分析平移变换的四重积. 为简化记号,令$[(U(\boldsymbol{d})U(\boldsymbol{c}))U(\boldsymbol{b})]U(\boldsymbol{a})\psi(\boldsymbol{x},M) \equiv [(\boldsymbol{dc})\boldsymbol{b}]\boldsymbol{a}$

$$\begin{aligned}
[(\boldsymbol{dc})\boldsymbol{b}]\boldsymbol{a} &= \exp\{-\mathrm{i}\alpha^3(\boldsymbol{x}+\boldsymbol{a};\boldsymbol{b},\boldsymbol{c},\boldsymbol{d})\}[\boldsymbol{d}(\boldsymbol{cb})]\boldsymbol{a} \\
&= \exp\{-\mathrm{i}\alpha^3(\boldsymbol{x}+\boldsymbol{a};\boldsymbol{b},\boldsymbol{c},\boldsymbol{d}) - \mathrm{i}\alpha^3(\boldsymbol{x};\boldsymbol{a},\boldsymbol{b}+\boldsymbol{c},\boldsymbol{d})\}\boldsymbol{d}[(\boldsymbol{cb})\boldsymbol{a}] \\
&= \exp\{-\mathrm{i}\alpha^3(\boldsymbol{x}+\boldsymbol{a};\boldsymbol{b},\boldsymbol{c},\boldsymbol{d}) - \mathrm{i}\alpha^3(\boldsymbol{x};\boldsymbol{a},\boldsymbol{b}+\boldsymbol{c},\boldsymbol{d}) \\
&\quad - \mathrm{i}\alpha^3(\boldsymbol{x};\boldsymbol{a},\boldsymbol{b},\boldsymbol{c})\}\boldsymbol{d}[\boldsymbol{c}(\boldsymbol{ba})] \\
&= \exp\{-\mathrm{i}\alpha^3(\boldsymbol{x}+\boldsymbol{a};\boldsymbol{b},\boldsymbol{c},\boldsymbol{d}) - \mathrm{i}\alpha^3(\boldsymbol{x};\boldsymbol{a},\boldsymbol{b}+\boldsymbol{c},\boldsymbol{d}) - \mathrm{i}\alpha^3(\boldsymbol{x};\boldsymbol{a},\boldsymbol{b},\boldsymbol{c}) \\
&\quad + \mathrm{i}\alpha^3(\boldsymbol{x};\boldsymbol{a}+\boldsymbol{b},\boldsymbol{c},\boldsymbol{d})\}(\boldsymbol{dc})(\boldsymbol{ba}) \\
&= \exp\{-\mathrm{i}\Delta\alpha^3(\boldsymbol{x};\boldsymbol{a},\boldsymbol{b},\boldsymbol{c},\boldsymbol{d})\}[(\boldsymbol{dc})\boldsymbol{b}]\boldsymbol{a}.
\end{aligned} \tag{20.144}$$

其中

$$\begin{aligned}
\Delta\alpha^3(\boldsymbol{x};\boldsymbol{a},\boldsymbol{b},\boldsymbol{c},\boldsymbol{d}) &= \alpha^3(\boldsymbol{x}+\boldsymbol{a};\boldsymbol{b},\boldsymbol{c},\boldsymbol{d}) - \alpha^3(\boldsymbol{x};\boldsymbol{a}+\boldsymbol{b},\boldsymbol{c},\boldsymbol{d}) + \alpha^3(\boldsymbol{x};\boldsymbol{a},\boldsymbol{b}+\boldsymbol{c},\boldsymbol{d}) \\
&\quad - \alpha^3(\boldsymbol{x};\boldsymbol{a},\boldsymbol{b},\boldsymbol{c}+\boldsymbol{d}) + \alpha^3(\boldsymbol{x};\boldsymbol{a},\boldsymbol{b},\boldsymbol{c}) \\
&= \int_{\partial\Delta_4(\boldsymbol{x};\boldsymbol{a},\boldsymbol{b},\boldsymbol{c},\boldsymbol{d})} J
\end{aligned} \tag{20.145}$$

这里积分是对以$\boldsymbol{x},\boldsymbol{x}+\boldsymbol{a},\boldsymbol{x}+\boldsymbol{a}+\boldsymbol{b},\boldsymbol{x}+\boldsymbol{a}+\boldsymbol{b}+\boldsymbol{c},\boldsymbol{x}+\boldsymbol{a}+\boldsymbol{b}+\boldsymbol{c}+\boldsymbol{d}$为顶点的4单形的五个边:5个4面体的3维体积分,即积分区域是与S^3同胚的3维紧致流形. 当要求多重积按给定结合方式仍有确定值时,应要求

$$\Delta\alpha^3 = \int_{S^3} J = 2\pi Z, \quad Z\text{为整数}. \tag{20.146}$$

满足此条件的α^3称为3上闭链. 上条件表明,$\mathrm{d}J=0$,J为守恒流,而当$Z\neq 0$时,存在量子化源漏. 这时,虽然平移群表示不可结合,但是多重积按给定结合方式仍有确定值,故称为(不可结合)可除表示. 我们用带膜波函数$\psi(\boldsymbol{x},M)$可以实现这种可除表示. 正如(20.138)式,对具相同基点,膜具相同边缘的两波函数所差相因子

$$\alpha^3(B) = \int_B F = \int_D J \tag{20.138}$$

条件(20.146)表明当三维盘D与D'有相同边缘B,则

$$\alpha^3(B) = \int_D J = \int_{D'} J(\mathrm{mod}2\pi) \tag{20.147}$$

即相因子仅依赖B,而与B如何延拓成3维盘无关,这样定义的拓扑障碍称为3上闭链. 这时无穷小生成元的对易关系 Jacobi 等式被破坏. 使3上闭链条件(20.146)式表明,其破坏项受约束,可证(20.146)式的无穷小形式为

$$\in^{\mu\nu\lambda\rho}[[[\partial_\rho,\partial_\lambda],\partial_\nu],\partial_\mu]=\mathrm{i}\in^{\mu\nu\lambda\rho}\partial_\lambda J_{\rho\mu\nu}=0 \qquad (20.148)$$

这是生成元代数满足的3上闭链条件.

一般量子力体系,Hilbert 空间中态矢是空间点的复函数,允许有一个不可积相因子,可表达为势 A 的路径积分,波函数的局域相角变换与 A 的规范变换相补偿. 当带电粒子与背景场互作用,空间平移群会存在拓扑障碍. 上节及本节分析表明,各阶拓扑障碍引起实现不同类型的平移群表示:

① 1 上闭链:依赖点波函数实现平移群普通表示

$$U(\boldsymbol{a})\psi(\boldsymbol{x})=\mathrm{e}^{-\mathrm{i}\int_P A}\psi(\boldsymbol{x}+\boldsymbol{a}) \qquad (20.149)$$

$\mathbb{A}$ 为纯规范势1形式,$\mathrm{d}\mathbb{A}=0$. 可能存在量子化涡旋.

② 2 上闭链:依赖路径波函数可实现平移群投射表示

$$U(\boldsymbol{b})U(\boldsymbol{a})\psi(\boldsymbol{x},P)=\mathrm{e}^{-\mathrm{i}\int_M F}U(\boldsymbol{a}+\boldsymbol{b})\psi(\boldsymbol{x},P) \qquad (20.150)$$

$\boldsymbol{F}$ 为无源场2形式,$\mathrm{d}\boldsymbol{F}=0$. 可能存在量子化单极.

③ 3 上闭链:依赖膜波函数可实现平移群可除表示

$$(U(\boldsymbol{c})U(\boldsymbol{b}))U(\boldsymbol{a})\psi(\boldsymbol{x},M)=\mathrm{e}^{-\mathrm{i}\int_\tau J}U(\boldsymbol{c})(U(\boldsymbol{b})U(\boldsymbol{a}))\psi(\boldsymbol{x},M) \qquad (20.151)$$

J 为守恒流3形式,$\mathrm{d}\boldsymbol{J}=0$,可能存在量子化源漏.

这里我们注意平移群与规范群的不同特点. 在上章,我们曾利用 Čech-de Rham 双复形分析规范群各阶拓扑障碍的相互关连,存在拓扑障碍的递降继承关连,使低维空间规范群拓扑障碍,可与高维空间 Dirac 算子指数相关连. 而对平移群,各阶拓扑障碍相当于背景场中各维单极,需额外引入.

以上分析均可推广到量子场论体系. 费米场与规范场互作用体系,当先对费米场路积分得有效作用量泛函含拓扑非平庸项,造成规范等价场位型空间上平移变换存在拓扑障碍. 例如:

1) 在§20.3 分析(3+1)维 SU(2)杨-Mills 体系哈密顿形式

$$\pi_1(\mathfrak{A}^3/\mathscr{G}^3)=\pi_0(\mathscr{G}^3)=Z\neq 0$$

场位型 U(1)丛截面存在量子化涡旋,为1上闭链.

2) 在§20.4 分析(2+1)维 SU(2)杨-Mills 体系哈密顿形式

$$\pi_1(\mathfrak{A}^2/\mathscr{G}^2)=\pi_1(\mathscr{G}^2)=Z\neq 0$$

场位型 U(1)丛截面存在量子化单极,为2上闭链. 利用丛 $\mathfrak{A}^2$ 上 Manderstan 波函数可实现平移算子的投射表示,而生成元代数会形成李代数非中心扩张.

3) 在上章曾着重分析(3+1)维 SU(3)量子规范理论,其3维空间哈密顿形式

$$\pi_3(\mathfrak{A}^3/\mathscr{G}^3)=\pi_2(\mathscr{G}^3)=Z\neq 0$$

场位型 $U(1)$ 丛截面存在量子化源漏，存在 3 上闭链. 利用带膜波函数可实现从 $\mathfrak{A}^3$ 上平移变换的可除表示. 下面我们再简单分析此问题.

上章曾利用 Čech-de Rham 双复形证明规范群各阶拓扑障碍存在递降继承系列. 由于

$$\pi_5(\mathrm{SU}(3)) = \mathbb{Z} \neq 0$$

五维规范群存在拓扑障碍，对费米场路积分后得有效作用量存在 WZW 项，再由规范群拓扑递降继承知对 3 维哈密顿体系存在规范群 $\mathscr{G}^3$ 的 2 上闭链. 族指标定理进一步指出，族指标

$$\bar{Q}^3(S^3) = \int_{S^3} \bar{q}_3^3(\mathscr{F}^3) = \int_{S^3} \mathrm{tr}(\bar{\delta}A\bar{\delta}A\bar{\delta}A) \tag{20.152}$$

仅为轨道空间 $\mathfrak{A}^3/\mathscr{G}^3$ 上 3 形式，是 $\mathfrak{A}^3/\mathscr{G}^3$ 上闭 3 形式，但由于 $\mathfrak{A}^3/\mathscr{G}^3$ 拓扑非平庸，($\pi_3(\mathfrak{A}^3/\mathscr{G}^3) = Z \neq 0$)，故 $\bar{Q}^3(S^3)$ 非($\mathfrak{A}^3/\mathscr{G}^3$)上正合形式.

可将 $\bar{Q}^3(S^3)$ 提升到 $\mathfrak{A}^3$ 上，得到 $\mathfrak{A}^3$ 上 3 形式

$$Q^3(S^3) = \int_{S^3} q_3^3(\mathscr{F}^3) \tag{20.153}$$

注意到(20.21)式

$$\mathscr{F} = F + \delta_h A + \delta_h \mathscr{A}, \qquad \delta_h A \in \Lambda_1^1, \delta_h \mathscr{A} \in \Lambda_0^2, F \in \Lambda_2^0 \tag{20.21}$$

$$\begin{aligned} Q^3(S^3) &= \int_{S^3} \mathrm{tr}((\delta_h A)^3 + 3F\delta_h A\delta_h \mathscr{A} + 3F\delta_h \mathscr{A}\,\delta_h A) \\ &= \int_{S^3} \mathrm{tr}(\delta A\delta A\delta A) + 3\delta\int_{S^3} \mathrm{tr}(F\delta A\mathscr{A} + F\mathscr{A}\,\delta A + F\mathscr{A}\,\mathrm{D}_A\mathscr{A}) \end{aligned} \tag{20.154}$$

它是 $\mathfrak{A}^3$ 上闭形式，且是正合的，即

$$Q^3(S^3) = \delta\beta^2(S^3) \tag{20.155}$$

$$\begin{aligned} \beta^2(S^3) &= \int_{S^3} \mathrm{tr}(A\delta A\delta A) + 3\int_{S^3} \mathrm{tr}(F\delta A\mathscr{A} + F\mathscr{A}\delta A + F\mathscr{A}\mathrm{D}_A\mathscr{A}) \\ &= \int_{S^3} \omega_3^2(A + \mathscr{A}) \qquad (\text{可差 } \delta \text{ 形式}) \end{aligned} \tag{20.156}$$

这里 $\beta^2[S^3]$ 是从 $\mathfrak{A}^3$ 上"联络"2 形式，而 $Q^3[S^3]$ 相当于 $\mathfrak{A}^3$ 上 $U(1)$ 联络 β^2 的"曲率"3 形式.

联络从上平移算子生成元通常可记为

$$G_a = \int \mathrm{d}^3 x a[A_i(x)] \frac{\delta}{\delta A_i(x)}$$

$$[G_a, G_b] = \beta^2(A, a, b) \tag{20.157}$$

但由于存在3阶拓扑障碍Q^3,平移群表示不可结合,从$\mathfrak{A}^3$上单个平移算子无确切定义,但可分析平移算子的$n(n\geqslant 2)$重积.利用带膜波函数可将无穷小平移的二重对易子表示为

$$[G_a,G_b]\psi(A,M) = \beta^2(A,\boldsymbol{a};\boldsymbol{b})\psi(A,M) \tag{20.157a}$$

此即(20.157)式.以下为简化记号,均略去在右端相同波函数.上式右端β^2仍可差从$\mathfrak{A}^3$上正合2形式而不影响结果,故称β^2为"联络2形式".而对易子组成的Jacobi等式

$$J(G_a,G_b,G_c)\equiv[G_a,[G_b,G_c]]+\text{循环置换} = \delta\beta^2 = Q^3\neq 0 \tag{20.158}$$

Jacobi等式被破坏,表明$\mathfrak{A}^3$上平移变换不可结合,但是由于其破坏项满足约束

$$\delta Q^3 = 0 \tag{20.159}$$

可证明上述对易子满足四重约束等式

$$[G_a,J(G_b,G_c,G_d)]+\text{循环置换} = \delta Q^3 = 0 \tag{20.160}$$

即满足3上闭链约束.

习题二十

1. 请逐步证明(20.87)与(20.89)式.
2. 当实现平移群的诱导表示时,请证明其不可积相因子满足(20.115)式,并请结合Bohm-Aharonov效应进行分析,说明何时不可积相因子满足非平庸1上闭链条件.
3. 对非平庸3上闭链,Jacobi等式被破坏,请分析Jacobi破坏项应满足的约束条件.并请与Malceev代数比较(见§19.8后附录),说明二者的异同.

第二十一章　带边流形与开无限流形指标定理 APS-η 不变量与分数荷问题

§21.1　引　　言

将 A-S 指标定理用来分析具体物理问题时，必须注意 A-S 指标定理仅适用于底流形 M 为紧致无边流形，而物理上常需分析带边流形以及开无限流形上的场论. 对带边流形上场论需特别注意场的边界条件，对开无限流形，需分析在无穷远处的边界条件. 仅在特殊情况下，例如四维欧氏空间的瞬子解，可将整个空间紧致化讨论 S^4 上的解. 在一般情况下，需将非紧致开无限流形作为有边界紧致流形的极限情况来处理.

例如在四维欧氏空间 E^4 上的 Taub-Nut 度规

$$\mathrm{d}s^2 = \frac{r+a}{r-a}\mathrm{d}r^2 + (r^2 - a^2)\left[\sigma_x^2 + \sigma_y^2 + \left(\frac{2a}{r+a}\right)^2 \sigma_z^2\right] \tag{21.1}$$

此度规的黎曼曲率为自对偶，即相当于在引力理论中的“瞬子”解. 上式中 $\sigma_x, \sigma_y, \sigma_z$ 为用欧拉角表示的 S^3 的 Maurer -Cartan 形式，为 S^3 上的正交活动标架场（群流形 SU(2)的不变向量场）

$$\begin{aligned} \sigma_x &= \frac{1}{2}(-\cos\psi\mathrm{d}\theta - \sin\theta\sin\psi\mathrm{d}\psi) \\ \sigma_y &= \frac{1}{2}(\sin\psi\mathrm{d}\theta - \sin\theta\cos\psi\mathrm{d}\psi) \\ \sigma_z &= \frac{1}{2}(-\mathrm{d}\psi - \cos\theta\mathrm{d}\varphi) \end{aligned} \tag{21.2}$$

其中 $0 \leqslant \varphi < 2\pi, 0 \leqslant \theta < \pi, 0 \leqslant \psi < 2\pi, a \leqslant r < \infty$.

讨论在其上 Dirac 算子的指数，如按无边界的 A-S 指标定理计算

$$\mathrm{Ind}(D) = \int_M \widetilde{A}(M) = \frac{1}{24 \times 8\pi^2}\int_M \mathrm{tr}R \wedge R = -\frac{1}{12}$$

非整数！似乎必须对 A-S 指标定理进行修正. 这是因为(21.1)式度规在 $r = a$ 与 ∞ 点为奇点，在 a 点为表观奇点，是采取极坐标而引入的. 但在∞ 处为实质的奇点，在

计算时应限制 $a \leqslant r < r_0$，作为有边界的流形，在 $r = r_0$ 的边界面为具有非标准的(度规非对称的)三维拓扑球，当 $r_0 \to \infty$ 时此不对称愈突出，边界上对指标需有补充贡献. 在下面 §21.3 中将指出，对具有(21.1)式度规空间，Dirac 算子在$r = r_0$边界处贡献

$$\xi_D(\partial M) = \frac{1}{12}\left(1 - \left(\frac{2a}{r_0 + a}\right)^2\right)^2 \xrightarrow{r_0 \to \infty} \frac{1}{12} \tag{21.3}$$

因此

$$\mathrm{Ind}(D) = -\frac{1}{12} + \frac{1}{12} = 0 \tag{21.4}$$

即，对于 Taub-Nut 空间，在正负手征 Dirac 旋量间没有不对称性.

将指标定理推广到具有边界的流形情况，即 Atiyah-Patodi-Singer 指标定理(APS 指标定理)[39]. 为简单起见，我们就在具有边界∂M 的流形 M 上四种典型的椭圆复形$(E, D, \partial M)$分别讨论，可定义其上同调类$H^p(E, D, \partial M)$及其相应指标

$$\mathrm{Ind}(E, D, \partial M) = \sum_p (-1)^p \dim H^p(E, D, \partial M) \tag{21.5}$$

而 APS 指标定理可表示为

$$\mathrm{Ind}(E, D, \partial M) = V[M] + S[\partial M] + \xi(\partial M) \tag{21.6}$$

其中 $V[M]$为示性类在 M 上的积分，其形式与没有边界时相同.

$S[\partial M]$为陈-Simons 形式在∂M 上的积分。它是由于在边界附近度规未表达为乘积度规所应引入的改正，在 §21.2 中我们将对它进行仔细分析.

(21.6)式中最后一项 $\xi(\partial M)$是由微分算子 D 限制在∂M 的切向部分 H 的本征值谱决定的. 对 de Rham 复形，没有此项改正，因为 de Rham 复形的边界条件可采用通常局域(local)边界条件. 对其他三种复形，通常局域边界条件存在拓扑障碍，必须采用非局域边界条件，是由 H 的本征值谱决定的“谱边界条件”. 此即 APS 指标定理的主要内容. 在 §21.3 中我们在分析 APS 指标定理的一般形式后，在 §21.4 中我们将以自旋流形为例说明带边自旋流形必须采用非局域边界条件，并简单说明 APS 指标定理证明的方法.

A-S 指标定理与 APS 指标定理都仅仅应用在紧致流形上，虽然后者可采用将边界趋于无限而研究其极限情况. 但是仍受限制，未能对算子的连续谱(散射态)给出直接的拓扑分析. 在 §21.5 中我们将分析在开无限流形上的 Index 定理[70]，利用迹等式与轴矢反常方程来分析比 APS 定理所允许算子更一般算子在开无限流形上的指标定理. §21.6 讨论 APS-η 不变量在物理中应用与真空基态费米荷问题.

通常带边流形的 APS 指标定理需采用非局域边界条件，从物理角度看，取非局域边界条件(谱边界条件)违反因果律. 而且对 APS 定理将边界趋无限的极限情

况，与利用场论中轴矢反常方程得到的开无限流形指标定理比较，两者计算结果有矛盾. 在§21.7中我们对场的边界条件再次进行认真分析，表明，对费米场与玻色场互作用的带边体系，可采用较弱的局域边界条件，利用量子场论中正常化及重正化来减除费米海贡献，可得与开无限流形指标定理相符合的结果.

在最后一节讨论了含参数 Dirac 算子与谱流问题，分析了背景场中费米荷的计算问题.

§21.2　带边 de Rham 复形指标定理

对 de Rham 复形，在流形 M 的边界上可采用局域边界条件：Dirichlet 条件.

$2n$ 维紧致带边流形 M，其边缘 ∂M 为 $(2n-1)$ 维紧致无边流形. 在边缘 ∂M 附近，如允许乘积度规：

$$ds^2 = f(r_0)\,dr^2 + g_{ij}(r_0, x)\,dx^i dx^j \tag{21.7}$$

边缘流形 ∂M 就由

$$r = r_0$$

决定. 考察具有相同边界的两个流形 M 与 M'

$$\partial M = \partial M'$$

如图21.1所示，当 M 与 M' 在接近边界时都具有同样的乘积度规，于是可将此两流形沿它们公共边界光滑缝合形成一无边界的流形 $M \cup M'$. 边界的拓扑指标项 $S[\partial M]$ 贡献为零.

若流形 M 上度规是非乘积度规，其相应的黎曼联络1形式为 ω，设法在 ∂M 邻域选乘积度规，使相应联络1形式 ω_0 在 ∂M 上仅有切分量，且其切分量与最初联络1形式 ω 的切分量同. 于是两者差 θ 仅有法分量，称第二基本形式

$$\theta = \omega - \omega_0 \tag{21.8}$$

它是矩阵值1形式，在标架变换下协变.

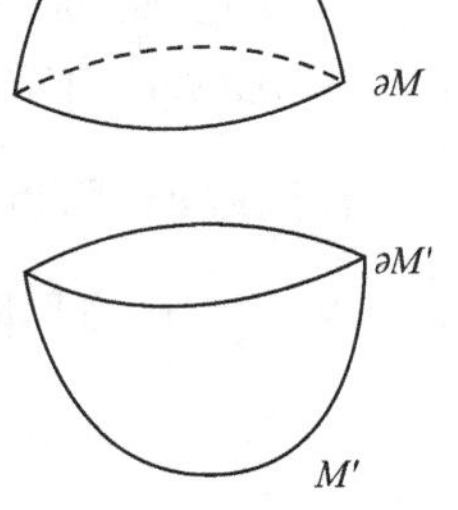

图21.1

流形 M 的切丛上示性类，由流形 M 的曲率 R 的对称多项式 $P(R)$ 组成，$P(R)$ 是底流形 M 的上同调类，称为陈类，切丛的示性类标志切丛偏离平庸丛的程度，与所选联络及度规无关，即由联络 ω 与 ω_0 所决定的示性类 $P(R)$ 与 $P(R_0)$ 间可差流形上正合形式 $dQ(\omega, \omega_0)$

$$dQ(\omega, \omega_0) = P(R) - P(R_0) \tag{21.9}$$

这里 $Q(\omega, \omega_0)$ 即陈-Simons 形式.

注意到乘积度规无边界拓扑指标项 $S[\partial M]$ 的改正,对非乘积度规. 需由曲率多项式对流形 M 的积分 $V[M]$ 再引入边界改正 $S[\partial M]$,使其效果相当于对乘积度规曲率多项式的积分,即

$$V[M] + S[\partial M] = C\int_M P(R_0) = C\int_M P(R) - C\int_{\partial M} Q(\omega,\omega_0) \qquad (21.10)$$

即

$$S[\partial M] = -C\int_{\partial M} Q(\omega,\omega_0) \qquad (21.11)$$

由于流形 M 在∂M 邻域之外可能不存在乘积度规,不可能讨论 $P(R_0)$ 在整个流形上的积分,这时(21.11)式仍成立. $S[\partial M]$ 由所选联络 ω、曲率 R、及边界上第二基本形式 $\theta = \omega - \omega_0$ 所决定.

由以上分析我们知道,对于具有边界的 de Rham 复形,APS 指标定理可表为($\dim M = 4$)

$$\chi = \frac{1}{32\pi^2}\Big[\int_M \in_{abcd} R^a_b \wedge R^c_d - \int_{\partial M} \in_{abcd}\Big(2\theta^a_b \wedge R^c_d - \frac{4}{3}\theta^a_b \wedge \theta^c_e \wedge \theta^e_d\Big)\Big] \qquad (21.12)$$

其中 R^a_b 为曲率 2 形式,$\theta^a_b = \omega^a_b - (\omega_0)^a_b$ 为第二基本形式.

§21.3 Atiyah-Patodi-Singer 指标定理

除 de Rham 复形外,对于符号复形、Dolbeault 复形、自旋复形,局域边界条件(Dirichlet 条件)的定义都存在拓扑障碍,必须采用非局域边界条件. 这时,即使是乘积度规,也必须考虑算子 D 限在∂M 切向部分 H 的谱对指数的贡献,即(21.6)式中的 $\xi(\partial M)$ 项. 对于非乘积度规,与上节分析类似,还应再加上∂M 对拓扑指数的贡献 $S[\partial M]$项. 下面着重讨论 H 的贡献.

在边缘∂M 附近,可选乘积度规(21.7),且选$\frac{\partial}{\partial r}$代表在$\partial M$ 上的向外法向导数,微分算子 D 在边界附近可表示为

$$\mathrm{D} = A\cdot\partial + B\frac{\partial}{\partial r} = B\Big(B^{-1}A\cdot\partial + \frac{\partial}{\partial r}\Big) = B\Big(H + \frac{\partial}{\partial r}\Big) \qquad (21.13)$$

其中

$$A\cdot\partial = A_i\frac{\partial}{\partial x^i}$$

代表算子 D 的切向部分,A_i 与 B 都是矩阵. 而算子

$$H = B^{-1}A\cdot\partial|_{\partial M} \qquad (21.14)$$

为 D 限在∂M 切向部分算子,它作用在∂M 为底流形的截面上,具有本征值谱$\{\lambda_i\}$,它由加在∂M 上非局域边界条件决定. 谱$\{\lambda_i\}$对具有边界椭圆复形的指标(21.6)式贡献$\xi(\partial M)$项,它与由$\{\lambda_i\}$组成的推广的黎曼 η 函数 $\eta_H(s,\partial M)$有关:

$$\eta_H(s,\partial M) = \sum_{\substack{\lambda_i \\ \lambda_i \neq 0}} \frac{\text{sign}\lambda_i}{|\lambda_i|^s}, \tag{21.15}$$

上式可解析延拓至 $s=0$ 点,得 APS-η 不变量

$$\eta_H(\partial M) \equiv \eta_H(s=0,\partial M) \tag{21.16}$$

例如,对具有边界的符号差复形,可找具有相同边界$\partial M = \partial M'$的一对流形 M,M',且设它们在接近边界时都有同样的乘积度规,可将它们沿公共边界光滑缝合形成一新的没有边界的流形 $M\cup M'$. 为简单起见设 M 与 M'为四维流形,则由(18.119)式可知

$$\begin{aligned} \tau(M\cup M') &= -\frac{1}{24\pi^2}\int_{M\cup M'}\text{tr}(R\wedge R) \\ &= -\frac{1}{24\pi^2}\left[\int_M \text{tr}(R\wedge R) - \int_{M'}\text{tr}(R'\wedge R')\right] \end{aligned} \tag{21.17}$$

上式中由于 M'与 M 在 $M\cup M'$中采取相反方向,故当采用 R'的表达式时,符号相反.

关于两个流形并的符号差(singnature),有 Novikov 公式

$$\tau(M\cup M') = \tau(M) - \tau(M')$$

代入(21.17)式移项得

$$\tau(M) + \frac{1}{24\pi^2}\int_M \text{tr}(R\wedge R) = \tau(M') + \frac{1}{24\pi^2}\int_M \text{tr}(R'\wedge R')$$

上式左端仅依赖流形 M,右端仅依赖流形 M',二者具共同边界,即存在一种依赖边界度规的不变量,记为 $\eta_{sg}(\partial M)$,它可用∂M 上符号算子的本征值谱组成的 η 不变量表示

$$\eta_{sg}(\partial M) = \tau(M) + \frac{1}{24\pi^2}\int_M \text{tr}(R\wedge R) \tag{21.18}$$

此即具有边界符号差复形的指标定理. 对于非乘积度规,还应加上 $S[\partial M]$项. 即 Hirzebruch 符号复形的 APS 指标定理($\dim M=4$)

$$\tau(M) = -\frac{1}{24\pi^2}\int_M \text{tr}(R\wedge R) + \frac{1}{24\pi^2}\int_{\partial M}\text{tr}(\theta\wedge R) + \eta_{sg}(\partial M) \tag{21.19}$$

其中 θ 为标志边缘∂M 法向的第二基本形式,在∂M 上仅有法分量. 上式中最后一项 $\eta_{sg}(\partial M)$为在∂M 上符号算子本征值组成 η 不变量,反映了相应本征值谱的不对称

性,若∂M 上度规具有反向等长变换(orientation-reversing isometry),则 $\eta_{sg}(\partial M)=0$.

类似可讨论其他具有边缘的椭圆复形,例如在 §21.1 中曾分析问题,讨论带边 4 维空间自旋复形的指标定理

$$\begin{aligned}\operatorname{Ind}(\Delta_{\pm},\mathrm{D},\partial M) &= V[M]+S[\partial M]+\xi(\partial M)\\ &= \frac{1}{192\pi^2}\int_M \operatorname{tr}(R\wedge R)-\frac{1}{192\pi^2}\int_{\partial M}\operatorname{tr}(\theta\wedge R)\\ &\quad+\frac{1}{2}[\eta_D(\partial M)+h(\partial M)]\end{aligned}\tag{21.20}$$

其中 $h(\partial M)$为在边缘 D 算子切向部分作用下谐和函数的维数. 对四维 Taub-Nut 空间,其边缘为畸变了的 S^3,边缘度规

$$\mathrm{d}s^2=\sigma_x^2+\sigma_y^2+\lambda^2\sigma_z^2,\lambda^2=\left(\frac{2a}{r+a}\right)^2$$

则可证

$$\eta_D(\partial M)=\frac{1}{12}\left(1-\left(\frac{2a}{r+a}\right)^2\right)^2\tag{21.21}$$

故当 $r=a$,$\eta_D(\partial M)=0$,即边缘 S_a^3 具反向等长变换,该边界本征值谱仍具对称性,对 η_D 无供献. 另方面

$$\eta_D(\partial M)\xrightarrow{r\to\infty}\frac{1}{12}$$

代入(21.20)得

$$\operatorname{Ind}(D)=-\frac{1}{12}+\frac{1}{12}=0$$

即对 Taub-Nut 度规空间,正负手征 Dirac 算子没有不对称性.

对四维带边流形上 twisted 自旋复形,APS 指标定理可表示为

$$\begin{aligned}\operatorname{Ind}(\Delta_{\pm}\otimes V,\partial M) &\equiv v_+(\partial M)-v_-(\partial M)\\ &= \frac{1}{192\pi^2}\left[\int_M \operatorname{tr}(R\wedge R)-\int_{\partial M}\operatorname{tr}(\theta\wedge R)\right]-\frac{1}{8\pi^2}\int_M \operatorname{tr}(\Omega\wedge\Omega)\\ &\quad+\frac{1}{2}[\eta(\Delta_{\pm}\otimes V,\partial M)+h(\Delta_{\pm}\otimes V,\partial M)]\end{aligned}\tag{21.22}$$

具有边界流形的 APS 指数定理,关键是必须取非局域边界条件与求出 APS-η 不变量(21.16). 在下节我们将以自旋流形为例,说明通常局域边界条件的定义存在拓扑障碍,必须采用非局域边界条件,需采用由拓扑不变量 η 函数表达的谱边界条件.

§21.4　自旋复形的 APS 指标定理　非局域边界条件

设 M 为 d 维紧致欧氏自旋复形,具有边界 $N=\partial M$,在流形 M 上选度规,使在边界附近($r\approx r_0$)具有乘积度规形式

$$ds^2 = dr^2 + g_{ij}(r_0,x)dx^i dx^j \tag{21.23}$$

其中 x^i 为 $N=\partial M$ 上的局域坐标,且 $r>r_0$ 为流形 M 内部,在边缘 N 附近($r\approx r_0$),可将 Dirac 算子 $\not{D}$ 写为

$$\not{D} = i\Gamma^\mu D_\mu \tag{21.24}$$

其中 D_μ 为含有自旋联络及背景规范场的协变导数. 选 Γ_5 对角表象

$$\Gamma_5 = \begin{pmatrix} I & 0 \\ 0 & -I \end{pmatrix},\quad \Gamma_\mu = \begin{pmatrix} 0 & \gamma_\mu \\ \gamma_\mu^+ & 0 \end{pmatrix} \tag{21.25}$$

并令其中

$$\Gamma_r = \begin{pmatrix} 0 & -iI \\ iI & 0 \end{pmatrix} \tag{21.26}$$

于是在边缘附近,Dirac 算子 $\not{D}$ 可表示为

$$\not{D} = \begin{pmatrix} 0 & \partial_r + iA_r + H \\ -\partial_r - iA_r + H & 0 \end{pmatrix} \tag{21.27}$$

上式中 H 为将 $\not{D}$ 限在边缘 N 上所得切向算子,而 A_r 为在边缘附近规范场的法向分量,可选规范 $A_r=0$,则得

$$\not{D} = \begin{pmatrix} 0 & \partial_r + H \\ -\partial_r + H & 0 \end{pmatrix} = \begin{pmatrix} 0 & L \\ L^\dagger & 0 \end{pmatrix} \tag{21.28}$$

上面形式的算子 $\not{D}$ 有性质

$$\{\not{D}, \Gamma_5\} = 0 \tag{21.29}$$

使得 $\not{D}$ 的谱是对称的,即如

$$\not{D}\psi_E = E\psi_E \tag{21.30}$$

则

$$\not{D}\Gamma_5\psi_E = -E\Gamma_5\psi_E$$

令 $\psi = \begin{pmatrix} u \\ v \end{pmatrix}$,则 Dirac 算子的本征值方程(21.30)也可表示为

$$Lv = Eu,\quad L^\dagger u = Ev \tag{21.31}$$

可得

$$L^{\dagger} Lv = E^2 v, \quad LL^{\dagger} u = E^2 u \tag{21.32}$$

$L^{\dagger} L$ 与 $LL^{\dagger}$为两个互为厄米共轭的恒正椭圆微分算子.

由(21.31)式知,$\not{D}$的零模,就是 L 与 $L^{\dagger}$的零模.可将 $\not{D}$ 的零模分解为 Γ_5 的本征值为 ±1 的本征态$\begin{pmatrix} u \\ 0 \end{pmatrix}$与$\begin{pmatrix} 0 \\ v \end{pmatrix}$,于是算子 $\not{D}$ 的解析指数为

$$\mathrm{Ind}\not{D} = \mathrm{Dim\ Ker}L^{\dagger} - \mathrm{Dim\ Ker}L = \mathrm{Dim\ Ker}\ LL^{\dagger} - \mathrm{Dim\ Ker}\ L^{\dagger} L \tag{21.33}$$

为保证算子 $\not{D}$ 的厄米性,应要求

$$\langle u, Lv \rangle = \langle L^{\dagger} u, v \rangle \tag{21.34}$$

由于在边缘 N 上 H 为自伴算子,使上式两边含 H 项相互抵消,仅剩下对 r 的全微分,利用 Stokes 定理,得

$$\int_N v^{\dagger}(x,r) u(x,r) \mid_{r=r_0} \mathrm{d}x = 0 \tag{21.35}$$

L 与 $L^{\dagger}$为一阶微分算子,作为二阶椭圆微分算子 $L^{\dagger} L$ 与 $LL^{\dagger}$的本征值方程(21.32)不可能同时具有相同局域边界条件(Dirichlet 条件).即当背景场非平庸拓扑,通常局域边界条件不能使 $r = r_0$ 时的 u 与 v 同时满足,即局域边界条件存在拓扑障碍.

为克服此拓扑障碍,在数学界通常采用非局域边界条件[40],例如令在边界 $r = r_0$ 处函数 $u(x,r)$ 与 $v(x,r)$ 满足如下整体边界条件:

$$\begin{aligned} Pv(x,r) \mid_{r=r_0} &= 0 \\ (1-P)u(x,r) \mid_{r=r_0} &= 0 \end{aligned} \tag{21.36}$$

其中 P 为投影算子,在边界上 u 与 v 属于相互正交的投影空间,使得(21.35)式必满足.在边缘 N 附近,L 与 $L^{\dagger}$的差别为 N 的取向,而 H 本身为 N 上一阶微分算子,故对投影算子 P 的与坐标系无关的选择是:P 为投射到 H 的正(或负)本征值谱态的投影算子.

下面为方便起见,采用物理学家熟悉的 Dirac 记号,令$\{|\lambda\rangle\}$为在边缘 N 上 H 的正交本征态矢完备集合

$$H|\lambda\rangle = \lambda|\lambda\rangle \tag{21.37}$$

且为简单起见,暂时假定 H 没有零模,关于 H 的零模问题在本节最后再讨论.可选边界条件(21.36)式中 P 为投影到 H 的正本征值谱态的算子

$$P = \sum_{\lambda > 0} |\lambda\rangle\langle\lambda| \tag{21.38}$$

在边界附近,可将态矢$|u\rangle$,$|v\rangle$,按 H 的本征态矢$\{|\lambda\rangle\}$展开,

$$
\begin{aligned}
|u\rangle &= \sum_{\lambda} |\lambda\rangle\langle\lambda|u\rangle \\
|v\rangle &= \sum_{\lambda} |\lambda\rangle\langle\lambda|v\rangle
\end{aligned} \tag{21.39}
$$

将上式代入(21.31)式,得

$$
\begin{aligned}
(-\partial_r+\lambda)\langle\lambda|u\rangle &= E\langle\lambda|v\rangle \\
(\partial_r+\lambda)\langle\lambda|v\rangle &= E\langle\lambda|u\rangle
\end{aligned} \tag{21.40}
$$

而边界条件(21.36)可表为,在 $r=r_0$ 的边界上,有

$$
\begin{aligned}
|u\rangle &= \sum_{\lambda>0} |\lambda\rangle\langle\lambda|u\rangle \\
|v\rangle &= \sum_{\lambda<0} |\lambda\rangle\langle\lambda|v\rangle
\end{aligned}
$$

即在 $r=r_0$ 边界,有

$$
\begin{aligned}
\langle\lambda|u\rangle &= 0, \quad \text{当}\ \lambda<0 \\
\langle\lambda|v\rangle &= 0, \quad \text{当}\ \lambda>0
\end{aligned} \tag{21.41}
$$

代入(21.40)式知,在 $r=r_0$ 边界处,对零模解,有

$$
\begin{aligned}
\partial_r \ln\langle\lambda|u\rangle &= \lambda, \quad \text{当}\ \lambda>0 \\
\partial_r \ln\langle\lambda|v\rangle &= -\lambda, \quad \text{当}\ \lambda<0
\end{aligned} \tag{21.42}
$$

下面我们简单阐述一下上面所取边界条件的含义. 在边界 $N=\partial M$ 上,可附加半无限柱面 R^-,使它对应于 $r<r_0$ 的区域,于是形成流形

$$
\hat{M} = M \cup (N\times R^-)
$$

可将 Dirac 算子 $\not{D}$ 延拓到流形 $\hat{M}$ 上且令背景场在 R^- 区域保持为由 N 延拓的常数值. 这时(21.42)式在整个柱面 R^- 上均成立,由于背景场在 $\hat{M}$ 上连续,使得在 $\hat{M}$ 上零模解是 M 上零模解的连续延拓,且在跨过 N 时有连续的一阶导数. 对于 L 的零模解 $|v\rangle$,由(21.41)及(21.42)式知,它必相应于 $\lambda<0$,且波函数在边界处有正的对数导数,故在 $r<r_0$ 区域,$v(x,r)$ 指数衰减,是在整个 $\hat{M}$ 上平方可积的函数. 类似,$L^\dagger$的零模解 $|u\rangle$ 相应与 $\lambda>0$,在 $r=r_0$ 处有正的对数导数,故在 $r<r_0$ 区域,$u(x,r)$ 指数衰减,也是整个 $\hat{M}$ 上平方可积的函数. 因此上述边界条件给出这样一个约束,使得在流形 M 上求 L 与 $L^\dagger$的零模解时,仅对跨过边界 N 后具有自然的平方可积的延拓的解才是所要求的解. 于是,在 M 上具有边界条件(21.41),(21.42)的 $\not{D}$ 的指标,与 $\hat{M}$ 上 $\not{D}$ 的延拓限制在平方可积函数空间上的指标相同.

下面我们用§18.6 热方程法来证明 APS 指数定理. 当取边界条件(21.36)式后,$LL^\dagger$ 与 $L^\dagger L$ 均为 M 上自伴正定算子,如(21.32)式所示. 因为 M 为紧致有边流

形,$LL^\dagger$与 $L^\dagger L$ 的谱均为离散谱,且其本征函数 1 - 1 对应,即,如 u 为(21.32)右式的归一解,则易证 $v=\frac{1}{|E|}L^\dagger u$ 为(21.32)左式的归一解. 类似(18.139)式引入热方程

$$\begin{aligned}&\left(\frac{\partial}{\partial\beta}+LL_x^\dagger\right)K(x,y;\beta)=0\\&\left(\frac{\partial}{\partial\beta}+L^\dagger L_x\right)K'(x,y;\beta)=0\end{aligned}\tag{21.43}$$

满足边界条件(21.37)及初始条件

$$K(x,y;0)=K'(x,y;0)=\delta(x-y)\tag{21.44}$$

而 Dirac 算子 $\not{D}$ 的解析指数为

$$\mathrm{Ind}\not{D}=\mathrm{Dim\ Ker}L^\dagger-\mathrm{Dim\ Ker}\ L=\mathrm{Dim\ Ker}LL^\dagger-\mathrm{Dim\ Ker}\ L^\dagger L=\lim_{\beta\to\infty}\Delta(\beta)\tag{21.45}$$

其中

$$\Delta(\beta)=\mathrm{tr}\langle x\mid \mathrm{e}^{-\beta LL^\dagger}-\mathrm{e}^{-\beta L^\dagger L}\mid y\rangle=\int\mathrm{d}x\mathrm{tr}\mid K(x,x;\beta)-K'(x,x,\beta)\mid\tag{21.46}$$

为与(21.43),(21.44)相应的热核函数,其低温极限($\beta\to\infty$)为 $\not{D}$ 的解析指数. 由于 $LL^\dagger$与 $L^\dagger L$ 的本征函数 1 - 1 对应. 使上式与 β 的取值无关. 若取高温($\beta\to0^+$)极限. 可将 $\mathrm{tr}|K(x,x;\beta)|$作渐近展开

$$\begin{aligned}&\mathrm{tr}\mid K(x,x;\beta)\mid\sim\sum_{j=0}^{\infty}\beta^{\frac{j-d}{2}}\mu_j(x)+R(\beta)\\&\mathrm{tr}\mid K'(x,x;\beta)\mid\sim\sum_{j=0}^{\infty}\beta^{\frac{j-d}{2}}\mu'_j(x)+R'(\beta)\end{aligned}\tag{21.47}$$

将上式代入(21.43)式,可得到 $\mu_j(x)$ 满足的循环公式,其形式在与紧致无边流形上的相似,而与边界条件无关. 有关边界约束的信息全包括在上式最后一项中,它们满足

$$R(\beta)-R'(\beta)=\frac{1}{2}\sum_\lambda\mathrm{sgn}(\lambda)\mathrm{erfc}(\mid\lambda\mid\beta^{1/2})\tag{21.48}$$

其中

$$\mathrm{erfc}(x)=\frac{2}{\sqrt{\pi}}\int_x^\infty\mathrm{d}t\mathrm{e}^{-t^2}\tag{21.49}$$

为余误差函数,λ 为 N 上算子 H 的本征值,而(21.48)式恰如算子 H 的谱的不对称性正则化

$$\eta_H = \lim_{\beta\to 0}\sum_{\lambda}\mathrm{sgn}(\lambda)\mathrm{erfc}(|\lambda|\beta^{1/2}) = \lim_{\beta\to 0}2(R(\beta) - R'(\beta)) \tag{21.50}$$

在紧致流形上算子谱是离散的，由于正负频解可 1-1 对应，使得热核函数 $\Delta(\beta)$ 与 β 的取值无关，$\Delta(\infty)=\Delta(0)$，当对(21.46)式取高温极限($\beta\to 0^+$)，使得 APS 指标定理可表示为

$$\mathrm{Ind}\not{D} = V[M] + \frac{1}{2}\eta_H \tag{21.51}$$

其中

$$V[M] = \int_M \mathrm{d}x(\mu_d(x) - \mu'_d(x)) = \int_M \hat{A}(M)Ch(F) \tag{21.52}$$

与无边紧致流形上示性类形式上完全相同，而边界条件影响都体现在 $\frac{1}{2}\eta_H$ 中.

以上我们曾假定在 N 上算子 H 无零模解，如果 H 有 h 个零模解，则由(21.38)定义的投射算子 P 应代以

$$\hat{P} = \sum_{\lambda\geqslant 0}|\lambda\rangle\langle\lambda|$$

而这时(21.51)式应改写为

$$\mathrm{Ind}\not{D} = \mathrm{V}[\mathrm{M}] + \frac{1}{2}(\mathrm{h} + \eta_{\mathrm{H}}) \tag{21.53}$$

其中

$$\eta_H = \lim_{s\to 0}\sum_{\lambda\neq 0}\frac{\mathrm{sign}(\lambda)}{|\lambda|^s} \tag{21.54}$$

若流形 M 的度规在 N 附近为非乘积度规，则右端还应加第二基本形式在边界 N 上的积分项 $S[\partial M]$，使指标定理形式如(21.20)式.

§21.5　开无限流形上的指标定理

A-S 指标定理与 APS 指标定理都仅仅应用于紧致流形上，在紧致流形上 Dirac 算子的谱是离散的，由于正负频解可 1-1 对应，使得热核函数 $\Delta(\beta)$(21.46)与 β 的取值无关，其低温极限与高温极限相等：$\Delta(\infty)=\Delta(0)$，因而得到相应的指标定理. 但是在许多物理应用中，常需直接分析整个开无限空间上的场论，Dirac 算子存在连续谱，需讨论在无穷远处具有非平庸行为的背景场，给散射态以直接的拓扑分析. 这时热核函数 $\Delta(\beta)$ 可能为 β 的非平庸函数，算子 $\not{D}$ 的解析指数($\beta\to\infty$ 的低温极限)不再能简单地令其与高温极限($\beta\to 0$)情况相等，需直接计算. 通过本节分析，我们将看出，在分析开无限流形上指标定理时，会遇到发散困难，采用量子场论中常用的正常化技术，并利用轴矢反常方程，可得到在开无限流形上的指标定

理[38].

设开无限流形 M 具有欧氏度规

$$ds^2 = g_{\mu\nu} dx^\mu dx^\nu \tag{21.55}$$

Dirac 算子 $\not{D}$ 可表示为

$$\not{D} = i\Gamma_a e_\mu^n \nabla^\mu + K(x) \tag{21.55a}$$

其中

$$K(x) = \begin{pmatrix} 0 & Q(x) \\ Q^\dagger(x) & 0 \end{pmatrix}$$

为包括背景规范场在内的所有其他背景场,而 Γ_a 为常数矩阵

$$\Gamma_a = \begin{pmatrix} 0 & \gamma_a \\ \gamma_a^\dagger & 0 \end{pmatrix}, \quad \Gamma_5 = \begin{pmatrix} I & 0 \\ 0 & -I \end{pmatrix} \tag{21.56}$$

且矩阵 γ_a 满足

$$\gamma_a = \gamma_a^\dagger$$

$$\frac{1}{2}\{\gamma_a, \gamma_b\} = \delta_{ab} \tag{21.57}$$

使 $\gamma_\mu = \gamma_a e_\mu^a$ 满足

$$\frac{1}{2}\{\gamma_\mu, \gamma_\nu\} = g_{\mu\nu}(x) \tag{21.58}$$

而∇^μ 为流形 M 上含有自旋联络 ω_b^a 的协变导数:

$$\nabla^\mu = \partial^\mu + \frac{1}{2}\omega_{bc}^\mu \sigma^{bc} \tag{21.59}$$

$$\omega_{ab} = \omega_{ab\mu} dx^\mu \tag{21.60}$$

其中 σ^{bc}为 SO(d)的表示矩阵,当作用在旋量场时,有

$$\sigma^{bc} = \frac{1}{4}[\gamma^b, \gamma^c] \tag{21.61}$$

于是

$$\not{D} = \begin{pmatrix} 0 & L \\ L^\dagger & 0 \end{pmatrix} \tag{21.62}$$

具有性质

$$\{\not{D}, \Gamma_5\} = 0 \tag{21.63}$$

正如上节分析情况,可如(21.33)式定义算子 $\not{D}$ 的解析指数

$$\mathrm{Ind}\not{D} = \mathrm{Dim\ Ker}\ L^\dagger - \mathrm{Dim\ Ker}\ L \tag{21.64}$$

APSη 函数可表示算子谱的不对称性，下面我们利用 APS η 函数来分析算子 $\not{D}$ 的解析指标. 为了克服零模困难，引入

$$\not{D}_m = \not{D} + m\Gamma_5 = \begin{pmatrix} m & L \\ L^\dagger & -m \end{pmatrix} \tag{21.65}$$

易证

$$\not{D}_m^2 = \not{D}^2 + m^2 \geqslant m^2 \tag{21.66}$$

故 $\not{D}_m$ 的所有本征值非零，即

$$\not{D}_m \psi_\lambda = \lambda\psi_\lambda, \quad \lambda^2 \geqslant m^2 \tag{21.67}$$

可定义标志算子 $\not{D}_m$ 的谱的不对称性的 η 函数

$$\eta_m(\tau) = \int_{-\infty}^{\infty} d\lambda \rho_m(\lambda) \operatorname{sgn}(\lambda) e^{-\tau|\lambda|} \tag{21.68}$$

注意到开无限流形，故算子 $\not{D}_m$ 具有连续谱，因此在上式中将求和改为积分，其中 $\rho_m(\lambda)$ 为算子 $\not{D}_m$ 的谱密度. τ 为使 η 函数正则化的小实参数.

注意到 $L^\dagger u = 0$ 的解可组成 $\not{D}_m$ 的本征值为 m 的解 $\begin{pmatrix} u \\ 0 \end{pmatrix}$，$Lv = 0$ 的解可组成 $\not{D}_m$ 的本征值为 $-m$ 的解 $\begin{pmatrix} 0 \\ v \end{pmatrix}$，且当 $m \to 0$ 时，$\not{D}_m \to \not{D}$，故可将算子 $\not{D}$ 的解析指标表示为

$$\operatorname{Ind}\not{D} = \operatorname{sgn}(m) \lim_{m \to 0} \eta_m \tag{21.69}$$

其中

$$\eta_m = \lim_{\tau \to 0^+} \eta_m(\tau) \tag{21.70}$$

为了计算 $\eta_m(\tau)$，注意到

$$\operatorname{sgn}(\lambda) e^{-\tau|\lambda|} = \frac{1}{\pi} \int_{-\infty}^{\infty} d\omega e^{-i\tau\omega} \frac{\lambda}{\lambda^2 + \omega^2} \tag{21.71}$$

且(21.68)式已正则化，可交换积分次序，得

$$\begin{aligned} \eta_m(\tau) &= \frac{1}{\pi} \int_{-\infty}^{\infty} d\omega e^{-i\tau\omega} \int_{-\infty}^{\infty} d\lambda \rho_m(\lambda) \frac{\lambda}{\lambda^2 + \omega^2} \\ &= \frac{1}{\pi} \int_{-\infty}^{\infty} d\omega e^{-i\tau\omega} \int_M dx \, |g|^{1/2} \operatorname{tr} \left\langle x \left| \frac{\not{D}_m}{\not{D}_m^2 + \omega^2} \right| x \right\rangle \end{aligned} \tag{21.72}$$

其中 $\{|x\rangle\}$ 为态的完备集合，满足下述正交、完备关系：

$$\begin{aligned} \langle x | y \rangle &= |g|^{-1/2} \delta(x - y) \\ \int_M dx \, |g|^{1/2} |x\rangle\langle x| &= 1 \end{aligned} \tag{21.73}$$

利用量子场论中常用的正常化技术,即采用点分裂方法,注意到(65),(66).

$$\mathrm{tr}\left\langle x\left|\frac{\not{D}_m}{\not{D}_m^2+\omega^2}\right|y\right\rangle = m\,\mathrm{tr}\left\langle x\left|\Gamma_5\frac{1}{\not{D}^2+m^2+\omega^2}\right|y\right\rangle = \mathrm{i}\,\frac{m}{\sigma}\mathrm{tr}\left\langle x\left|\Gamma_5\frac{1}{\not{D}+\mathrm{i}\sigma}\right|y\right\rangle \tag{21.74}$$

其中

$$\sigma = \sqrt{\omega^2+m^2}$$

为避免当 $x=y$ 时会产生发散,我们将假定 $x\neq y$,进一步可利用迹等式(trace identity),它是我们熟悉的轴矢反常方程的推广:

命题 21.1　迹等式

$$\begin{aligned}\mathrm{tr}\langle x\mid\Gamma_5\mid x\rangle &= \lim_{s\to0}\mathrm{tr}\left\langle x\left|\Gamma_5\frac{1}{\mid\sqrt{\mid g\mid}(\not{D}+\mathrm{i}\sigma)\mid^s}\right|x\right\rangle\\ &= \frac{\mathrm{i}}{2}\nabla_\mu\mathrm{tr}\left\langle x\left|\sqrt{\mid g\mid}\,\Gamma^\mu\Gamma_5\frac{1}{\sqrt{\mid g\mid}(\not{D}+\mathrm{i}\sigma)}\right|x\right\rangle\\ &\quad+\mathrm{i}\sigma\mathrm{tr}\left\langle x\left|\Gamma_5\frac{1}{\sqrt{\mid g\mid}(\not{D}+\mathrm{i}\sigma)}\right|x\right\rangle\end{aligned} \tag{21.75}$$

证明　采用量子场论中 ζ 函数正则化方法

$$\begin{aligned}左 = \lim_{s\to0}\frac{1}{2}\Bigg[&\mathrm{tr}\left\langle x\left|\Gamma_5\sqrt{|g|}(\not{D}+\mathrm{i}\sigma)\frac{1}{|\sqrt{|g|}(\not{D}+\mathrm{i}\sigma)|^{s+1}}\right|x\right\rangle\\ &+\mathrm{tr}\left\langle x\left|\Gamma_5\frac{1}{|\sqrt{|g|}(\not{D}+\mathrm{i}\sigma)|^{s+1}}\sqrt{|g|}(\not{D}+\mathrm{i}\sigma)\right|x\right\rangle\Bigg]\end{aligned} \tag{21.76}$$

其中

$$\not{D} = \mathrm{i}\Gamma^\mu\nabla_\mu + K(x) = \mathrm{i}\Gamma^\mu(\partial_\mu+\omega_\mu)+K(x)$$

利用等式

$$\nabla_\mu\sqrt{\mid g\mid}\,\Gamma^\mu = \sqrt{\mid g\mid}\,\Gamma^\mu\nabla_\mu \tag{21.77}$$

$$\{\gamma_\mu,\Gamma_5\} = 0,\quad \{K,\gamma_5\} = 0$$

可将(21.76)式右端括弧中第一项写为

$$\mathrm{i}\,\mathrm{tr}\left\langle x\left|\partial_\mu\Gamma_5\Gamma^\mu\sqrt{\mid g\mid}\frac{1}{\mid\sqrt{\mid g\mid}(\not{D}+\mathrm{i}\sigma)\mid^{s+1}}\right|x\right\rangle$$

$$+\,\mathrm{tr}\left\langle x\left|\Gamma_5(\mathrm{i}\omega_\mu\Gamma^\mu+K+\mathrm{i}\sigma)\sqrt{\mid g\mid}\frac{1}{\mid\sqrt{\mid g\mid}(\not{D}+\mathrm{i}\sigma)\mid^{s+1}}\right|x\right\rangle$$

类似可将(21.76)式右端第二项写为(并利用迹循环等式):

$$- \mathrm{i}\ \mathrm{tr}\left\langle x \left| \Gamma_5 \Gamma^\mu \sqrt{|g|} \frac{1}{|\sqrt{|g|}(\not{D} + \mathrm{i}\sigma)|^{s+1}} \partial_\mu \right| x \right\rangle$$

$$+ \mathrm{tr}\left\langle x \left| \Gamma_5(-\mathrm{i}\omega_\mu \Gamma^\mu - K + \mathrm{i}\sigma) \sqrt{|g|} \frac{1}{|\sqrt{|g|}(\not{D} + \mathrm{i}\sigma)|^{s+1}} \right| x \right\rangle$$

将以上两式代入(21.76)并注意利用(21.77)式得

$$\mathrm{tr}\langle x | \Gamma_5 | x \rangle$$

$$= \lim_{s \to 0} \left\{ \frac{\mathrm{i}}{2} \nabla_\mu \mathrm{tr}\left\langle x \left| \sqrt{|g|} \Gamma^\mu \Gamma_5 \frac{1}{|\sqrt{|g|}(\not{D} + \mathrm{i}\sigma|^{s+1}} \right| x \right\rangle \right.$$

$$\left. + \mathrm{i}\sigma \mathrm{tr}\left\langle x \left| \Gamma_5 \frac{1}{|\sqrt{|g|}(\not{D} + \mathrm{i}\sigma)|^{s+1}} \right| x \right\rangle \right\}$$

$$= \frac{\mathrm{i}}{2} \nabla_\mu \mathrm{tr}\left\langle x \left| \sqrt{|g|} \Gamma^\mu \Gamma_5 \frac{1}{\sqrt{|g|}(\not{D} + \mathrm{i}\sigma)} \right| x \right\rangle$$

$$+ \mathrm{i}\sigma \mathrm{tr}\left\langle x \left| \Gamma_5 \frac{1}{\sqrt{|g|}(\not{D} + \mathrm{i}\sigma)} \right| x \right\rangle \qquad \square$$

将(21.74)代入(21.72),并利用迹等式(21.75)得

$$\eta_m(\tau) = \mathrm{sgn}(m) \mathrm{e}^{-\tau|m|} \int_M \mathrm{d}x |g|^{1/2} \mathrm{tr}\langle x | \Gamma_5 | x \rangle$$

$$+ \frac{1}{2\pi} \int_{-\infty}^{\infty} \mathrm{d}\omega \mathrm{e}^{-\mathrm{i}\tau\omega} \frac{m}{\omega^2 + m^2} \oint_N \mathrm{d} \sum\nolimits_\mu \mathrm{tr}\langle x | \mathrm{i}\Gamma^\mu \Gamma_5 \frac{1}{\not{D} + \mathrm{i}\sigma} | x \rangle \tag{21.78}$$

这里又再次利用(21.71)式. 上式第一项表明 Γ_5 在波函空间的迹非零,是由背景场拓扑性质决定的破坏轴矢流守恒的反常项,可用流形 M 上示性类积分表示,即

$$\int_M \mathrm{d}x \sqrt{|g|} \mathrm{tr}\langle x | \Gamma_5 | x \rangle = \int_M \hat{A}(M) Ch(F) \equiv V[M] \tag{21.79}$$

而(21.78)式中第二项称为“表面项”,其中 N 为流形 M 在无穷远处的边界面. 为简单起见,假定在无穷远处($r \to \infty$)M 上度规可表示为

$$\mathrm{d}s^2 \to \mathrm{d}r^2 + r^2 g_{ij} \mathrm{d}y^i \mathrm{d}y^j$$

将 M 在无穷远处表面 N 的单位外法线表示为

$$n^\mu(x) = E_a^\mu(x) n^a \tag{21.80}$$

假定法向渐近测地平

$$n^\mu \omega_\mu \to 0, \quad n^\mu \partial_\mu n^\nu \to 0 \text{ 当 } r \to \infty \tag{21.81}$$

并设所有背景场渐近与法向坐标无关

$$n^\mu \partial_\mu (\text{对所有背景场}) \to 0, \text{当 } r \to \infty \tag{21.82}$$

利用以上各式,可将(21.77)式中"表面项"表示为

$$\frac{1}{2\pi}\int_{-\infty}^{\infty}\mathrm{d}\omega \mathrm{e}^{-\mathrm{i}\tau\omega}\frac{m}{\omega^2+m^2}\int_N \mathrm{d}\mu(\Sigma)\,\mathrm{tr}\left\langle x\left|\mathrm{i}\hat{\Gamma}\Gamma_5\frac{1}{\not{D}+\mathrm{i}\sigma}\right|x\right\rangle \tag{21.83}$$

利用 $\hat{\Gamma}=n^\mu\Gamma_\mu$. 利用等式

$$\delta(\omega)=\frac{1}{\pi}\lim_{m\to 0^+}\frac{m}{m^2+\omega^2} \tag{21.84}$$

在取 $m\to 0^+$ 极限后,"表面项"可表示为

$$\frac{1}{2}\int_N \mathrm{d}\mu(\Sigma)\,\mathrm{tr}\left\langle x\left|\mathrm{i}\Gamma_5\frac{1}{\mathrm{i}\hat{\partial}+\mathrm{i}\hat{\Gamma}\Gamma^T\nabla_T+\hat{\Gamma}K}\right|x\right\rangle \tag{21.85}$$

其中 Γ^T 与 ∇_T 的指标 T 代表在切向部分:

$$\Gamma_\mu^T=\Gamma_\mu-\hat{\Gamma}n_\mu \tag{21.86}$$

而(21.85)式中算子

$$\mathrm{i}\hat{\Gamma}\Gamma^T\nabla_T+\hat{\Gamma}K=\begin{pmatrix}\mathrm{i}\mathscr{H} & 0\\ 0 & -\mathrm{i}\mathscr{H}^\dagger\end{pmatrix} \tag{21.87}$$

其中

$$\mathrm{i}\mathscr{H}=\mathrm{i}\hat{\gamma}\gamma_T^\dagger\nabla^T+\hat{\gamma}Q^\dagger$$

而 $\mathscr{H}^\dagger$ 为 $\mathscr{H}$ 的厄米共轭,则"表面项"可表示为

$$\frac{1}{2}\int_N \mathrm{d}\mu(\Sigma)\,\mathrm{tr}\left\langle x\left|\frac{\mathrm{i}}{\mathrm{i}\mathscr{H}+\mathrm{i}\hat{\partial}}-\frac{\mathrm{i}}{-\mathrm{i}\mathscr{H}^\dagger+\mathrm{i}\hat{\partial}}\right|x\right\rangle \tag{21.88}$$

注意到所有背景场与法向变量无关,可对上式作傅里叶变换:

$$\frac{1}{4\pi}\lim_{t\to 0^+}\int_{-\infty}^{\infty}\mathrm{d}\hat{\omega}\mathrm{e}^{-\mathrm{i}t\hat{\omega}}\int_N \mathrm{d}\mu(\Sigma)\,\mathrm{tr}\left\langle x\left|\frac{1}{\mathscr{H}+\mathrm{i}\hat{\omega}}+\frac{1}{\mathscr{H}^\dagger-\mathrm{i}\hat{\omega}}\right|x\right\rangle \tag{21.89}$$

为简单起见,假定 $\mathscr{H}$ 及 $\mathscr{H}^\dagger$ 无零模:

$$\mathscr{H}\phi=\lambda\phi,\mathscr{H}^\dagger\chi=\lambda^*\chi,\quad \lambda\neq 0 \tag{21.90}$$

且设它们的谱密度相等. 则(21.89)式可表示为

$$\begin{aligned}&\frac{-\mathrm{i}}{4\pi}\lim_{t\to 0^+}\int \mathrm{d}\mu(\lambda)\int_{-\infty}^{\infty}\mathrm{d}\hat{\omega}\mathrm{e}^{-\mathrm{i}t\hat{\omega}}\left(\frac{1}{\hat{\omega}-\mathrm{i}\lambda}-\frac{1}{\hat{\omega}+\mathrm{i}\lambda^*}\right)\\ &=\frac{1}{2}\int \mathrm{d}\mu(\lambda)\,\mathrm{sgn}(\mathrm{Re}(\lambda))\equiv\frac{1}{2}\eta(\mathrm{Re}(\mathscr{H}))\end{aligned} \tag{21.91}$$

将以上结果代入(21.68)式,得到开无限流形 M 上的指标定理:

$$\mathrm{Ind}\not{D}=\Delta(\infty)=\Delta(0)+\frac{1}{2}\eta(\mathrm{Re}(\mathscr{H}))=V[M]+\frac{1}{2}\eta(\mathrm{Re}(\mathscr{H})) \tag{21.92}$$

其形式与 APS 指标定理相似. 但是注意,APS 指标定理采取了非局域边界条件(谱的边界条件(21.42)),正由于对紧致流形选择了谱的边界条件,热核函数 $\Delta(\beta)$ 实

质上与β无关,其低温近似($\beta\to\infty$)给出了Dirac算子的解析指数,而高温近似($\beta\to 0$)得到了示性类在底流形上的积分以及标志边界算子谱的不对称性的η不变量,$\Delta(\infty)=\Delta(0)$给出了带边流形上Dirac算子的APS指标定理.对于开无限流形,谱的边界条件已无意义,由于算子$\not{D}$为厄米,可将算子$\not{D}$解释为高维闵氏空间$R^1\times M$上的Dirac哈密顿量,采用Feynman因果边界条件(即标准散射问题中边界条件),得到相应的因果传播子(Feynman Green函数),利用轴矢反常方程(21.75)来导出相应的指标定理.开无限流形的指标定理可以对满足条件(21.82)式的很大一类算子适合.在开无限流形上,Dirac算子可以具有连续谱,通常谱密度不具有对称性,使得热核函数$\Delta(\beta)$为β的非平庸函数,$\Delta(0)\neq\Delta(\infty)$,不能将热核函数的高温极限简单直接与Dirac算子的解析指数联系,必须利用轴矢反常方程(迹等式)从而得到相应的指标定理.

如能假定在无穷远"表面"上$\mathscr{H}^\dagger=\mathscr{H}$,则(20.89)式化为

$$\lim_{t\to 0^+}\frac{1}{2\pi}\int_{-\infty}^{\infty}\mathrm{d}\hat{\omega}\mathrm{e}^{-\mathrm{i}t\hat{\omega}}\int_N \mathrm{d}\mu(N)\,\mathrm{tr}\left\langle x\left|\frac{\mathscr{H}}{\mathscr{H}^2+\hat{\omega}^2}\right|x\right\rangle=\frac{1}{2}\eta_{\mathscr{H}}(0)$$

上式最后一步用(20.72).这时所得结果(20.92)与(20.51)APS指数定理相符.

附　量子场论中轴矢反常方程

对于轴矢流J_μ^5的矩阵元$\langle J_\mu^5\rangle$,若采用通常Pauli-Villars正则化,可用费米传播子

$$K(x,y;m)=\langle\psi(x)\bar{\psi}(y)\rangle \tag{21.93}$$

表示为

$$\langle J^{5\mu}(x)\rangle=\lim_{M\to\infty}\lim_{y\to x}\mathrm{tr}\{\gamma^5\gamma^\mu[K(x,y;m)-K(x,y;M)]\} \tag{21.94}$$

而费米传播子满足运动方程

$$(\not{D}+\mathrm{i}m)K(x,y;m)=\delta(x-y) \tag{21.95}$$

令$\{\psi_E(x)\}$为无质量Dirac方程的正交本征态完备集合

$$\not{D}\psi_E=E\psi_E \tag{21.96}$$

则方程(21.95)的解可表示为

$$K(x,y;m)=\sum_E\frac{\psi_E(x)\psi_E^\dagger(y)}{E+\mathrm{i}m} \tag{21.97}$$

将上式代入(21.94)式,并利用(21.96)式可以证明$\langle J^{5\mu}(x)\rangle$满足

$$\partial_\mu\langle J^{5\mu}(x)\rangle=-2m\mathrm{i}\sum_E\frac{\psi_E^\dagger(x)\gamma^5\psi(E)}{E+\mathrm{i}m}+2\sum_E\psi_E^\dagger(x)\gamma^5\psi_E(x) \tag{21.98}$$

此即通常轴矢反常方程.在微扰理论中,在$m\to 0$极限,右端第一项无贡献,而第二项与m无关,对轴矢流的散度贡献"反常项".

正如(21.79)式所示,此项为 Dirac 算子的指数密度,使上式即为在十九章描写单态反常的(19.5)式. 而本节迹等式(21.75)即此轴矢反常方程(21.98)的场论表达式.

§21.6　APS-η 不变量在物理中应用　分数费米荷问题

在前两章分析 A-S 指标定理时,曾反复强调了零模的重要性,它是算子整体存在的拓扑障碍. A-S 指标定理就是将算子的零模数与标志背景场拓扑的示性数相联系. 在本章中引入的 APS $-\eta$ 不变量,可表示为

$$\eta_H = \lim_{s\to 0}\eta_H(s) = \lim_{S\to 0}\sum_{\lambda\neq 0}\mathrm{sgn}(\lambda)\mid\lambda\mid^{-s} \tag{21.99}$$

其中 λ 为算子 H 的本征值,当算子 H 具有连续谱时,上式中求和号改为对连续谱求积分,可表示为

$$\eta_H(s) = \int_{-\infty}^{\infty}\mathrm{d}\lambda\rho_H(\lambda)\mathrm{sgn}(\lambda)\mid\lambda\mid^{-s} = 2\int_0^{\infty}\mathrm{d}\lambda\sigma_H(\lambda)\lambda^{-s} \tag{21.100}$$

其中 $\rho_H(\lambda)$ 为算子 H 的谱密度,而

$$\sigma_H(\lambda) = \frac{1}{2}(\rho_H(\lambda) - \rho_H(-\chi)) \tag{21.101}$$

为谱密度的奇部分,而 $\eta_H(s)$ 为谱密度奇部分的 Millin 变换,对于很大一类算子 H 来说,$\eta_H(s)$ 为拓扑不变量,且是 s 的半纯函数,当 $s\to 0$ 时有确定的有限极限. 也就是说,不仅算子的零模具有拓扑意义,而且 Dirac 算子的谱的奇部分也具有拓扑意义,称为 APS-η 不变量.

APS-η 函数与量子场论 ζ 函数正则化时用的推广的黎曼 ζ 函数密切相关,它们在 §18.6 讨论 A-S 指数定理的热方程证明时曾作初步介绍,并在量子场论正则化时得到应用,下面我们先简单介绍下它们的一些常用关系.

令 λ 为 Dirac 算子 $\not{D}$ 的本征值谱

$$\not{D}\xi_\lambda = \lambda\xi_\lambda \tag{21.102}$$

可引入推广的黎曼 ζ 函数

$$\zeta(s) = \sum_{\lambda\neq 0}\frac{1}{\mid\lambda\mid^s} \tag{21.103}$$

对开无限流形 M,为避免零模造成不确定性,可引入

$$\not{D}_m = \begin{pmatrix} m & L \\ L^\dagger & -m \end{pmatrix} = \not{D} + m\Gamma_5 \tag{21.104}$$

$$\not{D}_m^2 = \not{D}^2 + m^2 \geqslant m^2$$

$\not{D}_m$ 所有本征值非零,其本征值方程

$$\not{D}_m\ \psi = \lambda\psi, \lambda^2 \geqslant m^2 \tag{21.105}$$

可对 $\not{D}_m$ 的谱定义其 ζ 函数与 η 函数. 但注意 $\not{D}_m$ 可以有连续谱,故应将(21.103)式中求和号改为对离散谱求和及对连续谱求积分,设谱密度为 $\rho(\lambda)$,则

$$\zeta(s) = \int_{-\infty}^{\infty} \mathrm{d}\lambda\rho(\lambda) \mid \lambda \mid^{-s} = 2\int_0^{\infty} \mathrm{d}\lambda\tau(\lambda)\lambda^{-s} \tag{21.106}$$

$$\eta(s) = \int_{-\infty}^{\infty} \mathrm{d}\lambda\rho(\lambda)\mathrm{sgn}(\lambda) \mid \lambda \mid^{-s} = 2\int_0^{\infty} \mathrm{d}\lambda\sigma(\lambda)\lambda^{-s} \tag{21.107}$$

其中 $\tau(\lambda)$ 与 $\sigma(\lambda)$ 分别为谱 $\rho(\lambda)$ 的偶部与奇部:

$$\tau(\lambda) = \frac{1}{2}(\rho(\lambda) + \rho(-\lambda))$$

$$\sigma(\lambda) = \frac{1}{2}(\rho(\lambda) - \rho(-\lambda))$$

表明 $\zeta(s)$ 与 $\eta(s)$ 为谱 $\rho(\lambda)$ 的偶部与奇部的 Millin 变换,也可分析其逆 Millin 变换

$$\tau(\lambda) = \frac{1}{4\pi\mathrm{i}}\int_{c-\mathrm{i}\infty}^{c+\mathrm{i}\infty} \mathrm{d}s\zeta(s) \mid \lambda \mid^{s-1} \tag{21.108}$$

$$\sigma(\lambda) = \frac{1}{4\pi\mathrm{i}}\mathrm{sign}(\lambda)\int_{c-\mathrm{i}\infty}^{c+\mathrm{i}\infty} \mathrm{d}s\eta(s) \mid \lambda \mid^{s-1} \tag{21.109}$$

而谱密度

$$\rho(\lambda) = \frac{1}{4\pi\mathrm{i}}\int_{c-\mathrm{i}\infty}^{c+\mathrm{i}\infty} \mathrm{d}s(\zeta(s) + \mathrm{sign}(\lambda)\eta(s)) \mid \lambda \mid^{s-1} \tag{21.110}$$

令 $\psi = \begin{pmatrix} u \\ v \end{pmatrix}$,可将本征值方程(21.105)写成分量式:

$$L^\dagger u = (\lambda + m)v, \quad Lv = (\lambda - m)u \tag{21.111}$$

重复运算,得

$$\begin{aligned} LL^\dagger u &= (\lambda^2 - m^2)u = \chi u \\ L^\dagger Lv &= (\lambda^2 - m^2)v = \chi v \end{aligned} \tag{21.112}$$

下面设法将 $\not{D}_m$ 的谱密度用 $LL^\dagger$ 与 $L^\dagger L$ 的谱密度 $\rho_{LL^\dagger}(\chi)$ 与 $\rho_{L^\dagger L}(\chi)$ 表示,即对 $\rho(\lambda)$ 作 Stieltjes 变换

$$\int_{-\infty}^{\infty} \mathrm{d}\lambda\rho(\lambda)\frac{1}{\lambda^2 + z^2} = 2\int_{|m|}^{\infty} \mathrm{d}\lambda\tau(\lambda)\frac{1}{\lambda^2 + z^2} \tag{21.113}$$

其中 z^2 为任意复数. 将上式换至坐标表象,得

$$2\int_{|m|}^{\infty} \mathrm{d}\lambda\tau(\lambda)\frac{1}{\lambda^2 + z^2} = \int \mathrm{d}x\mathrm{tr}\left\langle x \left| \frac{1}{\not{D}_m^2 + z^2} \right| x \right\rangle$$

$$= \int dx \left\{ \mathrm{tr} \left\langle x \left| \frac{1}{LL^{\dagger} + m^2 + z^2} \right| x \right\rangle + \mathrm{tr} \left\langle x \left| \frac{1}{L^{\dagger} L + m^2 + z^2} \right| x \right\rangle \right\}$$

$$= \int_0^{\infty} d\chi \{ \rho_{LL^{\dagger}}(\chi) + \rho_{LL^{\dagger}}(\chi) \} \frac{1}{\chi + m^2 + z^2} \equiv F(m^2 + z^2) \tag{21.114}$$

两边比较,得

$$\tau(\lambda) = |\lambda| \{ \rho_{LL^{\dagger}}(\lambda^2 - m^2) + \rho_{L^{\dagger}L}(\lambda^2 - m^2) \}$$

类似可对 $\rho(\lambda)$ 的奇部作 Stieltjes 变换,得

$$2\int_{|m|}^{\infty} d\lambda \sigma(\lambda) \frac{\lambda}{\lambda^2 + m^2} = \int dx \mathrm{tr} \left\langle x \left| \frac{\not{D}_m}{\not{D}_m^2 + z^2} \right| x \right\rangle$$

$$= \int dx \left\{ \mathrm{tr} \left\langle x \left| \frac{m}{LL^{\dagger} + m^2 + z^2} \right| x \right\rangle - \mathrm{tr} \left\langle x \left| \frac{m}{L^{\dagger} L + m^2 + z^2} \right| x \right\rangle \right\}$$

$$= \int_0^{\infty} d\chi \{ \rho_{LL^{\dagger}}(\chi) - \rho_{L^{\dagger}L}(\chi) \} \frac{m}{\chi^2 + m^2 + z^2} \equiv mG(m^2 + z^2) \tag{21.115}$$

两边比较,得

$$\sigma(\lambda) = m\mathrm{sgn}(\lambda) \{ \rho_{LL^{\dagger}}(\lambda^2 - m^2) - \rho_{L^{\dagger}L}(\lambda^2 - m^2) \} \tag{21.116}$$

且由(21.115)式,知

$$mG(m^2 + z^2) = \int dx \mathrm{tr} \left\langle x \left| \Gamma_5 \frac{m}{\not{D}_m^2 + z^2} \right| x \right\rangle \tag{21.117}$$

APS-η 不变量在近代物理(包括粒子物理与凝聚态物理)都有重要的应用,例如在场论模型中分析分数费米荷问题. 在具有荷共轭对称的场论模型中,拓扑孤子的费米子数与在此孤子背景场中相应 Dirac 算子的零模数成比例. 但是,对于没有荷共轭对称的一般情况,拓扑孤子的费米子数与 Dirac 算子的 η 不变量成比例 ,会产生分数荷. 在通常量子场论中,分数费米荷的出现可理解为真空极化效应,是由于费米子与背景孤子场的相互作用引起费米海的畸变造成的. 分数费米荷现象在聚乙炔链与量子 Hall 效应中都可由实验观察到,下面以 1 +1 维场论中费米子数的计算问题为例,说明费米荷与 APS-η 不变量的关系.

我们首先分析具有电荷共轭对称的 1 +1 维场论模型,讨论一个实标量场 φ 与一个旋量场 ψ 的互作用哈密顿量

$$\mathscr{H} = \int dx \left\{ \frac{1}{2}\pi^2 + \frac{1}{2}\left(\frac{d}{dx}\varphi\right)^2 + V(\varphi) + \psi^{\dagger}\left(-i\alpha \frac{d}{dx} + \beta\varphi \right)\psi \right\} \tag{21.118}$$

其中 π 为与 φ 共轭的正则动量. 势能密度

$$V(\varphi) = \frac{\lambda^2}{2a^2}(\varphi^2 - a^2)^2 = V(-\varphi) \tag{21.119}$$

为具有两个极小的对称双井势. 对静场,玻色能量泛函为

$$E_B = \int \mathrm{d}x\left[\frac{1}{2}\left(\frac{\mathrm{d}}{\mathrm{d}x}\varphi\right)^2 + V(\varphi)\right] \tag{21.120}$$

具有若干个局域极小,除 $\varphi = \pm a$ 两个绝对极小基态外,还有依赖 x 的孤子解,它们满足对(21.98)式变分得到的经典运动方程

$$-\frac{\mathrm{d}^2}{\mathrm{d}x^2}\varphi(x) + V'(\varphi) = 0 \tag{21.121}$$

及边值条件

$$\varphi(+\infty) = -\varphi(-\infty) = \pm a \tag{21.122}$$

例如

$$\varphi(x) = \pm a\mathrm{th}(a(x - x_0)) \tag{21.123}$$

为在两个真空间内插的解. 而参数 x_0 标志孤子的位置. 下面讨论以此孤子场$\varphi(x)$为背景场的费米场的二次量子化的解.

在二维空间,Dirac 旋量具有两个独立分量. 可选表象

$$\alpha = \sigma_2 = \begin{pmatrix} 0 & -\mathrm{i} \\ \mathrm{i} & 0 \end{pmatrix}, \quad \beta = \sigma_1 = \begin{pmatrix} 0 & 1 \\ 1 & 0 \end{pmatrix} \tag{21.124}$$

相应 Dirac 哈密顿量为

$$H_0 = -\mathrm{i}\alpha\frac{\mathrm{d}}{\mathrm{d}x} + \beta\varphi(x) = \begin{pmatrix} 0 & L \\ L^\dagger & 0 \end{pmatrix} \tag{21.125}$$

其中

$$\begin{aligned} L &= -\frac{\mathrm{d}}{\mathrm{d}x} + \varphi(x) \\ L^\dagger &= \frac{\mathrm{d}}{\mathrm{d}x} + \varphi(x) \end{aligned} \tag{21.126}$$

H_0 的本征值方程是

$$H_0\psi_E(x) = \begin{pmatrix} 0 & L \\ L^\dagger & 0 \end{pmatrix}\begin{pmatrix} u \\ v \end{pmatrix} = E\begin{pmatrix} u \\ v \end{pmatrix} \tag{21.127}$$

即

$$Lv = Eu, \quad L^\dagger u = Ev \tag{21.128}$$

重复作用后知解 u,v 应满足如下 Schrödinger 方程:

$$\begin{aligned} LL^\dagger u &= \left(-\frac{\mathrm{d}^2}{\mathrm{d}x^2} - \frac{\mathrm{d}}{\mathrm{d}x}\varphi + \varphi^2\right)u = E^2u \\ L^\dagger Lv &= \left(-\frac{\mathrm{d}^2}{\mathrm{d}x^2} + \frac{\mathrm{d}}{\mathrm{d}x}\varphi + \varphi^2\right)v = E^2v \end{aligned} \tag{21.129}$$

因 σ_3 与 H_0 反对易，σ_3 使(21.105)式的正能解映射为负能解，而存在荷共轭对称

$$\psi_{-E}(x) = \sigma_3\psi_E(x) \tag{21.130}$$

它使正负本征值态 1－1 对应，且除连续谱外，还允许存在一个可归一的零模解

$$\psi_0(x) = N\begin{pmatrix}1\\0\end{pmatrix}\exp\left(-\int_0^x \mathrm{d}y\varphi(y)\right) \tag{21.131}$$

为得到量子理论，可将量子化场算子 $\psi(x,t)$ 按本征模式展开

$$\psi(x,t) = a\psi_0(x) + \int \mathrm{d}k\{\mathrm{e}^{-\mathrm{i}E_u t}b_k\psi_k(x) + \mathrm{e}^{\mathrm{i}E_k t}\mathrm{d}_k^\dagger\sigma_3\psi_k^*(x)\} \tag{21.132}$$

由等时对易关系

$$\begin{aligned}&\{\psi(x,t),\psi^\dagger(x',t)\} = \delta(x-x')\\&\{\psi(x,t),\psi(x',t)\} = \{\psi^\dagger(x,t),\psi^\dagger(x',t)\} = 0\end{aligned} \tag{21.133}$$

得

$$\begin{aligned}&\{b_k,b_{k'}^\dagger\} = \{\mathrm{d}_k,\mathrm{d}_{k'}^\dagger\} = \delta(k-k')\\&\{a,a^\dagger\} = 1\end{aligned} \tag{21.134}$$

其他反对易关系为零.

算子 $b_k^\dagger,b_k,d_k^\dagger,d_k,a^\dagger,a$ 产生和湮没费米子与反费米子. 由于 $a^\dagger,a$ 相关的为零模态，它作用在孤子态上产生另一个具有相同能量的态，因此基态是双重简并. 可用 $|\pm\rangle$ 标志

$$\begin{aligned}&a|+\rangle = |-\rangle,\quad a^\dagger|-\rangle = |+\rangle\\&a|-\rangle = a^\dagger|+\rangle = 0\end{aligned} \tag{21.135}$$

费米荷算子

$$Q = \int \mathrm{d}x:\psi^\dagger(x)\psi(x): = \frac{1}{2}\int \mathrm{d}x[\psi^\dagger(x),\psi(x)] \tag{21.136}$$

其中:代表正规乘积. 上式表示的费米荷算子在电荷共轭变换 $\psi\to\sigma_3\psi^*$ 时反号. 将(21.132)式代入，得

$$Q = a^\dagger a + \int \mathrm{d}k(b_k^\dagger b_k - d_k^\dagger d_k) - \frac{1}{2}$$

Q 是对角的，与哈密顿量 H_0 对易. 而将 Q 作用在基态上

$$Q|\pm\rangle = \pm\frac{1}{2}|\pm\rangle \tag{21.137}$$

即由于孤子态为双重简并，每个态具有 $\pm\frac{1}{2}$ 费米荷.

在具体物理模型中，例如对聚乙炔链，常可约化得到连续极限哈密顿量:

$$\mathscr{H} = \mathscr{H}_{声} + \int \mathrm{d}x \Big[\psi^{\dagger}(x)\sigma_2 \frac{\mathrm{d}}{\mathrm{d}x}\psi(x) + \psi^{\dagger}(x)\sigma_1\psi(x)\varphi(x) + m\psi^{\dagger}(x)\sigma_3\psi(x) \Big] \tag{21.138}$$

与(21.96)式比较,其费米子部分多了一项(质量项),使费米子哈密顿量

$$H = \begin{pmatrix} m & L \\ L^{\dagger} & -m \end{pmatrix} = H_0 + m\sigma_3 \tag{21.139}$$

其本征值方程是

$$H\psi_{\lambda} = \lambda\psi_{\lambda}, \quad \psi_{\lambda} = \begin{pmatrix} u \\ v \end{pmatrix} \tag{21.140}$$

易证 H 的所有本征值均满足 $\lambda \geqslant m$,无零模,上式的分量形式是

$$L^{\dagger} u = (\lambda + m)v, \quad Lv = (\lambda - m)u \tag{21.141}$$

重复运算得

$$LL^{\dagger} u = (\lambda^2 - m^2)u = \chi u \tag{21.142a}$$

$$L^{\dagger} Lv = (\lambda^2 - m^2)v = \chi v \tag{21.142b}$$

当$\chi = \lambda^2 - m^2 \neq 0$ 时,如 u 为(21.142a)的解,则 $V = cL^{\dagger} u$ 为(21.142b)的具有相同本征值χ 的解. 于是当$\chi = \lambda^2 - m^2 \neq 0$ 时,由(21.142)式的每一个解可得到(21.140)式的两个解. 另方面,当算子 $L^{\dagger}$具有零模解 u 时,算子 L 一般没有零模解,反之也对. 因此,当 $\lambda = \pm m$ 时,(21.142)的每个解仅提供(21.140)式的一个解.

当 $m \to 0$ 时,哈密顿量(21.139)约化为具有荷共轭对称的哈密顿量(21.127),但是当 $m \neq 0$ 时,没有与(21.139)式的哈密顿量 H 反对易的常数矩阵,即 H 不再具有荷共轭对称,这时对背景孤子费米荷的计算会增加一些复杂性. 下面我们来分析一下这个问题. 注意到

$$[H^2, \sigma_3] = \{H, [H, \sigma_3]\} = 0 \tag{21.143}$$

因此算子

$$S \equiv \frac{\mathrm{i}}{2}[H, \sigma_3] = \frac{1}{\sqrt{2}} \begin{pmatrix} 0 & -\mathrm{i}L \\ \mathrm{i}L^{\dagger} & 0 \end{pmatrix} \tag{21.144}$$

与 H 反对易,故对与不被 L 或 $L^{\dagger}$湮灭的那些 H 的本征态,S 会将 H 的所有正能态映射到负能态,或者反之. 即对称算子 S 会湮灭 L 和 $L^{\dagger}$的零模,同时将 H 的其他束缚态与连续态解映射到具有相反能量的相应束缚态与连续态解. 但是我们注意,S 含有导数算子,它不能维持连续态密度. 即当 $m \neq 0$ 时,(21.139)式的哈密顿量 H 不再具有荷共轭对称,其正能连续态的密度一般与负能连续态不同. 在计算背景孤子连续谱本征态常利用 δ 函数归一. 在计算过程中要特别注意积分顺序,改变积分

顺序可能产生类似 $\delta(0)$ 的无穷大,要尽量避免可能出现的奇异性.

注意到当 $m\neq 0$ 时 H 无零模,二次量子化场算子按 $t=0$ 时本征模式展开,采用 ζ 函数正则化,用点分裂技术,引入点分裂 ζ 函数

$$\zeta(s;x,y) = \int \mathrm{d}k\psi_\lambda(k,x)\psi_\lambda^\dagger(k,y)\mid\lambda(k)\mid^{-s}\xrightarrow{s\to 0^+}\delta(x-y) \tag{21.145}$$

而点分裂等时反对易关系

$$\{\psi_s(x,t),\psi_s{}^*(y,t)\} = \zeta(s;x,y) \tag{21.146}$$

其中

$$\psi_s(x) = \int \mathrm{d}k(b_k u_k(x) + d_k^\dagger v_k(x))\mid\lambda(k)\mid^{-3/2} \tag{21.147}$$

与(21.136)式类似. 费米荷算子为

$$\begin{aligned} Q_s &= \int \mathrm{d}x:\psi_s^\dagger(x)\psi(x): = \frac{1}{2}\int \mathrm{d}x[\psi_s{}^\dagger(x),\psi_s(x)] \\ &= \int \mathrm{d}k[b_k^\dagger b_k - \mathrm{d}_k^\dagger d_k]\mid\lambda(k)\mid^{-s} - \frac{1}{2}\eta_H(s) \end{aligned} \tag{21.148}$$

其中 $\eta_H(s)$ 如(21.116)式所示. 这样定义的荷密度算子,在荷共轭变换

$$b_k^\dagger b_k \leftrightarrow d_k^\dagger d_k$$

下为奇. 由(21.148)式知,基态费米荷是

$$\langle N\rangle = -\frac{1}{2}\eta_H(0) \tag{21.149}$$

再结合(21.116)式,得

$$\langle N\rangle = -\lim_{s\to 0}\int_0^\infty \mathrm{d}\lambda\sigma_H(\lambda)\lambda^{-s} \tag{21.150}$$

即基态费米荷为奇谱密度的 Millin 变换在 $s=0$ 时 Millin 值.

进一步利用(21.116)

$$\sigma(\lambda) = m\operatorname{sgn}(\lambda)\{\rho_{LL^\dagger}(\lambda^2 - m^2) - \rho_{L^\dagger L}(\lambda^2 - m^2)\} \tag{21.151}$$

得基态费米荷

$$\begin{aligned} \langle N\rangle &= -m\int_0^\infty \mathrm{d}\lambda\{\rho_{LL^\dagger}(\lambda^2 - m^2) - \rho_{L^\dagger L}(\lambda^2 - m^2)\} \\ &= -\frac{1}{2}\int_0^\infty \mathrm{d}\chi\{\rho_{LL^\dagger}(\chi) - \rho_{L^\dagger L}(\chi)\}m(\chi + m^2)^{-\frac{1}{2}} \\ &= -\frac{m}{\pi}\int_0^\infty \mathrm{d}\omega G(m^2 + \omega^2) \end{aligned} \tag{21.152}$$

上式最后一步利用了 $\tau=0$ 时的(21.93)式：

$$\int_0^\infty \mathrm{d}\omega \frac{1}{\lambda^2+\omega^2} = \mathrm{sgn}(\lambda)\frac{\pi}{2\lambda} \tag{21.153}$$

另方面由(21.117)式

$$mG(m^2+z^2) = \int \mathrm{d}x \mathrm{tr}\left\langle x \left| \Gamma_5 \frac{m}{\not{D}_m^2+z^2} \right| x \right\rangle$$

利用点分裂技术($x\neq y$)，易证

$$\mathrm{tr}\left\langle x \left| \Gamma_5 \frac{m}{\not{D}_m^2+z^2} \right| y \right\rangle = \mathrm{i}\frac{m}{\mu}\mathrm{tr}\left\langle x \left| \Gamma_5 \frac{1}{\not{D}+\mathrm{i}_\mu} \right| y \right\rangle \tag{21.154}$$

$$\mu = \sqrt{\omega^2+m^2}$$

再利用迹等式(21.75)及(21.79)式得

$$mG(m^2+z^2) = \frac{1}{2}\frac{m}{m^2+z^2}\left\{2V[M] + \int_{\partial M}\mathrm{d}\Sigma \mathrm{tr}\left\langle x \left| \hat{\Gamma}\Gamma_5 \frac{\mathrm{i}}{\not{D}+\mathrm{i}_\mu} \right| x \right\rangle\right\} \tag{21.155}$$

代入(21.152)式得基态费米荷：

$$\langle N\rangle = -\frac{1}{2\pi}\int_0^\infty \mathrm{d}\omega \frac{m}{m^2+\omega^2}\left\{2V[M] + \int_N \mathrm{d}\mu(\Sigma)\,\mathrm{tr}\left\langle x \left| \hat{\Gamma}\Gamma_5 \frac{\mathrm{i}}{\not{D}+\mathrm{i}\sigma} \right| x \right\rangle\right\} \tag{21.156}$$

以上分析对任意由(21.87)式表达的 Dirac 算子均成立. 对于开无限流形，Dirac 算子具有连续谱，可如上利用场论中熟悉的轴矢反常方程，将费米荷密度的积分转换为在无穷远表面上的积分. 下面分析其两个特例：

例 21.1 1+1 维体系.

对 1+1 维体系，可将(21.139)式所表达的哈密顿量解释为一维 Dirac 算子，因为在一维流形上无反常项，故上两式中代表反常项的 $V[M]$ 应删去，由(21.155)式，得

$$\begin{aligned} mG(m^2+\omega^2) &= \frac{1}{2}\frac{m}{m^2+\omega^2}\int_0^\infty \mathrm{d}x \frac{\mathrm{d}}{\mathrm{d}x}\mathrm{tr}\left\langle x \left| \Gamma'\Gamma_5 \frac{\mathrm{i}}{H_0+\mathrm{i}\sigma} \right| x \right\rangle \\ &= -\frac{1}{2}\frac{m}{m^2+\omega^2}\Big[\mathrm{tr}\left\langle \infty \left| \sigma_1 \frac{1}{H_0+\mathrm{i}\sigma} \right| \infty \right\rangle \\ &\quad - \mathrm{tr}\left\langle -\infty \left| \sigma_1 \frac{1}{H_0+\mathrm{i}\sigma} \right| -\infty \right\rangle\Big] \end{aligned} \tag{21.157}$$

设背景场 $\varphi(x)$ 在无穷远处的渐近值为

$$\varphi(\pm\infty) = b_\pm$$

代入(21.157)式中得

$$mG(m^2+\omega^2)=\frac{1}{2}\frac{m}{m^2+\omega^2}\left[\frac{b_+}{(b_+^2+m^2+\omega^2)^{1/2}}-\frac{b_-}{(b_-^2+m^2+\omega^2)^{1/2}}\right] \tag{21.158}$$

代入(21.154)式,得基态费米荷

$$\langle N\rangle=-\frac{1}{2\pi}\left[\arctan\left(\frac{b_+}{m}\right)-\arctan\left(\frac{b_-}{m}\right)\right] \tag{21.159}$$

如 $b_+=-b_-=a$,处在标场势能 $V[\varphi]$ 的绝对极小处,代入上式,则得

$$N=-\frac{1}{\pi}\arctan\left(\frac{a}{m}\right) \tag{21.160}$$

而当 $m\to 0$ 时,注意到

$$\delta(x)=\frac{1}{\pi}\lim_{\varepsilon\to 0}\frac{\varepsilon}{x^2+\varepsilon^2}$$

由(21.156)式知,对具有荷共轭对称的体系,仅零模对基态费米荷有贡献. 且由其特例(21.160)得到

$$\langle N\rangle=-\frac{1}{2}\mathrm{sgn}(m) \tag{21.161}$$

与(21.137)式一致.

例 21.2　2+1 维量子电动力学,解圆对称涡旋(vortex)背景场,Coulomb 规范 $A_0=0$,并假设(21.157)式中表面项可忽略,使

$$\langle N\rangle=-\frac{1}{2}\mathrm{sgn}(m)V[M]=-\frac{1}{2}\mathrm{sgn}(m)\boldsymbol{\Phi} \tag{21.162}$$

其中 $\boldsymbol{\Phi}$ 为通过整个圆盘磁通被 2π 除,或为第一陈类的积分

$$\boldsymbol{\Phi}=\frac{1}{2\pi}\int_M F \tag{21.163}$$

使费米海贡献的诱导费米荷为分数荷.

§21.7　Dirac 算子的弱局域边界条件

在§21.4 中我们曾指出,在通常带边流形上,对费米场必须采用非局域边界条件(谱边界条件). 但是,我们知道,非局域边界条件违反因果律,对物理学家来说,这是不好理解的. 而且,对采用谱边界条件的 APS 定理,将其边界趋于无限的极限情况,与利用场论中轴矢反常方程得到的开无限流形指数定理比较,两者计算结果有矛盾. 在本节,我们分析一个简单例子. 在二维平空间中与 Abel 规范场相互

作用的一个费米子体系. 通过此简单例子说明,如取局域边界条件会遇到发散困难,故通常必须用谱的边界条件,但是,利用量子场论中重正化技术,可采用弱局域边界条件得到有意义的结果,得到背景场诱导的分数费米荷,此结果的极限情况与§21.5分析的开无限流形上指数定理的结果相符合.

下面我们分析一个最简单的带边流形:二维平空间半径为 R 的圆盘,设其上存在圆对称静 Abel 规范场,与此规范场作用的费米场的 Dirac 哈密顿算子可表示为

$$H = \alpha^k(-\mathrm{i}\partial_k - A_k) + \beta m \tag{21.164}$$

取表象

$$\alpha^1 = \begin{pmatrix} 0 & \mathrm{i} \\ -\mathrm{i} & 0 \end{pmatrix}, \quad \alpha^2 = \begin{pmatrix} 0 & 1 \\ 1 & 0 \end{pmatrix}, \quad \beta = \begin{pmatrix} 1 & 0 \\ 0 & -1 \end{pmatrix} \tag{21.164a}$$

则

$$H = \begin{pmatrix} m & L \\ L^\dagger & -m \end{pmatrix} \tag{21.165}$$

其中

$$\begin{aligned} L &= \partial_x - \mathrm{i}A_x - \mathrm{i}\partial_y - A_y \\ L^\dagger &= -\partial_x + \mathrm{i}A_x - \mathrm{i}\partial_y - A_y \end{aligned} \tag{21.166}$$

对静规范场,取 Coulomb 规范

$$A_0 = 0, \quad A_i = -\varepsilon_{ij}\partial_j\alpha$$

则

$$\begin{aligned} L &= (\partial_x - \mathrm{i}\partial_y) - (\partial_x - \mathrm{i}\partial_y)\alpha \equiv \nabla - \nabla\alpha \\ L^\dagger &= -(\partial_x + \mathrm{i}\partial_y) - (\partial_x + \mathrm{i}\partial_y)\alpha \equiv -\overline{\nabla} - \overline{\nabla}\alpha \end{aligned} \tag{21.166a}$$

注意到问题的对称性,选平面极坐标

$$x = \rho\cos\theta, \quad y = \rho\sin\theta \tag{21.167}$$

则

$$\begin{aligned} \nabla &= \partial_x - \mathrm{i}\partial_y = \mathrm{e}^{-\mathrm{i}\theta}\left(\partial_\rho - \frac{\mathrm{i}}{\rho}\partial_\theta\right) \\ \overline{\nabla} &= \partial_x + \mathrm{i}\partial_y = \mathrm{e}^{\mathrm{i}\theta}\left(\partial_\rho + \frac{\mathrm{i}}{\rho}\partial_\theta\right) \end{aligned} \tag{21.168}$$

H 的本征值方程为

$$H\psi_E = \begin{pmatrix} m & L \\ L^\dagger & -m \end{pmatrix}\begin{pmatrix} u \\ v \end{pmatrix} = E\psi_E \tag{21.169}$$

或写成分量形式

$$L^\dagger u = (E + m)v$$
$$Lv = (E - m)u \tag{21.170}$$

H 的形式与上节(21.139)式相同,存在(21.144)式所表达的算子 S,它湮没 L 与 $L^\dagger$ 的零模态,而对不被 L 或 $L^\dagger$湮没的那些 H 的本征态,S 会将 H 的所有正能态映射到负能态,或者反之. 即由 $H\psi_E = E\psi_E$ 可推出

$$HS\psi_E = -ES\psi_E \tag{21.171}$$

由背景规范场诱导的真空背景荷,由算子 H 的谱的不对称性决定

$$\langle N\rangle = -\frac{1}{2}\eta_H(0) = -\frac{1}{2}\lim_{s\to 0^+}\sum_n \operatorname{sgn}(E_n)\mid E_n\mid^{-s} \tag{21.172}$$

由于当 $E\neq \pm m$ 时谱有对称性,它们对 $\eta_H(0)$ 的贡献相消,仅剩下 $E = \pm m$ 时的贡献. 现分析(21.146)式 $E = \pm m$ 时的解[74]:

当 $E = m, v = 0, L^\dagger u = 0$ 的解是

$$u_n = e^{-\alpha}\rho^n e^{in\theta}, \quad n = 0,1,2,\cdots \tag{21.173}$$

当 $E = -m, u = 0, Lv = 0$ 的解是

$$v_n = e^{\alpha}\rho^n e^{-in\theta}, \quad n = 0,1,2,\cdots \tag{21.174}$$

在上两式中,要求在原点($\rho = 0$)附近平方可积,所以 n 仅取正整数.

为保持 H 的厄米性,要求(见(21.34)式)

$$\langle u, Lv\rangle = \langle L^\dagger u, v\rangle \tag{21.175}$$

边界条件受限制,利用 Stokes 定理得(见(21.35)式)

$$\int u^* v\mid_{\rho=R} d\theta = 0 \tag{21.176}$$

如采用通常局域边界条件(Dirichlet 条件):

$$\psi\mid_R = 0 \tag{21.177}$$

两分量的 Dirac 旋量 ψ 为零,相当于两个复条件:

$$u\mid_R = 0, \quad v\mid_R = 0 \tag{21.178}$$

则(21.178)式无非平庸解.

实际上为满足(21.176)式,可采用较弱的局域边界条件,相当于一个复条件,例如

$$u\mid_R = 0, \quad \text{或} \quad v\mid_R = 0 \tag{21.179}$$

前者导致(21.174)解,后者导致(21.173)解,均有无穷多解,会产生发散困难.

为了能得到有确定意义的结果,通常数学家取谱的边界条件(非局域边界条

件). 例如可选角动量算子 J 为作用在边缘 S_1 上的算子

$$J = \rho \times \nabla = -\mathrm{i}\partial_\theta - \rho\partial_\rho\alpha + \frac{1}{2}\sigma_3 \tag{21.180}$$

假定在边缘附近规范场为纯规范,通过半径为 R 的圆盘 D 的总磁通被 2π 除(第一陈类的积分):

$$\Phi = \frac{1}{2\pi}\int_D F = \frac{1}{2\pi}\int_{\partial D} A_\theta \mathrm{d}\theta = \rho\alpha' \tag{21.181}$$

故在边缘附近,$\alpha(\rho)$ 渐近为

$$\alpha \xrightarrow{\rho \to R} \Phi \ln\rho \tag{21.182}$$

故

$$J|_R = -\mathrm{i}\partial_\theta - \Phi + \frac{1}{2}\sigma_3 \tag{21.183}$$

而在边缘附近 $E = \pm m$ 的解(21.173)、(21.174)可表示为

$$\begin{aligned} u_n|_R &= R^{n-\phi}\mathrm{e}^{\mathrm{i}n\theta} \\ u_n|_R &= R^{n+\phi}\mathrm{e}^{-\mathrm{i}n\theta} \end{aligned} \tag{21.184}$$

令 P 为 $J|_R$ 的正本征值投影算子,则谱边界条件可写为

$$\begin{aligned} (1 + \sigma_3)P\psi|_R &= 0 \\ (1 - \sigma_3)(1 - P)\psi|_R &= 0 \end{aligned} \tag{21.185}$$

注意到边缘附近解的表达式(21.184),上条件即为

$$\begin{aligned} n - \Phi + \frac{1}{2} &\leqslant 0 \\ -n - \Phi - \frac{1}{2} &> 0 \end{aligned} \tag{21.186}$$

此条件使解数有限. 使 $H_0 = H(m = 0)$ 的解析指数有确定值

$$\mathrm{Ind}H_0 = \mathrm{Dim\ Ker}L^\dagger - \mathrm{Dim\ Ker}\ L = \left[\left|\Phi + \frac{1}{2}\right|\right] \tag{21.187}$$

其中符号[|…|]代表其绝对值的整数部分. 而算子 J 的谱的不对称部分为

$$\eta_J = -2\left\{\left|\Phi + \frac{1}{2}\right|\right\} + 1 \tag{21.188}$$

其中符号{|…|}代表其绝对值的分数部分,因为 J 的谱的整数部分相互抵消,所以仅剩分数部分. 比较上两式,得

$$\mathrm{Ind}\ H_0 = \Phi + \frac{1}{2}\eta_J \tag{21.189}$$

此即 APS 指数定理

$$\mathrm{Ind}\ H_0 = \frac{1}{2\pi}\int_D F + \frac{1}{2}\eta_J \tag{21.190}$$

由(21.172)式知真空背景场诱导费米荷

$$\langle N\rangle = -\frac{1}{2}\mathrm{sgn}(m)\,\mathrm{Ind}\ H_0 = -\frac{1}{2}\mathrm{sgn}(m)\left[\Phi + \frac{1}{2}\right] \tag{21.191}$$

为半整数.

另一方面,在上节,我们曾利用开无限流形上指数定理(利用场论中轴矢反常方程)得到诱导费米荷如(21.162)式,

$$\langle N\rangle = -\frac{1}{2}\mathrm{sgn}(m)\Phi \tag{21.192}$$

可为任意分数. 上两式矛盾,因(21.191)式采用了谱的边界条件,为非局域边界条件,此条件使得边界对费米荷有额外贡献,因而不能得到正确的 $R\to\infty$ 的极限.

我们再重新审查一下边界条件(21.176),设法采用不违反因果律的局域边界条件,例如采用(21.179a)所示的弱局域边界条件

$$v\,|_R = 0 \tag{21.179a}$$

它导致有无穷多 $E=m$ 的 $L^\dagger u=0$ 解,如(21.173)式:

$$u_n(A) = c_n \mathrm{e}^{-\alpha}\rho^n \mathrm{e}^{\mathrm{i}n\theta},\qquad n = 0,1,2,\cdots \tag{21.193}$$

上式中 C_n 为归一系数. 这些解在 $m\to 0$ 时成为 H_0 的零模解,使得 $\mathrm{Ind}H_0$ 发散. 在量子场论中可用正常化与重正化方法克服发散困难. 即将所得解与平庸规范场(规范势 $A=0$)的解

$$u_n(0) = C_n^0\rho^n\mathrm{e}^{\mathrm{i}n\theta},\qquad n = 0,1,2,\cdots \tag{21.194}$$

进行比较,可如下定义 Ind H_0

$$\mathrm{Ind}\ H_0 = \lim_{\varepsilon\to 0^+}\left[\sum_{n=0}^{\infty}\int_0^{R-\varepsilon}|u_n(A)|^2\mathrm{d}^2x - \sum_{n=0}^{\infty}\int_0^{R-\varepsilon}|u_n(0)|^2\mathrm{d}^2x\right] \tag{21.195}$$

这里我们注意到,当 n 很大时,解将愈加集中在边界附近,当去掉边界附近区域,如上式,在未取极限前,上式中两项分别有限,这就是正常化过程. 当进一步取两项差,即减去平庸真空荷的贡献,而得到真正诱导费米荷的贡献.

由于在求和号中每项当 $\varepsilon\to 0$ 时都趋于 1,故可在两个求和号中去掉有限项,使两项对 n 求和都从 N 开始,对足够大的 $n\geqslant N$,可使相应零模态高度集中在边界附近,使 α 可采用边界附近表达式(21.182),以便可明显计算(21.195)式中积分,得

$$\operatorname{Ind} H_0 = \lim_{\varepsilon \to 0^+} \left[\sum_{n=N}^{\infty} \left(1 - \frac{\varepsilon}{R}\right)^{2(n-\phi+1)} - \sum_{n=N}^{\infty} \left(1 - \frac{\varepsilon}{R}\right)^{2(n+1)} \right] = \Phi \quad (21.196)$$

代入(21.172)得诱导真空费米荷

$$\langle N \rangle = -\frac{1}{2}\operatorname{sgn}(m)\Phi \quad (21.197)$$

与上节利用开无限空间指标定理所得结果(21.162)一致.

由此具体例子可明显看出,对带边流形,为了能得到不发散的结果,对费米场常需要采用非局域边界条件,此即通常 APS 指标定理. 利用物理学家熟悉的量子场论中正常化与重正化技术处理发散问题,可以将 APS 定理推广为可以分析连续谱及分数荷的开无限流形上指标定理,并可对带边流形取弱局域边界条件,得到具有明确物理意义的结果.

习 题 二 十 一

1. 何谓局域边界条件,何谓非局域边界条件,请说明当背景场具有非平庸拓扑时,对 Dirac 算子用局域边界条件会产生什么困难.
2. 1 + 1 维场论模型,如(21.126)式中背景场 $\varphi(x) = a$,为绝对极小基态. 相应费米场有否零模态? 真空费米荷为多少?
3. (21.144)算子 S 所代表的对称性,可看成是费米哈密顿量 H 的隐藏的超对称. 请类似§18.7用超对称场论模型分析费米真空诱导荷问题.

第三部分　非交换几何导引

第二十二章　非交换几何及其在量子物理中应用

§22.1　引　　言

对称性及对偶性在理论物理及数学物理中起突出作用. 微分几何为研究流形M,分析流形M上函数$\mathscr{F}(M)$及流形上相伴张量场$\mathscr{T}(M)$来判断流形M的特性. Gel'fand-Naimark 曾明确指出,拓扑空间M的所有性质,都可由空间上函数代数$A=\mathscr{F}(M)$得到,反之也对. 即在流形M及代数$A=\mathscr{F}(M)$间存在对偶对应,空间M可看成代数A的谱(spectrum),点$x\in M$看为A的一个不可约表示,即对于任意$f\in A=\mathscr{F}(M)$,

$$x[f]=f(x) \tag{22.1}$$

通常流形上函数$\mathscr{F}(M)$为交换的可结合代数. 当M为紧致流形,M上连续函数代数为C^*代数. 反之,任意具单位元可交换C^*代数,均可表示成某紧致空间上函数代数.

流形M常可嵌入在充分高维的欧氏空间$\mathbb{E}^N$中,嵌入空间坐标为多项式代数的生成元,它们在光滑函数代数$C(\mathbb{R}^N)$中密集,流形M可由$C(\mathbb{R}^N)$中一些关系R所定义. $C(\mathbb{R}^N)$相对这些关系的商代数$A=C\mathbb{R}^N/R$即流形M上光滑函数代数$\mathscr{F}(M)\simeq C(\mathbb{R}^N)/R$. A中在一点为零的函数组成A中理想,可用理想及函数芽(germ)来表示M中点. 代数A的导子相当于流形M上向量场. 微分几何分析流形上函数代数$\mathscr{F}(M)$的结构,研究作用于其上微分算子结构,可得到流形M的全部信息.

Gel'fand-Naimark 定理　在紧致 Hausdorff 空间与含单位元的交换的C^*代数间存在完全对应. 空间间连续映射与其对应的代数间$*$同态映射存在对应,而两代数同构的必充条件为它们的谱同胚.

在上述对应中,如将交换C^*代数改为非交换C^*代数,则其对应的流形几何即非交换几何.

流形局域像$\mathbb{R}^n$,n维流形M上每点可用n个坐标$\{x^i\}_1^n$描述. 而非交换几何是“无点的几何”,其每“点”的n个坐标不能同时被确定,即其n个坐标$\{x^i\}_1^n$相互不可交换

$$[x^i, x^j] = \theta^{ij} \neq 0 \tag{22.2}$$

例 22.1　量子力学中相空间，坐标与动量不可交换

$$[x^i, p^j] = \hbar\delta^{ij} \tag{22.3}$$

点粒子存在波粒二象性，其坐标与动量不能同时确定，Heisenberg 测不准原理：

$$\Delta x \Delta p \geqslant \frac{\hbar}{2}, \quad \Delta x = (\langle x^2 \rangle - \langle x \rangle^2)^{\frac{1}{2}}, \quad \Delta p = (\langle p^2 \rangle - \langle p \rangle^2)^{\frac{1}{2}} \tag{22.4}$$

失去局域性是量子相空间的主要特性，具有特征尺度：Planck 常数 $\hbar$.

例 22.2　带电粒子在恒定磁场中 2 维平面运动.

$$m\ddot{\boldsymbol{x}} = -\frac{e}{c}\dot{\boldsymbol{x}} \times \boldsymbol{B}, \qquad \boldsymbol{B} = \nabla \times \boldsymbol{A}$$

垂直于平面. 拉氏量（Langrangian 函数）

$$\mathscr{L} = \frac{1}{2}m\dot{\boldsymbol{x}}^2 + \frac{e}{c}\dot{\boldsymbol{x}} \cdot \boldsymbol{A} \tag{22.5}$$

正则动量

$$P_i = \frac{\partial \mathscr{L}}{\partial \dot{x}^i} = m\dot{x}^i + \frac{e}{c}A_i$$

哈密顿量

$$H = \boldsymbol{P} \cdot \dot{\boldsymbol{x}} - \mathscr{L} = \frac{1}{2m}\left(\boldsymbol{P} - \frac{e}{c}\boldsymbol{A}\right)^2 \tag{22.5a}$$

正则量子化

$$\hat{H} = \frac{1}{2m}\boldsymbol{\pi}^2, \quad \pi_i = -\mathrm{i}\hbar\partial_i + \frac{e}{c}A_i \tag{22.6}$$

$$[\pi_1, \pi_2] = -\mathrm{i}\hbar\frac{e}{c}(\partial_1 A_2 - \partial_2 A_1) = -\mathrm{i}\hbar\frac{eB}{c} = -\mathrm{i}\hbar m\omega_C \tag{22.7}$$

其中 $\omega_C = \dfrac{eB}{mc}$为电子的回转频率.　　(22.8)

即当存在背景场时，动量 $\boldsymbol{\pi}$（含有规范势的协变导数）的各分量间相互不可交换，相应特征尺度

$$k_B = \sqrt{\hbar m\omega_C} = \frac{\hbar}{l_B}, \quad l_B = \sqrt{\frac{\hbar c}{eB}}\ \text{称磁长度.} \tag{22.9}$$

在§5 我们将更认真分析在强磁场中自由电子运动，这时会形成离散的 Landau 能级. 在最低 Landau 能级，电子回旋中心坐标 x_0^i 间相互不变换. 即当引入将电子投射到最低 Landau 能级的投射算子 P，$x_0^i = Px^iP$ 相互不交换，而满足

$$[x_0^i, x_0^j] = \mathrm{i}\varepsilon^{ij}\frac{\hbar c}{eB} \equiv \mathrm{i}\theta^{ij} \tag{22.10}$$

相应特征尺度 $l_B = \sqrt{\dfrac{\hbar c}{eB}}$是在最低 Landau 能级电子的经典回转半径.

以上结果也可理解为：在强磁场极限，拉氏量中可忽略动能项，而仅含 x^j 的一次项，这使得原坐标空间成有效相空间，使坐标的各分量间相互不对易.

例 22.3　引力理论，空时在与 Planck 尺度范围必改变性质

$$l_P = \left(\frac{\hbar G}{c^3}\right)^{\frac{1}{2}} = 1.616 \times 10^{-33}\,\mathrm{cm} \tag{22.11}$$

此具量纲的物理常数是与光速 c（标志相对论与经典力学应用范围）. Planck 常数 $\hbar$（标志量子物理与经典物理应用范围）相当的第三个基本物理量纲. 量子引力具测不准原理，不可能测量位置精度到 Planck 尺度. 量子引力理论不可能是通常局域场论，必然为非局域场论. 近来发展很快的弦论，M 理论含有多个标准非局域性的参数，其简单极限会导致非交换规范理论.

非交换几何在近代物理理论中起重要作用，量子场论中发散困难与重整化也常与非交换几何的分析相关，例如量子场论下面形式的发散积分

$$I = \int \frac{\mathrm{d}P_1 \cdot \mathrm{d}P_2}{D^2} \tag{22.12}$$

当在背景场中，如(22.7)式动量分量间相互不对易

$$[P_1, P_2] = ik_B^2$$

不允许 P_1 与 P_2 同时取本征值，使算子 $P^2 = P_1^2 + P_2^2$ 有下界 k_B^2，相当于存在红外切除(infrared cut-off). 当设有紫外切除 Λ (ultraviolet cut-off) 使 P^2 有上界 Λ^2，则积分有限

$$I \sim \ln \frac{\Lambda^2}{k_B^2}$$

当用紫外切除 Λ，即不能分辨小于 Λ^{-1} 的尺度现象，且由于物理理论存在基本的长度尺度 l_P，空时在极小尺度不可能局域到点，在极小尺度空时几何需用非交换代数描写，即其几何为非交换几何.

在经典及量子统计中，都需引入若干特征长度，都可用非交换几何工具进行分析.

Connes[44] 进一步将紧致流形上 de Rham 上同调推广到非交换情况，引入循环(上)同调(cyclic homology)，对代数 A 引入 K 理论分析其相应拓扑不变量，并引入非交换陈特征(Chern character)，在 K 理论及上同调间建立同态对应，将通常纤维丛微分几何的 Atiyah-Singer 指标定理等推广到非交换几何，这方面仍在发展中，它们在量子物理中得到越来越广泛的应用.

§ 22.2、§ 22.3 介绍量子相空间 $\mathbb{R}_\theta^2$. 这是物理学家最熟悉的非交换空间. 在 § 22.2 通过 Weyl 变换，将作用于 Hilbert 空间上算子 $O(\hat{x}, \hat{p})$ 与相空间上函数

$f(x,p)$间建立 1-1 对应. $f(x,p)$为非交换空间$\mathbb{R}_\theta^2$上函数,其乘法需用 Moyal * 积,为可结合但不可交换积. $f(x,p)$称为算子 $O(\hat{x},\hat{p})$的象征,投射算子$|\psi\rangle\langle\psi|$对应的象征称 Wigner 函数. 象征 $f(x,p)$在整个相空间上积分与对应算子 O_f 在整个 Hilbert 空间取迹运算相当,这些都是通常量子力学中大家熟悉概念. 在 § 22.3,通过物理学家熟悉的一维谐振子的正交归一完备集,引入标准相干态及振子的 Fock-Bargmann 表示,可用全纯函数分析非交换相空间$\mathbb{R}_\theta^2$的结果.

在 § 22.4 介绍模糊球 S_θ^2,利用推广的相干态概念,用自旋相干态来分析模糊球 S_θ^2. 为分析模糊球 S_θ^2 上"函数"的 Moyal 积,采用局域活动标架自旋相干态分析将使问题大为简化.

本章最后两节分析非交换几何在量子 Hall 效应的应用. § 22.5 着重介绍磁平移与非交换 Brillouin 区 T_θ^2,分析整数量子 Hall 效应(IQHE)的拓扑理论. 第 6 节对分数量子 Hall 效应(FQHE)的各有关理论作粗略介绍后,着重介绍非交换陈-Simons 理论,对在最低 Landau 能级(LLL)填充因子分数的相对稳定基态的形成,对其上激发态互作用进行分析,这方面理论仍不成熟,仍在发展中.

§ 22.2　量子相空间　Weyl 变换及 Wigner 分布函数　Moyal * 积

在量子力学中坐标与动量满足 Heisenberg 对易关系

$$[\hat{x},\hat{p}] = i\hbar \tag{22.13}$$

Weyl[45] 提议可将此关系看成群代数关系,引入相空间平移算子

$$U(\tau,\sigma) = e^{-i(\tau\hat{x}+\sigma\hat{p})} \tag{22.14}$$

$$U(\tau,\sigma)\hat{x}\overline{U}(\tau,\sigma) = \hat{x} - \sigma\hbar \tag{22.15}$$

$$U(\tau,\sigma)\hat{p}\overline{U}(\tau,\sigma) = \hat{p} + \tau\hbar \tag{22.16}$$

正由于平移群生成元存在 $\hbar$ 畸变——(22.14),使相空间实现平移群投射表示

$$U(\tau_1,\sigma_1)\cup(\tau_2,\sigma_2) = e^{-\frac{i}{2}(\tau_1\sigma_2-\tau_2\sigma_1)}\cup(\tau_1+\tau_2,\sigma_1+\sigma_2) \tag{22.17}$$

相应于投射表示的相因子(2-cocycle)是相空间非交换几何的重要特征. 决定量子动力学基本结构的交换关系,使群表示论成为量子理论的重要数学工具.

量子物理中,动力学变量为作用于 Hilbert 空间上算子 $O(\hat{x},\hat{p})$, Weyl 将算子 $O(\hat{x},\hat{p})$与相空间上函数 $f(x,p)$间建立 1 – 1 对应, $f(x,p)$称为算子$O(\hat{x},\hat{p})$的象征(symbol),相当取坐标表象算子在 $\hbar$ 尺度范围内的平均值:

$$f(x,p) = \frac{1}{2\pi}\int d\sigma e^{i\sigma p}\langle x+\frac{\hbar}{2}\sigma|\ O_f(\hat{x},\hat{p})\ |x-\frac{\hbar}{2}\sigma\rangle \tag{22.18}$$

反之,由象征函数 $f(x,p)$ 可对应于算子

$$O_f(\hat{x},\hat{p}) = \frac{1}{(2\pi)^2}\int \mathrm{d}\tau\mathrm{d}\sigma\mathrm{d}x\mathrm{d}p f(x,p)\mathrm{e}^{-\mathrm{i}\sigma(\hat{p}-p)-\mathrm{i}\tau(\hat{x}-x)} \tag{22.19}$$

即对相空间上函数 $f(x,p)$ 先作傅里叶变换得特性函数:

$$\chi(\tau,\sigma) = \frac{1}{2\pi}\int \mathrm{d}x\mathrm{d}p f(x,p)\mathrm{e}^{\mathrm{i}(\sigma p+\tau x)} \tag{22.20}$$

再对特性函数作算子形式的反傅里叶变换得

$$O_f(\hat{x},\hat{p}) = \frac{1}{2\pi}\int \mathrm{d}\tau\mathrm{d}\sigma\chi(\tau,\sigma)\mathrm{e}^{-\mathrm{i}(\sigma\hat{p}+\tau\hat{x})} = \frac{1}{2\pi}\int \mathrm{d}\tau\mathrm{d}\sigma\chi(\tau,\sigma) \cup (\tau,\sigma) \tag{22.21}$$

这样将算子看成群元素 $U(\tau,\sigma)$ 之和. (21.18),(21.19)将相空间函数与 Hilbert 空间算子相对应,称为 Weyl 变换,二者作为向量空间 1-1 对应,但注意,$f(x,p)$ 不满足通常乘法运算,而需用 Moyal[46] * 乘积,即算子的乘积决定了象征函数间 Moyal * 乘积

$$f(x,p) * g(x,p) = \frac{1}{2\pi}\int \mathrm{d}\sigma\mathrm{e}^{\mathrm{i}\sigma p}\langle x+\frac{\hbar}{2}\sigma \mid O_f(\hat{x},\hat{p})O_g(\hat{x},\hat{p}) \mid x-\frac{\hbar}{2}\sigma\rangle \tag{22.22}$$

由于算子可结合,这样定义的象征函数间 Moyal * 积必也可结合.

可对偶维相空间取复坐标,记 $z=x+\mathrm{i}p$,很易验证具有象征 $f(z)$,$g(z)$ 的两算子乘积的象征,即 Moyal * 积

$$(f*g)(z) = \mathrm{e}^{\frac{\mathrm{i}}{2}\theta^{jk}\partial_j\partial'_k}f(z)g(z')\mid_{z=z'} \tag{22.23}$$

其中 $(\theta^{jk}) = \begin{pmatrix} 0 & 1 \\ -1 & 0 \end{pmatrix}\hbar$ 为非简并反对称常数矩阵,相当于在相空间上定义了辛结构. 当 $\theta^{jk}\neq 0$ 时 Moyal * 积是非交换的,对小 θ^{jk} 将上式展开:

$$f*g(z) = f(z)g(z) + \frac{\mathrm{i}}{4}\theta^{jk}(\partial_j f\partial_k g - \partial_k f\partial_j g) + \cdots$$

即在 θ 的一阶项为具辛形式 θ^{jk} 的泊松括弧. 并易证

$$[z^j,z^k]_* \equiv z^j * z^k - z^k * z^j = \mathrm{i}\theta^{jk} \tag{22.24}$$

即这样决定的 * 积关系与量子化 Heisenberg 关系等价.

算子 $O_\psi = |\psi\rangle\langle\psi|$ 为投射到态 $|\psi\rangle$ 的投射算子,而与此算子相应的象征是

$$\begin{aligned} f_\psi(x,p) &= \frac{1}{2\pi}\int \mathrm{d}\sigma\mathrm{e}^{\mathrm{i}\sigma p}\langle x+\frac{\hbar}{2}\sigma \mid \psi\rangle\langle\psi \mid x-\frac{\hbar}{2}\sigma) \\ &= \frac{1}{2\pi}\int \mathrm{d}\sigma\mathrm{e}^{\mathrm{i}\sigma p}\psi(x+\frac{\hbar}{2}\sigma)\psi^*(x-\frac{\hbar}{2}\sigma) \end{aligned} \tag{22.25}$$

此函数常称为态 $|\psi\rangle$ 的 Wigner 分布函数，Wigner 分布函数在量子统计，量子光学等很多方面得到广泛的应用.

象征函数在整个相空间的积分

$$\begin{aligned}\int \mathrm{d}x\mathrm{d}pf(x,p) &= \frac{1}{2\pi}\int \mathrm{d}x\mathrm{d}p\mathrm{d}\sigma \mathrm{e}^{\mathrm{i}\sigma p}\langle x+\frac{\hbar}{2}\sigma \mid O_f \mid x-\frac{\hbar}{2}\sigma\rangle \\ &= \int \mathrm{d}x\mathrm{d}\sigma\delta(\sigma)\langle x+\frac{\hbar}{2}\sigma \mid O_f \mid x-\frac{\hbar}{2}\sigma\rangle \\ &= \int \mathrm{d}x\langle x \mid O_f \mid x\rangle = \mathrm{tr}_{\mathscr{H}}O_f \end{aligned} \tag{22.26}$$

且易证

$$\int \mathrm{d}x\mathrm{d}pf*g = \int \mathrm{d}x\mathrm{d}pfg = \int \mathrm{d}x\mathrm{d}pg*f \tag{22.27}$$

即 $*$ 积在相空间积分与相空间量子化取迹运算相当.

Weyl 变换与 Moyal $*$ 积是研究非交换几何的一种重要途径. 下节我们通过谐振子体系在 Hilbert 空间选定一组完备基再认真分析.

§22.3　一维谐振子　量子相空间 $\mathbb{R}^2_\theta$ 的相干态表述　Fock-Bargmann 表象

本节着重分析一维自由谐振子体系，其哈密顿量

$$H = \frac{p^2}{2m} + \frac{1}{2}m\omega^2x^2 \tag{22.28}$$

正则量子化

$$[\hat{x},\hat{p}] = \mathrm{i} \tag{22.29}$$

这里为简化记号，取 $\hbar=1, m=1, \omega=1$.

令

$$a = \frac{1}{\sqrt{2}}(\hat{x}+\mathrm{i}\hat{p}), \quad a^\dagger = \frac{1}{\sqrt{2}}(\hat{x}-\mathrm{i}\hat{p}) \tag{22.30}$$

由(22.29)式知

$$[a,a^+] = 1 \tag{22.31}$$

选自伴算子(self adjoint operator)哈密顿量 $\hat{H}=\frac{1}{2}(\hat{p}^2+\hat{x}^2)=a^\dagger a+\frac{1}{2}$ 的本征态集合 $\{|n\rangle\}$ 作为 Hilbert 空间基矢组:

$$\hat{H}|n\rangle = E_n|n\rangle \tag{22.32}$$

易证

$$[\hat{H},a^\dagger] = a^\dagger, \quad [\hat{H},a] = -a \tag{22.33}$$

即a^+与a是使能级跃迁±1的阶梯算子,a^+称产生算子,a称湮没算子. 注意到态矢空间有正定度规

$$|\langle a|n\rangle|^2 = \langle n|a^\dagger a|n\rangle \geqslant 0 \tag{22.34}$$

即能量本征值有下限,并易证没有上限. 令能量最低本征值的态称为基态,记为$|0\rangle$,它必满足

$$a|0\rangle = 0, \quad \hat{H}|0\rangle = \frac{1}{2}|0\rangle \tag{22.35}$$

从基态$|0\rangle$出发,重复应用算子a^+,可得其他本征态,且每次本征值增加1,如基态$|0\rangle$已归一:$\langle 0|0\rangle=1$,如要求态矢$|n\rangle$也归一,则

$$|n\rangle = \frac{1}{\sqrt{n!}}a^{\dagger n}|0\rangle \tag{22.36}$$

$\{|n\rangle\}$也称为振子数算子$N=a^\dagger a$的本征态集合,

$$N|n\rangle = n|n\rangle, \quad n \geqslant 0 \text{ 为整数} \tag{22.37}$$

由对易关系(22.31)及(22.36)易证

$$a|n\rangle = \sqrt{n}|n-1\rangle$$

$$a^\dagger|n\rangle = \sqrt{n+1}|n+1\rangle \tag{22.38}$$

$\{|n\rangle\}$正交归一: $\langle n|m\rangle=\delta_{nm}$ (22.39)

完备: $\sum_{n=0}^{\infty}|n\rangle\langle n| = I$ (22.40)

即如上得到的厄米算子$\hat{H}$的本征态集合$\{|n\rangle\}$组成一维谐振子体系的 Hilbert 空间的正交归一完备基.

类似上节分析,为讨论谐振子体系 Heisenberg-Weyl 群的所有幺正不可约表示,引入幺正算子

$$D(z) = e^{za^\dagger-\bar{z}a} = e^{-\frac{|z|^2}{2}}e^{za^\dagger}e^{-\bar{z}a} \tag{22.41}$$

满足

$$[a,D(z)] = zD(z), \quad [a^\dagger,D(z)] = \bar{z}D(z)$$

$$D^\dagger(z)aD(z) = a+z, \quad D^\dagger(z)a^\dagger D(z) = a^\dagger+\bar{z} \tag{22.42}$$

其中

$$D^\dagger(z) = D^{-1}(z) = D(-z)$$

即 $D(z)$ 相当于算子 $a,a^{\dagger}$ 的迁移算子. 将此幺正算子作用于基态 $|0\rangle$ 上得标准相干态

$$|z\rangle = D(z)|0\rangle = \mathrm{e}^{-\frac{1}{2}|z|^2}\sum_{n=0}^{\infty}\frac{z^n}{\sqrt{n!}}|n\rangle \tag{22.43}$$

易证它具有如下性质:

1) 相干态 $|z\rangle$ 是湮没算子 a 的本征态

$$a|z\rangle = aD(z)|0\rangle = [a,D(z)]|0\rangle = zD(z)|0\rangle = z|z\rangle \tag{22.44}$$

由于 a 非自伴算子,故本征值为复:

$$z = x + \mathrm{i}y \in \mathbb{C}, \quad x,y \in \mathbb{R}, y \neq 0$$

2) 相干态 $|z\rangle$ 是无穷粒子数态的叠加,在一维谐振子 Hilbert 空间是完备的,存在单位算子分解式:

$$\frac{1}{\pi}\int \mathrm{d}^2 z|z\rangle\langle z| = I \tag{22.45}$$

其中 d^2z 为复平面上面积元,$z = x + \mathrm{i}y = \rho\mathrm{e}^{\mathrm{i}\varphi}$,

$$\mathrm{d}^2 z = \mathrm{d}x\mathrm{d}y = \rho\mathrm{d}\rho\mathrm{d}\varphi$$

证

$$\begin{aligned} 左 &= \sum_{m,n}\int\frac{\rho\mathrm{d}\rho\mathrm{d}\varphi}{\pi}\frac{|m\rangle\langle n|}{\sqrt{m!n!}}\rho^{m+n}\mathrm{e}^{-\rho^2}\mathrm{e}^{-\mathrm{i}(m-n)\varphi} \\ &= \sum_{n=0}^{\infty}|n\rangle\langle n|\frac{1}{n!}\int\mathrm{d}\rho^2\rho^{2n}\mathrm{e}^{-\rho^2} = \sum_{n=0}^{\infty}|n\rangle\langle n| = I \end{aligned}$$

因此,Hilbert 空间中任意量子态矢 $|\psi\rangle$ 可用相干态展开

$$|\psi\rangle = \int\frac{\mathrm{d}^2 z}{\pi}|z\rangle\langle z|\psi\rangle \tag{22.46}$$

其中

$$\langle z|\psi\rangle = \mathrm{e}^{-\frac{1}{2}|z|^2}\sum_{n}\frac{\bar{z}^n}{\sqrt{n!}}\langle n|\psi\rangle = \mathrm{e}^{-\frac{1}{2}|z|^2}f(\bar{z}) \tag{22.47}$$

由于 $|\langle n|\psi\rangle| \leqslant 1$,$f(\bar{z})$ 为复变量 $\bar{z}$ 的整函数. 因此知任意可归一态矢 $|\psi\rangle$ 完全可全纯函数 $f(\bar{z})$ 决定. 而由全纯函数特性知,仅需知道 $\bar{z}$ 在某区域系列点 $\{z_k\}$ 上值,而此系列有极限点,就能完全确定此全纯函数. 因此整个复平面 z 的相干态 $\{|z\rangle\}$ 是过完备,且各相干态线性相关

$$|z\rangle = \int\frac{\mathrm{d}^2\zeta}{\pi}|\zeta\rangle\langle\zeta|z\rangle$$

相互非正交

$$\langle\zeta \mid z\rangle = \langle 0 \mid D^\dagger(\zeta)D(z) \mid 0\rangle = e^{-\frac{1}{2}(|z|^2+|\zeta|^2)+\bar{z}\zeta} \tag{22.48}$$

即

$$|\langle\zeta \mid z\rangle|^2 = e^{-|z-\zeta|^2} \tag{22.49}$$

处处非零. 因此用相干态体系展开表达式非惟一. 相干态体系$\{|z\rangle\}$是过完备、非正交是其重要特征.

3) 相干态$|z\rangle$是最接近经典态的量子态. 量子态存在 Heisenberg 测不准关系

$$\Delta x\Delta p \geqslant \frac{\hbar}{2}, \quad \Delta x = (\langle x^2\rangle - \langle x\rangle^2)^{\frac{1}{2}}, \quad \Delta p = (\langle p^2\rangle - \langle p\rangle^2)^{\frac{1}{2}} \tag{22.50}$$

而相干态$|z\rangle$是其性质尽可能接近经典态的量子态,相当于在上式中$\geqslant$符号取等号. 相干态的组成相当于量子化过程的完备化.

在§22.5 我们将进一步利用群表示论引入推广的相干态,也存在上述三特点.

相干态体系$\{|z\rangle\}$过完备,即存在子体系就可组成完备集. 例如令z仅取半径r的圆周上的值, $\{|z\rangle = |re^{i\varphi}\rangle\}$即可组成完备基,所有能量本征态$|n\rangle$($n$为非负整数)均可表示为

$$|n\rangle = \int_0^{2\pi}\frac{d\varphi}{2\pi}e^{-in\varphi}|re^{i\varphi}\rangle r^{-n}e^{r^2/2} \tag{22.51}$$

而任意态均可用它们展开. 类似令z仅取实轴上值也可组成完备基. 且它们都是过完备基.

相干态集合$\{|z\rangle\}$过完备,即存在子集合$\{|z_n\rangle\}$是完备的. 可有不同方案选完备子集. 下面着重分析$\{z_k\}$形成复z面上正则点阵情况,即

$$z_k = z_{mn} = m\omega_1 + n\omega_2 \tag{22.52}$$

其中ω_1与ω_2线性独立,$\mathrm{Im}(\bar{\omega}_2\omega_1)\neq 0$, m,n为任意整数. 此正则点阵的基本元胞面积为S,则可以证明(见 Perelomov[47])

1) 如$S<\pi$,则体系$\{|z_{mn}\rangle\}$过完备.

2) 如$S>\pi$,则体系$\{|z_{mn}\rangle\}$不完备.

3) 如$S=\pi$,体系完备,且如移去一态矢,体系仍保持为完备,但如移去两态矢,则不完备.

注意复z面与经典(x,p)相空间对应,面积为π的z面,即面积为$2\pi\hbar$的相空间 Planck 原胞,以上结果表明,在相空间,每 Planck 原胞有一个状态的密度是完备的.

当$S=\pi$,即当每 Planck 原胞选一个相干态,然后去掉在原点的真空态$|0\rangle$,得

一最小的完备子集$\{|z_{mn}\rangle\}$，可将真空态$|0\rangle$按基矢组$\{|z_{mn}\rangle\}$展开，可得集合$\{|z_{mn}\rangle\}$所有态间一线性关系.

在通常坐标或动量表象，态矢波函数$\psi(x)=\langle x|\psi\rangle$（或$\psi(p)=\langle p|\psi\rangle$）为复函数，但一般非整函数. 而当采用相干态表象，如(22.47)所示，$f(\bar{z})$为整函数，采用整函数来实现量子态称 Bargmann 表象，在此表象利用解析整函数理论，可使许多问题简化. 可将(22.47)式中归一化因子$e^{-|z|/2}$吸收到积分测度里，把整函数$\frac{\bar{z}^n}{\sqrt{n!}}$作为正交完备基的空间称为 Bargmann 空间.

对任意相干态体系均可设法引入这种表象. 现仍以一维谐振子为例，通常将其能量本征态表象称为粒子数表象，或 Fock 表象. 在 Fock 空间任意可归一态矢$|\psi\rangle$可表示为

$$|\psi\rangle=\sum_0^\infty C_n|n\rangle,\quad \langle\psi|\psi\rangle=\sum_0^\infty |c_n|^2=1$$

此态矢的相干态表示

$$\langle z|\psi\rangle=e^{-\frac{1}{2}|z|^2}\psi(\bar{z}) \tag{22.53}$$

其中

$$\psi(z)=\sum c_n u_n(z),\quad u_n(z)=\frac{z^n}{\sqrt{n!}} \tag{22.54}$$

或引入约化相干态(reduced coherent state)，记为

$$|z)=e^{za^\dagger}|0\rangle=\sum_0^\infty\frac{z^n}{\sqrt{n!}}|n\rangle \tag{22.55}$$

而标准相干态

$$|z\rangle=e^{za^\dagger-\bar{z}a}|0\rangle=e^{-\frac{1}{2}|z|^2}e^{za^\dagger}|0\rangle=e^{-\frac{1}{2}|z|^2}|z) \tag{22.56}$$

易证约化相干态$|z)$仍为a的本征值为z的本征态

$$a|z)=z|z) \tag{22.57}$$

且满足

过完备：

$$\int d\mu(z)|z)(z|=I,\quad d\mu(z)=e^{-|z|^2}\frac{d^2z}{\pi} \tag{22.58}$$

非正交：

$$(z|z')=e^{\bar{z}z'}=K(\bar{z},z') \tag{22.59}$$

$$|z')=\int d\mu(z)|z)(z|z')=\int d\mu(z)\delta^2(z-z')|z) \tag{22.60}$$

$$\int d\mu(z)[(z|z') - \delta^2(z-z')] = 0$$

上式表示$(z|z') = e^{\bar{z}z'}$作用于 Bargmann 表象上类似 Dirac δ 函数.

记态矢$|\psi\rangle$在 Bargmann 表象的波函数为

$$\psi(\bar{z}) = (z|\psi\rangle \tag{22.61}$$

而算子 a^+,a 对其作用可记为

$$(a^\dagger\psi)(\bar{z}) \equiv (z|a^\dagger|\psi\rangle = \bar{z}\psi(\bar{z})$$

$$(a\psi)(\bar{z}) \equiv (z|a|\psi\rangle = \frac{d}{d\bar{z}}\psi(\bar{z}) \tag{22.62}$$

在 Fock 空间上任意有界算子 $\hat{A} = A(a,a^\dagger)$为 a 与 $a^\dagger$的多项式,利用(22.58)式可将它对 Bargmann 表示的作用记为

$$(\hat{A}\psi)(\bar{z}) \equiv (z|\hat{A}|\psi\rangle = \int d\mu(z')A(\bar{z},z')\psi(\bar{z}') \tag{22.63}$$

其中

$$A(\bar{z},z') = (z|\hat{A}|z') \tag{22.64}$$

称为算子 $\hat{A}$ 的象征(symbol),是算子 $\hat{A}$ 对 Bargmann 表示波函数作用的积分算子核. 而两算子积的象征为各算子象征的卷积,称为 Moyal $*$ 积:

$$(AB)(\bar{z},z') = (z|\hat{A}\hat{B}|z') = \int d\mu(w)A(\bar{z},w)B(\bar{w},z')$$

$$\equiv (A*B)(\bar{z},z') \tag{22.65}$$

Fock 空间中任意算子 $\hat{A} = A(a,a^+)$可表示为

$$\hat{A} = \sum_{m,n=0}^{\infty}|m\rangle A_{mn}\langle n|, \quad A_{mn} = \langle m|\hat{A}|n\rangle$$

其在 Bargmann 表象的象征

$$(z|\hat{A}|z') = \sum_{m,n=0}^{\infty}(z|m\rangle\langle m|\hat{A}|n\rangle\langle n|z') = \sum_{m,n=0}^{\infty}u_m(\bar{z})A_{mn}u_n(z')$$

$$\equiv A(\bar{z},z') \tag{22.66}$$

其中

$$u_n(z) = \frac{z^n}{\sqrt{n!}}$$

满足

$$(u_m,u_n) = \int d\mu(z)\bar{u}_m(z)u_n(z) = \delta_{mn} \tag{22.67}$$

由(22.66)式看出,算子 $\hat{A}$ 的 Weyl 象征 $A(\bar{z},z')$是算子 $\hat{A}$ 在 Fock 表示的矩阵元

$A_{mm}=\langle m|\hat{A}|n\rangle$的生成函数(generating function).

注意到在 Bargmann 表象,基矢函数均为整函数,故仅需注意算子的对角象征

$$A(\zeta,\bar{\zeta}) = (\zeta|\hat{A}|\zeta) \tag{22.68}$$

利用整函数特性,非对角象征可由对角象征导出,即注意到$(\eta|\hat{A}|\zeta)$为相对 ζ 解析,相对 η 反解析,故

$$e^{-\zeta\frac{\partial}{\partial\eta}\eta\frac{\partial}{\partial\zeta}}A(\zeta,\bar{\zeta}) = e^{-\zeta\frac{\partial}{\partial\eta}}(\zeta|\hat{A}|\zeta+\eta) = (\zeta|\hat{A}|\eta) \tag{22.69}$$

由此式看出,非对角象征$(\zeta|\hat{A}|\eta)$可由对角象征 $A(\zeta,\bar{\zeta})$导出.

本节最后介绍算子在相干态表象的三种表示(P 象征,Q 象征,Weyl 象征). 仍以一维谐振子为例,其 Hilbert 空间可采用 Fock 空间表示,以粒子数本征态矢$\{|n\rangle\}$为基底,其上有界算子

$$\hat{A} = A(a,a^{\dagger})$$

可表为 a 与 $a^{\dagger}$的多项式. 当采用相干态表象,相干态

$$|z\rangle = e^{-\frac{1}{2}|z|^2}|z)$$

满足过完备非正交关系(如(22.58),(22.59),或(22.45),(22.49)式). 关于算子 $\hat{A}$ 的象征,通常有三种表示:

1) P 象征 $P_A(\bar{z},z)$

$$\hat{A} = \int d\mu(z)P_A(\bar{z},z)|z)(z| = \int\frac{d^2z}{\pi}P_A(\bar{z},z)|z\rangle\langle z| \tag{22.70}$$

例如算子 $\hat{A}$ 已在 Fock 表象采用反正规序

$$\hat{A} = \sum_{m,n}A'_{m,n}a^m a^{+n} \tag{22.71}$$

则

$$P_A(\bar{z},z) = \sum_{m,n}A'_{m,n}z^m\bar{z}^n \tag{22.72}$$

2) Q 象征 $Q_A(\bar{z},z)$

$$Q_A(\bar{z},z) = \langle z|\hat{A}|z\rangle = K^{-1}(\bar{z},z)(z|\hat{A}|z) \tag{22.73}$$

当算子 $\hat{A}$ 在 Fock 空间已采用正规序

$$\hat{A} = \sum_{m,n}A_{m,n}a^{+m}a^n \tag{22.74}$$

则

$$Q_A(\bar{z},z) = \sum_{m,n}A_{m,n}\bar{z}^m z^n \tag{22.75}$$

易证

$$Q_A(\bar{z},z) = \int \frac{d^2\zeta}{\pi} P_A(\bar{\zeta},\zeta)\langle z \mid \zeta\rangle\langle\zeta \mid z\rangle = \int \frac{d^2\zeta}{\pi} e^{-|z-\zeta|^2} P_A(\bar{\zeta},\zeta) \quad (22.76)$$

即由算子的 P 象征乘以单位算子可得作用于 Hilbert 空间上算子 $\hat{A}$,而由算子 $\hat{A}$ 取相干态对角矩阵元可得算子的 Q 象征

$$P \xrightarrow{I} \hat{A} \xrightarrow{\langle,\rangle} Q$$

算子 $\hat{A}$ 为有界算子(为 $a,a^\dagger$的多项式)的必要条件是 Q_A 为有界,而充分条件是 P_A 为有界.

这里注意,由于相干态过完备,算子 $\hat{A}$ 的 P 象征常非惟一,在某些情况下甚至不存在,而算子 $\hat{A}$ 的 Q 象征是惟一的.

有时还采用上节对量子相空间的处理,引入第三种象征:

3) Weyl 象征 $W_A(z)$

相当于上节(22.19)~(22.21)式分析

$$\hat{A} = \int \frac{d^2\zeta}{\pi} D(\zeta)\chi_A(\zeta) = \int \frac{d^2\zeta}{\pi} e^{a^\dagger\zeta - a\bar{\zeta}}\chi_A(\zeta) \quad (22.77)$$

$$W_A(z) = \int \frac{d^2\zeta}{\pi} e^{\bar{z}\zeta - z\bar{\zeta}}\chi_A(\zeta) \quad (22.78)$$

其中

$$\chi_A(\zeta) = \int \frac{d^2 z}{\pi} e^{\bar{\zeta}z - \zeta\bar{z}} W_A(z) \quad (22.79)$$

称为算子 $\hat{A}$ 的特性函数,由它可完全决定算子 $\hat{A}$. 而 $W_A(z)$ 称为算子 $\hat{A}$ 的 Weyl 象征,注意到$(\bar{z}\zeta - z\bar{\zeta})$为纯虚,故 $W_A(z)$ 与 $\chi_A(z)$ 间为通常富氏变换. 算子 $\hat{A}$ 与其 Weyl 象征 $W_A(z)$ 间 1-1 对应

$$\hat{A} \leftrightarrow W_A(z)$$

算子的 Weyl 对应规则相当于算子的一种 Weyl 编序,称为对称序. 经典相空间函数 $q^m p^n$ 对应的量子力学算子对称序取

$$\left(\frac{1}{2}\right)^m \sum_{l=0}^{m} \frac{m!}{l!(m-l)!} \hat{q}^{m-l}\hat{p}^n\hat{q}^l \quad (22.80)$$

类似在 Fock 空间,当算子 $\hat{A}$ 取对称序

$$\hat{A} = \sum_{m,n} A^w_{m,n}\{a^{\dagger m}, a^n\} \quad (22.81)$$

$$\{a^{\dagger m}, a^n\} \equiv \sum_{l=0}^{m} \frac{m!}{l!(m-l)!} a^{\dagger m-l} a^n a^{\dagger l} \quad (22.82)$$

则相应地算子 $\hat{A}$ 的 Weyl 象征

$$W_A(z) = \sum_{m,n} A^W_{m,n}\bar{z}^m z^n \tag{22.83}$$

§22.4　群的陪集表示与推广的相干态 模糊球 S_θ^2 的矩阵表示

上两节分析量子相空间几何，由于量子化，相空间坐标 x,p 不可交换，形成非交换相空间$\mathbb{R}_\hbar^2$. 其上观察量算子形成不可交换 Heisenberg 代数，可组成 Heisenberg-Weyl 群，用群表示论方法，可利用相干态来实现 Weyl 群不可约表示. 正如相空间为 H-W 群流形的陪集空间，各种量子力学体系的 Hilbert 空间均为各种量子动力学群流形的陪集空间. 本节我们将着重分析大家熟悉的三维空间转动群相关的自旋相干态. 利用自旋相干态分析 2 维球面

$$S^2 = \mathrm{SU}(2)/\mathrm{U}(1) \tag{22.84}$$

的非交换畸变，分析模糊球 S_θ^2 的几何. 上式表明 S^2 为 SU(2) 群作用的陪集空间，可在其上实现 SU(2) 群的相干态表示. SU(2) 群流形 G 可用二维幺正矩阵实现

$$G = \left\{ g = \begin{pmatrix} \alpha & \beta \\ -\bar{\beta} & \bar{\alpha} \end{pmatrix}, |\alpha|^2 + |\beta|^2 = 1 \right\} \tag{22.85}$$

其子群 $H = \left\{ \begin{pmatrix} \alpha & 0 \\ 0 & \bar{\alpha} \end{pmatrix} \right.$ 与 U(1) 群同构.

为对群 G 的表示矩阵进行高斯分解，可将 $G = \mathrm{SU}(2)$ 嵌入在复化群 $G^c = \mathrm{SL}(2,\mathbb{C})$：

$$\mathrm{SL}(2,\mathbb{C}) = \left\{ g = \begin{pmatrix} \alpha & \beta \\ \gamma & \delta \end{pmatrix}, \det g = 1 \right\} \tag{22.86}$$

可对 SL(2,ℂ) 作高斯分解：

$$g = \begin{pmatrix} \alpha & \beta \\ \gamma & \delta \end{pmatrix} = z_+ h z_- = b_+ z_- = z_+ b_- \tag{22.87}$$

其中

$$z_+ = \begin{pmatrix} 1 & \zeta \\ 0 & 1 \end{pmatrix}, \qquad h = \begin{pmatrix} \epsilon^{-1} & 0 \\ 0 & \epsilon \end{pmatrix}, \qquad z_- = \begin{pmatrix} 1 & 0 \\ z & 1 \end{pmatrix}$$

$$\zeta = \zeta(g) = \beta\delta^{-1}, \qquad \epsilon = \epsilon(g) = \delta, \qquad z = z(g) = \gamma\delta^{-1} \tag{22.88}$$

其中上(下)三角矩阵群

$$B_\pm = \{b_\pm\},\qquad b_+ = \begin{pmatrix}\delta^{-1} & \beta\\ 0 & \delta\end{pmatrix},\qquad b_- = \begin{pmatrix}\delta^{-1} & 0\\ \gamma & \delta\end{pmatrix} \tag{22.89}$$

为 G^c 的最大可解(solvable)子群,称上(下)Borel 群,而 $Z_\pm = \{z_\pm\}$ 称 G^c 的最大幂零(nilpotent)子群. 而群 G^c 相对其 Borel 子群 $B_\pm$ 的陪集

$$X_+ = G^c/B_- \sim X_- = G^c/B_+ \tag{22.90}$$

同构于复平面$\mathbb{C}$. 利用表示的幺正性易证

$$|\epsilon(g)|^2 = (1+|z(g)|^2)^{-1} = (1+|\zeta(g)|^2)^{-1} \tag{22.91}$$

由于高斯分解是惟一的,群 G^c 对 X_+(对 X_- 可类似分析)的作用很易由高斯分解得到

$$gz_+ = \begin{pmatrix}\alpha & \beta\\ \gamma & \delta\end{pmatrix}\begin{pmatrix}1 & \zeta\\ 0 & 1\end{pmatrix} = \begin{pmatrix}\alpha & \alpha\zeta+\beta\\ \gamma & \gamma\zeta+\delta\end{pmatrix} = z'_+ h' z'_-$$

即群元 $g = \begin{pmatrix}\alpha & \beta\\ \gamma & \delta\end{pmatrix}$ 引起陪集空间 X_+ 的变换

$$g:\zeta \to \zeta' = (\alpha\zeta+\beta)(\gamma\zeta+\delta)^{-1} \tag{22.92}$$

注意此变换仅含 $\alpha,\beta,\gamma,\delta$,而不含其复共轭,故为复变量 ζ 的解析变换,可藉助解析函数性质进行分析.

陪集空间

$$G/H \cong S^2 \simeq X_\pm U\{\infty\} \tag{22.93}$$

此空间中任意元素均可用 3 维单位矢量

$$\boldsymbol{n} = (\sin\theta\cos\varphi, \sin\theta\sin\varphi, \cos\theta) \tag{22.94}$$

表示. 矢量 $\boldsymbol{b}$ 与 z 轴及 $\boldsymbol{n}$ 矢垂直,将空间绕轴 $\boldsymbol{b}$ 转动 θ 角可将沿 z 轴单位矢量 $\boldsymbol{n}_z$ 转为 $\boldsymbol{n}$ 矢,转动矩阵可写为

$$g_b = \exp\left\{\mathrm{i}\frac{\theta}{2}(-\sin\varphi\sigma_1 + \cos\varphi\sigma_2)\right\} = \begin{pmatrix}\cos\frac{\theta}{2} & -\sin\frac{\theta}{2}\mathrm{e}^{-\mathrm{i}\varphi}\\ \sin\frac{\theta}{2}\mathrm{e}^{\mathrm{i}\varphi} & \cos\frac{\theta}{2}\end{pmatrix}$$

$$= \frac{1}{\sqrt{1+|\zeta|^2}}\begin{pmatrix}1 & \zeta\\ -\bar{\zeta} & 1\end{pmatrix},\qquad \zeta = -\tan\frac{\theta}{2}\mathrm{e}^{-\mathrm{i}\varphi} \tag{22.95}$$

复参数 ζ 相当于对球面上点作极射投影,建立球面与复平面间共形同构对应,使对

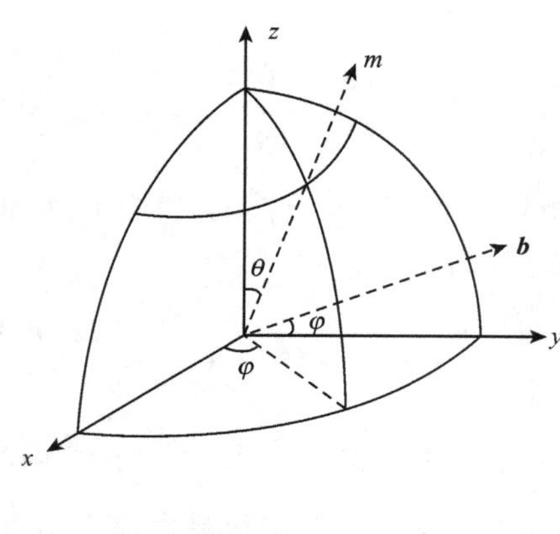

图 22.1

球面 S^2 引入复坐标. $S^2 \simeq \mathrm{cp}^1$ 为一维复流形，是 SU(2) 群作用的齐性空间，可利用 SU(2) 群的幺正不可约表示 $T(g)$ 建立陪集 S^2 的相干态表示，称自旋相干态.

SU(2) 群的生成元，su_2 李代数的基底 $\{J_a\}_1^3$ 满足

$$[J_a, J_b] = \mathrm{i}\epsilon_{abc}J_c \tag{22.96}$$

令

$$J_\pm = J_x \pm \mathrm{i}J_y$$

上对易关系可表为

$$[J_z, J_\pm] = \pm J_\pm, \quad [J_+, J_-] = 2J_z \tag{22.97}$$

而 Casimir 算子

$$J^2 = \frac{1}{2}(J_+J_- + J_-J_+) + J_z^2 = J_+J_- + J_z(J_z - 1) \tag{22.98}$$

由群表示论知 SU(2) 群的任意幺正不可约表示 $T(g)$ 可用半整数 j 标志

$$T(g) = T^j(g), \quad \dim T^j = 2j + 1$$

可用相互对易的 (J^2, J_z) 的共同本征态 $|j,\mu\rangle$ 作为表示 $T^j(g)$ 的表示空间基底

$$J_z|j,\mu\rangle = \mu|j,\mu\rangle, \qquad \boldsymbol{J}^2|j,\mu\rangle = j(j+1)|j,\mu\rangle \tag{22.99}$$

$$\{|j,\mu\rangle\}, \; -j \leqslant \mu \leqslant j$$

张成 SU(2) 群 $(2j+1)$ 维不可约表示 Hilbert 空间 $\mathscr{H}^j$ 的基底. 而 $J_\pm$ 起阶标算子作用

$$J_+|j,\mu\rangle = \sqrt{(j+\mu+1)(j-\mu)}\,|j,\mu+1\rangle \tag{22.100}$$

$$J_-|j,\mu\rangle = \sqrt{(j-\mu+1)(j+\mu)}\,|j,\mu-1\rangle$$

即

$$J_-|j,-j\rangle = 0$$

可得

$$|j,\mu\rangle = \left(\frac{(j-\mu)!}{(j+\mu)!(2j)!}\right)(J_+)^{j+\mu}|j,-j\rangle \tag{22.101}$$

选 $|\psi_0\rangle \in \mathscr{H}^j$ 为 $(2j+1)$ 维表示 $\mathscr{H}^j$ 中某固定矢量，通过转动矩阵 $T^j(g_b)$ 作用得自旋相干态

$$|\boldsymbol{n}\rangle = T^j(g_b)|\psi_0\rangle, \quad T^j(g_b) = \mathrm{e}^{\mathrm{i}\theta\boldsymbol{b}\cdot\boldsymbol{J}}, \qquad 0 \leqslant \theta < \pi$$

其中 $T^j(g_b)$ 为作用在陪集空间 S^2 上迁移矩阵,按上节记号也可记为

$$D(\boldsymbol{n}) = T^j(g_b) = e^{\xi J_+ - \bar{\xi} J_-} \tag{22.102}$$

满足

$$D(\boldsymbol{n}_1)D(\boldsymbol{n}_2) = D(\boldsymbol{n}_z)\exp\{iA(\boldsymbol{n}_1,\boldsymbol{n}_2,\boldsymbol{n}_z)J_z\} \tag{22.103}$$

其中 $A(\boldsymbol{n}_1,\boldsymbol{n}_2,\boldsymbol{n}_z)$ 为球面 S^2 上以 $\boldsymbol{n}_1,\boldsymbol{n}_2,\boldsymbol{n}_z$ 为顶点的测地三角形的面积.

可选任意矢量 $|j,\mu\rangle$ 作为固定矢量 $|\psi_0\rangle$,所得相干态相互等价. 但是取 $\mu=\pm j$ 的最高(低)权矢,Casimir 算子 $\boldsymbol{J}^2$ 的色散 $\langle\Delta\boldsymbol{J}^2\rangle$ 最小,故由 $|j,+j\rangle$ 决定的相干态体系是最稳定的相干态. 以下选 $|\psi_0\rangle=|j,-j\rangle$ 作为固定基矢,分析

$$|\boldsymbol{n}\rangle = T(g_b)|j,-j\rangle = T(z_+)T(h)T(z_-)|j,-j\rangle = e^{i\varphi}NT(z_+)|j,-j\rangle$$

其中 N 为归一因子. 即选归一相干态

$$|\zeta\rangle = N|\zeta)$$

其中 $|\zeta)$ 记约化相干态

$$\begin{aligned}|\zeta) &= T(z_+)|j,-j\rangle = e^{\zeta J_+}|j,-j\rangle \\ &= \sum_\mu\left(\frac{(2j)!}{(j+\mu)!(j-\mu)!}\right)^{\frac{1}{2}}\zeta^{j+\mu}|j,\mu\rangle\end{aligned} \tag{22.104}$$

$$N = (1+|\zeta|^2)^{-j} \tag{22.105}$$

即

$$|\zeta\rangle = \sum_{\mu=-j}^{j} u_\mu(\zeta)|j,\mu\rangle$$

$$u_\mu(\zeta) = \left(\frac{(2j)!}{(j+\mu)!(j-\mu)!}\right)^{\frac{1}{2}}(1+|\zeta|^2)^{-j}\zeta^{j+\mu} \tag{22.106}$$

利用球面的极射投影 $\zeta=-\tan\frac{\theta}{2}e^{-i\varphi}$,上式也可记为

$$|\zeta(\theta,\varphi)\rangle = \sum_{\mu=-j}^{j} u_\mu(\theta,\varphi)|j,\mu\rangle$$

$$\begin{aligned}u_\mu(\theta,\varphi) &= \left(\frac{(2j)!}{(j+\mu)!(j-\mu)!}\right)^{\frac{1}{2}}\left(-\sin\frac{\theta}{2}\right)^{j+\mu}\left(\cos\frac{\theta}{2}\right)^{j-\mu}e^{-i(j+\mu)\varphi} \\ &= d^j_{\mu,-j}(\theta)e^{-i(j+\mu)\varphi}\end{aligned} \tag{22.107}$$

1) 相干态 $|\zeta\rangle$ 是局域自旋本征态,故称自旋相干态.

由于 $J_z|j,-j\rangle=-j|j,-j\rangle$,而

$$D(\boldsymbol{n})J_zD(\boldsymbol{n})^{-1} = \boldsymbol{n}\cdot\boldsymbol{J} = J_r$$

$$J_r|\zeta\rangle = -j|\zeta\rangle \tag{22.108}$$

注意相干态$|\zeta\rangle$不再是固定基"湮没算子"J_-的本征态,由(22.106)式易证

$$J_-|\zeta\rangle = \zeta(j - J_z)|\zeta\rangle$$
$$J_+|\zeta\rangle = \zeta^{-1}(j + J_z)|\zeta\rangle \tag{22.109}$$

在S^2上各点$\zeta=\zeta(\theta,\varphi)$可取活动标架局域基

$$J_r = \boldsymbol{n}\cdot\boldsymbol{J} = \sin\theta\cos\varphi J_x + \sin\theta\sin\varphi J_y + \cos\theta J_z$$
$$= \frac{1}{2}\sin\theta(\mathrm{e}^{-\mathrm{i}\varphi}J_+ + \mathrm{e}^{\mathrm{i}\varphi}J_-) + \cos\theta J_z$$
$$e_\theta = \frac{1}{2}\cos\theta(\mathrm{e}^{-\mathrm{i}\varphi}J_+ + \mathrm{e}^{\mathrm{i}\varphi}J_-) - \sin\theta J_z$$
$$e_\varphi = \frac{1}{2\mathrm{i}}(\mathrm{e}^{-\mathrm{i}\varphi}J_+ - \mathrm{e}^{\mathrm{i}\varphi}J_-) \tag{22.110}$$

$\{J_r,e_\theta,e_\varphi\}$组成$S^2$各点局域活动标架,$e_\theta,e_\varphi$是球面各点切场的局域基

$$e_\theta,e_\varphi \in \mathscr{X}(S^2),\qquad \text{而 } J_r \notin \mathscr{X}(S^2)$$

由(e_θ,e_φ)可组成

$$e_\pm = e_\theta \pm \mathrm{i}e_\varphi = \cos^2\frac{\theta}{2}\mathrm{e}^{\mp\mathrm{i}\varphi}J_\pm - \sin^2\frac{\theta}{2}\mathrm{e}^{\pm\mathrm{i}\varphi}J_\mp - \sin\theta J_z \tag{22.111}$$

易证

$$e_-|\zeta\rangle = 0 \tag{22.112}$$

即相干态$|\zeta\rangle$为最稳定的局域基态.

2) 相干态$|\zeta\rangle$是Hilbert空间$\mathscr{H}^j$的$(2j+1)$个态的叠加,满足过完备、非正交条件

$$\int \mathrm{d}\mu_j(\zeta)|\zeta\rangle\langle\zeta| = 1,\quad \mathrm{d}\mu_j(\zeta) = \frac{2j+1}{\pi}\frac{\mathrm{d}^2\zeta}{(1+|\zeta|^2)^2} \tag{22.113}$$

$$\langle\xi|\zeta\rangle = (1+|\xi|^2)^{-j}(1+|\zeta|^2)^{-j}(1+\bar{\xi}\zeta)^{2j} \tag{22.114}$$

3) 相干态$|\zeta\rangle$是使Casimir算子具最小色散的稳定态,满足

$$(J_- + 2\zeta J_z - \zeta^2 J_+)|\zeta\rangle = 0 \tag{22.115}$$

$$\langle\Delta\boldsymbol{J}^2\rangle = \langle\boldsymbol{J}^2\rangle - (\langle J_+\rangle\langle J_-\rangle + \langle J_z\rangle^2) = j \tag{22.116}$$

下面分析模糊球S_θ^2,它是通常2维球面的自洽地畸变,其上函数代数$A=A(S_\theta^2)$由S_θ^2的互不变换"坐标"$\{x_a\}_1^3$生成,它们满足下面关系:

$$[x_a,x_b] = i\theta\in_{abc}x_c,\qquad \sum_{a=1}^{3}x_a^2 = r^2 \tag{22.117}$$

常参数θ标志坐标的不可交换性,r表示3个坐标非线性独立,存在一平方约束关系,使整个模糊球S_θ^2存在SO(3)转动对称性. r相当于模糊球S_θ^2的半径. 注意由坐标$\{x_a\}$生成的模糊球代数$A=A(S_\theta^2)$为不可交换代数.

如何对非交换几何 S_θ^2 引入类似于通常微分几何中切场、微分形式等概念. 我们熟悉通常流形 M 上向量丛 $\mathscr{V}(M)$ 的截面集合是一无穷维向量空间,向量丛任意截面 $V(x)\in\mathscr{V}(M)$ 乘以 M 上任意函数 $f(x)\in\mathscr{F}(M)$(逐点乘)仍为一截面,即向量丛截面集合是 $\mathscr{F}$ 模. 如果向量丛 $\mathscr{V}(M)$ 是流形 M 上 N 秩平庸丛

$$\mathscr{V}(M)\sim M\times\mathbb{R}^N$$

则向量丛 $\mathscr{V}(M)$ 称为自由模(free module),这时 $\mathscr{V}(M)$ 的截面集合同构于 $\mathscr{F}(M)^N$,每截面可用 N 个函数 $f_i(x)$ 表示. 存在 Serre-Swan 定理:任意向量丛都能嵌入在高秩平庸丛中,成为其投射模(projective module). 李群流形均为可平行化流形,其切丛为自由模,而 S^2 流形不是可平行化流形,S^2 上没有处处非零的切向量场. 切场集合非自由模,仅为投射模. S^2 流形为 SU(2) 群作用的齐性陪集空间,可将 S^2 的切丛嵌入在 SU(2) 切丛中,作为其投射丛进行研究,可通过 SU(2) 相干态来实现 S^2 上活动标架表示.

模糊球代数 $A(S_\theta^2)$ 为不可交换可结合代数,作用于代数 A 上的线性算子 $\delta:A\to A$,如满足 Leibniz 规则:

$$\delta(ab)=(\delta a)b+a\delta b \tag{22.118}$$

则称 δ 为代数 A 的导子(derivative),用 $\mathrm{Der}(S_\theta^2)$ 表示代数 $A(S_\theta^2)$ 的所有导子集合,易证导子的对易子仍为导子,即导子集合形成李代数.

由于代数 $A=A(S_\theta^2)$ 不可交换,A 中任意元素 $a\in A$,由

$$ad_aA=[a,A] \tag{22.119}$$

定义的 A 上线性算子 ad_a 满足 Leibniz 规则,

$$ad_a\in\mathrm{Der}(S_\theta^2)$$

称为代数 A 的内导子. 不能由(22.119)方式定义的导子称为外导子.

模糊球代数 $A(S_\theta^2)$ 的生成元 $\{x_a\}$ 满足(22.117)式,可引入代数 A 的内导子 $e_a=ad_{x_a/\theta}$,

$$e_aA=\theta^{-1}[x_a,A] \tag{22.120}$$

易证它们满足

$$[e_a,e_b]=\mathrm{i}\epsilon_{abc}e_c \tag{22.121}$$

此关系与 su_2 李代数 $\{J_a\}$ 间关系(22.96)同构. $\{e_a\}$ 称为 $A(S_\theta^2)$ 上内导子的局域基,可如(22.110)选 $\{J_r,e_\theta,e_\varphi\}$ 为局域活动标架.

下面利用 SU(2) 群的所有幺正不可约表示来实现模糊球代数 $A(S_\theta^2)$ 上导子的相干态表示. 注意非交换代数 $A(S_\theta^2)$ 与通常交换代数 $A(S^2)$ 作为线性空间相互同构,仅乘法规则不同. 选球面上球谐函数 $y_m^l(\theta,\varphi)$ $(0\leqslant l<j)$ 作为基函数,利用相干

态的单位分解式(22.113),可得作用于 Hilbert 空间 $\mathscr{H}^j$ 上线性算子

$$\hat{Y}^l_m = \frac{2j+1}{4\pi}\int d\Omega y^l_m(\theta,\varphi) \mid \zeta(\theta,\varphi)\rangle\langle\zeta(\theta,\varphi)\mid, \quad d\Omega = \sin\theta d\theta d\varphi \tag{22.122}$$

可取算子 $\hat{Y}^l_m$ 在 $\mathscr{H}^j$ 的基矢组$\{|j,\mu\rangle\}$间矩阵元,即取算子 $\hat{Y}^l_m$ 在 Hilbert 空间 $\mathscr{H}^j$ 的矩阵表示

$$(\hat{Y}^l_m)_{\mu,\nu} = \langle j,\mu \mid \hat{Y}^l_m \mid j,\nu\rangle = a_{j,l}(-1)^{l-j+\nu}\sqrt{2j+1}\begin{pmatrix} j & l & j \\ \mu & m & \nu \end{pmatrix} \tag{22.123}$$

其中$\begin{pmatrix} j_1 & j_2 & j_3 \\ m_1 & m_2 & m_3 \end{pmatrix}$为 Wigner $3j$ 符号,而

$$a_{j,l} = (-1)^l\sqrt{2j+1}\begin{pmatrix} j & l & j \\ -j & 0 & j \end{pmatrix} = (-1)^l\left(\frac{(2j+1)!}{(2j+l+1)!(2j-l)!}\right)^{\frac{1}{2}} \tag{22.124}$$

注意到

$$\sum_{l=0}^{j}(2l+1) = (2j+1)^2$$

这样我们用$(2j+1)\times(2j+1)$矩阵$(\hat{Y}^l_m)_{\mu,\nu}$来实现作用于 Hilbert 空间 $\mathscr{H}^j$ 上$(2j+1)^2$ 个线性算子$\hat{Y}^l_m(m=-l,\cdots,l;l=0,\cdots,j)$.

上面我们利用球谐函数组$\{y^l_m(\theta,\varphi)\}$作为算子 $\hat{Y}^l_m$ 的 P 象征,由它得到作用于 $\mathscr{H}^j$ 上的基本线性算子组$\{\hat{Y}^l_m\}$. 下面进一步可求此算子在相干态表象中对角矩阵元,得到相应算子 $\hat{Y}^l_m$ 的 Q 象征

$$\begin{aligned}\tilde{y}^l_m(\theta,\varphi) &= \langle\xi(\theta,\varphi)\mid \hat{Y}^l_m \mid \xi(\theta,\varphi)\rangle \\ &= \frac{2j+1}{4\pi}\int d\Omega(\theta',\varphi')y^l_m(\theta',\varphi')\langle\xi(\theta,\varphi)\mid\zeta(\theta',\varphi')\rangle\langle\zeta(\theta',\varphi')\mid\xi(\theta,\varphi)\rangle \\ &= a^2_{j,l}y^l_m(\theta,\varphi)\end{aligned} \tag{22.125}$$

即算子的 Q 象征 $\tilde{y}^l_m(\theta,\varphi)$与 P 象征 $y^l_m(\theta,\varphi)$可差常系数线性因子.

(22.123)式实现算子 $\hat{Y}^l_m$ 的矩阵表示,利用算子的矩阵表示,可得算子的乘法规则. 可利用算子的乘积的象征决定算子象征间 Moyal * 积:

$$\begin{aligned}\tilde{y}^{l_1}_{m_1} * \tilde{y}^{l_2}_{m_2}(\theta,\varphi) &= \langle\xi(\theta,\varphi)\mid \hat{Y}^{l_1}_{m_1}\hat{Y}^{l_2}_{m_2}\mid\xi(\theta,\varphi)\rangle \\ &= \frac{2j+1}{4\pi}\int d\Omega(\theta',\varphi')\langle\xi(\theta,\varphi)\mid\hat{Y}^{l_1}_{m_1}\mid\zeta(\theta',\varphi')\rangle.\end{aligned}$$

$$\langle\zeta(\theta',\varphi')\mid \hat{Y}_{m_2}^{l_2}\mid \xi(\theta,\varphi)\rangle$$
$$=\sum_{l,m}(-1)^{l_1+l_2-m}a_{j,l_1}a_{j,l_2}a_{j,l}^{-1}(2l+1).$$
$$\begin{pmatrix} l_1 & l_2 & l \\ m_1 & m_2 & -m \end{pmatrix}\begin{Bmatrix} l_1 & l_2 & l \\ j & j & j \end{Bmatrix}\tilde{y}_m^l(\theta,\varphi) \tag{22.126}$$

其中$\begin{Bmatrix} l_1 & l_2 & l \\ j & j & j \end{Bmatrix}$为 Racah 6$j$ 符号. 下面我们对算子 $\hat{Y}_m^l$ 选 Weyl 象征

$$Y_m^l(\theta,\varphi)=a_{j,l}^{-1}\tilde{y}_m^l(\theta,\varphi) \tag{22.127}$$

则算子 $\hat{Y}_m^l$ 的 Weyl 象征 $Y_m^l(\theta,\varphi)$间 Moyal ∗ 积为

$$Y_{m_1}^{l_1}*Y_{m_2}^{l_2}(\theta,\varphi)=\sum_{l,m}(-1)^{l_2-l_1-m}(2l+1).$$
$$\begin{pmatrix} l_1 & l_2 & l \\ m_1 & m_2 & -m \end{pmatrix}\begin{Bmatrix} l_1 & l_2 & l \\ j & j & j \end{Bmatrix}Y_m^l(\theta,\varphi) \tag{22.128}$$

这样建立了模糊球 S_θ^2 上不可交换代数 $A(S_\theta^2)$间乘法规则,且可利用 Moyal ∗ 积的对易子,引入作用于 $A(S_\theta^2)$上的内导子$\{J_a,a=+,-,z\}$

$$J_aY_m^l(\theta,\varphi)=\sqrt{\frac{j(j+1)(2j+1)}{3}}[Y_a^{1*},Y_m^l](\theta,\varphi) \tag{22.129}$$

由(22.128)式可算得

$$J_\pm Y_m^l(\theta,\varphi)=\sqrt{(l\pm m+1)(l\mp m)}Y_{m\pm1}^l(\theta,\varphi) \tag{22.130}$$
$$J_zY_m^l(\theta,\varphi)=mY_m^l(\theta,\varphi)$$

我们知道自旋相干态为局域自旋 J_r 的本征态. (22.110)式用$\{J_r,e_\theta,e_\varphi\}$组成局域活动标架,这时法矢 J_r 与表示空间 $\mathscr{H}$ 的自旋指标 j 相关

$$J_r\mid\zeta(\theta,\varphi)\rangle=-j\mid\zeta(\theta,\varphi)\rangle$$

使 J_r 与 $A(S_\theta^2)$中所有算子 $\hat{Y}_m^l$ 相对易.

2 维球面 S^2 切丛非自由模,当将陪集空间 $S^2=G/H$ 提升嵌入到群流形,$\{J_\pm,J_z\}$与$\{e_\pm,J_r\}$形成在 SU(2)群流形上左右作用标架算子. 引入 SU(2)群流形上含 3 个欧勒角的 D 函数,$\{e_\pm,J_r\}$为活动标架右作用算子

$$e_\pm D_{m,\mu}^l(\alpha,\beta,\gamma)=\sqrt{(l\pm\mu+1)(l\mp\mu)}D_{m,\mu\pm1}^l(\alpha,\beta,\gamma) \tag{22.131}$$
$$J_rD_{m,\mu}^l(\alpha,\beta,\gamma)=\mu D_{m,\mu}^l(\alpha,\beta,\gamma)$$

这里我们虽将右作用算子写在 D 函数的左边,但它仅作用在 D 函数的右下指标. 利用 Moyal ∗ 积,可将上两式写成作用于 D 象征上的内导子

$$e_a D^l_{m,\mu} = [D^{1*}_{0,a}, D^l_{m,\mu}]\sqrt{\frac{j(j+1)(2j+1)}{3}} = \theta^{-1}[\hat{x}^*_a, D^l_{m,\mu}] \qquad (22.132)$$

模糊球 S^2_θ 有两独立自由度，一般可选活动标架中 $\hat{x}_\pm$ 为模糊球 S^2_θ 上两独立局域坐标，注意到

$$e_- |\xi(\theta,\varphi)\rangle = 0, \quad e^{2j+1}_+ |\zeta(\theta,\varphi)\rangle = 0 \qquad (22.133)$$

即 $\hat{x}_\pm$ 均有零模，无相应的逆算子. 但对 Hilbert 空间 $\mathscr{H}^j$ 中任意态矢，在 $\hat{x}_-$ 作用后，$\sqrt{\hat{x}_-\hat{x}_+}$ 有逆，即存在算子

$$T = \frac{1}{\sqrt{\hat{x}_-\hat{x}_+}}\hat{x}_-, \quad \bar{T} = \frac{1}{\sqrt{\hat{x}_+\hat{x}_-}}\hat{x}_+ \qquad (22.134)$$

易证

$$\begin{aligned} T|j,\mu\rangle &= |j,\mu-1\rangle(1-\delta_{\mu,-j}) \\ \bar{T}|j,\mu\rangle &= |j,\mu+1\rangle(1-\delta_{\mu,j}) \end{aligned} \qquad (22.135)$$

即

$$\begin{aligned} T\bar{T} &= 1 - |j,j\rangle\langle j,j| = 1 - P_j \\ \bar{T}T &= 1 - |j,-j\rangle\langle j,-j| = 1 - P_{-j} \end{aligned} \qquad (22.136)$$

于是可证

$$T\bar{T}T = T, \bar{T}T\bar{T} = \bar{T} \qquad (22.137)$$

T 与 $\bar{T}$ 称为 Toeplitz 算子，它们在组成类孤子解时起重要作用.

§22.5　磁场中电子气体　磁平移 磁 Brillouin 区　IQHE 的拓扑理论

2 维平面自由电子气体，在垂直平面方向加外磁场 B. 低温强磁场，电子自旋自由度被冻结. 正如 §22.1 例 2(6) ~ (9) 分析，选对称规范

$$A_i = -\frac{1}{2}B\epsilon_{ij}x^j \qquad (22.138)$$

$$\pi_x = -i\hbar\partial_x - \frac{e}{2c}By, \quad \pi_y = -i\hbar\partial_y + \frac{e}{2c}Bx \qquad (22.139)$$

引入无量纲的复坐标

$$z = (x+iy)/\sqrt{2}l_B, \quad \bar{z} = (x-iy)/\sqrt{2}l_B \qquad (22.140)$$

及互为厄米共轭的算子

$$a = \frac{1}{\sqrt{2}}(z+\bar{\partial}), \quad a^\dagger = \frac{1}{\sqrt{2}}(\bar{z}-\partial), \quad \partial \equiv \frac{\partial}{\partial z} = \frac{l_B}{\sqrt{2}}\left(\frac{\partial}{\partial x} - i\frac{\partial}{\partial y}\right) \qquad (22.141)$$

满足

$$[a, a^{\dagger}] = 1 \tag{22.142}$$

于是体系哈密顿量

$$H = \frac{1}{2m}\boldsymbol{\pi}^2 = \hbar\omega_c\left(a^{\dagger}a + \frac{1}{2}\right) \tag{22.143}$$

选基态$|0\rangle$满足：$a|0\rangle = 0, \langle 0|0\rangle = 1$

$$|n\rangle = \frac{1}{\sqrt{n!}}(a^{\dagger})^n|0\rangle$$

$$H|n\rangle = E_n|n\rangle, \quad E_n = \hbar\omega_c\left(n + \frac{1}{2}\right) \tag{22.144}$$

能级取离散值，称 Landau 能级.

在均匀磁场，体系具有平移对称性，故 Landau 能级无穷简并. 为分析 Landau 能级的简并性，需分析与哈密顿量 H 交换的算子. 可引入与 $\boldsymbol{\pi}$ 复共轭的磁平移算子 $\boldsymbol{P}$

$$\boldsymbol{P} = \boldsymbol{P} - \frac{e}{c}\boldsymbol{A}, \qquad \boldsymbol{\pi} = \boldsymbol{P} + \frac{e}{c}\boldsymbol{A} \tag{22.145}$$

易证

$$[\pi_i, P_j] = 0, \qquad [H, \boldsymbol{P}] = 0$$

$$[P_x, P_y] = -[\pi_x, \pi_y] = \mathrm{i}\hbar\frac{eB}{c} \tag{22.146}$$

在对称规范(22.138)，相当于选电子回旋轨道中心坐标

$$x_0 = x - \frac{c}{eB}\pi_y = \frac{x}{2} - \frac{c}{eB}P_y = -\frac{c}{eB}P_y \tag{22.147}$$

$$y_0 = y + \frac{c}{eB}\pi_x = \frac{y}{2} + \frac{c}{eB}P_x = \frac{c}{eB}P_x$$

$$[x_0, y_0] = \mathrm{i}\hbar\frac{c}{eB} = \mathrm{i}l_B^2 \tag{22.148}$$

即(22.10). 轨道中心坐标与 H 对易正体现了体系的空间均匀性. 可将它们重新组合用无量纲复参数表示为

$$b = \frac{1}{\sqrt{2}}(\bar{z} + \partial), \quad b^{\dagger} = \frac{1}{\sqrt{2}}(z - \bar{\partial}) \tag{22.149}$$

满足

$$[b, b^{\dagger}] = 1, \quad [b, H] = [b^{\dagger}, H] = 0 \tag{22.150}$$

平面角动量算子

$$J = -\mathrm{i}x^i \epsilon_{ij} \partial_j = b^\dagger b - a^+ a$$

与 H 对易,可选它们的共同态. 基态满足

$$a | 0\rangle = b | 0\rangle = 0, \qquad \langle 0 | 0\rangle = 1$$

的解

$$\psi_0(z) = \frac{1}{\sqrt{\pi}} \mathrm{e}^{-|z|^2/2} \tag{22.151}$$

激发态

$$\psi_{nl} = \frac{b^{\dagger n+l}}{\sqrt{(n+l)!}} \frac{a^{\dagger n}}{\sqrt{n!}} \psi_0 = \sqrt{\frac{n!}{\pi(n+l)!}} z^l L_n^l(|z|^2) \mathrm{e}^{-|z|^2/2} \tag{22.152}$$

其中 $L_n^l(x)$ 为推广的 Laguerre 多项式. $n \geqslant 0, l+n \geqslant 0$. 对于无穷大样品,对于固定的 Landau 能级,相对角动量 $b^\dagger$ 的激发,为无限简并,而单位面积的简并度

$$d_A = \frac{eB}{hc} = \frac{1}{2\pi l_B^2} \tag{22.153}$$

当样品的面积为 S,通过样品的总磁通 $\Phi = BS$,这时该样品 Landau 能级的总简并度为

$$N_B = \frac{eBS}{hc} = \Phi / \varphi_0 \tag{22.154}$$

其中 $\varphi_0 = \dfrac{hc}{e}$ 称磁通量子.

下面分析 Hall 效应,如图 22.2 所示一块(半)导体样品,在 z 方向加磁场 B,在 $-x$ 方向加电场 E_x,使电子(具电荷 $-e<0$)沿 x 方向运动,速度为 v,电子还受 Lorentz 力

$$\boldsymbol{F} = -e\left(\boldsymbol{E} + \frac{1}{c} \boldsymbol{v} \times \boldsymbol{B}\right)$$

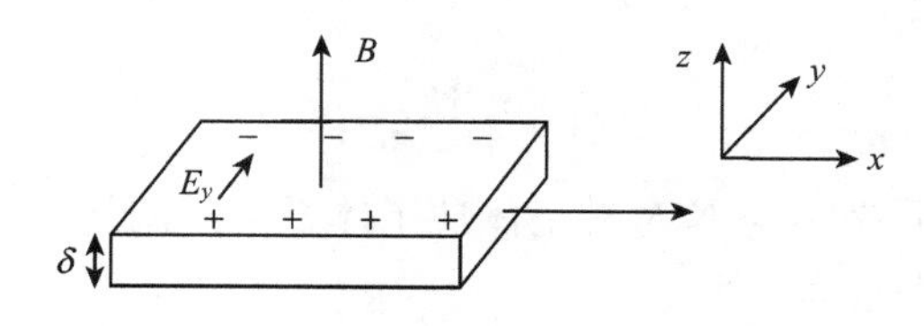

图 22.2

带负荷的电子将向正 y 轴运动,使正负电荷分别在样品边缘堆积,最后会建立稳定状态使 y 方向产生电势差 V,产生电场 $E_y > 0$. 达到稳态时,$F_y = 0, E_y = \dfrac{1}{c} vB$.

设样品单位体积的电子数为 n,则样品电流密度

$$J_x = -n\delta ev = \sigma_{xx}E_x + \sigma_{xy}E_y \tag{22.155}$$

故样品横向电导率

$$\sigma_{xy} = \frac{J_x}{E_y} = -\frac{n\delta ec}{B} \tag{22.156}$$

这现象 1879 年被 Hall 发现,称 Hall 效应. 如样品(半导体)中载流子带正电荷,则样品两侧电势差 V 改号,Hall 电导率 σ_{xy} 改号. 故常利用 Hall 效应判断半导体的类型.

电子气体为费米子,服从费米统计,电子先占据最低能级,在低温 $T=0$ 时,电子从最低能级一直填到费米能级 E_F,在 E_F 以下各能级均被填满.

当外加强磁场,电子能级分裂,设样品面积为 S,每 Landau 能级的简并度为

$$N_B = \frac{S}{2\pi l_B^2} = \frac{eBS}{hc} = \Phi/\varphi_0 \tag{22.157}$$

$\Phi = BS$ 为通过样品的总磁通,$\varphi_0 = \dfrac{hc}{e}$为磁通量子. 而样品中自由电子总数 $N = n\delta S$,这么多电子可填充 Landau 能级数

$$\nu = \frac{N}{N_B} = \frac{n\delta hc}{eB} \tag{22.158}$$

称为 Landau 能级填充因子. 当增强磁场时,每 Landau 能级简并度增大,填充因子减小. 而由(22.156)式知 Hall 电导率(不计负号)也随之减小,可表示为

$$\sigma_{xy} = \frac{n\delta ec}{B} = \nu\frac{e^2}{h} \tag{22.159}$$

即 Hall 电导会随着填充因子成比例下降.

1980 年 Klitzing[48] 在 MOS 场效应管(metal-oxide silicon field effect transistors)的特殊界面上,把电子约束在约 50nm 的薄层内,把温度降到 1.5K,逐步增强垂直磁场 B(>1 T),随着磁场 B 增大,L 能级的简并度 N_B 增大,使填充因子 ν 下降,而在 ν 经过 4,3,2,1 等整数时,即在 L 能级处于正好填满时,发现 Hall 电导 σ_{xy} 相对 B 的变化保持不变,呈现出一个小平台,同时纵向电阻突然降低到接近于零. 这种量子化现象称为整数量子 Hall 效应(IQHE).

$$\sigma_{xy} = \nu/R_H, \quad R_H = \frac{h}{e^2} \tag{22.159a}$$

R_H 称为 Hall 电阻,为普适常数,QHE 实验测量精度可高达 10^{-8} 以上,从 1990 年 1 月开始,这是国际标准局最新标准电阻

$$R_{\rm H} = 25812.80\Omega$$

当固定电子(载流子)数密度,随磁场增加,费米面 E_F 下降,达到某 L 能级 E_n 时,第 n L 能级刚好填满,使费米面上有一能隙,使低能量激发成不可能. 但由于实际样品中总存在一些杂质,它们会捕获电子成为局域态,局域态不参于导电,使 L 能级扩展为能带. 当增加磁场使费米面 E_F 降到位于两个 L 能级之间时,低于 E_F 的定域态中电子虽被填充,但它们不能作为载流子参于导电,此时磁场改变仅改变局域态的填充,不会改变 Hall 电导,使 Hall 电导出现平台,下面对此 IQHE 给以粗略理论分析,着重强调它与非交换几何关系.

在晶体中参于导电的电子气体处于背景周期势场中,其哈密顿量

$$H = \frac{1}{2m}(\boldsymbol{P} + \frac{e}{c}\boldsymbol{A}) + V(\boldsymbol{x}) \tag{22.160}$$

$V(\boldsymbol{x}) = V(x,y)$ 为周期势

$$V(x + a,y) = V(x,y) = V(x,y + b) \tag{22.161}$$

晶格平移对称性,观察量为准动量 k 的周期连续函数,由于 k 空间相对倒易点阵周期性,形成 Brillouin 区. 当外加磁场 B,会破坏原哈密顿量的平移对称性,使原 Brillouin 区改变,形成非交换 Brillouin 区,下面分析此问题.

选对称规范,$\boldsymbol{A} = \frac{1}{2}\boldsymbol{B}\times\boldsymbol{r}$,与哈密顿量对易的磁平移算子

$$\mathscr{P} = \boldsymbol{P} + \frac{e}{2c}\boldsymbol{r}\times\boldsymbol{B},\quad T_{\boldsymbol{x}} = \exp\left(\frac{\mathrm{i}}{\hbar}\boldsymbol{x}\cdot\mathscr{P}\right) \tag{22.162}$$

这时虽然 T_a 与 T_b 仍为守恒量

$$[H,T_a] = [H,T_b] = 0 \tag{22.163}$$

但二者相互不对易,它们仅实现平移群的投射表示

$$T_aT_b = T_bT_a\exp(2\pi\mathrm{i}\varphi/\varphi_0),\quad \varphi = abB \tag{22.164}$$

平移粒子绕闭回路一周,波函数要求增加相因子. 当 $\varphi/\varphi_0 = \lambda/\mu$,$\lambda$,$\mu$ 为互质整数,

$$T_{\mu a}T_b = T_bT_{\mu a}\exp(2\pi\mathrm{i}\mu\varphi/\varphi_0) = T_bT_{\mu a} \tag{22.165}$$

这时相互对易力学量完全集为 $\{H,T_{\mu a},T_b\}$,可找它们的共同本征函数

$$H\psi^n_{k_1k_2}(x,y) = E_n\psi^n_{k_1k_2}(x,y)$$

n 表示某 nL 能级.

$$T_{\mu a}\psi^n_{k_1k_2}(x,y) = \mathrm{e}^{\mathrm{i}k_1\mu a}\psi^n_{k_1k_2}(x,y)$$
$$T_b\psi^n_{k_1k_2}(x,y) = \mathrm{e}^{\mathrm{i}k_2b}\psi^n_{k_1k_2}(x,y) \tag{22.166}$$

设样品尺度为长 $L_1 = N_1a$,宽 $L_2 = N_2b$. 则准动量 k_1,k_2 可取下列离散值:

$$k_1 = \frac{2\pi}{N_1 a\mu}\kappa_1, \qquad \kappa_1 = 0,1,\cdots,N_1 - 1$$

$$k_2 = \frac{2\pi}{N_2 b}\kappa_2, \qquad \kappa_2 = 0,1,\cdots,N_2 - 1$$

由 Bloch 定理知这时波函数可表为被周期函数调幅的平面波,即可令

$$\psi^n_{k_1k_2}(x,y) = \mathrm{e}^{\mathrm{i}k_1x+\mathrm{i}k_2y}u^n_{k_1k_2}(x,y) \tag{22.167}$$

其中 $u^n_{k_1k_2}(x,y)$ 为以 μa 及 b 为周期的周期函数,易证

$$(\boldsymbol{P} + \frac{e}{c}\boldsymbol{A})\mathrm{e}^{\mathrm{i}\boldsymbol{k}\cdot\boldsymbol{x}}u = \mathrm{e}^{\mathrm{i}\boldsymbol{k}\cdot\boldsymbol{x}}(\boldsymbol{P} + \hbar\boldsymbol{k} + \frac{e}{c}\boldsymbol{A})u$$

故由 $H\psi^n_{k_1k_2} = E_n\psi^n_{k_1k_2}$ 可导出

$$H(k_1,k_2)u^n_{k_1k_2} = E_n u^n_{k_1k_2} \tag{22.168}$$

其中

$$H(k_1,k_2) = \frac{1}{2m}(\boldsymbol{P} + \hbar\boldsymbol{k} + \frac{e}{c}\boldsymbol{A})^2 + V \tag{22.169}$$

称为等效哈密顿量.

观察量为准动量 k 的矩阵值周期连续函数,仅需分析在第一 Brillouin 区情况,相当于 2 维环 T^2. 在加外磁场后,原平移群对称性被破坏,需分析其非交换几何,分析非交换磁 Brillouin 区(MBZ). 考虑低温,热力学极限,电子间互作用可忽略,碰撞弛豫时间很长,当费米面 E_F 处在 Landau 能级的能隙,可利用线性响应(linear response)近似计算电导. 可利用 Kubo 公式,它是基于标准的微扰论,将流密度看成外加电场的线性响应,其结果可用流流相关函数写出,可将 Hall 电导表示为

$$\sigma_{xy} = \frac{e^2\hbar}{\mathrm{i}}\sum_{E_\alpha<E_\mathrm{F}<E_\beta}\frac{(v_y)_{\alpha\beta}(v_x)_{\beta\alpha} - (v_x)_{\alpha\beta}(v_y)_{\beta\alpha}}{(E_\alpha - E_\beta)^2}, \qquad \alpha = (n,k_1,k_2) \tag{22.170}$$

其中 v 为与磁平移 $\mathscr{P}$ 交换的速度算子

$$m\boldsymbol{v} = -\mathrm{i}\hbar\nabla + \frac{e}{c}\boldsymbol{A} \equiv \boldsymbol{\pi}, \qquad [\pi_i, \mathscr{P}_j] = 0$$

$$\begin{aligned}(v_j)_{\alpha\beta} &= \frac{1}{\hbar}\langle\alpha\left|\frac{\partial H(k_1,k_2)}{\partial k_j}\right|\beta> = \frac{1}{\hbar}\Big(\langle\alpha\mid\frac{\partial}{\partial k_j}(H\mid\beta\rangle) - \langle\alpha\mid H\frac{\partial}{\partial k_j}\mid\beta\rangle\Big)\\ &= \frac{1}{\hbar}(E_\alpha - E_\beta)\langle\alpha\left|\frac{\partial}{\partial k_j}\right|\beta\rangle\end{aligned} \tag{22.171}$$

故

$$\sigma_{xy} = \frac{e^2}{\mathrm{i}\hbar}\sum_{E_\alpha < E_\mathrm{F} < E_\beta}\left\{\langle\frac{\partial u^n}{\partial k_2}\mid\beta\rangle\langle\beta\mid\frac{\partial u^n}{\partial k_1}\rangle - \langle\frac{\partial u^n}{\partial k_1}\mid\beta\rangle\langle\beta\mid\frac{\partial u^n}{\partial k_2}\rangle\right\}$$

$$= \frac{e^2}{\mathrm{i}\hbar}\sum_{E_\alpha < E_\mathrm{F}}\left\{\langle\frac{\partial u^n}{\partial k_2}\mid\frac{\partial u^n}{\partial k_1}\rangle - \langle\frac{\partial u^n}{\partial k_1}\mid\frac{\partial u^n}{\partial k_2}\rangle\right\}$$

注意到仅对处于延展态上的电子对电导有贡献,处于低于费米能级的 Landau 能级延展态上的电子对电导有贡献,故

$$\sigma_{xy}^n = \frac{e^2}{\mathrm{i}\hbar}\int_{\mathrm{MBZ}}\mathrm{d}^2k\int\mathrm{d}^2x\left\{\frac{\partial\,\overline{u_{k_1k_2}^n}}{\partial k_2}\frac{\partial u_{k_1k_2}^n}{\partial k_1} - \frac{\partial\,\overline{u_{k_1k_2}^n}}{\partial k_1}\frac{\partial u_{k_1k_2}^n}{\partial k_2}\right\}$$

$$= \frac{e^2}{\mathrm{i}\hbar}\int_{\mathrm{MBZ}}\mathrm{d}^2k\ \nabla_k\times\mathscr{A}(k_1,k_2) = -c_1\frac{e^2}{h} \tag{22.172}$$

其中

$$\mathscr{A}(k_1,k_2) \equiv \int\mathrm{d}^2x\bar{u}_{k_1k_2}^n\nabla_k u_{k_1k_2}^n = \langle u_{k_1k_2}^n\mid\nabla_k\mid u_{k_1k_2}^n\rangle \tag{22.173}$$

即 $u_{k_1k_2}^n$ 为以 MBZ 为底空间(为非交换环 T_θ^2)上的 $U(1)$ 丛截面,$\mathscr{A}(k_1,k_2)$ 为截面联络,$\nabla_k\times\mathscr{A}(k_1,k_2)$ 为截面曲率,故上式中被积元为 MBZ 上 U(1)丛截面第一陈示性类

$$c_1 = \frac{\mathrm{i}}{2\pi}\int_{\mathrm{MBZ}}\mathrm{d}^2k\nabla_k\times\mathscr{A}(k_1,k_2) \equiv ch(P_\mathrm{F}) \tag{22.174}$$

为丛的第一陈数,是拓扑示性数. P_F 为投射到低于费米能 E_F 的 Landau 能级延展态的投射算子. 故当费米面处于 Landau 能级的能隙间,磁场的微小变化不影响 U(1)丛的拓扑示性数,故得 Hall 平台. 而当 Hall 电导由一整数跳到另一整数时,局域态长度会发散,引起纵向电阻降低.

§22.6　FQHE 与 Laughlin 波函数　量子 Hall 流体与非交换陈 Simons 理论

1982 年崔琦等用更纯净的(电子迁移率更高的 GaAs-$\mathrm{Al}_x\mathrm{Ga}_{1-x}\mathrm{As}$)异质结界面. 在更低的温度(0. 48,1. 00,1. 65,4. 15K),用更高的磁场强度(>10T)测量,发现在 $\sigma_H/\left(\frac{e^2}{h}\right) = \frac{1}{3},\frac{2}{5},\frac{3}{7},\cdots$出现平台,同时出现纵向电阻接近于零. 称为分数量子 Hall 效应(FQHE),Hall 电导平台精度虽不如 IQHE,但也能达到 $\delta\sigma_H/\sigma_H\sim 10^{-5}$.

虽然对 IQHE 已有较严格的理论解释,但对 FQHE,其理论解释仍不十分满意. IQHE 有两突出特点:(i)当费米面 E_F 处于 Landau 能级能隙间,处于 E_F 附近杂质

态的局域化，使存在 Hall 平台（$\delta\sigma_H/\sigma_H \sim 10^{-8}$）.（2）导电载流子正好填满第 nLandau 能级，具有整数性. 电子态为非交换 MBZ 上 U(1) 丛截面，具有拓扑根源. 而为理解 FQHE，以上两点均不清楚. 在极强磁场情况下，Landau 能级简并度 N_B 大于样品中载流子数 N，导电载流子都处在最低 Landau 能级（LLL），填充因子 $\nu = N/N_B$ 为分数，为何会存在平台是不清楚的. 即然 LLL 只是部分被填充，基态高度简并，需考虑电子间强关联以消除简并，形成特殊稳定基态. 即在更低温，具更高迁移率样品，电子-电子间互作用不再可忽略，由于电子间存在库仑排斥作用，需考虑 N 个电子的多粒子体系，其基态处于不可压缩流体状态，可能存在类粒子（具有荷 $q \neq -e$ 的准粒子）激发，而当 q/e 为某些分数，准粒子的存在相对微扰是稳定的.

下面分析 N 电子强关联体系，其哈密顿量可表示为

$$H_N = \sum_{j=1}^{N} \frac{1}{2m^*}\left(\boldsymbol{P}_j + \frac{e}{c}\boldsymbol{A}(\boldsymbol{x}_j)\right)^2 + \sum_{j=1}^{N} V(\boldsymbol{x}_j) + \sum_{1\leqslant j<k\leqslant N} \cup (|\boldsymbol{x}_j - \boldsymbol{x}_k|) \tag{22.175}$$

这里假定两体互作用仅依赖粒子间距离. 一般很难介，可比较 Landau 回转能 $\hbar\omega_c$，自旋极化 Zeeman 能 $g\mu_B B$，屏蔽库仑能 $\frac{e^2}{\epsilon l_B}$，…等，求一级近似解再逐步微扰处理.

上节分析低温强磁场，自旋极化被冻结，且强磁场 $\hbar\omega_c > \frac{e^2}{\epsilon l_B}$，二体互作用可微扰处理，可先采用单电子近似分析. 由于填充因子 $\nu = N/N_B \leqslant 1$，载流电子均占据最低 Landau 能级（LLL）. 如(22.152)式，LLL 单电子波函数

$$\psi_{0l}(z) \sim z^l \mathrm{e}^{-|z|^2/2}, \quad l = 0,1,2,\cdots \tag{22.176}$$

为消除 LLL 态的简并，可加很弱的轴对称谐振子势，使电子先填满低角动量态. 或设法将样品限制在有限面积，即限制 $l \leqslant L_{\max}$. 考虑到多电子体系置换对称性，多电子体系基态可为 LLL 单电子波函数的 Slater 行列式的线性组合. 当填充因子 $\nu = 1$，N 电子体系刚好填满 LLL，N 体波函数基态可表示为

$$\psi(z_1,\cdots,z_N) = \prod_{j<k}^{N} (z_j - z_n)\,\mathrm{e}^{-\frac{1}{2}\sum_{l=1}^{N}|z_l|^2} \tag{22.177}$$

其中

$$\prod_{j<k}^{N} (z_j - z_k) = \det((z_j)^{k-1}) = \begin{vmatrix} 1 & \cdots & 1 \\ z_1 & \cdots & z_1 \\ \vdots & & \vdots \\ z_N^{N-1} & \cdots & z_N^{N-1} \end{vmatrix} \tag{22.178}$$

称 Vandermonde 矩阵，为 N 变元 $\{z_i\}$ 的 $\frac{1}{2}N(N-1)$ 阶齐次多项式，是最简单的交替阵. 粒子是集中在面积近似为 $2\pi Nl_B^2$ 的园盘上，盘内电子密度相当于每磁通量子恰分配一个电子. 由于波函数(22.177)反对称性，任两粒子位置重合的概率为零，这表明存在库仑排斥互作用. 由于这时 LLL 恰被填满，其上有很高的能隙 $\hbar\omega_c$，跃到较高 L 能级的概率很低，上述 N 体基态波函数相当于不可压缩液体.

在更低温度，对具更高迁移率样品，电子间互作用不可忽略，在 LLL 被部分填充时，也可能出现特殊的不可压缩液体状态. 为解释 FQHE，Laughlin 提议，对填充因子 $\nu=\frac{1}{m}$ 情况，存在以下形式的稳定基态

$$\psi_m(z_1,\cdots,z_N) = \prod_{j<k}(z_j-z_k)^m \mathrm{e}^{-\frac{1}{2}\sum_{l=1}^{N}|z_l|^2} \tag{22.179}$$

称 Laughlin 波函数. 由于要求位置置换反对称，m 为奇整数.

Laughlin 波函数在分析 FQHE 基态及其低能激发(准粒子)时起重要作用，其形式简单而具有深刻意义，有一大类哈密顿体系以 Laughlin 波函数作为精确基态，例如：

1) 二维等离子(plasma)体系

由 Laughlin 波函数确定的 N 个电子气体的概率分布

$$\begin{aligned}\rho(z_1,\cdots,z_N) &= |\psi_m(z_1,\cdots,z_N)|^2 \\ &= \exp\Big\{-\sum_{l=1}^{N}|z_l|^2+\sum_{j<k}^{N}2m\ln|z_j-z_k|\Big\}=\exp(-\beta U)\end{aligned} \tag{22.180}$$

这里 $\beta=m$，而势函数

$$U(z_1,\cdots,z_N) = \frac{1}{m}\sum_{l=1}^{N}|z_l|^2-2\sum_{j<k}^{N}\ln|z_j-z_k| \tag{22.181}$$

满足 2 维泊松方程：

$$\Delta U = \frac{1}{m}-4\pi\sum_{j\neq k}\delta^2(z_j-z_k) \tag{22.182}$$

其中 $\Delta=\sum_{a=1}^{2}\partial_a^2$ 为二维 Laplace 算子. 上式相当于二维等离子体体系，带电荷 $q=-1$ 的粒子间具静电库仑势能

$$V(z_j-z_k) = -2\ln|z_j-z_k|$$

而(22.181)式的第一项表明粒子与正电均匀本底作用，均匀正电本底密度 $\rho_0=\frac{1}{4\pi m}$. 而整个体系形成二维中性等离子体的稳定基态.

2）一维 N 体强关联可积模型：Calogero 模型，其哈密顿量

$$H = \frac{1}{2}\sum_{l=1}^{N}\left(P_l^2 + \frac{1}{\theta^2}x_l^2\right) + \frac{1}{2}\sum_{j<k}\frac{m(m+1)}{(x_j - x_k)^2} \tag{22.183}$$

将 Laughlin 波函数看成一维位置坐标 $x_l = R_e z_l$ 的函数，是 Calogero 可积模型的基态. 此可积模型具有有限能激发（孤子解），可将各激发态与 Laughlin 波函数的准粒子激发相对应.

3）作为 2 维电子气体变分波函数计算，Laughlin 波函数是能量稳定的基态

强磁场二维电子气体，零级近似忽略电子间互作用，且 $\nu = N/N_B < 1$，电子仅能填充部分 LLL，零级近似 LLL 为简并基态（激发无能隙）. 当计及电子间强关联，电子间强关联消除简并，使基态不再具有无能隙的激发. 考虑满足费米统计的 N 个电子的多体波函数，Laughlin 波函数可作为变分波函数作计算. 注意到 Laughlin 波函数(22.179)式除 m 外无别的变分参数，考虑当改变 $m = N_B/N = 1/\nu$，可固定 N 而增大磁场 B，数字计算表明，当 $m = 1,3,5,\cdots$ 等奇整数时，每电子平均能量 E/N 有一极小值尖点（cusp），表明体系在此时具相对稳定性，即形成不可压缩流体状态，这是当电子运动约束在二维面上，二维强关联电子气体的特殊稳定基态，称量子 Hall 液态.

对 IQHE 可利用 Kubo 公式来计算 Hall 电导，而对 FQHE 还没有类似电导计算公式. Laughlin 波函数为分析 FQHE 提供好的出发点，但 FQHE 中仍有许多问题未解决. 最近 Susskind[49] 用非交换陈 Simons（NC-CS）理论分析量子 Hall 流体（QHF），表明 m 级 $U(1)$ NC-CS 理论可与填充因子 $\nu = \frac{1}{m}$ 的 Laughlin 波函数所得结果等价. 非交换场论一方面可对已知结果提供新语言新观点，并可对 QHF 的低能量激发（准粒子）进行深一步分析，得到更细微的特性. 下面先简单介绍分数统计与 CS 场论，使对用 CS 场论分析 QHE 有一基本了解，然后介绍 Susskind 提出的 NC-CS 理论.

QHE 分析在强磁场约束下二维电子气体的运动，相当于 N 个电子与 N_B 个磁通量子（vortex）体系的运动状态. 下面我们先分析一个带电荷 q 粒子在一个磁通量子 φ_0 周围运动. 相当于大家熟悉的 Bohm-Aharonov 效应，在中心磁通量子周围，电磁场强 E,B 为零，但是由于量子磁通 $\varphi_0 = \frac{hc}{e}$ 的存在，周围具有不为零的矢势 $\boldsymbol{A}$，可选规范

$$A_\theta = \frac{\varphi_0}{2\pi}\frac{1}{r}, \quad A_r = 0$$

或用 $\boldsymbol{r}_0$ 表示磁通量子中心坐标，用 $\boldsymbol{\theta}$ 表示垂直于径向的单位矢量，可将矢势 $\boldsymbol{A}$ 记为

$$A(r) = \frac{\varphi_0}{2\pi}\frac{\theta}{|r - r_0|} \tag{22.184}$$

电子绕 Vortex 运动一周，电子波函数存在不可积相因子

$$\frac{q}{\hbar c}\oint A \cdot dl = \frac{q}{\hbar c}\varphi_0 = 2\pi\frac{q}{e} \tag{22.185}$$

这里 q 为电子与 Vortex 间耦合常数，为保持电子波函数单值性，要求 q/e 为整数.

1977 年 Leinass[50] 等分析二维多体问题，指出可能出现介于玻色与费米统计之间的分数统计. 1982 年 Wilczek[51] 提出具体实现分数统计的模型. 分析 2 维面上，即带电荷 q 又带磁通 φ 的复合体，称为任意子(anyon)，N 个任意子体系的哈密顿量 H 可写为

$$H = \sum_{j=1}^{N}\frac{1}{2m}\left[-i\hbar\frac{\partial}{\partial x_j} - \frac{2q}{c}\sum_k{}' A(x_j - x_k)\right]^2 \tag{22.186}$$

其中 $\sum_k{}' \equiv \sum_{k(\neq j)}^{N}$，而矢势 A 形式如同(22.184)式，而

$$\sum_k{}' A^a(x_j - x_k) = \frac{\varphi}{2\pi}\sum_k{}' \frac{\epsilon^{ab}(x_j^b - x_k^b)}{|x_j - x_k|^2} \equiv \mathscr{A}^a(x_j) \tag{22.187}$$

为作用于第 j 个任意子上的背景矢势，当两任意子互换时，波函数会得到额外相因子 $e^{iq\varphi}$，当 $q\varphi = n\pi$，相因子 $= \pm 1$，粒子遵守玻色(费米)统计. 而当 $q\varphi = \theta \neq n\pi$ 时，粒子遵守分数统计.

也可从拉氏量出发，分析与背景矢势 $\mathscr{A}(x)$ 耦合的二维多粒子体系，可将拉氏量记为

$$L = \sum_{j=1}^{N}\left\{\frac{m}{2}\dot{x}_j^2 + q[-\mathscr{A}_0(x_j) + \dot{x}_j \cdot A(x_j)]\right\} + \frac{\kappa}{2}\int d^2y\,\epsilon_{abc}\mathscr{A}^a(y)\partial_b\mathscr{A}^c(y) \tag{22.188}$$

其中 x_j 为第 j 粒子的平面位置矢量，$A(x)$ 为背景矢势，可将矢势 $A = (\mathscr{A}^1, \mathscr{A}^2)$ 与标势 $\mathscr{A}^0$ 组成三分量的统计规范势，上式最后一项为由统计规范势组成的作用量，是通常 Abel 规范场组成的陈-Simons 型作用量，在变换

$$\mathscr{A}^a(y) \to \mathscr{A}^a(y) + \partial_a\Lambda(y) \tag{22.189}$$

时保持不变，即具规范不变性. 这项不含 2 维面的度规张量，具有尺度(scale)不变性，不影响经典粒子的运动方程，仅决定粒子间交换时拓扑相因子. 下面将场 $\mathscr{A}^a(x)$ 称为 CS 场势.

将拉氏量 L 对 $\mathscr{A}^a(a = 1,2)$ 变分得

$$\sum_j q\dot{x}_j^a\delta^2(y - x_j) = -\frac{\kappa}{2}\epsilon_{abc}f^{bc}(y) \tag{22.190}$$

这里$f^{ab}(y)=\partial_a\mathscr{A}^b_{(y)}-\partial_b\mathscr{A}^a_{(y)}$为 CS 场强. 注意在拉氏量中并未含通常规范场的动力学项$-\frac{1}{4}(f^{ab})^2$,故这里不是通常的电磁场. 而是虚拟规范场(fictitious gauge field). 由(22.190)式看出不为零的 CS 场强完全定域在粒子的世界线上,这里不存在经典的 Lorentz 力.

将拉氏量 L 对 $\mathscr{A}^0$ 变分得约束条件

$$\sum_j q\delta^2(y-x_j)=\frac{\kappa}{2}\epsilon_{ab}\partial_a\mathscr{A}^b(y)\equiv q\rho(y) \tag{22.191}$$

对整个 2 维面积分得

$$qN=\kappa\int d^2y f_{12}(y)=\kappa\Phi \tag{22.192}$$

Φ 为 CS 场通过样品的总磁通量,而每个粒子平均携带磁通

$$\varphi=\Phi/N=q/\kappa$$

正由于每粒子同时具有荷 q 及磁通 $\varphi=q/\kappa$,使粒子在运动中互相缠绕而得附加相位,使此多粒子体系遵守分数统计.

由约束条件(22.191)可解出 CS 势 $\mathscr{A}^a(y)$,当选“规范条件”$\partial_a\mathscr{A}^a=0$,可解得

$$\mathscr{A}^a(x)=\frac{\varphi}{2\pi}\int d^2y\epsilon_{ab}\frac{(x-y)^b}{|x-y|^2}\rho(y)=\frac{\varphi}{2\pi}\sum_j\epsilon_{ab}\frac{(x-x_j)^b}{|x-x_j|^2}$$

即(22.187)式.

为对 QHE 引入场论分析,张首成等[52]将被强磁场约束局域在二维面的电子气体的粒子数面密度 $\rho(x)$ 用一对玻色场 $\phi(x)$ 描写

$$\rho(x)=\phi^\dagger(x)\phi(x)$$

$$[\phi(x),\phi^\dagger(y)]=\delta^2(x-y)$$

用下述哈密顿量来描写 QHE 体系

$$\mathscr{H}=\int d^2x\phi^\dagger(x)\left[\frac{1}{2m}\left(\frac{\hbar}{i}\nabla-eA(x)-e\mathscr{A}(x)\right)^2+eA_0(x)\right]\phi(x)$$

$$+\frac{1}{2}\int d^2x d^2y\delta\rho(x)V(x-y)\delta\rho(y) \tag{22.193}$$

其中 $\delta\rho(x)=\rho(x)-\rho_0$ 是电荷密度 $\rho(x)$ 对平均密度 ρ_0 的偏离,$\delta\rho(x)V(x-y)\delta\rho(y)$是电荷间展蔽库仑作用,$A(x)$ 与 $A_0(x)$ 为外磁场的矢势与标势. $\mathscr{A}(x)$ 为 CS 规范势,类似(22.187)式可表示为

$$\mathscr{A}^a(x)=-\frac{\varphi_0}{2\pi}\epsilon^{ab}\int d^2y\frac{x^b-y^b}{|x-y|^2}\rho(y) \tag{22.194}$$

它是下列微分方程的解:

$$\epsilon^{ab}\partial_a\mathscr{A}_b(x) = \phi_0\rho(x),\quad \partial^a\mathscr{A}_a(x) = 0 \tag{22.195}$$

张首成证明,对互作用电子体系,可采用与时间无关的 U(1)规范变换

$$A(x)\rightarrow A(x) + \mathscr{A}(x) \tag{22.196}$$

可将它映射为具有附加规范作用(含势$\mathscr{a}(x)$)的玻色体系,每个 $\phi(x)$场携带有 m 个量子磁通 φ_0,成复合玻色子,而它们间相互交换因 Aharonov-Bohm 效应而附加相因子

$$\exp\left[\mathrm{i}\frac{e}{\hbar}\int a\cdot \mathrm{d}l\right] = \mathrm{e}^{\mathrm{i}m\pi} = -1(\text{当 } m \text{ 为奇整数}) \tag{22.197}$$

而 $\mathscr{A}$ 的磁通方向正好与外磁通方向相反,屏蔽外场,使能产生玻色-爱因斯坦凝结. 此带荷玻色凝结的 Meissner 效应会导致 QHF 的不可压缩性:即局域密度的改变由(22.195)式会在该区域产生净通量,Meissner 效应表明不可能有净通量穿透带荷玻色超流体,因此粒子密度应保持均匀,即流体不可压缩.

当填充因子 $\nu = \dfrac{1}{m}$,m 为奇整数时,可相成相对稳定的不可压缩流体状态(QHF),使产生 Hall 电阻 ρ_{xy}平台. 正由于存在强关联,造成在 LLL 内没有无能隙激发,造成纵向电阻 $\rho_{xx}\rightarrow 0$.

为解释 FQHE,最近 Susskind[49] 曾提出非交换 CS 理论,利用非交换几何及非交换规范场论来分析 FQHE 体系,能得到准粒子激发的更细致特性,下面我们简单介绍.

Susskind 将粒子 x_i 用场 $x_i(y,t)$ $(i=0,1)$描写,y 相当于共动坐标(co-moving coordinates),类似于弦论中矩阵模型,称参数空间 y 为底空间,场空间 x 为靶空间. y 空间不可压缩,y 中单位面积粒子数为常数 ρ_0,而 x 空间粒子数密度为

$$\rho = \rho_0\left|\frac{\partial y}{\partial x}\right|$$

当外加强磁场,所有载流子都处于最低 Landau 能级,这时量子 Hall 流体拉氏量可记为

$$L = \int \mathrm{d}^2y\left[\frac{m}{2}\dot{x}^2 - V\left(\rho_0\left|\frac{\partial y}{\partial x}\right|\right)\right] + \frac{eB\rho_0}{2}\in_{ab}\int \mathrm{d}^2y.$$

$$\left[\left(\dot{x}_a - \frac{1}{2\pi\rho_0}\right)\{x_a,A_0\}\right]x_b + \frac{\in_{ab}}{2\pi\rho_0}A_0\Big] = L_1 + L_2 \tag{22.198}$$

其中第一项 L_1 中 $V\left(\rho_0\left|\dfrac{\partial y}{\partial x}\right|\right)$产生于不可压缩流体的短程力,导致 x 空间粒子密度平衡时为 ρ_0,映射 Jacobi 为 1. 拉氏量 L_1 在 y 空间保面积微分同胚变换下具规范不变性,即设

$$y'_i = y_i + f_i(y), \quad f_i = \in_{ij} \frac{\partial \Lambda(y)}{\partial y_j} \tag{22.199}$$

为 y 空间保面积变换,这时

$$\delta x_a = \frac{\partial x_a}{\partial y_i} f_i(y) = \in_{ij} \frac{\partial x_a}{\partial y_i} \frac{\partial \Lambda(y)}{\partial y_j} \tag{22.200}$$

这里 $\Lambda(y)$ 为任意规范参数. 对运动方程的稳定平衡解:$x_i = y_i$,作微小偏离可表示为

$$x_i = y_i + \in_{ij} \frac{\mathscr{A}_j}{2\pi\rho_0}, \quad \delta \mathscr{A}_i = 2\pi\rho_0 \frac{\partial \Lambda}{\partial y_i} \tag{22.201}$$

注意 y 空间函数 $f(y)$ 非观察量,无规范不变性,而 x 空间上函数 $\rho(x)$ 为可观察量,具规范不变性,将上式代入(22.197)式得

$$\rho = \rho_0 - \frac{1}{2\pi} \nabla \times \mathscr{A} \tag{22.202}$$

对带荷粒子在均匀外磁场中运动,在外磁场作用下,拉氏量中应补充与外磁场互作用项(取对称规范 $A_i = \frac{B}{2} \in_{ij} x_j$)

$$e\dot{x} \cdot \mathbb{A} = \frac{e}{2} B \in_{ab} \dot{x}_a x_b$$

即需补充拉氏量

$$L' = \frac{eB}{2} \int d^2 y \rho_0 \in_{ab} \dot{x}_a x_b \tag{22.203}$$

拉氏量应在保面积微分同胚变换下不变,存在守恒量(L'表明与 x_a 共轭动量 $\pi_a \sim \in_{ab} x_b$)

$$\int d^2 y \pi_a \delta x_a = \int d^2 y \rho_0 \in_{ab} x_b \in_{ij} \frac{\partial x_a}{\partial y_i} \frac{\partial \Lambda}{\partial y_j} \tag{22.204}$$

守恒的规范变换生成元为

$$\frac{1}{2} \frac{\partial}{\partial y_j} \left(\in_{ij} \in_{ab} x_b \frac{\partial x_a}{\partial y_i} \right) = \frac{1}{2} \in_{ij} \in_{ab} \frac{\partial x_b}{\partial y_j} \frac{\partial x_a}{\partial y_i}$$

此恰为映射 x 到 y 的 Jacobi,即 ρ/ρ_0,表明在共动点 y 流体密度是与时间无关的. 当在量子 Hall 流体中无准粒子激发,可令此守恒生成元为 1,即运动方程应补充约束

$$\frac{1}{2} \in_{ij} \in_{ab} \frac{\partial x_b}{\partial y_j} \frac{\partial x_a}{\partial y_i} = 1 \tag{22.205}$$

受约束体系运动方程,可由含拉氏乘子的拉氏量导出,可将此拉氏乘子看成外规范

势的时间分量 A_0，将(22.203)式中时间导数项代为适当的协变导数项，可将它表示成

$$L_2 = \frac{eB}{2}\int \mathrm{d}^2 y \rho_0 \in_{ab}\left[\left(\dot{x}_a - \frac{1}{2\pi\rho_0}\{x_a, A_0\}\right)x_b + \frac{\in_{ab}}{2\pi\rho_0}A_0\right] \tag{22.206}$$

这里{,}代表泊松括弧

$$\{F(y), G(y)\} = \in_{ij}\frac{\partial F}{\partial y_i}\frac{\partial G}{\partial y_j} \tag{22.207}$$

于是得到在低温强磁场所有载流子都处于 LLL 时量子 Hall 流体(QHF)的拉氏量(22.198)式. QHFE 是不可压缩流体，且具有长程强关联. 将(22.201)式代入(22.203)式，并去掉总的时间导数项可得

$$L' = \frac{eB}{8\pi^2\rho_0}\int \mathrm{d}^2 y \in_{ab}\mathscr{A}_a\mathscr{A}_b = \frac{k}{4\pi}\int \mathrm{d}^2 y \in_{ab}\mathscr{A}_a\mathscr{A}_b$$

$$k = \frac{eB}{2\pi\rho_0} = \frac{1}{\nu} \tag{22.208}$$

此为通常 Abel 陈-Simons 拉氏量，$k = \frac{1}{\nu}$称为 CS 能级，当为整数时为稳定基态，即 LLL 的填充因子 $\nu = 1/k$ 时可得到稳定基态.

下面分析 QHF 基态上准粒子激发，而 CS 作用量会控制准粒子的长程行为.

为分析流体基态上准粒子激发，可先分析流体小振动的线性近似. CS 规范势影响载流子密度如(22.202)式. 守恒率要求在每点 CS 场强与时间无关，当存在涡旋(vortex)激发

$$\nabla\times\mathscr{A} = 2\pi\rho_0 q\delta^2(y) \tag{22.209}$$

这里 q 表达涡旋强度. 此方程的解在库仑规范$\nabla\cdot\mathscr{A} = 0$ 可表示为(参见(22.184)式).

$$\mathscr{A}_i = q\rho_0 \in_{ij}\frac{y_j}{y^2} \tag{22.210}$$

由于$\frac{\in_{ij}\mathscr{A}_j}{2\pi\rho_0}$表示流体位移，上式表明 CS 涡旋实质上为流体径向位移$\frac{q}{2\pi r}$，使在涡旋处电荷会增(减)：

$$e_{准} = \rho_0 q e = 2\pi\rho_0/B = e\nu \tag{22.211}$$

此带有荷的涡旋即 Laughlin 的准粒子.

按照(22.210)式 CS 矢势在涡旋处发散. 物理上为分析接近原点的行为，需调整约束条件(22.205)而代为含有点源情况

$$\frac{1}{2}\in_{ij}\in_{ab}\frac{\partial x_b}{\partial y_j}\frac{\partial x_a}{\partial y_i} - 1 = q\delta^2(y) \tag{22.212}$$

此方程解为

$$x_i = y_i \sqrt{1 + \frac{q}{\pi |y|^2}} \tag{22.213}$$

在 $y=0$ 的主要项为

$$x_i \simeq \sqrt{\frac{q}{\pi}} \frac{y_i}{|y|}, \quad y \simeq 0$$

即点 $y=0$ 映射到半径为$\sqrt{\frac{q}{\pi}}$的圆,而保持在中心有一空洞,空洞面积为 q,电荷亏损为$\rho_0 qe/m$. 这里注意,涡旋在 y 空间为点,在 x 空间为半径$\sqrt{\frac{q}{\pi}}$,即面积为 q 的空间.

为分析准粒子多重激发及其相互作用特点,应将 CS 作用量进一步推广为非交换陈-Simons(NC-CS)作用量,即代替(22.208)式,应推广为

$$L'' = \frac{1}{4\pi\nu} \in_{\mu\lambda\rho} \left[\frac{\partial A_\mu}{\partial y_\rho} - \frac{\theta}{3} \{ A_\mu, A_\rho \} \right] A_\lambda \tag{22.214}$$

其中 $\theta = \frac{1}{2\pi\rho_0}$为每载流子所占面积,正由于每载流子在 y-空间占有限面积,使 y-空间存在面积单元,使 y 空间为具非交换参数 $\theta = \frac{1}{2\pi\rho_0}$的非交换空间. 在非交换空间,CS 势的规范变换(22.201)式应代之为

$$\delta \mathscr{A}_i = 2\pi\rho_0 \frac{\partial \Lambda}{\partial y_i} + \frac{\partial \mathscr{A}_i}{\partial y_j} \frac{\partial \Lambda}{\partial y_k} \in_{jk} = 2\pi\rho_0 \left(\frac{\partial \Lambda}{\partial y_i} + \theta \{ \mathscr{A}_i, \Lambda \} \right) \tag{22.215}$$

Susskind 提出的 QHF 的 NC-CS 理论,为底空间 y 到靶空间 x 的映射,y 与 x 都是非交换空间. 底空间 y 空间,非交换参数 $\theta = \frac{1}{2\pi\rho_0}$,代表单电子所占面积,是 y 空间基本量子,造成 y 空间非交换. 另方面由拉氏量 L'(22.203)式看出,x 空间相当于量子相空间,与坐标共轭的动量与坐标本身成正比,因此 x 空间也是非交换,非交换参数$\frac{1}{eB}$,表明是单磁通量子面积. 而 NC-CS 理论描写在此两种非交换空间中映射. 这时注意,y 空间是不可压缩,定义在 y 空间上函数 $f(y)$ 非规范不是,不是观察量. 而在 x 空间中定义的量,例如

$$\rho(x) = \rho_0 - \frac{1}{2\pi} \nabla \times \mathscr{A}$$

是规范不变的. x 空间上函数为可观察量.

利用 NC-CS 理论还可分析,当在 LLL 的填充因子很底时,可能发生 QHF 与 Wigner 晶体间的相变,此相变与在实 x 空间保面积微分同胚对称变换的自发破缺相关.

第二十三章　量子群　q 规范理论　q 陈类

对称与对偶(symmetry and duality)在理论物理及数学物理中起重要作用. 量子群是经典李群、李代数的基本对称概念的推广. 最初由量子可积体系及可解统计模型中提出,2 维统计模型可解性的充分条件杨-Baxter 方程,Faddeev[53]等将它解释为量子群的 Jacobi 条件,Drinfeld[54],Jimbo[55]等认真分析了量子群及量子代数的具体性质特点,量子群与非交换几何、与量子对称性……密切相关,在理论物理及数学物理各方面得到广泛应用. 基于 Connes[56]对非交换几何的一般思想,Manin[57],Wess 和 Zumino[58]等将量子群看成量子超面上线性变换,并具体提出在非交换空间上微分形式,外微分……逐渐建立起非交换微分几何框架,并从不同观点提出各种 q 规范理论[59~69]. 由于量子群被表示成 Hopf 代数,需用适当代数语言来表示规范理论,例如,规范变换的规范参数如何表示? Bernard[59],Watamura[69]等将规范变换代以 BRST 变换,用幂零算子表示,将规范参数代以鬼场,将它放在与规范场、物质场相等地位,组成了 q 畸变的 BRST 体系,有两幂零算子 d 与 δ,可组成双上同调以及上闭链系列(cocycle hierarchy).

在 §22.1 分析量子超面上线性变换,组成量子群 $GL_q(2)$ 与 $SL_q(2)$,利用满足杨-Baxter 方程的 R_q 矩阵,组成 Hopf 代数 A 及其对偶的 Hopf 代数 A',即量子群及其相关的量子包络代数. 进一步引入共轭 * 算子,组成 $SU_q(2)$ 及其量子包络代数 $U_q(su_2)$. 在 §2 分折量子群 $SU_q(2)$ 上双协变微分计算,用 q Clebsch-Gordon 系数将基础表示及其共轭表示耦合得直积表示,它包含伴随表示及恒等表示分量,虽然二者在对易关系中常被耦合,我们利用 q 畸变 Killing 矢量,可得到仅含伴随表示分量,在 §3 用 q-BRST 体系引入 q 规范理论. 在本章最后一节,分析 q 畸变陈类,q 陈-Simons 等问题.

§23.1　量子超面上线性变换　量子群 $GL_q(2)$ 与 $SU_q(2)$

下面分析 2 维量子超面,其“坐标”(x,y)满足下述交换关系:

$$xy = qyx, \quad q \in \mathbb{C}. \tag{23.1}$$

存在相关的协变微分计算,即存在“形式”(ξ,η),它们满足

$$\xi\eta = -q^{-1}\eta\xi, \qquad \xi^2 = 0, \qquad \eta^2 = 0 \tag{23.2}$$

当 $q=1$,x 与 y 对易,ξ 与 η 反对易,(ξ,η) 可解释为 (x,y) 的微分,即可令

$$\phi = \begin{pmatrix} x \\ y \end{pmatrix}, \quad \psi = d\phi = \begin{pmatrix} \xi \\ \eta \end{pmatrix} \tag{23.3}$$

量子超面上"坐标"(x,y) 与"形式"(ξ,η) 同时作线性变换

$$\begin{pmatrix} x' \\ y' \end{pmatrix} = \begin{pmatrix} \alpha & \beta \\ \gamma & \delta \end{pmatrix}\begin{pmatrix} x \\ y \end{pmatrix}, \quad \begin{pmatrix} \xi' \\ \eta' \end{pmatrix} = \begin{pmatrix} \alpha & \beta \\ \gamma & \delta \end{pmatrix}\begin{pmatrix} \xi \\ \eta \end{pmatrix} \tag{23.4}$$

这里设 $(\alpha,\beta,\gamma,\delta)$ 与 (x,y,ξ,η) 相互可交换,如要求变换后 (x',y') 与 (ξ',η') 仍满足与 (x,y) 及 (ξ,η) 间相同的关系(23.1)与(23.2),则 $(\alpha,\beta,\gamma,\delta)$ 间必有关系

$$\alpha\beta = q\beta\alpha, \qquad \alpha\gamma = q\gamma\alpha, \qquad \beta\gamma = \gamma\beta$$
$$\gamma\delta = q\delta\gamma, \qquad \beta\delta = q\delta\beta, \qquad \alpha\delta - \delta\alpha = (q - q^{-1})\beta\gamma \tag{23.5}$$

令代数

$$A = \mathbb{C}\langle \alpha,\beta,\gamma,\delta \rangle / \sim \tag{23.6}$$

为由 $(\alpha,\beta,\gamma,\delta)$ 生成的可结合代数,且满足关系(23.5),即

$$T = (T^i_j) = \begin{pmatrix} \alpha & \beta \\ \gamma & \delta \end{pmatrix} \in GL_q(2) \tag{23.7}$$

组成量子超面上对称线性变换,称为量子群 $GL_q(2)$. 其中心为

$$c = \det_q T = \alpha\delta - q\beta\gamma = \delta\alpha - q^{-1}\beta\gamma \tag{23.8}$$

如要求 $\det_q T = 1$,则称为量子群 $SL_q(2)$.

这里注意上述变换相当于对满足(反)对易的(费米)玻色子同时作变换,相当于量子超面的"超对称变换".

令 $T_1 = T \otimes 1$,$T_2 = 1 \otimes T_2$,关系(23.5)可写为

$$R_{12}T_1T_2 = T_2T_1R_{12} \tag{23.9}$$

其中

$$R_{12} = \begin{pmatrix} q & 0 & 0 & 0 \\ 0 & 1 & 0 & 0 \\ 0 & \lambda & 1 & 0 \\ 0 & 0 & 0 & q \end{pmatrix}, \qquad \lambda = q - q^{-1} \tag{23.10}$$

用 P 表示两张量因子的置换,可令

$$\hat{R}_q = PR = \begin{pmatrix} q & 0 & 0 & 0 \\ 0 & \lambda & 1 & 0 \\ 0 & 1 & 0 & 0 \\ 0 & 0 & 0 & q \end{pmatrix}, \quad (\hat{R}_q)^{ab}_{cd} = (R_{12})^{ba}_{cd} \tag{23.11}$$

(23.9)式也可记为

$$\hat{R}_q T \otimes T = T \otimes T \hat{R}_q$$

或明显写出矩阵元：

$$\hat{R}^{ab}_{qef} T^e_c T^f_d = T^a_e T^b_f \hat{R}^{ef}_{qcd} \tag{23.12}$$

量子代数 A 的乘法规则由(5)，也即由(9)或(12)式决定，R(或 $\hat{R}_q$)表示 A 的结构常数，由于量子代数 A 是可结合的，要求其结构常数矩阵 R(或 $\hat{R}_q$)满足杨-Baxter 方程

$$R_{12}R_{13}R_{23} = R_{23}R_{13}R_{12} \tag{23.13}$$

或

$$(1\otimes\hat{R}_q)(\hat{R}_q\otimes 1)(1\otimes\hat{R}_q) = (\hat{R}_q\otimes 1)(1\otimes\hat{R}_q)(\hat{R}_q\otimes 1) \tag{23.14}$$

量子代数 $A = K\langle \alpha\beta\gamma\delta\rangle / \sim$ 为域 K 上含有单位元 e 的可结合代数. 且可如下引入对偶双代数结构，即引入

余乘 Δ：　$\Delta(T^a_b) = T^a_c \otimes T^c_b$ (23.15)

余单位 ε：　$\varepsilon(T^a_b) = \delta^a_b$ (23.16)

倒易元(antipode) κ：$\kappa(T^a_b) = (T^{-1})^a_b = \dfrac{1}{\det_q T}\begin{pmatrix} \delta & -q^{-1}\beta \\ -q\gamma & \alpha \end{pmatrix}$ (23.17)

Δ 与 ε 为同态映射：$\Delta(\alpha\beta) = \Delta(\alpha)\Delta(\beta)$ (23.18)

$$\varepsilon(\alpha\beta) = \varepsilon(\alpha)\varepsilon(\beta) \tag{23.19}$$

而 κ 为反同态映射：$\kappa(\alpha\beta) = \kappa(\beta)\kappa(\alpha)$ (23.20)

它们均与杨-Baxter 方程相洽，即满足

$$\Delta(R_{12}T_1T_2) = \Delta(T_2T_1R_{12})$$

$$\Delta(\det_q T) = \det_q T \otimes \det_q T,$$

…………

即量子代数 A 为具有五种代数同态运算的 Hopf 代数

$$A \otimes A \xrightarrow{m} A \xrightarrow{\Delta} A \otimes A$$

$$K \xrightarrow{1} A \xrightarrow{\varepsilon} K$$

$$A \xrightarrow{\kappa} A \tag{23.21}$$

不仅其乘法 m 为可结合有单位元，且其余乘 Δ 也为余可结合

$$(id \otimes \Delta)\Delta = (\Delta \otimes id)\Delta \tag{23.22}$$

有余单位 ε：

$$(id \otimes \varepsilon)\Delta = (\varepsilon \otimes id)\Delta = id \tag{23.23}$$

倒易元 $\kappa:m(id\otimes\kappa)\Delta=m(\kappa\otimes id)\Delta=1\cdot\varepsilon$ (23.24)

由以上性质可以证明

$$\Delta\kappa=(\kappa\otimes\kappa)P\Delta \tag{23.25}$$

$$\varepsilon(\kappa(\alpha))=\varepsilon(\alpha) \tag{23.26}$$

代数 $A=A(m,1,\Delta,\varepsilon,\kappa)$ 具有以上性质,称为 Hopf 代数. 前面引入的 $GL_q(2)$,$SL_q(2)$都是 Hopf 代数.

进一步引入反线性共轭算子

$$*:A\to A$$

$$(c\alpha\beta)^*=\bar{c}\beta^*\alpha^*,\quad \forall\alpha,\beta\in A,\quad c\in\mathbb{C} \tag{23.27}$$

$$\kappa(\kappa(\alpha^*)^*)=\alpha \tag{23.28}$$

余乘法 Δ 及余单位 ε 均为 $*$ 同态,且

$$(T^i_j)^*=T^{*i}_j=T^{+j}_i$$

当我们对量子代数加上幺正条件,

$$T^+=T^{-1} \tag{23.29}$$

且要求 q 为实数,则得量子群 $SU_q(2)$.

通常利用 Hopf 代数的同态对应:$\mathrm{Hom}(A,K)=A'$,可得对偶 Hopf 代数 A'. 现利用满足杨-Baxter 方程的矩阵 $\hat{R}_q$,可得到与 $SU_q(2)$对偶的量子普适包络代数 $U_q(su_2)$,它也是 Hopf 代数,存在与(23.21)式对偶的五种代数同态(对偶相当于将所有箭头反向). 即可如下引入 $SU_q(2)$上线性泛函$(L^\pm)^a_b$

$$(L^+)^a_b(T^c_d)=q^{-1/2}(\hat{R}_q)^{ac}_{db},\qquad (L^-)^a_b(T^c_d)=q(\hat{R}_q^{-1})^{ac}_{db} \tag{23.30}$$

易证 $L^\pm$ 满足与(23.12)式类似的杨-Baxter 关系

$$\begin{aligned}(\hat{R}_q)^{ab}_{rs}(L^\pm)^s_d(L^\pm)^r_c&=(L^\pm)^b_s(L^\pm)^a_r(\hat{R}_q)^{rs}_{cd}\\(\hat{R}_q)^{ab}_{rs}(L^+)^s_d(L^-)^r_c&=(L^-)^b_s(L^+)^a_r(\hat{R}_q)^{rs}_{cd}\end{aligned} \tag{23.31}$$

当 $A=SU_q(2)$,其对偶 Hopf 代数 $L^\pm\in A'$可写为

$$L^+=\begin{pmatrix}t & F\\ 0 & t^{-1}\end{pmatrix},\quad L^-=\begin{pmatrix}t^{-1} & 0\\ -\lambda E & t\end{pmatrix} \tag{23.32}$$

用(23.31)式可验证$\{t,E,F\}$间满足如下代数关系:

$$tt^{-1}=t^{-1}t=1$$

$$tE=q^2Et,\qquad tF=q^{-2}FT$$

$$[E,F]=\frac{1}{\lambda}(t-t^{-1})=[H],\quad t=q^H,\quad [H]=\frac{e^H-e^{-H}}{q-q^{-1}} \tag{23.33}$$

即生成量子包络代数 $U_q(su_2)$. 当 $q\to1$ 即得通常的普适包络代数 $U(su_2)$.

§ 23.2　量子群 $SU_q(2)$ 上双协变微分计算

量子群上量子 1 形式集合记为 Γ，它是通常李群流形上 1 形式空间 $\Omega^1(G)$ 的 q 推广. 可将 q 畸变外微分算子定义为由 A 到 Γ 的映射

$$\delta: A \to \Gamma$$

满足 Leibniz 规则：

$$\delta(\alpha\beta) = (\delta\alpha)\beta + \alpha\delta\beta, \quad \forall \alpha, \beta \in A \tag{23.34}$$

李群流形 G 上微分 1 形式是余切丛 $T^*(G)$ 的光滑截面，而余切丛所有光滑截面的集合是 $F(G)$ 模. 类似，Γ 为 A 双模(bimodule over A)，这里由于底空间不可交换，要注意区别 A 中元素是左乘还是右乘，故特别强调为 A 双模. 同时还可引入对 Γ 的左余乘 Δ_L 与右余乘 Δ_R：

$$\begin{aligned} &\Delta_L: \Gamma \to A \otimes \Gamma, \qquad \Delta_L(\alpha\delta\beta) = \Delta(\alpha)(id \otimes \delta)\Delta\beta \\ &\Delta_R: \Gamma \to \Gamma \otimes A, \qquad \Delta_R(\alpha\delta\beta) = \Delta(\alpha)(\delta \otimes id)\Delta\beta \end{aligned} \tag{23.35}$$

Γ 中元素 ρ 与 ρ' 间张量积与 A 中元素 α 相乘时

$$\begin{gathered} \alpha(\rho \otimes \rho') = \alpha\rho \otimes \rho', \qquad (\rho \otimes \rho')\alpha = \rho \otimes \rho'\alpha \\ \rho\alpha \otimes \rho' = \rho \otimes \alpha\rho' \end{gathered} \tag{23.36}$$

即这里要注意不可交换性，其余与通常张量积相同. 由(23.35)定义的 Δ_L 与 Δ_R 间，易证有下列性质：

$$\begin{gathered} (\varepsilon \otimes id)\Delta_L(\rho) = \rho, \qquad (\Delta \otimes id)\Delta_L = (id \otimes \Delta_L)\Delta_L \\ (id \otimes \varepsilon)\Delta_R(\rho) = \rho, \qquad (id \otimes \Delta)\Delta_R = (\Delta_R \otimes id)\Delta_R \\ (id \otimes \Delta_R)\Delta_L = (\Delta_L \otimes id)\Delta_R \end{gathered} \tag{23.37}$$

当 1 形式 $\rho \in \Gamma$ 满足

$$\Delta_L(\rho) = 1 \otimes \rho$$

称 ρ 为左不变. 当 1 形式 $\rho \in \Gamma$ 满足

$$\Delta_R(\rho) = \rho \otimes 1$$

称 ρ 为右不变. 与经典群流形上不变形式分析类似，右不变形式 $dg \cdot g^{-1}$ 是左协变：

$$La: dgg^{-1} \to adg \cdot g^{-1}a^{-1}$$

当我们在 Γ 上选右不变基 η^J

$$\Delta_R(\eta^J) = \eta^J \otimes 1, \quad \Delta_L(\eta^J) = M_K^J \otimes \eta^K \tag{23.38}$$

这里 M_K^J 为取值在量子群伴随表示与单态表示的矩阵(见(23.44)式). 在上节我

们曾分析 $SU_q(2)$的基础表示 $T=(T^a_b)(a,b=1,2)$,而当我们分析量子群上双协变微分运算时,必然要分析基础表示与其共轭表示的直积

$$M^{a_1b_2}_{a_2b_1} = T^{a_1}_{b_1}\kappa(T^{b_2}_{a_2}) \tag{23.39}$$

它是伴随表示与单态表示的混合,为了能将这两种表示的分量分开,需利用 q-Clebsch-Gordon 系数,即引入 q-Pauli 矩阵

$$q^{-1}[2]^{\frac{1}{2}}(\sigma^0)_{ab} = q[2]^{\frac{1}{2}}(\sigma_0)^{ab} = -\in^{ab} = \in_{ab} = \begin{pmatrix} 0 & q^{-\frac{1}{2}} \\ -q^{\frac{1}{2}} & 0 \end{pmatrix}$$

$$(\sigma^3)_{ab} = (\sigma_3)^{ab} = -[2]^{-\frac{1}{2}}\begin{pmatrix} 0 & q^{\frac{1}{2}} \\ -q^{-\frac{1}{2}} & 0 \end{pmatrix}$$

$$(\sigma^+)_{ab} = (\sigma_+)^{ab} = \begin{pmatrix} 0 & 0 \\ 0 & -1 \end{pmatrix}$$

$$(\sigma^-)_{ab} = (\sigma_-)^{ab} = \begin{pmatrix} 1 & 0 \\ 0 & 0 \end{pmatrix} \tag{23.40}$$

这里 q 数$[n]$是定义为

$$[n] = \frac{q^n - q^{-n}}{q - q^{-1}}, \quad [2] = q + q^{-1} \tag{23.41}$$

且令

$$(\sigma^I)_a^{\ b} = (\sigma^I)_{ad}\in^{db}, \qquad (\sigma_I)^a_{\ b} = (\sigma_I)^{ad}\in_{db} \tag{23.42}$$

满足下列正交关系($I,J=0,\pm1,3$)

$$\begin{aligned} &(\sigma^I)_{ab}(\sigma_J)^{ab} = \delta^I_J, \quad (\text{重复指标 } a,b \text{ 求和}:0,1) \\ &(\sigma^I)_{ab}(\sigma_I)^{cd} = \delta^c_a\delta^d_b, \quad (\text{重复指标 } I \text{ 求和}:0,+1,-1,3) \end{aligned} \tag{23.43}$$

利用 q-Pauli 矩阵可将 M 中伴随表示与单态表示指标分开,而记为

$$M^I_J = (\sigma^I)^{a_2}_{a_1} M^{a_1b_2}_{a_2b_1}(\sigma_J)^{b_1}_{b_2} \tag{23.44}$$

而

$$M^i_0 = M^0_i = 0, \quad M^0_0 = 1 \quad (i \text{ 仅取 } \pm1,3) \tag{23.45}$$

利用 q-Clebsch-Gordon 系数可组成投射算子

$$(P_A)^{ab}_{cd} = (\sigma_0)^{ab}(\sigma^0)_{cd} = \frac{1}{[2]}\begin{pmatrix} 0 & 0 & 0 & 0 \\ 0 & q^{-1} & -1 & 0 \\ 0 & -1 & q & 0 \\ 0 & 0 & 0 & 0 \end{pmatrix}$$

$$(P_S)^{ab}_{cd} = (\sigma_i)^{ab}(\sigma^i)_{cd} = \frac{1}{[2]}\begin{pmatrix} [2] & 0 & 0 & 0 \\ 0 & q & 1 & 0 \\ 0 & 1 & q^{-1} & 0 \\ 0 & 0 & 0 & [2] \end{pmatrix} \tag{23.46}$$

而 $$\hat{R}_q = qP_S - q^{-1}P_A, \quad \hat{R}_q^{-1} = q^{-1}P_S - qP_A \tag{23.47}$$

为分析左模与右模间联系,可在对偶 Hopf 代数间引入卷积 $*$,即令 $\xi,\zeta \in A'$,为 A 上线性泛函,可按下列方式引入 A 上算子 $\xi * : A \to A$

$$\xi * \alpha \equiv (id \otimes \xi)\Delta(\alpha) \in A, \forall \alpha \in A$$
$$\alpha * \xi \equiv (\xi \otimes id)\Delta(\alpha) \tag{23.48}$$

满足

$$\xi(\alpha * \zeta) = \zeta(\xi * \alpha) = (\zeta \otimes \xi)\Delta(\alpha) \tag{23.49}$$

当对量子群上形式集合 Γ 选右不变基$\{\eta^J\}$,即对任意 $\rho \in \Gamma$,可表示为

$$\rho = \alpha_I \eta^I = \eta^I \beta_I, \quad \alpha_I, \beta_I \in A$$

可以证明存在线性泛函 $L^J_K \in A'$,使得

$$\alpha\eta^J = \eta^K(\alpha * L^J_K), \quad \alpha \in A, L^J_K \in A' \tag{23.50}$$

双协变性要求 L^J_K 满足

$$\begin{aligned} \Delta(\alpha)\Delta_R(\eta^J) &= \Delta_R(\eta^K)\Delta(\alpha * L^J_K) \\ \Delta(\alpha)\Delta_L(\eta^J) &= \Delta_L(\eta^K)\Delta(\alpha * L^J_K) \end{aligned} \tag{23.51}$$

上式第 1 式由定义知必然满足,而第 2 式要求

$$(L^I_K * \alpha)M^J_I = M^I_K(\alpha * L^J_I) \tag{23.52}$$

$\{L^J_k\}$ 为对偶 Hopf 代数 $A' = A'(m', 1', \Delta', \varepsilon', K')$ 这样一些元素集合,其余结构可表示为

$$\Delta'(L^J_K) = L^I_K \otimes L^J_I, \quad \varepsilon'(L^J_K) = \delta^J_K$$
$$\kappa'(L^J_K) = L^J_K \cdot \kappa \tag{23.53}$$
$$L^J_I(\alpha\beta) = L^K_I(\alpha)L^J_K(\beta), \quad L^J_I(1) = \delta^J_I$$
$$(\rho * L^J_I) = (L^J_I \otimes id)\Delta_L\rho$$
$$(L^J_I * \rho) = (id \otimes L^J_I)\Delta_R\rho$$

对量子群 $SU_q(2)$,可如下选:

$$L^J_I = (\sigma^J)^d_a \kappa'(L^{+a}_b)L^{-c}_d(\sigma_I)^b_c \tag{23.54}$$

类似可对量子 1 形式 Γ 选左不变基$\{\omega^J\}$,很易证明它们可用右不变基$\{\eta^J\}$如下展开:

$$\omega^J = \kappa(M_K^J)\eta^K \tag{23.55}$$

易证如上引入的 ω^J 满足

$$\Delta_L(\omega^J) = 1 \otimes \omega^J, \qquad \Delta_R(\omega^J) = \omega^K \otimes \kappa(M_K^J) \tag{23.56}$$

为在微分形式间引入外积运算，需在张量积 $\Gamma \otimes \Gamma$ 中引入置换算子

$$\Lambda(\omega^J \otimes \eta^K) = \eta^K \otimes \omega^J \tag{23.57}$$

满足（对 $\tau \in \Gamma \otimes \Gamma$）

$$\Lambda(\alpha\tau) = \alpha\Lambda(\tau), \qquad \Lambda(\tau\alpha) = \Lambda(\tau)\alpha \tag{23.58}$$

Λ 可与量子群的左右作用可交换，故 $\Lambda(\eta^J \otimes \eta^K)$ 仍为右不变，且可用右不变基 $\{\eta^J \otimes \eta^K\}$ 展开

$$\Lambda(\eta^I \otimes \eta^J) = \Lambda_{KL}^{IJ}\eta^K \otimes \eta^L, \qquad \Lambda_{KL}^{IJ} = L_K^J(M_L^I) \tag{23.59}$$

在(23.52)式中令 $\alpha = M_M^L$，则可得

$$\Lambda_{IN}^{LJ} M_K^I M_M^N = M_N^L M_I^J \Lambda_{KM}^{NI} \tag{23.60}$$

在(23.58)式中取 $\tau = \eta^I \otimes \eta^J$，则其左边

$$\begin{aligned}\Lambda(\alpha\eta^I \otimes \eta^J) &= \Lambda(\eta^K(\alpha * L_K^I) \otimes \eta^J) = \Lambda(\eta^K \otimes (\alpha * L_K^I)\eta^J) \\ &= \Lambda(\eta^K \otimes \eta^L(\alpha * L_K^I * L_L^J)) = \Lambda_{MN}^{KL}\eta^M \otimes \eta^N(\alpha * L_K^I * L_L^J)\end{aligned}$$

而其右边为

$$\alpha\Lambda(\eta^I \otimes \eta^J) = \alpha\Lambda_{KL}^{IJ}\eta^K \otimes \eta^L$$

取 $\alpha = M_Q^P$，比较上式两边得

$$\Lambda_{MN}^{KL}\Lambda_{KR}^{PI}\Lambda_{LS}^{RJ} = \Lambda_{MR}^{PK}\Lambda_{NS}^{RL}\Lambda_{KL}^{IJ} \tag{23.61}$$

此恰为杨-Baxter 方程，是(23.60)式自洽的充分条件，而(23.60)式看为在伴随表示中杨-Baxter 关系. 即(23.60)与(23.12)式相当，(23.61)与(23.14)式相当. 在基础表示，$\hat{R}_q$ 本征值 1 与 $-q^2$，满足 Hecke 代数关系

$$(\hat{R}_q - 1)(\hat{R}_q + q^2) = 0$$

而在伴随表示矩阵 Λ 本征值为 $1, -q^2, -q^{-2}$，满足

$$(\Lambda + q^2)(\Lambda + q^{-2})(\Lambda - 1) = 0 \tag{23.62}$$

对 $SU_q(2)$，矩阵 Λ_{KL}^{IJ} 的非零分量可如下表示：

$$\begin{gathered}\Lambda_{00}^{00} = (\Lambda^{-1})_{00}^{00} = 1 \\ \Lambda_{j0}^{0i} = (\Lambda^{-1})_{0j}^{i0} = \delta_j^i, \qquad \Lambda_{0j}^{i0} = (\Lambda^{-1})_{j0}^{0i} = (\lambda^2 + 1)\delta_j^i \\ \Lambda_{jk}^{i0} = (\Lambda^{-1})_{jk}^{0i} = \lambda f_{jk}^i, \qquad \Lambda_{0i}^{jk} = (\Lambda^{-1})_{i0}^{jk} = \lambda \bar{f}_i^{jk} \\ \Lambda_{kl}^{ij} = (\Lambda^{-1})_{kl}^{ij} = \delta_k^i\delta_l^j + \bar{f}_n^{ij}f_{kl}^n\end{gathered} \tag{23.63}$$

其中 $f_{jk}^{i}=-\bar{f}_{i}^{jk}$ 的非零分量[69]有

$$f_{+3}^{+}=f_{3-}^{-}=q,\quad f_{3+}^{+}=f_{-3}^{-}=-q^{-1},\quad f_{-+}^{3}=-f_{+-}^{3}=1,\quad f_{33}^{3}=\lambda \tag{23.64}$$

(23.47)式曾将 $\hat{R}_q$ 用投射算子 P_S 与 P_A 的线性组合表示，Watamura[69]曾对两张量 X_{cd}^{ab} 与 Y_{cd}^{ab} 间引入如下形式的张量积：

$$(X,Y)_{KL}^{IJ}=\sigma_{J}^{I}\sigma_{cd}^{J}X_{ek}^{al}\hat{R}_{qlu}^{-1bc}Y_{vh}^{ud}\hat{R}_{qfg}^{kv}\sigma_{K}^{ef}\sigma_{L}^{gh} \tag{23.65}$$

则矩阵 $\Lambda=(\Lambda_{KL}^{IJ})$ 可以表示为四个投射算子的组合

$$\begin{aligned}\Lambda&=(\hat{R}_q^{-1},\hat{R}_q)=(P_S,P_S)-q^{-2}(P_S,P_A)-q^{2}(P_A,P_S)+(P_A,P_A)\\ \Lambda^{-1}&=(\hat{R}_q,\hat{R}_q^{-1})=(P_S,P_S)-q^{2}(P_S,P_A)-q^{-2}(P_A,P_S)+(P_A,P_A)\end{aligned} \tag{23.66}$$

可将此四个投射算子重新组合

$$P_0=(P_S,P_S)+(P_A,P_A)=[2]^{-2}\{\Lambda+\Lambda^{-1}+(\lambda^2+2)1\} \tag{23.67}$$

$$\begin{aligned}P_{SA}&=(P_S,P_A)+(P_A,P_S)=[2]^{-2}\{2-\Lambda-\Lambda^{-1}\}\\ &P_0+P_{SA}=1\end{aligned} \tag{23.68}$$

利用算子 Λ，可在 Γ 的各元素间引入外积

$$\begin{aligned}\rho\Lambda\rho'&\equiv\rho\otimes\rho'-\Lambda(\rho\otimes\rho')\\ \eta^I\wedge\eta^J&=(\delta_K^I\delta_L^J-\Lambda_{KL}^{IJ})(\eta^K\otimes\eta^L)\end{aligned} \tag{23.69}$$

易证 $\eta^I\wedge\eta^J$ 被算子 P_0 湮没

$$P_{0KL}^{IJ}(\eta^K\wedge\eta^L)=0 \tag{23.70}$$

且存在仅有伴随表示分量(无单态分量)的投射算子

$$P_{Adj\,kl}^{ij}=\frac{[2]^2}{2(\lambda^2+2)}P_{SA\,kl}^{ij}=-(\lambda^2+2)^{-1}\bar{f}_S^{ij}+f_{kl}^{S} \tag{23.71}$$

满足

$$\begin{aligned}(P_{Adj})_{rs}^{ij}(P_{Adj})_{kl}^{rs}&=(P_{Adj})_{kl}^{ij}\\ (P_{Adj})_{kl}^{ij}(\eta^k\wedge\eta^l)&=\eta^i\wedge\eta^j\\ (P_{Adj})_{kl}^{ij}\ f_{ij}^{s}=f_{kl}^{s},\quad &(P_{Adj})_{kl}^{ij}\ \bar{f}_{s}^{kl}=\bar{f}_{s}^{kl}\end{aligned} \tag{23.72}$$

进一步可以分析与不变形式对偶的空间，讨论量子群上不变向量场，其基矢 $\chi_J\in A'$ 可如下定义：

$$\delta\alpha=\eta^J(\alpha*\chi_J) \tag{23.73}$$

$$\delta\eta^I=\eta^J(\eta^I*\chi_J)=\eta^J(\chi_J\otimes id)\Delta_L\eta^J=C_{JK}^{I}\eta^J\otimes\eta^K \tag{23.74}$$

其中

$$C_{JK}^{I} = \chi_J(M_K^I) \tag{23.75}$$

$\chi_J \in A'$为在群恒等元处切矢场的 q 类似. 对上式进一步取外微分可得χ_J 间对证关系

$$\begin{aligned}\delta^2\alpha = 0 &= \delta\eta^J(\alpha * \chi_J) - \eta^J \wedge \delta(\alpha * \chi_J)\\ &= \eta^K(\eta^J * \chi_K)(\alpha * \chi_J) - \eta^J \wedge \eta^K(\alpha * \chi_J * \chi_K)\\ &= C_{JK}^{I}\eta^J \otimes \eta^K(\alpha * \chi_J) - (\eta^J \otimes \eta^K - \Lambda_{LM}^{JK}\eta^L \otimes \eta^M)(\alpha * \chi_J * \chi_K)\\ &= \eta^J \otimes \eta^K \alpha * (C_{JK}^{I}\chi_I - \chi_J\chi_K + \Lambda_{JK}^{LM}\chi_L\chi_M)\end{aligned}$$

因此得

$$\chi_I\chi_J - \Lambda_{IJ}^{KL}\chi_K\chi_L = C_{IJ}^{K}\chi_K \tag{23.76}$$

此即 q 畸变李代数,将它作用 M_S^P,可得 q 结构常数 C_{IJ}^K满足的 q-Jacobi 等式:

$$C_{IR}^{P}C_{JS}^{R} - \Lambda_{IJ}^{KL}C_{KR}^{P}C_{LS}^{R} = C_{IJ}^{R}C_{RS}^{P} \tag{23.77}$$

对 $SU_q(2)$,$C_{JK}^I = \chi_J(M_K^I)$的值为

$$C_{JK}^{0} = C_{J0}^{K} = 0, \qquad C_{0k}^{j} = -ig\lambda\delta_k^j, \quad C_{jk}^{i} = -igf_{\ jk}^{i} \tag{23.78}$$

其中f_{jk}^i的值见(23.64),而对伴随表示分量

$$(P_{Adj})_{ij}^{kl}C_{kr}^{P}C_{ls}^{r} = \frac{\lambda^2+1}{\lambda^2+2}C_{ij}^{r}C_{rs}^{P} \tag{23.79}$$

并可得 q-Mourer-Cartan 方程

$$\delta\eta^I = (\lambda^2+2)^{-1}C_{jk}^{I}(\eta^j \wedge \eta^k) = \frac{ig}{\lambda}\{\eta^0 \wedge \eta^I + \eta^I \wedge \eta^0\} \tag{23.80}$$

本节结果均与通常微分几何相似,当 $q\to 1$ 可得到通常微分几何结果.

§ 23.3　q-BRST 代数　q 规范理论

有多种方案组成 q 规范理论. 注意到量子群为 Hopf 代数,需用适当的代数语言来描述规范理论. 这里我们仅简单地介绍一下 Watamura[69] 建议的利用 q-BRST 代数来描述 q 规范理论,即用幂零算子 δ 来描述规范变换,而用鬼场 η 来表示规范变换参数.

令 Φ 表示物质场,其 BRST 变换

$$\delta\Phi = \eta^J(\Phi * \chi_J) = \frac{ig}{\lambda}[\eta^0, \Phi]_{\mp} \tag{23.81}$$

这里 η^0 为 Γ 中双不变元,可用它来定义 A 双模 Γ 的导子运算. 物质场是玻色子(或费米子)决定$[\,,]_{\mp}$取对易子(或反对易子). η^J 为鬼场,它与 Γ 中右不变基底

具相同性质. 但注意,这里假定 η^J 与底空间坐标无关.

有两种幂零算子:外微分算子 d 与 BRST 算子 δ. dΦ 在 BRST 变换下非协变,必须引入含有规范势 A^J 的协变微分∇Φ

$$\nabla\Phi = \mathrm{d}\Phi + A^J(\Phi * \chi_J) = \mathrm{d}\Phi + \frac{\mathrm{i}g}{\lambda}[A^0, \Phi]_{\mp} \tag{23.82}$$

在规范变换下,含有势的协变微分∇Φ 与物质场 Φ 的变换规律同:

$$\delta\nabla\Phi = \eta^J(\nabla\Phi * \chi_J) = \frac{\mathrm{i}g}{\lambda}[\eta^0, \nabla\Phi]_{\mp} \tag{23.83}$$

正由于要求上式成立,要求势 A^J 在 BRST 变换下按以下规律变:

$$\delta A^J = \mathrm{d}\eta^J + \frac{\mathrm{i}g}{\lambda}(\eta^0 A^J + A^J\eta^0) \tag{23.84}$$

上述分析是经典规范理论的简单推广. 进一步对物质场取两次协变导数:

$$\nabla\nabla\Phi = \mathrm{d}(\nabla\Phi) + A^J(\nabla\Phi * \chi_J) = F^J(\Phi * \chi_J) \tag{23.85}$$

即

$$F^J = \mathrm{d}A^J + \frac{\mathrm{i}g}{\lambda}[A^0, A^J]_{+} \tag{23.86}$$

称为 q 规范场强.

下面为了描述协变对易关系,对每个场 η^J, $\mathrm{d}\eta^J$, A^J, $\mathrm{d}A^J$,引入指数 n:

	η^J	$\mathrm{d}\eta^J$	A^J	$\mathrm{d}A^J$
n	-1	0	1	2

即 n 为形式阶数与鬼数的差. 这四种场形成 BRST 代数体系 $\mathscr{B}$,算子 δ 与 d 对它们的作用均满足指数 n 阶化的 Leibniz 规则:

$$\mathrm{d}(XY) = (\mathrm{d}X)Y + (-1)^{n_X}X\mathrm{d}Y, \quad X, Y \in \mathscr{B}$$
$$\delta(XY) = (\delta X)Y + (-1)^{n_X}X\delta Y \tag{23.87}$$

其中 n_X 为场 X 的指数. d,δ 满足

$$\mathrm{d}^2 = 0, \qquad \delta^2 = 0, \qquad \mathrm{d}\delta + \delta\mathrm{d} = 0$$

且它们在左右余乘下均协变,即对任意 $X \in \mathscr{B}$,

$$\Delta_L(\delta X) = (id \otimes \delta)\Delta_L(X), \quad \Delta_L(dX) = (id \otimes d)\Delta_L(X)$$
$$\Delta_R(\delta X) = (\delta \otimes id)\Delta_R(X), \quad \Delta_R(dX) = (d \otimes id)\Delta_R(X) \tag{23.88}$$

而在两不同场 X^J 与 Y^K 间,设 $n_x > n_y$,自洽条件要求存在下面协变交换关系:

$$(-1)^{n_x n_y}X^I Y^J = \Lambda^{IJ}_{KL} Y^K X^L \tag{23.89}$$

由(23.63)式知

$$(-1)^{n_x n_y} X^0 Y^J = Y^J X^0$$

$$\frac{\mathrm{i}g}{\lambda}\left(Y^0 X^I - (-1)^{n_x n_y} X^I Y^0\right) = C^J_{JK} Y^J X^K \tag{23.90}$$

假设规范势 A^J 具有与 η^J 相似性质:(23.70),(23.72),(23.80)(下面为简化符号,均忽略外乘符号 $\wedge$)

$$(P_0)^{IJ}_{KL}(A^K A^L) = 0 \tag{23.70a}$$

$$(P_{Adj})^{ij}_{kl}(A^k A^l) = A^i A^j \tag{23.72a}$$

$$\frac{\mathrm{i}g}{\lambda}(A^0 A^i + A^i A^0) = (\lambda^2 + 2)^{-1} C^i_{jk} A^j A^k \tag{23.80a}$$

且由自洽条件,$\mathrm{d}\eta^J$ 与 $\mathrm{d}A^J$ 应为 q 对称场,即满足下条件:

$$(P_{SA})^{IJ}_{KL}(\mathrm{d}\eta^K \mathrm{d}\eta^L) = 0$$

$$(P_{SA})^{IJ}_{KL}(\mathrm{d}A^K \mathrm{d}A^L) = 0 \tag{23.91}$$

进一步由(23.86)式知规范场强

$$F^0 = \mathrm{d}A^0$$

$$F^i = \mathrm{d}A^i + (\lambda^2 + 2)^{-1} C^i_{jk} A^j A^k \tag{23.92}$$

它们满足 q-Bianchi 等式

$$\mathrm{d}F^I = -\mathrm{i}g\lambda^{-1}(A^0 F^I - F^I A^0) = -\mathrm{i}g\lambda^{-1}(A^0 \mathrm{d}A^I - \mathrm{d}A^I A^0) = -C^I_{JK} A^J \mathrm{d}A^K$$

即

$$\mathrm{d}F^0 = 0$$

$$\mathrm{d}F^i = ig\lambda A^0 \mathrm{d}A^i - C^i_{jk} A^j \mathrm{d}A^k \tag{23.93}$$

且易证

$$F^I \eta^J = \eta^K F^L \wedge^{IJ}_{KL} \tag{23.94}$$

而在 q-BRST 变换下

$$\delta F^I = \mathrm{i}g\lambda^{-1}(\eta^0 F^I - F^I \eta^0) = C^I_{JK} \eta^J F^K$$

即

$$\delta F^0 = 0$$

$$\delta F^i = -\mathrm{i}g\lambda \eta^0 F^i + C^i_{jk} \eta^j F^k \tag{23.95}$$

这样我们给出了 q 规范理论的各基本关系式.

§23.4　q 陈类　q 陈-Simons

下面着重分析 q 畸变第二陈类,它具有如下形式:

$$P = \mathrm{tr}_q(F,F) \equiv F^I F^J g_{IJ} \tag{23.96}$$

这里为表示简化,忽略前面常数因子. 陈类是规范不变的拓扑示性类,即应满足

$$\mathrm{d}P = 0, \quad \delta P = 0 \tag{23.97}$$

可以证明,如要求满足上两条件,q 畸变 Killing-Cartan 度规 g_{IJ}应满足

$$\delta_I^0 g_{JK} = \wedge_{TK}^{SO} \wedge_{IJ}^{RT} g_{RS} \tag{23.98}$$

证　由(23.95)式可证:

$$\begin{aligned}\delta P &= (\delta F^R F^S + F^R \delta F^S) g_{RS} = \mathrm{i}g\lambda^{-1}(\eta^0 F^R F^S - F^R F^S \eta^0) g_{RS} \\ &= \mathrm{i}g\lambda^{-1}\eta^I F^J F^K (\delta_I^0 g_{JK} - \wedge_{TK}^{SO} \wedge_{IJ}^{RT} g_{RS})\end{aligned}$$

即证(23.98). 且由(23.93)式可证(23.98)也保证 $\mathrm{d}P=0$ □

下面选择满足(23.98)式的 g_{IJ}. 注意 q-Killing-Cartan 度规的定义式中,q 畸变迹 tr_q 与两次倒易元运算相关,对 $\mathrm{SU}_q(2)$的基础表示 $K^2(T_b^a) = D_c^a T_d^c (D^{-1})_b^d$,可证:$D_1^1 = q^{-1}, D_2^2 = q$. 对伴随表示

$$K^2(M_J^I) = D_K^I M_L^K (D^{-1})_J^L, \quad D_0^0 = D_3^3 = 1, D_+^+ = q^2, D_-^- = q^{-2} \tag{23.99}$$

与经典 Killing-Cartan 度规类比,且要求满足(23.98)式,可选

$$g_{IJ} = D_S^R C_{IT}^S C_{JR}^T = D_S^r C_{It}^S C_{Jr}^t \tag{23.100}$$

由(23.78)及(23.99)得 g_{IJ}的非零分量有

$$\begin{aligned} g_{00} &= -g^2\lambda^2[3] \\ q^{-1}g_{+-} = qg_{-+} = g_{33} &= -g^2(\lambda^2+2) \end{aligned} \tag{23.101}$$

易证它们满足(23.98)式. 于是可得到两种 q 畸变第二陈类

$$P = F^i F^j g_{ij} = -g^2(\lambda^2+2)(F^3F^3 + qF^+F^- + q^{-1}F^-F^+) \tag{23.102}$$

$$\hat{P} = F^I F^J g_{IJ} - P = -g^2\lambda^2[3]F^0F^0 \tag{23.103}$$

其中 P 仅含规范场强的伴随表示分量,而 $\hat{P}$ 仅含单态表示.

在通常微分几何中,Zumino 引入同伦算子 k 去计算陈-Simons. 下面我们推广他的方法去计算 q 畸变陈-Simons.

首先引入实参数 t,$0 \leqslant t \leqslant 1$,当 t 由 0 改变到 1,规范势 A_t^J 由 0 改变到

$$A_t^J = tA^J$$

$$F_t^J = t\mathrm{d}A^J + \frac{\mathrm{i}gt^2}{\lambda}(A^0A^J + A^JA^0) = tF^J + \frac{\mathrm{i}g(t^2-t)}{\lambda}(A^0A^J + A^JA^0) \tag{23.104}$$

引入沿 t 的 q 畸变导数

$$\frac{\partial}{\partial_q t}f(t) = \frac{f(qt) - f(q^{-1}t)}{t(q-q^{-1})} \tag{23.105}$$

它满足 q 畸变 Leibniz 规则

$$\frac{\partial}{\partial_q t}f(t)g(t) = \frac{\partial f(t)}{\partial_q t}g(qt) + f(q^{-1}t)\frac{\partial g(t)}{\partial_q t} \tag{23.106}$$

而 q 畸变积分可如下定义：

$$\int_0^{t_0} \mathrm{d}_q t f(t) = t_0(1 - q^2)\sum_{k=0}^{\infty} q^{2k} f(q^{2k+1}t_0) \tag{23.107}$$

这样定义的 q 积分，最少对于多项式，为 q 畸变导子的逆，例如

$$\frac{\partial}{\partial_q t}t^m = [m]t^{m-1}, \quad \int_0^{t_0} \mathrm{d}_q t t^{m-1} = t_0^m/[m] \tag{23.108}$$

进一步引入沿 t 的 q 畸变李导数

$$\hat{\delta}_q \equiv d_q + \frac{\partial}{\partial_q t} \tag{23.109}$$

及 q 畸变余微分算子

$$l_t A_t^J = 0, \quad l_t F_t^J = \hat{\delta}_q A_t^J = d_q t A^J$$

$$l_t(f(t)g(t)) = (l_t f(t))g(qt) + (-1)^n f(q^{-1}t)(l_t g(t)) \tag{23.110}$$

这里 n 为 f 的指数.

可以检验，对于由 A_t^J, F_t^J 组成的形式多项式，由(23.110)式定义的算子 l_t 具有如下性质：

$$l_t l_t = 0$$

$$l_t d + d l_t = \hat{\delta}_q = d_q t\frac{\partial}{\partial_q t}$$

$$\hat{\delta}_q l_t = l_t \hat{\delta}_q, \quad \hat{\delta}_q d = d\hat{\delta}_q \tag{23.111}$$

利用具有以上性质的算子 l_t，可组成同伦算子 k

$$k = \int_0^t l_t \tag{23.112}$$

满足

$$k^2 = 0, \quad dk + kd = 1 \tag{23.113}$$

利用具有以上性质的同伦算子 k，可从陈类 $P(F)$ 出发，得到陈-Simons$Q(A)$，即

$$P(F) = (dk + kd)P = dkP = dQ(A) \tag{23.114}$$

即陈-Simons$Q(A) = kP$：将同伦算子 k 对陈类 $P(F)$ 作用后可得陈-Simons $Q(A)$，满足 $dQ(A) = P(F)$. 现知含参数 t 的 q 畸变陈类如(23.102)，(23.103)式：

$$P_t = \langle F_t, F_t \rangle$$

可设法利用上面引入的同伦算子对陈类作用以得到陈-Simons，即由(23.102)式出发，

$$
\begin{aligned}
l_t P_t &= \langle l_t F_t, F_{qt} \rangle + \langle F_{q^{-1}t}, l_t F_t \rangle \\
&= d_q t \{ \langle A, F_{qt} \rangle + \langle F_{q^{-1}t}, A \rangle \} \\
&= d_q t \{ t[2] \langle A, dA \rangle + ig\lambda^{-1} t^2 (\lambda^2 + 2) \langle A, A^0 A + A A^0 \rangle \} \\
&= d_q t \{ t[2] \langle A, dA \rangle + \frac{t^2(\lambda^2 + 2)}{\lambda^2 + 1} \langle A, A, A \rangle \}
\end{aligned}
$$

其中

$$
\langle A, A, A \rangle = A^i A^j A^k g_{ijk}, \qquad g_{ijk} = D^{l_0}_{l_1} C^{l_1}_{il_2} C^{l_2}_{jl_3} C^{l_3}_{kl_0} \tag{23.115}
$$

故 q 陈-Simons

$$
Q(A) = kP_t = \int_0^t l_t P_t = \langle A, dA \rangle + \frac{[4]}{[6]} \langle A, A, A \rangle = \langle A, F \rangle - \frac{[2]}{[6]} \langle A, A, A \rangle \tag{23.116}
$$

类似由(23.103)式出发，可得单态表示的 q 陈-Simons：

$$
\hat{Q}(A) = k\hat{P}_t = \int_0^t l_t \hat{P}_t = -g^2 \lambda^2 [3] A^0 dA^0 \tag{23.117}
$$

易验证

$$
\begin{aligned}
\mathrm{d}Q(A) &= \langle \mathrm{d}A, \mathrm{d}A \rangle + \frac{[4]}{[6]} \{ \langle \mathrm{d}A, A, A \rangle - \langle A, \mathrm{d}A, A \rangle + \langle A, A, \mathrm{d}A \rangle \} \\
&= \langle \mathrm{d}A, \mathrm{d}A \rangle + (\lambda^2 + 1)^{-1} \{ \langle \mathrm{d}A, A, A \rangle + \langle A, A, \mathrm{d}A \rangle \} \\
&= \langle \mathrm{d}A, \mathrm{d}A \rangle + \frac{\mathrm{i}g}{\lambda} \{ \langle \mathrm{d}A, A^0 A + A A^0 \rangle + \langle A^0 A + A A^0, \mathrm{d}A \rangle \} \\
&= \langle F, F \rangle = P
\end{aligned}
$$

且易验证

$$
\mathrm{d}\hat{Q}(A) = \hat{P}
$$

以上分析表明，虽然伴随表示分量与单态分量在 q 畸变 BRST 代数的对易关系中会混合，而 q 畸变 Killing-Cartan 度规是去耦合的，使得 q 陈类，(及 q 陈-Simons)去耦合，而仅含一种分量：伴随表示的或单态表示的 q 陈类(及 q 陈-Simons).

附　　录

A　集合论若干概念简单介绍

A1　若干基本概念与定义

集合(set)S,也称为抽象空间,由若干个元素 $a,b,c,\cdots$组成,记为

$$S = \{a,b,c,\cdots\}$$

其中各元素也可称为点,可表示为

$$a \in S$$

称为 a 属于 S,属于(用符号 $\in$)是集合论中最基本关系.

子集合(subset)A,由 S 中部分元素组成,记为

$$A \subset S$$

称为 A 含于 S,其意思是,由

$$a \in A \Rightarrow a \in S$$

集合 S 相对其子集合 A 的补(complement),由 S 中不属于 A 的元素组成,记为

$$S \backslash A = \{a \mid a \in S, a \notin A\}$$

集合并(union),由集合 S_1 与集合 S_2 中全部元素组成的集合,称为此两集合的并,记为

$$S_1 \cup S_2 = \{a \mid a \in S_1 \text{ 或 } a \in S_2\}$$

集合交(intersection),由属于 S_1 同时又属于 S_2 的元素组成的集合,称为此两集合的交,记为

$$S_1 \cap S_2 = \{a \mid a \in S_1 \text{ 并要求 } a \in S_2\}$$

当两集合 S_1 与 S_2 间无公共元素,则称此两集合不相交,记为

$$S_1 \cap S_2 = \varnothing$$

这里$\varnothing$代表空集,是没有元素的集合,它是任意集合的子集.

集合的笛卡儿积(Cartesian product)$S_1 \times S_2$ 为有序对(a,b)的集合,其中 $a \in S_1, b \in S_2$.

$$S_1 \times S_2 = \{(a,b) \mid a \in S_1, b \in S_2\}$$

注意 $S_1 \times S_2 \neq S_2 \times S_1$.

A2　等价关系与等价类

在集合 S 的各元素间,常可建立一些关系 $R \subset S \times S$,当 $(a,b) \in R$,称此两元素相关,可记为 $a \sim b$. 若关系 R 具有下列三个性质,则称之为等价关系(equivalence relation)

R_1. 反射性(reflexive)

$$a \sim a, \quad \forall a \in S$$

R_2. 对称性(symmetric)

$$a \sim b \Rightarrow b \sim a, \quad \forall a,b \in S$$

R_3. 传递性(transitive)

$$a \sim b, \quad b \sim c \Rightarrow a \sim c, \quad \forall a,b,c \in S$$

以等价关系相关连的元素 a,b 可看为相似元素,可记为

$$a = b \quad (\mathrm{mod} R),\text{或 } a \sim b$$

在集合 S 中与元素 a 有等价关系的所有元素集合,称为 a 的等价类(equivalent class),记为 $[a]$.

$$[a] = \{b \in S \mid b \sim a\}$$

可以证明,在两等价类中如有一元素相同,则两类必全同. 于是集合 S 分解为各等价类的不相交的并. 等价类集合称为商集合(quotient set),记为

$$S/\sim = \{[a] \mid a \in S\}$$

当将集合 S 分解为若干不相交子集合的并,称为集合 S 的配分(partition). 上分析表明,集合 S 中等价关系决定了 S 的一种配分,反之也对.

A3　偏序(partial ordering)与全序(total ordering)

集合 P 上一个二元关系 $\rho \in P \times P$ 如果满足下列关系则称为是一个偏序.

P_1. 自反性(reflexive) $a\rho a$,

P_2. 反对称性(antisymmetric).

$$a\rho b \text{ 且 } b\rho a \Rightarrow a = b$$

P_3. 传递性(transitive)

$$a\rho b \text{ 且 } b\rho c \Rightarrow a\rho c$$

非空集 P 连同 P 上定义的偏序关系 ρ 构成一个序结构 (P,ρ),称为一个偏序集.

偏序集 P 中有偏序关系的两个元素称为是可比的,否则是不可比的. 如果偏序集 (P,ρ) 还满足条件

P_4. 对 P 中任两元素 $a,b\in P$,总是可比的,

$$\text{或 } a\rho b,\quad \text{或 } b\rho a$$

则这时(P,ρ)称为全序集,也称为一个链(chain).

例 1　$\mathbb{R}$ 是实数集,$\leqslant$是普通实数间顺序关系,则$(\mathbb{R},\leqslant)$是一个偏序集,且是全序集.

例 2　G 是群集合,$H\subseteq G$ 是 G 的子群,$(G,\subseteq)$是一个偏序集.

以后为简化符号,将偏序集(P,ρ)中偏序关系 ρ 改写为$\leqslant$,

$$x\rho y,\ \text{记为 } x\leqslant y$$

而

$$x<y,\text{是 } x\leqslant y \text{ 且 } x\neq y$$

下面考虑偏序集$(P,\leqslant)$的子集合 S. 元素 $a\in P$ 称为 S 的一个上界(upper bound),如果对一切 $x\in S$ 都有 $x\leqslant a$.

类似可定义子集 S 的下界(lower bound)$b\in P$,当对一切 $x\in S$,都有$b\leqslant x$.

设偏序集$(P,\leqslant)$的子集 S 有上界,且上界集合作为 P 的子集合有最小元,则这个最小上界称为 S 的上确界(supremum),记作 $\mathrm{Sup}S$ 或$\vee S$.

类似地 S 的最大下界(如果有的话)称为 S 的下确界(infimum),记为 $\mathrm{Inf}S$,或$\wedge S$.

A4　集合间映射(mapping)f,是普通函数概念的推广

集合间映射 f 可表示为

$$f:S_1\rightarrow S_2$$

$$a\rightarrow f(a),a\in S_1,f(a)=b\in S_2$$

$b=f(a)$称为在映射下 a 的像(image),a 称为 b 的逆像(inverseimage). S_1 称为映射 f 的定义域(domain),S_2 称为值域,在定义域 S_1 中每一元素 a 都有确定的取值在 S_2 上的像 $b=f(a)$,而 S_1 中所有元素的像的集合

$$f(S_1)=\{b\mid b=f(a)\ \text{所有}\ a\in S_1\}\subset S_2$$

称为映射 f 的范围(range). 如 $f(S_1)=S_2$,则称映满(onto),否则称映入(into).

集合间的映射主要有以下三种:

单射(injective, 1－1 into)或称 1－1 映射入…,其特点是

$$a\neq b\Rightarrow f(a)\neq f(b),\qquad \forall a,b\in S_1$$

满射(surjective onto),或称映满,…

$$f(S_1)=S_2$$

双射(bijective 1－1 and onto),或称 1－1 对应的满映射.

对于接连两次映射

$$f:S_1 \to S_2$$

$$g:S_2 \to S_3$$

可定义它们的组合映射 h：

$$h = g \cdot f:S_1 \to S_3$$

当映射 g 的定义域 $U \subset V$, V 为映射 f 的定义域, 且对所有 $a \in U, g(a) = f(a)$, 则称 g 是 f 的限制(restriction), 记为

$$g = f|_U$$

B　拓扑学若干基本概念介绍

为了在集合(抽象空间)中建立极限, 收敛, 连续, 等概念, 常需在集合 S 中建立拓扑结构 τ, 使成拓扑空间 (S,τ). 在拓扑空间可定义连续性, 点列收敛性, 连通性, 紧致性, ……这些拓扑空间的概念, 常是我们熟悉的度量空间 (S,ρ) 相应概念的抽象推广. 故我们先简单介绍度量空间, 再引入一般拓扑空间及各相应拓扑性质. 在最后介绍度量空间的 Cauchy 系列及完备性. 完备性不是拓扑性质, 但很重要且常用, 故在此一并介绍.

B1　度量空间 (S,ρ) 通常拓扑(usual topology)概念的引入

在集合中引入距离函数而形成有拓扑结构的几何对象: 度量空间. 度量空间是普通欧氏空间的推广, 通过它可以很自然地引入更抽象的拓扑空间. 下面我们首先分析度量空间, 进一步注意到连续映射仅维持邻近性而不保持距离, 通过对度量空间邻近性特点的分析, 设法摆脱距离函数来定义开集, 而得到更抽象的拓扑空间. 通过分析易看出由开集组成的拓扑是分析连续性的最自然的数学结构.

通常函数 $f(x)$ 的连续性是用经典的 ε-δ 来表述的, 依赖距离概念. 例如, 函数 $f(x)$ 在点 a 的连续性可表述如下: 给定 $\varepsilon > 0$, 存在 $\delta > 0$, 使得当 $|x - a| < \delta$ 时, $|f(x) - f(a)| < \varepsilon$.

这里的绝对值 $|x - a|$ 与 $|f(x) - f(a)|$ 利用了实数域 R 上的自然度量.

对于任意一个抽象空间 $S = \{a, b, \cdots\}$, 如能对其中任意两点 a 与 b 定义满足下面三条件的非负实函数 $\rho(a,b) \in R$

a. 恒正性: $\rho(a,b) \geqslant 0$. 等号仅在 $a = b$ 时成立.

b. 对称性: $\rho(a,b) = \rho(b,a)$.

c. 三角不等式: $\rho(a,b) + \rho(b,c) \geqslant \rho(a,c)$.

$\rho(a,b)$ 称为两点 a 与 b 间距离. 定义有距离函数的空间 (S,ρ) 称为度量空间

(metric space).

在度量空间(S,ρ)中任一点 a 可如下定义含 a 的开球(open ball)

$$B(a,\varepsilon) = \{b \in S \mid \rho(a,b) < \varepsilon, \varepsilon > 0\}$$

这里 ε 为任一正数,在度量空间中满足不等式 $\rho(x,a) < \varepsilon$ 的点 x 的集合,叫做含 a 的开球,又叫做 a 的邻域(neighbourhood).

令 $U \subset S$ 为空间 S 的子集合,点 $a \in U$,如有开球 $B(a,\varepsilon) \subset U$,则称 a 为子集 U 的内点. U 的所有内点集合记为 $\dot{U}$,称为 U 的内部.

点 $b \in S$,如点 b 的任意开球都最少含 U 的另一与 b 不同的点 $a \in U$,则称点 b 为 U 的极限点(limit point). U 的所有极限点集合称为 U 的闭包,记为 $\bar{U}$.

集合 U 的边缘∂U 定义为

$$\partial U = \bar{U} \backslash \dot{U}$$

当 $U = \dot{U}$,则 U 称为开集.

当 $U = \bar{U}$,则 U 称为闭集.

例如,实轴$\mathbb{R}$ 上下述两区间:

$$U = \{t \in \mathbb{R} \mid a < t < b\} \equiv (a,b)$$

$$V = \{t \in \mathbb{R} \mid a \leqslant t \leqslant b\} \equiv [a,b]$$

易证　$U = (a,b) = \dot{U}$ 是实轴$\mathbb{R}$ 的开集

$V = [a,b] = \bar{U}$ 是实轴$\mathbb{R}$ 的闭集.

即开集 U 是空间 S 的这样子集合:U 中任意点都有邻域完全在 U 中. 而闭集 V 是空间 S 的这样子集合:V 含有它的所有极限点.

这种开集(闭集)的定义,是利用距离函数来定义的拓扑. 在上述各种定义中我们注意:子集 U 的极限点 b 本身可能是也可能不是 U 中点. 开集在整个空间 S 的补集是闭集,闭集的补集是开集. 开球是一开集,有限数目个开集的并仍是开集. 空集$\varnothing$及整个空间 S 都是开集也都是闭集.

以上分析看出,度量空间 S 中所有开集的集合具有下列性质:

(i) 任意数目开集的并仍是开集.

(ii) 有限数目开集的交是开集.

(iii) 空集$\varnothing$及整个空间 S 是开集.

这里特别注意条件(ii),仅允许有限数目的开集的交. 例如在实轴$\mathbb{R}$ 上,无限多以 b 点为中心的开集的交$\bigcap_{n=1}^{\infty} B\left(b,\frac{1}{n}\right)$得点 b 本身,而点 b 不是$\mathbb{R}$ 中开集,仅为闭集.

以上分析表明,在度量空间可利用距离函数得到度量空间的拓扑,此拓扑称为度量空间的通常拓扑(usual topology). 另方面,对任意抽象空间,可用上述三条件作为空间的开集的定义,这样定义的开集可以不依赖距离函数,定义有满足上述三条件的开集族的空间,称为拓扑空间. 于是我们可以得到更抽象的拓扑空间. 下面按照通常拓扑学教程介绍一些基本概念.

B2　拓扑空间中若干基本概念

对集合 $S=\{a,b,\cdots\}$,如能选出满足下述条件的子集族(collection of subset) $\tau=\{A,B,\cdots\}$,则将子集族 τ 的成员叫开集,而子集族 τ 称为集合 S 的拓扑.

a. 集合 S 及空集都属于 τ.

b. τ 中任意有限个成员的交集仍属于 τ.

c. τ 中任意有限及无限个成员的并集仍属于 τ.

集合 S 与它的一个拓扑 τ 在一起,(S,τ) 叫做拓扑空间(topological space).

例 1　当 S 为 N 个元素集合,选 τ 由 S 的所有子集合组成,有 2^N 个成员. τ 满足上述三条件. 称为 S 的离散的拓扑(discrete topology).

例 2　对任意集合 S,可选 $\tau=\{\varnothing,S\}$,满足上述三条件,称为 S 的平庸拓扑(trivial topology).

例 3　当 S 为实数域$\mathbb{R}$,选 τ 由所有开区间 (a,b) 组成拓扑基,并且含有空集$\varnothing$,τ 满足上述三条件,称为$\mathbb{R}$ 的通常拓扑(usual topology). 在拓扑空间可利用开集来定义连续映射.

定义　若两拓扑空间 S_1 与 S_2 间存在映射

$$f:S_1\to S_2$$

且 S_2 中任意开集的逆象是 S_1 中开集,则此映射 f 称为连续映射.

集合的拓扑可看成判断集合间映射连续性的网络. 离散拓扑是最大的(largest)(其开集成员最多)、最精细的(finest),也即最强的(strongest)拓扑. 而平庸拓扑是最小的(smallest)、最粗的(coarsest)、最弱的(weakest)拓扑. 而通常实数域上的连续函数,是采用实数域的通常拓扑来定义的.

与开集定义相关的还可引入邻域、闭集等概念.

邻域(neighbourhood)集合 S 中一点 a 的邻域 N 是 S 的子集合,它含有点 a 所属的某开集 A.

注意,这里并未要求 N 本身为开集. 但是所有含 a 的开集都是 a 的邻域.

在拓扑空间,还可定义其子集合的极限点. 设 A 为拓扑空间 S 的子集,点 a 的每个邻域如含有 $A-\{a\}$ 中至少一点,则点 $a\in S$ 称为 A 的极限点(或聚点),A 的极限点可以属于 A,也可以不属于 A.

闭集(closed set)　开集 A 在集合 S 中的补集称为闭集. 闭集包含它的所有极限点. 与开集族定义相对应,闭集族有下列三个性质:

a. 集合 S 与空集是闭集.

b. 有限个闭集的并集是闭集.

c. 任意多个闭集的交集是闭集.

当空间 S 给出满足以上三条件的闭集族 σ,也称给出空间 S 的拓扑结构 (S,σ). 即当给出 S 的满足上三条件的子集族 σ,取 σ 的所有成元的补的集合 τ,则集合 τ 必满足开集族的三条件,(S,τ) 为给定拓扑结构的拓扑空间.

当给定集合 U,含有 U 的闭集可以有很多,它们的交称为集合 U 的闭包(closure),记为 $\bar{U}$,即闭包 $\bar{U}$ 是含 U 的最小闭集.

集合 U 的内部(interior)是 $\bar{U}$ 的所有开子集的并集,记为 $\dot{U}$ 或 $\mathrm{Int}U$,即 $\dot{U}$ 是 U 的最大开子集.

拓扑学通常被看作几何学的推广,由上面的讨论可看出,拓扑学也可看成为分析计算的推广,在拓扑空间 (S,τ) 可讨论连续、极限等问题,仅当集合 S 具有拓扑,才有开集、闭集、邻域、极限、连续等概念,使集合 S 成为连续空间.

两拓扑空间间同胚映射(homeomorphic mapping),为 $1-1$ 对应的连续满映射,且其逆映射也是连续的.

同胚映射下保持不变的性质称为拓扑性质,如开集、收敛序列、紧致性、分离性、连续性、连通性等都是拓扑性质. 下面我们分析这些重要的拓扑性质.

B3　流形的基本拓扑性质

a. 紧致性(compact)　当流形 M 的每一个开覆盖有一个有限子覆盖,则流形 M 是紧致的.

这里先简短说明几个定义.

开覆盖(open covering)　流形 M 的一组开集

$$\mathscr{A} = \{U_\alpha\},\ \bigcup_\alpha U_\alpha = M$$

则称开集集合 $\mathscr{A}$ 为 M 的开覆盖.

子覆盖(subcovering)　$\mathscr{A}'$ 为开覆盖 $\mathscr{A}$ 的一个子集合,而且 $\mathscr{A}'$ 本身仍为 M 的覆盖,则称 $\mathscr{A}'$ 为开覆盖 $\mathscr{A}$ 的子复盖.

有限的覆盖(finite covering)　当覆盖 $\mathscr{A}=\{U_\alpha\}$ 中成员的个数是有限的,则称为有限的覆盖.

为了更好地理解紧致性,可首先分析下一个非紧致性的集合.

例 1　欧氏平面 E^2,取 $\mathscr{A}$ 为半径等于 1 中心为整数坐标点的开球全体. 这些开球的集合(有无穷多个)构成平面 E^2 的开覆盖. 如果在 $\mathscr{A}$ 中去掉一个开球 A,则剩下的开球集合不足以覆盖平面,因为 A 的中心盖不上. 因此覆盖 $\mathscr{A}$ 无真子覆盖,更没有有限子复盖,故平面 E^2 非紧致. 事实上在 E^2 中所有具有无限面积的集合都是非紧致的. 当我们选开集集合 $\mathscr{A}=\{U_\alpha\}$,其中所有 U_α 都具有有限面积,因为任何有限子覆盖必然仅能覆盖有限面积,故不能成为具无限面积流形的开覆盖.

例 2　对 E^2 上单位盘 $B=\{(x,y)\mid x^2+y^2<1\}$,可如下选一组同心圆盘 $\mathscr{A}=\{U_\alpha\}$

$$U_\alpha=\left\{(x,y)\mid x^2+y^2<1-\frac{1}{a+1}\right\},\qquad a=1,2,\cdots$$

易证

$$\bigcup_\alpha U_\alpha=B$$

即 $\mathscr{A}=\{U_\alpha\}$ 为 B 的开覆盖. 但对单位开盘 B,$\mathscr{A}$ 无有限子覆盖,故 B 也非紧致. 由以上两例我们看出,E^n 中子集 M 为紧致的充要条件是:M 是闭的且有界.

定理 1　在欧氏空间中的有界集的闭子集必紧致. 其任意开覆盖必包含有限子覆盖.

定理 2　紧致流形 M 的开覆盖成员数必多于 1.

紧致性是拓扑性质,同胚映射保持紧致性,而且进一步可证,任意连续的满映射保持紧致性,即紧致空间的连续像必紧致,紧致空间的闭集必紧致. 故与欧氏空间有界集的闭子集同胚的流形必紧致.

紧致流形具有一些突出的性质,例如,紧致流形中的无穷子集必有极限点,对紧致流形有下述重要定理:

定理 3　紧致流形上定义的连续实函数是有界的,并在流形上达到它的上下确界.

此定理是紧致流形的重要特性,可利用此特性判断流形是否紧致.

局域有限开覆盖　对流形上任意点 $P\in M$,有邻域 U,使开覆盖 $\mathscr{A}=\{U_\alpha\}$ 中集合 $\{U_\alpha\in\mathscr{A},U\cap U_\alpha\}$ 为有限集合时,此开覆盖 $\mathscr{A}$ 称为局域有限开覆盖.

仿紧(paracompact)　若流形 M 的任意开覆盖都有一个局域有限的子覆盖,则 M 称为仿紧的.

仿紧的拓扑空间具有性质:其中任一点均有这样的邻域,其闭包为紧致. 此特性也可作为仿紧空间的定义.

定理 4　微分流形是仿紧的,于是在微分流形上可以定义积分.

实轴上闭区间[0,1]是紧致的,而整个实轴非紧致,这正说明了,为何闭区间上函数可用富氏级数展开,而在整个实轴上的函数需用富氏积分展开. 整个实轴虽然非紧致,但它仍然具有很好的行为,它是仿紧的,或说它是局域紧致的.

b. 连通性(connectedness)

定义 1　如果拓扑空间 M 不能表示为两个不相交的非空开集的并集,则称拓扑空

间 M 是连通的.

如拓扑空间 M 不是连通的,则它可分裂为一些连通子集的并集,其中任意两个子集相互分离,即它们的闭集的交为空集. 这些互相分离的连通块称为 M 的连通分支. 拓扑空间的连通分支为闭集.

连通空间的连续映象是连通空间. 连通性是空间的拓扑性质.

定义 2　如果拓扑空间上任意两点可以用一条道路连接,则称此拓扑空间为道路连通的(path connected). 道路连通空间的连续映象也是道路连通的,道路连通性也是空间的拓扑性质.

例 3　群 U(n)中任意点均能与恒等元 e 用连续道路连通.

群 O(n)中任意点均能与 $\pm e$ 道路连通,但 $+e$ 与 $-e$ 间没有道路连通.

用 $c[x]$表示与拓扑空间 M 中点 x 道路连通的集合,易证

$$c[c(x)] = c[x]$$

如 $c[x]$与 $c[y]$相交(其交非空集),则必二者相同.

道路连通空间必是连通的. 但其逆不一定对.

例如见右图,讨论在 E^2 平面中

$$C = A \cup B$$

$$A = \{(0,y) \in E^2 \mid -1 \leqslant y \leqslant 1\}$$

$$B = \left\{\left(x, \sin\frac{\pi}{x}\right) \in E^2 \mid 0 < x \leqslant 2\right\}$$

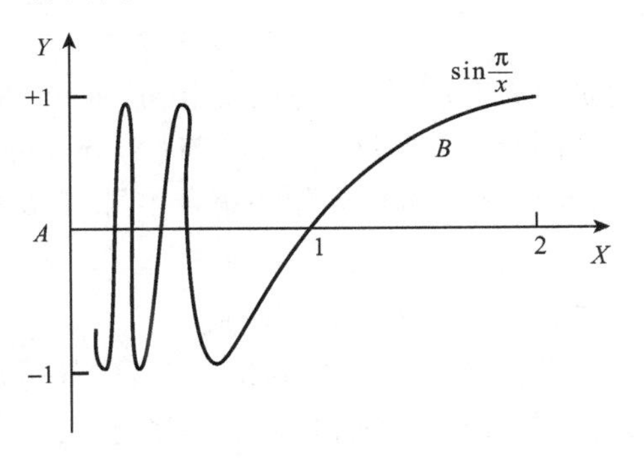

图 B.1

C 为 E^2 的紧致子空间,但不是道路连通的,因为不可能用 C 内的道路连接 A 内一点与 B 内一点,但是 C 为连通的,因为 B 在 E^2 内的闭包是 $\bar{B}=C$,而 $\bar{B}$ 为连通的,故 C 为连通的,此例说明连通空间不一定是道路连通的.

上例中 C 为 E^2 中的闭子集. 可以证明,欧氏空间中的连通开集是道路连通的.

拓扑空间 M 内的一个极大道路连通子集称为 M 的道路连通分支. 一般道路连通分支不一定是闭集(例如上例中的 B),而拓扑空间的连通分支为闭集. 各个道路连通分支可以不是互相分离的(例如上例中的 B 与 A 的并是连通的),而拓扑空间的各连通分支是分离的.

c. 可分性(separation)与 Hausdorff 空间

为使拓扑空间中收敛性有较确切定义,且使空间中开集、闭集具体化,还需引进不同程度分离性定理. 描述空间的可分性有许多不同说法,我们这里仅介绍常用

的三种分离性公理:

1. T_0 空间:空间任意两不同点中至少有一个有一个邻域不包含另一点.

2. T_1 空间:空间任意两不同点各有邻域不包含另一点.

3. T_2 空间:空间任两不同点有不相交的邻域. 显然 T_2 空间的叙述是可分性公理中较强的一个:T_2 空间必是 T_1,T_1 空间必是 T_0,但反之不一定.

T_2 空间又称为 Hausdorff 空间. 在微分几何中常采用条件最强的 Hausdorff 空间. 具有通常拓扑的实数域是 Hausdorff 空间. Hausdorff 空间中点都是闭子集,且可证在 Hausdorff 空间其每一紧致子集必为闭集.

仅在本书最后部分在分析不可交换几何,分析代数簇时,采用 Zariski 拓扑,这是种很弱的拓扑,一般仅满足 T_0 公理. 在 T_0 空间,系列极限不一定惟一,且存在不是闭集的单点. 在遇到这种情况时我们将会特别指出并认真分析其特点.

d. 乘积空间的拓扑

两个集合 S_1 与 S_2 可作笛卡儿积(Cartesian product)

$$S_1 \times S_2 = S = \{(a,b) \mid a \in S_1, b \in S_2\}$$

它是所有有序对(a,b)的集合,其中 $a \in S_1, b \in S_2$,

两个拓扑空间(S_1,τ_1)与(S_2,τ_2)可相乘而得到一个新的拓扑空间$(S,\tau) = (S_1 \times S_2, \tau_1 \times \tau_2)$,即作为集合本身,它是两个集合的笛卡儿积,而其拓扑

$$\tau = \tau_1 \times \tau_2 = (U \times V) \qquad (U \in \tau_1, V \in \tau_2)$$

由所有开集对笛卡儿积组成.

乘积空间 $S_1 \times S_2$ 的拓扑性质(如分离性、紧致性、连通性等)都可由 S_1 与 S_2 的相应性质来表示,有如下一些定理:

乘积空间 $S_1 \times S_2$ 为 Hausdorff 空间,当且仅当 S_1 与 S_2 为 Hausdorff 空间.

乘积空间 $S_1 \times S_2$ 为紧致,当且仅当 S_1 与 S_2 都紧致.

两连通空间的乘积是连通的.

两道路连通空间的乘积是道路连通的.

B4　Cauchy 系列与完备性

在度量空间(S,ρ)中 Cauchy 系列是指存在这样一个无限多点系列$\{x_n, n=1,2,\cdots,\infty\}$,满足条件:

$$\lim_{n,m\to\infty} d(x_m,x_n) = 0$$

也就是说,对于预先给定一个小正数 $\varepsilon>0$,总可找到足够大的整数 N,使得当 n, $m>N$,相应两点 x_n 与 x_m 间距离 $d(x_m,x_n)<\varepsilon$

下面介绍完备性(completeness)概念.

定义 度量空间(S,ρ),如其每个 Cauchy 系列都在空间 S 上具有收敛点,则称为是完备的.

注意,实轴$\mathbb{R}$ 上半开区间

$$[0,1[\text{不是完备的}$$
$$[0,\infty[\text{是完备的}$$

两者相互同胚,表明完备性不是拓扑不变性质. 下面列出几个常见的相关名词:
Frechet 空间:为完备的可度规空间.

Banach 空间:为完备具模(normal)向量空间.

Hilbert 空间:为完备具内积的空间.

C 若干代数体系简单介绍

几何与代数密切相关.

这里我们对本书常遇到的一些代数体系作简单介绍,先列表 C1 表明各代数体系的特点. 然后按表中方框左下角字母秩序逐个介绍.

表 C1 若干代数体系主要特点

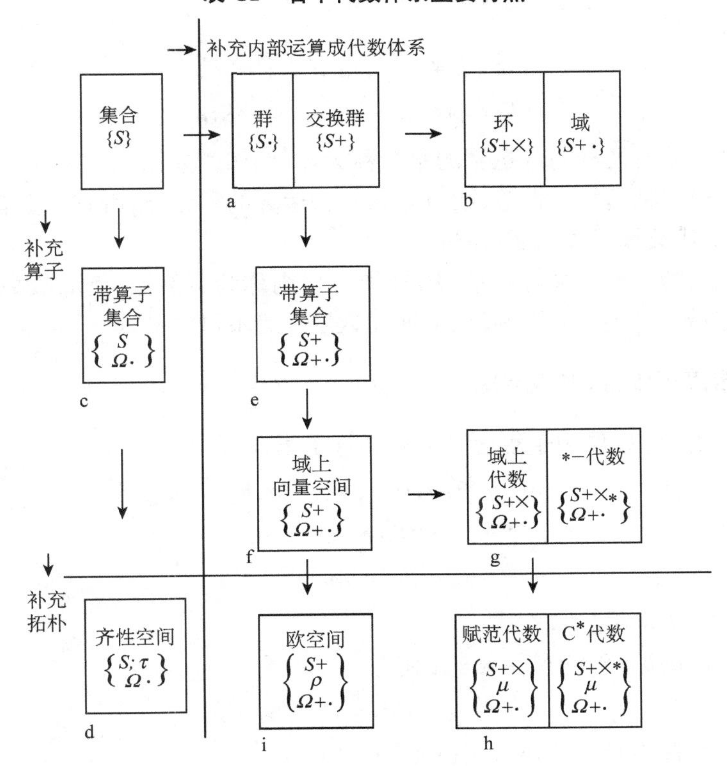

C1　含有二元合成运算的集合:群、环、域

a. 群(group)为集合 S,其内部有一种二元合成运算(称为乘法)

$$S \times S \to S$$
$$(a,b) \to ab$$

此运算满足结合律,有恒等元,有逆元. 含有这种运算的集合称为群.

如所含运算还可对易,则此群称为 Abel 群(Abelian group),或称交换群,对 Abel 群,相应二元合成运算常称为加法,这时相应术语作相应改变,如表 C2 所示

表 C2　二元合成运算所采用的两种术语

	恒等元	逆运算	a 的逆元
群的“乘法”运算 ×	单位元 e	“除法”	a^{-1}
Abel 群的“加法”运算 +	零元 0	“减法”	$-a$

b. 环(ring)为集合 S,且其内部有两种二元合成运算,第一种运算(称为加法 +)满足 Abel 群运算规则,第二种运算(称为乘法 ×),仅满足结合律,且相对第一种加法运算满足分配律

$$\begin{aligned} a \times (b + c) &= a \times b + a \times c \\ (b + c) \times a &= b \times a + c \times a \end{aligned} \tag{C. 1}$$

含有上述性质的有两种内部运算的集合称为环,例如整数环 Z.

如环的第二种运算有恒等元,且除第一种运算的零元外,所有元素有相对乘法的逆元,则这代数体系称为域(field).

进一步如第二种运算可对易(用符号 ·),则称为可易域,例如实数域$\mathbb{R}$,复数域$\mathbb{C}$,有理数域$\mathbb{Q}$ 等均为可对易域,而四元数域$\mathbb{H}$ 为不可对易域.

C2　带算子集合,齐性空间

c. 带算子集合. 即设作用于集合 S 上有一算子集合 Ω,

$$\Omega = \{\alpha,\beta,\gamma,\cdots\},S = \{a,b,c,\cdots\}$$

存在有映射

$$\Omega \times S \to S$$
$$(\alpha,a) \to \alpha a \in S$$

Ω 中元素称为 S 上算子.

如对任意 $a,b \in S$,均存在 $\alpha \in \Omega$ 使

$$\alpha a = b$$

则算子集合 Ω 称为对 S 传递作用(act transitively).

进一步由

$$\beta b = c \in S$$

由作用的传递性知存在 $\gamma \in \Omega$ 使

$$\gamma a = c = \beta\alpha a$$

这样在算子集合内定义了一个可结合运算,

$$\gamma = \beta\alpha$$

且有恒等算子及逆算子,故算子集合 Ω 为群,称为 S 上的变换群 G.
称群 G 作用于 S,这时 S 可称为 G 空间.
d. 齐性空间(homogeneous space),是有算子群 G 作用的空间,且要求 G 对空间作用传递(transitive),即空间 S 中任意两点 a 与 b 间均可通过群 G 中元素作用联系:

$$a = \alpha b \quad (\alpha \in G)$$

这时称 S 为 G 齐性空间.

当 S 为 G 空间,点 $p \in S$ 的 G 作用轨道.

$$O_p = \{\alpha p \in S \mid \alpha \in G\}$$

为 G 齐性空间,而整个空间 S 为各点轨道的并. 即任意 G 空间为 G 齐性空间的并.

C3　环上模　域上向量空间　域上代数

e. 模(module)为 Abel 群,且其上有算子环(例如整数环)作用,且算子环 Ω 与 Abel 群 S 间运算还满足结合律:$a, b \in S, \alpha, \beta \in \Omega$.

$$\begin{aligned}(\alpha + \beta)a &= \alpha a + \beta a \\ (\alpha\beta)a &= \alpha(\beta a) \\ \alpha(a + b) &= \alpha a + \alpha b\end{aligned} \tag{C.2}$$

具有上述性质的含有单位元的算子环 $\Omega = \{\alpha, \beta, \cdots\}$ 作用的 Abel 群 $S = \{a, b, \cdots\}$ 称为模. 具有算子环 Ω 作用的环 S 也称为模,记为 Ω-模.
f. 线性空间(linear space)又称为向量空间(vector space)S,是一种模,且其算子环 Ω 为算子域(例如实数域). 即算子域 Ω 上 Abel 群 S 称为线性空间(例如实数域上向量空间).

线性空间 S 中元素 $\{a\}$ 称为向量,向量间定义有加法运算(满足 Abel 群规则),算子域 Ω 中元素 $\{\alpha\}$ 称为数,向量与数间乘法运算满足分配律与结合律(见(C.2)各式).

在线性空间中,向量是否线性相关是一重要概念. 我们说 m 个向量 a_1, $a_2, \cdots, a_m$ 线性独立,即其中任一个向量都不能表示成其他向量的线性组合. 或者

说它们之间有性质:如存在等式

$$\sum_{i=1}^{m} \alpha^i a_i = 0$$

则必导致所有系数 $\alpha^i = 0$,否则上关系式不成立.

线性空间中线性独立向量的最高数目 n 称为线性空间维数. 在 n 维线性空间中,可选 n 个基矢 $\{e_i\}$,线性空间中任意向量 a 均可表为基矢的线性和:

$$a = \sum_{i=1}^{N} \alpha^i e_i \qquad (C.3)$$

系数 α^i 称为向量 a 的坐标,这时向量 a 也可写为

$$a = (\alpha^1, \alpha^2, \cdots, \alpha^n) \qquad (C.4)$$

实数域 R 上 n 维线性空间记为 R^n,其中每个向量 a 可用 n 个实数 $\alpha^i \in R$ 表示,如(C.4)式所示.

g. 代数(algebra)为向量空间,并在向量空间定义有第二种内部二元合成运算"乘法"(服从分配律):

$$a \times (b + c) = a \times b + a \times c$$

也可以说代数为具有算子域(实数域)作用的环(实数域上代数),有性质

$$\alpha(a \times b) = (\alpha a) \times b = a \times (\alpha b) \qquad (C.5)$$

代数也可与向量空间类似定义基底与维数. 基底的乘法规则是

$$e_i \times e_j = \sum_{k=1}^{n} f_{ij}^k e_k \qquad (C.6)$$

系数 f_{ij}^k 称为代数的结构常数,它决定了整个代数的结构.

当分析代数体系的结构时,常将它的每个元素用线性空间上的算子来表示,即将所讨论的代数同态对应于作用于线性空间上的算子代数,称为代数 A 的表示. 作用于线性空间上的算子代数,又称为 A 模(A-module),它是向量空间 M,且具有双线性映射:

$$A \times M \to M$$

$$a, x \to ax = y \in M$$

对所有 $a, b \in A, x, y \in M$,具有以下性质

$$(a \cdot b)x = a(bx)$$

$$(a + b)x = ax + bx$$

例如,微分流形 M 上向量场集合,常称为 $\mathscr{F}(M)$ 模.

代数 A 内如允许斜线性对合变换 $*$ ($**=id$)

$$* : A \to A$$

具有下述性质:($a,b\in A,\alpha,\beta\in\mathbb{C}$)

i) $(a^*)^*=a$

ii) $(a\cdot b)^*=b^*a^*$

iii) $(\alpha a+\beta b)^*=\bar{\alpha}a^*+\bar{\beta}b^*$

则此代数 A 称 $*$ 代数.

C4　赋范代数(Banach 代数)与 C^* 代数

h. 赋范代数 A 是其每个元素 a 都具有范数 $\|a\|$ 的代数. 范数 $\|a\|$ 为非负实数,且满足:

(i) $\|a\|\geqslant 0$,且仅当 $a=0$ 时 $\|a\|=0$

(ii) $\|\alpha a\|=|\alpha|\,\|a\|$,$\alpha\in\mathbb{R}$.

(iii) $\|a+b\|\leqslant\|a\|+\|b\|$

(iv) $\|a\cdot b\|\leqslant\|a\|\cdot\|b\|$

条件(3)称三角不等式,条件(4)称乘积不等式.

利用赋范使代数 A 有拓扑结构,称为一致拓扑(uniform topology). 即对元素 a 可引入含 a 的开集

$$U(a,\varepsilon)=\{b\in A|\ \|b-a\|<\varepsilon\},\varepsilon>0\}$$

C^* 代数是一个完备的赋范 $*$ 代数,且满足

$$\|a^*a\|=\|a\|^2,\quad\forall a\in A$$

由此性质及赋范的乘积不等式,可以证明

$$\|a^*\|=\|a\|$$

C5　欧空间(Eucliden space)

对向量空间$\mathbb{R}^n$,可有很多种办法定义距离函数. 当采用欧氏距离函数,即对$\mathbb{R}^n$中任意两点

$$a=\sum_{i=1}^n\alpha^ie_i,\quad b=\sum_{i=1}^n\beta^ie_i$$

可如下定义距离函数(欧氏度规):

$$\rho(a,b)=\sqrt{\sum_{i=1}^n(\alpha^i-\beta^i)^2}\tag{C.7}$$

易证它满足距离函数的三个条件:

$\rho(a,b)\geqslant 0$,等号仅在 $a=b$ 时成立.

$\rho(a,b)=\rho(b,a)$.

$\rho(a,b)+\rho(b,c)\geqslant\rho(a,c)$.

i. 欧氏空间(Euclidean space)

按(C.7)式定义距离函数的 n 维线性空间称为 n 维欧氏空间(Euclidean space).

D　群同态正合系列　子群直积与半直积

D1　群的同态与同构

定义 1　两个群 G 与 G' 间维持群的乘法结构的映射 f,称为同态映射(homomorphism).即在两群间存在映射 $f: G \to G'$ 满足条件:

$$f(g_1 g_2) = f(g_1)f(g_2), \quad \forall g_1, g_2 \in G \tag{D.1}$$

如进一步映射 f 还是 1-1 对应的双射(bijective),则称为同构(isomorphism).

当群 G 与 G' 间存在同态映射 f,那些映射到 G' 的单位元 e' 上的元素集合称为此同态映射的核,记为 $\mathrm{Ker}f$

$$\mathrm{Ker}f = \{g \in G \mid f(g) = e' \in G'\} \tag{D.2}$$

并可定义同态映射的像 $\mathrm{Im}f \subset G'$

$$\mathrm{Im}f = \{g' \in G' \mid g' = f(g) \text{ 对所有 } g \in G\} \tag{D.3}$$

存在关于群的同态映射的基本定理.

定理 1　若两群间存在同态映射

$$f: G \to G'$$

则同态核 $\mathrm{ker}f$ 必为 G 的正规子群,且商群 $G/\mathrm{Ker}f$ 必与同态像 $\mathrm{Im}f$ 同构

$$G/\mathrm{Ker}f \simeq \mathrm{Im}f \tag{D.4}$$

证明　在同态映射中,G 的恒等元 e 的像必为 G' 的恒等元 e',即

$$e \in \mathrm{ker}f$$

且易证,如 $g \in \mathrm{Ker}f$,则 $g^{-1} \in \mathrm{Ker}f$,即可证 $\mathrm{Ker}f$ 为 G 的子群,并可进一步证明 $\mathrm{Ker}f$ 为 G 的正则子群,即如 $g \in \mathrm{Ker}f(f(g) = e')$,则与 g 共轭的全部元素均属于 $\mathrm{Ker}f$

$$f(a^{-1}ga) = f(a^{-1})e'f(a) = e' \quad (a \in G, g \in \mathrm{Ker}f)$$

即 $\mathrm{Ker}f$ 为群 G 的正规子群(normal subgroup),相应陪集 $G/\mathrm{Ker}f$ 形成商群(quotient group),且任意陪集 $a\mathrm{Ker}f$ 映射为 G' 中一个元素

$$f(a\mathrm{Ker}f) = f(a)e' = f(a)$$

故像 $\mathrm{Im}f$ 与商群 $G/\mathrm{Ker}f$ 同构.　□

D2　群的同态系列

$$G_1 \xrightarrow{f_1} G_2 \xrightarrow{f_2} G_3 \xrightarrow{f_3} \cdots \xrightarrow{f_{n-1}} G_n \tag{D.5}$$

即在群系列 $G_1, G_2, \cdots$ 间存在同态映射 f_k

$$f_k: G_k \to G_{k+1}$$

如在此同态系列中,每一同态映射的像等于其次同态映射的核

$$\mathrm{Im} f_k = \mathrm{Ker} f_{k+1} \tag{D.6}$$

则称此同态系列为正合系列(exact sequence),有下列定理.

定理 2　如存在由下列四个群组成的正合系列

$$e \xrightarrow{f_0} G_1 \xrightarrow{f_1} G_2 \xrightarrow{f_2} e \tag{D.7}$$

其中 e 为只有一个恒等元组成的平庸群,则同态 f_1 必为 G_1 与 G_2 间的同构对应.

证明　由正合系列

$$e \xrightarrow{f_0} G_1 \xrightarrow{f_1} G_2 \tag{D.8}$$

知 f_1 的核为 f_0 的像,即为 G_1 的恒等元,同态核为恒等元,此同态映射必为1－1对应映射,即 f_1 为 1－1 对应映射.

再注意到正合系列

$$G_1 \xrightarrow{f_1} G_2 \xrightarrow{f_2} e \tag{D.9}$$

G_2 的全体成元均通过映射 f_2 映射为恒等元,$\mathrm{Ker} f_2$ 为 G_2 全体成元,由系列正合知

$$\mathrm{Ker} f_2 = \mathrm{Im} f_1$$

故 f_1 为满映射.

因此,当存在正合系列(D.7)时,f_1 为 1－1 对应的满同态映射,即为同构对应.

定理 3　如存在由下列五个群组成的同态映射正合系列

$$e \xrightarrow{f_0} G_1 \xrightarrow{f_1} G_2 \xrightarrow{f_2} G_3 \xrightarrow{f_3} e \tag{D.10}$$

则

$$G_3 \simeq G_2/G_1 \tag{D.11}$$

即 G_1 必为 G_2 的正则子群,且商群 G_2/G_1 与 G_3 同构.

证明　由正合系列左端知 f_1 为 1－1 对应入射

$$G_1 = \mathrm{Im} f_1 \subset G_2$$

由正合系列右端知 f_2 为满射:

$$G_3 = \text{Im} f_2$$

且由系列中部为正合知 $\text{Im} f_1 = \text{Ker} f_2$ 为 G_2 的正规子群，相应商群与 $\text{Im} f_2 = G_3$ 同构，即

$$G_2/G_1 = G_3 \qquad \square$$

D3　子群的直积与半直积

在物理学场论中常需讨论四维时空平移及转动群，又称 Poincaré 群，记为 P. 四维时空平移群 T_4 是 Poincaré 群的子群，而且是其正规子群，相应商群是 Lorentz 群 SL(2,ℂ)，即

$$P/T_4 = \text{SL}(2,\mathbb{C}) \tag{D.12}$$

表明存在正合系列

$$e \to T_4 \to P \to \text{SL}(2,\mathbb{C}) \to e$$

另外知道 Lorentz 群也为 Poincaré 群的子群，存在 SL(2,ℂ) 到 P 的入射，即上正合系列应补充为

$$e \to T_4 \to P \rightleftharpoons \text{SL}(2,\mathbb{C}) \rightleftharpoons e \tag{D.13}$$

此系列表明 P 为 Lorentz 群与平移群的半直积，可表示为

$$P = \text{SL}(2,\mathbb{C}) \boxtimes_S T_4 \tag{D.14}$$

其中记号 $\boxtimes_S$ 表示是半直积.

下面我们分析 O(3) 群与 SO(3) 群间关系，存在如下正合系列：

$$e \rightleftharpoons Z_2 \rightleftharpoons \text{O}(3) \rightleftharpoons \text{SO}(3) \rightleftharpoons e \tag{D.15}$$

即正合系列的所有箭头均可反号，SO(3) 与 $\mathbb{Z}_2$ 都是 O(3) 的正规子群，O(3) 称为是 SO(3) 与 $\mathbb{Z}_2$ 的直积，记为

$$\text{O}(3) = \text{SO}(3) \otimes Z_2 \tag{D.16}$$

E　交换群(Abelian group)的若干基本性质

流形的同调群及高阶同伦群都是交换群，由于它们在分析流形拓扑性质过程中的重要性，这里再简单介绍一下它的一些基本性质.

群的概念大家都很熟悉，群内定义的二元合成运算

$$m: G \times G \to G$$

$$g_1, g_2 \to m(g_1, g_2) \equiv g_1 g_2 = g_3$$

通常称为群内乘法运算，当此乘法可交换，即 $g_1 g_2 = g_2 g_1$，则称该群为交换群，或

Abel 群. 这时,群内定义的运算可交换,故常用 + 号表示,各种术语需适当改变,如下表所示

群的"乘法"运算术语	交换群"加法"运算术语
恒等元,单位元 $e, eg=g$	零元 $0, 0+g=g$
逆运算,除法,逆元 g^{-1}	减法, $-g$
连乘,g 的 m 次幂,g^m	g 的 m 倍,$mg, m\in\mathbb{Z}$

即对于交换群 G,由于群之间运算可对易,故常用 + 号表示,而群的恒等元即零元,记为 O,群元 $g\in G$ 的逆元,记为 $-g$,群元 g 的 m 次幂记为 mg,于是对 Abel 群,可以定义群元间" + "法与整数的乘法. 这点与向量空间类似,仅需将向量空间定义中用实数乘改为用整数乘,则得 Abel 群. 于是我们对 Abel 群,也可引入线性相关,及定义群的维数(Abel 群的秩). 为分析此问题,我们先分析 Abel 群的生成元及由生成元所生成的子群.

由群 G 的某元素 g 可生成 G 的子群:

$$\langle g\rangle = \{ng, n \in \mathbb{Z}\} \tag{E.1}$$

如 $G=\langle g\rangle$,即 G 可由一个生成元生成. G 称循环群(cyclic group with generator g),此循环群内所含元素数 p,称为此循环群的阶,而 g 也称为 p 阶群元.

无限循环群($p=\infty$)称自由群(free Abelian group)

如群 G 有两个以上生成元,则其生成元的整系数线性组合仍为生成元,这样就有无限多生成元,为区别此点,我们讨论群元的线性相关. 对群 G 的一组元素 $\{g_i\}$,如存在不全为零的整数 a_i,使

$$\sum_i a_i g_i = 0, \qquad a_i \in Z \tag{E.2}$$

则这组元素叫作线性相关,否则叫作线性无关.

如在群 G 内存在一最大线性无关组 $\{g_i\}$

$$\{g_1, g_2, \cdots, g_r\} \tag{E.3}$$

即它们相互线性无关,群 G 中的任一群元 g,与集合 $\{g_i\}$ 线性相关,故所有群元都可表为 $\{g_i\}$ 的整系数线性组合,

$$g = \sum_{i=1}^{r} a_i g_i \tag{E.4}$$

当各 $\{g_i; i=1,\cdots,r\}$ 线性无关,G 任意群元 $g\in G$ 惟一地表达如(E.4)式,则群 G 称为由 $\{g_i\}_1^r$ 自由地生成,而集合 $\{g_i\}_1^r$ 称为自由交换群 G 的一组基. 当生成元 g_i 的数目有限,群 G 称为有限生成群. 对有限生成群,基底中线性无关生成元数 r 称为群 G 的秩,记为 $\rho(G)=r$,例如:如果群 G 的每个元素的阶都有限,则其秩

$\rho(G)=0$，n 个无限循环群的直和的秩为 n，n 个无限循环群与 m 个有限循环群的直和的秩仍是 n.

群 G 的所有有限阶元素组成的子群，称为群 G 的挠子群(torsion)，它对群 G 的秩无贡献.

Abel 群 G 的子群 H 必为 G 的正则子群. 商群 G/H 与群 H 都是 Abel 群，它们的秩间有

定理 1　(秩的可加性定理)

$$\rho(G)=\rho(H)+\rho(G/H) \tag{E.5}$$

下面我们先举些今后常见的子群的例子.

交换群 G 的子群

$mG=\{mg \mid g\in G\}$，为各群元 m 倍像的集合.

${}_mG=\{g\in G \mid mg=0\}$ 为 m 倍映射的核的集合. 是由 m 阶元素组成，为 G 的挠子群.

$G_m=G/mG$，例 $G_0=G$，$G_1=0$.

例 1　用 $\mathbb{Z}$ 表示整数加群，为秩 1 的自由群，其子群为

$m\mathbb{Z}$ 也为秩 1 自由群，与 $\mathbb{Z}$ 同构.

$\mathbb{Z}_m$ 为模 m 同余类群，为 m 阶循环群.

例如，$\mathbb{Z}_6=(0,1,2,3,4,5)$，为六阶循环群

${}_2(\mathbb{Z}_6)=(0,3)$，与 $\mathbb{Z}_2$ 同构，一般可证

$${}_n(\mathbb{Z}_m)=(\mathbb{Z}_m)_n=\mathbb{Z}_{(m,n)}$$

其中 (m,n) 表示正整数 m 与 n 间的最大公因子.

今后我们主要讨论有限生成的群，即群 G 的每个元素 g 都可表示为 G 内有限个元素的集合 $S=\{g_i,i=1,2,3,\cdots,k\}$ 的整系数线性组合：

$$g=\sum_{i=1}^{k}a_ig_i \quad (g_i\in S,a_i\in\mathbb{Z})$$

另一方面，如有另一组群元集合 $S'=\{h_i\}_1^k$

$$h_i=\sum_{j=1}^{k}a_{ij}g_j,\quad a_{ij}\in\mathbb{Z} \tag{E.6}$$

G 的这组元数 $\{h_i\}_1^k$，当且仅当系数方阵 $A=\{a_{ij}\}$ 是幺模整数方阵，这时 $\{h_i\}_1^k$ 可为群 G 的另一个基底. 下面分析有限生成群的基本性质，即与基底选取无关的性质. 注意到交换群基底变换都是用整数矩阵作用，故下面着重分析整数矩阵.

定理 2　设 A 为 $n\times m$ 整数矩阵，秩为 r. 则可存在一个么模 n 阶方阵 N 与一个么模 m 阶方阵 M，使得

$$B=NAM$$

具有对角形式：

$$B = (b_{ij}) = \mathrm{diag}(d_1, \cdots, d_r),$$

且各 d_i 可整除 d_{i+1}，这样的 B 叫做 A 的典范式，而这 r 个 d_i 叫做 A 的不变因子.

证明（简述） 将矩阵行间置换，及两行相加（或相减），均相当于左乘幺正方阵. 类似，将矩阵列间置换，及两列相加（或减），相当于右乘幺正方阵. 方阵 A 的这种变换，称为初等变换. 这些初等变换不变 A 的秩，并可把矩阵 A 变为典范式 B. 可这样分析：

命 $A=(a_{ij})$ 秩为 $r>0$，在 A 中任选一非零元素，经过行与列的互换，可把它移到(1,1)处，称为元素 a_{11}. 这时如第一行某元 a_{1j} 不能被 a_{11} 整除，即 a_{1j}/a_{11} 有一余数 a'_{11}，可把第 j 列加（或减）第 1 列，使在 $(1,j)$ 处元素变成 a'_{11}，再互换第 1 与第 j 列，将 a'_{11} 移至(1,1)处. 这样使第 1 行所有元素均可被 a'_{11} 整除. 在第 1 列中如有元素不能被 a'_{11} 整除，也可类似处理. 这样使(1,1)处元素的绝对值逐次变小，这样经有限次初等变换后可使第一行及第一列全体元素都能被(1,1)处元素（这时记为 d_{11}）整除. 然后再将第一行（列）的适当倍数加到其他行（列）上，使第一行（列）的元素除(1,1)处的 d_{11} 外都是零. 这时新矩阵如有一元素 a_{ij} 不能被 d_{11} 整除，可经行相加减将它移至第一行而不变 d_{11}，然后类似前述作初等变换使(1,1)处元素绝对值再次减小，而新矩阵中每一元素都可被(1,1)处元素（这时记为 d_1）整除，且第 1 行（列）中除 d_1 外都是零，这个新矩阵记为 A'. 进一步将 A' 的第 1 行（列）划去得矩阵 A_1.

注意由 $A \to A'$ 可经 A 的初等变换达到. 而 A' 的第 1 行（列）除 d_1 外都是零，故 A_1 的任一初等变换都可由 A'（及 A）的初等变换实现. 于是当 A 的秩 $r>1$，可用类似初等变换得到 A'_1，使其 $d_2>0$，d_2 是 A'_1 中全体元素的因子，且 d_2 所在行列其余元素为零，而且 d_2 可被 d_1 整除. 继续用此办法可得 A 的典范式 B.

利用此定理，可以证明，对于有限生成交换群，存在下述基本定理：

定理 3（有限生成交换群基本定理） 任一有限生成交换群 G 均能分解为下述子群的直和：

$$G = H_0 + Z_{\tau_1} + Z_{\tau_2} + \cdots + Z_{\tau_3} \tag{E.7}$$

其中 H_0 为 r 秩自由群，而其余分量为挠子群. 整数 $\tau_i>1$，且 τ_i 可整除 τ_{i+1}. 群 G 的秩数 r 与各挠系数 $\{\tau_i\}$ 是群 G 的不变量完全组. 也就是说，如果群 G 有两个这样的直和分解，则分解中这两组数相同.

F 向量空间间同态映射 张量代数

F1 向量空间 V 上线性函数 对偶空间 V^*

设 V 为实数域$\mathbb{R}$ 上 n 维向量空间，可定义 V 上的实线性函数 f，即向量空间 V

与实数域$\mathbb{R}$ 间同态映射

$$f: V \to \mathbb{R}$$
$$a \to f(a) \in \mathbb{R}$$

同态映射即保持线性结构的映射,满足

$$f(\alpha a + \beta b) = \alpha f(a) + \beta f(b), \qquad a, b \in V, \alpha, \beta \in \mathbb{R}$$

f 是向量空间 V 与$\mathbb{R}$ 间同态映射,记为

$$f \in \mathrm{Hom}(V, \mathbb{R})$$

易证线性函数和仍为线性函数,线性函数与数乘仍为线性函数,即如 $f, g \in \mathrm{Hom}(V, \mathbb{R})$, $\alpha, \beta \in \mathbb{R}$ 则

$$\alpha f + \beta g \in \mathrm{Hom}(V, \mathbb{R})$$

故 V 上所有实线性函数集合也形成向量空间,称为与原来向量空间 V 对偶的向量空间,记为 V^*,

$$f \in V^* = \mathrm{Hom}(V, \mathbb{R})$$

如(e_i)为向量空间 V 的一组基,任意向量 $a \in V$ 可用此组基矢展开

$$a = \sum_{i=1}^{n} \alpha^i e_i, \qquad \alpha^i \in \mathbb{R}$$

则

$$f(a) = \sum_{i=1}^{n} \alpha^i f(e_i)$$

即所有线性函数 f 均可由它们在基底 e_i 上所取的值 $f(e_i)$决定,记

$$f_i \equiv f(e_i) \in \mathbb{R}$$

称为对偶向量 f 的分量,可将 $f \in V^*$ 记为

$$f = \sum_{i=1}^{n} f_i \theta^i$$

其中 $\theta^i \in V^*$,为向量空间中满足下列条件的线性函数:

$$\theta^i(e_k) = \delta^i_k$$

易证这组线性函数 θ^i 相互独立,它们形成 V^* 空间中一组基矢,称为与基矢$\{e_i\}$对偶的基矢. 对偶空间 V^* 也为 n 维向量空间,且空间 V 与 V^* 互为对偶.

向量空间 V 及其上线性函数空间 V^* 是两个重要概念,为帮助熟悉它的含意,下面用物理学家熟悉的 Dirac 符号再简单叙述一下. 采用 Dirac 符号,向量空间 V 中元素 a 可用右矢记为$|a\rangle$,基矢组$\{e_i\}$记为$\{|i\rangle\}$,

$$|a\rangle = a^i |i\rangle$$

这里仍采用重复指标求和约定. V 的对偶空间(V 上所有线性函数空间)V^* 中元素 f 记为 $\langle f|$,基矢组 $\{\theta^i\}$ 记为 $\{\langle i|\}$

$$\langle f| = f_i\langle i|$$

基矢 $\langle i|$ 由它对整个向量空间 V 的作用决定

$$\langle i|j\rangle = \delta^i_j$$

这里请注意,V 与 V^* 均为线性空间,在 V 与 V^* 间可定义标积

$$\langle f|a\rangle = f_i a^i \in \mathbb{R}$$

但是在 V(或 V^*)内部并没有定义两个向量的内积.

F2　向量空间间线性映射 φ 及其对偶映射 φ^*

若在两向量空间 V 与 W 间存在线性映射

$$\varphi: V\to W$$

V 与 W 的对偶空间记为 V^* 与 W^*,令 $g\in W^*$

$$g: W\to\mathbb{R}$$

即可写映射图如下:

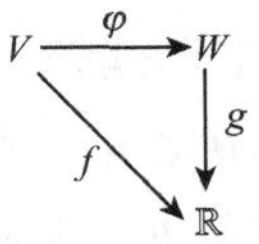

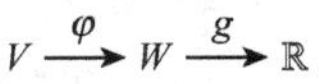

$$\begin{array}{ccc} V & \xrightarrow{\varphi} & W \\ & {\scriptstyle f}\searrow & \downarrow{\scriptstyle g} \\ & & \mathbb{R} \end{array} \qquad\qquad V \xrightarrow{\varphi} W \xrightarrow{g} \mathbb{R}$$

利用 φ 与 g 可给出 V^* 中元素 $f: V\to\mathbb{R}$

$$f(a) = g(\varphi(a))$$

由上分析看出,当给定元素 $g\in W^*$,则如由映射 φ 可得到 $f\in V^*$,则可得到映射 $\varphi^*: W^*\to V^*$,$g\to\varphi^*(g)=f$.

即

$$\varphi^*(g)(a) = f(a) = g(\varphi(a)),\quad \forall a\in V$$

或用 Dirac 符号

$$\langle\varphi^* g, a\rangle = \langle f, a\rangle = \langle g, \varphi a\rangle$$

注意,对于线性空间 V,W 间映射 $\varphi: V\to W$ 在其对应的对偶空间诱导的映射 φ^*: $W^*\to V^*$,即对偶映射反转了映射方向.

F3　双线性函数与向量空间的张量积

向量空间的笛卡儿积 $V\times W$ 到实数域 $\mathbb{R}$ 上映射

$$\psi: V\times W\to\mathbb{R}$$

$$(a,c) \to \psi(a,c) \in \mathbb{R}, \qquad a \in V, c \in W$$

如它对其每个宗量都是线性的

$$\psi(\alpha a + \beta b, c) = \alpha\psi(a,c) + \beta\psi(b,c)$$
$$\psi(a, \alpha c + \beta d) = \alpha\psi(a,c) + \beta\psi(a,d)$$
$$(a,b \in V, c,d \in W, \alpha,\beta \in \mathbb{R})$$

则称 ψ 为 $V\times W$ 上双线性函数.

如已知 V 上线性函数 $f\in V^*$,及已知 W 上线性函数 $g\in W^*$,可如下定义 $V\times W$ 上的双线性函数 $\Phi = f\otimes g \in \mathrm{Hom}(V\times W;\mathbb{R})$:

$$\langle f\otimes g; a,c\rangle = f(a)\cdot g(c), \qquad f\in V^*, g\in W^*$$

称为线性函数 f 与 g 的张量积,其集合仍组成线性空间,称为 V^* 与 W^* 的张量积空间 $V^*\otimes W^*$. 由线性函数定义知,如 $f_1,f_2\in V^*$,则

$$\langle(\alpha f_1 + \beta f_2)\otimes g; a,c\rangle = (\alpha f_1(a) + \beta f_2(a))g(c)$$

即张量积运算相对其各因子是线性的

$$(\alpha f_1 + \beta f_2)\otimes g = \alpha f_1\otimes g + \beta f_2\otimes g$$
$$f\otimes(\alpha g_1 + \beta g_2) = \alpha f\otimes g_1 + \beta f\otimes g_2 \quad (g_1, g_2 \in W^*)$$

当向量空间 V 中选基矢$\{e_i, i=1,2,\cdots,n\}$,W 中选基矢$\{e'_j, j=1,\cdots,m\}$,其相应对偶空间 V^* 选基矢$\{\theta^i, i=1,\cdots,n\}$,$W^*$ 选基矢$\{\theta^{1j}, j=1,\cdots,m\}$,则张量积空间 $V^*\otimes W^*$ 可选基矢$\{\theta^i\otimes\theta^{1j}, i=1,\cdots,n; j=1,\cdots,m\}$共有 $n\cdot m$ 个基矢,任意一个双线性函数 $\psi: V\times W\to\mathbb{R}$ 都可写成$\{\theta^i\otimes\theta'^j\}$的线性组合,即如

$$K \in V^* \otimes W^* = \mathrm{Hom}(V\times W;\mathbb{R})$$

则可将 K 表示为

$$K = K_{ij}\theta^i \otimes \theta'^j$$

类似可定义张量积空间

$$V\otimes W = \mathrm{Hom}(V^* \times W^*;\mathbb{R})$$

其基矢可选为$\{e_i\otimes e'_j; i=1,\cdots,n; j=1,\cdots,m\}$,$V\otimes W$ 为 $n\cdot m$ 维线性空间,其中任意元素可表示为

$$K = K^{ij}e_j \otimes e'_j$$

可以证明张量积运算⊗满足结合律,于是可以定义任意有限多个向量空间的直积. 得到多重直积空间,可以称向量空间 V 的 r 重直积空间为 r 阶逆变张量空间:

$$T^r = V\otimes V\otimes\cdots\otimes V$$

称 V 的对偶线性空间 V^* 的 s 重直积空间为 s 阶协变张量空间:

$$T_s = V^* \otimes V^* \otimes \cdots \otimes V^*$$

并可定义(r,s)型混合张量空间

$$T_s^r = T^r \otimes T_s = V \otimes \cdots \otimes V \otimes V^* \otimes \cdots \otimes V^*$$

称为r阶逆变s阶协变张量空间,当V选基矢$\{e_i, i=1,\cdots,n\}$,且V^*中对偶基矢$(\theta^i, i=1,\cdots,n)$,则(r,s)型张量空间中任一张量K可表示为

$$K = K_{j_1\cdots j_s}^{i_1\cdots i_r} e_{i_1} \otimes \cdots \otimes e_{i_r} \otimes \theta^{j_1} \otimes \cdots \otimes \theta^{j_s}$$

F4 向量空间的直和 向量空间 V 上的张量代数

有时还用到线性空间的直和(direct sum),用符号$\oplus$表示. $V\oplus W$为$n+m$维线性空间,其基底可选为

$$e_1, e_2, \cdots, e_m; e'_1, e'_2, \cdots, e'_n$$

即将V与W的基底按一定次序排列就是其直和空间的基底,直和空间元素是

$$a \oplus c = \alpha^i e_i + \beta^j e'_j \quad \in V \oplus W$$

直和各元素间可定义加法,为对应分量相加,也可定义其各元素与数α的乘法,

$$\alpha(a \oplus c) = \alpha a \oplus \alpha c$$

线性空间直和与其相应集合的笛卡儿积相当,直和空间维数等于各组成空间维数的和,例如,

$$\mathbb{R}^m \oplus \mathbb{R}^n = \mathbb{R}^{m+n}$$

$\mathbb{R}^n$就是$\mathbb{R}$的n重直和空间,为n维线性空间.

下面分析向量空间V上各种类型张量空间的直和空间

$$T = \oplus \sum T_s^r$$

它为实数域$\mathbb{R}$上无穷维线性空间,可以定义其中任两元素的加法(为相应同类型张量分别相加),及任一元素与数$\alpha\in\mathbb{R}$的乘法(为相应各张量分别乘数α). 进一步可在空间T中引入任两元素的张量积,使空间T成为实数域上可结合代数,称为向量空间V上的张量代数.

对于$r,s\geqslant 1$的(r,s)型张量,还可进一步引入缩并运算,使(r,s)型张量映射到$(r-1,s-1)$型张量

$$C: T_s^r \to T_{s-1}^{r-1}$$

或用张量分量表示

$$(CK)_{j_1\cdots j_{r-1}}^{i_1\cdots i_{r-1}} = \sum_m K_{j_1\cdots j_{r-1}m}^{i_1\cdots i_{r-1}m}$$

G　可除代数　四元数$\mathbb{H}$与八元数$\mathbb{O}$

G1　可除代数(division algebra)

域Ω上向量空间V,当V上还定义有向量间双线性乘法运算,则称为域Ω上代数A.

当代数A中有单位元1,满足

$$1 \cdot a = a \cdot 1, \quad \forall a \in A$$

则称A为具有单位元代数.

具有单位元的代数A,如其任意非零元$a \in A$都有逆元$a^{-1} \in A$,即有

$$a^{-1} \cdot a = a \cdot a^{-1} = 1, \quad \forall a \in A, a \neq 0$$

则此代数称可除代数.

用$N(a)$表示代数中元素$a \in A$的模,具有如下性质:

$$N(ab) = N(a)N(b), N(a) > 0, \forall a, b \in A \tag{G.1}$$
$$N(a) = 0 \Rightarrow a = 0$$

可以证明,具有模且满足上述条件的可除代数仅有四种:实数$\mathbb{R}$,复数$\mathbb{C}$,四元数$\mathbb{H}$,与八元数$\mathbb{O}$. 其中$\mathbb{R}$,$\mathbb{C}$可交换,可结合. 四元数$\mathbb{H}$不可交换. 可结合. 而八元数$\mathbb{O}$不可交换且不可结合. 存在这四种可除代数是自然界可能对称性分类的最根本的原因,四类半单李群:正交群、幺正群、辛群、例外群,它们分别是相应代数$\mathbb{R}$,$\mathbb{C}$,$\mathbb{H}$,$\mathbb{O}$的紧致自同构群,这点我们将在附录$\mathbb{H}$中认真分析.

单位模实数是$S^0 = \{1, -1\} = Z_2 = O(1)$

单位模复数是$S^1 \cong U(1)$.

单位模四元数是$S^3 \cong SU(2) = SP(1)$

单位模八元数是$S^7 \cong Spin_7/G_2$.

S^0,S^1,S^3是群流形,其中S^1与S^3是李群流形. S^1,S^3与S^7都是可平行化流形,但由于八元数不可结合,单位八元数S^7不是李群流形,八元数自同构群为例外群G_2,而S^7微分同胚于$Spin_7/G_2$.

G2　四元数(quarternion)$\mathbb{H}$

四元数相当于实4维代数,且其基底$\{e_0 = 1, e_1, e_2, e_3\}$满足如下关系:

$$e_i e_j = -\delta_{ij} + \varepsilon_{ijk} e_k \tag{G.2}$$

任意四元数$u \in \mathbb{H}$可表示为

$$u = \sum_{i=0}^{3} u^i e_i, \quad u^i \in \mathbb{R} \tag{G.3}$$

且其共轭$\bar{u}$可表示为

$$\bar{u} = u^0 - \sum_{j=1}^{3} u^j e_j \tag{G.4}$$

u 的模 $\| u \|$ 定义为

$$\| u \| = u\bar{u} = \bar{u}u = \sum_{i=0}^{3} (u^i)^2 \tag{G.5}$$

具有性质(即(G.1)式)

$$\| u \| \| v \| = \| uv \|, \quad \forall u,v \in \mathbb{H}$$

而 u 的逆元可表示为

$$u^{-1} = \bar{u} / \| u \| \tag{G.6}$$

因此四元数代数$\mathbb{H}$为可除代数.

具有性质(G.2)的四元数代数基底$\{e_i\}_0^3$可如下用 Pauli 矩阵 σ_i 实现

$$e_i = -\mathrm{i}\sigma_i \tag{G.7}$$

代入(G.3)式,即每一四元数可用 2×2 矩阵实现

$$u = u^0 - \mathrm{i}\sum_{j=1}^{3} u^j \sigma_j = \begin{pmatrix} u^0 - \mathrm{i}u^3 & -u^2 - \mathrm{i}u^1 \\ u^2 - \mathrm{i}u^1 & u^0 + \mathrm{i}u^3 \end{pmatrix} \tag{G.8}$$

G3 八元数(cayley number)$\mathbb{O}$

八元数 $x \in \mathbb{O}$ 可用一对四元素表示 $x = (a,b)$,且要求其乘法规则如下:

$$(a,b) \cdot (c,d) = (ac - \bar{d}b, da + b\bar{c}) \tag{G.9}$$

如此定义的乘法不可交换,且不可结合. 可如下定义八元数 $x = (a,b)$ 的共轭元素 $\bar{x}$,因而定义 x 的实部及虚部如下:

$$\bar{x} = (\bar{a}, -b) \tag{G.10}$$

$$\mathrm{Re}(x) = \frac{1}{2}(x + \bar{x}) = \frac{1}{2}(a + \bar{a}) \in \mathbb{R}$$

$$\mathrm{Im}(x) = \frac{1}{2}(x - \bar{x}) = (\frac{1}{2}(a - \bar{a}), b) \in \mathbb{R}^7 \tag{G.11}$$

可在八元数间定义内积($x = (a,b), y = (c,d)$)

$$\langle x,y \rangle = \mathrm{Re}(x,\bar{y}) = \frac{1}{2}(a\bar{c} + \bar{a}c + \bar{d}b + d\bar{b}) \in \mathbb{R} \tag{G.12}$$

于是 x 的模 $\| x \|$ 定义为

$$\| x \| = \langle x,x \rangle = \frac{1}{2}(a\bar{a} + \bar{a}a + b\bar{b} + \bar{b}b) \in \mathbb{R}$$

满足(G.1)式

$$\| x \| \| y \| = \| x \cdot y \|, \quad \forall x,y, \in \mathbb{O} \tag{G.13}$$

表明这样定义的八元数为不可交换,不可结合的可除代数.

当用$\{1,i,j,k\}$表示四元数的基底,则八元数的基底可用 $e_0 = (1,0)$,及另外 7

个元素$\{e_k\}_1^7$表示

$$(i,0),(j,0)(k,0),(0,1),(0,i),(0,j),(0,k)$$

这7个基底满足

$$\begin{gathered}e_p\cdot e_p=-1,\quad \bar{e}_p=-e_p\\ e_p\cdot e_q=-e_q\cdot e_p,\text{当}\,p\neq q\end{gathered}\tag{G.14}$$

它们的乘法表可用下图体现：

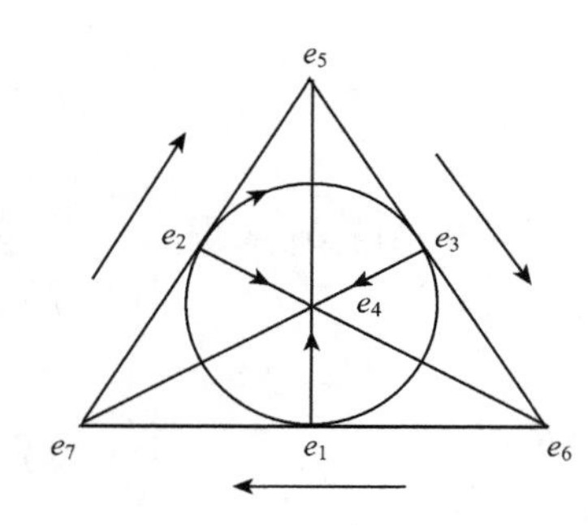

即：

$$\begin{gathered}e_1\cdot e_2=e_3,e_1\cdot e_4=e_5,e_1\cdot e_6=-e_7\\ e_2\cdot e_4=e_6,e_2\cdot e_5=e_7\\ e_3\cdot e_4=e_7,e_3\cdot e_5=-e_6\end{gathered}\tag{G.15}$$

其他$e_p\cdot e_q$可由上述各式循环置换导出，即

$$e_p\cdot e_q=e_r,e_q\cdot e_r=e_p,e_r\cdot e_p=e_q$$

且注意，上述基底中任两元素生成$\mathbb{O}$的子代数与$\mathbb{H}$同构. 即八元数的仅由两个元素生成的子代数是可结合的. 相应普适包络代数可生成例外群G_2，它是八元数代数的代数自同构群.

下面将基底$\{e_p\}_1^7$的乘法表列在下面以供参改

	e_1	e_2	e_3	e_4	e_5	e_6	e_7
e_1	-1	e_3	$-e_2$	e_5	$-e_4$	$-e_7$	e_6
e_2		-1	e_1	e_6	e_7	$-e_4$	$-e_5$
e_3			-1	e_7	$-e_6$	e_5	$-e_4$
e_4				-1	e_1	e_2	e_3
e_5					-1	$-e_3$	e_2
e_6						-1	$-e_1$
e_7							-1

未标出部分相对对角线反对称. 此代数不仅不交换(为反交换)，且不可结合.

正如可用四元数虚部表示$\mathbb{E}^3$中叉乘，可用八元数虚部表示$\mathbb{E}^7$中义乘(cross product ×). 即令$X=\sum_1^7 x^i e_i,\quad Y=\sum_1^7 y^i e_i$

$$X \cdot Y = -\sum_{1}^{7} x^i y^i + \sum_{i \neq j} x^i y^j e_i e_j = -\langle X, Y \rangle + X \times Y \tag{G.16}$$

由(G.14)式知

$$X \times Y = -Y \times X \tag{G.17}$$

且

$$\langle X, X \times Y \rangle = \langle Y, X \times Y \rangle = 0 \tag{G.18}$$

但注意,由于八元数不可结合,由八元数运算表示的$\mathbb{E}^7$中叉乘,具有一些特点,例如:

在$\mathbb{E}^3$中$a \times b \cdot c = 0$,则a,b,c必线性相关,在$\mathbb{E}^7$中,$X \times Y \cdot Z = 0$,X,Y,Z仍可能线性无关. 在$\mathbb{E}^3$,有等式:

$$a \times (b \times c) = (a \cdot c)b - (a \cdot b)c \tag{G.19}$$

$$(a \times b) \cdot (c \times d) = (a \cdot c)(b \cdot d) - (a \cdot d)(b \cdot c)$$

且存在 Jacoli 等式:

$$a \times (b \times c) + b \times (c \times a) + c \times (a \times b) = 0$$

在$\mathbb{E}^7$,由于八元数不可结合,上述涉及三不同数相乘关系一般不再成立. 仅存在:三数叉点乘时循环关系仍成立

$$(X \times Y) \cdot Z = (Y \times Z) \cdot X = (Z \times X) \cdot Y \tag{G.20}$$

且由于八元数中,仅由两个元素生成的子代数是可结合的. 使得(G.19)式中有些特例仍成立,例如

$$X \times (X \times Y) = (X \cdot Y)X - (X \cdot X)Y \tag{G.21}$$

$$\begin{aligned}
(X \times Y) \cdot (X \times Y) &\overset{(20)}{=\!=\!=} (X \times Y) \times X \cdot Y = -X \times (X \times Y) \cdot Y \\
&\overset{(21)}{=\!=\!=} -[(X \cdot Y)X - (X \cdot X)Y] \cdot Y \\
&=\!=\!= (X \cdot X)(Y \cdot Y) - (X \cdot Y)^2
\end{aligned}$$

即

$$|X \times Y|^2 = |X|^2 |Y|^2 - |X \cdot Y|^2 \tag{G.22}$$

下面利用$\mathbb{E}^7$中叉乘分析$\mathbb{E}^7$中单位球S^6的近复结构.

$$S^6 = \{X \in \mathbb{E}^7 \mid \langle X, X \rangle = 1\}$$

在$T_X S^6$定义自同态

$$J_X Y = X \times Y, \quad \forall Y \in T_X(S^6)$$

则

$$J_X^2 Y = J_X(X \times Y) = X \times (X \times Y)$$

$$= X \cdot (X \times Y) \overset{(16)}{=\!=\!=} X \cdot (X \cdot Y) + \langle X, Y \rangle X$$
$$= (X \cdot X) \cdot Y = -\langle X, X \rangle Y = -Y$$

即 $J_X^2 = -1$,对应 $X \to J_X$ 定义张量场 J 满足 $J^2 = -1$,结果使 S^6 允许近厄米结构:

$$g(J_X Y, J_X Z) = g(Y, Z), \qquad Y, Z \in T_X(S^6)$$

S^6 为近复流形.

总之,八元数 O 相当于实 8 维代数

$$x = x^0 + \sum_{p=1}^{7} x^p e_p = \mathrm{Re}(x) + \mathrm{Im}(x) = x^0 + X$$

八元数是定义有平方型模的八维空间$\mathbb{E}^8$. 八元数中心即其实部为实 1 维,虚部为与中心实部相对模正交的七维空间$\mathbb{E}^7$. 此$\mathbb{E}^7$ 中可定义叉乘,而例外群 G_2 为$\mathbb{E}^7$ 的保上述叉乘结构的正交变换群,即 G_2 对 S^6 作用传递.

H　Hopf 映射不变量　Hopf 丛

H1　Hopf 映射不变量

Hopf 分析两不同维数的球面间光滑映射:

$$f: S^{2n-1} \to S^n \tag{H.1}$$

令 τ 为 S^n 的归一体积元,为闭 n-形式满足

$$\int_{S^n} \tau = 1 \tag{H.2}$$

当通过映射 f 将 τ 拖回至 S^{2n-1},由于 S^{2n-1}的 n 阶同伦群 $\pi_n(S^{2n-1}) = 0$,闭形式 $f^*\tau$ 必为正合形式,记为

$$\mathrm{d}\omega = f * \tau \tag{H.3}$$
$$\omega \in \Lambda^{n-1}(S^{2n-1})$$

称下式为映射 f 的 Hopf 不变量 $H(f)$:

$$H(f) = \int_{S^{2n-1}} \omega \wedge \mathrm{d}\omega \tag{H.4}$$

可以证明,同伦映射具有相同 Hopf 不变量,且可证:

① Hopf 不变量与 $\omega \in \Lambda^{n-1}(S^{2n-1})$ 的选择无关,即设 $\omega' \in \Lambda^{n-1}(S^{2n-1})$ 也满足 $\mathrm{d}\omega' = f * \tau$,则 $\mathrm{d}(\omega - \omega') = 0$

$$\int_{S^{2n-1}} \omega \wedge \mathrm{d}\omega - \int_{S^{2n-1}} \omega' \wedge \mathrm{d}\omega' = \int_{S^{2n-1}} (\omega - \omega') \wedge \mathrm{d}\omega$$
$$= \int_{S^{2n-1}} \mathrm{d}((\omega - \omega') \wedge \omega) = 0 \qquad \square \tag{H.5}$$

② 如 n 为奇,则 $H(f)=0$

证　如 n 奇,即 $\omega\in\Lambda^{n-1}(S^{2n-1})$ 为偶形式,故

$$\mathrm{d}(\omega\wedge\omega)=\mathrm{d}\omega\wedge\omega+\omega\wedge\mathrm{d}\omega=2\omega\wedge\mathrm{d}\omega$$

故

$$H(f)=\int_{S^{2n-1}}\omega\wedge\mathrm{d}\omega=\frac{1}{2}\int_{S^{2n-1}}\mathrm{d}(\omega\wedge\omega)=0 \qquad \square\text{(H.6)}$$

映射 f 为 S^{2n-1} 到 S^n 的连续光滑映射,表明 S^n 的 $(2n-1)$ 阶同伦群 $\pi_{n-1}(S^n)$ 的值,即 Hopf 不变量给同态映射

$$H:\pi_{2n-1}(S^n)\to\mathbb{R}$$

实际上 Hopf 不变量常为整数. 可由映射 f 的两不同正则值 p,q 的原像 $f^{-1}(p)=A$ 与 $f^{-1}(q)=B$ 的连接数(linking numler)给出. 下面以第一 Hopf 丛映射为例进行分析

$$f:S^3\to S^2$$

映射 f 的两不同正则值 p,q 的原像 $f^{-1}(p)=A$ 与 $f^{-1}(q)=B$ 均为1维回路,在 S^3 上边缘为 A 的光滑曲面 D,而 B 与 D 横截,连接数

$$\mathrm{link}(A,B)=\sum_{D\cap B}\pm 1 \qquad \text{(H.7)}$$

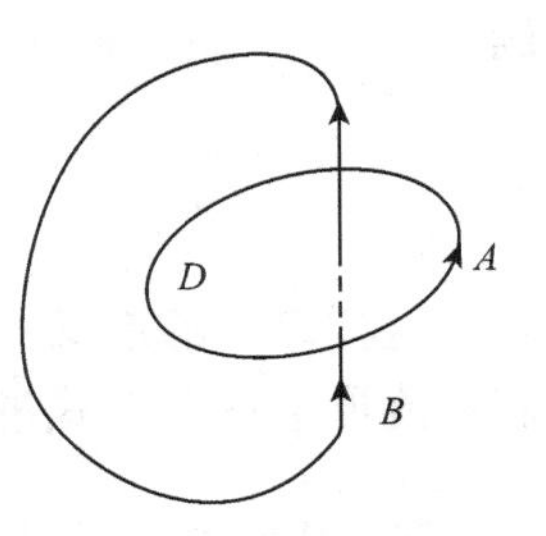

其中交数 ±1 号按通常右手习惯,如右图所示. 而映射 f 的 Hopf 不变量可证为连接数.

H2　Hopf 丛

下面四个纤维丛:

$$S^0\hookrightarrow S^1\xrightarrow{\pi}\mathbb{R}P^1=S^1 \quad \text{实 Hopf 丛} \qquad \text{(H.8)}$$

$$S^1\hookrightarrow S^3\xrightarrow{\pi}\mathbb{C}P^1=S^2 \quad \text{复 Hopf 丛} \qquad \text{(H.9)}$$

$$S^3\hookrightarrow S^7\xrightarrow{\pi}\mathbb{H}P^1=S^4 \quad \text{四元数 Hopf 丛} \qquad \text{(H.10)}$$

$$S^7\hookrightarrow S^{15}\xrightarrow{\pi}\mathbb{O}P^1=S^8 \quad \text{八元数 Hopf 丛} \qquad \text{(H.11)}$$

它们的纤维 S^0,S^1,S^3,S^7 分别为单位$\mathbb{K}(\mathbb{R},\mathbb{C},\mathbb{H},\mathbb{O})$元数. 而总空间 S^1,S^3,S^7,S^{15} 则分别为“两维$\mathbb{K}$ 球”:

$$|a|^2+|b|^2=1,\quad a,b\in\mathbb{K}$$

而底空间为相应投射空间$\mathbb{K}P^1$. 这些$\mathbb{K}$ 球 S^1,S^3,S^7,S^{15} 的纤维化相应于投射映射

$$\pi:S^{2P-1}\to S^P\quad (P=2^k,k=0,1,2,3) \qquad \text{(H.12)}$$

称为 Hopf 映射. $\pi_{2P-1}(S^P)$ 含有秩 1 自由群$\mathbb{Z}$,相应拓扑不变量称 Hopf 不变量. 其中(H.9)与(H.10)的纤维 S^1 与 S^3 为李群流形,相应的拓扑孤子即熟知的 U(1) 单极与 SU(2) 瞬子. 在理论物理中得到广泛应用,常称为第一与第二 Hopf 丛.

I　推广的 Kronecker δ 符号

I1　定义

$$\delta^{j_1\cdots j_p}_{k_1\cdots k_p}=\begin{vmatrix}\delta^{j_1}_{k_1} & \cdots\cdots & \delta^{j_1}_{k_p}\\ \vdots & & \vdots\\ \delta^{j_p}_{k_1} & \cdots\cdots & \delta^{j_p}_{k_p}\end{vmatrix}(j,k=1,\cdots,n)$$

$$=\begin{cases}1, & \text{当下指标为上指标的偶置换}\\ -1, & \text{当下指标为上指标的奇置换}\\ 0, & \text{其他情况}\end{cases}\tag{I. 1}$$

例

$$\delta^{j_1j_2}_{k_1k_2}=\begin{vmatrix}\delta^{j_1}_{k_1} & \delta^{j_1}_{k_2}\\ \delta^{j_2}_{k_1} & \delta^{j_2}_{k_2}\end{vmatrix}=\delta^{j_1}_{k_1}\delta^{j_2}_{k_2}-\delta^{j_1}_{k_2}\delta^{j_2}_{k_1}\tag{I. 2}$$

这样定义的广义 δ 符号对上指标完全反对称,对下指标也完全反对称. 利用它们对流形上微分形式进行分析很方便,下面讨论其性质.

I2　n 阶 δ 符号的缩并运算

$$\delta^{i_1\cdots i_n}_{i_1\cdots i_n}=n!(\text{重复指标求和,下同})\tag{I. 3}$$

$$\delta^{i_1\cdots i_{n-1}j}_{i_1\cdots i_{n-1}k}=(n-1)!\delta^j_k\tag{I. 4}$$

$$\delta^{i_1\cdots i_{n-s}j_1\cdots j_s}_{i_1\cdots i_{n-s}k_1\cdots k_s}=(n-s)!\delta^{j_1\cdots j_s}_{k_1\cdots k_s}\tag{I. 5}$$

或

$$\delta^{i_1\cdots i_sj_1\cdots j_{n-s}}_{i_1\cdots i_sk_1\cdots k_{n-s}}=s!\delta^{j_1\cdots j_{n-s}}_{k_1\cdots k_{n-s}}\tag{I. 5a}$$

I3　p 阶 δ 符号的缩并运算($p\leqslant n$)

$$\delta^{i_1\cdots i_p}_{i_1\cdots i_p}=\frac{n!}{(n-p)!}(\text{例 }\delta^i_i=n)\tag{I. 6}$$

$$\delta^{i_1\cdots i_{p-1}j}_{i_1\cdots i_{p-1}k}=\frac{(n-1)!}{(n-p)!}\delta^j_k\tag{I. 7}$$

$$\delta^{i_1\cdots i_{p-s}j_1\cdots j_s}_{i_1\cdots i_{p-s}k_1\cdots k_s}=\frac{(n-s)!}{(n-p)!}\delta^{j_1\cdots j_s}_{k_1\cdots k_s}(s\leqslant p)\tag{I. 8}$$

或

$$\delta^{i_1\cdots i_s j_1\cdots j_{p-s}}_{i_1\cdots i_s k_1\cdots k_{p-s}} = \frac{(n-p+s)!}{(n-p)!}\delta^{j_1\cdots j_{p-s}}_{k_1\cdots k_{p-s}} \tag{I. 8a}$$

I4 在坐标变换下 p 阶 δ 符号 $\delta^{j_1\cdots j_p}_{k_1\cdots k_p}$ 为 T^p_p 型张量,可与张量指标进行缩并运算,结果得到完全反对称张量. 例如

$$\delta^{j_1j_2}_{k_1k_2}\mathrm{d}x^{k_1}\otimes\mathrm{d}x^{k_2} = \mathrm{d}x^{j_1}\otimes\mathrm{d}x^{j_2} - \mathrm{d}x^{j_2}\otimes\mathrm{d}x^{j_1} \equiv \mathrm{d}x^{[j_1}\otimes\mathrm{d}x^{j_2]} \equiv \mathrm{d}x^{j_1}\wedge\mathrm{d}x^{j_2} \tag{I. 9}$$

$$\delta^{j_1j_2j_3}_{k_1k_2k_3}\mathrm{d}x^{k_1}\mathrm{d}x^{k_2}\mathrm{d}x^{k_3} = \mathrm{d}x^{[j_1}\mathrm{d}x^{j_2}\mathrm{d}x^{j_3]} \equiv \mathrm{d}x^{j_1}\wedge\mathrm{d}x^{j_2}\wedge\mathrm{d}x^{j_3} \tag{I. 10}$$

$$\delta^{j_1j_2\cdots j_p}_{k_1k_2\cdots k_p}A_{j_1\cdots j_p} = A_{[k_1\cdots k_p]} \tag{I. 11}$$

如果 A 原来相对其指标为完全反对称,则

$$\delta^{j_1\cdots j_p}_{k_1\cdots k_p}A_{j_1\cdots j_p} = p!A_{k_1\cdots k_p} \tag{I. 12}$$

I5 令

$$\epsilon_{1,2,\cdots,n} \equiv |g|^{\frac{1}{2}}, g = \det(g_{ij}) \text{ 为度规张量行列式值} \tag{I. 13}$$

$$\epsilon_{i_1\cdots i_n} \equiv \delta^{1,\cdots,n}_{i_1,\cdots,i_n}\epsilon_{1,\cdots,n} = |g|^{\frac{1}{2}}\delta^{1,\cdots,n}_{i_1,\cdots,i_n} \tag{I. 14}$$

$$\begin{aligned}\epsilon^{i_1\cdots i_n} &= g^{i_1j_1}\cdots g^{i_nj_n}\epsilon_{j_1\cdots j_n} = g^{i_1j_1}\cdots g^{i_nj_n}\delta^{1\cdots n}_{j_1\cdots j_n}\epsilon_{1,\cdots,n}\\ &= \det(g^{ij})\delta^{i_1\cdots i_n}_{1\cdots n}|g|^{\frac{1}{2}} = \mathrm{sgn}(g)|g|^{-\frac{1}{2}}\delta^{i_1\cdots i_n}_{1\cdots n}\end{aligned} \tag{I. 15}$$

$$\epsilon^{1,\cdots,n} = \mathrm{sgn}(g)|g|^{-\frac{1}{2}}, \qquad \epsilon^{i_1\cdots i_n} = \delta^{i_1\cdots i_n}_{1\cdots n}\epsilon^{1,\cdots,n}$$

在坐标变换下

$$g'_{ij} = \frac{\partial x^k}{\partial x'^i}\frac{\partial x^l}{\partial x'^j}g_{kl} \tag{I. 16}$$

$$g' = \det(g'_{ij}) = J^2 g, \quad |g'|^{\frac{1}{2}} = J|g|^{\frac{1}{2}} \tag{I. 17}$$

其中

$$J = \frac{\partial(x^1,\cdots,x^n)}{\partial(x'^1,\cdots,x'^n)} \tag{I. 18}$$

可证

$$\begin{aligned}\epsilon'_{i_1\cdots i_n} &= \frac{\partial x^{j_1}}{\partial x'^{i_1}}\cdots\frac{\partial x^{j_n}_n}{\partial x'^{in}}\ \epsilon_{j\cdots j_n} = \frac{\partial x^{j_1}}{\partial x'^{i_1}}\cdots\frac{\partial x^{j_n}}{\partial x'^{i_n}}\delta^{1\cdots n}_{j_1\cdots j_n}\epsilon_{1\cdots n} = J\delta^{1\cdots n}_{i_1\cdots i_n}|g|^{\frac{1}{2}}\\ &= \delta^{1\cdots n}_{i_1\cdots i_n}\epsilon'_{1\cdots n}\end{aligned} \tag{I. 19}$$

即这样引入的 $\epsilon_{i_1\cdots i_n}$,$\epsilon^{i_1\cdots i_n}$,均为 n 秩张量,且有等式

$$\epsilon_{i_1 \cdots i_n} \cdot \epsilon^{j_1 \cdots j_n} = \operatorname{sgn}(g) \delta^{j_1 \cdots j_n}_{i_1 \cdots i_n} \tag{I. 20}$$

对 $n \times n$ 的矩阵 $A = (a^i_k)$，可证

$$\det A = \frac{1}{n!} \delta^{i_1 \cdots i_n}_{k_1 \cdots k_n} a^{k_1}_{i_1} \cdots a^{k_n}_{i_n} \tag{I. 21}$$

$$\det(1 + A) = 1 + \delta^i_k a^k_i + \frac{1}{2!} \delta^{i_1 i_2}_{k_1 k_2} a^{k_1}_{i_1} a^{k_2}_{i_2} + \frac{1}{m!} \delta^{i_1 \cdots i_m}_{k_1 \cdots k_m} a^{k_1}_{i_1} \cdots a^{k_m}_{i_m} + \cdots \tag{I. 22}$$

通常 Levi-Civita 符号

$$\varepsilon_{1,2,\cdots,n} = 1$$

$$\varepsilon_{i_1,\cdots,i_n} = \delta^{1,\cdots,n}_{i_3,\cdots,i_n} \tag{I. 23}$$

仅为张量密度，在坐标变换下

$$\varepsilon'_{i_1,\cdots,i_n} = J \varepsilon_{i_1 \cdots i_n} \tag{I. 24}$$

这里，我们取推广的 Levi-Civita 符号 $\epsilon_{1,\cdots,n} = |g|^{\frac{1}{2}}$，本身为张量分量，使许多计算简化.

J　具附加结构的向量空间及其自同构变换群 经典李群及其表示

由于对称变换在物理中的重要性，群论已成为大学物理的必修课，大家都很熟悉. 由于它对分析流形及纤维丛的特性及分类的极端重要性，这里对常遇到的经典李群及其表示再简单介绍下.

J1　一般线性变换群 GL(N,K) 与 SL(N,K)

这里用 K 代表实数域$\mathbb{R}$，或复数域$\mathbb{C}$，或四元数域$\mathbb{H}$.

$\mathbb{K}^N$ 为域$\mathbb{K}$ 上 N 维线性空间，其上非奇异线性变换集合形成 K^N 上一般线性群

$$\mathrm{GL}(N,\mathbb{K}) = \{A \in \mathrm{Hom}_{\mathbb{K}}(\mathbb{K}^N,\mathbb{K}^N) \mid A \text{ 非奇异}\} \tag{J. 1}$$

任意经典李群都是它们的子群. GL$(N,\mathbb{R})$ 流形非连通，而含恒等元的连通部分形成其子群. 下面着重分析它们的连通子群.

$$\mathrm{SL}(N,\mathbb{R}) = \{A \in \mathrm{Hom}_{\mathbb{R}}(\mathbb{R}^N,\mathbb{R}^N) \mid \det A = 1\}, \quad d_R = N^2 - 1 \tag{J. 2a}$$

$$\mathrm{SL}(N,\mathbb{C}) = \{A \in \mathrm{Hom}_{\mathbb{C}}(\mathbb{C}^N,\mathbb{C}^N) \mid \det A = 1\}, \quad d_R = 2(N^2 - 1) \tag{J. 2b}$$

$$\mathrm{SL}(N,\mathbb{H}) = \{A \in \mathrm{Hom}_{\mathbb{H}}(\mathbb{H}^N,\mathbb{H}^N) \mid \det_C A = 1\}, \quad d_R = 4N^2 - 1 \tag{J. 2c}$$

这里 d_R 表示相应李群的实维数，说明相应李群流形局域像$\mathbb{R}^d$. 李群的局域性质，由 d_R 维实李代数决定.

下面结合群的表示空间分析经典李群的具体表示. 用 V 表示实 N 维向量空间: $V=\mathbb{R}^N$; 用 W 表示复 N 维向量空间: $W=\mathbb{C}^N$; 进一步分析具有附加结构的向量空间及其自同构变换群,它们都是(J. 2)式各群的子群.

J2 具有附加结构的实向量空间(V, *)

(i) 具度规结构的(V,g). 即 V 中任意两向量 u,v 间可定义对称双线性内积

$$g: V\times V\to\mathbb{R}$$
$$u,v\to(u,v)$$

当选基矢 $\{e_i\}_1^N$, 向量 $u=\sum_{i=1}^n u^i e_i, u^i\in\mathbb{R}$

$\mathbb{R}^N$ 具有自然对称恒正欧氏度规: $g=(\delta_{ij})$, 即

$$(e_i,e_j)=\delta_{ij}$$
$$(u,v)=\sum_{i,j}u^i v^j\delta_{ij}=\sum_i u^i v^i \tag{J.3}$$

保此度规的变换 O 称正交变换,满足:

$$(Ou,Ov)=(u,v)$$

满足此性质的正交变换集合形成紧致李群称正交群,记为 O_N

$$O_N=\{O\in\mathbb{R}(N)\mid O^tO=I_N\},\qquad \dim O_N=\frac{1}{2}N(N-1) \tag{J.4}$$

这里$\mathbb{R}(N)\equiv\mathrm{Mat}(N,\mathbb{R})$为实 $N\times N$ 矩阵, O^t 为 O 的转置矩阵, I_N 为 $N\times N$ 单位矩阵.

(2) 具辛结构的向量空间(V,ω). 对 V 中任两向量可定义其反对称内积

$$\omega: V\times V\to\mathbb{R}$$
$$u,v\to\omega(u,v)=-\omega(v,u)$$
$$\omega(u,v)=\sum_{ij}u^i v^j\omega_{ij},\omega_{ij}=\omega(e_i,e_j)=-\omega_{ji} \tag{J.5}$$

当要求此反对称内积非简并,即 $\det(\omega_{ij})\neq 0$, 这时(V,ω)称为辛空间,必偶维定向 $\dim V=N=2m$. 可选基矢 $\{e_i\}_1^{2m}$ 使

$$(\omega_{ij})=\begin{pmatrix}0 & I_m\\ -I_m & 0\end{pmatrix}\equiv J_m \tag{J.6}$$

用此标准基矢表示,

$$\omega(u,v)=u_1v_{m+1}+\cdots+u_mb_{2m}-a_{m+1}b_1-\cdots-a_{2m}b_m \tag{J.7}$$

保此辛结构的变换 A 称辛变换,满足

$$\omega(Au,Av)=\omega(u,v) \tag{J.8}$$

满足此性质的变换集合形成李群称实辛群，记为

$$\mathrm{Sp}(m,\mathbb{R}) = \{A \in \mathrm{SL}(V,J_m) \mid A^{\mathrm{T}}J_mA = J_m\} \tag{J.9}$$

(3) 具复结构的向量空间(V,J). 向量空间V上存在实线性自同构映射J

$$J:V\rightarrow V, \quad 且\ J^2 = -id \tag{J.10}$$

易证这时V为偶维实向量空间. $V=\mathbb{R}^{2m}=\mathbb{C}^m$

利用J可在空间(V,J)上选基矢$\{e_1,\cdots,e_m,Je_1,\cdots,Je_m\}$. 这时自同构$J$可表为

$$J = \begin{pmatrix} 0 & -I_m \\ I_m & 0 \end{pmatrix}$$

这时V的与J可交换的$\mathbb{R}$线性变换

$$AJ = JA \tag{J.11}$$

常可表示为

$$A = \begin{pmatrix} a & -b \\ b & a \end{pmatrix} \in \mathbb{R}(2m), \quad a,b \in \mathbb{R}(m)$$

这时可将

$$(a+bJ)v \equiv (a+b\sqrt{-1})v \in \mathbb{C}(m) \equiv \mathrm{Mat}(m,\mathbb{C}) \tag{J.12}$$

满足(J.12)式的变换集合，即保持(J.13)式定义的复结构的连通李群

$$\mathrm{SL}(m,\mathbb{C}) = \{A \in \mathbb{C}(m) \mid \det_c A = 1\} \tag{J.2b}$$

$$= \{A \in \mathrm{SL}(V,J) \mid AJ = JA, \det A = 1\}, \quad d = 2m^2-1 \tag{J.13}$$

(4) 具有四元数结构的实向量空间$(V;J,K)$.

这时要求V为$N=4l$维实空间，且存在两个相互反交换的复结构J,K，满足

$$J^2 = K^2 = -id, \quad JK+KJ = 0 \tag{J.14}$$

利用J,K可使V成为右$\mathbb{H}$模，即对任一四元数

$$q = t + \mathbb{i}x + \mathbb{j}y + \mathbb{k}z \in \mathbb{H}$$

其中$(\mathbb{i},\mathbb{j},\mathbb{k})$为四元数代数基底，满足关系$(\mathbb{G},2)$. t,x,y,z为实数，是q的分量. 这时对任意矢量$v\in V$，可如下定义与四元数q的右积

$$vq = t + xJK(v) + yJ(v) + zK(v)$$

使得

$$v(q_1+q_2) = vq_1 + vq_2, (vq_1)q_2 = v(q_1q_2), \quad \forall q_1q_2 \in \mathbb{H} \tag{J.15}$$

且

$$(v+w)q = vq + wq, (tv)q = v(tq), \forall v,w \in V, t \in \mathbb{R}$$

这时满足与 J,K 交换的 V 的$\mathbb{R}$ 线性自同构变换 $A:V\to V, \det A = 1$.

$$AJ = JA, AK = KA \tag{J.16}$$

即保持 V 成为右$\mathbb{H}$ 模的变换集合,可形成保四元数结构的连通李群,记为 $\mathrm{SL}(l,\mathbb{H})$:

$$\begin{aligned}\mathrm{SL}(l,\mathbb{H}) &= \{A \in \mathrm{SL}(V,J,K) \mid AJ = JA, AK = KA\} \\ &= \{A \in \mathbb{H}(l) \mid \det_c A = 1\} \quad \text{维数 } d = 4l^2 - 1\end{aligned} \tag{J.17}$$

J3. 具有附加结构的复向量空间(W, *)

这里设 W 为复 N 维向量空间 $W \cong \mathbb{C}^N$.

(i) 具有正定厄米度规的复向量空间(W,h)

即向量空间 W 中任两向量 $u,v \in W$ 间可定义厄米对称双线性内积

$$h: W \times W \to \mathbb{C}$$

$$u,v \to h(u,v) = \overline{h(v,u)} \tag{J.18}$$

具有性质:对后一因子为线性,而对前一因子为共轭线性. 即

$$h(u,\lambda v) = \lambda h(u,v), \quad h(u,v_1+v_2) = h(u,v_1) + h(u,v_2)$$

$$h(\lambda u,v) = \bar{\lambda} h(u,v), \quad h(u_1+u_2,v) = h(u_1,v) + h(u_2,v)$$

进一步要求此厄米度规恒正,即对 W 中所有向量 $u \in W$,可定义模:

$$\| u \| = h(u,u) \geqslant 0 \tag{J.19}$$

且仅当 $u=0$ 时其模才为零. 定义有恒正厄米度规的空间称为厄米空间(U 空间)(V,h).

与$\mathbb{C}^N$ 同构的复向量空间 W,具有自然的厄米度规,即可选$\{e_i\}_1^N$,使 $h(e_i,e_j) = \delta_{ij}$,这时对 W 中任意向量 $u,v \in W$

$$h(u,v) = \sum_{ij} \bar{u}^i v^j \delta_{ij} = \sum_i \bar{u}^i v^i$$

保厄米度规的变换 U 称幺正变换,满足

$$h(Uu,Uv) = (u,v)$$

满足此性质的变换集合形成紧致李群称 U 群,记为 U_N:

$$\begin{aligned}U_N &= \{U \in \mathrm{Hom}_{\mathbb{C}}(\mathbb{C}^N,\mathbb{C}^N) \mid (Uv,Uw) = (v,w), \forall v,w \in \mathbb{C}^N\} \\ &= \{U \in \mathbb{C}(N) \mid U^+ U = I_N\}, \qquad d_{\mathbb{R}} = N^2\end{aligned} \tag{J.20}$$

这里$\mathbb{C}(N)$为 $N\times N$ 复矩阵,$U^+ = \bar{U}^t$ 为矩阵 U 的转置复共轭矩阵.

(ii) 复空间的实形式(W,C)

对于复N维向量空间W,可以建立与之对应的实向量空间,即向量加法仍按原定义,但向量与数乘仅限于只与实数乘,这时v与$\sqrt{-1}v$为线性独立的向量,于是

$$\dim_{\mathbb{R}} W = 2\dim_{\mathbb{C}} W$$

即$W \cong \mathbb{C}^N \cong \mathbb{R}^{2N}$. 进一步可将$W$表为两个实$N$维向量空间的直和,即其实部$W^+$与虚部$W^-$的直和

$$W = W^+ \oplus W^- \tag{J.21}$$

这种分裂称为给向量空间W附加实结构(W,C). 下面分析此问题.

复向量空间W中可以定义向量加法,及向量v与复数λ的乘法. 下面引入与W对偶的复共轭向量空间$\overline{W}$,$\overline{W}$作为向量集合与W同,满足相同的向量加法运算,但它与共轭复数$\overline{\lambda}$相乘. 易看出$\overline{W}$作为复向量空间与W同构.

复向量空间W的分裂(J.21)给W以附加实结构(W,C),即在W与$\overline{W}$间存在线性映射C与$\overline{C}$:

$$C: W \to \overline{W}, \qquad \overline{C}: \overline{W} \to W$$

使满足

$$\overline{C}C = id \tag{J.22}$$

这时对W中任一向量$v \in w$,可写为

$$v^{\pm} = \frac{1}{2}(v \pm \bar{c}\bar{v})$$

而其集合形成

$$W^{\pm} = \{v \in w \mid \bar{v} = \pm Cv\}$$

$W^{\pm}$均为N维实向量空间,且存在映射

$$K: W^+ \to W^-$$

$$v \to \sqrt{-1}v$$

K为同构映射,即

$$\dim_R W^+ = \dim_{\mathbb{R}} W^- = \dim_{\mathbb{C}} W = N \tag{J.23}$$

注意,对于抽象的复向量空间W,是否存在分裂$W = W^+ + W^-$表达的实结构是一整体(Global)问题. 例如2维球面S^2的切丛$T(S^2)$,在球面每点$p \in S^2$的切空间$T_P(S^2)$,为2维实空间,绕外法线转90°的转动J为切丛$T(S^2)$的自然复结构,因此切丛$T(S^2)$为一维复切丛,此一维复切丛并不允许有光滑的实结构,否则,利用此实结构可在S^2上每点得一光滑切场,但是,由于S^2的Euler数$\chi(S^2)=2$非零,S^2上不存在处处非零的光滑切场,故复一维切丛$T(S^2)$不存在光滑的实结构.

(iii) 复向量空间 W 上的四元数结构$(W,\mathscr{C})$. 设在复向量空间 W 及与其同构的 $\overline{W}$ 间存在线性映射 $\mathscr{C}: W\to\overline{W}$
满足与(J. 22)不同结构

$$\overline{\mathscr{C}}\mathscr{C} = -id \tag{J. 24}$$

则称空间$(W,\mathscr{C})$具有四元数结构. 对上式两边取行列式知 W 必为复偶维:$W\cong\mathbb{C}^{2m}$. 可以证明这时$(W,\mathscr{C})$具有右$\mathbb{H}$ 模的四元数结构. W 具有复 $2m$ 维,相当于具有实 $4m$ 维向量空间结构,可如下定义 W 的两实自同态 J 与 $K: W\to W$,

$$Jv = \overline{\mathscr{C}v},\quad 故\ J(Jv) = \overline{\mathscr{C}(\overline{\mathscr{C}v})} = \overline{\mathscr{C}}\mathscr{C}v = -v$$

$$Kv = \sqrt{-1}v,\quad 故\ K^2 = -v$$

且易证它们满足反交换关系:$JK+KJ=0$
表明 W 作为实 $4m$ 维向量空间上存在四元数结构.
(iv) 定义有四元数结构的复偶维向量空间,注意到 W 与 $\overline{W}$ 相互同构,可以定义自然的厄米结构 h 及与它相容的复结构 J. (W,h,J) 中保此四元数结构的变换集合形成紧致连通李群,称 U 辛群,记为

$$\mathrm{Sp}_m \equiv U\mathrm{Sp}_m = \mathrm{Sp}(m,\mathbb{C}) \cap U(2m) \tag{J. 25}$$

$$\mathrm{Sp}_m = \{A \in \mathbb{C}(2m) \mid A^+ A = I_{2m}, A^t J_m A = J_m\} \tag{J. 26}$$

$$\dim\mathrm{Sp}_m = m(2m+1)$$

J4. 经典紧致单李群及其定义表示

不含不变(正规)李子群的李群称单(simple)李群. 李群的局域性质由实李代数决定. 不含不变理想的李代数为单李代数. 单李群的李代数为实单李代数. 在对单李群分类时依赖对其对应实单李代数的分类. 由于实数域不封闭,借助对实单李代数的复扩充,对复单李代数分类更方便. Dykin 将复单李代数分为四个经典系列(A_n,B_n,C_n,D_n)及另外五个例外李代数(E_6,E_7,E_8,F_4,G_2),可以证明每种复单李代数中仅有一种紧致实形式(参见[H] §2. 2),对应有一种紧致连通单李群,它们的一些特性可参见表 8. 1,我们这里仅着重分析经典紧致单李群及其定义表示.

度规空间紧致闭集的变换群称紧致李群,例如前面介绍的 O_N, U_N, Sp_N 都是紧致李群,它们对应的李代数为紧致李代数. 利用群同态正合系列知道

$$O_N = \mathrm{SO}(N) \boxtimes Z_2 \tag{J. 27a}$$

$$U_N = \mathrm{SU}(N) \boxtimes U(1) \tag{J. 27b}$$

O_N 的不变子群$\mathbb{Z}_2 = O(1)$是离散群,故一般仍称 O_N 为单李群. 但 O_N 不是连通李群,有两个连通片,其中与恒等元连通的部分为其不变子群

$$\mathrm{SO}(N) = \mathrm{SL}(N,\mathbb{R}) \cap O_N = \{O \in \mathbb{R}(N) \mid O^t O = I_N, \det O = 1\} \quad (\mathrm{J.28})$$

它是紧致连通单李群,但不是单连通($\pi_1(\mathrm{SO}(N) = Z_2)$,其普适覆盖群 Spin_N 我们将在下一附录中介绍.

U_N 是紧致连通李群,但不是单李群. 其不变子群 SU(N)是紧致、连通、单连通、单李群:

$$\mathrm{SU}(N) = \mathrm{SL}(N,\mathbb{C}) \cap U_N = \{U \in \mathbb{C}(N) \mid U^+ U = I_N, \det U = 1\}$$

$$d = N^2 - 1 \quad (\mathrm{J.29})$$

注意 SU(N)具有中心 $\mathbb{Z}_N$,在上述定义表示中,是由对角元为$\{\exp(2\pi i \frac{l}{N});\ l=0,1,\cdots,N-1.\}$的单位矩阵组成,$Z_N$ 也是 $U(1)$的中心. 故通常将 U_N 的分解式(J.27b)记为

$$U_N = \mathrm{SU}(N) \times U(1)/Z_N \quad (\mathrm{J.30})$$

这是因为 $\mathrm{SU}(N) \times U(1)$作用在$\mathbb{R}^N$ 与$\mathbb{R}^1$ 的直和空间$\mathbb{R}^N \oplus \mathbb{R}^1 = \mathbb{R}^{N+1}$上,其定义表示是 $N+1$ 维. 而 U_N 的定义表示 N 维,作用在$\mathbb{R}^N$ 上. 当取 $\mathrm{SU}(N) \times U(1)$的 N 维表示,将 SU(N)与 $U(1)$都作用在$\mathbb{R}^N$ 上,它们有共同中心$\mathbb{Z}_N$,故表示成(J.30)式.

而由(J.26)定义的 SP_m 为紧致、连通、单连通、单李群.

K　Clifford 代数及其表示

K1　Clifford 代数 $Cl(V,g)$

令 V 为实 n 维向量空间,具有度规,即定义有对称非简并双线性型 $g = (g_{ij})$. 当在 V 中任两向量 $u,v \in V$ 间定义可结合乘法 $uv \in V$ 满足

$$uv + vu = -2(u,v)1 \quad (\mathrm{K.1})$$

则称此含有单位元的可结合代数为 Clifford 代数,记为 $Cl(V,g)$.

当在 V 中取正交规一基底$\{e_i\}_1^n$,

$$(e_i, e_j) = g_{ij} = \pm \delta_{ij} \quad (\mathrm{K.2})$$

则 $Cl(V,g)$是由生成元$\{1, e_1, \cdots, e_n\}$生成的,满足如下乘法规则的可结合代数:

$$e_i e_j + e_j e_i = -2g_{ij} \quad (\mathrm{K.3})$$

当(V,g)为 n 维欧氏空间 E^n,其度规恒正,$g_{ij} = \delta_{ij}$相应的 Clifford 代数 $Cl(V,g)$可简记为

$$Cl_n \equiv Cl(E^n)$$

当$(V,g)=E^{r,s}$为赝欧空间,即$g_{ij}=\{r(+),s(-)\}$. 则相应 Clifford 代数可简记为

$$Cl_{r,s} \equiv Cl(E^{r,s})$$

注意 Clifford 代数 $Cl(V,g)$是由满足约束(K.3)的生成元组$\{1,e_1,\cdots,e_n\}$所生成的可结合代数. 而作为向量空间,其基矢是由下列形式单项式组成:

$$e_{i_1}e_{i_2}\cdots e_{i_k},\qquad i_1<i_2<\cdots<i_k,0\leqslant k\leqslant n \tag{K.4}$$

这里 $k=0$ 相应于单位元 1,而 $k=n$ 相当于手征元(chirality element),记为

$$e_f = e_1e_2\cdots e_n \tag{K.5}$$

共有$\sum_{k=0}^{n}\binom{n}{k}=2^n$ 个基矢. 即 $Cl(V,g)$为 2^n 维线性代数. 令 $\Lambda^*(V)$表示由向量空间 V 上外积形成的外代数. 作为向量空间,$Cl(V,g)$与 $\Lambda^*(V)$同构,都是 2^n 维线性空间. 但是作为代数,$Cl(V,g)$与 $\Lambda^*(V)$完全不同,除非令$g=0$. 可以说$Cl(V,g)$是 $\Lambda^*(V)$的量子化,或说是 $\Lambda^*(V)$的畸变.

Clifford 代数 Cl_n 可作向量空间直和分解:

$$Cl_n = Cl_n^{\text{even}} \oplus Cl_n^{\text{odd}} \tag{K.6}$$

其中 Cl_n^{even} 是由偶数个 e_i 的乘积组成,为 Cl_n 的 2^{n-1} 维子代数. 易证明 Cl_n^{even} 与 Cl_{n-1}同构.

偶秩 Clifford 代数 Cl_{2k}与奇秩 Clifford 代数 Cl_{2k+1}其结构有很大不同要特别注意. Cl_{2k}的中心平庸,仅单位元的实倍数$\mathbb{R}1$. 而 Cl_{2k+1}的中心非平庸,是$\mathbb{R}1\otimes\mathbb{R}e_f$.

当将实向量空间 V 作复扩张,即将所有系数改为复数,这时得到复 Clifford 代数称为原来实 Clifford 代数的复扩张,记为

$$Cl_n^c = Cl_n \otimes_{\mathbb{R}} \mathbb{C} = Cl(C^n) \tag{K.7}$$

注意

$$Cl_{r,s} \otimes_{\mathbb{R}} \mathbb{C} = Cl^c_{n=v+s} \tag{K.8}$$

即所有实 Clifford 代数 $Cl_{n-r,r}(r=0,1,\cdots,n)$的复扩张相互同构.

K2　复 Clifford 代数的矩阵表示

注意到奇、偶秩 Clifford 代数的结构有很大不同,需分别讨论其矩阵表示.

(1) $n=2k$

注意到 Cl_{2k}的中心平庸,其复扩张

$$Cl_{2k}^c = Cl_{2k} \otimes_{\mathbb{R}} \mathbb{C}$$

为复数域$\mathbb{C}$上单代数(simple allgebra),故它与$2^k \times 2^k$复矩阵代数$\mathbb{C}(2^k)$同构. 存在满足以下条件的$2^k \times 2^k$矩阵$\gamma(e_i)(i=1,\cdots,2k):\gamma(e_i)\in\mathbb{C}(2^k)$.

$$\gamma(e_i)\gamma(e_j) + \gamma(e_j)\gamma(e_i) = -2\delta_{ij} 1_{2^k} \qquad (K.9)$$

此即 Clifford 代数的基本定理. 由它给出Cl_{2k}^c的不可约忠实表示. 在本附录最后 § K. 5 将利用 Clifford 代数对外代数$\wedge^* V$的作用可具体实现这种表示.

由矩阵$\{\gamma_{(e_i)}\}_1^{2k}$生成的实数域上矩阵代数也是$Cl_{2k}$的忠实表示(是实$Cl_{2k}$代数的复表示). 表示空间$S$也称为$Cl_{2k}$模,表示空间本身是$2^k$维向量空间.

(2) $n=2k+1$

注意到Cl_{2k+1}的中心非平庸,其复扩张

$$Cl_{2k+1}^c = Cl_{2k+1} \otimes_{\mathbb{R}} \mathbb{C}$$

为系数域上两个单代数的直和

$$Cl_{2k+1}^c \cong \mathbb{C}(2^k) \oplus \mathbb{C}(2^k) \qquad (K.10)$$

其在$\mathbb{C}^{2^k}$上的表示不是忠实表示.

由上述分析表明,复 Clifford 代数有两种类型的矩阵表示

$$Cl_{2k}^c \cong \mathbb{C}(2^k) \qquad (K.10a)$$

$$Cl_{2k+1}^c \cong \mathbb{C}(2^k) \oplus \mathbb{C}(2^k) \qquad (K.10b)$$

K3　实 Clifford 代数 $Cl_{r,s}$ 的矩阵表示

用K表明$\mathbb{R},\mathbb{C},\mathbb{H}$之一,$K(n)$表示矩阵元取在域$K$上的$n\times n$矩阵代数,易证

$$K(n) \cong \mathbb{R}(n) \otimes_{\mathbb{R}} K \qquad (K.11a)$$

$$\mathbb{R}(n \cdot m) \cong \mathbb{R}(n) \otimes_{\mathbb{R}} \mathbb{R}(m) \qquad (K.11b)$$

线性代数中心仅恒等元的,称为中心代数(central algebra). 作为实数域上线性代数,$\mathbb{R}(n)$和$\mathbb{H}(n)$都是中心代数,但$\mathbb{C}(n)$不是,$\mathbb{C}(n)$的中心是$\mathbb{R}I_n \oplus \sqrt{-1}\,\mathbb{R}I_n$.

注意到偶维 Clifford 代数是中心代数,故Cl_{2k}的矩阵表示必为$\mathbb{R}(n)$或$\mathbb{H}(n)$型. 而奇维Clifford 代数中心非平庸,故其矩阵表示必为$\mathbb{C}(n)$,$\mathbb{R}(n)\oplus\mathbb{R}(n)$,或$\mathbb{H}(n)\oplus\mathbb{H}(n)$型. 下面从低维起逐渐找到各阶 Clifford 代数的具体矩阵表示.

很易验证

$$Cl_{1,0} = \{1, i\} = \mathbb{C} \qquad (K.12)$$

$$Cl_{0,1} = \{1_2, \sigma\} = \mathbb{R} \oplus \mathbb{R}, \quad \sigma = \begin{pmatrix} 0 & 1 \\ 1 & 0 \end{pmatrix} \qquad (K.13)$$

$$Cl_{2,0} = \{1, j, k\} = \mathbb{H} \tag{K. 14a}$$

$$Cl_{0,2} = \{1_2, \sigma, \tau\} = \mathbb{R}(2), \qquad \tau = \begin{pmatrix} 1 & 0 \\ 0 & -1 \end{pmatrix} \tag{K. 14b}$$

$$Cl_{1,1} = \{1_2, \tau, \varepsilon\} = \mathbb{R}(2), \qquad \varepsilon = \begin{pmatrix} 0 & -1 \\ 1 & 0 \end{pmatrix} = \sigma\tau \tag{K. 14c}$$

为得到高秩实 Clifford 代数的矩阵表示,可以利用下述定理:

定理 1　存在下述同构

$$Cl_{n,0} \otimes Cl_{0,2} \simeq Cl_{0,n+2} \tag{K. 15}$$

$$Cl_{0,n} \otimes Cl_{2,0} \simeq Cl_{n+2,0} \tag{K. 16}$$

$$Cl_{r,s} \otimes Cl_{1,1} \simeq Cl_{r+1,s+1} \tag{K. 17}$$

$$Cl_{r,s} \otimes Cl_{0,2} \simeq Cl_{s,r+2} \tag{K. 18}$$

$$Cl_{r,s} \otimes Cl_{2,0} \simeq Cl_{s+2,r} \tag{K. 19}$$

证　令 $Cl_{n,0} = \{1, e_1, \cdots, e_n\}$, $Cl_{0,2} = \{1, \sigma, \tau\}$

则令

$$u_i = e_i \otimes \sigma\tau, \qquad i = 1, \cdots, n, \qquad u_{n+1} = 1 \oplus \sigma, \qquad u_{n+2} = 1 \otimes \tau$$

则易验证 $\{1, u, \cdots, u_{n+2}\}$ 生成 Clifford 代数 $Cl_{0,n+2}$,即(K. 15)式被证明. 完全类似可证明(K. 16)式. 关于(K. 17)式的证明可如下验证:令

$$Cl_{r,s} = \{1, e_1, \cdots, e_r; f_1, \cdots, f_s\}$$

$$Cl_{1,1} = \{1, \tau, \varepsilon\}$$

则令

$$u_i = e_i \otimes \varepsilon\tau, \qquad v_j = f_j \otimes \varepsilon\tau, \qquad i = 1, \cdots, r; j = 1, \cdots, s$$

$$u_{r+1} = 1 \otimes \varepsilon, \qquad v_{s+1} = 1 \otimes \tau$$

则 $\{1; u_1, \cdots, u_{r+1}; v_1, \cdots, v_{s+1}\}$ 生成 $Cl_{r+1,s+1}$. (K. 17)式被证明. 类似可证明(K. 18)、(K. 19)式. □

应用上述同构,可以得到

$$Cl_{2,2} = Cl_{2,0} \otimes Cl_{2,0} \simeq \mathbb{H} \otimes_{\mathbb{R}} \mathbb{H} \simeq Cl_{0,2} \otimes Cl_{0,2} \simeq \mathbb{R}(2) \otimes \mathbb{R}(2) = \mathbb{R}(4)$$

即

$$\mathbb{H} \otimes_{\mathbb{R}} \mathbb{H} = \mathrm{Hom}_{\mathbb{R}}(\mathbb{H}, \mathbb{H}) \simeq \mathbb{R}(4) \tag{K. 20}$$

重复应用(K. 18)、(K. 19)、(K. 20)可以得到

$$Cl_{r+4,s} \simeq Cl_{s,r+2} \otimes Cl_{2,0} \simeq Cl_{r,s} \otimes Cl_{0,2} \otimes Cl_{2,0} \simeq Cl_{r,s+4} \tag{K. 21}$$

$$Cl_{r+8,s} \simeq Cl_{r,s+8} \simeq Cl_{r,s} \otimes Cl_{8,0} \simeq Cl_{r,s} \otimes \mathbb{R}(16) \tag{K. 22}$$

注意(K.17)式,$Cl_{r,s}$的矩阵表示的类型仅依赖于$(r-s)=l$. 而(K.22)进一步表示它们仅依赖

$$l = r - s \mod 8$$

周期为8,这与正交群的同伦群周期为8(称为Bott周期)密切相关. 而复Clifford代数的矩阵表示周期为2,与幺正群的同伦群周期为2密切相关,见§9.4与§9.5的分析.

已知低维Clifford代数结构(K.13),(K.14),再重复应用各同构关系,可得各阶实Clifford代数的表示结构,列如表K.1

表K.1　$Cl_{r,s}$的矩阵表示类型

$r-s$	0	1	2	3	4	5	6	7
$Cl_{r,s}$	$\mathbb{R}$	$\mathbb{C}$	$\mathbb{H}$	$\mathbb{H}\oplus\mathbb{H}$	$\mathbb{H}$	C	$\mathbb{R}$	$\mathbb{R}\oplus\mathbb{R}$

注意,代数表示的类型由r-s(mod8)决定,如上所示,而整个代数的维数

$$d = 2^{r+s}$$

可由它决定表示矩阵$K(N)$的阶N,例如

$$Cl_{4,0} = \mathbb{H}(2),\quad Cl_{0,4} = \mathbb{H}(2), d = 16$$

$$Cl_{5,0} = \mathbb{C}(4),\quad Cl_{0,5} = \mathbb{H}(2)\oplus\mathbb{H}(2), d = 32$$

$$Cl_{6,0} = \mathbb{R}(8),\quad Cl_{0,6} = \mathbb{H}(4), d = 64$$

$$Cl_{7,0} = \mathbb{R}(8)\oplus\mathbb{R}(8),\quad Cl_{0,7} = \mathbb{C}(8), d = 128$$

为方便查找,现将$Cl_{n,0}$,$Cl_{0,n}$以及它们的复扩充Cl_n^c的矩阵表示列如表K.2.

表K.2　$Cl_{n,0}$,$Cl_{0,n}$及Cl_n^c的矩阵表示

n	1	2	3	4	5	6	7	8
$Cl_{n,0}$	$\mathbb{C}$	$\mathbb{H}$	$\mathbb{H}\oplus\mathbb{H}$	$\mathbb{H}(2)$	$\mathbb{C}(4)$	$\mathbb{R}(8)$	$\mathbb{R}(8)\oplus\mathbb{R}(8)$	$\mathbb{R}(16)$
$Cl_{0,n}$	$\mathbb{R}\oplus\mathbb{R}$	$\mathbb{R}(2)$	$\mathbb{C}(2)$	$\mathbb{H}(2)$	$\mathbb{H}(2)\oplus\mathbb{H}(2)$	$\mathbb{H}(4)$	$\mathbb{C}(8)$	$\mathbb{R}(16)$
Cl_n^c	$\mathbb{C}\oplus\mathbb{C}$	$\mathbb{C}(2)$	$\mathbb{C}(2)\oplus\mathbb{C}(2)$	$\mathbb{C}(4)$	$\mathbb{C}(4)\oplus\mathbb{C}(4)$	$\mathbb{C}(8)$	$\mathbb{C}(8)\oplus\mathbb{C}(8)$	$\mathbb{C}(16)$

K4　$Cl_{r,s}$的子代数$Cl_{r,s}^{\text{even}}$的矩阵表示

前面(K.6)式曾指出,任意n阶Clifford代数Cl_n都能分解为直和

$$Cl_n = Cl_n^{\text{even}} \oplus Cl_n^{\text{odd}} \tag{K.6}$$

其中Cl_n^{even}是由偶数个生成元的乘积生成的子Clifford代数,维数为2^{n-1}维. 很易证

明 Cl_n^{even} 与 Cl_{n-1}同构. 现在我们要进一步证明

定理 2　存在下述同构:

$$Cl_{r,s}^{\text{even}} \simeq Cl_{r-1,s} \tag{K.23}$$

证　$Cl_{r,s}$具有生成元$\{e_i\}_1^{r+s}$. 选定 $e_r \equiv E, E^2 = -1$. 可如下选偶子代数生成元的基底(共有 $r+s-1$ 个).

$$\{E_i = Ee_i, i \neq r\}_1^{r+s-1}$$

可以证明,它们生成 Clifford 代数 $Cl_{r-1,s}$. 这时因为向量空间 $V' = \{E_i\}_1^{r+s-1} = E^{r-1,s}$. 对任一向量 $v \in V', v = \sum_{i\neq r} v^i E_i$,可以证明

$$\begin{aligned} v \cdot v &= \sum_{i,j\neq r} v^i v^j (Ee_i)(Ee_j) = \sum_{i,j\neq r} v^i v^j E(-E) e_i e_j \\ &= \sum_{ij\neq r} v^i v^j e_i e_j = -(v,v)_{r-1,s} \end{aligned}$$

□

类似可以证明

$$Cl_{r,s}^{\text{even}} \simeq Cl_{s-1,r} \simeq Cl_{s,r}^{\text{even}} \tag{K.24}$$

再利用表 K.1,可将 $Cl_{r,s}^{\text{even}}$的矩阵表示的结构类型列如表 K.3.

K.3　$Cl_{r,s}^{\text{even}}$的矩阵表示类型

$r-s$	0	1	2	3	4	5	6	7
$Cl_{r,s}^{\text{even}}$	$\mathbb{R}\oplus\mathbb{R}$	$\mathbb{R}$	$\mathbb{C}$	$\mathbb{H}$	$\mathbb{H}\oplus\mathbb{H}$	$\mathbb{H}$	$\mathbb{C}$	$\mathbb{R}$

由表也可看出,相对 $Cl_4^{\text{even}} \simeq \mathbb{H}\oplus\mathbb{H}$,表左右对称,即 $Cl_{r,s}^{\text{even}} \simeq Cl_{s,r}^{\text{even}}$,表示结构类型仅与$|r-s|(\text{mod}8)$有关.

K5　Cl_n 代数矩阵表示的实现　Γ 矩阵代数

前面指出 Clifford 代数 $Cl(V)$作为向量空间与 $\Lambda^* V$ 同构,即

$$Cl(V) \cong \oplus \sum_{k=0}^{n} \Lambda^k V = (1, \Lambda^1 V, \Lambda^2 V, \cdots, \Lambda^n V)$$

但作为代数运算二者不同构. 当 V 为 n 维欧几里得向量空间,可记 $Cl(V) = Cl_n$,它是2^n 维向量空间上可结合代数,此代数中的可逆元(单位元)可组成 $O(n)$(SO(n))群的双重覆盖群 $Pin(n)$(Spin(n))群. 可利用 Cl_n 的表示得到 $Pin(n)$(Spin(n))群的表示. 这时我们要特别注意 Cl_n 的单位元集合,注意 Cl_n 的子集合 $Cl_n^{\text{v}} \cong V$,它是 n 维欧几里得空间,可选正交规一基矢$\{e_i\}_1^n$,

$$e_i \cdot e_j = -\delta_{ij} \tag{K.25}$$

这里左端为 Clifford 代数乘法,下面选这些基矢的反厄米矩阵表示:

$$\gamma: e_i \to \gamma(e_i) \equiv i\gamma_i \tag{K.26}$$

由上两式(或(K.9)式)知要求矩阵$\{\gamma_i\}$满足

$$\gamma_i\gamma_j + \gamma_j\gamma_i = 2\delta_{ij}, \qquad \gamma_i^+ = \gamma_i = \gamma_i^{-1} \qquad (i,j = 1,\cdots,n) \tag{K.27}$$

如此引入的 γ 矩阵即是厄米矩阵又是幺正矩阵,其集合组成矩阵群 Γ. 利用 Clifford 代数的这种矩阵表示,可得到正交群($O(n)$与 $SO(n)$)的旋量表示,它们在物理学中得到广泛应用,故我们在这里简单介绍一下如何实现各维 Γ 矩阵群的表示. 正如前面 § J.2 分析,注意到 Cl_{2k}的复扩张 $Cl_{2k}^c = Cl_{2k} \otimes \mathbb{C}$ 为复数域$\mathbb{C}$ 上单代数,故它与$\mathbb{C}(2^k)$矩阵代数同构,如(K.9)式. 也可取 $\gamma(e_j) = \mathrm{i}\gamma_j$,由$\{\gamma_j\}_1^{2k}$ 可生成 Cl_{2k}的忠实表示. 表示空间本身是 2^k 维向量空间,称为旋量空间.

Cl_{2k+1}的复扩张非单代数,我们可着重分析 $Cl_{2k+1}^{\text{even}} \cong Cl_{2k}$的不可约表示. 而对 Cl_{2k+1},可将 Cl_{2k}的不可约表示的生成元再补充

$$\gamma_{2k+1} = \pm i^k \gamma_1 \cdots \gamma_{2k}, \qquad \gamma_{2k+1}^2 = 1$$

$\{\gamma_j\}_1^{2k+1}$ 可生成 Cl_{2k+1}的两个不等价不可约表示. 均非忠实表示,其直和为忠实表示.

下面我们分析 Cl_n矩阵表示的具体实现,即以外代数 $\Lambda^* V$ 作为 $Cl(V)$模,定义 $Cl(V)$对 $\Lambda^* V$ 的 Clifford 代数作用. $\Lambda^* V$ 本身为 2^n 维向量空间,记为 S,其基底可由集合

$$\{\theta^{i_1} \wedge \cdots \wedge \theta^{i_l} \mid 1 \leqslant i_1 < \cdots < i_l \leqslant n\}$$

张成. 向量空间 S 到 S 的同态映射集合 $\mathrm{Hom}(S,S)$ 可形成可结合代数,Cl_n 的表示就是引入 Cl_n 到 $\mathrm{Hom}(S,S)$的同态入射. 可如下定义变换:

$$\varepsilon_j^{\pm} = \mu_j \pm \nu_j : S \to S \tag{K.28}$$

其中

$$\mu_j : \theta_{i_1} \wedge \cdots \wedge \theta_{i_l} \to \theta_j \wedge \theta_{i_1} \wedge \cdots \wedge \theta_{i_l} \tag{K.28a}$$

$$\nu_j : \theta_{i_1} \wedge \cdots \wedge \theta_{i_l} \to \sum_{s=1}^{l} (-1)^{s-1} \delta_{j,i_s} \theta_{i_1} \wedge \cdots \wedge \hat{\theta}_{i_s} \cdots \wedge \theta_{i_l} \tag{K.28b}$$

其中 $\hat{\theta}_{i_s}$表示忽略掉 θ_{i_s}. 易证如上引入的 $\varepsilon_j^{\pm}$ 满足如下关系:

$$\{\varepsilon_i^{\pm}, \varepsilon_j^{\pm}\} = \pm 2\delta_{ij} \tag{K.29}$$

$$\varepsilon_i^+ \varepsilon_j^- + \varepsilon_j^- \varepsilon_i^+ = 0$$

令 $V^* = \mathrm{Hom}_R(V, \mathbb{R})$,而 $V^* \otimes \mathbb{C}$ 为 V 上复值实线性泛函空间,可分解为

$$V^* \otimes \mathbb{C} = V^{1,0} \oplus V^{0,1}$$

即分解为复线性与复反线性泛函(复结构 J 的本征值为 $\pm i$ 的空间). 令 $S = \wedge^* V^{1,0}$

为 2^k 维向量空间. $Cl^c_{2k}=Cl_{2k}\otimes\mathbb{C}$ 与 $\mathrm{End}_c(S)$ 间有代数同构. 并可由这代数同构,可得实 Clifford 代数 Cl_{2k}在 S 上惟一的(仅差相互等价)不可约复表示. 即作同态映射:

$$\rho: Cl_{2k}\to \mathrm{End}_c(S)$$

$$\rho(e_j)=\varepsilon_j^+=\mu_j+\nu_j,\qquad j=1,\cdots,k. \tag{K.30}$$

$$\rho(e_{k+j})=\mathrm{i}\varepsilon_j^-=\mathrm{i}(\mu_j-\nu_j),\qquad j=1,\cdots,k,$$

易证相应表示矩阵满足(K.27)式

例 1　Cl_2 的表示:

在 V 中选正交归一基底(e_1,e_2),作为 Cl_2 模,选表示空间 $S=(\wedge^0,\wedge^{1,0})=\{1,\theta_1\}$

$$\rho(e_1)=\mu_1+\nu_1$$

$$\rho(e_2)=\mathrm{i}(\mu_1-\nu_1)$$

易证

$$\rho(e_1)(1,\theta)=(\theta,1)=(1,\theta)\begin{pmatrix}0&1\\1&0\end{pmatrix}=(1,\theta)\sigma_1$$

$$\rho(e_2)(1,\theta)=(\mathrm{i}\theta,-\mathrm{i})=(1,\theta)\begin{pmatrix}0&-\mathrm{i}\\\mathrm{i}&0\end{pmatrix}=(1,\theta)\sigma_2$$

而

$$\sigma_1^2=\sigma_2^2=I_2,\qquad \sigma_1\sigma_2=-\sigma_2\sigma_1=\mathrm{i}\sigma_3 \tag{K.31}$$

满足 2 维 Γ 矩阵关系. Cl_2 可由 4 个 2×2 矩阵$\{1,\sigma_1,\sigma_2,\sigma_3\}$来实现,这四个矩阵线性独立,是忠实表示.

例 2　Cl_3 的表示.

对 Cl_2 的生成元 e_1,e_2,再补充 $e_3=\pm\mathrm{i}e_1e_2$,

$$\rho(e_3)=\rho(\pm\mathrm{i}e_1e_2)=\mp\sigma_3$$

即大家熟悉的三个 Pauli 矩阵$\{\sigma_1,\sigma_2,\sigma_3\}$满足

$$\{\sigma_i,\sigma_j\}=\delta_{ij},\quad \sigma_i^+=\sigma_i,\quad i=1,2,3, \tag{K.32}$$

由 $\rho(e_3)=\mp\sigma_3$ 得到 Cl_3 的两个不等价不可约表示,但都不是忠实表示. 由此两表示的直和可得 Cl_3 的忠实表示.

例 3　Cl_4 的不可约表示. 作为 Cl_4 模,选表示空间 $S=(1,\theta_1,\theta_2,\theta_1\wedge\theta_2)$

$$\rho(e_1)=\mu_1+\nu_1,\quad \rho(e_2)=\mathrm{i}(\mu_1-\nu_1)$$

$$\rho(e_3)=\mu_2+\nu_2,\quad \rho(e_4)=\mathrm{i}(\mu_2-\nu_2)$$

$$\rho(e_1)(1,\theta_1,\theta_2,\theta_1\wedge\theta_2)=(1,\theta_1,\theta_2,\theta_1\wedge\theta_2)\begin{pmatrix}0&1&0&0\\1&0&0&0\\0&0&0&1\\0&0&1&0\end{pmatrix}$$

即

$$\rho(e_1)=1\otimes\sigma_1\equiv\gamma_1$$

类似得

$$\begin{aligned}\rho(e_2)&=1\otimes\sigma_2\equiv\gamma_2\\ \rho(e_3)&=\sigma_1\otimes\sigma_3\equiv\gamma_3\\ \rho(e_4)&=\sigma_2\otimes\sigma_3\equiv\gamma_4\end{aligned}\tag{K. 33}$$

它们组成 Cl_4 的 4 维不可约忠实表示. 且存在

$$\gamma_f=-\gamma_1\gamma_2\gamma_3\gamma_4=\begin{pmatrix}1&&&\\&-1&&\\&&-1&\\&&&1\end{pmatrix}=\sigma_3\otimes\sigma_3=\gamma_f^+\equiv\gamma_5$$

$$\{\gamma_5,\gamma_i\}=0,\quad i=1,2,3,4.$$

注意对偶维 $n=2k$ 存在与所有 Γ 矩阵$\{\gamma_j\}_1^n$ 均反交换的 $\gamma_f=(-i)^n\gamma_1\cdots\gamma_{2n}=\gamma_f^+$，利用它们可组成更高一维 Clifford 代数 Cl_{2k+1}的 Γ 矩阵群. 而对奇维无具有以上性质的 γ_f.

以上结果极易推广到任意高维. 即设已知 $N=2k$ 的 Γ 矩阵群的不可约表示记为$\{\gamma_j^N\}_1^{2k}$,可如下得到 $N'=2k+2$ 的 Γ 矩阵表示$\{\gamma_j^{N'}\}_1^{2k+2}$

$$\begin{aligned}&\gamma_j^{N'}=\gamma_j^N\otimes\sigma_3,\quad j=1,\cdots,2k\\ &\gamma_{2k+1}^{N'}=I^N\otimes\sigma_1,\qquad \gamma_{2k+2}^{N'}=I^N\otimes\sigma_2\end{aligned}\tag{K. 34}$$

其中 $I^N=I_2\otimes\cdots\otimes I_2=I_{2^k}$为 $2^k\times2^k$ 单位矩阵. 总之 $N=2k$ 的 Γ 矩阵群不可约表示$\{\gamma_j\}_1^{2k}$(忽略上标 N)的各矩阵可表示为

$$\begin{aligned}\gamma_{2l}&=I_2\otimes\cdots\otimes I_2\otimes\sigma_2\otimes\sigma_3\otimes\cdots\otimes\sigma_3,\qquad l=1,\cdots,k\\ \gamma_{2l-1}&=\underbrace{I_2\otimes\cdots\otimes I_2}_{l-1}\otimes\sigma_1\otimes\underbrace{\sigma_3\otimes\cdots\otimes\sigma_3}_{k-l},\quad l=1,\cdots,k\end{aligned}\tag{K. 35a}$$

都为 k 个 2 维矩阵的张量积,且可引入

$$\gamma_f=(-\mathrm{i})^k\gamma_i\cdots\gamma_{2k}=(-\mathrm{i})^k\sigma_3\otimes\cdots\otimes\sigma_3\tag{K. 35b}$$

前面三例都是此表示的特例.

L　Spin 群及其表示(Spin 模)　李代数 spin_N

§J.4 中曾指出,经典紧致单李群:SO(N),SU(N),Sp(N)中,SU(N)与 Sp(N)均为连通且单连通李群,而 SO(N)为连通,但非单连通:

$$\pi_1(\mathrm{SO}(N)) = \mathbb{Z}_2, \quad N \geqslant 3$$

常需求其单连通普适覆盖群 Spin(N). 紧致连通且单连通李群 Spin(N)不是 GL($\mathbb{N}$,$\mathbb{R}$)的子群,是 SO(N)的双重覆盖群,存在群同态正合序列

$$1 \to \mathbb{Z}_2 \to \mathrm{Spin}(N) \to \mathrm{SO}(N) \to 1 \tag{L. 1}$$

为实现 Spin(N)群,通常利用 Clifford 代数 Cl_N.

令 V 为 N 维欧氏空间,$\{e_i\}_1^N$ 为其正交归一基底,Clifford 代数 $Cl_N = Cl(V)$ 作为向量空间与 $\wedge^* V$ 同构,是 2^N 维向量空间,其成元

$$e_\mu = e_{\mu_1}\cdots e_{\mu_k}, \qquad \mu_1 < \cdots < \mu_k \tag{L. 2}$$

令 $|\mu| = k$ 称为 e_μ 的阶,令 $Cl^k(V)$ 代表 $Cl(V)$ 的 k 阶元素子集,

$$Cl^0(V) = \mathbb{R}, \qquad Cl^1(V) = V.$$

令 $Cl^{\mathrm{even}}(V)$ 为偶阶元素子集,$Cl^{\mathrm{odd}}(V)$ 为奇阶元素子集,前者为子代数,而后者不是.

V 中模 1 元素形成单位元 S^{N-1},由 $Cl(V)$ 中在 S^{N-1} 中元素相乘而生成的子集合,按 Clifford 代数乘法,形成群 Pin(N)

$$\mathrm{Pin}(N) = \{a = u_1\cdots u_l \mid u_i \in V, \text{且}(u_i, u_i) = 1\} \tag{L. 3}$$

可以证明这样组成的群 Pin(N)是空间 V 的等长变换群 $O(N)$ 的双重覆盖群,即存在

定理 1　可如下定义群 Pin(N)到群 $O(N)$ 的同态映射 ρ:Pin(N)→$O(N)$

$$\rho(a)v = \alpha(a)va^{-1}, \qquad \forall v \in V, a \in \mathrm{Pin}(V) \tag{L. 4}$$

其中 α 为 $Cl(V)$ 的自同构变换:

$$\alpha(e_i) = -e_i, \qquad \alpha(v) = -v, \qquad v = \sum_1^n v^i e_i \in V \tag{L. 5}$$

可以证明这同态映射 ρ 是满同态,存在同态正合序列

$$1 \to \mathbb{Z}_2 \to \mathrm{Pin}(\mathbb{N}) \xrightarrow{\rho} O(N) \to 1 \tag{L. 6}$$

证　令 $v \in V, v = \sum_1^n v^i e_i$

$$u \in \mathrm{Pin}(N) \cap V$$
$$\alpha(u) = -u, \qquad u^{-1} = -u$$

$$\rho(u)v = \alpha(u)vu^{-1} = uvu = (-uv - 2(u,v))u = v - 2(u,v)u$$

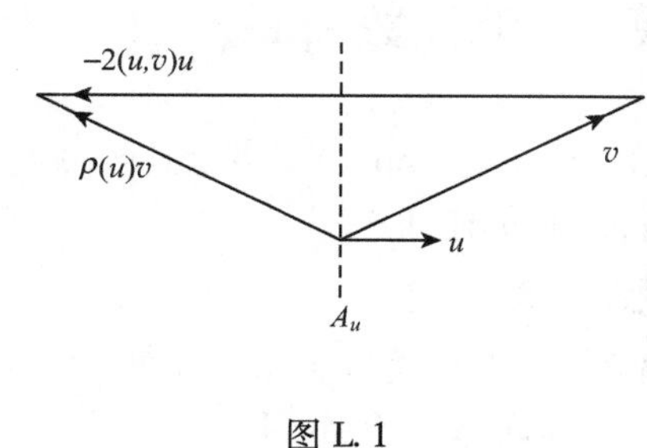

图 L.1

如图 L.1 所示，$\rho(u)$对空间 V 的作用相当于相对与 u 垂直的超平面 A_u 的反射，A_u 通过 V 的原点.

对 Pin(N) 中任一元素 $a = u_1 \cdots u_l \in$ Pin(N)，$\rho(a)$对 V 的作用相当于对 V 作多次反射，且所有反射面均通过原点，故 $\rho(a) \in O(N)$.

且由于 $O(N)$中所有正交变换都可表为多重反射的乘积，故映射 ρ 为满射，且易证同态 ρ 的核 $\mathrm{Ker}(\rho) = \mathbb{Z}_2 = \{\pm 1\}$，故存在同态正合序列(L.6). □

Spin(N)群为 Pin(N)的指标为 2 的子群：

$$\begin{aligned}\mathrm{Spin}(N) &= \mathrm{Pin}(N) \cap Cl^{\mathrm{even}}(V) \\ &= \{a = u_1 \cdots u_{2k} \mid u_i \in V, \text{且}(u_i, u_i) = 1\}\end{aligned} \tag{L.7}$$

对任一群元 $a \in \mathrm{Spin}(N)$，$\rho(a)$是偶数反射的乘积，故可得满同态映射 $\rho: \mathrm{Spin}(N) \to \mathrm{SO}(N)$，且同态核 $\ker(\rho) = \mathbb{Z}_2 = \{\pm 1\}$. 即存在群同态正合序列(L.1). 这样利用 Clifford 代数 $Cl(V)$ 可具体实现群 Spin(N)，它是 SO(N)的单连通普适覆盖群.

下面分析 Spin(N)群的表示(SO(N)群的旋量表示).

V 为 N 维向量空间，$Cl(V) = Cl_N$ 为 2^N 维 N 秩 Clifford 代数. §K.5 具体分析 Cl_N 代数矩阵表示的实现，Clifford 代数表示空间 S 为 2^N 维旋量空间，为 Cl_N 模. Clifford 代数 Cl_N 对旋量空间 S 的作用得 Clifford 代数的表示矩阵：Γ 矩阵，由于

$$\mathrm{Spin}(N) \subset Cl_N^{\mathrm{even}} \simeq Cl_{N-1} \tag{L.8}$$

每个 Cl_N 模，也为 Spin 模，可提供 Spin(N)群的表示(即正交群 $O(N)$的旋量表示)，相应表示空间 S 称为旋量空间. 下面分析此问题.

令 $R = (R_{ij}) \in O(N)$为 N 维空间 V 的正交变换矩阵，V 的变换造成$Cl(V)$的生成元表示矩阵$\{\gamma_i\}$作相应变换

$$\gamma_j \to \gamma'_j = \gamma_i R_{ij}$$

这里及后面均采用重复指标求和习惯. 易证$\{\gamma'_i\}_1^N$满足相同的 Γ 矩阵关系

$$\{\gamma'_k, \gamma'_l\} = R_{ik}R_{jl}\{\gamma_i, \gamma_j\} = 2R_{ik}R_{il}I = 2\delta_{kl}I$$

即$\{\gamma'_i\}$为与$\{\gamma_i\}$等价的表示，故

$$\gamma'_j = \Lambda(R)\gamma_j\Lambda(R)^{-1} = \gamma_i R_{ij} \tag{L.9}$$

相当于旋量空间 S 作变换 $S \to \Lambda(R)S$，S 作为 Spin(N)模，得到 Spin(N)的表示 $\Lambda(R)$. 空间 V 为正交群 $O(N)$ 的矢量表示空间，而空间 S 为群 Spin(N)的表示空间. S 空间称旋量空间. 由(L.9)式易看出 $\pm\Lambda(R)$ 对应同一个转动 R，Spin(N)群是 $O(N)$ 群的二重普适覆盖群，其表示 $\Lambda(R)$ 也常称为 $O(N)$ 群的旋量表示.

注意到 $\mathrm{Spin}(N+1) \subset Cl_{N+1}^{\mathrm{even}} \simeq Cl_N$，$Cl_N$ 的每一个表示可提供 Spin($N+1$)的一个表示，两者或都不可约，或都可分解. 当 $N=2k$ 为偶数，仅有一个不可约 Cl_{2k} 模，故 $\mathrm{SO}(2k+1) \equiv B_k$ 群仅有一个不等价不可约旋量表示. 当 $N=2k-1$ 为奇数，存在两种不等价不可约 Cl_{2k-1}-模，故 $\mathrm{SO}(2k) \equiv D_k$ 群有两种不等价不可约旋量表示. 这些都是一般李群教科书中熟知结果.

下面分析 spin(N)群的李代数 $spin_N$.

很易证明 $Cl(V)$ 的 2 阶元素集合 $Cl^2(V) = \{e_i e_j\}$ 组成闭合李代数. 即利用 Clifford 乘法规则

$$e_i e_j + e_j e_i = -2\delta_{ij} \tag{L.10}$$

很易证明如 $\xi, \eta \in Cl^2(V)$，易证

$$[\xi, \eta] \in Cl^2(V) \tag{L.11}$$

$Cl^2(V)$ 为 $\frac{1}{2}N(N-1)$ 维李代数，可以证明它与 Spin(N)群的李代数 $spin_N$ 同构

$$Cl^2(V) = spin_N \tag{L.12}$$

下面分析此问题.

我们知道 Spin(N)群为 SO(N)群的普适覆盖群

$$1 \to \mathbb{Z}_2 \to \mathrm{Spin}(N) \xrightarrow{Ad} \mathrm{SO}(N) \to 1$$

可如(L.4)式定义 Spin(N)群到 $O(N)$ 群的同态映射

$$Ad: \mathrm{Spin}(N) \to O(N)$$

$$a \to Ad_a$$

$$Ad_a v = ava^{-1} = Rv, \qquad v \in V, R \in O(N) \tag{L.13}$$

Ad 为同态映射:

$$Ad_{ab} = Ad_a \cdot Ad_b$$

同态核为 ± 1. 称 Ad 为伴随(adjoint)同态. 相应地可定义两对应李代数间同态映射 $ad = Ad_*$:

$$ad: spin_N \to o_N$$

$$\xi \to ad_\xi, \qquad ad_\xi v = [\xi, v] \tag{L.14}$$

可以证明 ad_ξ，保持两矢场内积不变:

$$(ad_\xi v, w) = (v, ad_\xi w) = 0 \tag{L.15}$$

为 spin_N 与 o_N 两李代数间同构映射

$$ad_{[\xi,\eta]} = [ad_\xi, ad_\eta] \tag{L.16}$$

令 $A = ad_\xi \in o_N$ 为 $O(N)$ 群生成元,存在指数映射:

$$R = \exp A = \exp(ad_\xi) = Ad(\exp\xi) \in O(N) \tag{L.17}$$

即

$$\exp\xi \in \mathrm{Spin}(N) = Cl^{\mathrm{even}}(V) \cap Pin(N) \tag{L.18}$$

注意到$(e_1e_2)^2 = -1$,单参数子群

$$\mathrm{e}^{\theta e_1 e_2} = \cos\theta + \sin\theta e_1 e_2$$

可以证明,当 $N \geqslant 2$,Spin(N)是道路连通的.

证　令:$a = u_1 u_2 \cdots u_{2k} \in \mathrm{Spin}(N)$,$u_i$ 属于 V 中单位球面. 由于球面是连通的,可将每 u_i 用道路 $u_i(t)$ 连接到 e_1,因此 a 可连接到$(e_1)^{2k} = (-1)^k = \pm 1$. 仅需证明 1 与 -1 是连通的. 用道路

$$\gamma(\theta) = (\cos\theta e_1 + \sin\theta e_2)(\cos\theta e_1 - \sin\theta e_2) = -\cos^2\theta + \sin^2\theta - 2\sin\theta\cos\theta e_1 e_2$$

$$\gamma(0) = -1, \qquad \gamma\left(\frac{\pi}{2}\right) = 1$$ □

以上分析表明,Spin$(N) \xrightarrow{Ad}$ SO(N)为非平庸双重覆盖,当 $N \geqslant 3$,Spin(N)是连通且是单连通,为 SO(N)的普适覆盖.

M　SO(3)群及其普适覆盖 SU(2)

SO(3)与 SU(2)群物理学家都很熟悉,其李代数的各种张量表示就是大家熟悉的角动量理论. 为了使大家对 SO(N)群及其普适覆盖 Spin(N)有具体直观理解,而在 $N \leqslant 6$ 时,Spin(N)群可与一些经典李群同构,可不用通过 Clifford 代数而直接分析. 这里我们对最简单的 Spin(3) = SU(2)群与 SO(3)群间关系作简单分析,以备参改.

1) 首先分析 $O(3)$转动群的基础表示(3 维表示),引入 3×3 矩阵

$$N = (N_{ij}), \qquad N_{ij} = \epsilon_{ijk} n^k \tag{M.1}$$

其中$(n^1, n^2, n^3) = \boldsymbol{n}$ 为$\mathbb{R}^3$ 中单位矢量,即

$$\boldsymbol{n} \cdot \boldsymbol{n} = n^i n^i = 1 \tag{M.2}$$

$$N = \begin{pmatrix} 0 & n^3 & -n^2 \\ -n^3 & 0 & n^1 \\ n^2 & -n^1 & 0 \end{pmatrix}, \quad N^2 = \begin{pmatrix} (n^1)^2 - 1 & n^1 n^2 & n^1 n^3 \\ n^1 n^2 & (n^2)^2 - 1 & n^2 n^3 \\ n^1 n^3 & n^2 n^3 & (n^3)^2 - 1 \end{pmatrix}$$

$$N^3 = -N, \qquad N^4 = -N^2, \qquad N^5 = N, \cdots \tag{M.3}$$

N 为实反对称无迹矩阵,为 so_3 李代数生成元,使空间$\mathbb{E}^3$ 绕 $\boldsymbol{n}$ 轴转角 φ 的转动矩阵

$$R_n(\varphi) = e^{-\varphi N} = I_3 - \sin\varphi N + (1 - \cos\varphi)N^2 \equiv R \tag{M.4}$$

易证

$$R^t = R^{-1}, \qquad \det R = \exp(\mathrm{tr}\ln R) = 1 \tag{M.5}$$

即

$$R = R_{\boldsymbol{n}}(\varphi) \in SO(3)$$

反之可证 SO(3) 中任意成元 $R = (R_{ij})$,必存在单位矢量 $\boldsymbol{n}$ 及实数 φ 满足 $0 \leqslant \varphi \leqslant \pi$,使 $R = R_{\boldsymbol{n}}(\varphi)$. 如(M.4)式所示.

以$\mathbb{R}^3$ 原点为球心,半径为 π 的闭球体记为 B_π,将其边缘球面 $S_\pi^2 = \partial B_\pi$ 上对顶点看作相等,得 3 维实投射空间$\mathbb{R}P^3$,

$$\mathbb{R}P^3 = \mathbb{R}^3 \cup \mathbb{R}P^2 \tag{M.6}$$

由上述分析知 SO(3) 群流形与$\mathbb{R}P^3$ 空间微分同胚:

$$SO(3) \simeq \mathbb{R}P^3 \simeq S^3/\mathbb{Z}_2 \simeq SU(2)/\mathbb{Z}_2 \tag{M.7}$$

2) SU(2) 群的基本表示为 2 维,可选 3 个 Pauli 矩阵作为生成元的基底

$$\sigma_1 = \begin{pmatrix} 0 & 1 \\ 1 & 0 \end{pmatrix}, \qquad \sigma_2 = \begin{pmatrix} 0 & -i \\ i & 0 \end{pmatrix}, \qquad \sigma_3 = \begin{pmatrix} 1 & 0 \\ 0 & -1 \end{pmatrix} \tag{M.8}$$

满足

$$[\sigma_a, \sigma_b] = 2i \in_{abc} \sigma_c \tag{M.9}$$

即

$$\left[\frac{\sigma_a}{2i}, \frac{\sigma_b}{2i}\right] = \in_{abc} \frac{\sigma_c}{2i}$$

结构常数 $\in_{abc}$,为与 so_3 李代数同构的实李代数. 3 维李代数 su_2 作为向量空间同构于 $V \simeq \mathbb{R}^3$,可选$\{\sigma_a\}_1^3$ 为 V 的基底,V 中任意元素

$$v = x\sigma_1 + y\sigma_2 + z\sigma_3 = \begin{pmatrix} z & x - iy \\ x + iy & -z \end{pmatrix} \in V \tag{M.10}$$

为无迹厄米矩阵,V 中元素求和及与实数乘仍为无迹厄米矩阵,即 $V \simeq \mathbb{R}^3$,且可在空间 V 引入 $O(3)$ 转动不变内积

$$(v, v) = x^2 + y^2 + z^2 = -\det v \tag{M.11}$$

下面引入 SU(2) 群的伴随表示,即对每个成元 $g \in SU(2)$,存在映射

$$Ad: SU(2) \to SO(3)$$

$$g \to Ad_g$$

$$Ad_g v = gvg^{-1} \tag{M.12}$$

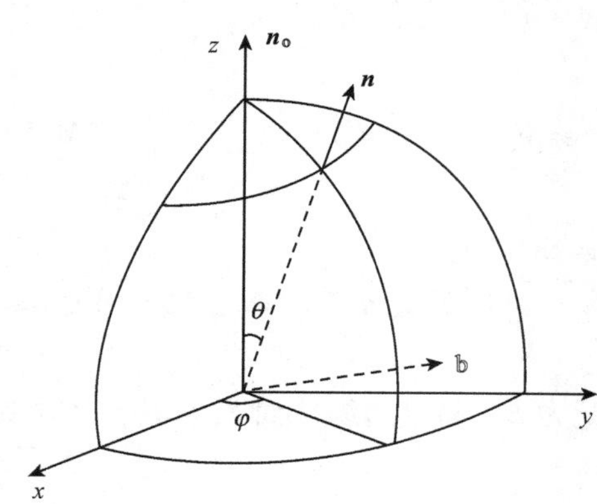

易证①gvg^{-1}仍为无迹厄米矩阵,即 $Ad_g v \in V$.

②且保持　$\det(gvg^{-1}) = \det v = -1$,即 Ad_g 造成 V 空间 O(3) 转动,$Ad_g \in \mathrm{SO}(3)$.

③Ad 映射为光滑满同态映射

$$Ad_{g_1g_2} = Ad_{g_1} \cdot Ad_{g_2} \tag{M.13}$$

同态核为 ±1.

Ad 为满同态映射,即对 V 中绕 $\boldsymbol{n}$ 轴转 θ 角($0 \leqslant \theta \leqslant \pi$)必存在

$$g_m(\theta) = \mathrm{e}^{\theta \boldsymbol{n} \cdot \frac{\sigma}{2\mathrm{i}}} = \mathrm{e}^{-\frac{\mathrm{i}\theta}{2}\boldsymbol{n} \cdot \sigma} = \cos\frac{\theta}{2} - \mathrm{i}\sin\frac{\theta}{2}\boldsymbol{n} \cdot \boldsymbol{\sigma} \tag{M.14}$$

例如,如上图,$\boldsymbol{b} = (-\sin\varphi, \cos\varphi, 0)$为赤道面上单位矢量,绕 $\boldsymbol{b}$ 轴转 θ 角使沿 z 轴单位矢量 $\boldsymbol{n}_0$ 转为沿(θ,φ)方向单位矢量 $\boldsymbol{n}$.

$$g_{\mathrm{b}}(\theta) = \mathrm{e}^{-\mathrm{i}\frac{\theta}{2}(b_1\sigma_1 + b_2\sigma_2)} = \cos\frac{\theta}{2} - \mathrm{i}\sin\frac{\theta}{2}\begin{pmatrix} 0 & -\sin\varphi - \mathrm{i}\cos\varphi \\ -\sin\varphi + \mathrm{i}\cos\varphi & 0 \end{pmatrix}$$

$$= \begin{pmatrix} \cos\frac{\theta}{2} & -\sin\frac{\theta}{2}e^{-\mathrm{i}\varphi} \\ \sin\frac{\theta}{2}\mathrm{e}^{\mathrm{i}\varphi} & \cos\frac{\theta}{2} \end{pmatrix} \in \mathrm{SU}(2) \tag{M.15}$$

而

$$Ad(g_{\mathrm{b}}(\theta))\sigma_3 = g_{\mathrm{b}}(\theta)\sigma_3 g_{\mathrm{b}}(\theta)^{-1}$$

$$= \begin{pmatrix} \cos\frac{\theta}{2} & -\sin\frac{\theta}{2}e^{-\mathrm{i}\varphi} \\ \sin\frac{\theta}{2}\mathrm{e}^{\mathrm{i}\varphi} & \cos\frac{\theta}{2} \end{pmatrix}\begin{pmatrix} 1 & 0 \\ 0 & -1 \end{pmatrix}\begin{pmatrix} \cos\frac{\theta}{2} & \sin\frac{\theta}{2}\mathrm{e}^{-\mathrm{i}\varphi} \\ -\sin\frac{\theta}{2}\mathrm{e}^{\mathrm{i}\varphi} & \cos\frac{\theta}{2} \end{pmatrix}$$

$$= \begin{pmatrix} \cos\theta & \sin\theta e^{-\mathrm{i}\varphi} \\ \sin\theta\mathrm{e}^{\mathrm{i}\varphi} & -\cos\theta \end{pmatrix}$$

$$= \sin\theta\cos\varphi\sigma_1 + \sin\theta\sin\varphi\sigma_2 + \cos\theta\sigma_3 = n \cdot \sigma \tag{M.16}$$

$Ad(g_{\mathrm{b}}(\theta)) = R_{\mathrm{b}}(\theta) \in \mathrm{SO}(3)$. 而同态映射

$$Ad: g \to Ad_g$$

为 2∶1 的二重满同态映射. SO(3)与 SU(2)均为连通紧致流形,而 SO(3) $\simeq \mathbb{R}P^3$ 非单连通:在 SO(3)有两种闭回路,相当于在 B_π 空间与边缘不交(或偶数交)的回路均与平庸回路同伦,而与 B_π 仅交一点的回路,如右图所示,此回路不可收缩,与平庸回路不同伦. 即

$$\pi_1(\mathrm{SO}(3)) = \mathbb{Z}_2$$

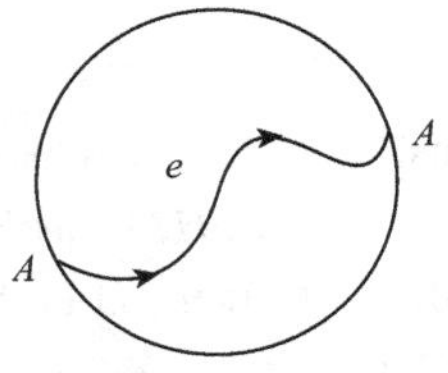

A　e　A　B_π

而 SU(2) $\simeq S^3$ 为紧致、连通、且单连通流形,为 SO(3)的双重普适覆盖,且是非平庸的双重普适覆盖,即对每个 SO(3)转动 $R_v(\theta)$,无简单的连续选择 $g_v(\theta)$,使 $Ad(g_v(\theta)) = R_v(\theta)$. 如 $\{R_v(\theta); 0 \leqslant \theta \leqslant 2\pi\}$ 为 $SO(3)$ 中闭回路,可选 $1 \in$ SU(2)代表 $R_v(0)$,而选 $g_v(\theta) = \cos\frac{\theta}{2} + v\sin\frac{\theta}{2} \in$ SU(2)代表 $R_v(0)$,而对 SO(3)中闭回路 $R_v(2\pi) = R_v(0)$,而 $g_v(2\pi) = -1 \neq 1$. 即在 SU(2)中回路 $g_v(\theta)$ 非闭合回路. 可继续延伸到 $\theta = 4\pi$,才在 SU(2)中形成闭回路. 而 SU(2)中闭回路均与其平庸回路同伦,$\pi_1(\mathrm{SU}(2)) = 0$,为单连通流形.

一般参考书目

[BMB] Y. C. Bruhat, C. D. Morette and M. D. Bleick, Analysis, Manifolds and Physics (1977), North-Holland.

[BT] R. Bott and L. W. Tu, Differential Forms in Algebraic Topology(1982), Springer-Verlag.

[DFN] B. A. Dubrovin, A. T. Fomenko and S. P. Novikov, Modern Geometry, Part I(1984), Part Ⅱ(1985), Part Ⅲ(1990), Springer-Verlag.

[H] S. Helgason, Differential Geometry, Lie Group and Symmetric Space (1978), Academic Press.

[KN] S. Kobayashi and K. Nomizu, Fundations of Differential Geometry, vol. Ⅰ(1963), vol. Ⅱ(1969). Interscience.

[WW] R. S. Ward and Jr. R. O. Wells, Twistor Geometry and Field Theory. (1990), Cambridge Univ. Press.

[江] 江泽涵,拓扑学引论(1978),上海科学技术出版社.

参考文献

1. F. B. Estabrook and H. D. Wahlquist, J. Math. Phys. **16**(1975)1
2. K. Pohlmeyer, Commu. Math. Phys, **46**(1976)207, **72**(1980)317
3. B. Y. Hou, B. Y. Hou and P. Wang, J. Phys. A: Math, Gen., **18**(1985)165
4. R. Sasaki, Nucl. Phys. **B154**(1979)343
5. B. Y. Hou, B. Y. Hou and P. Wang, Proc. 3-rd Grassmann Meeting, Shanghai(1983)1033
6. B. Y. Hou, B. Y. Hou and P. Wang, Int. J. Mod. Phys. **1**(1986)193
7. S. S. Chern and C. L. Terng, Rocky Mountain Jour. Math, **10**(1980)105
8. W. V. D. Hodge, Theory and Application of Harmonic Integrals. Cambridge Univ. Press
9. B. Y. Hou and G. Z. Tu, J. Phys. A. Math. Gen., **16**(1983)3955
10. B. Y. Hou, B. Y. Hou and P. Wang, Advances in Science of China Phys. 2, Science Press, China
11. J. Milnor, Morse Theory, Ann. Math. Studies No. 51(1969)
12. G.'t Hooft. Nucl. Phys. B79(1974)276
13. 侯伯宇,侯伯元. 高能物理与核物理, **3**. **3**(1979)255
14. J. P. Hsu, Phys. Rev. Lett., **36**(1976)646
15. T. S. Wu, C. N. Yang, Phys. Rev. D. **13**(1976)3233
16. 侯伯宇. 物理学报, **26**, 5(1977)83
17. V. L. Ginglwg and L. D. Landay, J. Exp. Theory. Phys. USSR **20**(1950)1064
18. M. K. Prasad and C. M. Sommerfield, Phys. Rev. Lett. **35**(1975)760
19. E. B. Bogomolny, Sov. J. Nucl. Phys. **24**(1976)861 ~ 870
20. S. K. Donaldson. J. Diff. Geom. **18**(1983)279 ~ 315
21. N. Seiberg and E. Witten. Nucl. Phys. B **431**(1994)581 ~ 640
22. P. G. O. Freund, J. Math. Phys. **36**(1995)2673 ~ 2674
23. 侯伯宇,侯伯元. 高能物理与核物理, 3. 6(1979)697
24. R. Penrose and W. Rindler, Spinor and Space-Time, vol. 2. Cambridge Univ. Press, 1986
25. Z. Q. Ma, B. Y. Hou and F. Z. Yang Int. J. Theor. Phys. **38**, 3(1999)877 ~ 886
26. H. Osborn. Phys. Lett. B83, 3, 4(1979)321
27. M. F. Atiyah, Sem. Bourbaki, Exp. 253(1963)
28. M. F. Atiyah and I. M. Singer, Bull. Amer. Math. Soc. 69(1963)422 ~ 433
29. R. S. Palais, Ann. of Math. studies, 57, Princeton Univ. (1965)
30. M. F. Atiyah and I. M. Singer, Ann. Math. 87(1968)485, 531, 546; 93(1971)119, 139
31. H. Y. Guo, K. Wu and S. K. Wang, Commu. in Theor. Phys. 4(1985)113
32. H. Y. Guo. B. Y. Hou. S. K. Wang and K. Wu, Commu. in Theor. Phys. 4(1985)145, 233

33. B. Y. Hou, B. Y. Hou and P. Wang. Lett. Math. Phys. ,11(1986)179
34. J. Wess and B. Zumino, Phys. Lett. B37,95(1971)
35. E. Witten, Nucl. Phys. B223,422(1983). **B202**,253(1982)
36. 侯伯宇,物理学报 35(1986)1662
37. S. Deser, R. Jackiw and S. Templeton, Phys. Rev. Lett. , 48(1983)975;Ann. Phys. NY. , 140(1984)372
38. A. J. Niemi and G. W. Semenoff, Phys. Rep. 135(1986)99
39. M. F. Atiyah, V. K. Patodi and I. M. Singer, Math. Proc. Camb. Phil. Soc. 77(1975)43;78(1975)405;79(1976)71
40. M. Ninomiya and C. I. Tan, Nucl. Phys. B257(1985)199
41. E. Calabi,Algebraic Geometry and Topology. A Symposium in Honor of S. Lefschtz, Princeton Univ. Press(1957)
42. S. T. Yau, Proc. Natl. Acad. Sci. U. S. A. ,74(1977)1798
43. A. A. Belavin, A. M. Polyakov, A. S. Schwarz and Y. S. Tyupkin, Phys. Lett. B59(1975) 85
44. A. Connes,noncommutative geometry. Academic press, Inc. 1994
45. H. Weyl, The Theory of groups and Quantum Mechanics, Dover, New York. 1950
46. J. Moyal. Proc. Camb. Phil. Soc. 45(1949)99 ~ 124
47. A. Perelomov. Generalized coherent states and Their Applications. Appendix A
48. K. V. Klitzing, G. Dizda and M. Pepper, Phys. Rev. Lett. 45(1980)494
49. L. Susskind, The Quantum Hall Fluid and Non-Commutative Chern-Simons Theory, hep-th/0101029
50. J. M. Leinass and J. Myrheion,Nuovo Cimento, B. 3T(1977)
51. F. Wilczek. Phys. Rev. Lett. 48(1982)11;49(1982)957
52. S. C. Zhang, Int. J. Mod. Phys. B6(1992)25
53. L. D. Faddeev, Integrable Modle in (1 + 1)-dim Quantum Field Theory, Les Houches Lecturs, 39(1982)
54. V. G. Drinfeld, Quantum Group, Proc. Int. Congr. of Math. MSRI, Berkeley(1986)
55. M. Juilto, Lett. Math. Phys. 10(1985)63
56. A. Connes, Publ. Math. IHES. 62(1986)41
57. Yu. I. Manin, Quantum Groups and Non-Commutative Geometry, Montreal Univ. Preprint, CRM-1561,1988
58. J. Wess and B. Zumino, Nucl. Phys. (Proc. Suppl.)B18(1990)302
59. D. Bernard, Quantum Lie Alegras and Differential Calculas on Quantum Groups, Proc. 1990 Yukawa Int. Seminar (Kyoto);Phys. Lett. B260(1991)389
60. B. Jurčo, Lett. Math. Phys. 22(1991)177
61. B. Zumino Introduction to the differential geometry of quantum groups, LBL-31432 and UCB-PTH-62-91,Notes of a plenary talk given at the 10th IAMP coaf. , Leipzig,1991

62. U. Carow-Watamura, M. Schlieker, S. Watamura and W. Weich, Commun. Math. Phys. 142 (1991)605

63. A. P. Isaev and Z. Popowicz, Phys. Lett. B281 (1992) 271; K, Wu and R. J. Zhang, Commun. Theor. Phys. 17(1992)175

64. I. Ya. Aref'eva and I. V. Volovich Phys. Lett. B264(1991)62; Mod, Phys. Lett. A6(1991) 893

65. T. Brzezinski and S. Majid, Commun. Math. Phys. 157(1993)591

66. X. D. Sun and S. K. Wang, Bicovariant differential cal culus on quantum group $GL_q(n)$, Worldlab-Beijing, preprint CCAST-92-04, 1992

67. P. Aschieri, L. Castellani, Inter. J. Mod. Phys. A8(1993)1667

68. L. Castellani, Phys. Lett. B292(1992)93; $U_q(N)$ Gauge Theories, Print, DFTT-74/92, 1992

69. S. Watamura, Commun. Math. Phys. 158(1993)67

70. K. Fujikawa, Phys. Rev., **D21**(1980)2848

71. K. C. Chou, H. Y. Guo, X. C. Song and K. Wu, Phys. Lett. **B134**(1984)67

72. L. D. Faddeev, Phys. Lett. 145B(1985)81

73. S. G. Jo, Phys. Lett. 163B(1985)353

74. A. P. Polychronakos, Nucl. Phys. **B278**(1986)297

《现代物理基础丛书·典藏版》书目

1. 现代声学理论基础　　马大猷　著
2. 物理学家用微分几何（第二版）　　侯伯元　侯伯宇　著
3. 计算物理学　　马文淦　编著
4. 相互作用的规范理论（第二版）　　戴元本　著
5. 理论力学　　张建树　等　编著
6. 微分几何入门与广义相对论（上册·第二版）　　梁灿彬　周　彬　著
7. 微分几何入门与广义相对论（中册·第二版）　　梁灿彬　周　彬　著
8. 微分几何入门与广义相对论（下册·第二版）　　梁灿彬　周　彬　著
9. 辐射和光场的量子统计理论　　曹昌祺　著
10. 实验物理中的概率和统计（第二版）　　朱永生　著
11. 声学理论与工程应用　　何　琳　等　编著
12. 高等原子分子物理学（第二版）　　徐克尊　著
13. 大气声学（第二版）　　杨训仁　陈　宇　著
14. 输运理论（第二版）　　黄祖洽　丁鄂江　著
15. 量子统计力学（第二版）　　张先蔚　编著
16. 凝聚态物理的格林函数理论　　王怀玉　著
17. 激光光散射谱学　　张明生　著
18. 量子非阿贝尔规范场论　　曹昌祺　著
19. 狭义相对论（第二版）　　刘　辽　等　编著
20. 经典黑洞和量子黑洞　　王永久　著
21. 路径积分与量子物理导引　　侯伯元　等　编著
22. 全息干涉计量——原理和方法　　熊秉衡　李俊昌　编著
23. 实验数据多元统计分析　　朱永生　编著
24. 工程电磁理论　　张善杰　著
25. 经典电动力学　　曹昌祺　著
26. 经典宇宙和量子宇宙　　王永久　著
27. 高等结构动力学（第二版）　　李东旭　编著
28. 粉末衍射法测定晶体结构（第二版·上、下册）　　梁敬魁　编著
29. 量子计算与量子信息原理——第一卷：基本概念　　Giuliano Benenti　等　著　王文阁　李保文　译

30. 近代晶体学（第二版） 张克从 著
31. 引力理论（上、下册） 王永久 著
32. 低温等离子体 B. M. 弗尔曼 И. M. 扎什京 编著
——等离子体的产生、工艺、问题及前景 邱励俭 译
33. 量子物理新进展 梁九卿 韦联福 著
34. 电磁波理论 葛德彪 魏 兵 著
35. 激光光谱学 W. 戴姆特瑞德 著
——第 1 卷：基础理论 姬 扬 译
36. 激光光谱学 W. 戴姆特瑞德 著
——第 2 卷：实验技术 姬 扬 译
37. 量子光学导论（第二版） 谭维翰 著
38. 中子衍射技术及其应用 姜传海 杨传铮 编著
39. 凝聚态、电磁学和引力中的多值场论 H. 克莱纳特 著 姜 颖 译
40. 反常统计动力学导论 包景东 著
41. 实验数据分析（上册） 朱永生 著
42. 实验数据分析（下册） 朱永生 著
43. 有机固体物理 解士杰 等 著
44. 磁性物理 金汉民 著
45. 自旋电子学 翟宏如 等 编著
46. 同步辐射光源及其应用（上册） 麦振洪 等 著
47. 同步辐射光源及其应用（下册） 麦振洪 等 著
48. 高等量子力学 汪克林 著
49. 量子多体理论与运动模式动力学 王顺金 著
50. 薄膜生长（第二版） 吴自勤 等 著
51. 物理学中的数学方法 王怀玉 著
52. 物理学前沿——问题与基础 王顺金 著
53. 弯曲时空量子场论与量子宇宙学 刘 辽 黄超光 编著
54. 经典电动力学 张锡珍 张焕乔 著
55. 内应力衍射分析 姜传海 杨传铮 编著
56. 宇宙学基本原理 龚云贵 编著
57. B介子物理学 肖振军 著